社科文献 **SSAP** 学术文库

文史哲研究系列

秦汉时期 生态环境研究

A STUDY OF ECOLOGICAL ENVIRONMENT DURING THE QIN
AND HAN DYNASTIES

（增订版）

王子今　著

 社会科学文献出版社
SOCIAL SCIENCES ACADEMIC PRESS (CHINA)

出版说明

社会科学文献出版社成立于 1985 年。三十年来，特别是 1998 年二次创业以来，秉持"创社科经典，出传世文献"的出版理念和"权威、前沿、原创"的产品定位，社科文献人以专业的精神、用心的态度，在学术出版领域辛勤耕耘，将一个员工不过二十、年最高出书百余种的小社，发展为员工超过三百人、年出书近两千种、广受业界和学界关注，并有一定国际知名度的专业学术出版机构。

"旧书不厌百回读，熟读深思子自知。"经典是人类文化思想精粹的积淀，是文化思想传承的重要载体。作为出版者，也许最大的安慰和骄傲，就是经典能出自自己之手。早在 2010 年社会科学文献出版社成立二十五周年之际，我们就开始筹划出版社科文献学术文库，全面梳理已出版的学术著作，希望从中选出精品力作，纳入文库，以此回望我们走过的路，作为对自己成长历程的一种纪念。然工作启动后我们方知这实在不是一件容易的事。对于文库入选图书的具体范围、入选标准以及文库的最终目标等，大家多有分歧，多次讨论也难以一致。慎重起见，我们放缓工作节奏，多方征求学界意见，走访业内同仁，围绕上述文库入选标准等反复研讨，终于达成以下共识：

一、社科文献学术文库是学术精品的传播平台。入选文库的图书必须是出版五年以上、对学科发展有重要影响、得到学界广泛认可的精品力作。

二、社科文献学术文库是一个开放的平台。主要呈现社科文献出版社创立以来长期的学术出版积淀，是对我们以往学术出版发展历程与重要学术成果的集中展示。同时，文库也收录外社出版的学术精品。

三、社科文献学术文库遵从学界认识与判断。在遵循一般学术图书基本要求的前提下，文库将严格以学术价值为取舍，以学界专家意见为准绳，入选文库的书目最终都须通过该学术领域权威学者的审核。

四、社科文献学术文库遵循严格的学术规范。学术规范是学术研究、学术交流和学术传播的基础，只有遵守共同的学术规范才能真正实现学术的交流与传播，学者也才能在此基础上切磋琢磨、砥砺学问，共同推动学术的进步。因而文库要在学术规范上从严要求。

根据以上共识，我们制定了文库操作方案，对入选范围、标准、程序、学术规范等一一做了规定。社科文献学术文库收录当代中国学者的哲学社会科学优秀原创理论著作，分为文史哲、社会政法、经济、国际问题、马克思主义五个系列。文库以基础理论研究为主，包括专著和主题明确的文集，应用对策研究暂不列入。

多年来，海内外学界为社科文献出版社的成长提供了丰富营养，给予了鼎力支持。社科文献也在努力为学者、学界、学术贡献着力量。在此，学术出版者、学人、学界，已经成为一个学术共同体。我们恳切希望学界同仁和我们一道做好文库出版工作，让经典名篇"传之其人，通邑大都"，启迪后学，薪火不灭。

社会科学文献出版社

2015 年 8 月

社科文献学术文库学术委员会

（以姓氏笔画为序）

作者简介

王子今　西北大学历史学院教授，"古文字与中华文明传承发展工程"协同攻关创新平台、中国人民大学荣誉一级教授，中国秦汉史研究会顾问。曾任北京大学历史学系兼职教授、北京师范大学历史系教授、香港科技大学人文学部访问教授。出版《秦汉交通史稿》《秦汉区域文化研究》《秦汉边疆与民族问题》《秦汉称谓研究》《秦汉交通考古》《匈奴经营西域研究》《汉简河西社会史料研究》《秦汉儿童的世界》《秦始皇直道考察与研究》《秦交通史》《秦汉海洋文化研究》等学术专著。

内容简介

　　生态环境是文明演进的基本条件和重要背景。古代社会发展的历史文化进程也影响并改变着生态环境。秦汉时期是中国历史进程中的重要阶段。秦汉时期生态环境的考察、理解和说明，是中国古代史研究的重要主题。《秦汉时期生态环境研究》分别从秦汉时期的气候变迁、水资源、野生动物分布、植被等方面论述当时的生态环境条件，也分析了"影响秦汉时期生态环境的人为因素"和"秦汉人的生态环境观"。"生态环境与秦汉社会历史"也作为一个专题有所说明。作者还在"秦汉时期生态环境的个案研究"题下就若干具体问题进行了讨论。《秦汉时期生态环境研究》可以说是第一部中国生态环境史的断代研究成果。

　　《秦汉时期生态环境研究》作为 2000 年立项的国家社会科学基金资助课题"秦汉时期生态环境研究"（项目编号：00BZS009，结项鉴定等级；优秀）的最终成果，北京大学出版社 2007 年 9 月初版后，作者的后续研究，若干学术新见纳入了增订版。初版九个部分中，在起绪论作用的第一部分之外，其他八个主体部分都增加了新的小节。初版原有结构有个别调整。各部分内容，也实现了疏误修正、观点更新和资料充实等方面的改进。从坚持实证原则，重视考古文物资料与传世文献资料相结合之学术风格的表现来说，增订版也有升级版的意义。

Abstract

The ecological environment constitutes a basic condition for and a key piece of the backdrop to the evolutionary progression of civilizations. Even in ancient times, the historical and cultural development of society had impact on and changed the ecological environment. Investigating, understanding and explaining the ecological environment during the Qin and Han dynasties, an important period in Chinese history, is an important topic in the study of ancient Chinese history. In addition to examining changes in the climate, water resources, and the flora and fauna in this period, *A Study of Ecological Environment during the Qin and Han Dynasties* also delves into such issues as the human factors shaping the ecological environment, the prevailing belief about the ecological environment in this period, and the role the ecological environment played in the period's social history. The author also presents a number of case studies. This is the first book ever published that focuses on a specific period in China's environmental history.

A Study of Ecological Environment during the Qin and Han Dynasties represents the final output of a research project of the same title, which was supported by a grant from the National Social Science Fund of China approved in 2000 (Project No. 00BZS009, received a grade of "excellence" by the output quality assessment team). Since the book was first published in September 2007 by Peking University Press, the author's research has continued and this enlarged edition includes some new materials. With the exception of Chapter One, which serves as the introduction, all the other eight chapters have had new sections added. A few changes have also been made to the structure of the book, as well as revisions wherever these are deemed necessary. The result is an improvement upon the first edition in terms of empirical and analytical rigor and conceptual clarity.

目　录

Contents

选题意义与学术史的简略回顾

1. 自然史和人类史

人类史以及和人类生存有关的自然史，都是历史研究的基本课题。人类与自然的关系的历史也理应受到史家的重视。

马克思和恩格斯在《德意志意识形态》中写道："我们仅仅知道一门唯一的科学，即历史科学。历史可以从两方面来考察，可以把它划分为自然史和人类史。但这两方面是不可分割的，只要有人存在，自然史和人类史就彼此相互制约。"① 所谓"彼此相互制约"，反映了人类社会史和自然环境史的关系。

———————

① 《马克思恩格斯选集》第 1 卷，人民出版社，2012，第 146 页。对于马克思和恩格斯使用的"历史科学"这一概念的意义，有学者进行过这样的说明："在学科划分的意义上，马克思、恩格斯的历史科学观念更多的是指称我们今天所说的人文社会科学（哲学社会科学）。在恩格斯那里，偶尔也将历史科学与自然科学、社会科学相对，其实相当于我们今天理解的人文科学。"沈湘平：《马克思、恩格斯的"历史科学"概念》，《中国社会科学院院报》2005 年 9 月 8 日。

一方面，人类社会是以自然环境为条件生存和发展的。马克思和恩格斯还指出，"全部人类历史的第一个前提无疑是有生命的个人的存在。因此，第一个需要确认的事实就是这些个人的肉体组织以及由此产生的个人对其他自然的关系"。人和自然的关系，包括多个方面。"人们所处的各种自然条件——地质条件、山岳水文地理条件、气候条件以及其他条件。"这些"自然条件"制约着人的生存条件和发展条件。"任何历史记载都应当从这些自然基础以及它们在历史进程中由于人们的活动而发生的变更出发。"① 生态环境是人类社会发展的最重要的自然条件之一。社会史受到生态史的影响。生态条件的变化，在一定意义上改变了社会史的进程。以农业和牧业作为主体经济形式的社会更是如此。回顾历史可以发现，生产力水平越低下，则生态条件对社会发展的制约作用越显著。

另一方面，社会生产的发展，往往会打破原有生态条件的自然平衡。许多历史事实告诉我们，人类的活动可以严重影响生态环境。特别是人口的剧增和经济的跃进，可能使得这种影响呈现恶性破坏的形式。正如恩格斯在《自然辩证法》中论"自然界和社会"部分"劳动在从猿到人的转变中的作用"一节曾经指出的，不仅自然条件决定人的历史发展，人也能够反作用于自然界，"能在地球上打下自己的意志的印记"。"动物仅仅利用外部自然界，简单地通过自身的存在在自然界中引起变化；而人则通过他所作出的改变来使自然界为自己的目的服务，来支配自然界。"② "人也反作用于自然界，改变自然界，为自己创造新的生存条件。"③ 他同时又强调："但是我们不要过分陶醉于我们人类对自然界的胜利。对于每一次这样的胜利，自然界都对我们进行报复。每一次胜利，起初确实取得了我们预期的结

① 《马克思恩格斯选集》第1卷，第146~147页。
② 《马克思恩格斯选集》第3卷，人民出版社，2012，第922页。
③ 《马克思恩格斯选集》第3卷，第997~998页。

果，但是往后和再往后却发生完全不同的、出乎预料的影响，常常把最初的结果又取消了。……因此我们每走一步都要记住，我们决不像征服者统治异族人那样支配自然界，决不像站在自然界之外的人似的去支配自然界——相反，我们连同我们的肉、血和头脑都是属于自然界的和存在于自然界之中的；我们对自然界的整个支配作用，就在于我们比其他一切生物强，能够认识和正确运用自然规律。"①

与人类社会的历史演进同样，自然环境的历史变化也表现出值得重视的动态特征。通过文献记载和考古发现的资料可以看到，中国古代的总体生态状况与现今有不少差异，各个历史时期不同阶段的生态状况也有所变化。这种变化，也在一定程度上影响着社会历史和社会文化。

认真总结和深入研究自然史和人类史的关系，应当有助于对人类史的真切理解和具体说明。

中国古来就重视天人关系。如果把"天"看作整体自然条件，天人和谐的观念也许是有合理意义的。每当天有异象，古代王朝的执政者往往能够注意检讨政策的得失，甚至帝王罪己，将相免职。尽管这是在神秘主义文化意识影响下出现的情形，但是这种对自然环境的特殊重视所体现的合理的文化倾向，至今依然值得我们深思。有的学者曾经写道："在非洲、亚洲和前哥伦布时期的美洲，很多地方的人类社群都对环境深怀敬意，尽可能只用大自然可以再生的资源。"然而，"（古代）中国的居民，不可能想到生活的基本需要，如可食用的植物、家畜、清水和干净的空气，会将周遭环境消耗殆尽，或是会被垃圾与废物污染"②。但是我们注意到，中国古代有关敬重自然、维护环

---

① 《马克思恩格斯选集》第 3 卷，第 998 页。
② 〔美〕欧文·拉兹洛:《巨变》，杜默译，中信出版社，2002，第 73 页。

境和珍爱资源的文化观念，其实也有宝贵的遗存。① 中国早期史学已经表现出对于生态环境条件的关注。《禹贡》和《逸周书·王会解》等文献都记录了生态史料。除了对生态环境状况的记述以及对生态环境演变的回顾而外，有的古籍遗存也反映了当时人的生态观。《吕氏春秋》《礼记》《淮南子》等历史文献中，都有值得注意的相关内容。对有关资料进行整理、总结和研究，以求继承其中积极的成分，无疑是有意义的工作。

2. 生态环境研究与秦汉历史文化的新认识

从公元前 221 年至公元 220 年，是秦王朝和汉王朝统治的历史阶段。在两汉之间，又有王莽新朝的短暂统治。秦汉时期，在中国历史进程中具有特别值得重视的意义。从秦始皇实现统一至曹丕代汉，在这近五个世纪的历史阶段内，中华文明的构成形式和创造内容都有重要的变化。秦汉人以黄河流域、长江流域和珠江流域为主要舞台，进行了生动活跃的历史表演，同时推动了中华民族历史文化突出的进步。秦汉时期的文明创造和文明积累，在中国历史上有显赫的地位。当时的文化风貌和时代精神，对中国此后两千年文化传统的形成和历史演进的方向都有非常深刻的影响。

秦汉时期是中国古代历史中的一个重要阶段。秦汉时期的历史，对中国社会发展进程有十分显著的影响。秦汉时期的历史特征主要表现为：

①高度集权的"大一统"的政治体制基本形成，并且经历了多次

---

① 对于"垃圾与废物污染"的考虑，其实早在《左传·成公六年》所见晋人有关新田之迁的论证中已经有所反映："郇瑕氏土薄水浅，其恶易觏。易觏则民愁，民愁则垫隘，于是乎有沈溺重膇之疾。不如新田，土厚水深，居之不疾，有汾、浍以流其恶。"所谓"恶易觏"以及"流其恶"，或解释为"容易淤积污秽"与"流去污秽"。参见周尚意、赵世瑜《天地生民：中国古代关于人与自然关系的认识》，浙江人民出版社，1994，第100~101页。

社会动荡的历史考验而愈益完备；

②以农耕经济和畜牧经济为主，包括渔业、林业、矿业及其他多种经营结构的经济形态走向成熟，借助交通和商业的发展，各基本经济区互通互补，共同创造物质生产和物质生活的繁荣，共同抵御灾变威胁，文明的进步取得了空前的成就；

③秦文化、楚文化和齐鲁文化等区域文化因子，在秦汉时期经长期融汇，形成了具有统一风貌的汉文化。以儒学正统地位的建立和巩固为突出标志的适应专制主义政治的文化建设所取得的划时代的成就，也对后来的历史产生了规范化的影响。

这一时期我们民族对于世界文明进步的贡献，有光荣的历史记录。

秦汉历史的创造，有生态环境的背景。这一时期生态环境的变迁，对于秦汉社会也形成了影响。秦汉人的生产和生活，也在一定程度上改变了当时生态环境的面貌。秦汉时期的生态观以及相应的礼俗制度，不仅规范着当时人的生活方式，也对后世社会表现出历史影响。

对人类社会历史，特别是社会管理方式历史的研究，长期是中国传统史学的主题。这是因为史学历来被看作"资治"，即为统治者提供历史鉴诫的学问。而20世纪特别是20世纪最后20年的史学进步，扩展了史学家的视界，拓宽了史学研究的领域。越来越多的历史学者对于生态环境史越来越密切的关注，也是体现这种进步的征象之一。20世纪的文化进步和科学进步推动了史学的革命，对于生态环境史研究的自觉，就是特征之一。

关于中国古代生态环境的历史变迁，历代若干学者曾有所注意。20世纪以来，多有专门论著发表。近年来，学界对这一方向的关注更为密切，除多有专论面世以外，一些秦汉政治史和秦汉经济史研究专著，也辟有章节专门讨论秦汉时期的地理环境和生态条件。如《中国政治通史》第3卷《走向大一统的秦汉政治》一书中第一章"序说秦汉时代"中有"秦汉历史发展的地理环境和生态条件"一节，用意在于使读者感受和理解影响秦汉政治体制形成和政治文化发育的一些看似间接，实则十分重要的背景和条件。这样可以使得我们在拉开秦汉政治史的大幕之后，看到的不再是一些政治人物没有舞台、没有布景、没有道具、没有服饰的生硬的表演。[①]《中国经济通史·秦汉经济卷》第一章"绪论"的第一节，也讨论了"秦汉的地理环境与生态状况"。[②] 中国古代经济史研究者对"中国经济史上天人关系"的研究，也以秦汉时期的相关现象为主要关注点。[③]

导致经济文化历史背景发生若干变化的生态因素，又称作生态因子，即影响生物的性态和分布的环境条件，大致可以区分为：①气候条件；②土壤条件；③生物条件；④地形条件；⑤人为条件。

历史时期这些条件的变化，逐渐成为学界重视的课题。影响中国古代社会形态的主要的生态因素，应当说大致以气候条件和人为条件为主。气候条件和人为条件的影响，有时也对土壤条件、生物条件和地形条件发生作用。

气候条件对于以农业为主体经济形式的社会，显然是历史文化进程中至关重要的因素。这一条件对于社会生活的全面影响，是不宜忽视的。

20 世纪对于历史时期气候变迁的研究，取得了比较集中的成果。蒙文通《中国古代北方气候方略》[④]、竺可桢《中国历史上之气候变迁》[⑤]

---

① 王子今：《走向大一统的秦汉政治》，齐涛主编《中国政治通史》第 3 卷，泰山出版社，2003，第 10~26 页。

② 林甘泉主编《中国经济通史·秦汉经济卷》，经济日报出版社，1999，第 1~14 页。

③ 参看李根蟠、〔日〕原宗子、曹幸穗编《中国经济史上的天人关系》，中国农业出版社，2002。

④ 蒙文通：《中国古代北方气候方略》，《史学杂志》第 2 卷第 3、4 期合刊，南京中国史学会，1920。

⑤ 竺可桢：《中国历史上之气候变迁》，《东方杂志》第 22 卷第 3 号，商务印书馆，1926；《竺可桢文集》，科学出版社，1979，第 58~68 页。

及《中国历史时代之气候变迁》①、蒙文通《由禹贡至职方时代之地理知识所见古今之变》②、胡厚宣《气候变迁与殷代气候之检讨》③、王树民《古代河域气候有如今江域说》④ 等论著,都开始从不同角度考察历史上的气候变迁。秦汉这一重要历史时期的气候条件,亦受到许多学者关注。文焕然著《秦汉时代黄河中下游气候研究》⑤ 一书,对秦汉气候进行了认真的考证。竺可桢在 1972 年发表《中国近五千年来气候变迁的初步研究》,其中指出,"在战国时期,气候比现在温暖得多","到了秦朝和前汉(公元前 221~公元 23 年)气候继续温和。""司马迁时亚热带植物的北界比现时推向北方","到东汉时代即公元之初,我国天气有趋于寒冷的趋势……"⑥。此后,牟重行《中国五千年气候变迁的再考证》⑦、陈良佐《再探战国到两汉的气候变迁》⑧、陈业新《两汉时期气候状况的历史学再考察》⑨ 等,也都对秦汉气候变迁提出了新的见解。张丕远主编《中国历史气候变化》⑩,是"为使认识系统化,使分散的成果密切联系在一起,便于广大读者参考引用"⑪的综合研究成果。

---

① 竺可桢:《中国历史时代之气候变迁》,《国风》半月刊,第 2 卷第 4 期,南京国风社,1943。
② 蒙文通:《由禹贡至职方时代之地理知识所见古今之变》,《图书月刊》第 4 期,1933。
③ 胡厚宣:《气候变迁与殷代气候之检讨》,金陵大学中国文化研究所等编《中国文化研究汇刊》第 4 卷上册,金陵大学中国文化研究所等,1944。
④ 王树民:《古代河域气候有如今江域说》,《禹贡半月刊》第 1 卷第 2 期,北平禹贡年社,1934。
⑤ 文焕然:《秦汉时代黄河中下游气候研究》,商务印书馆,1959。
⑥ 竺可桢:《中国近五千年来气候变迁的初步研究》,《竺可桢文集》,第 480~481 页。
⑦ 牟重行:《中国五千年气候变迁的再考证》,气象出版社,1996。
⑧ 陈良佐:《再探战国到两汉的气候变迁》,(台北)《中研院历史语言研究所集刊》第 67 本第 2 分,1996。
⑨ 陈业新:《两汉时期气候状况的历史学再考察》,《历史研究》2002 年第 4 期,该文又作为第二章"两汉灾害原因探析"第一节"自然生态条件与两汉灾害的发生"的第一部分,编入其本人所著《灾害与两汉社会研究》,上海人民出版社,2004。
⑩ 张丕远主编《中国历史气候变化》,山东科学技术出版社,1996。
⑪ 施雅风:《〈中国气候与海面变化及其趋势和影响〉序》,张丕远主编《中国历史气候变化》,第 1 页。

　　土壤条件也是基本的生态环境条件之一。这一点，自《禹贡》成书的时代起，就已经受到地理学者的重视。日本学者原宗子的《古代中国的开发与环境：〈管子·地员〉研究》① 以土壤条件的历史分析为主题，她的《"农本"主义与"黄土"的发生：古代中国的开发与环境之二》② 的第一章也以土壤作为研究对象，题为"中国土壤研究的世界经济史的意义"。这两部生态环境史研究专著讨论的内容，也涉及地表水和地下水、植被、环境变迁的人为因素、生态环境史的其他问题。

　　有关秦汉时期野生动物分布以及植被状况的研究成果，以文焕然等《中国历史时期植物与动物变迁研究》③ 的相关内容体现出最为集中的收获。文焕然、文榕生《中国历史时期冬半年气候冷暖变迁》虽然以"气候冷暖变迁"作为考察主题，但是其主要研究路径是分析"植物群反映的气候"、"动物群反映的气候"以及"海洋生物群反映的气候"，因而也应当看作动植物分布研究的成果。④ 就这一研究范畴而言，蓝勇《历史时期西南经济开发与生态变迁》⑤ 也有专题讨论。对于黄河流域古代植被的变迁，史念海的《历史时期黄河中游的森林》⑥《黄河中游森林的变迁及其经验教训》⑦《森林地区的变迁及其影响》《历史时期森林变迁的研究及相关的一些问题》⑧ 等，都是具有经典意义的论著。

---

　　① 〔日〕原宗子：《古代中国の开発と环境——『管子』地员篇研究》，研文出版（山本书店出版部），1994。

　　② 〔日〕原宗子：《「農本」主義と「黄土」の発生——古代中国的开発と环境2》，研文出版（山本书店出版部），2005。

　　③ 文焕然等著，文榕生选编整理］《中国历史时期植物与动物变迁研究》，重庆出版社，1995。

　　④ 文焕然、文榕生：《中国历史时期冬半年气候冷暖变迁》，科学出版社，1996。

　　⑤ 蓝勇：《历史时期西南经济开发与生态变迁》，云南教育出版社，1992。

　　⑥ 史念海：《历史时期黄河中游的森林》，《河山集　二集》，生活·读书·新知三联书店，1981。

　　⑦ 史念海：《黄河中游森林的变迁及其经验教训》，《河山集　三集》，人民出版社，1988。

　　⑧ 史念海：《森林地区的变迁及其影响》《历史时期森林变迁的研究及相关的一些问题》，《河山集　五集》，山西人民出版社，1991。

关于秦汉时期水资源状况，王会昌《一万年来白洋淀的扩张与收缩》①、中国科学地理研究所等《长江中下游河道特性及其演变》②、徐润滋等《红水河阶地与极限洪水》③、杨达源《洞庭湖的演变及其整治》④、曹银真《中国东部地区河湖水系与气候变化》⑤等，都提供了重要的信息。胡谦盈《丰镐地区诸水道的踏察——兼论周都丰镐位置》⑥《汉昆明池及其有关遗迹踏察记》⑦ 等，则是考古工作者的学术贡献。黄盛璋《西安城市发展中的给水问题以及今后水源的利用与开发》论证了"汉长安城的水源"⑧，《关于〈水经注〉长安城附近复原的若干问题——兼论〈水经注〉的研究方法》进行了《水经注》汉长安城附近水系复原，对于"昆明故渠（漕渠）及其故道"的考论，⑨ 对于秦汉文化重心地区的水资源的认识亦有积极的推进。王元林《泾洛流域自然环境变迁研究》以水系为主要研究对象，以流域为研究区域范围，⑩ 有学者评价，作者"对历史时期泾、洛流域河湖地下水之水文状况变化"等"用力甚深，着墨较多，是该书的亮点所在"⑪。对于秦汉时期的水资源状况，也提供了新的认识。

---

① 王会昌：《一万年来白洋淀的扩张与收缩》，《地理研究》1983 年第 3 期。
② 中国科学地理研究所等：《长江中下游河道特性及其演变》，科学出版社，1985。
③ 徐润滋等：《红水河阶地与极限洪水》，《地理研究》1986 年第 1 期。
④ 杨达源：《洞庭湖的演变及其整治》，《地理研究》1986 年第 3 期。
⑤ 曹银真：《中国东部地区河湖水系与气候变化》，《中国环境科学》1989 年第 4 期。
⑥ 胡谦盈：《丰镐地区诸水道的踏察——兼论周都丰镐位置》，《考古》1963 年第 4 期，收入《胡谦盈周文化考古研究选集》，四川大学出版社，2000。
⑦ 胡谦盈：《汉昆明池及其有关遗迹踏察记》，《考古与文物》1980 年第 1 期，收入《胡谦盈周文化考古研究选集》，有 1983 年春"补记"。
⑧ 黄盛璋：《西安城市发展中的给水问题以及今后水源的利用与开发》，《地理学报》1958 年第 4 期，收入《历史地理论集》，人民出版社，1982。
⑨ 黄盛璋：《关于〈水经注〉长安城附近复原的若干问题——兼论〈水经注〉的研究方法》，《考古》1962 年第 6 期，收入《历史地理论集》。
⑩ 王元林：《泾洛流域自然环境变迁研究》，中华书局，2005。
⑪ 朱士光：《〈泾洛流域自然环境变迁研究〉序》，王元林：《泾洛流域自然环境变迁研究》，第 3 页。

生态环境变迁的人为因素，也是学者关注的研究课题。有关秦汉时期的相关现象，侯仁之、俞伟超、李宝田《乌兰布和沙漠北部的汉代垦区》①，史念海《论泾渭清浊的变迁》②《论历史时期黄土高原生态平衡的失调及其影响》《两千三百年来鄂尔多斯高原和河套平原农林牧地区的分布及其变迁》③ 等论著都进行了深入的分析。

有关农业地理的断代研究论著，或总体研究，或分区考察，都往往涉及生态环境。④ 专门的区域生态环境史的研究，近年多有论著相继面世。如西南地区生态环境研究、⑤ 黄淮海平原生态环境研究、⑥ 西北地区生态环境研究、⑦ 华南地区生态环境研究⑧等，都分别表现出突出的学术进步。⑨

2002 年夏季在湘西里耶秦简学术研讨会上，有考古学者建议：

---

① 侯仁之、俞伟超、李宝田：《乌兰布和沙漠北部的汉代垦区》，中国科学治沙队编《治沙研究》第 7 号，科学出版社，1965。

② 史念海：《论泾渭清浊的变迁》，《河山集 二集》。

③ 史念海：《论历史时期黄土高原生态平衡的失调及其影响》《两千三百年来鄂尔多斯高原和河套平原农林牧地区的分布及其变迁》，《河山集 三集》。

④ 如韩茂莉《宋代农业地理》，山西古籍出版社，1993；韩茂莉：《辽金农业地理》，社会科学文献出版社，1999；吴宏岐：《元代农业地理》，西安地图出版社，1997；王双怀：《明代华南农业地理研究》，中华书局，2002；陈国生《明代云贵川农业地理研究》，西南师范大学出版社，1997；萧正洪：《环境与技术选择：清代中国西部地区农业技术地理研究》，中国社会科学出版社，1998；周宏伟：《清代两广农业地理》，湖南教育出版社，1998。

⑤ 蓝勇：《历史时期西南经济开发与生态变迁》；《古代交通生态研究与实地考察》，四川人民出版社，1999。

⑥ 邹逸麟主编《黄淮海平原历史地理》，安徽教育出版社，1993；吴必虎《历史时期苏北平原地理系统研究》（华东师范大学出版社，1996）也将"环境演变"和"灾害研究"列于重要位置。

⑦ 丁一汇、王守荣主编《中国西北地区气候与生态环境概论》，气象出版社，2001；李并成：《河西走廊历史时期沙漠化研究》，科学出版社，2003；谢玉杰等：《宁夏区域生态建设与人文资源》，宁夏人民出版社，2003。

⑧ 司徒尚纪：《人类活动与岭南生态环境的历史变迁》，《珠江文化与史地研究》，（香港）中国评论文化有限公司，2003；吴宏岐等主编《中国历史地理研究》第 2 辑《社会与环境历史地理》，暨南大学出版社，2005；乔盛西等主编《广州地区旧志气候史料汇编与研究》，广东人民出版社，1993。

⑨ 相关成果有：施和金等编著《江苏农业气象气候灾害历史纪年（公元前 190 年—公元 2002 年）》，吉林人民出版社，2005；尹钧科等：《北京历史自然灾害研究》，中国环境科学出版社，1997。

"今后的发掘要注意对古环境、古气候等多方面信息的采集。"① 事实上，许多考古学者已经开始重视"对古环境、古气候等多方面信息的采集"。汤卓炜编著的《环境考古学》的问世，② 反映相关思考已经有理论的提升。有学者在完成《长江下游考古地理》的工作实践中注意到"在长江下游，地势等'硬环境'对文化发展的制约，不如气候和水患等'软环境'表现得那样明显。而且，长江下游的环境景观并不是单向而是经过自然动力和人为动力双向合力共同构建起来的，两者互为因果"③。直接为秦汉时期生态环境研究提供资料的考古学成果，还有西汉薄太后南陵 20 号从葬坑中大熊猫头骨和犀牛骨骼的发现。④

其他历史时期生态环境研究的论著，如宋豫秦等《中国文明起源的人地关系简论》⑤、王星光《生态环境变迁与夏代的兴起探索》⑥、程遂营《唐宋开封生态环境研究》⑦、李心纯《黄河流域与绿色文明——明代山西河北的农业生态环境》⑧、王振忠《近 600 年来自然灾害与福州社会》⑨、冯贤亮《明清江南地区的环境变动与社会控制》⑩，钞晓鸿《生态环境与明清社会经济》⑪、杨珍《清代西北生态变迁研究》⑫、何汉威《光绪初年（1876—79）华北的大旱灾》⑬、夏明方

①　李政：《关注里耶——湘西里耶秦简学术研讨会扫描》，《中国文物报》2002 年 8 月 9 日。

②　汤卓炜编著《环境考古学》，科学出版社，2004。

③　高蒙河：《长江下游考古地理》，复旦大学出版社，2005，第 9 页。

④　王学理：《汉南陵从葬坑的初步清理——兼谈大熊猫头骨及犀牛骨骼出土的有关问题》，《文物》1981 年第 11 期；《汉"南陵"大熊猫和犀牛探源》，《考古与文物》1983 年第 1 期。

⑤　宋豫秦等：《中国文明起源的人地关系简论》，科学出版社，2002。

⑥　王星光：《生态环境变迁与夏代的兴起探索》，科学出版社，2004。

⑦　程遂营：《唐宋开封生态环境研究》，中国社会科学出版社，2002。

⑧　李心纯：《黄河流域与绿色文明——明代山西河北的农业生态环境》，人民出版社，1999。

⑨　王振忠：《近 600 年来自然灾害与福州社会》，福建人民出版社，1996。

⑩　冯贤亮：《明清江南地区的环境变动与社会控制》，上海人民出版社，2002。

⑪　钞晓鸿：《生态环境与明清社会经济》，黄山书社，2004。

⑫　杨珍：《清代西北生态变迁研究》，人民出版社，2005。

⑬　何汉威：《光绪初年（1876—79）华北的大旱灾》，《香港中文大学中国文化研究所专刊（二）》，（香港）香港中文大学出版社，1980。

《民国时期自然灾害与乡村社会》① 等，虽然作为研究对象的时段距离秦汉时期相当遥远，但也都可以分别从考察视角、分析方法和研究思路等方面为秦汉时期生态环境研究提供借鉴和启示。

关于中国古代社会生态思想和生态意识的研究、② 关于中国古代生态环境总体形势和环境保护政策和方式的研究，③ 也有论著予以总结。这些课题的学术成果现在看来尚嫌薄弱，但是已经迈上了学术初阶。

1999 年中国科学院与北京大学、复旦大学等联合起草了今后国家重点科学研究方向《过去 2000 年中国环境变化综合研究》预研究报告。报告中所列重点研究专题，包括：过去 2000 年气候变化研究、过去 2000 年人对环境变化的适应研究、陆地生态系统的历史演变与生物地球化学循环和生物物理过程研究、过去 2000 年气候与环境变化的模拟研究等。④ 也许今后研究力量的集聚和研究方法的创新，将会使人们看到更好的学术前景。

3. 本书"生态环境"用语的概念界定

对于"生态环境"一语的使用，有学者提出不同的意见。有学者认为"生态"是与生物有关的各种相互关系的总和，不是一个客体，

---

① 夏明方：《民国时期自然灾害与乡村社会》，中华书局，2000。

② 如杨文衡《易学与生态环境》，中国书店，2003；佘正荣：《中国生态伦理传统的诠释与重建》，人民出版社，2002。

③ 如于希贤、于涌《沧海桑田：历史时期地理环境的渐变与突变》，广东教育出版社，2002；袁清林：《中国环境保护史话》，中国环境科学出版社，1990；李丙寅等：《中国古代环境保护》，河南大学出版社，2001；王宏昌：《中国西部气候—生态演替：历史与展望》，经济管理出版社，2001。王宏昌书虽书题标明"中国西部"，其内容却并不限于"西部"地区。

④ 韩茂莉：《中国北方农牧交错带环境研究与思考》，李根蟠、〔日〕原宗子、曹幸穗编《中国经济史上的天人关系》，第 89 页。

而"环境"则是一个客体，把环境与生态叠加使用是不妥的，是不科学的。"生态环境"的准确表达应当是"自然环境"。① 也有学者认为，"生态""环境"概念不同，"生态环境"并非重复或大致重叠。说由此"生态环境"不科学、不能用，是不对的。"生态环境"可以理解为"生态和环境"或"生态或环境"。② "生态环境"也可以认为是偏正关系，意思是基于生态关系的环境。③ 也有学者提出，"生态环境""侧重的是人民生存于其中的自然环境的生态质量"。④

笔者赞同可以继续使用"生态环境"用语的意见。以为"生态"不是一个客体，而"环境"则是一个客体的观点，也许并不适宜于对历史文化相关进程之条件的理解。对于历史时期人类生活条件的考察来说，"生态"在某种意义上说也是客体。笔者认为，以"生态和环境"的意义理解"生态环境"语义未可厚非。而本书使用"生态环境"一语的概念界定，更多是侧重于作用于"生态"条件的"环境"。

---

① 陈永林：《我对"生态环境"一词的理解》，《生态学名词审定委员会通讯》2003年第9期；钱正英、沈国舫、刘昌明：《建议逐步改正"生态环境建设"一词的提法》，《科技术语研究》2005年第2期；曲格平：《应该现在就加以纠正》，《科技术语研究》2005年第2期；阳含熙：《不应再采用"生态环境"提法》，《科技术语研究》2005年第2期。

② 蒋有绪：《不必辨清"生态环境"是否科学》，《科技术语研究》2005年第2期。

③ 李志江：《"生态环境"、"生态环境建设"的科技意义与社会应用》，《科技术语研究》2005年第2期。

④ 侯甬坚：《"生态环境"用语产生的特殊时代背景》，《中国历史地理论丛》2007年第1期。

二

秦汉时期气候变迁

1. 秦汉气候史研究的进步

气候变迁对于以农业为主体经济形式的古国，无疑是可以导致历史文化环境显著变易的重要因素。考察秦汉时期的文化遗存，可以发现气候条件确有变化，并且曾经形成相当重要的历史影响。充分考虑气候条件的作用，对于秦汉时期的许多历史文化现象，或许可以得到更接近历史真实的认识，作出更合乎历史规律的说明。

节气序次：宋元学者的发现

对于秦汉时期的气候条件以及这一历史阶段的气候变迁，久已为学者所注目。

二十四节气作为气候规律认识的一种标记，是中国古代农人科学发现的成就。正如有的学者指出的，"二十四节气是我国传统历法的中心内容之一，它不但包含着我国古代劳动人民对农业气候的精辟认识，而且准确地反映了由于地球公转而形成的日地关系，成为掌握农事季节的可靠依据"。研究者"考定二十四节气大致萌芽于夏商时期，在战国时期已基本形成，并于秦汉之时趋向完善并定型"①。然而《吕氏春秋》中出现的后世作为正式节气的只有《孟春纪》所见"立春"、《仲春纪》所见春"日夜分"（即"春分"）、《孟夏纪》所见"立夏"、《仲夏纪》所见夏"日长至"（即"夏至"）、《孟秋纪》所见"立秋"、《仲秋纪》所见秋"日夜分"（即"秋分"）、《孟冬纪》所见"立冬"、《仲冬纪》所见冬"日短至"（即"冬至"）。② 而汉代节气顺序有与后世不同的情形。③ 如果说"二十四节气"在"秦汉之时""定型"，则应当是一个相当漫长的过程。

宋代学者王应麟注意到二十四节气的序次，在汉代曾经发生变动。他在《困学纪闻》卷五《礼记》中写道：

> 《夏小正》曰："正月启蛰。"《月令》：孟春"蛰虫始振"。仲春"始雨水"。注云："汉始以惊蛰为正月中，雨水为二月节。"《左传》："启蛰而郊。"④《正义》云："太初以后，更改气名，以雨水为正月中，惊蛰为二月节，迄今不改。"⑤《周书·时训》："雨水之日，獭祭鱼。惊蛰之日，桃始华。"《易通卦验》："先雨水，次惊蛰。"此汉太初后历也。《月令正义》云："刘歆作《三统历》改之。"又按《三统历》："谷雨三月节，清明中。"

---

① 沈志忠：《二十四节气形成年代考》，《东南文化》2001 年第 1 期。

② 《吕氏春秋·音律》也说："仲冬日短至"，"仲夏日长至"。许维遹撰，梁运华整理《吕氏春秋集释》，中华书局，2009，第 136 页。

③ 有研究者说，《时则训》中二十四节气名称和排列已大体固定，但显然经汉代学者校订，如'雨水'节后有原注'古雨水在惊蛰后，前汉未始易之'"（沈志忠：《二十四节气形成年代考》，《东南文化》2001 年第 1 期）。二十四节气前后次序的变易，绝不是"学者校订"的结果，而是农耕生产实践经验的总结。

④ 原注："建寅之月。"

⑤ 原注："改'启'为'惊'，盖避景帝讳。"

而《时训》、《通卦验》清明在谷雨之前，与今历同。然则二书皆作于刘歆之后。[1]

大致相同的说法又见于宋人鲍云龙《天原发微》卷三下《司气》：

> 汉始以惊蛰为正月中，雨水为二月节。至前汉末始改。故《律历志》云：正月立春节，雨水中。二月惊蛰节，春分中。言蛰虫正月始惊，二月大惊，故移居后云。《三统历》谷雨三月节，清明中。按《通卦验》及今历以清明为三月节，谷雨中，并与《律历志》同。[2]

《四库全书总目提要》说，《困学纪闻》"成于入元之后"。关于鲍云龙事迹，也有"入元不仕，食贫力学"的介绍。于是，对于究竟是谁较早注意到西汉节令序次的变化，我们竟然一时难以断定。

宋元之际学者金履祥也曾经进行节气序次的历史比较，推定周秦两汉时的气温可能高于宋元时代。[3]

天地相应之变迁：清代学者的讨论

"汉始以惊蛰为正月中"的说法，清代经学论著中亦多有关注。如万斯大《学礼质疑》卷一《古历无二十四气》、陆陇其《读礼志疑》卷五、秦蕙田《五礼通考》卷一八七《嘉礼六十·观象授时》及卷二〇〇《嘉礼七十三·观象授时》均有相应论述。秦蕙田特别

---

① （宋）王应麟著，（清）翁元圻等注，栾保群、田松青、吕宗力校点《困学纪闻》全校本，上海古籍出版社，2008，第610页。

② （宋）鲍云龙：《天原发微》，《景印文渊阁四库全书》第806册，（台北）台湾商务印书馆，1986，第171页。

③ （清）秦嘉谟编《月令粹编》卷二三："金氏履祥疑古者阳气特盛，启蛰独早。"（《续修四库全书》第885册，上海古籍出版社，2013，第926页）

指出：

> 案《汉书》载《三统术》正月"惊蛰"，二月"雨水"，与《月令》同。而班固注云："'惊蛰'今曰'雨水'，'雨水'今曰'惊蛰'。"然则太初以后之术，仍是先"惊蛰"后"雨水"，至东汉行《四分术》乃更其先后耳。《易通卦验》、《周书·时训解》、《淮南子·天文训》俱先"雨水"后"惊蛰"。纬书出于东汉。《时训》一篇亦后人所托。惟《淮南子》系武帝时书，疑亦后人以时术追改之，非淮南之旧也。①

清人阎若璩校《困学纪闻》也有如下评注：

> 《时训解》虽未必周公书，而先"雨水"而后"惊蛰"，则是传写人以后之节次上改古历耳。②

他们赞同汉代节气曾经出现次序调整的意见，并且进一步论定"至东汉行《四分术》乃更其先后"。对于此前文献与这一推定不同的资料，则有"后人""以后之节次"加以"追改"的判断。

清人刘献廷《广阳杂记》卷三又以花期比较各地气候，又由此推列古今气候差异。他说：

> 诸方之七十二候各各不同。如岭南之梅，十月已开。湖南桃李，十二月已烂漫，无论梅矣。若吴下，梅则开于惊蛰，桃

---

① （清）秦蕙田：《五礼通考》，《景印文渊阁四库全书》第139册，第869页。

② （宋）王应麟著，（清）翁元圻等注，栾保群、田松青、吕宗力校点《困学纪闻》全校本，第610页。戴震《经考》卷四《月令》引阎若璩曰："《时训解》虽未必周公书，而先'雨水'后'惊蛰'，则是写人以后之节，以上古历耳。"（清李文藻家钞本，第56页）

李放于清明。相去若此之殊也！今历本亦载七十二候，本之
《月令》，乃七国时中原之气候也。今之中原，已与《月令》不
合，则古今历差为之。今于南北诸方，细考其气候，取其确者
一候中，不妨多存几句，传之后世。则天地相应之变迁，可以
求其微矣。

所谓"今历本亦载七十二候，本之《月令》，乃七国时中原之气候
也"，而"今之中原，已与《月令》不合"的意见，是我们在考察古
代气候"天地相应之变迁"时应当尊重的。

全祖望作《刘继庄传》，以为此说足证其学"囊括浩博"，"良亦
古今未有之奇也"。

刘献廷在提出在历史研究中应当"细考其气候"，则"天地相应
之变迁，可以求其微矣"的意见之后又写道："此非余一人所能成，
余发其凡，观厥成者，望之后起之英耳。"① 这种对于生态环境研究前
景的乐观态度和对"后起之英"的学术厚望，可以令治气候史的学者
增强信心。

20世纪的古代气候史研究及学界对秦汉气候的关注

近世更多有学者重视气候史研究。

对于中国古代气候变迁，蒙文通《中国古代北方气候方略》②，
竺可桢《中国历史上之气候变迁》③《中国历史时代之气候变迁》④，

---

① （清）刘献廷撰，汪北平、夏志和点校《广阳杂记》卷三，中华书局，1957，第
151页。

② 蒙文通：《中国古代北方气候方略》，《史学杂志》第2卷第3、4期合刊，1920。

③ 竺可桢：《中国历史上之气候变迁》，《东方杂志》第22卷第3号，1926；亦可参见
《竺可桢文集》，第58~68页。

④ 竺可桢：《中国历史时代之气候变迁》，《国风》半月刊第2卷第4期，1943。

蒙文通《由禹贡至职方时代之地理知识所见古今之变》[1]，胡厚宣《气候变迁与殷代气候之检讨》[2]，王树民《古代河域气候有如今江域说》[3]，程伯群《中国北方沙漠之扩张》[4]，郑子政《树木年轮与北平之雨量》[5]，齐敬鑫《陕西省防旱工作中林业之任务》[6]，吕炯《华北变旱说》[7] 等论著，都从不同角度进行了认真的考察。秦汉这一重要历史时期的气候条件，亦受到许多学者关注。

1959 年文焕然出版《秦汉时代黄河中下游气候研究》一书，对秦汉气候进行了认真的考证。他认为，"当时温度的变化是相当多的、相当复杂的，这种变化既不是直线式，也不是脉动式，而是有很长期的、长期的及短期的三者结合起来出现的变化"。从某些现象看，"似乎当时温度还较今日为低；不过现在的测候记录太短，还不能反映出实际的情况，所以这并不能作为汉代流域中下游温度变迁与现今有很显著差异的证据。至于汉代黄河中下游大区域的温度变迁，找不出日趋寒冷的征象，这是可以肯定的"，"汉代黄河中下游的降水变迁，就世纪间的和世纪内的变迁说，都是多雨少雨交替出现，并无显著日趋湿润或显著日趋干燥的现象"。文焕然指出："总括的说，汉代黄河中下游的气候变迁，诚然与现代有一定的差异，但是却和蒙文通、胡厚宣等所称日渐干寒不符合，也和竺可桢等的脉动说有些不同；实际上是与现代相差不很大。"他的研究结论是："当时的气候，无论是常态或者变态，虽然与现今有一定的差异，但是这种

---

① 蒙文通：《由禹贡至职方时代之地理知识所见古今之变》，蒙文通主编《图书集刊》第 4 期，四川省立图书馆，1943。

② 胡厚宣：《气候变迁与殷代气候之检讨》，金陵大学中国文化研究所等编《中国文化研究汇刊》第 4 卷上册。

③ 王树民：《古代河域气候有如今江域说》，《禹贡半月刊》第 1 卷第 2 期，1934。

④ 程伯群：《中国北方沙漠之扩张》，《科学》第 18 卷第 6 期，1934。

⑤ 郑子政：《树木年轮与北平之雨量》，《方志》月刊第 8 卷第 6 期，1935。

⑥ 齐敬鑫：《陕西省防旱工作中林业之任务》，《中华农学会报》第 145 期，1936。

⑦ 吕炯：《华北变旱说》，《地理》第 1 卷第 2 期，1941。

差异并不很显著。"①

竺可桢又于 1961 年发表《历史时代世界气候的波动》一文，指出："只要知道气候变动的规律是作波浪起伏，在地质时代如此，在历史年代也是如此，那么秦汉时代黄河流域气候与今相似，而殷周时代却比现在为温和，两者之间并无矛盾。"他认为，这一变动与欧洲的气候变动相比，"也是大致符合的"②。

对于古代气候变迁的认识，应当说逐渐具备了越来越接近历史真实的条件。竺可桢发表于 1972 年的论文《中国近五千年来气候变迁的初步研究》修正了"秦汉时代黄河流域气候与今相似"的观点。他指出，"在战国时期，气候比现在温暖得多"，"到了秦朝和前汉（公元前 221～公元 23 年）气候继续温和"，"司马迁时亚热带植物的北界比现时推向北方"，"到东汉时代即公元之初，我国天气有趋于寒冷的趋势，有几次冬天严寒，晚春国都洛阳还降霜降雪，冻死不少穷苦人民"。竺可桢引张衡《南部赋》"穰橙邓橘"文句，以为可以说明"河南省南部橘和柑尚十分普遍"。而曹操种橘于铜雀台，只开花而不结果，③ 气候已较汉武帝时代寒冷，魏文帝黄初六年（225），"行幸广陵故城，临江观兵，戎卒十余万，旌旗数百里。是岁大寒，水道冰，舟不得入江，乃引还"④。竺可桢指出，"这是我们所知道的第一次的记载的淮河结冰。那时气候已比现在寒冷了。这种寒冷气候继续下来，每年阴历四月（等于阳历 5 月份）降霜。直到第四世纪前半期达到顶点。在公元 366 年，渤海湾从昌黎到营口连续三年全部冰

---

① 文焕然：《秦汉时代黄河中下游气候研究》，第 54、64、76、78 页。
② 竺可桢：《历史时代世界气候的波动》，《光明日报》1961 年 4 月 27、28 日；《气象学报》1962 年第 4 期；《竺可桢文集》，第 417 页。
③ 今按：唐李德裕《瑞橘赋序》："昔汉武致石榴于异国，灵根遐布"，"魏武植朱橘于铜雀，华实莫就"。《李文饶文集》卷二〇《祈告》，《四部丛刊》景明本，第 103 页。竺可桢引作"华，实未就"。"华实"与"灵根"对应，不当分断。原文似未有"开花"的含义。
④ 《三国志·魏书·文帝纪》，中华书局，1982，第 85 页。

冻，冰上可以来往车马及三四千人的军队。徐中舒曾经指出汉晋气候不同，那时年平均温度大约比现在低 2℃ ~ 4℃"。据竺可桢所绘"五千年来中国温度变迁图"，秦及西汉时，平均气温较现今大约高1.5℃，东汉时平均气温较现今大约低 0.7℃。平均气温上下摆动的幅度超过 2℃。①

竺可桢的研究成果有比较显著的学术影响，曾经为多数气候学论著取用。② 尽管也存在批评甚至全面否定的意见，但近年发表的一些相关学术论著依然沿承竺说。③

2. 秦汉时期气候变迁的新认识

文焕然在《秦汉时代黄河中下游气候研究》一书中写道，除了"史料的可靠性问题"之外，"现代气候资料还缺乏，树木的年轮、沉积物等自然现象的资料更缺乏"，都使对于秦汉气候的研究工作受到局限，"因此本书的结论只是初步的"④。竺可桢的论文也自题为"初步研究"，他自谦地写道，"本文的研究，仅仅是一个小学生的试探"，"误解和矛盾是难免的"，这种初步探讨，"对于古气候说明的问题无几，而所引起的问题却不少"。⑤《中国近五千年来气候变迁的

---

① 《竺可桢文集》，第 480~481、495、497 页。

② 如张家诚等《中国气候》，上海科学技术出版社，1985；罗汉民等：《气候学》，气象出版社，1986；林之光等：《中国的气候》，陕西人民出版社，1985，盛承禹等编著《中国气候总论》，科学出版社，1986；袁清林编著《中国环境保护史话》，中国环境科学出版社，1990。

③ 如王勇《东周秦汉关中农业变迁研究》，岳麓书社，2004，第 244 ~ 245 页；邢铁、王文涛：《中国古代环渤海地区与其他经济区比较研究》上册，河北人民出版社，2004，第126~127 页；卜风贤：《周秦汉晋时期农业灾害和农业减灾方略研究》，中国社会科学出版社，2006，第 91~97 页；王元林：《泾洛流域自然环境变迁研究》（中华书局，2005，第 6~10 页）认为，关中春秋时气候温暖，"战国时期，气候仍以温暖为主"，"秦代，关中气候仍较温暖"，"大约在汉武帝以后，……气候变寒"。

④ 文焕然：《秦汉时代黄河中下游气候研究》，第 76~77 页。

⑤ 《竺可桢文集》，第 495、497 页。

初步研究》一文引起了积极的反响，然而正如有的学者所指出的，此文虽"为竺氏大半生研究心得具体表现之一"，然而"要进一步加以验证，须有人更下苦功"①。

文焕然著作的出版距今已经 63 年，竺可桢论文的发表也已超过 50 年了。随着历史学和气象学的进步，就对秦汉时期的气候变迁而言，我们今天站在新的基点上，已经具备了可能将研究工作再推进一步的条件。

北方的竹林

许多资料可以表明，秦汉气候确实曾经发生相当显著的变迁，大致在两汉之际，可以看到由暖而寒的历史转变。

《史记·乐毅列传》载录乐毅报遗燕惠王书，说到破齐之功，有"蓟丘之植植于汶篁"语。司马贞《索隐》："蓟丘，燕所都之地也。言燕之蓟丘所植，皆植齐王汶上之竹也。"说在当时的气候条件下，燕国占领军可以将生长于齐地的竹类移植到燕国本土北边山地。张守节《正义》："幽州蓟地西北隅，有蓟丘。"②

西汉时关中竹林之繁茂，与现今自然景观形成强烈的对照。《汉书·地理志下》说，秦地"有鄠、杜竹林，南山檀柘，号称陆海，为九州膏腴"，"竹林"成为资源富足的首要条件。东方朔也曾以关中有"竹箭之饶"，称之为"天下陆海之地"③。司马迁《史记·货殖列传》也写道：

　　陆地牧马二百蹄，牛蹄角千，千足羊，泽中千足彘，水居千

---

① 徐近之：《我国历史气候学概述》，史念海主编《中国历史地理论丛》第1辑，陕西人民出版社，1981。

② 《史记·乐毅列传》，中华书局，1982，第2431页。

③ 《汉书·地理志下》，中华书局，1962，第1642页；《汉书·东方朔传》，第2849页。

石鱼陂，山居千章之材；安邑千树枣；燕、秦千树栗；蜀、汉、江陵千树橘；淮北、常山已南，河济之间千树萩；陈、夏千亩漆；齐、鲁千亩桑麻；渭川千亩竹；及名国万家之城，带郭千亩亩钟之田，若千亩厄茜，千畦姜韭：此其人皆与千户侯等。①

他说，若拥有"渭川千亩竹"，则与"安邑千树枣；燕、秦千树栗；蜀、汉、江陵千树橘；淮北、常山已南，河济之间千树萩；陈、夏千亩漆；齐、鲁千亩桑麻"的主人同样，其经济地位可以与"千户侯"相当。而以"竹竿万个"为经营之本者，"此亦比千乘之家"。《汉书·景武昭宣元成功臣表》记述，杨仆"坐为将军击朝鲜畏懦，入竹二万个，赎完为城旦"②，也说明当时关中曾生长经济价值较高的竹种。

爱叔建议董偃请窦太主献长门园取悦汉武帝，说到顾城庙"有萩竹籍田"③。司马相如奏赋描述宜春宫风景，也有"览竹林之榛榛"的词句。④ 西汉长安地区民间重视竹林经济效益的情形，又见于班固《西都赋》：

> 源泉灌注，陂池交属，竹林果园，芳草甘木，郊野之富，号为近蜀。

以及张衡《西京赋》：

> 筱簜敷衍，编町成篁，山谷原隰，泆渱无疆。⑤

---

① 《史记·货殖列传》，第 3272 页。
② 《汉书·景武昭宣元成功臣表》，第 655 页。
③ 《汉书·东方朔传》，第 2853 页。
④ 《史记·司马相如列传》，第 3055 页。
⑤ （梁）萧统编，（唐）李善、吕延济、刘良、张铣、吕向、李周翰注《六臣注文选》，中华书局，1987，第 27、53 页。

汉代瓦当文字"泱茫无垠"，其实也就是"泱漭无疆"。

看来，竹林当时已经成为关中人"坐以待收"的"富给之资"。①

《汉书·礼乐志》及《汉旧仪》都说到甘泉宫竹宫，《太平御览》卷一七三引《汉宫阙名》也说到"竹宫"。《三辅黄图》卷三：

竹宫，甘泉祠宫也，以竹为宫，天子居中。

陈直研究汉"狼干万延"及"王干"瓦当，以为"狼干为琅玕之假借字"，"王干疑琅玕之最省文"，"皆疑为甘泉宫竹宫之物"②。

考古资料中也多见竹结构建筑以及采用竹材作为辅助建材的文化遗存。秦都咸阳 1 号宫殿遗址发现屋顶棚敷竹席，其中 6 室和 7 室的隔墙为"夹竹抹泥墙"。③ 3 号宫殿遗址作为檐墙的 1 室北墙，"从倒塌建筑堆积发现墙体为夹竹草泥墙"④。秦始皇陵兵马俑坑过洞隔梁的棚木上也铺有席子。⑤ 考古工作者以为"似为仿照当时贵族第宅而筑"的咸阳杨家湾汉墓墓室护壁结构下部有竹席印迹，作为骨干的圆木之间又用竹竿作衬筋。⑥

西汉薄太后南陵 20 号从葬坑中发现大熊猫头骨，⑦ 或许也可以看作当时关中地区竹林繁茂的佐证。

《史记·货殖列传》说，"夫山西饶材、竹、榖、纑、旄、玉石"，

① 《史记·货殖列传》，第 3272 页。

② 陈直：《秦汉瓦当概述》，《摹庐丛著七种》，齐鲁书社，1981，第 343 页。

③ 《秦都咸阳第一号宫殿建筑遗址简报》，《文物》1976 年第 11 期。

④ 《秦都咸阳第三号宫殿建筑遗址发掘简报》，《考古与文物》1980 年第 2 期。

⑤ 陕西省考古研究所始皇陵秦俑坑考古发掘队编著《秦始皇陵兵马俑坑一号坑发掘报告（1974—1984）》，文物出版社，1988，第 35~36 页。

⑥ 《咸阳杨家湾汉墓发掘简报》，《文物》1977 年第 10 期。

⑦ 王学理：《汉南陵从葬坑的初步清理——兼谈大熊猫头骨及犀牛骨骼出土的有关问题》，《文物》1981 年第 11 期；《汉"南陵"大熊猫和犀牛探源》，《考古与文物》1983 年第 1 期。

"江南出楠、梓、姜、桂、金、锡、连、丹沙、犀、玳瑁、珠玑、齿革"①。"竹"居于山西物产前列却不名于江南物产中，可见当时黄河流域饶产之竹，对于社会经济的意义甚至远远超过江南。

汉武帝曾发卒数万人塞黄河瓠子决口，"自临决河"，"令群臣从官自将军已下皆负薪填决河"，"薪柴少，而下淇园之竹以为楗。"武帝为之作歌曰：

> 塞长茭兮沈美玉，河伯许兮薪不属。薪不属兮卫人罪，烧萧条兮噫呼何以御水！颓林竹兮楗石菑，宣房塞兮万福来。②

这里所谓"茭"，是竹革编制的绲索。东汉光武帝北征燕代，寇恂又曾"伐淇园之竹，为矢百余万"，"转以给军"。③

《后汉书·郭伋传》记录了东汉初年郭伋为并州牧时在西河美稷与当地童儿愉快会面的故事：

> 始至行部，到西河美稷，有童儿数百，各骑竹马，道次迎拜。伋问："儿曹何自远来？"对曰："闻使君到，喜，故来奉迎。"伋辞谢之。及事讫，诸儿复送至郭外，问："使君何日当还？"伋谓别驾从事，计日告之。行部既还，先期一日，伋为违信于诸儿，遂止于野亭，须期乃入。④

美稷地在今内蒙古准格尔旗西北。

现今华中亚热带混生竹林区的北界，在长江中下游地区，大致位

---

① 《史记·货殖列传》，第 3253~3254 页。
② 《史记·河渠书》，第 1413 页。
③ 《后汉书·寇恂传》，中华书局，1965，第 621 页。
④ 《后汉书·郭伋传》，第 1093 页。

于长沙、南昌、宁波一线。而华中亚热带散生竹林区的北界，则大致与北纬35°线重合。① 而当时竹类生长区的北界，已几近北河今天沙漠地区的边缘。

居延地区有竹简出土，取材当不至于十分遥远。又如简文：

　　大竹一　　车荐竹长者六枚反笱三枚车荐短竹三十枚（E. P. T40：16）②

也体现当地车具应用竹材的情形。

《后汉书·西羌传》记述，汉安帝时羌人起义，"无复器甲，或持竹竿木枝以代戈矛"③。可知陇山一带，竹材仍常以为习见器用。马融《长笛赋》所谓"惟箘笼之奇生兮，于终南之阴崖"④，也体现秦岭北坡散生竹类的存在。

据《水经注》卷一八《渭水》引诸葛亮《表》，诸葛亮据武功水与司马懿战，曾"作竹桥，越水射之"⑤。似乎关中仍有可以提供建筑材料的竹林。然而与西汉时期比较，已经看不到关于所谓"渭川千亩竹"，"竹林""榛榛"，"筱簜敷衍，编町成篁"的记载。戴凯之《竹谱》写道："竹虽冬蒨，性忌殊寒，九河鲜育，五岭实繁。"⑥ 竹类作为适宜温湿气候的植物，其分布地域的变化当与气候的变迁有关。

---

① 西北师范学院地理系、地图出版社主编《中国自然地理图集》，地图出版社，1984，第88页；《中国植被编辑委员会》编著《中国植被》，科学出版社，1980，第413～416页。黄河以北至山东半岛一线的暖温带落叶阔叶林区，仍有局部的栽培竹林和星散分布的野生竹类，但已不是竹类的主要分布区。

② 张德芳主编，杨眉著《居延新简集释（二）》，甘肃文化出版社，2016，第285页。

③ 《后汉书·西羌传》，第2886页。

④ 《六臣注文选》卷一八，第325页。

⑤ （北魏）郦道元著，陈桥驿校证《水经注校证》，中华书局，2007，第439页。《太平御览》卷七二引《诸葛亮传》则作"作东桥"。

⑥ （晋）戴凯之撰《竹谱》，《景印文渊阁四库全书》第845册，第173页。

《后汉书·襄楷传》记载：汉桓帝延熹七年（164），"其冬大寒，杀鸟兽，害鱼鳖，城傍竹柏之叶有伤枯者"，"柏伤竹枯"，被看作危及天子的凶兆。又《续汉书·五行志二》："桓帝延熹九年，雒阳城局竹柏叶有伤者。"① 这些都说明气候变化对中原地区竹类生长的影响。

《三国志·魏书·嵇康传》注引《魏氏春秋》写道，嵇康"寓居河内之山阳县"，与阮籍、山涛、向秀、阮咸、王戎、刘伶"相与友善，游于竹林，号为七贤"②。山阳在今河南焦作东，③ 其地在"淇园之竹"出产地西南。而作为名士聚游之处的竹林，可能只是与当地一般自然景观相异的名胜。然而随着气候继续转而干冷，情况又在发生变化。《水经注》卷九《清水》写道："郭缘生《述征记》所云，白鹿山东南二十五里有嵇公故居，以居时有遗竹焉。"④ 可知原有竹林已经不存。《太平御览》卷九六二引《述征记》则写道："仙（山）阳县城东北二十里有中散大夫嵇康宅，今悉为田墟，而父老犹种竹木。"⑤

除了著名的嵇康竹林"悉为田墟"之外，郦道元在说到"汉武帝塞决河，斩淇园之竹木以为用；寇恂为河内，伐竹淇川，治矢百余万以输军资"之后，又指出："今通望淇川，无复此物。"⑥

竹林的生境特点除深厚肥沃的土壤外，更要求温暖湿润的气候。秦汉竹林分布范围的变化，可以反映气候的历史变迁。

① 《续汉书·五行志二》，《后汉书》，第 1076、3298 页。
② 《三国志·魏书·嵇康传》，第 606 页。
③ 谭其骧主编《中国历史地图集》第 3 册，中国地图出版社，1982，第 5~6 页。
④ （北魏）郦道元著，陈桥驿校证《水经注校证》，第 225 页。
⑤ （宋）李昉等撰《太平御览》，中华书局据上海涵芬楼宋本影印，1960，第 4271 页。《太平御览》卷一八〇引《述征记》："山阳县城东北二十里魏中散大夫嵇康园宅，今悉为田墟，而父老犹谓嵇公竹林地，以时有遗竹也。"（第 877 页）
⑥ （北魏）郦道元著，陈桥驿校证《水经注校证》卷九《淇水》，第 236 页。

黄河流域稻作经济

稻米，西汉时曾经是黄河流域主要农产。《汉书·东方朔传》所谓"关中"天下陆海之地"，"又有粳稻、黎栗、桑麻、竹箭之饶"，将稻米生产列为经济收益第一宗。西汉总结关中地区农耕经验的《氾胜之书》写道：

> 种稻，春冻解，耕反其塍。种稻区不欲大，大则水深浅不适。冬至后一百一十日可种稻。稻地美，用种亩四升。始种稻欲温，温者缺其塍，令水道相直；夏至后大热，令水道错。

又写道：

> 三月种粳稻，四月种秫稻。[1]

《汉书·昭帝纪》说到"故稻田使者燕仓先发觉"上官桀谋反事，如淳注：

> 特为诸稻田置使者，假与民收其税入也。[2]

说明黄河流域的稻作经济，当时受到中央政府的直接关注。关中地方专门设置"稻田使者"官职。

《汉书·东方朔传》所谓汉武帝微行游猎，"驰骛禾稼稻粳之地"，《扬雄传下》引《长杨赋》"驰骋粳稻之地"[3]，也说明当时关中稻米

---

[1] 万国鼎辑释《氾胜之书辑释》，农业出版社，1980，第 121 页。
[2] 《汉书·昭帝纪》，第 227 页。
[3] 《汉书》，第 2847、3564 页。《文选》卷九引作"驰骋粳稻之地"。

种植之普遍。

甚至河西地区也曾经营水稻生产，《居延汉简甲乙编》可见"稻"字。[①] 而居延出土帛书有"粳米"（乙附 51）字样，居延汉简又可见：

> 白米（335.48）
> 善米（E. P. T57：68B）
> 粺米（E. P. T4：56）
> 稗米（E. P. T40：201）[②]

"粺米"即精米。《诗·大雅·召旻》："彼疏斯粺，胡不自替。"毛亨传："彼宜食疏，今反食精粺。"郑玄笺："疏，粗也，谓粝米也。""米之率，粝十粺九。"[③] 简文"用粺米四斗八升少"与"用梁（粱）☑"连文。"稗"小精米，通"粺"。《文选》卷三四曹植《七启》："芳菰精稗"。李善注："'稗'与'粺'，古字通。"简文恰"稗""粗"对应，作："廿八日，稗米七斗，粗米一石三斗。"

敦煌汉简亦可见：

> 白米（713A）
> 白粺米（246）
> 白粱稷米（1308，悬泉置简 87.89C：19）

---

① 132.20A，"稻"，谢桂华、李均明、朱国炤的《居延汉简释文合校》改释为"榗"（文物出版社，1987，第 219 页）。《居延汉简（贰）》改释为"橺"，简牍整理小组编《居延汉简（贰）》，（台北）中研院历史语言研究所专刊之一〇九，2015，第 75 页。

② 谢桂华、李均明、朱国炤：《居延汉简释文合校》，第 527 页；张德芳主编，马智全著《居延新简集释（四）》，甘肃文化出版社，2016，第 493 页；张德芳主编，孙占宇著《居延新简集释（一）》，第 279 页；张德芳主编，杨眉著《居延新简集释（二）》，第 329 页。

③ （清）阮元校刻《十三经注疏》，中华书局据原世界书局缩印本，1980，第 579 页。

　　秿米（290A）①

　　"白米"与居延汉简 335.48 同。"白粺米"较"粺米"更突出其"白"。简文"白粺米二斛"正与"黍米二斛"对应。所谓"秿米"，《说文·秿部》："秿米，一斛舂为八斗也。"段玉裁注："粝米一斛舂为九斗也。"桂馥《说文解字义证》："秿，当为九斗。"又《说文·米部》："粺，秿也。"《淮南子·主术》："太羹不和，粢食不秿。"高诱注："秿，细也。"② 简文正作"就舂碓秿米。"

　　由于居延汉简和敦煌汉简可见"粟米""黍米""稷米""黄米"等，上引简例中说到的几种米，有可能是指稻米。

　　《后汉书·张堪传》记载，东汉初，张堪拜渔阳太守，曾"于狐奴开稻田八千顷，劝民耕种，以致殷富"③，也是有关两汉之际稻区北界的史料。狐奴，据谭其骧《中国历史地图集》标示，其地在今北京密云、顺义之间。④《清史稿·柴潮生传》载柴潮生乾隆八年（1743）上疏追述"汉张堪为渔阳太守"事迹，则说"狐奴，今昌平也"⑤。正如许倬云所指出的，"即便旱稻是一种可供选择的作物，居住在水源比较充足地区的汉代农民，仍然可以在多种作物中作出更好的选择。由于粟与豆类作物能适应大多数的气候条件，稻农可以将之与稻进行轮作，在有些地区，例如淮河流域，甚至可以将麦与稻组合在一起轮作。事实上，甚至往北远至今陕西与河北省，也能发现当地在汉代有稻的种植"。论者引用张堪事迹，并说明："狐奴位于今河北密云

---

　　① 吴礽骧、李永良、马建华释校《敦煌汉简释文》，甘肃人民出版社，1991，第 73、24、136、29 页。
　　② （汉）许慎撰，（清）段玉裁注《说文解字注》，上海古籍出版社据经韵楼藏版，1981，第 334、331 页；何宁撰《淮南子集释》，中华书局，1998，第 651 页。
　　③《后汉书·张堪传》，第 1100 页。
　　④ 谭其骧主编《中国历史地图集》第 2 册，中国地图出版社，1982，第 27~28、61~62 页。
　　⑤《清史稿》，中华书局，1977，第 10536 页。

西南部。其灌溉用水引自向南流经此地的白河。"①

就黄淮海平原的水稻种植而言,邹逸麟认为自战国以后"有显著发展",比较集中的地方有"三河地区"、"黄淮平原"和"幽蓟地区"。② 所依据的史料,都确质无疑。

《史记·货殖列传》说,"楚越之地""饭稻羹鱼",《汉书·地理志下》说,"江南""民食鱼稻"。③ 对于"长江流域的稻作农业",曾骐指出其"起源地带"在"北纬30°",然而"从贾湖发现的资料分析,8000年前,其分布带已超过北纬33°"。④ 游修龄则说其地在北纬35°33′。⑤ 可见气候变迁导致的稻作区北界的摆动,曾经有相当大的幅度。

气候变迁与主要作物由水稻而豆麦的转换

《汉书·食货志上》记载,董仲舒曾上书说:"今关中俗不好种麦","愿陛下幸诏大司农,使关中民益种宿麦,令毋后时"。颜师古注:"宿麦,谓其苗经冬。"应即冬小麦。

《汉书·武帝纪》:元狩三年(前120),"遣谒者劝有水灾郡种宿麦"。据《史记·平准书》,是年"山东被水灾,民多饥乏"。然而以行政力量大规模推广冬小麦种植,又很可能与气候寒温的变化有关。《汉书·武帝纪》:元狩元年(前122)"十二月,大雨雪,民冻死"。

---

① 许倬云:《汉代农业:中国农业经济的起源及特性》,王勇译,广西师范大学出版社,2005,第84、190页。另一种译本关于"事实上,往北远至今日的山西省和河北省,都已发现在汉朝时有稻谷种植"(《汉代农业:早期中国农业经济的形成》,程农、张鸣译,邓正来校,江苏人民出版社,1998,第95页)的提法,是将"陕西"误译为"山西"。

② 邹逸麟:《历史时期黄河流域水稻生产的地域分布和环境制约》,《复旦学报》(社会科学版)1985年第3期;《先秦两汉时期黄淮海平原的农业开发与地域特征》,中国地理学会历史地理专业委员会、《历史地理》编辑委员会编《历史地理》第11辑,上海人民出版社,1993,第17页。

③ 《史记》,第3270页;《汉书》,第1666页。

④ 曾骐:《北纬30°——中国稻作农业起源地带》,周肇积、江惠生、倪根金、陈瑞平主编《古今农业论丛》,广东经济出版社,2003。

⑤ 游修龄:《稻文化与粟文化比较》,游修龄编著《农史研究文集》,中国农业出版社,1999,第296页。

《汉书·五行志中之下》："武帝元狩元年十二月，大雨雪，民多冻死。"① 冬寒对次年水稻种植的必然影响，自然可以成为第三年决策号召"益种宿麦"的原因。②

《汉书·赵充国传》关于兵出张掖、酒泉合击羌人之议，说道：

以一马自佗负三十日食，为米二斛四斗，麦八斛。③

可知军粮中"麦"与其他谷物"米"相比，所占比例甚高，达到总数的 76.92%。敦煌汉简中也有可以反映军中粮食消费中米麦比例的资料。如：

……

二月晦受米　石麦八石

……

二日出米二斗麦五斗

三日出米二斗麦六斗

三日出米二斗麦六斗

五日出米二斗麦六斗又二斗

……

八日出米二斗麦六斗

九日出米三斗麦五斗食马（A）

---

① 《汉书·食货志上》，第1137页；《汉书·武帝纪》，第177、174页；《汉书·五行志中之下》，第1424页；《史记·平准书》，第1425页。

② 邹逸麟《历史时期黄河流域水稻生产的地域分布和环境制约》[《复旦学报》（社会科学版）1985年第3期]一文曾经指出"历史时期黄河流域的气候和降水条件有过波动性的变化"，然而在分析秦汉水稻生产地域分布的变化时，则指出"到了东汉末年，关中地区因军阀混战，水利工程遭到严重破坏，水稻生产受到影响"，似乎并不认为"水稻生产"的衰落与气候条件的作用有关。

③ 《汉书·赵充国传》，第2978页。

......

十一日出米二斗麦六斗

十二日出米二斗麦五斗

......

十三日出米□斗

十五日出米二斗

......

十八日出米三斗

十九日出米三斗半（B）（318）

据这枚简不完全的"出米""麦"记录统计，合计出米二石五斗半，出麦四石七斗。"麦"占军粮总数的 64.83%。而通常情形"出米二斗麦五斗""出米二斗麦六斗""出米二斗麦六斗又二斗"，麦和米的比例分别为 5∶2、3∶1、4∶1。敦煌汉简编号邻近的简例又有：

五日　出米三斗　出麦泰斗食马　出麦二石予李士冯迁
　　　出粟一石　　　　　　　　出麦三石予召男君兰（319）①

在这枚简例中，"五日"这一天，"出米"三斗，"出粟"一石，"出麦"六石七斗。"麦"占所"出"谷物总数的 83.75%。

居延汉简也说到以麦作为驿马饲料的情形，如：

出麦廿七石五斗二升　以食斥候驿马二匹五月尽八月（303.2）

出麦大石三石四斗八升　闰月己丑食驿马二匹尽丁酉

---

① 吴礽骧、李永良、马建华释校《敦煌汉简释文》，第 32~33 页。

□（495.11）①

也都反映河西地区麦产之丰饶。以现今农耕生产水准考虑，这一情形也是难以想象的。对于关中地区的稻作经济，或许也应当以新的思路理解。

《晋书·食货志》载晋元帝太兴元年（318）诏："徐、扬二州土宜三麦，可督令熯地，投秋下种，至夏而熟，继新故之交，于以周济，所益甚大。昔汉遣轻车使者氾胜之督三辅种麦，而关中遂穰。勿令后晚。"② 则暗示汉时关中是因气候变迁出现了农耕生产由稻而麦的转换。

有农业史学者曾经论述，大豆曾与粟共同作为黄河流域居民的主要食粮，但自西汉时期起，"大豆则逐步转入'蔬饵膏馔'之中"③。梁家勉主编《中国农业科学技术史稿》也说："汉代大豆作为主粮的地位已下降，逐渐向副食方向发展。"④ 然而从西汉后期以来的历史资料看，大豆相反却又有逐步转为主要粮产的趋势。《氾胜之书》："谨计家口数，种大豆，率人五亩，此田之本也。"⑤ 陕西咸阳茂陵西汉中期空心砖墓出土釉陶仓中有豆的外壳，陶仓顶部有墨书题记"大豆一京"等，⑥

---

① 谢桂华、李均明、朱国炤：《居延汉简释文合校》，第 495、594 页。
② 《晋书·食货志》，中华书局，1974，第 791 页。
③ 李长年编著《农业史话》，上海科学技术出版社，1981，第 83 页。
④ 梁家勉主编《中国农业科学技术史稿》，农业出版社，1989，第 233 页。
⑤ 万国鼎辑释《氾胜之书辑释》，第 129 页。
⑥ 陕西茂陵博物馆、咸阳地区文管会：《陕西咸阳茂陵西汉空心砖墓》，文物编辑委员会编《文物资料丛刊（6）》，文物出版社，1982。发掘者认为其年代为西汉中期。同出陶仓顶部墨书题记又有"小麦一京""月粟一京""麻一京"等。据发掘者记录，"出土时，仓内有粟、豆、麻、黍等的外壳"。今按："京"同"京"，通常指方形谷仓。《急就篇》第二十章："门户井灶庑囷京。"颜师古注："京，方仓也。"《广雅·释宫》："京，仓也。"王念孙《疏证》引《说文》："圜谓之'囷'，方谓之'京'。"一说"京"即大型谷囷。《管子·轻重丁》："有新成囷京者二家。"尹知章注："大囷曰'京'。"《史记·扁鹊仓公列传》："建故有要脊痛。往四五日，天雨，黄氏诸倩见建家京下方石，即弄之，建亦欲效之，效之不能起，即复置之。"裴骃《集解》："徐广曰：'京者，仓廪之属也。'"则"京"又指一般"仓廪"。顶书"大豆一京"的陶仓模型即是圆仓。

可以看作当时关中推广大豆种植的文物证明。

《后汉书·光武帝纪上》对于黄河流域灾年农田植被有这样的记述：

> 初，王莽末，天下旱蝗，黄金一斤易粟一斛。至是野谷旅生，麻尗尤甚。

《说文·尗部》："尗，豆也。"可见当时的气候条件，尤适宜于菽豆生长。《后汉书·冯异传》记载，建武三年（27），车骑将军邓弘与赤眉军战于湖，"大战移日，赤眉阳败，弃辎重走。车皆载土，以豆覆其上，兵士饥，争取之。赤眉引还击弘，弘军溃乱"，"时百姓饥饿，人相食，黄金一斤易豆五升"[①]。也说明"豆"在当时已经是主要农产。

《四民月令》中几乎逐月都有关于"豆"的内容。如：

正月，"可种春麦、豍豆，尽二月止"。

二月，"可种植禾、大豆、苴麻、胡麻"，"可粜粟、黍、大小豆、麻、麦子"。

三月，"可种粳稻及植禾、苴麻、胡豆、胡麻"，"'昏参夕，桑椹赤'，可种大豆，谓之上时"。

四月，"可种黍、禾——谓之上时——及大小豆、胡麻"。

五月，"粜大小豆、胡麻"。

六月，"可粜大豆"。

七月，"可粜小大豆"。

八月，"收豆藿"。

十月，"籴粟、大小豆、麻子"。

---

① 《后汉书·光武帝纪上》，第32页；《后汉书·冯异传》，第646页。

十一月，"籴粳稻、粟、大小豆、麻子"。①

可见东汉时以洛阳为中心的农业区已十分重视豆类种植。洛阳汉墓出土陶仓有朱书"大豆万石"题记者，② 也反映当地豆类作物经营相当普及的事实。

汉献帝兴平元年（194），三辅大旱，"是时谷一斛五十万，豆麦一斛二十万，人相食啖，白骨委积。帝使侍御史侯汶出太仓米豆，为饥人作糜粥，经日而死者无降"③，"时敕侍中刘艾取米豆五升于御前作糜，得满三盂，于是诏尚书曰：'米豆五升，得糜三盂，而人委顿，何也？'"④ 袁宏《后汉纪》卷二七记述："于是谷贵，大豆一斛至二十万。长安中人相食，饿死甚众。帝遣侍御史侯汶出太仓米豆，为贫人作糜，米豆各半，大小各有差。"⑤ 大豆在灾情严重时对于救助饥民有特别重要的意义，而"米豆各半"可以体现太仓储粮品种的大致比例，也可以说明豆久已成为最受重视的农作物之一的事实。曹植著名的《七步诗》以"煮豆燃豆萁"借喻亲情绝灭，也从一个侧面反映了豆类作物对于民间一般社会生活的意义。

农耕作物由以适宜"暑湿"⑥"可种卑湿"⑦ 的稻为主，到可以种植于"高田"，"土不和"亦可以生长的"保岁易为"足以"备凶年"的大豆⑧受到特殊重视，似乎可以看作西汉至于东汉气候条件发生若干变化的例证之一。

---

① （汉）崔寔著，石声汉校注《四民月令校注》，中华书局，1965，第 13、20、23、26、32、46、54、58、62、69、72 页。
② 洛阳区考古发掘队编《洛阳烧沟汉墓》，科学出版社，1959，第 112 页。
③ 《后汉书·献帝纪》，第 376 页。
④ 《后汉书·献帝纪》李贤注引袁宏《后汉纪》，第 376 页。
⑤ （东晋）袁宏撰，张烈点校《后汉纪》，中华书局，2002，第 529 页。
⑥ 《史记·大宛列传》，第 3163 页。
⑦ 《史记·夏本纪》，第 51 页。
⑧ 《氾胜之书》："大豆保岁易为，宜古之所以备凶年也。""三月榆荚时有雨，高田可种大豆。土和无块，亩五升；土不和，则益之。"万国鼎辑释《氾胜之书辑释》，第 129 页。

　　王褒《僮约》："五月当获，十月收豆。"有学者以为可以说明"当时四川地区已进行豆、稻轮作"①。东汉末年，张陵"造作道书"，"从受道者出五斗米，故世号'米贼'"，似乎所据巴、汉地区以稻米生产为主。而《三国志·魏书·陈群传》"太祖昔到阳平攻张鲁，多收豆麦以益军粮"，又说明"豆麦"是当地主要农产。《三国志·吴书·陆逊传》记载，陆逊临襄阳前线，面对强敌而镇定自若，"方催人种荳豆，与诸将弈棋射戏如常"②。可见当时豆类作物在江汉平原亦得以普遍种植。

　　长沙走马楼竹简所见租赋征收记录中，有反映农耕生产作物品种的信息。整理和分析这些资料，有助于加深对农史相关问题的理解。例如，我们看到有可能反映"调"豆的记录。"调"是否即赋税征收，"豆"是否即豆类农产，"调"与"豆"是否有直接关系，都还不能确定。简文又可见有关"豆租""大豆租"的内容。由此可知当时长沙地区"豆"类作物的种植已经具备相当大的规模，所以地方政府能够征收"豆租"和"大豆租"。"豆"也成为仓储的重要内容之一。从走马楼竹简可知，当时长沙平民社会中颇有以"豆"作为人名用字者，命名使用"豆"字，可以说明当时人们对这种农作物的熟悉和喜爱。在黄河流域的生产结构中，"豆"类作物作为"粮食作物"，"在市场中的重要性"和"在农业生产上"的"绝对主导地位"是受到肯定的。走马楼竹简所见"豆租""大豆租"，则体现了"豆"在长江流域特别是江南地区经济生活中的地位。有学者在讨论栽培大豆的推广时指出，"中国栽培大豆起源于北方某地，然后逐步传播到整

----

　　① 桑润生：《大豆小传》，《光明日报》1982年9月3日。《氾胜之书》关于"区种麦"，说到"禾收，区种"。如此可以实现两年三熟，又如《周礼·地官·稻人》郑玄注引郑司农曰："今时谓禾下麦为荑下麦，言芟刈其禾，于下种麦也。"豆麦复种之例，则见于《周礼注疏》引《周礼·秋官·薙氏》郑玄注："又今俗间谓麦下为夷下，言芟夷其麦以其下种禾、豆也。"（清）阮元校刻《十三经注疏》，第746、869页。

　　② 《三国志·魏书·张鲁传》，第263页；《三国志·魏书·陈群传》，第635页；《三国志·吴书·陈逊传》，第1351页。

个黄河流域，再传播到长江流域乃至全国"。论者虽然注意到"湖南和湖北出土的大豆文物，大约在汉代"，但是似乎并不以为可以作为大豆在当地广泛种植的确证，在关于"大豆在江南地区的传播"的论述中，首先说道："大豆最迟在晋代传入江西。晋陶潜《归田园诗》中有'种豆南山下，草盛豆苗稀'的诗句。陶潜是江西九江人，这里所说的'南山'指的是庐山。"① 这样的认识，显然可以据走马楼简提供的信息予以修正。走马楼三国吴简所见长沙地方的"豆"作为征纳对象和仓储内容，反映了北方农事经验移用于江南的事实。在复杂的社会背景下，江南接纳了众多的北方移民。② 江南的开发，为全国经济重心向东南方向的转移准备了条件。③

《四民月令》说，三月"时雨降"，可种植"胡豆"。李时珍《本草纲目》以为"胡豆"即豌豆，又说到"今则蜀人专呼蚕豆为胡豆"④。缪启愉则以为"胡豆"可能是指豇豆。他指出："如果说胡豆就是豌豆，亦即䟙豆，《四民月令》'正月'篇说：'可种春麦、稗豆，尽二月止'，稗豆即䟙豆，不应在同一本书里把胡豆和稗豆并列。而且这里说'尽二月止'，三月就不宜种了，更不应在'三月'篇里又说可种豌豆。可见崔寔所说胡豆决不是豌豆。"他又否定了"胡豆"是蚕豆的说法："现在四川仍称蚕豆为胡豆。但《四民月令》所说农事，是黄河下游的情况，现在开封洛阳一带没有种蚕豆，要向南

---

① 郭文韬编著《中国大豆栽培史》，河海大学出版社，1993，第10、12 页。论者对若干史料的理解存在错误。如关于"大豆在江南地区的传播"的第二步骤，书中写道："晋代大豆在长江以南和台湾海峡以北沿海地区的传播在《晋书·五行志》中有明确记载：'元帝大兴元年（318 年）……七月，东海、彭城、下邳、临淮四郡蝗虫害禾豆'。可见东晋初年，江苏、浙江、福建的沿海地区，已经普遍栽培大豆。"事实上"东海、彭城、下邳、临淮四郡"，并不涉及"浙江、福建的沿海地区"和"台湾海峡以北沿海地区"。

② 王子今：《试论秦汉气候变迁对江南经济文化发展的意义》，《学术月刊》1994 年第9 期。

③ 王子今：《长沙走马楼竹简"豆租""大豆租"琐议》，陈伟主编《简帛》第3 辑，上海古籍出版社，2008。

④ 陈贵廷主编《本草纲目通释》，学苑出版社，1992，第1266 页。

到信阳附近才能栽培蚕豆，可见崔寔所说胡豆，显然不可能是蚕豆。"① 这种论点其实是缺乏说服力的。以"现在开封洛阳一带没有种蚕豆，要向南到信阳附近才能栽培蚕豆"作为论据之所以缺乏坚实的基础，首先是没有考虑到古今气候的变化。"胡豆"之得名，正是由于自西北传入中原。居延汉简有"胡豆四石七斗"简文（310.2）②，说明汉时河西地区尚有"胡豆"种植。现今甘肃许多地方仍然称蚕豆为"胡豆"。③

稻处种麦

许倬云写道："小麦与大麦都是在西亚首先驯化的。它们的中文名意味着前者传入中国的时间要晚于后者。"④ "汉代大麦、小麦都有栽培。不过在公元前 2 世纪小麦还没有被人们普遍接受，至少是没有被京畿地区也就是今陕西省的人们所接受，而该地区现在却是一个小麦产区。⑤ 不仅董仲舒建议应该敦促都城附近的人们种植小麦，而且在公元前 1 世纪政府还派遣了一位专家去当地传授人们栽培小麦与大麦的技术。⑥ 当然，这种现象可能只是地域性的。无论如何，《氾胜之书》非常详细地记载了小麦的栽培技术，而且大约公元前 1 世纪中期的居延汉简透露在西部边疆屯驻地也有麦供应。⑦ 到公元 2 世纪小麦

---

① （东汉）崔寔著，缪启愉辑释《四民月令辑释》，农业出版社，1981，第 45 页。
② 简 488.1 又可见"桂十二，胡豆二，□十七"简文，可能是"胡豆"入药的记录。谢桂华、李均明、朱国炤：《居延汉简释文合校》，第 505、590 页。
③ 许倬云正确地指出："至少有一种豆类作物，即蚕豆，是在汉代由张骞引进的。"许倬云：《汉代农业：中国农业经济的起源及特性》，王勇译，广西师范大学出版社，2005，第 82 页。
④ 今按：大麦和小麦其"中文名意味着前者传入中国的时间要晚于后者"的说法可以商榷。其实"大""小"之异更可能是前者成熟、收获日期较早的缘故。
⑤ 今按：西汉"京畿地区"应是指今陕西中部地区。
⑥ 原注引《汉书·食货志上》董仲舒语。并指出："这应该是一份单独的上书。"
⑦ 原注："劳干：《居延汉简·考释之部》，'考证'（1960 年），第 59~61 页。"又写道："不过，劳干认为这里提到的'麦'主要是大麦。"

与大麦在农村已经变得非常普遍，以至二者在儿歌中都被提及了。[①]有一支标明日期在汉亡后不久的出自西部边疆驻地的汉简，还将小麦、大麦与粟并列为当地种植的三种主要农作物。"[②]

张衡《南都赋》中写道："冬稌夏穱，随时代熟。"[③] 刘良注："穱，麦也。"或说即早熟的麦。《说文·米部》："糳，早取谷也。"段玉裁注："《内则》'稌穱'注云：孰获曰'稌'，生获曰'穱'。《正义》曰：'穱'是敛缩之名。明以生获，故其物缩敛也。按：'穱'即'糳'字，亦作'穛'。古'爵'与'焦'同音通用也。《大招》《七发》皆云'穱麦'。王逸云：择麦中先孰者也。《大招》以为饭，《七发》以饲马。《吴都赋》云：穱秀苪穗。《广韵》云：穱者，稻处种麦。皆与早取之义合。凡早取谷皆得名穱，不独麦也。"[④]

有学者根据《集韵》所谓"稌，换稻也"，"穱，稻下种麦也"，以为"冬稌夏穱，随时代熟"是说稻麦复种一年两熟。有的学者则指出，"上引诗句是泛指南阳地区情况，非指同一田亩中冬夏两熟。而且在当时南阳地区的自然条件和社会经济条件下，夏收的麦是无法与冬天收获的稻复种"[⑤]。然而，若考虑到当时气候有异于现今的自然条件，似不能排除"冬稌夏穱"是指稻麦复种一年两熟的可能。其实，即使在现今气候条件下，豫南、鄂西北也可以归入实行"早、中稻与

---

① 原注据《太平御览》卷八三八："桓帝统治时，天下童谣曰：'小麦青青大麦枯，谁当获者妇与姑。丈夫何在西击胡。'"今按：事见《续汉书·五行志一》"桓帝之初，天下童谣曰：'小麦青青大麦枯，谁当获者妇与姑。丈人何在西击胡，吏买马，君具车，请为诸君鼓咙胡。'案元嘉中凉州诸羌一时俱反，南入蜀、汉，东抄三辅，延及并、冀，大为民害。命将出众，每战常负，中国益发甲卒，麦多委弃，但有妇女获刈之也。吏买马，君具车者，言调发重及有秩者也。请为诸君鼓咙胡者，不敢公言，私咽语"（《后汉书》，第3281页），不必远引《太平御览》中《续汉书》语。

② 许倬云：《汉代农业：中国农业经济的起源及特性》，王勇译，广西师范大学出版社，2005，第80~81、212~213页。原注据"罗振玉：《流沙坠简考释》，简31〔2：27〕"。然而所谓"这段文字刻于简面"，"这段文字刻于简背"，其说有误。简文应是书写于简的正面和背面。

③ 《六臣注文选》卷四，第85页。

④ （汉）许慎撰，（清）段玉裁注《说文解字注》，第330~331页。

⑤ 梁家勉主编《中国农业科学技术史稿》，第193页。

冬小麦或油菜、蚕豆、豌豆、绿肥搭配的组合"，从而实现"一年两熟"的地区。①

对照汉代南阳地方"稻处种麦"即稻麦复种一年两熟的情形，可以推知长安、洛阳地区由稻而麦的主要农作物的转换，应当经历过一个历史过渡的过程。

二十四节气的变化

二十四节气的出现及其对于指导生产的意义，体现出中国传统农耕文明的历史成就。人们注意到，作为根据气候条件决定农时的农事规范，二十四节气在秦汉时期发生过某种变化。

《礼记·月令》说，孟春之月，"蛰虫始振"。郑玄注："振，动也。《夏小正》：'正月启蛰。'""汉始亦以惊蛰为正月中。"《礼记·月令》又写道：仲春之月，"始雨水"。郑玄注："汉始以雨水为二月节。"这就是说，后来二十四节气中"雨水—惊蛰"的次序，在汉代发生变化以前，起初是"惊蛰—雨水"。②

这大约可以说明，在当时的气候条件下，初春气温回升至"蛰虫始振"时，要较后世为早。

《汉书·律历志下》备列二十四节气并载明相应星度，写道：诹訾，"中营室十四度，惊蛰。今曰'雨水'"。"降娄，初奎五度，雨水。今曰'惊蛰'。""大梁，初胃七度，谷雨。今曰'清明'。中昴八度，清明。今曰'谷雨'。"③ 可见，后来二十四节气中"清明—谷雨"的次序，在西汉时期起初是"谷雨—清明"。

---

① 中国植被编辑委员会编著《中国植被》，科学出版社，1980，第711页。
② （清）阮元校刻《十三经注疏》，第1354页。清人李调元《月令气候图说》写道："古以'惊蛰'为正月，'雨水'为二月节也。《尔雅》师古于'惊蛰'注云'今曰雨水'，又'雨水'注云'今曰惊蛰'可见矣。"（清）李调元撰《童山集》文集卷一一，清乾隆刻《函海》道光五年增补本，第459页。
③ 《汉书·律历志下》，第1005页。

今本《淮南子·天文》所列二十四节气次序与现今相同。有学者指出：" '惊蛰' 本在 '雨水' 前，'谷雨' 本在 '清明' 前。今本 '惊蛰' 在 '雨水' 后，'谷雨' 在 '清明' 后者，后人以今之节气改之也。"《汉书·律历志下》所记，正说明 "汉初惊蛰在雨水前，谷雨在清明前也"，"桓五年《左传正义》引《释例》曰：'汉太初以后更改气名，以雨水为正月中，惊蛰为二月节。'《月令正义》引刘歆《三统历》：'雨水正月中，惊蛰二月节。'① 又引《易通卦验》：'清明三月节，谷雨三月中。'《艺文类聚·岁时部上》引《孝经纬》曰 '斗指寅为雨水，指甲为惊蛰，指乙为清明，指辰为谷雨'。三书皆出太初以后，故气名更改"。此外，"《逸周书·周月篇》：'春三月中气惊蛰、春分、清明'，今本作 '雨水、春分、谷雨'，《时训篇》：'惊蛰、雨水、谷雨、清明'，今本雨水在惊蛰前，清明在谷雨前"，也同样 "皆后人所改"。②

西汉后期这种节气序次更动的原因，按照《礼记·月令》孔颖达疏的说法，叫作 "由气有参差故也"，即气候条件之变化使然。

《吕氏春秋·审时》总结所谓 "耕道"，强调农耕必须正时，"得时之稼兴，失时之稼约"，"得时者重"，"得时者多米"，"得时者忍饥"。而如若 "失时"，或 "先时" 或 "后时"，都会影响收成。③ 汉代春季节气序次的变换，正是当时人们为了适应气候变化采取的相应措施。气候较暖时，先 "谷雨" 而后 "清明"，使春播提前，以避免 "后时"。气候转冷时，则先 "清明" 而后 "谷雨"，以推迟春播，避免 "先时"，以保证作物的出苗率。④

张汝舟曾以更广阔的历史视角分析节气先后与气候变迁之间的关系。他论证旧题《夏小正》者，"夏" 字后人妄加。《小正》其实

---

① 《礼记·月令》孔颖达疏："是前汉之末则刘歆作《三统历》，改惊蛰为二月节。"
② 刘文典：《淮南鸿烈集解》，中华书局，1989，第101~102页。
③ 许维遹撰《吕氏春秋集释》，中华书局，2009，第700~701页。
④ 参看王鹏飞《节气顺序和我国古代气候变化》，《南京气象学院学报》1980年第1期。

"为殷、周之际颁行之旧典"。以《月令》比较，"至于物候，耳目可资，其所以不同《小正》者，则气候之变也"，"《殷历》节气惊蛰在夏正正月，《月令》孟春之月'蛰虫始振'，正合。《小正》在建丑之正月，气候变也。《太初历》移惊蛰于雨水之后，则又在夏正二月矣。又《七月》言'蚕月条桑'，与《小正》'三月摄桑'，'妾、子始蚕'合，皆在夏正二月。《月令》劝蚕事记在季春，亦气候之变也。气候仍然递变，今浙江蚕月条桑，概在清明前后，则夏正四月也。江北气候渐不适于树桑育蚕，遑论华北，此皆气候递变之可考者"[①]。其具体结论或可商榷，然而通过节气之先后发现气候之"递变"的思路，确实予人以启示。

农时的比较:《氾胜之书》与现今农耕生活

进行古今农时的比较考察，也有助于真切认识历史上气候变迁的实际状况。

例如，反映西汉前期关中地区农耕生产经验的《氾胜之书》中写道:

> 冬至后一百一十日可种稻。
>
> 三月种粳稻，四月种秫稻。[②]

所谓"冬至后一百一十日"，即 4 月 10 日前后。然而现今陕西西安地区以水稻插秧为主要农事活动的仲夏时令，平均初始日期为 6 月 11 日±11 天。[③] 考虑到育秧所用时间，西汉时种稻仍较现今为早，这或许也可以看作当时气候较暖的征象。

---

① 张汝舟:《〈(夏) 小正〉校释》，《二毋室古代天文历法论丛》，浙江古籍出版社，1987，第 103、105、106 页。

② 万国鼎辑释《氾胜之书辑释》，第 121 页。

③ 韩涛等:《陕西省西安地区的四季划分与自然历（1963—1982 年）》，宛敏渭主编《中国自然历选编》，第 355、356、384 页。

《氾胜之书》又说：

> 种麦得时无不善。夏至后七十日，可种宿麦。早种则虫而有
> 节，晚种则穗小而少实。

> 至五月收。①

所谓"夏至后七十日"，即8月30日前后。然而现今陕西西安地区以野菊花始花作为播种冬小麦的指标物候，据1963~1982年西安地区自然历，其平均日期在10月10日。当地小麦播种最早日期为1981年的10月3日，最晚日期为1965年的10月20日。② 据1982~1984年陕西杨陵地区自然历，当地小麦播种平均日期为9月28日，最早日期为1982年的9月20日，最晚日期为1983年的10月1日。③

《氾胜之书》也说到小麦推迟播种的情形："当种麦，若天旱无雨泽，则薄渍麦种以酢浆并蚕矢，夜半渍，向晨速投之，令与白露俱下。酢浆令麦耐旱，蚕矢令麦忍寒。"④ "白露"为秋露。⑤ 西安地区现今进入初秋时令的平均日期为9月19日±7天，杨陵地区则为9月14日±3天。⑥ 小麦播种"令与白露俱下"，时令虽稍后移，但仍然早于现今播种时间。

分析这一现象，除了考虑冬小麦品种之古今差异及夏玉米收

---

① 万国鼎辑释《氾胜之书辑释》，第109~110、114页。
② 韩涛等：《陕西省西安地区的四季划分与自然历（1963—1982年）》，宛敏渭主编《中国自然历选编》，第355、356、384页。
③ 查振道等：《陕西省杨陵地区物候季节的划分和自然历》，宛敏渭主编《中国自然历续编》，科学出版社，1987，第407、415页。
④ 万国鼎辑释《氾胜之书辑释》，第110页。
⑤ 《诗·秦风·蒹葭》："蒹葭苍苍，白露为霜。"毛亨传："白露凝戾为霜然后岁事成。"郑玄笺："白露凝戾为霜则成。"（清）阮元校刻《十三经注疏》，第372页。
⑥ 韩涛等：《陕西省西安地区的四季划分与自然历（1963—1982年）》，宛敏渭主编《中国自然历选编》，第355、382页；查振道等：《陕西省杨陵地区物候季节的划分和自然历》，宛敏渭主编《中国自然历续编》，第407、415页。

获时间①的影响外，还应当注意到冬小麦早播对于"忍寒"的更高要求。冬小麦在苗期必须经过一定时期的低温，才能分化形成结实器官，因而"晚种则穗小而少实"，在适期范围内立争取早播。然而播种过早，会因冬前生长过旺而易遭冻害。西汉冬小麦播种时间偏早的事实，很可能与当时冬寒对麦苗威胁并不十分严重有关。

农时的比较：《氾胜之书》与《四民月令》

《氾胜之书》又写道：

> 夏至后二十日沤枲，枲和如丝。②

《四民月令·五月》则说：

> 先后日至各五日，可种……牡麻。③

"牡麻"即大麻雄株，又称作"枲"。《氾胜之书》"沤枲"时日，依《四民月令》尚未收获，可见前者播种日期显然先于后者。《齐民要术》卷二《种麻第八》："夏至前十日为上时，至日为中时，至后十日为下时。"④其时与《四民月令》相近。可知东汉气候与贾思勰著《齐民要术》的时代类似，而与西汉气候明显不同。

又如《氾胜之书》关于"黍"的种植，说：

---

① 西安地区平均日期为9月29日，杨陵地区平均日期为9月27日。韩涛等：《陕西省西安地区的四季划分与自然历（1963—1982年）》，宛敏谓主编《中国自然历选编》，第355、382页；查振道等：《陕西省杨陵地区物候季节的划分和自然历》，宛敏谓主编《中国自然历续编》，第407、415页。
② 万国鼎辑释《氾胜之书辑释》，第147页。
③ 石声汉校注《四民月令校注》，第41页。
④ （北魏）贾思勰原著，缪启愉校释，缪桂龙参校《齐民要术校释》，农业出版社，1982，第86页。

黍者，暑也，种者必待暑。先夏至二十日，此时有雨，强土可种黍。①

而《四民月令》：

（夏至）先后二日，可种黍。②

种黍时日，东汉较西汉又晚了 18 天至 22 天。

此外，关于种"芋"时日，《氾胜之书》说：

二月注雨，可种芋。③

而缪启愉认为，《齐民要术》卷二《种芋第十六》引《四民月令》"崔寔曰：'正月，可菹芋'"之"可菹芋""应是'可种芋'之误"④，此说或不确。王褒《僮约》有"种姜养芋"语，大约种姜与种芋时节相当。而《四民月令》写道：

（清明）节后十日封生姜，至立夏后芽出，可种之。

又说：

四月，立夏节后，蚕大食，可种生姜。⑤

----

① 万国鼎辑释《氾胜之书辑释》，第 105 页。
② 石声汉校注《四民月令校注》，第 41 页。
③ 万国鼎辑释《氾胜之书辑释》，第 164 页。
④ 缪启愉辑释《四民月令辑释》，第 9 页；缪启愉校释《齐民要术校释》，第 123 页。
⑤ 石声汉校注《四民月令校注》，第 26、31 页。

推想种芋也当大致在清明以后，如此亦晚于《氾胜之书》之所谓"二月"。

《氾胜之书》关于"区种瓜"法，说道：

> 种常以冬至后九十日、百日，得戊辰日种之。①

而《四民月令·三月》则说：

> 种瓜宜用戊辰日。三月三日可种瓜。②

则两汉种瓜时节也有较大差异。

这样，我们进行两汉时期如下几种作物种植农时的历史比较时，都可以看到西汉早于东汉（见表2-1）。

表2-1 　《氾胜之书》《四民月令》作物种植农时比较

作物名称	《氾胜之书》	《四民月令》	相差日数
枲（牡麻）	"夏至后二十日沤枲"	"先后日至各五日，可种……牡麻"	
黍	"先夏至二十日，此时有雨，强土可种黍"	夏至"先后二日，可种黍"	18～22
芋	"二月注雨，可种芋"	大约清明以后	约20～40
瓜	"种常以冬至后九十日、百日"	"三月三日可种瓜"	约3～35①

① "冬至后九十日、百日"，约为3月22日、4月1日。而据方诗铭、方小芬编著《中国史历日和中西历日对照表》（上海辞书出版社，1987）第276～281页，自《四民月令》的作者崔寔经荐举出仕为郎的汉桓帝元嘉元年（151）至其去世的汉灵帝建宁三年（170），"三月三日"换算为公历，最早为3月29日，最晚为4月26日，平均为4月12日左右。

---

① 万国鼎辑释《氾胜之书辑释》，第152页。
② 据《齐民要术》卷二《种瓜第十四》引崔寔曰，第113页。

这样的差别，也体现出两汉之际的气候条件的变迁。

《氾胜之书》所反映的西汉时期关中地区冬小麦早播而"忍寒"的情形，到东汉时也有所转变。《四民月令》记录洛阳地区冬小麦播种农时：

> 凡种大、小麦，得白露节，可种薄田；秋分，种中田；后十日，种美田。①

其时在 9 月 7 日至 10 月 3 日前后，已逐渐与现今农时接近。据 1962~1982 年河南洛阳地区自然历，小麦播种平均日期为 10 月 15 日，最早日期为 1978 年的 10 月 8 日，最晚日期则为 1965 年的 11 月 2 日。②

附论：

关于西汉黄河流域的稻米生产

何德章教授撰文《〈中国历史·秦汉魏晋南北朝卷〉的几个问题》③，肯定了张岂之任总主编的高教版《中国历史》"是迄今叙事跨度最长的一部中国通史，且内容充实，较为全面地反映了学术研究的最新成果"，"全书不以社会形态作为划分中国历史发展的标准，在与王朝更替相关的政治、军事内容之外，突出叙述中国历史上的经济进步、文化发展与社会生活变迁等，更能反映中国历史的总体面貌，令人耳目一新"。何德章教授在肯定全书"优点甚多"的同时，也指出

---

① 石声汉校注《四民月令校注》，第 62 页。

② 何光祥：《河南省洛阳的四季划分与自然历》，宛敏谓主编《中国自然历续编》，第 253、267 页。

③ 何德章：《〈中国历史·秦汉魏晋南北朝卷〉的几个问题》，《中国大学教学》2003 年第 8 期。

其中"存在不少缺陷"。特别就其中的《秦汉魏晋南北朝卷》提出了不少批评。何德章教授说，此教材曾"在教学中加以参考利用，受益良多"，由于"在教学中分工讲授秦汉魏晋南北朝部分，所以对该书'秦汉魏晋南北朝卷'读得较为详细"。经过教学实践总结的意见，自然不能不充分重视。笔者作为这一卷秦汉三国部分的撰稿人，深心感谢何德章教授的关心和指教。

何德章教授的批评许多是中肯的，指出的有些问题，笔者今后将永远引为鉴诫。不过，其中有的意见也还有商榷的余地。

西汉黄河流域的主要农产

比如，何德章教授不同意第119页"西汉时期，稻米曾经是黄河流域的主要农产，稻米生产列为经济收益第一宗"的说法，认为："粟才是西汉时黄河流域的主要粮食作物。汉代黄河流域虽确有种植水稻的史证"，然而"不是主要物产"。其实，教材原稿写作：

> 西汉时期，稻米曾经是黄河流域的主要农产。《汉书·东方朔传》说到关中地区号称"天下'陆海'之地"，其物产包括"粳稻、梨栗、桑麻、竹箭之饶"。稻米生产列为经济收益第一宗。

定稿时可能因为引文过多，删去了这段文字中标有下划线的自"《汉书·东方朔传》说到"至于"竹箭之饶"一句。于是原稿"稻米生产列为经济收益第一宗"的限定地域"关中地区"，变换为"黄河流域"了。① 其间缺乏论证，"第一宗"之说自然显得突兀。这样的疏

---

① 史念海《古代的关中》一文中写道，关中重视能够耐旱的作物，"可是人们也并没有放弃了灌溉的机会，关中早已有稻正是绝大的例证。现在关中主要的农作物是小麦，它之所以成为主要的农作物还不是很古的时候"（《河山集》，生活·读书·新知三联书店，1963，第65页）。

误，责任应当由执笔者承担。但是何德章教授以为"粟才是西汉时黄河流域的主要粮食作物"的观点，似乎还可以商榷。即使就整个"黄河流域"而言，当时稻米生产的地位，仍然是不可以忽视的。

郑玄说与颜师古说的意义

何德章教授说，"西汉初大司农曾改为搜粟都尉，汉文帝时晁错上书言重农，强调'欲民务农，在于贵粟'；'贵粟之道，在于使民以粟为赏罚'，《史记》、《汉书》中关于粟的记录甚多而稻甚少，东汉郑玄述五种即'五谷'，谓'黍、稷、菽、麦、稻'（《史记·五帝本纪》），稻居最后，唐颜师古述五谷为'黍、稷、麻、麦、豆'（《汉书·食货志上》），稻甚至不入五谷之数，都说明粟才是西汉时黄河流域的主要粮食作物"。首先应当指出，何德章教授夹注郑玄说出《史记·五帝本纪》及颜师古说出《汉书·食货志上》应当分别改正为"《史记·五帝本纪》裴骃《集解》引"和"《汉书·食货志上》注"。此外，且不说两位学者一为东汉人，一为唐人，借其所说以说明西汉农业物产，本来就缺乏说服力，而郑玄说见于对黄帝"蓺五种"的解释，颜师古注"种谷必杂五种"，"种即五谷，谓黍、稷、麻、麦、豆也"，针对的也是班固所述"先王制土处民而教之大略也"。所说"五种"都是传说时代事，距离西汉甚为遥远，自然不足以说明西汉农作物在经济生活中的主次。晁错上奏所谓"贵粟"，官职设置所谓"搜粟"，"粟"在这里都是粮食的统称。[1] 之所以如此，是由于"粟"曾经是"黄河流域的主要粮食作物"。然而西汉时期情形有所不同。据 20 世纪 80 年代以前汉代墓葬及部分遗址中出土农作物的资料，[2] 各地主要农作物遗存，珠江流域的广东是稻、黍；长江流域的湖南是稻、小麦、大麦、黍（稷），湖北是稻、小米。这些地

---

[1] 何德章教授所说"《史记》、《汉书》中关于粟的记录甚多"，原因也与此有关。
[2] 其中 90% 以上属西汉时期，东汉遗物很少。

区以稻为先，大家没有异议，而淮河流域的苏北是稻、小米、稷。特别是黄河流域，河南是稻、粟、大麦、小麦、黍、豆、麻、高粱、薏米等，资料来源是洛阳和陕县的汉墓，这两个地区属于黄河流域明确无疑。而陕西的资料，几种主要谷物除糜子、荞麦、高粱、青稞外，其排序为稻、麦、谷子。在黄河流域的主要粮产区河南和陕西，农作物遗存中，稻都列于粟即谷子之前，是值得注意的。在同样属于黄河流域的地区，内蒙古的主要农作物遗存是高粱、荞麦、糜子、谷子、小麦；甘肃则是糜子、荞麦。① 这些资料固然是片断的、不完整的，但至少"粟才是西汉时黄河流域的主要粮食作物"的说法，似乎已经需要进一步的充分论证。

其实，在教材第 119 页"稻米生产列为经济收益第一宗"句后，我们又说到"西汉总结关中地区农耕经验的《氾胜之书》曾经详尽记述了稻作技术"。此后原稿还有一段文字，定稿时因论说过于冗长而删去，现在不妨引录于下：

> 《汉书·昭帝纪》说到"稻田使者"，反映黄河流域的稻作经济当时受到中央政府的直接关注。东汉初年，渔阳太守张堪曾经"于狐奴开稻田八千余顷，劝民耕种，以致殷富"（《后汉书·张堪传》），也是有关两汉之际稻区北界的史料。狐奴，地在今北京密云、顺义间。当时稻米生产区的分布形势，是和气候较为温湿的条件相适宜的。

"稻田使者"，如淳注："特为诸稻田置使者，假与民收其税入也。"《汉书·沟洫志》引汉武帝诏："今内史稻田租挈重，不与郡同，其议减。"又贾让奏言通渠之利："若有渠溉，则盐卤下湿，填淤加肥；

---

① 中国社会科学院考古研究所编著《新中国的考古发现和研究》，文物出版社，1984，第 462 页。

故种禾麦，更为秔稻，高田五倍，下田十倍。"《汉书·东方朔传》说汉武帝微行游猎事，有"驰骛禾稼稻秔之地"语。①《扬雄传下》引《长杨赋》："驰骋秔稻之地"②，也说当时关中稻米种植之普遍。西汉总结关中地区农耕经验的《氾胜之书》写道："种稻，春冻解，耕反其土。种稻区不欲大，大则水深浅不适。冬至后一百一十日可种稻。稻地美，用种亩四升。始种稻欲温，温者缺其塍，令水道相直；夏至后大热，令水道错。"又写道："三月种秔稻，四月种秫稻。"西汉长安未央宫前殿 A 区遗址出土木简也有关于"稻"的文字，如"☒下田中著稻禾及芦苇叶居地京"（1），"如雪浸浸如雨香味曰如密稻禾一本主"（13）等，③ 也可以作为当时关中稻作经济发展状况的助证。通过这些资料可以得知，"稻是水田作物，对水分和热量的要求颇高，自然条件的限制决定了难以在关中普遍种稻"的观点④，并不符合历史事实。

汉代黄河流域稻作经营的普遍性

看来，林甘泉主编《中国经济通史·秦汉经济卷》的以下论述应当说是正确的："考古发现的汉代稻谷有 22 处，出于长江流域及其以南地区 12 处，淮河流域 1 处，黄河流域 8 处，北京 1 处。在北方地区，随着农田水利的发展，水稻的种植也在扩大。记述北方耕作技术的农书《氾胜之书》把种稻列为重要的一章，介绍其耕种方法，可见当时在黄河流域种稻已经相当普遍。"该章执笔者杨振红在引述张堪"于狐奴开稻田八千余顷"事后接着写道："北京植物园所藏北京黄

---

① 《汉书·昭帝纪》，第 227 页；《汉书·沟洫志》，第 1685、1695 页；《汉书·东方朔传》，第 2847 页。

② 《汉书·扬雄传下》，第 3564 页。《文选》卷九作"驰骋秔稻之地"。

③ 中国社会科学院考古研究所编著《汉长安城未央宫：1980~1989 年考古发掘报告》，中国大百科全书出版社，1996，第 238、239、246 页。以上两例分别对应第 239 页图一一〇之 1 号与 13 号。

④ 王勇：《东周秦汉关中农业变迁研究》，第 175 页。

土岗的汉代稻谷遗存是这一地区种稻的有利佐证。河南、河北、陕西、苏北等地均发现了稻谷的遗存。洛阳汉墓出土的稻谷经鉴定为粳稻。"① 显然，在汉代黄河流域，水稻确实曾经是"主要物产"，至少应当承认是"主要物产"之一。②

3. 科学考察的实证

历史文献中遗存的气候史的信息往往支离片断，有时容易导致理解的歧迷。例如《吕氏春秋·任地》："冬至后五旬七日，菖始生。菖者，百草之先生者也。于是始耕。"有学者据此分析"初春气温回升的日期"，以为可以确定当时"初春土壤解冻，开始农田耕作的时间"大致为"2月23日"，"现代物候研究认为初春的标志温度为日平均温度稳定≥3℃，农田开始耕作。今郑州、西安两地达到这个温度的平均日期在2月11日，当时要比现代晚了10多天"。于是得出"战国时气候又趋于寒冷"的结论。③ 然而，同样依据《吕氏春秋·任地》中的资料，有的学者又提出了战国时期气候"暖和"，"亚热带北界位置"较现今"北移2个纬度"的观点。④ 看来，单纯根据文献记载来研究古代气候变迁，会"遇到许多困难"。正如文焕然所指出的，"研究历史时期的气候，应该将史料和自然观察紧密结合，慎重地、全面地、具体地分析"。"我们可以结合自然界的事物如沉积物、土壤、树木年轮、湖泊水位、沼泽、山岳冰川的终碛等等来深入

---

① 林甘泉主编《中国经济通史·秦汉经济卷》上册，第229页。
② 参看王子今《关于〈中国历史〉秦汉三国部分若干问题的说明》，《中国大学教学》2003年第9期。
③ 张丕远主编《中国历史气候变化》，第288页。
④ 龚高法、张丕远、张瑾瑢：《历史时期我国气候带的变迁及生物分布界限的推移》，中国地理学会历史地理专业委员会、《历史地理》编辑委员会编《历史地理》第5辑，上海人民出版社，1987，第5页。

分析，提供线索，以解决这些问题，并得到更正确的结论。"①

在多年科学考察成果中，已经有若干资料可以作为秦汉气候史研究的实证。

海面升降与气候变迁

根据中国东部平原及海区构造沉降量的估算，并参考有关历史考古资料所绘制的中国东部的海面升降曲线可知，距今 2000 年前后，海平面较今高 2 米左右。海面升降是气候变迁的直接结果。

在一个地区，寒冷气候与温暖气候的交替变化，亦迫使生物群的结构和面貌随之发生变化。根据海生生物群试拟的东海与黄海古水温曲线，可知当时东海、黄海水温高于现今 3℃左右。②

据第四纪地质及海洋地质学者分析，"在距今 2500~1500 年的波峰时期，古海面较现今海面高约 1~3 米"，其引以为据的古贝壳堤、上升海滩沉积与海滩岩、海相淤泥与贝壳层以及珊瑚礁坪、隆起珊瑚礁及海口等考察资料表明，"它们的海拔高度大都在 1~5 米间"③。

有学者勾画出的鲁北地区距今 3400~2100 年的海岸线，在沾化、寿光、昌邑一线，研究者以为"可视为中全新世海退过程中海面第二次停顿的产物"④，距离现今海岸线有一定距离。这一判断与秦汉时期海面较现今为高的认识是一致的。

华北地区植物群的变化

根据植被、物候和考古资料试拟的华北平原古气温曲线，当时气

---

① 文焕然：《秦汉时代黄河中下游气候研究》，第 4、78 页。
② 王靖泰、汪品先：《中国东部晚更新世以来海面升降与气候变化的关系》，《地理学报》1980 年第 4 期。
③ 赵希涛：《中国海岸演变研究》，福建科学技术出版社，1984，第 178~186 页。
④ 王青：《鲁北地区的先秦遗址分布与中全新世海岸变迁》，周昆叔等主编《环境考古研究》第 3 辑，北京大学出版社，2006，第 70 页。

温高于现今1℃左右。① 以孢粉资料分析北京地区植物群的发展，可以看到，距今5000~3000年，北京曾进入与欧洲大西洋期可以比较的气候温暖适宜期，当时组成温带落叶阔叶和针叶混交林的主要树种有栎、椴、桦、榆、桑、榛等，水生植物也得以繁盛，在温湿的气候条件下，沼泽发育，从而有利于泥炭的累积。

至距今2000~1000年，则进入一次气候干温时期，湖沼又有消退，出现了以松为代表的森林草原。②

根据目前掌握的钻孔资料和野外剖面观察结果进行的分析，华北地区湖淀在晚全新世表现出收缩的发展趋势。在全新统上段地层沉积期间，气候向温凉偏干旱的方向发展，在该层段孢粉组合中，松属花粉的含量出现峰值。例如沧9孔3.00米处的孢粉组合中，松属含量占63.1%；而蠡县Ⅱ-1孔466米处的孢粉组合中，松属含量则高达91.6%。研究者认为，"最近两千多年来湖淀消亡之势仍在继续发展之中"③。

东南地区的"凉期—暖期"和"旱期—湿期"

根据植被、物候和考古资料试拟的上海、浙北古气温曲线，当时气温高于现今2℃左右。④ 通过对沪杭地区具有代表性的钻井岩心全新世沉积的孢粉组合的研究，可以清楚地看到，该地区全新世以来气候变化曾有多次波动，研究者划定为五个凉期和四个暖期。与秦汉时期相应的阶段即为："第三暖期，距今2500年，气候温暖湿润。第五

---

① 王靖泰、汪品先：《中国东部晚更新世以来海面升降与气候变化的关系》，《地理学报》1980年第4期。

② 孔昭宸、杜乃秋：《北京地区距今30000—10000年的植物群发展和气候变迁》，《植物学报》1980年第4期。

③ 王会昌：《一万年来白洋淀的扩张与收缩》，《地理研究》1983年第3期。

④ 王靖泰、汪品先：《中国东部晚更新世以来海面升降与气候变化的关系》，《地理学报》1980年第4期。

凉期：距今 2000~1650 年，气候温凉。"[1]

根据孢粉组合推定上海西部 3000 年以来气候变化的趋势，研究者判断，距今 2900~1800 年（公元前 850~公元 150 年），"这一时期的气候要较目前温暖湿润，年平均温度比目前略高"[2]。

我国东南地区经低频滤波的每五年为单位的湿润指数变化曲线表明，东南地区近两千年湿润状况的变化既表现出有长短不同的周期性，又具有逐渐变干的趋势。如果以平均湿润指数 1.24 为界，可以把整个时期分为 10 个旱期和湿期。西汉晚期至于东汉时期可以归入所划分的编号为 1 的干湿期（见表 2-2）。

表 2-2　西汉晚期至东汉时期干湿期（1）水次、旱次及湿润程度

编号 1	持续年数	水次	旱次	湿润指数
旱期(年)1~100	100	5	10	0.66
湿期(年)101~300	200	237	44	1.68

由此体现出这一历史阶段气候条件的显著波动。

研究者是从东南地区气候变迁的总体趋势进行历史考察的。据分析，"从不同的纬度带来看，尽管有些小波动的起伏可以是完全不同的，但是大的波动则南北基本上是一致的，起讫时间或有早晚"[3]。这种分析方式当然未必能够具体说明当时气候变迁的真实状况，但仍不失为把定性的水旱历史记载转化为定量的时间序列以体现降水多寡和

---

① 王开发、张玉兰：《根据孢粉分析推论沪杭地区一万多年来的气候变迁》，中国地理学会历史地理专业委员会、《历史地理》编辑委员会编《历史地理》创刊号，上海人民出版社，1981。

② 王开发等：《根据孢粉组合推断上海西部三千年来的植被、气候变化》，中国地理学会历史地理专业委员会、《历史地理》编辑委员会编《历史地理》第 6 辑，上海人民出版社，1988。

③ 郑斯中等：《我国东南地区近两千年气候湿润状况的变化》，中央气象局研究所编《气候变迁和超长期预报文集》，科学出版社，1977。

气候干湿的途径之一。按照这一方式分析黄河中下游地区不同时期的"湿润指数",对于公元前 200~前 101 年、公元前 100~前 1 年、公元1~100 年、公元 101~200 年 4 个历史阶段可分别得出 4 个数据：0.66、0.94、0.57、0.82。似亦可大略反映这一地区气候变迁的干湿趋势。

秦俑一号坑淤积和沉降的原因

分析秦始皇陵兵马俑一号坑的地层资料,研究者发现过洞内土层"左右呈对称的两个斜坡"的现象,认为与"俑坑内灌进了水,隔墙下部受水浸渍变软"有关,[1] 在"进水"的情况下,使俑坑在"被焚塌陷以前","隔墙已局部塌陷"。"俑坑内灌进了大水",致使"夯土隔墙受水浸泡后塌陷",不仅"成束的铜镞、弓、弩和弓囊,以及车马饰件等遗物""受水的冲击散落于淤泥中",而且陶俑和陶马"受坍塌土的挤压而倾倒,腿多断折"[2]。

有学者指出,俑坑边壁和隔墙高度的反差,说明"俑坑隔墙有过整体的较大幅度的沉降",其主要是"淤水浸泡引起"。"从发掘现状看,在俑坑未焚烧前已有过大量的进水现象","这一时期大水灌满的情形起码有过十多次。""这一时期的年沉降率为 30 厘米左右。"研究者还指出,"秦始皇陵以南"有"直接用以保护陵园免遭山洪之患的"五岭大堤,"秦俑坑竣工之初几年内形成的普遍水灌现象,只能是俑坑之南至五岭大堤这一段宽度约 300 米左右、面积约几十万平方米范围的缓坡地带积水向下流动,冲灌入坑造成的。从这一缓坡地带坡度并不很大、土层深厚、秦时为垆土、渗水性较强的特点分析,形成具有那么鲜明的积水现象并不十分容易,因而当年必然有两种特殊情况：一是雨下得很大,不及渗入地下或排入其他地区,从而形成过

---

[1] 陕西省考古研究所、始皇陵秦俑坑考古发掘队编著《秦始皇陵兵马俑坑一号坑发掘报告（1974—1984）》上册,第 14~15 页。

[2] 袁仲一：《秦始皇陵兵马俑研究》,文物出版社,1990,第 70~71 页。

一定的洪积现象；二是大雨频繁，在俑坑建成之初几年里即有至少十多次大的降水"。论者以为，秦俑坑的淤积、沉降现象，可以看作说明"当时的气温和降水"的"秦代关中气候的醒目坐标"，"以宝贵的实例证实，秦末时期关中的气候相当温暖湿润多雨"①。

汉代昆明地区气温的推定

对照现今昆明地区暖季气温不高，时因 8 月低温，冷害导致水稻空秕减产的情形，研究者推断汉代昆明 8 月气温将近 27℃，极端最低平均气温在 21℃上下，分别比现在高 8℃与 12℃。

研究者认为，"由于水稻抽穗扬花期对气温的要求是 20℃ 以上（在云南高原是 18℃，比 20℃还低），而这个临界值比当时的极端最低平均气温还要低 1℃，因此当时不会出现冷害"②。

青海湖地区的古气候变化

一般说来，在同一土壤层剖面中，有机碳和有机氮含量较高，而孢粉组合中乔木花粉含量较高，其介形类化石含量又较多的沉积物，应是在较温湿的气候条件下形成的，相反则生成于较干寒的气候环境中。与在较温湿气候条件下形成的古土壤层不同，黄土和沙丘是在较干寒条件下的堆积物。

以这一原则处理青海湖沉积物资料绘制的青海湖区距今 2 万年以来气候变化曲线，反映在距今 2000 年前后气候转而湿暖，但不久又趋于寒冷的情形。③

---

① 张仲立：《秦俑一号坑沉降与关中秦代气候分析》，秦始皇兵马俑博物馆《论丛》编委会《秦文化论丛》第 4 辑，西北大学出版社，1996。
② 刘恭德：《近两千年昆明地区八月气温变化的分析》，中央气象局气象科学研究院天气气候研究所编《全国气候变化学术讨论会文集（1978 年）》，科学出版社，1981。
③ 黄麒：《青海湖沉积物的沉积速率及古气候演变的初步研究》，《科学通报》1988 年第 22 期。

在此基础上得以认识的青海湖地区的古气候变化，大体与我国东部海区全新世以来的海平面变化表现出趋向一致的特征。

赤峰地区古气候与科尔沁沙地的演变

通过对赤峰地区古土壤和科尔沁沙地演变的研究，可知"在距今4000~3000年"，"气候相对温湿，植物生长茂盛，形成有机质含量高、胶结较好的森林土壤层，大部分沙丘被固定，沙地相对收缩"。然而，"在距今2000年左右"，又出现过"风沙活动强烈期"。当时，"气候干冷，植被凋零，形成有机质含量不高、土体带有弱黏化特征的草原土壤层，同时沙地面积也在扩大"①。

还有一种意见，以为沙地的此次扩展出现在距今3300~2800年，时值全新世大暖期结束，气候恶化，沙地再度复活，这一地区的农业衰落，畜牧业在经济生活中的地位取代了农业。② 与之大致相同的意见的另一种表述，则说"3000a B. P. 以降，气候再度干冷，农业经济有所衰退，形成地带性半农半牧经济"。这种判断，是通过"大致以千年为尺度"③ 的长时段的分析形成的，我们在关注到这些考察结果关于年代的异见时，不应当忽略其研究方法的不同。

新疆地区气候环境的演化

根据北疆艾比湖总干渠剖面提供的气候环境变迁的记录及孢粉资

---

① 裘善文：《科尔沁沙地的形成与演化的研究》，本书课题组编《中国东北平原第四纪自然环境形成与演化》，哈尔滨地图出版社，1990，第185~201页；裘善文等：《东北西部沙地古土壤与全新世环境》，施雅风主编《中国全新世大暖期气候与环境》，海洋出版社，1992，第153~160页；滕铭予：《赤峰地区环境考古学研究的回顾与展望》，朱泓主编《边疆考古研究》第3辑，科学出版社，2004，第266页。

② 夏正楷、邓辉、武弘麟：《内蒙古西拉木伦河流域考古文化演变的地貌背景分析》，《地理学报》2000年第3期。

③ 李水城：《西拉木伦河流域古文化变迁及人地关系》，朱泓主编《边疆考古研究》第1辑，科学出版社，2002，第278、284页。

料的测年数据分析，北疆地区近 1 万年来气候环境演化的状况是："早全新世（约距今 10000～7500 年）气候干凉；中全新世（约距今 7500～2500 年）气候比目前暖湿，为气候最佳期；晚全新世（约距 2500 年～现在）气候温湿度与现代十分相似。"

其中各期又有若干次小的干湿气候波动。例如，在距今约 2500 年以来的晚全新世，就有"寒冷温凉稍湿润寒冷"的阶段性变化。[①]

秦汉时期的气候变迁，或许是这种"小的干湿气候波动"中相对更为短暂的变化。

有研究者指出，"两千多年前，塔里木盆地南部河水水量较为丰富。汉朝西域繁荣，楼兰镇林木繁茂，田园丰饶，市区面积达 10 万平方米。汉以后转为干旱，沙漠扩大……""据研究，塔里木盆地南缘沙漠化进程有 5 个时期沙漠化发展较快"，第 1 个时期就是所谓"东汉以后的汉晋时期"。[②]

西藏的历史时期气候背景资料

在西藏舍集那山森林上限（海拔 4350 米）附近土壤剖面分层采取样本进行的孢粉分析，使人们得到关于当地历史气候背景的这样的认识："过去一段很古老的时期，气候比较寒冷，没有树木的生长。此后，从植被的组成比例可以看到，气候变得温暖了些。同时还可以看到，所谓森林的上限也是有过变动的，今昔对比，当今的气候变得比过去要温和些。"研究者选择采样地点时考虑到："在森林上限附近的植物，所能得到的热量和水分往往极不充分，处于一种临界状况。所以森林上限状况对气候的反应非常敏锐，可作为气候变

---

① 文启忠、郑洪汉：《北疆地区晚更新世以来的气候环境变迁》，《科学通报》1988 年第 10 期。

② 郑本兴：《丝绸之路的兴衰与冰川变化、沙漠变迁的关系》，周昆叔、宋豫秦主编《环境考古研究》第 2 辑，科学出版社，2000，第 59～64 页。

化的指标之一。"①

可是这种在"临界状况"下"非常敏锐"的"反应",可能会影响其对于指示较广阔地域气候条件的代表性意义。②

取自拉萨市内大昭寺中心院一楼横梁的一段古木,其年轮序列值的年代被确定为公元初至6世纪中。该标本据说"可提供拉萨附近当时(公元初至6世纪中)年平均气温变化的轮廓","表示出在公元初青藏高原曾较为寒冷,但很快变得很暖和,第2、3世纪可比现今年平均气温高出1℃以上。但第3世纪后期直到第5世纪,中间虽有波动,总的来说一直维持甚为寒冷,约比现今低1℃左右"。研究者以为:"这500多年内的温度等级变化,与我国其他地区,主要是东部地区的温度状况大体是一致的。公元初曾是黄河流域和江淮一带的一个冷期,此后的暖期以及东汉后期,经三国、西晋、东晋到南北朝前期,东部地区基本维持长时期寒冷,这些与青藏高原的气候变化很相接近。"

不过我们应当注意到,"经中国科学院植物研究所鉴定,该标本属于一种柏木(Sabin sp.)。这种柏木在青藏高原上的生态环境,多出现在接近森林上限附近,普遍对温度反应甚为敏感"③。以其原生地生态条件之特殊,是否可以体现拉萨附近及更广阔地域气温变化的状况,似乎仍值得研究。

---

① 林振耀等:《青藏高原历史时期气候变化的探讨》,中央气象局研究所编《气候变迁和超长期预报文集》,科学出版社,1977。

② 相类同的例证又有年代为西汉晚期到东汉早期之间的安徽天长汉墓棺椁木材的鉴定结果,研究报告称:"汉墓木材的生长速度,杉木、楠木、樟树都比现今木材生长慢,约慢两倍(楠木)至七倍(杉木),马王堆汉墓杉木生长更慢。"见唐汝明等《安徽天长县汉墓棺椁木材构造及材性的研究》,《考古》1979年第4期。《潜夫论·浮侈》说,当时贵族时尚,葬具"必欲江南檽梓、豫章梗楠",由于"生于深山穷谷","立千步之高,百丈之溪"〔(汉)王符著,(清)汪继培笺,彭铎校正《潜夫论笺校正》,中华书局,1985,第134页〕,作为指示当时气候条件的标本,自然有其局限性。

③ 吴祥定等:《青藏高原近二千年来气候变迁的初步探讨》,中央气象局气象科学研究院天气气候研究所编《全国气候变化学术讨论会文集(1978年)》。

高山冰川变化史的研究也可以为气候变迁的认识提供有意义的资料。"最新研究表明，青藏高原有四次新冰期的大波动"，其中第三次的"若果冰进"，大致相当于汉代。有研究者指出，"气温升高，高原季风增强，山区降水量就会增加，冰川面积扩大"，"冰川扩大前进是与降水量较多的年代相一致"。"冰川面积缩小，冰川衰退期也是河水减少，沙漠化程度增大时期。"①

居延遗址的古植被考察

对内蒙古额济纳旗汉代烽燧遗址的古代植被考察表明，"约西汉时期该地气候较今温湿，水源较充足，为大规模屯戍提供了水源和较适宜的环境"。"西汉晚期，气候向干燥方向演化，植被已有明显草原化，水生沼生植物减少，旱生禾本植物明显增加，汉代以后至今则处于干燥的大陆性季风气候条件，属荒漠植被区。"②

这样的认识，和我们通过出土简牍资料获得的信息是基本一致的。

内蒙古盐湖的演变与气候环境史考察

可以反映历史时期气候环境变化的信息来源是多方面的。正如《简明不列颠百科全书》"全新世"（Holocene Epoch）条所说："最主要的是太阳辐射记录。还有许多记载的迹象也是有用的，如日本京都的樱花花期节日的时间、湖泊的封冻、洪水事件、暴风雪或旱灾、收成、盐的蒸发生产等。"③

---

① 郑本兴、焦克勤、李世杰：《青藏高原第四纪冰期年代研究的新进展——以西昆仑山为例》，《科学通报》1990 年第 7 期；郑本兴：《丝绸之路的兴衰与冰川变化、沙漠变迁的关系》，周昆叔、宋豫秦主编《环境考古研究》第 2 辑。

② 孔昭宸等：《内蒙古自治区额济纳旗汉代烽燧遗址的环境考古研究》，周昆叔主编《环境考古研究》第 1 辑，科学出版社，1991；汤卓炜：《中国北方草原地带青铜时代以来气候、植被变化研究综述》，朱泓主编《边疆考古研究》第 1 辑，科学出版社，2002。

③ 《简明不列颠百科全书》第 6 卷，中国大百科全书出版社，1986，第 719 页。

"盐的蒸发生产"对于说明环境变迁的意义，值得我们注意。

《额济纳汉简》编号为 2000ES9SF4：21 的一枚简，记录了有关"壄"与"盐"的运输过程。据《额济纳汉简》释文：

隧给□壄廿石致官载居延盐廿石致吞远隧仓☑①

如果"壄"字释读不误，则"□壄"很可能是指边塞戍卒基本劳作内容中"涂"所使用的一种原料。据简文记录，由某隧"给□壄廿石致官"，又"载居延盐廿石致吞远隧仓"，应是使用同一辆运车。为避免空驶以提高运输效率，于是有"载居延盐"事。这一运送"居延盐"的记载，值得研究者重视。

已发表居延汉简有"廪吞远"（E. P. T6：85）、"吞远廪"（E. P. T6：31）、"吞远队廪"（E. P. T43：44）简文，又明确可现"吞远仓"的简例，如：133.13、136.48、176.34、198.3、E. P. T26：8、E. P. T43：30A、E. P. T43：30B、E. P. T51：157A、E. P. T51：157B、E. P. T58：14、E. P. T58：81、E. P. T65：135 等。E. P. T65：412 作"吞远队仓"。又如"甲渠吞远隧当受谷五千石"（E. P. T52：390），"☑言之官移居延讼逻尉卿☑□主吞远谷二千三百五十石"（E. P. T54：8），看来，"吞远仓"或"吞远队仓"的规模相当可观。② 又如"出转钱万五千给吞远仓十月丙戌吞远候史彭受令史"（133.13）③，仅就这笔"转钱"的数额看，如果按照通常价格"与僦一里一钱"的标准，④ 又参考简文"吞远隧去居延百卅里橄当行十三时"（E. P. F22：147），

---

① 魏坚主编《额济纳汉简》，广西师范大学出版社，2005，第251页。

② 张德芳主编，李迎春著《居延新简集释（三）》，第701页；张德芳主编，马智全著《居延新简集释（四）》，第360页。

③ 谢桂华、李均明、朱国炤：《居延汉简释文合校》，第222页。

④ 《九章算术·均输》："与僦一里一钱。"裘锡圭指出，"大湾所出简记每车僦费为1347钱，这样不整齐的数字，也只有用'与僦一里一钱'这种以里计费的办法，才能算出来"（《汉简零拾》，中华书局编辑部编《文史》第12辑，中华书局，1981）。

则如若从居延转运吞远隧，可以支付运载量超过 115 车的运费。以汉代通常的车辆运输规格"一车二十五斛"计，[①] 运粮可达 2875 斛。不过，这里仅见粮食储运的记录，没有看到反映盐运的资料。

居延汉简中有关盐的配给与消费的简文，如：10.39、28.13、139.31、141.2、154.10、155.8、176.18～176.45、203.14、254.24、254.25、257.26、268.9、268.12、286.9、286.12、292.1、455.11、E.P.T2：5A、E.P.T2：31、E.P.T6：88、E.P.T7：13、E.P.T31：9、E.P.T51：323、E.P.T52：254、E.P.T52：672、E.P.T53：136等。又如：

永始三年计余盐五千四百一石四斗三龠（E.P.T50：29）[②]

"余盐"竟然以"千石"计，可知储量相当充备。而计量到"龠"，又反映了管理的精确度。"龠"的实测容量，相当于 10 毫升。[③] 在内地距离盐产地较远的地方，"盐出入"的计量，甚至精确到"撮"。[④] "撮"的实测容量，仅相当于 2 毫升。[⑤]

上引居延汉简中涉及"盐"的诸多简例，竟然没有一例如简 2000ES9SF4：21"居延盐"这样明确标示"盐"与具体地方的关系的。

所谓"居延盐"，是否可以理解为居延地方出产的盐呢？

《太平御览》卷八二引《尸子》说到"昔者桀纣纵欲长乐以苦百

---

① 《九章算术·均输》："一车载二十五斛。"裘锡圭指出："居延简里有很多关于用车运粮的数据，每车所载粮食一般为二十五石。""雇佣的僦人和服役的将车者输送粮食的时候，大概一般比较严格地遵守二十五石一车的常规。"（《汉简零拾》，中华书局编辑部编《文史》第 12 辑，中华书局，1981）

② 张德芳主编，杨眉著《居延新简集释（二）》，第 492 页。

③ 丘光明：《中国历代度量衡考》，科学出版社，1992，第 244 页。

④ 参看王子今《走马楼许迪割米案文牍所见盐米比价及相关问题》，长沙市文物考古研究所编《长沙三国吴简暨百年来简帛发现与研究国际学术研讨会论文集》，中华书局，2005。

⑤ 丘光明：《中国历代度量衡考》，第 244 页。

姓，珍怪远味，必南海之荤，北海之盐"①，可知中原人早已有"北海之盐"的消费经验。司马迁《史记·货殖列传》："夫天下物所鲜所多，人民谣俗，山东食海盐，山西食盐卤，领南、沙北固往往出盐，大体如此矣。"关于"沙北""出盐"，张守节《正义》："谓西方咸地也。坚且咸，即出石盐及池盐。"②

北地之盐似有多种。《魏书·李孝伯传》："世祖又遣赐义恭、骏等毡各一领，盐各九种，并胡豉。孝伯曰：'有后诏：凡此诸盐，各有所宜。白盐食盐，主上自食；黑盐治腹胀气满，末之六铢，以酒而服；胡盐治目痛；戎盐治诸疮；赤盐、驳盐、臭盐、马齿盐四种，并非食盐。……'"③ 马王堆帛书《五十二病方》中，"戎盐"用以"涂"，即"涂"，是外用药。④《魏书·李孝伯传》所谓"戎盐治诸疮"，也是外用药。《魏书》"戎盐"，《宋书·张邵传》及《张畅传》作"柔盐"，也作为外用药："柔盐不用食，疗马脊创。"⑤ 而《魏书·崔浩传》："太宗大悦，语至中夜，赐浩御缥醪酒十觚，水精戎盐一两。曰：'朕味卿言，若此盐酒，故与卿同其旨也。'"⑥ 以"戎盐"言"味"，可知这种盐其实也是可以食用的。

有研究者指出："戎盐，又名胡盐，见《神农本草经》，主要产于西北。"⑦ 据《新唐书·地理志四》"陇右道"，"土贡""戎盐"的

① （宋）李昉等撰《太平御览》，第 386 页。

② 《史记·货殖列传》，第 3269 页。

③ 《魏书·李孝伯传》，中华书局，1974，第 1170 页。

④ 张显成将马王堆汉墓帛书所见"戎盐"列入"矿物类金石部"，见张显成《简帛药名研究》，西南师范大学出版社，1997，第 16 页。

⑤ 《宋书·张邵传》："魏主又遣送毡及九种盐并胡豉，云：'此诸盐，各有宜。白盐是魏主所食。黑者疗腹胀气满，刮取六铢，以酒服之。胡盐疗目痛。柔盐不用食，疗马脊创。赤盐、驳盐、臭盐、马齿盐四种，并不食。……'"中华书局标点本校勘记："白盐是魏主所食，《魏书·李孝伯传》于'白盐'下尚有'食盐'二字，正合九种盐之数，此处'白盐'下似脱'食盐'二字。又下'柔盐'，《魏书·李孝伯传》作'戎盐'。"（中华书局，1974，第 1396、1402 页）

⑥ 《魏书·崔浩传》，第 811 页。

⑦ 马王堆汉墓帛书整理小组编《五十二病方》，文物出版社，1979，第 69 页。

"廓州宁塞郡"，则距离居延明显较西汉陇西、安定、北地、上郡、朔方、五原诸郡盐官为近，其地在今青海化隆西，当在西汉金城郡安夷南。① 其实，距离居延更近的地方也未必没有"沙北""北海之盐"出产。有研究者指出，内蒙古地区的盐湖早在汉武帝元狩四年即公元前119年前即已开采利用。内蒙古地区湖盐的矿床形态不同于其他盐矿（如海盐、井盐等），其卤水多已饱和，多数盐湖中盐已结晶析出，所以开采方式较为简单。②

《中国自然地理图集》中的《中国外生矿藏和变质矿藏》图以沉积盐外生矿床标注的内蒙古阿拉善右旗的雅布赖盐湖，可能是距居延相对较近的产量较高的盐产地。③ 雅布赖盐场的石盐储量据说达5100万吨。其实，还有更为临近居延的盐湖。有的研究者指出："阿拉善地区盐湖很多，盐产丰富，从古至今开发运销，为人们所用。""居延海在额济纳旗，旧土尔扈特北境。'居延泽《禹贡》导弱水至合黎，余波入于流沙。'弱水自张掖北流至下游分为东河西河汇潴于居延海。汉称'居延泽'，魏、晋称'西海'，唐后通称居延海。原本为一湖，位于汉居延城东北，狭长弯曲，形如初月。后世湖面随着额济纳河下游的改道而时有移动，且逐步淤塞分为二海，东海称为苏古诺尔，西海称为嘎顺诺尔。两海相距七十华里，西池周九十里，东池周六十里。《盐务地理》云：'居延海旁有池产白盐，采之不竭。'"④ 关于《盐务地理》所谓"居延海旁有池产白盐，采之不竭"，《内蒙古盐业史》的作者写道："对这个盐湖未进行考证，在史册上也未见有产销

① 参看谭其骧主编《中国历史地图集》，第2册，第33~34页；第5册，第61~62页。
② 张毓海：《内蒙古化学史 V. 盐湖的开采与利用》，《内蒙古工业大学学报》（自然科学版）1995年第2期。
③ 西北师范学院地理系、地图出版社主编《中国自然地理图集》，第38页。
④ 原注："《盐务地理》第三节河流。"牧寒编著《内蒙古盐业史》，内蒙古人民出版社，1987，第37~38页。第36页《阿拉善盟盐湖分布图》中，在额济纳旗（原文为"额吉纳旗"）北标示"嘎顺诺尔"和"苏古诺尔"两处盐湖。

事记。"① 嘎顺诺尔，又名"西海""西居延海"。据考察，"西居延海盐湖面积 260km²，湖盆呈东西向延伸。""湖中出现石盐、芒硝等盐类沉积，石盐厚度 0.15～0.2m，芒硝沉积厚度 0.3m，这是该区未来很有开发利用远景的盐湖矿床。"② 也许《额济纳汉简》所见"居延盐"就是这个盐湖出产。那么，虽然在史册上"未见有产销事记"，额济纳出土汉简的这则简文，却以汉代居延地区盐产和盐运的重要信息，补充了我们对汉代盐业史的相关认识。

有学者总结内蒙古盐湖的历史，指出："全新世时期，尤其是全新世后期（距今约 5～6 千年）以来，干旱气候遍布全区。这时气温升高，蒸发量明显地增加，同时降水减少，出现广泛的干旱地区，使许多湖盆水位下降，大幅度提高湖水的浓度，盐类沉积（包括碳酸盐、硫酸盐和食盐等）遍布全区，成为内蒙古高原最广泛最重要的成盐期。"论者还认为，在盐湖沉积物中，可以读出古气候的记录。"不同的沉积产物，分别代表不同的沉积环境和气候条件，特别是对气候十分敏感的盐类沉积物，更能反映气候的变化。除了盐类的成分之外，沉积物中有机质和微量元素的含量、孢粉和微体古生物的组成，也可用以指示气候的冷、暖、干、湿变化。综合这些环境指标因子，乃能解读出当地最近 2.3 万年来详细的气候变化。"③

有的研究者已经通过对盐湖的考察，得到了对于古气候的新认识。论者认为，通过位于干旱半干旱区的内蒙古盐湖中沉积物提供的环境和气候条件之相关讯息，能解读出最近 23kaB.P. 以来详细的气候变化：据今 20～23kaB.P. 期间，气候呈温干特征；之后，气候变冷进入末次冰期的极盛期。在 14.5～20 kaB.P. 期间，降水量大幅度

① 牧寒编著《内蒙古盐业史》，第 38 页。
② 郑喜玉等：《内蒙古盐湖》，科学出版社，1992，第 285 页。
③ 罗建育、陈镇东：《从盐湖谈到古气候》，（台北）《科学月刊》1997 年第 1 期。

减小，夏季风萎缩，而冬季风更加强劲。自 14.5 kaB. P 开始，全球进入冰消期。约在 11 kaB. P.，出现异常降温的新仙女木（Younger Dryas）突变事件。[①]

有的学者在讨论内蒙古盐湖的演化时，主张应根据盐湖的形成及其成盐作用程度，划分为两个阶段——成盐前的预备盆地阶段和成盐盆地阶段，并且指出，"这些都同各时期的气候环境相适应"，也就是说："这种演化阶段的形成，同全新世早-中期的较为温湿气候环境和全新世中-晚期的干冷气候环境相适应。在成盐盆地阶段，两种水体形成了明显的沉积分异作用，碳酸盐型盐湖出现了以天然碱为主要特征的盐类沉积；而硫酸盐型盐湖，则出现了以芒硝和石盐为主要特征的盐类沉积。"硫酸盐型盐湖的演化过程，在预备盆地阶段，"气候较为温湿，湖水分布广泛。无论是硫酸钠亚型盐湖，还是硫酸镁亚型盐湖，湖相沉积都是以灰色砂和泥质砂为主。其淤泥沉积，主要由伊利石、蒙脱石等粘土矿物组成，此外还含有方解石、白云石和菱镁矿等。在靠近上部的淤泥层中，还出现了石膏，表明当时的水体是向咸化方向逐步发展的"。在成盐盆地阶段，"基本上属于干燥气候环境，早期芒硝沉积广泛；晚期在硫酸镁亚型盐湖中，沉积了大量的石盐。而在硫酸钠亚型盐湖中，则出现了大量的泥砂沉积"。这一情形，是由于硫酸盐型盐湖水体演化程度不一致所造成的。这一历史阶段的水文特征，还表现在"盐湖水体逐渐缩小，而盐类沉积则以'牛眼式'的蒸发岩模式出现"[②]。

研究者指出，"全新世中-晚期，大致相当于距今 5000 年以来"，从查干诺尔碱湖 83-CK1 孔岩芯孢粉分析结果来看，晚更新世晚期以来的气候环境变化，也同样可以划分为这样三个阶段：干冷气候阶

---

① 罗建育、陈镇东、陈延成：《内蒙古盐湖与台湾湖泊沉积物之古气候记录》，《化工矿产地质》1997 年第 2 期。

② 郑喜玉等：《内蒙古盐湖》，第 196~202 页。

段、温润气候阶段和干冷气候阶段。"晚更新世晚期以来的气候环境，基本上是由温暖向干冷气候环境演化。"而据研究者绘出的《查干诺尔 83-CK1 孔钻井剖面孢粉分析结果与气候环境变化》图，在全新世中晚期"气候环境冷暖"的变迁中，又出现过一次"由温暖向干冷"的演化。冷暖的中线值大约在全新统底层井深 4～5 米处，而从《吉兰泰盐湖 83-CK1 孔钻井剖面孢粉分析结果与气候环境变化》图上看，也发生过同样的"由温暖向干冷"的演化，只不过发生的年代要稍早一些。[①]

这些资料以及研究者发表的意见，可以与通过历史文献得到的气候变迁史的认识对照理解。

李容全、郑良美、朱国荣著《内蒙古高原湖泊与环境变迁》所提出的有关各时期年平均气温的数据与竺可桢的论点不一致，"第三冰缘阶，降温幅度 5℃～6℃，却与竺可桢划分的第二温暖期（700B.C～A.D 初）相当"。研究者说："原因为何？不得其解。不过，根据考古发掘资料和历史记载，从 500B.C 开始亚洲野象（*Elephas maximus*）的遗骸的北界却由黄河中下游迁至秦岭淮河一线以南，有明显南移现象。在欧洲，相当于第四新冰缘阶的时期，1100～1400A.D 为中世纪温暖期，很适合安居。英国南部尚有葡萄园（Lamb，1969）。1430～1850A.D 出现小冰期。从这些比较中是否能够说，中国内蒙古高原在第三、第四新冰缘阶出现的时间与温度降幅的大小，是由全球大气候背景与当地特定的寒潮必经之路的环境条件所共同决定的，所以出现与其他地区的差别。当然，问题也可能出在史料、以及定年技术自身的误差上。这些都是今后研究中应当加以解决的问题之一。"[②] 应当指出，所谓"亚洲野象"生存区域北界的"明显南移"，其实很可能与

① 郑喜玉等：《内蒙古盐湖》，第 195～196 页。
② 李容全、郑良美、朱国荣：《内蒙古高原湖泊与环境变迁》，北京师范大学出版社，1990，第 167～168 页。

人类活动有关，未必可以完全归结于气候原因。至于对"定年技术自身的误差"的警觉，当然是值得注意的。

关于很可能与"居延盐"有关的居延海的地质面貌，前引《内蒙古盐业史》说，"原本为一湖"，"后世湖面随着额济纳河下游的改道而时有移动，且逐步淤塞分为二海，东海称为苏古诺尔，西海称为嘎顺诺尔"，书中《阿拉善盟盐湖分布图》将嘎顺诺尔和苏古诺尔均标示为盐湖。① 而《内蒙古盐湖》书中《内蒙古自治区水系分布图》将苏古诺尔标为"湖泊"，而与"盐湖"有别。但是同书《内蒙古自治区地貌区划及主要盐湖分布示意图》中，该湖却又标示为"盐湖"。② 董正钧《居延海》一书也说，今日之居延海有东海、西海之分，蒙古语分称索果诺尔、戛顺淖尔，其水质一咸一淡。③ 据实地考察，这一又被译作"索古诺尔"的湖为"盐碱水质"④，"距离湖岸边尚远"的地面，"有白色的盐碱遗迹"，"由此可知索果诺尔已较以往缩小"⑤。而汉代的居延泽，有的学者认为"因弱水改道，早已干枯"，"汉之弱水今已干枯，驯致汉居延海亦干枯消失"⑥。

从居延汉简提供的资料看，虽僻在荒远的边地，渔业产品也已成为吏卒及平民的生活消费品。如："鲍鱼百头"（263.3），"出鱼卅枚直百☒"（274.26A），"……鱼百廿头……寄书庞子阳鱼数也……"（E. P. T44：8）等。有的简文资料体现"得鱼"数量甚多：

---

① 牧寒编著《内蒙古盐业史》，第38、36页。

② 郑喜玉等：《内蒙古盐湖》，第12、4页。

③ 董正钧：《居延海》，1951年影印手抄本。转见马先醒《汉居延志长编》，鼎文书局，2001，第36页。

④ 〔瑞典〕斯文赫定：《亚洲腹地探险八年1927～1935》，徐十周等译，新疆人民出版社，1992，第130～131页。

⑤ 罗仕杰：《1996年台北简牍学会汉代居延遗址考察日志》，《汉代居延遗迹调查与卫星遥测研究》，（台湾）台湾古籍出版有限公司，2003，第8～9页。

⑥ 马先醒：《汉居延志长编》，第36～37页。

☒余五千头宫得鱼千头在吴夫子舍☒☒复之海上不能备☒

☒头鱼☐请令官收具鱼毕凡☐☐☐☒

☒☐卤备几千头鱼千☐食相☐☒（220.9）

"几千头鱼"的渔业收益，居延出土《建武三年候粟君所责寇恩事》简册也可以提供相关信息。据这一简册载录，寇恩"为候粟君载鱼之鱍得卖"事，一次即"载鱼五千头"（E. P. F22：6）。[1]

简文所见"海上"，应当就是居延海。在当时的环境条件下，可能确实曾经"由于气候局部变暖和补给水源的增加，湖盆水体有所扩大，并普遍出现一次湖水淡化"[2]。而当时的这一湖泊，据有的学者分析，"与今之居延东、西海异处，在其东方百余里处，随弱水改道西流早已干枯"[3]。然而据谭其骧主编《中国历史地图集》标示，西汉时期在包括今"嘎顺诺尔"和"苏古诺尔"所在地方即"今之居延东、西海"处，有一广阔水面，而与其异处，"在其东方百余里处"又有一面积稍小的水面，两处统称"居延泽"。[4]

也许今后社会科学工作者和自然科学工作者对"居延盐"等课题的合力研究是必要的。这样的合作，不仅可以推进盐业史的研究，也有助于深化对当时西北边地历史面貌的认识，同时也可以为了解当时的气候环境，提供更有价值的学术信息。

不同的数据和不同的认识

据陕西洛川黑木沟黄土剖面的古地磁测定：早全新世（8000～

---

[1] 谢桂华、李均明、朱国炤：《居延汉简释文合校》，第437、462、357～358页；张德芳主编，杨眉著《居延新简集释（二）》，第416页；张德芳主编，张德芳著《居延新简集释（七）》，甘肃文化出版社，2016，第424页。

[2] 郑喜玉等：《内蒙古盐湖》，第197～198页。

[3] 马先醒：《汉居延志长编》，第37页。

[4] 谭其骧主编《中国历史地图集》第2册，第33～34页。

5800 年前）为寒冷的草原环境，中全新世为温暖期，年平均温度较现在高 2~3℃，距今 3000~1000 年又为寒冷期，年平均气温较现在低 1~2℃。[①]

这一结论，与有些学者提出的"起讫年代为公元前 1000 年至公元 600 年"的历史阶段应当称作"周汉寒冷期"的认识[②]十分接近。有的学者分析华北平原近 3000 年来气候之变迁时，也有"气候温凉，气温较今稍低"的结论，然而同时亦注意到"在此期间，有次一级的小波动"[③]。

有些研究成果与文献记载及其他科学考察结论不尽吻合，或许是因标本采样数量有限及测定时有时难以避免的误差造成的。此外，地形等多种条件的影响，也可能构成导致鉴定结果失实的因素。地域之间的差异，在不同历史时期都是不可忽视的客观存在。而影响气候环境诸种复杂因素的综合作用，有些我们今天尚难以进行全面的科学分析。

有的学者曾经指出中国历史时期旱涝变化与冷暖变化之间的微妙的联系，"冷的时代，我国的气候是西干东湿；而暖的时代则是西湿东干"[④]。对此有必要进行审慎的论证和合理的说明。

相信今后经过进一步的工作，科技界可以为诸如秦汉时期气候变迁这样的研究课题提供更为确定的考察成果。

考古与生态环境研究：南越王墓的考察

考古工作者对古代生态环境的关注，是生态环境史学研究的幸

① 戴英生：《从黄河中游的古气候环境探讨黄土高原的水土流失问题》，《人民黄河》1980 年第 4 期；景可、陈永宗：《黄土高原侵蚀环境与侵蚀速率的初步研究》，《地理学报》1983 年第 2 期。

② 段万倜等：《我国第四纪气候变迁的初步研究》，中央气象局气候科学研究院天气气候研究所编《全国气候变化学术讨论会文集（1978 年）》。

③ 赵安时：《华北平原十五万年以来的古气候变化》，《地理研究》1987 年第 4 期。

④ 郑斯中：《我国历史时期冷暖时代的干旱型》，《地理研究》1983 年第 4 期。

事。事实上，近年已经多有发掘报告和各种论著体现出考古学者致力于生态环境考察的收获。

以秦汉时期生态环境研究为例，广州西汉南越王墓的发掘报告《西汉南越王墓》在利用出土资料分析当时的生态环境方面，做了十分有益的工作。①

研究者指出："从南越王墓出土的动物遗骸，可推测西汉时期广州（番禺）附近的自然环境，是河流交错、水网发达的珠江三角洲冲积平原；而且珠江河口的位置，与现代有差别。现代珠江出海口是在广州市东面约20公里的黄埔区，而汉代珠江河口可能就在今广州市区边缘。其依据是：1. 南越王墓出土为数甚多的海产动物，如青蚶、龟足、楔形斧蛤等，在现代广州市区珠江河口是少见的，要到黄埔区以外，或惠阳沿海地区才有分布。在交通运输不发达，保鲜技术不成熟的汉代，假如不是邻近海滩，是不可能得到如此大量食用海产的。2. 近年来在广州市区（中山五路）发现了秦汉造船台遗址，在遗址的地层中发现有很多海生动物，如牡蛎壳和有孔虫等。3. 近年在珠江北岸常见有牡蛎壳层。由此看来，西汉时期的海岸线应比较接近广州。汉代广州可能是一个海口城市。一些从事地理研究的历史地理学者已经讨论过这个问题，他们认为当时海水可沿珠江上溯到肇庆、江村、园州等地。元代以后，珠江逐渐淤积，海水入侵中止，番禺（广州）才渐转为河港城市。南越王墓出土动物本身也是说明这个问题的极好例证。"

借助考古发现探索历史时期的地貌变化，进而推进历史自然地理的研究，南越王墓的发掘者和研究者的收获是有重要学术意义的。

第四纪地质及海洋地质学者在对我国东部海区全新世以来的海平面变化进行科学分析时也曾经指出，"在距今2500~1500年的波峰时期，古海面较现今海面高约1~3米"，其引以为据的事实是，古贝壳

---

① 广州市文物管理委员会、中国社会科学院考古研究所、广东省博物馆编《西汉南越王墓》，文物出版社，1991。

堤、上升海滩沉积与海滩岩、海相淤泥与贝壳层以及珊瑚坪、隆起的珊瑚礁及海口等，"它们的海拔高度大都在 1~5 米间"[①]。又有地理学者以我国东部平原及海区构造沉降量的估算为基础，并参考有关历史考古资料所绘制的中国东部的海面升降曲线，指出距今 2000 年前后，海面较现今高 2 米左右。[②]《西汉南越王墓》中提出的"汉代广州可能是一个海口城市"的论点，因这些研究成果可以得到补证。

研究者还指出："从动物生态学上看，出土动物中，除了适应三角洲淡水——半咸水性生态环境的动物以外，也有许多栖息于热带海洋的动物，如龟足、青蚶、楔形斧蛤等。这些动物在西汉时期应当分布于广州沿海区域，但现代则已少见于这一地区了。象类在汉代仍见于广州地区，今天已在本区消失。由此推测，汉代广州地区气候带可能比现代稍偏热带南部。近几年来，在珠江三角洲地区，如新会、顺德、南海一带，先后发现与南越王墓同期或稍早的马来鳄（Tomistoma Schlegelii）。此类动物 2000 多年前在珠江三角洲地区广为分布，但今天已经绝迹，其现生组仅栖息于东南亚中苏门答腊的淡水湖环境。由此看来，两千余年前广州市区年平均温度可能比现在稍微偏高。"[③]

研究者以南越王墓出土动物遗骸为资料，讨论汉代气候状况，其考察视角和研究方法都是值得肯定的，所得出的结论——"汉代广州地区气候带可能比现代稍偏热带南部"，"两千余年前广州市区年平均温度可能比现在稍微偏高"，也与此前一些研究成果相吻合。[④] 不过，研究者虽然指出"象类在汉代仍见于广州地区，今天已在本区消失"，

① 赵希涛：《中国海岸演变研究》，第 178~186 页。

② 王靖泰、汪品先：《中国东部晚更新世以来海面升降与气候变化的关系》，《地理学报》1980 年第 4 期。

③ 王将克、黄杰玲、吕烈丹：《广州象岗南越王墓出土动物遗骸的鉴定》，广州市文物管理委员会、中国社会科学院考古研究所、广东省博物馆编《西汉南越王墓》上册，第 469~470 页。

④ 竺可桢：《中国近五千年来气候变迁的初步研究》，《考古学报》1972 年第 1 期，收入《竺可桢文集》；王子今：《秦汉时期气候变迁的历史学考察》，《历史研究》1995 年第 2 期。

但并没有使用南越王墓出土动物加以说明，不免使人略觉遗憾。

也许对南越王墓出土"整堆象牙"之外的象牙制品以及西耳室出土皮甲和同为"皮质材料"的铁铠甲衬里痕迹进行鉴定，也是必要的。南越王墓出土动物遗骸的鉴定者还曾经表示，对于利用出土动物遗骸资料考察汉代广州气候条件问题，"我们将利用氨基酸外消旋测温法对墓中动物骨骼进行测定，以得到进一步的认识"①。对于这样的"测定"以及因此得出的"进一步的认识"，关心汉代生态史的学人自然都在热诚期待之中。

4. 两汉气候变化

上述多种研究成果中所提出秦汉时期前后年平均气温的变化曲

---

① 王将克、黄杰玲、吕烈丹：《广州象岗南越王墓出土动物遗骸的鉴定》，《西汉南越王墓》上册，第469~470页。南越王墓后藏室的3个陶罐中，保存有不少于200个个体的禾花雀。研究者指出："南越王墓出土动物中，有一引人注意的问题。出土禾花雀的骨骼，均比现生禾花雀要小；家鸡也是如此。据报告，长沙马王堆一号墓出土麻雀与现生种相比，也有同样现象。这种动物个体由小变大的现象值得探讨。"研究者介绍："关于动物体型大小变化的原因，德国动物学家贝格曼曾认为是与动物外界气温条件相关，提出了著名的'贝格曼法则'，认为：寒冷地区的物种或亚种身材较大，而热带或亚热带地区的物种或亚种身材较小。我国不少古生物学家亦援引这一法则来研究中国第四纪南方气候变化，及动物化石的个体大小变化。"广州南越王墓出土禾花雀和家鸡骨骼以及马王堆一号汉墓出土麻雀骨骼的情形，恰好与我们讨论秦汉时期生态环境时认为秦及西汉气候较现今温暖的意见相合。然而《广州象岗南越王墓出土动物遗骸的鉴定》的作者对于动物种群个体大小与气温的关系，采取了比较谨慎的态度。他们认为，"动物种群个体大小的变化，除气温的影响之外，食物的充足，营养的提高和食物量的增加，也是直接的原因之一。禾花雀成体，以灌浆水稻为主要食物，近两千年来，随着劳动人民耕作水稻技术的提高，以及水稻品种的不断改良，使水稻的产量和水稻的营养价值不断提高，客观上为禾花雀、麻雀、鸡等动物提供充足的食物，使它们的个体不断增大"。也就是说，"动物体型大小变化的原因是多样的，比较复杂。除气温外，食物、营养、生存条件、繁殖能力等等，都可能是有影响的因素。尤其是禾花雀这种随季节变化而南北迁徙的候鸟，单凭气温便更不能说明它们体型的变化了"。今按：不因动物个体大小推定气温条件的态度，是审慎的。但我们在讨论历史时期生态环境变迁时，"贝格曼法则"还是有参考价值的。当然应当有较为充备的研究案例。《广州象岗南越王墓出土动物遗骸的鉴定》作者的分析可能还是存在漏洞的。比如家鸡个体体型的变化，恐怕就与禾花雀、麻雀有所不同，不宜以"随着劳动人民耕作水稻技术的提高，以及水稻品种的不断改良，使水稻的产量和水稻的营养价值不断提高"作为分析的依据。

线，或以距今 2000 年前后作为气候由暖而寒的转折点。这一认识，也可以在历史文献记载中发现例证。

汉武帝时代的严寒记录

自汉武帝时代起，已渐多见关于气候严寒的历史记录。

例如，《汉书·武帝纪》记载，元光四年（前 131）曾经发生夏季降霜的异常灾异：

> 夏四月，陨霜杀草。

对于这次霜灾，《汉书·五行志中之下》写作："武帝元光四年四月，陨霜杀草木。"

又《汉书·武帝纪》：元狩元年（前 122），"十二月，大雨雪，民冻死"。《汉书·五行志中之下》的记载写作：

> 武帝元狩元年十二月，大雨雪，民多冻死。①

这次"大雨雪"，导致许多民众被冻死。

汉武帝元鼎年间又发生了因严寒导致的灾害。《汉书·武帝纪》：元鼎二年（前 115），"三月，大雨雪"。《汉书·五行志中之下》："元鼎二年三月，雪，平地厚五尺。""元鼎三年三月水冰，四月雨雪，关东十余郡人相食。"② 春末的"水冰"，初夏的"雨雪"，灾难波及"关东十余郡"。

关于汉武帝时代发生的严寒现象，还有其他的历史记录。如《西

---

① 《汉书·武帝纪》，第 164、174 页；《汉书·五行志中之下》，第 1424、1426 页。

② 《汉书·武帝纪》，第 182 页；《汉书·五行志中之下》，第 1424 页。王念孙《读书杂志》志四之五："上下文皆言'雨雪'，则此亦当有'雨'字。"

京杂记》卷二："元封二年，大寒，雪深五尺，野鸟兽皆死，牛马皆蜷缩如猬，三辅人民冻死者十有二三。"《北堂书钞》卷一五二引《古今注》也写道："武帝征和四年，大雪，松柏皆折。"①

公元前50年至公元70年这120年间，有关严寒致灾的记载更为集中。

西汉晚期和王莽时代的严寒灾害

《汉书·元帝纪》记载，永光元年（前43）三月发生过一次暮春霜害，导致了农田作物的严重损失：

> 雨雪，陨霜伤麦稼，秋罢。

《汉书·五行志中之下》也记录了这次霜灾，对于《元帝纪》所谓"秋罢"，则指出夏末的异常霜降竟然导致了严重的灾情：

> 元帝永光元年三月，陨霜杀桑；九月二日，陨霜杀稼，天下大饥。②

所谓"天下大饥"，告诉我们灾区的范围相当辽阔。

又《汉书·五行志下之下》："元帝永光元年四月，日色青白，亡景，正中时有景亡光。是夏寒，至九月，日乃有光。"

对于这样一次异常的"夏寒"，《汉书·刘向传》记载："是岁夏

---

① （晋）葛洪撰，周天游校注《西京杂记校注》，三秦出版社，2006，第105～106页；（唐）虞世南编撰《北堂书钞》，《景印文渊阁四库全书》第889册，第789页。光绪十四年南海孔氏刊本作"松柏拆斯"（见《北堂书钞》），中国书店据光绪十四年南海孔氏刊本，1989年7月版，第650页，以下本书内容除特别标注外，皆引自此版本。今按："拆"应为"折"。

② 《汉书·元帝纪》，第287页；《汉书·五行志中之下》，第1427页。

寒，日青无光。"《于定国传》记载："永光元年，春霜夏寒，日青亡光。"①

《汉书·元帝纪》又记载了建昭二年（前37）的一次严重灾异："冬十一月，齐楚地震，大雨雪。"《汉书·五行志中之下》写道："元帝建昭二年十一月，齐楚地大雪，深五尺。"②

《汉书·成帝纪》：建始四年（前29），"夏四月，雨雪"。《汉书·五行志中之下》："建昭四年三月，雨雪，燕多死。"③《读书杂志》志四之五："念孙案：建昭四年，当为成帝建始四年，今本作建昭者，涉上文元帝建昭二年而误，又脱成帝二字。据下文云，其后许后坐祝诅废则为成帝时事明矣。""三月本作四月。"④

又《汉书·成帝纪》："（阳朔）二年春，寒。"《汉书·五行志中之下》："阳朔四年四月，雨雪，燕雀死。"⑤

王莽时代严重低温的气候反常记录更为频繁。《汉书·王莽传中》记载天凤元年（14）事：

> 四月，陨霜，杀中木，海濒尤甚。

初夏降霜，是极罕见的现象。又记载：

> 三年二月乙酉，地震，大雨雪，关东尤甚，深者一丈，竹柏或枯。

---

① 《汉书·五行志下之下》，第1507页；《汉书·刘向传》第1947页；《汉书·于定国传》，第3044页。
② 《汉书·元帝纪》，第294页；《汉书·五行志中之下》，第1425页。
③ 《汉书·成帝纪》，第308页；《汉书·五行志中之下》，第1425页。
④ （清）王念孙撰《读书杂志》，江苏古籍出版社，1985，第242页。
⑤ 《汉书·成帝纪》，第312页；《汉书·五行志中之下》，第1426页。

荀悦《汉纪》记此事，写作：

> 春二月，大雨雪深者二丈，柏竹咸枯死。①

《汉书》"竹柏或枯"，《北堂书钞》卷一五二引作"竹柏咸枯"。《汉书·王莽传下》又记载了天凤四年（17）的一次"大寒"：

> 是年八月，……大寒，百官人马有冻死者。②

《太平御览》卷八七八引《汉书·五行志》：

> 王莽天凤六年，四月，霜，杀草木。③

地皇元年（20）七月，王莽下书说到"惟即位以来，阴阳未和，风雨不时，数遇枯旱蝗螟为灾，谷稼鲜耗，百姓苦饥……"，在当时社会神秘主义意识的背景下，承认有上层政治方面的原因："深惟厥咎，在名不正焉。"而班固对王莽专政的批评，也有"莽为不顺时令，百姓怨恨"语。《汉书·王莽传下》又说到地皇二年（21）灾情：

> 秋，陨霜杀菽，关东大饥。蝗。

地皇三年（22）四月，王莽下令"开东方诸仓，赈贷穷乏"，又说："惟阳九之阸，与害气会，究于去年。枯旱霜蝗，饥馑荐臻，百姓困

---

① 《汉书·王莽传中》，第4136、4141页；（东汉）荀悦撰，张烈点校《汉纪》，中华书局，2002，第536页。
② 《汉书·王莽传下》，第4151页。
③ （宋）李昉等撰《太平御览》，第3900页。

乏，流离道路，于春尤甚。"① 可知地皇二年灾害，影响到第二年的社会安定。

此后依然有严重的灾情在史书上留下了记录。如《太平御览》卷八七八引《汉书·五行志》：

> 地皇四年，秋，霜，关东人相食。②

《汉书·食货志上》说，王莽专政时，"枯旱霜蝗"，"亡有平岁"。连年霜害对正常农耕生产造成了严重的破坏。

东汉前期的异常气象

《东观汉记·世祖光武皇帝纪》记建武四年（28）事，说道："自王莽末，天下旱霜连年，百谷不成。"③ 可知到汉光武帝建武初年，依然"连年"霜灾不绝。

《北堂书钞》卷一五二引《东观记》：

> 赤眉入安定、北地，至阳城，逢大雪，士多冻死。④

《后汉书·刘盆子传》：

> （赤眉）遂入安定、北地，至阳城、番须中，逢大雪，坑谷皆满，士多冻死，乃复还。⑤

---

① 《汉书·王莽传下》，第4160、4167、4175页。
② （宋）李昉等撰《太平御览》，第3900页。
③ （东汉）刘珍等撰，吴树平校注《东观汉记校注》，中州古籍出版社，1987，第9页。
④ （唐）虞世南编撰《北堂书钞》，《景印文渊阁四库全书》第889册，第788页。
⑤ 《后汉书·刘盆子传》，第483页。

据《资治通鉴》卷四〇"汉光武帝建武二年"，事在建武二年（26）十月前后。是为初冬严寒记录。而袁宏《后汉纪》谓建武元年"十二月，赤眉去长安，西略郡县"，次年"九月，赤眉复入长安"，[①] 是赤眉西行"逢大雪"或在初春。

《后汉书·郑兴传》记载，建武七年（31）四月初，郑兴上疏，有"今年正月繁霜，自尔以来，率多寒日"语。[②]"繁霜"之后连续严寒近三月，直至"孟夏"之时。自王莽时代开始的"连年"的霜害，不可以以偶然现象视之。

《续汉书·礼仪志中》刘昭注补引《古今注》："永平元年六月乙卯，初令百官佩臊，白幕皆霜。"[③] 乙卯日为六月三十日，永平元年六月乙卯即公元58年8月8日。这一极端初霜纪录早于现今洛阳地区平均初霜日竟达82日。[④] 这是十分惊人的异常气候记录。

《后汉书·明帝纪》载永平四年（61）春二月诏，又说到京师"春不燠沐"。李贤注："燠，暖也"，"沐，润泽也。言无暄润之气也"[⑤]。《说文·火部》："燠，热在中也。"王筠《句读》："《释言》：'燠，煖也。'是通语也。"春季"无暄润之气"情形在皇帝诏书中竟然也有所透露，可知永平年间曾经有春寒相当严重的现象。

《后汉书·袁安传》李贤注引《汝南先贤传》说到东汉初年名士袁安大雪闭门僵卧的故事：

---

① （东晋）袁宏撰，张烈点校《后汉纪》，第49、58页。

② 《后汉书·郑兴传》，第1222页。

③ 刘昭《注补》："《风俗通》称'《韩子》书山居谷汲者，膢腊而置水。楚俗常以十二月祭饮食也。又曰尝新始杀也。食新曰佩臊。'"《后汉书》，第3124页。今按：《风俗通义·祀典》"膢"条："谨按《韩子》书：'山据谷汲者，膢腊而遗水。'楚俗常以十二月祭饮食也。又曰尝新始杀也，食新曰佩臊。"（汉）应劭撰，王利器校注《风俗通义校注》，中华书局，1981，第378页。

④ 据1962~1982年洛阳自然历，平均初霜日为10月29日，最早初霜日为1981年的10月15日，最晚初霜日为1977年的11月16日。何光祥：《河南省洛阳的四季划分与自然历》，宛敏谓主编《中国自然历选编》，第253、269页。

⑤ 《后汉书·明帝纪》，第108页。

　　时大雪积地丈余，洛阳令身出案行，见人家皆除雪出，有乞食者。至袁安门，无有行路。谓安已死，令人除雪入户，见安僵卧。问何以不出。安曰："大雪人皆饿，不宜干人。"令以为贤，举为孝廉也。

《北堂书钞》卷七九引《录异传》所记情节略同：

　　汉时大雪积地丈余，洛阳令身出按行。至袁安门，无有行路。谓安已死，令人除雪入户。见安僵卧，问何以不出。安曰："大雪，人皆饿，不宜干人。"令以安为贤，举孝廉。

袁安后除阴平长、任城令，永平十四年（71）"三府举安能理剧，拜楚郡太守"①，是此前在县级行政长官任上已创有政绩，由此可以推定"大雪积地丈余"事的大致年代。

　　《北堂书钞》卷三五引《东观汉记》有关于鲁地春霜灾害的记载：

　　会稽郑弘为邹县令，鲁春雨霜，邹谷独无灾。

又《北堂书钞》卷七八引《会稽典录》：

　　郑弘为邹令，鲁国当春霜陨杀物，邹县独无霜也。②

据《后汉书·郑弘传》李贤注引《谢承书》，郑弘拜为邹令，时在永平十五年（72）之前。则有关"鲁国当春霜陨杀物"的记载，是又

---

①　《后汉书·袁安传》，第1518页；（唐）虞世南编撰《北堂书钞》，第290页。

②　（唐）虞世南编撰《北堂书钞》，第86、287页。

一则东汉初年灾害史料。

这样，大致在公元前 50 年至公元 70 年这 120 年之间，有关气候异常寒冷所致灾异的历史记录多达 20 余起。元成统治期间较为集中的 23 年中计 6 起。王莽专政时最为集中的 10 年中，大约 7 年都曾发生严寒导致的灾害。除王莽末年至建武四年（28）间所谓"天下旱霜连年"外，东汉光武帝及明帝在位时关于异常寒冷的明确记载亦可见 6 起。

东汉中晚期的"寒气错时"情形

此后，汉章帝建初八年（83）至元和元年（84）前后，又有"盛夏多寒""当暑而寒"的现象。① 东汉中晚期，更多见类似的异常气象。如《后汉书·陈忠传》记汉安帝永初年间事，有陈忠以"季夏大暑"而"寒气错时""暖气不效"慷慨议政的情节：

> 顷季夏大暑，而消息不协，寒气错时，水涌为变。天之降异，必有其故。所举有道之士，可策问国典所务，王事过差，令处暖气不效之意。庶有谠言，以承天诫。②

"天之降异"，"消息不协"，不仅使得关注政情的人们心中忧虑，对于正常农耕生产秩序的扰乱，也会造成社会问题。

《后汉书·郎颛传》说，"顺帝时，灾异屡见，阳嘉二年正月，公车征，颛乃诣阙拜章"，以"天垂妖象，地见灾符"警告皇帝：

> 窃见正月以来，阴暗连日。……又顷前数日，寒过其节，冰

---

① 《后汉书·韦彪传》："（韦彪）因盛夏多寒，上疏谏曰：'臣闻政化之本，必顺阴阳。伏见立夏以来，当暑而寒，殆以刑罚刻急，郡国不奉时令之所致也。……'"（第 918 页）。

② 《后汉书·陈忠传》，第 1559 页。

> 既解释，还复凝合。夫寒往则暑来，暑往则寒来，此言日月相
> 推，寒暑相避，以成物也。今立春之后，火卦用事，当温而寒，
> 违反时节，由功赏不至，而刑罚必加也。宜须立秋，顺气行罚。①

汉顺帝阳嘉二年（133）"立春之后"，"寒过其节"，"当温而寒"，也
是以严寒为特征的异常气象记录。

《后汉书·寇荣传》记载寇荣自亡命中上书汉桓帝，也涉及当时
的气候异常现象：

> 臣奔走以来，三离寒暑，阴阳易位，当暖反寒，春常凄风，
> 夏降霜雹，又连年大风，折拔树木。②

据《资治通鉴》卷五五"汉桓帝延熹七年"，可知事在延熹七年
（164）十二月。是春寒夏霜之灾变大约已连续三年。

袁宏《后汉纪》卷二二载延熹八年（165）刘淑对策，以"仁义
立则阴阳和而风雨时"为主题，也反映当时气候变异已经引起社会普
遍关注。《后汉书·党锢列传·刘淑》未载对策内容，只说刘淑隐居
多年，不就辟请，举贤良方正，亦辞以疾。"桓帝闻淑高名，切责州
郡，使舆病诣京师。淑不得已而赴洛阳，对策为天下第一，拜议郎。
又陈时政得失，灾异之占，事皆效验。"③可知刘淑有关灾异的论议曾
得到最高统治集团的重视。《续汉书·五行志二》刘昭注补引《袁山
松书》：

---

① 《后汉书·郎颛传》，第 1055 页。
② 《后汉书·寇荣传》，第 631 页。
③ （东晋）袁宏撰，张烈点校《后汉纪》，第 425 页；《后汉书·党锢列传·刘淑》，第
2190 页。

前入春节连寒，木冰，暴风折树，又八九州郡并言陨霜杀菽。①

事系于延熹八年（165）连月火灾条下。所谓"八九州郡并言"，可见当时春寒不仅程度严重，危害范围也相当广阔。

《后汉书·襄楷传》又记载，延熹九年（166），襄楷以"灾异尤数"，"自家诣阙上疏"，说道：

> 前七年十二月，荧惑与岁星俱入轩辕，逆行四十余日，而邓皇后诛。其冬大寒，杀鸟兽，害鱼鳖，城傍竹柏之叶有伤枯者。臣闻于师曰："柏伤竹枯，不出三年，天子当之。"今洛阳城中人夜无故叫呼，云有火光，人声正喧，于占亦与竹柏枯同。自春夏以来，连有霜雹及大雨雷，而臣作威作福，刑罚急刻之所感也。②

"前七年""其冬大寒，杀鸟兽，害鱼鳖，城傍竹柏之叶有伤枯者"，又当年"自春夏以来，连有霜雹及大雨雷"。"前七年"，《资治通鉴》卷五五"汉桓帝延熹八年"作"前年"。百衲本《后汉书·襄楷传》李贤注引《续汉志》："延熹九年，雒阳城傍竹柏叶有伤者。"汲本、殿本"九年"作"元年"。王先谦《后汉书集解》："惠栋曰：'元年'当作'七年'。"③ 而《续汉书·五行志二》：

> 桓帝延熹九年，雒阳城局竹柏叶有伤者。④

《后汉书·桓帝纪》：

---

① 《续汉书·五行志二》，《后汉书》，第3296页。
② 《后汉书·襄楷传》，第1076页。
③ （清）王先谦撰《后汉书集解》，中华书局据1915年虚受堂刊本影印，1984，第381页。
④ 《续汉书·五行志二》，《后汉书》，第3298页。

（九年）冬十二月，洛城傍竹柏枯伤。①

事当在襄楷上疏之后。② 看来，冬春大寒杀伤竹柏之灾的发生，在延熹年间或许不止一次。

《续汉书·五行志二》说："庶征之恒燠，《汉书》以冬温应之。中兴以来，亦有冬温，而记不录云。"东汉与西汉相比，偶然的所谓"冬温"，以其程度之轻微，影响之薄弱，已不足以录入史籍。当时最为突出的气候异象，是所谓"庶证之恒寒"。《续汉书·五行志三》列举史例二则：

灵帝光和六年冬，大寒，北海、东莱、琅邪井中冰厚尺余。

献帝初平四年六月，寒风如冬时。③

光和六年（183）大寒，刘昭注补引《袁山松书》："是时群贼起，天下始乱。《谶》曰：'寒者，小人暴虐，专权居位，无道有位，适罚无法，又杀无罪，其寒必暴杀。'"初平四年（193）夏寒，刘昭注补引养奋对策曰："当温而寒，刑罚惨也。"严寒"惨"而"暴杀"，体现出东汉晚期气候急剧转冷之峻绝酷烈的形势。

看来，由历史文献的记录可知，西汉末年至于东汉，气候确实曾经发生了由温暖湿润转而干燥寒冷的显著变化。

区域差异：渐变的可能

关于两汉气候变迁的讨论，研究者依据的资料多是史籍记录。这

---

① 《后汉书·桓帝纪》，第318页。
② 襄楷上疏在七月前后。
③ 《续汉书·五行志二》，《后汉书》，第3298页；《续汉书·五行志三》，《后汉书》，第3313页。

些记录的详略差异体现了文化重心地区和非重心地区的区别。例如，这些文献遗存多侧重于对黄河流域地区的观察，而东汉气象史资料尤其偏重于以洛阳地区为中心的记录。

我们注意到，对两汉气候形势的判断存在分歧，而多数观点的差别表现在冷暖干湿变化的年代的异见。

文焕然等认为整个秦汉时期都属于"相对温暖时代"。[①] 邹逸麟等对黄淮海平原地区的气候史划分，提出"两汉降温期"的概念。又说，"战国至西汉初黄淮海气候向寒冷方向波动"，"西汉中叶开始气候回暖"，"东汉以后气候略为转凉"[②]。邹逸麟还曾经写道，黄河流域进入周代早期气候转寒，"到了春秋时期又趋暖和。这种温暖的气候环境大约持续了几百年，到公元前一世纪以后又有转冷的趋势"[③]。朱士光等对关中地区气候变迁的研究，则认为西汉前期属于暖湿气候，西汉后期为凉干气候。[④] 张丕远等以为气候转寒的界点在280年前后："公元前500~公元240年之间的气温未能发现竺可桢原有推断不一致的证据。竺可桢认为240年气候已变冷。据谭其骧意见，竺可桢这里的主要证据淮河结冰是将它的北部支流误作为淮河。新近搜集寒冷事件证据表明，280年以后寒冷事件才有显著的增加。利用旱涝资料做最大概率变点检验，发现在280年附近发生气候突变，故取280年为比现代低0.5℃的起点时间。"[⑤] 有的学者提出，历史上气候冷暖的变迁发生有先后，持续有长短。[⑥]

① 文焕然、徐俊传：《距今约8000—2500年前长江、黄河中下游气候冷暖变迁初探》，中国科学院地理研究所编《地理集刊》第18号，科学出版社，1987；文焕然、文榕生：《中国历史时期冬半年气候冷暖变迁》，第113页。

② 邹逸麟主编《黄淮海平原历史地理》，第17~19页。

③ 邹逸麟：《历史时期华北大平原湖沼变迁述略》，中国地理学会历史地理专业委员会、《历史地理》编辑委员会编《历史地理》第5辑。

④ 朱士光、王元林、呼林贵：《历史时期关中地区气候变化的初步研究》，《第四纪研究》1998年第1期。

⑤ 张丕远主编《中国历史气候变化》，第434页。

⑥ 王开发、沈才明、吕厚远：《根据孢粉组合推断上海西部三千年的植被、气候变化》，中国地理学会历史地理专业委员会、《历史地理》编辑委员会编《历史地理》第6辑。

不同地区气候变化趋势有所不同，据说高纬度地区较明显，高海拔地区亦较明显。① 对于世界性"由暖转冷"的气候变化，有学者分析说，在"各地共同的趋势"下，不同地区"具体转冷时间并不一致"，大致看来，"从时间先后看，是向东推移""逐渐转冷的"，其次，同一地区"各地转冷时间也不尽一致，一般是高纬度地区先于低纬度地区"。②

这样的情形，"反映了中国历史时期气候变化的复杂性"，是值得我们在研究中注意的。有的学者还提醒我们，"从气候区划上讲，中国现代气候可分为东部季风区和西部非季风区两大区域，历史时期同样如此"。竺可桢的研究成果，可能"反映的只是东部季风区的一般规律性，并不完全适合于西部非季风区。西部非季风区是生态环境脆弱区，也是气候变化敏感区。历史时期气候冷暖波动和干湿波动自有其不同于东部季风区的特点。当然，在西部非季风区同样也存在经度、纬度及地形等方面的不同，历史时期区内气候变化的地域差异应当也是十分明显的，其具体的情况有待进一步发掘历史文献及其他相关资料深入研究"③。建议在历史时期气候变迁研究中应当进行更细致更具体的考察的意见，我们是赞同的。

5. 河西汉简气候史料解读

敦煌、居延等地出土汉代简牍资料中有提供气候史信息的文字遗存。其中有些反映了中原人对西北边地气候未能适应的异常感觉，有些或许可以看作灾变的记录，有些则可能是对于气候变迁的感觉。保

---

① 蓝勇：《中国西南历史气候初步研究》，《中国历史地理论丛》1993 年第 2 期。

② 文焕然、文榕生：《中国历史时期冬半年气候冷暖变迁》，第 147 页。

③ 吴宏岐、雍际春：《中国历史时期气候变化与人类社会发展的关系》，《天水师专学报》1999 年第 4 期。

留了相关社会文化信息的"不调""不时""不和""不节"等简文，与当时民间通行的"风雨时节"吉语形成了鲜明的对照。而河西简文关于戍边生活"寒苦"体验的表述，或许也可以从一个侧面反映气候转而寒冷的历史变化。

不调·不时·不和·不节：异常气候现象记录

在随甘肃省文物考古研究所《甘肃敦煌汉代悬泉置遗址发掘简报》① 发布的简例释文中，"自然灾害"题下一共列有 5 例。此外，在"诏书与各种官府文书"题下，首列泥壁墨书《使者和中所督察诏书四时月令五十条》。这一文书，一开头就说到了自然灾害：

（1）太皇太后诏曰往者阴阳不调风雨不时降农自安不堇作
□□是以数被灾害☑
□□恻然伤之②

有学者释文写作："大（太）皇大（太）后诏曰：往者阴阳不调，风雨不时，降〈隋〉农自安，不堇作【劳】，是以数被灾害，恻然伤之。"③ 诏文内容，或许断句也可以改定为："往者阴阳不调，风雨不时降，农自安不堇作，是以数被灾害，恻然伤之。"这里"太皇太后"以沉痛的语调所说到的"数被灾害"，当然并不是仅指西北边地，但是也未必不包括西北边地。④

如果将前引悬泉置泥壁墨书《使者和中所督察诏书四时月令五十条》中文句读作"阴阳不调，风雨不时降"，则可以与《淮南子·时

---

① 何双全：《甘肃敦煌汉代悬泉置遗址发掘简报》，《文物》2000 年第 5 期。
② 甘肃省文物考古研究所：《敦煌悬泉汉简释文选》，《文物》2000 年第 5 期。
③ 胡平生、张德芳编撰《敦煌悬泉汉简释粹》，上海古籍出版社，2001，第 192 页。
④ 甘肃省文物考古研究所：《敦煌悬泉汉简释文选》，《文物》2000 年第 5 期。

则》以下文字相对照："明堂之制，静而法准，动而法绳，春治以规，秋治以矩，冬治以权，夏治以衡，是故燥湿寒暑以节至，甘雨膏露以时降。"①"不时降"和"以时降"，形成了鲜明的对比。

"不时"，是汉代使用相当普遍的词语。

我们看到马王堆汉墓帛书老子乙本卷前古佚书《经法·四度》中说到"动静不时"：

> 君臣易立（位）胃（谓）之逆，贤不宵（肖）（35 下）
> 并立胃（谓）之乱，动静不时胃（谓）之逆，生杀不当胃（谓）之暴。逆则失本，乱则失职，逆则失天，【暴】（36 上）
> 则失人。（36 下）②

"动静不时"一如"生杀不当"。"动静不时胃（谓）之逆"，这种"逆"，则又如同"乱"与"暴"，形成某种破坏性的灾难。马王堆汉墓帛书老子乙本卷前古佚书《经法·论》写道：

> 动静不时，种树失地之宜，【则天】（55 上）
> 地之道逆矣。（55 下）③

所谓"动静不时"，直接影响了"种树"也就是农耕生产的正常条件。前言"失天"，此言"失地之宜"。总之，是"天地之道逆矣"，也就是自然秩序遭到严重的破坏。

汉简资料中多有反映相关现象的内容。例如居延汉简：

---

① 何宁撰《淮南子集释》，第441页。
② 裘锡圭主编，湖南省博物馆、复旦大学出土文献与古文字研究中心编纂《长沙马王堆汉墓简帛集成（四）》，中华书局，2014，第138页。
③ 裘锡圭主编，湖南省博物馆、复旦大学出土文献与古文字研究中心编纂《长沙马王堆汉墓简帛集成（四）》，第141页。

（2）☐☐方春时气不调愿子陈近衣尽☐

……（E. P. T50：50）[1]

玉门花海汉代烽燧遗址出土的写在一枚"觚"上的文书，以"制诏皇太子"开篇，被看作汉武帝的遗书。[2] 其中有"方春不和时"辞句：

（3）制诏皇大子腠体不安今将绝矣与地合同众不复起谨视皇大之茍加曾腠在善禺百姓赋

敛以理存贤近圣必聚谞士表教奉先自致天子胡佟自氾灭名绝纪审察腠言众身

毋久苍苍之天不可得久视堂堂之地不可得久履道此绝矣告后世及其孙子

忽忽锡锡恐见故至毋贰天地更亡更在去如邻庐下敦同里人固当死慎毋取悗

贱　弟时谴伏地再拜请翁糸足下善毋恙甚苦候望事方春不和时伏愿翁糸

将侍近衣便酒食明察蓬火事宽忍小人毋行庶安时便甚＝

伏地再拜请

时伏愿翁糸有往来者便赐记令时奉闻翁糸级急严教（1448）[3]

所谓"方春不和时"，可以参考"方春不时"与"方春不和"理解。

敦煌汉简可见"春时风气不和"语：

① 张德芳主编，杨眉著《居延新简集释（二）》，第497页。

② 嘉峪关市文物保管所：《玉门花海汉代烽燧遗址出土的简牍》，甘肃省文物工作队、甘肃省博物馆编《汉简研究文集》，甘肃人民出版社，1984。

③ 释文据甘肃省文物考古研究所编《敦煌汉简》下册，中华书局，1991，第274页。

（4）息子来卿叩头多问丈人无恙来卿叩＝头＝春时风气不和
来卿叩头唯丈人慎衣数进酒食宽忍小人愚者（779）①

居延汉简中又有：

（5）司便致言解俱叩头顷得谒见始除盛寒不和唯为时平衣
强奉

酒食愚戆毋伦甚焉叩头数已张子春累毋已子侯奉以彭故不
遣亡至意得已蒙厚恩甚厚谨因子春致书彭叩头单
记□□□不谒彭叩头（495.4B）

又如：

（6）▨缓急始春未▨
▨缓急始春未和▨（435.4）②

"始春未和"就是"始春不和"。又如：

（7）▨□□出相见始春不节适薄合强湌食往可便来者赐记
（E. P. T43：56）③

这些涉及气候异常的出现"不调""不时""不和""不节"字样的
简文，多属于私人书信。（6）似是习字练习的遗存，也是为了熟练地
写信。（3）即使可以确定是帝王遗书，实质上也是一种特殊的书信。

---

① 甘肃省文物考古研究所编《敦煌汉简》下册，第249页。
② 谢桂华、李均明、朱国炤：《居延汉简释文合校》，第593、562页。
③ 张德芳主编，杨眉著《居延新简集释（二）》，第355页。

其中"苦候"字样，正可与"成伏地再拜请|卿足下善毋恙□苦候望春（45.6B）"所见"苦候"对照读。这篇诏书中多取用民间用语，也是值得注意的。

大多作为民间书信用语的"不调""不时""不和""不节"等文句，反映了在较广阔的社会层面，人们对气候异常的感觉。与此相反的，是以"风雨时节"形式表达的对适宜农耕生产的气候秩序的庆幸和祝愿。例如汉镜铭文多见"某某作竟四夷服，多贺国家人民息，风雨时节五谷孰，长保二亲子孙力，传告后世乐毋亟"文句。"风雨时节五谷孰"，又写作"风雨时节五穀熟"。又《三公山碑》"皇灵□佑，风雨时节"①、《曹全碑》"风雨时节，岁获丰年"②，也都体现了"风雨时节"作为一种社会理想所形成的广泛的影响。③

边塞吏卒的"寒苦"体验

甘肃敦煌酥油土汉代烽燧遗址出土汉简可见"悲"与"寒"相关的简文。《敦煌汉简》编号为1409：

> 于兰莫乐于温莫悲于寒中子对日文莫隅于秫复莫艻于（A）
> 第三（B）④

李均明、何双全《散见简牍合辑》正面释文作"于兰莫乐于温莫悲

---

① 《隶释》卷三。连读上下句，为："恭肃神祇，敬而不怠。皇灵□佑，风雨时节。农□执粗，或耘或芋。童妾壶馌，敬而宾之。稼穑穰穰，谷至□钱。"或读作"谷至两钱"。杜香文：《元氏封龙山汉碑群体研究》，文物出版社，2002，第93页。关于《三公山碑》的发现和认识，参看王子今《〈封龙山颂〉及〈白石神君碑〉北岳考论》，《文物春秋》2004年第4期。

② 高文：《汉碑集释》，河南大学出版社，1997，第474页。

③ 王子今：《"不和"与"不节"：汉简所见西北边地异常气候记录》，卜宪群、杨振红主编《简帛研究（2004）》，广西师范大学出版社，2006。

④ 吴礽骧、李永良、马建华释校《敦煌汉简释文》，第146页；甘肃省文物考古研究所编《敦煌汉简》下册，第272页。

于寒中子对曰支莫隔于复杯莫芶于"（222）①，"杯复"二字倒置，而"于"均应作"于"。按照这样的释文，全句的意思未能完整理解。然而"莫乐于温，莫悲于寒"一语，文意是大致清晰的，其情感倾向，基于气候的"温"与"寒"。又如简1428：

> □□□□　　□寒时□近……（A）
> □□　　　　咀□□　　　（B）②

虽然缺字太多，简文未可通读，但是书写者对"寒时"予以特殊重视的信息，还是透露出来了。敦煌汉简"☒为寒转近□☒"（760A）③，似可与"寒时□近"简文对照理解。

居延汉简出现"寒时"的简例还有：

> ☒足下　实足下善毋恙寒时（E. P. T53：111A）
> ☒延都尉府敢言之　　　　　（E. P. T53：111B）④

又如：

> ☒□毋恙寒时愿进　（54.20A）
> ☒幸长君各时□护持（54.20B）⑤

---

①　李均明、何双全编《散见简牍合辑》，文物出版社，1990，第23页。

②　吴礽骧、李永良、马建华释校《敦煌汉简释文》，第148页；甘肃省文物考古研究所编《敦煌汉简》下册，第273页。《散见简牍合辑》"咀"释作"旦"，见第24页。

③　吴礽骧、李永良、马建华释校《敦煌汉简释文》，第78页；甘肃省文物考古研究所编《敦煌汉简》下册，第248页。

④　甘肃省文物考古研究所等编《居延新简：甲渠候官与第四燧》，文物出版社，1990，第288页。

⑤　谢桂华、李均明、朱国炤：《居延汉简释文合校》上册，第96页。

看来，所谓"……足下善毋恙寒时……"，大概是当时社会的习用语。大湾出土帛书书信可见"信伏地再拜多问次君君平足下厚遗信非自二信幸甚寒时信愿次君君平近衣强酒食"，"次君君平足下　●初叩头多问丈人寒时初叩头愿丈人近衣强奉酒食初叩头幸甚甚"语（乙附51），① 也是"寒时"保重身体的祝愿。敦煌悬泉置遗址出土文书有学者定名为《建致中公、夫人书》（编号二七〇）者，释文可见：

> 寒时□，慎察吏事，来者数赐记，使建奉闻中公所欲毋恙，建幸甚幸甚。谨因敦煌卒史中公足下。·幸为建多请长卿、夫人、诸子及子惠诸弟妇、儿子□谢彊（强）饭。（Ⅱ0114③：610）②

敦煌汉简"极知天寒刺史且来不敢解须臾久居石上举露减水处非所乐诚"（1305）③，似乎也透露出相类的行政史信息。而"非所乐诚"的情绪表露，值得我们注意。敦煌悬泉置遗址出土资料研究者举例又一书信《元致子方书》（编号二七一）说到"暑时"："暑时元伏地愿子方适衣、幸酒食、察事，幸甚！"（Ⅱ0114③：611）④ 简文"暑时"可以与"寒时"对照读。河西出土文献中所见"寒时"多于"暑时"，也许与当地寒冬季节生存条件更为艰苦有关。

又如下列简例：

> □□□□者天寒□（E. P. T5：90）
> 庞子阳鱼数也愿君□且慎风寒谨候望忍下愚吏士慎官职加强餐食

---

① 谢桂华、李均明、朱国炤：《居延汉简释文合校》上册，第677页。
② 胡平生、张德芳编撰《敦煌悬泉汉简释粹》，第185页。
③ 吴礽骧、李永良、马建华释校《敦煌汉简释文》，第135页；甘肃省文物考古研究所编《敦煌汉简》下册，第269页。
④ 胡平生、张德芳编撰《敦煌悬泉汉简释粹》，第187页。

数进所便（E. P. T44：8B）

四年……冯严行丞事敢告部都尉卒人谓

……候□□□靡散至冬寒衣履敝毋以买故令候（E. P. T59：60）

□□可大寒毋□

□受福千秋万□（E. P. T65：223A）

□□幸得□□

冬寒愿□□□（E. P. S4. T2：89B）①

敦煌汉简言及“冬寒”的简例有“冬寒叩头愿□……”（707B）。②
又有一封居延出土书信在问候语中说到“冬寒”：

赏伏地再拜请

子卿足下善毋恙甚苦事谨道□

毋忧也万未有取之者□（34.7A）

苇冬寒愿调衣进酒

病□长闻毋恙□

再拜子卿足下（34.7B）③

与其中“冬寒愿调衣进酒”语文意近似者，又有“足衣善酒食”
（283.39）、“进酒食近衣”（332.7A）④、“强□□御酒食”（E. P. T54：
18B）等。类似简文又有“近衣裘自爱”（E. P. T51：233B）、“近衣
视养食”（E. P. T53：183）、“加餐食”（E. P. T44：4B）、“加强餐

---

① 甘肃省文物考古研究所等编《居延新简：甲渠候官与第四燧》，第 24、125、363、
434、561 页。
② 吴礽骧、李永良、马建华释校《敦煌汉简释文》，第 72 页；甘肃省文物考古研究所
编《敦煌汉简》下册，第 246 页。
③ 谢桂华、李均明、朱国炤：《居延汉简释文合校》上册，第 53 页。
④ 谢桂华、李均明、朱国炤：《居延汉简释文合校》下册，第 475、521 页。

食"（E. P. T44：8B）、"强饮强食"（E. P. F22：835，836）① 等。敦煌汉简也有类似简文，如"嘱使君为寒近衣裘强饭食幸自憙"（174）、"大人强　□甚善严寒参列愿自将宜"（2393B）。②

秦汉文献多有以"寒苦"形容贫寒艰苦境况者。

如《列女传》卷二《贤明传·晋赵衰妻》说到"与人同寒苦"。③《后汉书·丁鸿传》写道："鸿独与弟盛居，怜盛幼小而共寒苦。"又如《后汉书·徐稺传》李贤注引《谢承书》："（李）昙少丧父，躬事继母。继母酷烈，昙性纯孝，定省恪勤，妻子恭奉，寒苦执劳，不以为怨。"④《三国志·魏书·王修传》裴松之注引王隐《晋书》也写道："少立志操，寒苦自居，负笈游学，身不停家。"⑤ 贫民的生存条件于严冬季节最为艰苦。⑥《艺文类聚》卷五引晋夏侯湛《寒苦谣》"惟立冬之初夜，天惨懔以降寒。霜皑皑以被庭，冰溏瀩于井干。草械械以疏叶，木萧萧以零残。松陨叶于翠条，竹摧柯于绿竿"⑦，形容了导致"寒苦"的自然气候情势。《后汉书·崔寔传》："出为五原太守。五原土宜麻枲，而俗不知织绩，民冬月无衣，积细草而卧其中，见吏则衣草而出。寔至官，斥卖储峙，为作纺绩、织纴、练缊之具以教之，民得以免寒苦。"⑧ "寒苦"在于"冬月无衣"而不得不"衣草"，平时则"积细草而卧其中"。而"五原"地点的标示，又指出了北边区域生存环境特殊的艰难。

---

① 甘肃省文物考古研究所等编《居延新简：甲渠候官与第四燧》，第302、192、292、124、125、530页。

② 吴礽骧、李永良、马建华释校《敦煌汉简释文》，第16、260页；甘肃省文物考古研究所编《敦煌汉简》下册，第226、314页。

③ （清）王照圆撰《列女传补注》，华东师范大学出版社，2012，第69页。

④ 《后汉书·丁鸿传》，第1262页；《后汉书·徐稺传》，第1748页。

⑤ 《三国志·魏书·王修传》，第349页。

⑥ 如《汉书·五行志中之下》："是岁四月，寒民有冻死者。"（第1422页）《汉书·王莽传下》："乃二月癸巳之夜，甲午之辰，火烧霸桥，从东方西行至甲午夕，桥尽火灭。大司空行视考问，或云寒民舍居桥下，疑以火自燎，为此灾也。"（第4174页）

⑦ （唐）欧阳询撰，汪绍楹校《艺文类聚》，上海古籍出版社，1965，第92页。

⑧ 《后汉书·崔寔传》，第1730页。

关于“寒吏”

居延汉简可见“寒吏”简文：

☐闻来往者不知状□起居今骑士皆出谷三石食寒吏寒吏不得便（E. P. T65：53A）

☐□因居竟十月未知何始致且怒力自爱慬候望毋忧家也（E. P. T65：53B）

又如：

●甲渠候官建武泰年泰月贫隧长及一家二人为寒吏（E. P. F22：651）①

“贫隧长”称谓和“寒吏”称谓，都值得秦汉军事史、秦汉官制史、秦汉社会生活史研究者关注。我们还看到基层军官有称“贫寒隧长”情形：

贫寒隧长夏□等罢休当还入十五日食石五斗各如牒檄到□付（E. P. F22：294）

基层军官“夏□等”作为“贫寒隧长”“罢休”，类似的情形，有的简文直言“贫寒罢休”：

第十队长田宏　　贫寒罢休　　当还九月十五日食（E. P. F22：296）

① 甘肃省文物考古研究所等编《居延新简：甲渠候官与第四燧》，第423、519页。

第十一队长张岑　　贫寒罢休　　　当还九月十五日食

（E. P. F22：297）

乘第十二卅井隧长　□　贫寒罢休　　当还九月十五日食

（E. P. F22：298）

乘第廿卅井队长张翕　贫寒罢休　　　当还九月十五日食

（E. P. F22：301A）

第廿泰队长薛隆　　贫寒罢休　　　当还九月十五日食

（E. P. F22：302）

　□□恭　贫寒罢休　　当还九月□（E. P. F22：303）①

这组有关"贫寒罢休"的简文，似少有学者讨论。② 所谓"贫寒罢休"可能是一种制度。或许与《史记》卷九二《淮阴侯列传》所说韩信"贫无行，不得推择为吏"境遇所体现的选官方式有某种关联。"贫无行"，论者多偏重"无行"。裴骃《集解》引李奇曰："无善行可推举选择。"《史记会注考证》："中井积德曰：无行者，放纵不检之谓。沈钦韩曰：《管子·小匡》篇：乡长修德进贤，名之曰三选。罢士无伍。《庄子·达生》篇：孙休宾于乡里，逐于州部。《楚策》：汗明见春申君曰：仆之不肖，阨于州部。按此战国以来选举之法，韩信以无行，不得推择也。"③ 其实，"贫"与"无行"，并是"不得推择为吏"的因素。完全忽略了"贫"，似有不妥。

　　我们现在尚不能清晰说明"贫寒罢休"程序的具体细节，但是"贫寒"连说的形式，构成语汇社会学的课题。"贫寒"一语不

---

① 甘肃省文物考古研究所等编《居延新简：甲渠候官与第四燧》，第496页。
② 有研究者在论证边塞吏"贫""贫急""贫困""贫寒"情形时列举相关简例，但是没有讨论"贫寒罢休"问题。赵宠亮：《西北汉简所见边地戍所的肉食消费》，《亚洲研究》第9辑，韩国庆北大学校亚洲研究所，2010。
③ （汉）司马迁撰，〔日〕泷川资言考证《史记会注考证》，文学古籍刊行社，1955，第4050页。

见于前四史，似乎在汉代其他文献资料中也看不到踪迹。这一现在看来很可能最早见于晋人葛洪撰《抱朴子》外篇卷四《广譬》的词语，竟然在河西汉简中密集出现，当然耐人寻味。这一现象，我们在讨论来自中原的士卒体验河西"寒"的感觉时，也是不宜忽视的。①

"疾寒""病寒""伤寒"

除了"裂肤堕指""手足皲瘃"等伤痛之外，严寒还会导致"不能其水土"的中原吏卒其他的病患。

居延出土汉简所见"疾寒"（E.P.T58：44A）② 一类简文所反映的现象，或许与这一情形有关：

"病寒热朕瘛"（E.P.T59：10）

"病寒炅"（34.25，E.P.T56：318）

"病苦寒炅"（E.P.T4：51A）

"病头瘛寒炅"（4.4B，27.1A，E.P.T51：535）

"病头廥寒炅"（49.18）

"病头愿寒炅"（52.12）

"病头痛寒炅"（114.19A）

"头廥寒热"（E.P.T59：269）

"伤寒"（89.20，136.3，437.23）

"病伤寒"（E.P.T59：157，E.P.T65：292）

"病苦伤寒"（4.4A）

"病伤寒头廥不能饮食"（E.P.T59：157）

---

① 王子今：《居延汉简"寒吏"称谓解读》，张德芳、孙家洲主编《居延敦煌汉简出土遗址实地考察论文集》，上海古籍出版社，2012。

② 甘肃省文物考古研究所等编《居延新简：甲渠候官与第四燧》，第352页。

"伤寒即日加徇头痛烦懑"（E. P. T51：201A）

"伤汗寒热头恿即日加烦懑"（E. P. T59：49A）

"病泄注不愈……加伤寒头通潘懑四节不举"（E. P. F22：280）①

编号为4.4的汉简，简文如下：

第廿四隧卒高自当以四月七日病头恿四节不举　鉼庭隧卒周良四月三日病苦☐

第二隧卒江谭以四月六日病苦心服丈满

第卅一队卒王章以四月一日病苦伤寒　第一隧卒孟庆以四月五日病苦伤寒（A）

第卅七隧卒苏赏三月旦病两胘莿急少愈

第卅三隧卒公孙谭三月廿日病两胘莿急未愈

第卅一隧卒尚武四月八日病头瘇寒昃饮药五齐未愈（B）②

大致同时发病，且病情比较相近，不能不怀疑这些戍卒所患的是传染性极强的流行性感冒一类病症。"寒昃"即"寒热"③，可能是因受寒引起高烧。

有根据推测，戍卒常见名称涉"寒"的疾病，其致病原因与寒冷气候以及御寒条件不足等因素有关。例如以下简文写道：

①　甘肃省文物考古研究所等编《居延新简：甲渠候官与第四燧》，第359页；谢桂华、李均明、朱国炤：《居延汉简释文合校》上册，第5、40、55页；甘肃省文物考古研究所等编《居延新简：甲渠候官与第四燧》，第214页；谢桂华、李均明、朱国炤：《居延汉简释文合校》上册，第85、91、186页；甘肃省文物考古研究所等编《居延新简：甲渠候官与第四燧》，第377页；《居延汉简释文合校》上册，第5、156、225页；下册，第564页；甘肃省文物考古研究所等编《居延新简：甲渠候官与第四燧》，第369、188、362、495页。

②　谢桂华、李均明、朱国炤：《居延汉简释文合校》上册，第4～5页。

③　《老子》第四三章："燥胜寒，静胜热。"马王堆汉墓帛书《老子》甲本《德经》："趮胜寒，靓胜炅。"

武长伯盛寒偠伤善视乃☐（181.9）

一名单衣受寒☐☐訓汤药置☐中加沸汤上☐汤不可饮（136.40）①

特别是"单衣受寒"的说法，透露出了边塞军人面对"冬大寒"②的条件困苦艰难的生存现实。

所谓"伤寒"，传统医学统称热性病，又指风寒侵入人体所引发的疾病。"风寒"见诸居延简文。如"☐上风寒未发☐……"（530.1）。③其危害，当如马王堆帛书《刑德》所谓"风寒有气，凶"（22）。④"伤风"与"伤寒"，可能都指遭遇了"风寒"的侵害。当时的医书，已经包含了对于这种环境条件与人们健康的关系的认识。例如出土于武威旱滩坡汉墓的医简有"治伤寒遂风方"：

治伤寒遂风方付子三分蜀椒三分泽舄五 分 乌喙三分细辛五分朮五分凡五物皆治（6）

合方寸匕酒饮日三饮（7）。

简文又可见"伤寒逐风"（43）。⑤ 有注家说，"伤寒逐风"，"意为散寒解表以治伤寒"。而"遂风"，"当为'逐风'的误写，即祛风之意"⑥。有医史研究者指出，"治伤寒逐（遂）风方""是治疗一般感受风寒、骨节烦痛的方法，所以用蜀椒、附子……等温热的散寒药。

---

① 谢桂华、李均明、朱国炤：《居延汉简释文合校》上册，第227、290页。
② 居延汉简502.15A。谢桂华、李均明、朱国炤：《居延汉简释文合校》下册，第601页。
③ 谢桂华、李均明、朱国炤：《居延汉简释文合校》下册，第644页。
④ 傅举有、陈松长编著《马王堆汉墓文物》，湖南出版社，1992，第137页。
⑤ 甘肃省博物馆、武威县文化馆编《武威汉代医简》，文物出版社，1975，摹本释文注释第1、7页。
⑥ 张延昌主编《武威汉代医简注解》，中医古籍出版社，2006，第113、122页。

隋巢元方《诸病源候论·伤寒候》谓：'夫伤寒病者，起自风寒，入于腠理'，说明伤寒是一种外感病。""寒者温之"，"这是辨证施治的具体运用"①。或说"全方共奏温经祛寒、逐风除湿之功"②。敦煌汉简可见"治伤寒□"（2008）、"……伤寒方……"（2012）简文，③也提示了类似的信息。

"寒冻裂地，冲风飘卤"，"地势无所宜"

汉代西北边塞吏卒们对于"寒苦"生活体验的感叹，其实是可以在当时文献遗存中发现对应的信息的。

例如，《史记》卷一一〇《匈奴列传》："天子巡边至朔方，勒兵十八万骑以见武节，而使郭吉风告单于。""单于见吉，吉曰：'南越王头已悬于汉北阙，今单于能即前与汉战，天子自将兵待边。单于即不能，即南面而臣于汉，何徒远走，亡匿于幕北寒苦无水草之地，毋为也。'"④ 汉王朝使臣郭吉所谓"幕北寒苦无水草之地"，虽然是外交用语，我们也可以从中体会到当时汉宫廷中确实有视匈奴居地为"寒苦"之地的认识。《盐铁论·西域》"匈奴失魄，奔走遁逃，虽未尽服，远处寒苦硗埆之地"⑤ 也是类似的说法。

关于西北边地之"寒苦"的文字遗存，又见于《汉书·赵充国传》："土地寒苦，汉马不能冬，屯兵在武威、张掖、酒泉万骑以上，皆多赢瘦。"这是说西北边塞"寒苦"。《后汉书·耿弇传》李贤注引《袁山松书》"使光禄大夫樊宏诏况曰：'惟况功大，不宜监察从事。边郡寒苦，不足久居。其诣行在所'"，则明确说"边郡寒苦"。《后

---

① 中医研究院医史文献研究室：《武威汉代医药简牍在医学史上的重要意义》，甘肃省博物馆、武威县文化馆《武威汉代医简》，第28页。

② 张延昌主编《武威汉代医简注解》，第141页。

③ 吴礽骧、李永良、马建华释校《敦煌汉简释文》，第215页；甘肃省文物考古研究所编《敦煌汉简》下册，第298页。

④ 《史记·匈奴列传》，第2912页。

⑤ 王利器校注《盐铁论校注》（定本），中华书局，1992，第500页。

汉书·耿秉传》"山谷深，士卒寒苦"，说军人"寒苦"。① 前引《后汉书·崔寔传》说五原地方"民冬月无衣，积细草而卧其中，见吏则衣草而出"，崔寔教民纺织，"民得以免寒苦"，则说当地民众也在艰难地与"寒苦"抗争。

《后汉书·西羌传》记述羌人的生存环境以及长期养成的性情："其兵长在山谷，短于平地，不能持久，而果于触突，以战死为吉利，病终为不祥。堪耐寒苦，同之禽兽。虽妇人产子，亦不避风雪。性坚刚勇猛，得西方金行之气焉。"② 所谓"堪耐寒苦"，指出羌人以长久的生存经历为前提，已经可以适应这种"寒苦"的生活条件，其极端情形如所谓"虽妇人产子，亦不避风雪"，自然可以令中原人惊异。

《盐铁论·本议》"使备塞乘城之士饥寒于边"，"使边境之士饥寒于外"③，都说明政策制定者们已经关注到边塞军人以"寒"为重要征象的生活艰辛。《盐铁论·轻重》记录了文学的议论："边郡山居谷处，阴阳不和，寒冻裂地，冲风飘卤，沙石凝积，地势无所宜。中国，天地之中，阴阳之际也，日月经其南，斗极出其北，含众和之气，产育庶物。今去而侵边，多斥不毛寒苦之地，是犹弃江皋河滨，而田于岭阪菹泽也。转仓廪之委，飞府库之财，以给边民。中国困于徭赋，边民苦于戍御。"④ 这样的反战的言论，是以边地"寒苦"作为基本的辩议基点的。其中所谓"地势无所宜"，强调了"寒冻裂地，冲风飘卤"的气候条件。简牍数据可见体现西北边塞"地势"环境恶劣的信息，悬泉置遗址出土汉简：

建昭二年九月庚申朔壬戌，敦煌长史渊以私印行太守事，丞

---

① 《汉书·赵充国传》，第2977页；《后汉书·耿弇传》，第708页；《后汉书·耿秉传》，第717页。

② 《后汉书·西羌传》，第2869页。

③ 王利器校注《盐铁论校注》（定本），第2页。

④ 王利器校注《盐铁论校注》（定本），第180页。

敢告部都尉卒人，谓南塞三候、县、郡仓，令曰：敦煌、酒泉地埶（势）寒不雨，蚤（旱）杀民田，贷种穅麦皮芒厚以禀当食者，小石……（Ⅱ0215③：46）①

"敦煌、酒泉地埶（势）寒不雨，蚤（旱）杀民田"，可以理解为"地势无所宜"的解说。

《盐铁论·地广》记录辩论对方御史大夫主战的言辞，也承认"边民"有"处寒苦之地，距强胡之难"，以"百战""蔽捍""中国"的光荣的付出："缘边之民，处寒苦之地，距强胡之难。烽燧一动，有没身之累。故边民百战，而中国恬卧者，以边郡为蔽捍也。"《盐铁论·备胡》则具体地说到边塞士卒的"寒苦"生活：

今山东之戎马甲士戍边郡者，绝殊辽远，身在胡、越、心怀老母。老母垂泣，室妇悲恨，推其饥渴，念其寒苦。《诗》云："昔我往矣，杨柳依依。今我来思，雨雪霏霏。行道迟迟，载渴载饥。我心伤悲，莫之我哀。"故圣人怜其如此，闵其久去父母妻子，暴露中野，居寒苦之地，故春使使者劳赐，举失职者，所以哀远民而慰抚老母也。②

《释名·释州国》："凉州，西方所在，寒凉也。"③《太平御览》卷一六五引《释名》曰："西方寒冻，或云河西土田薄，故曰'凉'。"④《焦氏易林》卷二《大过·震》："利在北陆，寒苦难得。忧危之患，

---

① 又有简例："县（悬）泉地埶（势）多风，涂立干燥，毋□其湿也。"（Ⅱ0211②：26）胡平生、张德芳编撰《敦煌悬泉汉简释粹》，第65页。

② 王利器校注《盐铁论校注》（定本），第207、446页。

③ （东汉）刘熙撰，（清）毕沅疏证，（清）王先谦补，祝敏彻、孙玉文点校《释名疏证补》，中华书局，2008，第46页。

④ （宋）李昉等撰《太平御览》，第804页。

福为道门。商叔生存。"又《焦氏易林》卷三《咸·中孚》："三头六目，道畏难宿。寒苦之国，利不可得。"① 看来，对于所谓"寒苦之国，利不可得"以及所谓"利在北陆，寒苦难得"的"寒苦"地方，中原社会可能是有较普遍的关注和较细致的感受的。相关知识的传递，可能很大程度上是通过行戍千万里的军人们实现的。

附论：

关于秦汉时期淮河冬季封冻问题

竺可桢在 1972 年发表的题为《中国近五千年来气候变迁的初步研究》的著名论文中，曾经讨论了战国至于秦汉时期气候变迁的基本趋势，他指出："在战国时期，气候比现在温暖得多。""到了秦朝和前汉（公元前 221~公元 23 年）气候继续温和。""到东汉时代即公元之初，我国天气有趋于寒冷的趋势"。

竺可桢言"第一次有记载的淮河结冰"

竺可桢举出的例证中，包括史籍关于淮河冬季冰封的记载："曹操儿子曹丕，在公元 225 年到淮河广陵（今之淮阴）视察十多万士兵演习，由于严寒，淮河突然冻结，演习不得不停止。这是我们所知道的第一次有记载的淮河结冰。那时气候已比现在寒冷了。"②

竺可桢引据的资料，是《三国志·魏书·文帝纪》中的记载：

> （黄初六年）冬十月，行幸广陵故城，临江观兵，戎卒十余

---

① 尚秉和撰，张善文校理《焦氏易林注》，中华书局，2020，第 524、577 页。
② 竺可桢：《中国近五千年来气候变迁的初步研究》，《竺可桢文集》，第 481 页。

万，旌旗数百里。是岁大寒，水道冰，舟不得入江，乃引还。①

魏文帝曹丕对于这次军事行动，是经过精心策划和充分准备的。黄初五年（224），"八月，为水军，亲御龙舟，循蔡、颍，浮淮，幸寿春。扬州界将吏士民，犯五岁刑已下，皆原除之。九月，遂至广陵"。"六年春二月，遣使者循行许昌以东尽沛郡，问民所疾苦，贫者振贷之。三月，行幸召陵，通讨虏渠。"三月辛未，"帝为舟师东征。五月戊申，幸谯"。八月，"帝遂以舟师自谯循涡入淮，从陆路幸徐。九月，筑东巡台"。冬十月，抵达广陵。《三国志·魏书·文帝纪》裴松之注引《魏书》："帝于马上为诗曰：'观兵临江水，水流何汤汤！戈矛成山林，玄甲耀日光。猛将怀暴怒，胆气正从横。谁云江水广，一苇可以航。不战屈敌虏，戢兵称贤良。古公宅岐邑，实始翦殷商。孟献营虎牢，郑人惧稽颡。充国务耕植，先零自破亡。兴农淮、泗间，筑室都徐方。量宜运权略，六军咸悦康。岂如《东山》诗，悠悠多忧伤。'"② 这篇诗作，以古来圣王名将成功的业绩自比，也体现出曹魏军事集团当时利用水路进军，经略东南的雄心。

对于"临江观兵"的计划，当时已经有人提出过水道未必能够顺利通行的警告。《三国志·魏书·蒋济传》记载：

> 车驾幸广陵，（蒋）济表水道难通，又上《三州论》以讽帝。帝不从，于是战船数千皆滞不得行。③

被因岁寒而水道结冰所阻滞的舟师，规模至于"战船数千"。我们通过被阻部队所谓"戈矛成山林，玄甲耀日光"以及"戎卒十余万，

---

① 《三国志·魏书·文帝纪》，第85页。
② 《三国志·魏书·文帝纪》，第84~85页。
③ 《三国志·魏书·蒋济传》，第451页。

旌旗数百里"，可以推测当时"水道冰"，或许并不仅限于以淮河为南界，有可能江淮之间的水道多已冰封。

卢弼《三国志集解》引赵一清说，以为《文选》卷二九魏文帝《杂诗》中的某些诗句也与这次出师有关。诗中写道："西北有浮云，亭亭如车盖。惜哉时不遇，适与飘风会。吹我东南行，南行至吴会。吴会非我乡，安能久留滞。弃置勿复陈，客子常畏人。"引录者感慨道："其心怯于吴人如此！"① 如果此说能够成立，则似乎可以反映"水道冰"这样的气候变化，确实对于当时的历史产生了重要的影响。

如上所述，曹丕为了这次出兵，曾经在前一年九月亲自前往广陵，实际上实地考察了南下水道。在此之前，据《三国志·魏书·武帝纪》记载，建安十四年（209），"春三月，军至谯，作轻舟，治水军。秋七月，自涡入淮，出肥水，军合肥"，"置扬州郡县长吏"，"十二月，军还谯"②。曹军在淮河水系的活动，是经历了冬季的，然而并没有"水道冰"的记载。这次军事行动，曹丕是亲自参加了的。《初学记》卷六引魏文帝《浮淮赋》写道："建安十四年，王师自谯东征，大兴水运，泛舟万艘。时余从行，始入淮口，行泊东山，睹师徒，观旌帆，赫哉盛矣，虽孝武盛唐之狩，舳舻千里，殆不过也！乃作斯赋云：溯淮水而南迈兮，泛洪涛之湟波。仰岩岗之崇阻兮，经东山之曲阿。浮飞舟之万艘兮，建干将之铦戈。扬云旗之缤纷兮，聆榜人之讙哗。乃撞金钟，爰伐雷鼓。白旄冲天，黄钺扈扈。武将奋发，骁骑赫怒。"③《艺文类聚》卷八引文又有："于是惊风泛，涌波骇，众帆张，群棹起，争先逐进，莫适相待。"④ 其风发之豪情，与16年后"观兵临江水，水流何汤汤"诗句中所体现的气概，实一脉而相

---

① 卢弼：《三国志集解》，中华书局据1957年古籍出版社排印本影印，1982，第98页。
② 《三国志·魏书·武帝纪》，第32页。
③ （唐）徐坚等：《初学记》，中华书局，1962，第128~129页。
④ （唐）欧阳询撰，汪绍楹校《艺文类聚》，第160页。

承。实际上曹丕仍然以建安十四年（209）泛舟淮水的经验组织黄初六年（225）的战事，他显然是绝对没有想到"是岁大寒，水道冰，舟不得入江"的意外变化的。淮河冬季结冰，看来是极其偶然的情形。

《黄淮海平原历史地理》论淮河"冻结"

邹逸麟主编《黄淮海平原历史地理》（安徽教育出版社，1993）一书论述秦汉时期的气候变迁，运用新的观点，研究新的资料，提出了新的认识，其主要论点是："春秋时期的气候要比现代温暖。""战国至西汉初黄淮海气候向寒冷方向波动。""西汉中叶开始气候回暖"，"东汉以后气候略为转凉，但从几个物候情况来看，大体上与现代相差不大"。这一观点与竺可桢的意见形成了对立，其提出和论证，都使读者颇受启发。不过，其中某些分析，或许还可以近一步讨论。

例如，《黄淮海平原历史地理》一书的作者比较重视利用河流封冻的历史资料来研究气候的变迁，但是对有关淮河冰封的资料的理解，似乎值得商榷。

《黄淮海平原历史地理》一书指出："春秋时期冬季最低温度的偏高势必影响我国河流冬季稳定封冻的南界。今天黄淮海平原内，这条界线大体东起连云港附近，经商丘北跨黄河，沿黄河北侧高地西伸。这条界线以北的河流每年都有稳定封冻现象。但在春秋时期，如公元前598、前590、前546等年，鲁国国都（治今山东曲阜）的冰房则无冰可收。河流封冻与河边出现冰情所对应的温度当然有所不同，前者所要求的冬季温度更低，因此至少可判断春秋时期上述的河流稳定封冻南界要比现代的位置偏北，可到达曲阜一线。"作者接着写道，战国至西汉初的冬季气温显得比现代低，"具体表现在黄淮海平原南部河流的冻结状况上"，春秋时期黄淮海平原中部河流稳定封冻的南界，战国至西汉时期，在这条界线以南，"河流封冻情况受每年冬季寒潮强度差异的影响，最大摆动幅度有五个纬度之多。就淮河而言，其流水动量大，现代记录表明，只有在少数强寒潮年份才会冻结。但在秦朝，淮河似乎冻结比较频繁，那时淮河是祀祷名山大川礼节中的主要河流之一。'春以脯酒为岁祠，因泮冻，秋涸冻，冬塞祷祠。'泮冻即河流的解冻，说明当时淮河每年冻结是其主要的特征，反映了当时气候比现代寒冷"①。

"春以脯酒为岁祠，因泮冻，秋涸冻，冬塞祷祠。"原文出自《史记·封禅书》关于"秦并天下，令祠官所常奉天地名山大川鬼神"的内容：

> 于是自崤以东，名山五，大川祠二。曰太室。太室，嵩高也。恒山，泰山，会稽，湘山。水曰济，曰淮。春以脯酒为岁祠，因泮冻，秋涸冻，冬塞祷祠。

同篇又说到"自华以西"名山大川祷祠制度：

> 自华以西，名山七，名川四。曰华山，薄山。薄山者，衰山也。岳山，岐山，吴岳，鸿冢，渎山。渎山，蜀之汶山。水曰河，祠临晋；沔，祠汉中；湫渊，祠朝那；江水，祠蜀。亦春秋泮涸祷塞，如东方名山川。②

此外，如"汧、洛二渊"等"小山川"，"亦皆岁祷塞泮涸祠"。

与以上文字大体相同的内容，又见于《汉书·郊祀志上》。

可见，不仅《黄淮海平原历史地理》一书的作者以为"在秦朝，淮河似乎冻结比较频繁"的情况下推行这样的礼制，实际上整个西汉时代，也都实行着这样的制度。

---

① 邹逸麟主编《黄淮海平原历史地理》，第 17~19 页。
② 《史记·封禅书》，第 1371~1372 页。

"泮冻""涸冻"的理解

清代学者王先谦在《汉书补注》中曾经据《汉书·地理志上》所谓右扶风武功"有垂山、斜水、淮水祠三所",写道:"扶风武功有淮水祠,淮不祠于临淮境而祠于武功,亦犹天齐不祠于临淄而祠于谷口也。"① 那么,是不是当时"春秋泮涸",是观察武功淮水祠情形,而并非"临淮境"淮水情形呢?

这一可能最终应予排除。这不仅因为武功"淮水祠"已经许多学者辨正,是"褒水祠"之误。还因为其他名川如沔水、江水等,"亦春秋泮涸祷塞"。

人们注意到,据《史记·封禅书》和《汉书·郊祀志上》记载,当时山东、山西的所有名川,都实行所谓"春以脯酒为岁祠,因泮冻,秋涸冻,冬塞祷祠"的制度。

如果淮河的"泮冻""涸冻"理解为冬季封冻,那么,"沔"与"江水"当时也实行"如东方名山川"那样的礼制,"亦春秋泮涸祷塞",又应当怎样理解呢?

很显然,至少"江水"在当时的气候条件下是不可能冬季封冻的。

可能,关键在于"泮"和"涸"的解释。

"泮",《史记·封禅书》裴骃《集解》引服虔曰:"解冻。"《诗·邶风·匏有苦叶》:"士如归妻,迨冰未泮。"毛亨传:"'迨',及。'泮',散也。"朱骏声《说文通训定声·乾部》:"'泮',假借为判。"《诗·鲁颂·泮水》:"思乐泮水。"郑玄笺:"'泮'之言半也。"② 以为"泮水"可以理解为"半水"。

---

① (清)王先谦撰《汉书补注》,中华书局据清光绪二十六年虚受堂刊本影印,1983,第536页。

② (清)阮元校刻《十三经注疏》,第303、610页。

"涸"，原义为枯竭，又通"冱"，指冰冻。《汉书·郊祀志上》之"秋涸冻"，颜师古注："'涸'读与'冱'同。冱，凝也。""春则解之，冬则凝之。《春秋左氏传》曰：'固阴冱寒'。《礼记·月令》曰：'孟冬行春令则冻闭不密。"[①] 所谓"涸冻"，在汉代已经为时人习用。刘歆《遂初赋》就写道："薄涸冻之凝滞兮，茀溪谷之清凉。"

看来，"泮冻"与"涸冻"被解释为解冻和封冻，是没有问题的。问题在于淮河的"泮冻"与"涸冻"，可不可以理解为河面的解冻和封冻，可不可以"说明当时淮河每年冻结是其主要的特征"。

鉴于《史记·封禅书》和《汉书·郊祀志上》所说"春秋泮涸"包括沔水和江水，我们以为，所谓"泮冻"和"涸冻"所体现的气候现象，很可能包括《黄淮海平原历史地理》一书的作者曾经说到的"河流封冻与河边出现冰情"两种情形。当时淮河冬季"河边出现冰情"是没有疑义的，但是以此来说明淮河河面"封冻"，还需要有其他史例以为证明。因为，对于同样的"春秋泮涸"的记载，理解淮河"封冻"而长江不"封冻"，是缺乏说服力的。

综上所述，以有关秦汉时期山川祭祀制度的历史资料为依据，"说明当时淮河每年冻结是其主要的特征"的论点，似乎未能提供历史的确证，因而不足以动摇竺可桢引据《三国志·魏书·文帝纪》的记述，认为"这是我们所知道的第一次有记载的淮河结冰"的说法。[②] 而进而以所谓"秦朝""淮河每年冻结"为证明，断定可以反映"当时气候比现代寒冷"的推论，似乎也难免有论据不足之嫌。

---

① 《汉书·郊祀志上》，第1207页。
② 施和金、张国防、杨峻编著《江苏农业气象气候灾害历史纪年（公元前190年—公元2002年）》（吉林人民出版社，2005）将这条记载列于"三国"时期的第一条，见该书第4页。

三

秦汉时期水资源考察

1. 自然科学家提供的秦汉水文史数据

多年来，地质学者以及古地理学者、古生物学者所进行的工作，为考察历史时期的生态环境提供了诸多重要信息。其中有关秦汉时期水资源的资料，值得我们重视。

注意相关研究收获，可以得到若干启示。例如，黄河在西汉时期决溢频繁，而东汉河患则明显减轻。王景治河后，黄河出现了长期安流的局面，对于其原因的探讨，除注意工程技术措施及水土流失状况而外，似乎也应当关注河水流量本身可能发生的变化。①

---

① 有学者曾经指出，"汉唐之间，黄河安流 800 多年，除了王景治河得力外，也与其间全球气候、生产力发展状况等因素有关"。参见吴必虎《历史时期苏北平原地理系统研究》，第 17 页。

华北平原湖泊的扩张与收缩

有研究者指出："华北平原地势低，洼地众多，全新世高温期间，温暖多雨，平原腹地，川流众多、湖泽广布。根据地理学研究成果和先秦《左传》、《禹贡》等文献记载，华北平原存在两大湖沼群带。第一湖沼群带是今濮阳、菏泽、商丘一线以东地区，有著名的大野泽、雀山泽、菏泽、雷夏泽和孟诸泽。第二湖沼群带位于河北邯郸至宁晋之间的太行山东麓冲积扇的前缘洼地，大陆泽—宁晋泊、白洋淀—文安洼、七里海—黄家洼是三大相对集中的湖沼带。文献记载的大陆泽、鸡泽、泜泽、皋泽、海泽等是上述湖沼群带的残留部分。全新世高温期大部分时间里，华北平原东部低洼处的湖沼数量很多，面积也大，是现在湖沼的8~10倍。对人类活动有一定影响。"[1] 论者所谓"全新世高温期"，即"全新世中国大暖期"，始于距今8500年前后，结束于距今3000年前后。[2]

根据钻孔资料和野外剖面观察进行的分析，可知华北地区湖淀在晚全新世表现出收缩的发展趋势。研究者认为，"最近两千多年来湖淀消亡之势仍在继续发展之中"[3]。

河北平原永定河冲积扇南侧以白洋淀和文安洼为中心的湖泊洼地群，在同样的气候条件下大体经历了相似的扩张与收缩过程。文安洼地区湖沼面积在距今2000年至1000年，发生了大致由2000平方公里缩退到1200平方公里的显著变化。在这一历史阶段，文安洼地区沉

---

① 燕生东：《全新世大暖期华北平原环境、文化与海岱文化区》，周昆叔等主编《环境考古研究》第3辑，第76页。

② 燕生东《全新世大暖期华北平原环境、文化与海岱文化区》写道："近十几年来，学者们根据孢粉谱建立的全新世温度变化曲线、古土壤层位及有关磁化率、湖泊水位变化、古冰川遗迹与敦德冰岩芯 $\delta^{18}O$ 值的变动曲线、海面变动以及考古发现的其他相关材料，初步认为全新世中国大暖期始于距今8500年前左右，结束于3000年前后，延续了5500年。"周昆叔等主编《环境考古研究》第3辑，第75页。

③ 王会昌：《一万年来白洋淀的扩张与收缩》，《地理研究》1983年第3期。

积速率则由 2.46 左右增至 2.58 左右。对文安洼地区沉积速率的估算以及沉积物粒度的分析，表明沉积速率及沉积物粒径与温度和降雨量成反比。[1]

这一现象和一些历史学者的判断是一致的。有学者写道："河北平原中部和东部，即所谓'九河'地区，在战国中期黄河下游全面修筑堤防以前，河道决溢频繁，迁徙游荡无定，留下的废河床、牛轭湖和岗间洼地，为湖沼的发育提供了条件。""先秦至西汉时，河北平原的湖沼十分发育，分布很广，可以说是星罗棋布，与今天的景观有很大差异。""这些湖沼大多是由浅平洼地灌水而成的。因补给不稳定，所以湖沼水体洪枯变率很大。许多湖沼中滩地、沙洲和水体交杂，湖沼植物茂盛，野生动物如麋鹿之类大量生长繁殖。"而东汉三国以后，河北平原上的湖沼"有一部分消失了，有一部分水面缩小了"[2]。

湖泊水面变化应与降水量的变化相关。有研究者在应用燕山地区花粉气候响应面分析气候变化时指出，"2000a BP 以来，年均降水量一直呈下降趋势，年均降水量比 2000a BP 前减少 50~100 毫米"[3]。

长江流域的江湖古水文状况

据长江中游距今滩面低 20 米左右的漫滩沉积层中朽木年代测定数据以及埋深 7~10 米左右的湖沼相黏土年代测定资料，研究者推定，"5000 多年以前长江中游的洪水位要比今低 15 米左右，之后由于长江水位的不断上升，而出现了两岸漫滩的不断加积增厚"[4]。

---

[1]　王英杰：《河北平原文安洼地区全新世环境变迁及其后果》，硕士学位论文，中国科学院，1986；曹银真：《中国东部地区河湖水系与气候变化》，《中国环境科学》1989 年第 4 期。

[2]　邢铁、王文涛：《中国古代环渤海地区与其他经济区比较研究》上册，河北人民出版社，2004，第 64~66 页。

[3]　许清海、杨振京、阳小兰、刘志明、梁文栋：《燕山地区花粉气候响应面及其定量恢复的气候变化》，周昆叔等主编《环境考古研究》第 3 辑，第 170 页。

[4]　杨达源：《洞庭湖的演变及其整治》，《地理研究》1986 年第 3 期。

秦汉时期特别是秦与西汉时期的气候条件，亦是致使长江水位上升的因素之一。

当时除江汉平原云梦沉降区以及九江—黄梅平原地区因长江带来泥沙使入湖三角洲逐渐向湖泊伸展，致使江湖开始分离之外，长江以南的洞庭湖、鄱阳湖、太湖等，则都在不断扩大。[①]

红水河阶地的考察

流经广西西部和中部的红水河是西江上游河段，与柳江汇流后称黔江，再与郁江汇流后称浔江。

经过对红水河阶地的科学考察，研究者测定红水河"高河漫滩上层冲积物的形成年代为 1976±178 年"，由此推定"它是 2000 年前气候温和时期的河流冲积物"。

研究者于是判定，"高河漫滩是在 2000 年前形成的，因此最大洪水的重现期可定为 2000 年一遇"[②]。

塔里木盆地南部绿洲分布的水资源条件

西汉时期正式开通的丝绸之路南道于塔里木盆地南部途经鄯善（今新疆若羌）、且末（今新疆且末）、精绝（今新疆民丰北）、扜弥（今新疆于田）、皮山（今新疆皮山）、莎车（今新疆莎车）、疏勒（今新疆喀什）等国，这些国家均处于绿洲之中。这些历史上曾经繁荣的地方，现在往往只存留流沙中的古城废墟。以往有学者认为，沙漠的南侵，使得原有的绿洲文明走向终结。

有的学者则通过实地考察发现，故河道和古遗址存在密切的关系。研究者还发现，"有一些遗址地区，建筑物、农田和其他遗迹所处的高度相差悬殊"，"这种现象在沙漠深处表现得更明显"。"这只

① 中国科学院地理研究所等：《长江中下游河道特性及其演变》，第64页。

② 徐润滋等：《红水河阶地与极限洪水》，《地理研究》1986年第1期。

能解释为，当该遗址形成前，这里已有沙丘分布，后来河流迁徙到这里，为遗址聚落的形成和发展创造了条件，因此产生了上述现象。"论者于是得出结论："沙漠中古代绿洲聚落遗址，它本来早就存在于沙漠之中，它的流入与河流流入息息相关。""沙漠中古代遗址废弃，不能简单地归结为沙漠南侵。""一些流入沙漠的河流，在干三角洲上可以建立绿洲聚落。如尼雅、丹丹乌里克等古绿洲，河流变迁是它们废弃的主要原因。"①

汉晋时期，经过楼兰附近的孔雀河的故道库姆河"给楼兰带来繁荣"。而在楼兰西南50公里，与楼兰遗址属于同一时期的LK聚落，包括LK、LL、LM、LR4个考古遗址，均"坐落在河床遗迹十分明显的故河道上"，"这些河流是LK聚落深居荒漠之中赖以生存的保证"②。考古工作者和地理学者经实地考察发现，在塔里木河中游现在的河道向南100多里的大沙漠中，有一道道作东西方向的干河床。③"这些干河沿岸都有胡杨、红柳的分布。由于河道自南向北迁徙，这些森林的生长情况，北部较好，越往南越差，而且大都已经枯死，说明水分条件的变化，形成南北景观的差异。"④

有学者认为："楼兰古城的消亡是在中国北方，甚至是世界气候旱化大背景下发生的，不是一个孤立事件，只是由于楼兰处在干旱内陆，这里人文与自然环境的变化更显著罢了。楼兰古城的消亡是在距今3000年显露变干旱，在距今2000年旱化加剧的环境下发生的，所

① 奚国金：《历史时期的塔里木盆地南部绿洲分布》，中国自然资源研究会、中国地理学会等编《中国干旱半干旱地区自然资源研究》，科学出版社，1988。
② 奚国金：《罗布泊迁移过程中一个关键湖群的发现及其相关问题》，中国地理学会历史地理专业委员会、《历史地理》编辑委员会编《历史地理》第5辑。
③ 黄文弼：《塔里木盆地考古记》，科学出版社，1958，第43页；朱震达：《塔里木盆地的自然特征》，《地理知识》1960年第4期。
④ 文焕然：《历史时期新疆森林的分布及其特点》，中国地理学会历史地理专业委员会、《历史地理》编辑委员会编《历史地理》第6辑。

以楼兰古城消亡是在干旱大环境制约下在劫难逃。"① 也许总结这些绿洲国家衰落的原因，尚需要进行复杂的工作。但是考虑到水资源变化的因素，显然是正确的思路。正如有的学者所指出的："通过古绿洲废弃与气候波动变化的对比分析认为，古绿洲的衰亡期也是气候干旱期。""大量古城废弃的时期，往往也是气候明显偏干冷的时期。"②

2. 秦汉时期渭河流域水资源状况的分析

秦王朝的都城咸阳与西汉王朝的都城长安都位于渭河水滨。这两座大都市居民的生活消费用水都直接与渭河水量以及地下水位的高低密切相关。考察渭河流域的水资源状况，有益于理解和说明当时生态环境形势及其对于社会和国家的意义。

秦与西汉王朝的名川之祀

《史记·封禅书》列述秦人经营的主要祠所，写道："自华以西，名山七，名川四。"所谓"名川四"，即：

> 水曰河，祠临晋；
>
> 沔，祠汉中；
>
> 湫渊，祠朝那；
>
> 江水，祠蜀。
>
> 亦春秋泮涸祷塞，如东方名山川；而牲牛犊牢具珪币各异。
>
> ……其河加有尝醪。此皆在雍州之域，近天子之都，故加车一乘，骝驹四。

---

① 周昆叔：《花粉分析与环境考古》，学苑出版社，2002，第237页。

② 王录仓、程国栋、赵雪雁：《内陆河流域城镇发展的历史过程与机制——以黑河流域为例》，《冰川冻土》2005年第4期。

又说到咸阳附近的"川"：

> 霸、产、长水、沣、涝、泾、渭皆非大川，以近咸阳，尽得
> 比山川祠，而无诸加。

还写道："汧、洛二渊，鸣泽、蒲山、岳胥山之属，为小山川，亦皆
岁祷塞泮涸祠，礼不必同。"咸阳附近还有值得重视的水神之祀：

> 沣、滈有昭明、天子辟池。……各以岁时奉祠。

其他各地也有名川奉祠者："至如他名山川诸鬼及八神之属，上过则
祠，去则已。郡县远方神祠者，民各自奉祠，不领于天子之祝官。"①
　　值得我们特别注意的，是"霸、产、长水、沣、涝、泾、渭皆非
大川，以近咸阳，尽得比山川祠"的制度以及"沣、滈有昭明、天子
辟池"的情形。通过这些现象，可以说明"水"在秦王朝神学系统
中的重要地位。据《史记·秦始皇本纪》记载，秦始皇三十六年
（前211）有关于"祖龙死"的神秘预言："秋，使者从关东夜过华阴
平舒道，有人持璧遮使者曰：'为吾遗滈池君。'因言曰：'今年祖龙
死。'使者问其故，因忽不见，置其璧去。使者奉璧具以闻。始皇默
然良久，曰：'山鬼固不过知一岁事也。'退言曰：'祖龙者，人之先
也。'使御府视璧，乃二十八年行渡江所沉璧也。"② 这一传说，也体
现出对滈池水神的崇拜。

---

① 《史记·封禅书》，第1372～1375、1377页。
② 《史记·秦始皇本纪》，第259页。《汉书·五行志中之上》："史记秦始皇帝三十六
年，郑客从关东来，至华阴，望见素车白马从华山上下，知其非人，道住止而待之。遂至，
持璧与客曰：'为我遗滈池君'，因言'今年祖龙死'。忽不见。郑客奉璧，即始皇二十八年
过江所湛璧也。"（第1399～1400页）事又见《水经注》卷一九《渭水》、《搜神记》卷四
"华山使"条。

山川风雨神崇拜以及岁时之祠，其实所体现的都不是纯神学的与经济生活无关的信仰，而往往是对自然恩遇的祈祝，体现着一种自然观、生态观。中国古代的农业和牧业部族，在这一点上彼此类同。但是在秦人以咸阳为中心的祭祀格局中河川崇拜的地位特别突出，值得我们重视。这一事实，应当与关中地区农田灌溉事业的发展有关。

后来的一些历史事实，如秦人大规模修建水利工程,[①] 以及秦始皇"更名河曰德水，以为水德之始"[②] 等等，都可以与以咸阳为中心的河川崇拜联系起来分析。

秦人的神祠制度为西汉王朝全面继承。"以近咸阳"而得到特别地位的"皆非大川"的"霸、产、长水、沣、涝、泾、渭"以及"沣、滈"之属得以"尽得比山川祠"，享受超等级的敬祠，亦与秦及西汉执政者关注都城水源的保障有关。

关于"河水减少，地下水位下降"说

有的研究者根据对黄土理化性质与风化成壤类型、孢粉数据与植被类型，以及河流水文与人类聚落位置迁移之关系的综合考察，提出对距今 3120~1400 年渭河流域的自然环境面貌的分析："西北季风占优势，尘暴雨土频繁，相当中温带半干旱气候"，"由于气候较冷干，河水减少，地下水位下降，河谷低阶地和河漫滩均比较干燥"。

虽然"距今 3120~1400 年"的历史时段过于漫长，研究者还是发表了这样的结论："秦咸阳城和西汉长安城等巨大城池建筑群都建在渭河 T_1 和河漫滩低地"，是出于"为城市用水方便"的考虑。[③] 论者的认识，似乎在逻辑上大体符合古代城市规划的设计思想。但是正

---

① 战国晚期秦国修建的大型水利工程，最著名的有李冰主持的都江堰工程和郑国主持的郑国渠工程。参看林剑鸣《秦史稿》，上海人民出版社，1981，第 279~282 页。

② 《史记·秦始皇本纪》，第 238 页。

③ 黄春长：《渭河流域全新世黄土与环境变迁》，《地理研究》1989 年第 1 期。

如《管子·乘马》所说："凡立国都，非于大山之下，必于广川之上；高毋近旱而水用足；下毋近水而沟防省；因天材，就地利，故城郭不必中规矩，道路不必中准绳。"① 一方面应"高毋近旱，而水用足"，一方面应"下毋近水，而沟防省"。而且论者所谓"河漫滩低地"的表述其实并不十分准确。考古学者和历史地理学者的意见是："秦咸阳城地处咸阳原第二台地。"②"汉长安城位于龙首原北麓"，西安地区古城位置的选择，"大都具有两个特点：一是靠近水源"，"二是城址多选择在原的边缘"。也就是说，"都是选在川原比较高亢之处；但又不过高，过高引水有困难，过低则不适宜于人类居住"。实际上，自周丰京、镐京到唐长安城，"城址大抵选择在渭河二级台地之上，渭河水引不上来，所以历来城市用水都没有引渭河的"③。

如果由所谓"秦咸阳城和西汉长安城等巨大城池建筑群都建在渭河 T_1 和河漫滩低地"的分析断定秦与西汉时期这一地区的水资源状况的总趋势是"河水减少，地下水位下降"，则亦未必符合历史真实。

一个重要的事实是，历年来渭水河道的摆动，破坏了秦都咸阳部分城区，即所谓"因渭水历年北移而被冲毁"④。

人们还注意到，从秦都咸阳考古发掘获知的秦代水井资料，可知以为当时"地下水位下降"的意见并不确切。而汉代陵墓选址务求"高敞"的情形，也揭示了同样的事实。

秦都咸阳水井调查

1960 年 3~4 月，在对暴露于渭水北岸东西一线长约 2.5 公里的范围进行调查时，发现水井 27 处，对其中的 3 眼进行了清理。

---

① 黎翔凤撰，梁运华整理《管子校注》，中华书局，2004，第 83 页。
② 陕西省考古研究所编著《秦都咸阳考古报告》，科学出版社，2004，第 708 页。
③ 黄盛璋：《西安城市发展中的给水问题以及今后水源的利用与开发》，《地理学报》第 24 卷第 4 期，1958 年第 4 期，收入《历史地理论集》，第 9~10 页。
④ 陕西省考古研究所编著《秦都咸阳考古报告》，第 43 页。

1981 年，考古工作者又对秦都咸阳长陵车站作坊区遗址发现的秦代水井进行了调查。这些水井的开口，除 81XYCLSJ8 在汉代层底部外，其余均在秦文化层。其中：59XYCLSJ2 井口距地表 0.6 米，井深3.34 米。

60XYCLSJ1 井口距地表 1.32 米，井深 3.04 米。

60XYCLSJ3 井口距地表 1.7 米，井深数据发掘报告未明确提供。不过，根据"现存 7 节圆形瓦圈，瓦圈由上至下 1~4 节已毁坏"，"每节高 0.34 米"，"井底为沙层"等情形判断，可知井深应为 2.38米左右。

发掘报告执笔者说，"我们对其中保存较好者，又选择不同类型清理 20 眼"，"按时间先后叙述"，[①] 其情形当如表 3-1。

表 3-1　秦都咸阳长陵车站作坊区遗址发现的秦代水井相关数据

单位：米

序号	发掘报告编号	井口距地表	井深	水位线距井底
1	81XYCLSJ8	1.6	2.1	
2	81XYCLSJ13	1.2	3.03	
3	81XYCLSJ14	1.2	3.15	
4	81XYCLSJ16	3.7	0.76	
5	81XYCLSJ17	2.5	4.28	
6	81XYCLSJ32	1.1	2.5	
7	81XYCLSJ40	0.89	1.47	
8	81XYCLSJ41	1.80	1.03	
9	81XYCLSJ50	1.45	3	
10	81XYCLSJ51	3.5	1.1	
11	81XYCLSJ53	1.6	2.5	

---

① 发掘报告称介绍 1981 年清理的"20 眼"秦井，但是实际上对"1960 年 3~4 月"发现的 60XYCLSJ1、59XYCLSJ2 和 60XYCLSJ3 也作了介绍，即一共介绍了 23 眼。陕西省考古研究所编《秦都咸阳考古报告》，第 34~43 页。"20 眼"之说，应是报告执笔者的疏误。又59XYCLSJ2 排序在 60XYCLSJ1 之后，而显示"59"字样，或是 1959 年发现。

序号	发掘报告编号	井口距地表	井深	水位线距井底
12	81XYCLSJ59	0.67	2.6	
13	81XYCLSJ60	1.60	1.75	
14	81XYCLSJ61	1.7	3.53	0.55
15	81XYCLSJ62	1.82	1.97	0.53
16	81XYCLSJ63	2.56	1.66	
17	81XYCLSJ64	2.62		1.12
18	81XYCLSJ65	1.61	2.1	0.59
19	81XYCLSJ66	1.43	2.21	0.52
20	81XYCLSJ74	2	2.14	0.53

序号1~2，发掘报告的表述形式是"井口距地表"若干米。序号3，发掘报告称："井口已破坏，现存井口距地表1.2（米）。"序号9作"井口已破坏，现存井口距地表1.45（米）"。序号4~8、序号11、序号14~15、序号17~20，均作"现存井口距地表"若干米，但是没有说明是否"井口已破坏"。序号10则写道："井口已被村民取沙破坏，现存井口距地表3.5米，井口以下深1.1米。"又序号16："该井口部已被村民取沙破坏，现存井口距地表2.56米。"

序号1，发掘报告称："该井未清理到底，已知井深2.1米。"序号17没有说明井深，可能是清理记录者或报告整理者遗漏。

虽然"井口距地表"以及"井深"数据或许不尽准确，但是序号12"该井通体保存较好"，序号13"该井保存较好"，比较其他井口、破坏或未清理到底的数据，并没有明显的差距。

关于所谓"水位线距井底"资料，发掘报告明确说明"圈内有水锈痕迹"，应是可信的秦时咸阳地下水位记录。

根据以上23眼井的资料，井口距地表平均1.75米，井深平均2.35米，水位线距井底平均0.64米。根据《秦都咸阳考古报告》附表一《秦都咸阳1981年长陵车站作坊区遗址水井调查登记表》所列

81XYCLSJ1~81XYCLSJ89 的数据，① 则井口距地表平均 1.77 米（其中已破坏者 3，无数据者 4），井深平均 1.66 米（其中无数据者10）。② 综合多种现象，可以推知秦汉时期这一地区"地下水位下降"的说法似不足为信。

秦都咸阳长陵车站手工业作坊遗址由于地处"渭水之滨"③，有可能是当时这一地区地下水位相对比较高的地方。但是在进行古今地下水位对比的基础上，这一地方当时水井数据反映的地下水位指针对于评价当时生态环境特别是水资源状况时所谓"由于气候较冷干，河水减少，地下水位下降，河谷低阶地和河漫滩均比较干燥"的观点，特别是对于"河水减少"和"地下水位下降"并说的意见，还是可以作为驳议的根据的。

汉代古桥规模的参考意义

2006 年，西安市文物保护考古所在汉长安城西南角未央宫遗址与建章宫遗址之间发掘了一处古桥遗存。发掘者认为，其发现"对研究古代河流的变迁、周围自然环境的变化等具有重要意义"。

考古学者根据遗迹现象推算，"该古桥木桩东西长度至少应有 50米，也就是说该桥的宽度应在 50 米以上。桥的长度尚不好确定，但从对遗址周围的勘探和调查看，这一段古滈河的河床宽约 60 米，再加上引桥，推测这座古桥的长度至少应在 100 米以上"。

"从地理位置看，这座古桥应是古滈河上的桥梁。滈河古称'沈水'，其上游是'潏水'。"④ 现今滈河作为渭河一级支流，径流量"年际变化大，年内分配不均"，"洪汛期径流量大，约占年径流量的

---

① 陕西省考古研究所编著《秦都咸阳考古报告》，第 721~724 页。
② 其中标示"已知"若干者 37，"现存"若干者 10，"清理"若干者 1。
③ 陕西省考古研究所编著《秦都咸阳考古报告》，第 21 页。
④ 王自力：《西安发掘汉代滈河木桥遗址》，《中国文物报》2006 年 12 月 29 日。

80%以上；而枯水季节常断流"①。现今涝河河床宽度不超过 10 米。②在秦汉时期均为列入祠祀对象的这条河流，可以通过古桥的规模推知其当时的宽度与水量远远超过现代的涝河。

沙河古桥的发现，引起了交通史学者和历史地理学者的高度重视。对于沙河古桥的性质尚有不同意见。"沙河 1 号古桥 C^{14}测定桥桩木材年龄为 2140 年左右，正当西汉初期。"如果确实如有的学者所说，沙河古桥是沣河古桥，③则根据相关考古数据体现的桥梁规模推想当时的沣河水量，也可以帮助我们认识汉代长安附近地区水资源的状况。

附论：

说"高敞"：西汉帝陵选址的防水因素

秦汉时期墓葬择地，普遍有"高敞"的要求。

相关观念和行为，有学者从神学意识分析出发，以为可以归入"择茔""相墓""择吉定茔"等"看风水、选择墓地等迷信活动"之中。④

其实，"高敞"的追求，原本自有实用的意义，其出发点，可能首先在于防水以保证墓主及其地下居室和用物的安全。通过对西汉帝陵选址的分析，当有利于理解有关现象的观念背景和技术条件。而当时地下水位的考察，或许也可以因此得到推定的基础。

---

① 穆根胥：《西安地区水资源分布图》，陕西省地质矿产厅、陕西省计划委员会编制《西安地区环境地质图集》，西安地图出版社，1999，第 9 页。

② 承西安市文物保护考古所王自力见告。

③ 参看段清波、吴春《西渭桥地望考》，《考古与文物》1990 年第 6 期；辛德勇：《论西渭桥的位置与新近发现的沙河古桥》，中国地理学会历史地理专业委员会、《历史地理》编辑委员会编《历史地理》第 11 辑，收入《古代交通与地理文献研究》，中华书局，1996。

④ 李如森：《汉代丧葬礼俗》，沈阳出版社，2003，第 66~67 页。

"高敞"追求与秦汉丧葬礼俗

秦汉陵墓的设计和施工均有保存长久的动机。[①] 当时人已经充分考虑到为实现这一目的而无法回避的防水问题。

人们注意到，"腐"，常常直接与"水"的作用有关。所谓"为水浸而腐坏"[②]"遇暑雨多腐坏"[③] 的现象，为陵墓建筑的设计者所警惕。古人于是以坚实墓圹填土并高筑坟丘的方式防水，[④] 而战国以来豪贵厚葬之家墓中"积炭"的做法，尤其体现出防水"御湿"的意识。[⑤] 墓室注重排水，也有实例。[⑥]

出于防水的目的，在选择茔地时追求"高敞"，也成为秦汉丧葬礼俗的突出特色之一。

《史记·淮阴侯列传》：

---

① 汉代冢墓之瓦，除帝王陵墓所用外，可知有治冢当完、冢室当完、万岁冢当、冢上千万、长久乐哉冢等。陈直曾经说，"皆为汉人祠堂冢墓所用"。陈直：《秦汉瓦当概述》，《摹庐丛著七种》，第358页。据陈直《汉芗他君石祠堂题字通考》，题字有"唯观者诸君，愿勿败伤，寿得万年，家富昌"内容。陈直认为，"'败伤'，与莱子侯刻石'后子孙毋败坏'句意相似"（《文史考古论丛》，天津古籍出版社，1988，第412、415页）。可知当时人的意识中，先人冢室能否"万年""长久"，是与后世能否"家富昌"有直接关联的。

② （宋）欧阳修：《诗本义》卷八《大东》，四部丛刊本。

③ 《宋史·王溥传》，中华书局，1977，第8799页。

④ 封土的实用意义，其实最初体现于防止雨雪渗漏。参看王子今《中国盗墓史：一种社会现象的文化考察》，中国广播电视出版社，2000，第359页。至于西汉帝陵坟丘，有学者强调其"增强了巨大而雄伟的建筑物之外观视觉效果"，"增添了巍然耸立的效果"，"在很大程度上仍属于纪念碑式建造物"的意义（黄晓芬：《汉墓的考古学研究》，岳麓书社，2003，第187、200页），似乎忽视了其实用意义。

⑤ 《吕氏春秋·节丧》："国弥大，家弥富，葬弥厚。含珠鳞施，夫玩好货宝，钟鼎壶滥，辇马衣被戈剑，不可胜数。诸养生之具，无不从者。题凑之室，棺椁数袭，积石积炭，以环其外。"高诱注："石以其坚。炭以御湿。环，绕也。"陈奇猷校释《吕氏春秋校释》，学林出版社，1984，第525、533页。

⑥ 商承祚关于长沙汉墓形制，曾经写道："（蔡）季襄谓汉墓之葬于山巅者，其建筑极近科学。先于地下掘大渠，约占墓地之半，实以石子，然后铺砖。于尽处，以瓦管衔接通山下。长者可达半里遥。殆用以疏水。工人每见水管，溯而上之，则墓斯得。本欲长保，反以贾祸，此岂所及料哉？"（《长沙古物闻见记》卷上，中华书局，1996，第28~29页）

太史公曰：吾如淮阴，淮阴人为余言，韩信虽为布衣时，其志与众异。其母死，贫无以葬，然乃行营高敞地，令其旁可置万家。余视其母冢，良然。①

又有东汉时期的例证。《后汉书·冯衍传》载其自论：

先将军葬渭陵，哀帝之崩也，营之以为园。于是以新丰之东，鸿门之上，寿安之中，地势高敞，四通广大，南望郦山，北属泾渭，东瞰河华，龙门之阳，三晋之路，西顾酆鄗，周秦之丘，宫观之墟，通视千里，览见旧都，遂定茔焉。②

也说"定茔"取"高敞"地。《太平御览》卷五五六引范晔《阴德传》讲述了这样的故事：

陈翼字春卿，庐江舒人也。行到县郭，见道上马傍有卧疾人，呼翼与语曰："吾是长安魏公卿，闻庐江乐土，来下，道病困不能复前。傥可相救。"翼答云："家有弊庐，可俱归乎？"公卿曰："幸甚。"即扶与俱到家。养视积日，既困，公卿谓翼曰："马上有金千余饼，素二十四，可卖殡，余以相谢。"言绝而亡。翼卖素买衣衾殡殓之，葬埋高敞之地，以金置棺下，不使人知，乘马去。公卿兄长公见翼乘马，谓必杀公卿。阴告官收翼，具以状对。长公迎丧，发棺下，得金如数，叩头谢以金，投其门中。翼送长安还之。③

---

① 《史记·淮阴侯列传》，第 2629~2630 页。
② 《后汉书·冯衍传》，第 986 页。
③ （宋）李昉等撰《太平御览》，第 2514 页。

陈翼应是东汉人。① 他营救"道上"陌生"卧疾人"，又为"殡殓"，特意"葬埋高敞之地"，也说明"高敞"是当时葬地选择的重要条件。

《汉书·丙吉传》："吉择谨厚女徒，令保养曾孙，置闲燥处。"颜师古注对"燥"的解释是："燥，高敞也。"② 可知所谓择置"高敞"，首先应是求其"燥"。

选择葬地时对于"高敞"的追求，实际上已经形成了民间礼俗传统，有相当久远的影响。③

———————————

① 《艺文类聚》卷八三引《庐江七贤传》讲述这一故事，又说："翼后为鲁阳尉，号'鲁阳金尉'。"（第1423页）《卮林》卷九《七贤》引《史书占毕》说，"'七贤'不始竹林。《后汉书》袁祕等七人以身捍刃救郡守皆死，褒曰'七贤'"，又写道："黄巾起，汝南太守赵谦击之，军败。功曹封观、主簿陈端、门下督范仲礼、贼曹刘伟德、主记史丁子嗣、记室史张仲然、议生袁祕七人擢刃突陈与战，并死，谦以得免。诏表其门闾，号曰'七贤'。此汝南七贤也。然亦不始此。东京之初已有之矣。《隋经籍志》有《庐江七贤传》，今虽不传，诸类书多引之。'七贤'者，……其一为陈翼。翼字子初，一字春卿，庐江舒人。到蓝乡，见道边马旁有一病人，呼曰：'我长安魏少公，闻庐江乐土，来游，今病不能前。倘可相救？'翼迎视，养视积日，病困，曰：'我有金十饼，素二十匹，死则卖以殡殓。余谢主人。'既死，翼卖素买棺衾，以金置棺下。骑马出入，后其兄长公见马，告吏捕翼。翼具言之。棺下得金，长公叩头谢以金十饼，投其门中。翼送长安还之。翼后为鲁阳尉，号'鲁阳金尉'。又光武出淮阳，到舒不览乡，问此乡何名。陈翼对曰：'乡名不览。'上曰：'万乘主以问，不祥耶！'命举燔之。翼曰：'臣言不欺，佩刀当生毛。'视之刀有毛，长寸，乃不燔。"（明）周婴纂，王瑞明点校《卮林》，福建人民出版社，2006，第251～252页。《太平御览》卷一五九引作"汉武出淮阳到监乡"，卷三四五引作"汉武帝出淮阳到舒不览城"，《太平寰宇记》卷一二六引《郡国志》引作"汉武出淮扬到监乡"。"汉武"应是"光武"之误。《后汉书·杨震传》说，杨震有门生陈翼为其申诉。此"陈翼"可能不是《庐江七贤传》所说"陈翼"。

② 《汉书·丙吉传》，第3142页。

③ 如宋人司马光《山陵择地札子》："《周礼·冢人》：'掌公墓之地。先王之葬居中，以昭穆为左右。'明不择地形也。然而周有天下，三十六王，八百六十七岁，盖王者受命于天，期运有常，国之兴衰在德之美恶，固不系葬地时日之吉凶也。且葬者藏也，本以安祖考之形体，得土厚水深、高敞坚实之地则可矣。子孙岂可因以求福哉？"李之亮笺注《司马温公集编年笺注》卷二五，巴蜀书社，2009，第243页。又陈亮《祭妹夫周英伯文》："终丧致哀，有负灵爽。当与令子，行营高敞。死则同穴，爰此寻丈。沥酒昭诚，魂其来飨。"邓广铭点校《陈亮集》卷三一，中华书局，1987，第424页。其"行营高敞"句，当出自《史记·淮阴侯列传》。明人也以"高敞"为理想墓地的条件之一。如《苏平仲文集》卷一四《夫人周氏墓志铭》："复值海隅宁谧高年令终，自含至敛，情文备至，远近遣奠，出葬之日，市为之罢，巷祭以过车，送者千数百人，而行茔高敞，此千不一觏也。"《景印文渊阁四库全书》

西汉帝陵的选址营建，作为体现出最高技术水准的工程，也注意选择"高敞"之地。

《汉书·宣帝纪》说，汉宣帝刘询微时"高材好学，然亦喜游侠，斗鸡走马，具知闾里奸邪，吏治得失；数上下诸陵，周遍三辅"。颜师古注："诸陵皆据高敞地为之，县即在其侧。帝每周游往来诸陵县，去则上，来则下，故言上下诸陵。"① 所谓"诸陵皆据高敞地为之"，是我们研究西汉帝陵制度不可不注意的现象。

帝陵规划与防水要求

秦始皇经营丽山，其工程史的记录中可以看到曾经与地下水的威胁艰苦搏斗的情节。《史记·秦始皇本纪》写道："始皇初即位，穿治郦山，及并天下，天下徒送诣七十余万人，穿三泉，下铜而致椁。……"② 《汉书·贾山传》说："（秦始皇）死葬乎郦山，吏徒数十万人，旷日十年，下彻三泉，合采金石，冶铜锢其内。"《汉书·刘向传》也说："秦始皇帝葬于骊山之阿，下锢三泉。"③ 《太平御览》卷四四引《三辅故事》也有"下锢三泉"之说。④ 《水经注》卷一九

第1228册，第802页。"行营高敞"作"行茔高敞"。清人亦惯用"高敞"语，以为择茔地标准。如《梅村家藏稿》卷四九《孙母金孺人墓志铭》："先是方伯公已营高敞于山之阴……"《尧峰文钞》卷一七《葛府君墓志铭》："太常名卿，泽流孙子。文学蔚蔚，而不永世。卜彼高敞，虞山之趾。郁乎佳哉，墨食在此。"《方望溪先生全集》卷一二《吴宥函墓表》："营近郊高敞地葬乡人客死者。"《鲒埼亭集外编》卷七《学正董笔云先生墓表》："周官六行备厥躬，九宗七属慈惠鸿。世家乔木增穹窿，墓田高敞足有容。万家他日壮崇封。"同书卷三八《宅经葬经先后论》："人之死也，魂升天，魄降地。其所遗者枯骨耳。谓孝子之于枯骨不忍弃而捐之五患之区，而必求高敞融和之壤以安之则可，谓有吉地焉足以追魂摄魄，使之为利于子孙，则惑矣。"《续修四库全书》第1429册，第523页；第1430册，第133页。《抱经堂文集》卷三○《朝议大夫学南瞿公家传》："生则尽敬，没则尽哀，葬则营高敞地，树松楸皆成行。"《续修四库全书》第1433册，第49页。

① 《汉书·宣帝纪》，第237页。
② 《史记·秦始皇本纪》，第265页。
③ 《汉书·贾山传》，第2328页；《汉书·刘向传》，第1954页。
④ （宋）李昉等撰《太平御览》，第209页。

《渭水》也记载："斩山凿石，下锢三泉，以铜为椁。……"① 北魏孝文帝时中书侍郎高允谏言杜绝厚葬之风，也说道："昔尧葬谷林，农不易亩；舜葬苍梧，市不改肆。秦始皇作为地市，下固三泉，金玉宝货不可计数，死不旋踵，尸焚墓掘。"② 关于秦始皇陵营筑所谓"穿三泉"、"下彻三泉"，或"下锢三泉"、"下固三泉"等说法，都反映了当时防水处理使工程难度有所增加的情形。

汉代帝陵的规划者们可能已经考虑到了这样的情形，在选择陵园位置时特别注意防护地下水对地宫安全的威胁，其具体措施之一，就是刻意追求其地势之"自然高敞"。

《唐会要》卷二〇《陵议》有这样的内容：

> 贞观九年，高祖崩，诏定山陵制度，令依汉长陵故事，务在崇厚。时限既促，功役劳敝。秘书监虞世南上封事曰：臣闻古之圣帝明王所以薄葬者，非不欲崇高光显，珍宝具物，以厚其亲，然审而言之，高坟厚垄，珍物必备，此适所以为亲之累，非曰孝也。是以深思远虑，安于菲薄，以为长久万代之计。割其常情，以定之耳。昔汉成帝造延、昌二陵，制度甚厚，功费甚多，谏议大夫刘向上书曰：孝文帝居霸陵，怆凄悲怀，顾谓群臣曰：嗟乎！以北山石为椁，用绽絮斫陈漆其间，岂可动哉！张释之进曰：使其中有可欲，虽锢南山犹有隙；使其中无可欲，虽无石椁，又何戚焉？夫死者无终极，而国家有废兴，释之所言，为无穷计也。孝文悟焉，遂以薄葬。又汉氏之法，人君在位，三分天下贡赋，以一分入山陵。武帝历年长久，比葬陵中不复容物。霍光暗于大体，奢侈过度，其后至更始之败，赤眉入长安，破茂陵

---

① （北魏）郦道元著，陈桥驿校证《水经注校证》，第461页。
② 《魏书·高允传》，第1074页。"下固三泉"，《北史·高允传》作"下锢三泉"（中华书局，1974，第1123页）。

取物，犹不能尽。无故聚敛百姓，为盗之用，甚无谓也。魏文帝于首阳东为寿陵，作终制，其略云：昔尧葬寿陵，因山为体，无树无封，无立寝殿园邑，为棺椁足以藏骨，为衣衾足以朽肉。吾营此不食之地，欲使易世之后，不知其处，无藏金玉铜铁，一以瓦器。自古及今，未有不亡之国，是无不掘之墓。丧乱以来，汉氏诸陵，无不发掘。乃烧取玉匣金镂，骸骨并尽，岂不重痛哉！若违诏妄有变改，是为戮尸于地下，死而重死，不忠不孝，使魂而有知，将不福汝。以为永制，藏之宗庙。魏文此制，可谓达于事矣。向使陛下德止于秦汉之君，臣则缄口而已，不敢有言。伏见圣德高远，尧舜犹所不逮，而俯与秦汉之君同为奢泰，舍尧舜殷周之节俭，此臣所以戚戚也。今为邱垄如此，其内虽不藏珍宝，亦无益也。万代之后，人但见高坟大冢，岂谓无金玉也？臣之愚计，以为汉之霸陵，既因山势，虽不起坟，自然高敞。今之所卜地势即平，不可不起，宜依《白虎通》所陈周制，为三仞之坟。……①

其中所谓"汉之霸陵，既因山势，虽不起坟，自然高敞"，也许是对于汉文帝霸陵决策的一种比较合理的解释。

《史记·孝文本纪》记载汉文帝遗诏，有"霸陵山川因其故，毋有所改"句。裴骃《集解》应劭曰："因山为藏，不复起坟，山下川流不遏绝也。就其水名以为陵号。"② 晋人挚虞曾经赋诗赞美汉文帝俭朴："汉之光大，实唯孝文。体仁尚俭，克己为君。""营兆南原，陵不崇坟。"③ 所谓"霸陵山川因其故，毋有所改"，"因山为藏"，"陵不崇坟"，其实因为已经"自然高敞"的缘故，"体仁尚俭"云云，

---

① （宋）王溥撰《唐会要》，中华书局，1960，第393~394页。
② 《史记·孝文本纪》，第434~435页。
③ （唐）徐坚等：《初学记》卷九引晋挚虞《汉文帝赞》，第215页。

其实是事实的另一个方面。

《汉书·陈汤传》记录了有关汉成帝经营昌陵事的经过：

　　初，汤与将作大匠解万年相善。自元帝时，渭陵不复徙民起邑。成帝起初陵，数年后，乐霸陵曲亭南，更营之。万年与汤议，以为："武帝时工杨光以所作数可意自致将作大匠，及大司农中丞耿寿昌造杜陵赐爵关内侯，将作大匠乘马延年以劳苦秩中二千石；今作初陵而营起邑居，成大功，万年亦当蒙重赏。子公妻家在长安，儿子生长长安，不乐东方，宜求徙，可得赐田宅，俱善。"汤心利之，即上封事言："初陵，京师之地，最为肥美，可立一县。天下民不徙诸陵三十余岁矣，关东富人益众，多规良田，役使贫民，可徙初陵，以强京师，衰弱诸侯，又使中家以下得均贫富。汤愿与妻子家属徙初陵，为天下先。"于是天子从其计，果起昌陵邑，后徙内郡国民。万年自诡三年可成，后卒不就，群臣多言其不便者。下有司议，皆曰："昌陵因卑为高，积土为山，度便房犹在平地上，客土之中不保幽冥之灵，浅外不固，卒徒工庸以巨万数，至然脂火夜作，取土东山，且与谷同贾。作治数年，天下遍被其劳，国家罢敝，府臧空虚，下至众庶，嗷嗷苦之。故陵因天性，据真土，处势高敞，旁近祖考，前又已有十年功绪，宜还复故陵，勿徙民。"上乃下诏罢昌陵，语在《成纪》。

关于汉成帝终于废止昌陵营作，"下诏罢昌陵"事，《汉书·成帝纪》的记载是："（鸿嘉元年春二月）壬午，行幸初陵，赦作徒。以新丰戏乡为昌陵县，奉初陵，赐百户牛酒。"①

---

　　① 《汉书·陈汤传》，第3023~3024页；《汉书·成帝纪》，第316页。

反对昌陵工程的行政官员批评昌陵"因卑为高","浅外不固",而所谓"故陵因天性,据真土,处势高敞"的意见,特别值得注意。

《汉书·谷永传》记载了在"时有黑龙见东莱",于是"上使尚书问永,受所欲言"。谷永的回答包括这样的内容:

> 王者以民为基,民以财为本,财竭则下畔,下畔则上亡。是以明王爱养基本,不敢穷极,使民如承大祭。今陛下轻夺民财,不爱民力,听邪臣之计,去高敞初陵,捐十年功绪,改作昌陵,反天地之性,因下为高,积土为山,发徒起邑,并治宫馆,大兴徭役,重增赋敛,征发如雨,役百干溪,费疑骊山,靡敝天下,五年不成而后反故,又广盱营表,发人冢墓,断截骸骨,暴扬尸柩。百姓财竭力尽,愁恨感天,灾异娄降,饥馑仍臻。流散冗食,馁死于道,以百万数。公家无一年之畜,百姓无旬日之储,上下俱匮,无以相救。《诗》云:"殷监不远,在夏后之世。"愿陛下追观夏、商、周、秦所以失之,以镜考己行。有不合者,臣当伏妄言之诛![1]

也有对于所谓"去高敞初陵,捐十年功绪,改作昌陵,反天地之性"的批评。可知"高敞",已经是确定帝陵位置的十分重要的条件。

西汉帝陵潜水水文地质条件的考察

汉宣帝刘询事迹所谓"数上下诸陵",颜师古解释说:"诸陵皆据高敞地为之,县即在其侧。帝每周游往来诸陵县,去则上,来则下,故言上下诸陵。"颜说似乎是将"上下诸陵"理解为"上下诸陵县"。实际上,其"上下",确实非指陵上封土,而是指"诸陵"所据"高敞地"。

---

[1] 《汉书·谷永传》,第3462页。

在渭水以南的西汉帝陵中，汉文帝霸陵位于白鹿原北端，汉宣帝杜陵位于少陵原北端。[①] 白鹿原、少陵原均为二级黄土台原。

渭水以北的帝陵，以由东向西的顺序，依次为汉景帝阳陵、汉高祖长陵、汉惠帝安陵、汉哀帝义陵、汉元帝渭陵、汉平帝康陵、汉成帝延陵、汉昭帝平陵、汉武帝茂陵，它们均在渭北咸阳原上。[②] 咸阳原为一级黄土台原。从宝鸡峡原下北干渠的走向看，渭北9陵的标高大略一致。而咸阳国际机场通往咸阳市区的道路的走向，似乎也提示我们汉哀帝义陵、汉元帝渭陵、汉平帝康陵、汉成帝延陵的地势大体相当。

西汉帝陵选址对于"高敞"的规划要求，还体现在对潜水水文地质条件的选择方面。

从西安邻近地区的资料看，据《西安地区潜水水文地质图》，可知西汉11帝陵的位置，都在潜水类型属于松散岩类孔隙水的单井涌水量小于100米³/天的极弱富水地区。

汉文帝霸陵位于潜水水位埋深区间大于50米的地方，而与30~50米的地区十分临近。汉宣帝杜陵则处于潜水水位埋深区间为30~50米的区域。

汉景帝阳陵、汉高祖长陵、汉惠帝安陵、汉平帝康陵、汉昭帝平陵、汉武帝茂陵均大体处于潜水水位埋深区间大于50米的区域。"汉平帝康陵"，图中有明确标志，只是误作"汉元帝渭陵"。

汉元帝渭陵和汉成帝延陵则位于30~50米的地区。其中"汉元帝渭陵"，误标作"汉昭帝平陵"。

汉哀帝义陵的位置，则处于潜水水位埋深区间标记30~50米与标

---

① 国家文物局主编《中国文物地图集·陕西分册》上册，西安地图出版社，1998，第144~145、140~141页。

② 国家文物局主编《中国文物地图集·陕西分册》上册，第194~197、214~215页。

记大于 50 米交界的地区。①

据《西安地区水资源分布图》，可知西汉 11 帝陵的选址，总体来说，都择定于缺乏地表水，而地下水资源都属于松散岩类潜水补给模数小于 10、开采模数小于 5 的地区。即均属于"含水岩组组成物颗粒细或含泥质多，透水性差，补给条件差，水量不丰富、水位一般埋藏较深"的潜水资源贫乏（$M_{补}$：<5，$M_{采}$：<5）的地区。②

历史时期地质条件变化并不很大，现今水资源条件的分析，其实可以作为我们认识西汉时期水资源状况的参考。

西汉帝陵选址"高敞"，既要追求地势高亢以体现尊贵地位，同时还必须遵从帝都的总体设计思想，③ 既要满足陵墓严格防水的要求，同时又必须考虑到数量众多的陵邑居民生活用水的需要。而诸陵间交

---

① 陕西省地质矿产厅、陕西省计划委员会编制《西安地区环境地质图集》，第 4~5 页。

② 陕西省地质矿产厅、陕西省计划委员会编制《西安地区环境地质图集》，第 8~9 页。

③ 秦建明、张在明等发现几组西汉大型建筑群的轴线与汉长安城南北轴线相合。"调查结果证实，西汉时期曾经存在一条超长距离的南北向建筑基线。这条基线通过西汉都城长安中轴线延伸，向北至三原县北原阶上一处西汉大型礼制建筑遗址；南至秦岭山麓的子午谷口，总长度达 74 公里，跨纬度 47′07″。""该基线设立的时代为西汉初期。"这条基线最南端为子午谷，向北依次为汉长安城、汉长陵、清河大回转段、天井岸礼制建筑遗址。他们以为，大致可以推定，秦汉时期在掌握长距离方位测量技术的基础之上，可能已初步具备了建立大面积地理坐标的能力。秦建明和张在明等又指出了这一重要人文现象与天文秩序之间的关系："我们推测，天齐祠东侧五帝坛可能是法象天象中三垣二十八宿中的'太微垣'，太微垣中最亮和居中的星为五帝星座（狮子座 β）。与此相对处也许存在法象天市垣的遗址。秦人曾以渭水象天汉（银河），汉人可能也因袭这一象征。据以上情况推论，长安城南应也有类似象征性建筑。轴线所经之滈水及其北周家庄一带，发现不少汉瓦，应是值得注意的地方。至于子午谷口左右山峰，则可以与天上南门星相对。这些，尚有待于进一步研究。""以长安城为中心，北至天井与南至子午口距离为 9∶6，这种比例，恰合阳九阴六的格局，阳九为天，阴六为地，即法乎象，也合乎数，是十分严格的法天体系。""这条建筑基线，将天、地、山川、陵墓、都城一以贯之，使之协调为一整体；自北而南，以天、先王、王、地为序的宗教意味排列；其间充满法天意识，使这一庞大的建筑体系，表现出天与地、阴与阳、死与生、尊与卑，以及南与北、子与午等多种对应关系，充分体现了古人的缜密构思。其在中国科技史上的意义和考古学上的价值，都是不言而喻的。"关于"天齐祠"的方位以及与汉高祖长陵、汉长安城、子午谷的关系的认识，是极有价值的文化发现。这一发现有利于从新的角度认识和理解当时作为精神文化之基本构成内容的有关天人关系的意识，相关的地理思想和宗教观念，也可以由此得到说明。参看秦建明、张在明等《陕西发现以汉长安城为中心的西汉南北向超长建筑基线》，《文物》1995 年第 3 期。

通结构的布局，也是应当予以注意的。[①] 当时的规划和施工必须注意满足这些多重的条件，其难度可想而知。

如果我们考虑到这些因素，对于西汉帝陵制度的理解或许可以更为全面、更为具体，也更为真切。

至于当时的人们以怎样的技术方式比较准确地掌握了陵区潜水水文地质条件以及长安附近地区的水资源分布情形，从而一一实现了选择陵址务应"高敞"的要求，或许应当是历史考古学者和水文地质学者共同关注的研究课题。

3. 秦汉时期关中的湖泊

认识秦汉时期的生态环境条件，有必要考察当时湖泊的分布及其规模。

以关中地方为例，就历史资料所知，当时自然水面和人工水面的规模之广阔和分布之密集，显然与我们现今所看到的当地地理面貌有所不同。

考察秦汉时期关中湖泊的存在形式和生态作用，对于认识和理解当时关中地方社会生活和社会生产的基本的自然条件，显然是有益的。

宫廷池沼

秦汉宫苑中多有湖泊。正如班固《西都赋》所说："上囿禁苑，林麓薮泽，陂池连乎蜀汉。缭以周墙，四百余里。离宫别馆，三十六所。神池灵沼，往往而在。"[②]

---

① 参看王子今《西汉帝陵方位与长安地区的交通形势》，《唐都学刊》1995 年第 3 期。
② （梁）萧统编，（唐）李善注《文选》卷一，中华书局据胡克家刻本影印版，1977，第 24 页。李善注："上囿禁苑，即林苑也。"

秦都咸阳附近有著名的"兰池"。《史记·秦始皇本纪》记载："三十一年十二月，……始皇为微行咸阳，与武士四人俱，夜出逢盗兰池，见窘。"裴骃《集解》写道："《地理志》渭城县有兰池宫。"张守节《正义》引《括地志》云："兰池陂即古之兰池，在咸阳县界。《秦记》云：'始皇都长安，引渭水为池，筑为蓬、瀛，刻石为鲸，长二百丈。'逢盗之处也。"① 可见"兰池宫"以"兰池"得名。"兰池"，是一处人工湖泊。《史记·孝景本纪》记载：汉景帝六年（前151），"后九月，伐驰道树，殖兰池"。裴骃《集解》引徐广曰："殖，一作'填'。"② 又泷川资言《史记会注考证》引张守节《正义》佚文："刘伯庄云：'此时兰池毁溢，故堰填。'"③ 以"堰填"释"殖"，其说恐不确，④ 但是注意到"兰池"有"溢"的可能，对于这处湖泊水量的估计，也许接近历史真实。《铙歌十八曲·芳树》有"行临兰池"句。《文选》卷一〇潘岳《西征赋》："北有清渭浊泾，兰池周曲。"李善注引《三辅黄图》："兰池观在城外。《长安图》曰：'周氏曲，咸阳县东南三十里，今名周氏陂。陂南一里，汉有兰池宫。'"⑤

《汉书·地理志上》也说渭城"有兰池宫"。《汉书·酷吏传·杨仆》："受诏不至兰池宫。"⑥ 是知秦兰池宫西汉仍继续沿用。《汉书补注》引钱坫云："土人往往于故址得宫瓦，文作'兰池宫当'。"⑦ 陈直《三辅黄图校证》也指出："《秦汉瓦当文字》卷一第八页，有'兰池宫当'瓦，审其形制，则汉物也。"⑧ 宫以"兰池"得名，当以

---

① 《史记·秦始皇本纪》，第251页。（清）顾炎武著《历代宅京记》卷三《关中一》："《史记》张守节《正义》引《秦记》云：'始皇引渭水为池，筑为蓬、瀛，刻石为鲸，长二百丈。'"（中华书局，1984，第43页）

② 《史记·孝景本纪》，第443页。

③ （汉）司马迁撰，〔日〕泷川资言考证《史记会注考证》，第8页。

④ 参看王子今《"伐驰道树殖兰池"解》，《中国史研究》1988年第3期。

⑤ （梁）萧统编，（唐）李善注《文选》，第153页。

⑥ 《汉书》，第1546、3660页。

⑦ （清）王先谦撰《汉书补注》，第669页。

⑧ 陈直校证《三辅黄图校证》，陕西人民出版社，1980，第16页。

濒水形胜。《元和郡县图志》卷一《关内道一》："秦兰池宫，在（咸阳）县东二十里。"又说："兰池陂，即秦之兰池也，在县东二十五里。初，始皇引渭水为池，东西二百丈，南北二十里，筑为蓬莱山，刻石为鲸鱼，长二百丈。"① "始皇引渭水为池"之说，有可能是有根据的。秦人精于水利，开凿这样规模的人工湖，技术上是没有问题的。

何清谷说："据我们调查，今咸阳市东北的杨家湾，是一个呈簸箕形的大湾，北西东三面有高约五米的岸畔，南面平垣开阔而达渭河之滨。陈国英同志见告：'湾内五十年代平整土地时发现淤泥层甚厚，最近渭河发电厂扩建时钻探得知，秦汉以来的覆盖层有二十个文化层，浅处三十米可见生土，深处七十米才到生土层，可见当时水深达七十多米，这应是秦兰池的遗迹。'此地现在较渭河的水平线高，也许当年通过在河道中筑蓬莱山等措施提高水位，拦渭河水入兰池。另一说法，在杨家湾西北岸边发现一龙山文化遗址，新石器时代的人多沿河而居，据此推测约在五千年前有一条古河沿咸阳第一道原穿流而过，后古河改道，留下兰池。不论兰池是怎样形成的，后来的规模显然是通过人工开凿而成。兰池是一个人工湖，湖面可以荡舟，又配有蓬莱山、鲸鱼石等景观，且距秦都颇近，是皇家的游乐场所。"② 这里说到的"深处七十米才到生土层"的情形，可能由于池岸崩塌等多种因素所导致，兰池当时"水深达七十多米"的推测似不足信。

《汉书·郊祀志下》："（建章宫）其北治大池，渐台高二十余丈，名曰泰液，池中有蓬莱、方丈、瀛州、壶梁，象海中神山龟鱼之属。"《汉书·扬雄传上》也说："营建章、凤阙、神明、馺娑，渐台、泰液象海水周流方丈、瀛洲、蓬莱。"颜师古注："渐台在泰液池中。渐，浸也，言为池水所浸也。"③ 看来汉武帝营造建章宫，内有"泰

---

① （唐）李吉甫撰，贺次君点校《元和郡县图志》，中华书局，1983，第13页。
② 何清谷校注《三辅黄图校注》，三秦出版社，1995，第49~50页。
③ 《汉书》，第1245、3541~3542页。

液池"，其中筑"渐台"。《汉书·昭帝纪》："始元元年春二月，黄鹄
下建章宫太液池中。"① 《三辅黄图》卷四《池沼》写道："太液池，
在长安故城西，建章宫北，未央宫西南。太液者，言其津润所及广
也。《关辅记》云：'建章宫北有池，以象北海，刻石为鲸鱼，长三
丈。'"② 《西京杂记》卷一："始元元年，黄鹄下太液池。上为歌曰：
'黄鹄飞兮下建章，羽衣肃兮行跄跄，金为衣兮菊为裳。唼喋荷荇，
出入蒹葭。自顾菲薄，愧尔嘉祥。"③ 可知湖中有"荷荇""蒹葭"等
水生植物。

汉武帝营造建章宫的直接契机是柏梁台火灾。《史记·封禅书》
记载："上还，以柏梁灾故，朝受计甘泉。""勇之乃曰：'越俗有火
灾，复起屋必以大，用胜服之。' 于是作建章宫，度为千门万
户。……其北治大池，渐台高二十余丈，命曰太液池，中有蓬莱、方
丈、瀛洲、壶梁，象海中神山龟鱼之属。"《汉书·武帝纪》记载：
太初元年（前104）十一月，"乙酉，柏梁台灾"。"二月，起建章
宫。"颜师古注："文颖曰：'越巫名勇，谓帝曰：越国有火灾，即复
大起宫室以厌胜之，故帝作建章宫。'"④ 建章宫"其北治大池"即
所谓"泰液"，可能也有火灾之后以水"厌胜"火的意义。

《汉书·佞幸传·邓通》："邓通，蜀郡南安人也，以濯船为黄头
郎。文帝尝梦欲上天，不能，有一黄头郎推上天，顾见其衣尻带后
穿。觉而之渐台，以梦中阴目求推者郎，见邓通，其衣后穿，梦中所
见也。"颜师古注："未央殿西南有苍池，池中有渐台。"⑤ 《汉书·元

---

① 《汉书·昭帝纪》，第218页。
② 何清谷校注《三辅黄图校注》，第308页。
③ （晋）葛洪撰，周天游校注《西京杂记校注》，第38页。
④ 《史记·封禅书》，第1402页；《汉书·武帝纪》，第199页。
⑤ 《汉书·佞幸传·邓通》，第3722页。《汉书·翼奉传》载翼奉上疏："窃闻汉德隆
盛，在于孝文皇帝躬行节俭，外省徭役。其时未有甘泉、建章及上林中诸离宫馆也。未央宫
又无高门、武台、麒麟、凤皇、白虎、玉堂、金华之殿，独有前殿、曲台、渐台、宣室、温
室、承明耳。"（第3175页）此说当指未央宫太液池渐台。

后传》说，王莽得传国玺，"大说，乃为太后置酒未央宫渐台，大纵众乐"。《汉书·王莽传下》：起义军入宣平门，"莽就车，之渐台，欲阻池水，犹抱持符命、威斗"，"军人入殿中，呼曰：'反虏王莽安在？'有美人出房曰：'在渐台。'众兵追之，围数百重。台上亦弓弩与相射，稍稍落去。矢尽，无以复射，短兵接"。王邑父子等多战死，"（王）莽入室。下铺时，众兵上台，……商人杜吴杀莽，取其绶"①。《水经注》卷一八《渭水》："飞渠引水入城，东为仓池，池在未央宫西，池中有渐台，汉兵起，王莽死于此台。"②《长安志》卷三"未央宫"条引《关中记》："未央宫中有苍池。"③ 王莽"之渐台，欲阻池水"，可知"苍池"水深水阔使得王莽有借以阻止起义军的妄想。

　　"苍池"，张衡《西京赋》写作"沧池"。陈直指出："《长安志》引《关中记》云：'未央宫中有沧池。'"④《三辅黄图》卷四《池沼》："沧池，在长安城中。《旧图》曰：'未央宫有沧池，言池水苍色，故曰沧池。'" 黄盛璋指出，仓池是昆明池之下分设的分水库，"城内用水量浩大，而昆明池距城太远，水流至此，量不可能很多，因此必须有一个蓄水池大量储积来自昆明池之水，供城内各区周流之用"⑤。何清谷也说："苍池是长安城中一大蓄水库，水源来自昆明池。城内用水量浩大，而昆明池距城太远，水流至此，量不可很多，因此必须有一个蓄水库大量储积来自昆明池之水，供城中各区周流之用；其次，沉水飞渠入城，这里地势低下，也需要有个水库提高水位，否则水就不容易周流。苍池的作用是储积调节未央、长乐两大宫殿区的用水。"⑥ 以为"苍池"可以"储积调节未央、长乐两大宫殿

---

① 《汉书·元后传》，第4032~4033页；《汉书·王莽传下》，第4191页。

② （北魏）郦道元著，陈桥驿校证《水经注校证》，第454页。

③ （宋）宋敏求撰，辛德勇、郎洁点校《长安志》，三秦出版社，2013，第176页。

④ 陈直校注《三辅黄图校证》，第97页。

⑤ 黄盛璋：《西安城市发展中的给水问题以及今后水源的利用与开发》，《地理学报》1958年第4期，收入《历史地理论集》，第20页。

⑥ 何清谷校注《三辅黄图校注》，第247页。

区的用水"的说法，对于认识中国古代城市供水的历史有参考价值。但是就此进行技术层面的具体的说明，似乎还有待于进一步的工作。"苍池"或"沧池"的位置，考古工作者已经确定："在未央宫遗址西南部。"汉长安城未央宫发掘报告写道："今马家寨村西南，有一片洼地，其地势低于周围地面 1~2.5 米，平面呈不规则的圆形，东西 400 米，南北 510 米。地表以下 0.7~1 米见淤土，1.2~2 米见沙子，沙层厚 2 米，再下则依次为黑卤土、淤土、水浸土、细沙。此洼地应为沧池故址，其于西宫墙以东 700 米，南距南宫墙 250 米，东北距前殿遗址 270 米。"①

理解以上文献记载，可知未央宫、建章宫皆有"渐台"。虽然同称"渐台"，但是位置不同。《汉书·元后传》说王凤"大治第室，起土山渐台"，"百姓歌之曰：'五侯初起，曲阳最怒，坏决高都，连竟外杜，土山渐台西白虎'"。"（上）微行出，过曲阳侯第，又见园中土山渐台似类白虎殿。于是上怒，以让车骑将军音。"② 可知水中之台通称"渐台"。正如《汉书·郊祀志下》颜师古注："渐，浸也。台在池中，为水所浸，故曰渐台。""《三辅黄图》或为灒字，灒亦浸耳。"

张衡《西京赋》写道："前开唐中，弥望广潒。顾临太液，沧池漭沆。渐台立于中央，赫昈昈以弘敞。清渊洋洋，神山峨峨。列瀛洲与方丈，夹蓬莱而骈罗。上林岑以垒嶵，下崭岩以岩龉。长风激于别墙，起洪涛而扬波。浸石菌于重涯，濯灵芝以朱柯。海若游于玄渚，鲸鱼失流而蹉跎。"③ 所谓"顾临太液，沧池漭沆"，又说"渐台立于中央，赫昈昈以弘敞"，则"太液"和"沧池""中央"皆有"渐台"。而所谓"漭沆"④，所谓"清渊洋洋"以及"长风激于别墙，起

---

① 中国社会科学院考古研究所编著《汉长安城未央宫：1980~1989 年考古发掘报告》上册，第 19 页。

② 《汉书·元后传》，第 4024、4025 页。

③ （梁）萧统编，（唐）李善注《文选》，第 41 页。

④ 《文选》卷二。薛综注："漭沆，犹洸潒，亦宽大也。"

洪涛而扬波"① 等文辞，都形容了宫中池沼的宏阔形势。

何清谷说："太液池遗址就是西安市三桥镇高低堡子西北的一片洼地，今为西安市太液池苗圃。遗址四周低洼，中有两座大土堆，有人说是当年三神山中的二山，有人说其一是渐台。"②《汉书·郊祀志下》颜师古注："《三辅故事》云：池北岸有石鱼，长二丈，高五尺，西岸有石鳖三枚，长六尺。"这一遗址中出土的长 4.9 米、中间最大直径 1 米的石鱼，③ 很可能与太液池石鱼有关。

前引《西京赋》"前开唐中，弥望广潒"，说到"唐中池"。班固《西都赋》则写道："前唐中而后太液，览沧海之汤汤。扬波涛于碣石，激神岳之嶈嶈。滥瀛洲与方壶，蓬莱起乎中央。"李善注："《汉书》曰：建章宫，其西则有唐中数十里，其北沼太液池，渐台高二十余丈，名曰太液，池中有蓬莱、方丈、瀛州、台梁，象海中仙山。"④《史记·封禅书》说，建章宫前殿"其西则唐中"。李善引《汉书》说"唐中数十里"。⑤《三辅黄图》卷四《池沼》说"唐中池，周回十二里，在建章宫太液池之南"⑥，《雍录》卷九则说"唐中池，周回十里"⑦。虽然记载不一，但是都说明"唐中池"规模相当可观。

苑囿的湖泊

秦始皇陵园发现的出土铜质水禽模型的遗址，⑧ 有学者建议定名

---

① 薛综注："水中之洲曰墇，音岛。"李善曰："《高唐赋》曰：长风至而波起。"
② 何清谷校注《三辅黄图校注》，第 248 页。
③ 黑光：《西安汉太液池出土一件巨形石鱼》，《文物》1979 年第 6 期。
④ （梁）萧统编，（唐）李善注《文选》，第 27 页。
⑤《史记》，第 1402 页；《汉书》，第 1346 页。
⑥ 何清谷校毕沅本作"二十里"，苗昌言本、吴管本、陈继儒本、张宗祥本、陈直本均作"十二里"。何清谷校注《三辅黄图校注》，第 253 页。
⑦ （宋）程大昌撰，黄永年点校《雍录》，中华书局，2002，第 193 页。
⑧ 段清波：《帝国的梦想——秦陵还会有多少陪葬坑》，《文物天地》2002 年第 10 期；秦始皇陵考古队：《青铜禽类显现秦始皇陵园》，《中国文物报》2001 年 11 月 23 日；秦始皇陵考古队：《秦始皇陵园新发现：青铜天鹅仙鹤鸿雁坐姿陶俑》，《中国文物报》2003 年 1 月 23 日。

为"雁池"①，也有学者以为可能与"左弋外池"有关。②据有的学者判断，出土遗物"基本组成了弋射冶游活动的完整场面"，其功能"是再现或永久固化秦始皇生前弋射场面"③，这处遗址与陵园其他遗存的关系，似乎可以说明秦宫苑中湖泊池沼的存在，应当是确定的制度。

就汉代的资料看，皇家苑囿中大小湖泊的分布，成为维护长安附近生态形势的条件之一。

据《汉书·百官公卿表上》，少府属官有"上林十池监"。《三辅黄图》卷四《池沼》写道："十池：上林苑有初池、糜池、牛首池、蒯池、积草池、东陂池、西陂池、当路池、大壹池、郎池。"④《初学记》卷七《地部下·昆明池》则说到上林十五池："汉上林有池十五所：承露池；昆灵池，池中有倒披莲、连钱荇、浮浪根菱；天泉池，上有连楼阁道，中有紫宫；戟子池；龙池；鱼池；牟首池；蒯池；菌鹤池；西陂池；当路池；东陂池；太乙池；牛首池；积草池，池中有珊瑚，高丈二尺，一本三柯，四百六十条，尉佗所献，号曰'烽火树'；糜池；含利池；百子池，七月七日，临百子池作于阗乐，乐毕，以五色缕相羁，谓为连爱。"⑤

"糜池"，文渊阁四库全书本《三辅黄图》及《历代帝王宅京记》卷六都写作"麋池"。

司马相如《上林赋》有"濯鹢牛首"句，也说到"牛首池"。《史记·司马相如列传》裴骃《集解》引《汉书音义》："牛首，池名，在上林苑西头。"⑥所谓"牛首池""牟首池"，应是转抄之误导

① 今按：据《三辅黄图》卷四《池沼》，或许也可以考虑采用"鹤池"命名。
② 焦南峰：《左弋外池——秦始皇帝七号坑性质蠡测》，《文物》2005年第12期。
③ 罗明：《秦始皇陵园K0007陪葬坑弋射场景考》，《考古》2007年第1期。
④ 何清谷校注《三辅黄图校注》，第317页。
⑤ （唐）徐坚等：《初学记》，第148页。《渊鉴类函》卷三三引作"谓为相连爱"。
⑥ 《汉书》，第2567页；《史记》，第3037页。

致的重复。正如陈直所说："牛首，又或作'牟首'。"①

《关中胜迹图志》卷六："蒯池。《汉武故事》：'上林苑蒯池，生蒯草以织席。'"② 蒯草，在先秦秦汉社会日常生活中多所应用。《左传·成公九年》："虽有丝麻，无弃菅蒯。"③ 蒯草又是汉代上林苑地区多生草种。张衡《西京赋》说上林苑植被："草则蔵、莎、菅、蒯、薇、蕨、荔、芜。"李善注引《声类》："蒯，草中为索。"④ 蒯席，见于《礼记·玉藻》："出杅，履蒯席。"郑玄注："蒯席涩，便于洗足也。"孔颖达疏："蒯，菲草。席涩，出杅而脚践履涩草席上，刮去垢也。"⑤

关于"当路池"，何清谷认为，"当路观在长安城西上林苑中，被王莽所毁。当路池应在当路观附近"⑥。所说"当路观"，或许应是"当路馆"。⑦ 其实，"当路"，是汉代标定方位的常用语汇，⑧ 也有可能"当路池"和"当路馆"所"当"之"路"，并不是一条路。不过，《初学记》卷七列数诸池的顺序是"西陂池、当路池、东陂池"，《三辅黄图》卷四则是"东陂池、西陂池、当路池"。如以《初学记》为据，则"当路池"所"当"之"路"，是一条重要的大道，以至"东陂池"和"西陂池"因与这条道路的位置关系而定

①　陈直：《三辅黄图校证》，第 101 页。
②　（清）毕沅撰，张沛校点《关中胜迹图志》，三秦出版社，2004，第 196 页。
③　《春秋左传集解》，上海人民出版社，1977，第 705 页。
④　（梁）萧统编，（唐）李善注《文选》，第 44 页。
⑤　（清）阮元校刻《十三经注疏》，第 1475 页。
⑥　何清谷校注《三辅黄图注》，第 256 页。
⑦　《汉书·王莽传下》："坏彻城西苑中建章、承光、包阳、大台、储元宫，及平乐、当路、阳禄馆凡十余所。"（第 4162 页）
⑧　《史记·建元以来侯者年表》："匈奴绝和亲，攻当路塞。"（第 1027 页）《匈奴列传》也有同样的说法。司马贞《索隐》："苏林云：'直当道之塞。'"（第 2905 页）又《汲郑列传》："匈奴攻当路塞，绝和亲。"《汉书·匈奴传上》："匈奴绝和亲，攻当路塞。"颜师古注："塞之当行道处者。"（第 3109 页）《焦氏易林》卷一《屯·井》："大蛇当路，使我畏惧。"卷二《复·困》："求犬得兔，请新遇故。虽不当路，踰吾旧舍。"（尚秉和撰，张善文校理《焦氏易林注》，第 84、453 页）

名。或说王莽选择九庙地址时，卜于波水之北，郎池之南。"波水即陂水，东陂池应在陂水之东，西陂池应在陂水之西，皆因积陂水而成池。"① 是"东陂池"和"西陂池""东""西"之定位，似有多种可能。

"大壹池"，应即"太乙池"。张澍辑《三秦记》作"太一池"。据何清谷说，诸本多作"大台"，毕沅本作"犬台"，陈直本据《初学记》改为"大壹"。何清谷以为"'大壹'没有汉代文献依据"，又说，《汉书·王莽传下》记载王莽拆毁城西上林苑中十余所建筑，其中就有"大台"。"大台是犬台之误"，"汉在城西上林苑皇家养犬之所建有犬台宫，也可能有犬台池"②。其实，"大壹池"即"太乙池"，很可能与汉代民间的"太一"崇拜有关。何清谷"'大壹'没有汉代文献依据"的说法似可商榷。"大壹"就是"太壹""太一"。《楚辞·九歌》有《东皇太一》，注家皆以为"太一"是天之尊神。郭店楚简《太一生水》篇，近年受到思想史界的重视。③《易纬乾凿度》郑玄注引《星经》"太一，主气之神"，说明在汉代人的观念中"太一"的地位。《汉书·礼乐志》："至武帝定郊祀之礼，祠'太一'于甘泉，就乾位也。"又《天马》之歌："太一况，天马下。"颜师古注："言此天马乃太一所赐，故来下也。"又《五神》之歌："五神相，包四邻，土地广，扬浮云。"颜师古注引如淳曰："五帝为'太一'相也。"在秦汉方士的信仰系统中，"太一"是至尊之神。《汉书·郊祀志上》："神君最贵者曰'太一'，其佐曰太禁、司命之属，皆从之。"《汉书·地理志上》："（琅邪郡）不其，有太一、仙人祠九

---

① 何清谷校注《三辅黄图校注》，第 256 页。
② 何清谷校注《三辅黄图校注》，第 256 页。
③ 参看艾兰《太一·水·郭店〈老子〉》；熊铁基：《对"神明"的历史考察——兼论〈太一生水〉的道家性质》；彭浩：《一种新的宇宙生成理论——读〈太一生水〉》；陈松长：《〈太一生水〉考论》；张思齐：《太一生水与道教玄武神格》；颜世安：《道与自然知识——谈〈太一生水〉在道家思想史上的地位》；均载武汉大学中国文化研究院编《郭店楚简国际学术研讨会论文集》，湖北人民出版社，2000。

所，及明堂，武帝所起。"《汉书·王莽传中》："五威将乘乾文车，驾坤六马，背负鹜鸟之毛，服饰甚伟。每一将各置左右前后中帅，凡五帅。衣冠车服驾马，各如其方面色数。将持节，称'太一'之使；帅持幢，称'五帝'之使。"《汉书·王莽传下》："（天凤）六年春，莽见盗贼多，乃令太史推三万六千岁历纪，六岁一改元，布天下。下书曰：'《紫阁图》曰：太一、黄帝皆迁上天，张乐昆仑虔山之上。后世圣主得瑞者，当张乐秦终南山之上。'予之不敏，奉行未明，乃今谕矣。"于是改元"地皇"。《汉书·地理志上》："（右扶风）武功，太壹山，古文以为终南。"① "太一"或"太壹"与"终南山"的关系，又使我们联想到现今陕西长安"太乙宫"方位，或许与"大壹池"即"太乙池"有空间位置上的联系。

又《汉书·艺文志》"（兵）阴阳十六家"中有"《太壹兵法》一篇"。② 宋人王应麟《汉艺文志考证》卷八："《太壹兵法》一篇。隋唐《志》：《黄帝太一兵历》一卷。《武经总要》：太一者，天帝之神也。其星在天一之南。总十六神，知风雨水旱、金革凶馑、阴阳二局，存诸秘式。星文之次舍，分野之灾祥，贵于先知，逆为之备，用军行师，客主胜负，盖天人之际相参焉。"③ 宋人程大昌《雍录》卷五《南山一》写道："武功县有太一山、垂山。《汉志》引古文而曰'太壹'者，终南也。"又《南山二》："'太一'之名，先秦无之，至汉武帝始用方士言尊'太一'以配天帝，而世人始知天神尝有'太一'也。则凡言'太一'者，皆当在武帝之后也。"④ 所谓"'太一'之名，先秦无之，至汉武帝始用方士言尊'太一'以配天帝"，由《九歌》及郭店楚简《太一生水》可知其说不确。

---

① 《汉书》，第1045、1060、1067、1220、1585、4115、4154、1547页。
② 《汉书·艺文志》，第1759页。
③ （宋）王应麟撰，尹承整理《汉艺文志考证》，清华大学出版社，2014，第165~166页。
④ （宋）程大昌撰，黄永年点校《雍录》，第105、106页。

《汉书·王莽传下》："下书曰：'予受命遭阳九之厄，百六之会，府帑空虚，百姓匮乏，宗庙未修，且祫祭于明堂太庙，夙夜永念，非敢宁息。深惟吉昌莫良于今年，予乃卜波水之北，郎池之南，惟玉食。'"颜师古注："刘德曰：'长安南也。'晋灼曰：'《黄图》：波、浪，二水名也，在甘泉苑中。'师古曰：'晋说非也。《黄图》有西波池、郎池，皆在石城南上林中。'"① 陈直《三辅黄图校证》说："《善斋吉金录·玺印录》一页，有'上林郎池'印，与本文合。"②

《汉书·元帝纪》记载：初元元年（前48）三月，"诏罢……少府伙飞外池"。颜师古注："如淳曰：'《汉仪注》：伙飞具矰缴以射凫雁，给祭祀，是故有池也。'"③《三辅黄图》卷四《池沼》引《汉仪注》："伙飞具矰缴以射凫雁，给祭祀，是故有池。"④ 陈直写道："《陕西金石志》卷五第十九页，有'伙蜚官当'瓦，则为伙飞令官署之物。（亦有'次蜚官当'者）"⑤ 由关于"伙飞外池"所谓"伙飞具矰缴以射凫雁"的解说，可知长安附近湖泊是水禽的聚集之地。伙飞官在上林苑中射杀"凫雁"一类禽鸟，竟然岁至万头，可知当时长安地方湖泊的存在对于生态条件的意义。

据《三辅黄图》卷四《池沼》，长安附近的湖泊还有秦酒池、影娥池、琳池、鹤池、冰池等。

"冰池"，又作"滮池""彪池"。据卢连成的调查收获，"滮池今已成为一片干涸的洼地，整个池址平面呈半月形，池周7至8公里，随高阳

---

① 《汉书·王莽传下》，第4161页。
② 陈直校注《三辅黄图校证》，第102页。
③ 《汉书·元帝纪》，第281页。
④ 《汉书·宣帝纪》说到"应募伙飞射士"，颜师古注引臣瓒曰："本秦左弋官也，武帝改曰伙飞官，有一令九丞，在上林苑中结缴以弋凫雁，岁万头，以供祀宗庙。许慎曰：'伙，便利也。'便利矰缴以弋凫雁，故曰伙飞。《诗》曰'抉拾既伙'者也。"颜师古曰："取古勇力人以名官，熊渠之类是也。亦因取其便利轻疾若飞，故号伙飞。弋凫雁事，自使伙飞为之，非取飞鸟为名。瓒说失之。"（第260~261页）
⑤ 陈直校注《三辅黄图校证》，第102页。

原走向而弯曲成弧形，池址西部是一条南北走向的长土岗，岗高 6 至 7 米，长约 1 公里，这条土岗将滮池与丰水故道隔开。洼地底部呈锅底形，池底淤泥较厚。池岸东北部是高阳原陡壁，池底和高阳原高差在 10 米以上"①。胡谦盈认为今北丰镐村西北和落水村之间的所谓"小昆明池"就是"滮池"，黄盛璋则认为，当地人称"小昆明池"者，"当即古滈池残遗一部"，并非"滮池"。② 也有学者推定"滮池"的位置在今西安市以西苏村之北。③ 据中国社会科学院考古研究所汉长安城工作队考察，滮池周长约 7850 米，面积约 1.81 平方公里。④

《史记·秦始皇本纪》又有涉及"滈池"的神异故事：秦始皇三十六年（前 211），"秋，使者从关东夜过华阴平舒道，有人持璧遮使者曰：'为吾遗滈池君。'因言曰：'今年祖龙死。'使者问其故，因忽不见，置其璧去。使者奉璧具以闻。始皇默然良久，曰：'山鬼固不过知一岁事也。'退言曰：'祖龙者，人之先也。'使御府视璧，乃二十八年行渡江所沉璧也"⑤。所谓"滈池君"可以与江神相通，可以推知"滈池"地位之重要，其规模自然不会很小。《三辅黄图》卷四《池沼》引《庙记》说，"长安城西有镐池，在昆明池北，周匝二十二里，溉地三十二顷"。据实地考察，"镐池的周长为 3550 米，与

---

① 卢连成：《西周丰镐两京考》，《中国历史地理论丛》1988 年第 3 期。

② 黄盛璋：《关于〈水经注〉长安城附近复原的若干问题——兼论〈水经注〉的研究方法》，《考古》1962 年第 6 期，收入《历史地理论集》，第 62 页。

③ 何清谷校注《三辅黄图校注》，第 263 页。

④ 中国社会科学院考古研究所汉长安城工作队：《西安市汉唐昆明池遗址的钻探与试掘简报》，《考古》2006 年第 10 期。

⑤ 《史记·秦始皇本纪》，第 259 页。班固在《汉书·五行志中之上》中也引述了这一故事，情节则与司马迁所记略有不同："史记秦始皇帝三十六年，郑客从关东来，至华阴，望见素车白马从华山上下，知其非人，道往止而待之。遂至，持璧与客曰：'为我遗镐池君！'因言'今年祖龙死'。忽不见。郑客奉璧，即始皇二十八年过江所湛璧也。与周子晁同应。是岁，石陨于东郡，民或刻其石曰：'始皇死而地分。'此皆白祥，炕阳暴虐，号令不从，孤阳独治，群阴不附之所致也。一曰，石，阴类也，阴持高节，臣将危君，赵高、李斯之象也。始皇不畏戒自省，反夷灭其旁民，而燔烧其石。是岁始皇死，后三年而秦灭。"（第 1399～1400 页）

22 里相差甚大，但若加上彪池周长 7850 米，则约合汉 27.4 里（1 尺为 0.231 米），约合南朝 21.1~25.3 里（1 尺为 0.25~0.3 米），与 22 里相差不大。大概《庙记》所载镐池的周长实为镐、彪二池的周长，因为两个池子本来就连在一起"。唐代"镐池和彪池干涸废弃"，有的研究者推测其原因"是大规模维修昆明池堤岸时填塞了昆明池流亡镐池的水口"[1]。我们在分析多种条件的共同作用时，似乎也不应忽略水资源形势变化的因素。

源泉灌注，陂池交属

临近"兰池"的所谓"周氏陂"，从名称看，应是与皇家宫苑无关的池陂，也值得我们注意。

陈直曾经指出："镐池遗址，在今昆明池之北，乡人俗称为'小昆明'也。"[2] 何清谷说："镐池是西周镐京地区的一大池沼，是镐京内的重要水源区，也是天子、贵族渔猎、游乐的重要场所。"[3] 镐池或滈池，在西周时应属于皇家宫苑湖泊，至于秦汉时期，则已经不具有这样的地位了。据胡谦盈、卢连成等调查，滈池遗址即今"牛郎"石像发现地点以北至干龙岭之间的洼地，其范围北不过干龙岭，南不过北常家庄，东西两侧不超过唐代昆明池遗址的东西两岸。[4]

据《三辅黄图》卷四《池沼》记载，"周文王灵沼，在长安西三十里。《诗》曰：'王在灵沼，于牣鱼跃'"。周文王灵沼地位的变化，与镐池相类。陈直说："灵沼遗址今在长安海子村，与鄠县小丰

① 中国社会科学院考古研究所汉长安城工作队：《西安市汉唐昆明池遗址的钻探与试掘简报》，《考古》2006 年第 10 期。
② 陈直校注《三辅黄图校证》，第 97 页。
③ 何清谷校注《三辅黄图校注》，第 246 页。
④ 胡谦盈：《丰镐地区诸水道的踏察——兼论周都丰镐位置》，《考古》1963 年第 4 期；胡谦盈：《汉昆明池及其有关遗存踏察记》，《考古与文物》1980 年创刊号；卢连成：《西周丰镐两京考》，《中国历史地理论丛》1988 年第 3 期。

村北边相连接。"① 何清谷也说到这一遗址："在今长安县西部沣河西岸的柳林庄、董村、海子村南接小丰村（属长安县），有一片较大的洼地，面积约三平方公里，当地村民俗称这片洼地为'海子'。"②

长安城中还有未知名的池陂，如《汉书·元后传》："初，成都侯商尝病，欲避暑，从上借明光宫。后又穿长安城，引内沣水注第中大陂以行船，立羽盖，张周帷，辑濯越歌。上幸商第，见穿城引水，意恨，内衔之。"③ 所谓"引内沣水注第中大陂以行船，立羽盖，张周帷，辑濯越歌"，陂中游船甚为华丽，又有"辑濯越歌"形式，可知其"第中大陂"规模亦颇可观。

长安附近的这些湖泊，有些是人工开凿，有些是天然形成。可见，秦汉时期关中地方湖泊的分布及其规模，超出今人的想象。班固《西都赋》写道："商洛缘其隈，鄠杜滨其足。源泉灌注，陂池交属。"④ 要了解关中地方的水资源状况，应当注意这些信息。

昆明池

位于长安西南的昆明池，是汉代关中地区最著名的湖泊。

《史记·平准书》、《汉书·武帝纪》和《食货志下》都有关于汉武帝元狩三年（前120）组织昆明池工程的记载，或称"穿昆明池"，或称"作昆明池"，或称"修昆明池"。《史记·平准书》："故吏皆适令伐棘上林，作昆明池。"司马贞《索隐》："按：《黄图》云'昆明池周四十里，以习水战'。又荀悦云'昆明子居滇河中，故习水战以伐之也'。"司马迁又写道："是时越欲与汉用船战逐，乃大修昆明池，列观环之。治楼船，高十余丈，旗帜加其上，甚壮。"司马贞

---

① 陈直校注《三辅黄图校注》，第 92 页。
② 何清谷校注《三辅黄图校注》，第 293 页。
③ 《汉书·元后传》，第 4025 页。
④ 《六臣注文选》卷一班固《西都赋》，第 27 页。

《索隐》："盖始穿昆明池，欲与滇王战，今乃更大修之，将与南越吕嘉战逐，故作楼船，于是杨仆有将军之号。又下云'因南方楼船卒二十余万击南越'也。昆明池有豫章馆。豫章，地名，以言将出军于豫章也。"①《汉书·武帝纪》记载：元狩三年，"发谪吏穿昆明池"。颜师古注："如淳曰：'《食货志》以旧吏弄法，故谪使穿池，更发有赀者为吏也。'臣瓒曰：'《西南夷传》有越嶲、昆明国，有滇池，方三百里。汉使求身毒国，而为昆明所闭。今欲伐之，故作昆明池象之，以习水战，在长安西南，周回四十里。《食货志》又曰时越欲与汉用船战，遂乃大修昆明池也。'"②《三辅黄图》卷四《池沼》："《三辅旧事》曰：'昆明池地三百三十二顷，中有戈船各数十，楼船百艘。'"③ 考古工作者现场调查时，"在池内一些砖厂取土形成的断崖上观察到一条条'U'形沟槽，沟槽内填满淤泥。这些沟槽有一定的宽度和走向，深度也较一般池底深得多，它们应是专门为像'楼船'这些吃水较深的大船修建的航道"④。可知古来有关昆明池"楼船"的记载是可信的。

昆明池仿象滇池，以操练楼船军为目的，其规模之宏大，可以想见。班固《西都赋》写道，"集乎豫章之宇，临乎昆明之池。左牵牛而右织女，似云汉之无涯"，以"云汉""无涯"形容其形势。张衡《西京赋》也说："日月于是乎出入，象扶桑与蒙汜。"《文选》卷二李善注："言池广大，日月出入其中也。"潘岳《西征赋》沿袭汉人之说，也可以看作对汉时昆明池规模的追忆："乃有昆明池乎其中。其池则汤汤汗汗，混瀇弥漫，浩如河汉。日月丽天，出入乎东西，且

① 《史记·平准书》，第 1428、1436 页。
② 《汉书·武帝纪》，第 177 页。
③ 陈直：《三辅黄图校注》，第 93 页。
④ 中国社会科学院考古研究所汉长安城工作队：《西安市汉唐昆明池遗址的钻探与试掘简报》，《考古》2006 年第 10 期。

似汤谷，夕类虞渊。"①

昆明池开凿的另一出发点，据说与漕渠的作用有关。《史记·河渠书》："郑当时为大农，言曰：'异时关东漕粟从渭中上，度六月而罢，而漕水道九百余里，时有难处。引渭穿渠起长安，并南山下，至河三百余里，径，易漕，度可令三月罢；而渠下民田万余顷，又可得以溉田：此损漕省卒，而益肥关中之地，得谷。'天子以为然，令齐人水工徐伯表，悉发卒数万人穿漕渠，三岁而通。通，以漕，大便利。其后漕稍多，而渠下之民颇得以溉田矣。"②《水经注》卷一九《渭水》说："渭水东合昆明故渠，渠上承昆明池东口，东径河池陂北，亦曰女观陂。又东合沈水，亦曰漕渠，……"③ 有学者指出："漕渠在汉代是年运数百万石粮食的一条不小的运河，……它的水源乃是昆明池，'渠上承昆明池东口'，所以又叫昆明故渠。汉武帝所以要凿昆明池把南山诸水都集中到这里，其目的之一就是为解决漕渠水源。北魏太和二十一年孝文帝为了恢复这条运河道曾西幸长安，最后的目的地就是昆明池，他亲到昆明池实地考察一番后，才沿渭返洛，这证明漕渠上源确实导源于昆明池。"④ 其实，昆明池除了为"漕渠""这条运河道"解决水源问题以外，也为作为灌溉水渠的"漕渠"提供水源的保证。宋代学者程大昌《雍录》卷六《昆明池》分析这一工程时说："《三辅故事》曰：'池周三百二十顷。'《长安志》曰：'今为民田。'夫既可为民田，则元非有水之地矣。然则汉时于何取水也？《长安志》引《水经》曰：'交水西至石塌。武帝穿昆明池所造有石闼堰，在县西南三十二里。'则昆明之周三百余顷者，用此堰之水也。昆明基高，故其下流尚可雍激以为都城之用。于是并

① （梁）萧统编，（唐）李善注《文选》，第29、44、160页。

② 《史记·河渠书》，第1409~1410页。

③ （北魏）郦道元著，陈桥驿校证《水经注校证》，第454页。

④ 黄盛璋：《关于〈水经注〉长安城附近复原的若干问题——兼论〈水经注〉的研究方法》，《考古》1962年第6期，收入《历史地理论集》，第51~52页。

城疏别三派，城内外皆赖之。""武帝作石闼堰，堰交水为池，昆明基高，故其下流尚可壅激为都城之用。"① 可见当时昆明池的容量是相当可观的。

何清谷指出："汉武帝开凿昆明池是为了操练水军，讨伐西南诸国，这一目的不容否认。但昆明池的功能绝不仅此一点，它是长安城西南的总蓄水库，足以有效的供应汉城内外各宫殿区的用水，还可接济漕渠的水量，当然又是上林苑内的重要游览区。"② 这样的分析是接近历史真实的。

辛德勇认为："从历史实际情况来看，汉武帝开凿昆明池的目的，也只是为了造一片辽阔的水域，来练习水军，既不是为了给漕渠开拓水源，也不是像现在许多学者所说的那样，是为了给长安城建一座蓄水库。所以，昆明池对于增加漕渠来水量，不会起到什么作用。不过，由于昆明池面积比较广阔，储水量很大，通过它还是可以起到调蓄入渠水量的作用。昆明池对于漕渠的作用，也仅仅在这一点上。"③ 尽管对于昆明池实用意义的理解存在分歧，但是对"昆明池面积比较广阔，储水量很大"的认识，却是共同的。

王森文于嘉庆十一年（1806）在今陕西长安斗门镇看到古残碑，碑文涉及汉昆明池的规模：

> 至镇北门外，见残碑，剥蚀殆尽，惟昆明池界址存。云："北极丰镐村，南极石匣，东极园柳坡，西极斗门。"所记甚清晰。④

① （宋）程大昌撰，黄永年点校《雍录》，第128页。
② 何清谷校注《三辅黄图校注》，第237～238页。
③ 辛德勇：《西汉时期陕西航运之地理研究》，中国地理学会历史地理专业委员会、《历史地理》编辑委员会编《历史地理》第21辑，上海人民出版社，2006。
④ 嘉庆《长安县志》卷一四《山川志下》，民国25年重印本，第396页。

胡谦盈的实地考察证明以上记载是正确的。汉昆明池遗址即今陕西长安斗门镇东的一片洼地。这片洼地的地势比周围低 2 至 4 米以上，总面积约 10 平方公里。池址北缘在今北常家庄之南，东缘在孟家寨、万村之西，南缘在细柳原北侧，即今长安县义井乡石匣口村，西界在张村、马营寨、白家庄之东。① 何清谷在实地考察时，在石匣口村东0.5 公里处，看到一个约 4 米深、200 米宽的低槽，当地人称"深道"，又称"龙口道"。何清谷写道："相传在此曾发现石闸，石匣即石闸的转音。此道当是汉昆明池的南入水口，道从西南向北延伸，就与被定为昆明池的大洼地连接起来。"② 据文物普查工作的收获，"汉昆明池界址约为：西迄马营、张村以东，东至孟家寨、万村之西，北至北常庄南侧，南至西匣口村，总面积逾 10 平方公里"。"该范围今仍属较低洼地区，一般比周围地带低 2~4 米以上。池址内及周围地表散布绳纹筒瓦、板瓦残片，曾出土'上林'、'千秋万岁'瓦当，并发现豫章观遗址。""池东、西两侧早年还有汉代石像 2 尊，及《三辅黄图》引《关辅古语》所谓'昆明池中有二石人，立牵牛、织女于池之东西，以象天河'。牛郎像原在常家庄村北，织女像原在斗门镇某工厂内，与文献所记地望吻合。今二像均已移位。"③

根据 2005 年 4~9 月考古钻探资料，"昆明池遗址恰在汉长安城西南约 8.5 公里处；池岸一周长 17.6 公里，按汉代一里（1 里为 300步，1 步为 6 尺，1 尺为 0.231 米）约合今 415.8 米计算，约合汉代42.3 里，池内面积约 16.6 平方公里，按汉代一顷（1 顷为 100 亩，1亩为 240 方步）约合今 46103 平方米计算，约合汉代 360 顷"。"实测的周长和面积略大于史籍的记载，一方面可能是因为古今在测量精度

---

① 胡谦盈：《丰镐地区诸水道的踏察——兼论周都丰镐位置》，《考古》1963 年第 4 期；《汉昆明池及其有关遗存踏察记》，《考古与文物》1980 年创刊号。

② 何清谷校注《三辅黄图校注》，第 236 页。

③ 国家文物局主编《中国文物地图集·陕西分册》上册，第 150 页；下册，第101 页。

上存在着误差，另一方面可能是因为唐代在重修时，将有些地方的池岸（如南池岸）扩大了，致使其规模较汉代有所增大。"① 其实，也应当考虑到有关昆明池周长和面积的"史籍的记载"。如《汉书·武帝纪》颜师古注引臣瓒曰以及《三辅旧事》等提供的数据，形成时代较汉代已经有一定的历史距离，其时长安地区水资源的形势可能已经发生了较明显的变化。

昆明池虽然一般都认为是人工湖，但是号称"周回四十里"的规模，不是短期之内可以完工的。《汉书·五行志中之上》说，"元狩三年夏，大旱。是岁发天下故吏伐棘上林，穿昆明池"②。是当"大旱"之时，开工穿昆明池。"大旱"发工的说法，暗示昆明池址原先可能已有积水。据推断，工程的主要内容除开浚外，还包括修筑堰堤。也就是说，昆明湖，其实并不是严格意义上的人工湖。

张衡《西京赋》写道："乃有昆明灵沼，黑水玄阯。周以金堤，树以柳杞。"③ 可知昆明池等湖泊以坚固的堤岸围绕，又植以柳杞等树木护堤。胡谦盈的考察报告也有关于昆明池堤的内容："（昆明池）北界在上泉北村和南丰镐村之间的土堤的南侧。这土堤清代人叫做'干龙岭'，它是一堵人工筑造起来的池堤，经过打夯；现存高度约5米，基底宽约40~50米，基顶宽约10~15米（窄的地方是因后代起土破坏了）。"④ 据《中国文物地图集·陕西分册》有关昆明池遗址的记述，"1990年冬，在落水村东南探出东西向池坝遗址"⑤。

胡谦盈还写道："池堤中部的夯土内夹杂有大量的西周陶片，池

① 中国社会科学院考古研究所汉长安城工作队：《西安市汉唐昆明池遗址的钻探与试掘简报》，《考古》2006年第10期。
② 《汉书·五行志中之上》，第1392页。
③ 《文选》卷二，第44页。薛综注："小渚曰阯。"李善注："《汉》曰：武帝穿昆明池。黑水玄阯，谓昆明灵沼之水阯也。水色黑，故曰玄阯也。"薛综注："金堤，谓以石为边隄，而多种杞柳之木。"李善注："金堤，言坚也。"
④ 胡谦盈：《丰镐地区诸水道的踏察——兼论周都丰镐位置》，《考古》1963年第4期。
⑤ 国家文物局主编《中国文物地图集·陕西分册》上册，第150页；下册，第101页。

堤西端下面尚压着未经扰乱过的西周窖穴堆积。"① 《三辅黄图》卷四《池沼》："武帝初穿池，得黑土。帝问东方朔。东方朔曰：'西域胡人知。'乃问胡人。胡人曰：'劫烧之余灰也。'"② 唐代诗人杜甫"凤纪编生日，龙池堙劫灰"③，元稹"僧餐月灯阁，醮宴劫灰池"④，李商隐"汉苑生春水，昆池换劫灰"⑤，"年华若到经风雨，便是胡僧话劫灰"⑥，韩偓"眼看朝市成陵谷，始信昆明是劫灰"⑦ 等诗句，都用昆明池黑土乃劫后余灰之典。昆明池劫灰传说，或许曲折反映了汉武帝时代开凿昆明池的工程中，前代灰坑一类生活遗迹曾经受到破坏。

关中湖泊的命运

班固《西都赋》曾经记述昆明池景象，其植物和动物的自然生存，构成了优越的生态条件：

> 茂树荫蔚，芳草被堤。兰茝发色，晔晔猗猗。若摛锦布绣，烛耀乎其陂。鸟则玄鹤白鹭，黄鹄鸰鸧。鸧鸪鸧鸨，凫鹥鸿雁。朝发河海，夕宿江汉。沉浮往来，云集雾散。

张衡《西京赋》也写道：

---

① 胡谦盈：《丰镐地区诸水道的踏察——兼论周都丰镐位置》，《考古》1963 年第 4 期。
② 陈直：《三辅黄图校注》，第 95~96 页。
③ （唐）杜甫：《千秋节有感二首》，（宋）郭知达编，陈广忠校点《九家集注杜诗》卷三五，安徽大学出版社，2020，第 1576 页。
④ （唐）元稹：《酬翰林白学士一百韵》，冀勤点校《元稹集》卷一〇，中华书局，2020，第 133 页。
⑤ （唐）李商隐：《子初全溪作》，刘学锴、余恕诚著《李商隐诗歌集解》，中华书局，2004，第 2105 页。
⑥ （唐）李商隐：《寄恼韩同年时韩住萧洞二首》，《李商隐诗歌集解》，第 206 页。
⑦ （唐）韩偓：《乱后春日途经野塘》，吴在庆校注《韩偓集系年校注》，中华书局，2015，第 516 页。

其中则有鼋鼍巨鳖，鱣鲤鲉鲖。鲔鳏鳜鲧，修额短项。大口折鼻，诡类殊种。鸟则鹔鹴鸱鸮，鴽鹅鸿鹔。上春候来，季秋就温。南翔衡阳，北栖雁门。奋隼归凫，沸卉軿訇。众形殊声，不可胜论。[①]

《西京杂记》卷一说到汉代长安湖泊的生态景观，也可以作为我们认识当时环境条件的参考：

> 太液池边皆是雕胡、紫萚、绿节之类。菰之有米者，长安人谓为雕胡。葭芦之未解叶者，谓之紫萚。菰之有首者，谓之绿节。其间凫雏雁子，布满充积，又多紫龟绿鳖。池边多平沙，沙上鹈鹕、鹔鸹、鸡青、鸿鹔，动辄成群。[②]

其中"凫雏雁子，布满充积"句，说明这里已经成为野生禽鸟孳育繁衍的生命基地。《三辅黄图》卷四《池沼》关于琳池，又说到池中植荷情景：

> 池南起桂台以望远，东引太液之水。池中植分枝荷，一茎四叶，状如骈盖，日照则叶低荫根茎，若葵之卫足。名曰"低光荷"。实如玄珠，可以饰佩，花叶难萎，芬馥之气彻十余里。[③]

《拾遗记》卷六又写道："使宫人为歌。歌曰：'秋素景兮泛洪波，挥

---

① （梁）萧统编，（唐）李善注《文选》，第29、44页。
② （晋）葛洪撰，周天游校注《西京杂记校注》，第33页。
③ 陈直校注《三辅黄图校注》，第103~104页。

纤手兮折芰荷。凉风凄凄扬棹歌，云光开曙月低河，万岁为乐岂云多。"① 对照今天这一地区的生态形势，这些记述，仅仅只是十分遥远的历史回忆了。人们自然会在内心感叹，就当时生态环境而言，所谓"万岁为乐"，似乎只是不可能实现的幻想。

秦汉时期的水资源条件与现今有所不同。作为重要因素之一，气候条件的作用可能值得我们特别关注。

通过对历史时期气候变迁的考察，有的学者认为，秦代至西汉气候较现今温暖湿润。② 根据历史水文资料，研究者认为秦及西汉时期的气候条件，是致使长江水位上升的因素之一，当时长江以南的洞庭湖、鄱阳湖、太湖等，水面都在不断扩大。③ 当时黄河流域湖泊的数量及其水面，也都曾经达到历史时期的高峰。汉代学者关于当时关中湖泊"清渊洋洋""洪涛""漭沆""似云汉之无涯""揽沧海之汤汤"等记述，不应当看作不合实际的夸诞之辞。④ 据海洋地质学者提供的数据，"在距今2500~1500年的波峰时期，古海面较现今海面高约1~3米"，其引以为据的古贝壳堤、上升海滩沉积与海滩岩、海相淤泥与贝壳层以及珊瑚礁坪、隆起珊瑚礁及海口等勘察资料说明，"它们的海拔高度大都在1~5米间"⑤。

《周礼·夏官·职方氏》关于雍州地形，说到有名为"弦蒲"的泽薮。《汉书·地理志上》右扶风千县条下也写到"北有蒲谷乡弦中谷，雍州弦蒲薮"⑥。然而规模相当大的弦蒲泽，以及关中当时众多的湖泽，后来都已湮涸不存。

---

① （晋）王嘉撰，（梁）萧绮录，齐治平校注《拾遗记》，中华书局，1981，第128页。
② 竺可桢：《中国近五千年来气候变迁的初步研究》，《考古学报》1972年第1期；王子今：《秦汉时期气候变迁的历史学考察》，《历史研究》1995年第2期。
③ 中国科学院地理研究所等：《长江中下游河道特性及其演变》，第64页。
④ 参看王子今《秦汉时期的朝那湫》，《固原师专学报》2002年第2期。
⑤ 赵希涛：《中国海岸演变研究》，第178~186页。
⑥ 《汉书·地理志上》，第1547页。

事实上，当时黄河流域的大泽，今世都已经难寻旧迹。《国语·周语下》有所谓"陂障九泽，丰殖九薮"①。"九泽""九薮"，都是说九州的九大湖泊。其名称与所在，古籍记载不一。一般以为九大湖泊中，七处均在北方。汉代人甚至有说"九泽"就是特指北方湖泊的。《淮南子·时则》也有"北方""九泽"的说法。然而后来这些大泽大都在北方土地上消失了。

以所谓"九薮"位于关中地区者为例，战国至于秦汉，诸说略有不同：

> 《周礼·夏官·职方氏》："正西曰雍州，……其泽薮曰'弦蒲'。"
>
> 《吕氏春秋·有始》："何谓'九薮'？……秦之'阳华'。"高诱注："'阳华'在凤翔，或曰在华阴西。"
>
> 《淮南子·地形》："何谓'九薮'？曰……秦之'阳纡'。"高诱注："'阳纡'盖在冯翊池阳，一名'具圃'。"
>
> 《说文·草部》："九州之薮，……雍州'弦圃'。"
>
> 《风俗通义·山泽》："今汉有九州之薮，……雍州曰'弦蒲'，在汧县北蒲谷亭。"②

《尔雅·释地》又说，九州有"十薮"，"秦有杨陓"。郭璞注："今在扶风汧县西。"③ 作为"当时全国著名的大湖"④，必然有相当的规模。

《周礼·夏官·职方氏》也说到"杨纡"，不过其地在冀州。"阳

---

① 徐元浩撰，王树民、沈长云点校《国语集解》（修订本），中华书局，2002，第96页。

② （清）阮元校刻《十三经注疏》，第862页；许维遹撰，梁运华整理《吕氏春秋集释》，第276页；何宁撰《淮南子集释》，第315页；（汉）许慎撰，（清）段玉裁注《说文解字注》，第41页；（汉）应劭撰，王利器校注《风俗通义校注》，中华书局，1981，第474页。

③ （清）阮元校刻《十三经注疏》，第2615页。

④ 陈桥驿：《我国古代湖泊的湮废及其经验教训》，中国地理学会历史地理专业委员会、《历史地理》编辑委员会编《历史地理》第2辑，上海人民出版社，1982。

华""阳纡""杨纡""杨陓"，应当本是一地。大约正如俞樾所说，《周礼》之"杨纡"，《尔雅》之"杨陓"，并"阳华"之假音。他认为，高诱"在凤翔""在华阴西"两说，当以华阴之说为是。①

《吕氏春秋·有始》说"秦之'阳华'"是"九薮"之一。后来《淮南子·地形》及《尔雅·释地》也都沿承了这一说法。号称"备天地万物古今之事"②的《吕氏春秋》成书于秦地，因而列于"九薮"之中的"秦之'阳华'"的历史存在，大致是没有必要怀疑的。但是"阳华"地望，却长期未能明确。

郑玄注《周礼·夏官·职方氏》，说道："'杨纡'所在未闻。"而高诱所谓"一名'具圃'"，"具圃"，《左传·僖公三十三年》作"具囿"，杜预在《春秋经传集解》中也没有注明其地。看来，东汉博闻学者许慎、郑玄、应劭、高诱，以及魏晋大学问家杜预、郭璞等，都已经弄不清楚《吕氏春秋》成书前后规模超过"弦蒲"的这一作为秦地湖泊之首的泽薮的方位了。很可能在东汉中期前后，这个湖泊完全湮灭了。

当时北方湖泊的缩小和消失，绝不仅此一例。湖泊逐渐淤涸成为平地，是历史时期惯见的地貌变迁形式，然而秦汉时期如"阳华薮"这种迅速消失的情形，是特别引人注目的。

秦汉宫苑的"海池"

秦始皇实现统一之后五次出巡，其中四次行临海滨。汉武帝至少十次经历面向大海的东巡。秦汉帝王对海洋的特殊情感以及探索海洋和开发海洋的意识，还表现在宫廷建设规划中有"海"的特殊设计。宫苑中特意营造象征海洋的人工湖泊，也体现了海洋在当时社会意识中的重要地位和神秘意义。

---

① （清）俞樾：《群经平议》，《续修四库全书》第178册，第573页。
② 《史记·吕不韦列传》，第2510页。

司马迁对于秦始皇陵地宫的结构有这样的记载："以水银为百川江河大海，机相灌输。"① 按照有关地下陵墓设计和制作"大海"模型的这一说法，似乎陵墓主人对"海"的向往，至死仍不消减。其实，有迹象表明，秦始皇生前的居所附近，可能也有象征"海"的宫苑园林规划。

《史记·秦始皇本纪》记载："三十一年十二月，……始皇为微行咸阳，与武士四人俱，夜出逢盗兰池，见窘，武士击杀盗，关中大索二十日。"② 这是秦史中所记录的唯一一次发生在关中秦国故地的威胁秦帝国最高执政者安全的事件。秦始皇仅带四名随从，以平民身份"夜出""微行"，在咸阳宫殿区内竟然遭遇严重破坏都市治安的"盗"。《北堂书钞》卷二〇引《史记》写作"兰池见窘"。《初学记》卷九则作"见窘兰池"。所谓"见窘"的"窘"，汉代人多以"困""急"解释。③ 又有"窘急"④"窘滞"⑤"窘迫"⑥"窘惶"⑦ 诸说。按照司马迁的语言习惯，所言"窘"与秦始皇兰池遭遇类似的面对武装暴力威胁的"困""急"情势，有秦穆公和晋惠公战场遇险史例。⑧"微行咸阳"，"夜出逢盗兰池"时，秦始皇身边随行"武士"以非常

---

① 《史记·秦始皇本纪》，第265页。

② 《史记·秦始皇本纪》，第251页。

③ 《诗·小雅·正月》："终其永怀，又窘阴雨。"毛传："窘，困也。"（清）阮元校刻《十三经注疏》，第443页。《离骚》："何桀纣之猖披兮，夫唯捷径以窘步。"王逸注："窘，急也。"（宋）洪兴祖撰，白化文等点校《楚辞补注》，中华书局，1983，第8页。

④ 《史记·游侠列传》："适有天幸，窘急常得脱。"（第3185页）

⑤ 《淮南子·要略》："穿通窘滞，决渎壅塞。"何宁撰《淮南子集释》，第1443页。

⑥ （汉）刘向《九叹·远逝》："日杳杳以西颓兮，路长远而窘迫。"（宋）洪兴祖撰，白化文等点校《楚辞补注》，第295页。

⑦ （汉）王粲《大暑赋》："体烦茹以于悒，心愤闷而窘惶。"（宋）李昉等撰《太平御览》，第160页。

⑧ 《史记·秦本纪》记载"缪公窘"情形，即："与晋惠公夷吾合战于韩地。晋君弃其军，与秦争利，还而马鷙。缪公与麾下驰追之，不能得晋君，反为晋军所围。晋击缪公，缪公伤。"晋君"马鷙"，是晋惠公先于秦穆公而"窘"。张守节《正义》："《国语》云：'晋师溃，戎马还泞而止。'韦昭云：'泞，深泥也。'"（第188页）《史记·晋世家》的记载是："秦缪公、晋惠公合战韩原。惠公马鷙不行，秦兵至，公窘，……。""马鷙不行"，司马贞《索隐》："谓马重而陷之于泥。"（第1653页）

方式保卫主上的生命安全，"击杀盗"，随后在整个关中地区戒严，搜捕可疑人等。

事件发生的地点"兰池"，就是位于秦咸阳宫东面的"兰池宫"。《史记》的相关记述，注家有所解说。南朝宋学者裴骃在《史记集解》中写道："《地理志》：渭城县有兰池宫。"① 他引录的是《汉书·地理志上》。我们今天看到的《汉书》的文字，在右扶风渭城县条下是这样书写的："渭城，故咸阳，高帝元年更名新城，七年罢，属长安。武帝元鼎三年更名渭城。有兰池宫。"② 唐代学者张守节《史记正义》引录了唐代地理学名著《括地志》："兰池陂即古之兰池，在咸阳县界。"③ 秦汉时期的"兰池"，唐代称作"兰池陂"，可知这一湖泊，隋唐时代依然存在。

张守节又写道："《秦记》云：'始皇都长安，引渭水为池，筑为蓬、瀛，刻石为鲸，长二百丈。'逢盗之处也。"④ 他认为秦始皇"微行""夜出逢盗"的地点，是在被称作"兰池"的湖泊附近。所谓《秦记》的记载，说秦始皇在都城附近引渭河水注为池，在水中营造蓬莱、瀛洲海中仙山模型，又"刻石为鲸"，以表现这一人工水面其实是海洋的象征。

来自《秦记》的历史信息非常重要。因为秦始皇焚书时，宣布"史官非《秦记》皆烧之"。《史记·秦始皇本纪》明确记载，除了《秦记》外，其他史书全部烧毁。《史记·六国年表》又写道："秦既得意，烧天下《诗》《书》，诸侯史记尤甚，为其有所刺讥也。""惜哉！惜哉！独有《秦记》，又不载日月，其文略不具。"⑤ 司马迁深切感叹各诸侯国历史记录之不存，"独有《秦记》"，然而

---

① 《史记》，第251页。
② 《汉书》，第1456页。
③ 《史记》，第251页。
④ 《史记》，第251页。
⑤ 《史记》，第686页。

"其文略不具"。不过，他同时又肯定，就战国历史内容而言，《秦记》的真实性是可取的。司马迁还认为因"见秦在帝位日浅"而产生鄙视秦人历史文化的偏见，是可悲的。《史记·六国年表》还有两次，即在序文的开头和结尾都说到《秦记》："太史公读《秦记》，至犬戎败幽王，周东徙洛邑，秦襄公始封为诸侯，作西畤用事上帝，僭端见矣。""余于是因《秦记》，踵《春秋》之后，起周元王，表六国时事，讫二世，凡二百七十年，著诸所闻兴坏之端。后有君子，以览观焉。"① 王国维曾指出《史记》"司马迁取诸《秦记》者"情形。孙德谦《太史公书义法·详近》说，《秦记》这部书，司马迁一定是亲眼看过的。所以他"所作列传，不详于他国，而独详于秦"。在商鞅之后，如张仪、樗里子、甘茂、甘罗、穰侯、白起、范雎、蔡泽、吕不韦、李斯、蒙恬诸人，历史人物的记录唯秦为多。难道说司马迁对秦人有特殊的私爱吗？这很可能只是由于他"据《秦记》为本，此所以传秦人特详"。金德建《司马迁所见书考》一书于是推定："《史记》的《六国年表》纯然是以《秦记》的史料做骨干写成的。秦国的事迹，只见纪于《六国年表》里而不见于别篇，也正可以说明司马迁照录了《秦记》中原有的文字。"②

如果张守节《史记正义》引录的"始皇都长安，引渭水为池，筑为蓬、瀛，刻石为鲸，长二百丈"这段文字确实出自《秦记》，其可靠性是值得特别重视的。

不过，我们又发现了疑点。《续汉书·郡国志一》"京兆尹长安"条写道："有兰池。"刘昭注补："《史记》曰：'秦始皇微行夜出，逢

---

① 《史记》，第686、687页。
② 金德建：《〈秦记〉考征》，《司马迁所见书考》，上海人民出版社，1963，第415~416页。参看王子今《〈秦记〉考识》，《史学史研究》1997年第1期；《〈秦记〉及其历史文化价值》，秦始皇兵马俑博物馆《论丛》编委会《秦文化论丛》第5辑，西北大学出版社，1997。

盗兰池。'《三秦记》曰：'始皇引渭水为长池，东西二百里，南北三十里，刻石为鲸鱼二百丈。'"① 唐代学者张守节以为《秦记》的记载，南朝梁学者刘昭却早已明确指出由自《三秦记》。我们又看到《说郛》卷六一上《辛氏三秦记》"兰池"条确实有这样的内容："秦始皇作兰池，引渭水，东西二百里，南北二十里，筑土为蓬莱山。刻石为鲸鱼，长二百丈。"② 清代学者张照已经判断，张守节所谓《秦记》其实就是《三秦记》，只是脱写了一个"三"字。③

《三秦记》或《辛氏三秦记》的成书年代要晚得多。这样说来，秦宫营造海洋及海中神山模型的记载，可信度不免要打折扣了。

不过，秦咸阳宫存在仿象海洋的人工湖泊的可能性还是存在的。我们从有关秦始皇陵"以水银为百川江河大海，机相灌输"的记载，可以知道海洋在秦帝国缔造者心中的地位。

秦始皇在统一战争中每征服一个国家，都要把该国宫殿的建筑图样采集回来，在咸阳以北的塬上予以复制。这就是《史记·秦始皇本纪》记载的"秦每破诸侯，写放其宫室，作之咸阳北阪上"④。而翻版燕国宫殿的位置，正在咸阳宫的东北方向，与燕国和秦国的方位关系是一致的。兰池宫曾经出土"兰池宫当"文字瓦当，其位置大体明确。秦的兰池宫也在咸阳宫的东北方向，正在"出土燕国形制瓦当"的秦人复制燕国宫殿建筑以南。⑤ 如果说这一湖泊象征渤海水面，从地理位置上考虑，也是妥当的。

渤海当时称"勃海"，又称"勃澥"。这是秦始皇相当熟悉的海域。他的东巡，曾经沿渤海西岸和南岸行进，又曾经在海上浮行，甚

---

① 《续汉书·郡国志一》《后汉书》，第3403页。
② （明）陶宗仪等编《说郛三种》，上海古籍出版社，1988，第2808页。
③ 《史记》卷六《秦始皇本纪》附（清）张照《考证》，《景印文渊阁四库全书》第243册，第182页。
④ 《史记》，第239页。
⑤ 国家文物局主编《中国文物地图集·陕西分册》，第195、348页。

至有使用连弩亲自"射杀"海上"巨鱼"的行为。燕、齐海上方士们关于海上神山的宣传，其最初的底本很可能是对于渤海海面海市蜃楼的认识。在渤海湾西岸发掘的秦汉建筑遗存，许多学者认为与秦始皇巡行至于碣石的行迹有关，被称作"秦行宫遗址"。① 所出土大型夔纹建筑材料，仅在秦始皇陵园有同类发现。秦始皇巡行渤海的感觉，很可能会对秦都咸阳宫殿区建设规划的构想产生一定的影响。从姜女石石碑地秦宫遗址的位置看，这里完全被蓝色的水世界紧密拥抱。这位帝王应当也希望居住在咸阳的宫室的时候，同样开窗就能够看到海景。

秦封泥有"晦池之印"。② "晦"可以读作"海"。《释名·释水》："海，晦也。"③ 清华大学藏战国简《赤鸪之集汤之屋》"四海"写作"四晦"。④《易·明夷·上六》："不明晦，初登于天，后入于地。"汉帛书本"晦"作"海"。《吕氏春秋·求人》："北至人正之国，夏海之穷。"《淮南子·时则》"海"作"晦"。⑤ 秦封泥"东晦□马"⑥"东晦都水"⑦，"东晦"都是"东海"的异写形式。这样说来，秦有管理"晦池"即"海池"的官职。而"海池"见于汉代宫苑史料，指仿照海洋营造的湖沼。另外，秦封泥又有"每池"，⑧ 应当也是"海池"。

---

① 中国社会科学院考古研究所编著《中国考古学·秦汉卷》，中国社会科学出版社，2010，第55~70页。

② 路东之编著《问陶之旅：古陶文明博物馆藏品掇英》，紫禁城出版社，2008，第171页。

③ 任继昉纂《释名汇校》，齐鲁书社，2006，第62页。

④ 李学勤编《清华大学藏战国竹简（叁）》，中西书局，2012，第167页。

⑤ 高亨纂著，董治安整理《古字通假会典》，齐鲁书社，1989，第443页。

⑥ 傅嘉仪编著《秦封泥汇考》，上海书店出版社，2007，第179页。

⑦ 周晓陆、陈晓捷、汤超、李凯：《于京新见秦封泥中的地理内容》，《西北大学学报》（哲学社会科学版）2005年第4期。

⑧ 陈晓捷、周晓陆：《新见秦封泥五十例考略》，西安碑林博物馆编《碑林集刊》第11辑，陕西人民美术出版社，2006。

汉武帝是秦始皇之后又一位对海洋有着特殊热情的帝王。[①] 他在宫苑营造规划中，专门设计了有明确的仿象海洋性质的湖泊。

《史记·封禅书》记载，汉武帝在汉长安城以西，萧何为刘邦修建的未央宫的旁侧建造了宏大的建章宫："作建章宫，度为千门万户。前殿度高未央。"宫殿区的北面，有一个规模可观的湖泊，其中有象征海中神山的岛屿："其北治大池，渐台高二十余丈，命曰太液池，中有蓬莱、方丈、瀛洲、壶梁，象海中神山龟鱼之属。"[②] 所谓"有蓬莱、方丈、瀛洲、壶梁，象海中神山龟鱼之属"，出自司马迁笔下，是明确的以宫廷中人工湖泊"象海"的历史记录。《史记·孝武本纪》有同样的内容，司马贞《索隐》引《三辅故事》说："殿北海池北岸有石鱼，长二丈，宽五尺，西岸有石龟二枚，各长六尺。"[③] 所谓"殿北海池"特别值得注意，这一湖泊名叫"海池"，其位置在建章宫前殿正北。这是我们在历史文献记录中看到的名义确定的"海池"。以汉时尺度计，[④] "石龟"长 1.386 米，应是仿象海龟。"石鱼"长4.62 米，宽 1.155 米，也应当是仿象海鱼。

与《三秦记》"兰池""刻石为鲸"的情形类似，《文选》卷二张衡《西京赋》说"前开唐中，弥望广潒，顾临太液，沧池漭沆"，"海若游于玄渚，鲸鱼失流而蹉跎"[⑤]。《西京杂记》记载，在汉武帝为操演水军经营的昆明池中放置有"石鲸"："昆明池刻玉石为鲸，每至雷雨，鲸常鸣吼，鬐尾皆动。汉世祭之以祈雨，往往有验。"[⑥]《三辅黄图》卷四《池沼》："《三辅故事》又曰：'（昆明）池中有豫

---

① 参看王子今《汉武帝时代的海洋探索与海洋开发》，《中国高校社会科学》2013 年第4 期。

② 《史记》，第 1402 页。

③ 《史记》，第 482 页。

④ 据丘光明编著《中国古代度量衡考》，文物出版社，1992，第 55 页。西汉尺度每尺23.1 厘米。

⑤ （梁）萧统编，（唐）李善注《文选》，第 41 页。

⑥ （晋）葛洪撰，周天游校注《西京杂记校注》，第 51 页。

章台及石鲸。刻石为鲸鱼，长三丈，每至雷雨，常鸣吼，鬐尾皆动。'"[①] 昆明池"石鲸"在唐代受到诗人们的关注。宋之问、苏颋、储光羲、苏庆余、温庭筠等均有咏唱。杜甫《秋兴八首》其七写道："昆明池水汉时功，武帝旌旗在眼中。织女机丝虚月夜，石鲸鳞甲动秋风。"清初学者陈廷敬以为"笔端高绝，出寻常蹊径之外"[②]。

传说"每至雷雨"，"石鲸"都有异常的表现，"常鸣吼，鬐尾皆动"。杜诗所谓"石鲸鳞甲动秋风"，也说在古人对于海洋的神秘主义意识中，"刻石"或"刻玉石"为之的"石鲸"，似乎是有生命，又有特别的神异功能的。

秦汉宫苑"象海"的人工湖泊，是在帝王们对于海洋神仙文化系统充满憧憬和向往的心理背景下专心营造的。

以汉武帝在建章宫前殿"其北治大池，渐台高二十余丈，命曰太液池，中有蓬莱、方丈、瀛洲、壶梁，象海中神山龟鱼之属"的记载为例，在"太液池"及"蓬莱、方丈、瀛洲、壶梁""海中神山"模型设计和施工之前，这位帝王的思想言行表现出对"蓬莱"世界的特别关注。据《史记·封禅书》记述，方士李少君对汉武帝说，"益寿而海中蓬莱仙者乃可见"，"安期生仙者，通蓬莱中"，于是汉武帝"遣方士入海求蓬莱安期生之属"。"求蓬莱安期生莫能得，而海上燕齐怪迂之方士多更来言神事矣。""入海求蓬莱者，言蓬莱不远，而不能至者，殆不见其气。上乃遣望气佐候其气云。""欲放黄帝以上接神仙人蓬莱士，高世比德于九皇，而颇采儒术以文之。""上遂东巡海上，行礼祠八神。齐人之上疏言神怪奇方者以万数，然无验者。乃益发船，令言海中神山者数千人求蓬莱神人。""天子既已封泰山，无风雨灾，而方士更言蓬莱诸神若将可得，于是上欣然庶几遇之，乃复东

---

① 何清谷撰《三辅黄图校释》，第 253 页。
② （清）陈廷敬：《午亭文编》卷五〇《杜律诗话下》，《清代诗文集汇编》编纂委员会主编《清代诗文集汇编》第 153 册，上海古籍出版社，2010，第 521 页。

至海上望，冀遇蓬莱焉。""临勃海，将以望祀蓬莱之属，冀至殊廷焉。"① 事在元光二年（前133）至太初元年（前104）间，近30年来，汉武帝心中似乎始终萦绕着"蓬莱"之梦。在"太液池"建"蓬莱"等"海中神山"模型，其实是"求蓬莱""冀遇蓬莱""望祀蓬莱"等一系列动作的继续。宫廷"海池"以及附属的"蓬莱、方丈、瀛洲、壶梁，象海中神山龟鱼之属"等，作为特殊的信仰象征，于是具有了接近"海中神山""神怪""神仙人"的神秘意义。

王莽临近覆亡时最后的表演，竟然是以"渐台"为舞台的。据《汉书·王莽传下》记载，反抗王莽政权的暴动民众逼近宫中，"群臣扶掖莽，自前殿南下椒除，西出白虎门，……莽就车，之渐台，欲阻池水"，近臣"尚千余人随之"。"军人入殿中，呼曰：'反虏王莽安在？'有美人出房曰：'在渐台。'众兵追之，围数百重。台上亦弓弩与相射，稍稍落去。矢尽，无以复射，短兵接。"效忠王莽的近卫士兵多战死，于是，"众兵上台，……商人杜吴杀莽"。有人斩莽首，"军人分裂莽身，支节肌骨脔分，争相杀者数十人"②。王莽为什么在濒死时刻"之渐台"顽抗？难道仅仅只是"欲阻池水"吗？王莽是一位心理极端偏执的政治人物，当反新莽武装已经冲入宫中，他仍然衣冠端正，绂佩齐整，口出荒诞之言，"绀袀服，带玺韨，持虞帝匕首，……旋席随斗柄而坐，曰：'天生德于予，汉兵其如予何！'"在来到"渐台"时"犹抱持符命、威斗"③。王莽在其政治人生的终点"之渐台"，可能有特殊的动机。也许"海池""海中神山"的神秘象征意义给予垂死的王莽以建立在迷妄基点上的精神支撑。

王莽应当是在未央宫"渐台"结束了他的执政生涯以及新莽王朝的行政史的。未央宫有"渐台"，见于《汉书·翼奉传》所载翼奉上

---

① 《史记》，第1385~1386、1393、1397~1398、1402页。
② 《汉书》，第4191页。
③ 《汉书》，第4190页。

疏。邓通故事有"渐台"情节，① 事在汉文帝时，而建章宫当时还没有修建。《汉书·元后传》又有明确记载："（王莽）为太后置酒未央宫渐台，大纵众乐。"② 不过，考古勘察获得的信息不能确定未央宫"太液池"和"渐台"的位置和形制、规模。在未央宫遗址西南部则发现了"沧池故址"。考古学者指出："今马家寨村西南，有一片洼地，其地势低于周围地面 1~2.5 米，平面呈不规整的圆形，东西 400米，南北 510 米。地表以下 0.7~1 米见淤土，1.2~2 米见沙子，沙层厚 2 米，再下则依次为黑卤土、淤土、水浸土、细沙。此洼地应为沧池故址，……《水经注·渭水》载：'……飞渠引水入城，东为仓池。池在未央宫西，池中有渐台。'仓池即'沧池'，亦名'苍池'。"③ 王莽最终丧生的"渐台"，是否"沧池"的"渐台"呢？毕沅的《关中胜迹图志》"汉长乐未央宫图"没有标示未央宫"太液池"和"渐台"所在。而"沧池"在前殿西北方向，池中描绘了高大的"渐台"图样。而同书"汉建章宫图"显示的"太液池"、"渐台"以及"海中神山"、"蓬莱山"、"方丈山"、"瀛州山"的情形，④也可以作为我们理解相关问题的参考。⑤

　　秦汉宫苑中的"海池"，作为人工湖泊，影响了关中的水资源形势。

4. 秦汉时期黄淮海平原湖沼分布

　　黄淮海平原是中国农耕文明的早期发展基地之一。秦汉时期这一

①　《汉书·佞幸传·邓通》，第 3722 页。

②　《汉书》，第 4032 页。

③　中国社会科学院考古研究所编著《汉长安城未央宫：1980~1989 年考古发掘报告》，第 19 页。

④　（清）毕沅撰，张沛校点《关中胜迹图志》，第 116~117、128~129 页。

⑤　王子今：《秦汉宫苑的"海池"》，《大众考古》2014 年第 2 期。

地区的生态环境条件，与今天人们通常的了解多有不同。例如当时湖泊沼泽的密集分布，即表现出显著的区域生态地理的特点。

秦汉之际有关黄淮海平原"泽"的历史记录

秦汉之际的历史记载中，多见有关"泽"的历史记录。

作为最重大的政治史的事件之一，陈涉暴动，"率罢散之卒，将数百之众，而转攻秦。斩木为兵，揭竿为旗，天下云集回应，赢粮而景从，山东豪俊遂并起而亡秦族矣"①。推促了秦王朝的败亡。关于其起事的缘由，《史记·陈涉世家》记载：

> 二世元年七月，发闾左適戍渔阳，九百人屯大泽乡。陈胜、吴广皆次当行，为屯长。会天大雨，道不通，度已失期。失期，法皆斩。陈胜、吴广乃谋曰："今亡亦死，举大计亦死，等死，死国可乎？"

"大泽乡"，据裴骃《集解》引徐广曰："在沛郡蕲县。"② 此乡得名"大泽"，不会和"泽"没有一点关系。

《史记·高祖本纪》记载了刘邦"到丰西泽中""止饮"随即又"夜径泽中"斩蛇的故事：

> 高祖以亭长为县送徒郦山，徒多道亡。自度比至皆亡之，到丰西泽中，止饮，夜乃解纵所送徒。曰："公等皆去，吾亦从此逝矣！"徒中壮士愿从者十余人。高祖被酒，夜径泽中，令一人行前。行前者还报曰："前有大蛇当径，愿还。"高祖醉，曰："壮士行，何畏！"乃前，拔剑击斩蛇。

---

① 贾谊：《过秦论》，《史记·秦始皇本纪》，第 261 页。
② 《史记·陈涉世家》，第 1950 页。

是"丰西"有"泽"。后来刘邦潜伏在芒砀"山泽"中，"亡匿，隐于芒、砀山泽岩石之间。"裴骃《集解》："骃案：应劭曰：'二县之界有山泽之固，故隐于其间也。'"① 又《史记·魏豹彭越列传》记载：

> 彭越者，昌邑人也，字仲。常渔巨野泽中，为群盗。②

则是有关"巨野泽"的记载。可知秦末时黄河下游及江淮平原，多有"泽"的分布。

湖泽的密集，可能是当时黄淮海平原显著的地貌特征之一。

秦汉文献所谓"泽"，很可能是指沼泽湿地。如《汉书·高帝纪》颜师古注"径，小道也。言从小道而行，于泽中过，故其下曰有大蛇当径"③，是其例也。

项羽在垓下决战中走向最终的失败，也曾经有"陷大泽中，以故汉追及之"的情节。《史记·项羽本纪》写道：

> ……于是项王乃上马骑，麾下壮士骑从者八百余人，夜直溃围南出，驰走。平明，汉军乃觉之，令骑将灌婴以五千骑追之。项王渡淮，骑能属者百余人耳。项王至阴陵，迷失道，问一田父，田父绐曰"左"。左，乃陷大泽中，以故汉追及之。④

"陷大泽中"的遭遇，竟然导致项羽悲剧人生的最后落幕。

---

① 《史记·高祖本纪》，第 347 页；王子今：《芒砀山泽与汉王朝的建国史》，《中州学刊》2008 年第 1 期。

② 《史记·魏豹彭越列传》，第 2591 页。

③ 《汉书·高帝纪》，第 7 页。

④ 《史记·项羽本纪》，第 334 页。

历史文献所见先秦西汉湖沼的地域分布：以黄淮海平原为重心

邹逸麟曾经讨论"先秦西汉时代湖沼的地域分布及其特点"，指出"根据目前掌握的文献资料，得知周秦以来至西汉时代，黄淮海平原上见于记载的湖沼有四十余处"。所依据的史料为《左传》《禹贡》《山海经》《尔雅·释地》《周礼·职方》《史记》《汉书》等。列表所见湖沼 46 处：

河北平原 11 处

大陆泽（今河南修武、获嘉间），荧泽（今河南浚县西），澶渊（今河南濮阳西），黄泽（今河南内黄西），鸡泽（今河北永年东），大陆泽（今河北任县迤东一带），泜泽（今河北宁晋东南），皋泽（今河北宁晋东南），海泽（今河北曲周北境），鸣泽（今河北徐水北），大泽（今河北正定附近滹沱河南岸）；

黄淮平原 33 处

修泽（今河南原阳西），黄池（今河南封丘南），冯池（今河南荥阳西南），荥泽（今河南荥阳北），圃田泽（原圃）（今河南郑州、中牟间），崔苻泽（今河南中牟东），逢泽（池）（今河南开封东南），孟诸泽（今河南商丘东北），逢泽（今河南商丘南），蒙泽（今河南商丘东北），空泽（今河南虞城东北），菏泽（今山东定陶东北），雷夏泽（今山东鄄城南），泽（今山东鄄城西南），阿泽（今山东阳谷东），大野泽（今山东巨野北），沛泽（今江苏沛县），丰西泽（今江苏丰县西），湖泽（今安徽宿县东北），沙泽（约在今鲁南、苏北一带），余泽（约在今鲁南、苏北一带），浊泽（今河南长葛），狼渊（今河南许昌西），棘泽（今河南新郑附近），鸿隙陂（今河南息县北），洧渊（今河南新

郑附近），柯泽（杜预注：郑地），汋陂（杜预注：宋地），围泽
（杜预注：周地），郭泽（杜预注：卫地），琐泽（杜预注：地
阙），大泺泽（约在今山东历城东或章丘北），小泺泽（约在今
山东淄博迤北一带）；

滨海地区 2 处

钜定（泽）（今山东广饶东），海隅（莱州湾滨海沼泽）。

邹逸麟说：“以上仅限于文献所载，事实上古代黄淮海平原上的湖沼，
远不止此。”“先秦西汉时代，华北大平原的湖沼十分发育，分布很
广，可以说是星罗棋布，与今天的景观有很大的差异。”[①]

所列湖沼的具体的名称和位置，或许还有待于细致的考论。如河北
平原 11 处湖沼中被判定为位于今河南修武、获嘉间的“大陆泽”，资料
出处为《左传·定公元年》。而被判定为位于今河北任县迤东一带的
“大陆泽”，资料出处为《左传·定公元年》《禹贡》《尔雅·释地》
《汉书·地理志》。疑 2 处均见于《左传·定公元年》的“大陆泽”或
有重复的可能。又黄淮平原 33 处湖沼中两见“逢泽”，一在今河南开封
东南，一在今河南商丘南。前者资料出处为《汉书·地理志》，后者资
料出处为《左传·哀公十四年》。也有原本为一泽的可能。

邹逸麟关于位于“今河南内黄西”的“黄泽”写道：“西汉时方
数十里。”所举“黄泽”资料出处为《汉书·地理志》及《沟洫志》。
《汉书·地理志上》“河内郡”条下写道：

荡阴。荡水东至内黄泽。[②]

---

① 邹逸麟：《历史时期华北大平原湖沼变迁述略》，中国地理学会历史地理专业委员会、
《历史地理》编辑委员会编《历史地理》第 5 辑，收入《椿庐史地论稿》，天津古籍出版社，
2005。

② 《汉书·地理志上》，第 1554 页。

是其泽或应称"内黄泽"。《史记·曹相国世家》："王武反于外黄。"裴骃《集解》："徐广曰：'内黄县有黄泽。'"①

《汉书·地理志下》"信都国扶柳"条颜师古注："阚骃云：其地有扶泽，泽中多柳，故曰扶柳。"②邹逸麟"根据目前掌握的文献资料"所论先秦西汉黄淮海平原湖沼未及"扶泽"。看来即使于"文献记载"而言，当时"黄淮海平原上的湖沼"，同样"远不止此"。

黄淮海平原湖沼发育的条件

邹逸麟认为，春秋时期以后，"温暖的气候环境大约持续了几百年"，"这种温暖的气候条件，保证了一定的降水量，是先秦西汉时代黄淮海平原湖沼水源条件的保证"。此外，"河北平原中部和东部，即所谓'九河'地区，在战国中期黄河下游全面修筑堤防以前，河道决溢频繁，迁徙游荡无定，留下的废河床、牛轭湖和岗间洼地，为湖沼的发育提供了条件"③。汉代曾经发生大规模的海溢，④甚至"浸数百里"⑤。海溢之后的退流，会在洼地有所潴留，形成湖沼和湿地。

不过，正如邹逸麟所说，"这些湖沼大多是由浅平洼地潴水而成的。因补给不稳定，所以湖沼水体洪枯变率很大"⑥。一些著名的大

---

① 见《史记·曹相国世家》，第2026页。"黄池"在河南封丘南。《汉书·地理志上》"魏郡"条下写道："斥丘，莽曰利丘。沙，内黄，清河水出南。"颜师古注引应劭曰："《春秋》'吴子、晋侯会于黄池'。今黄泽在西。陈留有外黄，故加内云。"臣瓒曰："《国语》曰'吴子会诸侯于黄池，掘沟于齐、鲁之间'。今陈外黄有黄沟是也。《史记》曰'伐宋取黄池'。然则不得在魏郡明矣。"颜师古曰："瓒说是也，应说失之。"（第1573~1574页）
② 《汉书·地理志下》，第1633页。
③ 邹逸麟：《历史时期华北大平原湖沼变迁述略》，中国地理学会历史地理专业委员会、《历史地理》编辑委员会编《历史地理》第5辑。
④ 谭其骧：《历史时期渤海湾西岸的大海侵》，《长水集》下册，人民出版社，1987；张修桂：《海河流域平原水系演变的历史过程》，中国地理学会历史地理专业委员会、《历史地理》编辑委员会编《历史地理》第11辑。
⑤ 《汉书·沟洫志》，第1697页。
⑥ 邹逸麟：《历史时期华北大平原湖沼变迁述略》，中国地理学会历史地理专业委员会、《历史地理》编辑委员会编《历史地理》第5辑。

泽，水量也有明显的变化。应劭在《风俗通义·山泽》中对《尔雅·释地》"十薮"进行说明时写道，今汉有九州之薮，然而，其中一薮推求未得其处。这就是青州之薮称作"孟诸"的，应劭已经"不知在何处"。《汉书·地理志上》"河南郡荥阳"条下写道："卞水、冯池皆在西南。"[①] 谭其骧说："古代中原湖泊，大多数久已淤涸成为平地。"他举出这样的一例："冯池在《水经注》中叫做李泽，此后即不再见于记载。"[②]

5.秦汉时期的朝那湫

位于宁夏固原的朝那湫，在秦汉时期曾经是西北重要祀所。考察秦汉朝那湫及相关问题，对于认识当时的宗教文化和民族关系，有积极的意义。对于认识当时的生态环境，也有积极的意义。

秦人传统水神之祠

《史记·封禅书》说秦时祠祀制度："自华以西，名山七，名川四。"所谓"名川四"，指四处作为国家祭祀典礼之对象的神水，即"水：曰河，祠临晋；沔，祠汉中；湫渊，祠朝邥；江水，祠蜀"。其祠祀形式，"亦春秋泮涸祷塞，如东方名山川；而牲牛犊牢具珪币各异"。裴骃《集解》："苏林曰：'湫渊在安定朝邥县，方四十里，停不流，冬夏不增减，不生草木。音将蓼反。'"司马贞《索隐》："湫音子小反，又子由反，即龙之所处也。"张守节《正义》："《括地志云》：'朝邥湫祠在原州平高县东南二十里。湫谷水源出宁州安定县。'"[③]

---

① 《汉书·地理志上》，第 1555 页。
② 谭其骧：《〈汉书·地理志〉选释》，《长水集》下册，第 367 页。
③ 《史记·封禅书》，第 1372~1373 页。

《汉书·郊祀志上》的内容大致相同。"朝那"，写作"朝那"。"而牲牛犊牢具珪币各异"，写作"而牲亦牛犊牢具圭币各异"。颜师古注引苏林曰词句略有不同："湫渊在安定朝那县，方四十里，停水不流，冬夏不增不减，不生草木。湫音将蓼反。"又颜师古曰："此水今在泾州界，清澈可爱，不容秽浊，或喧污，辄兴云雨。土俗亢旱，每于此求之，相传云龙之所居也。而天下山川隈曲，亦往往有之。湫音子由反。"① 《汉书·地理志下》："朝那，……有湫渊祠。"② 也说秦人有关礼俗在西汉时期得到继承。

欧阳修《集古录》卷一所说秦《祀朝那湫文》，即宋英宗治平年间发现于朝那湫旁的《大沈厥湫文》，其文有"不显大神厥湫"字样。郭沫若说："'不显大神厥湫'：不显即丕显，古人恒语。'厥湫'即湫渊，下又称'大沈厥湫'，大沈犹言大浸。"又引《史记·封禅书》"秦祠官所常奉天地名山大川鬼神"中有"湫渊祠朝那"及裴骃《集解》引苏林语，指出"《告厥湫文》出朝那湫旁，地望正合"。对于礼俗信仰，又有"秦人较原始，于信神之念实甚笃"的评价。③ 可见朝那湫在秦人信仰系统中的地位，确实值得重视。④

秦重水德。《史记·秦始皇本纪》："始皇推终始五德之传，以为周得火德，秦代周德，从所不胜。方今水德之始，改年始，朝贺皆自十月朔。衣服旄旌节旗皆上黑。数以六为纪，符、法冠皆六寸，而舆六尺，六尺为步，乘六马。更名河曰德水，以为水德之始。"《史记·历书》也说："是时独有邹衍，明于五德之传，而散消息之分，以显诸侯。而亦因秦灭六国，兵戎极烦，又升至尊之日浅，未暇遑也。而

---

① 《汉书·郊祀志上》，第 1207~1208 页。
② 《汉书·地理志下》，第 1615 页。
③ 郭沫若：《诅楚文考释》，科学出版社，1982，第 300、294 页。
④ 王子今：《"大神""威神"祀告：秦军事史的神巫文化色彩》，《社会科学战线》2020 年第 8 期。

亦颇推五胜，而自以为获水德之瑞，更名河曰'德水'，而正以十月，色上黑。"① 如果简单化地理解司马迁的记述，则似乎可以认为秦人是在接受东方五德终始学说之后，才有"水德"意识的。或以为秦人"水德"之说，完全是"推终始五德之传"，"亦颇推五胜"，自愿归入东方文化系统的产物。然而事实并非如此。

在有关秦始皇以为"方今水德之始"的记述之后，司马贞《索隐》："《封禅书》曰：秦文公获黑龙，以为水瑞，秦始皇帝因自谓为水德也。"《史记·封禅书》原文如此："秦始皇既并天下而帝，或曰：'黄帝得土德，黄龙地螾见。夏得木德，青龙止于郊，草木畅茂。殷得金德，银自山溢。周得火德，有赤乌之符。今秦变周，水德之时。昔秦文公出猎，获黑龙，此其水德之瑞。'于是秦更命河曰'德水'，以冬十月为年首，色上黑，度以六为名，音上大吕，事统上法。"② 所谓"秦文公出猎，获黑龙"，是"水瑞"或"水德之瑞"，说法有所不同。据《史记·封禅书》，是"或曰"之说，而司马贞《索隐》则似乎理解为秦文公的认识，至少是秦文公时代的认识。我们现在分析，司马贞的说法，并不是没有根据的。

秦文公"获黑龙，以为水瑞"，很可能与他"至汧渭之会……即营邑之"的政治行为有关。在后世流播的传说中，还可以看到与渭水有关的"黑龙"故事。③

林剑鸣曾经指出，"秦在统一中国前是有其独特的宗教传统的"。这种宗教传统是以"秦人固有的多元拜物教"为基点而形成的"一种多神论的拜物教"。这种传统，"与出现在战国末年的'五德终始

---

① 《史记·秦始皇本纪》，第237~238页；《史记·历书》，第1259页。
② 《史记·秦始皇本纪》，第238页；《史记·封禅书》，第1366页。
③ 如（宋）乐史撰，王文楚等点校《太平寰宇记》卷二五："龙首山，在县北一十里，长六十里，头人渭水，尾达樊川。秦时有黑龙从南山出饮渭，其行道因成土山。""钓璜浦、黑龙津，皆渭水之岸也。浦即太公钓得玉璜之所。津即秦时黑龙饮渭之处。"（中华书局，2007，第528页）

说'毫无关系"①。

看来，正如《史记·秦本纪》之《索隐述赞》所说："金祠白帝，龙祚水德。祥应陈宝，妖除丰特。"② 秦人传统神秘主义观念体系中，对"水"的特殊信仰，很早就有重要的地位。

我们看到，秦史中的许多关键时节，都有与"水"有关的历史记录。例如《史记·秦本纪》记载："（文公）三年，文公以兵七百人东猎。四年，至汧渭之会。曰：'昔周邑我先秦嬴于此，后卒获为诸侯。'乃卜居之，占曰吉，即营邑之。"③ 所谓"妖除丰特"的故事，《秦本纪》说，"二十七年，伐南山大梓，丰大特"。所谓"丰"，指丰水。裴骃《集解》："徐广曰：'今武都故道有怒特祠，图大牛，上生树本，有牛从木中出，后见丰水之中。'"张守节《正义》引《括地志》有出自《录异传》的故事，说"秦文公时，雍南山有大梓树，文公伐之"，"断，中有一青牛出，走入丰水中。其后牛出丰水中，使骑击之，不胜"，其细节所见与"丰水"的关系，也值得注意。④ 又秦德公元年（前677），"卜居雍。后子孙饮马于河"。张守节《正义》："卜居雍之后，国益广大，后代子孙得东饮马于龙门之河。"东至于"河"，曾经是秦人军事扩张和文化扩张的目标。秦穆公时，"秦地东至河"。张守节《正义》："晋河西八城入秦，秦东境至河，即龙门河也。"⑤ 终于实现了德公时代的理想。而秦始皇时代的成就，则是将疆域扩展到东海。"地东至海"，"于是立石东海上朐界中，以

---

① 林剑鸣：《秦尚水德无可置疑》，《考古与文物》1985年第2期。今按：林剑鸣教授将秦人传统信仰与"五德终始说"相剥离的意见是正确的。但是在这篇文章中提出的《史记·封禅书》"秦文公获黑龙"的传说"仅仅是阴阳五行家为秦尚水德而编造出来的"这一认识，则尚可商榷。
② 《史记·秦本纪》，第221页。
③ 《史记·秦本纪》，第179页。
④ 《史记·秦本纪》，第180～181页。
⑤ 《史记·秦本纪》，第184、189页。

为秦东门"①。秦始皇三十六年（前211），"秋，使者从关东夜过华阴平舒道，有人持璧遮使者曰：'为吾遗滈池君。'因言曰：'今年祖龙死。'使者问其故，因忽不见，置其璧去"。"使御府视璧，乃二十八年行渡江所沈璧也。"裴骃《集解》："服虔曰：'水神也。'"司马贞《索隐》："按：服虔云水神，是也。江神以璧遗滈池之神，告始皇之将终也。且秦水德王，故其君将亡，水神先自相告也。"②《秦始皇本纪》记述的这一故事，反映了秦人对于"水神"预言的迷信。而司马贞"秦水德王"的说法，即秦因"水德"而王，或许也可以理解为秦"王"之前，已经形成了"水德"的政治文化观。

从这样的角度认识朝那湫对于早期秦史的意义，或许是有益的。

民族文化汇流的神学标志

据说秦始皇时代有"表河以为秦东门，表汧以为秦西门"的规划。③ 这样，秦人的祖地西垂，竟然处于"秦西门"之外。而朝那湫，也在"秦西门"之外。

据《史记·匈奴列传》，秦汉之际，中原战乱，匈奴军势强盛，"悉复收秦所使蒙恬所夺匈奴地者，与汉关故河南塞，至朝䣙、肤施，遂侵燕、代"。汉初，匈奴入侵朝䣙，成为汉匈战史上极著名的事件："汉孝文皇帝十四年，匈奴单于十四万骑入朝䣙、萧关，杀北地都尉卬，虏人民畜产甚多。"同一事，《史记·张释之冯唐列传》写道："匈奴新大入朝䣙，杀北地都尉卬。"④ 朝䣙作为临边城邑，也被称为"朝䣙塞"。如《史记·孝文本纪》："十四年冬，匈奴谋入边为寇，

---

① 《史记·秦始皇本纪》，第256页。
② 《史记·秦始皇本纪》，第259页。
③ 《史记·秦始皇本纪》张守节《正义》："《三辅旧事》云：'始皇表河以为秦东门，表汧以为秦西门，表中外殿观百四十五，后宫列女万余人，气上冲于天。'"（第241页）
④ 《史记·匈奴列传》，第2980、2901页；《史记·张释之冯唐列传》，第2758页。

攻朝郍塞，杀北地都尉卬。"① 班彪《北征赋》有"闵獯鬻之猾夏兮，吊尉卬于朝那"句，② 可见这一事件给予中原人相当深刻的印象。

《汉书·地理志下》："朝那，有端旬祠十五所，胡巫祝。又有湫渊祠。"颜师古注："应劭曰：'《史记》故戎那邑也。'师古曰：'湫音子由反。'"③ 应劭所说"《史记》故戎那邑也"，未见于今本《史记》。而其中"故戎那邑"的"戎"字引人注目。《汉书》所谓"胡巫祝"，是指西北少数民族巫者主持祠事。这一情形在西汉时并不罕见。然而"端旬祠十五所"，均"胡巫祝"，竟然如此集中，是值得注意的。④ 而随后说到的"湫渊祠"没有说是"胡巫祝"，很可能延续了秦人制度，于是在某种意义上，可以看作和"胡巫祝"主持的祀所最为临近的属于黄河中游文化系统的前沿祀所。其形势，是一处带有秦文化风格的祭祀圣地，面对十五处"胡巫祝"主持的祀所。这一事实告诉我们的文化地理信息，可以帮助我们进行民族地理的分析，也可以帮助我们进行宗教地理的分析。

我们还应当注意到，秦人的传统文化形态，是以曾经长期从事畜牧业经济为背景的。秦立国之初，所统领的地方，事实上是西北游牧民族与中原农耕民族文化的过渡区。秦人的建国史，其实与同诸戎的交往和斗争相终始。中原人对秦人"夷翟遇之"⑤，或视之为"夷狄也"⑥，即所谓"诸夏宾之，比为戎翟"⑦，以为"秦戎翟之教"⑧，"秦与戎翟同俗"⑨ 等等，似乎并不是全无根据的诋詈之词。这一特

① 《史记·孝文本纪》，第 428 页。
② （梁）萧统编，（唐）李善注《文选》，第 143 页。
③ 《汉书·地理志下》，第 1615 页。
④ 参看王子今《西汉长安的"胡巫"》，《民族研究》1997 年第 5 期。
⑤ 《史记·秦本纪》，第 202 页。
⑥ 《史记·天官书》，第 1344 页。
⑦ 《史记·六国年表》，第 685 页。
⑧ 《史记·商君列传》，第 2233 页。
⑨ 《史记·魏世家》，第 1857 页。

殊的文化信号，也体现出秦人与西北草原游牧民族相互间曾经有较密切的文化交往，彼此又具有一定的文化共同性。①

《说文·邑部》写道："郱，西夷国。从邑，冉声。安定有朝郱县。"段玉裁注以为"西夷国"，"其地当在今四川之西。《史记》：'自笮以东北，君长以什数，冉駹最大，在蜀之西。'又谓牂柯为'南夷'，邛笮为'西夷'。郱，盖即冉駹之冉"。在"安定有朝郱县"句下，段玉裁注："安定郡朝郱，二《志》同。今陕西平凉府府东南有朝郱故城。许意盖谓郱与朝郱那异处，如上文郘与郘关之例。"② 朱骏声《说文通训定声》有大致相同的意见。桂馥《说文解字义证》则不取此说。其实，"西夷国"并非确指地名，"西夷国"和"朝郱"的关系，与"郘与郘关之例"，显然是不同的。

这里所谓"西夷国"，应当就是西方少数民族部族或部族联盟的意思。《孟子·离娄下》："文王生于岐周，卒于毕郢，西夷之人也。"③"西夷"正是通常泛指的"西夷"，而非西南夷地方的"西夷"。

或许我们从另一角度，考虑许慎所说"郱，西夷国"之"郱"和应劭所说"戎那邑"的关系，也是有益的。

"朝那湫"以及"湫渊祠"，曾经作为华夏文化和"西夷"或"西戎"文化交错地带的一种标志。这一标志，透露出神秘主义文化的色彩，有历史的因素，也有民族的因素。而不同渊源的文化于此重合交叠，形成了醒目的时代特色。西汉初年汉与匈奴的战争关系，也影响着朝那地方特殊的文化地理条件。克劳塞维茨曾经说："战争是一种人类交往的行为。"④ 马克思和恩格斯也曾经指出：战争本身

---

① 参看王子今《应当重视秦人与西方北方部族文化交往的研究》，《秦陵秦俑研究动态》1991 年第 3 期。

② （汉）许慎撰，（清）段玉裁注《说文解字注》，第 294 页。

③ 〔清〕焦循撰，沈文倬点校《孟子正义》，中华书局，1987，第 538 页。

④ 〔德〕克劳塞维茨：《战争论》第 1 卷，中国人民解放军军事科学院译，解放军出版社，1964，第 179 页。

"是一种经常的交往形式"①。战争双方在激烈较量的同时，也实现了密切的文化接触和文化交往。"朝那湫"以及"湫渊祠"之文化意义的空间背景和时间背景，也应当从这一视角予以考虑。

朝那湫的环境特征及其历史演变

朝那湫在秦汉时期作为重要的祀所，当有可观的规模。

上文引录《史记·封禅书》裴骃《集解》引苏林曰，说朝那湫"方四十里"。

对于朝那湫的形势，苏林又说："停不流，冬夏不增减，不生草木。"②"停不流"，似可说明其可能是因河流阻塞而形成的高原湖泊。"冬夏不增减"，反映湖底较深，有相当大的蓄水量。"不生草木"，可能是说湖岸渍水环境中植物生长受到限制，而耐水淹力强的树种以及下半部浸没水中，扎根土内，上半部仍挺立水上的挺水植物如芦苇等也不能获得理想的生存条件，这可能与湖岸陡峻的地形条件有关，也可能和干燥寒冷的气候条件有关。正如有的研究者所指出的，"在温暖的气候条件下水生植物生长迅速"，"但环境的特殊性使只有少数有花植物能够适应"③。

关于朝那湫的水质，《汉书·郊祀志上》颜师古注又有"清澈可爱，不容秽浊"的描绘。

据《元和郡县图志》卷三《关内道三·平高县》的记载，唐代朝那湫的形势与秦汉时期相比，已经发生了相当大的变化："朝那湫，《郊祀志》云'湫泉祠朝那'，苏林云：'在安定朝那县。方四十里，冬夏不增减，不生草木，旱时则祀之，以壶湮水，置之于所在，则

---

① 〔德〕马克思、恩格斯：《德意志意识形态》，《马克思恩格斯全集》第1卷，人民出版社，1972，第72页。

② 《汉书·郊祀志上》颜师古注引作："停水不流，冬夏不增不减，不生草木。"（第1208页）

③ 武吉华、张绅：《植物地理学》，人民教育出版社，1979，第73页。

雨；雨不止，反水于泉。俗以为恒。'今周回七里，盖近代减耗。"①
虽然对于"方四十里"的理解可以有所不同，但是唐时"周回七里"，
确实"减耗"甚多。这样的变化，同汉魏以后气候的变迁有密切的关
系。而与此相关的植被的变化，也会影响朝那湫的形势。分析湫渊规模
"减耗"的原因，水土流失导致的淤涸，自然首先引起重视。古有"九
泽""九薮"之说，高诱注《淮南子·时则》，以为"九泽"是"北方
之泽"。然而这些大泽后来大都在北方土地上消失了。《吕氏春秋·有
始》说，"九薮"位于关中者，是"秦之阳华"。高诱注："阳华在凤
翔，或曰在华阴西。"② 俞樾《群经平议》说，《周礼》之"杨纡"，
《尔雅》之"杨陓"，并"阳华"之假音。③ 郑玄注《周礼·夏官·职
方氏》说"杨纡所在未闻"，而郭璞注《尔雅·释地》则说杨陓"在扶
风汧县西"。④ 看来，东汉以来的博学之士竟然都已经弄不清楚《吕氏
春秋》成书前后名列秦地湖泊之首的泽数的方位了。很可能这个湖泊在
西汉时已经大为"减耗"，在东汉中期前后竟然已经完全湮灭了。这一
时期北方湖泊的缩小和消失，并不仅此一例。应劭在《风俗通义·山
泽》中对《尔雅·释地》中所谓"十薮"作说明时写道，今汉有九州
之数，然而，"其一薮推求未得其处"。这就是"青州曰'孟诸'，不知
在何处"。《汉书·地理志上》说到河南郡荥阳有"冯池"。谭其骧指
出："古代中原湖泊，大多数久已淤涸成为平地。"他又以历史上的
"李泽"为提示，"冯池在《水经注》中叫做李泽，此后即不再见于记
载"⑤。湖泊逐渐淤为平地，是历史时期常见的地貌变迁形式。⑥

---

① （唐）李吉甫撰，贺次君点校《元和郡县图志》，第58~59页。《郊祀志》"湫渊"，
此作"湫泉"，唐讳改。
② 许维遹撰，梁运华整理《吕氏春秋集释》，第276页。
③ （清）俞樾：《群经平议》，《续修四库全书》第178册，第573页。
④ （清）阮元校刻《十三经注疏》，第863、2615页。
⑤ 谭其骧：《〈汉书·地理志〉选释》，《长水集》下册，第367页。
⑥ 参看林甘泉主编《中国经济通史·秦汉经济卷》上册，第8~9页。

然而，就朝那湫水面变化来说，除了水土流失的因素之外，上游水源的衰竭，可能有更重要的影响。

不过，据明代有关资料，似乎当时朝那湫的水面又有所扩大。胡松《己未秋日与乡中旧知书》："……又八十里至固原。原即《诗》所云'薄伐狎狁，至于太原'者。本是侯服，然地近北边，风气高冽，八月中雨雪者。再，秦文王所为诅楚于朝那湫者在焉。然有二，一在州东二十里，一在州西三十里。水各方数十里，深不可测。传有蛟龙藏其中，人莫之敢狎。然历世滋邈，忘其本名。土人但称东西海子云。而西海子水流百数十里，经隆德、静宁两界，即好水川也，宋与夏人大战场在焉。"① 所谓"水各方数十里，深不可测"，可见形势依然壮观。

然而，清代的形势似乎又有所变化。《甘肃通志》卷五说："朝那湫二：一在州东南十五里。泉流有声，广五里，阔一里，余波入清水河，即古朝那湫。秦投《诅楚文》于此；一在州西南四十里，六盘之阴，山腰有泉眼，东西阔一里，南北长三里。旧传祭龙神润泽侯处。二水相合，方四十里，水停不流，冬夏不增减，两岸不生草木，旱即祀之，以壶挹水，置之于所在，则雨。雨水不止，反水于泉。俗以为恒。今周回七里，盖近代耗减。明正德间，因城中井水苦咸难饮，导入城泮池，由西门入，环流出东门，公私便之。土人谓之'东海''西海'。"② "方四十里"以及"周回七里"诸语，都引录前说。而所谓"广五里，阔一里"，则应当是当时的实际记录。同书卷一五又写道："朝那湫有二：一在固原州东十五里，土人谓之'东海'；一在固原州西三十里，土人谓之'西海'。二水合流。明正德十年，以城中井水咸苦，导自西门入城，环流内外，以资汲溉，公私便之。"③

---

① 《明文海》卷二〇九，《景印文渊阁四库全书》第 1455 册，第 307~308 页。
② 乾隆《甘肃通志》卷五，《景印文渊阁四库全书》第 557 册，第 199~200 页。
③ 乾隆《甘肃通志》卷五，《景印文渊阁四库全书》第 557 册，第 484 页。

《嘉庆重修一统志》卷二五八《平凉府一》也写道："《明统志》：湫有二，俱在山间。一在县东十五里，一在县西北三十里。土人谓之'东海'、'西海'。《州志》：西海在州西南四十里，六盘山之阴。山腰有泉眼。东西阔一里，南北长一里。北岸有庙，旧传祭龙神润泽侯。明正德十年，以城中井水咸，遂导入州城，公私便之。又东海在州东南十五里，泉流有声，广五里，阔一里。东岸有庙。其水亦引流入清水。"① 推想"导入州城"及"引流入清水"等人为的截流分流，都是朝那湫水势锐减的重要原因。

看来朝那湫的水文形势和邻近地方的生态形势，在长时段的历史演进中曾经有所反复。但是总的趋势，是逐渐干涸。正如有的学者所指出的，"这个堰塞而成的湖泊，三国魏（苏林为此时人）时有四十里，唐时仍有七里，明清也减缩至五里，因气候的逐渐变干而自然消耗殆尽"，其遗迹"现已平地绿畴，难以寻觅"②。

有学者指出，"在排除新构造运动和沉积填充补偿性因素的影响以后，湖面变化是气候演变因素引起湖泊水文变化的最直接表现"③。对于历史上气候变迁的研究，已经有成果发表，④ 但是要进行细致的工作，还需要进一步的努力。此外，人为因素的作用也值得重视，除

---

① 《嘉庆重修一统志》第 16 册，中华书局，1986，第 12884 页。
② 王元林：《历史时期泾洛流域湖泉与地下水的变化》，陕西师范大学历史环境与经济社会发展研究中心编《历史环境与文明演进——2004 年历史地理国际学术研讨会论文集》，商务印书馆，2005，第 148 页。
③ 李容全、郑良美、朱国荣：《内蒙古高原湖泊与环境变迁》，第 173~174 页。
④ 参看蒙文通《中国古代北方气候方略》，《史学杂志》第 2 卷第 3、4 期合刊；竺可桢：《中国历史上之气候变迁》，《东方杂志》第 22 卷第 3 号，收入《竺可桢文集》；蒙文通：《由禹贡至职方时代之地理知识所见古今之变》，蒙文通主编《图书集刊》第 4 期；胡厚宣：《气候变迁与殷代气候之检讨》，金陵大学中国文化研究所等编《中国文化研究汇刊》第 4 卷上册；王树民：《古代河域气候有如今江域说》，顾颉刚主编《禹贡半月刊》第 1 卷第 2 期，1934；吕炯《华北变旱说》，《地理》第 1 卷第 2 期，1941；文焕然：《秦汉时代黄河中下游气候研究》；竺可桢：《中国近五千年来气候变迁的初步研究》，《竺可桢文集》；王子今：《秦汉时期气候变迁的历史学考察》，《历史研究》1995年第 2 期。

了前面说到的人工"引流"之外，"人类耕作活动截用了入湖的水流，促进了地面的蒸发，间接地又减少了湖泊的水源"的情形，[①] 显然也是不应当忽视的。讨论朝那湫历史变迁的诸因素时，也应当注意"人类耕作活动"的作用。

6. 秦汉漕运经营与水资源形势

自战国时期以来，内河水运事业得到空前的发展。秦汉漕运，已经形成能够支撑大一统帝国政治管理与国防建设的交通运输体系。[②]漕运作为经济形式，同时可以测验统一王朝的行政能力。而其他方面的历史信息，也可以因此得以反映。例如，通过漕运的规划与实施，漕运的建置与管理，漕运的兴与废、成与败、得与失，可以察知若干当时生态条件方面的状况。例如当时水资源的形势，有时也可以因漕运的兴衰有所透露。

秦封泥"厎柱丞印"

秦封泥可见"厎柱丞印"，傅嘉仪《秦封泥汇考》释作"底柱丞印"。

傅嘉仪《秦封泥汇考》的相关考论，引用了王辉的意见，亦列举《书·禹贡》及《水经注》的相关内容：

> 王辉先生考：底柱，山名，在山西平陆县东五十里，黄河中流，南与河南陕县（今三门峡市）接界，修三门峡水库后此山已炸除。

---

① 王乃梁：《〈内蒙古高原湖泊与环境变迁〉序言》，李容全等著《内蒙古高原湖泊与环境变迁》，第 2 页。

② 参看王子今《秦汉时期的内河航运》，《历史研究》1990 年第 2 期。

《尚书·禹贡》："导河……东至于底柱。"又云："底柱析城，至于王屋。"伪孔传："底柱，山名。河水分流，包山而过，山见水中，若柱然。在西虢之界。"可见最迟战国时已有此称。又《水经》："（河水）又东过砥柱间。"郦道元注："昔禹治洪水，山陵当水者凿之，故破山以通河。……三穿既决，水流疏分，指状表目，亦谓之三门矣……《搜神记》称齐景公渡于江沈之河，鼋衔左骖没之，众皆惕。古冶子于是拔剑从之，邪行五里，逆行三里，至于砥柱之下，乃鼋也，左手持鼋头，右手挟左骖，燕跃鹄踊而出，仰天大呼，水为逆流三百步，观者皆以为河伯也。"底柱是传说中大禹治水所凿，其地势险要，时有怪物作祟，需河神镇守，或由力士铲除之。秦时于底柱设官，是为了祭祀河神，震慑异物，底柱丞殆治水官。封泥作"底"不作"砥"与《禹贡》同，亦可见《禹贡》之成书年代在先秦。[①]

所谓"故破山以通河"，"三穿既决，水流疏分"，直接的理解即泄洪，而由"通"之字义，也可以进行有关河运的思考。[②]"底柱"、"厎柱"或"砥柱"作为明确的地理坐标，而"厎柱丞"作为官职名号，使人联想到黄河三门峡河段漕运或许已经得到开发。

"船漕"的历史记载，最早见于秦史。《左传·僖公十三年》记载，"冬，晋荐饥"，"秦于是乎输粟于晋，自雍及绛，相继。命之曰'汎舟之役'"。杜预《集解》："从渭水运入河、汾。"[③]《史记·秦

---

① 傅嘉仪编著《秦封泥汇考》，第19页。
② 据《华阳国志·蜀志》，李冰在经营灌溉工程的同时，曾经开通多处水上航路，于所谓"触山胁漰崖，水脉漂疾，破害舟船"之处，"发卒凿平漰崖，通正水道"。"乃壅江作堋。穿郫江、检江，别支流双过郡下，以行舟船。岷山多梓、柏、大竹，颓随水流，坐致材木，功省用饶。"（晋）常璩撰，任乃强校注《华阳国志校补图注》，上海古籍出版社，1987，第133页。
③ 《春秋左传集解》，第284页。

本纪》："（秦穆公十二年）晋旱，来请粟。丕豹说缪公勿与，因其饥而伐之。缪公问公孙支，支曰：'饥穰更事耳，不可不与。'问百里傒，傒曰：'夷吾得罪于君，其百姓何罪？'于是用百里傒、公孙支言，卒与之粟。以船漕车转，自雍相望至绛。"[1] 这是我国历史上第一次大规模河运的记录。然而，"从渭水运入河、汾"，并不经历"厎柱"或"砥柱"之险。《国语·晋语三》也写道："是故泛舟于河，归籴于晋。"随后又记载："秦饥，公令河上输之粟。"韦昭注："河上，所许秦五城也。"晋输秦粟事，因虢射的反对没有实现："虢射曰：'弗予赂地而予之籴，无损于怨而厚于寇，不若勿予。'公曰：'然。'庆郑曰：'不可。已赖其地，而又爱其实，忘善而背德，虽我必击之。弗予，必击我。'公曰：'非郑之所知也。'遂不予。"[2] 无论计划输粟于秦的"河上"是"所许秦五城"还是其他地方，都不大可能由经历"厎柱"或"砥柱"的航线实现转输任务。

统一实现之后，所谓"转漕"是秦王朝重要行政主题之一。李斯、冯劫进谏秦二世："盗多，皆以戍漕转作事苦，赋税大也。"[3] 人们关心较多的，是"负海之郡""转输北河"的长途运输。[4] 有关经由"厎柱"或"砥柱"的漕运线路的信息并不明朗。

《史记·河渠书》记载，汉武帝时代，有人提出"通褒斜道及漕"的建议，设计出发点有"便于砥柱之漕"的考虑："其后人有上书欲通褒斜道及漕事，下御史大夫张汤。汤问其事，因言：'抵蜀从故道，故道多阪，回远。今穿褒斜道，少阪，近四百里；而褒水通沔，斜水通渭，皆可以行船漕。漕从南阳上沔入褒，褒之绝水至斜，间百余

---

① 《史记·秦本纪》，第 188 页。

② 上海师范学院古籍整理组校点《国语》，上海古籍出版社，1978，第 323~324 页。

③ 《史记·秦始皇本纪》，第 271 页。

④ 《史记·平津侯主父列传》："发天下丁男以守北河，……又使天下蜚刍挽粟，起于黄、腄、琅邪负海之郡，转输北河，率三十钟而致一石。"（第 2954 页）

里，以车转，从斜下下渭。如此，汉中之谷可致，山东从沔无限①，便于砥柱之漕。……'"② 所谓"漕从山东西"，"更砥柱之限，败亡甚多"，所谓"穿渠引汾溉皮氏、汾阴下，引河溉汾阴、蒲坂下"，"砥柱之东可无复漕"，所谓"通褒斜道及漕"，"便于砥柱之漕"，都说到"砥柱"是河渭漕运的最严重阻障。

没有明确的文献依据可以具体说明"砥柱之漕"的最初开启时间。但是秦"厎柱丞印"封泥可以告知我们，秦时已经存在名号为"厎柱"的行政设置。这应当是考察"砥柱之漕"交通开发史与交通经营史必须注意的具有标志性意义的重要信息。

"厎柱丞"的行政职任很可能与"砥柱之漕"直接相关。如前引《秦封泥汇考》，有的学者曾推想，"厎柱是传说中大禹治水所凿，其地势险要，时有怪物作祟，需河神镇守，或由力士铲除之。秦时于厎柱设官，是为了祭祀河神，震慑异物，厎柱丞殆治水官"。所谓"祭祀河神，震慑异物"的目的，也应当是"砥柱之漕"的畅通。否则"厎柱"或"砥柱""地势险要"，只是河上自然风景。而"怪物作祟"，亦与地方人文行政没有直接关系，祈祝"河神"，求助"力士"的必要性并不明朗。以此解说设置政府机构，任命专职官员的用意，似乎缺乏说服力。思考"厎柱丞印"封泥是否"祭祀河神"机构的遗存，从封泥本身看，现在应当说可能性不大。从秦封泥资料看，所见主管"祭祀"的官署及长官名号都有明确的与神学职任相关的文字标示。如"祝印"③、

---

① 张守节《正义》："无限，言多也。山东，谓河南之东，山南之东及江南、淮南，皆经砥柱上运，今并从沔，便于三门之漕也。"（《史记》，第 1411 页）

② 《史记·河渠书》，第 1411 页。参看王子今《两汉漕运经营与水资源形势》，成建正主编《陕西历史博物馆馆刊》第 13 辑，三秦出版社，2006；李炳武总主编，徐卫民主编《长安学丛书·经济卷》，陕西师范大学出版社，2009。

③ 傅嘉仪编著《秦封泥汇考》，第 4~5 页。所列举"辅助资料"，有《秦汉南北朝官印征存》"长沙祝长"、湖南省博物馆藏西汉"长沙祝长"、上海博物馆藏西汉"齐太祝印"、《临淄封泥文字》"齐太祝印"、《封泥存真》"齐太祝印"等。

"祠祀"①、"丽山飤官"②、"上寝"③、"泰上寝印"④、"泰上寝左田"及"康泰□寝"⑤等。可以与"厎柱丞印""秦时于厎柱设官，是为了祭祀河神"说对应理解的，或许有"雒祠丞印"。⑥如果"厎柱丞"负责"祭祀河神"，则印文应出现"祝""祠祀"等字样。

对于"厎柱丞殆治水官"的判断，应当注意到《史记》关于"鲧治水""禹治水"的相关记载。⑦所言"治水"，都是指抗御洪水危害。《汉书·百官公卿表上》："中尉，秦官，掌徼循京师。……属官有中垒、寺互、武库、都船四令丞。"颜师古注引如淳曰："都船狱令，治水官也。"⑧"都船"按照如淳的理解，"治水官也"，有"令丞"。似言"治水"与"船"有关。然而"厎柱丞"与"中尉""掌徼循京师"职任的行政空间颇有距离。

谭其骧主编《中国历史地图集》提到秦"三川郡"计13县，在渑池与陕县之间以"山峰"符号标示"砥柱"。有学者主要依据文物资料考论秦代"三川郡"有22属县。⑨正如有的学者所指出的，秦封泥资料中，"反映县名、佐丞的内容比较多"⑩。据秦"厎柱丞印"封泥，可知秦代或许有"厎柱"县存在。很可能以"厎柱"为名号的

---

① 傅嘉仪编著《秦封泥汇考》，第7~8页。所列举"辅助资料"，有西汉"祠官"、西汉"齐祠祀印"、《建德周氏藏封泥拓影》西汉"齐祠祀长"、《两罍轩印考漫存》"沛祠祀长"等。

② 傅嘉仪编著《秦封泥汇考》，第11~12页。所列举"辅助资料"，有秦始皇帝陵出土陶壶盖刻辞铭文"丽山飤官""丽山飤官左""丽山飤官右"，秦始皇帝陵出土陶盘刻辞铭文"丽邑二斗八厨"，秦始皇陵出土陶壶盖刻辞铭文"丽山食官"。

③ 傅嘉仪编著《秦封泥汇考》，第126~127页。所列举"辅助资料"，有《封泥考略》"孝惠寝丞"等。

④ 傅嘉仪编著《秦封泥汇考》，第127页。所列举"辅助资料"，有上海博物馆藏"泰上寝左田"。

⑤ 傅嘉仪编著《秦封泥汇考》，第127页。

⑥ 傅嘉仪编著《秦封泥汇考》，第10页。

⑦《史记·夏本纪》："鲧治水"，第50页；《史记·殷本纪》："禹治水"，第91页。

⑧《汉书·百官公卿表上》，第732页。

⑨ 后晓荣：《秦代政区地理》，社会科学文献出版社，2009，第186~198页。

⑩ 周晓陆、路东之编著《秦封泥集》，三秦出版社，2000，第271页。

行政设置，与以"底柱"为显著标志的黄河漕运线路有关。

《史记·平准书》写道，汉初，"漕转山东粟，以给中都官，岁不过数十万石"。汉武帝时代，"山东漕益岁六百万石"①。如《史记·货殖列传》所说，"关中之地，于天下三分之一，而人众不过什三，然量其富，什居其六"②。秦时如果开通了"砥柱之漕"，运输量应当是相对有限的。刘邦入关，约法三章，"秦人大喜，争持牛羊酒食献飨军士。沛公又让不受，曰：'仓粟多，非乏，不欲费人'"③。关中因秦人的长期积累，有较充备的粮食储积。睡虎地秦墓竹简《秦律十八种·仓律》"入禾仓，万石一积"，"栎阳二万石一积，咸阳十万一积"④，也说明了这一史实。但是这种优势的形成，不排除"漕转山东粟"以充实包括"咸阳""栎阳"的"关中"仓储的可能。"砥柱之漕"的早期开发，很可能对于秦关中重心地方"仓粟多"的经济储备优势的形成，发挥过积极的作用。

从这一思路考虑，也许有的学者曾经指出的秦始皇时代"决通堤防""决通川防"事，⑤ 应当理解为有交通开发意义之工程的意见，⑥ 有一定的合理性。在这样的背景下，黄河水运通路或许曾经发起"铲除""河阻"一类水道浚通的交通治理行为。

《禹贡》写道："壶口雷首，至于太岳。底柱析城，至于王屋。""导河积石，至于龙门。南至于华阴，东至于底柱，又东至于孟

①　《史记·平准书》，第 1418、1441 页。

②　《史记·货殖列传》，第 3262 页。

③　《史记·高祖本纪》，第 362 页。

④　睡虎地秦墓竹简整理小组编《睡虎地秦墓竹简》，文物出版社，1990，图版，第 17 页，释文注释，第 25 页。

⑤　《史记·秦始皇本纪》，第 251、252 页。

⑥　何兹全《秦汉史略》指出，"决通川防"针对的是战国时期各国"阻碍交通"的行为。上海人民出版社，1955，第 10 页。马非百《秦始皇帝传》说，"决通川防"即"决通战国时各国不合理的川防"，意义在于"水利资源的开发"（江苏古籍出版社，1985，第 506 页）。田昌五、安作璋主编《秦汉史》写道："秦统一后，'决通川防'"，"便利了交通"（人民出版社，1993，第 56 页）。

津。"① 正如王辉所说，"最迟战国时已有此称"②。《水经注》说："昔禹治洪水，……破山以通河。"③ 看来人们对"厎柱"的地理形势与水文条件是熟悉的。只是西汉时期相当忙碌的"砥柱之漕"，其最初开发时间，以往并不清楚。秦"厎柱丞印"封泥的发现因而值得我们重视。

克服"厎柱"导致的"河阻"的工程，历史文献有所记录。《水经注》卷四《河水》："砥柱，山名也。……河水分流，包山而过，山见水中若柱然，故曰砥柱也。三穿既决，水流疏分，指状表目，亦谓之三门矣。""自砥柱以下，五户已上，其间百二十里，河中竦石杰出，势连襄陆，盖亦禹凿以通河，疑此阏流也。其山虽辟，尚梗湍流，激石云洄，澴波怒溢，合有十九滩，水流迅急，势同三峡。破害舟船，自古所患。汉鸿嘉四年，杨焉言，从河上下，患砥柱隘，可镌广之。上乃令焉镌之。裁没水中，不能复去，而令水益湍怒，害甚平日。魏景初二年二月，帝遣都督沙丘部、监运谏议大夫寇慈，帅工五千人，岁常修治，以平河阻。晋泰始三年正月，武帝遣监运大中大夫赵国、都匠中郎将河东乐世，帅众五千余人，修治河滩。事见《五户祠铭》。虽世代加功，水流濒济，涛波尚屯，及其商舟是次，鲜不踟蹰难济。故有众峡诸滩之言。五户，滩名也。有神祠，通谓之五户将军，亦不知所以也。"④ 其"神祠""不知所以"，且以"五户"为名，不称"厎柱"，也值得注意。

关于东汉晚期"厎柱"河段水上交通的实例，见于《后汉书·董卓传》李贤注引《袁宏纪》曰："（李）催、（郭）汜绕营叫呼，吏士失色，各有分散意。李乐惧，欲令车驾御舡过砥柱，出盟津。杨

---

① （清）阮元校刻《十三经注疏》，第151页。

② 傅嘉仪编著《秦封泥汇考》，第19页。

③ 《水经注》卷四《河水》，（北魏）郦道元著，陈桥驿校证《水经注校证》，第116页。

④ （北魏）郦道元著，陈桥驿校证《水经注校证》，第116~118页。

彪曰：'臣弘农人也。自此以东，有三十六难，非万乘所当登。'宗正刘艾亦曰：'臣前为陕令，知其危险。旧故有河师，犹时有倾危，况今无师。太尉所虑是也。'"① 由所谓"鲜不踟蹰""时有倾危"的情形可知，"河阻"这一问题长期以来"虽世代加功"，仍未能解决。在由气候变迁所导致的黄河水量减少的年代，② 情况有可能更为严重。

秦"厎柱丞印"所见"厎柱丞"可能是"厎柱"县丞，其职任，应当包括主持"厎柱"附近水文条件"尚梗湍流，激石云洄，漰波怒溢"之航道的运输管理，可能也需要承当克服"厎柱"航段"河阻"的"镌广""修治"等工程的指挥。

秦"厎柱丞印"封泥提示的年代信息，增进了我们对秦交通史的认识，于中国古代水运开发与交通管理史研究，也有重要的意义。③

河渭航路：西汉帝国的生命线

西汉时期河渭漕运直接关系着中央政府的工作效能，甚至对于西汉王朝的生存也有至关重要的意义，因而尽管"更砥柱之限，败亡甚多，而亦烦费"④，汉王朝仍坚定不移地投入大量人力物力，力求确保这条运输干线的畅通。只有汉昭帝元凤三年（前78）因关东水灾，曾诏令"其止四年勿漕"。⑤ 汉惠帝和吕后当政时，"漕转山东粟以给中都官，岁不过数十万石"，至汉武帝元鼎年间，"下河漕度四百万石，及官自籴乃足"，到了桑弘羊主持"均输"时，"山东漕益岁六百万石"⑥。600

---

① 《后汉书》，第 2340 页。
② 竺可桢：《中国近五千年来气候变迁的初步研究》，《考古学报》1972 年第 1 期。
③ 王子今：《说秦"厎柱丞印"封泥》，《故宫博物院院刊》2019 年第 3 期。
④ 《史记·河渠书》，第 1410 页。
⑤ 《汉书·昭帝纪》，第 229 页。
⑥ 《史记·平准书》，第 1418、1441 页。

万石粟，按照汉代运车"一车载二十五斛"的载重指标计，① 陆运须用车 24 万辆，以 1 船承载大约相当于 20 车左右核算，② 仍须用船 1.2 万艘，确实形成"水行满河"③"大船万艘，转漕相过"④ 的情形。

西汉河、渭之交有船司空县，属京兆尹。《汉书·地理志上》："船司空，莽曰'船利'。"⑤《水经注》卷一九《渭水》："（渭水）东入于河，春秋之渭汭也。""王肃云：汭，入也。吕忱云：汭者，水相入也。水会，即船司空所在矣。""《三辅黄图》有船库官，后改为县。王莽之'船利'者也。"⑥ 船司空附近有华仓，⑦ 于是由东至西形成了敖仓—华仓—太仓的转运路线。在当时最高执政集团的统治思想中，这一转运路线具有有利于机动地控制全局的效能。即所谓"诸侯安定，河渭漕挽天下，西给京师；诸侯有变，顺流而下，足以委输"⑧。船司空位于河渭交会之处，成为这一漕运系统的中继站。传世汉印有"舩司空丞"印、"都舩丞印"⑨，汉封泥遗存也可见"舩司空丞""都舩丞印"⑩。"舩"即"船"的古字，"舩司空丞"应是明确属于船司空官署的吏员，而"都舩丞印"很可能也与船司空建制有关。

---

① 《九章算术·均输》。这一运载规格还可以得到汉简数据的证实，参看裘锡圭《汉简零拾》，中华书局编辑部编《文史》第 12 辑，中华书局，1981。

② 《史记·淮南衡山列传》："上取江陵木以为船，一船之载当中国数十两车。"（第 3087 页）。《释名·释船》谓船最大者为"五百斛"，其载重量相当于 20 辆运车。

③ 《汉书·枚乘传》，第 2363 页。

④ 《后汉书·文苑列传·杜笃》，第 2603 页。

⑤ 颜师古注："本主船之官，遂以为县。"（《汉书》，第 1543~1544 页）王先谦《汉书补注》："何焯曰：《百官表》'都空'注：'如淳云：律：司空主水及罪人。'船既司空所主，兼有罚作船之徒役皆在此县也。"（第 664 页）

⑥ （北魏）郦道元著，陈桥驿校证《水经注校证》，第 467 页。

⑦ 陕西省考古研究所华仓考古队：《汉华仓遗址勘查记》，《考古与文物》1981 年第 3 期；《汉华仓遗址发掘简报》，《考古与文物》1982 年第 6 期；陕西省考古研究所编著《西汉京师仓》，文物出版社，1990。

⑧ 《史记·留侯世家》，第 2044 页。

⑨ 罗福颐：《汉印文字证》，文物出版社，1978，第八·十八。

⑩ 孙慰祖主编《古封泥集成》，上海书店出版社，1994，第 26~27、158 页。

渭河航运在黄河水系航运中居于突出地位。[①] 西汉定都长安，数额惊人的都市消费，主要仰仗关东漕运维持。除平时"河渭漕挽天下，西给京师"外，非常时期又有萧何以关中物资"转漕给军"的史例。在楚汉相持于荥阳，"军无见粮"之际，"萧何转道关中，给食不乏"[②]，也曾利用渭河航道。

渭河是一条靠雨水补给的多沙性河流。流量、沙量变化与流域降雨条件、地面覆盖物质密切相关。[③] 秦汉时期气候较现今温暖湿润，上游、中游和森林亦尚未受到破坏，渭河当时的航运条件当远远优于后世。《太平御览》卷六二引《淮南子》："渭水多力宜黍。"[④] 所谓"多力"，可能即强调其水量充足宜于航运的特点。然而渭河自古亦以迂曲多沙著名。《史记·河渠书》记述，汉武帝时，大司农郑当时曾因渭水下游曲流已经相当发育，不利航运，建议开凿漕渠。漕渠开通之后，渭河漕运未必完全废止。楼船一类大型船只的通行，依然可以沿渭河航线。杜笃《论都赋》之"鸿渭之流，径入于河，大船万艘，转漕相过，东综沧海，西纲流沙"[⑤]，肯定了渭河航运对于加强各地区之间的联系、贯通东西的重要作用。黄盛璋认为，杜笃壮年正当西汉末年，所描述渭河漕运的情况，至少体现了西汉后期情形，"大约漕渠通航不利，必然又改由渭运了"[⑥]。王莽令孔仁、严尤、陈茂击下

---

① 《诗·大雅·大明》："文定厥祥，亲迎于渭。造舟为梁，不显其光。"〔（清）阮元校刻《十三经注疏》，第507页〕具备数量众多的规格统一的舟船，体现出组织较大规模水运的条件已经成熟。《左传·僖公十三年》记载，公元前647年，晋荐饥，秦人输粟于晋，"自雍及绛相继，命之曰'汎舟之役'"。杜预《集解》："从渭水运入河、汾。"（《春秋左传集解》，第284页）《国语·晋语三》："是故泛舟于河，归籴于晋。"（第323页）这是关于政府组织河渭水运的第一次明确的记载。《史记·秦本纪》的"以船漕车转，自雍相望至绛"（第188页），以为取水陆联运形式。

② 《史记·萧相国世家》，第2016页。

③ 参看中国科学院地理研究所渭河研究组编《渭河下游河流地貌》，科学出版社，1983，第5页。

④ （宋）李昉等撰《太平御览》，第295页。

⑤ 《后汉书·杜笃传》，第2603页。

⑥ 黄盛璋：《历史上的渭河水运》，《历史地理论集》。

江、新市、平林义军，"各从吏士百余人，乘船从渭入河，至华阴乃出乘传，到部募士"[①]。更始帝避赤眉军，也曾避于渭中船上。[②] 建武十八年（42），光武帝巡行关中东返时，也曾行经渭河水道。[③] 可见直到东汉初年，渭河航运仍是关中地区与关东地区相联系的主要途径。大约东汉末期，渭河水运已逐渐衰落。建安十六年（211），曹操击马超、韩遂，"潜以舟载兵入渭"，分兵结营于渭南。[④] 舟行似只限于临近潼关的渭河河道。《淮南子·原道》说："舟行宜多水。"东汉以后，由于气候、植被等条件的变化，渭河下游逐渐形成"渭曲苇深土泞，无所用力"[⑤] "渭川水力，大小无常，流浅沙深，即成阻阂"[⑥]的状况，水文条件已经越来越不适宜发展航运了。

漕渠的成功

汉武帝时代开凿的漕渠在汉帝国水路交通格局中占有重要的地位。《史记·平准书》写道："郑当时为渭漕渠回远，凿直渠自长安至华阴，作者数万人。"《史记·河渠书》记载更为详细：

> 是时郑当时为大农，言曰："异时关东漕粟从渭中上，度六月而罢，而漕水道九百余里，时有难处。引渭穿渠起长安，并南山下，至河三百余里，径，易漕，度可令三月罢；而渠下民田万余顷，又可得以溉田：此损漕省卒，而益肥关中之地，得谷。"天子以为然，令齐人水工徐伯表，悉发卒数万人穿漕渠，三岁而通。

---

① 《汉书·王莽传下》，第4176页。

② 《太平御览》卷六四三引谢承《后汉书》："前行见定陶王刘礼，解其械言：'帝在渭中舡上。'遂相随见更始。"（第2879页）

③ 《后汉书·光武帝纪下》：十八年春二月，"甲寅，西巡狩，幸长安。三月壬午，祠高庙，遂有事十一陵。历冯翊界，进幸蒲阪，祠后土"（第48页）。左冯翊与京兆尹以泾、渭为界，"历冯翊界"，当即循渭河水道东行。

④ 《三国志·魏书·武帝纪》，第34页。

⑤ 《资治通鉴》卷一五七"梁武帝大同三年"，中华书局，1956，第4885页。

⑥ 《隋书·食货志》，中华书局，1973，第683页。

通，以漕，大便利。其后漕稍多，而渠下之民颇得以溉田矣。[①]

由"齐人水工徐伯"设计规划，"发卒数万人"开通的漕渠，为西汉王朝的交通经营提供了"大便利"的条件。

按照郑当时的估算，漕渠开通后，运输距离较渭河水道大致可缩短三分之二，水道径直，"损漕省卒"，从而减少运输费用。《史记志疑》及《汉书补注》皆引刘奉世说，从运距长短出发，提出对漕渠工程的怀疑："按今渭汭至长安仅三百里，固无九百里，而云穿渠起长安，旁南山至河，中间隔灞、浐数大川，固又无缘山成渠之理，此说可疑，今亦无其迹。"[②] 黄盛璋《历史上的渭河水运》文中也以为"渭水道九百余里"[③]，诚有可疑，可能包括长安以西中上游一段。其实，"今渭汭至长安仅三百里"之说是不确实的。渭河下游在历史时期是一条著名的迂回曲折、流浅沙深的河流。据《渭南县志》，"渭河东西亘境百余里，率三十年一徙，或南或北相距十里余"[④]。《大荔县志》也说："荔之南界，东西四十五里，渭水横亘，一蜿蜒辄八九里，一转圜二十里。"[⑤] 考察现今渭河河道，自咸阳至河口，总长约为212公里，以汉里相当于325米计，[⑥] 相当于652汉里。从渭河下游曲流河段河道平面变迁图及通过历年地形演变和航空照片所反映的渭河下游河床摆动图看，许多区段河道折回弯曲往往有甚于现今河道的情形，

---

① 《史记·平准书》，第1424页；《史记·河渠书》，第1409~1410页。

② （清）梁玉绳撰《史记志疑》，中华书局，1981，第823页。

③ 《史记·河渠书》："漕水道九百余里。"第1409页。《汉书·沟洫志》："渭水道九百余里。"（第1679页）《史记》所谓"漕水道"，是指渭水漕运航道。

④ （光绪）《新续渭南县志》卷二，清光绪十八年刊本，第201页。

⑤ （民国）《续修大荔县旧志存稿》卷四，民国25年铅印本，第57页。

⑥ 杨宽《历代尺度考》（商务印书馆，1955）以为汉制里相当于414米。陈梦家则根据对居延地区汉代邮程的考证，以为"以325米折合的汉里，比较合适（用400或414米折合则太大）"。见《汉简考述》，《考古学报》1963年第1期，收入《汉简缀述》，中华书局，1980，第32页。

并且多有河曲裁弯后废弃弯道形成的牛轭湖，以此推想，汉代渭河航线总长达到八九百汉里是完全可能的。《新唐书·食货志三》说，"秦、汉时故漕兴成堰，东达永丰仓，咸阳县令韩辽请疏之，自咸阳抵潼关三百里，可以罢车挽之劳"。唐文宗赞同此议，"堰成，罢挽车之牛以供农耕，关中赖其利"①。可见漕渠运程300里的记载是可信的。《水经注》中有关于漕渠的明确记载，后来隋文帝开皇四年（584）开广通渠、唐玄宗天宝元年（742）开漕渠、唐文宗太和元年（827）开兴成渠，都曾利用西汉漕渠故道。漕渠与灞水、浐水河道交叉的方式目前尚无法确定，推想有可能是承纳其流，以为水源之一的。《元和郡县图志·关内道二》："灞、浐二水，会于漕渠，每夏大雨辄皆涨。"②

郑当时说，渭河漕运"度六月而罢"，而漕渠开通之后，"度可令三月罢"，令人疑其运期过长。其中大概包括下碇装卸等占用的时间。北魏太和二十一年（497），孝文帝由长安向洛阳，五月"己丑，车驾东旋，泛渭入河"，"六月庚申，车驾至自长安"，行程总计32日。③ 其中"泛渭"之行当有20余日。这是顺水行舟情形，重船逆水，自然费时更多。隋文帝开皇上诏书说到渭河水运的艰难，也指出："计其途路，数百而已，动移气序，不能往复，汛舟之役，人亦劳止。"④ 所谓"动移气序，不能往复"，大约指单程运期往往要超过一个季度，在年度之内是难以两度往复转运的。

漕渠工程历时三年，"通，以漕，大便利"，缩短了航程，提高了运输效率，加强了长安与关东地区的联系，班固《西都赋》："东郊则有通沟大漕，溃渭洞河，泛舟山东，控引淮湖，与海通波。"⑤ 也说到漕渠在当时全国交通网中的重要地位。

---

① 《新唐书·食货志三》，第1371页。

② （唐）李吉甫撰，贺次君点校《元和郡县图志》，第35页。

③ 《魏书·高祖纪下》，第181~182页。

④ 《隋书·食货志》，第683页。

⑤ （梁）萧统编，（唐）李善注《文选》，第24页。

有学者认为，漕渠上承昆明池东出之水。黄盛璋曾经引录嘉庆《咸宁县志》"从谷雨村东抵河池镇又东北至鱼化镇，地皆卑下，自鱼化镇东有渠东北行，时有积潦"，以为"这一路线可视为漕渠故渠所经"，又写道："汉城以东，西安市建设局曾发现一条沟状地带，大致沿 395 一条等高线东北趋向灞河，他们认为就是古漕渠之道。"[①] 据中国文物研究所张廷皓见告，西安以东今仍有"漕渠"地名，应当也是有关漕渠的遗存。[②] 考古工作者发现，西安市灞桥区万盛堡、陶家村、田鲍堡、新合村至临潼区椿树村、唐家村、周家村一线有"并渭漕渠遗址"，《中国文物地图集·陕西分册》已予标绘。[③] 可见，漕渠"今亦无其迹"之说，实难以成立。在渭南市华州区至华阴市，"有一条东西走向的槽形凹地"，"长达 40 多公里，地势低洼，地下水位很高，常年积水，沼泽盐碱化严重，当地群众称'二华夹槽'"。据有的学者研究，认为"二华夹槽就是历史上关中漕渠的遗迹"[④]。主持华仓即京师仓发掘的考古学者发现，"京师仓就在漕渠渠首岸边，这里曾是西汉漕渠连接黄河航道的一处重要码头"[⑤]。

《史记·平准书》、《汉书·武帝纪》和《食货志下》都有关于汉武帝元狩三年（前 120）组织昆明池工程的记载，或称"穿昆明池"，或称"作昆明池"，或称"修昆明池"。《史记·平准书》："故吏皆适令伐棘上林，作昆明池。"司马贞《索隐》："按：《黄图》云'昆明

---

① 黄盛璋：《西安城市发展中的给水问题以及今后水源的利用与开发》，《地理学报》1958 年第 4 期，《历史地理论集》，第 17 页。对于漕渠走向，辛德勇提出了新的见解。参看《西汉时期陕西航运之地理研究》，中国地理学会历史地理专业委员会、《历史地理》编辑委员会编《历史地理》第 21 辑。
② 参看王子今《秦汉交通史稿（增订版）》，中国人民大学出版社，2013，第 179 页。
③ 国家文物局主编《中国文物地图集·陕西分册》上册，第 144~145、146~147 页；下册，第 60~61、76 页。
④ 马正林：《渭河水运和关中漕渠》，《陕西师范大学学报》（哲学社会科学版）1983 年第 4 期。
⑤ 陕西省考古研究所编著《西汉京师仓》，文物出版社，1990。

池周四十里……'。"①《三辅黄图》卷四《池沼》："《三辅旧事》曰：'昆明池地三百三十二顷。'"②《水经注》卷一九《渭水》说："渭水东合昆明故渠，渠上承昆明池东口，东径河池陂北，亦曰女观陂，又东合沈水，亦曰'漕渠'，……。"③可知漕渠"上承昆明池东口"的区段曾经称"昆明故渠"。有学者指出："漕渠在汉代是年运数百万石粮食的一条不小的运河，……它的水源乃是昆明池，'渠上承昆明池东口'，所以又叫昆明故渠。汉武帝所以要凿昆明池把南山诸水都集中到这里，其目的之一就是为解决漕渠水源。北魏太和二十一年孝文帝为了想恢复这条运河道曾西幸长安，最后的目的地就是昆明池，他亲到昆明池实地考察一番后，才沿渭返洛，这证明漕渠上源确实导源于昆明池。"④漕渠以昆明池取得水源，又承纳灞、沪等水，体现出规划的合理性。然而当时水面浩瀚的昆明池后来已经消失，"这一派水系地面上已完全找不到"⑤。显然，漕渠的开通和使用，可以反映当时的水资源状况。现在看来，"漕渠毕竟只分引了一部分渭河水流，而且渭河南岸没有北岸像泾河这样大的支流，渠内的实际水量，比原来的渭河航道，要少许多"⑥。

胡谦盈曾经对汉昆明池遗址进行实地考察。⑦考察收获发表 20 年后，作者又有《补记》。其中有根据地层资料提出的认识："（1）汉昆明池原来是一个面积广大的十分古老的天然湖泊。（2）文献记载所

---

① 《史记·平准书》，第 1428 页。

② 何清谷校注《三辅黄图校注》，第 297 页；王子今：《秦汉时期关中的湖泊》，黄留珠、魏全瑞主编《周秦汉唐文化研究》第 2 辑，三秦出版社，2003。

③ （北魏）郦道元著，陈桥驿校证《水经注校证》，第 454 页。

④ 黄盛璋：《关于〈水经注〉长安城附近复原的若干问题——兼论〈水经注〉的研究方法》，《考古》1962 年第 6 期，收入《历史地理论集》，第 51~52 页。

⑤ 黄盛璋：《西安城市发展中的给水问题以及今后水源的利用与开发》，《地理学报》1958 年第 4 期，收入《历史地理论集》，人民出版社，1982，第 17 页。

⑥ 辛德勇：《西汉时期陕西航运之地理研究》，中国地理学会历史地理专业委员会、《历史地理》编辑委员会编《历史地理》第 21 辑。

⑦ 胡谦盈：《汉昆明池及其有关遗存踏察记》，《考古与文物》1980 年第 1 期。

谓汉武帝'穿昆明池'（见《汉书·武帝纪》），是对自然湖泊进行整治以及在其附近地区建筑离宫别馆，而不是在当时的地面上向下挖掘出一个面积'周回四十里'的人工湖——昆明池。"[①] 将昆明池"附近地区建筑离宫别馆"归入"穿昆明池"工程，似有不妥，但是指出"汉昆明池原来是一个面积广大的十分古老的天然湖泊"的意见显然是正确的。正是以有充沛水量的昆明池为上源，才能实现漕渠水运的成功。

而西汉末年以后昆明池水量有所减少，于是"大约漕渠通航不利，必然又改由渭运了"。

汧河码头仓储发现

陕西省考古研究所藏有凤翔采集的一件西汉"百万石仓"瓦当。2004 年 3 月至 8 月考古工作者在凤翔长青发掘的西汉仓储建筑遗址，证实了这里确实存在规模甚大的国家仓库设施。研究者认为，"这座大型仓储建筑遗址的规模和功能"，可以与"'百万石仓'瓦当"相对应，"因而推断该仓储建筑可能就是当时的'百万石仓'"。

该遗址位于凤翔县城西南长青镇孙家南头村西汧河东岸的一级台地上，西距今汧河河道 300 米。发掘者将遗址定名为"陕西凤翔县长青西汉汧河码头仓储建筑遗址"。

这一遗址南北总长 216 米，东西宽 33 米，建筑总面积 7200 平方米。有学者认为，其性质"类似于华县京师仓，是西汉中央政府设在关中西部的一个水上转运站，其目的是将在这一带征集的粮食能及时运抵长安"。这一发现告诉我们，渭水航运在宝鸡一带的河段当时是畅通的。不仅渭河水量能够支持漕运，至少自凤翔长青至汧渭之会的汧河河段，西汉时期也曾经开发水上运输。

---

① 胡谦盈：《汉昆明池及其有关遗存踏察记》，《胡谦盈周文化考古研究选集》，第 22 页。

长青汧河码头仓储建筑遗址发掘简报还写道，遗址现代耕土层和近代扰土层下，有厚0.8米的"淤积层"。"遗址之上较厚的一层淤积层说明该建筑可能是因汧河河水上涨而被迫拆迁的。"①其实，这一仓储建筑不再使用，还有另一种可能，就是后来汧河水量的变化，例如水位明显的下降，影响了维持航运的可能性。而在水量充沛的时代，河水上涨甚至可以在码头仓储建筑形成淤泥沉积。

黄河小浪底盐东村汉函谷关仓储建筑遗址，也被认为与漕运有关。遗址与黄河直线距离600米，标高185米，距现今黄河水面高差20米以上。②汧河码头仓储遗址的发掘者没有提供遗址高程以及与现今汧河水面高差的数据，我们只知道其位置"西距今汧河河道300米"，而事实上同一时期的漕运仓库往往确实容易遭受洪水袭击。山西平陆龙岩遗址有"运粮城"的旧称，也与黄河漕运有关，被认为大约即集津仓旧址。③这处仓储遗址也有汉代堆积，应是汉代已经使用。考察者发现，"遗址上部覆盖有很厚的淤沙，从冲击断崖面看，淤沙厚度至少在7米以上"④。华仓即京师仓，"北距渭河3公里，东距潼关今流入河口10公里"，然而距很可能是漕渠遗址的"二华夹槽"400米，正是较易进行装卸作业的距离。这里的仓储遗址没有发现淤泥层，应与位于"高出河滩有50米的高地"，"一面依山，三面临崖，地势高敞"有关。⑤

---

① 陕西省考古研究所、宝鸡市考古工作队、凤翔县博物馆：《陕西凤翔县长青西汉汧河码头仓储建筑遗址》，《考古》2005年第7期。

② 洛阳市第二文物工作队：《黄河小浪底盐东村汉函谷关仓库建筑遗址发掘简报》，《文物》2000年第10期。

③ 中国科学院考古研究所编著《三门峡漕运遗迹》，科学出版社，1959，第38页。

④ 山西省考古研究所、山西大学考古专业、运城市文物工作站：《黄河漕运遗迹（山西段）》，科学技术文献出版社，2004，第189页。

⑤ 陕西省考古研究所编著《西汉京师仓》，文物出版社，1990，第1、5页。

关于"北舫泾流"

杜笃《论都赋》中，说到"造舟于渭，北舫泾流"①，由此生发泾河某些区段当时是否可以通航的异议。

有的学者认为，"北舫泾流"，"不是在泾水中航行，而是乘渡船过河。从汉光武帝回洛阳后下诏在泾水上造桥来看，当时泾水上也没有桥梁，而且也没有造舟桥，而是用船摆渡。人们在引用'北舫泾流'这句话时，往往把'舫'字写成'航'字，其实，'舫'与'航'并非一个字，'舫'是'并舟而渡'②；《尔雅》中把'方舟'与前述的'造舟'一起，列为以船过渡的不同形式。③ 因此，《论都赋》中的'舫'也是与'造舟'相对并举的，是指乘船渡过泾水渡口。李贤注《后汉书》，就认为'舫，舟渡也'。"然而论者又指出："东汉光武帝刘秀没有乘船在渭水和泾水上长距离航行，不等于说这两条河流根本没有舟船载人航行的记录。"④ 雍正《陕西通志》卷九《山川二·西安府高陵县》："泾水。在县西南二十里，泾水自泾阳入县境，至上马渡入渭，自入境东行十里至船张村入渭。"⑤ 所谓"东行十里"，似是说水道航程。

不仅李贤注《后汉书·文苑列传上·杜笃》"北舫泾流"，说"舫，舟度也"，注《方术列传上·李南》"向度宛陵浦里舫"，也说"舫，以舟济水也"⑥。然而"舫"实有"航"的意义。《说文·方部》："舫，方舟也。"段玉裁注："'舫'，亦作'航'。"⑦ 在汉代，

---

① 《后汉书·杜笃传》，第 2597 页。
② 原注："《说文解字·方部》。"
③ 原注："《尔雅·释水》。"
④ 王开主编《陕西航运史》，人民交通出版社，1997，第 76 页。
⑤ 雍正《陕西通志》，《景印文渊阁四库全书》第 551 册，第 481 页。
⑥ 《后汉书·方术列传上·李南》，第 2717 页。
⑦ （汉）许慎撰，（清）段玉裁注《说文解字注》，第 404 页。

"舫""航"或通用。《方言》卷九："舟，自关而西谓之'船'，自关而东或谓之'舟'，或谓之'航'。"钱绎《笺疏》："'舫'、'航'古今字。"[①]"北舫泾流"，尚不可完全排除"在泾水中航行"的可能。

黄盛璋在《历史上的渭河水运》一文中曾经写道，"关中河流能用于水运的只有渭河"，"此外泾河、洛河虽也是关中大河之一，但古今都无舟楫之利"[②]。结合"北舫泾流"之说以及沔河仓储发现，可知这种认为关中河流只有渭河航运得到开发的认识，似乎不尽符合历史事实。明代有泾水航运开发的历史信息。[③] 承咸阳师范学院学报编辑部张沛教授见告，明末确有开发泾河水运资源致使"民欣然就而利益弘矣"的历史事实。[④]

所谓"古今都无舟楫之利"者，言"今"或许有据，言"古"

---

① 华学诚汇证，王智群、谢荣娥、王彩琴协编《扬雄方言校释汇证》，中华书局，2006，第 623、625 页。

② 黄盛璋：《历史上的渭河水运》，《西北大学学报》（哲学社会科学版）1958 年第 2 期，收入《历史地理论集》，第 148 页。

③ 明人倪岳《青溪漫稿》卷一三《秦议》有《论西北备边事宜状一》："渭河西流三百余里，接连泾河，可通庆阳。又龙门之上，旧有小河，径通延绥。倘加修浚，必可行舟。此宜简命水部之臣，示以必行之意，相度地形，按求古迹。某处无险，可以水运；某处避险，可以陆运；某处可以立仓，以备倒运；某处可以造船，以备装运。淤塞悉加导涤，漕河务在疏通。毋惮一时之劳，而失永久之利。如是则不但三方之困有可纾，虽四方之物无不可致者矣。"（黄山松点校，浙江古籍出版社，2019，第 241 页）又见明人章潢《图书编》卷四七《陕西三边四镇漕运》。明人李汛《泾河登岸过营屯》诗所谓"一棹归来拂浪轻"（《石仓历代诗选》卷四七六，《景印文渊阁四库全书》第 1393 册，第 509 页），描述的似乎也是泾河航行情形。

④ 承张沛教授见示宣统《泾阳县志》载明知县路振飞《请泾河行船通商详文》："窃照泾阳迤南有泾河一带，直通渭水。渭水商贾舳舻相望，而泾则任其安澜，弗载舟楫。噫，是可惜也。""本县有见于此，每至泾岸，则临流相度，问之舟子。舟子曰：泾河水急石多，浅深不一，商船不敢往来。"遂"使吏同水夫沿河踏验"，"欣然谓是可舟也"。于是，"先自为刀船，使水夫驾之临潼县地名交口运炭。一次往来，止三日而炭已卸装。视任辇者，盘费省什之七。又令水夫马守仓等用各渡余船并前船，豫支以工食，连运数次。在前每斗炭四分，今止二分五厘。""本县已示民间，有愿备船只籴运入渭搬运各物者，听其创造。""今后造船往来，任民自便，商贾无税，私船不扰。河中偶有沙石处，官为设法疏浚，违者以不职处。"宋伯鲁纂《泾阳县志》，宣统三年华新印刷局印本，第 849~851 页。王开主编《陕西航运史》附录二《参考资料·航运人物》介绍"明代倡导水运的地方官"的内容中，有"开辟泾河水运的泾阳知县路振飞"一节。（第 703~704 页）

则似难免武断之嫌。泾水"古今"水量的差异，就能否开发航运而言，看来是相当明显的。

洛河漕运

辛德勇曾经著文讨论西汉时期的洛河航运，指出："根据十分有限的历史数据，可以推测，西汉向西北边地调运军粮，曾经使用过一段洛河航道。今陕西澄城在西汉时设有征县，西距洛河不远，当地出土有'澄邑漕仓'瓦当，显然是漕运通道上仓储所用屋瓦。'澄'应通'征'，澄邑即征县县邑，这里地处陕北黄土高原南缘，在其上游的洛河河段，已经不适于航运，显然应当是用来存储下游洛河河段运来的粮食。西汉时期需要向西北边防线上输送大量粮食，在澄邑以下的洛河河段上施行漕运，可以很便捷地将洛河西岸郑国渠灌渠和东岸龙首渠灌渠出产的粮食，集中到这一仓储后，直接运往西北边地；但更为重要的是利用洛河下游河道，还可以将京师仓的粮食向西北边地调运。"[1] 有学者称："在陕西蒲城和渭南发现了一条未见于史籍的长约96公里，宽25~75米，取线端直的引洛入渭的漕渠故道，在该渠出水口以北的洛河西岸还发现了汉代的'澄邑漕仓'遗址；据考察这一漕河的兴建不迟于武帝时期，而到东汉以后至隋唐时期，它的效用可能仍然存在；洛河左岸至今尚有'船舍'村名，也可证实古代漕运用船，在这里有过修造漕船的港坞。"这一所谓"漕渠故道"，据说"其中自引水口至渭南县孝义镇的单家崖，全长32公里为人工开挖河道，其余河道利用了洛河故道"[2]。对于所谓"引洛入渭的漕渠故道"的判断，似仍可存疑，有待于考古工作者的认真勘察，然而"'澄邑

---

① 辛德勇：《西汉时期陕西航运之地理研究》，中国地理学会历史地理专业委员会、《历史地理》编辑委员会编《历史地理》第21辑。

② 彭曦：《陕西洛河汉代漕运遗迹的发现与考察》，《文博》1994年第1期；王勇：《东周秦汉关中农业变迁研究》，第143页。

漕仓'瓦当"是确定的秦汉遗物，而对于陕西大荔洛河东岸的"船舍"村名的分析，是有道理的。陕西白水洛河南北各有"南张家船"村和"北张家船"村，[①] 也有可能是类似遗存，当然也很可能只是古津渡的标志。

"'澄邑漕仓'瓦当"出土地点在陕西蒲城洛河西岸三合乡刘村北，被确定为"澄邑漕仓遗址（澄邑故城）。"[②]

"凭汾水以漕太原"

《水经注》卷六《汾水》记载了汉明帝永平年间自都虑至羊肠仓之间的水利工程，设计者规划在完工后，"将凭汾水以漕太原"[③]。可见汾河在汉时是可以通航的。

汉武帝《秋风辞》也说到汾河可航行楼船，其中"泛楼船兮济汾河，横中流兮扬素波"[④] 的名句，说明当时汾河的水量可以浮载排水量相当大的船舶。辛德勇指出有关《秋风辞》的文字遗存所反映的，只是"由渡口乘船横过黄河（'河'）和汾河（'汾'）"[⑤]。不过，"济汾"之处未必可以制作形制超大的特殊船舶"楼船"，这种"楼船"即使作为"渡船"，也是需要航行至"渡口"的。

汉武帝时代的褒斜漕运设计

司马迁在《史记·河渠书》中有关漕渠的记录之后，说到河东守

① 《陕西省地图册》，西安地图出版社，1988，第67、64页。"南张家船"和"北张家船"，国家文物局主编《中国文物地图集·陕西分册》标识为"南张船"和"北张船"（见上册，第228~229页）。

② 张在明主编《中国文物地图集·陕西分册》标识为"南张船"和"北张船"（见上册，第226~227页，下册，第520页）。

③ （北魏）郦道元著，陈桥驿校证《水经注校证》，第157页。

④ 逯钦立辑校《先秦汉魏晋南北朝诗》，中华书局，1983，第94页。

⑤ 辛德勇：《西汉时期陕西航运之地理研究》，中国地理学会历史地理专业委员会、《历史地理》编辑委员会编《历史地理》第21辑。

番系提议的经营河东渠田的试验："其后河东守番系言：'漕从山东西，岁百余万石，更砥柱之限，败亡甚多，而亦烦费。穿渠引汾溉皮氏、汾阴下，引河溉汾阴、蒲阪下，度可得五千顷。五千顷故尽河壖弃地，民茭牧其中耳，今溉田之，度可得谷二百万石以上。谷从渭上，与关中无异，而砥柱之东可无复漕。'天子以为然，发卒数万人作渠田。数岁，河移徙，渠不利，则田者不能偿种。久之，河东渠田废，予越人，令少府以为稍入。"①"河东渠田废"，是汉代水利史上一次不成功的记录。番系规划的出发点，是既可营田，又可便漕。然而由于"河移徙"，以致"渠不利"，而"田者不能偿种"。于是不得不放弃原先的计划。我们注意到，番系建议之所以能够被采纳，即"天子以为然"者，在于"漕从山东西，岁百余万石，更砥柱之限，败亡甚多，而亦烦费"确实是令最高执政者内心苦恼的现实，于是"穿渠""引河""溉田"，"度可得谷二百万石以上"，然后"谷从渭上"，"而砥柱之东可无复漕"的美好设想终于打动了帝王之心。

随后又有用意同样在于避开"砥柱之限"的关于褒斜通漕的建议提出。《史记·河渠书》记载：

其后人有上书欲通褒斜道及漕，事下御史大夫张汤。②汤问其事，因言："抵蜀从故道，故道多阪，回远。今穿褒斜道，少阪，近四百里；而褒水通沔，斜水通渭，皆可以行船漕。漕从南阳上沔入褒，褒之绝水至斜，间百余里，以车转，从斜下下渭。如此，汉中之谷可致，山东从沔无限，便于砥柱之漕。且褒斜材木竹箭之饶，拟于巴蜀。"天子以为然，拜汤子卬为汉中守，发

---

① 《史记·河渠书》，第 1410 页。
② 中华本《史记》标点为："其后人有上书欲通褒斜道及漕事，下御史大夫张汤。"今从中华本《汉书》。

数万人作褒斜道五百余里。道果便近，而水湍石，不可漕。[①]

提出这一建议的人没有留下姓名。从建议的内容看，设想是相当大胆的。工程成功之后，不仅"汉中之谷可致"，而且可以"漕从南阳上沔入褒"，而所谓"山东从沔无限，便于砥柱之漕"，将全面改变向关中转输山东粮产的漕运方向。张守节《正义》："无限，言多也。山东，谓河南之东，山南之东及江南、淮南，皆经砥柱上运，今并从沔，便于三门之漕也。"《汉书·沟洫志》的记录稍有差异。如《史记》"从斜下下渭"，《汉书》作"从斜下渭"。

汉中郡太守张卬开始施工，"发数万人作褒斜道五百余里"之后，"道果便近，而水湍石，不可漕"，宣布了工程的失败。所谓"水湍石"，言水势急迅，冲激山石，因而不能通漕。裴骃《集解》引徐广曰："湍，一本作'溲'。""溲"，言水势盛大。《集韵·爻韵》："浽，水盛兒。"《字汇补·水部》："溲，水盛貌。"[②]"浽"即"溲"的异写。《广韵·有韵》："浽，亦作溲。"

张卬主持的工程，即后来《魏书·食货志》所谓"昔人乃远通褒斜以利关中之漕"。有研究者指出，"提出此建议的人对褒、斜二水沿流的水文地形情况不甚了解，褒、斜二水因秦岭坡度大，水流短促而迅急，河床中巨石密布，明礁暗石所在皆有，'水湍石不可漕'的情形，一直持续到现在。所以，此次虽将褒斜栈道进一步凿通，水道却整理不好，根本不能行舟"[③]。

---

① 《史记·河渠书》，第 1410 页。

② （宋）丁度等编《集韵》，上海古籍出版社，1985，第 188 页；（清）吴任臣：《字汇补》，《续修四库全书》第 233 册，第 573 页。清人林则徐《札苏藩司诰诫宝山海塘工程结尾不得玩忽从事》警告："倘以功已垂成，一任钉桩之匠刨坑锯尾，致使桩木动摇，砌石之匠架井虚松，致使石块脱落，则遇大潮溲刷，塘脚空虚，岂能久资保障。"（《林则徐集　公牍》，中华书局，1963，第 45 页）"溲刷"，即激流冲刷。

③ 王开主编《陕西省志·航运志》，陕西人民出版社，1996，第 55 页。

其实，以为"褒、斜二水沿流的水文地形情况""一直持续到现在"的看法，可能还可以讨论。若认为褒水和斜水的水文情况古今"一直"相同，也许并不符合历史事实。在今天看来比较荒唐的"通褒斜道及漕"的工程，其规划的主导思想，在当时的生态条件背景下，或许还是具有一定的合理因素的。

"提出此建议的人"尽管可能"对褒、斜二水沿流的水文地形情况不甚了解"，但是也未必对褒水和斜水的水文条件全然无知。所谓褒斜道较故道"少阪，近四百里"，所谓"褒之绝水至斜，间百余里"等等，都反映了论者很可能进行过实地考察。张卬指挥数万人的这一工程，也不会完全盲目启动。最终所谓"不可漕"，当是指水运量的需求和实际水运能力的差距相当大。而褒水和斜水当时都有具备水运条件的河段，是非常可能的。

估计工程建议者无名氏和工程指挥者张卬对于"漕从南阳上沔入褒"和"从斜下下渭"的漕运可行性的认识，应是大体符合这两条河流当时的水文条件的。史家"湍""溲"的描述，也体现了褒水和斜水水量的充沛。

从这一意义上说，"通褒斜道及漕"的工程设计和工程实施，或许也可以作为我们推知当时水资源状况的有意义的信息。

《赵充国传》水运史料

《汉书·赵充国传》记录了名将赵充国平定羌人起义时的军事谋划。他向汉宣帝上报了准备取屯田之计的思考："计度临羌东至浩亹，羌虏故田及公田，民所未垦，可二千顷以上，其间邮亭多坏败者。臣前部士入山，伐材木大小六万余枚，皆在水次。愿罢骑兵，留弛刑应募，及淮阳、汝南步兵与吏士私从者，合凡万二百八十一人，用谷月二万七千三百六十三斛，盐三百八斛，分屯要害处。冰解漕下，缮乡亭，浚沟渠，治湟陜以西道桥七十所，令可至鲜水左右。田事出，赋人二十亩。至四月草生，发郡骑及属国胡骑伉健各千，倅马什二，就草，为田者游兵。以充入金城郡，益积畜，省大费。今大司农所转谷至者，足支万人一岁食。谨上田处及器用簿，唯陛下裁许。"[1] 其中有关漕运的一句：

> 冰解漕下，缮乡亭，浚沟渠，治湟陿以西道桥七十所，令可至鲜水左右。

值得我们注意。"湟陿"在今青海西宁东。所谓"冰解漕下"，是计划利用春汛条件水运木材。按照赵充国的设想，"缮乡亭，浚沟渠，治湟陿以西道桥七十所，令可至鲜水左右"，大约自湟水今海晏以北至西宁以东的河段，都可以放送木排，"鲜水左右"即青海湖附近地方均得以享受水运之利。即称"漕下"，可能在"材木"之外，还包括其他物资的运输。

关于屯田计划，赵充国在再次奏报时又提出 12 条意见。其中第 5 条写道："至春省甲士卒，循河湟漕谷至临羌，以视羌虏，扬威武，传世折冲之具，五也。"[2] 提出春季以河水、湟水漕运粮食到临羌（今青海湟源南）的设想。黄河上游水运航路的开通，赵充国是有把握的。根据相关资料，有的学者认为，当时的黄河和湟水，有的季节

---

① 《汉书·赵充国传》，第 2986 页。

② 赵充国上状曰："臣谨条不出兵留田便宜十二事。步兵九校，吏士万人，留屯以为武备，因田致谷，威德并行，一也。又因排折羌虏，令不得归肥饶之地，贫破其众，以成羌虏相畔之渐，二也。居民得并田作，不失农业，三也。军马一月之食，度支田士一岁，罢骑兵以省大费，四也。至春省甲士卒，循河湟漕谷至临羌，以视羌虏，扬威武，传世折冲之具，五也。以闲暇时下所伐材，缮治邮亭，充入金城，六也。兵出，乘危徼幸，不出，令反畔之虏窜于风寒之地，离霜露疾疫瘃堕之患，坐得必胜之道，七也。亡经阻远追死伤之害，八也。内不损威武之重，外不令虏得乘间之势，九也。又亡惊动河南大开、小开使生它变之忧，十也。治湟陿中道桥，令可至鲜水，以制西域，信威千里，从枕席上过师，十一也。大费既省，徭役豫息，以戒不虞，十二也。留屯田得十二便，出兵失十二利。臣充国材下，犬马齿衰，不识长册，唯明诏博详公卿议臣采择。"（《汉书·赵充国传》，第 2987~2988 页）

"可以行船漕谷，放运木排"，"春至""冰消"，"水量是相当大的"。①

《后汉书·西羌传·滇良》记述汉和帝永元五年（93）汉军与羌人"大、小榆谷"战事："（贯友）遣兵出塞，攻迷唐于大、小榆谷，获首虏八百余人，收麦数万斛，遂夹逢留大河筑城坞，作大航，造河桥，欲度兵击迷唐。"② 这里所谓"大航"是指大型航船。《水经注》卷二《河水》即写作："于逢留河上筑城以盛麦，且作大船。"③ 大榆谷在今青海贵德东。④ 贯友事迹告知我们，黄河这一河段可以通行"大航""大船"。

比照赵充国"循河湟漕谷至临羌"计划和贯友"夹逢留大河筑城坞，作大航"事实，可以了解两汉黄河上游的水资源形势。而现今青海地区黄河与湟水的水文状况，湟水无法实现航运，黄河也不能通行"大航"。

虞诩嘉陵江上游"开漕船道"事

另一件与汉羌战争有关的开发内河航运的历史记录，是武都太守虞诩在嘉陵江上游"开漕船道"的事迹。

《后汉书·虞诩传》记载："后羌寇武都，邓太后以（虞）诩有将帅之略，迁武都太守，引见嘉德殿，厚加赏赐。"虞诩率军突破羌军围堵，"日夜进道，兼行百余里"，又以少胜多，"斩获甚众"，逼使羌军"败散"。虞诩安定武都之后，又有新的举措：

---

① 赵珍：《清代西北生态变迁研究》，人民出版社，2005，第54页。

② 《后汉书·西羌传·滇良》，第2883页。

③ 陈桥驿指出："这里的'且作大船'，说明内河航运在古代的黄河上游是有所发展的，当然可以通航的河段长度以及航行的规模都不得而知。"《〈水经注〉记载的内河航行》，《〈水经注〉研究》，天津古籍出版社，1985，第210页。

④ 谭其骧主编《中国历史地图集》第2册，第33~34页。

先是运道艰险，舟车不通，驴马负载，僦五致一。诩乃自将吏士，案行川谷，自沮至下辩数十里中，皆烧石翦木，开漕船道，以人僦直雇借佣者，于是水运通利，岁省四千余万。诩始到郡，户裁盈万。及绥聚荒余，招还流散，二三年间，遂增至四万余户。盐米丰贱，十倍于前。①

武都郡走向繁荣，"水运通利"是重要条件之一。虞诩亲自"将吏士，案行川谷"，考察沿江地形，又"自沮至下辩数十里中，皆烧石翦木，开漕船道"。沮县在今陕西勉县西北。下辩在今甘肃成县西北。②

虞诩主持武都行政时期嘉陵江上游"自沮至下辩"航道的开通，是空前的创举。③虞诩被看作"历史记载中第一个地方高级官员亲自主持疏凿嘉陵江航道，大兴嘉陵江航运的人"④。而后世溯水上航，行至这一河段也艰难万分。宋人郑刚中写道："回视渔关，不知其高几里，皆终岁漕饷之所，浮水既不得平流，皆因地而浅深。自瀺灂逆数至渔关之药水，号名滩者六百有奇，石之虎伏兽犇者，又崎岖杂乱于诸滩之间。米舟相衔，且昼犯险。率破大竹为百丈之篾缆，有力者十百为群，皆负而进。滩怒水激，号呼相应，却立不得前。有如竹断舟退，其遇石而碎，与浪俱入者，皆蜀人之脂膏也。小人恃有此，颇复盗用官米，度赃厚罪，大则凿舟沉之，岁陷刑辟与籍入亡家者亦累而有。故漕粟之及渔关者，计所亡失常十二。"⑤当时航运之艰难，有学

---

① 《后汉书·虞诩传》，第 1869 页。

② 《后汉书·虞诩传》李贤注："沮及下辩并县名。沮，今兴州顺政县也。下辩，今成州同谷县也。"（第 1869 页）谭其骧主编《中国历史地图集》第 2 册"下辩"作"下辨"，见第 29~30、53~54 页。

③ 王开：《受军事支配而大起大落的嘉陵江水运》，《文博》1994 年第 2 期。

④ 王开主编《陕西省志·航运志》，第 187 页。

⑤ （宋）郑刚中：《思耕亭记》，曾枣庄、刘琳主编《全宋文》第 178 册，上海辞书出版社、安徽教育出版社，2006，第 318~319 页。

者认为，"当系河床因淤积而升高，滩多流急所致"①。渔关，即今"虞关"。

后来的航运条件更逐渐恶化。有的学者在总结嘉陵江航运状况时指出："清代，航道萎缩，但仍可从略阳白水镇起船，航程约为1017 公里。现在，白水镇至广元 197 公里，险滩复出，泥沙淤积，已无法通航。广元以下河段泥沙淤积严重，下游部分段落枯水时深仅 0.8~2 米，而且每年以平均淤高 0.2 米的速度发展，行船十分困难。"②

除了其他因素而外，水量的减少，应是导致"险滩复出，泥沙淤积"以致终于"无法通航"的重要原因。

王梁的失败记录：渠成而水不流

《后汉书·张纯传》记载：建武二十三年（47），"上穿阳渠，引洛水为漕，百姓得其利"③。《水经注》卷一六《谷水》也写道："张纯堰洛以通漕，洛中公私怀瞻。"又引《阳嘉四年洛阳桥右柱铭》："东通河济，南引江淮，方贡委输所由而至。"④ 可见东汉时洛水、谷水航运的发展。曹植《洛神赋》有"御轻舟而上溯，浮长川而忘反"句，也体现洛河有相当长的河段可以行舟。《水经注》卷一六《谷水》又引《洛阳地记》曰："大城东有太仓，仓下运船，常有千计。"⑤《洛阳地记》大约是西晋时书，可见汉魏时代洛阳地区的内河运输长期保持着繁荣气象。

---

① 马强：《蜀道地带生态环境的历史变迁》，《汉水上游与蜀道历史地理研究》，四川人民出版社，2004，第 231 页。
② 蓝勇：《长江上游航道变迁的基本事实》，《历史时期西南经济开发与生态变迁》，第 223 页。今按：其中所谓"每年以平均淤高 0.2 米的速度发展"，亦为马强《蜀道地带生态环境的历史变迁》引用。然而这一说法，或许还应当有确切的实证说明。
③ 《后汉书·张纯传》，第 1195 页。
④ （北魏）郦道元著，陈桥驿校证《水经注校证》，第 396 页。
⑤ （北魏）郦道元著，陈桥驿校证《水经注校证》，第 402 页。

《后汉书·王梁传》却记录了建武初年河南尹王梁主持的一项洛阳水利工程终竟失败的案例：

> （王）梁穿渠引谷水注洛阳城下，东写巩川，及渠成而水不流。七年，有司劾奏之，梁惭惧，上书乞骸骨。乃下诏曰："梁前将兵征伐，众人称贤，故擢典京师。建议开渠，为人兴利，旅力既愆，迄无成功，百姓怨谤，谈者欢哗。虽蒙宽宥，犹执谦退，'君子成人之美'，其以梁为济南太守。"①

于是，王梁受到调任的处分。这是一则因水利工程的失败而主持者受到渎职惩罚的史例。关于王梁事迹，《后汉书·王梁传》还写道，刘秀即位时，王梁为野王令，"议选大司空，而《赤伏符》曰'王梁主卫作玄武'，帝以野王卫之所徙，玄武水神之名，司空水土之官也，于是擢拜梁为大司空，封武强侯"②。王梁以有军功，又因谶纬之言受到信用。而汉光武帝"玄武水神之名，司空水土之官"的期望，却因"穿渠引谷水注洛阳城下，东写巩川"的惨败而被打得粉碎。

施之勉《后汉书集解补》引何焯曰："（王）梁前以谶文为水土之官，不协众望。此复穿渠引水，勉强立功，欲补塞前负耳。"③ "水神"的象征和"水土之官""勉强立功"的失利，形成了历史的讽刺。然而，我们在分析王梁"渠成而水不流"的失败的原因时，除了应当指出勘测设计的失误而外，似乎也不宜排除另一种情形或许也是因素之一，即很可能谷水水量的减少，超过了工程设计者原先的预料。④

---

① 《后汉书·王梁传》，第 775 页。
② 《后汉书·王梁传》，第 774 页。
③ 施之勉：《后汉书集解补》第 2 册，（台北）中国文化大学出版部，1984，第 404 页。
④ 有学者分析此次工程失败的原因，指出："由于水源和坡降问题，这次开凿并没有成功。"见方原《东汉洛阳对周围环境的改造和利用》，《河南科技大学学报》（社会科学版）2006 年第 6 期。

7. 秦汉关中水利经营模式在北河的复制

战国时期秦国水利事业的成功，是秦实现统一的重要因素之一。秦人在关中发展水利事业的经验，曾经在巴蜀地区推广。秦汉王朝对于北河地区的军事控制，又为关中水利经营模式在北边的复制提供了条件。应当说，北河地区仿照关中模式进行水利建设，自秦始皇时代开始尝试，在汉武帝时代取得了成效。河套地区长期以来因水利条件之优越而实现的富足和繁荣，正是在秦汉时期奠基。研究水利史以及河套文化史，不能不关注这一历史事实。

秦人"取水利"

秦人曾经以"水通粮"形成的经济优势和军事优势，使得东方敌对国家不敢轻视。[①] 目前我们所知"水利"这一词语的最早使用，正见于成书于秦国，由名相吕不韦组织编纂的《吕氏春秋》一书中。《吕氏春秋·慎人》："堀地财，取水利。"高诱注："水利，濯灌。"[②]

《吕氏春秋·任地》引后稷语："子能藏其恶而揖之以阴乎？"高诱注："'阴'犹润泽也。"夏纬瑛说："'阴'指湿润之土而言，则'恶'当是指干燥之土而言了。"同篇又讲到"泽"，俞樾以为"'泽'者雨泽也"[③]。《吕氏春秋·辨土》也说到田土的"泽"。以"濯灌"方式保证土地的"泽"，应当是当时关中农人已经掌握的生产技术。有学者指出："周民族开始经营农业生产的关中渭北平原，春旱秋涝的现象，几乎经常出现。渭、泾、洛三条河道，可以引入，

---

① 《战国策·赵策一》记载，赵豹警告赵王应避免与秦国对抗："秦以牛田，水通粮，其死士皆列之于上地，令严政行，不可与战。王自图之！"（何建章注释《战国策注释》，中华书局，1990，第638页）所谓"水通粮"，是形成"不可与战"之优越国力的重要因素。
② 许维遹撰，梁运华整理《吕氏春秋集释》，第336~337页。
③ 陈奇猷校释《吕氏春秋校释》第4册，第1743页。

也可以受纳，地理条件是合适的。大概由于这两种因素，逐渐积累了一些小规模的渠道建设技术知识。更重要的是，西周末年，冶铁技术出现之后，创制了效率很高的工具，促进了沟洫建设。"①《战国策·秦策一》记载，苏秦说秦惠王时，说到"大王之国""田肥美，民殷富"，"沃野千里，蓄积饶多，地势形便，此所谓'天府'，天下之雄国也"②。关中"天府"地位的形成，应当与水利建设的成功有关。

司马错建议占有巴蜀，是秦国向东发展进程中的重大决策。据司马错说，"其国富饶，得其布帛金银，足给军用"③。秦人经营巴蜀，除了继承原有的经济文化积累而外，也有显著的创新。四川青川出土秦武王二年《更修为田律》木牍有"十月为桥修波堤利津梁鲜草离"文字，可以说明秦本土关中地区的水利建设技术已经传布到蜀地。

都江堰水利工程使成都平原的农业发展大得其利。《史记·河渠书》记载："蜀守（李）冰凿离碓，辟沫水之害，穿二江成都之中。"又《华阳国志·蜀志》：

> （李）冰乃壅江作堋，穿郫江、检江，别支流双过郡下，以行舟船。岷山多梓、柏、大竹，颓随水流，坐致材木，功省用饶；又溉灌三郡，开稻田。于是蜀沃野千里，号为"陆海"。旱则引水浸润，雨则杜塞水门，故记曰：水旱从人，不知饥馑，时无荒年，天下谓之"天府"也。

李冰还曾经"外作石犀五头以厌水精"，又"于玉女房下白沙、邮作三石人，立三水中。与江神要：水竭不至足，盛不没肩"。李冰又曾

---

① 石声汉：《中国农业遗产要略》，《中国古代农业科技》编纂组《中国古代农业科技》，农业出版社，1980，第78页。

② 何建章注释《战国策注释》，第74页。

③ （晋）常璩撰，任乃强校注《华阳国志校补图注》，第126页。

经开通多处水上航路，于所谓"触山胁溷崖，水脉漂疾，破害舟船"之处，"发卒凿平溷崖，通正水道"。据说"（李）冰凿崖时，水神怒，（李）冰乃操刀入水中与神斗"①。

李冰敬祀江神又斗杀江神的事迹，其实可以看作秦人对于蜀地文化传统既有所尊重又致力于改造的态度的象征。而蜀人对李冰等人的敬慕，也体现出蜀地对秦文化某些成分的逐步认同。

《华阳国志·蜀志》可见蜀地"陆海""天府"之说，《水经注》卷三三《江水》引《益州记》也说："沃野千里，世号'陆海'，谓之'天府'也。"② 其实，"陆海""天府"的说法，原本是用以形容秦文化的基地关中地区自然条件之优越与经济实力之富足的。除前引《战国策·秦策一》记载苏秦语之外，娄敬建议刘邦定都关中时曾经强调："秦地被山带河，四塞以为固"，"因秦之故，资甚美膏腴之地，此所谓'天府'者也"③。张良对这一意见表示赞同，也说关中"沃野千里"，"天府之国也"④。有些以秦地为"天府"的说法，虽然包括所谓"西有巴、蜀、汉中之利"⑤，或者"西有汉中，南有巴、蜀"⑥，然而仍然是以关中地区为主的。汉武帝时代，东方朔也曾经说，"霸、产以西"，"泾、渭之南"，"此所谓天下'陆海'之地。"⑦这里所说的，则是指关中最富庶的地区。而"陆海""天府"后来被用以形容蜀地，可以说明秦地与蜀地关系的进一步密切，也暗示蜀文

---

① （晋）常璩撰，任乃强校注《华阳国志校补图注》，第133页。《水经注》卷三三《江水》引《风俗通》，也生动记述了有关李冰与江神搏斗并刺杀江神的传说，并且说道："蜀人慕其气决，凡壮健者，因名'冰儿'也。"（第767页）

② （北魏）郦道元著，陈桥驿校证《水经注校证》，第766页。

③ 《史记·刘敬叔孙通列传》，第2716页。

④ 《史记·留侯世家》，第2044页。

⑤ 《战国策·秦策一》，何建章注释《战国策注释》，第74页。

⑥ 《史记·苏秦列传》，第2242页。参看王子今《秦汉区域地理学的"大关中"概念》，《人文杂志》2003年第1期。

⑦ 《汉书·东方朔列传》，第2849页。

化对于秦文化的某种向慕与附从。① 而包括水利形式在内的关中制度在蜀地的推行，应当也是导致这种历史文化现象产生的因素之一。

据《华阳国志·蜀志》，蜀人称成都北门为"咸阳门"，或许也可以看作有意义的例证。此外，我们还可以看到这样的历史记载，《华阳国志·蜀志》：

> （秦）惠王二十七年，（张）仪与（张）若城成都，周回十二里，高七丈；郫城周回七里，高六丈；临邛城周回六里，高五丈。造作下仓，上皆有屋，而置观楼射兰。成都县本治赤里街，（张）若徙置少城内。营广府舍，置盐、铁、市官并长、丞；修整里阓，市张列肆，与咸阳同制。②

《太平寰宇记》卷七二引扬雄《蜀王本纪》也曾经说到张若营建成都城，"始造府县寺舍，令与长安同制"的情形。③ 蜀地的文化中心成都的城市规划"与咸阳同制"的事实，可以说明蜀地文化创造在某种程度上仿拟秦文化的倾向。而水利工程的兴建，或许也有同样的倾向。据《华阳国志·蜀志》，"冰能知天文地理"④。李冰作为秦人⑤，他的水利知识想必不会凭空产生。有的学者注意到都江堰水利设计与关中引渠方式的类同，⑥ 是有道理的。

---

① 参看王子今《秦兼并蜀地的意义与蜀人对秦文化的认同》，《四川师范大学学报》（社会科学版）1998 年第 2 期。

② （晋）常璩撰，任乃强校注《华阳国志校补图注》，第 128 页。

③ （宋）乐史撰，王文楚等点校《太平寰宇记》，第 1463 页。

④ （晋）常璩撰，任乃强校注《华阳国志校补图注》，第 132 页。《绎史》卷一二三同。

⑤ 《蜀中广记》卷四七《宦游记·川西道属·秦》说："李冰，史失其乡。"《景印文渊阁四库全书》第 591 册，第 654 页。然而《太平寰宇记》卷七二、卷七三，《文献通考》卷六，《七国考》卷一四等文献均称"秦李冰"。

⑥ 清朱鹤龄《禹贡长笺》卷九："高泾渭之渠，杜入河之口，如李冰壅江作埘法，即高陵、栎阳以北，不让江南诸郡矣。"（《景印文渊阁四库全书》第 67 册，第 132 页）

战国时期的秦，在水利方面最突出的成就，是郑国渠的修造。《史记·河渠书》记载：

> 韩闻秦之好兴事，欲罢之，毋令东伐，乃使水工郑国间说秦，令凿泾水自中山西邸瓠口为渠，并北山东注洛三百余里，欲以溉田。中作而觉，秦欲杀郑国。郑国曰："始臣为间，然渠成亦秦之利也。"秦以为然，卒使就渠。渠就，用注填阏之水，溉泽卤之地四万余顷，收皆亩一钟。于是关中为沃野，无凶年，秦以富强，卒并诸侯，因命曰"郑国渠"。①

"水工"这一体现早期水利工程设计和指挥的技术人员的名号，较早见于秦史的记录，也是值得注意的。② 郑国事迹在李冰之后，然而蔡邕《京兆樊惠渠颂》赞美古来水利成就："地有塪堷，川有垫下，溉灌之便，行趋不至。明哲君子，创业农事，因高卑之宜，驱自行之势，以尽水利，而富国饶人，自古有焉。若夫西门起邺，郑国行秦，李冰在蜀，信臣治穰，皆此道也。"③ 言"郑国行秦"在前，而"李冰在蜀"于后，这一说法从表面看来虽不合时序，然而却与蜀地水利和关中水利有某种承继关系的事实是一致的。④

北河的"咸阳"

成都的城建，所谓"修整里阓，市张列肆，与咸阳同制"，"始造府县寺舍，令与咸阳同制"，使人联想到北河地方曾经出现"咸

---

① 《史记·河渠书》，第1408页。
② "水工"称谓见于《管子》。《管子·度地》："请为置水官，令习水者为吏。""乃取水左右各一人，使为都匠水工。"黎翔凤撰，梁运华整理《管子校注》，第1059页。不过，关于《管子》的成书年代尚有争议。
③ 邓安生编《蔡邕集编年校注》，河北教育出版社，2002，第307页。
④ 有人说，郑国原是韩国人，这如何能解释关中水利之先进性呢？按照这样的逻辑，商鞅原是卫国人，又如何能理解秦国法制的先进性呢？

阳"地名的情形。

《汉书·地理志下》"云中郡"条写道：

> 云中郡，秦置。莽曰受降。属并州。户三万八千三百三，口十七万三千二百七十。县十一：云中，莽曰远服。咸阳，莽曰贲武。陶林，东部都尉治。桢陵，缘胡山在西北。西部都尉治。莽曰桢陆。犊和，沙陵，莽曰希恩。原阳，沙南，北舆，中部都尉治。武泉，莽曰顺泉。阳寿。莽曰常得。①

其中"咸阳"县，王莽改名"贲武"。《汉书补注》："先谦曰：《续志》后汉因。《河水注》：河水自五原稒阳来，东迳咸阳县故城南，又屈西流，合沙陵湖水，下入桢陵。《一统志》：故城今托克托城地。"②

按照谭其骧主编《中国历史地图集》的标注，"咸阳"在今内蒙古土默特右旗东。③

"咸阳"得名由来，或许取山南水北之意。《史记·高祖本纪》："高祖常徭咸阳。"司马贞《索隐》："韦昭云：'秦所都，武帝更名渭城。'应劭云：'今长安也。'按：《关中记》云：'孝公都咸阳，今渭城是，在渭北。始皇都咸阳，今城南大城是也。'名咸阳者，山南曰阳，水北亦曰阳，其地在渭水之北，又在九嵕诸山之南，故曰咸阳。"④ 云中郡咸阳确实在大青山以南，黄河以北，以"山南曰阳，水北亦曰阳"之说，可以称作"咸阳"。然而，通过位于河套地区的云中郡咸阳和位于关中地区的秦都咸阳其地名重合的现象，是否可以

---

① 《汉书·地理志下》，第 1620 页。
② （清）王先谦撰《汉书补注》，第 807 页。
③ 谭其骧主编《中国历史地图集》第 2 册，第 17~18 页。
④ 《史记·高祖本纪》，第 344 页。

发现其他的历史文化信息呢？云中郡咸阳地名的确定，是否与蜀郡成都营造"与咸阳同制"有类似的情形呢？

现在看来，这种可能性是存在的。

古地名的移用，往往和移民有关。因移民而形成的地名移用这种历史文化地理现象，综合体现了人们对原居地的忆念和对新居地的感情，富含重要的社会文化史的信息。[①]《汉书·高帝纪下》说到"太上皇思欲归丰，高祖乃更筑城寺市里如丰县，号曰'新丰'，徙丰民以充实之"的故事。[②] 类似地名，还有所谓"新蔡""新郑"等。"新秦中"地名，也属于同样的情形。有学者称类似情形为"（地名）从甲地移植于乙地"的现象，"地名搬家"现象，或称之为"移民地名"，因"迁徙"而出现的地名，[③] 并确定为地名形成的渊源之一。春秋时期秦史记录中其实也可以看到类似的情形。《汉书·地理志上》"京兆尹下邽"条，颜师古注："应劭曰：'秦武公伐邽戎，置有上邽，故加下。'师古曰：'邽音圭，取邽戎之人而来为此县。'"[④] "下邽"地名，是因"邽戎"迁徙而确定。

澳门萧春源先生藏秦青铜器编纂成书，其中有"咸阳四斗方壶"，刻铭2行13字："重十九斤四两"，"咸阳四斗少半升"。列入"战国篇"，以为"秦王政（始皇帝）时代"。李学勤先生提醒人们注意，"关于咸阳方壶，须提到汉代另有县名咸阳，属云中郡，在今内蒙古托克托一带。江陵张家山汉简《二年律令·秩律》有咸阳，与原阳、北舆并列，均为云中郡县"[⑤]。此"咸阳"或许是西汉云中郡之咸阳

---

① 参看王子今《客家史迹与地名移用现象——由杨万里〈竹枝词〉"大郎滩""小郎滩""大姑山""小姑山"说起》，潘昌坤主编《客家摇篮赣州》，江西人民出版社，2004；王子今、高大伦：《说"鲜水"：康巴草原民族交通考古札记》，《中华文化论坛》2006年第4期。

② 《汉书·高帝纪下》，第72页。

③ 华林甫：《中国地名学源流》，湖南人民出版社，1999，第215、124、106、131、159、177、247、291页。

④ 《汉书·地理志上》，第1544页。

⑤ 萧春源总监《珍秦斋藏金·秦铜器篇》，（澳门）澳门基金会，2006，第116~117、15页。

县，但是也未可排除是秦县的可能。

《史记·秦始皇本纪》："（三十三年）西北斥逐匈奴。自榆中并河以东，属之阴山，以为四十四县，城河上为塞。又使蒙恬渡河取高阙、阳山、北假中，筑亭障以逐戎人。徙谪，实之初县。"《六国年表》："西北取戎为三十四县。筑长城河上，蒙恬将三十万。"所谓"三十四县"，裴骃《集解》："徐广曰：'一云四十四县是也。又云二十四县。'"《史记·匈奴列传》："后秦灭六国，而始皇帝使蒙恬将十万之众北击胡，悉收河南地。因河为塞，筑四十四县城临河，徙適戍以充之。"[①] 这里所说"四十四县"或"三十四县"、"二十四县"的县名，目前尚不明了。或许张家山汉简《二年律令·秩律》所见"咸阳"原本亦是秦县。

河套的"秦渠""秦闸"

乾隆元年《甘肃通志》卷一五《水利·甘州府》说到属于广义"河套"的今宁夏地方的"秦渠"："秦渠，在灵州。一曰'秦家渠'。相传创始于秦。引黄河水南入渠口，设闸二空，曰'秦闸'。沿长一百五十里，溉田一千三百顷零。渠尾泄水者曰'黑渠闸'。"[②] 有的水利史学者认为此"秦渠"并非秦代开凿："宁夏还有一条秦渠，有人认为是秦始皇时创开，系属误解。"论者以为"秦渠"是"秦家渠"的简称，[③] 而"秦家渠"最早见于元代文献。"公元一八二〇年《嘉庆重修一统志·甘肃·宁夏府》：'秦家渠，在灵州东，亦曰秦渠，古渠也。'秦渠之名始见于此。公元一九二六年《朔方道志·水利志》：'秦渠，一曰秦家渠，相传创始于秦'，第一次提到该渠'创始于秦'，但仍明确说是'相传'。公元一九三六年《宁夏省水利专刊·

---

① 《史记》，第253、757～758、2886页。
② 乾隆《甘肃通志》，《景印文渊阁四库全书》第557册，第496页。
③ 其实下文说到的"汉延渠"，很可能就是"汉家村"的讹读。

各渠考述》，在照引《朔方道志》以后，特地注明'至秦代何年？无从考究'。"① 有了乾隆元年《甘肃通志》提供的资料，秦渠之名始见于《嘉庆重修一统志》的说法和《朔方道志》第一次提到该渠"创始于秦"的说法，现在看来都是不正确的了。而乾隆元年《甘肃通志》卷一五《水利·甘州府》在"秦渠"之后即说"汉渠"，似未可因"秦渠"是"秦家渠"的简称的判断就从根本上否定"秦渠"成就于秦代的可能。推想秦王朝在"以为四十四县"的地方，也应当有水利建设。秦始皇时代称"河水"为"德水"，在某种意义上也许包含有对黄河灌溉之利进行实际评价的意义。

虽然目前尚无确切资料可以说明秦王朝曾经在河套地区进行水利建设，但"新秦中"地名，可以告诉我们关中模式对河套及邻近地区经济发展规划设计和实施的影响。

"新秦中"的意义

"新秦中"地名，在《史记》中始见于《平准书》有关汉武帝时代边疆政策的记载：

> 徙贫民于关以西，及充朔方以南新秦中，七十余万口，衣食皆仰给县官。数岁，假予产业，使者分部护之，冠盖相望。其费以亿计，不可胜数。

裴骃《集解》："服虔曰：'地名，在北方千里。'如淳曰：'长安已北，朔方已南。'瓒曰：'秦逐匈奴以收河南地，徙民以实之，谓之新秦。今以地空，故复徙民以实之。'"《平准书》还记载：

---

① 武汉水利电力学院、水利电力科学研究院《中国水利史稿》编写组编《中国水利史稿》上册，水利电力出版社，1979，第138页。

上北出萧关，从数万骑，猎新秦中，以勒边兵而归。新秦中或千里无亭徼，于是诛北地太守以下，而令民得畜牧边县，官假马母，三岁而归，及息什一，以除告缗，用充仞新秦中。①

对于"新秦中"的地理范围，似有不同的理解。如淳说"朔方已南"，瓒曰"河南地"，《史记·刘敬叔孙通列传》："刘敬从匈奴来，因言'匈奴河南白羊、楼烦王，去长安近者七百里，轻骑一日一夜可以至秦中。秦中新破，少民，地肥饶，可益实。'"司马贞《索隐》"案：张晏云白羊，国名。二者并在河南。河南者，案在朔方之河南，旧并匈奴地也，今亦谓之'新秦中'"②，也说"河南"即"秦中"或"新秦中"。然而也有以"河南"与"新秦中"并列者。如《史记·匈奴列传》："徙关东贫民处所夺匈奴河南、新秦中以实之。"张守节《正义》："服虔云：'地名，在北地，广六七百里，长安北，朔方南。史记以为秦始皇遣蒙恬斥逐北胡，得肥饶之地七百里，徙内郡人民皆往充实之，号曰新秦中也。'"③ 按照服虔的说法，"新秦中"得名，在秦始皇时代。④

秦始皇时代的"新秦中"建设，缺乏足够的史料予以说明。汉初这一地区的农耕经营形式，则可以通过晁错的规划有所体现。

晁错建议以组织屯田的方式建设一个以先进农耕技术为经济基点的新边区，并提出了具体的规划措施。《汉书·晁错传》记载，晁错建议汉文帝以新的方式"守边备塞"，提出了相当完备的计划。他说，边境防卫之重要，已经引起重视，但是征调"远方之卒"守卫，每年

---

① 《史记·平准书》，第 1425、1438 页。
② 《史记·刘敬叔孙通列传》，第 2719~2720 页。
③ 《史记·匈奴列传》，第 2909 页。
④ 《清史稿·地理志二四》"内蒙古·鄂尔多斯"写到"鄂尔多斯旧六旗，又增设一旗，共七旗：在绥远西二百八十五里河套内。东南距京师一千一百里。秦，新秦中。汉，朔方郡地"（第 2417 页），也说"新秦中"是秦时地域称谓。

予以更替，不如选调"常居"边地的人。他建议组织向北边移民，给予优厚的安置条件，"先为室屋，具田器"，"皆赐高爵，复其家。予冬夏衣，廪食，能自给而止。郡县之民得买其爵，以自增至卿。其亡夫若妻者，县官买予之"。"如是，则邑里相救助，赴胡不避死。"这并不是由于道德的激励，而是由亲情关系和利益因素所驱使，这与"东方之戍卒不习地势而心畏胡者"相比较，功力可以超越万倍。晁错说："以陛下之时，徙民实边，使远方无屯戍之事，塞下之民父子相保，亡系虏之患，利施后世，名称圣明，其与秦之行怨民，相去远矣。"汉文帝接受了他的建议，于是"募民徙塞下"，以"募"的形式组织民众徙居北边。晁错在又一次上言时，提出了安置这些移民的具体措施："下吏诚能称厚惠，奉明法，存恤所徙之老弱，善遇其壮士，和辑其心而勿侵刻，使先至者安乐而不思故乡，则贫民相募而劝往矣。臣闻古之徙远方以实广虚也，相其阴阳之和，尝其水泉之味，审其土地之宜，观其草木之饶，然后营邑立城，制里割宅，通田作之道，正阡陌之界，先为筑室，家有一堂二内，门户之闭，置器物焉，民至有所居，作有所用，此民所以轻去故乡而劝之新邑也。为置医巫，以救疾病，以修祭祀，男女有昏，生死相恤，坟墓相从，种树畜长，室屋完安，此所以使民乐其处而有长居之心也。"①

其中所谓"尝其水泉之味"，体现出对水资源的重视，也有益于我们理解当时水文与人文的关系。

"新秦中"的定名，是和关中农耕传统有密切关系的。正如史念海所说："由于这个地区的土地在当时是相当肥沃的，其肥沃的程度几乎可以和渭河下游相媲美。渭河下游当时为都城所在地，称为秦中。这个地区既然仿佛秦中，所以也就称为新秦中。"②

---

① 《汉书·晁错传》，第2286、2288页。
② 史念海：《新秦中考》，《河山集　五集》，第134页。

朔方"引河及川谷以溉田"

汉武帝时代，北边防线得到巩固，其措施之一，是强化当地的经济结构以为实力依托。水利建设，尤其受到突出的重视。

《史记·河渠书》说，汉武帝亲临治河，引起了对水利的普遍重视：

> 自是之后，用事者争言水利。朔方、西河、河西、酒泉皆引河及川谷以溉田。①

"朔方"列于第一，是引人注目的。《史记·平准书》记载：

> 初置张掖、酒泉郡，而上郡、朔方、西河、河西开田官，斥塞卒六十万人戍田之。②

从河西汉代遗存提供的资料可以知道，这种大规模的"戍田"，是以水利事业的开发作为保障的。不仅居延汉简有"河渠卒"③"治渠卒"④称谓，居延边塞遗址还发现了水渠的遗存。《汉书·食货志上》说到汉元帝时罢"北假田官"事。《汉书·王莽传中》又记载："遣尚书大夫赵并使劳北边，还言五原北假膏壤殖谷，异时常置田官。乃以并为田禾将军，发戍卒屯田北假，以助军粮。"⑤《汉书·匈奴传上》：

---

① 《史记·河渠书》，第1414页。
② 《史记·平准书》，第1439页。
③ 如140.15，谢桂华、李均明、朱国炤：《居延汉简释文合校》，第232页。
④ 如E. P. T7：47，E. P. T52：110，甘肃省文物考古研究所等编《居延新简：甲渠候官与第四燧》，第48、235页。
⑤ 《汉书·王莽传中》，第4125页。

匈奴远遁，而幕南无王庭。汉度河自朔方以西至令居，往往通渠置田官，吏卒五六万人，稍蚕食，地接匈奴以北。①

所谓"通渠置田官"，暗示前引《史记·平准书》及《汉书·食货志上》、《王莽传中》所说到的"田官"，很可能都是以"通渠"作为基本经营方式的。

根据水利史学者的考察，"宁夏地区现存的汉渠、汉延渠都可能兴建于汉代，现在都是长达百里，灌溉面积十万亩以上的灌溉渠道"②。

定襄的"白渠水"与关中的"白渠"

河套及邻近地区的水利史记录，又见于《水经注》卷三《河水》："河水又北与枝津合，水受大河，东北迳富平城，所在分裂，以溉田圃。""河水又北迳临戎县故城西，元朔五年立，旧朔方郡治，王莽之所谓推武也。河水又北，有枝渠东出，谓之铜口，东迳沃野县故城南，汉武帝元狩三年立，王莽之绥武也。枝渠东注以溉田，所谓智通在我矣。"在临沃县，"（枝津）水上承大河于临沃镇，东流七十里，北溉田，南北二十里，注于河"。又有"白渠水"：

白渠水西北迳成乐城北，……

白渠水又西迳魏云中宫南。《魏土地记》曰：云中宫在云中县故城东四十里。

白渠水又西南迳云中故城南，故赵地。

白渠水又西北迳沙陵县故城南，王莽之希恩县也。其水西注

① 《汉书·匈奴传上》，第3770页。
② 武汉水利电力学院、水利电力科学研究院《中国水利史稿》编写组编《中国水利史稿》上册，第138页。

沙陵湖。①

《汉书·地理志下》“定襄郡”条下写道：

> 武进，白渠水出塞外，西至沙陵入河。②

对于所谓“白渠水出塞外”，史念海已有考辨：“白渠水所由出的武进县，在今内蒙古和林格尔和凉城两县之间。”“白渠水所出的塞外，乃是指汉代以前的旧事而言，不仅非汉时的实况，也和平帝元始年间的地理无关。”③ 也就是说，“白渠水”所流经的地域完全在汉境之内。水名用“渠”字，说明是由人工开凿或者经过人工修整。④

关中“白渠”是继“郑国渠”之后最著名的水利工程。《汉书·沟洫志》：“太始二年，赵中大夫白公复奏穿渠。引泾水，首起谷口，尾入栎阳，注渭中，袤二百里，溉田四千五百余顷，因名曰‘白渠’。民得其饶，歌之曰：‘田于何所？池阳、谷口。郑国在前，白渠起后。举臿为云，决渠为雨。泾水一石，其泥数斗。且溉且粪，长我禾黍。衣食京师，亿万之口。’言此两渠饶也。”⑤ 河套地区的“白渠水”，或许与关中的“白渠”存在某种关系。如果确实如此，则可以看作在秦王朝按照巴蜀推行关中模式的成功经验之后，在北河地区的又一次试验的历史遗存。可能包括“白渠水”的诸多满足“戍田”用水需

---

① （北魏）郦道元著，陈桥驿校证《水经注校证》，第75、76、78~79页。
② 《汉书·地理志下》，第1620页。
③ 史念海：《新秦中考》，《河山集　五集》，第129页。
④ 《风俗通义·山泽》“渠”条下写道：“谨按传曰：‘渠者，水所居也。’”（第481页）《说文·水部》：“渠，水所居。”（第554页）王筠《说文解字句读》卷一一上：“河者，天生之；渠者，人凿之。”（清刻本，第758页）。
⑤ 《汉书·沟洫志》，第1685页。《风俗通义·山泽》：“孝武帝时，赵中大夫白公穿渠，故其语曰：‘田于何所，池阳谷口。郑国在前，白渠起后。举锸为云，决渠为雨。泾水一石，其塈数斗。且溉且粪，长我稷黍。衣食京师，数百万口。’”（第481页）

求的河渠，也是在北边实现关中水利建设方式的又一翻版。

只是"白渠水"以及一系列"汉渠"所改造和利用的水资源，已经不是渭水和岷江这样等级的河流，而是当时尚称作"大河"的黄河。

北河地区的水利事业推动了北边新的经济进步。这种进步对于汉王朝能够在与匈奴的战争中采取主动态势，起到了基本军备保障的作用。

秦汉时期北河水利的发展，不仅对于北边经济开发和国防建设有重要的意义，对后世的水利事业也产生了积极的影响。[①]

在人为开发并改进水资源的条件上，秦汉时期北河水利史提供了有借鉴意义的历史经验。

附论：

从渔业看秦汉水资源

秦汉时期，渔业是社会经济的重要生产部门之一，水产品也是当时社会饮食生活中的主要消费品之一。秦汉渔业在生产手段和经营方式等方面，都达到相当成熟的水平。通过秦汉时期渔业的发展水平及其在经济生活中的地位，也可以察知当时水资源的基本状况。

江湖之鱼，不可胜食

对秦汉时代的饮食结构进行分析，可以发现当时人嗜鱼的食性相当普遍。汉代画像资料中多见鱼的形象。陈直释《盐铁论·散不足》

---

① 王子今：《秦汉关中水利经营模式在北河的复制》，收入本书编委会编《安作璋先生史学研究六十周年纪念文集》，齐鲁书社，2007；侯甬坚主编《鄂尔多斯高原及其邻区历史地理研究》，三秦出版社，2008。

"臑鳖脍鲤"时曾经指出："汉代陶灶上，多画鱼鳖形状，为汉人嗜食鱼鳖之一证。"①《后汉书·鲜卑传》说："（檀石槐）见乌侯秦水广从数百里，水停不流，其中有鱼，不能得之。闻倭人善网捕，于是东击倭人国，得千余家，徙置秦水上，令捕鱼以助粮食。"在一些"滨江湖郡"，"民资渔采以助口实"是当时较为普遍的情形。②

《史记·货殖列传》所说"通鱼盐"、"通鱼盐之货"以及"逐渔盐商贾之利"，即以渔业收获作为商品，反映了秦汉渔业生产之发达。经营鱼类等水产品转贩者可因此成为巨富。拥有"鲐鲳千斤，鲰千石，鲍千钧"的货殖家，其实力"亦比千乘之家"。③

秦汉渔业生产进步的主要标志，是对渔业资源和渔情的熟悉，以及采用多样化的捕捞方式使渔获量得以增长。《史记·乐书》："水烦则鱼鳖不大。"《货殖列传》："渊深而鱼生之。"《盐铁论·刺权》："水广者鱼大。"《淮南子·主术》："水浊则鱼噞。"《论衡·龙虚》："鳖食于清，游于浊；鱼食于浊，游于浊。"同书《答佞》："鱼鳖匿渊，捕鱼者知其源。"《太平御览》卷九三六引《东方朔答客难》说："水至清则无鱼。"④ 这些记载都反映出当时人们对鱼类生活习性的熟悉。

秦汉时期已经采用多种捕鱼方式。汉代画像中常常可以看到水滨垂钓的画面。《淮南子·人间》"临河而钓"，又同书《原道》"临江而钓"⑤，都体现了这种方式的普及。网具是当时较为先进的渔具，其生产效率明显高于钓具。《说文·网部》可见用于"渔"的网具有

---

① 陈直：《盐铁论解要》，《摹庐丛著七种》，第 203 页。

② 《后汉书·鲜卑传》，第 2994 页；《后汉书·刘般传》，第 1305 页。

③ 《史记·货殖列传》，第 3267、3274 页。

④ 《史记》，第 1209、3255 页；王利器校注《盐铁论校注》（定本），第 121 页；何宁撰《淮南子集释》，第 612 页；黄晖撰《论衡校释》（附刘盼遂集解），中华书局，1990，第 285、523 页；（宋）李昉等撰《太平御览》，第 4159 页。

⑤ 何宁撰《淮南子集释》，第 1303、26 页。

"罪""罳""罘""罟""罶""罝""罾""罩"等。^① 汉代还曾出现一种以机械方式牵引绳索控制网具升降的捕鱼技术。《初学记》卷二二引《风俗通义》："罾者树四木而张网于水，车挽之上下。"^②

四川郫县出土东汉画像石棺有人工驯养鱼鹰捕鱼的画面。^③ 山东武梁祠汉画像石也有表现使用鱼鹰捕鱼的画面。用矛或叉击刺水中游鱼的情形，也多见于汉代画像。

秦汉时期捕鱼技术的进步，使得渔业产量有较大的增长，也说明渔业在当时社会生活中的地位。《盐铁论·通有》："江湖之鱼，莱黄之鲐，不可胜食。"^④ 有些地区甚至以鱼喂养家畜。《论衡·定贤》："彭蠡之滨，以鱼食犬豕。"^⑤ 从居延汉简提供的数据看，虽僻在荒远的边地，渔业产品也已成为吏卒及平民的生活消费品。如："鲍鱼百头"（263.3），"出鱼卅枚直百□"（274.26A），"……鱼百廿头，……十五日寄书，万侠游付庞子阳鱼数也"（E.P.T44：8）。甚至还有得鱼之多数以千计的情形，如"☑余五千头宫得鱼千头在吴夫子舍□□复之海上不能备□☑｜☑头鱼请令官收具鱼毕凡□□□☑｜☑□卤备几千头鱼千□食相□☑"（220.9）。居延出土《建武三年候粟君所责寇恩事》简册载寇恩"为候粟君载鱼之鱁得卖"案例，一次即"载鱼五千头"（E.P.F22：6）。^⑥

所谓"江湖之鱼"，"不可胜食"，体现出当时江湖天然水面的广大及其未经人为严重破坏的自然生态。

---

① （汉）许慎撰，（清）段玉裁注《说文解字注》，第355~356页。

② （唐）徐坚等著《初学记》，第544页。

③ 李复华、郭子游：《郫县出土东汉画象石棺图象略说》，《文物》1975年第8期。

④ 王利器校注《盐铁论校注》（定本），第42页。

⑤ 黄晖撰《论衡校释》（附刘盼遂集解），第1112页。

⑥ 谢桂华、李均明、朱国炤：《居延汉简释文合校》，第437、462、357~358页；张德芳主编，杨眉著《居延新简集释（二）》，第416页；张德芳主编，张德芳著《居延新简集释（七）》，第424页。甘肃居延考古队简册整理小组：《"建武三年候粟君所责寇恩事"释文》，《文物》1978年第1期。

"水居千石鱼陂"

《史记·货殖列传》说，当时"水居千石鱼陂"的经营者，可以取得与千户侯相当的经济地位。颜师古在《汉书·货殖传》的注中，对"水居千石鱼陂"有这样的解释："言有大陂养鱼，一岁收千石鱼也。"[①]

据《三辅黄图》卷四记载，长安附近的池沼已经被利用以"外荡养鱼"的方式取得水产品。《三辅黄图》卷四引《庙记》：昆明池"养鱼以给诸陵祭祀，余付长安厨"[②]。《汉旧仪》："上林苑中昆明池、镐池、牟首诸池，取鱼鳖给祠祀，用鱼鳖千枚以上，余给太官。"[③]《西京杂记》卷一说，汉武帝作昆明池，"于上游戏养鱼，鱼给诸陵庙祭祀，余付长安市卖之"[④]。《太平御览》卷九三五引《三辅旧事》也有类似的记载，并且说到"余付长安市，鱼乃贱"[⑤]。《初学记》卷七又说，"汉上林有池十五所"，其中有的就直接命名为"鱼池"[⑥]。《三辅黄图》卷四引《三辅旧事》说"昆明池地三百三十二顷"[⑦]。《西京杂记》卷一说其"周回四十里"[⑧]。据考古工作者勘察，汉昆明池"池址总面积约 10 平方公里"[⑨]，与文献记载大体相合。《华阳国志·蜀志》说，秦汉时期蜀地池塘养鱼也得到发展。秦筑成都城，取土成池，"因以养鱼"。李冰治蜀，穿诸陂池，"蜀于是盛有养生之饶

① 《汉书·货殖传》，第 3687 页。

② 何清谷校注《三辅黄图校注》，第 297 页。

③ （清）孙星衍等辑，周天游点校《汉官六种》，中华书局，1990，第 50 页。

④ （晋）葛洪撰，周天游校注《西京杂记校注》，第 5 页。

⑤ （宋）李昉等撰《太平御览》，第 4156 页。

⑥ （唐）徐坚等著《初学记》，第 148 页。

⑦ 何清谷校注《三辅黄图校注》，第 297 页。

⑧ （晋）葛洪撰，周天游校注《西京杂记校注》，第 5 页。

⑨ 胡谦盈：《丰镐地区诸水道的踏察——兼论周都丰镐位置》，《考古》1963 年第 4 期；胡谦盈：《汉昆明池及其有关遗存踏察记》，《考古与文物》1980 年创刊号，收入《胡谦盈周文化考古研究选集》。

焉"①。如汉安县即"有盐井、鱼池以百数，家家有焉，一郡丰沃"。东汉初，邓晨任汝南太守，修复鸿却陂，"起塘四百余里"②，史书赞美其"鱼稻之饶，流衍它郡"③。汉代墓葬多出土陶制陂池模型，其中往往刻画或堆塑出鱼类及其他水生动物形象。

　　《世说新语·任诞》注引《襄阳记》说："汉侍中习郁于岘山南，依《范蠡养鱼法》作鱼池。"④《水经注》卷二八《沔水》也有关于习郁据范蠡《养鱼法》发展池塘养鱼的记载："水又东入侍中襄阳侯习郁鱼池。郁依范蠡《养鱼法》作大陂，陂长六十步，广四十步，池中起钓台，池北亭，郁墓所在也。列植松篁于池侧沔水上，郁所居也。又作石洑逗引大池水于宅北作小鱼池，池长七十步，广十二步。西枕大道，东北二边限以高堤，楸竹夹植，莲芡覆水，是游宴之名处也。"⑤习郁是东汉初年人，他的养鱼池具有池形整齐、注排水方便、堤埂坚实等条件。所谓"小鱼池"，有可能是鱼苗池或鱼种池。《初学记》卷八引《襄阳记》也说："岘山南八百步，西下道百步，有习家鱼池。"⑥《艺文类聚》卷九引《襄阳记》："岘山南习郁大鱼池，依《范蠡养鱼法》，种楸、芙蓉、菱芡。"⑦看来，汉代民间可能流传一部托名范蠡总结池塘养鱼经验，并且形成关于水产养殖业的专著《范蠡养鱼法》。⑧

　　鱼池数量之多，是以水资源的充备为基本条件的。而鱼池的密

①　（晋）常璩撰，任乃强校注《华阳国志校补图注》，第128、134页。
②　《后汉书·方术列传上·许杨》，第2710页。
③　《后汉书·邓晨列传》，第584页。
④　余嘉锡撰，周祖谟、余淑宜整理《世说新语笺疏》，中华书局，1983，第866页。
⑤　（北魏）郦道元著，陈桥驿校证《水经注校证》，第664~665页。
⑥　（唐）徐坚等著《初学记》，第182页。
⑦　（唐）欧阳询撰，汪绍楹校《艺文类聚》，第171页。
⑧　《隋书·经籍志三》有《陶朱公养鱼法》一卷，疑即《范蠡养鱼法》。姚振宗《汉书艺文志拾补》推测《范蠡养鱼法》一书作于西汉时期。王毓瑚认为这一推测是可信的，见所著《中国农学书录》，农业出版社，1964。

集，也改善了生态条件。

《齐民要术》所引《陶朱公养鱼经》文字不多，然而内容包括"治生之法""作鱼池法""欲令生大鱼法"等等，[①] 已概要总结了池塘养鱼的基本经验。

《太平御览》卷九三六引《魏武四时食制》："郫县子鱼，黄鳞赤尾，出稻田，可以为酱。"[②] 这是关于我国开始稻田养鱼的最早的文字记载。汉代墓葬中出土的陶水田模型，提供了有关当时稻田养鱼的实物资料。四川新津宝子山出土的陶水田模型，田中横穿一条沟渠，渠中有游鱼。四川绵阳新皂出土的陶水田模型，田分两段，其中也有鱼、鳅游动。四川新都出土的"薅秧农作"画像砖表现农夫在水田中农作的情形，脚下也有鱼游于水中。[③] 陕西汉中出土的陂池稻田模型，一边为陂池，一边为稻田，中隔一坝，坝中部安有提升式平板闸门。陂池中有鱼 6 条，鳖 1 只，升启闸门时，鱼可以顺水游至稻田之中。[④] 这些文物资料，都可以为说明当时的渔业及水资源状况提供见证。

"陂池水泽之利"在经济生活中的地位

《汉书·地理志下》介绍各地物产，说到巴、蜀、广汉"民食稻鱼"；颍川、南阳"好商贾渔猎"；上谷至辽东，"有鱼盐枣栗之饶"；齐地"通鱼盐之利"；楚地"民食鱼稻，以渔猎山伐为业"；吴地则有"三江五湖之利"。[⑤] 看来，秦汉时期相当广阔的地区都以渔业作为主要产业之一。

---

① （后魏）贾思勰原著，缪启愉校释，缪桂龙参校《齐民要术校释》，第 343 页。
② （宋）李昉等撰《太平御览》，第 4160 页。
③ 刘志远等编著《四川汉代画象砖与汉代社会》，文物出版社，1983，图三六、图三八、图三七。
④ 秦中行：《记汉中出土的汉代陂池模型》，《文物》1976 年第 3 期。
⑤ 《汉书·地理志下》，第 1645、1654、1657、1660、1666、1668 页。

《续汉书·百官志五》说，地方"有水池及鱼利多者置水官，主平水收渔税"①。据《汉书·百官公卿表上》，中央政府有关部门也有管理"鱼利""渔税"的机构。太常、大司农、少府和水衡都尉属下皆有都水长丞。三辅之地也专设"都水"官，京兆尹有"都水"长丞，左冯翊有"左都水"长丞，右扶风有"右都水"长丞。刘向曾领护三辅都水，息夫躬亦曾"持节领护三辅都水"。②

《史记·龟策列传》褚少孙补述，说到"卜渔猎得不得"，有"渔猎得"、"渔猎得少"、"渔猎不得"以及"渔猎尽喜"诸情形，③反映了民间渔业收益在社会生活中具有重要意义。

秦汉政府曾经推行片面强调农本而禁止民众从事渔业生产的政策。汉明帝时，"下令禁民二业"。宗室刘般奏言："郡国以官禁二业，至有田者不得渔捕。今滨江湖郡率少蚕桑，民资渔采以助口实，且以冬春闲月，不妨农事。"④汉明帝接受了他的建议，听任江湖沿岸地区得以从事渔业生产。

皇室经营的宫苑池沼养鱼，产品除支应宫廷消费之外，也作为商品进入市场。昆明池中养鱼"以给诸陵祠，余付长安市，鱼乃贱"，即例证之一。但宫苑通常严禁平民进入，"绝陂池水泽之利"⑤。只是在某些特定情况下，如发生严重灾荒，或为了赈济贫民，才把苑囿"假"给平民，令得渔采，而由政府收取"假税"。汉昭帝元凤三年（前78），曾"罢中牟苑赋贫民"⑥。汉宣帝地节三年（前67）诏："池籞未御幸者，假与贫民。"⑦汉元帝初元元年（前48）诏："江海陂湖园池属少府者以假贫民，勿租赋。"初元二年（前47）

① 《续汉书·百官志五》，《后汉书》，第3624页。
② 《汉书·刘向传》，第1949页；《息夫躬传》，第2182页。
③ 《史记·龟策列传》，第3242、3244、3249页。
④ 《后汉书·刘般列传》，第1305页。
⑤ 《汉书·东方朔传》，第2849页。
⑥ 《汉书·昭帝纪》，第229页。
⑦ 《汉书·宣帝纪》，第249页。

又诏罢水衡禁囿、宜春下苑、少府佽飞外池、严籞池田"假与贫民"①。汉章帝建初元年（76）"诏以上林池籞田赋与贫人"②。汉和帝曾多次颁布诏书，令民得入陂池渔采，"不收假税"③。汉安帝永初三年（109），"京师大饥，民相食"，"诏以鸿池假与贫民"。《后汉书·安帝纪》李贤注引《续汉书》曰："鸿池在洛阳东二十里。'假'，借也。令民渔采其中。"④ 可见通常情况下，相当大量的"江海陂湖园池"资源往往是被皇家控制，而"贫民"无从开发利用。这种受到特殊"保护"的自然水面，对于当时生态形势的意义当然更为重要。

在私营经济形式中，渔业也同其他产业一样，豪强权贵具有雄厚的实力。他们"颛川泽之利，管山林之饶"⑤，控制了大量的渔产资源。蜀卓氏"田池射猎之乐，拟于人君"。宛孔氏"规陂池，连车骑，游诸侯，因通商贾之利"⑥。灌夫"陂池田园，宗族宾客为权利，横颍川"⑦。《盐铁论·刺权》说，"贵人之家，云行于涂，毂行于道，攘公法，申私利，跨山泽，擅官市，非特巨海鱼盐也"⑧。樊宏的田庄拥有"陂池灌注，又池鱼牧畜，有求必给"⑨。阳翟黄纲恃势"求占山泽以自营植"⑩。王褒《僮约》说，僮仆的职任，除"垂钓"之外，又包括"结网捕鱼""入水捕龟""浚园纵鱼"种种。⑪ 可见当时一些

---

① 《汉书·元帝纪》，第 279、281 页。
② 《后汉书·章帝纪》，第 134 页。
③ 《后汉书·和帝纪》，第 185 页。
④ 《后汉书·安帝纪》，第 206、212 页。
⑤ 《汉书·食货志上》，第 1137 页。
⑥ 《史记·货殖列传》，第 3277、3278 页。
⑦ 《史记·魏其武安侯列传》，第 2847 页。
⑧ 王利器校注《盐铁论校注》（定本），第 121 页。
⑨ 《后汉书·樊宏列传》，第 1119 页。
⑩ 《后汉书·独行列传·刘翊》，第 2695 页。
⑪ 《全后汉文》卷四二，（清）严可均辑《全上古三代秦汉三国六朝文》，中华书局，1958，第 717 页。

地主豪强的田庄都兼营渔业生产。而富家豪族对"川泽"的"占""专""规""跨",形成了一定规模下的垄断。这种形式虽在客观上限制了开发,但或许也在某种意义上实现了对包括水资源在内的自然生态在某种意义上的保护。

四

秦汉时期野生动物分布

1. 秦汉时期犀牛的分布

秦汉时期长江流域和珠江流域有适合犀生存的生态条件。当时犀以其物用，被看作这一地区的经济资源之一。

由于气候条件的变迁和人类活动的影响，犀分布区的北界逐渐南移。而发掘历史文献资料所作犀分布区变迁示意图中看到的这一界线并不完全遵依纬度而呈现较显著的曲折，其中有多种原因，包括贡献贸易所受到的交通条件的局限，而地貌因素的作用当然亦值得重视。西南地区的犀作为经济资源仍然受到重视，与这一地区的生态条件的变化没有长江下游地区急剧有一定关系，也与这一地区的人类猎杀活动没有长江下游地区残厉有一定关系。

荆扬犀革之贡

《禹贡》说到扬州、荆州都有"齿、革"之贡：

淮海惟扬州。彭蠡既猪，阳鸟攸居。三江既入，震泽底定。筱簜既敷，厥草惟夭，厥木惟乔。厥土惟涂泥。厥田惟下下，厥赋下上错。厥贡惟金三品，瑶琨筱簜，齿革羽毛惟木，岛夷卉服，厥篚织贝，厥包橘柚锡贡。沿于江海，达于淮泗。

荆及衡阳惟荆州。江汉朝宗于海。九江孔殷，沱潜既道，云土梦作乂。厥土惟涂泥。厥田惟下中，厥赋上下。厥贡羽毛齿革，惟金三品，杶干栝柏，砺砥砮丹，惟箘簵楛，三邦底贡厥名，包匦菁茅，厥篚玄纁玑组，九江纳锡大龟。浮于江沱潜汉，逾于洛，至于南河。

扬州所贡"齿革"，孔安国解释说："齿，象牙；革，犀皮。"[1] 孔颖达也说："《考工记》：'犀甲七属，兕甲六属。'《宣二年左传》云：'犀兕尚多，弃甲则那。'是甲之所用，犀革为上，革之所美，莫过于犀。知'革'是犀皮也。"荆州所贡"齿革"，孔安国说："土所出与扬州同。"孔颖达指出："《传》'土所'至'州同'，《正义》曰：'与扬州同而扬州先齿革，此州先羽毛，盖以善者为先。'由此而言之，诸州贡物多种，其次第皆以当州贵者为先也。"[2]

注家均以"犀皮"释"革"。按照孔颖达"当州贵者为先"之说，则扬州犀皮较羽毛为贵，荆州羽毛较犀皮为贵。由此可以推知荆州犀皮出产数量可能更多。

《周礼·夏官司马·职方氏》说扬州、荆州地理条件，有如下文字：

东南曰扬州。其山镇曰会稽。其泽薮曰具区。其川三江，其

---

① 《史记·夏本纪》引《禹贡》扬州"齿、革、羽、旄"，裴骃《集解》："孔安国曰：'象齿、犀皮、鸟羽、旄牛尾也。'"（第60页）

② （清）阮元校刻《十三经注疏》，第148~149页。

浸五湖。其利金锡竹箭。其民二男五女。其畜宜鸟兽。其谷
宜稻。

正南曰荆州。其山镇曰衡山。其泽薮曰云瞢。其川江汉，其
浸颍湛。其利丹银齿革。其民一男二女。其畜宜鸟兽。其谷
宜稻。①

所谓"畜宜鸟兽"，郑玄注："鸟兽，孔雀、鸾、鸩鹊、犀、象之
属。"汉儒注解以为"鸟兽"包括"犀、象之属"，是值得注意的。②
而《职方氏》突出强调荆州"其利丹、银、齿、革"，郑玄注"革，
犀兕革也"，也说明两湖地区犀的分布与中原经济生活有更密切的
联系。

又《逸周书·职方》所说与《周礼》略同：

东南曰扬州。其山镇曰会稽。其泽薮曰具区。其川三江，其
浸五湖。其利金锡竹箭。其民二男五女。其畜宜鸡狗鸟兽。其谷
宜稻。

正南曰荆州。其山镇曰衡山。其泽薮曰云梦。其川江汉，其
浸颖、湛。其利丹银齿革。其民一男二女。其畜宜鸟兽。其谷
宜稻。③

扬州所谓"其畜宜鸡狗鸟兽"，与《周礼》不同，既然是"畜"而与
"鸡狗"并列，已经不大可能包括"犀、象之属"了。而荆州"其利
丹银齿革"，所说"革"，也被解释为犀皮。如孔晁注："革，犀、兕

---

① （清）阮元校刻《十三经注疏》，第862页。
② 《汉书·地理志上》引此文，"畜宜鸟兽"句，颜师古注："鸟，孔、翠之属。兽，
犀、象之属。"（第1539页）
③ 黄怀信：《逸周书校补注译》，三秦出版社，2006，第354~355页。

革也。"

同样处于南中国的西南地区,《禹贡》记述:

> 华阳、黑水惟梁州。岷嶓既艺,沱潜既道,蔡蒙旅平,和夷
> 底绩。厥土青黎。厥田惟下上,厥赋下中三错。厥贡璆铁银镂砮
> 磬,熊黑狐狸织皮。西倾因桓是来,浮于潜,逾于沔,入于渭,
> 乱于河。①

物产不包括"犀、兕革"。而《周礼·夏官司马·职方氏》和《逸周
书·职方》所谓"辨九州之国",即基本区域划分,为扬州、荆州、
豫州、青州、兖州、雍州、幽州、冀州、并州,似乎不包括《禹贡》
梁州地方。

当时中国西南地区是否没有犀生存呢?

其实,《山海经》中已经透露了西南地区"其兽多犀"的重要
信息。

例如,《山海经·西山经》写道:

> 嶓冢之山,汉水出焉,而东南流注于沔;嚻水出焉,北流注
> 于汤水。其上多桃枝钩端,兽多犀、兕、熊、罴,……

《西次二经》:

> 女床之山,其阳多赤铜,其阴多石涅,其兽多虎、豹、
> 犀、兕。
> 底阳之山,其木多㮋、楠、豫章,其兽多犀、兕、虎、豹、

---

① (清)阮元校刻《十三经注疏》,第150页。

牦牛。

又西二百五十里，曰众兽之山，其上多璿琈之玉，其下多檀楮，多黄金，其兽多犀、兕。

"嶓冢之山"为汉水之源。"女床之山"在"高山""西南三百里"，而"高山""泾水出焉，而东流注于渭"，其方位也可以推定。又如《中次九经》：

岷山，江水出焉，东北流注于海，其中多良龟，多鼍，其上多金玉，其下多白珉，其木多梅棠，其兽多犀、象，多夔牛。[①]

又东北一百四十里，曰崃山。江水出焉，东流注大江。……又东一百五十里，曰崌山。江水出焉，东流注于大江，其中多怪蛇，多䘘鱼。其木多楢、杻，多梅、梓，其兽多夔牛、麢、臭、犀、兕。

又东三百里，曰高梁之山，……又东四百里，曰蛇山，……又东五百里，曰鬲山，其阳多金，其阴多白珉。蒲鸏之水出焉，而东流注于江。其中多白玉，其兽多犀、象、熊、罴。[②]

可见，在《山海经》成书的时代，西南若干地区曾经存在"其兽多犀"的局部环境。

《华阳国志·蜀志》写道：

《夏书》曰："岷山导江，东别为沱。"泉源深盛，为四渎之

---

① 《续汉书·郡国志五·蜀郡》"湔氐道，岷山在西徼外"句下刘昭注补："《山海经》曰：'岷江，江水出焉，东北注于海。中多良龟，其上多金玉，其下多白珉，其兽多犀、象、夔。'郭璞曰：'今蜀山中有大牛，重数千斤，曰夔。'"《后汉书》，第3508页。

② 袁珂校注《山海经校注》，上海古籍出版社，1980，第28、35、37、156、157、158页。

首，而分为九江。其宝，则有璧玉，金、银、珠、碧，铜、铁、铅、锡，赭、垩、锦、绣，罽、牦、犀、象，毡、毦、丹、黄，空青〔桑、漆、麻、纻〕之饶，滇、獠、賨、僰，僮仆六百之富。①

论说蜀地物产之"饶"时列举"犀"，是值得注意的。任乃强解释这段文字时，提出了魏晋以前多有"犀象"自蜀道输入"中土"的意见。他指出："'犀、象'皆热带动物。犀角、象牙，中土所重。皮坚韧，为甲。上古并由商贾自蜀道输入。秦以后番禺道畅通。三国以后，海道乃通，而蜀道转寂。此所言，魏晋以前事也。近年四川盆地频数发现古犀象化石，皆人类初生时代之遗迹，未可用以解释此文。"②

关于蜀地上古以来曾经向"中土"供输"犀、象"的意见，大体是正确的。不过，任乃强认识的出发点，是"'犀、象'皆热带动物"，蜀地只是北上转输的信道而已。

可以说明战国时期蜀地有犀生存的例证，又见于《华阳国志·蜀志》关于李冰兴水利事迹的记录：

> 冰乃壅江作堋。穿郫江、捡江，别支流，双过郡下，以行舟船。岷山多梓、柏、大竹，颓随水流，坐致材木，功省用饶。又溉灌三郡，开稻田。于是蜀沃野千里，号为陆海。旱则引水浸润，雨则杜塞水门，故记曰："水旱从人，不知饥馑。""时无荒年，天下谓之天府"也。外作石犀五头以厌水精，穿石犀渠于南江，命曰犀牛里。后转〔置犀〕为耕牛二头，一在府市市桥门，

---

① （晋）常璩撰，任乃强校注《华阳国志校补图注》，第 113 页。
② （晋）常璩撰，任乃强校注《华阳国志校补图注》，第 116 页。

今所谓石牛门是也。一在渊中。①

任乃强以为"石犀"之"犀"当作"兕"，而"兕"不过水牛而已，断言所谓李冰"作石犀五头"是"傅会"之辞："石犀厌水之说当辨。《尔雅》、《说文》皆有'犀'字，不言能厌水精。葛洪《抱朴子》引郑君言：'但习闭气至千息久，久则能居水中一日许。得真通天犀角三寸以上者，刻为鱼，衔之入水，水常为开方三寸，可得气息水中。'洪又云：'通天犀（角）赤理如綖，自本彻末，以角盛米，着地，群鸡不敢啄而辄惊，故南人名为骇鸡犀。'《埤雅》引《异物志》云：'犀之通天者，恶影，常饮浊水。佳雾厚露之夜不濡。其角白星彻端。世云：犀望星而入角，可以破水、骇鸡。'蜀地古无犀牛。胡越商人从热带地区，转售犀角（入药）犀皮（作甲）来我国。口传其形状与生态，往往夸大其事，遂有'破水、骇鸡'，'露夜不濡'之说。皆始于三国海道甫通时，汉以前无此说也。'常志'采以傅会李冰石牛。"任乃强还写道："今蜀中各县当水处，每有作石牛以厌水者，其牛皆作水牛形。旧江渎庙，亦有仿李冰遗制之铜牛一头（现亦保存于公园内），亦是水牛形。本书下文亦云：'转为耕牛二头。'然则常璩所亲见之李冰石牛，是耕牛，非犀牛也。"任乃强又分析说："李冰所作石牛，既是'耕牛'，作水牛形矣，何以昔人又传其为犀？考水牛亦我国南方原产之巨形兽类；最先种稻之我国南方民族，已驯扰之成水田之耕牛。殷周之际，中原人民已见其物，称之为兕。骇其形体之大，比于虎类。《九经》中每见其字。《诗》曰：'匪兕匪虎，率彼旷野。'其双角巨大而空，古人雕以盛酒，称为'兕觥'，见于《南诗》。志其形体者，始于《尔雅》，仅'兕似牛'三字。谓其形体

---

① （晋）常璩撰，任乃强校注《华阳国志校补图注》，第133页。《艺文类聚》卷九五引《蜀王纪》也写道："江水为害，蜀守李冰作石犀五枚，二枚在府中，一枚在市桥下，二在水中，以厌水精。因曰石犀里。"（第1644页）

· 244 ·

似中国北方之黄牛也（古牛字只谓黄牛）。兕字造形为双巨角，明是古人初见水牛时制。其音近犀（在蜀且同音）。缘是秦汉蜀人呼之'石兕'，魏晋人转误为犀，遂并误会李冰造作之意为厌水也。犀非牛类，而蜀人恒呼'犀牛'，正缘与兕混也。"任乃强还说道："中原牛耕，惟用黄牛。吴楚耕作，皆用水牛。李冰'穿二江于成都'，别支流'溉灌三郡，开稻田'，大力提倡种稻（谷物中稻之产量最高），从而提倡引种水牛，师法吴楚稻农。故刻此石牛五头，分置二江灌溉地区，宣传物宜，以为劝导。当时呼之为兕。后被妄传为作犀厌水也。"①

任乃强是《华阳国志》研究公认的权威学者，但是其中对于"犀"的理解，确实有千虑一失之不足。例如，此说"蜀地古无犀牛"，与前引"近年四川盆地频数发现古犀象化石"的事实相矛盾；又"刻此石牛五头，分置二江灌溉地区，宣传物宜，以为劝导"，在于"提倡引种水牛，师法吴楚稻农"，而否定"作犀厌水"传说的论点，与他本人所谓"今蜀中各县当水处，每有作石牛以厌水者"的情形亦相矛盾。此外，以所谓"《尔雅》、《说文》皆有'犀'字，不言能厌水精"，断定"汉以前无此说也"②，又以为"犀非牛类，而蜀人恒呼'犀牛'，正缘与兕混也"等，均不免武断。而有关石犀渠、石犀渊、犀牛里、犀浦河，以至唐置犀浦县诸地名"其犀字，并随《常志》讹"的判断，③似乎也是缺乏足够的说服力的。至于李冰始"提倡引种水牛，师法吴楚稻农"的说法，也是和基于考古学资料所得到的认识不相符合的。根据考古发掘所得资料，可以看到四川地区远在

---

① （晋）常璩撰，任乃强校注《华阳国志校补图注》，第136页。

② 《史记·齐太公世家》说到武王伐纣，进军孟津，"师尚父左杖黄钺，右把白旄以誓，曰：'苍兕苍兕，总尔众庶，与尔舟楫，后至者斩！'"司马贞《索隐》引王充曰："苍兕者，水兽。"（第1479页）可知"作犀厌水"并非"妄传"。

③ （晋）常璩撰，任乃强校注《华阳国志校补图注》，第136页。

新石器时代的稻作经济的遗存。[①] 水稻种植，成就了成都平原农业的飞跃。[②] 有学者指出，宝墩文化早期，成都平原的农业结构转变为以稻作为主。宝墩文化晚期至三星堆文化时期，仍以稻作为主。[③] 承植物考古学家赵志军见告，稻作遗存从桂圆桥时期就已经发现，但未能超过粟和黍。到了宝墩文化时期，水稻数量超过粟和黍，但不显著。到了三星堆文化时期，以水稻为主，但还有粟和黍。到了十二桥文化时期，粟和黍基本就消失了。或许可以这样表述，成都平原史前时期，自始至终都是稻旱混作，即同时种植水稻和粟黍，但发展趋势是水稻逐渐取代粟黍。反而至李冰修了都江堰，成都平原的水患得到控制，沼泽退缩，旱作才又重新进入成都平原。唐宋时期四川地区仍然有零星野犀活动的历史记录，[④] 也证明任乃强否定四川有犀的论点缺乏历史资料的支持。

李冰"作石犀五头以厌水精"事，可以看作西南地区犀的生存史在传说中的反映。

当时西南地区的犀没有得到中土人的特殊重视，主要是因为作为贡赋，运程艰险的西南地方"犀、兕革"的经济意义是有限的。而除了当时交通条件远为优越的东方"齿革"资源尚较为充备而外，人们因交通阻隔导致的对西南地区了解的缺乏，也是主要因素之一。

汉代犀牛分布地域北界的南移

虽然《史记·礼书》有"楚人鲛革犀兕，所以为甲，坚如金石"

---

① 玑玉、万娇：《四川什邡市桂圆桥遗址浮选结果与分析》，《四川文物》2015年第5期。大致桂圆桥二期出现水稻，推动了成都平原的开发。

② 万娇：《从三星堆遗址看成都平原文明进程》，科学出版社，2020，第354~355、345~346页。

③ 姜铭：《成都平原先秦时期农业的植物考古学观察》，硕士学位论文，四川大学，2015。

④ 文焕然、何业恒、高耀亭：《中国野生犀牛的灭绝》，文焕然等著，文榕生选编整理《中国历史时期植物与动物变迁研究》，第224页。

的说法，而《汉书·地理志下》"寿春、合肥受南北湖皮革、鲍、木之输，亦一都会也"，颜师古注称"皮革，犀兕之属也"①，但是从许多汉代文献所见犀的记录来看，其生存地域距中原文化重心地区已经相当遥远。正如《盐铁论·力耕》所说："珠玑犀象出于桂林，此距汉万有余里。"②

《史记·货殖列传》介绍岭南经济，有"番禺亦其一都会也，珠玑、犀、玳瑁、果、布之凑"的话语。《汉书·地理志下》有相类同的说法，其文句写作："处近海，多犀、象、毒冒、珠玑、银、铜、果、布之凑，中国往商贾者多取富焉。"③ 其中"犀"在经济资源中列为首位。赵佗在陆贾使南越后上书长安，列有进献诸宝物的清单："谨北面因使者献白璧一双，翠鸟千，犀角十，紫贝五百，桂蠹一器，生翠四十双，孔雀二双。"④ 其中"犀角十"引人注目。《汉书·平帝纪》："（元始）二年春，黄支国献犀牛。"颜师古注："应劭曰：'黄支在日南之南，去京师三万里。'师古曰：'犀状如水牛，头似猪而四足类象，黑色，一角当额前，鼻上又有小角。'"《汉书·地理志下》就此事又写道："平帝元始中，王莽辅政，欲耀威德，厚遗黄支王，令遣使献生犀牛。"⑤ 据《汉书·王莽传中》，王奇等人为王莽登基造作舆论，"班《符命》四十二篇于天下"，其中有"受瑞于黄支"语，颜师古注引孟康曰："献生犀。"⑥ 是黄支"生犀牛"入献，被看作"德祥之符瑞"。《汉书·景武昭宣元成功臣表》又有这样的记载：

（湘成侯监益昌）五凤四年，坐为九真太守盗使人出买犀、

---

① 《史记·礼书》，第 1164 页；《汉书·地理志下》，第 1666 页。
② 王利器校注《盐铁论校注》（定本），第 29 页。
③ 《史记·货殖列传》，第 3268 页；《汉书·地理志下》，第 1670 页。
④ 《汉书·南粤传》，第 3852 页。
⑤ 《汉书·平帝纪》，第 352 页；《汉书·地理志下》，第 1671 页；《后汉书·南蛮传》："逮王莽辅政，元始二年，日南之南黄国来献犀牛。"（第 2836 页）
⑥ 《汉书·王莽传中》，第 4112 页。

　　奴婢，臧百万以上，不道，诛。①

也是反映九真出犀，而犀亦进入市场的资料。贾捐之建议罢珠崖郡，有所谓"又非独珠崖有珠犀玳瑁也，弃之不足惜，不击不损威"语，② 说到犀是珠崖特产。《汉书·西域传下》赞语也有"睹犀布、玳瑁，则建珠崖七郡"语。③《盐铁论·崇礼》：

　　夫犀象兕虎，南夷之所多也。④

《后汉书·章帝纪》李贤注："武帝时因八月尝酎，令诸侯出金助祭，所谓酎金也。丁孚《汉仪式》曰：'九真、交阯、日南者用犀角二，长九寸，若玳瑁甲一；郁林用象牙一，长三尺已上，若翠羽各二十，准以当金。'"⑤《续汉书·礼仪志上》有关于"饮酎、上陵"之礼的内容，刘昭注补引《汉律·金布令》曰："大鸿胪食邑九真、交阯、日南者，用犀角长九寸以上若玳瑁甲一。"⑥ 也说明"九真、交阯、日南"当时是犀的主要出产地。《艺文类聚》卷六引汉杨雄《交州箴》曰"交州荒裔，水与天际。越裳是南，荒国之外"。"稍稍受羁，遂臻黄支。抗海三万，来牵其犀。"⑦ 所谓"交州荒裔""来牵其犀"

---

　　① 《汉书·景武昭宣元成功臣表》，第 656 页。
　　② 《汉书·贾捐之传》，第 2834 页。
　　③ 《汉书·西域传下》，第 3928 页。王先谦《汉书补注》引王念孙曰："'犀布'连文，殊为不类。'布'当为'象'。'象''布'二字篆文下半相似，故'象'讹为'布'。'犀象玳瑁'皆两粤所产，故曰'睹犀布、玳瑁，则建珠崖七郡'也。下文云'明珠、文甲、通犀、翠羽之珍'，'巨象、师子、猛犬、大雀之群'，正与此'犀象玳瑁'相应，则当作'象'明矣。《御览·珍宝部六》引此已误作'犀布'，《汉纪·孝武纪》、《通典·边防八》引此并作'犀象'。"（王文锦等点校，中华书局，1988，第 1643 页）
　　④ 王利器校注《盐铁论校注》（定本），第 438 页。
　　⑤ 《后汉书·章帝纪》，第 142 页。据中华书局标点本《后汉书》校勘记，殿本《考证》谓"者"似当作"皆"。
　　⑥ 《续汉书·礼仪志上》，《后汉书》，第 3104 页。
　　⑦ （唐）欧阳询撰，汪绍楹校《艺文类聚》，第 116 页。

的说法，反映了交州地方当时曾经是出产犀的重心地区之一的事实。

《后汉书·马援传》说，马援出军交阯，载一车"薏苡实"北返，有人上书潛之，"以为前所载还，皆明珠文犀"。"文犀"，李贤注："犀之有文彩也。"《后汉书·贾琮传》："旧交阯土多珍产，明玑、翠羽、犀、象、玳瑁、异香、美木之属，莫不自出。"也说交阯"珍产"包括"犀"。① 杜笃《论都赋》写道：

> 南羁钩町，水剑强越，残夷文身，海波沫血。郡县日南，漂概朱崖。部尉东南，兼有黄支。连缓耳，琐雕题，摧天督，牵象犀，椎蚌蛤，碎琉璃，甲玳瑁，戕觜觿。②

"牵象犀"，是经营南边的收获之一。

《后汉书·章帝纪》："元和元年春正月，中山王焉来朝。日南徼外蛮夷献生犀、白雉。"李贤注："刘欣明《交州记》曰：'犀，其毛如豕，蹄有三甲，头如马，有三角，鼻上角短，额上、头上角长。'《异物志》曰：'角中特有光耀，白理如线，自本达末则为通天犀。'"同一事，《后汉书·南蛮传》写作："肃宗元和元年，日南徼外蛮夷究不事人邑豪献生犀、白雉。"③ 《艺文类聚》卷八七引谢承《后汉书》："汝南唐羌，为临武长，县接交州。州旧贡荔支及生犀献之，羌上书谏，乃止。"④ 临武，即今湖南临武。这是我们现今所知反映东汉"生犀"活动地域之北界的资料。

又《汉书·景十三王传·江都易王刘非》："遣人通越繇王闽侯，遗以锦帛奇珍，繇王闽侯亦遗建荃、葛、珠玑、犀甲、翠羽、蝯熊奇

---

① 《后汉书·马援传》，第 846 页；《后汉书·贾琮传》，第 1111 页。

② 《后汉书·杜笃传》，第 2600 页。

③ 《后汉书·章帝纪》，第 145 页；《后汉书·南蛮传》，第 2837 页。

④ （唐）欧阳询撰，汪绍楹校《艺文类聚》，第 1497 页。

兽，数通使往来，约有急相助。"① 可见闽越地方也有"犀"生存。

据《汉书·西域传上》，"乌弋地暑热莽平，其草木、畜产、五谷、果菜、食饮、宫室、市列、钱货、兵器、金珠之属皆与罽宾同，而有桃拔、师子、犀牛"②，是为西域有"犀牛"的记录。又《后汉书·西域传》："条支国城在山上，周回四十余里。临西海，海水曲环其南及东北，三面路绝，唯西北隅通陆道。土地暑湿，出师子、犀牛、封牛、孔雀、大雀。大雀其卵如瓮。"

《三国志·魏书·乌丸鲜卑东夷传》裴松之注引《魏略·西戎传》有关于大秦国出"骇鸡犀"的记载。③ 《后汉书·桓帝纪》："（延熹九年）大秦国王遣使奉献。"李贤注："时国王安敦献象牙、犀角、玳瑁等。"又《西域传·大秦》也记载，大秦"土多金银奇宝，有夜光璧、明月珠、骇鸡犀、珊瑚、虎魄、琉璃、琅玕、朱丹、青碧"④。又写道：

　　　　至桓帝延熹九年，大秦王安敦遣使自日南徼外献象牙、犀角、玳瑁，始乃一通焉。其所表贡，并无珍异，疑传者过焉。⑤

施之勉《后汉书集解补》引丁谦曰："考西历延熹九年，为一百六十六年，而罗马王安敦卒于六十一年。知其使道阅五六年方至中国，海道交通之难如是。盖是时安息方强，与罗马为勍敌，陆道被阻不通故耳。"⑥ 考虑到这一情形，"疑传者过焉"的说法是值得重视的。

---

① 《汉书·景十三王传·江都易王刘非》，第2417页。
② 《汉书·西域传上》，第3889页；《后汉书·西域传》，第2918页。
③ 《三国志·魏书·乌丸鲜卑东夷传》，第861页。
④ 李贤注引《抱朴子》曰："通天犀有一白理如綖者，以盛米，置群鸡中，鸡欲往啄米，至辄惊鸡，故南人名为'骇鸡'。"
⑤ 《后汉书·桓帝纪》，第318页；《后汉书·西域传·大秦》，第2919页。
⑥ 施之勉：《后汉书集解补》第3册，第1400页。

《三国志·吴书·吴主传》说建安二十五年（220）事，裴松之
注引《江表传》有涉及"犀角"的文字：

> 是岁魏文帝遣使求雀头香、大贝、明珠、象牙、犀角、玳
> 瑁、孔雀、翡翠、斗鸭、长鸣鸡。群臣奏曰："荆、扬二州，
> 贡有常典，魏所求珍玩之物非礼也，宜勿与。"权曰："昔惠施
> 尊齐为王，客难之曰：'公之学去尊，今王齐，何其倒也？'惠
> 子曰：'有人于此，欲击其爱子之头，而石可以代之，子头所
> 重而石所轻也，以轻代重，何为不可乎？'方有事于西北，江
> 表元元，恃主为命，非我爱子邪？彼所求者，于我瓦石耳，孤
> 何惜焉？彼在谅暗之中，而所求若此，宁可与言礼哉！"皆具
> 以与之。[①]

孙权虽然宣称"犀角"诸物等"彼所求者，于我瓦石耳，孤何惜
焉"，然而其中多南海出物。而群臣所奏，也从侧面说明"犀角"等
"魏所求珍玩之物"，当时已经列为"荆、扬二州，贡有常典"之外
了。《三国志·吴书·士燮传》又写道："建安末年，燮遣子廞入质，
权以为武昌太守，燮、壹诸子在南者，皆拜中郎将。燮又诱导益州豪
姓雍闿等，率郡人民使遥东附。权益嘉之，迁卫将军。封龙编侯，都
乡侯。燮每遣使诣权，致杂香细葛，辄以千数，明珠、大贝、流离、
翡翠、玳瑁、犀、象之珍，奇物异果，蕉、邪、龙眼之属，无岁不
至。"[②]《三国志·吴书·薛综传》记载，薛综上疏言日南风土形势，
提到"县官羁縻，示令威服，田户之租赋，裁取供办，贵致远珍名
珠、香药、象牙、犀角、玳瑁、珊瑚、琉璃、鹦鹉、翡翠、孔雀、奇

---

① 《三国志·吴书·吴主传》，第1124页。
② 《三国志·吴书·士燮传》，第1192~1193页。

物，充备宝玩，不必仰其赋入，以益中国也"①，也说到"犀角"来自日南的情形。陆胤长期任交州刺史、安南将军，以所谓"衔命在州，十有余年，宾带殊俗，宝玩所生，而内无粉黛附珠之妾，家无文甲犀象之珍，方之今臣，实难多得"受到重视。② 交州作为富有"文甲犀象之珍"的"宝玩所生"之地的地位，更为明确。

犀：南徼外牛

除了荆、扬地方以及南海和西域之外，中土人所见犀又有另一来路，即西南方向。

《说文·牛部》写道："犀，南徼外牛。一角在鼻，一角在顶。"段玉裁注以为"南徼外牛"应依《韵会》作"徼外牛"。③ 对于所谓"徼"，王筠《说文句读》解释说："'徼'犹'塞'也。东北谓之'塞'，西南谓之'徼'。"班固《西都赋》"顿犀牦"句，李贤注："郭璞注《山海经》曰：'犀似牛而猪头，黑色，有三角，一在顶上，一在额上，一在鼻上。牦牛黑色，出西南徼外。'"④ 班固"犀牦"合说，郭璞说"牦""出西南徼外"，可以与《说文》及王筠说对照读。由犀为西南塞外之牛的理解，可以推知汉代文献所体现的当时人们对于犀的分布的认识，可能是包括西南地区的。

《后汉书·和帝纪》有西南方向来"献犀牛"的记载：

（永元）六年春正月，永昌徼外夷遣使译献犀牛、大象。

就同一事件，《后汉书·西南夷列传·哀牢夷》又写道：

---

① 《三国志·吴书·薛综传》，第 1252 页。
② 《三国志·吴书·陆凯传》，第 1410 页。
③ （汉）许慎撰，（清）段玉裁注《说文解字注》，第 52 页。
④ 《后汉书·班固传》，第 1350 页。

永元六年，郡徼外敦忍乙王莫延慕义，遣使译献犀牛、大象。①

这是明确的"西南徼外"出犀牛的史例。

又《后汉书·西域传·天竺》写到"土出象、犀、玳瑁、金、银、铜、铁、铅、锡，西与大秦通，有大秦珍物"②，也说到"西南徼外""犀"的来路。

其实，两汉时期西南地区曾经有犀生存的历史记录。

《淮南子·墬形》中说到八方物产：

> 东方之美者，有医毋闾之珣玗琪焉。东南方之美者，有会稽之竹箭焉。南方之美者，有梁山之犀象焉。西南方之美者，有华山之金石焉。西方之美者，有霍山之珠玉焉。西北方之美者，有昆仑之球琳、琅玕焉。北方之美者，有幽都之筋角焉。东北方之美者，有斥山之文皮焉。中央之美者，有岱岳，以生五谷桑麻，鱼盐出焉。

所谓"南方之美者，有梁山之犀象焉"，高诱注：梁山在长沙湘南，"有犀角、象牙，皆物之珍也"③。然而同篇又写道：

> 南方阳气之所积，暑湿居之，其人修形兑上，大口决眦，窍通于耳，血脉属焉，赤色主心，早壮而夭；其地宜稻，多兕象。
>
> 西方高土，川谷出焉，日月入焉，其人面末偻，修颈卬行，

---

① 《后汉书·和帝纪》，第177页；《后汉书·西南夷列传·哀牢夷》，第2851页。

② 《后汉书·西域传·天竺》，第2921页。

③ 原注："梁山在会稽长沙湘南，有犀角、象牙，皆物之珍也。"顾广圻云："会稽涉上注而衍。"郝懿行云："高据《职方》，以梁山即衡山。"何宁撰《淮南子集释》上册，第336页。

窍通于鼻，皮革属焉，白色主肺，勇敢不仁；其地宜黍，多
旄犀。①

南方"多兕象"，西方"多旄犀"，也反映了西南生存犀兕的事实。

《艺文类聚》卷三八引后汉李尤《辟雍赋》："夷戎蛮羌，儋耳哀
牢。重译响应，抱珍来朝。南金大路，玉象犀龟。"② 似乎是说南海
"儋耳"居地和西南"哀牢"之邦，都有犀的贡奉。

有史料说明，东汉时期的西南夷地区确实曾经以犀作为著名
物产。

《后汉书·西南夷列传·哀牢夷》曾经说到西南夷地区哀牢夷生
活的地方其物产是包括"犀、象"的：

> 出铜、铁、铅、锡、金、银、光珠、虎魄、水精、瑠璃、轲
> 虫、蚌珠、孔雀、翡翠、犀、象、猩猩、貊兽。③

《华阳国志·蜀志》越巂郡会无县条下说："土地特产好犀牛。东山
出青碧。"④ 中华书局标点本《后汉书》校勘记："惠栋《补注》谓今
《华阳国志》云'土地特产犀牛'也。"⑤

除了前引《华阳国志·蜀志》说蜀地"其宝"有"犀、象"而
外，《华阳国志·巴志》说巴地纳贡品物有"巨犀"：

> 其地，东至鱼复，西至僰道，北接汉中，南极黔涪。土植五

---

① 何宁撰《淮南子集释》，第352~353页。
② （唐）欧阳询撰，汪绍楹校《艺文类聚》，第690页。
③ 《后汉书·西南夷列传·哀牢夷》，第2849页。
④ 任乃强注："犀当作兕。"［（晋）常璩撰，任乃强校注《华阳国志校补图注》，第210页]，其说的基点依然在于否认"犀"的存在。
⑤ 《后汉书》，第3539页。

谷。牲具六畜。桑、蚕、麻、苎，鱼、盐、铜、铁，丹、漆、茶、蜜，灵龟、巨犀，山鸡、白雉，黄润、鲜粉，皆纳贡之。①

又《华阳国志·南中志》"永昌郡"条下也说当地土产有"犀、象"：

> 永昌郡，古哀牢国。……明帝乃置郡，以蜀郡郑纯为太守。属县八。户六万。去洛六千九百里。宁州之极西南也。有闽濮、鸠獠、僄越、裸濮、身毒之民。土地沃腴，〔宜五谷。出铜、锡，〕黄金、光珠、虎魄、翡翠、孔雀、犀、象、蚕、桑、绵、绢、采帛、文绣。②

所谓"永昌郡，古哀牢国"，自可与《后汉书·西南夷列传·哀牢夷》有关哀牢夷地方出产"犀、象"的资料联系起来理解。任乃强认为永昌郡所出"犀、象"为由此入境的"南洋商品"③，此说恐不确。至少并不位于中外交通信道上的巴地，同样出产"巨犀"。另一则与郑纯有关的史料，又见于《华阳国志·广汉士女》：

> 郑纯，字长伯，郪人也。为益州西部都尉。处地金、银、琥珀、犀、象、翠羽〔所〕出，作此官者，皆富及十世，纯独清廉，毫毛不犯。夷汉歌叹，表闻，三司及京师贵重多荐美之。明

---

① （晋）常璩撰，任乃强校注《华阳国志校补图注》，第5页。

② "〔〕"处任乃强注："六字原落在后。兹移还。出字下绾十五种土产。"（晋）常璩撰，任乃强校注《华阳国志校补图注》，第284~285页。

③ 任乃强在《蜀布、邛竹杖入大夏考》一文中写道："常璩《南中志·永昌郡》云，'有闽濮、鸠獠、僄越、裸濮、身毒之民。'其下续举'黄金、光珠、虎魄、翡翠、犀、象……罽、旄、帛叠、水精、琉璃、轲虫、蚌珠'，皆当时国际市易之珍贵商品。足知当时永昌地界，确曾有中、印、缅各民族贾人会聚之市场"，"张骞所侦得之大夏'从东南身毒国可数千里'之'蜀贾人市'（滇越），必在此滇缅间伊洛瓦底上游诸支流地区，为可定矣"。"当时南洋商品必由此入于我国；犀角、象牙、帛叠（木棉布）、水晶、琉璃、轲虫、蚌珠与'邛竹杖'皆是也"。（晋）常璩撰，任乃强校注《华阳国志校补图注》，第323~324页。

> 帝嘉之，乃改西部为永昌郡，以纯为太守。①

西南地区犀之出产可利用以致巨富，或许也是历史经济地理学者应当重视的现象。

《三国志·蜀书·李恢传》记载，李恢配合诸葛亮征讨南夷，也曾经利用西南"犀革"的经济价值：

> 先主薨，高定恣睢于越巂，雍闿跋扈于建宁，朱褒反叛于群柯。丞相亮南征，先由越巂，而恢案道向建宁。诸县大相纠合，围恢军于昆明。时恢众少敌倍，又未得亮声息，绐谓南人曰："官军粮尽，欲规退还，吾中间久斥乡里，乃今得旋，不能复北，欲还与汝等同计谋，故以诚相告。"南人信之，故围守怠缓。于是恢出击，大破之，追奔逐北，南至盘江，东接群柯，与亮声势相连。南土平定，恢军功居多，封汉兴亭侯，加安汉将军。后军还，南夷复叛，杀害守将。恢身往扑讨，锄其恶类，徙其豪帅于成都，赋出叟、濮耕牛、战马、金、银、犀革，充继军资，于时费用不乏。②

"犀革"作为南夷地区的征赋项目之一，得以"充继军资"，使得远征军在"众少敌倍"的形势下能够"费用不乏"。

此外，扬雄《蜀都赋》所谓"有银铅锡碧，马犀象僰"，左思《蜀都赋》所谓"孔翠群翔，犀象竞驰"，又"拔象齿，戾犀角"③，也是反映西南地区生存犀的重要信息。

孙机指出："秦汉以后，虽然犀牛在北方已不多见，但西南一带

---

① （晋）常璩撰，任乃强校注《华阳国志校补图注》，第561页。
② 《三国志·蜀书·李恢传》，第1046页。
③ （清）严可均辑《全上古三代秦汉三国六朝文》，第803、3764页。

还不少。"除了李冰所作石犀即"以犀牛为题材的大型石雕"以外，现今我们能够看到的文物实证，还有"1954年在四川昭化宝轮院秦或汉初的船棺葬中发现了两件金银错犀形铜带钩，形象也是双角的苏门犀，可以看作这时西南产犀的佐证"①。

对犀的物用追求

犀能够进入社会经济生活的主要原因，首先是"犀、兕革"的实用价值。

中原人很早就已经利用"犀、兕革"的坚韧性制作甲胄。《考工记·函人》说到制甲的工艺：

> 函人为甲，犀甲七属，兕甲六属，合甲五属。犀甲寿百年，兕甲寿二百年，合甲寿三百年。凡为甲，必先为容，然后制革。权其上旅，与其下旅，而重若一，以其长为之围。凡甲，锻不挚则不坚，已敝则桡。凡察革之道，视其钻空，欲其惌也；视其里，欲其易也；视其朕，欲其直也；櫜之欲其约也；举而视之，欲其丰也；衣之欲其无齘也。视其钻空而惌，则革坚也；视其里而易，则材更也；视其朕而直，则制善也；櫜之而约，则周也；举之而丰，则明也；衣之无齘，则变也。②

制甲首先求其"革坚"，而所谓"犀甲寿百年，兕甲寿二百年，合甲寿三百年"当然是夸张之辞，但是也说明了"犀、兕革"作为战备物资所受到的重视。《商君书·弱民》说到"胁蛟犀兕，坚若金石"，③ 强调了"犀、兕革"军事防卫的效力。《盐铁论·论勇》所

---

① 孙机：《古文物中所见之犀牛》，《文物》1982年第8期。
② （清）阮元校刻《十三经注疏》，第917页。
③ 蒋礼鸿：《商君书锥指》，中华书局，1986，第127页。

谓"犀兕之甲"，"犀胄兕甲"，① 反映当时这种军队装备是世人所熟悉的。《说文·豸部》也说："兕，如野牛，青色，其皮坚厚，可制铠。"②

"犀、兕革"除了可以制甲外，又可以制盾。《文选》卷五左思《吴都赋》"户有犀渠"，刘渊林注："犀渠，楯也，犀皮为之。"③

《韩非子·难二》："赵简子围卫之郭郭，犀楯、犀橹立于矢石之所不及。"④《吕氏春秋·贵直》："赵简子攻卫附郭，自将兵。及战，且远立，又居于犀蔽屏橹之下。"⑤ 以上是战国时军队作战使用犀盾的史例。《国语·齐语》又有涉及以犀甲抵罪之制度的内容：

> 桓公问曰："夫军令则寄诸内政矣，齐国寡甲兵，为之若何？"管子对曰："轻过而移诸甲兵。"桓公曰："为之若何？"管子对曰："制重罪赎以犀甲一戟，轻罪以鞼盾一戟，小罪谪以金分，宥间罪。索讼者三禁而不可上下，坐成以束矢。美金以铸剑戟，试诸狗马；恶金以铸钼夷斤劅，试诸壤土。"甲兵大足。

对于"制重罪赎以犀甲一戟"，韦昭注："重罪，死刑也。犀，犀皮，可用为甲也。戟，车戟也，柲长丈六尺。"⑥ 犀甲可赎死罪，说明"犀、兕革"当时在齐地的价值已经相当可观。

类似的制度，在云梦睡虎地秦简法律文书中也有反映。如《秦律十八种·效》规定："仓漏朽禾粟，及积禾粟而败之，其不可食者不

---

① 王利器校注《盐铁论校注》（定本），第 536 页。
② （汉）许慎撰，（清）段玉裁注《说文解字注》，第 458 页。
③ （梁）萧统编，（唐）李善注《文选》，第 89 页。
④ （清）王先谦撰，钟哲点校《韩非子集解》，中华书局，1998，第 368 页。
⑤ 许维遹撰，梁运华整理《吕氏春秋集释》，第 623 页。
⑥ 徐元诰撰，王树民、沈长云点校《国语集解》（修订本），第 230~231 页。

盈百石以下，谇官啬夫；百石以上到千石，赀官啬夫一甲；过千石以上，赀官啬夫二甲；……"又如："公器不久刻者，官啬夫赀一盾。"《效律》又规定："衡石不正，十六两以上，赀官啬夫一甲；不盈十六两到八两，赀一盾。甬不正，二升以上，赀一甲；不盈二升到一升，赀一盾。"① 类似的例证还有许多。

汉代军备中依然使用犀甲。《淮南子·说山》："砥利剑者，非以斩缟衣，将以断兕犀。"《淮南子·修务》称兵器加工，也说："加之砥砺，摩其锋锷，则水断龙舟，陆剸犀甲。"②《汉书·王褒传》记载，王褒"为圣主得贤臣颂其意"，也以所谓"水断蛟龙，陆剸犀革"形容名剑之锋利。③《艺文类聚》卷五九引陈琳《武军赋》："陆陷栗犀，水截轻鸿"，又卷六〇引曹植《宝刀赋》："陆斩犀象，水断龙舟"，以及同卷引王粲《刀铭》"陆剸犀兕，水截鲵鲸"等，④ 都有助于我们理解犀甲应用之普遍。《释名》卷七《释兵》说"盾，遁也。跪其后，避以隐遁也"，"以犀皮作之曰犀盾，以木作之曰木盾。皆因所用为名也"⑤，也说明"犀盾"的普及。

李斯《谏逐客书》有"必秦国之所生然后可，则是夜光之璧不饰朝廷，犀象之器不为玩好"的著名文辞。⑥ 犀所以具有经济价值，还在于犀角可用以装饰。《法言·孝至》："或曰：訽訽北夷，被我纯缋，带我金犀。"李轨注："金，金印；犀，剑饰。"汪荣宝《法言义疏》否定此说，指出："注：'金，金印；犀，剑饰。'按：上文'金朱煌煌'，金谓金印，朱谓朱绶，故此亦解金、犀为二事。《匈奴传》：'赐黄金玺，玉具剑。'金即谓玺，则犀当是以犀角为剑饰也。

①　睡虎地秦墓竹简整理小组编《睡虎地秦墓竹简》，1990，第57、59、69~70页。
②　何宁撰《淮南子集释》，第1145~1146、1338页。
③　《汉书·王褒传》，第2822、2823页。
④　（唐）欧阳询撰，汪绍楹校《艺文类聚》，第1070、1084页。
⑤　（清）毕沅疏证，（清）王先谦补，祝敏彻、孙玉文点校《释名疏证补》，第240、241页。
⑥　《史记·李斯列传》，第2543页。

然玉具剑摽、首、镡、卫尽用玉为之（彼《传》孟康注），不得以角为饰。弘范此注，亦想当然语。荣谓犀者，犀毗之略。孝文前六年，遗单于服物有黄金犀毗一，见《匈奴传》。彼颜注云：'犀毗，胡带之钩也。亦曰鲜卑，亦谓师比，总一物也，语有轻重耳。'《史记·匈奴列传》作'胥纰'，《索隐》云'胥、犀声相近'，引班固与窦宪笺云'赐犀比金头带'是也。然则金犀即黄金犀毗，谓带钩，故云'带我金犀'也。"① 今按：关于犀比即带钩，《史记·匈奴列传》注说已经提出这种意见，又见于孙诒让《札迻》卷一二。萧兵有《犀比·鲜卑·西伯利亚》论其事。② 而汪荣宝以为李轨"犀，剑饰"之说为"想当然语"，断定剑"不得以角为饰"，不免武断之嫌。汉剑除玉具外，也有饰以玛瑙、水晶、绿松石者，有的使用革鞘，或饰以金带扣，③ 可知不能绝对否定"犀，剑饰"之说，而且"犀比"简称为"犀"未见他例，所以李轨的注释仍然可备一说。而《北堂书钞》卷一二二引《东观汉记》："陈遵破匈奴，诏赐骇犀剑。"吴树平以为应作"驳犀剑"，"即以斑犀为装饰的剑"④。《初学记》卷二○引谢承《后汉书》："冯鲂为侍中，稍迁卫尉，能取悦当时，为安帝所宠。帝幸其府，留饮十日，赐骇犀玉具绶佩刀紫艾绶玉玦。"⑤ 《北堂书钞》卷一九引《谢汉书》称"赐以驳犀具剑"⑥。《后汉书·冯鲂传》则说，冯鲂孙冯石"为安帝所宠，帝尝幸其府，留饮十许日，赐驳犀具剑、佩刀、紫艾绶、玉玦各一"，所谓"驳犀具剑"，李贤注："以班犀饰剑也。"⑦ 汉安帝所赐冯石之"驳犀具剑"，正可作为"犀，剑

① 汪荣宝撰，陈仲夫点校《法言义疏》，中华书局，1987，第551、553~554页。
② 《楚辞新探》，天津古籍出版社，1988。
③ 参看孙机《汉代物质文化资料图说》，文物出版社，1991，第134~135页；《中国圣火：中国古文物与东西文化交流中的若干问题》，辽宁教育出版社，1996，第16页。
④ 吴树平校注《东观汉记校注》下册，中州古籍出版社，1987，第512页。
⑤ （唐）徐坚等著《初学记》，第472页。
⑥ （唐）虞世南编撰《北堂书钞》，第44页。
⑦ 《后汉书·冯鲂传》，第1149页。

饰"之说的例证。① 据《后汉书·应奉传》李贤注引《谢承书》，汉桓帝也曾经"赐奉钱十万，驳犀方具剑、金错把刀剑、革带各一"②，也可以说明"犀，剑饰"之说可信。《艺文类聚》卷六〇引《典论》"建安二十四年二月壬午，魏太子丕造百辟宝剑，长四尺二寸，淬以清漳，厉以礣诸，饰以文玉，表以通犀，光似流星，名曰'飞景'"③，也证明"宝剑""表以通犀"并不罕见。

《艺文类聚》卷六〇引郭璞《毛诗拾遗》曰"今西方有以犀角及鹿角为弓者"，推想也是以"犀角"为弓饰。④

扬雄《甘泉赋》写道："翠玉树之青葱兮，壁马犀之瞵瑜。"颜师古注："马犀者，马脑及犀角也。以此二种饰殿之壁。"⑤ 可见"犀"又作为宫廷建筑饰件。《汉书·西域传下》赞语有"睹犀布、玳瑁，则建珠崖七郡"句，又说"自是之后，明珠、文甲、通犀、翠羽之珍盈于后宫"。颜师古注引如淳曰："通犀，中央色白，通两头。"⑥《后汉书·皇后纪上·和熹邓皇后》："御府、尚方、织室锦绣、冰纨、绮縠、金银、珠玉、犀象、玳瑁、雕镂玩弄之物，皆绝不作。"⑦ 此说后宫装饰也属于"玩弄"性质，或许有作为女子妆饰者。《艺文类聚》卷一二引苏顺《和帝诔》："衣不制新，犀玉远屏。"⑧ 也

---

① 明人都护《听雨纪谈》以为"犀毗"即西域人割取犀牛皮以为腰带之饰，其说又见马愈《马氏日抄·犀毗》，丁山《商周史料考证》则以为"犀比"是以犀角为质的带钩。（中华书局，1988，第176页）有的学者指出，虽然没有考古资料的证明，"但是说'犀牛'与带钩所塑造的动物形相有某种关系，却不失为一种重要的意见"（萧兵：《楚辞新探》，天津古籍出版社，1988，第864页）。

② 《后汉书·应奉传》，第1608页。

③ （唐）欧阳询撰，汪绍楹校《艺文类聚》，第1081页。

④ （唐）欧阳询撰，汪绍楹校《艺文类聚》，第1087页。《艺文类聚》卷四一引梁刘孝威《结客少年场行》曰："少年本六郡，遨游遍五都。插腰铜匕首，障日锦涂苏。鹫羽装银镝，犀胶饰象弧。"（第739页）所谓"犀胶饰象弧"，也是同样的情形。

⑤ 《汉书·扬雄传上》，第3526页。

⑥ 《汉书·西域传下》，第3928、3929页。

⑦ 《后汉书·皇后纪上·和熹邓皇后》，第422页。

⑧ （唐）欧阳询撰，汪绍楹校《艺文类聚》，第240页。

感叹此事。又如《文选》卷三四曹植《七启》："饰以文犀，雕以翠绿。缀以骊龙之珠，错以荆山之玉。"吕向注："文犀，犀角有文章者也。"又《文选》卷一八嵇康《琴赋》："错以犀、象，籍以翠、绿。"李善注："犀、象，二兽名。翠、绿，二色也。"① 也说以犀为装饰。

犀，又有服务于神秘主义礼俗的作用。《汉书·郊祀志下》说："莽篡位二年，兴神仙事，以方士苏乐言，起八风台于宫中。台成万金，作乐其上，顺风作液汤。又种五粱禾于殿中，各顺色置其方面，先煮鹤髓、毒冒、犀玉二十余物渍种，计粟斛成一金，言此黄帝谷仙之术也。"②《续汉书·舆服志下》关于佩印制度有这样的文字："佩双印，长寸二分，方六分。乘舆、诸侯王、公、列侯以白玉，中二千石以下至四百石皆以黑犀，二百石以至私学弟子皆以象牙。上合丝，乘舆以縢贯白珠，赤罽蕤，诸侯王以下以綔赤丝蕤，縢綔各如其印质。刻书文曰：'正月刚卯既决，灵殳四方，赤青白黄，四色是当。帝令祝融，以教夔龙，庶疫刚瘅，莫我敢当。疾日严卯，帝令夔化，慎尔周伏，化兹灵殳。既正既直，既觚既方，庶疫刚瘅，莫我敢当。'凡六十六字。"③ 关于玺印，刘昭注补引《汉旧仪》有"金、玉、银、铜、犀、象为方寸玺，各服所好"的说法，可知久有以"犀"为佩印的礼俗，而刻"正月刚卯"文字者，则有特殊的神秘主义涵义。

犀的捕猎

《淮南子·齐俗》曾经批评说，"有翡翠犀象、黼黻文章以乱其目"，是"衰世之俗""浇天下之淳，析天下之朴"的表现之一。④《后汉书·王符传》记载了当时开明士人对浮侈世风的批判之辞。其

① （梁）萧统编，（唐）李善、吕延济、刘良、张铣、吕向、李周翰注《六臣注文选》，第 335 页；（梁）萧统编，（唐）李善注《文选》，第 256 页。

② 《汉书·郊祀志下》，第 1270 页。

③ 《续汉书·舆服志下》，《后汉书》，第 3673 页。

④ 何宁撰《淮南子集释》，第 822 页。

中也说到"今京师贵戚，衣服饮食，车舆庐第，奢过王制，固亦甚矣。且其徒御仆妾，皆服文组采牒，锦绣绮纨，葛子升越，简中女布。犀象珠玉，虎魄玳瑁，石山隐饰，金银错镂，穷极丽靡，转相夸咤"①。所谓"犀象"作为奢侈品在社会上层消费生活中的地位，值得注意。甚至有人说，秦始皇发军50万击南越的动机，竟然是"利越之犀角、象齿、翡翠、珠玑"②。而汉代奢靡之风盛行，如《潜夫论·浮侈》所说："犀象珠玉，虎魄玳瑁，石山隐饰，金银错镂，獐麂履舄，文组彩继，骄奢僭主，转相夸诧，箕子所唏，今在仆妾。"③以犀为装饰，已经成为相当宽广的社会层次的习好。

《新语·本行》说："夫怀璧玉，要环佩，服名宝，藏珍怪，玉斗酌酒，金罍刻镂，所以夸小人之目者也。""夫释农桑之事，入山海，采珠玑，捕翡翠，□玳瑁，搏犀象，消勇力，散布泉，以极耳目之好，快淫侈之心，岂不谬哉？"④陆贾指责所谓"搏犀象"诸事，坚持了批判因奢侈世风而引起的猎杀野生动物的行为的立场。

史载外域献"生犀牛"者，可知作为珍奇当畜养在皇家禁苑中。西汉薄太后南陵20号从葬坑曾经出土犀牛骨骼，头部位置放一陶罐，⑤说明是墓主珍爱的豢养动物。《史记·封禅书》："纵远方奇兽蜚禽及白雉诸物，颇以加礼。兕牛犀象之属不用。"⑥《史记

---

① 《后汉书·王符传》，第1635页。

② 《淮南子·人间》，何宁撰《淮南子集释》，第1289页。

③ （汉）王符著，（清）汪继培笺，彭铎校正《潜夫论笺校正》，第130页。

④ 王利器撰《新语校注》，中华书局，2012，第148、149页。

⑤ 王学理：《汉南陵从葬坑的初步清理——兼谈大熊猫及犀牛骨骼出土的有关问题》，《文物》1981年第11期。

⑥ 《史记·封禅书》，第1398页。《史记·孝武本纪》同句作："纵远方奇兽蜚禽及白雉诸物，颇以加祠。兕旄牛犀象之属弗用。"（第475页）《风俗通义·正失》"封泰山禅梁父"条写作"纵远方奇兽飞禽及白雉，加祠，兕牛犀象之属。"（汉）应劭撰，王利器校注《风俗通义校注》，第68页。

会注考证》引中井积德说："兕象之属害人者，不可用纵也。"[①] 可知宫苑中兽圈所畜"远方奇兽蜚禽"当有"兕牛犀象之属"[②]。班固《西都赋》说到"上囿禁苑"中犀生存的情形："其中乃有九真之麟，大宛之马，黄支之犀，条枝之鸟，逾昆仑，越巨海，殊方异类，至于三万里。"[③]《后汉书·光武帝纪上》说昆阳之战情形，王莽军曾经"驱诸猛兽虎豹犀象之属，以助威武"[④]，也反映了畜养犀牛的史实。不过，牲畜犀牛，只是作为远方珍兽而用于赏玩。为了实现其经济价值，通常对于这种珍异之物，多进行残酷的猎杀。

扬雄《校猎赋》说到"拖苍豨，跋犀牦"，"钩赤豹，摼象犀"，又有"三军芒然，穷尢阏与，亶观夫票禽之绁隃，犀兕之抵触，熊罴之挐攫，虎豹之凌遽，徒角抢题注，蹙竦詟怖，魂亡魄失，触辐关脰"句，[⑤] 班固《西都赋》也写道："平原赤，勇士厉，猿狖失木，豺狼摄窜。尔乃移师趋险，并蹈潜秽，穷虎奔突，狂兕触蹷。""挟师豹，拖熊螭，顿犀牦，曳豪罴。"[⑥] 其内容都详尽地反映了猎犀的情节。这种围猎活动，据说在于"盛娱游"，"奋大武"，"因兹以威戎夸狄，耀威而讲事"，被看作一种宣扬武威的演习和检阅，然而我们通过"收禽会众，论功赐胙，陈轻骑以行炰，腾酒车而斟酌，割鲜野食，举

① （汉）司马迁撰，〔日〕泷川资言考证，水泽利忠校补《史记会注考证附校补》，上海古籍出版社，1986，第799页。

② 《淮南子·主术》"夫养虎豹犀象者，为之圈槛，供其嗜欲，适其饥饱，违其怒恚，然而不能终其天年者，形有所劫也"（何宁撰《淮南子集释》，第613页），正反映了这种情形。

③ 《后汉书·班固传》，第1338页；《文选》卷一班固《西都赋》。李善注："《汉书》宣帝诏曰：'九真献奇兽。'晋灼《汉书注》曰：'驹形，麟色，牛角。'""《武纪》又曰：黄支自三万里贡生犀。"（梁）萧统编，（唐）李善注《文选》，第24页。

④ 《后汉书·光武帝纪上》，第5页。

⑤ 《汉书·扬雄传上》，第3547、3549页。

⑥ 《后汉书·班固传》，第1347页，《文选》卷一班固《西都赋》。

燧命爵"等文句，① 可以感受到浓烈的血腥气息。② 正是这样标榜
"大武"的"娱游"生活，促使犀兕这样的猛兽逐步走向了灭绝。③

《史记·范雎蔡泽列传》载蔡泽语："且夫翠、鹄、犀、象，其
处势非不远死也，而所以死者，惑于饵也。"④ 说通常捕杀"犀、
象"，也采取以"饵"相诱惑的方式。《盐铁论·通有》所谓"设机
陷求犀象"⑤，则说到了猎杀犀所采取的另一种手段。

对于生物的分布，地理环境的作用是相当大的。《淮南子·原道》
说："鸲鹆不过济，貉渡汶而死，形性不可易，势居不可移也。"⑥ 有
的学者在论述动物地理学时指出，这段话可以理解为"水土的限制作
用像生物的形态和性状一样，不能轻易改变"⑦。"野犀是陆栖大型动
物之一，适宜在温暖、湿润的森林、草地及河湖沼泽环境栖息"⑧，又
由于犀食量甚大，耕作业的发展和农田的垦辟，必然导致适宜其生存
活动的范围缩小。

犀的分布地域的逐渐南移，除人类出于物用需求而大量猎杀这一
直接因素和农耕生产发展压缩其生存空间这一间接因素而外，气候的
变迁也是重要因素之一。许多资料可以表明，秦汉气候确实曾经发生
相当显著的变迁，大致在两汉之际，可以看到由暖而寒的历史转变。
考察秦汉时期的文化遗存，可以发现气候条件的变化确实曾经形成相

---

① 《后汉书·班固传》，第 1348 页。

② 司马相如《子虚赋》有"割鲜染轮"句，写述更为真切生动，见《汉书·司马相如
传》，第 2534 页。

③ 据文焕然、何业恒《中国珍稀动物历史变迁的初步研究》文中引述胡厚宣提供的资
料，甲骨文有关猎取野犀的记载中，可知"最多有一次猎获几百头的"。文焕然等著，文榕
生选编整理《中国历史时期植物与动物变迁研究》，第 146 页。

④ 《史记·范雎蔡泽列传》，第 2422 页。

⑤ 王利器校注《盐铁论校注》（定本），第 42 页。

⑥ 何宁撰《淮南子集释》，第 40~41 页。

⑦ 郭郛、〔英〕李约瑟、成庆泰：《中国古代动物学史》，科学出版社，1999，第
363 页。

⑧ 文焕然、文榕生：《中国历史时期冬半年气候冷暖变迁》，第 75 页。

当重要的历史影响。① 犀作为热带亚热带动物，对温度的要求相当高。气候的变迁，特别是作为其基本生存条件的气温逐渐转为寒冷，对于其分布区域的变化必然有重要的作用。

导致犀的生存条件严重破坏的人为因素和自然因素的影响，在西南地区较长江下游地区都明显微弱。这也是西南地区犀的资源在战国秦汉时期受到重视的原因之一。曾经有学者考证，在唐代，川南、黔北一带仍然有 4 个州的"土产""土贡"之中包括"犀角"。据咸丰元年《普洱府志》记载，19 世纪中叶西双版纳地区仍然有野犀分布。"云南可能是我国野犀灭绝的最后地区。灭绝的时间，大约在 19 世纪末到 20 世纪初。"② 考察犀在西南地区最后灭绝的背景和过程，也是富有学术兴味的有意义的课题。

南越王墓的皮甲

《汉书·地理志下》关于南海通路，说到"平帝元始中，王莽辅政，欲耀威德，厚遗黄支王，令遣使献生犀牛"事。③《西汉南越王墓》的执笔者认为"大多发现于广州，贵县、梧州和长沙等地也有部分出土，在当时的中原地区则甚为罕见"的"犀角模型"，也是"有关南越海上交通的考古资料"④，又写道："经研究，犀牛产自东

----

① 参看王子今《试论秦汉气候变迁对江南经济文化发展的意义》，《学术月刊》1994 年第 9 期；《秦汉时期气候变迁的历史学考察》，《历史研究》1995 年第 2 期。

② 文焕然、何业恒、高耀亭：《中国野生犀牛的灭绝》，文焕然等著，文榕生选编整理《中国历史时期植物与动物变迁研究》，第 224、227 页。

③ 《汉书·地理志下》，第 1671 页。《汉书·平帝纪》："（元始）二年春，黄支国献犀牛。"颜师古注："应劭曰：'黄支在日南之南，去京师三万里。'师古曰：'犀状如水牛，头似猪而四足类象，黑色，一角当额前，鼻上又有小角。'"（第 352 页）《后汉书·南蛮传》："逮王莽辅政，元始二年，日南之南黄支国来献犀牛。"（第 2836 页）据《汉书·王莽传中》，王奇等人为王莽登基造作舆论，"班《符命》四十二篇于天下"，其中有"受瑞于黄支"语，颜师古注引孟康曰"献生犀"（第 4112 页），是黄支"生犀牛"入献，被看作"德祥之符瑞"。

④ 广州市文物管理委员会、中国社会科学院考古研究所、广东省博物馆编《西汉南越王墓》上册，第 345 页。

南亚、印度和非洲。"他们甚至认为："《汉书·南粤列传》记赵佗向汉文帝进献的方物中有'犀角十'，估计也是从海路输入而转送朝廷的。"这些认识，似乎和王莽时代向黄支王索取"生犀牛"的记载相合。

但是，事实上"犀牛产自东南亚、印度和非洲"的说法并不确切。岭南地区当时应当有犀牛生存。

《禹贡》说扬州出"革"。孔颖达也说："《考工记》：'犀甲七属，兕甲六属。'《宣二年左传》云：'犀兕尚多，弃甲则那。'是甲之所用，犀革为上，革之所美，莫过于犀。知'革'是犀皮也。"[①]注家均以"犀皮"释"革"。按照孔颖达"当州贵者为先"之说，则扬州犀皮较羽毛为贵，荆州羽毛较犀皮为贵。由此可以推知荆州犀皮出产数量可能更多。《史记·礼书》说："楚人鲛革犀兕，所以为甲，坚如金石。"《汉书·地理志下》："寿春、合肥受南北湖皮革、鲍、木之输，亦一都会也。"颜师古注："皮革，犀兕之属也。"[②] 长江流域出产犀皮，自然地理条件更为湿热，且人为因素影响较少的岭南地区，自当有犀牛生存。[③]

《史记·货殖列传》说岭南经济形势："番禺亦其一都会也，珠玑、犀、玳瑁、果、布之凑。"《汉书·地理志下》作了同样的分析，其文句则为："处近海，多犀、象、毒冒、珠玑、银、铜、果、布之凑，中国往商贾者多取富焉。"[④] 其中犀被列为当地最重要的经济物资。陆贾使南越，劝说其放弃帝号，赵佗上书长安，其中说道："谨北面因使者献白璧一双，翠鸟千，犀角十，紫贝五百，桂蠹一器，生

---

① （清）阮元校刻《十三经注疏》，第 148 页。

② 《史记·礼书》，第 1164 页；《汉书·地理志下》，第 1666 页。

③ 参看王子今《战国秦汉时期中国西南地区犀的分布》，复旦大学历史地理研究中心主编《面向新世纪的中国历史地理学——2000 年国际中国历史地理学术讨论会论文集》，齐鲁书社，2001。

④ 《史记·货殖列传》，第 3268 页；《汉书·地理志下》，第 1670 页。

翠四十双，孔雀二双。"① 其中"犀角"，是引人注目的。《西汉南越王墓》的执笔者认为"犀角"可能"是从海路输入而转送朝廷的"，似乎没有什么根据。从所奉献的其他物品"白璧""翠鸟""紫贝""桂蠹""生翠"分析，"犀角"属于当地物产的可能性会更大一些。

南越王墓西耳室出土皮甲 1 件（C153）。据发掘报告记载，"甲折叠放置，已松散碎裂，皮甲大部分仅存毛孔及漆皮。从残存的甲片看，应是长方片形。四角有小孔，用以穿绳。漆皮褐黑色，残存的完整甲片长 7、宽 4.7 厘米。无法复原"②。这具皮甲，很可能就是犀兕皮革制作。

在西耳室出土的随葬器物中，还有 1 件保存完整的铁铠甲（C233）。作为形状近似于坎肩的轻型铁甲，③"内面残留着一些衬里的痕迹，其作用在于穿着时避免甲片磨伤内衣及身体，同时遮盖内面的编带形迹而增加了美观"。据考古技术专家分析，"衬里所用的材料，从右肩上保存的痕迹得知，贴近甲片的一层为皮质材料"④。我们不能排除这种"皮质材料"是犀皮的可能。因为可以推想，这具铠甲或许存在以皮质材料制作的防护臂部的部分，而护臂部分的强度要求自然较高。护臂部分和"贴近甲片的"的"皮质材料"结为一体，也是合乎情理的。

有学者曾经论证，"唐以前，桂林、蒙州、广州、英州及郁林州

---

① 《汉书·南粤传》，第 3852 页。

② 广州市文物管理委员会、中国社会科学院考古研究所、广东省博物馆编《西汉南越王墓》上册，第 140~141 页。

③ 广州市文物管理委员会、中国社会科学院考古研究所、广东省博物馆编《西汉南越王墓》上册，第 110~112 页。

④ 中国社会科学院考古研究所技术室、广州市文物管理委员会：《西汉南越王墓出土铁铠甲的复原》，广州市文物管理委员会、中国社会科学院考古研究所、广东省博物馆编《西汉南越王墓》上册，第 387 页。

南流县等地都有野犀分布，其中有的是苏门犀"①。苏门犀据说即双角犀。《汉书·平帝纪》颜师古注所谓"犀……一角当额前，鼻上又有小角"②，《后汉书·章帝纪》李贤注引刘欣明《交州记》所谓"犀……有三角，鼻上角短，额上、头上角长"③，或许与此有关。唐人刘恂《岭表录异》卷中写道："岭表所产犀牛，大约似牛而猪头，脚似象，蹄有三甲，首有二角：一在额上，为兕犀；一在鼻上，较小，为胡帽犀。鼻上者，皆窘束，而花点少，多有奇文。牯犀亦有二角，皆为毛犀，俱有粟文，堪为腰带。千百犀中，或遇有通者，花点大小奇异，固无常定。有偏花路通，有顶花大而根花小者，谓之倒插通。此二种亦五色，无常矣。若通，黑白分明，花点差奇，则价计巨万，乃希世之宝也。又有堕罗犀，犀中最大，一株有七八斤者，云是牯犀。额上有心花，多是撒豆，斑色深者，堪为胯具。斑散而浅，即治为盘碟器皿之类。又有骇鸡犀、辟尘犀、辟水犀、光明犀，此数犀，但闻其说，不可得而见也。"④通过唐人记述，可知汉代这一地区有犀生存，是没有疑问的。黄支国所进献，可能是已经驯化的犀牛，也可能是形态皮色特异的"价计巨万"的"希世之宝"，或者中国当时"但闻其说，不可得而见"的珍异品种。

有关岭南地方犀的活动的资料，其实多见于史籍。考察南越王墓有关遗物遗迹，不妨联系有关记载进行分析。⑤

---

① 文焕然、何业恒、高耀亭《中国野生犀牛的灭绝》一文写道："唐齐己（胡得生）《送人南游》诗云：'且听吟赠送，君此去蒙州（治所在今广西蒙山县南）。……峦（蛮）花藏孔雀，野石乱（注：一作"隐"）犀牛。'（《全唐诗》卷八四二）《太平寰宇记·岭南道》载：广州〔治所在南海（今广州市）〕土产'文犀'；英州〔治所在浈阳（今英德县）〕'风俗、土产，并与广州同'。同书载郁林州〔治所在石南（今玉林市西北）〕南流县（今玉林市）土产'犀牛'，并解释称：'有角在额上，其鼻上又有一角。'可见它是苏门犀。"文焕然等著，文榕生选编整理《中国历史时期植物与动物变迁研究》，第226页。

② 《汉书·平帝纪》，第352页。

③ 《后汉书·章帝纪》，第145页。

④ （唐）刘恂撰，商璧、潘博校补《岭表录异校补》，广西民族出版社，1988，第135页。

⑤ 王子今：《西汉南越的犀象——以广州南越王墓出土资料为中心》，《广东社会科学》2004年第5期，中国秦汉史研究会等编《南越国史迹研讨会论文选集》，文物出版社，2005。

2. 秦汉时期野象的分布

《禹贡》说到扬州、荆州都有"齿、革"之贡。扬州贡品包括
"齿革羽毛"，荆州亦"厥贡羽毛齿革"。对于扬州地方所贡"齿革"，
孔安国的解释是"齿，象牙；革，犀皮"①。有学者指出，岭南东部
地区的野象大约12世纪末至13世纪初逐渐绝迹，而岭南西部地区的
野象"约在19世纪30年代以后逐渐绝灭"②。据研究者绘制的《中
国野生亚洲象分布北界变迁示意图》，"公元前200多年至公元580多
年"，其北界在秦岭淮河一线。③

象：南夷之所多也

秦汉时期，南方象牙出产多见于文献记载。

《淮南子·地形》："南方之美者，有梁山之犀象焉。"④ "南方阳
气之所积，暑湿居之，……其地宜稻，多兕象。"⑤ 正如有的学者所指
出的："岭南是我国历史时期野犀栖息最久，分布范围最广的地区之
一。"⑥《淮南子·人间》："（秦皇）利越之犀角、象齿、翡翠、珠玑，
乃使尉屠睢发卒五十万，……以与越人战。"⑦《盐铁论·力耕》："珠

---

① 《史记·夏本纪》引《禹贡》扬州"齿、革、羽、旄"，裴骃《集解》："孔安国曰：
'象齿、犀皮、鸟羽、旄牛尾也。'"（第60页）
② 文焕然、文榕生：《中国历史时期冬半年气候冷暖变迁》，第91页。另参看文焕然、
江应梁、何业恒、高耀亭《历史时期中国野象的初步研究》，文焕然：《再探历史时期的中国
野象分布》，文焕然：《再探历史时期中国野象的变迁》，收入文焕然等著，文榕生选编整理
《中国历史时期植物与动物变迁研究》，第185~219页。
③ 文焕然：《再探历史时期中国野象的变迁》，文焕然等著，文榕生选编整理《中国历
史时期植物与动物变迁研究》，第214页。
④ 有学者指出，有野生犀象分布的"南方""梁山"，"包括或专指岭南一带。"文焕
然、文榕生：《中国历史时期冬半年气候冷暖变迁》，第87页。
⑤ 何宁撰《淮南子集释》，第336、352页。
⑥ 文焕然、文榕生：《中国历史时期冬半年气候冷暖变迁》，第69页。
⑦ 何宁撰《淮南子集释》，第1289页。

玑犀象出于桂林，此距汉万有余里。"又同书《崇礼》："夫犀象兕虎，南夷之所多也。"①

《汉书·景武昭宣元成功臣表》罪行记录可见"为九真太守盗使人出买犀"的情节。贾捐之建议罢珠崖郡，也曾经说"又非独珠崖有珠犀玳瑁也，弃之不足惜，不击不损威"②。这些资料，正与《盐铁论》所谓"夫犀象兕虎，南夷之所多也"形成正史文献的对应。《汉书·西域传下》赞语也有"睹犀布、玳瑁，则建珠崖七郡"语。③ 王先谦《汉书补注》引王念孙曰："'犀布'连文，殊为不类。'布'当为'象'。'象''布'二字篆文下半相似，故'象'讹为'布'。'犀象玳瑁'皆两粤所产，故曰'睹犀布、玳瑁，则建珠崖七郡'也。下文云'明珠、文甲、通犀、翠羽之珍'，'钜象、师子、猛犬、大雀之群'，正与此'犀象玳瑁'相应，则当作'象'明矣。《御览·珍宝部六》引此已误作'犀布'，《汉纪·孝武纪》、《通典·边防八》引此并作'犀象'。"④

前引《后汉书·章帝纪》说汉武帝时令诸侯出"酎金"制度，李贤注引丁孚《汉仪式》言"九真、交阯、日南者用犀角""若玳瑁甲"，"郁林用象牙""若翠羽""准以当金"情形。⑤《续汉书·礼仪志上》言"饮酎、上陵"之礼，刘昭注补引《汉律·金布令》称"大鸿胪食邑九真、交阯、日南者，用犀角""若玳瑁甲"，⑥ 也说明"九真、交阯、日南"当时出产犀。《艺文类聚》卷六引汉杨雄《交州箴》曰"交州荒裔，水与天际"，又说："抗海三万，来牵其犀。"⑦ 所谓"交州荒裔""来牵其犀"，说黄支其犀来自海外。然而以"犀

---

① 王利器校注《盐铁论校注》（定本），第 29、438 页。
② 《汉书·景武昭宣元成功臣表》，第 656 页；《汉书·贾捐之传》，第 2834 页。
③ 《汉书·西域传下》，第 3928 页。
④ （清）王先谦撰《汉书补注》，第 1643 页。
⑤ 《后汉书·章帝纪》，第 142 页。
⑥ 《续汉书·礼仪志上》，《后汉书》，第 3104 页。
⑦ （唐）欧阳询撰，汪绍楹校《艺文类聚》，第 116 页。

角”“助祭”，“准以当金”，可以明确提示交州地方出产犀的史实。

《后汉书·贾琮传》说"旧交阯土多珍产"，所列"莫不自出"者7种，其中包括"象"，① 也说交阯"珍产"包括"象"。杜笃《论都赋》写道："南羁钩町，水剑强越，残夷文身，海波沫血。郡县日南，漂概朱崖。部尉东南，兼有黄支。连缓耳，琐雕题，摧天督，牵象犀，椎蟒蛤，碎琉璃，甲玳瑁，戕觜觿。"② 南边经营的收获，有所谓"牵象犀"。

《三国志·吴书·吴主传》记述了建安二十五年（220）孙吴向曹魏"献方物"的一次外交活动，裴松之的解释引录了《江表传》的有关内容，其中说到"象牙"："魏文帝遣使求雀头香、大贝、明珠、象牙、犀角、玳瑁、孔雀、翡翠、斗鸭、长鸣鸡。"③ 孙权宣称"象牙、犀角"诸物等"彼所求者，于我瓦石耳，孤何惜焉"，然而可知其礼品单中多有南海出产宝物。《三国志·吴书·士燮传》记载：孙权嘉奖士燮，"封龙编侯，都乡侯。燮每遣使诣权，致杂香细葛，辄以千数，明珠、大贝、流离、翡翠、玳瑁、犀、象之珍，奇物异果，蕉、邪、龙眼之属，无岁不至"④。所进献地方宝物，包括"象"。据《三国志·吴书·薛综传》，薛综上疏言日南风土形势，说到定时进献孙权的"远珍"，也包括"象牙"。⑤ 所说"象牙"来自日南。陆胤长期任交州刺史、安南将军，然而"家无文甲犀象之珍"。⑥ 交州地方富有"文甲犀象之珍"的地位，是非常明确的。

西汉南越王墓出土的象牙和象牙器

广州南越王墓是出土象牙器及其残件比较集中的墓葬。

① 《后汉书·贾琮传》，第1111页。
② 《后汉书·杜笃传》，第2600页。
③ 《三国志·吴书·吴主传》，第1124页。
④ 《三国志·吴书·士燮传》，第1192页。
⑤ 《三国志·吴书·薛综传》，第1252页。
⑥ 《三国志·吴书·陆凯传》，第1410页。

据发掘报告《西汉南越王墓》中的《器物登记总表》记录，"象牙及其他"一类中象牙器及其残件见表4-1。

表4-1　西汉南越王墓出土象牙及象牙器

单位：件

序号	名称	件数	器号
（1）	象牙印章	1	E141（赵蓝）
（2）	象牙卮	1	C151-3①
（3）	象牙筒	1	D23
（4）	象牙龙首形饰	1	B99
（5）	残象牙雕器	2	C145-60、61
（6）	残象牙器	1	F87
（7）	象牙饰物	40	B117
（8）	象牙饰片	9	B91
（9）	象牙六博子	18	E112（12）、E114（6）
（10）	象牙算筹	200	C141、D23-1
（11）	原支象牙	5	C254

注：原表作"C151、3"，据发掘报告正文订正。广州市文物管理委员会、中国社会科学院考古研究所、广东省博物馆编《西汉南越王墓》上册，第528、139页。

其中（4）、（7）以及（8）中的9件，出土于东耳室。① （2）、（11）以及（10）中的"约200支"，出土于西耳室。② （3）以及（10）中器号为D23-1的象牙算筹残段出土于主棺室。（1）、（9）出土于东侧室。③ （6）出土于西侧室。

---

① 发挥报告正文说："象牙饰物，共有大小碎片40余块（B117）。"广州市文物管理委员会、中国社会科学院考古研究所、广东省博物馆编《西汉南越王墓》上册，第69页。而《器物登记总表》称40件，数字略有不同，见该书上册第528页。

② "原支象牙"一项，发掘报告正文："西耳室出土原支大象牙一捆，共5支。"又说："象牙（C254—1），约5支。"广州市文物管理委员会、中国社会科学院考古研究所、广东省博物馆编《西汉南越王墓》上册，第138页。

③ 《器物登记总表》所谓"象牙六博子"，发掘报告正文写作"象牙棋子"。广州市文物管理委员会、中国社会科学院考古研究所、广东省博物馆编《西汉南越王墓》上册，第528、252页。

（10）"象牙算筹"《器物登记总表》记录为"200"件，器号为"C141、D23-1"，而发掘报告正文说，西耳室出土象牙算筹"总数约200支"，又主棺室出土象牙筒中，"内盛圆棒条状的象牙筹码，筹码每根直径0.3厘米，惜已全部断裂成1～2厘米的小段，原长度不明"①。象牙筒器号为D23，而《器物登记总表》中器号为D23-1的"象牙筹码"，其数量并没有记录。可见，南越王墓出土象牙制品的实际数量，应当还多于《器物登记总表》的记录。

除前室和后藏室没有发现象牙及象牙制品外，其他墓室均有出土。可见，当时南越地方有珍视象牙和以象牙作器的风习。

对于出土于西耳室的原支象牙，《广州象岗南越王墓出土动物遗骸的鉴定》一文指出："出土标本的形态特征和大小比例，与现生非洲象较为接近，而与现生亚洲象区别较明显。现生亚洲象仅雄性具象牙，而且象牙通常较纤细；非洲象则雌雄两性均具有象牙，雄性象牙较大而粗壮，雌性象牙较小而纤细。出土象牙从大小比例看，更接近于前者。但因标本保存不佳，故尚难确定其种名。"②《西汉南越王墓》的执笔者在《南越国的考古发现和研究》一章的第四节《交通与贸易》中，将"大多发现于广州，贵县、梧州和长沙等地也有部分出土，在当时的中原地区则甚为罕见"的象牙模型，看作"有关南越海上交通的考古资料"。又说："长沙出现南越式的……象牙模型，表明长沙国贵族受南越贵族影响，经由南越引进……象牙等海外珍品。"③这样的判定可能不尽确切。《西汉南越王墓》的执笔者就象牙的产地还写道："（象牙）虽然在当时的岭南和西南边境地区也有出产，但主要产地在东南亚和南亚诸国。南越王墓西耳室内发现原支大

---

① 《西汉南越王墓》上册，第140、217页。

② 王将克、黄杰玲、吕烈丹：《广州象岗南越王墓出土动物遗骸的鉴定》，广州市文物管理委员会、中国社会科学院考古研究所、广东省博物馆编《西汉南越王墓》上册，第467页。

③ 广州市文物管理委员会、中国社会科学院考古研究所、广东省博物馆编《西汉南越王墓》上册，第345页。

象牙 5 支，成堆叠放。经鉴定，确认为非洲象牙（详见附录一四），这是南越与海外通商贸易的最有力的物证。"①

西耳室出土的原支象牙，"因标本保存不佳"，鉴定者所作结论，从字面看，只说"出土标本的形态特征和大小比例，与现生非洲象较为接近"，但是"尚难确定其种名"，似乎还不能说是"确认为非洲象牙"。此外，如果考虑到动物遗骸鉴定专家以禾花雀为例指出的古今"动物体型大小变化"的情形，② 我们讨论这几支原支象牙的出产地时，也应当更为审慎。其实，从这些象牙的放置形式看，或许体现了其特殊价值，③ 其原产地远在海外是极其可能的。南越王墓出土乳香以及圆形银盒、金花泡饰等，是可以作为"南越与海外通商贸易的最有力的物证"。然而，即使西耳室出土原支象牙可以"确认为非洲象牙"，似乎也不足以说明"大多发现于广州，贵县、梧州和长沙等地也有部分出土"的象牙模型，都是"有关南越海上交通的考古资料"。

《西汉南越王墓》引用了《汉书·地理志下》有关汉王朝与东南亚和印度海上信道的记载，指出"从南越墓出土的有关海外实物资料的原产地看，这条南海交通航线很可能在南越国时期就已经开辟了"④。这样的分析是有道理的。但是，我们还应当看到，《汉书·地理志下》列举来自南海的"明珠、璧流离、奇石异物"，其中并没有说到"象牙"。

---

① 广州市文物管理委员会、中国社会科学院考古研究所、广东省博物馆编《西汉南越王墓》上册，第 346 页。
② 王将克、黄杰玲、吕烈丹：《广州象岗南越王墓出土动物遗骸的鉴定》，广州市文物管理委员会、中国社会科学院考古研究所、广东省博物馆编《西汉南越王墓》上册，第 470 页。
③ 有的学者推想"墓中所出象牙有可能是作为牙雕原料随葬的"（王将克、黄杰玲、吕烈丹：《广州象岗南越王墓出土动物遗骸的鉴定》，广州市文物管理委员会、中国社会科学院考古研究所、广东省博物馆编《西汉南越王墓》上册，第 472 页），也许未必符合事实。
④ 广州市文物管理委员会、中国社会科学院考古研究所、广东省博物馆编《西汉南越王墓》上册，第 347 页。

研究者称，"南越王墓西耳室除出土原支象牙外，还出有其他牙雕器物，如象牙卮、象牙印、象牙泡钉等，足证当时的岭南工匠已掌握了牙雕技艺"①。那么，岭南工匠已经掌握的"牙雕技艺"，难道必须是以远自非洲的海外象牙作原料方才得以成熟的吗？

论者以为，"（象牙）虽然在当时的岭南和西南边境地区也有出产，但主要产地在东南亚和南亚诸国"。这应当是事实。但是如果以此为据，即将当时南部中国发现的象牙、象牙制品和象牙模型都判定来自海外，显然是不合逻辑的。既然岭南本地出产象牙，人们为什么一定要舍近求远呢？在没有资料可以说明海外象牙在质量及价格等方面条件明显优于岭南象牙的情况下，似乎不能简单化地排除岭南象牙应用于工艺制作，满足贵族消费的可能。

历史文献关于象在岭南地方的生存，是有值得重视的记载的。分析南越王墓出土象牙等资料，不宜忽视这些记载。

3. 秦汉时期鹿的分布

从文献记载和文物图像看，鹿曾经是秦汉时期生存数量甚多的野生动物。在农耕开发程度不高而山林植被条件较好的地区尤其如此。在农耕发达区域，鹿群的活动也往往危害正常社会生活，如《三国志·魏书·高柔传》所谓"群鹿犯暴，残食生苗，处处为害"②。

马王堆一号汉墓出土梅花鹿标本

马王堆一号汉墓出土随葬品中有食品多种，其中可见 24 种动物标本遗存。据中国科学院动物研究所脊椎动物分类区系研究室与北京

---

① 王将克、黄杰玲、吕烈丹：《广州象岗南越王墓出土动物遗骸的鉴定》，广州市文物管理委员会、中国社会科学院考古研究所、广东省博物馆编《西汉南越王墓》上册，第 472 页。
② 《三国志·魏书·高柔传》，第 689 页。

师范大学生物系的《动物骨骼鉴定报告》，"所见到的骨骼实物，经鉴定计有 24 种。其中：兽类 6 种，分属于 5 科 3 目；鸟类 12 种，分属于 7 科 6 目；鱼类 6 种，分属于 2 科 2 目。"

不同器物盛放标本种类出土情况如下：

猪　　　6　竹笥 14、227、231、318、319、324；

绵羊　　3　竹笥 76、227、324；

黄牛　　5　竹笥 226、333、344，陶罐 300，漆盘 63；

家犬　　3　竹笥 227、324，陶鼎 72；

梅花鹿　8　竹笥 227、305、319、324、335、344、459，陶罐 300；

竹鸡　　4　竹笥 231、305、324、331；

鲫　　　4　竹笥 231、305、328，陶罐 233；

银鲴　　2　竹笥 231、328；

华南兔　2　竹笥 283、325；

鹤　　　2　竹笥 283、330；

环颈雉　4　竹笥 305、324、331，陶鼎 72；

家鸡　　10　竹笥 305、317、319、324、331，陶鼎 67、72、93、105，陶盒 72；

斑鸠　　1　竹笥 305；

鲤　　　2　竹笥 328，陶罐 276；

刺鳊　　1　竹笥 328；

鸳鸯　　1　竹笥 331；

火斑鸠　1　竹笥 331；

鸮　　　1　竹笥 331；

喜鹊　　1　竹笥 331；

麻雀　　1　竹笥 461；

雁　　　2　　竹笥462，陶鼎99；

鸭　　　1　　陶鼎52；

鳜　　　1　　陶罐304；

鳜　　　1　　漆盘103。[①]

由此分析汉初长沙贵族的食物构成，可以获得有益的发现，其中哺乳类
6种，鸟类12种，鱼类6种。我们看到，墓主食谱中以野生动物为主要
菜肴原料。特别是鹤、鸳鸯、喜鹊、麻雀等列于其中，颇为引人注目。

将以上资料中数量较多者以出现次数为序排列，则可见：

家鸡（鸟纲鸡形目雉科）　　*Gallus gallus domesticus* Brisson　　10

梅花鹿（哺乳纲偶蹄目鹿科）*Cervus nippon* Temminck　　　　　8

猪（哺乳纲偶蹄目猪科）　　*Sus scrofa domestica* Brisson　　　6

黄牛（哺乳纲偶蹄目牛科）　*Bos taurus domesticus* Gmelin　　　5

竹鸡（鸟纲鸡形目雉科）　　*Bambusicola thoracica* Temminck　4

鲫（鱼纲鲤形目鲤科）　　　*Carassius auratus*（Linné）　　　　4

环颈雉（鸟纲鸡形目雉科）*Phasianus colchicus* linne　　　　　4

应当说，家鸡、猪、黄牛等家禽家畜作为肉食对象不足为奇。而梅花
鹿的数量仅次于家鸡，位列第二，值得特别注意。[②]

实际上，竹笥317盛装物品为"兽骨及鸡骨"，系有两枚木质签
牌，分别书写"鹿膰笥"（编号7）、"熬阴鹑笥"。鉴定者并没有鉴定
出"兽骨"即鹿骨或包括鹿骨。又竹笥343内容为"酱状物"，鉴定

① 中国科学院动物研究所脊椎动物分类区系研究室、北京师范大学生物系：《动物骨骼鉴定报告》，《长沙马王堆一号汉墓出土动植物标本的研究》，文物出版社，1978，第43~46页。

② 有研究者分析说，"记载哺乳动物的竹简共50余片，牛、猪最多；鹿次之，竟有8片，可见当时食鹿并非罕见之事。"高耀亭：《马王堆一号汉墓随葬品中供食用的兽类》，《文物》1973年第9期。

者也没有作出其中为鹿肉的判断，然而木质签牌写明为"鹿脯笥"（编号9）。^① 可见，实际上与鹿有关的随葬食品共10见，在数量上与鸡相同，是应当列于首位的。

分析所发现的梅花鹿各部位的骨骼，以肋骨居多（44条，不包括断残者17条），此外还有膝盖骨（1块）、扁平胸骨（3块）、胸骨（9块），以及切碎的部分四肢骨残块等。

鉴定者发现，"每笥内梅花鹿肋骨均以具肋骨头、肋骨结节者为准，以便于区分左右侧"。肋骨44条，"总数少于两只鹿体的52条肋骨。但左侧的显然较多些，估计以上肋骨应取自三只鹿体的胸廓上才较为合理。每只梅花鹿均为成体，体重150~200斤，年龄2~3岁"^②。

据鉴定者记录，"335竹笥全为肋骨"，"该竹笥上的木牌载明为'鹿□笥'"。而同篇鉴定报告又写道："335竹笥，肋骨15，另有断残者13，扁平胸骨3。"两说相互矛盾。^③

《吕氏春秋·知分》说："鹿生于山而命悬于厨。"《晏子春秋·内篇杂上·崔庆劫齐将军大夫盟晏子不与第三》也记录晏婴的话："鹿生于野，命县于厨。"^④ 先秦秦汉以鹿肉加工食品，是相当普遍的，其形式大致有鹿脯、麋脯、麇脯、鹿臡、麋臡、麇肤、麇腥、麋菹、鹿菹、麋辟鸡、麇膏、鹿胳、鹿羹、鹿醢、麋醢、鹿酢、鹿矮等。

鹿脯　麋脯　麇脯　《礼记·内则》："牛脩，鹿脯，田豕

---

① 湖南省博物馆、中国科学院考古研究所编《长沙马王堆一号汉墓》，文物出版社，1973，第115、117~118页。

② 高耀亭也指出："在44条肋骨中，左侧为28根，而梅花鹿一侧的肋骨仅13根，一次计算，原随葬时约用了三只成体梅花鹿。"《马王堆一号汉墓随葬品中供食用的兽类》，《文物》1973年第9期。

③ 中国科学院动物研究所脊椎动物分类区系研究室、北京师范大学生物系：《动物骨骼鉴定报告》，《长沙马王堆一号汉墓出土动植物标本的研究》，第64、53页。

④ 许维遹撰，梁运华整理《吕氏春秋集释》，第556页；吴则虞撰《晏子春秋集释》，中华书局，1962，第299页。

脯，麋脯，麋脯。麋、鹿、田豕、麋，皆有轩；雉、兔皆有芼。"郑玄注："皆人君燕食所加庶羞也。"对于"脯"，郑玄解释说："皆析干肉也。"①

鹿醢　麋醢　《周礼·天官·醢人》："朝事之豆，其实韭菹、醓醢，昌本、麋醢，菁菹、鹿醢、茆菹、麋醢。"郑玄注引郑司农曰："麋醢，麋骭髓醢。或曰：麋醢，酱也。有骨为醢，无骨为醢。"②

麋肤　《礼记·内则》："麋肤、鱼醢。"孔颖达疏："麋肤，谓麋肉外肤食之，以鱼醢配之。""麋肤，谓孰也。"③

麋腥　《礼记·内则》："麋腥、醢、酱。"孔颖达疏："腥，谓生肉，言食麋生肉之时，还以麋醢配之。"孙希旦集解："麋腥，谓生切麋肉，以醢酿之。""腥"即生肉的解释，又见于《论语·乡党》："君赐腥，必熟而荐之。"邢昺疏："君赐己生肉，必烹熟而荐其先祖。"又《礼记·礼器》："大飨腥。"孔颖达也解释说："腥，生肉也。"④

麋菹　鹿菹　《礼记·内则》："麋、鹿、鱼为菹。"

麋辟鸡　《礼记·内则》："麋为辟鸡。"郑玄注以为"辟鸡"也是"菹类也"。⑤

麋膏　《周礼·天官·兽人》："夏献麋。"郑玄注："狼膏聚，麋膏散。"贾公彦疏："夏献麋者，麋是泽兽，泽主销散，故麋膏散。散则凉，故夏献之云。""膏"，即油脂。《礼记·内则》："沃之以膏曰淳熬。"⑥

---

① （清）阮元校刻《十三经注疏》，第1464页。
② （清）阮元校刻《十三经注疏》，第674页。
③ （清）阮元校刻《十三经注疏》，第1464页。
④ （清）孙希旦撰，沈啸寰、王星贤点校《礼记集解》，中华书局，1989，第745页；（清）阮元校刻《十三经注疏》，第2495、1439页。
⑤ （清）阮元校刻《十三经注疏》，第1467页。
⑥ （清）阮元校刻《十三经注疏》，第663、1468页。

鹿脍　《太平御览》卷八六二引《东观汉记》曰："章帝与舅马光诏曰：'朝送鹿脍，宁用饭也。'"①

鹿羹　题汉黄宪《天禄阁外史·君赐》："鲁王以鹿羹馈征君，征君谓使者曰：'宪有疾，不能陈谢，亦不敢尝。'"②

鹿醢　《说苑·杂言》："今夫兰本三年，湛之以鹿醢，既成，则易以匹马。非兰本美也。"③

麋醢　《晏子春秋·内篇杂上·曾子将行晏子送之而赠以善言第二十三》："今夫兰本，三年而成，湛之苦酒，则君子不近，庶人不佩；湛之麋醢，而贾四马矣。非兰本美也，所湛然也。"④

鹿醋　《孔子家语·六本》："今夫兰本三年，湛之以鹿醋，既成啜之，则易之匹马，非兰之本性也，所以湛者美矣。"⑤

鹿矮　《礼记·内则》："实诸醢以柔之。"郑玄注："酿菜而柔之以醢，杀腥肉及其气。今益州有鹿矮者，近由此为之矣。"陆德明《经典释文》卷一二《礼记音义之二》："益州人取鹿杀而埋之地中，令臭，乃出食之，名鹿矮是也。"⑥

从现有的文献资料看，我们似乎还难以判定《动物骨骼鉴定报告》所谓竹笥 335 签牌"鹿□笥"的"鹿□"之确指。⑦

马王堆一号汉墓出土系在竹笥上的木质签牌，涉及以鹿肉为原料

---

① （宋）李昉等撰《太平御览》，第 3829 页。

② 《御定韵府拾遗》，《景印文渊阁四库全书》第 1029 册，第 525 页。

③ （汉）刘向撰，向宗鲁校证《说苑校证》，中华书局，1987，第 431 页。

④ 吴则虞撰《晏子春秋集释》，第 347 页。

⑤ （清）陈士珂辑，崔涛点校《孔子家语疏证》，凤凰出版社，2017，第 116 页。

⑥ （清）阮元校刻《十三经注疏》，第 1467 页。

⑦ 中国科学院动物研究所脊椎动物分类区系研究室、北京师范大学生物系《动物骨骼鉴定报告》称："335 竹笥全为肋骨，用竹丝捆扎，每捆 2 根，共有绕成圈形的竹丝 15 条。该竹笥上的木牌载明为'鹿□笥'。"（《长沙马王堆一号汉墓出土动植物标本的研究》，第 54 页）而发掘报告没有记录这枚"鹿□笥"木牌，关于 335 竹笥的记载是，现状"完整"，现存物品为"植物茎叶及鹿骨"。（湖南省博物馆、中国科学院考古研究所编《长沙马王堆一号汉墓》，第 112~118 页）所谓"植物茎叶"，可能即用以捆扎的"竹丝"。

加工食品者有 3 枚：

    鹿䐵笥　编号 7　出土时在 317 号笥上

    鹿脯笥　编号 9　出土时在 343 号笥上

    鹿炙笥　编号 13　出土时掉落在南边箱中

出土竹简遣策中，我们又可以看到：

    鹿㑴一鼎　简三（发掘报告执笔者写道："㑴，不识。本组酪羹九鼎，实为八鼎，或即此简脱'酪羹'二字。"）

    鹿肉鲍鱼笋白羹一鼎　简一二

    鹿肉芋白羹一鼎　简一三

    小叔（菽）鹿劦（胁）白羹一鼎　简一四（发掘报告执笔者写道："劦，即劦，读为胁。《说文·肉部》：'胁，两膀也。'"）

    鹿䐵一笥　简三二（发掘报告执笔者指出，䐵、膔、朋、胂同，可以理解为"夹脊肉"。）

    鹿脯一笥　简三五

    鹿炙一笥　简四四

    ‖右方牛犬豕鹿鸡炙笥四合阜匜四　简四六

    鹿膌（脍）一器　简四八①

遣策中"鹿"凡 8 例，其数量仅次于"牛"（19 例）。

    对于"鹿㑴一鼎"，发掘报告执笔者又写道："酪即酻字，亦即酑字。夸、于古音相通，可以互相假借，而且是同字。""酑（于）羹当即大羹。案大羹为诸羹之本，无论祭祀或待宾均用之。""此墓置

---

    ①　湖南省博物馆、中国科学院考古研究所编《长沙马王堆一号汉墓》，第 112～118、130～135 页。

'酏羹九鼎'于'遣策'之首，而简文所记九羹之牲肉，均未说明附有其他肉菜，这和'不致五味'之大羹基本一致。大羹置大牢九鼎之内，于古代用鼎制度也较适合。"① 鹿肉制品列于"大羹"之中，也反映"鹿"在当时饮食生活中的重要地位。

三国时期食用鹿肉的记载，有《三国志·吴书·赵达传》："尝过知故，知故为之具食。食毕，谓曰：'仓卒乏酒，又无嘉肴，无以叙意，如何？'达因取盘中只箸，再三从横之，乃言：'卿东壁下有美酒一斛，又有鹿肉三斤，何以辞无？'时坐有他宾，内得主人情，主人惭曰：'以卿善射有无，欲相试耳，竟效如此。'遂出酒酣饮。"② 承王素教授提示，"吴简有一枚木牍上就画了一只鹿"③，鹿形体肥硕，画匠笔法熟练，可以看作反映"鹿"在三国时期长沙地方社会生活中具有重要地位的直接资料。

鹿的分布地域

《墨子·公输》："荆有云梦，犀兕麋鹿满之。"④《管子·轻重戊》记载，齐桓公请教管子战胜楚国的战略，"管子对曰：'即以战斗之道与之矣。'公曰：'何谓也？'管子对曰：'公贵买其鹿。'桓公即为百里之城，使人之楚买生鹿，楚生鹿当一而八万，管子即令桓公与民通轻重，藏谷什之六，令左司马伯公将白徒而铸铅于庄山，令中大夫王邑载钱二千万求生鹿于楚。楚王闻之，告其相曰：'彼金钱，人之所重也，国之所以存，明王之所以赏有功也。禽兽者，群害也，明王之所弃逐也，今齐以其重宝贵买吾群害，则是楚之福也，天且以齐私楚

① 湖南省博物馆、中国科学院考古研究所编《长沙马王堆一号汉墓》，第 130~131 页。
② 《三国志·吴书·赵达传》，第 1424 页。
③ 《长沙走马楼二十二号井发掘报告》附图，长沙市文物考古研究所、中国文物研究所、北京大学历史学系走马楼简牍整理组编著《长沙走马楼三国吴简·嘉禾吏民田家莂》上册，文物出版社，1999，黑白版六—四。
④ （清）孙诒让著，孙以楷点校《墨子间诂》，中华书局，1986，第 484~485 页。

也，子告吾民，急求生鹿，以尽齐之宝。'楚民即释其耕农而田鹿。
管子告楚之贾人曰：'子为我致生鹿二十，赐子金百斤，什至而金千
斤也，则是楚不赋于民而财用足也。'楚之男子居外，女子居涂，隰
朋教民藏粟五倍。楚以生鹿藏钱五倍。管子曰：'楚可下矣。'公曰：
'奈何？'管子对曰：'楚钱五倍，其君且自得，而修谷，钱五倍，是
楚强也。'桓公曰：'诺。'因令人闭关不与楚通使，楚王果自得而修
谷，谷不可三月而得也，楚籴四百，齐因令人载粟处芊之南，楚人降
齐者十分之四，三年而楚服"①。这段文字的理解或有不同意见，但是
所反映的楚地多鹿的情形应当是真实的。楚人"释其耕农而田鹿"，
可能也是曾经为中原人所注意的经济倾向，如司马迁《史记·货殖列
传》所说："楚越之地，地广人希，饭稻羹鱼，或火耕而水耨，果隋
蠃蛤，不待贾而足，地埶饶食，无饥馑之患，以故呰窳偷生，无积聚
而多贫。是故江淮以南，无冻饿之人，亦无千金之家。"② 因自然资源
之富足，农耕经济未能发达。

鉴定马王堆一号汉墓出土动物标本的学者指出："梅花鹿几乎主
要分布在我国境内，北方的体大，南方的体小些。在 7 个亚种之中，
我国共有 5 个亚种。梅花鹿过去分布很广泛，据不完全的记载，产地
有黑龙江、吉林、河北、山西、山东、江苏、浙江、江西（九江），
以及广东北部山地、广西南部、四川北部和台湾省等地。湖南近邻省
份，以往皆有梅花鹿分布，估计在汉朝时期，长沙一带会有一定数量
的梅花鹿分布，为当时狩猎、捕捉、饲养梅花鹿提供自然资源。由于
晚近时期对梅花鹿长期滥猎，专供药用，以致数量减少，分布区缩
小，现在湖南省无梅花鹿的分布记载，很可能系近代受人为影响分布

---

① 参看马非百《管子轻重篇新诠》下册，中华书局，1979，第 709~715 页。
② 《史记·货殖列传》，第 3270 页。

区缩小所致。"① 马王堆一号汉墓出土的梅花鹿骨骼和相关资料，可以为增进对当时生态史的认识创造必要的条件。

所谓"对梅花鹿长期滥猎，专供药用，以致数量减少"，或说"对梅花鹿长期猎捕，专供药用，以致数量稀少"②，其中"专供药用"的说法，可能并不符合历史真实。

汉晋之际的"入皮"制度与相关生态现象

长沙走马楼简提供的经济史料中，有涉及征敛皮革的内容，可以看作反映当时当地社会生活的重要信息。其中以"麂皮"和"鹿皮"占据比例最大。③ 从"麂皮"与"鹿皮"收入的数量，也可以推知当时长沙地方生态环境的若干特征。例如：

（1）平出钱二百廿一万一千七百六十五钱雇元年所调布麻水牛皮并□（1144）

（2）☑□□皮二□□☑（1429）

（3）☑□当麂皮十枚☒☒☑（1509）

（4）☑元年所☑牛皮三枚□☑（2566）④

有关征收"皮"的记录，以第 13 盆竹简中数量最为集中，竟多至 77

① 中国科学院动物研究所脊椎动物分类区系研究室、北京师范大学生物系：《动物骨骼鉴定报告》，《长沙马王堆一号汉墓出土动植物标本的研究》，第 64~65 页。

② 高耀亭：《马王堆一号汉墓随葬品中供食用的兽类》，《文物》1973 年第 9 期。

③ 据长沙市文物工作队、长沙市文物考古研究所《长沙走马楼 J22 发掘简报》，"竹简记载的赋税内容十分繁杂，征收的对象有米、布、钱、皮、豆等"。钱的名目有"皮贾钱"，"户调为布、麻、皮等"；王素、宋少华、罗新《长沙走马楼简牍整理的新收获》指出，"户调"有"调鹿皮、调麂皮、调水牛皮"，此外，"还有作为一般租税收缴的鹿皮、麂皮、羊皮、水牛皮"。又说到"皮入库"情形，以上两篇均载《文物》1999 年第 5 期。

④ 长沙市文物研究所、中国文物研究所、北京大学历史学系走马楼简牍整理组编著《长沙走马楼三国吴简·竹简〔壹〕》下册，文物出版社，2003，第 917、923、924、947 页。

例。如：

（5）▨▨调麂皮七枚▨（7953）

（6）▨麂皮三枚▨▨（7959）

（7）入广成乡调羊皮一枚▨（8141）

（8）▨皮四枚　▨（8150）

（9）入平乡杷丘男子番足二年乐皮二枚▨嘉禾二年十二月廿一日丞弁付库吏潘珆受（8214）

（10）入平乡三州下丘潘逐二年麂皮二枚▨嘉禾二年十二月廿一日丞弁付库吏潘珆受（8221）

（11）入模乡二年林丘邓改口筭麂皮二枚▨嘉禾二年十二月廿一▨（8249）

（12）集凡诸乡起十二月一日讫卅日入杂皮二百卌六枚▨▨▨①（8259）

（13）入模乡二年林丘邓改口筭麂皮二枚▨嘉禾二年十二月廿日丞弁付库吏潘▨（8264）

（14）入平乡巾竹丘丞直二年麂皮三枚▨嘉禾二年十二月廿一日丞弁付库吏潘珆受（8268）

（15）▨▨二年麂皮二枚▨嘉禾二年十一月十九日付库▨（8292）

（16）▨鹿皮一枚▨嘉禾二年▨（8293）

（17）入平乡巾竹丘祭直二年鹿皮一枚▨嘉禾二年十二月▨▨（8294）

---

① 整理组注："'集'上原有墨笔点记。"长沙市文物研究所、中国文物研究所、北京大学历史学系走马楼简牍整理组编著《长沙走马楼三国吴简·竹简〔壹〕》下册，第1065页。

（18）入平乡二年洽丘吴有麂皮五枚☒嘉禾二年十二月廿六日丞☒（8297）

（19）入广成乡调羊皮一枚☒嘉禾二年十月十九日烝弁掾☒（8298）

（20）☒□二年鹿皮二枚☒嘉禾二年十月五日烝弁付库吏殷☒（8299）

（21）☒陶二年鹿皮一枚　☒（8308）

（22）入广成乡调麂皮一鹿皮一合二枚☒嘉☒（8327）

（23）☒番□杋皮一枚☒（8330）

（24）☒鹿皮一枚□□☒（8333）

（25）入中乡鹿皮三枚☒嘉禾二年☒（8334）

（26）☒丘男子吴远二年麂皮一枚☒嘉禾二年☒（8335）

（27）入广成乡所调杋皮二枚☒嘉禾二年八月十☒（8336）

（28）入平乡东丘大男陈困嘉禾二年麂皮一枚☒嘉禾二年十二月廿二日☒（8337）

（29）入都乡允中丘男子华湛鹿皮一枚☒嘉禾二年九月廿六日烝弁☒（8347）

（30）☒□□丘男子廖殷鹿皮一麂二合三枚☒嘉☒①（8348）

（31）入□□□□嘉禾二年羊皮一枚☒嘉禾☒（8349）

（32）☒□三年鹿皮二枚羊皮一枚合三枚嘉禾二年□☒（8350）

（33）入西乡温丘男子陈让鹿皮☒（8352）

---

①　整理组注："'麂'下脱'皮'字。"《长沙走马楼三国吴简·竹简〔壹〕》下册，第1067页。

（34）入都乡皮五枚　其四枚杋皮一枚鹿皮□▨嘉▨（8353）

（35）▨□下丘男子烝平鹿皮二麂皮二合四枚▨嘉禾二年九月廿一日烝弁付库▨（8355）

（36）▨男子鲁奇二年调麂皮一枚▨嘉禾二年十▨（8356）

（37）入中乡鹿皮二枚▨嘉禾二年十月六日□▨（8361）

（38）入中乡鹿皮二枚▨嘉禾二年八月四日□下丘大男□□付库吏□□▨（8363）

（39）　　右南乡入皮七枚　▨（8364）

（40）入广成乡调杋皮一枚▨嘉禾二年八月十三日弹浧丘月伍李名付库吏▨（8368）

（41）▨麂皮一枚鹿皮一▨（8372）

（42）　　右都乡入皮十五枚　▨（8378）

（43）▨□年调皮一匹▨①（8383）

（44）▨皮一枚　▨（8387）

（45）入南乡陷中丘男子雷踊调麂皮五枚▨嘉禾二年十二月十七日烝弁▨（8420）

（46）　　右平乡入皮五十八枚（8423）

（47）▨皮一枚▨嘉禾二年十一月廿二日掾黄庚付库吏▨（8429）

（48）▨年鹿皮二枚▨嘉禾二年十二月卅▨（8437）

（49）入平乡嘉禾二年调杋皮四枚▨▨（8487）

---

①　整理组注："按：'皮'称'枚'，'布'称'皮'。此处'皮'称'匹'，二者必有一误。"《长沙走马楼三国吴简·竹简〔壹〕》下册，第1068页。

（50）　　右东乡入皮十五枚　☒①（8492）

（51）　　右中乡入皮卅六枚　☒②（8501）

（52）入都乡皮五枚☒嘉禾二年四月廿三日吴唐丘帅☒☒
（8541）

（53）入广成乡调鹿皮一枚☒嘉禾二年八月十五日☒☒
（8543）

（54）☒☒皮三枚☒嘉禾☒（8555）

（55）入中乡所调嘉禾年鹿☒③（8563）

（56）☒麂皮一枚☒嘉禾元年八月八☒④（8564）

（57）☒皮☒枚☒嘉禾二年八月十四日☒☒（8566）

（58）入中乡皮六枚☒嘉禾二☒（8572）

（59）☒皮一枚☒嘉禾二年八月☒（8575）

（60）入广成乡弹浈丘男子唐儿枛皮☒（8579）

（61）☒乡二年麂皮二枚☒嘉禾二年八月十☒☒（8583）

（62）入中乡嘉禾二年鹿☒（8590）

（63）入平乡皮☒（8592）

（64）入中乡枛皮☒（8600）

（65）☒☒二年鹿☒（8602）

（66）入广成乡调皮二枚☒（8609）

---

① 整理组注"'右'上原有墨笔点记。"《长沙走马楼三国吴简·竹简〔壹〕》下册，第 1071 页。

② 整理组注"'右'上原有墨笔点记。"《长沙走马楼三国吴简·竹简〔壹〕》下册，第 1071 页。

③ 整理组注："'嘉禾'、'年'间脱年数。"《长沙走马楼三国吴简·竹简〔壹〕》下册，第 1072 页。

④ 整理组注："'嘉禾'、'年'间脱年数。"《长沙走马楼三国吴简·竹简〔壹〕》下册，第 1072 页。

（67）入平乡二年鹿皮一枚麂皮一枚合二枚▨嘉禾 二 年 十 一 月 廿三日寇 丘 ▨　（8636）

（68）入□赏乡嘉禾元年户所出皮二枚▨（8651）

（69）▨□□ 五 唐 丘男子吴 远 二年麂皮▨（8658）

（70）　右西乡入皮　▨（8659）

（71）▨ 男 子潘足二年枇皮四枚▨嘉禾二年十二月廿一日丞弁付库吏▨（8668）

（72）　▨□西乡入皮六枚　▨（8695）

（73）▨年鹿皮一枚▨嘉禾二年十月五日丞弁付库吏▨（8697）

（74）▨ 调 枇皮三枚▨嘉禾▨（8709）

（75）入广成乡所调麂▨（8714）

（76）入平乡东丘大男潘于嘉禾二年麂皮三枚▨嘉禾二年▨（8751）

（77）　▨　右广成乡入皮九枚　▨（8754）

（78）　▨　右□广成乡入皮十八枚　▨（8755）

（79）入平乡嘉禾二年枇皮▨（8770）

（80）入广成乡调麂▨（8811）

（81）入平乡二年枇皮二▨（8822）①

这些征收皮革的资料反映，所"入"皮的性质，或称"调"，或标示"口筭"。

"调"计17例：（1）（5）（7）（19）（22）（27）（36）（40）（43）（45）（49）（53）（55）（66）（74）（75）（80）。特别是（1）

---

① 《长沙走马楼三国吴简·竹简〔壹〕》下册，第1059~1077页。

"调布麻水牛皮"之所谓"调"说明了这种经济关系的形式。而（43）（66）直接称作"调皮"。

标示"口筭"者计2例：（11）（13）。

其余简例的性质也还可以讨论。以"皮"为"调"或者以"皮"作为"口筭"钱的实物替代，可以反映当时经济生活的一个侧面。

以品类来说，"皮"以鹿皮、麂皮为主，也有羊皮、牛皮：

鹿皮23例：（16）（17）（20）（21）（22）（24）（25）（29）（30）（32）（33）（34）（35）（37）（38）（41）（48）（53）（55）（62）（65）（67）（73）；

麂皮24例：（3）（5）（6）（10）（11）（13）（14）（15）（18）（22）（26）（28）（30）（35）（36）（41）（45）（56）（61）（67）（69）（75）（76）（80）；

羊皮4例：（7）（19）（31）（32）；

牛皮2例：（1）（4）。①

简文又可见：

枛皮11例：（23）（27）（34）（40）（49）（60）（64）（71）（74）（79）（81）。

枛，《集韵·凡韵》："枛，木名。俗呼此木皮曰'水桴'。"《字汇·木部》："枛，柴皮，俗呼为'水桴木'。"② 似乎"枛皮"作"木皮"解亦确有实用价值。然而（34）简文"入都乡皮五枚，其四枚枛皮，

---

① 其中（1）为"水牛皮"。

② （宋）丁度等编《集韵》，第298页。（明）梅膺祚：《字汇》，《续修四库全书》第233册，第11页。

一枚鹿皮"，可知"枫皮"无疑是兽皮。"枫皮"有可能是"麎皮"的简写形式。整理组曾经将释文写作"枫（麎）皮"，应当就是这样考虑的。不过，张涌泉《汉语俗字丛考》中"鹿部"列有"麎"字：

> **麎 huán**　　《广韵》胡官切，平桓匣。鹿一岁名。《玉篇·鹿部》："麎，鹿一岁。"一说鹿三岁名。《集韵·桓韵》："麎，鹿三岁也。"（《汉》4727B，参《字海》1724A）[1]

似乎走马楼简"枫"字，或许是"麎"字的异写。不过，张涌泉又写道：

> 按："麎"当作"麎"。"麎"从丸得声（《广韵》"丸"字亦音胡官切，同一小韵又有"鸠"、"纨"、"芄"等字，亦皆从丸得声），从"凡"非声。查《玉篇》、《广韵》、《集韵》各书实皆作"麎"。作"麎"当系《汉》、《字海》传刻之误。[2]

这样说来，以为"枫"字或许即"麎"字的判断似乎又存在问题。也许明确"枫"的生物学含义，还需要进行细致的工作。不过，我们对照图版可以发现，整理组释为"麎"字者，许多其实原本是写作"麎"字的。除字迹细节难以辨识者外，如简（3）（11）（18）（22）（26）（56）（67）（75）（80）等，图版都明确显示为"麎"字无疑。只有（13）（45）两例似是"麎"字。只有（14）一例似略微体现"麎"字形式。由于数量极少且字形并不明确，似乎难以支持文献所见"'麎'当作'麎'"，"麎"字原本"皆作'麎'"的意见。

---

① 《汉语大字典》缩印本，四川辞书出版社、湖北辞书出版社，1993，第 1963 页；《中华字海》，中华书局、中国友谊出版公司，1994，第 1724 页。
② 张涌泉：《汉语俗字丛考》，中华书局，2000，第 1176 页。

简文又可见另一种"皮"：

乐皮：1例（9）。

"乐皮"，可能是"荦皮"。① 《说文·牛部》："荦，驳牛也。"② 如果这一推测成立，则特别注明"荦"，或许反映征调皮革对于毛色有时也有一定要求。

（12）"集凡诸乡起十二月一日讫卅日入杂皮二百卌六枚"之所谓"杂皮"，大概是对不同品类的皮革的统称。

以上简例所见"麂皮"27枚；"麋皮"57枚；"枫皮"21枚；"羊皮"4枚；"牛皮"3枚；"乐皮"2枚。仅称"皮"者合计194枚，又"囗皮"12枚，与"杂皮"相和则为452枚。此外又有简文中数量不明者12例（1）（33）（55）（57）（60）（62）（63）（64）（65）（69）（70）（75）（79）（80）。其中当然可能存在重复情形，但是（12）"集凡诸乡起十二月一日讫卅日入杂皮二百卌六枚"只说一个月内的"入皮"统计，其数量已经相当可观。

从"麋皮"与"麂皮"收入的数量，可以推知当时长沙地方生态环境的若干特征。

我们还可以看到如下有关"皮贾钱"的简例：

（82）　右中乡入皮 贾 钱一万③（58）

（83）　囗右东乡入皮 贾 囗（1486）

---

① "乐""荦"有通假之例。《公羊传·闵公元年》所谓"仆人邓扈乐"，《左传·庄公三十二年》及《史记》卷三三《鲁周公世家》均作"圉人荦"。（清）阮元校刻《十三经注疏》，第2243、1783页。

② （汉）许慎撰，（清）段玉裁注《说文解字注》，第51页。

③ 整理组注："'右'上原有墨笔点记。"《长沙走马楼三国吴简·竹简〔壹〕》下册，第896页。

（84）入东乡所备吏朱让文入皮贾钱三千 当 ……▨（1696）

（85） 入 西 乡皮贾钱一千▨（2725）①

"贾"，似当理解为"价"。（83）从文例看，应与（82）同，"贾"字后，应是"钱"字。看来"皮"的征收，可能可以用"钱"抵代。（1）"平出钱二百廿一万一千七百六十五钱雇元年所调布麻水牛皮并□"，有可能也体现了类似的经济形式。

皮革征调之后的加工利用，可以通过这样的简文得到反映：

（86）□皮师醴陵韦牛年五十五 ▨（5889）

（87）治皮师吴昌黄仙年六十四 见（7466）②

走马楼简涉及身份为工匠的"师"的实例很多，"治皮师"是其中之一。《考工记》"攻皮之工五"。"攻皮之工，函、鲍、韗、韦、裘。"在"鲍人之事"句下，郑玄注："鲍，故书或作鞄。郑司农云：'《苍颉篇》有《鞄窕》。'"贾公彦疏："鲍人主治皮。""《苍颉篇》有《鲍窕》者，按《艺文志》：《苍颉篇》有七章。秦丞相李斯所作。《鲍窕》是其一。篇内有治皮之事，故引为证也。"③《说文·革部》："鞄，柔革工也。""《周礼》曰：柔皮之工鲍氏。'鞄'即'鲍'也。"对于"鲍窕"，陆德明《经典释文》也解释说："'鲍窕'，柔革工。""治皮"的说法，后世依然应用。如《宋史·外国列传六·高昌》："北廷北山中出硇砂，山中尝有烟气涌起，无云雾，至夕光焰若炬火，照见禽鼠皆赤。采者着木底鞋取之，皮者即焦。下有穴生青

---

① 《长沙走马楼三国吴简·竹简〔壹〕》，第896、924、929、950页。

② 《长沙走马楼三国吴简·竹简〔壹〕》，第1016、1048页。

③ （清）阮元校刻《十三经注疏》，第909、917、906页。

泥，出穴外即变为砂石，土人取以治皮。"① 所谓"治皮师"，应当是鞣制皮革的专职工匠。

当时使用鹿皮的记载，有《三国志·魏书·文帝纪》裴松之注引《魏书》曰："己亥，公卿朝朔旦，并引故汉太尉杨彪，待以客礼，诏曰：'夫先王制几杖之赐，所以宾礼黄耇褒崇元老也。昔孔光、卓茂皆以淑德高年，受兹嘉锡。公故汉宰臣，乃祖已来，世著名节，年过七十，行不蹈矩，可谓老成人矣，所宜宠异以章旧德。其赐公延年杖及冯几；谒请之日，便使杖入，又可使着鹿皮冠。'彪辞让不听，竟着布单衣、皮弁以见。"《三国志·蜀书·谯周传》裴松之注引《晋阳秋》"（周秀）常冠鹿皮，躬耕山薮"，也说"鹿皮"制"冠"的功用。史籍又可见所谓"鹿裘"。《三国志·吴书·虞翻传》裴松之注引《翻别传》："翻初立《易注》，奏上曰：'……臣郡吏陈桃梦臣与道士相遇，放发被鹿裘，布《易》六爻，挠其三以饮臣，臣乞尽吞之。'"②

能够比较集中地说明鹿皮的主要使用价值的，是《三国志·魏书·高柔传》裴松之注引《魏名臣奏》载高柔奏疏中的话："臣深思陛下所以不早取此鹿者，诚欲使极蕃息，然后大取以为军国之用。"③鹿皮可以"大取以为军国之用"，这正是理解走马楼简"入皮"何以数量颇多，而且以鹿皮为主的原因的门径。

猎鹿故事

猎鹿，是秦汉社会生产与社会生活中常见的现象。汉代画像石、画像砖等图像资料，多见反映猎鹿场面的内容。河南郑州出土画像

---

① 《宋史·外国列传六·高昌》，第14113页。

② 《三国志·魏书·文帝纪》，第78页；《三国志·蜀书·谯周传》，第1033页；《三国志·吴书·虞翻传》，第1322页。

③ 《三国志·魏书·高柔传》，第689页。

砖，有骑马射鹿画面。① 河南新郑出土的同样题材的画像砖，可见作为射猎对象的鹿已身中三箭，依然惊惶奔突，而猎手第四支箭又已在弦上。② 司马相如《子虚赋》："王驾车千乘，选徒万骑，田于海滨。列卒满泽，罘罔弥山，掩菟辚鹿，射麋格麟。"扬雄《长杨赋》也写道："张罗罔罝罘，捕熊罴、豪猪、虎豹、狖玃、狐菟、麋鹿，载以槛车，输长杨射熊馆。以罔为周陆，纵禽兽其中，令胡人手搏之，自取其获。"张衡《羽猎赋》也有"马蹂麋鹿，轮辚雉兔"的文句。③ 民间猎鹿情形，则如《史记·田叔列传》褚少孙补述："邑中人民俱出猎，任安常为人分麋鹿雉兔。"④ 此外，又有王褒《僮约》"黏雀张鸟，结网捕鱼，缴雁弹凫，登山射鹿"⑤，也说到猎鹿情形。又如《九章算术·衰分》中有这样的算题：

> 今有大夫、不更、簪袅、上造、公士，凡五人，共猎得五鹿。欲以爵次分之，问各得几何？

答曰：

> 大夫得一鹿三分鹿之二。
>
> 不更得一鹿三分鹿之一。
>
> 簪袅得一鹿。
>
> 上造得三分鹿之二。
>
> 公士得三分鹿之一。

① 周到、吕品、汤文兴编《河南汉代画像砖》，上海美术出版社，1985，图六八。
② 薛文灿、刘松根编《河南新郑汉代画像砖》，上海书画出版社，1993，第45页。
③ 《汉书·司马相如传》，第2534页；《汉书·扬雄传》，第3557页；（清）严可均辑《全上古三代秦汉三国六朝文》，第1539页。
④ 《史记·田叔列传》，第2779页。
⑤ （清）严可均辑《全上古三代秦汉三国六朝文》，第717页。

术曰：列置爵数，各自为衰，副并为法。以五鹿乘未并者，各自为实。实如法得一鹿。[①]

也可以说明鹿确实是民间行猎的主要对象之一。

猎鹿情形见诸史籍者，有《三国志·魏书·文帝纪》裴松之注引《典论》："少好弓马，于今不衰；逐禽辄十里，驰射常百步，日多体健，心每不厌。建安十年，始定冀州，濊、貊贡良弓，燕、代献名马。时岁之暮春，勾芒司节，和风扇物，弓燥手柔，草浅兽肥，与族兄子丹猎于邺西，终日手获獐鹿九，雉兔三十。"[②] 曹丕一日可以"手获獐鹿九"，其心中得意，形诸文字。从猎获物的记录中，可知鹿是当时最主要的猎杀对象。魏明帝曹叡行猎时不忍射杀鹿子，也是著名的故事。《三国志·魏书·明帝纪》裴松之注引《魏末传》："帝常从文帝猎，见子母鹿。文帝射杀鹿母，使帝射鹿子，帝不从，曰：'陛下已杀其母，臣不忍复杀其子。'因涕泣。文帝即放弓箭，以此深奇之。"[③]

《三国志》中的猎鹿故事，又有《魏书·张既传》裴松之注引《典略》："（成公英）从行出猎，有三鹿走过前，公命英射之，三发三中，皆应弦而倒。"以及《魏书·苏则传》："从行猎，槎桎拔，失鹿，帝大怒，踞胡床拔刀，悉收督吏，将斩之。"[④]

史籍中有的关于猎鹿的记载，竟然有公案传奇的意味。如《三国志·魏书·方技传·管辂》裴松之注引录有关管辂的传说："随辂父在利漕时，有治下屯民捕鹿者，其晨行还，见毛血，人取鹿处来诣厩告辂，辂为卦语云：'此有盗者，是汝东巷中第三家也。汝径往门前，

---

① 郭书春汇校《汇校九章算术》，辽宁教育出版社、（台北）台湾九章出版社，2004，第 105~106 页。

② 《三国志·魏书·文帝纪》，第 89 页。

③ 《三国志·魏书·明帝纪》，第 91 页。

④ 《三国志·魏书·张既传》，第 475 页；《魏书·苏则传》，第 493 页。

伺无人时，取一瓦子，密发其碓屋东头第七椽，以瓦著下，不过明日食时，自送还汝。'其夜，盗者父病头痛，壮热烦疼，然亦来诣辂卜。辂为发祟，盗者具服。辂令担皮肉藏还著故处，病当自愈。乃密教鹿主往取。又语使复往如前，举椽弃瓦。盗父病差。"① 这一故事，有浓重的神秘主义色彩，然而也可以曲折反映民间多有"捕鹿"行为的情形。猎者所谋求的，是鹿的"皮肉"，而从所谓"担皮肉藏还者故处"，可以推知"皮肉"可能猎杀之后即已剥离。

《三国志·魏书·高柔传》："是时，杀禁地鹿者身死，财产没官，有能觉告者厚加赏赐。柔上疏曰：'圣王之御世，莫不以广农为务，俭用为资。夫农广则谷积，用俭则财畜，畜财积谷而有忧患之虞者，未之有也。古者，一夫不耕，或为之饥；一妇不织，或为之寒。中间已来，百姓供给众役，亲田者既减，加顷复有猎禁，群鹿犯暴，残食生苗，处处为害，所伤不赀。民虽障防，力不能御。至如荥阳左右，周数百里，岁略不收，元元之命，实可矜伤。方今天下生财者甚少，而麋鹿之损者甚多。卒有兵戎之役，凶年之灾，将无以待之。惟陛下览先圣之所念，悯稼穑之艰难，宽放民间，使得捕鹿，遂除其禁，则众庶久济，莫不悦豫矣。'"又裴松之注引《魏名臣奏》载高柔上疏曰："臣深思陛下所以不早取此鹿者，诚欲使极蕃息，然后大取以为军国之用。然臣窃以为今鹿但有日耗，终无从得多也。何以知之？今禁地广轮且千余里，臣下计无虑其中有虎大小六百头，狼有五百头，狐万头。使大虎一头三日食一鹿，一虎一岁百二十鹿，是为六百头虎一岁食七万二千头鹿也。使十狼日共食一鹿，是为五百头狼一岁共食万八千头鹿。鹿子始生，未能善走，使十狐一日共食一子，比至健走一月之间，是为万狐一月共食鹿子三万头也。大凡一岁所食十二万头。其雕鹗所害，臣置不计。以此推之，终无从得多，不如早取

---

① 《三国志·魏书·方技传·管辂》，第829页。

之为便也。"① 高柔的言论，体现出较早的关于生态平衡的认识，在动物学史上和生态学史上都有值得重视的意义。

《三国志·吴书·孙策传》裴松之注引《江表传》关于少年英雄孙策事迹，有这样的文字：

> 策性好猎，将步骑数出。策驱驰逐鹿，所乘马精骏，从骑绝不能及。初，吴郡太守许贡上表于汉帝曰："孙策骁雄，与项籍相似，宜加贵宠，召还京邑。若被诏不得不还，若放于外必作世患。"策候吏得贡表，以示策。策请贡相见，以责让贡。贡辞无表，策即令武士绞杀之。贡奴客潜民间，欲为贡报仇。猎日，卒有三人即贡客也。策问："尔等何人？"答云："是韩当兵，在此射鹿耳。"策曰："当兵吾皆识之，未尝见汝等。"因射一人，应弦而倒。余二人怖急，便举弓射策，中颊。后骑寻至，皆刺杀之。②

东吴建国史上最沉痛的悲剧——孙策之死，情节涉及"逐鹿"。而充当杀手志在复仇的许贡奴客也假称"在此射鹿"。孙策生命的最后一页，竟然与猎鹿故事有双重的关系。

三国时吴地风行猎鹿，还有其他例证。《三国志·吴书·贺邵传》记载贺邵上疏批评孙皓行政，说道："发江边戍兵以驱麋鹿，结罝山陵，芟夷林莽，殚其九野之兽，聚于重围之内，上无益时之分，下有损耗之费。"③ 这种大规模猎杀麋鹿的形式，与前引《三国志·魏书·苏则传》记载所谓"从行猎，槎桎拔，失鹿"情形有类似处。一谓"结罝山陵"，一则设置"槎桎"，都是围猎时"围"的形式。

---

① 《三国志·魏书·高柔传》，第 688~689 页。
② 《三国志·吴书·孙策传》，第 1111 页。
③ 《三国志·吴书·贺邵传》，第 1457 页。

野生鹿的生存条件

马王堆一号汉墓出土动物标本的鉴定者还推测，"很有可能在汉朝时梅花鹿已被人们所饲养"①。

《初学记》卷一八引王充《论衡》曰："扬子云作《法言》，蜀富贾人赍钱十万，愿载于书。子云不听，曰：'夫富无仁义，犹圈中之鹿，栏中之羊也。安得妄载？'"② 所谓"圈中之鹿"，无疑体现了畜养鹿的实际情形。贾思勰《齐民要术》卷一引《氾胜之》曰："验美田至十九石，中田十三石，薄田一十石。尹泽取减法，神农复加之。骨汁粪汁种种，剉马骨、牛羊猪麋鹿骨一斗，以雪汁三斗煮之，三沸，取汁以渍附子。率汁一斗，附子五枚。渍之五日，去附子。捣麋鹿羊矢，分等置汁中，熟挠和之，候晏温，又溲曝，状如后稷法，皆溲，汁干，乃止。若无骨，煮缲蛹汁和溲。如此，则以区种之。大旱浇之。其收至亩百石以上，十倍于后稷。"③ 所谓"麋鹿骨"，可以通过猎杀取得，而取"麋鹿羊矢"溲种的形式，可以证明确实有畜养鹿的情形。以鹿粪作基肥改良土壤，促进作物生长的技术，《周礼·地官·草人》中也有记录："草人掌土化之法，以物地，相其宜而为之种。凡粪种，……坟壤用麋，渴泽用鹿。"④《汉官旧仪》卷下有上林苑中组织人力收集鹿粪的记载："武帝时，使上林苑中官奴婢，及天下贫民赀不满五千，徙置苑中养鹿。因收抚鹿矢，人日五钱，到元帝时七十亿万，以给军击西域。"⑤ 这些史料都体现西汉时期的历史，值得我们注意。

---

① 中国科学院动物研究所脊椎动物分类区系研究室、北京师范大学生物系：《动物骨骼鉴定报告》，《长沙马王堆一号汉墓出土动植物标本的研究》，第64~65页。
② （唐）徐坚等著《初学记》，第442页。
③ （北魏）贾思勰原著，缪启愉校释，缪桂龙参校《齐民要术校释》，第50页。
④ （清）阮元校刻《十三经注疏》，第746页。
⑤ （清）孙星衍等辑，周天游点校《汉官六种》，第51页。

　　虽然学者多肯定中国养鹿有悠久的历史，但是所举例证往往还是这种在苑囿中大规模纵养的史例。① 这种方式，与《论衡》所谓"圈中之鹿"可能有所不同。

　　现在看来，西汉初期长沙尚不具备较大规模畜养鹿的条件，当时贵族用鹿的来路，可能主要还是野生资源。从这一认识出发，可以利用有关鹿的资料，了解当时长沙地方的总体生态环境。

　　野生鹿应当是以草木茂盛的林区作为基本生存环境的。有学者分析汉代画像的狩猎主题，指出"山林和水资源"条件的优越，提供了"动物们生活的空间"②。《史记·魏世家》："秦七攻魏，五入囿中，边城尽拔，文台堕，垂都焚，林木伐，麋鹿尽。"③ "林木伐"则"麋鹿尽"，体现了麋鹿以林木为生存条件的现实。《淮南子·道应》也说："石上不生五谷，秃山不游麋鹿，无所阴蔽隐也。"④《论衡·书解》也写道："土山无麋鹿，泻土无五谷，人无文德，不为圣贤。"⑤麋鹿之游，甚至被作为荒芜苍凉的标志。《史记·李斯列传》记载，李斯感叹秦王朝的政治危局："今反者已有天下之半矣，而心尚未寤也，而以赵高为佐，吾必见寇至咸阳，麋鹿游于朝也。"《史记·淮南衡山列传》中也可以看到这样的说法："子胥谏吴王，吴王不用，乃曰：'臣今见麋鹿游姑苏之台也。'"⑥

　　鹿的生存，会严重毁坏农田作物，因而构成农耕生产发展的一种危害。《三国志·魏书·高柔传》写道："群鹿犯暴，残食生苗，处

　　① 谢成侠：《养鹿简史》，谢成侠编著《中国养牛羊史（附养鹿简史）》，农业出版社，1985，第205~219页。

　　② 〔韩〕崔德卿：《汉代画像石的话题与生态环境》，刘翠溶主编《自然与人为互动：环境史研究的视角》，（台北）中研院、联经出版事业股份有限公司，2008，第134页。

　　③ 《史记·魏世家》，第1860页。

　　④ 王念孙《读书杂志》卷九《淮南内篇杂志》第十二"阴蔽隐"条写道："'隐'字盖'蔽'字之注而误入正文者。《广雅》：'蔽，隐也。'《文子》无'隐'字，是其证。"何宁撰《淮南子集释》，第902页。

　　⑤ 黄晖撰《论衡校释》（附刘盼遂集解），第1150页。

　　⑥ 《史记·李斯列传》，第2561页；《史记·淮南衡山列传》，第3085页。

处为害，所伤不赀。民虽障防，力不能御。至如荥阳左右，周数百里，岁略不收，元元之命，实可矜伤。方今天下生财者甚少，而麋鹿之损者甚多。卒有兵戎之役，凶年之灾，将无以待之。"① 可知鹿群的活动，竟然损害民生。

又裴松之注引《魏名臣奏》载高柔上疏，说到"禁地"中虎、狼、狐食鹿的情形。按照高柔的估算，"禁地"有虎600头、狼500头、狐10000头，它们所食用的鹿，一年竟然多达120000头。他所说的"禁地"中鹿作为虎、狼、狐食用对象的情形，说明在苑囿这样的自然保护区，鹿是生存数量最多的动物。在尚未垦辟或者农耕开发程度不高的地区，情况应当也是如此。

4. 秦汉时期的虎与虎患

秦汉时期的自然环境和生态条件和现今有所不同。从这一认识出发，可以发现秦汉文化的历史背景其实存在着今人若不仔细探究则难以理解的因素。秦汉时期的虎患，就是人类与自然关系发展史中秦汉这一重要阶段值得注意的历史现象。

"虎暴"和"虎灾"

《史记·李将军列传》说到李广射虎故事："广所居郡闻有虎，尝自射之。"② 李广曾先后历任上谷、上郡、陇西、北地、雁门、代郡、云中、右北平等北边八郡太守，所谓"广所居郡"，地域颇宽广。推测《史记》记此事大致在任右北平太守前后。《日知录》卷二五"李广射石"条："《庄子》言：南行者至于郢，北面而不见冥山。司马彪

---

① 《三国志·魏书·高柔传》，第689页。
② 《史记·李将军列传》，第2872页。

注：冥山，北海山名。是广之出猎，乃冥山，而非近郡之山也。"① 而
《战国策·韩策一》载"韩卒之剑戟，皆出于冥山……"②，注家多以
为冥山在河南信阳。

《后汉书·宋均传》记载，宋均迁九江太守，"郡多虎暴，数为
民患，常募设槛阱而犹多伤害"。《后汉书·循吏列传·童恢》：童恢
除东莱郡不其县令，"民尝为虎所害，乃设槛捕之"③。理解长江流域
多虎患的记载，或可参考《续汉书·礼仪志中》刘昭注补引《汉旧
仪》："颛顼氏有三子，生而亡去为疫鬼，一居江水，是为（虎）〔虐
鬼〕。"中华书局 1965 年 5 月版标点本《后汉书》校勘记写道："三
一二八页八行　是为（虎）〔虐鬼〕　据卢校改。按：虐卽疟字，虎
与虐形近而讹。文选东京赋注正作'疟鬼'。"④ 然而《汉官旧仪·补
遗》作："一居江水，是为虎。"⑤ 宋庞元英《文昌杂录》卷二引《汉
旧仪》："一居江水，是为虎。"⑥ 而《文献通考》卷八八《郊社考二
十一·祈禳》引《汉旧仪》同。⑦

明确的长江流域虎患，《后汉书·法雄传》记载，法雄迁南郡太
守，"郡滨带江沔，又有云梦薮泽，永初中，多虎狼之暴"⑧。又《太
平御览》卷八九一引谢承《后汉书》："豫章刘陵，字孟高，为长沙
安成长，先时多虎，百姓患之，皆徙他县。"⑨《淮南子·俶真》："昔
公牛哀转病也，七日化为虎。其兄掩户而入觇之，则虎搏而杀之。是

① （清）顾炎武著，（清）黄汝成集释，栾保群点校《日知录集释》，中华书局，2020，第 1270 页。
② 何建章注释《战国策注释》，第 967 页。
③ 《后汉书·宋均传》，第 1412 页；《后汉书·循吏列传·童恢》，第 2482 页。
④ 《续汉书·礼仪志中》，《后汉书》，第 3128、3138 页。
⑤ （清）孙星衍等辑，周天游点校《汉官六种》，第 56 页。
⑥ （宋）庞元英撰《文昌杂录》，大象出版社，2011，第 159 页。
⑦ （元）马端临撰《文献通考》，中华书局，1986，第 805 页。
⑧ 《后汉书·法雄传》，第 1278 页。
⑨ （宋）李昉等撰《太平御览》，第 3958 页。

故文章成兽，爪牙移易，志与心变，神与形化。方其为虎也，不知其尝为人也；方其为人，不知其且为虎也。二者代谢舛驰，各乐其成形。"[1] 高诱注："转病，易病也。江、淮之间，公牛氏有易病，化为虎，若中国有狂疾者，发作有时也。其为虎者，便还食人，食人者因作真虎，不食人者，更变化为人。"这样的传说得以流行，说明虎"食人"是当时人熟悉的情形。推想公孙哀"化为虎"的神奇故事，其实也不能排除虎入户食公牛哀，待其兄启户而"入觇之"时复食其兄的可能。

《三国志·吴书·张昭传》说孙权"每田猎，常乘马射虎，虎常突前攀持马鞍"情形，[2] 也可以补证长江流域多虎的事实。《后汉书·宋均传》"江淮之有猛兽，犹北土之有鸡豚也"[3]，似乎也可以说明由于当地经济开发落后于中原地区，当时华南虎分布的数量曾经十分惊人。总之，秦汉时期虎患危害的地域十分广阔，因而倭人居地无虎，时人曾视为奇闻。[4]

东汉洛阳的虎患

虎患曾经是秦汉时期危害民众生产与生活的严重灾害之一。虎患最为严重，大致在东汉时期。除上引与宋均、童恢、刘昆、法雄、刘陵等人事迹有关的史实外，《续汉书·五行志一》又记载："顺帝阳嘉元年十月中，望都蒲阴狼杀童儿九十七人。时李固对策，引京房《易传》曰：'君将无道，害将及人，去之深山以全身，厥妖狼食

---

① 何宁撰《淮南子集释》，第99~100页。《文选》卷一五张衡《思玄赋》："牛哀病而成虎兮，虽逢昆其必噬。"李善注："牛哀，鲁人牛哀也。昆，兄也。噬，食也。《淮南子》曰：'牛哀病七日而化为虎，其兄启户而入，哀搏而杀之，不自知为虎也。'"（第217页）

② 《三国志·吴书·张昭传》，第1221页。

③ 《后汉书·宋均传》，第1412页。

④ 《三国志·魏书·东夷传》，第855页；王子今：《秦汉虎患考》，饶宗颐主编《华学》第1辑，中山大学出版社，1995。

人。'陛下觉悟，比求隐滞，故狼灾息。① 灵帝建宁中，群狼数十头入晋阳南城门啮人。"刘昭注补引《袁山松书》曰："光和三年正月，虎见平乐观，又见宪陵上，啮卫士。蔡邕封事曰：政多苛暴，则虎狼食人。"②

平乐观在洛阳城西近郊，《后汉书·邓骘传》记载，邓骘率军击羌，汉安帝曾"车驾幸平乐观饯送"。据《后汉书·张玄传》，平日高级官僚西行，"贵人公卿以下当出祖道于平乐观"。《后汉书·何进传》还记载，汉灵帝时，大将军何进曾"讲武于平乐观下"③。可知这里曾经是洛阳车马会聚、人声喧腾的重要社交中心之一。宪陵是汉顺帝陵，《帝王世纪》："在雒阳西北，去雒阳十五里。"④ 汉灵帝光和三年（180）正月，距顺帝入葬不过36年，推想仍当维护精心，禁卫严密。

战国时曾有"市有虎"的说法，⑤ 然而只见于游士危言耸听的论辩之辞，用以说明无中生有流言的危害，汉人王充《论衡·累害》称之为"市虎之讹"。而东汉时虎患竟确实危及京都附近的宫苑重地和皇家陵区，显然是极罕见的史例。

《论衡·解除》"虎狼入都，弓弩巡之，虽杀虎狼，不能除虎狼所为来之患"，也是值得重视的相关记载。此外，《论衡·遭虎》又说到"虎时入邑，行于民间"的情形，以为"其行都邑，乃为怪"，事虽属怪异，看来汉时确曾出现虎入"都邑之地"的现象。⑥

《三国志·魏书·高柔传》裴松之注引《魏名臣奏》载高柔上

---

① 刘昭注补引《东观书》："诏曰：'灾暴缘类，符验不虚，政类厥中，狼灾为应，至乃残食孩幼，朝廷悯悼，思惟咎征，博访其故。'"

② 《续汉书·五行志一》，《后汉书》，第3285~3286页。

③ 《后汉书·邓骘传》，第614页；《后汉书·张玄传》，第1244页；《后汉书·何进传》，第2246页。

④ 《续汉书·礼仪志下》，《后汉书》，第3146页。

⑤ 《韩非子·内储说上七术》，《战国策·魏策二》。

⑥ 黄晖撰《论衡校释》（附刘盼遂集解），第1042、710页。

疏，说道："今禁地广轮且千余里，臣下计无虑其中有虎大小六百头，狼有五百头。"① 可见洛阳附近地方"虎"的数量。②

虎患与自然灾变

《太平御览》卷八九二引《魏略》说："文帝欲受禅，郡国奏白虎二十七见。"③ 白虎以毛色异常被看作瑞兽，郡国奏见如若属实，也可以反映当时虎的数量之多。然而考察自然史与生物史，可以发现"虎"的频繁出现，其实与自然灾异有密切的关系。

据《三国志·魏书·高柔传》，高柔曾经针对当时"杀禁地鹿者身死，财产没官，有能觉告者厚加赏赐"的法令上疏，以为"群鹿犯暴，残食生苗，处处为害，所伤不赀"，建议"宽放民间，使得捕鹿"。裴松之注引《魏名臣奏》载高柔上疏曰："臣深思陛下所以不早取此鹿者，诚欲使极蕃息，然后大取以为军国之用。然臣窃以为今鹿但有日耗，终无从得多也。"高柔说，禁地中除虎狼外，还当有"狐万头"，他估算，"大虎一头三日食一鹿"，"十狼日共食一鹿"，"鹿子始生，未能善走，使十狐一日共食一子"④。高柔的分析，可以看作较早的关于生态平衡的论说，且涉及肉食动物、草食动物与绿色植物间的食物链构成。从这一认识出发，也有助于理解虎患和自然灾变之间的关系。

汉光武帝建武年间，刘昆任弘农太守。《后汉书·儒林列传·刘昆》记载：

> 先是崤、黾驿道多虎灾，行旅不通。（刘）昆为政三年，仁

---

① 《三国志·魏书·高柔传》，第689页。
② 王子今：《东汉洛阳的"虎患"》，《河洛史志》1994年第3期。
③ （宋）李昉等撰《太平御览》，第3960页。
④ 《三国志·魏书·高柔传》，第689页。

化大行，虎皆负子度河。帝闻而异之。二十二年，征代杜林为光禄勋。诏问昆曰："前在江陵，反风灭火①，后守弘农，虎北度河，行何德政而致是乎？"昆对曰："偶然耳。"左右皆笑其质讷。帝叹曰："此乃长者之言也。"顾命书诸策。②

《后汉书·宋均传》说，建武年间，宋均任九江太守，"郡多虎暴，数为民患，常募设槛阱而犹多伤害。（宋）均到，下记属县曰：'夫虎豹在山，鼋鼍在水，各有所托。且江淮之有猛兽，犹此土之有鸡豚也。今为民害，咎在残吏，而劳勤张捕，非忧恤之本也。其务退奸贪，思进忠善，可一去槛阱，除削课制。'其后传言虎相与东游度江"③。《太平御览》卷八九一引谢承《后汉书》说刘陵为长沙安成长时"多虎，百姓患之，皆徒他县"事，也写道："（刘）陵之官，修德政逾月，虎悉出界去，民皆还。"④ 蔡邕以"虎见平乐观，又见宪陵上，啮卫士"上封事曰："政有苛暴，则虎狼食人。"⑤ 《风俗通义·正失》也说，虎"时为害者，乃其政使然也"⑥。可见将虎患与政风政情相联系，是当时社会的普遍意识。

王充则不赞同这种观念。他在《论衡·初禀》中写道："光禄大夫刘琨，前为弘农太守，虎渡河，光武皇帝曰：'偶适自然，非或使之也。'"⑦《后汉书·儒林列传·刘昆》所谓"偶然"，《论衡》所谓"偶适自然"，都说虎患是一种自然现象而与行政风格并没有直接的关系。《论衡·偶会》所谓"偶适然自相遭遇"，所谓"自然之道，

---

① 《后汉书·儒林列传·刘昆》："教授于江陵，光武闻之，即除为江陵令。时县连年火灾，昆辄向火叩头，多能降雨止风。"（第2550页）
② 《后汉书·儒林列传·刘昆》，第2550页。
③ 《后汉书·宋均传》，第1412~1413页。
④ （宋）李昉等撰《太平御览》，第3958页。
⑤ 《后汉书·蔡邕传》，第1992页。
⑥ （汉）应劭撰，王利器校注《风俗通义校注》，第124页。
⑦ 黄晖撰《论衡校释》（附刘盼遂集解），第131页。

适偶之数，非有他气旁物厌胜感动使之然也"，都说明了这种认识。[①]
王充《论衡·遭虎》指出："变复之家，谓虎食人者，功曹为奸所致
也。其意以为功曹众吏之率，虎亦诸禽之雄也。功曹为奸，采渔于
吏，故虎食人，以象其意。"其实，"虎出有时"，"动于林泽之中，
遭虎搏噬之时，禀性狂勃，贪叨饥饿，触自来之人，安能不食？人之
筋力，羸弱不适，巧便不如，故遇辄死"。王充还注意到，在发生战
乱灾变的情况下，"仓卒之世，谷食乏贵，百姓饥饿，自相啖食，厥
变甚于虎"[②]。

虎患的发生，当与自然灾异有关。《淮南子》说，虎生存于"高
山深林"[③]"茂草"[④]之中。《论衡·遭虎》也说："山林草泽，虎所
生出也。"[⑤]《风俗通义·正失》："《易》称：'山有猛虎，草木茂
长。'故天之所生，备物致用，非以伤人也。"[⑥] 时人已有"大虎一头
三日食一鹿，一虎一岁百二十鹿"的估算，从而在天灾导致山林植被
枯坏，多种草食动物生存条件急骤恶化因而数量剧减的情况下，虎作
为以捕食动物为生的猛兽，因食物严重缺乏，往往不得不作索食迁
移，其主要活动地域可能发生变化。而生存环境的改变，又可以导致
性情的变易，如自我抑制反射能力的变化，可以轻易激发兴奋并迅即
转而发动侵略性攻击等。而天灾引起的人类社会的变化，也可以导致
虎对人类的逃避行为的方式的转变。《论衡·遭虎》所谓"城且空
也，草虫入邑"，就大致反映这种情形。

刘昆故事所谓"虎灾"，很可能与《后汉书·光武帝纪下》所记

---

① 《论衡·解除》也说："虎狼之来，应政失也。"然而并不认为二者之间有绝对的因
果关系。《论衡·遭虎》："实说，虎害人于野，不应政，其行都邑，乃为怪。"然而虎患总体
上仍应归为"天道偶会"。黄晖撰《论衡校释》（附刘盼遂集解），第 99、1042、710 页。

② 黄晖撰《论衡校释》（附刘盼遂集解），第 707~708、710 页。

③ 《淮南子·泰族》，何宁撰《淮南子集释》，第 1380 页。

④ 《淮南子·修务》，何宁撰《淮南子集释》，第 1341 页。

⑤ 黄晖撰《论衡校释》（附刘盼遂集解），第 710 页。

⑥ （汉）应劭撰，王利器校注《风俗通义校注》，第 124 页。

载建武五年（29）"水旱蝗虫为灾"有一定联系。法雄故事所谓"永初中，多虎狼之暴"，也可能与当时严重的自然灾害有关。《后汉书·安帝纪》记载，延平元年（106）九月，"六州大水"，十月，"四州大水，雨雹"；永初元年（107），"郡国十八地震，四十一雨水，或山水暴至，二十八大风，雨雹"；二年（108）"五月，旱"，"六月，京师及郡国十四大水，大风，雨雹"，"是岁，郡国十二地震"；三年（109）三月，"郡国九地震"，"四月，六州蝗"，七月，"三郡大水"；五年（111）正月，"郡国十地震"，"是岁，九州蝗，郡国八雨水"；六年（112）"三月，十州蝗"，"五月，旱"；七年（113）二月，"郡国十八地震"，八月，"京师大风，蝗虫飞过洛阳"，又诏令"郡国被蝗伤稼"，减免田租，"九月，调零陵、桂阳、丹阳、豫章、会稽租米，赈给南阳、广陵、下邳、彭城、山阳、庐江、九江饥民"①。法雄所在南阳，明确列为重灾区之首。

而光和三年（180）"虎见平乐观，又见宪陵上"事，也很可能与前此数年连年灾荒有某种关系。《后汉书·灵帝纪》：熹平元年（172）"六月，京师雨水"；"二年春正月，大疫"；三年（174）秋"洛水溢"；四年（175）"夏四月，郡国七大水"，"六月，弘农、三辅螟"；六年（177）"夏四月，大旱，七州蝗"；光和二年（179），"春，大疫"②。

《风俗通义·正失》对宋均"务退奸贪，思进忠善"，"其后传言虎相与东游度江"事表示怀疑："江渡七里，上下随流，近有二十余。虎山栖穴处，毛鬣岂能犯阳侯、凌涛濑而横厉哉！俚语：'狐欲渡河，无奈尾何。'舟人楫棹，犹尚畏怖，不敢迎上与之周旋。云悉东渡，谁指见者？尧、舜钦明在上，稷、契允懿于下。当此时也，宁复有虎耶？若（宋）均登据三事，德被四海，虎岂可抱负相随，乃至鬼方绝

---

① 《后汉书·安帝纪》，第205~220页。
② 《后汉书·灵帝纪》，第329~342页。

域之地乎！"① 其实，虎之习性能游泳，不过长距离游渡，"凌涛濑而横厉"，可能是极罕见的情形。所谓虎"度河""度江""悉出界去"等传说与地方官"德政"宣传之间的联系，只能理解为严重灾荒之后自然生态的恢复，致使虎患亦得以缓解。《淮南子·览冥》："风雨时节，五谷丰孰，虎狼不妄噬"②，也可以说明虎患和自然灾异的关系。③

"虎，山兽之君"

《说文·虎部》："虎，山兽之君。"秦汉虎患之严重，使虎成为残厉暴虐的象征。《史记·齐悼惠王世家》："恶戾，虎而冠者也。"《史记·酷吏列传》有"其爪牙吏虎而冠"的说法，④《后汉书·酷吏列传》则称之为"虎冠之吏"⑤。《文选》卷三张衡《东京赋》李善注引应劭《汉官仪》："谗谤之言恶若虎也。"⑥

当时人们对虎除了厌憎之外，其实又怀有敬畏之心。虎有时又成为强劲勇捷的象征。《风俗通义·祀典》："虎者，阳物，百兽之长也。能执搏挫锐，噬食鬼魅。"⑦《汉书·酷吏传·尹赏》记述尹赏惩治"长安中轻薄少年恶子"时，曾"修治长安狱，穿地方深各数丈，致令辟为郭，以大石覆其口，名为'虎穴'"。"车数百两，分行收捕，皆劾以为通行饮食群盗。（尹）赏亲阅，见十置一，其余尽以次内虎穴中，百人为辈，覆以大石。数日壹发现，皆相枕藉死。"⑧ 将绝对置人犯于死地的特殊牢狱命名为"虎穴"，正形容其危

---

① 《风俗通义·正失》，第 124 页。
② 《淮南子·览冥》，第 466 页。
③ 王子今：《秦汉时期的"虎患""虎灾"》，《中国社会科学报》2009 年 7 月 16 日。
④ 《史记·齐悼惠王世家》，第 2003 页；《史记·酷吏列传》，第 3150 页。
⑤ 《后汉书·酷吏列传》，第 2487 页。
⑥ （梁）萧统编，（唐）李善注《文选》，第 51 页。
⑦ （汉）应劭撰，王利器校注《风俗通义校注》，第 368 页。
⑧ 《汉书·酷吏传·尹赏》，第 3673 页。

厄可怖。

　　威猛健武之士，有"虎臣"①"虎士"②"虎夫"③"虎贲"④ 等称号。军队又有"虎校"⑤"虎旅"⑥ 美称。《汉书·王莽传下》记载，王莽拜将军九人，"皆以'虎'为号，号曰'九虎'"⑦。各级军官，如将军、都尉、校尉等，也有以"虎牙""虎威""虎贲"为名号者。《风俗通义·正失》：虎贲，"言猛怒如虎之奔赴也"⑧。《续汉书·百官志二》："虎贲中郎将，比二千石。本注曰：主虎贲宿卫。"刘昭注补"虎贲旧作'虎奔'，言如虎之奔也"，"孔安国曰'若虎贲兽'，言其甚猛"⑨。"虎贲"之称，体现出军武之士对直接或间接经历虎患所体验到的虎的威烈勇猛性情的摹效。

　　《淮南子·时则》：仲冬之月，"虎始交"。《淮南子·地形》：虎"七月而生"。《论衡·书解》："虎猛，毛蚡蟠。"⑩ 都说明人们已经注意并且逐渐地初步了解了虎的习性。《史记·楚世家》："夫虎肉臊，其兵利身，人犹攻之也。"《风俗通义·祀典》："今人卒得恶悟，烧虎皮饮之，系其爪，亦能辟恶，此其验也。"⑪ 当时人对虎的知识距离科学认识仍相当遥远，然而由此仍可以反映出他们对于虎患一类自然力勇敢抗争的意志。

---

①　《汉书·赵充国传》，第 2995 页。

②　《周礼·夏官司马·虎贲氏》，（汉）郑玄注，（清）阮元校刻《十三经注疏》，第 850 页。

③　《文选》卷三张衡《东都赋》，第 59 页。

④　《风俗通义·正失》，（汉）应劭撰，王利器校注《风俗通义校注》，第 124 页。

⑤　班固《北征赋》，（清）严可均辑《全上古三代秦汉三国六朝文》，第 1223 页。

⑥　《北堂书钞》卷一一七引陈琳《武军赋》，第 446 页。

⑦　《汉书·王莽传下》，第 4188 页。

⑧　（汉）应劭撰，王利器校注《风俗通义校注》，第 124 页。

⑨　《续汉书·百官志二》，《后汉书》，第 3575~3576 页。

⑩　何宁撰《淮南子集释》，第 425、346 页；黄晖撰《论衡校释》（附刘盼遂集解），第 1149 页。

⑪　《史记·楚世家》，第 1734 页；（汉）应劭撰，王利器校注《风俗通义校注》，第 368 页。

"射虎""搏虎""捕虎"

司马迁在《史记·李将军列传》中以生动的文笔记述了李广著名的射石饮羽故事："广出猎，见草中石，以为虎而射之，中石没镞，视之石也。因复更射之，终不能复入石矣。"《西京杂记》卷五则写作："李广与兄弟共猎于冥山之北，见卧虎焉。射之，一矢即毙。""他日，复猎于冥山之阳，又见卧虎，射之，没矢饮羽。进而视之，乃石也，其形类虎。退而更射，镞破簳折而石不伤。"①

《淮南子·缪称》说到有能"手搏虎，而不能生也"的情形，高诱注"力能搏生虎"，"力能杀虎"。②"搏虎"故事，有相当古远的渊源。《汉书·匡衡传》颜师古注："《诗·郑风·太叔于田》之篇曰：'袒裼暴虎，献于公所。将叔无狃，戒其伤汝。'袒裼，肉袒也。暴虎，空手以搏之也。公，郑庄公也。将，请也。叔，庄公之弟太叔也。狃，忕也。汝亦太叔也。言以庄公好勇之故，太叔肉袒空手搏虎，取而献之。国人爱叔，故请之曰勿忕为之，恐伤汝也。"③

作为文物资料的汉代画像中，也常常可以看到猎虎场面，猎者或操弓弩或执剑戟，并且往往追随可能即《说文·犬部》中称作"狾"的"逐虎犬"。④

秦汉时又多有以机具和陷阱捕杀猛虎的情形，如《淮南子·兵略》所谓"虎豹不动，不入陷阱"⑤，以及《后汉书·宋均传》所谓"设槛阱"，《后汉书·循吏列传·童恢》所谓"设槛捕之"等，都说

---

①　《史记·李将军列传》，第 2871~2872 页；（晋）葛洪撰，周天游校注《西京杂记校注》，第 250 页。

②　何宁撰《淮南子集释》，第 714 页。

③　《汉书·匡衡传》，第 3336 页。

④　《说文·犬部》："狾，猲犬也。""一曰逐虎犬也。""猲，狾犬也。"徐锴《系传》："猲，犹骁也。""逐虎犬"，段玉裁注："《广韵》曰'逐兽犬'，盖唐人避讳改。"（汉）许慎撰，（清）段玉裁注《说文解字注》，第 476 页。

⑤　何宁撰《淮南子集释》，第 1078 页。

明这种方式应用之普遍。

《后汉书·班超传》可见"不入虎穴，不得虎子"壮语，又《三国志·吴书·吕蒙传》所谓"不探虎穴，安得虎子？"① 涉及猎虎、捕虎方式，都突出表现当时人们与虎患斗争的智与勇。

"斗虎""御虎""禁虎"

秦汉宫廷曾经盛行斗虎之戏。《史记·封禅书》说，汉武帝营建建章宫，"其西则唐中，数十里虎圈"。《史记·张释之冯唐列传》记述："登虎圈，上问上林尉诸禽兽簿，十余问，尉左右视，尽不能对。虎圈啬夫从旁代尉对上所问禽兽簿甚悉。"② 陈直《汉书新证》曾举汉"虎圈"半通印以为实证。③《淮南子·主术》也说到"为之圈槛"以"养虎"，"供其嗜欲，适其饥饱，违其怒恚"的情形。④《汉书·李广传》记载，李禹酒后侵陵侍中贵人，以致"上召禹，使刺虎，悬下圈中，未至地，有诏引出之。禹从落中以剑斫绝累，欲刺虎。上壮之，遂救止焉"⑤。《汉书·外戚传下·孝元冯昭仪》又有汉元帝建昭年间"上幸虎圈斗兽，后宫皆坐"的记载。《汉书·霍光传》也说道，昌邑王刘贺曾"驱驰北宫、桂宫，弄彘斗虎"⑥。《盐铁论·散不足》所谓"今民间雕琢不中之物，刻画玩好无用之器"，奢靡风气之表现，也包括"百兽马戏斗虎"的普及。⑦

《西京杂记》卷三说，东海人黄公有"御虎"之术，"秦末，有白虎见于东海，黄公乃以赤刀往厌之。术既不行，遂为虎所杀。三辅

---

① 《后汉书·班超传》，第 1572 页；《三国志·吴书·吕蒙传》，第 1273 页。
② 《史记》，第 1402、2752 页。
③ 陈直：《汉书新征》，天津人民出版社，1979，第 298 页。
④ 何宁撰《淮南子集释》，第 613 页。
⑤ 《汉书·李广传》，第 2450 页。
⑥ 《汉书》，第 4005、2940 页。
⑦ 王利器校注《盐铁论校注》（定本），第 349 页。

人俗用以为戏，汉帝亦取以为角抵之戏焉"①。"御虎"成为民间百戏的主题之一，又融入"汉帝"作为宫廷娱乐内容的"角抵之戏"之中，自然有特殊的社会文化背景。② 东汉画像中更多见驯兽的画面。《后汉书·方术列传下·徐登》："赵炳，字公阿，东阳人，能为越方。"李贤注引《抱朴子》说，道士赵炳能"以气""禁虎"，"虎伏地，低头闭目，便可执缚"③。所谓"以气""禁虎"，大约是具有神秘主义色彩的驯虎方式。

斗虎驯虎之风行，作为表现出鲜明时代特色的文化现象，④ 其实都与秦汉虎患有关。

《水经注》卷一六《谷水》引《竹林七贤论》："魏明帝于宣武场上为栏苞虎阱，使力士袒裼，迭与之搏，纵百姓观之。"《太平御览》卷八九二引作"于宣武场上为栏斗虎，使力士逆与之搏，纵人观之"⑤，仍体现出汉时遗风。而《世说新语·雅量》则写道："魏明帝于宣武场上断虎爪牙，纵百姓观之。"⑥ 一种是惊险的斗兽表演，一种则只是普通的动物展示，二者的区别，体现出世风的变迁，此外，或许也反映虎患对于社会文化的影响发生了明显的历史变化。

曹操的"挌虎大戟""挌虎短矛"

曹操高陵出土"魏武王常所用挌虎大戟"和"魏武王常所用挌虎短矛"刻铭石牌，是非常重要的考古发现，以文物实证增益了我们对于曹操个人品性以及汉魏时代社会风尚的认识。

---

① （晋）葛洪撰，周天游校注《西京杂记校注》，第120页。
② 参看王子今、王心一《"东海黄公"考论》，周天游主编《陕西历史博物馆馆刊》第11辑，三秦出版社，2004。
③ 《后汉书·方术列传下·徐登》，第2741页。
④ 王子今：《汉代的斗兽和驯兽》，《人文杂志》1982年第5期。
⑤ （北魏）郦道元著，陈桥驿校证《水经注校证》，第395页；（宋）李昉等撰《太平御览》，第3960页。
⑥ 余嘉锡撰，周祖谟、余淑宜整理《世说新语笺疏》，第414页。

据《三国志·魏书·武帝纪》，在"遗令"之后，明确记载："谥曰武王。二月丁卯，葬高陵。"① 对于曹操高陵出土文物所见"魏武王"称谓的合理性，不应有所怀疑。所谓"常所用"，有人提出疑问，已经有学者指出，《三国志·吴书·周泰传》裴松之注引《江表传》记录孙权事迹，可见"敕以己常所用御帻青缣盖赐之"。可知"常所用"实际上是当时社会的习用语。以"常所用"兵器随葬，与曹操强调薄葬原则时"敛以时服"的要求也是一致的。

"挌虎"即"格虎"。《说文·手部》："挌，击也。"② 《逸周书·武称》："穷寇不挌。"晋孔晁注："挌，斗也。"宋王观国《学林》卷五"格"条写道："《字书》：'格字从手，古伯切，击也，斗也。'《文选》相如《子虚赋》曰：'使专诸之伦，手格此兽。'五臣注曰：'格，击也。'"左思《吴都赋》也说到野生动物"啼而就擒""笑而被格"事。"五臣注曰：'格，杀也。'史书言格杀、格斗者当用从手之挌，而亦或用从木之格。如《汉书》《子虚赋》用从木之格。盖古人于从木从手之字多通用之。如檋枪搀抢之类是也。"③ 同书卷九"榷"条也有类似的说法。

《三国志·魏书·任城王传》说，任城威王曹彰，"少善射御，膂力过人，手格猛兽，不避险阻。数从征伐，志意慷慨"④。"手格猛兽"的说法较早见于《史记·殷本纪》帝纣事迹。《汉书·东方朔传》亦说到汉武帝行猎"手格熊罴"行为。此后，"手格猛兽"事在魏晋南北朝史记录中颇为密集。具体如"格虎"，《太平御览》卷八三一引崔鸿《十六国春秋·后赵录》及《魏书·石虎传》有"格虎车"，《水经注》卷二九《沔水》有"格虎山"，《搜神后记》卷九：

---

① 《三国志·魏书·武帝纪》，第53页。

② （汉）许慎撰，（清）段玉裁注《说文解字注》，第610页。

③ （宋）王观国撰，田瑞娟点校《学林》，中华书局，1988，第162页。

④ 《三国志·魏书·任城王传》，第555页。

"义熙中，左将军檀侯镇姑熟，好猎，以格虎为事。"① 又《文苑英华》卷四一六署沈约《常僧景等封侯诏》有"前军将军宜合格虎队主马广"字样。② 汉代文献，则有《孔丛子》卷下孔臧《谏格虎赋》。而《朱子语类》卷一二五载录朱熹评断："《孔丛子》说话多类东汉人，其文气软弱，全不似西汉人文。"③ 而东汉"格虎"故事有《太平御览》卷八九二引王孚《安成记》曰："平都区宝者，后汉人，居父丧。邻人格虎，虎走趋其孤庐中，即以襄衣覆藏之。"④

在曹操所处的时代，多有勇敢者与虎争搏的历史记录。《三国志·魏书·诸夏侯传》裴松之注引《世语》说：夏侯称年十六，参与田猎，"见奔虎，称驱马逐之，禁之不可，一箭而倒。名闻太祖，太祖把其手喜曰：'我得汝矣！'"又《诸夏侯传》记载，曹操哀惜族人功臣孤儿曹真，"收养与诸子同，使与文帝共止。常猎，为虎所逐，顾射虎，应声而倒。太祖壮其鸷勇，使将虎豹骑"。《三国志·魏书·王朗传》说：曹丕"车驾出临捕虎，日昃而行，及昏而反"⑤。我们虽然没有看到曹操亲自"格虎"的明确记载，但是从其身边后辈少年贵族上述事迹和曹操本人的态度，可以了解他欣赏"慷慨""鸷勇"的精神倾向。曹操高陵出土刻铭石牌"魏武王常所用挌虎大戟""魏武王常所用挌虎短矛"，虽然目前没有看到相关史籍资料，但是作为反映当时时代精神的文物实证，确实是十分宝贵的。

我们注意到西汉上层社会曾经流行斗兽风习，而东汉帝王未见幸兽圈斗兽的事迹，似乎上层执政者这方面的嗜好已有所转移。从出土

---

① （宋）李昉等撰《太平御览》，第 3709 页；（北魏）郦道元著，陈桥驿校证《水经注校证》，第 683 页；（宋）陶潜撰，李剑国辑校《新辑搜神后记》，中华书局，2007，第 529 页。

② （宋）李昉等编《文苑英华》，中华书局，1966，第 2106 页。

③ （宋）黎靖德编，王星贤点校《朱子语类》，中华书局，1986，第 2990 页。

④ （宋）李昉等撰《太平御览》，第 3960 页。

⑤ 《三国志·魏书·诸夏侯传》，第 273、280 页；《三国志·魏书·王朗传》，第 409 页。

文物看，民间习俗亦已由斗兽向驯兽演变。这一情形，或许也可以部分反映汉代社会风尚演化的趋势。① 儒学的普及，或许与这一历史变化有关。而汉末三国时期，一些政治领袖推重法家之学，当时急烈之风再起，英雄人物多有"任侠"行迹。曹操少即"任侠放荡"，是符合当时世风的。这位史称"非常之人，超世之杰"② 者，其个人风格，其实也是时代精神的某种标志性征象。而曹操高陵出土"魏武王常所用挌虎大戟""魏武王常所用挌虎短矛"刻铭石牌，可以看作相关历史文化现象的一种物证。③

孙权"乘马射虎"

孙权有与猛虎近距离遭遇，且冒险"乘马射虎"的故事。《三国志·吴书·吴主传》："二十三年十月，权将如吴，亲乘马射虎于庱亭。马为虎所伤，权投以双戟，虎却废，常从张世击以戈，获之。"④

《三国志·吴书·张昭传》："权每田猎，常乘马射虎，虎常突前攀持马鞍。昭变色而前曰：'将军何有当尔？夫为人君者，谓能驾御英雄，驱使群贤，岂谓驰逐于原野，校勇于猛兽者乎？如有一旦之患，奈天下笑何？'权谢昭曰：'年少虑事不远，以此惭君。'然犹不能已，乃作射虎车，为方目，间不置盖，一人为御，自于中射之。时有逸群之兽，辄复犯车，而权每手击以为乐。昭虽谏争，常笑而不答。"⑤

这些体现当时人与虎的关系的故事，不仅可以理解为汉魏时代风尚的写照，也是当时生态形势的反映。孙权"常乘马射虎，虎常突前攀持马鞍"，而逸兽犯车，"每手击以为乐"的情节，给人们留下了

---

① 王子今：《汉代的斗兽和驯兽》，《人文杂志》1982 年第 5 期。
② 《三国志·魏书·武帝纪》，第 55 页。
③ 王子今：《关于曹操高陵出土刻铭石牌所见"挌虎"》，《中国社会科学报》2010 年 1 月 19 日；贺云翱、单卫华主编《曹操墓事件全记录》，山东画报出版社，2010；河南省文物考古研究所编《曹操高陵考古发现与研究》，文物出版社，2010。
④ 《三国志·吴书·吴主传》，第 1120 页。
⑤ 《三国志·吴书·张昭传》，第 1220 页。

深刻的历史印象。苏轼《江城子·猎词》有"亲射虎，看孙郎"的名句（《东坡词》），体现了这一历史记忆的长久。

5. 秦汉驿道虎灾：虎对交通安全的威胁

秦汉时期如《后汉书·宋均传》所谓"虎暴"，《后汉书·法雄传》所谓"虎害"，又往往直接造成对交通运输的严重危害。史籍称之为"驿道""虎灾"。

"虎狼""当路"，"虎豹夹路"

秦汉时期，虎患往往直接导致交通阻障。

《老子·德经》："盖闻善摄生者，陆行不遇兕虎。"马王堆汉墓帛书《老子甲本》作：

> 盖〔闻善〕（二五）
> 执生者，陵行不〔避〕矢（兕）虎……（二六）

《老子乙本》作：

> 盖闻善执生者，陵行不辟（避）兕虎……（一八六上）①

《韩非子·解老》说："圣人之游世也，无害人之心，则必无人害；无人害，则不备人。故曰：'陆行不遇兕虎。'"②"陆行"而"遇兕虎"，显然是"游世"途中不能不特意防备的患害。《史记·袁盎晁

---

① 国家文物局古文献研究室编《马王堆汉墓帛书〔壹〕》，文物出版社，1980，第4、90页。

② （清）王先谦撰，钟哲点校《韩非子集解》，第150页。

错列传》说到"贲育之勇",司马贞《索隐》:"贲,孟贲;育,夏育也。《尸子》云:'孟贲水行不避蛟龙,陆行不避兕虎。"①《太平御览》卷四三七引《新序》:"夫勇士孟贲水行不避蛟龙,陆行不避虎狼,发怒吐气,声响动天。"②《后汉书·郑太传》李贤注"《说苑》曰:'孟贲水行不避鲛龙,陆行不避虎狼,发怒吐气,声响动天'"③,也说"陆行"多有"兕虎""虎狼"之害的事实。《论衡·遭虎》说:"入山林草泽,见害于虎,怪之,非也。蝮蛇悍猛,亦能害人。""行止泽中,中于蝮蛇",也是经常发生之事。"行山林中,麋鹿野猪,牛象熊罴,豺狼雎蠼,皆复杀人。"可见在行经山林的交通过程中遭遇有害生物侵袭的情形是相当普遍的,而"虎亦众禽之雄也",很可能诸多不幸之中,所谓"见害于虎"者,情形最为惨痛。④《抱朴子·登涉》也写道:"不知入山法者,多遇祸害。故谚有之曰:'太华之下,白骨狼藉。'""入山而无术,必有患害",其中之一,即"遭虎狼毒虫犯人"。"山中寅日,有自称虞吏者,虎也。称当路君者,狼也"⑤,也说到行旅"遭虎狼毒虫犯人"情形。虎狼"当路",曾经对交通形成严重的阻害。

曹操《苦寒行》:"北上太行山,艰哉何巍巍!羊肠坂诘屈,车轮为之摧。树林何萧瑟,北风声正悲。熊罴对我蹲,虎豹夹路啼。"⑥当时交通之艰险,必须克服"虎豹夹路"的威胁。

"白虎为害,自秦、蜀、巴、汉患之"

《华阳国志·巴志》记载了"秦、蜀、巴、汉"交通因"白虎为

---

① 《史记·袁盎晁错列传》,第 2739 页。
② (宋)李昉等撰《太平御览》,第 2012 页。
③ 《后汉书·郑太传》,第 2259 页。亦见《文选》卷八扬雄《羽猎赋》、卷一八马融《长笛赋》、卷三五张景阳《七命》等注引《说苑》。
④ 黄晖撰《论衡校释》(附刘盼遂集解),第 709~710 页。
⑤ 王明著《抱朴子内篇校释》(增订本),中华书局,1985,第 299、304 页。
⑥ 逯钦立辑校《先秦汉魏晋南北朝诗》,第 351 页。

害”受到威胁的情形：

> 秦昭襄王时，白虎为害，自秦、蜀、巴、汉患之。秦王乃重募国中：“有能杀虎者，邑万家，金帛称之。”于是夷朐忍廖仲药、何射虎、秦精等乃作白竹弩于高楼上，射虎，中头三节。白虎常从群虎，瞋恚，尽搏杀群虎，大吼而死。秦王嘉之曰：“虎历四郡，害千二百人，一朝患除，功莫大焉。”……汉兴，亦从高祖定秦有功。高祖因复之，专以射白虎为事，户岁出賨钱口四十，故世号“白虎复夷”，一曰“板楯蛮”，今所谓“弜头虎子”者也。

同卷记载汉灵帝光和二年（179）“板楯复叛，攻害三蜀、汉中”，益州计曹橼程苞陈方略时又说道：“板楯七姓以射白虎为业，立功先汉，本为义民。”①《隶续》卷一六《繁长张禅等题名》中可见“白虎夷王谢节”“白虎夷王资伟”。洪适题记曰：“右蜀郡繁长等题名，一石三横，今在蜀道。”“未有四行高出两字，题白虎二夷王。”“东都益部郡县夷汉错居，此必蜀郡太守有德政，繁县夷人共立此碑。”又说：“史载蜀郡徼外有白马国，莋都之西有白狼国，无所谓白虎国者。秦时有白虎为巴蜀之害，募能杀之者赏邑万家。阆中夷人登楼射杀之，即板楯蛮之先也。又赤穴巴氏子乘土船能浮众，共立为之廪君，既死，魂魄世为白虎，所谓白虎王者，岂此二国之别称乎。”② 看来当以前说为是。这一石刻文字资料也可以说明巴蜀道路当时曾经有虎患成为交通阻隔，“蜀道”有的路段长期有受政府之命负责清除虎患，“以射白虎为业”，以保障交通安全为责任的射猎部族。

《华阳国志·巴志》又记述，“孝桓帝以并州刺史泰山但望字伯

----

① （晋）常璩撰，任乃强校注《华阳国志校补图注》，第14、24页。
② （宋）洪适撰《隶释　隶续》，中华书局据洪氏晦木斋刊本影印，1985，第430页。

阆为巴郡太守，勤恤民隐"，郡文学掾宕渠赵芬等诣望自讼，说道："郡境广远，千里给吏，兼将人从，冬往夏还，夏单冬复。惟逾时之役，怀怨旷之思。""加以水陆艰难，山有猛兽，思迫期会，陨身江河，投死虎口。咨嗟之叹，历世所苦。"① 所谓"山有猛兽""投死虎口"，也体现虎患危害交通的情形。《隶释》卷四《司隶校尉杨孟文石门颂》中所谓"恶虫蔽狩，蛇蛭毒蟒"②，也是说明虎患曾威胁川陕古道交通安全的资料。

秦二世"梦白虎啮其左骖马"

《史记·秦始皇本纪》记载，秦二世三年（前207），"二世梦白虎啮其左骖马，杀之，心不乐，怪问占梦。卜曰：'泾水为祟。'二世乃斋于望夷宫，欲祠泾，沈四白马"③。而赵高遣阎乐随即发动宫廷政变，迫使二世自杀。秦二世虽然以非正常方式取得帝位，又因行政失败直接导致了秦王朝的覆亡，历来为史家鄙议，然而其交通实践，却有值得重视的事迹。司马迁记载，秦二世在21岁即位之初，就曾与赵高谋曰："朕年少，初即位，黔首未集附。先帝巡行郡县，以示强，威服海内。今晏然不巡行，即见弱，毋以臣畜天下。"于是，"春，二世东行郡县，李斯从。到碣石，并海，南至会稽，而尽刻始皇所立刻石"，其行迹至于碣石、邹峄山、泰山、梁父、之罘、琅邪、会稽，似乎又折而北上，"遂至辽东而还"。"四月，二世还至咸阳。"④ 不仅行程十分遥远，其巡行速度与交通效率尤其令人惊异。⑤

这样一位对交通怀有特殊热忱的帝王"梦白虎啮其左骖马，杀

① （晋）常璩撰，任乃强校注《华阳国志校补图注》，第19页。
② （宋）洪适撰《隶释　隶续》，第50页。
③ 《史记·秦始皇本纪》，第273页。
④ 《史记·秦始皇本纪》，第267、268页。
⑤ 王子今：《秦二世元年东巡史事考略》，秦始皇兵马俑博物馆《论丛》编委会编《秦文化论丛》第3辑，西北大学出版社，1994。

之，心不乐"，说明虎患当时对交通的严重威胁确实令行者心常警悚。从秦汉神秘主义方位观念出发，白虎位次西方，"白虎啮其左骖马"，当是北行意外事故，卜者可能即因此分析说"泾水为祟"。秦二世及时斋祠，且白虎啮一匹马，竟然要"沈四白马"以祠，可见贵为天下之尊的皇帝之于虎患，对于其防避也表现出非同寻常的重视，对于其暴戾又表现出非同寻常的畏懦，甚至甘愿以加倍的供奉祈求免除其危害。[1]

虎候山祠与关都尉"乳虎"之喻

《淮南子·地形》说，东方"多虎"，暗示关中与东方地区之间的交通通路，虎患可能更为严重。《汉书·地理志上》"京兆尹"条记载："蓝田，有虎候山祠。"据说"秦孝公置"。《续汉书·郡国志一》刘昭注补引《地道记》也说：蓝田"有虎候山"。王先谦《汉书补注》："《长安志》亦载之。吴卓信云：'《蓝田县志》：县西十五里有虎坷山。疑是。'"[2] 由"虎候山""虎坷山"之定名，推想自蓝田东南向经武关直抵南阳的古武关道，也曾经有虎患的危害。

《史记·酷吏列传》记载："宁成家居，上欲以为郡守，御史大夫弘曰：'臣居山东为小吏时，宁成为济南都尉，其治如狼牧羊。成不可使治民。'上乃拜成为关都尉。岁余，关东吏隶郡国出入关者，号曰'宁见乳虎，无值宁成之怒'。"[3] 可见当时"出入关"远行者，把"乳虎"看作最令人恐惧的灾祸之由。这种观念的产生，应当与道路虎患有关。"义纵自河内迁为南阳太守，闻宁成家居南阳，及纵至

---

① 王子今：《秦二世直道行迹与望夷宫"祠泾"故事》，《史学集刊》2018 年第 1 期；王子今主编《秦史：崛起与统一》，西北大学出版社，2019。

② 《汉书·地理志上》，第 1543 页；《续汉书·郡国志一》，《后汉书》，第 3404 页；（清）王先谦撰《汉书补注》，第 664 页。

③ 《史记·酷吏列传》，第 3145 页。《汉书·酷吏传·义纵》："岁余，关吏肆郡国出入关者，号曰：'宁见乳虎，无直宁成之怒。'其暴如此。"（第 3653 页）

关，宁成侧行送迎，然纵气盛，弗为礼。至郡，遂案宁氏，尽破碎其家。"义纵所"至关"，有可能就是武关。所谓"关东吏隶郡国出入关者"。《汉书·酷吏传·义纵》作"关吏税隶郡国出入关者"。颜师古注："李奇曰：'肄，阅也。'"看来酷吏的横暴超过"乳虎"之恶名，可能亦由于关税的征收。①《汉书·宣帝纪》：元康四年（前62），"南郡获白虎"。又法雄任南阳太守期间，"永初中，多虎狼之暴"②。此外，《太平御览》卷八九一引《风俗通》："呼虎为李耳，欲说虎本南郡中庐李氏公所化为，呼李耳因喜，呼班便怒。"③南阳、南郡地方多虎，可能是当时的事实。然而这一传说也可能是通往南阳、南郡的武关道上虎患严重的反映。

"崤、黾驿道多虎灾"

所谓"虎暴""虎患"阻滞交通的最典型的史例，当然是《后汉书·儒林列传·刘昆》所记载：

> 崤、黾驿道多虎灾，行旅不通。④

所谓"崤、黾驿道"，是秦汉时期至为重要的交通路段，联系着长安和洛阳两个政治、经济、文化重心地区。⑤汉灵帝光和三年（180）"虎见平乐观"，则说明虎患又向东蔓延至于京郊，甚至出现于都城洛

---

①　如此，则《史记·货殖列传》所谓"汉兴，海内为一，开关梁，驰山泽之禁"之后，作为汉代关税征收的记载，又早于《汉书·武帝纪》太初四年（前101）冬"徙弘农都尉治武关，税出入者以给关吏卒食"。

②　《汉书·宣帝纪》，第259页；《后汉书·法雄传》，第1278页。

③　（宋）李昉等撰《太平御览》，第3958页。

④　《后汉书·儒林列传·刘昆》，第2550页。

⑤　参看王文楚《西安洛阳间陆路交通的历史发展》，复旦大学历史地理研究所编《历史地理研究》第1辑，1986，收入《古代交通地理丛考》，中华书局，1996；辛德勇：《崤山古道琐证》，《中国历史地理论丛》1989年第4期，收入《古代交通与地理文献研究》，中华书局，1996。

阳西向交通要道的起点。

《后汉书·周燮传》说"南阳冯良"的故事："良字君郎。出于孤微，少作县吏。年三十，为尉从佐。奉檄迎督邮，即路慨然，耻在厮役，因坏车杀马，毁裂衣冠，乃遁至犍为，从杜抚学。妻子求索，踪迹断绝。草中有败车死马，衣裳腐朽，谓为虎狼盗贼所害，发丧制服。积十许年，乃还乡里。"① 冯良"即路慨然"，弃职出走，有"坏车杀马，毁裂衣冠"的举动，其妻因"踪迹断绝"，"求索"不得，看到"草中有败车死马，衣裳腐朽，谓为虎狼盗贼所害"，于是治丧。可知当时南阳地方道路行人"为虎狼盗贼所害"是常见的情形。

汉代画像资料所见驿道虎灾

《太平御览》卷九五四引《风俗通》："墓上树柏，路头石虎。""魍像好食亡者肝脑"，"魍像畏虎与柏"②。"路头"置"石虎"以镇厌可能危害墓主的"魍像"，其实也曲折反映出时人对行路虎患的畏忌。

汉代画像资料中多有描绘虎的画面，亦往往可见人物与猛虎相拼争的场面，以往发掘者和研究者多将其主题理解为"田猎""畋猎"。其实，仔细分析其内容，可以发现有些画面表现的情景并非主动的"猎"虎，而是行途中被动的与猛虎的意外遭遇。

河南南阳市郊出土汉画像石有车骑出行画面，前列突遇猛虎，立马张弓迎射。有研究者命名为"骑射田猎"图，解释说："图为田猎场面，一虎张口竖尾扑向惊马，骑士镇定自若引弓射虎。后面二骑士和骈驾田车赶来围捕猛虎。"③ 画面可见前骑乘马惊怖，而骑士挽弓，

---

① 《后汉书·周燮传》，第 1743 页。
② （宋）李昉等撰《太平御览》，第 4235 页。
③ 闪修山、王儒林、李陈广编著《南阳汉画像石》，河南美术出版社，1989，第 44~45 页。

确实"镇定自若",然而另两名骑士及乘车者似乎没有武器和其他猎具,与汉代画像通常所见"狩猎的对象有兔、鹿、鸟等,狩猎者使用猎犬、弩、毕等猎杀这些鸟兽"① 的场面全然不同。南阳七孔桥汉墓出土画像石,刻画两乘辎车,前后共有七排导骑驺从,最后两名驺骑返身弯弓回射一追扑的猛虎,前车所乘尊者及多名随从仍回顾惊视。画面主题,有研究者确定为"巡游畋猎"② 或"车骑游猎"③。有研究者记述图版的内容:"两骈马辎车,车上树华盖,车内各乘驭手和尊者,车前后有导骑和驺从七排,反映出队伍之庞大及主人之威风。后有一只猛虎,张口翘尾作扑噬状。行在最后的两驺从,拽满弓回身射虎。"画面虽然表现华车安行,"导骑"和"驺从"都不携猎具,又不因虎的出现而施行围猎,画题依然被确定为"巡游畋猎"。④ 从画面人物行为态势看,"田猎""畋猎"的命名都与主题不符。这些画像的内容,很可能都体现了当时驿道"虎灾"的实况。南阳七一乡王庄出土的汉画像石,画面内容与图三相近,然而猛虎作为最后一排四名从骑张弓回射的目标却被省略。末排从骑之后有一名随从倒地伸臂作求援状,犹惊恐回视,似弃马奔逃,大约遭到猛虎袭击,乘马已被啮杀。从画面看,除一名导骑尚前视外,车主、驭手及所有随从皆惊惶回顾。研究者形容:"后排骑吏均作侧身挽射状;图右下角一人,回首惊顾,双臂前伸作攀援之态。"⑤ 唐河针织厂出土的另一汉画像石,表现车列前导骑马惊人仰。⑥ 导致这一情形的原因,应是严重的险情。与图五类似,画面中有重要省略,似亦未可排除行途遇虎的

---

① 信立祥:《汉代画像石综合研究》,文物出版社,2000,第137页。
② 王建中、闪修山:《南阳两汉画像石》,文物出版社,1990,图128~130。
③ 闪修山、王儒林、李陈广编著《南阳汉画像石》,第40~41页。
④ 王建中主编《中国画像石全集·河南汉画像石》,河南美术出版社、山东美术出版社,2000,图版说明第60页。
⑤ 韩玉祥、李陈广主编《南阳汉代画像石墓》,河南美术出版社,1998,第203~204页,图七;王建中、闪修山:《南阳两汉画像石》,图132。
⑥ 王建中、闪修山:《南阳两汉画像石》,图120。

可能。

山东滕州西户口汉墓出土的画像石，有射手于车前跪姿发弩射虎的画面，研究者或以为其主题为"狩猎"。① 画面可见车以牛牵引，因而虽车后有扛抬牲畜者，仍不宜理解为"狩猎"场面，其画面内容体现出行遇虎是相当普遍的情形。滕州官桥发现的汉画像石也表现车骑出行时山林所遇多种禽兽，而虎可能带来最严重的危难。研究者解释画面内容谓"刺虎，禽兽，车骑"。② 题材相类似者又有滕州黄安岭画像石。③ 虽然画面为仙人形象，所体现的其实应当是世间生活。

"画虎"的象征意义

秦汉时期驿道多"虎灾"导致"行旅不通"的情形，使得当时的人们出行时不能不重视对"虎暴"的防避。汉代画像中多见击虎、射虎、刺虎等画面，在某种意义上，可以看作较为积极的维护交通安全意识的体现。此外，史籍中还可以看到其他防避方式。例如，《史记·礼书》说，"持虎"，"所以养威也"。司马贞《索隐》："持虎者，以猛兽皮文饰倚较及伏轼，故云'持虎'。"④《汉书·韩延寿传》说，东郡太守韩延寿"治饰兵车"，车上画虎以显示威严。《汉书·王莽传下》也有车上饰"白虎"，"以尊新室之威命"的记载。而迎接所谓"奇士巨无霸"，据说"辎车不能载，三马不能胜，即日以大车四马，建虎旗，载霸诣阙"。王莽地皇元年（20）七月，"杜陵便殿乘舆虎文衣废藏在室匣中者出，自树立外堂上，良久乃委地"，被

---

① 山东省博物馆、山东省文物考古研究所编《山东汉画像石选集》，齐鲁书社，1982，第29页，图217；赖非主编《中国画像石全集·山东汉画像石》，河南美术出版社、山东美术出版社，2000，图版说明第74页，其说明为："狩猎。中间一牛车，车上坐二人，车前一人持弩射虎，车后二人抬一猎物，一人跟随。"

② 山东省博物馆、山东省文物考古研究所编《山东汉画像石选集》，第33页，图291。

③ 山东省博物馆、山东省文物考古研究所编《山东汉画像石选集》，第35页，图309。

④ 《史记·礼书》，第1163页。

看作是凶兆。① 据《续汉书·舆服志下》记载，"虎贲将虎文绔，白虎文剑佩刀"，虎贲武骑皆"虎文单衣"，"襄邑岁献织成虎文云"②。车辆画虎、饰虎，"建虎旗"，出行护卫武器装具虎文，又着虎文衣绔，即所谓置"乘舆虎文衣"，都体现出当时人从有关交通的神秘主义意识出发，期望以虎自身的形象对"虎灾"起某种厌胜作用，以保证出行安全。这些现象之发生，当然都是以当时驿道"虎灾"的危害为背景的。

汉代民间曾经流行门上画虎的风习，即《论衡·谢短》所谓"画虎于门阑"。《论衡·乱龙》说，上古有"性能执鬼"的神荼、郁垒，"立桃树下，简阅百鬼"，"缚以卢索，执以食虎"。"故今县官斩桃为人，立之户侧，画虎之形，著之门阑。""刻画效象，冀以御凶。"③《论衡·订鬼》也有大意类同的文字。《风俗通义·祀典》也说"画虎于门"的风俗，其意义在于"追效于前事，冀以御凶也"。④汉代文物资料多见"画虎于门"的实例。门，是一切交通行为的起点与终点。联想到汉代人乘车画虎、饰虎、建虎旗等作法，似乎也可以体味出"画虎于门""冀以御凶"的意义，未必只是以食鬼之虎的形象御百鬼于门户之外，很可能也与祛除"虎灾"对交通的危害有一定关系。河南方城东关汉墓和方城城关镇一号汉墓出土的以铺首衔环象征门的画像石可见武士挥钺持矛迎斗猛虎的画面，⑤ 似乎也暗示门上"画虎"以"御凶"，很可能也包括扞御行路"虎灾"的意义。

《论衡·解除》说，"虎狼之来，应政失也"。虽"杀虎狼"，亦

---

① 《汉书·韩延寿传》，第 3214 页；《汉书·王莽传下》，第 4153、4157、4161 页。

② 《续汉书·舆服志下》，《后汉书》，第 3670 页。

③ 黄晖撰《论衡校释》（附刘盼遂集解），第 177、699 页。

④ （汉）应劭撰，王利器校注《风俗通义校注》，第 367 页。

⑤ 刘兴怀、闪修山编著《南阳汉代墓门画艺术》，百家出版社，1989，图 60~61；王建中、闪修山：《南阳两汉画像石》，图 232~233，图 236~237。

"不能使政得世治"①。《后汉书·蔡邕传下》："政有苛暴，则虎狼食人。"李贤注："京房《易传》曰：'小人不义而反尊荣，则虎食人。'"② 以"虎暴""虎害""虎灾"作为政治失度的信号，是当时政论家通常的思路。其实，正如《后汉书·方术列传下·费长房》所说："遂随从入深山，践荆棘于群虎之中。"《后汉书·班固传》李贤注："榛芜之林，虎兕之所居也。"③ 也指出了山林多虎的事实。秦汉时期经济开发有限，人口密度不大，交通干线的许多路段必然经历"深山""榛芜之林"，这是驿道难以避免"虎灾"的主要原因。至于虎狼大胆冲犯人众，甚至入于都邑，则很可能与大范围的自然灾变有关。④

《后汉书·逸民列传·野王二老》："初，光武贰于更始，会关中扰乱，遣前将军邓禹西征，送之于道。既反，因于野王猎，路见二老者即禽。光武问曰：'禽何向？'并举手西指，言'此中多虎，臣每即禽，虎亦即臣，大王勿往也'。光武曰：'苟有其备，虎亦何患。'父曰：'何大王之谬邪！昔汤即桀于鸣条，而大城于亳；武王亦即纣于牧野，而大城于郏鄏。彼二王者，其备非不深也。是以即人者，人亦即之，虽有其备，庸可忽乎！'"⑤ 这一故事，可以理解为政治寓言。"路见二老者"的警告，虽然发生在"于野王猎"的故事中，然而"送之于道"的情节，暗示"此中多虎"的危险，临近邓禹西征之"道"，也是我们应当注意的。

《后汉书·西域传·大秦》："或云其国西有弱水、流沙，近西王母所居处，几于日所入也。《汉书》云'从条支西行二百余日，近日所入'，则与今书异矣。前世汉使皆自乌弋以还，莫有至条支者也。

---

① 黄晖撰《论衡校释》（附刘盼遂集解），第 1042 页。
② 《后汉书·蔡邕传》，第 1992 页。
③ 《后汉书》，第 2743、1350 页。
④ 参看王子今《秦汉虎患考》，饶宗颐主编《华学》第 1 辑。
⑤ 《后汉书·逸民列传·野王二老》，第 2758 页。

又云：'从安息陆道绕海北行出海西至大秦，人庶连属，十里一亭，三十里一置，终无盗贼寇警。而道多猛虎、师子，遮害行旅，不百余人，赍兵器，辄为所食。'"① 看来，"道多猛虎、师子，遮害行旅"，是不同地区均曾出现的现象。

汉代墓葬出土画面多有表现出行经历的情景，特别是其中所见猛虎冲犯行旅队伍的形式，究竟是什么用意呢？

和林格尔汉墓壁画榜题有"使君从繁阳迁度关时""居庸关""渭水桥""使君□车从骑""夫人軿车从骑"等，② 可知画面表现的出行场面，是墓主经历的追述。官员的迁转，是他们人生事业穷达的主要标志。墓葬中的相关画面，应当看作其功业的纪念。这种文化现象，带有特殊的时代标记。③ 而反映出行的画像中可见有关驿道"虎灾"的画面，如果理解为墓主炫耀其艰险经历和勇敢性格的体现，或许是适宜的。④

6. 秦汉时期灵长目动物的分布

灵长目动物杂食，通常为群栖性，营树上生活。了解这类动物在秦汉时期的分布，对于认识当时的生态环境，也是有重要意义的。

对于历史时期灵长目动物的分布及其变迁，有学者进行过初步研究。不过，由于历史资料的限制，对于唐以前的研究，尚存在诸多不

① 《后汉书·西域传·大秦》，第 2920 页。

② 盖山林：《和林格尔汉墓壁画》，内蒙古人民出版社，1977，第 8 页。

③ 正如孙毓棠曾经指出的："交通的便利，行旅安全的保障，商运的畅通，和驿传制度的方便，都使得汉代的人民得以免除固陋的地方之见，他们的见闻比较广阔，知识易于传达。汉代的官吏士大夫阶级的人多半走过很多的地方，对于'天下'知道得较清楚，对于统一的信念比较深。这一点不仅影响到当时人政治生活心理的健康，而且能够加强了全国文化的统一性，这些都不能不归功于汉代交通的发达了。"孙毓棠：《汉代的交通》，《中国社会经济史集刊》第 7 卷第 2 期，1946，收入《孙毓棠学术论文集》，中华书局，1995。

④ 王子今：《汉代驿道虎灾——兼质疑几种旧题"田猎"图像的命名》，《中国历史文物》2004 年第 6 期，收入李久昌主编《崤函古道研究》，三秦出版社，2009。

足。例如，有学者分析过历史时期长臂猿的分布状况，遗憾的是，可能因为资料的缺乏，讨论没有涉及秦汉时期。①

"猩猩"的生存空间

对于中国古代灵长目动物的分布，蓝勇是相关研究的先行学者。他在讨论唐以前"西南灵长目动物分布变迁"时说，"在汉晋时期，中国西南还有较多猩猩分布"。"滇西南、滇南、滇东南和黔西南是猩猩重要产地。"以为这些地区当时是猩猩重要生存地区的论证，是《九州记》②、《华阳国志》卷四《南中志》以及《艺文类聚》卷九五引《南方草木状》的有关记载。论者还注意到西晋人左思《蜀都赋》中"谈到四川一带猩猩夜啼的状况"。又引唐人张籍《送蜀客》诗"时见猩猩树上啼"句，③ 指出："由此可见，唐代成都以南山地森林茂密，气候温湿，完全可能有猩猩生存其间。至于汉晋时代川西有猩猩生存那更是不容置疑的了。可见晋《蜀都赋》所称决非妄言，当为信史。"④

现在看来，这样的分析因缺乏坚实的论据，还是可以商榷的。

其实，关于当时猩猩的生活地域，最确定的资料有《太平御览》卷九〇八引《蜀志》：

封溪县有兽曰猩猩。体似猪，面如人，音作小儿啼声。既能

---

① 高耀亭、文焕然、何业恒：《历史时期我国长臂猿分布的变迁》，《动物学研究》1981 年第 1 期，收入文焕然等著，文榕生选编整理《中国历史时期植物与动物变迁研究》。

② 今按：《太平御览》卷七八六引《九州记》说到哀牢地出"猩猩"。

③ 《张司业集》卷七《送蜀客》："蜀客南行祭碧鸡，木绵花发锦江西。山桥日晚行人少，时见猩猩树上啼。"论者以为："此诗是一首写实纪行之作，当为信史。"张籍的《贾客乐》诗也说到"猩猩"："秋江初月猩猩语，孤帆夜发潇湘渚。"李冬生注《张籍集注》，黄山书社，1989，第 62 页。应当注意到《送蜀客》诗是赠别之作，当在出发地点完稿，"时见猩猩树上啼"者，或是想象，或是传闻，或是记忆，似未可看作"信史"。

④ 蓝勇：《历史时期西南经济开发与生态变迁》，第 101～102 页。

语，又知人姓名。人知以酒取之，猩猩觉，初暂尝之，得其味，甘而饮之，终见羁缳也。①

封溪，地在今越南河内西北。② 又《后汉书·西南夷列传·哀牢夷》有如下记载：

> 出铜、铁、铅、锡、金、银、光珠、虎魄、水精、瑠璃、轲虫、蚌珠、孔雀、翡翠、犀、象、猩猩、貊兽。

关于"猩猩"，李贤注有长篇引文：

> 郦元《水经注》曰："猩猩形若狗而人面，头颜端正，善与人言，音声妙丽，如妇人对语，闻之无不酸楚。"《南中志》曰："猩猩在山谷中，行无常路，百数为群。土人以酒若糟设于路；又喜屐子，土人织草为屐，数十量相连结。猩猩在山谷见酒及屐，知其设张者，即知张者先祖名字，乃呼其名而骂云'奴欲张我'，舍之而去。去而又还，相呼试共尝酒。初尝少许，又取屐子著之，若进两三升，便大醉，人出收之，屐子相连不得去，执还内牢中。人欲取者，到牢边语云：'猩猩，汝可自相推肥者出之。'既择肥竟，相对而泣。即左思赋云'猩猩啼而就禽'者也。昔有人以猩猩饷封溪令，令问饷何物，猩猩自于笼中曰：'但有酒及仆耳，无它饮食。'"③

"善与人言"的说法自然不可信，但是这种动物与人能够实现某种情

---

① （宋）李昉等撰《太平御览》，第 4026 页。
② 谭其骧主编《中国历史地图集》第 2 册，第 63~64 页。
③ 《后汉书·西南夷列传·哀牢夷》，第 2849~2850 页。

感的交流，似是确实的。

《后汉书·西南夷列传·冉駹夷》说，其地"有五角羊、麝香、轻毛毦鸡、牲牲"。这里所谓"牲牲"，也就是"猩猩"。[①]

《华阳国志》卷四《南中志》"永昌郡"条写道：

> 有……猩猩兽，能言。其血可以染朱罽。[②]

对于这样一种人类熟识的动物，人与它的关系，却沾染了血腥。"猩猩"，竟然成了血红色的代号。[③]《吕氏春秋·本味》："肉之美者，猩猩之唇。"[④] 读来更令人惊心。更早则有《荀子·非相》也说到以猩猩为食用对象事："今夫狌狌形笑，亦二足而毛也，然而君子啜其羹，食其胾。"[⑤] 后来又有取"猩猩毛"用作制笔原料的情形，[⑥] 自然也是

---

① 《后汉书·西南夷列传·冉駹夷》，第2858页。《太平御览》卷七九一引《后汉书》即作"猩猩"。（第3507页）

② （晋）常璩撰，任乃强校注《华阳国志校补图注》，第285页。

③ "猩猩血"被借指鲜红色。如唐人方干《孙氏林亭》诗："猩猩血染半园花。"（《全唐诗》卷六五〇）齐己《石竹花》诗："猩猩血泼低低丛。"（《全唐诗》卷八四七）张祜《上巳乐》诗："猩猩血彩系头标。"（《全唐诗》卷二七）韩偓《密意》诗："凝酥光透猩猩血。"（《全唐诗》卷六八三）张道古《红蔷薇歌》："红霞烂泼猩猩血。"（《全唐诗》卷六九四）宋人徐积《谢存中送四花并酒》诗："猩猩血染春衫罗。"（《节孝集》卷七）又皮日休《重题蔷薇》诗："浓似猩猩初染素。"（《全唐诗》卷六一五），以上见《全唐诗》，中华书局，1960，第7463、9586、385、7838、7987、7095页，直接以"猩猩"二字指谓红色。又有以"猩猩色"指谓鲜红色的，如韦庄《乞彩笺歌》："留得溪头瑟瑟波，泼成纸上猩猩色。"《全唐诗》卷七〇〇，第8044页。

④ 许维遹撰，梁运华整理《吕氏春秋集释》，第315页。宋人王楙《野客丛书》卷三〇"八珍"："今俗言八珍之味，有猩猩唇、鲤鱼尾，与夫熊掌之类。"王文锦点校《野客丛书》，中华书局，1987，第347页。此说至迟在唐代已经流行。李贺《大堤曲》于是有"郎食鲤鱼尾，妾食猩猩唇"句。《李贺歌诗集》卷一，《四部丛刊》景金刊本，第3页。

⑤ （清）王先谦撰，沈啸寰、王星贤点校《荀子集解》，中华书局，1988，第78~79页。

⑥ 宋人张邦基《墨庄漫录》卷五写道："翟三丈公巽，少年侍龙图出守会稽时，尝赋《猩猩毛笔》诗，甚奇妙。何去非次韵和之云：'貌妍足巧语，躯恶招歔欷。赋形具人兽，宁脱荆榛居。肉尝登俎鼎，饷馈传甘腴。失计堕醉乡，颠踬无与扶。柔毫传束缚，航海归仙癯。浴质逸少池，摘藻知章湖。杀身固有用，赋芋从众狙。坐令宣城工，无复夸栗须。文房甲四宝，万兔惭蒙肤。数管友十年，闭门赋三都。'"（孔凡礼点校，中华书局，2002，第151页）

"君子"们的行为。在"浴质逸少池，摘藻知章湖"一类典雅文辞的背后，却是残酷的猎杀。

体现秦汉时人对猩猩之熟悉的资料，还有《淮南子·氾论》："猩猩知往而不知来。"高诱注："猩猩，北方兽名，人面兽身，黄色。《礼记》曰：'猩猩能言，不离走兽。'见人狂走，则知人姓字，此'知往'也。又嗜酒，人以酒博之，饮而不耐息，不知当醉，以禽其身，故曰'不知来'也。"① 何宁指出："据《山海经·海内经》，猩猩乃南方兽。今苏门答腊、婆罗洲等处产之。此注'北'字当是'南'字之误。"② 虽然猩猩后来确是"南方"之兽，但是未可排除这一物种曾经在"北方"生存的可能。

李贤《后汉书·西南夷列传·哀牢夷》注所谓"左思赋云'猩猩啼而就禽'"，即《文选》卷五左思《吴都赋》中言吴王校猎事辞句。

关于"猱"和"犹"

张衡，南阳人，据说"世为著姓"，所作《南都赋》描述家乡南阳地方风土，内容具体生动，风格稳重朴实，后人称美"从容淡静"，"无骄尚之情"。张衡据说"善术学"，"善机巧，尤致思于天文、阴

黄庭坚《山谷集》卷九有《和答钱穆父咏猩猩毛笔》诗。又有《戏咏猩猩毛笔》诗："桄榔叶暗宾郎红，朋友相呼堕酒中。政以多知巧言语，失身来作管城公。"（刘尚荣点校《黄庭坚诗集注》，中华书局，2003，第150页）他的《笔说》又说到"高丽猩猩毛笔"，颇可引人深思。（《山谷集》别集卷六）清人王士祯《香祖笔记》卷二引《文海披沙》说"笔之异者"，也有"猩猩毛"所制笔。（宫晓卫点校，齐鲁书社，2007，第4497页）朱彝尊《送陈舍人大章归黄冈》诗也有"暇搜耆旧文，笔秃猩猩毛"句。（《曝书亭集》卷一二，《景印文渊阁四库全书》第1317册，第533页）

① 《淮南子》注者对于引《礼记》文句读，诸说不同。刘文典《淮南鸿烈集解》作："《礼记》曰：'猩猩能言，不离走兽。见人狂走，则知人姓字。'"（中华书局，1988，第445页）何宁《淮南子集释》作："《礼记》曰：'猩猩能言，不离走兽。'"（第957页）张双棣《淮南子校释》则不用引号。（北京大学出版社，1997，第1413页）今按：当以何宁为是，其所引《礼记》语出《礼记·曲礼上》。

② 何宁撰《淮南子集释》，第957页。

阳、历算"，人称"数术穷天地，制作侔造化"，发明涉及机械制作。"推其围范两仪，天地无所蕴其灵；运情机物，有生不能参其智。故知思引渊微，人之上术。"[①] 他以体现实学原则的科学学术眼光考察包括地理人文的乡土文化，必然与平俗讲究浮华虚美汉赋之作大不相同，能够保留真确可信的信息。

我们看到《南都赋》中有关当时南阳山野自然生态的描述，以为价值珍贵。

关于南阳地区山林中野生动物的分布情形和生存状况，《南都赋》也有所涉及：

> 虎豹黄熊游其下，毂玃猱狿戏其巅。鸳鸯鹈鸪翔其上，腾猿飞蠝栖其间。[②]

"虎豹黄熊""毂玃猱狿""鸳鸯鹈鸪""腾猿飞蠝"的自由生存，已经与后世情形有所不同。其中有的兽名，所指已经难以明确。而所谓"猱"，可以从考察自然生态史的角度讨论。

有以为"猱"即"狨"的说法。而"狨"，历来许多学者以为就是金丝猴。明人方以智撰《通雅》卷二八写道：

> 狨坐，以金丝狨饰鞍坐也。……相如赋："蛭蜩玃猱"，颜师古注曰："今狨皮为鞍褥者。狨一名猱，谓之'金线狨'。"则唐时已用此狨坐矣。

同书卷四八又说：

---

① 《后汉书·张衡传》，第 1897、1940 页。
② （梁）萧统编，（唐）李善注《文选》，第 69~70 页。

　　　　猱即□也，一名狨。其毛茸而长，金色异采。世以为鞯褥，
　　谓之"金线狨"。今香山隩有来贸者，其毛柔长，可借制字，从
　　柔以此。①

关于"狨"即"金线狨"，陆佃《埤雅》卷四曾经写道：

　　　　狨盖猿狖之属，轻捷善缘木，大小类猿，长尾。尾作金色，
　　今俗谓之"金线狨"者是也。生川峡深山中。人以药矢射杀之，
　　取其尾为卧褥、鞍被、坐毯。②

所谓"尾作金色"，可能是文人误传。宋人宋祁撰《益部方物略记》
也说到"狨"的习性和价值：

　　　　状实猿类，体被金毳。皮以藉焉，中国之贵。右狨。威、茂
　　等州，南诏夷多有之。大小正类猿。惟毛为异。朝制内外省以上
　　官乘马者得以狨为藉，武官则内客省使宣徽使乃得用。③

于是宋以后诗作多以"金狨"作为乘马鞍具的代称。宋祁所谓"体
被金毳"，较之陆佃所谓"尾作金色"，显然更为切近事实。
　　李时珍《本草纲目》卷五一下写道：

　　　　狨释名猱，难逃切。时珍曰：狨毛柔长如绒，可以藉，可以
　　缉，故谓之"狨"。而"猱"字亦从柔也。或云生于西戎，故从

---

① （明）方以智《通雅》，《景印文渊阁四库全书》第857册，第559、864页。
② （宋）陆佃撰，王敏红校点《埤雅》，浙江大学出版社，2008，第37页。吴陆玑撰
《陆氏诗疏广要》卷下之下引用陆佃之说，字句略有差异。杨文公《谈苑》其说亦略同。
③ （宋）宋祁：《益部方物略记》，《景印文渊阁四库全书》第589册，第106页。

戎也。《集解》：藏器曰：狨生山南山谷中，似猴而大，毛长，黄赤色。人将其皮作鞍褥。时珍曰：杨亿《谈苑》云：狨出川峡深山中，其状大小类猿，长尾，作金色，俗名"金线狨"。轻捷善缘木，甚爱其尾，人以药矢射之，中毒即自啮其尾也。宋时文武三品以上，许用狨座，以其皮为褥也。①

又明人曹学佺《蜀中广记》卷五九也可见有关内容：

> 《益州方物略》：狨，威、茂等州，南诏夷多有之。大小正类猿，惟毛为异。朝制内外省以上官乘马者，得以狨为藉。武官则内客省使、宣徽使乃得用。赞曰：状实猿类，体被金氄。皮以藉焉，中国之贵。李廌《师友谈记》云：狨座，文臣两制，武臣节度使以上许用。每岁九月乘三月撤，无定日，视宰相乘则皆乘之，撤亦如之。狨似大猴，生川中。其脊毛最长。色如黄金。取而缝之，数十片成一座，价值钱百千。杜诗云："狨掷寒条马见惊"，即此。②

康熙《御定月令辑要》载录李廌说。而清人陈启源撰《毛诗稽古编》卷一六也写道："狨，色黄赤，故名'金线狨'。"

以上所引录材料可以说明许多学者认为"猱"就是"狨"。而"狨"，"是考证可信的金丝猴古名"。而许多资料可以说明，"狨、猱为一物"，也就是说，"猱也是金丝猴古名称之一"③。

如果《南都赋》中说到的"猱"可以看作金丝猴，则有关资料

---

① 陈贵廷主编《本草纲目通释》，第 2198 页。

② （明）曹学佺：《蜀中广记》，《景印文渊阁四库全书》第 592 册，第 16 页。

③ 李保国、沈立君、陈服官：《金丝猴名称考释》，陈服官主编《金丝猴研究进展》，西北大学出版社，1989，第 30~31 页。

可以作为研究这一物种历史时期生存地域的有意义的论据。

现今金丝猴的三个亚种川金丝猴、滇金丝猴和黔金丝猴在中国的地理分布，仅限于陕西、四川、西藏、云南、贵州等地。然而经研究表明，"古代金丝猴曾经生活在亚热带的环境中并且有过比较广泛的分布"①。金丝猴生存地域的退缩，有气候条件的演变以及因此导致的环境恶化等因素的作用，而千百年来人类的残酷猎杀，也是主要原因之一。

附论：

"金线狨"的厄运

杜甫《石龛》诗描述深山远行的感受："熊罴咆我东，虎豹号我西。我后鬼长哮，我前狨又啼。天寒昏无日，山远道路迷。"② 在车前啼叫，令旅人不免心惊的"狨"，又称"金线狨"，据说就是今天已经成为珍稀动物的金丝猴。

从唐宋诗文的遗存看，"金线狨"是人们熟悉的野生动物。也有迹象表明，它们的生存地域原本是相当广阔的。只是因为其皮毛之"金色异采"，导致了人类的残酷捕杀。今天金丝猴的地理分布区域已经相当狭小。

鸟兽之异，中国之贵

狨，曾经是古代诗人笔下经常描绘的动物形象。如南宋方凤《游

---

①　潘文石、雍严格：《金丝猴的生物学》，陈服官主编《金丝猴研究进展》，第4页。
②　《九家集注杜诗》卷六："东坡云：杨大年云：狨之形似鼠而大，尾长，作金色。生川峡深山中。人以药矢射杀之，取其尾为卧褥、鞍被、坐毡之用。狨甚爱惜其尾，殷中毒即啮断其尾以掷之，恶其为身害也。盖轻捷善缘木猿狖之类。"（第275页）

仙华山》诗："起左信奔鹿，当前任啼狨。"① 杨万里《跋陆务观剑南诗稿二首》："鬼啸狨啼巴峡雨，花红玉白剑南春。"② 读来都似杜甫"我前狨又啼"句的翻版，同样记述了旅人在山林中与"狨"相亲近的情形。

狨，以毛质柔长，毛色金明而为人所爱，通常又称作"金线狨"。如明人方以智《通雅》卷四八所说："其毛茸而长，金色异采。"世谓之"金线狨"。清人陈启源《毛诗稽古编》卷一六也写道："狨，色黄赤，故名'金线狨'。"

宋人陆佃《埤雅》卷四有这样的记述："狨盖猿狖之属，轻捷善缘木，大小类猿，长尾。尾作金色，今俗谓之'金线狨'者是也。生川峡深山中。"李时珍《本草纲目》卷五一下引杨亿《谈苑》云："狨出川峡深山中，其状大小类猿，长尾，作金色，俗名'金线狨'。"看来，所谓"长尾，尾作金色"的后一"尾"字，或许是衍字，原本很可能应当是"长尾，作金色"。也有可能"金线狨"尾部的毛色确实最为名贵。《蜀中广记》卷五九引李廌《师友谈记》则说其"脊毛"质量最好，"狨似大猴，生川中，其脊毛最长，色如黄金"，数十片缀缝在一起，"价值钱百千"③。

《太平广记》卷四引《玉堂闲话》说："狨者猿猱之属，其雄毫长一尺、尺五者，常自爱护之，如人披锦绣之服也。极嘉者毛如金色。"④ 南宋薛季宣《浪语集》卷三："猿有毛而狨，谓之'金线'，此鸟兽之异者也。"⑤ 有人于是作《狨赞》，称美其华贵："状实猿类，体被金毳，皮以藉马，中国之贵。"⑥

---

① （宋）方凤撰《存雅堂遗稿》卷一，民国《续金华丛书》本，第 1 页。
② （宋）杨万里撰，辛更儒笺校《杨万里集笺校》，中华书局，2007，第 1021 页。
③ （明）曹学佺：《蜀中广记》，《景印文渊阁四库全书》第 592 册，第 16 页。
④ （宋）李昉等编《太平广记》，中华书局，1961，第 3650 页。
⑤ （宋）薛季宣撰《浪语集》，《景印文渊阁四库全书》第 1159 册，第 162 页。
⑥ （宋）宋祁：《益部方物略记》，《景印文渊阁四库全书》第 589 册，第 106 页。

狨鞍·狨鞯·狨座

所谓"皮以藉马",是说"金线狨"皮毛柔软美观,被用作马上鞍具。《集韵·东韵》写道:"狨,……其毛柔长可藉。"[1] 方以智《通雅》卷二八说,"以金丝狨饰鞍坐",称作"狨坐"。同书卷四八也说"世以为鞯褥"。司马相如赋"蛭蜩玃猱",唐代学者颜师古解释说:"今狨皮为鞍褥者。狨一名猱,谓之'金线狨'。"方以智据此以为:"则唐时已用此狨坐矣。"

据陆佃《埤雅》卷四,金线狨由于皮毛质量优异而富有经济价值,于是,"人以药矢射杀之,取其尾为卧褥、鞍被、坐毯"。《石林燕语》卷三和卷八都说到"狨坐"不知始于何时,唐以前犹未施用。太平兴国年间诏令工商庶人"不得用狨毛暖坐",可见当时社会上下曾经风行"狨坐"。天禧元年始定一定品级的官员方能使用"狨毛暖坐"的制度,"余悉禁",于是成为定制。在太平兴国七年(982)以前,普通民众"虽工商庶人皆得乘","天禧以前,庶官亦皆得乘也"[2]。这一情形,在诗文中多有反映。如李复《翠碧》诗:"五陵游侠儿,挟弹驰长路。华狨毛垂金,丰豹文濯雾。"[3] 又如陈起编《江湖小集》卷二七《王同祖学诗初稿》所收《湖上》诗"长安三月又三日,绣毂狨鞍富贵家。笙鼓喧天兰棹稳,卖花声里夕阳斜"[4] 都说到"狨鞍"的风行。此外,薛季宣《贵游行》"沙堤大盖何穹窿,底人佩玉鞍蒙狨"[5],杨冠卿《少年乐用李贺韵》"金狨醉倚玉骢骄,归去画桥临绿水"[6],吴泳《同程季予游李园和张仁溥》"幅巾野

① (宋)丁度等编《集韵》,第12页。
② (宋)叶梦得:《石林燕语》,大象出版社,2019,第182页。
③ 《潏水集》卷九,《景印文渊阁四库全书》第1121册,第91页。
④ (宋)陈起编《江湖小集》,清文渊阁四库全书补配清文津阁四库全书本,第197~198页。
⑤ 《浪语集》卷一二,《景印文渊阁四库全书》第1159册,第239页。
⑥ 《客亭类稿》卷一一,《景印文渊阁四库全书》第1165册,第521页。

服才相逢，华茵解下金线狨"①，方岳《次韵吴枢密乌衣园旧韵》
"旧家门巷绿蛩峣，尚忆狨韂马意骄"② 等，也涉及"狨鞍"的普遍
应用。

彭汝砺《答同舍游凝祥池》诗"凝祥池头三月春，腰金骑狨多
贵人"③，指出"骑狨"成为"贵人"身份的标志。宋代确定一定级
别的官员方可以使用"狨鞍"的制度之后，"朝制内外省以上官乘马
者得以狨为藉，武官则内客省使宣徽使乃得用"④。按照李廌《师友
谈记》的说法，"文臣两制，武臣节度使以上许用"。每年的九月开
始使用，至次年的三月撤去。后来有关规定又有调整，但是"狨坐"
作为等级标志的意义没有变化。⑤ 于是，"狨坐"成为地位高贵的象
征。黄庭坚《从时中乞蒲团》诗写道："扑屋阴风雪作团，织蒲投我
最宜寒。君当自致青云上，快取金狨覆马鞍。"⑥ 据说确实有得知升迁
信息后匆忙置备"狨鞍"，然而却因此被罢免的情形。如朱彧《萍洲
可谈》写道："政和中，有久次卿监者意必迁两制，预买狨座，得躁
进之目，坐此斥罢。"⑦

高官贵族得乘"狨鞍"，在许多诗文中留下了炫耀的痕迹。王炎
《和王右司游南岳三绝》："懒跨狨鞍趁晓班，却穿蜡屐小游山。"⑧ 李
之仪《贺李方叔得眉山玉堂赐马公自书券》："翰林下直出玉堂，狨
鞍宝辔声琅琅。"⑨ 曹勋《政府生日》："朝回宝勒照金狨，彩服熙熙

① 《鹤林集》卷二，《景印文渊阁四库全书》第 1176 册，第 15 页。
② 《秋崖集》卷七，《景印文渊阁四库全书》第 1182 册，第 214 页。
③ 《鄱阳集》卷一《景印文渊阁四库全书》第 1101 册，第 181 页。
④ 《益部方物略记》，《景印文渊阁四库全书》第 589 册，第 106 页。
⑤ （明）曹学佺：《蜀中广记》，《景印文渊阁四库全书》第 592 册，第 16 页。
⑥ 刘尚荣点校《黄庭坚诗集注》，第 1173 页。
⑦ 《说郛》卷三五下《可谈》；（宋）朱彧《萍洲可谈》卷一，李伟国校点，中华书
局，2012，第 15～16 页。
⑧ 《双溪类稿》卷四，《景印文渊阁四库全书》第 1155 册，第 462 页。
⑨ 《姑溪居士后集》卷四，《景印文渊阁四库全书》第 1120 册，第 644 页。

笑语中。"① 韩驹《送赵承之秘监出守南阳》："方今群贤从法驾，金
狨塞路嘶骅骝。"② 当时，所谓"华屋金狨座，雕鞍四马车"③，已经
成为一些人的政治理想。官场失意时，"狨座"金灿灿的光泽，也可
以点燃主人对昔日荣华富贵的追忆。范成大《以狨坐覆蒲龛中》诗
"蠹蚀尘昏度几年，蒙茸依旧软如绵；且来助暖乌皮几，莫忆冲寒紫
绣鞯"④，就隐约透露出这种心理。又如谢逸《和陈仲邦野步城西》
诗"葛巾藜杖真萧散，何必狨鞍鞯月题"⑤，则以"葛巾藜杖"那种
平民式的潇洒，抗击着"狨鞍"之富贵的诱惑。

　　在浮侈世风盛行的年代，车骑装饰务求奢华，"狨座"也追求
亮丽。《张氏可书》记载，王绚任御史中丞，每骑马出行，"坐一
退毛旧狨，出入台中"，于是被讥称为"退毛中丞"⑥。据《老学庵
笔记》卷一，南渡之初，虽国难当头，时局艰危，有些高官依然
大讲排场，"犹张盖搭狨坐而出"，以致被愤怒的军民以砖石
掷击。⑦

　　以"狨"为车骑之饰，并不是宋代特有的现象。明人杨慎《送
陈少野西上》"蒲塞兰津路阻修，金狨翠驳且淹留"⑧，清人施闰章
《走笔用韵答沈客子见赠》"公卿倾倒筵上客，开樽列坐金绵狨"⑨，
查慎行《卢六以庶常自藩邸入直武英每乘小车以诗索和》"旁挂鸥夷
应贮酒，中安狨坐好摊书"⑩ 等诗句，都反映明清时代"狨"依然在

---

①　《松隐集》卷一八，《景印文渊阁四库全书》第 1129 册，第 427 页。

②　《陵阳集》卷二，《景印文渊阁四库全书》第 1133 册，第 776 页。

③　(宋) 裴万顷：《书晁文元道院集》，《竹斋诗集》卷二二，《景印文渊阁四库全书》
第 1169 册，第 435 页。

④　《石湖诗集》卷三二，《景印文渊阁四库全书》第 1159 册，第 830 页。

⑤　《溪堂集》卷四，《景印文渊阁四库全书》第 1122 册，第 499 页。

⑥　(宋) 张知甫：《张氏可书》，《景印文渊阁四库全书》第 1038 册，第 711 页。

⑦　(宋) 陆游撰，李剑雄、刘德权点校《老学庵笔记》，中华书局，1979，第 7 页。

⑧　《升菴集》卷二九，《景印文渊阁四库全书》第 1270 册，第 214 页。

⑨　《学余堂诗集》卷二三，《景印文渊阁四库全书》第 1313 册，第 585 页。

⑩　《敬业堂诗集》卷三七，《景印文渊阁四库全书》第 1326 册，第 497 页。

上层社会生活中发射着华贵之光。

除了装饰鞍座之外，文献中还可以看到所谓"狨褥"①"狨衣"②"狨裘"③等，可见"金线狨"以其皮毛的名贵，在上层消费生活中曾经有相当广泛的应用。至于黄庭坚以狨毫"作丁香笔""试作大小字周旋可人"的故事，④则又指出了一种极其特殊的用途。

"金线狨"的猎杀记录

清人陈元龙《格致镜原》卷八七引录的几条资料可以反映金丝猴被猎杀的情景。《癸辛杂志》记载，武平地方素产金线狨，通常的捕杀方式是，"先以药矢毙其母，母既中矢，度不能自免，则以乳汁遍洒林叶间，以饮其子，然后堕地死。邑人取其母皮，痛鞭之，其子亟悲鸣而下，束手就获"。《玉堂闲话》记述："（狨）生于深山中，群队动成千万。雄而小者，谓之狨奴。猎师采取者，多以桑弧楛矢射之。其雄而有毫者。闻人犬之声。则舍群而窜。抛一树枝接一树枝。去之如飞。或于繁柯秾叶之内，藏隐其身，自知茸好，猎者必取之。其雌与奴则缓缓旋食而傅其树，殊不挥霍，知人不取之。则有携一子至一子者甚多。其雄有中箭者，则拔其矢齅之，觉有药气，则折而掷之，颦眉愁沮，攀枝蹲于树巅。于时药作抽掣，手足俱散，临堕而却揽其枝，如是者数十度，前后呕哕，呻吟之声，与人无别。每口中涎出，则闷绝手散，堕在半树，接得一细枝，稍悬身，移时力所不济，乃堕于地。则人犬齐到，断其命焉。猎人求嘉者不获，则便射其雌。

---

① （宋）方岳：《答魏监丞》，《秋崖集》卷三二，《景印文渊阁四库全书》第1182册，第544页。

② （宋）胡仲弓：《饯储秀野赴广西制司参议》，《苇航漫游稿》卷三，《景印文渊阁四库全书》第1186册，第699页。

③ （清）爱新觉罗·玄烨：《赐宴诸蒙古》，《御制文集》第二集卷四七，《景印文渊阁四库全书》第1298册，第757页。

④ （宋）黄庭坚：《笔说》，《山谷集》别集卷六，《景印文渊阁四库全书》第1113册，第594页。

雌若中箭，则其子擿去复来，抱其母身，去离不获，乃母子俱毙。"①
看来，"猎人"为了取得"金线狨"的宝贵皮毛，捕杀的手段无所不
用其极。面对猎取对象所表现的亲族之情和慈爱之心，"猎师"们在
利益的驱动下暴露出的奸诈和残忍，形成了强烈的反差。

　　宋朝曾经颁布禁止残杀"金线狨"的政令。《宋史·真宗本纪
三》记载："（天禧元年八月）丁丑，禁采狨。"② 规定一定级别的官
僚贵族方可使用"狨毛暖坐"，可能也有限制猎杀"金线狨"的意
义。有的地方法令有禁止买卖狨皮的内容，可见楼钥《侍御史左朝请
大夫直秘阁致仕王公行状》"在夔首禁科买狨麝之类"等例证。③ 据
《宋史·段思恭传》记载，也有地方行政长官因"妄以贡奉为名贱市
狨毛虎皮为马饰"而受到降职处分的情形。④《六研斋笔记》二笔卷
一有"夫狨麝孔雀以有用贾害，良亦可悯矣"的感慨。⑤ 可惜这种意
识面对物利，只能产生极其微弱的影响。明人刘基《杂诗四十一首》
之二十三："雉死为从雌，鹖死为斗力。蜜蜂死泄愤，鸤鸠死求食。
象犀好齿角，狨豹美毛色。纷纷死相藉，杀身奉华饰。自取夫岂过，
外至良可恻。豺獭合族烹，枭鸱宜卵殰。山林久秽荟，谁复继禹
益。"⑥ 动物非正常死亡的原因，有"自取"，有"外至"。狨只是因
为"美毛色"，以致"纷纷死相藉，杀身奉华饰"。诗人没有点明，
其实贪残的人，是更甚于"豺獭"和"枭鸱"的。

"金线狨"生存地域的演变

　　司马相如《上林赋》中说到上林苑有"猱"。张衡《南都赋》列

①　（清）陈元龙：《格致镜原》，《景印文渊阁四库全书》第1032册，第607~608页。
②　《宋史·真宗本纪三》，第163页。
③　顾大朋点校《楼钥集》卷九三，浙江古籍出版社，2010，第1648页。
④　《宋史·段思恭传》，第9272页。
⑤　《太平广记》卷四四三引此语谓出《北梦琐言》，第3267页。
⑥　林家骊点校《刘伯温集》，浙江古籍出版社，2011，第418页。

述南阳生态条件，也说到"猱"的生存。许多学者认为"猱"就是"狨"。颜师古说："狨一名猱，谓之'金线狨'。"李时珍《本草纲目》卷五一下写道："狨毛柔长如绒，可以藉，可以缉，故谓之'狨'。而'猱'字亦从柔也。或云生于西戎，故从戎也。"而"狨"，"是考证可信的金丝猴古名"。《匡谬正俗》卷六："'猱'也此字既有柔音，俗语变讹，谓之戎耳。犹今之香菜谓之香戎。今谓'猱'别造'狨'字，盖穿凿不经，于义无取。"许多资料可以说明，"狨、猱为一物"，也就是说，"猱也是金丝猴古名称之一"[①]。

张衡出身南阳，以科学学术立场考察家乡地理人文，其作品自然与俗常汉赋多夸张虚饰不同，能够细致真切，确可信据。如果《南都赋》中说到的"猱"可以看作金丝猴，则有关资料可以为研究这一物种在历史时期生存地域的变迁提供有价值的论据。回顾历史，"曾经生活在亚热带的环境中并且有过比较广泛的分布"[②]的金丝猴生存地域的退缩，有多种原因。除了气候条件的演变以及因此导致的环境恶化等因素而外，人类长期的残酷猎杀，也是主要原因之一。

7. 汉简所见河西地区的野生动物

河西汉简资料保留有体现当时生态环境的信息，其中体现当地野生动物分布的简文值得研究者关注。借助简牍资料遗存并对照相关文献记载，可以得到有关当时居延地方生态环境史的新知识。我们看到，在人类定居生活刚刚开始的情况下，这一地区野生动物尚可自由生息活动，种类和数量应与现今有所不同。而对于边塞吏卒生存条件的认识，也因此可以有所深化。

---

① 李保国、沈文君、陈服官：《金丝猴名称考释》，陈服官主编《金丝猴研究进展》，第30~31页。

② 潘文石、雍严格：《金丝猴的生物学》，陈服官主编《金丝猴研究进展》，第4页。

气候与水草：河西野生动物的生存条件

居延汉简研究者注意对这批重要出土文献生成年代的自然史背景的考察和说明。如薛英群《居延汉简通论》在介绍"居延"的部分专列"居延地区的自然环境"一节。其中除了说到居延地貌特征外，又记述了"弱水"水资源形势："东西两河每年4~10月因上、中游水渠灌溉而长期断流，只有冬、春两季属于下游的东西两河才有河水用于草场灌溉。"又写道："居延地区属温带干旱性气候，冬季干冷，夏季炎热，降水量小，蒸发多，日照长，多狂风。以达兰库布为例，年平均气温为7.9℃，元月为-13.4℃，7月为26.4℃，年降水量为39毫米，而蒸发量则高达3700多毫米，是降水量的92倍。全年日照3400多小时，整个地区大风不断，全年八级以上的大风日数有30多天。"论者还写道："弱水两岸自然植被好，东、西两河滩有胡杨、沙枣等天然次生林，牧草也较茂盛，很适宜畜牧和农垦。戈壁与沙漠地带有梭梭、红柳、毛柳等灌木，耐风、旱，生命力强。草类较为稀疏，多系沙生与碱生植物。"① 可惜，这些分析，只是大致讲述了现今居延地方的"自然环境"条件。生态史的动态研究是必要的。有学者在考察分析河西地方"水土资源的负荷限度"之"有限"以及"绿洲生态系统是比较脆弱的，其潜在沙漠化因素易于激发活化"等条件时，亦同时进行了"复原古绿洲昔日繁荣的面貌"的工作。②

历史时期气候条件多有变化。据竺可桢论证，"在战国时期，气候比现在温暖得多。""到了秦朝和前汉（公元前221~公元23年）气候继续温和。""司马迁时亚热带植物的北界比现时推向北方。"

---

① 薛英群：《居延汉简通论》，甘肃教育出版社，1991，第27~28页。

② 李并成：《河西走廊历史地理》，甘肃人民出版社，1995，第3~10页；《河西走廊历史时期沙漠化研究》，第11~14页。

"到东汉时代即公元之初，我国天气有趋于寒冷的趋势……。"① 气候条件自然也会影响到水资源和自然植被的形态。

居延汉简所见"大司农茭"或"大农茭"，似可说明河西地区当时有数量可观的生长"茭草"的土地，在规划中即将辟为农田。居延汉简除"伐茭"外，又有关于"伐苇"和"伐蒲"的内容。"苇"和"蒲"都是水生草本植物。"伐苇"数量一例竟然多至"五千五百廿束"②，可以作为反映居延地区植被和水资源状况的重要信息。居延汉简又可见"伐慈其""艾慈其"事。"慈其"并非"食用菜类"，其实也是饲草。③ 河西地区发现的汉代竹简、竹简削衣以及种类颇多的竹制用器，说明竹在当时当地社会生活中的意义。通过相关资料可知至少在距离居延并不很远的地方，存在可以利用的竹林。④ 居延汉简其他内容，也可以提供反映当时气候、水资源和自然植被的信息。⑤

研究者通过对额济纳旗 W–T8 烽燧遗址三层堆积中取样进行的孢粉分析，确定年代相当于西汉时期的下层孢粉组合中，"以沼生、水生植物香蒲（Typha）、眼子菜（Potamogeton）花粉占优势（64.4%）"，"香蒲通常生长在湖泊、沼泽的边缘、池塘积水的洼地，常挺出水面，而眼子菜则沉水生长在淡水湖泊或流速不大的水体"。"就该层花粉组合特征看，当时该地尚有一定偏淡的湖沼"，"为屯戍提供了水源和较

---

① 竺可桢：《中国近五千年来气候变迁的初步研究》，《竺可桢文集》，第495、497页。

② 谢桂华、李均明、朱国炤：《居延汉简释文合校》，第223页。

③ 王子今：《汉代河西的"茭"——汉代植被史考察札记》，《甘肃社会科学》2004年第5期。

④ 王子今：《河西地区汉代文物资料中有关"竹"的信息》，《甘肃社会科学》2006年第6期；《简牍资料与汉代河西地方竹类生存可能性的探讨》，武汉大学简帛研究中心编《简帛》第2辑，上海古籍出版社，2007。

⑤ 王子今：《"居延盐"的发现——兼说内蒙古盐湖的演化与气候环境史考察》，《盐业史研究》2006年第2期。

今适宜的生境"，"后由于人为活动（包括放牧）与大自然变干迭加，使该地湖沼收缩，农田与草场湮废，导致该地从草原变为与今相似的荒漠植被"。论者写道："2000 年前所以能大规模屯戍额济纳旗一带应与当时气候较今温湿，水源较为充足有关。今古之异，发人深思。"①

分析多种迹象可以得知，在居延汉简书写记录的时代，这一地区有比较适宜野生动物生存的自然条件。

"野马"和"野马迹"

《史记·司马相如列传》载《子虚赋》说到"野马"："轶野马而辚骐䮷。"裴骃《集解》："徐广曰：'辚音锐。'骃案：郭璞曰：'野马，如马而小。骐䮷，似马。辚，车轴头。'"司马贞《索隐》："辚骐䮷。上音卫。辚，车轴头也。谓车轴冲杀之。骐䮷，野马。""野马"，是执获和猎杀的对象。又言校猎事："生貔豹，搏豺狼，手熊罴，足野羊，蒙鹖苏，绔白虎，被斑文，跨野马。"司马贞《索隐》："跨墅马。案：墅音野。跨，乘之也。"②所谓"轶野马""跨野马"或写作"跨墅马"，均言驯用"野马"。

居延汉简中可以看到有关记录，可以帮助我们理解汉代人笔下所谓"野马"。例如：

> （1）☑野马除☑（50.9）
>
> （2）☑即野马也尉亦不诣迹所候长迹不穷☑（E. P. T8：14）
>
> （3）☑野马一匹出殄北候长皆☑（E. P. T43：14）
>
> （4）☑□以为虏举火明旦踵迹野马非虏政放举火不应☑

---

① 孔昭宸、杜乃秋：《内蒙古自治区额济纳旗汉代烽燧遗址的环境考古学研究》，周昆叔主编《环境考古研究》第 1 辑。

② 《史记·司马相如列传》，第 3009～3010、3034～3035 页。

（E. P. F22：414）①

（2）（4）均言"野马""迹"，似可说明这种原先成群频繁活动于草原戈壁的野生动物，可能已经经常避开人类开始占有的定居地。

（3）"野马一匹"，则言原本群居的"野马"离群独自活动情形。

（4）又言成群"野马"夜间驰行曾经被误认为匈奴"虏"入侵，烽燧值班士兵于是"举火"，"明旦踵迹"方判定只是"野马"群经过。

《史记·匈奴列传》："其奇畜则橐驼、驴、骡、駃騠、騊駼、驒騱。"所谓"騊駼"，裴骃《集解》："徐广曰：'似马而青。'"司马贞《索隐》："按：郭璞注《尔雅》云'騊駼马，青色，音淘涂'。又《字林》云'野马'。《山海经》云'北海有兽，其状如马，其名騊駼'也。"所谓"驒騱"，裴骃《集解》："徐广曰：'音颠。巨虚之属。'"司马贞《索隐》："驒奚。韦昭驒音颠。《说文》'野马属'。"②可知称"野马"者，可能即中原人平素不常见因而未能识别的"奇畜"。

《史记·乐书》："……又尝得神马渥洼水中，复次以为太一之歌。歌曲曰：'太一贡兮天马下，沾赤汗兮沫流赭。骋容与兮蹠万里，今安匹兮龙为友。'""得神马渥洼水中"句下，裴骃《集解》："李斐曰：'南阳新野有暴利长，当武帝时遭刑，屯田燉煌界。人数于此水旁见群野马中有奇异者，与凡马异，来饮此水旁。利长先为土人持勒靽于水旁，后马玩习久之，代土人持勒靽，收得其马，献之。欲神异此马，云从水中出。"③所谓"野马"在特殊情况下被看作"神马""天马"，其特征，是"与凡马异"。所谓"群野马"的表述方式，也值得注意。

---

① 谢桂华、李均明、朱国炤：《居延汉简释文合校》，第87页；甘肃省文物考古研究所等编《居延新简：甲渠候官与第四燧》，第51、100、503页。

② 《史记·匈奴列传》，第2879~2880页。

③ 《史记·乐书》，第1178页。

推想汉代居延士卒记录的"野马"，很可能也包括"似马""其状如马"的其他马科动物，如野驴等。

居延汉简有关"野马"的记录是珍贵的生态史资料。据生物学学者介绍，"产于我国甘肃西北部和新疆附近地区及准噶尔盆地，蒙古亦产"的野马，"数量稀少。为世界上唯一生存的野马，在学术上有重要意义"①。现今野马已经是世界甲级濒危动物，据说20世纪70年代以后，已经没有发现野马在野外活动的记载。居延"野马"简文也很有可能是世界比较早的对于这一野生动物品种的文字记录之一。

"见塞外有野橐佗"及"出塞逐橐佗"、"得橐佗"故事

《逸周书·官人》记载："伊尹受命，于是为四方令曰：'正北空同、大夏、莎车、姑他、旦略、豹胡、代翟、匈奴、楼烦、月氏、䍒犁、其龙、东胡，请令以橐驼、白玉、野马、騊駼、駃騠、良弓为献。'汤曰：'善。'"②《战国策·楚策一》记载苏秦说楚威王，言："大王诚能听臣，……赵、代良马橐他，必实于外厩。"③ 可知先秦时期中原人已经初步具有关于北方"橐佗"的知识。《史记·匈奴列传》："其奇畜则橐驼、驴、骡、駃騠、騊駼、驒騱。"而骆驼作为交通动力，在汉代受到空前的重视。西北地区军运民运已经普遍使用骆驼。"大量役用骆驼于军事运输"④，成为交通史上的显著现象。《史记·大宛列传》："赦囚徒材官，益发恶少年及边骑，岁余而出敦煌者六万人，负私从者不与。牛十万，马三万余匹，驴骡橐它以万数。多

---

① 《辞海·生物分册》，上海辞书出版社，1975，第571页。

② 黄怀信、张懋镕、田旭东撰，李学勤审定《逸周书汇校集解》，上海古籍出版社，1995，第970、980~983页。

③ 何建章注释《战国策注释》，第508页。《史记》卷六九《苏秦列传》："大王诚能用臣之愚计，则……燕、代橐驼良马，必实外厩。"（第2260~2261页）

④ 贺新民：《中国骆驼发展史》，张仲葛、朱先煌主编《中国畜牧史料集》，科学出版社，1986，第317页。

赍粮，兵弩甚设，天下骚动，传相奉伐宛，凡五十余校尉。"① 《汉书·匈奴传下》："康居亦遣贵人，橐它驴马数千匹，迎郅支。"《汉书·西域传上》："敦煌、酒泉小郡及南道八国，给使者往来人马驴橐驼食，皆苦之。"《汉书·西域传下》载汉武帝《轮台诏》也说："朕发酒泉驴橐驼负食，出玉门迎军。"②

作为生态史料，居延汉简中可以看到有关"塞外有野橐佗"的记录：

（5）☑书曰大昌里男子张宗责居延甲渠收虏隧长赵宣马钱凡四千九百二十将召宣诣官□以□财物故不实臧二百五十以上□已□□□□□□辟

☑赵氏故为收虏隧长属士吏张禹宣与禹同治乃永始二年正月中禹病禹弟宗自将驿牝胡马一匹来视禹＝死其月不审日宗见塞外有野橐佗□□□□

☑宗马出塞逐橐佗行可卅余里得橐佗一匹还未到隧宗马莘僵死宣以死马更所得橐佗归宗＝不肯受宣谓宗曰强使宣行马幸莘死不以偿宗马也

☑□共平宗马直七千令宣偿宗宣立以□钱千六百付宗其三年四月中宗使肩水府功曹受子渊责宣子渊从故甲渠候杨君取直三年二月尽六（229.1，229.2）③

此"见塞外有野橐佗""出塞逐橐佗""得橐佗一匹"事，如果不是追逐"野橐佗"时乘马意外死亡，导致债务纠纷，可能并不会进入档案记录。"野橐佗"的出现，可能是很常见的事情。

---

① 《史记·大宛列传》，第 3176 页。
② 《汉书》，第 3802、3893、3913 页。
③ 谢桂华、李均明、朱国炤：《居延汉简释文合校》，第 371 页。

由"见塞外有野橐佗""出塞逐橐佗"的文书记录，可知"野橐佗"只在"塞外"活动。这一情形间接体现了人为建筑工程"塞"的出现，阻碍了"野橐佗"的活动路径，限制了"野橐佗"的生存空间。

另一简例可能也体现了同样的情形：

（6）状何如审如贤言也贤所追野橐□（E. P. T5：97）①

"追野橐□"应当就是前例所谓"逐橐佗"。

中国西北地区现在还有野骆驼的分布。有学者指出："目前学术界对我国野骆驼的看法还有些分歧。一些人认为：中国野生双峰驼是家骆驼的野化种。根据历史记载，早在当年的丝绸之路上，大约丢失了万多只家骆驼，现在的野骆驼就是这些家骆驼的野化种。多数人认为，从历史记载和地下发掘等多方面的证据证明，我国西北曾经是野骆驼的分布区。野驼的头骨比家驼要窄而长（家驼头骨比野驼宽而短），这是远在丝绸之路出现以前就已形成的。"论者还指出："直到1878年，野骆驼才被科学界发现。""中国的野生双峰驼，是世界上现存唯一的野骆驼种。"② 居延"野橐佗"简文的发现，无疑可以增益"科学界"对于历史时期"中国的野生双峰驼"的相关知识。

"野羊脯""贳之""之长安"

居延汉简出现"野羊脯"文字，作为饮食史料反映了当时居延吏卒的一种食品形式。而"野羊"字样，又包含生态史研究者应当关注的信息。

---

① 甘肃省文物考古研究所等编《居延新简：甲渠候官与第四燧》，第24页。
② 何业恒：《中国珍稀兽类的历史变迁》，湖南科学技术出版社，1993，第233～234页。

大湾出土帛书，编号为乙附 51 的书信，可见以"小笥"盛装往长安"遗脯"的情形。其中包括"野羊脯"：

(7) ☒为书遗　　　●长☐贵之米财予钱可以

市者☒

☒☐孙少君遗秔米☒肉廿斤

☒府幸长卿遗脯一☐☒御史之长安☐☐以小笥盛之●毋以☐脯野羊脯贵之也

信伏地再拜多问

次君君平足下厚遗信非自二信幸甚寒时信愿次君君平近衣强酒食察事毋自易信幸甚薄礼

☐絮一信再拜进君平来者数寄书使信奉闻次君君平毋恙信幸甚伏地再拜再拜

次君君平足下　　●初叩头多问

丈人寒时初叩头愿丈人近衣强奉酒食初叩头幸甚甚初寄☐赣练布二两☐☐者丈人数寄书

使初闻丈人毋恙初叩头幸甚幸甚丈人遗初手衣已到[1]

根据长沙马王堆汉墓等考古收获，可知"以小笥盛之"是汉代食品包装盛放比较普遍的形式。

《法苑珠林》卷四一《潜遁篇·引证部》："汉永平五年，剡县刘晨、阮肇共入天台山，迷不得返，经十三日，粮乏尽，饥馁殆死。"遇"二女子，姿质妙绝"，"食胡麻饭、山羊脯、牛肉，甚甘美。食毕，行酒"[2]。《太平御览》卷四一引《幽明录》："汉明帝永平五年，

---

① 谢桂华、李均明、朱国炤：《居延汉简释文合校》，第 677 页。

② （唐）释道世著，周叔迦·苏晋仁校注《法苑珠林校注》，中华书局，2003，第 967、968 页。

剡县刘晨、阮肇共入天台山取榖皮，迷不得返，经十余日，粮尽，饥馁殆死。"[①] 后幸遇二女子款待，"有胡麻饭、山羊脯甚美，食毕行酒"。说到"山羊脯"。又《太平御览》卷八六二引《续齐谐记》曰："刘晨、阮肇入天台山，有女仙人，为设胡麻饭、山羊脯，因留连之。"[②] 又卷九〇二引《博物志》有"作淫羊脯法"，说到这种羊原本"脯不可食"[③]。可知以羊为"脯"是习见饮食方式。[④] 而传"汉明帝永平五年"刘阮遇仙故事中食用"山羊脯"情节，也可以帮助我们理解居延汉简"野羊脯"简文。宋人朱胜非《绀珠集》卷一〇引吴筠《续齐谐记》"天台遇仙"条言"汉明帝时，刘晨、阮肇二人同入天台，迷道乏食，见洞流一杯中有胡麻饭，取食之。因溯水寻访，见二女。相顾呼为，引至所居，出胡麻饭、山羊脯，设酒甚美"[⑤]。"胡麻饭"与"山羊脯"配食。而王桢《农书》卷七《百谷谱一》"胡麻"条说："胡麻，即今之脂麻是也。汉时张骞得其种于胡地。故目之曰'胡麻'。""胡麻出于胡地，大而少异。取其油可以煎烹，可以燃点，其麻又可以为饭。《续齐谐志》所谓天台'胡麻饭'是也。"[⑥] 引种"胡麻"的所谓"胡地"与居延地方区域方位的接近，也值得

---

① （宋）李昉等撰《太平御览》，第 194 页。

② 《太平广记》卷六一题"天台二女"，言"其馔有胡麻饭、山羊脯、牛肉，甚美"，谓出《神仙记》。（第 383 页）

③ 《太平御览》卷九〇二引《博物志》曰："阴夷山有淫羊，一日百遍，脯不可食。但著床席间，已自惊人。又有作淫羊脯法，取羖羒各一，别系，令裁相近，而不使相接。食之以地黄、竹叶，饮以汁。百余日后，解放之。欲交未成，便牵两杀之，膞以为脯。男食羊羖，女食羒，则并如狂，好色，亦无所避，其势数日乃歇。治之方，煮茱萸菖蒲汁饮之，以水银宫脂涂阴，男子即瘘。宫脂，鹿脂也。"（宋）李昉等撰《太平御览》，第 3831、4003 页。

④ 时代较晚的例证有明人文肇祉诗《韩太史再送羊脯》，《文氏五家集》卷一三。

⑤ （宋）朱胜非：《绀珠集》，《景印文渊阁四库全书》第 872 册，第 469 页。《太平御览》卷四一引《幽明录》："复下山持杯取水饮，步进渐见芜菁叶从山腹流出，甚鲜新。复一杯流出，有胡麻饭。相谓曰：'此处去人径不远。'"（第 194 页）宋徐子光《蒙求集注》卷下引《续齐谐记》："下山得涧水饮之，并澡洗。望见蔓菁并从山后出，次有一杯流出，中有胡麻饭屑。二人相谓曰：'去人不远。'"（《景印文渊阁四库全书》第 892 册，第 739 页）

⑥ （元）王祯撰，缪启愉译注《东鲁王氏农书译注》，上海古籍出版社，1994，第 517 页。

注意。

由简文"之长安"，可知应是自居延发送，则"□脯野羊脯"可能在当地加工，"野羊"也应当是居延地方野生动物。

《尔雅》："羱如羊。"郭璞注："羱羊似吴羊而大角，角椭，出西方。"[①] 有学者指出，"羱羊早已在古代中国分布很广"，"见于内蒙古和东北地区"。"《后汉书·东夷列传》指出：'鲜卑国有原羊。'按羱字原由'原羊'二字拼成，表示生长在原野或草原上的野绵羊。"[②] 在生态条件方面可以和居延类比的阴山地区，岩画画面多有羊的形象。根据对阴山岩画动物题材画面的分析，羊类包括羚羊、黄羊、北山羊、岩羊、盘羊等。[③] 岩画研究学者曾经指出："岩画中动物粗略统计显示，以羊类最多，北山羊几乎占全部动物的60%，岩羊其次，约占20%，再次和黄羊、盘羊和羚羊。""当时猎人主要捕捉对象为北山羊、岩羊和盘羊。"[④] 而通过相关考察认识汉代生态条件的探索，[⑤] 我们认为也是有意义的。

"鹿铺""鹿脯"推想

有学者指出，"在远古时代的中国大地上，哺乳动物中最为活跃的，恐怕莫过于鹿亚科（Cervinae）的许多种动物"。"鹿从来是狩猎的好对象"[⑥]。在汉代，猎鹿，是社会生产与社会生活中常见的现象。汉代画像石、画像砖等图像资料多有反映。司马相如《子虚赋》"轔

---

① （清）阮元校刻《十三经注疏》，第2651页。

② 谢成侠编著《中国养牛羊史（附养鹿简史）》，第138~139页。

③ 盖山林：《阴山岩画的动物考古研究》，《阴山岩画》，文物出版社，1986，第425页。

④ 盖山林、盖志浩：《内蒙古岩画的文化解读》，北京图书馆出版社，2002，第340~341页。

⑤ 参看宋超《"羱羊"与"红羊"——基于阴山岩画及文献对北山羊的考察》，王建平主编《河套文化论文集》第4辑，内蒙古人民出版社，2009，收入宋超《秦汉史论丛》，中国社会科学出版社，2012。

⑥ 谢成侠编著《中国养牛羊史（附养鹿简史）》，第205页。

鹿射麋", 扬雄《长杨赋》"张罗罔罝罘, 捕……麋鹿", 张衡《羽猎赋》"马蹂麋鹿"等文句,[①] 都说到猎杀鹿的场景。《史记》卷一〇四《田叔列传》褚少孙补述"邑中人民俱出猎, 任安常为人分麋鹿雉兔"[②], 也体现鹿是民间猎事主要捕获物。王褒《僮约》"登山射鹿"[③], 也说到猎鹿情形。又如《九章算术·衰分》中有这样的算题: "今有大夫、不更、簪袅、上造、公士, 凡五人, 共猎得五鹿。欲以爵次分之, 问各得几何?"[④] 同样反映鹿是汉代狩猎的主要"对象"。

前引 (7) "□脯野羊脯"与"野羊脯"之前的"□脯", 或许就是"鹿脯"。居延汉简又可见"鹿铺"字样:

(8) 具鹿铺办
少使张临谨具上☑ (262.25)[⑤]

"鹿铺"很可能就是"鹿脯"。又敦煌汉简:

(9) 南合檄一诣清塞掾治所杨檄一诣府闰月廿日起高沙督蘲印廿一日受深 (A)
刑驻鹿蒲即付梫中隧长程伯 (B) (2396)[⑥]

亦未可排除"鹿蒲"即"鹿脯"之误写的可能。又如:

□水候官如意隧长公士☑

① 《汉书·司马相如传》, 第 2534 页;《汉书·扬雄传》, 第 3557 页;(清) 严可均辑《全上古三代秦汉三国六朝文》, 第 1539 页。
② 《史记·田叔列传》, 第 2779 页。
③ (清) 严可均辑《全上古三代秦汉三国六朝文》, 第 717 页。
④ 郭书春汇校《汇校九章算术》, 第 105~106 页。
⑤ 谢桂华、李均明、朱国炤:《居延汉简释文合校》, 第 435 页。
⑥ 甘肃省文物考古研究所编, 吴礽骧、李永良、马建华释校《敦煌汉简释文》, 第 261 页。

　　　　☑肩水候官☑　　　　遂☑
　　　　☑□□鹿（239.78）[1]

　　此简文所见"鹿"，也可能也与我们讨论的野生动物"鹿"有关。
　　猎鹿并以鹿肉作为食料的情形，在汉代十分普遍。[2] 有学者说："鹿肉成为猎户的产品，自古往往以鹿脯上市。"[3]《礼记·内则》说到"牛脩、鹿脯、田豕脯、麇脯、麋脯"。郑玄注："脯，皆析干肉也。"[4]《宋书·乐志三》古辞《乌生八九子》有"白鹿乃在上林西苑中，射工尚复得白鹿脯哺"句。[5]《艺文类聚》卷九五袁山松《白鹿诗序》引诗曰："白鹿乃在上林西苑中，射工尚复得白鹿脯啮之。"[6]所见"鹿脯"，或许也有助于说明居延汉简"□脯""鹿铺"和敦煌汉简"鹿蒲"对于认识汉代饮食史和生态史的意义。

居延的"鱼"

　　居延汉简多有反映当地渔产的文字。例如：

　　（10）出鱼卅枚直百☑（274.26A）
　　（11）鱼百廿头　　　　　☑它今遣崔尉史执物如牒十五日寄书万侠游付（此简中部稍缺）（E.P.T44：8A）
　　　　庞子阳鱼数也愿君☑且慎风寒谨候望忍下愚吏士慎官职加强

　　① 谢桂华、李均明、朱国炤：《居延汉简释文合校》，第397页。
　　② 参看王子今《马王堆一号汉墓出土梅花鹿标本的生态史意义》，北京大学中国考古学研究中心，北京大学震旦古代文明研究中心编《古代文明》第2卷，文物出版社，2003；王子今：《走马楼简的"入皮"记录》，长沙简牍博物馆、北京吴简研讨组编《吴简研究》第1辑，崇文书局，2004。
　　③ 谢成侠编著《中国养牛羊史（附养鹿简史）》，第214页。
　　④ （清）阮元校刻《十三经注疏》，第1464页。
　　⑤ 《宋书·乐志三》，第607页。
　　⑥ （唐）欧阳询撰，汪绍楹校《艺文类聚》，第1649页。

餐食

数进所便（E. P. T44：8B）

（12）☑余五千头宫得鱼千头在吴夫子舍☐☐复之海上不能备☑

☑头鱼☐请令官收具鱼毕凡☐☐☐☐☑

☑☐卤备几千头鱼千☐食相☐☑（220.9）①

数以千计的鱼，应当并非人工养殖。在《建武三年十二月候粟君所责寇恩事》（E. P. F22：36）中，有：

（13）以去年十二月廿日为粟君捕鱼尽今正月闰月二月积作三月十日不得贾直时（E. P. F22：15）

（14）欲取轴器物去粟君谓恩汝负我钱八万欲持器物怒恩不敢取器物去又恩子男钦以去年十二月廿日

为粟君捕鱼尽今年正月闰月二月积作三月十日不得贾直时市庸平贾大男日二斗为谷廿石恩居（E. P. F22：26）

此言"捕鱼"，应是指捕捞自然水域野生鱼类。又有简例说到"卖鱼"数量：

（15）以当载鱼就直时粟君借恩为就载鱼五千头到觻得贾直牛一头谷廿七石约为粟君卖鱼沽

出时行钱卅万时粟君以所得商牛黄特齿八岁谷廿七石予恩顾就直后二∠三日当发粟君谓恩曰黄牛（E. P. F22：23）

（16）建武三年十二月癸丑朔辛未都乡啬夫宫敢言之廷移甲渠候书曰去年十二月中取客民寇恩为

---

① 谢桂华、李均明、朱国炤：《居延汉简释文合校》，第 462、357~358 页；甘肃省文物考古研究所等编《居延新简：甲渠候官与第四燧》，第 125 页。

　　就载鱼五千头到鰈得就贾用牛一头谷廿七石恩愿沽出时候钱
卅万以得卅二万又借牛一头（E. P. F22：29）①

简文"载鱼五千头"，可以与前引（12）"☑余五千头"，"鱼千头"，
"☑☑卤备几千头鱼千☐"等对照理解。通过这些资料可以得知，当
时居延地方自然湖泽鱼类生存的条件是比较优越的。

北边"射猎"生产的生态背景

　　《史记·匈奴列传》说到匈奴"出猎"，"行猎鸟兽"事。《汉书·
匈奴传下》赞曰："夷狄之人贪而好利，被发左衽，人面兽心。其与中国
殊章服，异习俗，饮食不同，言语不通，辟居北垂寒露之野，逐草随畜，
射猎为生，隔以山谷，雍以沙幕，天地所以绝外内也。"② 马长寿说：
"匈奴在冒顿领导下征服了北方的浑窳、屈射、丁零、鬲昆、薪犁等
部落和部落联盟。这些部落和部落联盟大部分是以游牧和射猎为生
的。"③ "射猎"，是与"游牧"并列的生存形式。北族"射猎为生"，
是当时的生产史和生活史现实，也反映着当地的生态史现实。

　　"射猎"是匈奴主要经济形式之一。虽然有学者指出："匈奴单
于自头曼、冒顿之后，对狩猎都很重视。匈奴人射猎，不只以射鸟兽
作为食品或娱乐，而且以之作为一种军事训练，一种严格的纪律的手
段。"④ 但是《史记·匈奴列传》所谓"儿能骑羊，引弓射鸟鼠；少长
则射狐兔：用为食"，是明确强调了射猎取获"用为食"的基本意义的。
"从漠北匈奴墓葬中普遍发现大量牲畜（马牛羊）骨骼证明，匈奴人的确
是食畜肉的。所食不仅是家畜，而且从墓内还有鹿、野驴、鸟类等骨骼分

---

① 甘肃省文物考古研究所等编《居延新简：甲渠候官与第四燧》，第476~477页。
② 《史记·匈奴列传》，第2888页；《汉书·匈奴传下》，第3834页。
③ 马长寿：《北狄与匈奴》，广西师范大学出版社，2006，第23页。
④ 陈序经：《匈奴史稿》，中国人民大学出版社，2007，第75页。

析，同时也食野生动物，这正是匈奴人不仅从事畜牧、而且也从事狩猎的实物证明。"① 《汉书·匈奴传下》记载："汉遣车骑都尉韩昌、光禄大夫张猛送呼韩邪单于侍子，求问吉等，因赦其罪，勿令自疑。昌、猛见单于民众益盛，塞下禽兽尽，单于足以自卫，不畏郅支。闻其大臣多劝单于北归者，恐北去后难约束，昌、猛即与为盟约。"因"民众益盛，塞下禽兽尽"而"北归"，颜师古注："塞下无禽兽，则射猎无所得，又不畏郅支，故欲北归旧处。"② 可知"射猎"有时是匈奴"民众"主要营生方式，以至可以"因没有禽兽可猎而他去"。③

匈奴盛时，曾经完全控制着河西地区。当时这里的生态形势有适宜"射猎"的条件。在汉王朝军事力量取得在这一地方的优势，河西四郡设置之后，这种形势因移民的充实、屯田的经营和长城的建设会发生变化，④ 所谓"民众益盛，塞下禽兽尽"指出了变化的趋势。但是，这种变化的幅度究竟有多大呢？

据《汉书·西域传下》，汉武帝《轮台诏》写道："今边塞未正，阑出不禁，障候长吏使卒猎兽，以皮肉为利，卒苦而烽火乏，失亦上集不得，后降者来，若捕生口虏，乃知之。"⑤ 他训斥"边塞"防务"未正"，其中包括对戍守士卒"猎兽，以皮肉为利"行为的指责。对照居延汉简有关野生动物分布的信息，可以知道当时西北"边塞"地方的生态形势尽管有人类活动的影响，仍然在一定程度上保持着自然优越的特征，与后世特别是现今状况，有许多的不同。⑥

① 林幹：《匈奴通史》，人民出版社，1986，第 134 页。

② 《汉书·匈奴传下》，第 3801~3802 页。

③ 陈序经：《匈奴史稿》，第 75~76 页。

④ 参看王子今《秦汉长城的生态史考察》，丁新豹、董耀会编《中国（香港）长城历史文化研讨会论文集》，（香港）长城（香港）文化出版公司，2002，收入《秦汉时期生态环境研究》，北京大学出版社，2007。

⑤ 《汉书·西域传下》，第 3914 页。

⑥ 王子今：《简牍资料所见汉代居延野生动物分布》，《鲁东大学学报》（哲学社会科学版）2012 年第 4 期。

五

秦汉时期的植被

1. 公元前3世纪秦岭西段的林产资源与林业开发

天水放马滩 1 号秦墓出土的年代判定为战国时期的木板地图，[①] 可以提供重要的历史文化信息，对于推动中国古代地图史、测量学史和地理学研究的进步各有重要意义。从中我们也可以发现反映生态环

[①] 关于放马滩秦地图的绘制年代，尚有不同的判断。何双全以为当在秦始皇八年（前 239）（《天水放马滩秦墓出土地图初探》，《文物》1989 年第 2 期）。朱玲玲赞同此说 [《放马滩战国秦图与先秦时期的地图学》，《郑州大学学报》（哲学社会科学版）1992 年第 1 期]。任步云以为可能在秦王政八年（前 239）或汉高祖八年（前 199）或文帝前元八年（前 172）（《放马滩出土竹简〈日书〉刍议》，《西北史地》1989 年第 2 期）。李学勤以为在秦昭襄王三十八年（前 269）（《放马滩简中的志怪故事》，《文物》1990 年第 4 期）。张修桂以为在秦昭襄王之前的公元前 300 年以前，并将图分为两组，分别各有推论 [《天水〈放马滩地图〉的绘制年代》，《复旦学报》（社会科学版）1991 年第 1 期]。雍际春以为在秦惠文王后元年间，约相当于公元前 323 年至公元前 310 年（《天水放马滩木板地图研究》，甘肃人民出版社，2002，第 42 页）。《天水放马滩墓葬发掘报告》说，"绘成时代早于墓葬年代，当应在公元前二三九年之前，属战国中期的作品"（甘肃省文物考古研究所编《天水放马滩秦简》，中华书局，2009，第 131 页）。本文作者倾向于战国中晚期的判断。

境面貌的内容。放马滩地图突出显示"材"及其"大""中""小"以及是否已"刊"等，都应理解为反映当地植被条件及其经济效益的史料。联系秦人先祖"养育草木"的历史记忆，可以考察相关历史文化现象。

放马滩秦地图在地图史上的地位及其应用价值

放马滩秦墓出土古地图据发掘报告整理者判断，"是迄今发现时代最早的地图实物"①。有学者称为"我国目前发现的绘制年代最早，绘制颇为规范准确的地图"②。雍际春的学术专著《天水放马滩木板地图研究》以为这组地图"在地图绘制技术、方法等方面的特点和成就，无疑体现了我国先秦时代地图绘制技术所达到的实际水平，从而填补了先秦至战国时期我国地图学史和科技史的空白"。雍书又进一步指出，当时"地图绘制所达到的实际水平"具体表现为："形成统一的图式体例""基本比例的概念已经形成""以水系为地图的基本框架""地图准确性较高"。③

雍书就第一个特点进行的说明中，有值得我们重视的一则评断："符号注记配以文字和图形，将地图涉及的河流、山谷、分水岭、植物分布、关隘、特殊标记（亭形物）、城邑乡里、交通线、里程、采伐点等内容醒目清楚、协调统一地有机结合起来，从而构成了放马滩地图完整统一的图式体例系统。"④ 这样的分析，我们是同意的。而指出图中标示"植物分布"和"采伐点"的意见，特别值得关注。

在总结"天水放马滩地图的历史地位"时，雍际春写道，"天水

---

① 甘肃省文物考古研究所：《天水放马滩墓葬发掘报告》，甘肃省文物考古研究所编《天水放马滩秦简》，第131页。又有"迄今为止我国最古老的地图"的说法。（《天水放马滩秦简》，第1页）

② 朱士光：《〈天水放马滩木板地图研究〉序》，雍际春：《天水放马滩木板地图研究》，甘肃人民出版社，2002，第7页。

③ 雍际春：《天水放马滩木板地图研究》，第172~180页。

④ 雍际春：《天水放马滩木板地图研究》，第173页。

放马滩地图是世界上最早的实用地图"。他说："天水放马滩地图不仅反复细致地标绘了天水地区的主要河流水系，而且对邑聚乡里、道路里程、关隘方位、林木采伐等地理事物的分布，都有具体翔实的反映。它无可争议地表明地图是出于实用目的而绘制的。就目前所知，早在距今 2300 年前西方类似的实用地图尚未出现，即使是具有示意性质的希腊埃拉托色尼和罗马托勒密所绘'世界地图'亦较天水放马滩地图晚出 100 至 500 年。因而，可以毫不夸大地说，天水放马滩地图是中国也是世界上最早的实用地图。"①

论者这样的意见，也许还有商榷的必要。我们曾经看到中国"是最早绘制地图的国家，在地图学理论和制作技术上曾经走在世界各国的前列"这样的论断。② 但是"最早"这一定论的提出，似乎还需要认真论证。地图的绘制，基本动机应主要是为"实用"服务。而论者其实自己也说到"在埃及，也曾发现约绘于公元前 1150 年的采矿图，地图绘制在'都灵纸草书'的残片上（因其所藏地点而得名），这是世界上最古老的采矿图"③。这样的"采矿图"，很可能是和放马滩地图性质类似的"实用地图"，其绘制年代则要早得多。也许，提出"世界上最早的实用地图"的结论，还应当慎重。

不过，雍书强调"实用"的特点，是有积极意义的。放马滩地图确实是中国古代迄今发现的最早的"实用"意义最为鲜明的古地图的实物遗存。有学者称之为"专题性地图的萌芽"④，可能也是适宜的。

应当注意到，其形式为"专题性地图"的所谓"实用地图"的

① 雍际春：《天水放马滩木板地图研究》，第 180、187~188 页。

② 中国测绘科学研究院古地图研究组：《〈中华古地图珍品选集〉编者的话》，中国测绘科学研究院编《中华古地图珍品选集》哈尔滨地图出版社，1998，第 1 页。

③ 雍际春：《天水放马滩木板地图研究》，第 181 页。

④ 卢嘉锡主编，唐锡仁、杨文衡分卷主编《中国科学技术史：地学卷》，科学出版社，2000，第 155 页。

这一发现，有必要与秦人重视实用之学的文化传统联系起来理解。秦始皇登泰山时曾经就"封禅"事咨询齐鲁儒生博士，据说因儒生所议"难施用"，于是"由此绌儒生"。看来，能否"施用"，是秦始皇文化判断和政策选择的重要标尺。曾经以博士身份服务于秦始皇的孔子六世孙孔鲋宣言"吾为无用之学"，"秦非吾友"①，也强调了文化态度的这种倾向性区别。秦学术文化具有明显的重视实用的特点，其表现，在于技术之学有高上的地位。秦始皇、李斯焚书，"所不去者，医药卜筮种树之书"②，就显示了这一文化倾向。秦技术之学的成熟，体现出对理论的某种轻视。然而从另一角度看，似乎又在某种意义上可以理解为暗示着科学精神的萌芽。③ 这一文化传统也影响到汉代。汉代子学也表现出实用主义倾向，表现为兵学、农学、医学和天文历算之学等技术之学的完好继承与创新性进步。④

对于这组地图的性质，何双全以为"按内容可分别称为《政区图》、《地形图》和《经济图》"⑤。雍际春的意见相近，分别看作"政区图""水系图""物产图"，或说《政区图》《水系图》《交通物产图》。⑥ 这种拆分式或分解式的定义也许并不十分妥当。

《天水放马滩墓葬发掘报告》定义这组木板地图的性质，注意到

① 《资治通鉴》卷七"秦始皇帝三十四年"，第 244 页。据北京大学历史学系孙闻博提示，《孔丛子·独治》陈余谓子鱼曰："秦将灭先王之籍，而子为书籍之主，其危矣。"子鱼曰："顾有可惧者，必或求天下之书焚之。书不出则有祸，吾将先藏之以待其求，求至无患矣。"整理者于"子鱼曰"下注："'曰'下，叶氏藏本、蔡宗尧本、汉承弼校跋本、章钰校跋本并有'吾不为有用之学，知我者唯友。秦非吾友，吾何危哉？然'二十一字。"（傅亚庶：《孔丛子校释》，中华书局，2011，第 410、414 页）据陈梦家研究，《孔丛子》最后成书大致在东晋时期，则很有可能成为司马光《资治通鉴》的史源之一。傅亚庶：《孔丛子校释》，第 2、599~604 页。

② 《史记》卷六《秦始皇本纪》，第 255 页。

③ 参看王子今《秦始皇嬴政的统一事业》，徐卫民、刘景纯主编《秦汉史论——何清谷教授八十华诞庆祝文集》，三秦出版社，2009。

④ 参看王子今《汉代子学的实用主义倾向》，张岂之主编《中国思想学说史·秦汉卷》，广西师范大学出版社，2007。

⑤ 何双全：《天水放马滩秦墓出土地图初探》，《文物》1989 年第 2 期。

⑥ 雍际春：《天水放马滩木板地图研究》，第 100~104 页。

"第一块（M1.7、8、11）A面是中心区域，其中以大方框标示的'邦丘'，是战国时期秦国邦县的所在地，其他用小方框标示的地名当为县以下里名，明确反映了其不同的行政级别"，于是称"基本上可以说是战国时秦国邦县的部分政区地理图"①。这样的判断，似乎并不符合放马滩秦地图中标记内容高度重视林产和交通，而并非行政管理诸信息的实际情形。通过以上的讨论推定放马滩秦地图性质，应当重视反映林业生产规划、开发、管理以及林区运输组织这一主题。如果一定要为这组地图定名，或许可以称之为"林区图"或"林区运输线路图"。②

放马滩秦地图植被分布信息

前引雍际春书指出图中标示"植物分布"。也有学者注意到这些地图中，"对森林分布的注记较详细，有些地区标注出了树木的种类，如蓟木、灌木、杨木、榆木、大楠木等"③。据《天水放马滩秦简》的《一号秦墓木板地图释文》，其中文字可能显示树种者，可以看到：

木板地图一（M1.7、8、11A）　杨

木板地图二（M1.7、8、11B）　　格

木板地图三（M1.9）　杨　松　松　松　松　松　桯　松

木板地图四（M1.12A）　　剑木　灌忱　柏　櫲　杨　杨

柏　楠

木板地图六（M1.21A）　杨　杨　苏木　苏木

---

① 《天水放马滩秦简》，第131页。

② 王子今：《放马滩秦地图林业交通史料研究》，"早期丝绸之路暨早期秦文化"国际学术研讨会论文，兰州，2012年8月。

③ 卢嘉锡主编，唐锡仁、杨文衡分卷主编《中国科学技术史：地学卷》，第157页。

木板地图七（M1.21B）　　柴枞　柴　杺　杺①

其中有些存有疑问，如"柴枞""柴"。又如"格"，《说文·木部》："格，木长貌。"② 未能确定是否一定是树种。有些尚不能判别是何种树木，如"㮨""劆木""灌忧""苏木""杺"等。

如果仅仅以字频统计，则最受重视，很可能也是木材产量居于前列的树种是"松"（6次）和"杨"（6次）。③ 其次则是"柏"（2次）、"苏木"（2次）、"杺"（2次）。这组木板地图本身的材质是松木，也值得注意。

"大楠材"与"大梓"

有学者释读为"大楠木"者，发掘报告释文作"大楠材"。④ 更突出地显示了取材的实用意义。

特别写作"大楠材"，应是取其树种适宜材用。然而《战国策·宋策》炫耀南方林业资源时说到"楠"和"梓"："荆有长松文梓，梗柟豫樟。"⑤ 司马迁《史记》卷一二九《货殖列传》分析各地资源形势时也写道："夫山西饶材、竹、榖、纑、旄、玉石；山东多鱼、盐、漆、丝、声色；江南出枏、梓、姜、桂、金、锡、连、丹沙、犀、玳瑁、珠玑、齿革；龙门、碣石北多马、牛、羊、旃裘、筋角；铜、铁则千里往往山出棋置：此其大较也。皆中国人民所喜好，谣俗被服饮食奉生送死之具也。故待农而食之，虞而出之，工而成之，商

---

① 甘肃文物考古研究所编《天水放马滩秦简》，第108~109页。
② （汉）许慎撰，（清）段玉裁注《说文解字注》，第251页。
③ 不过，"杨"均出现与地名如木板地图一"杨里"（M1.7、8、11A），木板地图三"杨谷"（M1.9），木板地图四"上杨谷"、"下杨谷"（M1.12A），木板地图六"下杨"、"上杨"（M1.21A）中，可以作为讨论树种分布的数据，但是与直接标示树种者还是有所不同。
④ 《一号秦墓木板地图释文》，《天水放马滩秦简》，第109页。
⑤ 何建章注释《战国策注释》，第1211页。

而通之。"① 所谓"枏"即"楠"，是"江南"林产。后世人们的植物学经验，也知道楠木生于南国。《本草纲目》卷三四《木部·楠》："枏与楠字同。时珍曰：南方之木，故字从南。"②

现代楠木出产区域只限于四川、云南、贵州、湖北等地。③ 然而战国秦汉时代正值历史上的暖期，许多历史数据表明当时气候较现今温暖湿润。而人为破坏因素尚有限，也使得植被条件较现今优越。④

秦岭地区"梓"的生长也见诸史籍。例如有关秦早期历史的记载《史记》卷五《秦本纪》："二十七年，伐南山大梓，丰大特。"秦文公时代的这一史事，具有浓重的神秘主义色彩。裴骃《集解》有这样的解说："徐广曰：'今武都故道有怒特祠，图大牛，上生树本，有牛从木中出，后见丰水之中。'"张守节《正义》引《括地志》云：

> 大梓树在岐州陈仓县南十里仓山上。《录异传》云："秦文公时，雍南山有大梓树，文公伐之，辄有大风雨，树生合不断。时有一人病，夜往山中，闻有鬼语树神曰：'秦若使人被发，以朱丝绕树伐汝，汝得不困耶？'树神无言。明日，病人语闻，公如其言伐树，断，中有一青牛出，走入丰水中。其后牛出丰水中，使骑击之，不胜。有骑堕地复上，发解，牛畏之，入不出，故置髦头。汉、魏、晋因之。武都郡立怒特祠，是大梓牛神也。"⑤

① 《史记·货殖列传》，第3253~3254页。
② 陈贵廷主编《本草纲目通释》，第1591页。
③ 《辞海·生物分册》，第235页。
④ 竺可桢：《中国近五千年来气候变迁的初步研究》，《考古学报》1972年第1期，收入《竺可桢文集》；王子今：《秦汉时期气候变迁的历史学考察》，《历史研究》1995年第2期。
⑤ 《史记·秦本纪》，第180~181页。

汉赋也有邻近长安地区有"楠""梓"生长的记载。如《文选》卷二
张衡《西京赋》描述上林苑"林麓之饶"："木则枞栝棕楠，梓械檍
枫。"① 现在通过放马滩秦墓出土地图文字的印证，可知这样的记录有
可能是真实的。

"橚"，有可能即"梓"。《集韵·尤韵》："楸，木名。《说文》：
'梓也。'或作橚。"②

林区虎豹

还有一则讨论生态史时应当关注的参考信息具有特殊价值，即
M14 出土木板画（M14·9B）。③

据发掘报告描述，"正面用墨线绘一虎拴在树桩之上，虎前肢伸，
后肢曲，回首翘尾，作咆哮挣脱状"④。从画面看，拴"虎"的并非
"树桩"，而是一棵树。

据有的研究者说，这一区域的"虎"，"属华南虎"。⑤ 然而画面
中心的动物，从头形和皮毛花纹看，似乎并非一"虎"，而更可能是
一只豹。当然，真切描绘虎的形象难度甚大，马援因有"画虎不成"
的著名感叹。⑥ 不排除 M14 出土木板画的作者原意是以虎作为画面主

---

① 薛综注："枞，松叶柏身也。栝，柏叶松身。梓，如楸而小。械，白蘽也。枫，香木
也。"李善注："郭璞《山海经注》曰：'椶，一名并闾。'《尔雅》曰：'梅，楠。'郭璞曰：
'楠木似水杨。'又曰：'械，白桵。'""郭璞《上林赋注》曰：'檍，杞也，似梓。'"
（梁）萧统，（唐）李善注《文选》，第 43~44 页。今按：椶，应即棕。参看王子今《方春
蕃萌：秦汉文化的绿色背景》，《博览群书》2008 年第 5 期。
② （宋）丁度等编《集韵》，第 262 页。
③ 《天水放马滩秦简》，第 148 页。
④ 《天水放马滩秦简》，第 119 页。
⑤ 何业恒：《中国虎与中国熊的历史变迁》，湖南师范大学出版社，1996，第 75 页。
⑥ 《后汉书·马援传》载马援致兄子严、敦书："龙伯高敦厚周慎，口无择言，谦约节
俭，廉公有威，吾爱之重之，愿汝曹效之。杜季良豪侠好义，忧人之忧，乐人之乐，清浊无
所失，父丧致客，数郡毕至，吾爱之重之，不愿汝曹效也。效伯高不得，犹为谨敕之士，所
谓刻鹄不成尚类鹜者也。效季良不得，陷为天下轻薄子，所谓画虎不成反类狗者也。"（第
844~845 页）

题的可能。姜守诚教授论证所画是虎，并以历史人类学方法有所讨论，其说可以参考。①

如果是虎，则对这一地区当时野生动物分布的考虑，似乎还应当更为慎重。

与放马滩同样处于"秦岭深山之中"②的其他地方，在战国秦汉时期是曾经有"虎"生存的。《华阳国志·巴志》记载："秦昭襄王时，白虎为害，自秦、蜀、巴、汉患之。"③虎患危害地方应包括"秦、蜀"之间的秦岭山地。《隶释》卷四《司隶校尉杨孟文石门颂》中所谓"恶虫蔽狩，蛇蛭毒蟆"，④也是说明虎患曾威胁川陕古道交通安全的资料。《汉书·地理志上》"京兆尹"条记载："蓝田，有虎候山祠，秦孝公置也。"《续汉书·郡国志一》刘昭注补引《地道记》：蓝田"有虎候山"。王先谦《汉书补注》："《长安志》亦载之。吴卓信云：'《蓝田县志》：县西十五里有虎坷山。疑是。'"⑤由"虎候山""虎坷山"之定名，推想自蓝田东南向经武关直抵南阳的古武关道，在经过秦岭的路段曾经有虎患的危害。汉光武帝建武年间，刘昆任弘农太守。《后汉书·儒林列传·刘昆》记载："先是崤、黾驿道多虎灾，行旅不通。（刘）昆为政三年，仁化大行，虎皆负子度河。"王充《论衡·初禀》中写道："光禄大夫刘琨，前为弘农太守，虎渡河。"⑥弘农的"虎灾"，也应在关注秦岭多虎情形时参考。⑦

---

① 姜守诚：《天水放马滩秦墓（M14）出土的系虎及博局板画考述》，（台北）《新史学》第24卷第2期，2013。

② 《天水放马滩墓葬发掘报告》第一章"地理位置与自然环境"，《天水放马滩秦简》，第113页。

③ （晋）常璩撰，任乃强校注《华阳国志校补图注》，第14页。

④ （宋）洪适撰《隶释　隶续》，第50页。

⑤ 《汉书·地理志上》，第1543页；《续汉书·郡国志一》，《后汉书》，第3404页；（清）王先谦撰《汉书补注》，第664页。

⑥ 《后汉书·儒林列传·刘昆》，第2550页；黄晖撰《论衡校释》（附刘盼遂集解），第131页。

⑦ 参看王子今《秦汉虎患考》，饶宗颐主编《华学》第1辑；《汉代驿道虎灾——兼质疑几种旧题"田猎"图像的命名》，《中国历史文物》2004年第6期。

《汉书·扬雄传下》"上将大夸胡人以多禽兽，秋，命右扶风发民入南山，西自褒斜，东至弘农，南驱汉中，张罗罔罝罘，捕熊罴豪猪虎豹狖玃狐菟麋鹿，载以槛车，输长杨射熊馆"①，说秦岭山区野生动物包括"虎豹"。

《山海经·西山经》"南山上多丹粟，丹水出焉，北流注于渭。兽多猛豹"②，则强调秦岭多"豹"。《说郛》卷六一上《辛氏三秦记》："豹林谷，在子午谷。"③ 用"豹"字为地名，也说明秦岭多有这种猛兽活动。

放马滩秦地图林木资源利用信息

何双全最初介绍这组地图时，指出对研究邽县的"自然资源""有重大价值"。④ 这一意见值得重视。有学者注意到放马滩秦墓出土地图中，除了标注植被分布情形而外，"有些地区注出了森林的砍伐情况，……"⑤。应是指第二块 M1.9 地图文字"七里松材刊"反映的情形。

秦人有经营林业的历史，作为秦早期经济发展基地的西垂之地，长期是林产丰盛的地区。⑥ 原生林繁密的生态条件，成为特殊的物产优势的基础。《汉书·地理志下》说秦先祖柏益事迹，有"养育草木鸟兽"语，⑦ 经营对象包括"草木"。所谓"养育草木"，说明林业在

---

① 《汉书·扬雄传下》，第 3557 页。

② 袁珂校注《山海经校注》，第 27 页。

③ （明）陶宗仪编《说郛》，《景印文渊阁四库全书》第 879 册，第 285 页。

④ 何双全：《天水放马滩秦墓出土地图初探》，《文物》1989 年第 2 期。

⑤ 卢嘉锡主编，唐锡仁、杨文衡分卷主编《中国科学技术史：地学卷》，第 157 页。

⑥ 《汉书·地理志下》："天水、陇西，山多林木，民以板为室屋。""故《秦诗》曰'在其板屋'。"（第 1644 页）

⑦ 《汉书·地理志下》，第 1641 页。《书·舜典》："帝曰：畴若予上下草木鸟兽。佥曰：益哉。"〔（清）阮元校刻《十三经注疏》，第 131 页〕《史记》卷一《五帝本纪》："舜曰：'谁能驯予上下草木鸟兽？'皆曰益可。于是以益为朕虞。"裴骃《集解》："马融曰：'上谓原，下谓隰。'"（第 39 页）《史记》卷五《秦本纪》则只说"调驯鸟兽"。

秦早期经济形式中也曾经具有相当重要的地位。"大梓牛神"传说所谓"伐树，断，中有一青牛出"的情节，似乎暗示已经进入农耕经济阶段的秦人，在其文化的深层结构中，对于以往所熟悉的林业、牧业和田猎生活，依然保留着悠远的追念。[①]

古时行政地图和军用地图均重视生态环境条件的记录和显示。如《周礼·夏官·司险》："司险掌九州之图，以周知其山林川泽之阻，而达其道路。"郑玄注："'周'，犹遍也。'达''道路'者，山林之阻则开凿之，川泽之阻则桥梁之。"[②]《管子·地图》也说："凡兵主者，必先审知地图。轘辕之险、滥车之水、名山通谷、经川陵陆、丘阜之所在，苴草林木蒲苇之所茂，道里之远近，城郭之大小，名邑、废邑、困殖之地，必尽知之。地形之出入相错者，尽藏之。然后可以行军袭邑，举错知先后，不失地利。此地图之常也。"[③] 关于古地图学的经典论说，都强调了"山林"信息、"苴草林木蒲苇之所茂"等信息的载录，但是放马滩秦地图与一般的地图不同，其中突出显示"材"及其"大"、"中"、"小"以及是否"刊"等，因此可以理解为珍贵的林业史料。

放马滩秦地图说到"材"的文字，有：

木板地图三（M1.9）　杨谷材八里　多材木　大松材　松材十三里　松材刊

木板地图四（M1.12A）　去谷口可五里櫺材　谷口可八里大楠材

① 参看王子今《秦汉民间信仰体系中的"树神"和"木妖"》，黄留珠、魏全瑞主编《周秦汉唐文化研究》第 3 辑，三秦出版社，2004。

② （清）阮元校刻《十三经注疏》，第 844 页。

③ 黎翔凤撰，梁运华整理《管子校注》，第 529~530 页。

"杨""松""楠"，是人们熟悉的材木。"櫹"，应当也是一种树木。有说是楸木或梓木者。《说文·木部》："櫹，长木貌。"《集韵·屋韵》："櫹，木名。"《集韵·尤韵》："楸，木名。《说文》：'梓也。'或作櫹。"[①] 明杨慎《奇字韵》卷二："櫹，古楸字。"

说到可能和"材"之体量有关的"大""中""小"的文字，有：

木板地图三（M1.9） 大松材 大桯 大松

木板地图四（M1.12A） 谷口可八里大楠材

木板地图七（M1.21B） 大柴枞 大柴相铺溪 中杺

小杺[②]

关于"中杺"和"小杺"，"杺"可能是树种。《广韵·侵韵》："杺，木名。其心黄。""杺"字何双全释作"枨"。[③] 细察图版，也可能应读作"柞"。柞木现今分布于中国西部、中部和东南部，为常绿灌木或小乔木。生长较慢，木材坚硬。又各地均有生长的通称"青刚"的麻栎也称柞木，其木质坚重，材用范围很广。这种落叶乔木高可达25米。[④] 此类同名异质的树种，可能会形成"大""中""小"区别的情形。《说文·木部》："柞，柞木也。"段玉裁注："《诗》有单言'柞'者，如'维柞之枝''析其柞薪'是也。有'柞棫'连言者，如《皇矣》《旱麓》《绵》是也。陆机引《三苍》：'棫即柞也。'与许不合。假令许谓'棫'即'柞'，则二篆当联属之。且《诗》不当或单言'棫'，或单言'柞'，或'柞棫'并言也。郑《诗笺》云：'柞，栎也。'孙炎《尔雅注》：'栎实橡也。'《齐民要术》援《尔雅

---

① （宋）丁度等编《集韵》，第398、262页。

② 甘肃文物考古研究所编《天水放马滩秦简》，第108~109页。

③ 何双全：《天水放马滩秦墓出土地图初探》，《文物》1989年第2期。

④ 《辞海·生物分册》，第282、215~216页。

注》合'柞''栩''栎'为一。亦皆非许意。"① 虽名义区分尚不明朗，但是可以说明"柞木"是习见材用。

其他"桯""柴"②"樕"等，也不排除是树种的可能。

"桯"有可能可以读作"柽"。《说文·木部》："柽，河柳也。从木，圣声。"段玉裁注："《释木》《毛传》同。陆机云：'生水旁，皮正赤如绛，一名雨师。'罗愿云：'叶细如丝。天将雨，柽先起气迎之。故曰雨师。'按'柽'之言赪也。赤茎故曰'柽'。《广韵》释'杨'为'赤茎柳'。非也。"③ 木板地图三标示"大桯"处，也正在"水旁"。

《说文·木部》："柴，小木散材。从木，此声。""《月令》：'乃命四监，收秩薪柴，以供郊庙及百祀之薪燎。'注云：'大者可析谓之薪，小者合束谓之柴。薪施炊爨。柴以给燎。'按'燎'，柴祭天也。燔柴曰'柴'。《毛诗·车攻》假'柴'为'积'字。"④ 但是放马滩地图"大柴"的"柴"应不是"小木散材"。"柴"有可能是"枇"。《重修玉篇》卷一二："枇，疾赀切，无枇木。"⑤ "无枇"，可能即"无疵"。《尔雅·释木》："櫨无疵。"郭璞注："櫨，梗属，似豫章。"⑥ 然而细辨字形，释文作"柴"字者，似不从木，应是"浆"。其字义还有讨论的必要。

"樕"或即"枞"。《说文·木部》："枞，松叶柏身。从木，从声。"段玉裁注："见《释木》。郭引《尸子》曰：'松柏之鼠，不知堂密之有美枞。'按'堂密'，谓山如堂者。"⑦

---

① （汉）许慎撰，（清）段玉裁注《说文解字注》，第 243 页。
② "柴"何双全释作"祭"。《天水放马滩秦墓出土地图初探》，《文物》1989 年第 2 期。
③ （汉）许慎撰，（清）段玉裁注《说文解字注》，第 245 页。
④ （汉）许慎撰，（清）段玉裁注《说文解字注》，第 252 页。
⑤ （梁）顾野王撰，吕浩校点《大广益会玉篇》，中华书局，2019，第 407 页。
⑥ （清）阮元校刻《十三经注疏》，第 2636 页。
⑦ （汉）许慎撰，（清）段玉裁注《说文解字注》，第 247~248 页。

林产的水运

图中关隘用特殊形象符号表示，发掘者和研究者多称"闭"，共见8处。即木板地图二（M1.7、8、11B）2处，木板地图三（M1.9）5处，木板地图四（M1.12A）1处。由此也可以了解秦交通管理制度的严格。[①] 承甘肃省文物考古研究所张俊民研究员提示，肩水金关汉简有简文"张掖肩水塞闭门关啬夫粪土臣"（73EJT1：18），其中"'闭'、'关'二字的写法，虽有稍许差异，但仍可以看作是一个字"。又如"☐肩水都尉步安谓监领关☐"（73EJT3：110A），其中"关"字形"像'闭'字"，"按照文义可以做'关'字释读"[②]。这一意见可以赞同。

木板地图四（M1.12A）有一横贯直线，与曲折的河流不同，应是交通道路的示意。表现"关"的图形，如《天水放马滩墓葬发掘报告》所说，以"束腰形"图示表示，[③] 正显示扼守在交通道路上的控制性设置。

而另一种情形，木板地图二（M1.7、8、11B）2处与木板地图三（M1.9）5处的"关"[④]，则如雍际春所说，"以两个半月形点对称绘于河流两岸"[⑤]，均显示对河流航道的控制，应理解为水运木材的交通方式的体现。承陕西省考古研究院《考古与文物》编辑部张鹏程先生见告，榆林以北河道两侧发现的汉代建筑遗存，与放马滩秦

① 何双全：《天水放马滩秦墓出土地图初探》，《文物》1989年第2期；曹婉如：《有关天水放马滩秦墓出土地图的几个问题》，《文物》1989年第12期；王子今：《秦人经营的陇山通路》，《文博》1990年第5期。

② 张俊民：《肩水金关汉简〔壹〕释文补例》，《考古与文物》待刊；孔德众、张俊民：《汉简释读过程中存在的几类问题字》，《敦煌研究》2013年第6期。

③ 《天水放马滩秦简》，第120页。

④ 《天水放马滩墓葬发掘报告》以为"加圆点"表示者也是"关口"。（《天水放马滩秦简》，第150页）

⑤ 雍际春：《天水放马滩木板地图研究》，第96页。

地图表现的这种设置十分相近。秦人较早开发水运的情形值得注意。《战国策·赵策一》记载，赵豹警告赵王应避免与秦国对抗："秦以牛田，水通粮，其死士皆列之于上地，令严政行，不可与战。王自图之！"① 缪文远说，明人董说《七国考》卷二《秦食货》"牛田"条"'水通粮'原作'通水粮'，误"②。所谓"水通粮"，是形成"不可与战"之优越国力的重要因素。《说文·水部》："漕，水转谷也。"这种对于中国古代社会经济交流和政治控制意义重大的运输方式的启用，秦人曾经有重要的贡献。《石鼓文·霝雨》说到"舫舟"的使用，可见秦人很早就沿境内河流从事水上运输。《左传·僖公十三年》记述秦输粟于晋"自雍及绛相继"的所谓"汎舟之役"，杜预《集解》："从渭水运入河、汾。"③ 这是史籍所载规模空前的运输活动。中国历史上第一次大规模河运的记录，可能是由秦人创造的。《战国策·楚策一》记载张仪说楚王时，炫耀秦国的水上航运能力："秦西有巴蜀，方船积粟，起于汶山，循江而下，至郢三千余里。舫船载卒，一舫载五十人，与三月之粮，下水而浮，一日行三百余里；里数虽多，不费汗马之劳，不至十日而距扞关。"④ 如果这一记录可以看作说士的语言恐吓，则灵渠的遗存，又提供了秦人在统一战争期间开发水利工程以水力用于军运的确定的实例。据《华阳国志·蜀志》，李冰曾经开通多处水上航路，于所谓"触山胁溷崖，水脉漂疾，破害舟船"之处，"发卒凿平溷崖，通正水道"，"乃壅江作堋，穿郫江、检江，别支流双过郡下，以行舟船。岷山多梓、柏、大竹，颓随水流，坐致材木，功省用饶"⑤。岷山林业资源的开发，因李冰

---

① 何建章注释《战国策注释》，第 638 页。
② （明）董说原著，缪文远订补《七国考订补》上册，上海古籍出版社，1987，第 183 页。
③ 《春秋左传集解》，第 284 页。
④ 何建章注释《战国策注释》，第 514 页。
⑤ （晋）常璩撰，任乃强校注《华阳国志校补图注》，第 133 页。参看王子今《秦统一原因的技术层面考察》，《社会科学战线》2009 年第 9 期。

的经营，可以通过水运"坐致材木"。这可能是最早的比较明确的水运材木的记录。而放马滩秦地图透露的相关信息，更可以通过文物数据充实这一知识。

今天天水地方的河流水量，已经不具备开发水运的条件。放马滩秦墓地图提供的信息，对于我们认识当时的水资源状况因此也具有重要的意义。[①]

2.秦汉时期黄河流域的竹林

对于秦汉时期北方有明显影响生态形势和经济生活的竹林存在，是不容易否认的。然而有的研究者否认有天然生存的竹类的可能，将其性质确定为"呈散布状"的"经济栽培作物"，甚至断定黄河流域"本无天然竹子"。[②] 有的研究者则否认这一植被面貌可以具有"气候变迁指示意义"。[③]

由于这是分析秦汉时期生态环境时不可以忽略的问题，对于这些意见，仍有必要就历史资料的理解和学术规范的坚持，对若干认识予以澄清。

"山西"饶竹的经济意义

《史记·货殖列传》据说"诸方之风俗物产人情变态之悉具"[④]，

---

① 王子今、李斯：《放马滩秦地图林业交通史料研究》，《中国历史地理论丛》2013 年第 2 期，收入雍际春、字鹏旭编《天水放马滩木板地图研究论集》，中国社会科学出版社，2019；王子今：《公元前 3 世纪秦岭西段的生态环境——放马滩秦墓木板地图研究》，（台湾）《彰化师范大学文学院学报》2014 年第 9 期。

② 陈业新：《两汉时期气候状况的历史学再考察》，《历史研究》2002 年第 4 期，编入《灾害与两汉社会研究》，第 88、91 页。

③ 牟重行：《中国五千年气候变迁的再考证》，第 6 页。

④ （明）归有光：《归震川评点本史记》卷一二九，（清）姚范撰《援鹑堂笔记》卷一六《史部》，清道光姚莹刻本，第 212 页。

"将天时、地理、人事、物情，历历如指掌"①，其中"所写的地理"，强调"各地有各地的环境"②，尤其值得重视。司马迁在自称评价"天下物所鲜所多"的论说中写道：

> 夫山西饶材、竹、穀、纑、旄、玉石；……江南出楠、梓、姜、桂、金、锡、连、丹沙、犀、玳瑁、珠玑、齿革；……

我们读这段分析"山西"和"江南"之"物产""物事"其实也涉及其"环境"的文字，理解为"'竹'居于山西物产前列却不名于江南物产中，可见当时黄河流域饶产之竹，对于社会经济的意义甚至远远超过江南"③，难道有什么问题吗？

然而有的学者却提出了问题。论者指出，"两汉时期，竹子主要分布在江南地区"，在用了不少篇幅引录南方（其实并不限于"江南"）多竹的文献资料之后，又写道：

> 竹在江南地区的广饶分布，足以说明那种认为"'竹'居于山西物产前列却不名于江南物产中，可见当时黄河流域饶产之竹，对于社会经济的意义甚至远远超过江南"的认识是不成立的。④

人们自然会问，如果当时"江南"物产中"竹"对于社会经济的意义超过"山西"，为什么司马迁不在总结"天下物所鲜所多"时将

---

① （清）朱鹤龄：《愚庵小集》卷一三《读货殖传》，《景印文渊阁四库全书》第 1319 册，第 151 页。

② 潘吟阁：《史记货殖传新诠·编者弁言》，商务印书馆，1931，第 1 页。

③ 王子今：《秦汉时期气候变迁的历史学考察》，《历史研究》1995 年第 2 期。

④ 陈业新：《两汉时期气候状况的历史学再考察》，《历史研究》2002 年第 4 期，编入《灾害与两汉社会研究》，第 89 页。

"竹"置于"江南""物产"之先呢？至少应当列入"江南""物产"之中吧。根据否定"当时黄河流域饶产之竹"之"社会经济的意义"的学者的认识，大概应当将"竹"字从"山西"一句中删去，加在"江南"句下。可惜司马迁的文字，是不可以随意更改的。

谁都不会否认当时南方多竹，只是《货殖列传》是比较严肃的经济史论著，司马迁讨论的是经济史现象，在司马迁生活的年代，"江南"地区因开发程度有限，在以全国为范围的经济共同体中，地位远远没有后世重要。这本来是大略了解秦汉史者应当具有的常识。

正是因为如此，我们看到，司马迁在"江南"句下所列举的出产"楠、梓、姜、桂、金、锡、连、丹沙、犀、玳瑁、珠玑、齿革"，确实都是北方甚少或者绝无的。

还应当注意到，司马迁在列数"天下物"之"所多"时，对于四大经济区"物产"的总结，用语是有所不同的：

> 山西饶……
>
> 山东多……
>
> 江南出……
>
> 龙门、碣石北多……

司马迁自称这只是一种概略的分析，"此其大较也"①，然而"山西"称"饶"，"山东"及"龙门、碣石北"称"多"，而"江南"则只称"出"，语气的区别其实是明显的。

司马迁还说，这些物产"皆中国人民所喜好"，然而要真正进入社会经济生活，还有待于"商而通之"。在这里，我们不妨再重温司马迁在《史记·货殖列传》中对江南等地方经济地位的分析：

---

① 司马贞《索隐》："'大较'，犹大略也。"《史记》，第3254页。

江南卑湿，丈夫早夭。多竹木。豫章出黄金，长沙出连、锡，然堇堇物之所有，取之不足以更费。

对于所谓"取之不足以更费"，裴骃《集解》引应劭曰："堇，少也。更，偿也。言金少少耳，取之不足用，顾费用也。"

司马迁还写道：

楚越之地，地广人希，饭稻羹鱼，或火耕而水耨，果隋蠃蛤，不待贾而足，地埶饶食，无饥馑之患，以故呰窳偷生，无积聚而多贫。是故江淮以南，无冻饿之人，亦无千金之家。①

地虽"饶食"，仍无"积聚"。在这样的条件下，我们说，虽然"江南""多竹"，但是"对于社会经济的意义"远远不能和"当时黄河流域饶产之竹"相比，这样的认识，为什么"不成立"呢？

当然，认识的基点，在于对司马迁所谓"夫山西饶材、竹……"所指出的"山西"饶产"竹"的事实愿不愿意承认。

"江南"多有之"竹"之所以未能名列于"中国人民所喜好"之"物产"之中，是因为经济往来的原则是"以所多易所鲜"②，"以所多易其所少"③，而竹，在当时的黄河流域并非"所鲜""所少"。

北方竹林：经济作物？自然植被？

对于竹类的分布，有学者反复说，"两汉时期，竹子主要分布在江南地区，黄河中下游地区的竹子乃经济栽培作物，且呈散布状"，"江南之竹似为自然生，而黄河流域之竹则是作为经济栽培的产物"。

---

① 《史记·货殖列传》，第 3268、3269、3270 页。
② 《史记·货殖列传》，第 3262 页。
③ 《史记·货殖列传》司马贞《索隐》，第 3262 页。

"两汉时期自然状态下竹林的分布地区为江南地区，黄河流域竹子皆为经济栽培的产物。""由于可以用竹子与政府做交换从而获得好处，加之以两汉对书写材料——竹简——的需求量较大，从而刺激了本无天然竹子而又对竹子有较大需求的黄河流域的竹子的生产。"①

其实，黄河流域的竹在经济生活中因作用广泛而受到重视，主要并不在于什么"可以用竹子与政府做交换从而获得好处"，而"对书写材料——竹简——的需求量较大"，也并非特别重要的因素。《汉书·礼乐志》、《汉旧仪》以及《太平御览》卷一七三引《汉宫阙名》都说到甘泉宫"竹宫"。《水经注》卷一八《渭水》引诸葛亮《表》说到武功水"竹桥"。②秦咸阳宫遗址以及咸阳杨家湾汉墓墓室也都发现竹用于建筑结构。看来，竹在当时社会生活中的应用范围要宽广得多。③

一个重要的问题是，黄河流域的竹林果真如同有的学者所说，确实"皆为经济栽培的产物"吗？

回答应当是否定的。

《史记·货殖列传》写道："陆地牧马二百蹄，牛蹄角千，千足羊，泽中千足彘，水居千石鱼陂，山居千章之材。安邑千树枣；燕、秦千树栗；蜀、汉、江陵千树橘；淮北、常山已南，河济之间千树萩；陈、夏千亩漆；齐、鲁千亩桑麻；渭川千亩竹；及名国万家之城，带郭千亩亩钟之田，若千亩卮茜，千畦姜韭：此其人皆与千户侯等。"④在司马迁笔下与竹相并列的枣栗萩漆等等，不大可能都是非

① 陈业新：《两汉时期气候状况的历史学再考察》，《历史研究》2002年第4期，编入《灾害与两汉社会研究》，第88~89、92、91页。对于所谓"可以用竹子与政府做交换从而获得好处"，论者的依据是："身为将军的杨仆对国家在战争中对竹子用途和需求量体会较深，因此，他曾用输竹来赎罪。据《汉书·景武昭宣元成功臣表》载，杨仆于武帝元封四年'坐为将军击朝鲜畏懦，入竹二万个，赎完为城旦'。"原注："《史记·货殖列传》'索隐'误作'杨仆入竹三万个'。"
② （北魏）郦道元著，陈桥驿校证《水经注校证》，第439页。
③ 参看王子今《秦汉时期的关中竹林》，《农业考古》1983年第2期。
④ 《史记·货殖列传》，第3272页。

"自然生"。尤其是所谓"山居千章之材"，更可能是自然山林可以"坐而待收"的物产。

据《史记·司马相如列传》，司马相如奏赋描述宜春宫风景，有"览竹林之榛榛"辞句。推想宫苑禁区之内的"竹林"，恐怕并非"作为经济栽培的产物""经济栽培作物"。

至于马融《长笛赋》所谓"惟箧笼之奇生兮，于终南之阴崖"，则无疑野生。[1] 至于淇川之竹，更绝无"乃经济栽培作物"的可能。

《郭伋传》"竹马"故事

《后汉书·郭伋传》可见东汉初年并州牧郭伋的故事："始至行部，到西河美稷，有童儿数百，各骑竹马，道次迎拜。伋问：'儿曹何自远来？'对曰：'闻使君到，喜，故来奉迎。'伋辞谢之。及事讫，诸儿复送至郭外，问：'使君何日当还？'伋谓别驾从事，计日告之。行部既还，先期一日，伋为违信于诸儿，遂止于野亭，须期乃入。"[2] 西河美稷地在今内蒙古准格尔旗西北。《郭伋传》"竹马"故事，可以作为当时竹林生长区域广阔的证据。文焕然指出："美稷在今内蒙准格尔旗（N39.6°）西北，长城以北，当时能够产竹，今却不能生长。"[3]

有学者则认为："仅据《后汉书·郭伋传》中数百童儿骑竹马的记载来推断美稷产竹，如同以关中有竹而推论竹'居于山西物产前列却不名于江南物产中'一样，存在着论据不足的问题。"[4]

其实，所说"推论竹'居于山西物产前列却不名于江南物产中'"的根据，并不是什么"以关中有竹"，而是对司马迁论说的直

---

[1] 《长笛赋》又有句："近世双笛从羌起，羌人伐竹未及已。龙鸣水中不见己，截竹吹之声相似。"（梁）萧统编，（唐）李善注《文选》，第250、254页。

[2] 《后汉书·郭伋传》，第1093页。

[3] 文焕然：《二千多年来华北西部经济栽培竹林之北界》，中国地理学会历史地理专业委员会、《历史地理》编辑委员会编《历史地理》第11辑，第249页。

[4] 陈业新：《两汉时期气候状况的历史学再考察》，《历史研究》2002年第4期，编入《灾害与两汉社会研究》，第92页。

接解说，根本不需要另外的"论据"。

持不可以据《郭伋传》关于"竹马"的记载"来推断美稷产竹"的意见的学者还说："其一，竹马为竹制品而不是竹林资源，竹马的来源，或有三种可能，一则为利用当地竹林资源而编制，二则由他地输入的竹子而制成，三则竹马由外地制品输入；其二，文献中似无美稷有竹林的明确记载，考古亦无佐证。由此两点我们说，两汉时美稷是否真的有竹子存在，尚待进一步的考证。"① 期待"进一步的考证"，求得文献中"美稷有竹林的明确记载"以及考古的"佐证"，是值得赞赏的审慎的态度。不过，对于美稷是否可能存在竹林，我们看到的一种记载，似乎也可以从侧面提供某种佐证。

宋人沈括《梦溪笔谈》卷二一《异事》写道：

> 近岁延州永宁关大河岸崩，入地数十尺土下，得竹笋一林，凡数百茎，根干相连，悉化为石。适有中人过，亦取数茎去，云欲进呈。
>
> 延郡素无竹，此入在数十尺土下，不知其何代物，无乃旷古以前地卑气湿而宜竹邪？
>
> 婺州金华山有松石，又如核桃、芦根、蛇蟹之类，皆有成石者。然皆其地本有之物，不足深怪。此深地中所无，又非本土所有之物，特可异耳。②

古来动植物化石多有发现，然而"此深地中所无，又非本土所有之物"确实特别，尤其值得注意。沈括就竹林化石的集中发现，敏锐地联想到这一以当时人的知识"素无竹"的地区"旷古以前地卑气湿

---

①　陈业新：《两汉时期气候状况的历史学再考察》，《历史研究》2002 年第 4 期，编入《灾害与两汉社会研究》，第 92 页。

②　（宋）沈括：《梦溪笔谈》，上海古籍出版社，2015，第 144 页。

而宜竹"的可能。所谓"延州""延郡"即今陕西延安地区。永宁关，应在今陕西延川东北黄河岸边。据谭其骧主编《中国历史地图集》标定，金河东南路有"永宁关"，地在今山西石楼西黄河东岸。[①]而《陕西通志》卷九九《拾遗第二·琐碎》引录沈括所言竹林化石之"异事"，可知据清雍正年间陕西方志学专家们的历史地理知识，宋永宁关所在应在黄河西岸，这正与沈括所谓"延州""延郡"一致。

《梦溪笔谈》记录的宋代发现于"延州""延郡""不知其何代物"的竹林化石，应当不会是"经济栽培作物"吧。沈括尚且能够作出"无乃旷古以前地卑气湿而宜竹邪"的推想，我们今天的学者却只以当今"其地本有之物"束缚己见，以为其地"素无"即否定历史可能，不免令人遗憾。

文焕然据郭伋"竹马"故事得出这样的结论："历史上经济栽培竹林的分布北界有所南移，汉代以前其最北地区似在 N40° 左右的西河美稷（今内蒙准格尔旗西北），现今似在 N36.5° 的河北涉县以南。其变迁幅度之所以小于同时期一些热带、亚热带代表性动植物，主要是它含有人工栽培之因素。"[②] 今按：以为"竹马"来自"人工栽培"竹林的说法并无依据。结合《梦溪笔谈》有关竹林化石的记录，可以推知当地曾经有天然竹林。

"竹马"作为儿童游戏用具，其实通常只是一根象征"马"的竹竿。通用辞书一般都是这样解释的。如《辞源》：

【竹马】儿童游戏时当马骑的竹竿。《后汉书》三一《郭伋

---

① 谭其骧主编《中国历史地图集》第 6 册，中国地图出版社，1982，第 56 页。
② 文焕然：《二千多年来华北西部经济栽培竹林之北界》，中国地理学会历史地理专业委员会、《历史地理》编辑委员会编《历史地理》第 11 辑，第 257 页。

传》："始至行郡①，到西河美稷，有童儿数百，各骑竹马，道次迎拜。"《世说新语·方正》："（诸葛靓）与（晋）武帝有旧，……相见礼毕，酒酣，帝曰：'卿故复忆竹马之好不？'"后人常用儿童骑竹马迎郭伋事称颂地方官吏。唐白居易《长庆集》五五《赠楚州郭使君》诗："笑看儿童骑竹马，醉携宾客上仙舟。"《全唐诗》五四九赵嘏《淮信贺滕迈台州》："旌旆影前横竹马，咏歌声里乐樵童。"②

又《汉语大词典》：

　　【竹马】①儿童游戏时当马骑的竹竿。《后汉书·郭伋传》："始至行部，到西河美稷，有童儿数百，各骑竹马，道次迎拜。"后用为称颂地方官吏之典。唐许浑《送人之任邛州》诗："群童竹马交迎日，二老兰筋初见时。"宋苏轼《次前韵再送周正孺》："竹马迎细侯，大钱送刘宠。"清王端履《重论文斋笔录》卷五："先君集中有《依韵答卢石甫明府二律》，皆再任时倡和之作也，敬录如左：'迎来竹马又三年，爱景熏风话果然。'"②即薅马。南方农村耘稻时所用的一种农具。③

又《现代汉语词典》：

　　【竹马】①儿童放在胯下当马骑的竹竿。②一种民间歌舞用的道具，用竹片、纸、布扎成马形，可系在表演者身上。④

---

① 今按："行郡"，应是"行部"误排。
② 《辞源》第 1 版第 3 册，商务印书馆，1981，第 2345 页。
③ 《汉语大词典》第 8 册，汉语大词典出版社，1991，第 1095 页。
④ 《现代汉语词典》，商务印书馆，1996，第 1640 页。

看来，说到"竹马"，多以《后汉书·郭伋传》为第一书证，而共同的解释，是儿童"当马骑的竹竿"，而并非"竹马戏""竹马灯"等"民间歌舞用的道具"。[①] 这本来是一般生活常识。[②] 也就是说，"竹马"根本不是什么利用"竹林资源而编制"的"竹制品"，不存在"竹马由外地成品输入"的可能。如此简易的游戏用具，也没有"由他地输入的竹子而制成"的必要。

竹类的分布是否可以作为气候变迁的标志

竺可桢在《中国近五千年来气候变迁的初步研究》一文中在论述秦和西汉时期的"温和"气候时，说到"竹"的分布：

汉武帝刘彻时（公元前 140～87 年），司马迁作《史记》其中《货殖列传》描写当时经济作物的地理分布："蜀汉江陵千树橘；……陈夏千亩漆；齐鲁千亩桑麻；渭川千亩竹。"按橘、漆、竹皆为亚热带植物，当时繁殖的地方如橘之在江陵，桑之在齐鲁，竹之在渭川，漆之在陈夏，均已在这类植物现时分布限度的北界或超出北界。一阅今日我国植物分布图，便可知司马迁时亚热带植物的北界比现时推向北方。公元前 110 年，黄河在瓠子决口，为了封堵口子，斩伐了河南淇园的竹子编成容器以盛石子，来堵塞黄河的决口。可见那时河南淇园这一带

---

① 关传友《中华竹文化》在讨论"竹的民俗文化"时说到"竹马戏"。"马"为"竹篾编织"，"周围用绸布或彩纸糊褙成马的模样"（中国文联出版社，2000，第 423～424 页）。《汉语大词典》有"竹马灯"词条："一种民间歌舞形式。竹马一般用篾片扎成骨架，外面糊纸或布，分前后两截，系在舞者腰上如骑马状。"（汉语大词典出版社，1991，第 8 册，第 1095 页）

② 参看王子今《漫说"竹马"》，《历史大观园》1992 年第 10 期；王子今：《"竹马"源流考》，《比较民俗研究》第 8 号，筑波大学，1993 年 9 月；王子今、周苏平：《汉代儿童的游艺生活》，《中国史研究》1999 年第 3 期。

竹子是很繁茂的。①

　　"竹"在黄河流域的分布，被看作当时气候"温暖"的标志。此后学者论说秦汉气候形势，多有注意"竹"的分布所提供的气象史信息的。②

　　有学者对这一认识发表了不同意见，以为"该文凡涉及竹史料的温度推测，均没有气候变迁指示意义"。

　　论者对竺说提出驳议的主要方式，是提出后世在竺可桢所指出"司马迁时亚热带植物的北界"甚至更北的地方依然有竹类生存。论者写道："这并不意味着作者在暗示 5000 年来黄河流域没有出现过气候变化，而仅仅说明用竹类作为指示植物，难以得出该地区历史上气候尺度的冷暖变易结论，尽管在特殊寒冷的年份，黄河流域也有一些竹木冻害记录。"③

　　其实，与人类社会的历史演进同样，自然环境的历史变化也表现出值得重视的动态特征。怎么能够以后世黄河流域某地依然有竹类生存，就否定竹是"亚热带植物"，当时竹林之"繁茂""足证当时气候之和暖"的论点呢？

　　论者写道："《五千年气候》指出继西汉温暖期之后，'到东汉时代即公元之初，我国天气有趋于寒冷的趋势。'而有趣的是，也恰在公元初，有一位名叫寇恂的官员担承河内（今河南武陟）太守，派人到淇园去伐取大量竹子，做成箭矢百余万支，用来演兵备武。这表明东汉初期河南淇县依然存在茂盛竹林。此种情形即在东汉后期也似乎

---

　　①　竺可桢：《中国近五千年来气候变迁的初步研究》，《考古学报》1972 年第 1 期，收入《竺可桢文集》，第 480~481 页。今按：引文所述汉武帝在位时间有误，汉武帝在位年间，应为公元前 140~前 87 年。引文中"我国植物分布图"当出自侯学煜编《中国之植被·中国植被图》，人民教育出版社，1960，第 146~152 页。

　　②　如文焕然、文榕生《中国历史时期冬半年气候冷暖变迁》，第 20~23 页。

　　③　牟重行：《中国五千年气候变迁的再考证》，第 6~13 页。

无明显变化，因为据崔寔《四民月令》记述的以洛阳为中心的农事活动中，提到竹子栽培和采集利用。"① 首先应当说明，正如《四民月令》研究专家石声汉所指出的："崔寔是东汉中叶时人。他毕生最重要的事业，大致都在公元二世纪中叶（145～167）作出。"② 指《四民月令》的时代为"东汉后期"，是不准确的。③ 而"东汉初期河南淇县依然存在茂盛竹林"，并不与竺可桢"到东汉时代即公元之初，我国天气有趋于寒冷的趋势"的说法形成矛盾。竺可桢并没有说"天气有趋于寒冷的趋势"则竹林就会迅速消失。

对于竺可桢引用"《卫风》诗云：'瞻彼淇奥，绿竹猗猗'"，又引汉武帝伐淇园之竹以塞瓠子决口事，论者认为："实际上，用这两个例子来论证气候温暖亦无意义，因为就《五千年气候》一文给出的所有历史寒冷期中，均没有迹象表明淇县甚至黄河流域竹类有遭寒冷气候毁灭的史实。"④

但是，《水经注》卷九《清水》引郭缘生《述征记》说，"白鹿山东南二十五里有嵇公故居，以居时有遗竹焉"⑤。可知著名的"竹林七贤"曾经活动的"竹林"已经不复存在。《太平御览》卷一八〇引《述征记》："山阳县城东北二十里魏中散大夫嵇康园宅，今悉为田墟，而父老犹谓嵇公竹林地，以时有遗竹也。"⑥ 除了著名的嵇康竹林终于"悉为田墟"之外，《水经注》卷九《淇水》还写道：

---

① 牟重行：《中国五千年气候变迁的再考证》，第 8~9 页。
② 石声汉：《试论崔寔和四民月令》，石声汉校注《四民月令校注》，第 79 页。
③ 有的学者讨论同一问题，引用同一史料，写作"东汉中后期"，似乎显得稳妥一些。陈业新：《两汉时期气候状况的历史学再考察》，《历史研究》2002 年第 4 期，编入《灾害与两汉社会研究》，第 93 页。
④ 牟重行：《中国五千年气候变迁的再考证》，第 8 页。
⑤ （北魏）郦道元著，陈桥驿校证《水经注校证》，第 225 页。
⑥ （宋）李昉等撰《太平御览》，第 877 页，卷九六二引《述征记》，则写道："仙（山）阳县城东北二十里有中散大夫嵇康宅，今悉为田墟，而父老犹种竹木。"（第 4271 页）

　　《诗》云：瞻彼淇澳，菉竹猗猗。毛云：菉，王刍也；竹，编竹也。汉武帝塞决河，斩淇园之竹木以为用。寇恂为河内，伐竹淇川，治矢百余万，以输军资。今通望淇川，无复此物。①

　　最后一句"今通望淇川，无复此物"，《太平御览》卷六四引《水经注》作："今日之淇，无复此物。"② 郦道元所处的时代，正是竺可桢的论文《中国近五千年气候变迁的初步研究》给出的"历史寒冷期"。对于繁茂的淇园之竹，郦氏所谓"今通望淇川，无复此物"，"今日之淇，无复此物"，难道不可以理解为"表明淇县甚至黄河流域竹类有遭寒冷气候毁灭的史实"的一种迹象吗？③

　　有的学者对于郦道元所言淇川无竹的说法表示怀疑：

　　　　至于淇园之竹，《魏书·李平传》载："车驾将幸邺，（李——引者注）平上表谏：'……将欲讲武淇阳，……驰骋骊于绿竹之区'"。可见，北魏时淇园仍为"绿竹之区"。只不过可能由于战争制箭用竹和西汉治河用竹的过度采伐，以后的淇园之竹不曾如以前那样丰茂。郦道元《水经注·淇水》说："汉武帝塞决河，斩淇园之竹木以为用；寇恂为河内，伐竹淇川，治矢百余万以输军资"，以致"今通望淇川，无复此物"。郦道元所言北魏时淇川无竹是否为实我们暂且不论，但他道出了一个历史事实，即淇园竹子的衰微乃人为因素使然。④

---

　　① （北魏）郦道元著，陈桥驿校证《水经注校证》，第 236 页。
　　② （宋）李昉等撰《太平御览》，第 304 页。《景印文渊阁四库全书》，第 653 页。
　　③ 文焕然列举淇园竹林繁盛之史料，又写道："东晋战乱，竹官废置，北魏才得以恢复。北魏初期淇园尚存，然郦道元（446 或 472~527 年）撰《水经·淇水注》却称：'今通望淇川，无复此物（指竹林）'。"文焕然：《二千多年来华北西部经济栽培竹林之北界》，中国地理学会历史地理专业委员会、《历史地理》编辑委员会编《历史地理》第 11 辑，第 250 页。
　　④ 陈业新：《两汉时期气候状况的历史学再考察》，《历史研究》2002 年第 4 期，编入《灾害与两汉社会研究》，第 93 页。

论者引录《水经注》文的做法是我们不能同意的："郦道元《水经注·淇水》说：'汉武帝塞决河，斩淇园之竹木以为用；寇恂为河内，伐竹淇川，治矢百余万以输军资'，以致'今通望淇川，无复此物'。"论者平白添加"以致"二字，就将"淇园竹子的衰微乃人为因素使然"的观点强加给了郦道元。

读郦道元所言，实在看不出他怎样"道出了一个历史事实，即淇园竹子的衰微乃人为因素使然"。他只是"道出了"这样"一个历史事实"：淇川地方过去繁茂的竹林，今天已经看不到了。

《水经注》研究专家陈桥驿对于郦道元的表述，就是这样理解的。他在《〈水经注〉记载的植物地理》一文中指出：

> 《水经注》记载植被，不仅描述了北魏当代的植被分布，同时还描述了北魏以前的植被分布，因而其内容在研究历史时期的植被变迁方面有重要价值。

陈桥驿引录了《水经注》"卷九《淇水》经'淇水出河内隆虑县西大号山'注"，接着写道：

> 从上述记载可见，古代淇河流域竹类生长甚盛，直到后汉初期，这里的竹产量仍足以"治矢百万"。但到了北魏，这一带已经不见竹类。说明从后汉初期到北魏的这五百多年中，这个地区的植被变迁是很大的。[①]

---

① 陈桥驿还指出了另一可以说明植被变迁的实例："又卷二十二《渠》经'渠出荥阳北河，东南过中牟县之北'注云：'泽多麻黄草，故《述征记》曰：践县境便睹斯卉，穷则知逾界，今虽不能，然谅亦非谬，《诗》所谓东有圃草也。'从上述记载可见，直到《述征记》撰写的晋代，圃田泽地区还盛长麻黄草，但以后随着圃田泽的缩小和湮废，北魏时代，这一带已经没有这种植物了。这些都是历史时期植被变迁的可贵资料。"陈桥驿：《水经注研究》，第122~123页。

郦道元说"通望淇川，无复此物"，陈桥驿理解为"这一带已经不见竹类"，似乎并不是什么"淇园之竹"仅仅"不曾如以前那样丰茂"，在这里，也没有理由提出"郦道元所言北魏时淇川无竹是否为实"这样的问题，也不必强将"淇园竹子的衰微"归结为"由于战争制箭用竹和西汉治河用竹的过度采伐"。历史气候学者张丕远等也认为：

> 河南北部的淇园之竹在先秦时就有盛名，但在4、5世纪之交郦道元在淇水两岸旅行时，当地已经不见竹子，这可能是寒冷气候的影响。①

历史地理学者葛剑雄在讨论"气候的变化"时引用了这一说法。对于该论著，葛剑雄称之为对东汉末至南北朝这一阶段的"气候变迁"研究的"最新的成果"。②

有学者注意到"淇园成为国家竹园，当始于商朝。戴凯之《竹谱》云：'淇园，卫地，殷纣竹箭园也'"③。《史记·河渠书》"下淇园之竹以为楗"，裴骃《集解》："晋灼曰：'卫之苑也，多竹筱。'"《汉书·沟洫志》"下淇园之竹以为揵"，颜师古注："晋灼曰：'淇园，卫之苑也。'"《后汉书·章帝纪》及《寇恂传》李贤注引《汉书音义》也有同样的说法。④ 所谓"殷纣竹箭园"，所谓"卫之苑"，理解为"国家竹园"是适宜的。也就是说，在某种意义上，可以看作是王家的自然保护区。这里自然是不允许随意采伐的。从这一角度理解，也恰好反驳了论者自己提出的"黄河中下游地区的竹子

① 张丕远主编《中国历史气候变化》，第290页。
② 葛剑雄：《中国人口史》第1卷《导论、先秦至南北朝时期》，复旦大学出版社，2002，第558~559页。
③ 陈业新：《两汉时期气候状况的历史学再考察》，《历史研究》2002年第4期，编入《灾害与两汉社会研究》，第91页。
④ 《史记》，第1413页；《汉书》，第1682页；《后汉书》，第143、621~622页。

乃经济栽培作物”的说法。

在这里不妨顺便提一下，关于“绿竹猗猗”之诗义，有将“绿”与“竹”分解的说法，也有人曾经以为根本不是指“竹”。[①]宋人洪迈《容斋随笔》三笔卷一四写道：“熙宁初，右赞善大夫吴安度试舍人院，已入等，有司以安度所赋《绿竹》诗背王刍古说，而直以为竹，遂黜不取。”[②]洪迈将对“绿竹猗猗”的误解，指为“北人不见竹之语耳”[③]。宋代学者所指出的所谓“北人不见竹”的情形，也可以在一定程度上澄清以为黄河流域历代都多有竹类生存的误解。

题晋人戴凯之著《竹谱》写道：“植物之中，有名曰竹。不刚不柔，非草非木。小异空实，大同节目。或茂沙水，或挺岩陆。条畅纷敷，青翠森肃。质虽冬蒨，性忌殊寒。九河鲜育，五岭实繁。……”对于其中所谓“九河鲜育，五岭实繁”，有自注：“‘九河鲜育’，忌隆寒也。‘五岭实繁’，好殊温也。”[④] 这里已经分明指出了竹的生活习性对于气温的要求，我们为什么一定要否认这种植物的“气候变迁指示意义”呢？

顺便还可以指出，文渊阁《四库全书》本《竹谱》及《说郛》卷一○五录文，均作“九河鲜育”，[⑤]《全芳备祖集》后集卷一六则作

---

① 《资暇录》曰：“菉竹漪漪，陆玑《草木疏》称，郭璞云：‘菉竹，王刍也。’今呼为‘白脚莘’，或云即‘鹿蓐草’。又云：‘扁竹似小藜，赤茎，节高。’《韩诗》作薄，亦云薄扁竹。则知非笋竹矣。今辞赋引‘漪漪’入竹事，误也。谢庄《竹赞》云：‘瞻彼中唐，菉竹漪漪。’便袭其谬，所以昭明不预《文选》。”（清）吴景旭撰《历代诗话》卷一，《景印文渊阁四库全书》第1483册，第12页。

② （宋）洪迈撰，孔凡礼点校《容斋随笔》三笔卷一四“绿竹王刍”条，中华书局，2005，第592页。宋人程大昌《演繁露》也有类同的说法，（宋）程大昌撰，许逸民校证《演繁露校证》，中华书局，2018，第44页。

③ （宋）洪迈撰，孔凡礼点校《容斋随笔》卷六“绿竹青青”条，第77~78页。

④ 题晋戴凯之撰《竹谱》，《景印文渊阁四库全书》第845册，第173页。作者年代身份不详，《四库全书总目提要》定为“唐以前书”。

⑤ （明）陶宗仪编《说郛》，《景印文渊阁四库全书》第882册，第123页。

"九河鲜有"。① 从字面看,"九河鲜育",可以理解为作为"经济栽培作物"的竹,"九河鲜有",则似乎可以理解为自然生长的竹。

附论:

简牍资料与汉代河西地方竹类
生存可能性的探讨

河西地区汉代遗址多有竹质文物遗存以及记录这种遗存的简牍文字发现。分析相关现象,也可以增进对当时生态环境的认识。

河西汉简文字所见"竹"

额济纳汉简有一枚简可见涉及"竹"的简文。即:

(1) ☑第十七隧长朱齐　圭错一下竹折（99ES17SH1：32）②

简文内容尚不能完全明朗,但是"竹折"两字大致清晰。居延汉简中还可以看到出现"竹"的简文。如:

(2) 竹□一　币絑里一　布绔二　□□

　　　　　　　　　　　□□一　出□（53.25A）

(3) 制诏纳言其□官伐材木取竹箭　　始建国天凤□年二月戊寅下（95.5）

(4) 　　　　　　　　其二人养　二人涂泥　□人注泥

---

① （宋）陈景沂撰《全芳备祖集》后集卷一六,《景印文渊阁四库全书》第935册,第411页。

② 魏坚主编《额济纳汉简》,第127页。

省卒廿二人　　四人择韮　　一人注竹关

●二人□　　五人涂（269.4）

（5）其锡履□□□□粗服衣大红布衣缘中衣聂带竹籫素履及□十□（505.34）①

（2）"竹□一"与衣物并列，很可能也是（5）　"竹籫"一类。（3）说"伐材木取竹箭"事，可能是通行全国的政令，非特指河西地区，未可作为本文专题讨论的依据。（4）"省卒"劳作内容中有"注竹关"，而其意不详，但是仍然可以看作与"竹"有关的文化信息。又有较明确地体现竹材使用的简例：

（6）大竹一　　车荐竹长者六枚反苛三枚车荐短竹三十枚（E. P. T40：16）②

这里说到的"大竹"，值得特别注意。从简文看，竹材已经取用以为车辆部件。似乎这一"大竹"被剖解成"长""短"50件材料。

有的简文说到"竹札"：

（7）游君足下善□

　　及竹札磨□□（E. P. S4. T2：128A）

此简本身就是信札，另一面文字为："□□□□□往愿赐毋恙□﹄恙幸甚幸甚□"（E. P. S4. T2：128B）。③

---

① 谢桂华、李均明、朱国炤：《居延汉简释文合校》，第 94、162、452、606 页。
② 张德芳主编，杨眉著《居延新简集释（二）》，第 285 页。
③ 张德芳主编，张德芳著《居延新简集释（七）》，第 712 页。

河西的竹简

居延汉简中确有整理者特别注明"竹简"即竹质简材可以称作"竹札"者。如甲渠候官与第四隧出土的汉简 E. P. T50：1、E. P. T50：14、E. P. T50：155、E. P. T52：36、E. P. T52：87、E. P. T52：137、E. P. T52：331、E. P. T53：45、E. P. T53：225、E. P. T55：1、E. P. T56：112、E. P. T56：301、E. P. T57：64、E. P. T57：98、E. P. T57：106、E. P. T58：63、E. P. T58：70、E. P. T65：379、E. P. C：34、E. P. C：60 等。其中有些名籍简或许未可排除随中原戍卒携至河西的可能，如："河内荡阴轩里侯得"（竹简）（E. P. T57：106）、"戍卒河东绛邑世里王谊☑"（竹简）（E. P. T65：379）、"戍卒南阳武当县龙里张贺年卅长七尺二寸黑色"（竹简）（E. P. C：34）等。① 但是有些简文，如：

（8）张掖居延甲渠塞有秩候长公乘淳于湖中功二劳一岁四月十三日能书会计治官民颇知律令文年卅六岁长七尺五寸黐得☐☐里……（竹简）（E. P. T50：14）

（9）……里大夫苏谊以修行除为☐☐☐☐三日神爵三年三月甲辰以☐书佐为酒泉大守书佐一岁八月廿六日其十二月（竹简）（E. P. T50：155）

（10）●居延甲渠第四隧长公乘陈不识中劳二岁九月七日能书会计治官民颇知律令文年廿六岁☑（竹简）（E. P. T52：36）

（11）☑☐岁长七尺五寸居延昌里家去官八十里（竹简）

---

① 张德芳主编，马智全著《居延新简集释（四）》，第 500 页；张德芳主编，张德芳、韩华著《居延新简集释（六）》，第 314 页；张德芳主编，张德芳著《居延新简集释（七）》，第 654 页。

（E. P. T52：137）①

记录内容限于酒泉、张掖地方事，显然是在河西本地书写。

敦煌汉简简 1836，罗振玉、王国维《流沙坠简》列入"小学类"中，指出为"竹简"。②简 1841，整理者写道："《沙释》指出为两面，并为竹简。"简 1842，"沙畹指出为竹简"③。居延出土简牍据说"绝大多数是木质，只有极少数竹简"④，敦煌马圈湾汉代烽燧遗址出土简牍"绝大多数为木简"，"竹简极少，共 16 枚，约占全部出土简牍的 1.3%"⑤。敦煌悬泉置遗址出土的文物中，同样"简牍以木质为主，竹质很少"⑥。然而这些遗存虽然数量有限，依然值得研究者关注。

陈梦家研究武威汉简，注意到简册的书写材料问题。他指出，过去西北出土汉简，以松、柳两种质料为多，1944 年敦煌出土者曾经鉴定，"有竹简三件（敦十七之四、十五、十八）"，敦煌长城故垒出土者"亦有少数竹简（《流沙坠简》苍颉篇一简及医方十一简，马氏释文第三十二简）"。居延汉简也有"少数竹简如《甲编》第六七〇号（参夏鼐：《新获之敦煌汉简》附录及《考古》一九六〇年第一期四七页）"。"至于出土汉简，鉴定者以为不似习见之毛竹与慈竹而与短穗竹或苦竹极相近似。后两种竹子产于江浙，为小干或中等大小

---

① 张德芳主编，杨眉著《居延新简集释（二）》，第 489、514 页；张德芳主编，李迎春著《居延新简集释（三）》，第 604、638 页。

② 罗振玉、王国维编著《流沙坠简》，中华书局，1993，第 75 页。

③ 吴礽骧、李永良、马建华释校《敦煌汉简释文》，第 194 页。

④ 甘肃省文物考古研究所、甘肃省博物馆、中国文物研究所、中国社会科学院历史研究所编《居延新简——甲渠候官》上册，中华书局，1994，第 2 页。

⑤ 甘肃省文物考古研究所：《敦煌马圈湾汉代烽燧遗址发掘报告》，甘肃省文物考古研究所编《敦煌汉简》下册，第 67 页。

⑥ 何双全：《甘肃敦煌汉代悬泉置遗址发掘简报》，《文物》2000 年第 5 期。

之竹类，可作钓竿、伞柄之用。"① 现在看来，河西出土汉简"不似习见之毛竹与慈竹而与短穗竹或苦竹极相近似"的情形，很可能反映了取材亦"不似习见之"条件的事实。

居延出土竹质箭杆

居延曾经出土竹质箭杆。甘肃居延考古队 1973～1974 年的发掘，就有竹杆箭出土。其中一枚杆上阴刻"睢阳六年〔造〕"字样。② 应是来自内地。对于此前出土的被称作"芦苇箭杆"者，邢义田经认真考察，以为"应当可以证明这批箭杆应该都是竹质，而非芦苇"。据刻辞标识，"知道这些箭全是河内工官制造的"，其原材料，很可能取用"淇水之竹"。邢义田说："河内工官在造好了一批箭以后，可能在作坊内即依据当时工官的惯例，于其中一支之上刻写各级督造和制造者的名衔和名字，并加编号，当作这一批箭的制造标签。这批箭由河内的工官作坊，经大司农或其他单位统筹，运往居延边塞，刻字的标签箭也跟着到了居延。《汉书·食货志》谓武帝时置张掖、酒泉郡，'边兵不足，乃发武库工官兵器以澹之'。这批居延出土的刻字箭正可为《汉书·食货志》所说的情况作脚注。汉代边塞除了得到内郡工官的箭矢供应，是否也自行造箭，目前尚无证据可以回答。"③

邢义田引"边兵不足，乃发武库工官兵器以澹之"，其实已见于《史记·平准书》，原文作"边兵不足，乃发武库工官兵器以赡之"④，

---

① 甘肃省博物馆、中国科学院考古研究所编著《武威汉简》，文物出版社，1963，第55 页。

② 甘肃居延考古队：《居延汉代遗址的发掘和新出土的简册文物》，《文物》1978 年第1 期。

③ 邢义田：《居延出土的汉代刻辞箭杆》，简牍整理小组编《居延汉简补编》，（台北）中研院历史语言研究所专刊之九十九，1998。

④ 《史记·平准书》，第 1439 页。

《汉书·食货志下》沿承之。而所谓"不足"，所谓"赡之"，未必指地方完全没有制作兵器的能力，其上文交代了总体背景，司马迁写道："南越反，西羌侵边为桀。于是天子为山东不赡，赦天下囚，因南方楼船卒二十余万人击南越，数万人发三河以西骑击西羌，又数万人度河筑令居。初置张掖、酒泉郡，而上郡、朔方、西河、河西开田官，斥塞卒六十万人戍田之。中国繕道馈粮，远者三千，近者千余里，皆仰给大农。边兵不足，乃发武库工官兵器以赡之。"[1] 所谓"边兵不足"者，绝不仅仅在于"置张掖、酒泉郡"。其实如邢义田引录《汉书·匈奴传》中文字所说，正在张掖郡左近地方，有可以取材制作箭矢的天然资源：

> 汉遣中郎将夏侯藩、副校尉韩容使匈奴。时帝舅大司马票骑将军王根领尚书事，或说根曰："匈奴有斗入汉地，直张掖郡，生奇材木，箭竿就羽，如得之，于边甚饶，国家有广地之实，将军显功，垂于无穷。"根为上言其利。上直欲从单于求之，为有不得，伤命损威。根即但以上指晓藩，令从藩所说而求之。藩至匈奴，以语次说单于曰："窃见匈奴斗入汉地，直张掖郡。汉三都尉居塞上，士卒数百人寒苦，候望久劳。单于宜上书献此地，直断阙之，省两都尉士卒数百人，以复天子厚恩，其报必大。"单于曰："此天子诏语邪，将从使者所求也？"藩曰："诏指也，然藩亦为单于画善计耳。"单于曰："孝宣、孝元皇帝哀怜父呼韩邪单于，从长城以北匈奴有之。此温偶駼王所居地也，未晓其形状所生，请遣使问之。"藩、容归汉。后复使匈奴，至则求地。单于曰："父兄传五世，汉不求此地，至知独求，何也？已问温偶駼王，匈奴西边诸侯作穹庐及车，皆仰此山材木，且先父地，

---

[1] 《史记·平准书》，第1439页。

不敢失也。"藩还，迁为太原太守。单于遣使上书，以藩求地状闻。诏报单于曰："藩擅称诏从单于求地，法当死，更大赦二，今徙藩为济南太守，不令当匈奴。"①

这是汉王朝外交活动中一次失败的领土交涉记录。其地"生奇材木，箭竿就羽"，据匈奴单于所说，"匈奴西边诸侯作穹庐及车，皆仰此山材木"。沈钦韩《汉书疏证》卷三四写道：

> 《元和志》："雪山，在甘州张掖县南一百里，多材木箭竿。"又："甘峻山，在县东北四十五里，其山出青鹘鹰，称为奇绝。"②

《元和郡县图志》卷四〇《陇右道下·甘州张掖县》："雪山，在县南一百里，多材木箭竿。甘峻山，在县东北四十五里，出青鹘鹰，称为奇绝，常充贡献。居延海，在县东北一百六十里，即居延泽，古文以为流沙者。风吹流行，故曰流沙。"③ 可知"多材木箭竿"的"雪山"与居延地方的关系。

所谓"生奇材木，箭竿就羽"，有学者理解为"生产奇特的木材和鹫羽，能造箭杆"④。将造箭矢的原料限定于木材，其说本《汉书·匈奴传下》颜师古注："就，大雕也，黄头赤目，其羽可为箭。竿音工旱反。"邢义田亦认为："匈奴造箭所用之奇材，亦用以造穹庐及车，要之，其非竹甚确。"⑤ 然而"竿"字从竹，《说文·竹部》：

---

① 《汉书·匈奴传》，第 3810 页。

② 《汉书疏证（外二种）》第 2 册，上海古籍出版社，2006，第 176 页。

③ （唐）李吉甫撰，贺次君点校《元和郡县图志》下册，第 1022 页。

④ 林幹：《匈奴通史》，第 143 页。

⑤ 邢义田：《居延出土的汉代刻辞箭杆》，简牍整理小组编《居延汉简补编》，（台北）中研院历史语言研究所专刊之九十九，1998。

"竿，竹梃也。"而且我们目前似乎尚不能绝对地判定竹材不能够"用以造穹庐及车"。前引（6）就提供了使用竹材制作车具的实例。《元和郡县图志》：雪山"多材木箭竿"。清人张驹贤《考证》：洪亮吉引"竿"作"箹"。① 《嘉庆重修一统志》卷二六六《甘州府·山川》也写道："雪山，在张掖县南一百里，多林木箭箹。"② "箹"字的使用，似乎更接近于通常以为竹材的理解。"箹"，依汉代人使用之早期字义，是可以制作箭杆的小竹。《文选》卷四张衡《南都赋》："其竹则钟笼篁篾，筱箹筇棷。"李善注："箹，小竹也。"③

文焕然曾经写道："从竹类的自然分布，种类变化，生态环境，营养积累等综合分析，我们认为细竿或矮生竹是竹类为适应较恶劣环境长期演变而成的。如果以这类竹分布为主，似可表明该地区为竹类分布的边缘地区。"④ 这一意见，生态史研究者可以参考。

《后汉书·郭伋传》有生动的关于"竹马"的故事："始至行部，到西河美稷，有童儿数百，各骑竹马，道次迎拜。"⑤ 可知当地有竹。西河美稷在今内蒙古自治区准格尔旗，其纬度相当于今甘肃嘉峪关和玉门，即汉代酒泉郡及绥弥、会水地方。当时河西地区个别地域有竹类生存，推想是可能的。

关于"羌人伐竹"

《文选》卷一八马融《长笛赋》："近世双笛从羌起，羌人伐竹未

---

① （唐）李吉甫撰，贺次君点校《元和郡县图志》下册，第 1038 页。

② 《嘉庆重修一统志》第 16 册，第 13136 页。

③ （梁）萧统编，（唐）李善注《文选》，第 70 页。陈直《秦汉瓦当概述》说到"斡箸不瀌""永箸不□"瓦当："《汉书·百官表》，大司农属官有干官令，晋灼注为管竹箭干之官长，此瓦或为干官令官署中所用之物"，"瀌疑鬻字之异文，谓竹箭之材不能估鬻也"。《摹庐丛著七种》，第 352~353 页。

④ 文焕然：《二千多年来华北西部经济栽培竹林之北界》，中国地理学会历史地理专业委员会、《历史地理》编辑委员会编《历史地理》第 11 辑，第 250 页。

⑤ 《后汉书·郭伋传》，第 1093 页。

及已。龙鸣水中不见已，截竹吹之声相似。剡其上孔通洞之，裁已当树便易持。"李善注："《风俗通》曰：'笛元羌出，又有羌笛。然羌笛与笛，二器不同，长于古笛，有三孔，大小异，故谓之双笛。'"①所谓"笛从羌起""笛元羌出""羌人伐竹""截竹吹之"，都体现羌人活动地域有竹类生存的事实。

《后汉书·西羌传》记载了羌人暴动以竹作为兵器的情形：

> 先零别种滇零与钟羌诸种大为寇掠，断陇道。时羌归附既久，无复器甲，或持竹竿木枝以代戈矛，或负板案以为楯，或执铜镜以象兵，郡县畏懦不能制。②

这次起义的中心地域在陇西、天水地方。而先零羌的主要活动地点，距离河西地区相当近。"竹竿"可代"戈矛"，应当有足够的直径和强度，而绝非制作箭杆的"小竹"。至于产地不明的简（6）所见"大竹"，自然更为高大粗劲坚韧。

《后汉书·方术列传·甘始》李贤注引《汉武帝内传》曰："封君达，陇西人。初服黄连五十余年，入鸟举山，服水银百余年，还乡里，如二十者。常乘青牛，故号'青牛道士'。闻有病死者，识与不识，便以要间竹管中药与服，或下针，应手皆愈。"③封君达以"竹管"为医疗器械的故事，也反映陇西有竹。

河西出土竹制生活用器

在距陇西更向西北的河西地区的汉代遗址中，曾经出土竹制生活用器。

---

① （梁）萧统编，（唐）李善注《文选》，第 254 页。
② 《后汉书·西羌传》，第 2886 页。
③ 《后汉书·方术列传·甘始》，第 2750 页。

根据考古调查和考古发掘工作的记录，居延 A10 遗址，"四墙之内的堆积层中出土了许多木器和少量竹器"。A8 遗址，即破城子，出土了"许多木器、竹器"，"另外发现一枚较完整的竹管毛笔"。A22 遗址出土器物也首先是"木器、竹器"。A32 遗址也出土"木器、竹器"。A33 即地湾遗址出土器物也首列"木器、竹器"。① 敦煌马圈湾汉代烽燧遗址出土竹器 11 件，计有梭 1 件、尺 1 件、箸 4 枚、笄 2 件、篮底 1 件、柄套 1 件、箍圈 1 件。另出土"实心竹杆"毛笔 1 件。② 敦煌悬泉置遗址出土的文物中，列入"生活用品类"的，也"有竹木漆器"。③

有的竹质生活用器虽用途未详，④ 其质料对于生态环境认识的提示意义，也不宜轻视。

马圈湾出土竹笄 2 件，可以与（2）"竹□一"以及（5）"竹簪"联系起来理解。这种随身饰具以及如毛笔这样的为写家已经习惯的较特别的文具，竹尺这样的具有法定意义的量具，有可能由主人从中原地方携至河西。但是一些十分简易的制作十分方便的器具，如竹梭、竹箸、竹篮等等，如果说统统都是远途携来，则显然缺乏足够的说服力。

"竹简削衣"发现的意义

上文说到河西出土记录内容限于酒泉、张掖地方事的竹简如（8）（9）（10）（11）等，可知是在河西本地书写，然而尚不能判定简材是否来自遥远的内地。也就是说，不能排除在内地已经加工成书写材

---

① 中国社会科学院考古研究所编《居延汉简甲乙编》，中华书局，1980，第 200、304、308、313、314 页。

② 甘肃省文物考古研究所：《敦煌马圈湾汉代烽燧遗址发掘报告》，甘肃省文物考古研究所编《敦煌汉简》下册，第 59、63 页。

③ 何双全：《甘肃敦煌汉代悬泉置遗址发掘简报》，《文物》2000 年第 5 期。

④ 如甘肃武威旱滩坡 19 号晋墓出土木牍文字可见"故平郡清竹板一枚"，其义未详，但是依然可以作为晋代当地社会生活中仍使用竹器的实证。李均明、何双全编《散见简牍合辑》，第 27 页。

料，而于河西地方使用的可能。然而，据直接参与敦煌悬泉置汉代遗址发掘和出土简牍整理的甘肃省考古学者告知，该遗址出土竹简130枚以上，特别值得注意的，是数见简文书写于"竹简削衣"的情形。"削衣"即"柿"，是制作简牍削去的竹木片，也指削下错讹简文形成的竹木皮。《说文·木部》称为"削木朴"，段玉裁注："朴者，木皮也。"① 《颜氏家训·书证》："《后汉书·杨由传》云：'风吹削肺。'此是削札牍之柿耳。古者书误则削之，故《左传》云'削而投之'是也。"② 柿，又称柿札、札屑。③ "竹简削衣"用于书写，可以说明这些竹简应是当地制作加工。

这样看来，河西竹简的取材，应当距离使用地点并不很远，也不能排除就在当地的可能。

就目前我们掌握的资料看，对于竹类植物在汉代河西地区生存的可能性虽然还不能提出确证，但是可知至少在距离河西并不很远的地方，存在可以利用的竹林。尽管竹种可能如陈梦家所说，"不似习见之毛竹与慈竹"，却依然可以作为一种生态史信息，帮助我们理解汉代这一地区的环境形势。汉代河西地区的生态条件与现今多有不同的认识，④ 亦可以因此得以充实。

已经有考古学者强调，"今后的发掘要注意对古环境、古气候等多方面信息的采集"⑤。我们寄希望于今后的考古工作收获中"古环境、古气候等多方面信息"的发表。具备了这样的研究基础，将会使得对于汉代河西地区生态环境，对于秦汉时期的总体生存条件面貌的认识，都能够更为明朗。

---

① （汉）许慎撰，（清）段玉裁注《说文解字注》，第268页。

② （北齐）颜之推撰，王利器集解《颜氏家训集解》，第467页。

③ 参看林剑鸣编译《简牍概述》，陕西人民出版社，1984，第47页。

④ 参看王子今《汉代河西的"葵"——汉代植被史考察札记》，《甘肃社会科学》2004年第5期，倪根金主编《生物史与农史新探》，（台北）万人出版社有限公司，2005。

⑤ 李政：《关注里耶——湘西里耶秦简学术研讨会扫描》，《中国文物报》2002年8月9日。

3. 西汉"五陵原"的植被

"五陵"和"五陵原"，以往通常都是作为人文地理学的对象受到关注的。如果我们将其置于生态地理学的学术背景下进行相关考察，应当能够得到新的认识。

生态史关系到自然史以及人类和自然的关系史，是历史的一个重要方面。通过对西汉"五陵原"地区植被的初步考察，有益于增进对西汉史和"五陵原"区域史的全面认识。对于今天生态意识和生态政策的科学化，或许也可以提供有积极意义的启示。

"五陵"和"五陵原"

"五陵原"称谓，较早见于唐人诗句。如释皎然《和裴少府怀京兄弟》："宦游三楚外，家在五陵原。凉夜多归梦，秋风满故园。北书无远信，西候独伤魂。空念青门别，殷勤岐路言。"[1] 而"五陵"作为指代区域的地名，汉代已经十分响亮。《汉书·游侠传·原涉》："先是涉季父为茂陵秦氏所杀，涉居谷口半岁所，自劾去官，欲报仇。谷口豪桀为杀秦氏，亡命岁余，逢赦出。郡国诸豪及长安、五陵诸为气节者皆归慕之。涉遂倾身与相待，人无贤不肖阗门，在所闾里尽满客。"颜师古注："五陵，谓长陵、安陵、阳陵、茂陵、平陵也。班固《西都赋》曰：'南望杜、霸，北眺五陵。'是知霸陵、杜陵非此五陵之数也。而说者以为高祖以下至茂陵为五陵，失其本意。"[2] 说"五陵"非按世代计，即所谓"高祖以下至茂陵为五陵"，而是以地理方位得名，即指位于渭北的"长陵、安陵、阳陵、茂陵、平陵"。《后汉书·班固传》载其《西都赋》："若乃观其四郊，浮游近县，则南

---

① （唐）释皎然撰《杼山集》卷二，上海古籍出版社，1992，第19页。
② 《汉书·游侠传·原涉》，第3715页。

望杜、霸，北眺五陵，名都对郭，邑居相承，英俊之域，黻冕所兴，冠盖如云，七相五公。与乎州郡之豪桀，五都之货殖，三选七迁，充奉陵邑，盖以强干弱枝，隆上都而观万国。”李贤注：“浮游谓周流也。杜、霸谓杜陵、霸陵，在城南，故南望也。五陵谓长陵、安陵、阳陵、茂陵、平陵，在渭北，故北眺也。并徙人以置县邑，故云名都对郭。《苍颉篇》曰：‘黻，绶也。冕，冠也。’其所徙者皆豪右、富赀、吏二千石，故多英俊冠盖之人。如云，言多也。《诗》曰：‘出其东门，有女如云。’七相，谓丞相车千秋，长陵人，黄霸、王商，并杜陵人也，韦贤、平当、魏相、王嘉，并平陵人也。五公谓田蚡为太尉，长陵人，张安世为大司马，朱博为司空，并杜陵人，平晏为司徒，韦赏为大司马，并平陵人也。”①

西汉时期相当长的年代里，大概还没有出现“五陵”的说法，自然也没有“五陵原”地名。不过，在昭帝平陵邑形成以后，人们很可能已经通称长安“近郊”“近县”中的“渭北”地方为“五陵”了。因此，班固在《游侠传》和《西都赋》中都使用了这一地域代号。

唐人所谓“五陵原”，应当就是秦及西汉时所谓“咸阳北阪”，或说又称“渭城阪”。

《史记·秦始皇本纪》：“秦每破诸侯，写放其宫室，作之咸阳北阪上，南临渭，自雍门以东至泾、渭，殿屋复道周阁相属。所得诸侯美人钟鼓，以充入之。”②裴骃《集解》：“徐广曰：‘在长安西北，汉武时别名渭城。’”《资治通鉴》卷七“秦始皇帝二十六年”：“每破诸侯，写放其宫室，作之咸阳北阪上。”胡三省注：“程大昌《雍录》曰：‘咸阳北阪，汉武帝别名渭城阪，即九嵕诸山麓也。’”③《通志》

---

①　《后汉书·班固传》，第1338页。

②　《史记·秦始皇本纪》，第239页。《元和郡县图志》卷一《关内道一·京兆府上》："每破诸侯，仿其宫室，作之咸阳北阪上，以所得诸侯美人钟鼓充之。"（第12页）

③　《资治通鉴》，第237页。（清）毕沅撰，张沛校点《关中胜迹图志》卷二《名山·西安府》"毕原"条引《咸阳县志》："一名咸阳北阪，一名长平坂。"（第38页）

卷四《秦纪·始皇帝》"秦每破诸侯，写放其宫室，作之咸阳北阪上"注："在长安西北，汉武帝别名渭城。"① "咸阳北阪"又写作"咸阳北坂"。《晋书·舆服志》："写六王之廷于咸阳北坂。"②《三辅黄图》卷一《咸阳故城》亦作"咸阳北坂"。③ 《陕西通志》卷九《山川二·咸阳县》："（九嵕山）山有九峰峻耸，其南麓即咸阳北阪。（《县志》）"④

"咸阳北阪"，也就是人们通常所说的"咸阳原"。《陕西通志》卷九《山川二·咸阳县》："咸阳原，在渭水北，九嵕山南。（《雍大记》）西起武功，东尽高陵，其上文武成康周公太公及秦汉君臣陵墓多在焉。亦曰咸阳原，又谓之咸阳北阪。……（《县志》）"⑤

《石墨镌华》卷三《唐赠池州刺史冯公碑》："开元十一年五月卒，十一月壬申葬咸阳北原，建碑今在长陵西阙。"⑥ 可知唐代这里又有"咸阳北原"之称。唐人张九龄《贺昭陵征应状》说到"妖贼刘志诚四日从咸阳北原向南，见昭陵山上有黑云忽起"⑦。又白居易《哭微之》诗"文章卓荦生无敌，风骨英灵殁有神。哭送咸阳北原上，可能随例作灰尘"⑧ 也是同例。又唐人马戴有《经咸阳北原》诗："秦山曾共转，秦云自舒卷。古来争雄图，到此多不返。野狖穴

---

① （宋）郑樵撰《通志》，中华书局，1987，第62页。

② 《晋书·舆服志》，第752页。

③ 何清谷校注《三辅黄图校注》，第23页。《太平御览》卷八六引《史记》、《太平寰宇记》卷二六等同。又《长安志图》卷中："又有得瓦作'楚'字者，亦秦瓦也。秦作六国宫室于咸阳北坂上，意者必用其国号以别之与。"（元）李好文撰，辛德勇、郎洁点校《长安志图》，三秦出版社，2013，第55页。《雍录》卷一："孝公都咸阳，而始皇因之。初时所造宫室多在渭北，每破侯国，即写放其宫室作之咸阳北坂上，以所得美人钟鼓以充之。至《三辅黄图》则曰'秦每破诸侯，彻其宫室作之咸阳北坂上'。则恐无此理也。诸侯宫室绝有远者，如燕，如楚，地迂水逆，岂可以彻移使之入关也？若曰写放为之，则有理矣。如兼六国车乘，而大驾遂为八十乘。是其所得写放者也。故当以《史记》为正也。"（第17页）

④ 雍正《陕西通志》，《景印文渊阁四库全书》第551册，第512页。

⑤ 雍正《陕西通志》，《景印文渊阁四库全书》第551册，第475页。

⑥ （明）赵崡撰《石墨镌华》，《景印文渊阁四库全书》第683册，第482页。

⑦ （唐）张九龄撰，熊飞校注《张九龄集校注》，中华书局，2008，第797页。

⑧ （唐）白居易著，顾学颉校点《白居易集》，中华书局，1979，第622页。

孤坟，农人耕废苑。川长波又逝，日与岁俱晚。夜入咸阳中，悲吞不能饭。"①

"五陵原"历史上曾经有"咸阳北阪""咸阳北原""咸阳原"等名号，这一地区承载着异常丰厚的历史文化积累，既作为战国秦汉宫苑集中之地，据说又"文武成康周公太公及秦汉君臣陵墓多在焉"，因而其自然地理和人文地理的景况都显示出若干与其他地区不同的特征。这一地区植被状况的历史变化，其实也是值得我们注意的。

周秦"五陵原"植被

讨论西汉"五陵原"的植被，不能不注意先秦至于秦代的生态状况。

周人对关中地区的农耕开发，在关中地方史上留下了鲜明的印迹。

不过，犬戎部族对于关中腹心地带连续的侵扰，必然迫使农耕区和畜牧区的界线有所移动。如果从生态史的视角分析，所谓"西夷犬戎攻幽王，……遂杀幽王骊山下，虏褒姒，尽取周赂而去"，"平王立，东迁于雒邑，辟戎寇"②，或许也是相当重要的历史变化。

周平王东迁之后，关中地区原有的农耕成就显著废退。樊志民指出："关中西北的农牧交错地带，受生产类型之制约，只宜农牧兼营，维持相对较低的农牧负载水平。"③然而咸阳附近关中中部地方在特定的政治史和民族史的背景下，或许当时也表现出"只宜农牧兼营"的特征。

《史记·秦本纪》记载："（秦文公）十六年，文公以兵伐戎，戎败走。于是文公遂收周余民有之，地至岐，岐以东献之周。"④可知

①　《全唐诗》卷五五五，第6436页。
②　《史记·周本纪》，第149页。
③　樊志民：《秦农业历史研究》，三秦出版社，1997，第63页。
④　《史记·秦本纪》，第179页。

"周余民"当时在特殊的政治军事形势下，不得不依附于活动区域偏西的秦部族。而秦人向关中中部和东部的发展和扩张，是后来的事。"武公元年，伐彭戏氏，至于华山下。""十一年，初县杜、郑。"① 秦宣公四年（前672），"与晋战河阳，胜之"。"成公元年，梁伯、芮伯来朝。"② 秦的势力逐渐向东推进，然而能够对我们所讨论的"五陵原"地区实行有效的控制，应是在秦穆公时代"益国十二，开地千里，遂霸西戎"，"秦地东至河"③ 前后。

秦孝公变法，起用商鞅推行富国强兵之术，咸阳继雍城之后，成为新的政治中心。④ 这一历史变化，本身自有生态史的意义。

《史记·商君列传》记载，商鞅颁布的新法，有这样的内容："僇力本业，耕织致粟帛多者复其身。事末利及怠而贫者，举以为收孥。"⑤ 扩大农耕的规划，奖励农耕的法令，保护农耕的措施，使得秦国掀起了一个新的农业跃进的高潮。而这一历史变化的策划中心和指挥中心，就设在咸阳。"垦草"，是秦孝公和商鞅制定的新法的首要内容。以往人们大多重视和肯定这一举措对秦政治史和经济史的意义，对于其影响文化史及生态史的作用，似乎有所忽略。

以"垦草"作为新法的首要内容，体现了执政者大力发展农耕业的决心，其基本措施，是全面动员民众务农，严格约束非农业经营，

---

① 彭戏氏，张守节《正义》注"戏音许宜反，戎号也。盖同州彭衙故城是也"。华山，张守节《正义》注"即华岳之下也"。文中"初县杜、郑"，裴骃《集解》："《地理志》京兆有郑县、杜县也。"张守节《正义》："《括地志》云：'下杜故城在雍州长安县东南九里，古杜伯华州郑县也。《毛诗谱》云郑国者，周畿内之地。宣王封其弟于咸林之地，是为郑桓公。'按：秦得皆县之。"（《史记·秦本纪》，第182页）

② 张守节《正义》："《括地志》云：'同州韩城县南二十二里少梁故城，古少梁国。都城记云梁伯国，嬴姓之后，与秦同祖。秦穆公二十二年灭之。'"（《史记·秦本纪》，第184~185页）

③ 《史记·秦本纪》，第195、189页。

④ 或说秦献公曾经定都栎阳，此说不确。参看王子今《秦献公都栎阳说质疑》，《考古与文物》1982年第5期；《栎阳非秦都辨》，《考古与文物》1990年第3期；田亚岐、张文江：《秦雍城置都年限考辨》，《文博》2003年第1期。

⑤ 《史记·商君列传》，第2230页。

为农业生产的发展提供各种政策保证。有的学者指出，商鞅倡行垦草、徕民，是主要针对关中东部的政策。"关中东部作为秦新占领的地区之一，土地垦殖率相对低于关中西部，有'垦草'之余地；人口密度相对小于三晋诸邻，有'徕民'之空间。"① 从这一角度理解商鞅推行《垦草令》的意义，秦定都咸阳所体现的进取意识，可以给人更深刻的印象。② 《垦草令》之颁布所引发的经济进步和产业革命，同时使得秦文化的面貌出现明显的转折。秦终于摆脱牧业传统的限制而成为农耕大国。通过从牧人和牧农兼营者到真正的农人的身份转变，其文化风格稳重务实的特色愈益显著。经历"垦草"以来长期的农耕发展，方才可能积累和贡献《吕氏春秋》"上农"等四篇所体现的农学成就。就学术史的地位而言，秦人可以说已经形成了自己独有的优势。"垦草"以来"耕"与"战"的相互促进，迫使秦人注意相应的生态条件的改造以满足农耕迅速发展的需要。以行政力量组织的大规模改造自然因素的努力，最典型的史例是水利设施的建设。③ 同时，"垦草"导致的农耕热潮，使得秦地生态条件难免受到直接的负面的影响，原有自然植被逐渐破坏，原有的生态平衡难以维护。新法的推行，是以咸阳为中心的，当时的"咸阳北阪""咸阳北原"受到的影响可能是相当显著的。

不过，从秦汉宫苑在这一地区分布之密集等现象看，秦至于西汉时期，当地植被的原生形态在很大程度上仍然得以保留。

---

① 樊志民：《秦农业历史研究》，第 63 页。

② 参看王子今《秦定都咸阳的生态地理学与经济地理学分析》，《人文杂志》2003 年第 5 期；《秦都咸阳与秦文化研究》，陕西人民教育出版社，2003。

③ 如果从关注生态史研究的视角考察，我们还可以看到，与秦的扩张相应，上郡地方和巴蜀的占有，使秦的执政者开始试验生态环境背景显著不同的草原荒漠地区和南方稻米生产区的管理，而当时其他六国则根本没有条件进行这样的行政实践。这样的实践，可以看作统治大一统国家的一种必要的先期演习。参看王子今《商鞅〈垦草令〉的文化史意义和生态史意义》，第七届秦俑学学术研讨会论文，临潼，2004 年 7 月。

原始：西汉"五陵原"植被考察之一

秦咸阳宫建筑遗存中发现的"夹竹墙皮、席纹土块"，或说"夹竹草泥结构"① 等，可以作为反映当时这一地区自然植被的资料。

《三辅黄图》卷六《陵墓》："武帝茂陵，……本槐里县之茂乡，故曰茂陵。"② 我们从"槐里""茂乡"这样的地名，可以推知茂陵营建之前，当地的植被自有相当可观的情状。

《三辅黄图》卷六《陵墓》："安陵有果园鹿苑云。"何清谷《三辅黄图校注》孙星衍本注云："《太平寰宇记》引作'安陵有果园名鹿苑'。"《嘉庆长安县志》卷二《名山》："鹿苑原在高陵县西南三十里。《长安志》卷十七《高陵县》：东西长三十里，南北阔三里。《县志》：原自咸阳来，当泾渭二水之间。"安陵的鹿苑，似不同于高陵县的鹿苑原。③

《三辅黄图》卷六《陵墓》又写道："茂陵园有白鹤观。""白鹤观"或写作"鹤观"。④

"鹿苑"和"鹤观"的存在，说明这一地区具备这些鸟兽生存的自然条件。汉代豢养禽鸟的形式有"纵养"即不加笼羁等强制的行为约束，任其自由翔集的特征。⑤ 如果没有一定规模的水面和绿地等条件，是难以形成"鹤观"或"白鹤观"的。

秦汉时期，林木茂盛的帝王苑囿禁止一般臣民进入，客观上形成了一种特殊的自然保护区。班固《西都赋》说，长安禁苑"林麓薮

---

① 陕西省考古研究所编著《秦都咸阳考古报告》，第283、287页。
② 何清谷校注《三辅黄图校注》，第432页。
③ 何清谷校注《三辅黄图校注》，第351页。
④ 何清谷说："吴琯本、陈继儒本、毕沅本、孙星衍本均作'鹤观'，脱'白'字；元致和本、张宗祥本、陈直本作'白鹤观'，是。《汉书》卷九《元帝纪》云：初元三年四月'茂陵白鹤观灾'。"（第434页）
⑤ 参看王子今《汉代纵养禽鸟的风俗》，《博物》1984年第2期。

泽"，"茂树荫蔚"，宫殿区中亦"灵草冬荣，神木丛生"。张衡《西京赋》描述长安宫殿区"嘉木树庭"，"兰林披香"，而上林禁苑"林麓之饶，于何不有"，"枞栝棕楠，梓棫楩枫，嘉卉灌丛，蔚若邓林"[1]。渭北宫苑应当也有相类同的景观。《汉书·成帝纪》："大风拔甘泉畤中大木十韦以上。"[2] 说明渭北宫殿区内，当时曾经生存有十人以上合抱的巨木。可以推想，西汉咸阳北原上的原始植被，应当也有相当的规模。

西汉"五陵原"地区对原始生态的保存和保护，通过"鹿苑"和"鹤观"等现象的存在，可以得到局部的说明。

破坏：西汉"五陵原"植被考察之二

西汉 11 座帝陵，有 9 座分布在渭水北岸的咸阳五陵原上，另 2 座位于渭水以南。渭水以南白鹿原上的文帝霸陵和乐游原上的宣帝杜陵，位置比较明确。五陵原上西汉 9 陵的方位及排列顺序经考古工作者的勘察和研究，认识也逐渐统一。许多学者认为，渭北西汉帝陵自西向东的顺序是：武帝茂陵、昭帝平陵、成帝延陵、平帝康陵、元帝渭陵、哀帝义陵、惠帝安陵、高祖长陵、景帝阳陵。[3]

西汉王朝在帝陵附近设置陵邑的制度，使官僚豪富迁居于此，每个陵邑聚居 5000 户到 1 万多户，不仅以此保卫和供奉陵园，还形成了相对集中的文化中心。陵邑直属位列九卿的太常管辖。于是，从高祖长陵起，到昭帝平陵止，形成了若干个异常繁荣的、直辖中

---

① （梁）萧统编，（唐）李善注《文选》，第 27、43~44 页。
② 《汉书·成帝纪》，第 304 页。
③ 杜葆仁：《西汉诸陵位置考》，《考古与文物》1980 年第 1 期；刘庆柱、李毓芳：《西汉诸陵调查与研究》，文物编辑委员会编《文物资料丛刊》第 6 辑，文物出版社，1982；国家文物局主编《中国文物地图集·陕西分册》。最近又有学者对元成哀平四帝陵的位置提出了新见，参见王建新《西汉后四陵名位考察》，北京大学中国考古学研究中心、北京大学震旦古代文明研究中心编《古代文明》第 2 卷，文物出版社，2003；《关于西汉后四陵名位的几个问题》，咸阳帝陵文化高层论坛暨咸阳城市形象定位研讨会论文，咸阳，2004 年 8 月。

央的准都市。陵邑制度，在中国古代城市规划史和中国古代城市建设史上有重要的意义。陵邑的营造，体现出规划者以人文因素改变地理原貌的强烈意图。事实上，这一行政设置，导致了长安周围卫星城的形成。

西汉陵邑的设置，对关中特别是渭北地区植被的自然发育产生了明显的人为干扰。

据《汉书·地理志下》说，西汉前期的关中移民，大都围护于帝陵附近，"汉兴，立都长安，徙齐诸田，楚昭、屈、景及诸功臣家于长陵。后世世徙吏二千石、高訾富人及豪桀并兼之家于诸陵"①。虽然其出发点"非独为奉山园也"，而主要在于"强干弱支"，但是这种大规模移民，确实是和陵邑建设分不开的。

汉初关于因陵邑规划和建设组织移民的记载，始见于汉景帝时代。《史记·孝景本纪》："（五年）五月，募徙阳陵，予钱二十万。"又《汉书·景帝纪》："五年春正月，作阳陵邑。夏，募民徙阳陵，赐钱二十万。"②

汉武帝时，茂陵建设也实行类似的制度。《汉书·武帝纪》记载："建元三年春，赐徙茂陵者户钱二十万，田二顷。"徙民于陵邑的历史记录，又见于《汉书·武帝纪》："（太始元年春）徙郡国吏民豪桀于茂陵、云陵。"③"（始元三年）秋，募民徙云陵，赐钱田宅。"《汉书·昭帝纪》："（始元四年夏六月）徙三辅富人云陵，赐钱，户十万。"《汉书·宣帝纪》："本始元年春正月，募郡国吏民訾百万以上徙平陵。""（本始）二年春，以水衡钱为平陵，徙民起第宅。""元康元年春，以杜东原上为初陵，更名杜县为杜陵。徙丞相、将军、列

---

① 《汉书·地理志下》，第1642页。
② 《史记·孝景本纪》，第443页；《汉书·景帝纪》，第143页。
③ 颜师古注："此当言'云阳'，而转写者误为'陵'耳。茂陵帝自所起，而云阳甘泉所居，故总使徙豪桀也。钩弋赵倢伃死，葬云阳，至昭帝即位始尊为皇太后而起云陵。武帝时未有云陵。"（《汉书》，第205页）

侯、吏二千石、訾百万者杜陵。"《汉书·成帝纪》"（鸿嘉二年）夏，徙郡国豪杰訾五百万以上五千户于昌陵。赐丞相、御史、将军、列侯、公主、中二千石冢地、第宅。"①

于是我们看到，自秦始皇时代到西汉中期，相继有数十万户移民陆续入居这块"肥饶"的土地。②

汉武帝时所谓"募徙"，实行时其实有强制性的成分。《史记·游侠列传》中大侠河内轵人郭解的事迹可以为例："及徙豪富茂陵也，（郭）解家贫，不中訾，吏恐，不敢不徙。卫将军为言：'郭解家贫不中徙。'上曰：'布衣权至使将军为言，此其家不贫。'解家遂徙。诸公送者出千余万。轵人杨季主子为县掾，举徙解。解兄子断杨掾头。由此杨氏与郭氏为仇。"③ "诸公送者出千余万"，说明这种移民实际上会造成严重的经济损败。而郭氏与杨氏终于结成死仇，又说明被强制迁徙者有时会把这种移民形式看作一种蓄意的政治迫害。主父偃曾经对汉武帝说："茂陵初立，天下豪杰并兼之家，乱众之民，皆可徙茂陵，内实京师，外销奸猾，此所谓不诛而除害。"武帝"从其计"。④ 郭解是否"中訾"，是否"中徙"，其实都并不重要，当政者的目的，是将这样的"乱众之民"以迁徙的方式予以制服。这些移民的生活消费，可能因"不诛而除害"的动机而形成的压迫而受到抑

---

① 《汉书》，第158、205、221、239、242、253、317页。颜师古注："并于昌陵赐之。"本来自汉元帝时，渭陵已经不复徙民起邑。关于徙吏民昌陵，是由陈汤倡议。《汉书·陈汤传》说，陈汤出于"成大功""蒙重赏""赐田宅"的私欲，"上封事言：'初陵，京师之地，最为肥美，可立一县，天下民不徙诸陵三十岁余矣，关东富人益众，多规良田，役使贫民，可徙初陵，以强京师，衰弱诸侯，又使中家以下得均贫富。汤愿与妻子家属徙初陵，为天下先。'于是天子从其计，果起昌陵邑，后徙内郡国民"。《汉书·成帝纪》记载，汉成帝宣布废止昌陵工程的诏书称："其罢昌陵，及故陵勿徙吏民，令天下毋有动摇之心。"然而，据《汉书·辛庆忌传》"庆忌本狄道人，为将军，徙昌陵。昌陵罢，留长安"的记载，依然有移民留处关中。《汉书》，第3024、320、2998页。

② 据《史记·秦始皇本纪》，秦始皇曾"徙天下豪富于咸阳十二万户"，又曾"徙三万家丽邑，五万家云阳"。"十二万户"中当有多数居于"咸阳"附近。（第239、256页）

③ 《史记·游侠列传》，第3187~3188页。

④ 《史记·平津侯主父列传》，第2961页。

制，但是他们基本的生存需求，却依然会形成刺激当地农耕生产的因素。农田的扩张，必然使原有林区和湿地面积减少，而不可低估的居宅建造、棺椁制作、燃料消耗所导致的树木砍伐，无疑也会造成林地的急剧退缩，原有植被的大面积破坏。

再生：西汉"五陵原"植被考察之三

但是，受到在汉代社会占主导地位的生态意识的影响，西汉陵邑设置对原有植被的破坏，其实在一定程度上有所控制。此外，在讨论"五陵原"植被的原生样态和破坏过程之外，我们还注意到"五陵原"植被的再生形式。当时居民植树的热情，也以一种特殊的生产形式，抵消着农耕生产和日常消费生活对原有植被的侵害。

除了保护自然林以外，秦汉时期已经相当重视人工造林育林。

云梦睡虎地秦简《日书》中有关于"树木"即栽植林木的内容。汉代画像石、画像砖常常有表现宅第周围林木繁盛的画面，大多树种相同，排列规整，这固然有图像设计追求整齐有序的因素，但在一定程度上也是现实生活的反映。《三辅黄图》卷一记载，长安城中"树宜槐与榆，松柏茂盛焉"，城门亦皆"周以林木"。[1]《初学记》卷二八引枚乘《柳赋》"漠漠庭阶，白日迟迟，吁嗟细柳，流乱轻丝"[2]，是知当时民居庭院多植柳。《古诗十九首》有"郁郁园中柳""庭中有奇树"诗句，[3] 可知民间居住环境追求绿荫的风习。而所谓"白杨何萧萧，松柏夹广路"，也体现公共空间因植树得以改善的情形。秦汉国家行政权力者鼓励私家发展林木种植。秦始皇焚书时，独"医药卜筮种树之书""不去"[4]。《汉书·文帝纪》：十二年（前168）诏

---

① 何清谷校注《三辅黄图校注》，第79页。

② （唐）徐坚等著《初学记》，第691页。

③ （梁）萧统编，（唐）李善注《文选》，第409、411页。

④ 《史记·秦始皇本纪》，第255页。

曰："吾诏书数下，岁劝民种树……。"《汉书·景帝纪》：三年（前154）春正月，诏曰："其令郡国务劝农桑，益种树，可得衣食物。"这里所说的"种树"，指广义的栽植，也包括林木栽植。《汉书·晁错传》"种树畜长"，颜师古注："种树谓桑果之属。"王莽专政时，还曾经规定："城郭中宅不树艺者为不毛，出三夫之布。"颜师古注："树艺，谓种树果木及菜蔬。"①《三国志·魏书·仓慈传》裴松之注引《魏略》说，颜斐任京兆太守，"令属县整阡陌，树桑果"②，体现了对关中民间在发展农桑的同时又重视园艺的传统的继承。③"五陵"地方民间居地之植被因"树艺"劳作而得到改善，是可以推知的。④《三辅黄图》卷四《苑囿》说到的"梨园"，应是专心经营的果园："梨园，《云阳宫记》曰：'云阳车箱坂下有梨园一顷，树数百株，青翠繁密，望之若车盖。"陈直写道："《太平御览》卷一百九十七，引王褒《云阳宫记》曰：'车箱坂下有梨园一顷'云云，文字完全与此相同。"⑤ 据乾隆《淳化县志·山川志》洪亮吉按，"（车箱坂）《通志》并载入泾阳县，盖坂又界两县也"，或说"淳化县城汉代为梨园镇，有梨园一顷，有棠梨宫"⑥。车箱坂下梨园虽然不在严格意义上的"五陵原"上，而相关传说仍可看作反映"五陵原"边缘地方植被状况的信息。

《西京杂记》卷三："茂陵富人袁广汉，藏镪巨万，家僮八九百人，于北邙山下筑园。东西四里，南北五里。激流水注其内，构石为山，高十余丈，连延数里。养白鹦鹉、紫鸳鸯、牦牛、青兕，奇兽怪禽，委积其间。积沙为洲屿，激水为波潮。其中致江鸥海鹤，孕雏产

---

①　《汉书·文帝纪》，第 124 页；《汉书·景帝纪》，第 152~153 页；《汉书·晁错传》，第 2288 页；《汉书·食货志下》，第 1180~1181 页。

②　《三国志·魏书·仓慈传》，第 513 页。

③　参看程兆熊《中华园艺史》，（台北）台湾商务印书馆，1985，第 40~41 页。

④　参看王子今《秦汉时期的护林造林育林制度》，《农业考古》1996 年第 1 期。

⑤　陈直校证《三辅黄图校证》，第 92 页。

⑥　姚生民编著《甘泉宫志》，三秦出版社，2003，第 112 页。

觳，延蔓林池，奇树异草，靡不具植。屋皆徘徊连属，重阁修廊，行之移晷不能遍也。广汉后有罪诛，没入为官园，鸟兽草木皆移植上林苑中。"①"茂陵富人袁广汉"营造的园林，被看作"典型的私人山水园林"，"在中国园林史上的作用举足轻重"②。当时"五陵原"地区这种"奇树异草，靡不具植"的"官园"和"私园"，应当有一定的分布密度，从而为当地的绿化发挥了作用。

人工育林的显著的例证，是兰池专设苗圃植树事。《史记·孝景本纪》记载，汉景帝六年（前151），"后九月，伐驰道树殖兰池"。清代学者梁玉绳《史记志疑》说："此文曰'伐'，则不得言'殖'矣。"③ 其实这里所谓"伐"，只是指砍斫而已。"伐驰道树殖兰池"，应是指截取驰道旁行道树的枝梢，用扦插的方法在兰池宫栽植。④ 可见汉代宫苑中植树的形式。张衡《西京赋》中说到"编町成篁"，很可能是作为经济林的人工培育的竹林，"伐驰道树殖兰池"，是宫苑中人工育林的又一例。而兰池宫所在，正在咸阳原的东缘。⑤

汉成帝时任议郎，曾在关中地区督导农业的氾胜之，⑥ 在其农学名著《氾胜之书》中写道："种木无期，因地为时，三月榆荚雨时，高地强土可种木。"⑦ "五陵原"地方，正是典型的"高地强土"。⑧ 当时"五陵原"地方，应当有人工林在比较好的条件下得以发育。

墓上植树，是久有的风习。《太平御览》卷九五二引《孔丛子》：

---

① （晋）葛洪撰，周天游校注《西京杂记校注》，第137页。

② 周云庵：《陕西园林史》，三秦出版社，1997，第78页。

③ （清）梁玉绳撰《史记志疑》，第269页。

④ 参看王子今《"伐驰道树殖兰池"解》，《中国史研究》1988年第3期。

⑤ 王丕忠、李光军：《从长陵新出土的瓦当谈秦兰池宫地理位置等问题》，《人文杂志》1980年第1期。

⑥ 《晋书·食货志》："昔汉遣轻车使者氾胜之督三辅种麦，而关中遂穰。"（第791页）

⑦ 《艺文类聚》卷八八"榆"题下引《氾胜之书》，第1525页。

⑧ 参看王子今《说"高敞"：西汉帝陵选址的防水因素》，汉唐陵墓国际学术讨论会，西安，2003年11月。

"夫子墓方一里，诸弟子各以四方奇木来殖之。"[1] 传说中孔子弟子们搜求四方奇木的这种纪念形式，在汉代已经成为盛行一时的社会礼俗。《盐铁论·散不足》批评墓园"积土成山，列树成林"的风习。《艺文类聚》卷八八引谢承《后汉书》曰："方储幼丧父，事母，终日负土成坟，种奇树千株。"魏管辂过毌丘俭墓下，有"林木虽茂，无形可久"的感叹。有学者曾经指出，秦始皇陵可以看作我国最早的陵墓园林。[2]《艺文类聚》卷八八引《三辅黄图》说，汉文帝霸陵"稠种柏"。可知西汉帝陵尤重视植树。[3]《古诗十九首》"青青陵上柏"句，多有学者以陵墓理解"陵"字。

《长安志》引《关中记》云："守陵、溉树、扫除，凡五千人。"[4] 所谓"溉树"作为基本劳务形式列入陵区专职人员的主要职能，说明陵园植树有相当惊人的规模。如果遵循这一思路，推想"五陵原"上最显著的标志——西汉帝陵的景观，应当有郁郁苍苍的气象。

西汉帝陵，有可能有除北边以植榆方式形成的军事防卫工事"榆塞"之外，[5] 栽植最为密集，标志最为显著，养护最为精心的人工林。"青青陵上柏"，是中国古代人工植树事业的一项显著的成就。当然，这种改变自然环境的行为是借助政治权力实现的。我们今天可以约请林学、土壤学、考古学、文物保护学等学科的学者共同论证在帝陵现存封土上适当种植不致破坏夯土遗存的树种的可能，同时在"五陵原"上营造较大面积的常绿乔木的林带，创造一个绿色的"五陵原"，以恢复历史风貌，改善旅游环境，优化现今咸阳和西安居民的生活条件。

---

① （宋）李昉等撰《太平御览》，第 4227 页。

② 徐卫民、呼林贵编著《秦建筑文化》，陕西人民教育出版社，1994，第 161~162 页。

③ （唐）欧阳询撰，汪绍楹校《艺文类聚》，第 1507、1515 页。《艺文类聚》卷八八引谢承《后汉书》"陈留虞延为郡督邮，光武巡狩至外黄，问延园陵柏树株数，延悉晓之，由是见知"（第 1515 页），也可以看作同例。

④ （宋）宋敏求撰，辛德勇、郎洁点校《长安志》，第 432 页。

⑤ 参看王子今《榆塞和竹城》，《寻根》2003 年第 3 期。

绿色"五陵原"的意义

正如有的学者所指出的："在长安这个中心城的近郊呈辐射状地分布着诸陵邑和重点县，作为区域次中心城，一般郊县便作为领域内乡、亭经济的集中点，散布在相关的次中心外围。这个层次既是长安城市区域的基层组织，也是城市区域群与广大农村联系的桥梁。这三个层次所构成的以长安为中心的城市群，便是城市区域的组织主干。""五陵原"上的诸陵邑在长安区域人文地理结构中的作用，因此得到说明。论者还指出："渭河南岸尚有庞大的上林苑，形成长安城市区域的一个特区。此区对城市区域的生态平衡、景观组织，都具有重要作用。"① 在讨论中国古代城市规划时能够重视"生态平衡"的因素，显然体现出一种学术新识。不过，对于这一认识，仍不妨进行适当的补充。

其实，对于长安"城市区域的生态平衡、景观组织"发生"重要作用"的，除了"渭河南岸"的"上林苑"之外，还有渭北"五陵原"的绿色环境。

有学者在分析西汉长安诸苑时指出，甘泉苑是与西郊苑、上林苑隔渭水相望、"南北呼应"的"汉王朝最大的三个皇家园林胜区之一"②。《三辅黄图》卷四《苑囿》："甘泉苑，武帝置。缘山谷行，至云阳三百八十一里，西入扶风，凡周回五百四十里。苑中起宫殿台阁百余所，有仙人观、石阙观、封峦观、鳷鹊观。"又说："西郊苑，汉西郊有苑囿，林麓薮泽连亘，缭以周垣四百余里，离宫别馆三百余所。"何清谷指出："《文选》卷一《西都赋》云：'西郊则有上囿禁苑，林麓薮泽，陂池连乎蜀汉。缭以周墙，四百余里，离宫别馆，三十六所。'本文显然是在这几句话基础上加减而成的。

---

① 贺业矩：《中国古代城市规划史》，中国建筑工业出版社，1996，第318页。
② 周云庵：《陕西园林史》，第77页。

然而这里的'上囿禁苑'无疑指上林苑。"① 也就是说，所谓"西郊苑"是出于对文献的误解。事实上，应当说，甘泉苑与上林苑隔渭水相望，"南北呼应"，是汉王朝最大的两个"皇家园林胜区"之一。甘泉苑的范围超出了"五陵原"，但是也包括了"五陵原"相当大的区域。

林木的密集，可以涵养水分，除了直接减少水的流失之外，在一定程度上还有增加降雨的作用。② "五陵原"生态环境的状况，因此对于长安的居住条件体现出重要的意义。

对于西汉苑囿自然情状的维护，有人分析说："由于当时社会生产力的提高，城乡分工，使城市同大自然隔离开来，身居城市的封建统治者，对于烦扰喧闹的生活环境感到厌倦，自然地引起他们对山水、动植物等自然景物的追求，要求在苑囿中模仿自然，反映自然，以供享受寻乐。"③ 将苑囿浓绿基色的形成，归结为统治者的"享受寻乐"动机的作用，这样的分析，看来是过于简单化了。其实，要真实反映"五陵原"地方保持"自然"色彩的植被状况，应当更多地看到民间力量的作用，其原因和过程，原本也是"自然"的。当时人亲近"自然"的意识、信仰和礼俗，在相当宽广的层面影响着社会文化，也影响着地理面貌，影响着生态条件。

4. 东汉洛阳的"上林"

东汉洛阳附近有相当密集的苑囿，而以上林苑的规模和作用最为显著。以上林苑为代表的东汉洛阳的皇家苑囿的存在，成为东方都市洛阳最重要的风景之一。上林苑等苑囿的形成，可以体现当时人的自

---

① 何清谷校注《三辅黄图校注》，第230~231页。
② 王宏昌：《中国西部气候—生态演替：历史与展望》，第139~142页。
③ 刘策：《中国古代苑囿》，宁夏人民出版社，1979，第4页。

然观和生态观。我们讨论东汉洛阳地方的经济生活和文化历史时，也不应当忽略与此有关的生态环境的背景。

汉赋所见洛阳苑囿

班固《东都赋》说洛阳形势，涉及苑囿的设置："皇城之内，宫室光明，阙庭神丽。奢不可逾，俭不能侈。外则因原野以作苑，填流泉而为沼。发苹藻以潜鱼，丰圃草以毓兽。制同乎梁邹，谊合乎灵囿。"根据李善的解释，"顺流泉而为沼，不更穿之也"。"《毛诗》曰：'鱼在在藻。'苹，亦水草，故连言之。《说文》曰：'潜，藏也。'""《韩诗》曰：'东有圃草。'薛君曰：'圃，博也。有博大茂草也。''毓'与'育'，音义同。"所谓"梁邹""灵囿"，李善又有这样的解说："《毛诗传》曰：'古有梁邹。'梁邹者，天子之田也。""《毛诗》曰：'王在灵囿，麀鹿攸伏。'"①

张衡《东京赋》也有记述洛阳苑囿的文字。如："濯龙芳林，九谷八溪。芙蓉覆水，秋兰被涯。渚戏跃鱼，渊游龟蠵。永安离宫，修竹冬青。阴池幽流，玄泉洌清。鹴鹒秋栖，鹘鸼春鸣。鵙鸠丽黄，关关嘤嘤。"对于所谓"濯龙芳林，九谷八溪"，李善解释说："《洛阳图经》曰：濯龙，地名。故歌曰：濯龙望如海，河桥渡似雷。芳林，苑名。九谷八溪，养鱼池。"②

上林：田猎的场地

苑囿的直接作用之一，据说是用作军事演习的场地。

班固《东都赋》写道："若乃顺时节而蒐狩，简车徒以讲武。则

---

① （梁）萧统编，（唐）李善注《文选》，第32页。
② （梁）萧统编，（唐）李善注《文选》，第55页。

必临之以《王制》，考之以《风》《雅》。历《驺虞》，览《驷铁》。①
嘉《车攻》，采《吉日》。礼官整仪，乘舆乃出。于是发鲸鱼，铿华
钟。登玉辂，乘时龙。凤盖棽丽，和銮玲珑。天官景从，寝威盛容。
山灵护野，属御方神。雨师泛洒，风伯清尘。千乘雷起，万骑纷纭。
元戎竟野，戈铤彗云。羽旄扫霓，旌旗拂天。焱焱炎炎，扬光飞文。
吐焰生风，喝野歕山。日月为之夺明，丘陵为之摇震。遂集乎中囿，
陈师按屯。骈部曲，列校队。勒三军，誓将帅。然后举烽伐鼓，申令
三驱。轫车霆激，骁骑电骛。由基发射，范氏施御。弦不睼禽，辔不
诡遇。飞者未及翔，走者未及去。指顾倏忽，获车已实。乐不极盘，
杀不尽物。马踠余足，士怒未泄。先驱复路，属车案节。"李善对于
"蒐狩""讲武"有这样的解释："《左氏传》：臧僖伯曰：春蒐、夏
苗、秋狝、冬狩，皆于农隙以讲事也。又曰：大阅，简车马，讲武。"
对于"《王制》""《风》《雅》"句，李善解释说，"《礼记·王制》
曰：天子诸侯无事，则岁三田。田不以礼曰暴天物。《风》，《国风》，
《驺虞》《驷铁》是也。《雅》，《小雅》，《车攻》《吉日》是也"②。
《驺虞》《驷骥》《车攻》《吉日》等篇，都有对先王田狩诸事倍加赞
美的文字。"鲸鱼""华钟""玉辂""时龙"等句，炫耀帝王出行的
"盛容"。而所谓"千乘雷起，万骑纷纭"，"羽旄扫霓，旌旗拂天"，
"日月为之夺明，丘陵为之摇震"诸句，则形容田狩规模之宏大以及
战争情境之逼真。

张衡《东京赋》也有关于天子游猎的描述："文德既昭，武节是
宣。三农之隙，曜威中原。岁惟仲冬，大阅西园。虞人掌焉，先期戒
事。悉率百禽，鸠诸灵囿。兽之所同，是谓告备。乃御小戎，抚轻
轩，中畋四牡，既佶且闲。戈矛若林，牙旗缤纷。迄上林，结徒营。

---

① 《六臣注文选》"驷铁"作"四骥"，李善注作"驷骥"（第38页）。应即《诗·秦
风·驷骥》。

② （梁）萧统编，（唐）李善注《文选》，第32~33页。

次和树表，司铎授钲。坐作进退，节以军声。三令五申，示戮斩牲。陈师鞠旅，教达禁成。火列具举，武士星敷。鹅鹳鱼丽，箕张翼舒。轨尘掩迒，匪疾匪徐。驭不诡遇，射不剪毛。升献六禽，时膳四膏。马足未极，舆徒不劳。成礼三殴，解罘放麟。不穷乐以训俭，不殚物以昭仁。慕天乙之弛罟，因教祝以怀民，仪姬伯之渭阳，失熊罴而获人。泽浸昆虫，威振八寓。好乐无荒，允文允武。薄狩于敖，既瑓瑓焉。岐阳之蒐，又何足数。"①田猎规模之宏壮被由此渲染。与班固只讲"蒐狩""讲武"有所不同，张衡承认帝王这种以军事检阅为形式的活动，其实也有游乐的动机，于是有"好乐无荒"的说法。

有的学者正是根据有关东汉洛阳上林苑的记载，认为这一时期苑囿的特点之一，是"仍然还有游猎用的设施"。②

这种于苑囿中陈师讲武的形式，也见诸史籍。《后汉书·明帝纪》写道：汉明帝永平十五年（72），"冬，车骑校猎上林苑"。又《后汉书·安帝纪》记载：延光二年（123），"十一月甲辰，校猎上林苑"。又《后汉书·顺帝纪》也记载：汉顺帝永和四年（139），"冬十月戊午，校猎上林苑，历函谷关而还。十一月丙寅，幸广成苑"。汉桓帝也有校猎上林苑后行历函谷关的事迹，《后汉书·桓帝纪》：汉桓帝永兴二年（154），"冬十一月甲辰，校猎上林苑，遂至函谷关，赐所过道傍年九十以上钱，各有差"。延熹元年（158），"冬十月，校猎广成，遂幸上林苑"。延熹六年（163），"冬十月丙辰，校猎广成，遂幸函谷关、上林苑"。《后汉书·灵帝纪》又记载，汉灵帝光和五年（182）冬十月，"校猎上林苑，历函谷关，遂巡狩于广成苑。十二月，还"③。

苑囿校猎都在冬季，当是因为此时禽兽肥腯而草木萧条。《礼记·月令》：季春之月，"田猎罝罘、罗网、毕翳、餧兽之药，毋出九

---

① （梁）萧统编，（唐）李善注《文选》，第62~63页。
② 刘策：《中国古代苑囿》，第7页。
③ 《后汉书》，第119、237、269、300、304、312、347页。

门"。孟夏之月，"毋大田猎"。仲冬之月，"山林薮泽，有能取蔬食田猎禽兽者，野虞教道之。其有相侵夺者，罪之不赦"①。《吕氏春秋》中也有大致类同的文字。

猎季与草木生态

十一月"田猎禽兽"可能"有相侵夺者"，可知正是捕杀野兽最普遍的猎季。一般农家，亦可能如王褒《僮约》所说，"黏雀张乌，结网捕鱼，缴雁弹凫，登山射鹿"②。长沙走马楼简提供的资料可见入调麂皮、鹿皮多在十二月，正与此相符合。《周礼·天官冢宰·掌皮》说："掌皮，掌秋敛皮，冬敛革，春献之。"③皮革之敛，也在这一季节。

敦煌悬泉置遗址发现的墙壁墨书《使者和中所督察诏书四时月令五十条》中，也可以看到有关在适当时间保护野生动物的条文。通过其内容可以知道，行猎的季节以十月至十二月为主。这一情形，也与我们通过长沙走马楼简得到的有关信息大体一致。④

东汉洛阳苑囿"潜鱼""毓兽"的功能，说明这里不仅是一处天然植物园，也是一处天然动物园，在当时发挥了生态保护的作用。而鱼虫鸟兽的生息，又是以良好的植被状况为条件的。

上林与皇家休闲生活

《后汉书·邓训传》李贤注引《东观记》曰："训谦恕下士，无贵贱见之如旧，朋友子往来门内，视之如子，有过加鞭扑之教。太医皮巡从猎上林还，暮宿殿门下，寒疝病发。时训直事，闻巡声，起往

---

① （清）阮元校刻《十三经注疏》，第 1363、1365、1383 页。
② （清）严可均辑《全上古三代秦汉三国六朝文》，第 717 页。
③ （清）阮元校刻《十三经注疏》，第 684 页。
④ 王子今：《走马楼简的"入皮"记录》，北京吴简研讨班编《吴简研究》第 1 辑。

问之，巡曰：'冀得火以熨背。'训身至太官门为求火，不得，乃以口嘘其背，复呼同庐郎共更嘘，至朝遂愈也。"[1] 这里说到的"太医皮巡从猎上林"，反映了上林校猎的隆重。太医从猎，可能是为了随行保健。

《后汉书·皇后纪上·和熹邓皇后》说，这位皇后曾经倡起俭朴之风，"减大官、导官、尚方、内者服御珍膳靡丽难成之物，自非供陵庙，稻粱米不得导择，朝夕一肉饭而已。旧大官汤官经用岁且二万万，太后敕止，日杀省珍费，自是裁数千万。及郡国所贡，皆减其过半。悉斥卖上林鹰犬。其蜀、汉扣器九带佩刀，并不复调。止画工三十九种。又御府、尚方、织室锦绣、冰纨、绮縠、金银、珠玉、犀象、玳瑁、雕镂玩弄之物，皆绝不作"[2]。其中所谓"悉斥卖上林鹰犬"，也体现上林校猎曾经制度化的情形。

又如《后汉书·樊准传》记载，"永初之初，连年水旱灾异，郡国多被饥困"，御史中丞樊准上疏："臣闻《传》曰：'饥而不损兹曰太，厥灾水。'《春秋谷梁传》曰：'五谷不登，谓之大侵。大侵之礼，百官备而不制，群神祷而不祠。'由是言之，调和阴阳，实在俭节。朝廷虽劳心元元，事从省约，而在职之吏，尚未奉承。夫建化致理，由近及远，故《诗》曰'京师翼翼，四方是则'。今可先令太官、尚方、考功、上林池籞诸官，实减无事之物，五府调省中都官吏京师作者。如此，则化及四方，人劳省息。"[3] 上林池籞之官，多有"无事之物"，与"上林鹰犬"可以同"蜀、汉扣器九带佩刀""御府、尚方、织室锦绣、冰纨、绮縠、金银、珠玉、犀象、玳瑁、雕镂玩弄之物"等相并列，可知当时上林苑的性质，其实是主要用以满足皇家休闲消费生活的园林。《后汉书·爰延传》记载，

① 《后汉书·邓训传》，第 608 页。
② 《后汉书·皇后纪上·和熹邓皇后》，第 422 页。
③ 《后汉书·樊准传》，第 1127 页。

汉桓帝时，爰延任侍中，"帝游上林苑，从容问延曰：'朕何如主也?'对曰：'陛下为汉中主。'帝曰：'何以言之?'对曰：'尚书令陈蕃任事则化，中常侍黄门豫政则乱，是以知陛下可与为善，可与为非。'帝曰：'昔朱云廷折栏槛，今侍中面称朕违，敬闻阙矣'"①。汉桓帝于上林苑这种从容而游的形式，当然与"蒐狩""讲武"大不相同。

东汉上林的管理

东汉洛阳上林苑有较大的规模，其中植被及动物资源受到较好的保护，当与禁止平民入内的制度有关。《后汉书·章帝纪》记载，汉章帝建初元年（76），"秋七月辛亥，诏以上林池籞田赋与贫人"。李贤注："籞，禁苑也。""《前书音义》曰：'折竹以绳悬连之使人不得往来，谓之籞。'"《后汉书·樊准传》李贤注："籞者，于池苑中以竹绵联之为禁籞也。"《后汉书·和帝纪》也记载，汉和帝永元五年（93），"二月戊戌，诏有司省减内外厩及凉州诸苑马。自京师离宫果园上林、广成囿悉以假贫民，恣得采捕，不收其税"②。苑囿中的资源于是得以利用。《后汉书·张禹传》写道：

> 延平元年，迁为太傅，录尚书事。邓太后以殇帝初育，欲令重臣居禁内，乃诏禹舍宫中，给帷帐床褥，太官朝夕进食，五日一归府。每朝见，特赞，与三公绝席。禹上言："方谅暗密静之时，不宜依常有事于苑囿。其广成、上林空地，宜且以假贫民。"太后从之。③

---

① 《后汉书·爰延传》，第 1618 页。
② 《后汉书·章帝纪》，第 134 页；《后汉书·樊准传》，第 1128 页；《后汉书·和帝纪》，第 175 页。
③ 《后汉书·张禹传》，第 1498~1499 页。

《后汉书·安帝纪》又有这样的记载，汉安帝永初三年（109），"三月，京师大饥，民相食"。"癸巳，诏以鸿池假与贫民。""己巳，诏上林、广成苑可垦辟者，赋与贫民。"①

汉灵帝时，又曾经有扩张苑囿的动议。《后汉书·杨赐传》记载：

> 帝欲造毕圭灵琨苑，赐复上疏谏曰："窃闻使者并出，规度城南人田，欲以为苑。昔先王造圃，裁足以修三驱之礼，薪菜刍牧，皆悉往焉。先帝之制，左开鸿池，右作上林，不奢不约，以合礼中。今猥规郊城之地，以为苑囿，坏沃衍，废田园，驱居人，畜禽兽，殆非所谓'若保赤子'之义。今城外之苑已有五六，可以逞情意，顺四节也，宜惟夏禹卑宫，太宗露台之意，以尉下民之劳。"书奏，帝欲止，以问侍中任芝、中常侍乐松。松等曰："昔文王之圃百里，人以为小；齐宣五里，人以为大。今与百姓共之，无害于政也。"帝悦，遂令筑苑。②

对于所谓"左开鸿池，右作上林"，李贤解释说："鸿池在洛阳东，上林在西。"至于"今城外之苑已有五六"的说法，李贤注："阳嘉元年起西苑，延熹二年造显阳苑。洛阳宫殿名有平乐苑、上林苑。桓帝延熹元年置鸿德苑也。"

《后汉书·顺帝纪》：阳嘉元年（132），"是岁，起西苑，修饰宫殿"。《后汉书·桓帝纪》："延熹元年春三月己酉，初置鸿德苑令。"延熹二年（159），"秋七月，初置显阳苑，置丞"。又《后汉书·灵帝纪》：光和三年（180），"是岁，作毕圭灵昆苑"③。断句或作"作

---

① 《后汉书·安帝纪》，第212、213页。
② 《后汉书·杨赐传》，第1782~1783页。
③ 《后汉书·顺帝纪》，第262页；《后汉书·桓帝纪》，第303、304；《后汉书·灵帝纪》，第345页。

毕圭、灵昆苑"。李贤注："毕圭苑有二，东毕圭苑周一千五百步，中有鱼梁台。西毕圭苑周三千三百步。并在洛阳宣平门外也。"

现在看来，似乎在政治危局越明显的时代，最高统治者越热心造作苑囿。不过，从有关毕圭苑的记载看，这时新造苑囿的规模都是相当有限的。

从上林苑、广成苑、西苑、鸿德苑、显阳苑、毕圭灵昆苑、平乐苑的设置，可以看到东汉洛阳苑囿的密集。当时洛阳四围当有相当面积的"废田园""畜禽兽"的事实上的自然保护区。而上林苑可能是规模最大，同时也最受重视的苑囿。

据《后汉书·循吏列传》中对于帝王的称颂之辞，有"损上林池籞之官，废骋望弋猎之事"的文句，① 可知上林苑管理部门有完备而规范的机构设置。《续汉书·百官志三》"少府"条下写道：

> 上林苑令一人，六百石。本注曰：主苑中禽兽。颇有民居，皆主之。捕得其兽送太官。丞、尉各一人。
>
> ……
>
> 右属少府。本注曰：职属少府者，自太医、上林凡四官。自侍中至御史，皆以文属焉。承秦，凡山泽陂池之税，名曰禁钱，属少府。世祖改属司农，考工转属太仆，都水属郡国。孝武帝初置水衡都尉，秩比二千石，别主上林苑有离宫燕休之处，世祖省之，并其职于少府。每立秋㹠刘之日，辄暂置水衡都尉，事讫乃罢之。少府本六丞，省五。又省汤官、织室令，置丞。又省上林十池监，胞人长丞，宦者、昆台、佽飞三令，二十一丞。又省水衡属官令、长、丞、尉二十余人。章和以下，中官稍广，加尝药、太官、御者、钩盾、尚方、考工、别作监，皆六百石，宦者

---

① 《后汉书·循吏列传》，第2457页。

为之，转为兼副，或省，故录本官。①

在"上林苑令"句下，刘昭注补："《汉官》曰：'员吏五十八人。'案桓帝又置鸿德苑令。"《续汉书》"上林苑令一人"及"主苑中禽兽"，"苑"字又写作"菀"。《后汉书·桓帝纪》："延熹元年春三月己酉，初置鸿德苑令。"李贤注："《汉官仪》曰：'苑令一人，秩六百石。'"②

著名逸士梁鸿事迹中，可以看到涉及上林苑的内容。《后汉书·逸民列传·梁鸿》写道：

> 后受业太学，家贫而尚节介，博览无不通，而不为章句。学毕，乃牧豕于上林苑中。曾误遗火延及它舍，鸿乃寻访烧者，问所去失，悉以豕偿之。其主犹以为少。鸿曰："无它财，愿以身居作。"主人许之。因为执勤，不懈朝夕。邻家耆老见鸿非恒人，乃共责让主人，而称鸿长者。于是始敬异焉，悉还其豕。鸿不受而去，归乡里。③

梁鸿为扶风平陵人，然而"受业太学"，"学毕，乃牧豕于上林苑中"，其事又有"（主人）悉还其豕。鸿不受而去，归乡里"的情节。看来，这里所说的"上林苑"，有可能并非关中上林苑，而是洛阳上林苑。平民可以"牧豕于上林苑中"，看来"为禁籞"，"驱居人"的制度，可能也并不十分严格。《续汉书·百官志三》所谓苑中"颇有民居"，或许也反映了同样的情形。当然，我们也可以推想，这一情形或许又与推行"以上林池籞田赋与贫人"，"自京师

---

① 《续汉书·百官志三》，《后汉书》，第 3593、3600~3601 页。
② 《后汉书》，第 303 页。
③ 《后汉书·逸民列传·梁鸿》，第 2765~2766 页。

离宫果园上林、广成囿悉以假贫民，恣得采捕，不收其税"，"其广成、上林空地，宜且以假贫民"一类政策有关。不过，梁鸿东汉初人，他所生活的年代，现在看来并没有汉帝开放或部分开放苑囿之禁的记载。

洛阳苑囿的规模

《三国志·魏书·高柔传》写道："是时，杀禁地鹿者身死，财产没官，有能觉告者厚加赏赐。"[1]　于是，高柔上疏涉及生态环境问题。高柔的言论，体现出较早的关于生态平衡的认识，在动物学史上和生态学史上都有值得重视的意义。他说到"今禁地广轮且千余里"，很可能是包括洛阳附近的范围的。"今禁地广轮且千余里"，"至如荥阳左右，周数百里"，或许可以理解为在一定意义上继承了东汉苑囿的规模。然而荥阳在洛阳东，所在"禁地"，可能体现了东汉洛阳东方苑囿的遗制。

其实，"荥阳左右""禁地"的由来，甚至可以追溯到西汉时代。据《汉书·昭帝纪》，汉昭帝元凤三年（前78），"罢中牟苑赋贫民。"颜师古注："在荥阳。"[2]

宋人徐天麟撰《东汉会要》卷三八《方域下》"宫苑"条，列名7处苑囿，即：

> 上林苑。诸帝校猎于此。
>
> 西苑。顺帝阳嘉元年纪。
>
> 广成苑。顺帝阳嘉四年，幸广成苑。
>
> 鸿德苑。桓帝延熹元年，置鸿德苑令。

---

① 《三国志·魏书·高柔传》，第689页。
② 《汉书·昭帝纪》，第229页。

显阳苑。延熹二年造。

平乐苑。《洛阳宫殿名》有平乐苑。

罼圭灵昆苑。灵帝光和三年。①

此外，又列举数处洛阳园池，即西园（《灵帝纪》）、南园（《百官志》云在洛水南）、芳林园（《东京赋》）、濯龙园（《马后纪》）、直里园（《百官志》）、鸿池（桓帝开，在雒阳东二十里）、濯龙池（《东京赋》）。其中"濯龙园"与"濯龙池"，很可能是指一地。其实这些所谓"园""池"，与苑囿并没有实质的差别。《文选》卷三张衡《东京赋》中"芳林"，李善注就明确指"芳林"为"苑名"。所谓"西园"，当与上林苑有关。前引涉及帝王苑囿游猎的文字，班固《东都赋》说"集乎中囿，陈师按屯"，张衡《东京赋》说"岁惟仲冬，大阅西园"，李善注文明确指出："西园，上林苑也。"而所谓"西苑"和"西园"的关系，也有可能是同名异写。

5. 汉代西北边地的"茭"

汉代河西简牍资料中多见有关"茭"的文书遗存。

如简文所见有关"伐茭""积茭""运茭""载茭""守茭""取茭""出茭""入茭""始茭"② 等内容，又有专门簿记《省卒伐茭簿》（55.14）、《省卒茭日作簿》（E. P. T52：51）、《省卒伐茭积作簿》（E. P. T50：138），以及《出茭簿》（E. P. T52：19）、《茭出入簿》（E. P. T56：254）、《官茭出入簿》（4.10）、《余茭出入簿》（142.8）、《茭积别簿》（E. P. T5：9）、《卒始茭名籍》（E. P. T43：

---

① （宋）徐天麟撰《东汉会要》，中华书局，1955，第407页。

② 李天虹指出："始茭即治茭，可能指伐茭或积茭。"（《居延汉简簿籍分类研究》，科学出版社，2003，第134页）

25）、《买□茭钱直钱簿》（401.7B）等,① 可知"茭"在河西军事屯戍生活中有相当重要的意义。

就汉代河西文物遗存中有关"茭"的信息，对于认识当时当地的植被状况以及人与自然环境的关系，显然是有益的。

"茭"的实义

所谓"茭"，释者常举五义，除了可归于"菰"的蔬菜"茭白"与本文讨论内容距离甚远而外，尚有以下四解。

①有学者指出"茭"即饲草。《尚书·费誓》："鲁人三郊三遂，峙乃刍茭，无敢不多，汝则有大刑。"孔安国传："郊遂多积刍茭，供军牛马。"孔颖达疏引郑玄曰："茭，干刍也。"② 《说文·艸部》："茭，干刍。从艸，交声。一曰牛蕲草。"徐锴《系传》："刈取以用曰'刍'，故曰'生刍一束'。干之曰'茭'，故《尚书》曰'峙乃刍茭'。"③《史记·河渠书》："河东守番系言：'漕从山东西，岁百余万石，更砥柱之限，败亡甚多，而亦烦费。穿渠引汾溉皮氏、汾阴下，引河溉汾阴、蒲坂下，度可得五千顷。五千顷故尽河壖弃地，民茭牧其中耳，今溉田之，度可得谷二百万石以上。谷从渭上，与关中无异，而砥柱之东可无复漕。'天子以为然，发卒数万人作渠田。"对于所谓"民茭牧其中"，司马贞《索隐》的解释是："茭，干草也。谓人收茭及牧畜于中也。"④

②或释"茭"为草索。《墨子·辞过》："古之民未知为衣服时，衣皮带茭。"王念孙《读书杂志》七之一《墨子第一》："毕云：

---

① 谢桂华、李均明、朱国炤：《居延汉简释文合校》，第 97、5、234、552 页；甘肃省文物考古研究所等编《居延新简：甲渠候官与第四燧》，第 231、161、228、324、17、101 页。

② （清）阮元校刻《十三经注疏》，第 255 页。

③ （南唐）徐锴撰《说文解字系传》，中华书局，1987，第 21 页。

④ 《史记》，第 1410~1411 页。《汉书·沟洫志》颜师古注："茭，干草也。谓收茭草及牧畜产于其中。"（第 1680 页）

'《说文》云：茭，干刍。'念孙案：干刍非可带之物，毕说非也。《说文》：'筊，竹索也。'其草索则谓之'茭'。《尚贤》篇曰：'傅说被褐带索。'谓草索也。此言'带茭'犹彼言'带索'矣。今扬州府人谓之'草约（音要）子'。"① 其说亦有以为通"筊"，谓用竹筴、苇片编成的缆索的解释。《史记·河渠书》载汉武帝作歌："搴长茭兮沈美玉，河伯许兮薪不属。"裴骃《集解》引臣瓒曰："竹苇絙谓之茭。"②《风俗通义·祀典》"桃梗苇茭画虎"条写道："谨按：《黄帝书》：'上古之时，有荼与郁垒昆弟二人，性能执鬼，度朔山上立桃树下，简阅百鬼，无道理，妄为人祸害，荼与郁垒缚以苇索，执以食虎。'于是县官常以腊除夕，饰桃人，垂苇茭，画虎于门，皆追效于前事，冀以卫凶也。""苇茭，传曰：'萑苇有藂。'《吕氏春秋》：'汤始得伊尹，祓之于庙，薰以萑苇。'""故用苇者，欲人子孙蕃殖，不失其类，有如萑苇。茭者，交易，阴阳代兴也。"③

③或说"茭"是芦苇。张俊民指出："……河两岸及河道中一般又是极利水草生长的地方。沼泽、河道应该是其茭产量特别大的原因。又结合其他地方的情况，特别是汉代悬泉置遗址出土的大量遗物及现在环境分析，茭在悬泉置出的简牍文书亦曾大量发现，此地的茭就应该是芦苇。由之又可延推甲渠地区的茭也应是芦苇。"④

④也有人将"茭"归于农作物之中。如讨论汉代西北边地"农业生产力有很大发展"时，谈到"农作物品种齐全"，"仅汉简所见即有谷、

---

① （清）孙诒让著，孙以楷点校《墨子间诂》，第32页；（清）王念孙撰《读书杂志》，上海古籍出版社，2015，第1439页。

② 《史记》，第1413~1414页。

③ （汉）应劭撰，王利器校注《风俗通义校注》，第367~368页。

④ 张俊民：《汉代居延屯田小考——汉甲渠候官出土文书为中心》，《西北史地》1996年第3期。张俊民还指出："……而有芦苇等草类植物生长低下的地方，从事农耕则是相当困难的。在讨论屯田时，杂入对此处出土茭简文的认识，旨在说明当时在甲渠塞有一些不利农耕的因素。"

米、粟、茭、黍米、……菽、麦、糜、梁米等多达25种"①。

有关解2。有学者说，河南杞县一带近世还有一种俗名"茭草"的"高粱类的农作物"，"枣红的表皮，可以编席子。由这种作物制成的红篾子和白篾子编织在一起，可以组成各种图案"②。通过这种"茭草"的用途，或许可以理解释"茭"为草索、篾索的来历。"茭"或"筊"字之"交"，其字义或与编织有关。

学者提出解3的说法，似乎没有注意到在居延汉简中，与"伐茭"同样，又有"伐苇"简文。也有同一枚简中共见"茭""苇"的实例。③ 现在大致可以判定，"茭"和"苇"并非同一种植物。

解4将"茭"列于谷物之中，与粟、黍米、麦、菽等并列，其说甚误。

然而从河西汉简提供的资料看，所说"茭"，当是指饲草。于豪亮较早明确指出，"茭是牲口的粗饲料"，"茭是牲口的重要的饲料"。对于"伐茭"的记录，于豪亮写道："我们不妨作这样的推测：当时在边境上屯田和运输，饲养了大批牛马，牛马所需的饲料很多，常常需要抽调一些戍卒收割茭草，以作牛马饲料。"④ 永田英正以为"茭"也就是"秣"，即"牛马的食粮"⑤，薛英群以为"茭""就是干草，为马、牛、羊的主要饲料"⑥，李均明、刘军以为《茭出入簿》的"茭"即"茭草"⑦，李天虹以为"茭是喂养马牛的草料"⑧，有的学

---

① 沈颂金：《二十世纪简帛学研究》，学苑出版社，2003，第217页。
② 焦国标：《考证粟黍稷》，《学习时报》2000年12月11日。
③ 例如居延汉简 E. P. T56：107："卒一人省积茭 堠坞不涂第卅六隧长侯倨第卅六隧长侯倨三人见，见苇三百束。"张德芳主编，马智全著《居延新简集释（四）》，第406页。
④ 于豪亮：《居延汉简中的"省卒"》，《于豪亮学术文存》，中华书局，1985，第215页。
⑤ 〔日〕永田英正：《居延漢简的研究》，同朋社，1989，第181页。
⑥ 薛英群：《居延汉简通论》，第451页。
⑦ 李均明、刘军：《简牍文书学》，广西教育出版社，1999，第322页。
⑧ 李天虹：《居延汉简簿籍分类研究》，第135页。

者释"茭"为"牛马喜食"的"茭叶"①，或称之为"马饲料"②，或说"饲养牛马的饲料有精粗之分，精饲料主要是粟、麦、豆之类；粗饲料为刍茭，即干草"③。这些判断，无疑都是接近其正确指义的。

"茭"和"稿"

"茭"，其实接近于"稿"。

"茭""稿"皆宵部字，可以相通。古代文献所见与其字形接近而相通的字，有"高"与"郊"以及"蒿"与"郊"、"鄗"与"郊"等例。

"高"与"郊"。《礼记·月令》："以太牢祠于高禖。"《诗·大雅·生民》毛亨传"高禖"作"郊禖"。④《吕氏春秋·仲春纪》："以太牢祀于高禖。"高诱注："《周礼》：'媒氏以仲春之月合男女，于时也奔则不禁，因祭其神于郊，谓之郊禖。''郊'音与'高'相近，故或言'高禖'。"⑤

"蒿"与"郊"。《周礼·地官·载师》写道："以宅田土田贾田任近郊之地。"郑玄注："故书'郊'或为'蒿'。"又引杜子春云："'蒿'读为'郊'。"⑥

"鄗"与"郊"。《左传·文公三年》记载："取王官及郊。"《史记·秦本纪》记其事，"郊"写作"鄗"。⑦《战国策·魏策三》："若

---

① 罗庆康：《〈居延新简〉所记的西汉物价研究》，《安徽史学》1994 年第 2 期。
② 姜永德、余根亚：《从新居延汉简看我国古代会计报告的辉煌成就》，《北京商学院学报》1995 年第 1 期。
③ 杨剑虹：《汉代居延的商品经济》，《敦煌研究》1997 年第 4 期。
④ （清）阮元校刻《十三经注疏》，第 1361、528 页。
⑤ 许维遹撰，梁运华整理《吕氏春秋集释》，第 34 页。
⑥ （清）阮元校刻《十三经注疏》，第 724~725 页。
⑦ （清）阮元校刻《十三经注疏》，第 1840 页。《史记·秦本纪》："取王官及鄗。"裴骃《集解》引徐广曰："《左传》作'郊'。"张守节《正义》："'鄗'音'郊'。《左传》作'郊'。"（第 194~195 页）

道河内，倍邺、朝歌，绝漳、滏之水，而以与赵兵决胜于邯郸之郊，是受智伯之祸也，秦又不敢。伐楚，道涉而谷行三十里，而攻危隘之塞，所行者甚远，而所攻者甚难，秦又弗为也。若道河外，背大梁，而右上蔡、召陵，以与楚兵决于陈郊，秦又不敢也。"① 其中"邯郸之郊"和"陈郊"，马王堆汉墓出土帛书《战国纵横家书·朱己谓魏王章》写作"邯郸之鄗"和"陈鄗"。②

"茭"和"稿"，在字义上可能也以同样作为饲草而接近

看来，"茭""稿"相通是可能的。不过，史书又可见"茭""稿"并称之例。

《汉书·赵充国传》记载赵充国上屯田奏："臣所将吏士马牛食，月用粮谷十九万九千六百三十斛，盐千六百九十三斛，茭稿二十五万二百八十六石。"这里所谓"茭稿"或许可以理解为并列结构的词组。颜师古注："茭，干刍也。稿，禾秆也。石，百二十斤。"③ 如果按照颜师古的解释，以为"茭"指野生饲草，"稿"指农作物秸秆，这种理解，可能是接近事实的。

居延汉简可见所谓"草盛伐茭"（E. P. F52：173）语,④ 也体现"茭"原本就是"草"。

"茭"的计量和相关问题

赵充国言"茭稿"以"石"计。居延汉简关于"茭"的计量，单位有"束"，有"石"。

"茭"的出入，有"出茭八十束以食官牛"（217.13）以及"入

---

① （西汉）刘向集录《战国策》，上海古籍出版社，1985，第871页。
② 马王堆汉墓帛书整理小组《战国纵横家书》，文物出版社，1976，第59页。
③ 《汉书·赵充国传》，第2985页。
④ 甘肃省文物考古研究所等编《居延新简：甲渠候官与第四燧》，第509页。

茭百卅束"（219.31）等例。所举两例简号接近，或许有可能同属于一册《茭出入簿》或《官茭出入簿》（4.10）。①

"茭"以"石"计者，有"出茭三石"（285.11），"伐茭千石积吞远置"（E.P.T48：60A），"伐□茭千石积吞远"（E.P.T48：60B），"●右陷陈亭部一积茭千石"（E.P.T50：114），"第四积茭四百一石廿五斤"（E.P.T50：162），"一积茭八百九石"（E.P.T65：354），"●右鉼庭亭部茭八积五千五百卅六石二钧"（E.P.T65：382），"□□□□茭二石三钧十五斤"（18.19）等。②吴昌廉正确地指出，"此处所谓'石'，系指重量单位，而非容量单位"，这是因为"在'石'单位之下，尚有'钧'、'斤'等，而这些皆是重量单位"。

明代学者陆深《传疑录下》说："量起于黄钟之龠。十龠为合，以十乘之而为斛。后世斛容五斗，黍谷出入，两斛当一石。凡粮税入籍为石者，皆两斛也。此或便于转输，俗因用之。《汉书》粮谷称斛，盐亦称斛，茭藳称石。注曰：'石，百二十斤也。'斛、石，权量用同。"③居延汉简资料可证"茭藳称石"之说。

对于为什么或称"束"或称"石"，吴昌廉说："疑在刈取茭草至适当数量，即以草捆扎成'束'；待运回障隧，为便积贮，遂加处理，或变成干刍，故改以'石'为计算单位。"不过，吴昌廉又注意到居延"●高沙茭五千九百，河南茭二万一千八百一十束"（E.P.T59：349A）以及敦煌"四韦以上－廿束为一石"（1151）简例，④于是以为"此种推测亦有问题"，"至于如何解释比较安妥，犹待进一步研究"⑤。

---

① 谢桂华、李均明、朱国炤：《居延汉简释文合校》，第348、356、5页。

② 谢桂华、李均明、朱国炤：《居延汉简释文合校》，第480、29页；甘肃省文物考古研究所等编《居延新简：甲渠候官与第四燧》，第135、159、163、443、444页。

③ （明）陆深：《传疑录》，《丛书集成初编》第332册，商务印书馆，1936，第9页。

④ 甘肃省文物考古研究所等编《居延新简：甲渠候官与第四燧》，第382页；甘肃省文物考古研究所编《敦煌汉简》，第263页。

⑤ 吴昌廉：《茭——居延汉简摭考之二》，（台湾）《兴大历史学报》1992年第2期。

　　就现今乡村农作物秸秆运输储存的情形可知，从收获地运往储存地，通常捆扎成"束"，然而堆垛成"积"，则一般须拆去"束"。如此则从"积""出茭"，应当是散装形式。为了计量准确，自然应当以"石"计。陆深所谓"便于转输"，有一定道理。至于所谓"四韦以上-廿束为一石"情形，应是粗略估计数量的一种方式。而"高沙茭"和"河南茭"，或许不必理解为远道而来。

　　张家山汉简《二年律令》中的《田律》有征收刍稿的规定："入顷刍稿，顷入刍三石；上郡地恶，顷入二石；稿皆二石。令各入其岁所有，毋入陈，不从令者罚黄金四两。"① 睡虎地秦简《田律》也有关于农户缴纳刍稿的内容，整理小组译文写道："每顷田地应缴的刍稿，按照所受田地的数量缴纳，不论垦种与否，每顷缴纳刍三石、稿二石。刍从干叶和乱草够一束以上均收。缴纳刍稿时，可以运来称量。"② 可见刍稿的征收通常以"石"为单位，然而也有以"束"征收的情形。近世类似刍稿征收办法有陕甘宁边区 20 世纪 30 年代有关规定为例，征收单位是"斤"，计算"杂草折合谷草之折合率"时，甚至可能精确至于半斤。如"麦草、糜草一斤半折合谷草一斤"，"茅草、梭草（驴尾巴草）、冰草、昔杞草二斤半折合谷草一斤"③。这些情形，或许也可以作为我们认识汉代有关制度的参考。④

关于"茭长二尺，束大一韦"

　　敦煌汉简有简文反映了有关"茭"的更具体的信息。

---

① 张家山二四七号汉墓竹简整理小组：《张家山汉墓竹简〔二四七号墓〕》，文物出版社，2001，图版第 27 页，释文第 165 页。

② 睡虎地秦墓竹简整理小组编《睡虎地秦墓竹简》，文物出版社，1978，第 27~28 页；睡虎地秦墓竹简整理小组编《睡虎地秦墓竹简》，1990，图版第 15 页，释文第 21 页。

③ 甘肃省社会科学院历史研究所编《陕甘宁革命根据地史料选辑》第 2 辑，甘肃人民出版社，1983，第 287 页。

④ 参看王子今《说"上郡地恶"——张家山汉简〈二年律令〉研读札记》，周天游主编《陕西历史博物馆馆刊》第 10 辑，三秦出版社，2003。

我们看到有这样的简文："……为买茭，茭长二尺，束大一韦。马毋谷气，以故多物故。……"（164）又如："…谷气，以故多病物故。今茭又尽，校……。"（169）①

其中"茭长二尺"语，值得我们特别注意。

按照汉尺与现今尺度的比率，"二尺"相当于 46.2 厘米。② 我们可以根据这一信息推想"茭"究竟是何种饲草。

西北地区的天然牧草适合所谓"茭长二尺"这一尺度条件的，有诸多草种，如：芨芨草（Achnatherum splendens Ohwi），高 100~200 厘米，分布地域包括内蒙古自治区和甘肃西北部。性耐旱抗碱，也极耐寒，在沙壤土上易生长。冰草（Agropyron cristatum Gaertn），高 30~60 厘米，有时可高达 1 米，在内蒙古自治区又称为野麦子或大麦草，原产地包括甘肃。此外，又有垂穗冰草和青海冰草等。冰草，或许与《酉阳杂俎》卷一六《毛篇》"瓜州饲马以薲草"之"薲草"有关。③沙芦草（Agropyron mongolicum Keng），高 20~50 厘米，原产于我国北部沙漠以南边缘地带的风沙线上，是一极耐干旱和风寒的丛生草种。匍茎剪股颖（Agrostis stolonifera L.），高 20~80 厘米，我国北部和西北部都有分布。适合于半潮湿和潮湿地上生长。碱草（Aneurolepidium chinense Kitagava），高 40~80 厘米，广泛分布于我国北部，在内蒙古自治区平川草原及丘陵山坡，常见有小型的群落。野燕麦（Avena fatua L.），高 60~100 厘米，在西北甘肃等地有野生。白羊草（Bothriochloa ischaemum L.），高 30~100 厘米。在甘肃有分布。雀麦（Bromus japonicus Thunb），高 30~60 厘米，在甘肃有分布，本种抗寒性强，多密生，覆盖良好，可作早春收草和冬季干草用。大野麦（Elymus giganteus Vahl），高 100 厘米，适宜在沙地生长，在内蒙古自治区和甘肃等地都有分布。老芒麦（Elymus

---

① 张德芳：《敦煌马圈湾汉简集释》，甘肃文化出版社，2013，第 415 页，第 417 页。
② 参看丘光明《中国历代度量衡考》，第 55 页。
③ （唐）段成式撰，方南生点校《酉阳杂俎》，中华书局，1981，第 159 页。

sibiricus L.），高 30~90 厘米，也称西伯利亚藁草，耐寒力强，又耐生于沙质土壤，在内蒙古自治区、甘肃均有分布。[①]

有研究者指出，祁连山山地草原的可以以马牛为饲用对象的牲畜饲料植物，种数颇多，主要集中于豆科（40 种）、芝菜科（3 种）、禾本科（96 种）、莎草科（48 种）等。[②] 河西地区汉代的"茭"，也应当是其中一种或数种的称谓。现在看来，"茭"指茇茇草一类牧草的可能性比较大。

居延汉简所谓"茭""束大一韦"，应是指捆束的规格为一围。《庄子·人间世》："见栎社树，其大蔽数千牛，絜之百围。"《释文》引李颐云："径尺为围。"[③] 一说五寸为围，一抱也叫围。《汉书·成帝纪》："（建始元年）十二月，作长安南北郊，罢甘泉、汾阴祠。是日大风，拔甘泉畤中大木十韦以上。"颜师古注："'韦'与'围'同。"[④] 韦束之计，在汉代农业社会相当普及。以至《说文》释"弟"："弟，韦束之次弟也。从古字之象，凡弟之属皆从弟。"或说"古文'弟'从古文'韦'省"。[⑤]

关于"大司农茭"

于豪亮较早注意到"发省治大司农茭"的现象。对于"治大司农茭"，他的理解是"所伐的茭是为大司农所属的农都尉或田官所用"。[⑥]

吴昌廉也注意到"大司农茭"的问题。所举简例，有："却适隧

---

① 参看崔友文编著《中国北部和西北部重要饲料植物和毒害植物》，高等教育出版社，1959，第 24~83 页。

② 中国科学院青甘综合考察队编著《青甘地区资源植物及其评价》，科学出版社，1964，第 16 页。

③ （清）郭庆藩辑，王孝鱼整理《庄子集释》，中华书局，1961，第 170 页。

④ 《汉书·成帝纪》，第 304~305 页。

⑤ （汉）许慎撰，（清）段玉裁注《说文解字注》，第 236 页。

⑥ 于豪亮：《居延汉简中的"省卒"》，《于豪亮学术文存》，第 214~215 页。

卒周贤伐大司农郭东"（194.17），"卒二人省伐大司农荄"
（133.11），"发省治大司农荄"（61.3，194.12），"卒治大司农荄名"
（3.30），"……司农荄少"（55.7），"□司农荄"（E. P. T44：11A），
"往事载大农荄千束"（E. P. F22.381）等。他认为："汉代在西北边
塞障隧中之荄草，当有不少是属大司农所辖，故简文称以'大司农
荄'或'大农荄'，而且，举凡由内郡运往边塞者，似皆属所谓'大
司农荄'；另自当地刈取者，则至少有一部分是属于'大司农荄'，
可能有一部分则否。"

关于河西汉简中所见之"大司农荄"或"大农荄"，于说为"为
大司农所属的农都尉或田官所用"，吴说"属大司农所辖"，认识有
所不同，看来吴说近是。不过，吴说关于"由内郡运往边塞者"，似
乎只是推测。从河西地区戍卒"伐荄"的工作量看，对于当地"荄"
的资源可以有乐观的估计。因野生饲草的丰茂，似乎不必远道从"内
地"运输。

吴昌廉认为"关于荄之来源，除就地刈取之外，当有他地输往"
的根据，是这样的简文："●高沙荄五千九百，河南荄二万一千八百
一十束。●凡卌三两，候长到皆告令为卒卧席荐四重令可行。"
（E. P. T59：349A）① 其实，所谓"高沙荄"和"河南荄"，似乎不宜
理解为来自"内郡"。这枚简的另一面，即 E. P. T59：349B，书写了
有关"荄泉"即很可能是"荄钱"的记录，说明这条资料的内涵还
需要仔细考察。

还有一个问题值得思考，就是所谓"汉代在西北边塞障隧中之荄
草，当有不少是属大司农所辖"，"荄草"是以何种形式"属大司农
所辖"的呢？

似乎应当理解为"荄草"生长的土地，是"属大司农所辖"，也

---

① 吴昌廉：《荄——居延汉简摭考之二》，（台湾）《兴大历史学报》1992 年第 2 期。末
句吴昌廉引作"候长到皆告令为卒卧席者荐四重令可行"，衍一"者"字。

就是属"大司农所属的农都尉或田官"所辖。这些应当看作所有权归于国家的土地，既然"属大司农所辖"，应当有开垦的计划。而在未开垦之前，土地一切有价值的出产，自然也"属大司农所辖"。

居延汉简所见"大司农茭"或"大农茭"，向我们提示了一个重要的历史事实。这既是一个重要的军事史和经济史的事实，也是一个重要的生态史的事实。就是说，戍卒刈取饲草的这种归属关系，预告河西地区有数量可观的生长"茭草"的土地，在规划中即将辟为农田。

当然，也不能完全排除这种可能，即"大司农所属的农都尉或田官"在居延地区有经营牧草种植的情形。① 当然，就此问题进行论证，还需要新的资料。

对"除陈茭地"作业的理解

居延汉简中有这样的内容："……七月辛巳卒□二人，一人守茭，一人除陈茭地，……。"（E. P. T52：29）这里所谓"守茭"，应当是指割草之后在现场看管，以防盗失。而所谓"除陈茭地"，很可能是清理"伐茭"之后的"茭地"。

"除陈茭地"，究竟是为了耕种，还是有其他目的，我们目前尚不能十分明了。但是可以明确的是，"陈茭地"既已清理，有很大可能是不会再作为"茭地"了。也就是说，这里的原有植被状况被完全破坏了。

了解居延士兵有以"除陈茭地"为任务的劳作内容，对于我们认识当时河西地区自然植被状况因人为因素改变的情形，显然是有益的。联系上文对"大司农茭"的分析，我们可以理解当时河西地区的开发，是以原有自然生态环境的破坏为代价的。

---

① 《齐民要术》卷二《大豆》说到"种茭"，卷六《养牛马驴骡》说到"茭豆"，《养羊》则说到种植同样的作物而"刈作青茭"的形式。（北魏）贾思勰原著，缪启愉校释，缪桂龙参校《齐民要术校释》，第80、313页。

有关"除陈茭地"的简例，写明时在"七月"。这正是河西地方"伐茭"的季节。从现有资料看，"伐茭"及相应劳作多集中在六、七、八、九数月：

六月　E. P. T40：53　E. P. T50：138　E. P. T51：550
E. P. T52：51
七月　E. P. T40：6A　E. P. T51：211
八月　E. P. T43：25　E. P. T52：182　30. 19A
九月　505：24①

河西地区年降水量主要集中在 7~8 月份，这一时期土壤温度和湿度较高，牧草能够持续生长，植物干物质的积累也较高。② 汉代河西地方"伐茭"主要集中在这一时段，自有合理的出发点。

另有一例，治茭事在三月："甲渠官绥和二年三月省□部　卒治大司农茭名。"（3. 30）③ 在这一时节割取饲草，在古代文献中有所记录。如《农蚕经·种苜蓿条》也写道："四月结种后，芟以喂马，冬积干者，亦可喂牛驴。"④ 牧草被刈割或经放牧后重新恢复绿色株丛的能力称作牧草的再生性。第一次早期利用，在其他条件良好的情况下能加强再生。三月"治大司农茭"，或许有可能有以刈割的刺激作用促进休眠芽的生长的用意。⑤

居延汉简所见春夏之间至于夏季集中"伐茭"的情形，则与北魏学者贾思勰《齐民要术》卷六《养羊》中的如下记载相符合："羊一

---

① 甘肃省文物考古研究所等编《居延新简：甲渠候官与第四燧》，第 89、161、215、231、85、190、101、241 页；谢桂华、李均明、朱国炤：《居延汉简释文合校》，第 47、605 页。
② 参看刘迺发主编《甘肃敦煌自然保护区科学考察》，中国林业出版社，2001，第 146 页。
③ 谢桂华、李均明、朱国炤：《居延汉简释文合校》，第 4 页。
④ （清）蒲松龄著，路大荒整理《蒲松龄集》，中华书局，1988，第 771 页。
⑤ 参看北京农业大学主编《草地学》，农业出版社，1982，第 59~60 页。

千口者，三四月中，种大豆一顷杂谷，并草留之，不须锄治，八九月中，刈作青茭。"① 清代学者杨屾《豳风广义》卷三也写道："预种大豆或小黑豆杂谷，并草留之，……八九月间，带青色收取晒干，多积苜蓿亦好。或山中黄白萱，并一切路旁、河滩诸色杂草羊能食者，于春夏之间，草正嫩时收取，晒干，以备冬用。"② 防止腐烂，对于"积茭"至关重要。《齐民要术》卷二《大豆》关于"种茭"的内容中，特别强调"九月中"伐茭有益于防止腐烂："九月中，候近地叶有黄落者，速刈之。叶少不黄必浥郁。刈不速，逢风则叶落尽，遇雨则烂不成。"③ 居延汉简所谓"茭湿"（219.30），"茭腐败"（E. P. T52：173），敦煌汉简所谓"茭积三，其一秒"（1017B），④ 都应当是指饲草积储失败，"浥郁""烂不成"的情形。

《齐民要术》卷六《养羊》又可见"积茭之法"，也可以在我们理解河西汉简"积茭"形式时以为参考。⑤

苇・蒲・慈其

河西汉简除"伐茭"外，又有关于"伐苇"和"伐蒲"的内容。

如："十一月丁巳卒廿四人，其一人作长，三人养，一人病，二人积苇，有解除七人，定作十七人伐苇五百口，率人伐卅，与此五千

---

① （北魏）贾思勰原著，缪启愉校释，缪桂龙参校《齐民要术校释》，第313页。

② 参看杨诗兴《我国古代常用的家畜饲料及其调制法》，张仲葛、朱先煌主编《中国畜牧史料集》，第82~83页。

③ （北魏）贾思勰原著，缪启愉校释，缪桂龙参校《齐民要术校释》，第80页。

④ 谢桂华、李均明、朱国炤：《居延汉简释文合校》，第356页；甘肃省文物考古研究所等编《居延新简：甲渠候官与第四燧》，第240页；张德芳主编，张德芳《敦煌马圈湾汉简集释》，第631页。

⑤ 《齐民要术》卷六《养羊》："积茭之法：于高燥之处，树桑、棘木作两圆栅，各五六步许。积茭著栅中，高一丈亦无嫌。任羊绕栅抽食，竟日通夜，口常不住。终冬过春，无不肥充。若不作栅，假有千车茭，掷与十口羊，亦不得饱：群羊践蹑而已，不得一茎入口。"（北魏）贾思勰原著，缪启愉校释，缪桂龙参校《齐民要术校释》，第313页。饲马牛自然不会任其"绕栅抽食"，而"积茭""于高燥之处"，其垛顶取"圆"形以防雨的方式，可能是相近的。

五百廿束。"（133. 21）①

又有涉及"伐蒲"的简例："廿三日戊申卒三人，伐蒲廿四束大二韦，率人伐八束，与此三百五十一束。"（161. 11）② 还有一枚简说到"取蒲"和"作席"事："二月十二日见卒黍人，卒解梁苇器，卒沐恽作席，卒邴利作席，卒郭并取蒲，……"（E. P. T59：46）③

看来，"伐苇"和"伐蒲"主要是作为手工业原料。"作席"及"苇器"，应当是其主要用途。④

"苇"和"蒲"都是水生草本植物。⑤"伐苇"数量一例竟然多至"五千五百廿束"，可以作为反映居延地区植被和水资源状况的重要信息。

居延汉简又可见"伐慈其""艾慈其"事。如："左右不射皆毋所见檄到令卒伐慈其治薄更着务令调利毋令到不办毋忽如律令"（E. P. F22：291），"凡见作七十二人得慈其九百□□"（E. P. S4. T2：75），"第十候史殷省伐慈其"（133.15），"一人□慈其七束"，"廿人艾慈其百 束率人八束"（33.24）。⑥"艾慈其"即"刈慈其"。后一句原文应为"廿人艾慈其百六十束，率人八束"。

关于"慈其"，于豪亮注意到"第十候史殷省伐慈其"（甲编765）简例，⑦ 写道："慈其疑即茈萁，慈是从母字，茈既可以是从母

---

① 谢桂华、李均明、朱国炤：《居延汉简释文合校》，第 223 页。

② 谢桂华、李均明、朱国炤：《居延汉简释文合校》，第 265 页。

③ 甘肃省文物考古研究所等编《居延新简：甲渠候官与第四燧》，第 361~362 页。

④ 芦苇在陕西、甘肃、宁夏、青海、新疆等省区，是一较重要的饲料植物。马、牛皆喜食其青草。参看崔友文《中国北部和西北部重要饲料植物和毒害植物》，高等教育出版社，1959，第 111 页。

⑤ 《说文·艸部》："苇，大葭也。""蒲，水草也，可以作席。"（汉）许慎撰，（清）段玉裁注《说文解字注》，第 45、28 页。

⑥ 甘肃省文物考古研究所等编《居延新简：甲渠候官与第四燧》，第 495~496、560 页；谢桂华、李均明、朱国炤：《居延汉简释文合校》，第 222、52 页。

⑦ 《居延汉简甲乙编》简号为 133.15，见中国社会科学院考古研究所编《居延汉简甲乙编》下册，第 94 页。

字，又可以是精母字、崇母字，芘蔖之芘，当系从母字，故慈和芘以双声通假；蔖从其得声，蔖和其通假是没有问题的。因此慈其就是芘蔖。《广雅·释草》：'芘蔖，蕨也。'芘蔖又名为蔖、紫蔖或芘其，《尔雅·释草》：'蔖，月尔'，郭注：'即紫蔖也，似厥可食。'《后汉书·马融传》'芘其芸菔'则写作芘其。"于豪亮又说："罗愿《尔雅翼》云：'蕨生如小儿拳，紫色而肥，野人今岁焚山，则来岁蕨菜繁生，其旧生蕨之处，蕨叶老硬敷披，人志之谓之蕨萁。《广雅》云：蕨，紫萁。萁岂其之转邪？'按：现在有许多地方仍称蕨为蕨萁，正是从慈其、芘其或紫其而来，其不当书作萁字。"[1]

李天虹引简例"慈其"写作"兹其"，于是说，"兹其，于豪亮疑即'芘蔖'，也就是蕨菜，则兹其属于食用菜类"[2]。

这样的说法其实是不准确的。《酉阳杂俎》卷一六《毛篇》有"马"条，其中说到马的饲草："瓜州饲马以薏草，沙州以茨其，凉州以敦突浑，蜀以稗草。以萝卜根饲马，马肥。安北饲马以沙蓬根针。"[3] 所说"沙州以茨其"，"茨其"正是"慈其"无疑。可见河西汉简所见"慈其"并不"属于食用菜类"，其实也是饲草。

6.《南都赋》植被史料研读

张衡出身南阳，"世为著姓"，所作《南都赋》，写述所熟悉的南阳地方风土，内容备极详尽，且笔力稳重朴实，"从容淡静"，"无骄尚之情"，风格一如其人。张衡据说"善术学"，"善机巧，尤致思于天文、阴阳、历筹"，人称"数术穷天地，制作侔造化"，"推其围范两仪，天地无所蕴

---

①　于豪亮：《居延汉简释丛·慈其》，《于豪亮学术文存》，第 176 页。
②　李天虹：《居延汉简簿籍分类研究》，第 135 页。
③　（唐）段成式撰，方南生点校《酉阳杂俎》，第 159 页。

其灵；运情机物，有生不能参其智。故知思引渊微，人之上术"①。以这样的科学学术眼光考察家乡南阳区域之地理人文，自然与俗常汉赋作品多夸张虚饰不同，能够细致真切，确可信据。

我们这里首先注意的，是《南都赋》中有关当时南阳地方自然生态条件的记录。

南都山林植被

《南都赋》中有赞美汉代南阳地区山林之丰饶的辞句。

例如关于南阳大胡山，即所谓"天封大狐"，张衡写道："若夫天封大狐，列仙之陬。上平衍而旷荡，下蒙笼而崎岖。阪坻巇崿而成甗，溪壑错缪而盘纡。芝房菌蠢生其隈，玉膏滵溢流其隅。昆仑无以参，阆风不能踰。""芝房"句，李善注："芝房，芝生成房也。菌蠢，是芝貌也。"山间又林木繁茂：

> 其木则柽松楔樕，楩柏杻檀。枫柙栌枥，帝女之桑。楈枒栟榈，柍柘檍檀。结根竦本，垂条蝉蝉。布绿叶之蓁蓁，敷华蕊之蓑蓑。玄云合而重阴，谷风起而增哀。攒立丛骈，青冥肝瞑。杳蔼蓊郁于谷底，森萃萃而刺天。……其竹则篠笭菫簬，筱箨箖箊。缘延坻阪，澶漫陆离。阿那蓊茸，风靡云披。

所谓"攒立丛骈，青冥肝瞑"，李善注："言林木攒罗，众色幽昧也。"②即形容杂木茂密，蔽翳天日。

看来，南阳地区原始森林的原生植被，在张衡生活的时代似乎尚未因人类的开发活动而受到严重破坏。

---

① 《后汉书·张衡传》，第1897、1940页。
② （梁）萧统编，（唐）李善注《文选》，第69页。

楔——水杉

张衡笔下所记述南阳地区生存的树种，有的与现今分布地域不同，值得引起生态史研究者注意。

例如"楔"。

《山海经·西次二经》："厎阳之山，其木多楔、楠、豫章，其兽多犀、兕、虎、豹、柞牛。"郭璞注："楔，似松，有刺，细理。"[①]"楔"与江南树种"楠、豫章"并列，[②] 应当也是南方林产。清人李调元《南越笔记》卷一三说，"楔"就是水杉："水松者，楔也，喜生水旁。其干也，得杉十之六，其枝叶得松十之四，故一名水杉。言其干则云水杉，言其枝叶则云水松也。""水松性宜水。盖松喜干，故生于山；桧喜湿，故生于水。水松，桧之属也，故宜水。"[③]

然而现今植被类型图所见自然植被分布形势，"杉木林"以及"冷杉、云杉、铁杉林"的生长区，均距南阳相当遥远。[④]

楈枒枅栚

《南都赋》所见南阳林木中所谓"楈枒枅栚"，也值得注意。

"楈枒枅栚"句下，李善注："郭璞《上林赋》注曰：'楈枒似枅栚，皮可作索。'张揖注《上林赋》曰：'枅栚，楔也，皮可以为索。'"[⑤] 所说"皮可作索"，"皮可以为索"，都是指现今通称为"棕"的"楔"。《说文·木部》："枅，枅栚，楔也。""楔，枅栚

① 袁珂校注《山海经校注》，第37页。
② 《墨子·公输》："荆有长松、文梓、楩、楠、豫章。"《战国策·宋卫策》："荆有长松、文梓、楩、楠、豫樟。"《史记·货殖列传》："江南出楠。"《后汉书·王符传》："今者京师贵戚，必欲江南檽、梓、豫章之木。"李贤注："豫章即樟木也。"今按：《墨子》和《战国策》所谓"长松"，有可能就是"楔"。
③ （清）李调元：《南越笔记》，《丛书集成初编》第3127册，第167页。
④ 西北师范学院地理系、地图出版社主编《中国自然地理图集》，第135页。
⑤ （梁）萧统编，（唐）李善注《文选》，第69页。

也，可作革。"段玉裁注："《艸部》曰：'革，雨衣，一名衰衣。'按'可作革'之文，不系于'栟'下，而系'椶'下者，此树有叶无枝，其皮曰'椶'，可为衰，故不系于'栟'下也。'椶'本木皮，因以为树名。故'栟榈'与'椶'得互训也。"张揖注《上林赋》曰：'并闾，椶也，皮可以为索。'今之椶绳也。"也有称之为"椶榈"，以为即"蒲葵"者。段玉裁已经予以澄清。① 不过，所以将所谓"椶榈"和"蒲葵"相混同，可能也是出产地大致相同的缘故。

宋人罗愿《尔雅翼》卷九《释木一》"并闾"条也写道："张揖解《上林赋》曰：并闾，棕也，木高一二丈，傍更无枝，叶大而圆，有如车轮，皆萃于木杪，其下有皮重迭裹之。每皮一匝为一节。其花黄白，结实作房，如鱼状。《山海经》曰：石翠之山，其木多棕，岭南、西川、江南皆有之，其皮为用最广。二旬一割，则叶转复生。皮作绳，入土号为千岁不烂。孙权讨黄祖，祖横两蒙冲，保守沔口，以并闾大绁系石为碇。又齐高帝时，军容寡少，乃编棕皮为马具装。此盖军旅所须，故晋令夷民守护棕皮者，一身不输。而《唐书》：诃陵国在南海洲上，立木为城，作大屋重阁，以棕皮覆之。王坐其中。此皮坚韧不受雨，故可以冒马覆屋也。一名蒲葵。晋人称蒲葵扇。扇自柄上攒众骨如棕叶之状，今宣、歙、衢、信间扇是也。梁张孝秀，性通率，常冠縠皮巾，蹑蒲履，执栟榈皮麈尾。唐世以为拂。今人游山者，作棕鞋。如淳解《甘泉赋》谓：并闾，其叶随时政，政平则平，政不平则倾。颜师古曰：'如氏所说自是平虑耳。'并闾，谓棕也。又郭璞解《上林赋》曰：'胥邪，似并闾，皮可作索。'《南都赋》曰：

---

① 段玉裁指出："《玉篇》云：椶榈一名蒲葵。今按《南方草木状》云：蒲葵如栟榈而柔薄，可为簑笠，出龙川。是蒲葵与椶树各物也。"（汉）许慎撰，（清）段玉裁注《说文解字注》，第241页。

'楈枒枇櫚'，《蜀都赋》曰：'棕枒'。"①

《南都赋》所说"棕"以及"楈枒枇櫚"，可能都是指棕榈科植物。汉代南阳出产"棕"及"楈枒枇櫚"，是值得重视的自然生态史信息。

后来南阳地区虽然仍然有"棕"的遗存，但是从 20 世纪 50 年代初的资料看，全国"棕""棕皮""棕片""棕绳""棕丝"的主要产地，已经不包括南阳地区了。② 从现今植被类型分布图看，农业植被中"棕榈"的分布区域，也不包括南阳地方。③

也有将《南都赋》所说"楈枒"解释为椰树的，④ 其所引据，有《集韵·平麻》："枒，木名，出交趾。高数十丈，叶在其末，或从'耶'。"⑤ 以为"楈枒"即椰树之说固未可确信，然而以为"楈枒枇櫚"应是南国树种的思路，却可以参据。

"藷蔗"与"穰橙邓橘"

从《南都赋》提供的资料看，现今已经并非南阳地区主要经济物产的甘蔗和柑橘，在汉代南阳曾经有所栽植。张衡写道：

> 若其园圃，则有蓼蓝蘘荷，藷蔗姜䕕，菥蓂芋瓜，乃有樱梅山柿，侯桃梨栗，楟枣若留，穰橙邓橘。⑥

---

① （宋）罗愿撰，石云孙点校《尔雅翼》，黄山书社，2013，第 104~105 页。

② 据中国土产公司计划处编《中国土产综览》（中国土产公司，1951），这些产品的主要出产地是：棕，川西；棕皮，皖南、皖北；棕片，湖北；棕绳，广东、川南；棕丝，川南、川东（见上册，第 103、138 页，下册，第 134、371、552、558、657、671 页）。

③ 西北师范学院地理系、地图出版社主编《中国自然地理图集》，第 135 页。

④ 如罗竹风主编《汉语大词典》（汉语大词典出版社，1989）说："楈枒，木名，即椰子树。""枒，同'椰'。"（见第 4 卷第 1199、814 页）前一例所引书证为张衡《南都赋》"棕枒枇櫚"，后一例所引书证为左思《蜀都赋》"棕枒楔枞"。

⑤ （宋）丁度等编《集韵》，第 207 页。

⑥ （梁）萧统编，（唐）李善注《文选》，第 71 页。

"诸蔗"，李善注引《汉书音义》曰："诸蔗，甘柘也。"至于所谓"穰橙邓橘"，李善注："《汉书》：南阳郡有穰县、邓县。《说文》曰：橙，橘属也。"

《南都赋》所见"诸蔗"，是研究历史时期甘蔗生产区北界的重要资料。

我们看到，汉代生活在黄河流域的人士说到这种经济作物，虽视为珍奇然而亦已相当熟悉。《汉书·礼乐志》载《郊祀歌》有"泰尊柘浆析朝酲"句，应劭解释说："柘浆，取甘柘汁以为饮也。酲，病酒也。析，解也。言柘浆可以解朝酲也。"[①] 是甘蔗的浆汁当时曾经用以醒酒。宋人陈景沂撰《全芳备祖集》后集卷四《杂著》写道："自古食蔗者始为蔗浆，宋玉《招魂赋》所谓'臑鳖炰羔有柘浆'是也。"[②]《荆溪林下偶谈》卷四"甘蔗谓之诸蔗亦谓之都蔗"条说："相如赋云'诸蔗巴苴'，注云：'甘柘也。'曹子建《都蔗诗》云：'都蔗虽甘，杖之必折；巧言虽美，用之必灭。'"[③] 可知甘蔗已经进入社会饮食生活之中。《西京杂记》卷四："……元理复算曰：诸蔗二十五区，应收一千五百三十六枚。"[④] 说明甘蔗种植已经略有规模，甚至有人已经能够比较准确地估产。只是我们尚不能为这一资料所反映的社会现象进行准确的时间定位和空间定位。

《汉书·司马相如传上》载《子虚赋》所谓"诸柘巴且"，颜师古注："张揖曰：'诸柘，甘柘也。……'文颖曰：'巴且草一名巴蕉。'"[⑤] 宋人洪迈撰《容斋随笔》四笔卷二"北人重甘蔗"条写道："甘蔗只生于南方，北人嗜之，而不可得。魏太武至彭城，遣人于武陵王处求酒及甘蔗。"又说："《子虚赋》所云'诸柘巴且'，'诸柘'

---

① 《汉书·礼乐志》，第 1063、1064 页。
② （宋）陈景沂撰《全芳备祖集》，《景印文渊阁四库全书》第 935 册，第 303 页。
③ （宋）吴子良撰《荆溪林下偶谈》，《景印文渊阁四库全书》第 1481 册，第 517 页。
④ （晋）葛洪撰，周天游校注《西京杂记校注》，第 164 页。
⑤ 《汉书·司马相如传上》，第 2535、2537 页。

者，甘柘也。盖相如指言楚云梦之物。"① 而南阳地方正在"南"
"北"之间，而且宋人时世久隔，已经难以理解汉时生态状况。"甘
蔗只生于南方，北人嗜之，而不可得"的说法，只是宋人的知识。如
果相信《南都赋》所云"蔗蔗"是实际生活的反映，则司马相如
《子虚赋》所云"诸柘"者，虽然直接"指言楚云梦之物"，但是当
时云梦以北地方却未必没有"诸柘"即"甘柘"种植。

《史记·货殖列传》可见如拥有"江陵千树橘"，则经济地位相
当于"千户侯"的说法，是说江陵地区是最重要的柑橘类果品的生
产基地。又《汉书·地理志上》记载巴郡朐忍、鱼复"有橘官"。
但是《南都赋》"穰橙邓橘"之说，地方品种都十分确定具体，应
当是历史实际的真实反映。有学者据此指出，"处于秦岭东西段间的
南襄隘道之南阳部境为柑橘经济栽培区见于东汉文献"②。但是《水
经注》中说到橘的，只有卷三三《江水》和卷三八《湘水》。③ 可见
南阳柑橘类生产后世有所退化。张衡引为自豪的"穰橙邓橘"的生
产优势已经不复存在了。近世以来，"大概陕甘境内秦陵南坡的柑橘
产区是我国现今柑橘分布纬度最高的，不需人工特殊保护的经济栽
培地区（约当北纬 33°余）"④。而南阳虽然同样处于北纬 33°线上，
却已经不被看作柑橘"产区"以及"不需人工特殊保护的经济栽培
地区"了。

南阳地区后世未必没有"蔗蔗"和"橙"、"橘"生存，但是
其经济意义已经锐减，其产量和产值，在全国经济物产的总体布局

---

①　（宋）洪迈撰，孔凡礼点校《容斋随笔》，第 655 页。

②　文焕然：《从秦汉时代中国的柑橘、荔枝地理分布大势之史料来初步推断当时黄河中
下游南部的常年气候》，文焕然等著，文榕生选编整理《中国历史时期植物与动物变迁研
究》，第 133 页。

③　参看陈桥驿《〈水经注〉记载的植物地理》，《〈水经注〉研究》，第 115 页。

④　文焕然：《从秦汉时代中国的柑橘、荔枝地理分布大势之史料来初步推断当时黄河中
下游南部的常年气候》，文焕然等著，文榕生选编整理《中国历史时期植物与动物变迁研
究》，第 129 页。

中已经微不足道了。《中国自然地理图集》所绘出的出产甘蔗和柑橘的农业植被区，与南阳相距最近的地方，直线距离也在 360 公里以上。[①]

附论：

两汉的沙尘暴记录

"沙尘暴是由于强风将地面大量尘沙吹起，使空气混浊，水平能见度低于 1000m 的天气现象。""沙尘暴是重要的生态环境灾害。随着人口的增加和经济的不断发展，这些危害将会愈加严重。"[②] 汉代灾异现象中的沙尘暴，在历史文献中有所记录。分析沙尘暴天气发生的具体情状，可以更全面地认识当时的生态环境。分析其发生的原因，人们自然会注意到沙尘暴灾害与植被状况的关系。

建始元年"黄雾四塞"事

汉成帝建始元年（前 32）夏四月，出现了异常的天象。皇帝为之惊心，慌忙召见各行政部门的高级长官，征询对于国家政策的批评，要求他们无所讳言。《汉书·成帝纪》有这样的记载："夏四月，黄雾四塞。博问公卿大夫，无有所讳。"有的朝臣果然大胆直言，发表了批评外戚当权的政见。太后的兄长，大司马大将军王凤惶恐不安，竟然上书谢罪辞职。虽然汉成帝予以挽留，王凤集团专权跋扈的地位已经动摇。《汉书·元后传》就这一史事写道："其夏，黄雾四塞终日。天子以问谏大夫杨兴、博士驷胜等。"其答对，都以为是"阴盛侵阳之气"的表现。"今太后诸弟皆以无功为侯，非高祖之约，

---

① 西北师范学院地理系、地图出版社主编《中国自然地理图集》，第 135 页。
② 丁一汇、王守荣主编《中国西北地区气候与生态环境概论》，第 22~23 页。

外戚未曾有也"，因此上天以异象警告。王凤恐惧，上书辞职。汉成帝的答复则说责任在于自身："朕承先帝圣绪，涉道未深，不明事情，是以阴阳错缪，日月无光，赤黄之气，充塞天下。咎在朕躬。"[1]　令王凤维持原任，"专心固意"，"毋有所疑。"

对于所谓"黄雾四塞"，颜师古解释说："塞，满也。言四方皆满。"现在看来，这其实是指强风夹带大量沙尘，使能见度极度恶化的灾难性的沙尘暴天气。

《汉书·五行志下之上》就汉成帝建始元年的这次沙尘暴有更为具体的记述：

> 成帝建始元年四月辛丑夜，西北有如火光。壬寅晨，大风从西北起，云气赤黄，四塞天下，终日夜下着地者黄土尘也。[2]

四月辛丑夜，西北方向已经可以明显看到有黄尘腾起。这里所说的"夜"，应当是指黄昏。黄尘可能借夕日之光汹汹如火势。有的学者指出，所谓"沙尘暴壁"往往"呈现上黄、中红、下黑的旋转式尘团"，从光学的角度解释，这一现象是因沙尘散射高空阳光的作用而生成的。[3]　次日晨，"大风从西北起，云气赤黄，四塞天下"，一日一夜间，黄土尘不断由天而降。这显然是典型的沙尘暴。

通过对近年沙尘暴的过程纪实的分析，可以知道沙尘暴发生季节的特征是春季3~5月最为频繁，尤以5月为多，而发生时间，则多在下午。[4]　汉成帝建始元年四月辛丑发生的这次沙尘暴，也体现了

① 《汉书·成帝纪》，第304页；《汉书·元后传》，第4017页。
② 《汉书·五行志下之上》，第1449页。
③ 王式功等：《甘肃河西"5.5"黑风天气系统结构特征及其成因分析》，方宗义等编《中国沙尘暴研究》，气象出版社，1997，第64页。
④ 陕西省气象台：《陕西北部春季沙尘暴的气候特征及预报初探》；许宝玉等：《西北地区五次特强沙尘暴前期形势和要素场的综合分析与预报》，以上收入方宗义等编《中国沙尘暴研究》，第22~23、44~45页。

同样的特征。

对于其起因的分析，《五行志下之上》归结于外戚专权的政治因素，又说，汉哀帝时再次因外戚地位异常上升，发生了同样的天象，"哀帝即位，封外属丁氏、傅氏、周氏、郑氏凡六人为列侯。杨宣对曰：'五侯封日，天气赤黄，丁、傅复然。此殆爵土过制，伤乱土气之祥也'"。又引京房《易传》的说法，指出大臣有责任推举贤人，否则将发生灾变，"厥异黄，厥咎聋，厥灾不嗣"。京房解释说："黄者，日上黄光不散如火然，有黄浊气四塞天下。蔽贤绝道，故灾异至绝世也。"① 京房从政治神学的视角出发，以为"有黄浊气四塞天下"是严重的灾异，其原因在于政坛的"蔽贤绝道"。

汉成帝建始元年夏季的"黄雾四塞"，在历史上留下了很深刻的印象。据《后汉书·皇后纪上·明德马皇后》，多年之后，汉章帝建初元年（76），有封爵外戚的动议，遭到太后的拒绝。次年夏季，大旱，有人以为是不封外戚的缘故。太后诏书中再次申明不允许封爵诸舅的原则立场，同时又说到汉成帝时"黄雾四塞"事，以为历史鉴诫："昔王氏五侯同日俱封，其时黄雾四塞，不闻澍雨之应。"②

汉桓帝时，大鸿胪赵典对贵戚无功受封事提出反对意见，指出："无功而赏，劳者不劝，上忝下辱，乱象干度。"李贤引述《汉书》进行解释："《前书》曰，成帝时，同日封王氏五侯，其日，天气赤，黄雾四塞。哀帝封丁、傅日亦然。是不用善人，则乱象干度。"③ 这里所依据的，当是前引《汉书·五行志下之上》所谓"哀帝即位，封外属丁氏、傅氏、周氏、郑氏凡六人为列侯。杨宣

---

① 《汉书·五行志下之上》，第1450页。
② 《后汉书·皇后纪上·明德马皇后》，第411页。
③ 《后汉书·赵典传》，第948页。

对曰：'五侯封日，天气赤黄，丁、傅复然。此殆爵土过制，伤乱土气之祥也'"①。

然而对于这次"丁、傅复然"事，《五行志》没有明确的记录。谏大夫杨宣所言，似乎含糊其辞，或许只是说发生了类似的异常征象。据《汉书·五行志》记载，汉哀帝时似未见"黄雾四塞"事，而建平年间所发生的据说与"丁、傅"外戚集团专权有关的特殊的异象确实十分频繁，例如定襄牡马生驹三足，帝祖母傅太后所居桂宫鸿宁殿灾，民惊走传行诏筹，歌舞祠西王母，山阳湖陵雨血，豫章有男子化为女子等。这些异象，都被解释为与"丁、傅"集团权力的异常上升有关，许多被看作丁氏、傅氏不久败亡，即王莽"诛贵戚丁、傅"事件的预兆。

汉成帝之后又一次"黄雾四塞"情形，见于王莽时代的记录。即《汉书·王莽传中》记载的天凤元年（14），"六月，黄雾四塞"②。

"霾"和"雨土"

史书记述沙尘暴天气，又写作"霾"，或称"雨土"。

《后汉书·郎顗传》写道，汉顺帝时，灾异屡见，阳嘉二年（133）正月，郎顗上书有"太阳不光，天地溷浊，时气错逆，霾雾蔽日"语。李贤注："《尔雅》：'风而雨土为霾。'"③今按："风而雨土为霾"，见于《尔雅·释天》。

---

① 对于"封外属丁氏、傅氏、周氏、郑氏凡六人为列侯"，颜师古注："《外戚传》：傅太后弟子喜封高武侯，晏封孔乡侯，商封汝昌侯，同母弟子郑业为阳信侯，丁太后兄明封阳安侯，子满封平周侯。傅氏、郑氏侯者四人，丁氏侯者二人。今此言六人为列侯，其数是也。傅氏、丁氏、郑氏则有之，而不见周氏所出。《志》《传》不同，未详其意。"（《汉书》，第1450页）

② 《汉书·王莽传中》，第4136页。

③ 《后汉书·郎顗传》，第1071页。

"霾雾蔽日"的情形，有时又写作"昼晦"。

"昼晦"，有的是因日食而引起，有的也指沙尘暴气象。[①]

楚汉战争中的"窈冥昼晦"气象

《史记·项羽本纪》记载汉高祖元年（前206）项羽军与刘邦军的彭城会战，沙尘暴天气竟然对战局发生了影响："春，汉王部五诸侯兵，凡五十六万人，东伐楚。""四月，汉皆已入彭城，收其货宝美人，日置酒高会。项王乃西从萧，晨击汉军而东，至彭城，日中，大破汉军。汉军皆走，相随入谷、泗水，杀汉卒十余万人。汉卒皆南走山，楚又追击至灵壁东睢水上。汉军却，为楚所挤，多杀，汉卒十余万人皆入睢水，睢水为之不流。围汉王三匝。"正当情势对刘邦军十分不利的时候，发生了异常的气象：

> 于是大风从西北而起，折木发屋，扬沙石，窈冥昼晦，逢迎楚军。楚军大乱，坏散，而汉王乃得与数十骑遁去。[②]

同一事件，《汉书·高帝纪上》写道：

> 大风从西北起，折木发屋，扬砂石，昼晦，楚军大乱，而汉王得与数十骑遁去。[③]

刘邦军原本大败，又陷于重围之中，然而意外的沙尘暴使占据显著优势的楚军"大乱，坏散"，刘邦于是得以逃脱。如果没有这一

---

① 现今西北一些地区民间"常根据沙尘暴出现时天色昏暗的程度形象地称之为'黑风'"。丁一汇、王守荣主编《中国西北地区气候与生态环境概论》，第22页。

② 《史记·项羽本纪》，第321～322页。

③ 《汉书·高帝纪上》，第36页。

突然的气象异常，此后数百年的历史走向很可能会发生若干变化。

司马迁笔下对于"大风从西北而起，折木发屋，扬沙石，窈冥昼晦"的描写，可以说是极其真实生动地形容了沙尘暴骤起的场面。而"大风从西北而起"，与《汉书·五行志下之上》"大风从西北起，云气赤黄，四塞天下"同样，从风向来说，与近世沙尘暴科学监测资料所见往往与强西北气流有关的情形也有共同之处。

历史记忆："暴起之风"与"正昼晦冥"景象

前引"黄雾四塞""霾雾蔽日"诸例，是危害至于黄河中游京师地方的特别严重的沙尘暴。

事实上，文献记载中也可以看到此前发生过类似灾害的记录。

《史记·龟策列传》褚少孙补述，博士卫平回忆殷纣王专政时政治黑暗，灾异横生，指出其中表现之一，即"飘风日起，正昼晦冥"。[①] 所谓"飘风"的理解，一说旋风，一说暴风。《诗·大雅·卷阿》："有卷者阿，飘风自南。"汉代学者毛亨有"飘风，回风也"的解释。[②]

《诗·小雅·何人斯》："彼何人斯，其为飘风。"毛亨又解释说："飘风，暴起之风。"[③] 比较而言，似以"暴风"的解释更为妥当。《淮南子·时则》和《道应》都有"飘风暴雨"的说法，"飘"与"暴"是平等并列的关系。《淮南子·兵略》说到兵战的"气势"："将充勇而轻敌，卒果敢而乐战，三军之众，百万之师，志厉青云，气如飘风，声如雷霆，诚积逾而威加敌人，此谓气势。"[④] 这里所谓

---

① 《史记·龟策列传》，第 2335 页。
② （清）阮元校刻《十三经注疏》，第 545 页。
③ （清）阮元校刻《十三经注疏》，第 455 页。
④ 何宁撰《淮南子集释》，第 385、836、1073 页。

"飘风"，与"雷霆"相互对应，也应当理解为暴风。

《龟策列传》褚少孙补述所说的"飘风日起，正昼晦冥"，很可能也是说沙尘暴天气。

疾风千里兮扬尘沙

汉代西北边地因特殊的植被条件，或称"流沙"①，或称"沙漠"②，或称"沙幕"③，或称"积沙之地"④。《盐铁论·轻重》说："边郡山居谷处，阴阳不和，寒冻裂地，冲风飘卤，沙石凝积，地势无所宜。"⑤《汉书·匈奴传下》也说："幕北地平，少草木，多大沙。""胡地沙卤，多乏水草。"《汉书·霍去病传》写道，汉军与匈奴作战，一如项羽刘邦经历，也曾经遇到类似情形：

> 大风起，沙砾击面，两军不相见。⑥

当地局部地方的沙尘暴显然频繁发生。敦煌汉简于是可以看到这样的简文：

> 日不显目兮黑云多，月不可视兮风非（飞）沙（2253）⑦

① 《史记·五帝本纪》："西至于流沙。"《夏本纪》："弱水至于合黎，余波入于流沙。""东渐于海，西被于流沙，朔、南暨：声教讫于四海。"《秦始皇本纪》："六合之内，皇帝之土。西涉流沙，南尽北户。东有东海，北过大夏。人迹所至，无不臣者。"《乐书》："歌诗曰：'天马来兮从西极，经万里兮归有德。承灵威兮降外国，涉流沙兮四夷服。'"司马相如《大人赋》："经营炎火而浮弱水兮，杭绝浮渚而涉流沙。"（第 11、69、77、245、1178、3060 页）
② 《盐铁论·备胡》，《盐铁论校注》，第 444 页；《吕氏春秋·孟春纪》高诱注，《吕氏春秋集释》，第 5 页。
③ 《汉书·李陵传》《陈汤传》《匈奴列传下》，又《汉书·武帝纪》颜师古注引应劭曰，第 2466、3020、3834、172 页。
④ 《盐铁论·通有》，《盐铁论校注》，第 42 页。
⑤ 王利器校注《盐铁论校注》（定本），第 180 页。
⑥ 《汉书·匈奴传下》，第 3803、3824 页；《汉书·霍去病传》，第 2484 页。
⑦ 甘肃省文物考古研究所编《敦煌汉简》，第 307 页。

《后汉书·列女传·董祀妻》记述著名的蔡文姬故事，引录其诗，有"沙漠壅兮尘冥冥，有草木兮春不荣"句，[①]其中所谓"尘冥冥"，也形容了西北边地的沙尘暴景象。传蔡文姬作《胡笳十八拍》中"烟尘蔽野"以及"疾风千里兮扬尘沙"，"风浩浩兮暗塞昏营"等辞句，也都可以使人联想到沙尘暴盛起的形势。

沙尘暴发生密度的历史比较

如果进行不同历史阶段的比较，从现有的资料看，两汉400多年间，沙尘暴的记录相对来说是比较少的。

据正史的明确记载，两晋155年间，"黄雾四塞"一类异常天气的记载就有8次之多，平均19.38年一次。如晋惠帝永康元年（300）冬十月乙未"黄雾四塞"，晋元帝太兴四年（321）八月"黄雾四塞"，晋明帝太宁元年（323）春正月癸巳"黄雾四塞"，二月乙丑"黄雾四塞"，晋穆帝永和七年（351）三月"凉州大风拔木，黄雾下尘"，晋孝武帝太元八年（383）春二月癸未"黄雾四塞"，太元二十年十一月"黄雾四塞，日月晦冥"，晋安帝元兴元年（402）十月丙申"黄雾昏浊不雨"等。[②]

再以唐代为例，在当时的记载中，沙尘暴通常写作"黄雾四塞""雨土"，或如《旧唐书·天文志下》所谓"黄雾昏"，《旧唐书·中宗本纪》所谓"黄雾昏浊"，《新唐书·五行志三》所谓"昏雾四塞"，《旧唐书·玄宗本纪下》所谓"风霾，日色无影"，《旧唐书·天文志二》所谓"风霾，日无光，近昼昏也"，以及《旧唐书·僖宗本纪》所谓"天雨黄土遍地"，《新唐书·五行志二》所谓"雨黄土""黑风雨土""雨土，天地昏霾""大风雨土，跬步不辨物色""大风，

---

① 《后汉书·列女传·董祀妻》，第2802页。
② 分别见于《晋书·惠帝纪》《明帝纪》《孝武帝纪》《天文志中》《五行志下》《慕容垂载记》，第96、159、232、342、892、3089页。

飞沙为堆"等。两《唐书》记载唐代 289 年间，沙尘暴凡 25 次，平均 11.56 年一次。历代吟咏王昭君事迹的诗作中，杜甫、李白分别有"一去紫台连朔漠"①"蛾眉憔悴没胡沙"②的名句。李杜对西北沙漠景象的感受，或因亲历，或据传闻。但是他们或许并不明了，曾经影响长安人生活的"黄雾""风霾"，其实也来自"朔漠""胡沙"。

生态保护与沙尘暴的抑止

汉代沙尘暴发生较少，自然有各地方气象记录尚不十分完备的因素，也就是说，可能存在沙尘暴虽然发生然而却未曾在史书上留下记载的情形。但是在神秘主义观念弥漫社会上下的文化背景下，严重的灾异是受到特别的重视的，执政集团因此承受沉重的压力，甚至往往因此引起政治争斗，因而这种异象在记载中遗漏的可能性非常小。应当说，沙尘暴在当时确实是较为罕见的天气现象，这也是这一天象一旦发生则往往受到当政者重视的原因之一。

对于作为灾异的沙尘暴，当时人从天人感应的思想基点出发，联系政治文化进行神学的解释。每当这样的灾异发生，多有政要发表行政检讨，或进行政策修补。有的持不同政见者则借此进行政治批判。联系当时的社会文化背景，这些情形都是可以理解的。我们今天就这一现象进行历史分析，当然应当以科学的眼光，从自然生态条件和人文活动影响等方面进行客观的分析。

两汉时期沙尘暴发生的密度较小，有多种因素。当时生态条件与今不同，"少草木，多大沙""多乏水草"的地域毕竟有限，总体植被状况比较完好，可能是最重要的原因。人口的数量和农耕的规模，

---

① 《咏怀古迹五首》之三，《九家集注杜诗》卷三五，第 1357 页。
② 《王昭君二首》之二，（清）王琦注《李太白全集》卷四，中华书局，1977，第 235 页。

都可能影响自然环境。① 而当时人们的自然观和生态观的某些积极内容，也可以对生态保护产生重要的作用。我们看到，《礼记·月令》和《吕氏春秋》中都有关于限制砍伐山林的规定，云梦睡虎地秦简《日书》中也记录了有关伐木的时日禁忌。这些适应生态条件：爱护生态条件的礼俗，在汉代民间依然发生着显著的影响。《四民月令》中有正月"可剥树枝""自是月以终季夏，不可以伐竹木"等内容，②也是体现生态保护意识的文化迹象。就对自然植被的保护而言，新近发现的敦煌悬泉置遗址泥墙墨书《使者和中所督察诏书四时月令五十条》中可以看到这些内容：

　　·禁止伐木　　·谓大小之木皆不得伐也尽八月草木令落乃得伐其当伐者

　　·毋摘剿　　·谓剿空实皆不得摘也空剿尽夏实者四时常禁

　　·毋侵水泽☐陂池☐☐……

　　·毋焚山林　　·谓烧山林田猎伤害禽兽也虫草木☐☐四月尽☐

　　·毋烧灰☐　　·谓☐……

　　·毋用火南方　　·尽八☐③

这一资料，可以说明对于植被的保护，当时已经有明确的法律规定。这些自觉或并不十分自觉的维护自然生态环境的礼俗和制度，都是我们在讨论两汉时期的生态条件、认识当时相应的社会意识和文化形态

---

① 有学者指出，"沙尘暴呈增多加重趋势"，是"由于人为因素，干旱区的干旱程度加深"。见王宏昌《中国西部气候—生态演替：历史与展望》，第 126 页。
② 石声汉校注《四民月令校注》，第 15、17 页。
③ 甘肃省文物考古研究所：《敦煌悬泉汉简释文选》，《文物》2000 年第 5 期。

时应当予以注意的。

对于历史时期的沙尘暴灾害，已经有学者进行了综合研究。有的论文指出，对历史时期我国沙尘暴发生的特点进行初步总结的结果显示：自汉代之后，沙尘暴发生的范围开始向东扩展，至元明清时期，其发生范围扩展到几乎整个华北地区。这一发展趋势虽与气候的冷暖干湿变化密切相关，但农业经济开发活动向西北地区的转移也是重要原因之一。① 这样的意见是值得重视的。

历史时期沙尘暴研究的现有成果，就文献资料的搜辑来说，尚远远未能完备，② 更深层的研究自然难以推进。即使以两汉时期为限，分析也只是初步的。更深入的研究，尚有待于今后的工作。

---

① 宋豫秦、张力小：《历史时期我国沙尘暴东渐的原因分析》，《中国沙漠》2002 年第 6 期。

② 如宋正海总主编《中国古代重大自然灾害和异常年表总集》，广东教育出版社，1992，第 209~225、232~243 页；黄兆华：《我国西北地区历史时期的风沙尘暴》，方宗义等编《中国沙尘暴研究》，第 31~33 页。这些成果，都存在对于历史资料辑录未能十分完备、理解未能十分准确的问题。

影响秦汉时期生态环境的人为因素

1. "垦草"的生态史意义

秦汉时期，是耕地面积空前扩大的时期。在新的土地关系于全社会确定之后，农人积极垦荒，政府也力求控制更大面积的田土。在这种农耕生产的热潮之中，经济发展了，文化进步了，而生态形势也发生了新的变化。

商鞅倡起的运动

我们所看到的今本《商君书》，第一篇是《更法》，第二篇是《垦令》。据高亨《商君书作者考》，其中《更法》，"很明确是作于商鞅死后"，而"《垦令》一篇，当是商鞅所作"，"这是有明证的"①。

①　高亨注译《商君书注译》，中华书局，1974，第 7、10 页。也有学者持不同意见，认为《商君书》中可能并没有商鞅作品。如宾夕法尼亚大学荣誉教授卜德（Derk Bodde）写道："以他命名的一部重要的法家著作《商君书》由几种材料组成，其中可能没有一种是商鞅写的。

《更法》记录了商鞅和甘龙、杜挚有关是否应当变法的辩论。最后写道："公孙鞅曰：'前世不同教，何古之法？帝王不相复，何礼之循？伏羲、神农教而不诛，黄帝、尧、舜诛而不怒，及至文、武，各当时而立法，因事而制礼。礼法以时而定，制令各顺其宜，兵甲器备，各便其用。臣故曰：治世不一道，便国不必法古。汤、武之王也，不循古而兴；殷、夏之灭也，不易礼而亡。然则反古者未可必非，循礼者未足多是也。君无疑矣。'孝公曰：'善。吾闻穷巷多怪，曲学多辨。愚者笑之，智者哀焉；狂夫乐之，贤者丧焉。拘世以议，寡人不之疑矣。'于是遂出《垦草令》。"① 同一史事，《史记·商君列传》写道："卫鞅曰：'治世不一道，便国不法古。故汤武不循古而王，夏殷不易礼而亡。反古者不可非，而循礼者不足多。'孝公曰：'善。'以卫鞅为左庶长，卒定变法之令。"②

《商君书》说"于是遂出《垦草令》"，《史记》说"卒定变法之令"。《垦草令》就是第一道"变法之令"。《垦草令》的颁布，是商鞅变法的第一步骤。

对于《商君书》的第二篇《垦令》，研究者曾经有所分析。高亨说："从文意观察，它不是垦草令的本文，乃是垦草令的方案，当为商鞅所写，献给秦孝公的。""垦令二字的含义应是关于耕垦荒地的命令，但这篇文章的语气并不是国君的命令，而似商鞅的方案，恐是后人追题篇名，弄得不确切了。"③ 也有人认为："《垦令》是商

但是有的部分，特别是较早期的部分，可能反映了他的思想。"〔英〕崔瑞德、鲁惟一编《剑桥中国秦汉史：公元前221年至公元220年》，杨品泉等译，中国社会科学出版社，1992，第49页。另一译本作："《商君书》（由好几个人所写的法家著作）中，虽然注明是商鞅所写的，但是其中可能没有一篇是商鞅写的。此书有的部分，特别是较早的部分，或许能反映他的想法。"〔英〕崔瑞德、鲁惟一编《剑桥中国史》第1册《秦汉篇》，方俐懿、许信昌等译，（台北）南天书店，1996，第41页。

① 高亨译注《商君书注译》，第17~18页。

② 《史记·商君列传》，第2229页。

③ 高亨译注《商君书注译》，第10、19页。

鞅在秦国提出的关于鼓励开垦荒地，发展农业生产的方案。"[①] 或说，"垦令就是开垦荒地的命令。从内容看，本篇可能是商鞅关于垦荒的建议"[②]。

据《商君书·更法》，商鞅推行新法的第一道政令，就是《垦草令》。正如林剑鸣所指出的："'垦草令'的原文现已佚失，其内容不能确知。不过在《商君书》中的第二篇有《垦令》，这可能就是商鞅向孝公提出的方案。从中可以大体推知'垦草令'的内容。"[③] 郑良树也认为，《垦令》篇"应该是商鞅变法时所撰述的'草案'"[④]。

《商君书·垦令》提出了 20 种措施，一一论说，分别指出各条措施对于"垦草"的积极意义，如：

①"农不敝而有余日，则草必垦矣。"

②"壮民疾农不变，……少民学之不休，则草必垦矣。"

③"国安不殆，勉农而不偷，则草必垦矣。"

④"辟淫游惰之民无所于食，无所于食则必农，农则草必垦矣。"

⑤"窳惰之农勉疾，商欲农，则草必垦矣。"

⑥"意壹而气不淫，则草必垦矣。"

⑦"农事不伤，农民益农，则草必垦矣。"

⑧"废逆旅，则奸伪躁心私交疑农之民不行；逆旅之民无所于食，则必农，农则草必垦矣。"

⑨"壹山泽，则农慢惰倍欲之民无所于食；无所于食则必农，农则草必垦矣。"

---

①　《商君书新注》编辑组编《商君书新注》，陕西人民出版社，1975，第 11 页。

②　山东大学《商子译注》编写组编《商子译注》，齐鲁书社，1982，第 7 页。

③　林剑鸣：《秦史稿》，第 181 页。

④　郑良树：《商鞅及其学派》，上海古籍出版社，1989，第 23 页。

⑩ "上不费粟，民不慢农，则草必垦矣。"

⑪ "褊急之民不斗，很刚之民不讼，怠惰之民不游，费资之民不作，巧谀恶心之民无变也；五民者不生于境内，则草必垦矣。"

⑫ "农静，诛愚乱农之民欲农，则草必垦矣。"

⑬ "余子不游事人，则必农，农则草必垦矣。"

⑭ "愚农不知，不好学问，则务疾农；知农不离其故事，则草必垦矣。"

⑮ "农民不淫，国粟不劳，则草必垦矣。"

⑯ "农多日，征不烦，业不败，则草必垦矣。"

⑰ "农恶商，商疑惰，则草必垦矣。"

⑱ "农事必胜，则草必垦矣。"

⑲ "业不败农，则草必垦矣。"

⑳ "农民不败，则草必垦矣。"①

以"垦草"作为新法的首要内容，体现了秦国执政者大力发展农耕业的决心。正如有的学者所指出的，"商鞅变法由《垦草令》开始，反映了秦对发展农业问题的极端重视"②，其基本措施，是全面动员民众务农，严格约束非农业经营，为农业生产的发展提供各种政策保障。

除《垦令》篇外，《商君书》的《算地》篇也强调"垦草"。其中写道："今世主有地方数千里，食不足以待役实仓，而兵为邻敌臣，故为世主患之。夫地大而不垦者，与无地者同；民众而不用者，与无民者同。故为国之数，务在垦草。"③

---

① 高亨注译《商君书注译》，第 19~30 页。
② 樊志民：《秦农业历史研究》，第 63 页。
③ 高亨注译《商君书注译》，第 63 页。容肇祖认为："《徕民篇》所说全在徕民，《垦令篇》所说全在垦草。《算地篇》则兼言徕民与垦草，并为重要。故此我以为《徕民》、《垦令》、《算地》三篇是同出于一手的。……同在秦昭王晚年所著成的。"容肇祖：《商君书考证》，《燕京学报》第 21 期，1937 年 6 月。

"垦草"，是商鞅变法的首要内容。对于《垦草令》的意义，有学者认为在于"督促人民积极耕垦土地"[1]，"促使人们耕垦土地"，"垦草令就是开垦荒地的命令"[2]。有学者强调："商鞅的革命主张的实施，促进了奴隶制赖以存在的经济基础——井田制的进一步瓦解，……"[3] 也有学者认为："（商鞅）提出的各项垦荒措施，对推动农业生产力的发展，巩固新兴地主阶级政权，具有重要意义。"[4] 看来，人们多重视和肯定这一举措对秦政治史和经济史的意义，对于"垦草"其他方面的作用，似乎有所忽略。

其实，我们如果从生态史的角度考察《垦草令》的影响，或许有助于获得关于秦史的新知。

经济的进步与生态的改造

《垦草令》颁布，引发了秦国显著的经济进步。

大规模"垦草"促成的田土面积的空前扩大，可能超过了周人原来的经营范围，使得农产品富足一时，秦国于是成为实力强盛的农业大国。周天子以及东方列国都已经不能再无视这一以成功的农耕经济为基础的政治实体的存在了。相应的国家行政管理重心的转移，体现在从雍迁都到咸阳。[5]

这一历史变化，同时使得秦文化的面貌出现了明显的转折。

秦终于摆脱牧业传统的限制而成为农耕大国。通过从牧人和牧农兼营者到真正的农人的身份转变，其文化风格稳重务实的特色愈益显著。

《商君书·垦令》说："惼急之民不斗，很刚之民不讼，怠惰之

---

① 高亨注译《商君书注译》，第 19 页。
② 林剑鸣：《秦史稿》，第 181 页。
③ 《商君书新注》编辑组编《商君书新注》，第 11 页。
④ 山东大学《商子译注》编写组编《商子译注》，第 7 页。
⑤ 参看王子今《秦定都咸阳的生态地理学与经济地理学分析》，《人文杂志》2003 年第 5 期。

民不游，费资之民不作，巧谀恶心之民无变也；五民者不生于境内，则草必垦矣。"不利于社会安定的民风的纠正，可以为"垦草"准备条件。而农耕的发展，也必然使得民俗、民风、民族精神都出现相应的变化。

所谓"褊急""很刚""怠惰之民"，和同篇说到的"轻惰之民""辟淫游惰之民""诛愚乱农之民""愚心躁欲之民""恶农慢惰倍欲之民""奸伪躁心私交疑农之民"等，从一定意义上说，含义是相近的。其中，"乱农""恶农""疑农之民"的说法值得我们注意。这些人看来有可能是以非农耕的经营方式为生的体力劳动者。"疑农之民"，高亨解释为"迷惑农民的人"，① 似有未妥。有谓"疑农"为"不安心农业生产"者，② 或许更为接近原义。③

经历"垦草"以来长期的农耕发展，秦人方才可能积累和贡献《吕氏春秋》中《上农》等四篇所体现的农学成就。

《汉书·艺文志》中著录的"六国时"农学作品可以说已经一无所存，我们所看到的专论农业的先秦文献，只有《吕氏春秋》中的《上农》《任地》《辩土》《审时》四篇。《上农》一篇，讲的是农业政策；《任地》《辩土》《审时》三篇，讲的是农业技术。④《吕氏春秋》还在《十二纪》中强调，施政要依照十二月令行事。而十二月令，实际上是长期农耕生活经验的总结。《吕氏春秋·上农》强调治国应当以农业为重，指出，古代的圣王所以能够领导民众，首先在于对农耕经济的特殊重视。民众务农不仅在于可以收获地利，而更值得重视的，还在于有益于端正民心民志。《吕氏春秋》提出了后世长期

① 高亨注译《商君书注译》，第23页。
② 《商君书新注》编辑组编《商君书新注》，第17页；山东大学《商子译注》编写组编《商子译注》，第9、14页。
③ 今按："疑农"，或许也可以读作"碍农"。《管子·兵法》："傍通而不疑。"俞樾《诸子评议·管子二》："疑，当读为碍。《广雅·释言》曰：'碍，阂也。'旁通而不碍，言无隔碍也。"黎翔凤撰，梁运华整理《管子校注》，第322、324页。
④ 夏纬瑛：《吕氏春秋上农等四篇校释》，农业出版社，1979，第2页。

遵循的重农的原则，特别强调其意义不仅限于经济方面，还可以"贵其志"，即发生精神文化方面的作用。同篇又从这样三个方面说到推行重农政策的目的：

①"民农则朴，朴则易用，易用则边境安，主位尊。"

②"民农则重，重则少私义，少私义则公法立，力专一。"

③"民农则其产复，其产复则重徙，重徙则死其处而无二虑。"①

就是说，民众致力于农耕，则朴实而易于驱使，谨慎而遵从国法，积累私产而不愿意流徙。很显然，特别是其中前两条，"民农则朴，朴则易用"以及"民农则重，重则少私义"的内涵，其实都可以从政治文化的角度来理解。这样的思想，对于后来历代统治者有长久的影响。《吕氏春秋》有关农业的内容，不仅体现了一种重视农耕的政策倾向，还体现了一种讲究实用的文化传统。

就学术史的地位而言，秦人在这一方面的文化积累，可以说已经形成了自己独有的优势。

已经有学者注意到，"秦之学术的作用多在形而下的实用方面"②，后来秦始皇焚书，不禁绝医药卜筮种树之书，说明对有实用价值的医学、农学、历算之学的重视。兵学在秦代得以流传，也有史例可以说明。③

《史记·范雎蔡泽列传》中可见蔡泽语："大夫种为越王深谋远计，免会稽之危，以亡为存，因辱为荣，垦草入邑，辟地殖谷，率

---

① 许维遹撰，梁运华整理《吕氏春秋集释》，第682~683页。

② 张文立、宋尚文：《秦学术史探赜》，陕西人民出版社，2004，第19页。

③ 如项籍落难吴中，"阴以兵法部勒宾客及子弟"并亲教项羽"兵法"事，又张良得黄石公授《太公兵法》事，及韩信击赵，为背水之阵出奇制胜后，与部下讨论兵法事等。

四方之士，专上下之力，辅句践之贤，报夫差之仇，卒擒劲吴。令越成霸。"这段文字，虽然是蔡泽说文种、勾践故事，其中"垦草入邑，辟地殖谷"，则似乎又采用了秦人语汇。

所谓"入邑"，司马贞《索隐》"刘氏云：'入犹充也。谓招携离散，充满城邑也'"①，其含义看起来似乎和《商君书·徕民》中所说招致来自邻国的移民的意思相近。有的学者因此指出，商鞅倡行垦草、徕民，是主要针对关中东部的政策。"关中东部作为秦新占领的地区之一，土地垦殖率相对低于关中西部，有'垦草'之余地；人口密度相对小于三晋诸邻，有'徕民'之空间。"② 其实，"垦草入邑"，未必是说"垦草、徕民"。钱穆曾经论证"徕民"事在战国晚期，"若在孝公变法时，方务开阡陌，尽地力，内力之未充，其出而战也，亦窥机抵隙，因便乘势，非能亟战而操必胜之权也。无论秦之声威未震，关东之民不肯襁负而至；即至矣，亦只以扰秦而亡之；欲求国内一日之安不可得，又何论于亡三晋而一天下哉？《史公序》商鞅变法，条理悉备，其一民于耕战则有之矣，徕三晋民耕于内，而驱秦民战于外，史公无此说也。后世言商君变法者往往以开阡陌与徕民并称，失之远矣"。蒋礼鸿以为"其说甚辨"。③

"入邑"，可能有促使民众定居的意义。这在由畜牧经济转轨为农耕经济的过程中，是显著的变化。

《商君书·垦令》中所见排斥"游惰之民""逆旅之民"④，以及

---

① 《史记·范雎蔡泽列传》，第2423~2424页。
② 樊志民：《秦农业历史研究》，第63页。
③ 蒋礼鸿：《商君书锥指》，第86页。
④ 对于所谓"逆旅之民"，通常解释为"开设旅馆的人""开客店的人""开设客店的人"。见高亨注译《商君书注译》，第23页；《商君书新注》编辑组编《商君书新注》，第18页；山东大学《商子译注》编写组编《商子译注》，第14页；北京电子管厂、北京广播学院《商君书评注》小组评注《商君书评注》，中华书局，1976，第29页。其实，"逆旅之民"也可以理解为旅人、不定居的人。有的辞书对"逆旅"的解释，即有"旅居"一义。如《汉语大词典》第10卷，汉语大词典出版社，1992，第830页。

"废逆旅"，"使民无得擅徙"的主张，也是与这种转轨过程相一致的。

《商君书·算地》说，"田荒"是和"国贫"联系在一起的，又说"田荒则民诈生"。这一观点，和《吕氏春秋·上农》所谓"民农则朴""民农则重"，有一脉相承的关系，其文化意义是十分显著的。

"垦草"以来"耕"与"战"的相互促进，迫使秦人注意相应的生态条件的改造以满足农耕迅速发展的需要。

秦国祠祀系统对关中水系的特殊重视，体现出利用水资源发展农田灌溉的历史性的成功。

《史记·封禅书》列述秦人经营的关中祠所，其中体现山川神崇拜的祠祀对象，有所谓"霸、产、长水、沣、涝、泾、渭皆非大川，以近咸阳，尽得比山川祠"，以及"沣、滈有昭明、天子辟池"等。[①] 可见"水"在秦神学系统中的重要地位。

秦人在以咸阳为中心的祭祀格局中河川崇拜的地位特别突出，值得我们重视。这一事实，应当与关中地区农田灌溉事业的发展有关。

后来的一些历史事实，如秦人大规模修建水利工程，[②] 以及秦始皇"更名河曰德水，以为水德之始"[③] 等等，都可以与以咸阳为中心的河川崇拜联系起来分析。

秦人"独特的生存制度"

李剑农曾经写道："东方各国（除楚燕外）有地狭人稠之象，秦则为地旷人稀之地。""商鞅见秦之农户太少，旷地太多"，于是推行新法。[④] 杨宽指出："秦国地广人稀，荒地比较多，所以商鞅在秦国把

---

① 《史记·封禅书》，第 1374、1375 页。

② 战国晚期秦国修建的大型水利工程，最著名的有李冰主持的都江堰工程和郑国主持的郑国渠工程。参看林剑鸣《秦史稿》，第 279~282 页。

③ 《史记·秦始皇本纪》。

④ 李剑农：《先秦两汉经济史稿》，中华书局，1962，第 122 页。

奖励开垦荒地作为发展农业生产的重点，和李悝在魏国'尽地力之教'有所不同。"① 林剑鸣说："由于奴隶制的崩溃，在奴隶主国有土地上劳动的奴隶纷纷反抗、逃亡，使许多土地荒芜了。另外，因为秦国地广人稀，有大片土地没有开垦。为了增加剥削收入，必须设法发展农业生产，所以秦国的改革，首先从发布'垦草令'开始。"②

所谓"地旷人稀""地广人稀"，《通典》卷一《食货一》的说法则是"地广人寡"。③

对于当时秦国"地广人寡"或"地广人稀"的自然条件的理解，可以借助《商君书·徕民》中的如下说法：

地方百里者：山陵处什一，薮泽处什一，溪谷流水处什一，都邑蹊道处什一，恶田处什二，良田处什四，以此食作夫五万。其山陵薮泽溪谷可以给其材，都邑蹊道足以处其民，先王制土分民之律也。

今秦之地，方千里者五，而谷土不能处什二，田数不满百万，其薮泽溪谷名山大川之材物货宝，又不尽为用，此人不称土也。④

按照"先王制土分民之律"，应当是"地方百里者：山陵处什一，薮泽处什一，溪谷流水处什一，都邑蹊道处什一，恶田处什二，良田处

---

① 杨宽：《战国史》（增订本），上海人民出版社，1998，第203页。
② 林剑鸣：《秦史稿》，第181页。
③ 《通典》卷一《食货一》："秦孝公任商鞅。鞅以三晋地狭人贫，秦地广人寡，故草不尽垦，地利不尽出，于是诱三晋之人，利其田宅，复三代无知兵事，而务本于内，而使秦人应敌于外。故废井田，制阡陌，任其所耕，不限多少。数年之间，国富兵强，天下无敌。""任其所耕，不限多少"句下原注："孝公十年之制。"（第6页）《册府元龟》卷四九五同。《太平御览》卷八二一引《史记》："秦孝公任商鞅，鞅以三晋地狭人贫，秦地广人寡，故草不尽垦，地利不尽出，于是诱三晋之人，利其田宅，复三代无兵知事，而务本于内，而使秦人应敌于外。故废井田，制阡陌，任其所耕，不限多少。数年之间，国富兵强，天下无敌。"（第3655页）
④ 蒋礼鸿：《商君书锥指》，第86~87页。

什四"，然而"秦之地"，则"谷土不能处什二，田数不满百万"，可见当时农耕开发的程度甚低。对于所谓"今秦之地，方千里者五，而谷土不能处什二，田数不满百万"，所谓"人不称土"，蒋礼鸿说："此非谓土不足，谓已垦者稀也。""谓耕者少而土多。"①

《商君书·算地》也有关于规划国土资源使用比率的内容：

> 凡世主之患，用兵者不量力，治草莱者不度地。故有地狭而民众者，民胜其地；地广而民少者，地胜其民。民胜其地者，务开；地胜其民者，事徕。开则行倍。民过地，则国功寡而兵力少；地过民，则山泽财物不为用。夫弃天物，遂民淫者，世主之务过也，而上下事之，故民众而兵弱，地大而力小。故为国任地者，山林居什一，薮泽居什一，溪谷流水居什一，都邑蹊道居什四。此先王之正律也。

其中"都邑蹊道居什四"句，俞樾《诸子平议》说："'都邑蹊道'下有阙文，今据《徕民》篇补云：'都邑蹊道居什一，恶田九什二，良田居什四。'"

《商君书·算地》的作者还写道："今世主有地方数千里，食不足以待役实仓，而兵为邻敌臣，故为世主患之。夫地大而不垦者，与无地者同。""故为国之数，务在垦草。"② 之所以推行"垦草"，是因为"地大而不垦"。

对于所谓"民胜其地者，务开"，有学者也解释说："'开'，辟也，谓务在辟草莱。"③

《商君书·徕民》说，"山陵处什一"，《算地》则说"山林居什

---

① 蒋礼鸿：《商君书锥指》，第 87 页。
② 蒋礼鸿：《商君书锥指》，第 42~43、44 页。
③ 朱师辙：《商君书解诂定本》，古籍出版社，1956，第 25 页。

一"。一"山陵"，一"山林"。用字有异，而"山林"之说，或许更能够体现当时的生态条件。

有学者认为："商鞅倡行的垦草、徕民之术，只是适于关中东部特殊条件的具体政策，而缺乏比较普遍的实践意义。这是因为，关中西部自周秦之兴，即保持了较高的农业发展水平。在《徕民》、《算地》诸篇中被商君视为楷模的制土分民之术、任地待役之律，正是源诸岐丰，而行之于周秦的周制。它所规划的土地比例、食民之数正是商君力图实现的理想目标。这里的土地开发与农业生产，不会在数百年后反倒有所衰退。"① 看来，以农业发展观的角度看，以"关中西部"为主要基地的"秦之地""人不称土"的说法，是可以动摇这一地区"保持了较高的农业发展水平"的判断的。

论者以为，商鞅变法"是以栎阳为中心进行的"，于是"结合栎阳前线实际，提出和颁行了一系列旨在促进当地农业发展的政策和法令"。所谓"栎阳乃新徙之都"，"为畿辅所在"的认识，② 其实还可以商榷。③ 以为商鞅的新法只适用于"栎阳前线"而并不推行于全国，则似乎低估了变法的意义。

其实，历史上的"衰退"，是常见的现象。戎人势力的盛起，可能是导致关中西部"土地开发与农业生产"走向"衰退"不可避免的重要因素。可以推知，这种"衰退"并不始于周平王东迁时，而可能还要早一些，即在周幽王时代或更早"戎寇"④ 兴起之时。

民族力量的消长，使得关中地区的生产方式和生态环境都发生了变化。与此相应的文化面貌，体现为秦人"对于周人甚而戎狄的文化，都能采取兼收并蓄的态度"，其政治形式，也形成了"略异于中

---

① 樊志民：《秦农业历史研究》，第 63 页。
② 樊志民：《秦农业历史研究》，第 62~63 页。
③ 参看王子今《秦献公都栎阳说质疑》，《考古与文物》1982 年第 5 期；《栎阳非秦都辨》，《考古与文物》1990 年第 3 期。
④ 《史记·周本纪》，第 149 页。

原各国的"""独特的生存制度"。①

这种"独特的生存制度"，其实也表现在生态环境方面。

所谓"今秦之地，方千里者五，而谷土不能处什二，田数不满百万"，是一组国土资源利用效率的比例数字。这虽然是粗略的估计，但是和司马迁笔下的另一组同样来自于粗略估计的比例数字"关中之地，于天下三分之一，而人众不过什三；然量其富，什居其六"② 比较，差距还是非常明显的。秦人经营的关中能够走向傲视天下的富足，是从《垦草令》迈出重要的一步的。

"壹山泽"政策

《商君书·垦草》写道："壹山泽，则恶农慢惰倍欲之民无所于食；无所于食则必农，农则草必垦矣。"这里所谓"壹山泽"，应当是商鞅首创的政策，《汉书·食货志上》写作"颛川泽之利，管山林之饶"③，《前汉纪》卷一三写作"专川泽之利，营山林之饶"。对于"壹山泽"，有学者解释说："谓专山泽之禁，不许妄樵采、佃渔。"④政府通过对"川泽""山林"资源的独占，迫使"恶农慢惰倍欲之民"断绝了原有的生命线，不得不参与"垦草"。然而对于"山泽"而言，却以类似王家自然保护区的形式，维护了原有的自然生态。

有学者以为"壹山泽"的政策在于"垄断山川林泽等自然资源"，这样的判断是正确的。论者又强调其目的在于"抑制私营工商业"，认为"农民无法自由使用山川林泽，私营工商业也就发展不起来"，"这些山林川泽从农业的角度看实无多大价值，但从工商

---

① 余宗发：《秦人出入各家思想分期初探》，（台北）学海出版社，1987，第36、48页。
② 《史记·货殖列传》，第3262页。
③ 颜师古注："'颛'与'专'同。'管'，主也。"《汉书·食货志上》，第1137页。
④ 朱师辙：《商君书解诂定本》，第9页。

业角度看则不然。虽不能生产五谷，但可以发展畜牧、种植、矿冶诸业"①。有关"壹山泽"的政策与"抑制私营工商业"的关系，似嫌论说不够充分。而指出"山林川泽""可以发展畜牧"，正可以说明商鞅变法推行《垦草令》对于秦国经济形态由牧农兼营到以农为主的历史转型的作用。

也可能正是自此开始，秦进入了一个新的生态史的时代。

上郡和巴蜀：不同生态区的行政演习

据《史记·赵世家》记述，赵惠文王元年（前298），"主父欲令子主治国，而身胡服将士大夫西北略胡地，而欲从云中、九原直南袭秦，于是诈自为使者入秦"②。秦国向北的扩张，逐渐推拒赵国的势力，而占有了上郡之地。

上郡地方经济发展速度比较缓慢，分析当地农业和牧业的比重关系，似乎牧业所占据的地位可能超过农业。这一情形，虽然不便和商鞅变法之前秦地的经济形态进行直接的比较，但是至少和关中西北部的情形颇为接近。有的农史学者曾经如此评价商鞅变法前后的情形："关中西北的农牧交错地带，受生产类型之制约，只宜农牧兼营，维持相对较低的农牧负载水平。"③

虽然直到汉初上郡地区的经济水准依然比较落后，④ 但是当时这里的生态环境，可能是值得后代的人们羡慕的。

秦惠文王时代，秦完成了对蜀地的占有。秦人兼并蜀地，是秦首次实现大规模的领土扩张，于是为后来统一事业的成功奠定了最初的

---

① 田昌五、臧知非：《周秦社会结构研究》，西北大学出版社，1996，第144页。一说"山川林泽"，一说"山林川泽"，似有笔误。

② 《史记·赵世家》，第1812~1813页。

③ 樊志民：《秦农业历史研究》，第63页。

④ 参看王子今《说"上郡地恶"——张家山汉简〈二年律令〉研读札记》，周天游主编《陕西历史博物馆馆刊》第10辑。

基础。秦人并蜀的成就，除了军政谋略的明智而外，文化背景的历史作用也不宜忽视。可以说，秦文化的某些特质和蜀文化的某些特质，都对这一历史过程表现出影响。而这一历史过程对于秦文化和蜀文化的发育，作用都是显著的。① 蜀地与秦地不同的生态条件，② 也是我们在分析这一历史进程时不应当忽视的。李冰的水利经营，也可以看作改变生态条件的一种努力。

秦国执政阶层对于蜀地农耕经营的关注，以及关中农业政策在蜀地的推广程度，可以通过四川青川郝家坪出土秦武王时"更修《为田律》"木牍得到说明。③ 这一时期蜀地生态条件的相应变化，有学者在研究成果中已经涉及。④

考察商鞅变法以后的秦史，我们看到，与秦的扩张相应，上郡地方和巴蜀的占有，使秦的执政者开始试验与关中地区生态环境背景显著不同的北方草原荒漠地区和南方稻米生产区的管理，而当时的其他六个强国，则根本没有条件经历这样的行政实践。

这样的实践，可以看作统治大一统国家的一种必要的先期演习。

如果说，颁布《垦草令》时，秦国还在追赶东方各国的经济进程和文化进程，那么，在占有上郡和蜀地，即形成了"大关中"的地理态势之后，⑤ 从生态经济和生态文化的视角考察，可以说秦国已经占有了明显的优势。秦国虽然尚未征服东方文化基础深厚的地区，但是已经远远超越其他六个强国，成为版图面积最大的国度。秦国领土南

---

① 参看王子今《秦兼并蜀地的意义与蜀人对秦文化的认同》，《四川师范大学学报》（社会科学版）1998 年第 2 期。

② 参看王子今《战国秦汉时期中国西南地区犀的分布》，复旦大学历史地理研究中心主编《面向新世纪的中国历史地理学——2000 年国际中国历史地理学术讨论会论文集》。

③ 四川省博物馆、青川县文化馆：《青川县出土秦更修田律木牍——四川青川县战国墓发掘简报》，《文物》1982 年第 1 期；杨宽：《释青川秦牍的田亩制度》，《文物》1982 年第 7 期；黄盛璋：《青川新出秦田律木牍及其相关问题》，《文物》1982 年第 9 期；李学勤：《青川郝家坪木牍研究》，《文物》1982 年第 10 期。

④ 参看蓝勇《历史时期西南经济开发与生态变迁》，第 14~16 页。

⑤ 参看王子今《秦汉区域地理学的"大关中"概念》，《人文杂志》2003 年第 1 期。

北纵跨纬度超过 12 度。这是战国七雄中其他国家无一能够相比的。[①]对不同生态环境条件的广大区域包括畜牧区、粟麦耕作区和稻米耕作区的综合管理，自然可以提高秦国领导集团的执政能力，且为后来统一帝国的行政提供了预演的条件。

这些现象，虽然都是在商鞅变法之后发生的，但是商鞅变法是开始这一历史变化的一个起点。商鞅的《垦草令》作为第一部正式涉及在变革生产方式的同时改造生态环境的法令，其意义也因此值得我们重视。

"垦草"与植被性质的变化

自《垦草令》的实施以来所引发的农耕热潮，使得秦地的自然生态条件受到直接的影响，原有植被有所破坏。《商君书·垦草》说到的"轻惰之民""辟淫游惰之民""诛愚乱农之民""愚心躁欲之民""恶农慢惰倍欲之民""奸伪躁心私交疑农之民"，很可能包括原先从事牧业生产或兼营农牧的劳动者。这些人在政府政策的刺激下，投入"垦草"运动之中，同时意味着他们原先的生产场所，植被性质发生了变化。

汉代社会舆论对"垦草"依然持肯定和鼓励的态度。"垦草"的发起，是先古圣王最值得崇敬的伟业之一。如《淮南子》书中就可以看到：

> 稷辟土垦草，以为百姓力农。（《主术》）
> 辟地垦草者，后稷也。（《诠言》）
> 后稷乃教之辟地、垦草、粪土、种谷，令百姓家给人足。（《人间》）

---

① 参看王子今《秦史的宣太后时代》，《光明日报》2016 年 1 月 20 日，第 14 版；《宣太后的历史表演与秦统一进程》，梁安和、徐卫民主编《秦汉研究》第 11 辑，陕西人民出版社，2017。

后稷垦草、发菑、粪土、树谷，使五种各得其宜，因地之势
也。(《泰族》)①

"垦草"，又是"明主贤君"的事业。《春秋繁露·立元神》：

秉耒躬耕，采桑亲蚕，垦草殖谷开辟，以足衣食，所以奉地
本也。

又《春秋繁露·五行相生》：

亲入南亩之中，观民垦草、发淄，耕种五谷，积蓄有余，家
给人足，仓库充实。②

普通的农人，则切实以"垦草"为业。《论衡·效力》："夫垦草殖
谷，农夫之力也。"《汉书·孙宝传》说到丞相司直孙宝抗击权贵的
事迹，其中有这样一个实例：

时帝舅红阳侯立使客因南郡太守李尚占垦草田数百顷，颇有
民所假少府陂泽，略皆开发，上书愿以入县官。有诏郡平田予
直，钱有贵一万万以上。宝闻之，遣丞相史按验，发其奸，劾奏
立、尚怀奸罔上，狡猾不道。尚下狱死。立虽不坐，后兄大司马
卫将军商薨，次当代商，上度立而用其弟曲阳侯根为大司马票骑
将军。③

---

① 何宁撰《淮南子集释》，第 638、1000、1254~1255、1386 页。
② （清）苏舆撰，钟哲点校《春秋繁露义证》，中华书局，1992，第 169、363 页。
③ 《汉书·孙宝传》，第 3258~3259 页。

帝舅红阳侯王立勾结南郡太守李尚"占垦草田数百顷"，又欲以非法手段诈取其"直"，孙宝追查此案，李尚死，王立虽得免罪，然而因此失去了一次上升的机会。所谓"占垦草田数百顷"，颜师古注："草田，荒田也。""垦草"二字分读，然而也并不影响这一事件与我们所讨论的"垦草"的关系。"垦草"的原义，其实很可能就是"垦草田"。

《太平御览》卷七八引《周书》曰："神农之时，天雨粟，神农耕而种之，作陶冶斤斧为耒耜锄耨，以垦草莽，然后五谷兴。"《太平御览》卷八四○引《周书》则写作："神农之时，天雨粟，神农耕而种之，作陶冶斤斧，破木为耜锄耨，以垦草芥，然后五谷兴。"[①] 一作"垦草莽"，一作"垦草芥"，都指出原有植被"草"在"垦草"运动中受到破坏的情形。

《淮南子·泰族》说到"垦草、发菑"，《春秋繁露·五行相生》说"垦草、发淄"。"淄"应是"菑"的异写。"菑"字结构下部的"田"，说明其义与田地相关。《说文·艸部》："菑，不耕田也。"[②]菑，又指直立的枯木。《诗·大雅·皇矣》："作之屏之，其菑其翳。"毛亨传："木立死曰'菑'。"[③]《荀子·非相》："周公之状，身如断菑。"杨倞注："《尔雅》云：木立死曰'菑'。"[④] 所谓"发菑"，是指除去荒田中的枯木。在使用"火耕"的垦荒技术时，"菑"当是指焚烧过后残留的立木，即"木立死"者。

"火耕"在汉代尚是某些地区普遍使用的技术。《史记·平准书》："江南火耕水耨。"又《货殖列传》："楚越之地，地广人希，饭稻羹鱼，或火耕而水耨。"[⑤] "火耕"曾经是传统农耕方式。"炎帝"

---

① （宋）李昉等撰《太平御览》，第 366、3753 页。
② （汉）许慎撰，（清）段玉裁注《说文解字注》，第 41 页。
③ （清）阮元校刻《十三经注疏》，第 519 页。
④ （清）王先谦撰，沈啸寰、王星贤点校《荀子集解》，第 74 页。
⑤ 《史记》，第 1437、3270 页。

和"神农"的关系，据说就与这一方式有关。[1] 长沙走马楼出土《嘉禾吏民田家莂》有"火种田"名目，有的学者认为："可以认定'火种田'基本上是旱田的代名词，其所以用'火种田'命名，可能同这种旱田宜于采用火耕的方法进行耕作有关。"[2] 也有一种意见，以为"火种田"不过只是"伙种田"而已。[3]

不论是否采用"火耕"技术，在垦草过程中，原有植被遭到破坏。原生植物不论草本还是木本，都会被刈杀。

"黄河"和"泥水"

地理环境在历史时期的变化，相对于经济和社会发展来说要缓慢得多，但这种变化有时也会因人为因素的作用而变得十分明显。例如人们对黄土高原森林植被的破坏，造成水土的严重流失。黄河带来的大量泥沙，淤高了河床，下游于是往往决口改道，从而导致地貌的变化。

当时农耕经济的发展，刺激了垦荒事业的兴起。不断扩大的滥垦，造成了生态平衡的失调。森林、草原及其他植被的破坏，使得水土流失越来越严重。以木材作为燃料、制作厚重的棺椁，以及大量砍伐林木营造富丽宏大的建筑，也是使森林受到破坏的主要原因。

史念海指出，黄河原来并不以"黄"相称，到西汉初年才有了"黄河"的名称，"这应该和当时森林遭受破坏和大量开垦土地有关"。泾河清浊的变化就可以作为说明。泾河本来是一条相当清澈的河流，战国后期开始变浊，这正是秦国疆土达到泾河上游的时候。泾

---

① 参看王子今、朱耀松《炎帝传说及其透露的远古生态史信息》，刘正主编《炎帝文化与21世纪中国社会发展》，岳麓书社，2002。

② 高敏：《〈吏民田家莂〉中所见'余力田'、'常限'田等名称的涵义试析——读长沙走马楼简牍札记之三》，《郑州大学学报》（社会科学版）2000年第5期。

③ 参看王子今《试释走马楼〈嘉禾吏民田家莂〉"余力田"与"余力火种田"》，北京吴简研讨班编《吴简研究》第1辑。

河主要支流马连水，西汉时称作"泥水"。"泥水"的名称显示水中多含泥沙。支流如此，无怪乎原来清可见底的泾河，这时已经成为"泾水一石，其泥数斗"的情形了。这样的情形，当然绝不止一条泾河。[1] 笔者参加的秦直道南段考察队在马栏河畔采集到有"泥亭"戳记的陶罐，也证实了这样的说法。

滥垦—水土流失—湖泊的收缩

北方湖泊面积的缩小，作为生态环境变化的表现之一，应当受到重视。分析这种变化的原因，不能忽视人为因素的作用。

当时，农耕经济的发展，刺激了垦荒事业的兴起。土地占有状况的不合理，使得没有土地和只有少量土地的农民到处开垦。《九章算术·方田》中，有关于测定不规则农田，如所谓"圭田""邪田""箕田""圆田""宛田""弧田""环田"等面积的算题，反映了当时垦田的破碎无序。

滥垦的土地产量不会很高，于是又导致了进一步扩大的滥垦。这种人为因素的影响，造成了生态平衡的失调。森林、草原及其他植被的破坏，使得水土流失越来越严重。由森林等自然植被被毁坏所造成的严重水土流失，不仅改变了当地的地貌，也使土壤的肥力受到损害。

严重的水土流失，也是导致湖泊池沼淤堙的因素之一。

以木材作为燃料，和大量砍伐林木营造富丽宏大的宫室陵墓等建筑，也是使森林受到破坏的主要原因。史念海指出："西汉以长安为都，就近取材于终南山上。东汉末年，董卓迫献帝于长安时，说过可以利用陇右材木建筑宫殿，这显示出经过西汉的砍伐，历时200多

---

① 史念海：《论历史时期黄土高原生态平衡的失调及其影响》，《河山集 三集》。

年，终南山上的森林尚未能恢复起来。"①

事实上，以破坏自然山林植被为代价取得经济效益，是得不偿失的。

就湖泊的命运而言，其存在，原本可以提供颇为可观的收益。《史记·货殖列传》写道，拥有"水居千石鱼陂"者，经济地位可以相当于千户侯。颜师古注《汉书·货殖传》，解释"水居千石鱼陂"："言有大陂养鱼，一岁收千石鱼也。"当时仅长安附近的数十处中小型天然水面和人工湖泊，经营者已经充分利用以"外荡养鱼"的方式取得水产品。据《三辅黄图》卷四《池沼》引《庙记》说：昆明池"养鱼以给诸陵祭祀，余付长安厨"。《汉旧仪》也可见"上林苑中昆明池、镐池、牟首诸池，取鱼鳖给祠祀，用鱼鳖千枚以上，余给太官"的说法。《西京杂记》卷一说，汉武帝作昆明池，"于上游戏养鱼，鱼给诸陵庙祭祀，余付长安市卖之"②。《太平御览》卷九三五引《三辅旧事》也有类似的记载，甚至说到"余付长安市，鱼乃贱"。渔产丰盈，以至影响了市价。《初学记》卷七列举"汉上林有池十五所"，其中有的直接以"鱼池"为名。③《史记》卷一一七《司马相如列传》说："地可以垦辟，悉为农郊，以赡萌隶。隤墙填堑，使山泽之民得至焉。实陂池而勿禁。"所谓"实陂池"，张守节《正义》："实，满也。言人满陂池，任采捕所取也。"④ 其实，"实陂池"，或许有填埋陂池以为农田的意思。《汉书》卷六五《东方朔传》同样说开放宫苑的文字，就说："卑宫馆，坏苑囿，填池堑，以予贫民无产业者。"⑤ 其中

---

① 史念海：《森林地区的变迁及其影响》，《河山集　五集》，第64页。

② 何清谷校注：《三辅黄图校注》，第297页；（清）孙星衍等辑，周天游点校《汉官六种》，第50页；（晋）葛洪撰，周天游校注《西京杂记校注》，第5页。

③ （宋）李昉等撰《太平御览》，第4156页；（唐）徐坚等著《初学记》，第148页；王子今：《秦汉渔业生产简论》，《中国农史》1992年第2期。

④ 《史记》，第3041页。

⑤ 《汉书》，第2872页。

即可见"填池"。

林业和渔业，虽然在秦汉时期被看作重要的社会生产部门有所发展，但是由于传统经济观念的影响，在很多情况下必须让位于作为主体经济形式的农耕业。林业和渔业往往需要经过商业过程方能够完成价值实现，与农耕生产的目的主要是自给自足不同。政府的政策倾向是"重农"，民众的观念倾向也是"重农"。于是以牺牲林业和渔业为代价实现农业开发，往往成为社会的共同选择。然而社会更为重大的牺牲，并非农业以外诸产业的凋零，而是无可挽回的自然生态的严重破坏。关中地区湖泊史于是由"林麓薮泽""陂池交属""神池灵沼，往往而在"以至"清渊洋洋""弥望广潒"的时代，因区域植被的破坏和水流上源的截留，逐渐转入了许多湖泊——"淤涸成为平地"的历史阶段。湖泊原本涵养水分、调节湿度、美化环境的作用，已经没有能力继续承担了。

附论：

泾渭清浊的演变

清代文人朱维鱼曾经作《渭城竹枝词》十二首，描述陕西咸阳的历史文化和风土人情。其中有一首涉及男女情爱。诗人写道："君来定识泾水浊，妾意终怜渭水清。生憎流入黄河去，顿教清浊不分明。"读者当然会注意到，诗句中的"泾水浊""渭水清"，似乎与传统说法泾清渭浊不同。"泾渭分明"是人们习用的成语。《现代汉语词典》的解释是："泾河水清，渭河水浑，泾河的水流入渭河时，清浊不混，比喻界限清楚。"[1]

关于泾渭之清浊，为什么会有相反的认识呢？

---

① 《现代汉语词典》，第 663 页。

"浊渭清泾"与"清渭浊泾"异说

长期以来，人们习惯以泾水和渭水的对照比喻"清浊""分明"。然而究竟是泾清渭浊还是渭清泾浊，历代却有不同的说法。

泾清渭浊之说，最早在《诗经》中已经出现。《邶风·谷风》中有"泾以渭浊，湜湜其沚"的名句。西汉诗学大家毛苌解释说，"泾渭相入而清浊异"①，虽然没有明确说"泾渭"究竟何者清何者浊，但是从语序来看，"泾渭"和"清浊"理应先后对应。我们可以大略推知，毛苌的理解应当是泾清渭浊。此后，东汉学者郑玄为《诗经》作笺注，又有态度明朗的解说："泾以有渭，故见渭浊。"看来，从《邶风·谷风》的作者到东汉大儒郑玄，都以为泾清渭浊。

不过，后来又有相反的看法。西晋文士潘岳从洛阳前往长安，作《西征赋》写述沿途见闻，其中说到对泾渭的直接观感为"（长安）北有清渭浊泾"②，一反前人之说，认为渭清泾浊。《梁书·元帝纪》也有"浊泾清渭"的文字。唐代学者韦挺《泾水赞》之"决渠浊流，属渭清津"③，则明说泾水浊渭水清。杨炯有"浊泾清渭"文辞传世。④ 杜甫也有"浊泾清渭何当分"⑤，"旅泊穷清渭，长吟望浊泾"⑥等名句。他的诗作中，说到"清渭"的共有9处，说到"浊泾"的共有4处。唐人王维、储光羲、僧皎然、权德舆、柳宗元、欧阳詹、贾岛、李德裕、李商隐、许浑、韩偓、吴融、释贯休等，诗文都可见"清渭"字样。白居易作品中5处说到"清渭"，如《重到渭上旧居》

① （清）阮元校刻《十三经注疏》，第304页。
② （梁）萧统编，（唐）李善注《文选》，第153页。
③ （清）董诰等编《全唐文》卷一五四，中华书局，1983，第1576页。
④ 《从弟去盈墓志铭》，祝尚书笺注《杨炯集笺注》卷九，中华书局，2016，第1310页。
⑤ 《秋雨叹三首》之二，《九家集注杜诗》卷一，第45页。
⑥ 《秦州见敕目，薛三璩授司议郎，毕四曜除监察，与二子有故，远喜迁官，兼述索居，凡三十韵》，《九家集注杜诗》卷二〇，第939页。

诗："旧居清渭曲，开门当蔡渡。"[1] 他在《泛渭赋》中还曾经写道：
"泛泛渭水上有舟，沿兮溯兮，爱彼百里之清流。"[2] 因为白氏居处近
临渭水，所谓"清流"之说应当真确可信。

南宋诗人陆游的《剑南诗稿》中 7 见"清渭"之说，其中有
"我昔从戎清渭侧"句。[3] 又如《远游二十韵》："辕门俯清渭，彻底
绿可染。旧史所登载，一一尝考验。"[4] 从口气之坚定看，似乎当时人
所说"清渭"也是确实的。朱熹《诗集传》也写道："泾浊渭清，然
泾未属渭之时，虽浊而未尚见，由二水既合，而清浊益分。"[5] 不过，
同样是南宋人，王迈则有"由浊渭而入清泾"的说法。[6] 清浊之判
断，已经出现异议。元代诗人侯克中则有明确题名为《浊渭》的诗
作，其中写道："浊渭清泾未易论，从他燕蝠自朝昏。商君必欲更秦
法，宋玉徒劳吊楚魂。万斛精粱群鼠厌，一钩香饵六鳌吞。老来不解
兴亡事，睡足斜阳柳外村。"[7] 所谓"未易论"强调"浊渭清泾"确
凿无疑。

乾隆指令实地考察

那么，泾渭两河究竟是泾清渭浊还是渭清泾浊？清乾隆帝读
《诗经》，不满意"泾浊渭清"的解释"大失经义"，他说，陶渊明读
书不求甚解，作为隐居放言之人是可以的，稽古考经的学者则不能这
样，更何况"作君师司政治者"呢？于是特派陕西巡抚秦承恩进行实
地考察。秦承恩奉旨亲自先后循泾水和渭水考察其水文状况，并前往

---

① （唐）白居易著，顾学颉校点《白居易集》，第 176 页。

② （唐）白居易著，顾学颉校点《白居易集》，第 863 页。

③ 《江北庄取米作饭香甚有感》，钱仲联、马亚中主编《陆游全集校注》卷一七，浙
江古籍出版社，2015，第 162 页。

④ 钱仲联、马亚中主编《陆游全集校注》卷八一，第 372 页。

⑤ （宋）朱熹：《诗集传》，凤凰出版社，2007，第 26 页。

⑥ 《权教谢京尹启》，《全宋文》第 324 册，第 203 页。

⑦ 杨镰主编《全元诗》第 9 册，中华书局，2013，第 77 页。

泾水之源和渭水之源调查，又特别注意了两水交汇之处的情形。他在考察报告中写道：泾水"其流与江汉诸川相似"，而渭水"其色与黄河不甚相远"，"至合流处，则泾水在北，渭水在南，泾清渭浊，一望可辨。合流以后，全河虽俱浑浊。然近北岸数丈许尚见清泚，过此七八里外，清浊始混而为一"。据调查，泾水四时常清，只是每年十几天的汛期内河身浑浊，而渭水"水挟沙行，四时常浊，从未见有清澈之日"。秦承恩又进行试验，据说泾水一石澄静之后有泥滓三升许，渭水一石则澄滓斗许。于是乾隆帝宣布了"实'泾清渭浊'"的考察结论。秦承恩的汇报，作为乾隆帝《泾清渭浊纪实》一文的附录，也收录在《御制文集》三集卷一四之中。[①] 这篇可以看作水文史研究和生态史研究重要资料的文书，反映了自清代至于近世"泾河水清，渭河水浑"的情形。人们对于这一现象的认识，很可能就是上文所引那部辞书中"泾河水清，渭河水浑"说法的由来。

史念海的研究

著名历史地理学家史念海教授对于泾渭清浊的历史演变进行了研究。他指出，"泾渭两河的清浊问题并不是一成不变的"，"春秋时期是泾清渭浊，战国后期到西晋初年却成了泾浊渭清，南北朝时期再度成为泾清渭浊，南北朝末年到隋唐时期又复变成泾浊渭清，隋唐以后又成了泾清渭浊"。他认为，泾渭清浊的历史变化，与当地植被的保存与毁坏以及水土流失是否严重有密切的关系。不同历史时期在泾水和渭水上游地方开发程度的不同，导致了这两条河流含沙量的变化。比如秦汉时期，泾水上游地区接受了大批移民，农田面积的增大、森林的砍伐和草场的破坏，使得水土严重流失。泾水上游的马连河，当时称作"泥水"，可见河中有大量的泥沙。南北朝时期，北方游牧族

---

① 《御制文集》第三集卷一四，《景印文渊阁四库全书》第 1301 册，第 661~662 页。

南下，农耕族内迁，大片耕地转变为牧场。据《水经注》记载，"泥水"在当时已经改称"白马水"。可见泾水上游植被有所变化。然而到了唐代以后，相应地区承受了更为沉重的人口压力，森林破坏更为严重，泾水又转而浑浊。渭水流域植被变化对河中泥沙量的影响，也有同样的规律。[①]

回顾中国古代生态史，泾渭清浊的演变，主要的原因是人为的作用。这样的事实，对于今天的人们，也可以提供有意义的启示。

2. 生态史视角的军事屯田考察

两汉时期的一个突出的历史特征，是中原文明的创造者已经形成了统一的政治实体以与北方草原民族的军事威胁对抗，通过军事抗击与和亲外交两种方式的交错使用，基本实现了边防的安定和边区的和平。在这一历史条件下开通丝绸之路的成功，有益于汉文化收纳外来文化的若干积极因素，也使汉文化的对外影响得以扩大。

在这一历史过程中，汉帝国的政治家、军事家有相应的战略规划和政策设计，并且予以认真的实施。军事屯田，是对于汉帝国用兵北边和驭控西域有重要意义的策略。

中原兵农远至西北边地屯田，对当地原有的生态环境形成了严重的冲击。考察这一历史过程的背景和影响，应当有益于深化对汉代生态环境史的认识。

军屯初制及晁错的规划

秦帝国的北边经营曾经取得了突出的成功。《史记·秦始皇本纪》记载："始皇乃使将军蒙恬发兵三十万人北击胡，略取河南地。""三

---

① 史念海：《论泾渭清浊的变迁》，《河山集 二集》，1981。

十三年，……西北斥逐匈奴。自榆中并河以东，属之阴山，以为四十四县，城河上为塞。又使蒙恬渡河取高阙、阳山、北假中，筑亭障以逐戎人。徙谪，实之初县。"① 秦始皇时代因对匈奴战争的需要，开始向新占领区移民。所谓"徙谪"，带有军事移民的性质。这些移民的生存方式，自然是以农耕经济为主，其主要的经营形式，极可能是屯田。这就是后来经济史论者所谓"民屯"，而军队的供给，则主要依靠内地的转运。

秦时大规模的北边军需运输，耗费民力极为惊人。据《史记·平津侯主父列传》，当时，"使天下蜚刍挽粟，起于黄、腄、琅邪负海之郡，转输北河，率三十钟而致一石"，"使蒙恬将兵以北攻胡，辟地进境，戍于北河，蜚刍挽粟以随其后"。"丁男被甲，丁女转输，苦不聊生，自经于道树，死者相望。"② 晁错建议汉文帝屯田北边，有"输将之费益寡，甚大惠也"的说法，③ 指出军事屯田的直接效用，是减省了转运军粮的耗费。赵充国上奏汉宣帝，也说"屯田内有亡费之利"④，同样强调屯田利以"亡费"的意义。⑤

晁错建议汉文帝以新的方式"守边备塞"，提出了相当完备的计划。他说，边境防卫之重要，已经引起重视，但是征调"远方之卒"守卫，每年予以更替，不如选调"常居"边地的人。他建议组织向北边移民，给予优厚的安置条件，"先为室屋，具田器"，"皆赐高爵，复其家。予冬夏衣，廪食，能自给而止。郡县之民得买其爵，以自增至卿。其亡夫若妻者，县官买予之"，"如是，则邑里相救助，赴胡不避死"。这并不是由于道德的激励，而是由于亲情关系和利益因素所驱使，这与"东方之戍卒不习地势而心畏胡者"相比较，功力可以

---

① 《史记·秦始皇本纪》，第 252、253 页。
② 《史记·平津侯主父列传》，第 2954、2958 页。
③ 《汉书·晁错传》，第 2288 页。
④ 《汉书·赵充国传》，第 2989 页。
⑤ 《文献通考》卷七《田赋考·屯田》所谓"屯田所以省馈饷"，说的也是同样的意思。

超越万倍。晁错说："以陛下之时，徙民实边，使远方无屯戍之事，塞下之民父子相保，亡系虏之患，利施后世，名称圣明，其与秦之行怨民，相去远矣。"汉文帝接受了他的建议，于是"募民徙塞下"，以"募"的形式组织民众徙居北边。晁错在又一次上言时，提出了安置这些移民的具体措施："下吏诚能称厚惠，奉明法，存恤所徙之老弱，善遇其壮士，和辑其心而勿侵刻，使先至者安乐而不思故乡，则贫民相募而劝往矣。臣闻古之徙远方以实广虚也，相其阴阳之和，尝其水泉之味，审其土地之宜，观其草木之饶，然后营邑立城，制里割宅，通田作之道，正阡陌之界，先为筑室，家有一堂二内，门户之闭，置器物焉，民至有所居，作有所用，此民所以轻去故乡而劝之新邑也。为置医巫，以救疾病，以修祭祀，男女有昏，生死相恤，坟墓相从，种树畜长，室屋完安，此所以使民乐其处而有长居之心也。"

晁错的规划包括对生态环境条件的具体要求，这就是：

相其阴阳之和，尝其水泉之味，审其土地之宜，观其草木之饶，然后营邑立城，制里割宅。

晁错所谓"徙民实边，使远方无屯戍之事"，"使屯戍之事益省"，似乎是说这种移民方式并非"屯戍"。然而他又建议对这种"塞下之民"实行严格的军事化的管理形式："臣又闻古之制边县以备敌也，使五家为伍，伍有长；十长一里，里有假士；四里一连，连有假五百；十连一邑，邑有假候：皆择其邑之贤材有护，习地形知民心者，居则习民于射法，出则教民于应敌。故卒伍成于内，则军正定于外。服习以成，勿令迁徙，幼则同游，长则共事。夜战声相知，则足以相救；昼战目相见，则足以相识；骥爱之心，足以相死。如此而劝以厚赏，威以重罚，则前死不还踵矣。所徙之民非壮有材力，但费衣粮，不可用也；虽有材力，不得良吏，犹亡功也。"①

晁错所建议的屯田，采取十分特殊的方式，其动员形式是"募"。这种"选常居者，家室田作，且以备之"的形式虽然并非"令远方之卒守塞，一岁而更"的一般意义上的"屯戍"，然而其作用依然在于"备""胡"。徙往塞下者，是一种亦兵亦农的身份。因而这种屯田形式，严格说来依然具有军事屯田的性质。有学者指出其职能为"且垦且守"，是适宜的。②

历史文献明确记载的西汉有关军事屯田的一次重要的争论，见于《史记·平津侯主父列传》："偃盛言朔方地肥饶，外阻河，蒙恬城之以逐匈奴，内省转输戍漕，广中国，灭胡之本也。上览其说，下公卿议，皆言不便。公孙弘曰：'秦时常发三十万众筑北河，终不可就，已而弃之。'主父偃盛言其便，上竟用主父计，立朔方郡。"同一内容，《汉书·主父偃传》在"已而弃之"句后写作："朱买臣难诎弘，遂置朔方，本偃计也。"③可知支持主父偃的意见，对于公孙弘说直接予以反驳的，还有朱买臣。主父偃说到"内省转输戍漕"，暗示形成"朔方"防御体系的基本措施，是军事屯田。

值得我们特别注意的，是"（主父）盛言朔方地肥饶"。也许正是因为这一地方生态环境的优势得到宣传，才促成了"立朔方郡"的重要决策。

汉武帝的西北战略与"轮台诏"

汉武帝时代对匈奴作战的胜利，改变了北边的战略形势。西汉王朝为了巩固这一胜利，并且为远征匈奴进行必要的准备，组织了规模空前的军事屯田。

①　《汉书·晁错传》，第2286~2289页。
②　邵台新：《汉代河西四郡的拓展》，（台北）台湾商务印书馆，1988，第50页。
③　《史记·平津侯主父列传》，第2961~2962页；《汉书·主父偃传》，第2803页。

《史记·匈奴列传》记载，元狩四年（前119），汉骠骑将军霍去病大败匈奴左贤王部，"骠骑封于狼居胥山，禅姑衍，临翰海而还。是后匈奴远遁，而幕南无王庭。汉度河自朔方以西至令居，往往通渠置田，官吏卒五六万人，稍蚕食，地接匈奴以北"①。又据《史记·平准书》，元鼎六年（前111），"初置张掖、酒泉郡，而上郡、朔方、西河、河西开田官，斥塞卒六十万人戍田之"②。居延汉简"卒名籍"中所见"田卒"（11.2）、"戍田卒"（303.15、513.17）、"河渠卒"（140.15），敦煌汉简所见"守谷卒"（2326B）等，均"服役于屯田事宜"。③ 有学者指出，"'河渠卒'乃为专事水利的戍卒"，"'田卒'乃为专事农业生产的屯田卒"④。可见河西地区实行了具有严格的意义、正规的意义的军事屯田。居延汉简又可见所谓"代田仓"（148.47、273.14、273.24、275.19、275.23、543.3、557.3、557.5A、557.5B），许多学者据此以为中原先进耕作方法"代田法"，当时已经在北边推广。通过关中地方创制的这种先进农耕技术能够在居延实行，可以推知当时这一地区生态环境的面貌应当比现今温暖湿润。

随着对匈奴战争形势的进展，北边军事屯田的规模愈益扩大，其地域也向西扩展。⑤ 正如张春树所指出的，"汉代西向扩张的中心组织为一特别设计的边塞制度"，"在各军事驻地中也有平民，他们在军事工事的外层，从事田耕和其他工作，受士卒的保护"，"边地的人民多

---

① 《史记·匈奴列传》，第2911页。

② 《史记·平准书》，第1439页。《汉书·食货志下》有同样的记载，颜师古注："开田，始开屯田也。斥塞，广塞令却。初置二郡，故塞更广也。以开田之官广塞之卒戍而田也。"（第1173页）

③ 陈直：《两汉经济史料论丛》，陕西人民出版社，1980，第7页。

④ 李均明、刘军：《简牍文书学》，第336页。

⑤ 《史记·廉颇蔺相如列传》："李牧者，赵之北边良将也。"（第2449页）然而此所谓"北边"所指称的地域幅面，较秦汉所谓"北边"要狭小得多。"北边"所指代的地域，在汉武帝时代呈示出历史的变化。《汉书·赵充国传》："北边自敦煌至辽东万一千五百余里。"（第2989页）

是由内地移去的"。而"军人"中又有"田卒"。张春树认为："汉廷对开边拓地是有一套大计划的。在这个计划中理论与实际并重而力求实效。""汉朝的边塞制度不仅是开发既得边地的蓝图，而且也是向前继续推进的方案。"① 有的学者认为，"汉朝拓殖体制的前身很有可能是秦在征服四川盆地蜀国之后采取的一系列政策和行动"，包括使大量"从秦国迁来的移民"得到土地。②

西汉王朝远征军进入西域之后，军事屯田最西端的基地至于渠犁（今新疆库尔勒、尉犁）、轮台（今新疆轮台东）地方。《史记·大宛列传》："敦煌置酒泉都尉；西至盐水，往往有亭。而仑头有田卒数百人，因置使者护田积粟，以给使外国者。"③ 《汉书·地理志下》："（敦煌郡）广至，宜禾都尉治昆仑障。"王先谦《汉书补注》："《后书·明纪》注，伊吾庐城本匈奴中地名，汉破呼衍王，取其地置宜禾都尉，以为屯田。"④《汉书·西域传上》："自贰师将军伐大宛之后，西域震惧，多遣使来贡献，汉使西域者益得职。于是自敦煌西至盐泽，往往起亭，而轮台、渠犁皆有田卒数百人，置使者校尉领护，以给使外国者。"⑤《汉书·西域传下》又说："自武帝初通西域，置校尉，屯田渠犁。"⑥ 当时的屯田，发挥了重要的作用。有的学者认为，汉武帝时代，屯田"成为汉代在西域的基本政策"⑦。悬泉置出土汉简"留下了渠犁屯田吏士过往悬泉的记录，可看出渠犁屯田的大致概

---

①　张春树：《汉代边疆史论集》，（台北）食货出版社，1977，第3~4、6页。

②　〔美〕马立博（Robert B. Marks）：《中国环境史——从史前到近代》第2版，关永强、高丽洁译，中国人民大学出版社，2022，第91页。

③　《史记·大宛列传》，第3179页。"置使者护田积粟"，《汉书·西域传上》作"置使者校尉领护"。颜师古注："统领保护营田之事也。"（第3873页）

④　《汉书·地理志下》，第1614页；《汉书补注》，第800页。

⑤　《汉书·西域传上》，第3873页。王先谦《汉书补注》："徐松曰：西域屯田之官，皆为校尉，此秩尊，加使者以别之，亦称使者，《史记》'置使者护田积粟'是也。"（第1607页）

⑥　《汉书·西域传下》，第3912页。王先谦《汉书补注》："徐松曰：汉通西域，在太初三年。《郑吉传》自张骞通西域，李广利征伐之后，初置校尉屯田渠犁。"（第1632页）

⑦　邵台新：《汉代对西域的经营》，（台北）辅仁大学出版社，1995，第48页。

况"。汉代在西域其他地方屯田的相关信息，也见于悬泉置汉简。[①]

汉武帝时代对于西北方向的军事屯田，在执政集团上层是有争论的。

太子刘据与汉武帝政见不同。《资治通鉴》卷二二"武帝征和二年"记载："太子每谏征伐四夷，上笑曰：'吾当其劳，以逸遗汝，不亦可乎！'"[②] 刘据对于"征伐四夷"的批评，从常理推想，应当是包括对于西北军事屯田的不同意见的。征和二年（前91）发生的"巫蛊之祸"，暴露了西汉王朝面临的政治危机，当时，长安发生暴乱，戾太子刘据冤死。事后汉武帝有所省悟，于怀念太子刘据的同时，宣布了基本政策的转变，所正式颁布的罪己诏书，包括对西域军事屯田的否定。《汉书·西域传下》记载："自武帝初通西域，置校尉，屯田渠犁。是时军旅连出，师行三十二年，海内虚耗。"征和年间，贰师将军李广利西域作战失利，以军降匈奴。汉武帝于是"悔远征伐"，然而这时搜粟都尉桑弘羊与丞相御史奏言建议在"故轮台东捷枝、渠犁"扩大屯田规模，"以威西国，辅乌孙"。汉武帝则发表了相反的意见："上乃下诏，深陈既往之悔，曰：'前有司奏，欲益民赋三十助边用，是重困老弱孤独也。而今又请遣卒田轮台。轮台西于车师千余里，……乃者贰师败，军士死略离散，悲痛常在朕心。今请远田轮台，欲起亭隧，是扰劳天下，非所以优民也。今朕不忍闻。'"于是，宣布"当今务在禁苛暴，止擅赋，力本农"，"由是不复出军。而封丞相车千秋为富民侯，以明休息，思富养民也"[③]。汉武帝认真反思太子刘据政治主张的利弊，决心利用汉王朝西域远征军战事失利的时机，开始基本政策的转变，于是驳回了桑弘羊等人在轮台扩大军事

---

① 郝树声、张德芳：《悬泉汉简研究》，甘肃文化出版社，2009，第239~258页。

② 《资治通鉴》，第726~727页。据《汉书·武帝纪》颜师古注引应劭曰，"征和"年号的意义，即"言征伐四夷而天下和平"（第208页），这正是汉武帝的思路。

③ 《汉书·西域传下》，第3912~3914页。

屯田规模的建议。这就是史称"仁圣之所悔"的著名的"轮台诏"。

"轮台诏"的颁布，在西汉历史上意义极大。① 有关史实所见"搜粟都尉桑弘羊与丞相御史奏言"所谓"故轮台东捷枝、渠犁皆故国，地广，饶水草，有溉田五千顷以上，处温和，田美，可益通沟渠，种五谷，与中国同时孰"，"可遣屯田卒诣故轮台以东，置校尉三人分护，各举图地形，通利沟渠，务使以时益种五谷"，"田一岁，有积谷，募民壮健有累重敢徙者诣田所，就畜积为本业，垦溉田，稍筑列亭，连城而西，以威西国，辅乌孙，为便"，以及汉武帝诏文所谓"今请远田轮台，欲起亭隧，是扰劳天下，非所以优民也"，实际上可以看作又一次关于军事屯田的争论。这一争论以汉武帝的绝高威势，得以迅速定音。②

我们在回顾这一史事的时候，自然会特别注意桑弘羊等奏言中关于所规划屯田基地"地广，饶水草，有溉田五千顷以上，处温和，田美，可益通沟渠，种五谷，与中国同时孰"的说法。

《盐铁论》的批评：阴阳不和·地势无所宜

然而，汉昭帝和汉宣帝时代军事屯田又出现了新的高潮。《汉书·昭帝纪》有始元二年（前85）冬"调故吏将屯田张掖郡"的记

---

① 司马光在《资治通鉴》卷二二"汉武帝征和四年"一节，曾经这样评价汉武帝的"轮台诏"，他写道："孝武穷奢极欲，繁刑重敛，内侈宫室，外事四夷，信惑神怪，巡游无度，使百姓疲敝，起为盗贼，其所以异于秦始皇无几矣。然秦以之亡，汉以之兴者，孝武能尊王之道，知所统守，受忠直之言，恶人欺蔽，好贤不倦，诛罚严明，晚而改过，顾托得人，此其所以有亡秦之失而免亡秦之祸乎！"（第747页）参看田余庆《论轮台诏》，《秦汉魏晋史探微》（重订本），中华书局，2004；王子今：《晚年汉武帝与"巫蛊之祸"》，《固原师专学报》1998年第5期。

② 《文献通考》卷七《田赋考·屯田》就此有所评论："武帝征和中，桑弘羊与丞相御史请屯田故轮台地，以威西域，而帝下诏，深陈既往之悔，不从，其事亦在昭、宣之前。然轮台西于车师千余里，去长安且万里，非张掖、金城之比；而欲驱汉兵远耕之，岂不谬哉！赖其说陈于帝既悔之后耳。武帝通西域，复轮台、渠犁，亦置营田校尉领护，然田卒止数百人。今弘羊建请以为溉田五千顷以上，则徙民多而骚动众矣。帝既悔往事，思富民，宜其不从也。"（第156~157页）

载。对于轮台屯田基地的重建，汉昭帝也改变了汉武帝确定的政策。《汉书·西域传下·渠犁》记载："昭帝乃用桑弘羊前议，以杅弥太子赖丹为校尉将军，田轮台。轮台与渠犁地相连也。"[①] 此外，元凤四年（前77）屯田伊循（今新疆若羌东）[②]，地节二年（前68）屯田渠犁，[③] 屯田车师，[④] 神爵三年（前59）屯田北胥鞬[⑤]等事，都说明军事屯田重新兴起的事实。据《汉书·辛庆忌传》"少以父任为右校丞，随长罗侯常惠屯田乌孙赤谷城"[⑥]，可知常惠屯田基地，已经设置于今吉尔吉斯斯坦伊什提克地方。近年甘肃敦煌悬泉置遗址出土简牍资料，有关于接待长罗侯常惠的文书遗存，[⑦] 或许有益于了解当时西域军事屯田的有关背景。应当注意到，汉王朝在西域重新采用军事屯田政策的重要背景，是匈奴也开始在西域地方以屯田形式设立军事据点。

西北地方军事屯田的重新扩张，告诉我们当时气候条件是适宜于这种农耕的开发的。

据《汉书·西域传下·车师后国》记载，汉宣帝地节年间关于车师军事屯田，曾经有这样的讨论："地节二年，汉遣侍郎郑吉、校尉司马憙将免刑罪人田渠犁，积谷，欲以攻车师。至秋收谷，吉、憙发

---

① 《汉书·西域传下·渠犁》，第3916页。

② 《汉书·西域传上·鄯善国》：元凤四年，汉立尉屠耆为鄯善王，王自请天子："愿汉遣将屯田积谷，令臣得依其威重。"于是，"汉遣司马一人，吏士四十人，田伊循以填抚之"（第3878页）。

③ 《汉书·西域传下·车师后国》："地节二年，汉遣侍郎郑吉、校尉司马憙将免刑罪人田渠犁，积谷，欲以攻车师。"（第3922页）

④ 《汉书·西域传下·车师后国》："（郑）吉始使吏卒三百人别田车师。""置戊己校尉屯田，居车师故地。"（第3923、3924页）

⑤ 《汉书·西域传上》："徙屯田，田于北胥鞬，披莎车之地，屯田校尉始属都护。都护督察乌孙、康居诸外国动静。"（第3874页）北胥鞬其地未详，莎车在今新疆莎车。参看谭其骧主编《中国历史地图集》第2册，第37~38页。

⑥ 《汉书·辛庆忌传》，第2996页。

⑦ 何双全：《甘肃敦煌汉代悬泉置遗址发掘简报》，《敦煌悬泉汉简内容概述》，《文物》2000年第5期；张德芳：《〈长罗侯费用簿〉及长罗侯与乌孙关系考略》，《文物》2000年第9期；王子今：《〈长罗侯费用簿〉应为〈过长罗侯费用簿〉》，《文物》2001年第6期。

城郭诸国兵万余人，自与所将田士千五百人共击车师，攻交河城，破
之。""会军食尽，吉等且罢兵，归渠犁田。收秋毕，复发兵攻车师王
于石城。"于是车师降汉。"（郑吉）东奏事，至酒泉，有诏还田渠犁
及车师，益积谷以安西国，侵匈奴。吉还，……始使吏卒三百人别田
车师。"后来得到情报，知匈奴决意与汉争夺车师屯田地。"果遣骑来
击田者，吉乃与校尉尽将渠犁田士千五百人往田，匈奴复益遣骑来，汉
田卒少不能当，保车师城中。"匈奴军围城数日后虽然退去，此后仍然
频繁以数千骑往来骚扰。郑吉上书请求增益田卒，然而，"卿议以为道
远烦费，可且罢车师田者"。诏遣长罗侯将张掖、酒泉骑出车师北千余
里，扬威武车师旁掩击匈奴。"胡骑引去，吉乃得出，归渠犁，凡三校
尉屯田。"此后，"汉召故车师太子军宿在焉耆者，立以为王，尽徙车
师国民令居渠犁，遂以车师故地与匈奴。车师王得近汉田官，与匈奴
绝，亦安乐亲汉"。"其后置戊己校尉屯田，居车师故地。"①　所谓"卿
议"，就是关于车师军事屯田的御前讨论。"卿议"的一致意见，竟
然是"罢车师田者"。

　　汉昭帝始元六年（前81），曾经就当时重大政策举行了一次辩
论，有人称之为"盐铁会议"。各派意见代表人物的发言，被汉宣帝
时人桓宽整理成《盐铁论》一书。《盐铁论》记录了对于盐铁、均
输、酒榷以及对匈奴军事外交方式等诸多重要国策的不同意见的争
论，其中也涉及军事屯田。

　　例如《盐铁论·复古》可见文学的言论："孝武皇帝攘九夷，平
百越，师旅数起，粮食不足，故立田官。……"文学认为，这是"当
时之权，一切之术也，不可以久行而传世，此非明王所以君国子民之
道也"，"此所谓守小节而遗大体，抱小利而忘大利者也"。甚至暗示
这是"不通于王道，而善为权利者"。大夫则反驳道："宇栋之内，

---

①　《汉书·西域传下·车师后国》，第3922~3924页。

燕雀不知天地之高；坎井之蛙，不知江海之大；穷夫否妇，不知国家之虑；负荷之商，不知猗顿之富。先帝计外国之利，料胡、越之兵，兵敌弱而易制，用力少而功大，故因势变以主四夷，地滨山海，以属长城，北略河外，开路匈奴之乡，功未卒。……有司思师望之计，遂先帝之业，志在绝胡、貉，擒单于，故未遑扣肩之义，而录拘儒之论。"文学又说，这是"弊诸夏以役四夷"，又暗示致力于边地屯田等政策的大规模实行，有导致政治败局的危险："昔秦常举天下之力以事胡、越，竭天下之财以奉其用，然众不能毕；而以百万之师，为一夫之任，此天下共闻也。且数战则民劳，久师则兵弊，此百姓所疾苦，而拘儒之所忧也。"[1] 这样的忧虑，似乎代表着相当普遍的意见。

《盐铁论·园池》中也可以看到涉及军事屯田的言辞。例如，大夫说："……及北边置任田官，以赡诸用，而犹未足。"强调这一政策不可以罢除："今欲罢之，绝其源，杜其流，上下俱殚，困乏之应也，虽好省事节用，如之何其可也？"文学的批评，则认为这是"造田畜，与百姓争荐草"，与所谓"明主德而相国家"的理想政治存在距离。[2]

又如《盐铁论·轻重》记录文学的说法，则突出渲染了西北屯田者生活的异常艰难：

> 文学曰："边郡山居谷处，阴阳不和，寒冻裂地，冲风飘卤，沙石凝积，地势无所宜。"

他们认为，中原地方"含众和之气，产育庶物"。然而，"今去而侵边，多斥不毛寒苦之地，是犹弃江皋河滨，而田于岭阪菹泽也。转仓廪之委，飞府库之财，以给边民。中国困于徭赋，边民苦于戍御。力耕不便种籴，无桑麻之利，仰中国丝絮而后衣之，皮裘蒙毛，曾不足盖形，夏

---

① 王利器校注《盐铁论校注》（定本），第79~80页。
② 王利器校注《盐铁论校注》（定本），第171、172页。

不失复，冬不离窟，父子夫妇内藏于专室土圜之中"①。说"中国困于徭赋，边民苦于戍御"，又说"力耕不便种籴，无桑麻之利，仰中国丝絮而后衣之"，则是"边民"既"戍御"又"力耕"，可知是生活在军事屯田的体制之中。又据《盐铁论·地广》，大夫言称：

> 缘边之民，处寒苦之地，距强胡之难，烽燧一动，有没身之累。故边民百战，而中国恬卧者，以边郡为蔽扞也。

军事屯田的政策，在于"散中国肥饶之余，以调边境"，而"边境强，则中国安，中国安则晏然无事"。文学在反驳这一说法时，回顾古者国家规模有限，因此"百姓均调而徭役不劳也"的情形，又指出：然而，"今推胡、越数千里，道路回避，士卒劳罢。故边民有刎颈之祸，而中国有死亡之患，此百姓所以嚣嚣而不默也"。文学就此又引"轮台诏"为说："夫治国之道，由中及外，自近者始。近者亲附，然后来远；百姓内足，然后恤外。故群臣论或欲田轮台，明主不许，以为先救近务及时本业也。故下诏曰：'当今之务，在于禁苛暴，止擅赋，力本农。'公卿宜承意，请减除不任，以佐百姓之急。今中国弊落不忧，务在边境。意者地广而不耕，多种而不耨，费力而无功。"《盐铁论·西域》中大夫对"募人田畜以广用"政策的肯定，② 也受到文学"留心于末计"的批评。

　　《盐铁论》中，文学们发表了对西汉王朝西北战略予以总体否定的政见。而军事屯田政策，成为他们直接批评的对象。大夫对文学的批评，一一有所辩解。桓宽虽然明显倾向于文学，但他对于两派辩论的记述，大体是完整的。③

---

① 《盐铁论·轻重》，第 180 页。

② 《盐铁论·地广》，第 207~208 页；《盐铁论·西域》，第 499 页。大夫还说道："长城以南，滨塞之郡，马牛放纵，蓄积布野，未睹其计之所过。"

③ 周桂钿：《秦汉思想史》，河北人民出版社，2000，第 259 页。

从赵充国上屯田奏到田禾将军"屯田北假"

《汉书·宣帝纪》有"（神爵元年秋）后将军（赵）充国言屯田之计"的记载。《汉书·赵充国传》的记录更为具体：元康年间，赵充国以后将军击羌，"度其必坏，欲罢骑兵屯田，以待其敝"。于是"上屯田奏"。赵充国说："臣所将吏士马牛食，月用粮谷十九万九千六百三十斛，盐千六百九十三斛，茭藁二十五万二百八十六石。难久不解，徭役不息。""且羌虏易以计破，难用兵碎也，故臣愚以为击之不便。"赵充国又说："计度临羌东至浩亹，羌虏故田及公田，民所未垦，可二千顷以上，其间邮亭多坏败者。臣前部士入山，伐材木大小六万余枚，皆在水次。愿罢骑兵，留弛刑应募，及淮阳、汝南步兵与吏士私从者，合凡万二百八十一人，用谷月二万七千三百六十三斛，盐三百八斛，分屯要害处。冰解漕下，缮乡亭，浚沟渠，治湟陿以西道桥七十所，令可至鲜水左右。田事出，赋人二十亩。至四月草生，发郡骑及属国胡骑伉健各千，倅马什二，就草，为田者游兵。以充入金城郡，益积畜，省大费。今大司农所转谷至者，足支万人一岁食。谨上田处及器用簿，唯陛下裁许。"

其中所见汉军"入山，伐材木"行为，以及即将实行的所谓分屯赋田，以及"至四月草生"以军马"就草"等，都必定会影响当地的生态环境。

对于赵充国的意见，汉宣帝答复说："皇帝问后将军，言欲罢骑兵万人留田，即如将军之计，虏当何时伏诛，兵当何时得决？孰计其便，复奏。"

赵充国又上奏说："今虏亡其美地荐草，愁于寄托远遁，骨肉离心，人有畔志，而明主般师罢兵，万人留田，顺天时，因地利，以待可胜之虏，虽未即伏辜，兵决可期月而望。羌虏瓦解，前后降者万七百余人，及受言去者凡七十辈，此坐支解羌虏之具也。臣谨条不出兵

留田便宜十二事。"他列举了罢骑兵兴屯田的 12 条好处，其中包括
"步兵九校，吏士万人，留屯以为武备，因田致谷，威德并行"，"又
因排折羌虏，令不得归肥饶之地，贫破其众"，"居民得并田作，不失
农业"，"罢骑兵以省大费"，"令反畔之虏窜于风寒之地，离霜露疾
疫瘃堕之患，坐得必胜之道"，"大费既省，徭役豫息，以戒不虞"
等。他说："留屯田得十二便，出兵失十二利。臣充国材下，犬马齿
衰，不识长册，唯明诏博详公卿议臣采择。"赵充国提出的"排折羌
虏，令不得归肥饶之地，贫破其众"，"令反畔之虏窜于风寒之地，离
霜露疾疫瘃堕之患"等设想，则是充分利用生态环境的差异，已据优
胜之处，而迫敌于危难之地，确实是很精明的策略。

汉宣帝又致书说：后将军所言"十二便"已经得知，"虏虽未伏
诛，兵决可期月而望，期月而望者，谓今冬邪，谓何时也？将军独不
计虏闻兵颇罢，且丁壮相聚，攻扰田者及道上屯兵，复杀略人民，将
何以止之？"

赵充国又上奏："臣愚以为虏破坏可日月冀，远在来春，故曰兵决可
期月而望。""今留步士万人屯田，地势平易，多高山远望之便，部曲相
保，为堑垒木樵，校联不绝，便兵弩，饬斗具。烽火幸通，势及并力，以
逸待劳，兵之利者也。臣愚以为屯田内有亡费之利，外有守御之备。骑兵
虽罢，虏见万人留田为必禽之具，其土崩归德，宜不久矣。从今尽三月，
虏马羸瘦，必不敢捐其妻子于他种中，远涉河山而来为寇。又见屯田之士
精兵万人，终不敢复将其累重还归故地。"他认为，用屯田之策，可以令
敌迅速瓦解，"不战而自破"。所谓"虏破坏可日月冀，远在来春"，"从
今尽三月，虏马羸瘦，必不敢捐其妻子于他种中，远涉河山而来为寇"，
都体现出对敌军活动规律之季节性进退的熟悉。

赵充国奏言中所谓"唯明诏博详公卿议臣采择"，期望朝廷对自
己的建议认真讨论。又《汉书·赵充国传》记载："充国奏每上，辄
下公卿议臣。初是充国计者什三，中什五，最后什八。有诏诘前言不

便者，皆顿首服。丞相魏相曰：'臣愚不习兵事利害，后将军数画军册，其言常是，臣任其计可必用也。'"可见赵充国军事屯田的主张在朝廷确实是经过了认真的讨论的。

汉宣帝于是指示赵充国："皇帝问后将军，上书言羌虏可胜之道，今听将军，将军计善。其上留屯田及当罢者人马数。将军强食，慎兵事，自爱！"又令破羌将军、强弩将军与中郎将卬出击。强弩将军和中郎将卬的部队都取得战功，"而充国所降复得五千余人。诏罢兵，独充国留屯田"①。

对于赵充国屯田事，有学者表示怀疑。如赵彦卫《云麓漫钞》卷一〇写道："赵充国屯田事，乃兵家计策，不惟宣帝与汉庭诸公，先零、罕、开为之惑，班固亦不识其几。汉田兵皆调发于郡国，千里行师，遇虏辄北。今罕、开等羌亦乌合，充国知其不能久，故欲以计挫之。……凡与汉庭往复论难者，不过粮草多寡耳，几初不露也。羌人见其设施出于所料之外，实不可久留，故输款而退，赵亦奏凯而还。在边不过自冬徂夏，元不曾收得一粒谷，想亦不曾下种。不然，五月谷将穗，那肯留以遗羌邪？学者不以时月考之，每语屯田，必为称首，可笑！"②虽然赵充国屯田情节未能考实，但是"唯明诏博详公卿议臣采择"，"充国奏每上，辄下公卿议臣"，赵充国亦"与汉庭往复论难"等等，都体现了西汉王朝重要政治决策的议定程序。有关军事屯田的措施，看来大都是通过这样的程序确定的。

西汉王朝对羌人的战争中采用军事屯田策略的史实，又有《汉书·冯奉世传》记载汉元帝永光二年（前42）羌人败散，汉军"罢吏士，颇留屯田，备要害处"事。③

关于西域屯田，又有"戊己校尉屯田吏士"在战争中发挥作用以

---

① 《汉书·赵充国传》，第2984~2992页。
② （宋）赵彦卫撰，傅根清点校《云麓漫钞》，中华书局，1996，第175页。
③ 《汉书·冯奉世传》，第3299页。

及"复置戊己校尉"的历史记录。① 而王莽时代，依然有组织军事屯田情形。如《汉书·王莽传中》记载："（始建国三年）以（赵）并为田禾将军，发戍卒屯田北假，以助军粮。"② 北假，即今内蒙古五原一带，乌加河、乌素海附近地区。

"光武阴柔"的政策基调与东汉军事屯田

汉光武帝刘秀以"柔道"行政，③ 对于匈奴取宽让的态度。《后汉书·西域传》记载，建武十四年（38），莎车王与鄯善王遣使请汉王朝派都护到西域，为刘秀拒绝。建武二十一年（45）车师前部、鄯善、焉耆等十八国遣王子入侍，再次请求汉王朝派遣都护，刘秀以中国初定，北边未服，仍未满足这一愿望。此后西域诸国相争，鄯善王上书再请都护，并宣称如果都护不出，将臣服于匈奴。刘秀竟然答复道："今使者大兵未得出，如诸国力不从心，东西南北自在也。"④ 在推卸保护西域诸国的责任的同时，也放弃了收服西域诸国的权利。于是鄯善、车师、龟兹等国均归属匈奴。后来于阗也为匈奴所控制。

《后汉书·南匈奴列传》写道："及关东稍定，陇、蜀已清，其猛夫扞将，莫不顿足攘手，争言卫、霍之事。帝方厌兵，间修文政，未之许也。"⑤ 此后，建武二十七年（51），北匈奴大疫，又遭遇旱蝗

---

① 《汉书·元帝纪》："（建昭三年）秋使护西域骑都尉甘延寿、副校尉陈汤拼发戊己校尉屯田吏士及西域胡兵攻郅支单于。冬，斩其首，传诣京师，县蛮夷邸门。"（第295页）《汉书·西域传上》："至元帝时，复置戊己校尉，屯田车师前王庭。"（第3874页）

② 《汉书·王莽传中》，第4125页。

③ 据《后汉书·光武帝纪下》，建武十七年（41）冬十月，刘秀回到家乡章陵（今湖北枣阳南），回顾往时宅院田庐，置酒作乐。当时刘姓诸母酒酣欢悦，相互夸赞刘秀少时谨慎柔和的性情，说他"少时谨信，与人不款曲，唯直柔耳"，所以今天才能如此。刘秀听后大笑道："吾理天下，亦欲以柔道行之。"（第68~69页）明代思想家李贽《史纲评要》卷一〇曾经评价此事："由你千言万语说不着，不如此母猜着，帝自家道着。"（刘幼生整理，社会科学文献出版社，2000，161页）所谓"谨信""直柔"，所谓"以柔道""理天下"，都准确反映了刘秀性格特征与东汉政风的关系。

④ 《后汉书·西域传》，第2924页。

⑤ 《后汉书·南匈奴列传》，第2966页。

之灾，又有大臣提议应当乘此时机命将临塞，策划出击，以为如此则"北虏之灭，不过数年"。而刘秀的答复强调"柔能制刚，弱能制强"，以所谓"务广地者荒，务广德者强"拒绝了这一建议。① 这位务实的帝王所谓"务广地者荒"，似乎也可以理解为对于在远僻之地组织军事屯田政策的曲折的批评。

这种片面讲究"柔"，向往以"文政""广德"的思想所主导的消极的政策，对于历史的走向确实产生了影响。另外，刘秀的西北方略，看来有心对秦皇汉武以来过度使用民力，连年开边扩张的做法有所纠正，也可以看作对王莽处理西北民族问题的错误政策的"拨乱"。同时，刘秀有关思路的形成，也是以天下初安、国力贫弱的实际情形为背景的。也可以说，刘秀的决策，在某种意义上其实也是一种无奈的选择。事实上，汉高祖刘邦也曾经有平城之围受制于匈奴的屈辱。不过，我们应当看到，刘邦和刘秀政治思想的基点是有明显差异的。前者更多地倾向于进取，后者更多地倾向于保守。正如李贽所说："光武与高祖不同。高祖阳明，光武阴柔。"②

尽管刘秀放弃了西域的控制权，而汉武帝以来西北方向的军事胜势也彻底败落，但是汉武帝时代真正兴起的军事屯田形式，在东汉依然得以继承。建武年间，在"边陲萧条"的形势下，刘秀以"屯田殖谷，弛刑谪徒以充实之"的方式强固边防，③ 而以"军士屯田"解决"粮储"问题，④ 也已经成为通行的方式。

---

① 《后汉书·臧宫传》，第696页。

② （明）李贽：《史纲评要》卷一○，第153页。

③ 《续汉书·郡国志五》刘昭注补引应劭《汉官》曰："世祖中兴，海内人民可得而数，裁十二三，边陲萧条，靡有孑遗，障塞破坏，亭队绝灭。建武二十一年，始遣中郎将马援、谒者，分筑烽候，堡壁稍兴，立郡县十余万户，或空置太守、令、长，招还人民。上笑曰：'今边无人而设长吏治之，难如春秋素王矣。'乃建立三营，屯田殖谷，弛刑谪徒以充实之。"（《后汉书》，第3533页）

④ 《后汉书·光武帝纪下》："（建武六年十二月）癸巳，诏曰：'顷者师旅未解，用度不足，故行十一之税，今军士屯田，粮储差积。其令郡国收见田租三十税一，如旧制。'"（第50页）

《后汉书·明帝纪》记载，汉明帝永平十六年（73）出击北匈奴，窦固"留兵屯伊吾卢城"。《后汉书·西域传》也说："（永平）十六年，明帝乃命将帅，北征匈奴，取伊吾卢地，置宜禾都尉以屯田，遂通西域，于寘诸国皆遣子入侍。西域自绝六十五载，乃复通焉。"[①] 可见这一军事屯田的举措意义甚大。宜禾都尉屯田基地所在，即今新疆哈密西。不过，这一屯田基地 4 年后即被废置。《后汉书·章帝纪》记载，"（建初二年春三月）甲辰，罢伊吾卢屯兵"。然而其事后来又有反复，《后汉书·顺帝纪》说："（永建六年）三月辛亥，复伊吾屯田。"李贤注："章帝建初二年罢也。"[②] 是罢后 54 年时，又再次得以恢复。第二年，即汉顺帝阳嘉元年（132）十二月，又有"复置玄菟郡屯田六部"的举措。"伊吾屯田"的"置"—"罢"—"复"，"玄菟郡屯田"的初置和"复置"，应当都经历过必要的论争，只是我们所看到的文献资料，已经不能提供有关论争的详尽信息了。

汉和帝永元十四年（102），曹凤又有在羌人所居西海地方实行军事屯田的建议。《后汉书·西羌传》："时西海及大、小榆谷左右无复羌寇。隃糜相曹凤上言：'西戎为害，前世所患，臣不能纪古，且以近事言之。自建武以来，其犯法者，常从烧当种起。所以然者，以其居大、小榆谷，土地肥美，又近塞内，诸种易以为非，难以攻伐。南得钟存以广其众，北阻大河因以为固，又有西海鱼盐之利，缘山滨水，以广田蓄，故能强大，常雄诸种，恃其权勇，招诱羌胡。今者衰困，党援坏沮，亲属离叛，余胜兵者不过数百，亡逃栖窜，远依发羌。臣愚以为宜及此时，建复西海郡县，规固二榆，广设屯田，隔塞羌胡交关之路，遏绝狂狡窥欲之源。又殖谷富边，省委输之役，国家

---

① 《后汉书·明帝纪》，第 120 页；《后汉书·西域传》，第 2909 页。

② 《后汉书·章帝纪》，第 135 页；《后汉书·顺帝纪》，第 258 页。《后汉书·西域传》也记载："（永建）六年，帝以伊吾旧膏腴之地，傍近西域，匈奴资之，以为钞暴，复令开设屯田如永元时事，置伊吾司马一人。"（第 2912 页）

可以无西方之忧。'于是拜凤为金城西部都尉，将徙士屯龙耆。后金城长史上官鸿上开置归义、建威屯田二十七部，侯霸复上置东西邯屯田五部，增留、逢二部，帝皆从之。列屯夹河，合三十四部。其功垂立。至永初中，诸羌叛，乃罢。"[1] 这一地区的军事屯田规模相当可观，然而自初置到罢废，前后时间很短，不过数年而已。

关于东汉时期的军事屯田，史籍可见《后汉书·梁慬传》所记录通过"公卿议"而罢除西域屯田事：汉殇帝延平元年（106），梁慬与段禧、赵博平定龟兹，"而道路尚隔，檄书不通。岁余，朝廷忧之。公卿议者以为西域阻远，数有背叛，吏士屯田，其费无已。永初元年，遂罢都护，遣骑都尉王弘发关中兵迎慬、禧、博及伊吾卢、柳中屯田吏士。二年春，还至敦煌"[2]。

东汉时期，除了《续汉书·百官志五》所谓"边郡置农都尉，主屯田殖谷"外，内地也多有实行军事屯田的实例。东汉末年因特殊的政治形势和生态形势，内地军事屯田得到突出的发展，然而其性质和作用，已经与边地的军事屯田有所不同。

两汉时期，军事屯田政策有得有失，军事屯田基地旋置旋废，军事屯田结局或成或败，然而作为汉代军事史的一个特殊的侧面，显然有予以总结的必要。两汉军事屯田对于生态条件的影响，也值得我们重视。[3]

军事屯田对生态环境的影响

侯仁之、俞伟超等对乌兰布和沙漠附近汉代垦区进行考察时发

---

① 《后汉书·西羌传》，第 2885 页。
② 《后汉书·梁慬传》，第 1591 页。
③ 王子今：《秦汉长城的生态史考察》，丁新豹、董耀会编《中国（香港）长城历史文化研讨会论文集》；《两汉时期的北边军屯论议》，吉林大学古籍研究所编《"1~6 世纪中国北方边疆·民族·社会国际学术研讨会"论文集》，科学出版社，2008；《"远田轮台"之议与汉匈对"西国"的争夺》，中国人民大学西域研究所编《西域历史语言研究集刊》第 2 辑，科学出版社，2009，王子今、吕宗力：《两汉时期关于军事屯田的论争》，《中国军事科学》2011 年第 4 期。

现，在屯垦军民撤出之后，生态环境形势严重恶化：

> 随着社会秩序的破坏，汉族人口终于全部退却，广大地区之内，田野荒芜，这就造成了非常严重的后果，因为这时地表已无任何作物的覆盖，从而大大助长了强烈的风蚀，终于使大面积表土破坏，覆沙飞扬，逐渐导致了这一地区沙漠的形成。[①]

笔者 2005 年 8 月对巴彦淖尔相关地区的考察，经历鸡鹿塞遗址及乌兰布和沙漠边缘，又调查了汉窳浑县城遗址，也得到了同样的认识。

史念海曾经指出，西汉一代在鄂尔多斯高原所设的县多达 20 多个，这个数字尚不包括一些未知确地的县。当时的县址，有 1 处今天已经在沙漠之中，有 7 处已经接近沙漠。"应当有理由说，在西汉初在这里设县时，还没有库布齐沙漠。至于毛乌素沙漠，暂置其南部不论，其北部若乌审旗和伊金霍旗在当时也应该是没有沙漠的。"土壤大面积沙化的情形各有其具体的原因，但是至少农林牧分布地区的演变也是一个促进的因素。"草原的载畜量过高，也会促使草原的破坏。草原破坏，必然助长风蚀的力量，促成当地的沙化。"[②]

通过对内蒙古额济纳旗汉代 W-T8 烽燧遗址三层堆积中分别取样进行孢粉分析的结果可知，起初，"烽燧遗址附近尚有一定的湖泊，为屯戍提供了水源和较今适宜的生境，也许在水、土较好的地段种植耐旱的作物。后由于人为活动（包括放牧）与大自然变干叠加，该地湖泊收缩，农田与草场湮废，导致该地从草原变为与今相似的荒漠植被……"[③] 有

---

① 侯仁之、俞伟超、李宝田：《乌兰布和沙漠北部的汉代垦区》，中国科学院治沙队编《治沙研究》第 7 号。

② 史念海：《两千三百年来鄂尔多斯高原和河套平原农林牧地区的分布及其变迁》，《河山集　三集》。

③ 孔昭宸、杜乃秋、朱延平：《内蒙古自治区额济纳旗汉代烽燧遗址的环境考古学研究》，周昆叔主编《环境考古研究》第 1 辑，第 121 页。

的学者指出："汉代大规模开发的进行，使得大片绿洲原野渐次被辟为农田，绿洲天然水资源被大量纳入人工农田垦区之中，从而大大改变了原有绿洲水资源的自然分布格局和平衡状态，绿洲自然生态系统已在很大程度上被人类的活动所影响和改造。""人工开发破坏固沙植被，流沙活动加剧，遂使下游尾闾的一些地方首先遭受沙患之害。"薪柴、饲草、建材以及燃放烽火所需"积薪""苣"等消耗，严重破坏了自然植被。"林草植被（特别是绿洲边缘荒漠固沙植被）大量破坏的恶果，只能是招致沙漠化过程的发生。"汉简资料多见关于"除沙"劳作的记录，可见"风沙活动已颇活跃，在一些烽燧、塞垣、农田附近已遭流沙的侵淤埋压"①。论者认为"大规模农业开发"是这种沙漠化过程的主要原因，而"气候上的干旱期"，仅仅起到"推波助澜作用"。②

有的学者注意到若干地区原有的沙地因人为作用得以扩大，"秦汉时期大规模的移民屯垦，使生态环境遭到破坏，再加上从第四纪以来就形成的部分沙地，经人为的活动在一定范围内已在移动和扩大"。论者以为，生态环境的变化也使得自然灾害发生的频度提高。如鄂尔多斯地区，西汉时人口达 109 万人，东汉时则锐减至 5.4 万人。"伴随着自然环境的变迁，自然灾害也在逐步增加。见于记载的在公元前230 年发生过一次旱灾。秦汉时期，由于大批的士兵、农民移入鄂尔多斯地区进行开垦，在一定范围内破坏了原始植被，自然灾害增加，这个时期全内蒙古旱灾增加到 27 次，其中鄂尔多斯地区就有 5 次。"③

---

① 李并成：《居延古绿洲沙漠化考》，陕西师范大学历史环境与经济社会发展研究中心编《历史环境与文明演进——2004 年历史地理国际学术研讨会论文集》，第 139 页。

② 李并成：《河西走廊历史时期沙漠化研究》，第 238 页。

③ 王尚义：《历史时期鄂尔多斯高原农牧业的交替及其对自然环境的影响》，中国地理学会历史地理专业委员会、《历史地理》编辑委员会编《历史地理》第 5 辑，第 17、24 页。关于"在公元前 230 年发生过一次旱灾"，引文原注为"内蒙古自然灾害史料编辑组：《内蒙古自然灾害史料》，1982 年 11 月"。今按：《史记·秦始皇本纪》记秦王政十二年（前 235）事："当是之时，天下大旱，六月至八月乃雨。"又记秦王政十七年事："民大饥。"后者未言"旱"。

这样的统计方式和统计结果未必可取，但是屯垦导致生态环境的破坏，是确定的历史事实。有的研究者针对长时段的相关历史现象指出："绿洲农业生产开发强度越大，绿洲废弃的频度就越高，其频度与绿洲农业生产开发的强度呈正相关。"比较历史时期人口增长与沙漠化的关系，也可以看到"沙漠化正过程期"与人口增长的"高峰期"是"相吻合"的。[①]

也有学者写道："毛乌素沙地的两汉古城数量多、分布广，而且在沙地腹地的乌审旗中北部、鄂前旗东部、鄂旗东南部，比较集中，足以说明筑城之时，该地未有严重的沙化，毛乌素全境均有适宜筑城和农耕的环境。""毛乌素沙地中汉墓广泛分布"，虽然不能忽视厚葬习俗的影响，"但很显然，这与人口数量与活动范围有更密切的关系"，"反映出汉时此地人口密度之高，甚于后世"。"毛乌素地区在秦汉时期气候比较湿润，过去的流沙被固定，草原植被发育，古土壤得以形成。大大小小的湖泊布满全境，迁移而来的大量人口沿河湖定居，开垦草原或湖滩草甸，或旱作或引水灌溉，呈现五谷丰登、六畜兴旺的局面，虽也有风沙侵扰，但不足以构成大的危害。""汉以后的几百年，特别是魏晋南北朝时期，毛乌素地区进入相对干冷期，湖泊水面缩小或干涸，植被退化，风力侵蚀加剧，地表堆积物质粒径变粗，流沙逐渐覆盖了毛乌素北纬 38°15′以北的大部地区。此界以南，也有一些零星的沙带。由于该次沙漠化发生时定居人口已大量流失，故此，有理由认为引起沙漠化的主要原因是自然因素，而且它是近 2000 年来毛乌素沙地沙漠化的发轫。"[②] 论者虽然提出"引起沙漠化的主要原因是自然因素"的结论，但是在讨论中也注意到人口数量和经济活动的作用。

----

① 王录仓、程国栋、赵雪雁：《内陆河流域城镇发展的历史过程与机制——以黑河流域为例》，《冰川冻土》2005 年第 4 期。

② 何彤慧、王乃昂、李育：《对毛乌素沙地历史时期沙漠化的新认识》，陕西师范大学历史环境与经济社会发展研究中心编《历史环境与文明演进——2004 年历史地理国际学术研讨会论文集》，第 113、121 页。

3. 秦汉时期的森林采伐

除了垦田导致的森林破坏十分严重外，以伐取木材为主的林业开发，也是导致山林原生植被屡受损害甚至遭受毁灭性摧残的重要原因。

司马迁在《史记·货殖列传》中历数各地物产，说到"山西饶材、竹"，"江南出楠、梓"，"多竹木"，巴蜀之地亦饶"竹、木之器"。当时拥有"山居千章之材"① 者，"此其人""与千户侯等"；拥有"竹竿万个"者，"此亦比千乘之家"。林木之饶，已经被看作"不行异邑，坐而待收"的"富给之资"。

宫室奢侈，林木之蠹也

在秦汉建筑以木构架为主的情况下，木材大量被用作建筑材料。《汉书·地理志下》写道：

> 天水、陇西山多林木，民以板为室屋。②

这是林区住居的突出特征。而其他地方的建筑，需用木材数量也相当大。赵充国进军羌地，以"其间邮亭多坏败"，于是"缮乡亭，浚沟渠，治湟陿以西道桥七十所"，为此"入山伐材木大小六万余枚"。③

耗用木材数量最为惊人的是大规模的宫室建筑。秦人有大治宫室的传统。秦穆公向戎王使者由余炫耀其宫室，由余赞叹道："使鬼为之，则劳神矣。使人为之，亦苦民矣。"④ 秦始皇在统一战争中每征服

---

① 司马贞《索隐》引如淳曰："言任方章者千枚，谓章，大材也。"（《史记》，第3273页）《汉书·货殖传》作"山居千章之萩"（第3686页）。
② 《汉书·地理志下》，第1644页。
③ 《汉书·赵充国传》，第2986页。
④ 《史记·秦本纪》，第192页。

一国，就在咸阳仿建其宫殿："每破诸侯，写放其宫室，作之咸阳北阪上，南临渭，自雍门以东至泾、渭，殿屋复道周阁相属。"灭六国实现统一后，又把宫殿区扩展到渭南，"咸阳之旁二百里内宫观二百七十"，"关中计宫三百，关外四百余"，又"作前殿阿房，东西五百步，南北五十丈，上可以坐万人，下可以建五丈旗"。阿房宫和秦始皇陵所取材木，据说远至巴蜀和江汉地区："写蜀、荆地材皆至。"①

西汉建都长安，自高帝至平帝，宫殿"世增饰以崇丽"，仅上林苑就有"离宫别馆三十六所"。② 东汉建都洛阳，灵帝时修治宫室，"发太原、河东、狄道诸郡材木"，宫室连年不成，"材木遂至腐积"③。董卓欲迁都长安，有人提出"关中遭王莽变乱，宫室焚荡"，加以反对，董卓则以"陇右材木自出，致之甚易"坚持己见。④

宏大富丽的宫室建筑对木材的大量需求，导致《淮南子·说山》所谓"上求材，臣残木"。于是当时人又有"宫室奢侈，林木之蠹也"的批评。⑤

在最高统治集团宫室之好的影响下，对豪华富丽的宅第的追求一时成为汉代上层社会普遍的风尚。《盐铁论·散不足》说到"今富者"的住宅往往"井干增梁，雕文槛楯"。一些贵族官僚和豪富之家也"竞起第宅，楼观壮丽，穷极伎巧"⑥。府邸之华贵，往往"屋皆徘徊连属，重阁修廊，行之移晷，不能遍也"⑦。

汉成帝时"五侯群弟，争为奢侈"，"大治第室，起土山渐台，

---

① 《史记·秦始皇本纪》，第 239、257、256 页。

② 班固：《西都赋》，《后汉书·班固传》，第 1338 页。

③ 《后汉书·宦者列传·张让》，第 2535 页。

④ 《后汉书·杨彪列传》，第 1787 页。

⑤ 何宁撰《淮南子集释》，第 1123 页；王利器校注《盐铁论·散不足》，《盐铁论校注》（定本），第 356 页。

⑥ 王利器校注《盐铁论校注》（定本），第 349 页；《后汉书·宦者列传·单超》，第 2521 页。

⑦ （晋）葛洪撰，周天游校注《西京杂记校注》卷三，第 137 页。

洞门高廊阁道，连属弥望"①。董贤"起官寺上林中"，汉哀帝又为
"治大第，开门乡北阙"，其工程之规模据说"甚于治宗庙"。②

东汉时，"奢侈逸豫务广第宅"③的风气依然不改，樊宏"所起
庐舍，皆有重堂高阁"④。侯览"起立第宅十有六区，皆有高楼池苑，
堂阁相望"，而"制度重深，僭类宫省"。⑤所谓"豪人之室，连栋数
百"⑥，"高堂邃宇，广厦洞房"⑦，"殚极土木，互相夸竞"⑧，成为伐
取山林材木的主要消费方向。

一棺之成，功将千万

陵墓被看作阴世的宫室第宅，秦汉陵墓修筑也极尽宏丽。秦始皇
陵附近采集的纹瓦当，为一般秦汉瓦当的 3 至 4 倍，可知陵园建筑多
使用规格超过宫殿建筑的巨型材木。陵园东侧的兵马俑坑使用的立
柱、棚木、枋木、封门木，一、二、三号俑坑共用木材 8000 余立
方米。⑨

棺椁及其他葬具用材因社会观念的因素更受到特殊重视。云梦睡
虎地秦简《田律》有"春二月，毋敢伐材木山林"的规定，然而又
注明："唯不幸死而伐绾（棺）享（椁）者，是不用时。"⑩说明如果
是为死者制作棺椁而伐取材木，则不受这一限制。

① 《汉书·元后传》，第 4023~4024 页。

② 《汉书·王嘉传》，第 3496 页。

③ 《汉书·成帝纪》，第 324 页。

④ 《后汉书·樊宏传》，第 1119 页。

⑤ 《后汉书·宦者列传·侯览》，第 2523 页。

⑥ 《昌言·理乱》，（汉）仲长统撰，孙启治校注《昌言校注》，中华书局，2012，第
264~265 页。

⑦ 《盐铁论·取下》，王利器校注《盐铁论校注》（定本），第 462 页。

⑧ 《后汉书·梁冀传》，第 1181 页。

⑨ 袁仲一：《秦俑坑的修建和焚毁》，秦始皇兵马俑博物馆编《秦俑馆开馆三年文集》
（1982 年 10 月），秦始皇兵马俑博物馆，1982。

⑩ 睡虎地秦墓竹简整理小组编《睡虎地秦墓竹简》，1990，释文第 20 页。

大葆台西汉木椁墓出典型的具备"梓宫、便房、黄肠题凑"的墓葬。这座墓采用五棺二椁，椁室木料用油松，内棺用楸木、檫木和楠木，共达数十立方米。《汉书·霍光传》："梓宫、便房、黄肠题凑各一具。"颜师古注引苏林曰："以柏木黄心致累棺外，故曰'黄肠'。木头皆内向，故曰'题凑'。"① 大葆台汉墓的黄肠题凑由 15880 根黄肠木堆叠而成，仅此即用材 122 立方米。黄肠木经鉴定是柏木。在清理西壁黄肠题凑时，发现一根黄肠木上覆置一枚竹简，上书"樵中格吴子运"六字，可能是运送或制作黄肠木的工匠的姓名。②

长沙马王堆 1 号汉墓除庞大椁室和 4 层套棺使用木材约 52 立方米③之外，在棺椁四周和上部还填塞原厚 40 至 50 厘米的木炭，共约 1 万斤。

东汉中山简王刘焉死后，朝廷"大为修冢茔，开神道，平夷吏人冢墓以千数，作者万余人，发常山、钜鹿、涿郡柏黄肠杂木，三郡不能备，复调余州郡工徒及送致者数千人。凡征发摇动州十八郡"④。

安徽天长北岗发掘的汉木椁墓中，经鉴定，3 号墓的椁盖木和棺身为楠木，7 号墓的椁垫木为松木，3 号墓的棺头墓和 9 号墓的棺衬木均为樟木。用楠木制作的棺身是用整段木材挖成方槽镶嵌棺头、棺盖和棺衬制成，估计棺身用材至少需直径 1 米以上的大木段。⑤ 扬州邗江胡场 1 号和 3 号汉墓的木棺的棺身也是由"整段楠木刳凿而成"。⑥ 江苏连云港花果山 1 号汉墓的棺木，则是"用整段楸树刳空

　① 《汉书·霍光传》，第 2948~2949 页。

　② 北京市古墓发掘办公室：《大葆台西汉木椁墓发掘简报》，《文物》1977 年第 6 期；鲁琪：《试谈大葆台汉墓的"梓宫"、"便房"、"黄肠题凑"》，《文物》1977 年第 6 期；大葆台汉墓发掘组、中国社会科学院考古研究所：《北京大葆台汉墓》，文物出版社，1989。

　③ 长沙马王堆 1 号汉墓棺椁用材，经鉴定，确定椁室木材为杉木，4 层棺木均为梓属木材。据江西木材工业研究所《长沙马王堆一号汉墓棺椁木材的鉴定》，《考古》1973 年第 2 期。

　④ 《后汉书·光武十王列传·中山简王焉》，第 1450 页。

　⑤ 安徽省文物工作队：《安徽天长县汉墓的发掘》，《考古》1979 年第 4 期；唐汝明等：《安徽天长县汉墓棺椁木材构造及材性的研究》，《考古》1979 年第 4 期。

　⑥ 扬州博物馆、邗江县文化馆：《扬州邗江县胡场汉墓》，《文物》1980 年第 3 期。

而成"。① 这三座墓葬的年代大约都在西汉晚期前后。此外，扬州凤凰河汉墓的棺具形制也相近，"两具棺木是用完整的两段楠木凿成"②。类似的情形又见于扬州西郊七里甸汉墓。③

这种情形东汉更为突出。王符在《潜夫论·浮侈》中谈到当时厚葬的风气时写道：

> 京师贵戚，必欲江南檽梓豫章梗楠，边远下土，亦竞相仿效。夫檽梓豫章所出殊远，又乃生于深山穷谷，经历山岑，立千步之高，百丈之溪，倾倚险阻，崎岖不便，求之连日，然后见之，伐斫连月然后讫。会众然后能动担，牛列然后能致水，漕溃入海，连淮逆河，行数千里，然后到雒。工匠雕治，积累日月，计一棺之成，功将千万。夫既其终用，重且万斤，非大众不能举，非大车不能挽。东至乐浪，西至敦煌，万里之中，相竞用之。④

这段文字，形象地说明了木材"伐斫""运担""雕治"所耗费的劳动，"计一棺之成，功将千万"。而我们这里更应当注意的，是"伐斫"的选择，"京师贵戚"一定要江南的"檽梓豫章梗楠"，而"边远下土，亦竞相仿效"，他们不一定非要"江南檽梓豫章梗楠"，但是一定要尽量追求最好的木材，这种风习竟然影响了各地，"东至乐浪，西至敦煌，万里之中，相竞用之"，于是各个林区最好的材木都会被抢先"伐斫"。

---

① 李洪甫：《江苏连云港市花果山的两座汉墓》，《考古》1982 年第 5 期。
② 苏北治淮文物工作组：《扬州凤凰河汉代木椁墓出土的漆器》，《文物参考资料》1957 年第 7 期。
③ 南京博物院、扬州市博物馆：《扬州七里甸汉代木椁墓》，《考古》1962 年第 8 期。
④ （汉）王符著，（清）汪继培笺，彭铎校正《潜夫论笺校正》，第 134 页。

薪柴消费

秦汉时期有专门"艾薪樵""担束薪","卖以给食"的人。[①] 居延汉简中，可以看到以戍卒"运薪""转薪""积薪"的内容。

当时，炊事，取暖以及制陶、冶铸等手工业生产，都以木材作为基本能源。

河南巩义市铁生沟汉代冶铁遗址中出土作为冶铁炉燃料的木柴和木炭。郑州古荥镇汉代冶铁遗址和南阳瓦房庄汉代冶铁遗址也出土木炭。可见当时通常都以木炭作为炼铁能源和还原剂的燃料。

《史记·外戚世家》记载，窦皇后兄窦长君年幼"为人所略卖"，"传十余家，至宜阳，为其主入山作炭"[②]。《四民月令》：二月"收薪炭"，五月"淋雨将降，储米谷薪炭，以备道路陷淖不通"。也说明木炭在社会生活中得到普遍应用。[③]

"材"与"财"

云梦睡虎地秦简《日书》中，可以看到有关"伐木"以及"入材"及"出入材"的内容。"入材"，李家浩写作"入材（财）"。[④]刘乐贤指出："材当读为财，银雀山汉简中财作材可以为证。《日书》中'入材'多见，皆当读为'纳财'。"[⑤] 今按：此说似可从。然而《吕氏春秋·季夏纪》："季夏之月……乃命虞人入材苇。"[⑥] 是"入材"即入木材之例。如果睡虎地秦简《日书》中的"材"是指木材，则体现以木材为对象的贸易活动已经相当活跃。

---

① 《汉书·朱买臣传》，第 2791 页。
② 《史记·外戚世家》，第 1973 页。
③ 石声汉校注《四民月令校注》，第 23、43 页。
④ 湖北省文物考古研究所、北京大学中文系编《九店楚简》，中华书局，2000，第 186 页。
⑤ 刘乐贤：《睡虎地秦简日书研究》，文津出版社，1994，第 25 页。
⑥ 许维遹撰，梁运华整理《吕氏春秋集释》，第 130 页。

制作木器、裁削简牍、缚治弓矢等等，也都是林产品的主要用项。居延汉简可见"木工"字样（306.8），当是指木材加工或木器修作一类劳务。《九章算术·句股》："今有圆材径二尺五寸，欲为方版，令厚七寸。问广几何。"又有："今有圆材，埋在壁中，不知大小。以锯锯之，深一寸，锯道长一尺。问径几何。"又有："有木去人不知远近。立四表，相去各一丈，令左两表与所望参相直，从后右表望之，入前后表三寸。问木去人几何。"[1] 当是反映木材加工和伐木实践经验的算题。

陇山秦岭是秦汉时期著名的林业基地。前引《汉书·地理志下》说，天水、陇西民多"以板为室屋"，就因为这里"山多林木"。汉灵帝修治宫室征调狄道木材，狄道即为陇西郡治所在。董卓说"陇右材木自出，致之甚易"，也是以当地林区资源之丰富为依据的。关中"有鄠、杜竹林，南山檀柘，号称陆海，为九州膏腴"[2]。所谓"南山"即秦岭。班固《西都赋》说"崇山隐天，幽林穹谷"，《史记·河渠书》说"褒斜材木竹箭之饶"，都表明秦岭林产十分富饶。[3]

巴、蜀、广汉以"山林竹木"之饶号称"沃野"。[4] 当时流行"蜀、陇有名材之林"的说法，"蜀汉之材"与陇山秦岭林区出产并享盛名。[5]《史记·货殖列传》说，饶"竹、木之器"是巴蜀之地经济实力受到重视的原因之一。

在农业经济开发较早，人口也较为密集的关东地区，林业资源因长期过度砍伐而受到严重破坏。《史记·货殖列传》说，邹、鲁"颇有桑麻之业，无林泽之饶"，梁、宋亦"无山川之饶"。而燕地上谷

---

① 郭书春汇校《汇校九章算术》，第 410、412、420 页。
② 《汉书·地理志下》，第 1642 页。
③ 《后汉书·班固传》，第 1338 页；《史记·河渠书》，第 1411 页。
④ 《汉书·地理志下》，第 1645 页。
⑤ 《盐铁论·通有》，王利器校注《盐铁论校注》（定本），第 42 页。

至辽东一带，以"地踔远，人民希"，尚有"枣栗之饶"。[1]

江南地区，即司马迁所谓"南楚"之地，则以"多竹木"著称，"合肥受南北潮，皮革、鲍、木输会也"[2]。合肥以地理位置的优势，成为江南木材北运的交易中心。

《汉书·匈奴传下》说，匈奴有地凸入汉张掖郡境，其地"生奇材木，箭竿就羽"。汉使夏侯藩向匈奴求此地，因"匈奴西边诸侯作穹庐及车，皆仰此山材木"而遭到拒绝。[3] 可知西北远至河西，仍有可资利用的森林资源。居延汉简有"卖材""材贾三百"（142.28A）等内容，[4] 也反映当地木材贸易的活跃。

《盐铁论·通有》说："今吴、越之竹，隋、唐之材，不可胜用，而曹、卫、梁、宋采棺转尸。"[5] 江南吴越之地以及随国、唐国所在的桐柏山麓林区竹木丰饶，取之不尽，而曹、卫、梁、宋黄河下游平原地区则因林木匮乏，只能以劣质的棷木作棺，甚至弃尸而不葬。

林业资源分布的不平衡，明显有过度的不合理采伐等人为因素的作用。然而从总体上看，秦汉时期依然是森林繁育的年代，林区的规模与形势，往往为今人所难以想象。[6]

4.秦汉护林育林制度

秦汉时期人为因素对生态环境的影响，并不完全是消极的。在原生山林受到破坏的同时，秦汉人从当时的生态意识和经济要求出发，

① 《史记·货殖列传》，第3266、3265页。
② 《史记·货殖列传》，第3268页。
③ 《汉书·匈奴传》，第3810页。
④ 谢桂华、李均明、朱国炤：《居延汉简释文合校》，第235页。
⑤ 王利器校注《盐铁论校注》（定本），第42页。
⑥ 参看史念海《历史时期黄河中下游的森林》，《河山集　二集》。

也有注意护林的制度和礼俗。而秦汉时期的造林、育林形式，也在中国古代生态史上形成了闪光点。

"毋敢伐材木山林"

《礼记·月令》中已经有关于护林的民俗规范。如："孟春之月"，"禁止伐木"；"仲春之月"，"毋焚山林"；"季春之月"，"无伐桑柘"；"孟夏之月"，"毋伐大树"；"季夏之月"，"乃命虞人入山行木，毋有斩伐"；等等。按照汉代学者郑玄的解释，其意义在于"顺阳养物"。①《淮南子·主术》也说："草木未落，斤斧不得入山林。"《汉书·货殖传》写道："中木未落，斧斤不入于山林。"② 护林的直接目的，是保障森林资源不至于破坏过度，以其自然再生能力满足长期采伐的需要，即《盐铁论·通有》所谓"斧斤以时入，材木不可胜用"。

云梦睡虎地秦简《田律》明确规定："春二月，毋敢伐材木山林。"③ 从居延汉简中可见政府以诏书形式保护林木的情形："建武四年五月辛巳朔戊子，甲渠塞尉放行候事，敢言之。诏书曰：吏民毋得伐树木，有无，四时言。谨案：部吏毋伐树木者，敢言之。"（E. P. F22：48）④ 要求保护树木的命令以皇帝诏书形式颁布，甚至下达到边塞军事组织基层，并要求各基层官吏要严格检查，将结果随时上报，可见其重视之程度。

秦汉时期，林木茂盛的帝王苑囿禁止一般臣民进入，客观上成了自然保护区。班固《西都赋》说，长安禁苑"林麓薮泽"，"茂树荫蔚"，宫殿区中亦"灵草冬荣，神木丛生"。张衡《西京赋》描述长安宫殿区"嘉木树庭"，"兰林披香"，而上林禁苑"林麓之饶，于何

---

① （清）阮元校刻《十三经注疏》，第 1362 页。
② 何宁撰《淮南子集释》，第 687 页；《汉书·货殖传》，第 3679 页。
③ 睡虎地秦墓竹简整理小组编《睡虎地秦墓竹简》，1990，释文第 20 页。
④ 张德芳主编，张德芳著《居延新简集释（七）》，第 440 页。

不有"，"枞栝棕楠，梓棫楩枫，嘉卉灌丛，蔚若邓林"①。《汉书·成帝纪》："大风拔甘泉畤中大木十韦以上。"可见，关中宫殿区内有十人方可合抱的巨木。

"树木""种木"

除了保护自然林以外，秦汉时期已开始重视人工造林育林。云梦睡虎地秦简《日书》中有关于"树木"即栽植林木的内容。汉代画像石、画像砖常常有表现宅第周围林木繁盛的画面，大多树种相同，排列规整，这固然有图像设计追求整齐有序的因素，但在一定程度上也是现实生活的反映。

《三辅黄图》卷一记载，长安城中"树宜槐与榆，松柏茂盛焉"，城门亦皆"周以林木"。②《初学记》卷二八引枚乘《柳赋》："漠漠庭阶，白日迟迟，吁嗟细柳，流乱轻丝。"③ 是知民居庭院多植柳。《古诗十九首》有"郁郁园中柳""庭中有奇树""白杨何萧萧，松柏夹广路"的诗句。④

王莽专政时，曾经规定："城郭中宅不树艺者为不毛，出三夫之布。"颜师古注："树艺，谓种树果木及菜蔬。"⑤ 一些地方行政官员在动员民间植树方面作出了重要成绩。龚遂任渤海太守，"劝民务农桑，令口种一树榆"⑥。汉成帝时任议郎，曾在关中地区督导农业的氾胜之，⑦ 在其农学名著《氾胜之书》中介绍了"种桑法"，又写道："种木无期，因地为时，三月榆荚雨时，高地强土可种木。"⑧ 东汉

---

① （梁）萧统编，（唐）李善注《文选》，第27、43~44页。
② 何清谷校注《三辅黄图校注》，第79页。
③ （唐）徐坚等：《初学记》，第691页。
④ （梁）萧统编，（唐）李善注《文选》，第409、411页。
⑤ 《汉书·食货志下》，第1180~1181页。
⑥ 《汉书·循吏传·龚遂》，第3640页。
⑦ 《晋书·食货志》："昔汉遣轻车使者氾胜之督三辅种麦，而关中遂穰。"（第791页）
⑧ 《艺文类聚》卷八八"榆"题下引《氾胜之书》，第1525页。

初，樊晔任扬州牧，"教民耕田种树理家之木"①。郑浑为山阳、魏郡太守，"以郡下百姓苦乏材木，乃课树榆为篱，并益树五果，榆皆成藩，五果丰实"，于是"民得财足用饶"，郑浑也因此迁将作大匠。②

　　陵墓四周栽植树木是秦汉一时风气。帝王陵墓往往"上成山林"③。《盐铁论·散不足》写道："今富者积土成山，列树成林。"《潜夫论·浮侈》也说，京师贵戚，郡县豪家，均"造起大冢，广种松柏"。《初学记》卷二八引谢承《后汉书·方储传》：方储遭母忧，"弃官行礼负土成坟，种松柏奇树千余株"。《艺文类聚》卷八八引《东观汉记》：李恂遭父母丧，"六年躬自负土树柏，常住冢下"④。

　　据《汉书·贾山传》记载，秦朝修驰道，"道广五十步，三丈而树，厚筑其外，隐以金椎，树以青松"⑤。汉代主要交通要道两侧大都也植树。《续汉书·百官志四》：将作大匠"掌修作宗庙、路寝、宫室、陵园木土之功，并树桐、梓之类列于道侧"。李贤注："《汉官篇》曰：'树栗、漆、梓、桐。'胡广曰：'古者列树以表道，并以为林囿。四者皆木名，治宫室并主之。'"⑥《太平御览》卷一九五引陆机《洛阳记》记述洛阳城中交通道路制度，也说到"夹道种榆、槐树"⑦。

　　据说秦时蒙恬率军在北边抗御匈奴，曾经"树榆为塞"，就是用人工培植的榆林以为城塞，使得草原骑兵不能轻易南下。《汉书·韩安国传》："蒙恬为秦侵胡，辟数千里，以河为竟（境），累石为城，树榆为塞，匈奴不敢饮马于河。"⑧植榆树形成的密林，成为有效地阻

---

① 《后汉书·酷吏列传·樊晔》，第 2491 页。
② 《三国志·魏书·郑浑传》，第 511 页。
③ 《汉书·贾山传》，第 2328 页。
④ 王利器校注：《盐铁论校注》（定本），第 353 页；彭铎校正《潜夫论笺校正》，第 137 页；（唐）徐坚等：《初学记》，第 686 页；（唐）欧阳询撰，汪绍楹校《艺文类聚》，第 1515 页。
⑤ 《汉书·贾山传》，第 2328 页。
⑥ 《续汉书·百官志四》，第 3610 页。
⑦ （宋）李昉等撰《太平御览》，第 941 页。
⑧ 《汉书·韩安国传》，第 2401 页。

滞匈奴骑兵南下的绿色屏藩。汉武帝时代，对这一人工林带又延长加宽，这就是《汉书·伍被传》所说到的"广长榆"。① 史念海认为："这是当时的长城附近复有一条绿色长城，而其纵横宽广却远远超过了长城之上。"这种防卫线，"乃是大规模栽种榆树而形成的"。"现在兰州市东南有一个榆中县，其设县和得名，当与这时栽种榆树有关。"②"榆塞"后来成为边关、边防的代称。③

秦汉时期种植林木已成为重要的生产项目。《史记·货殖列传》说到经济林的经营，除"山居千章之材"外，又有"安邑千树枣；燕、秦千树栗；蜀、汉、江陵千树橘；淮北、常山已南，河济之间千树萩；陈、夏千亩漆；齐、鲁千亩桑麻；渭川千亩竹"等等，都是"富给之资"而足可"坐而待收"④。《后汉书·樊宏传》说，樊宏"欲作器物，先种梓漆，时人嗤之，然积以岁月，皆得其用"⑤。

王褒《僮约》："植种桃李，梨柿柘桑，三丈一树，八尺为行，果类相从，纵横相当，果熟收敛，不得吮尝。"⑥ 说明一些地主田庄都种植了各种经济林。从《四民月令》中也可以看到农家经营多种经济林木的记载。如："（二月）榆荚成，及青收，干以为旨蓄。"榆荚可以为酱。三月，可"采桃花"作药或用以美容色，并采柳絮以为愈疮之

---

① 《汉书·伍被传》："广长榆，开朔方，匈奴折伤。"颜师古注引如淳曰："广谓斥大之也，长榆，塞名，王恢所谓树榆以为塞者也。"颜师古认为："长榆在朔方，即《卫青传》所云榆溪旧塞是也。或谓之榆中。"（第 2168~2169 页）

② 史念海：《历史时期黄河中游的森林》，《河山集　二集》，第 253~256 页。

③ 王勃《春思赋》所谓"榆塞三千里"（《王子安集》卷一），骆宾王《送郑少府入辽》诗所谓"边烽警榆塞"（《骆丞集》卷一），陆游《浪迹》诗所谓"壮志已忘榆塞外"（《剑南诗稿》卷一五）等，都以"榆塞"指代北边长城防线。后来又有"榆关"之称，虽然被指为晚世长城具体关塞的代号（如山海关），其实依然折射着蒙恬故事的历史余光。后世仍然有以"榆塞"形式备敌的军事策略。据《宋史·河渠志》，北宋时，还曾经有人"奏请种木于西山之麓，以法榆塞，云可以限契丹也"，以为仿照"榆塞"形式，在西山造林，能够阻止辽军南犯。参看王子今《榆塞和竹城》，《寻根》2003 年第 3 期。

④ 《史记·货殖列传》，第 3272 页。

⑤ 《后汉书·樊宏传》，第 1119 页。

⑥ 严可均辑《全上古三代秦汉三国六朝文》，《全汉文》卷四二，第 718 页。

药。四月"可作枣糒"，七月"收柏实"，九月"收枳实"，十一月
"伐竹"。① 书中说到的其他树木，还有桐、梓、松、杏以及所谓"杂
木"等等。

汉代的上林苑中也多有人工栽植的名果异木，堪称规模宏大的皇家
植物园。据《西京杂记》卷一，"初修上林苑时，群臣远方各献名果异
树，亦有制为美名，以标奇丽"②。《三辅黄图》卷三还有汉武帝时在上
林苑扶荔宫移植南方奇草异木的记载，其中谈道："荔枝自交趾植百株于
庭，无一生者，连年犹移植不息。后数岁，偶一株稍茂，终无华实，帝亦
珍惜之。"③ 扶荔宫宫址在左冯翊夏阳县。④ 虽然栽植荔枝的大胆尝试最
终归于失败，然而却体现了汉代经济林木经营者的技术基础与探索精神。

秦汉时期，民间植苗造林的技术已经相当普及。《四民月令》：
"（正月）自朔暨晦，可移诸树：竹、漆、桐、梓、松、柏、杂木；
唯有果实者及望而止。"书中写道："（正月）是月尽二月，可剥树
枝。""（二月）自是月尽三月，可掩树枝（埋树枝土中，令生，二岁
以上，可移种之）。"⑤ 反映扦插育苗技术已经普遍应用。

官营林业

据《汉书·百官公卿表上》，治粟内史属官有"斡官"。晋灼说：
"此竹箭斡之官长也。"将作少府属官有"东园主章"。如淳曰："章
谓大材也。旧将作大匠主材吏名章曹掾。"颜师古注："今所谓木钟
者，盖'章'声之转耳。东园主章掌大材，以供东园大匠也。"将作
少府属下又有"主章长丞"，颜师古注："掌凡大木也。"⑥

① 石声汉校注《四民月令校注》，第 21、22、34、56、65、72 页。
② 周天游校注《西京杂记校注》，第 52～53 页。
③ 何清谷校注《三辅黄图校注》，第 247 页。
④ 陕西省文物管理委员会：《陕西韩城芝川汉扶荔宫遗址的发现》，《考古》1961 年第 3 期。
⑤ 石声汉校注《四民月令校注》，第 11、15、22～23 页。
⑥ 《汉书·百官公卿表上》，第 731、733～734 页。

汉武帝太初元年，改称"东园主章"为"木工"。又水衡都尉主管上林苑，属官有上林、禁圃等，养护禁苑林木显然是其职能之一。

在一些林业资源受到特殊重视的地区，汉政府还专设有称作"木官"的管理机构。如《汉书·地理志上》：蜀郡严道"有木官"。庐江郡"有楼船官"，作为造船基地，当有林业经营为之提供材料。[①]此外，巴郡朐忍县"有橘官"，鱼复县"有橘官"，则是以橘林的生产作为管理的对象。[②]

这些人工经营的经济林，不仅对于秦汉经济生活作用重大，对于当时的生态环境，也有积极的意义。

总的来说，秦汉时期虽然有丰富的森林资源，国家也提倡造林育林，并且禁止不按时令滥伐林木，但随着人口的增长和各项经济事业的发展，木材消费的需求量日益增加。特别是皇室和贵族官僚豪富奢侈风气的盛行，对木材的浪费和森林资源的破坏相当严重。在一些农业生产比较落后的地区，由于实行"伐木而树谷，燔莱而播粟"[③]的耕作方式，也使大片林木变为灰烬，因而当时有些地区已经出现了"百姓苦乏材木"的情况。王莽代汉修建九庙时，甚至不得不拆毁旧有宫观建筑，取其材瓦。[④]孙权缮治建业宫时，甚至要从千里之外远徙已使用28年之久的"武昌宫材瓦"。[⑤]

5. 关于"伐驰道树殖兰池"

《史记·孝景本纪》记载汉景帝六年（前151），"后九月，伐驰道树，殖兰池"，文意费解。梁玉绳《史记志疑》："此文曰'伐'，

---

① 《汉书·地理志上》，第1598、1568页。
② 参看王子今《秦汉时期的护林造林育林制度》，《农业考古》1996年第1期。
③ 王利器校注《盐铁论校注》（定本），第42页。
④ 《汉书·王莽传下》，第4162页。
⑤ 《三国志·吴书·吴主权传》注引《江表传》，第1147页。

则不得言'殖'矣。"① 裴骃《集解》引徐广曰："殖，一作'填'。"
泷川资言《史记会注考证》引张守节《正义》佚文："刘伯庄云：
'此时兰池毁溢，故堰填。'"②

"兰池"生态

秦有兰池宫。《史记·秦始皇本纪》：秦始皇三十一年（前216），
"始皇为微行咸阳，与武士四人俱，夜出逢盗兰池，见窘。武士击杀
盗，关中大索二十日。"张守节《正义》引《括地志》："兰池陂即古
之兰池，在咸阳县界。《秦记》云：'始皇都长安，引渭水以为池，
筑为蓬、瀛，刻石为鲸，长二百丈。'逢盗之处也。"③《元和郡县图
志》卷一："秦兰池宫，在（咸阳）县东二十里。"④《铙歌十八曲·
芳树》："行临兰池。"⑤《文选》卷一○潘岳《西征赋》："北有清渭
浊泾，兰池周曲。"李善注引《三辅黄图》："兰池观在城外。《长安
图》曰：'周氏曲，咸阳县东南三十里，今名周氏陂。陂南一里，汉
有兰池宫。'"⑥《汉书·地理志上》也说渭城"有兰池宫"。《汉
书·酷吏传·杨仆》"受诏不至兰池宫"，是知秦兰池宫西汉仍继续
沿用。《汉书补注》引钱坫云："土人往往于故址得宫瓦，文作'兰
池宫当'。"⑦陈直《三辅黄图校证》也指出："《秦汉瓦当文字》卷
一第八页，有'兰池宫当'瓦，审其形制，则汉物也。"⑧宫以"兰
池"得名，当以濒水形胜。然而后九月时，关中雨季已过，陂池不当

① （清）梁玉绳撰《史记志疑》，第269页。
② （汉）司马迁撰，〔日〕泷川资言考证《史记会注考证》，第8页。
③ 《史记·秦始皇本纪》，第251页。
④ （唐）李吉甫撰，贺次君点校《元和郡县图志》，第13页。
⑤ （宋）郭茂倩编《乐府诗集》，第230页。
⑥ （梁）萧统编，（唐）李善注《文选》，第153页。
⑦ 《汉书·地理志上》，第1546页；《汉书·酷吏传·杨仆》，第3660页；（清）王先
谦撰《汉书补注》，第669页。
⑧ 陈直校证《三辅黄图校证》，第16页。

"毁溢"。现代西安地区降水的季节分配比例为：春季 25%，夏季 41%，秋季 31%，冬季仅为 3%。降水高点月在 9 月。年平均 100 个降水日中，春季 25.3 日，夏季 29.2 日，秋季 31.3 日，冬季 14.2 日。可见以降水频率、降水强度来看，冬季均低于春、夏、秋季。①

　　古今气候有所变迁，汉时较现代温暖湿润，然而四季降水的比率当不致有大的变化。"树竹塞水决之口"②，是水害发生时抢险措施。"后九月"时已秋尽冬初，因而不当有陂池"毁溢"，以致须伐驰道树"堰填"事。看来，徐广、刘伯庄以"殖"为"填"，似仍未得其确解。

"殖"：树木扦插育苗

　　从时令看，"后九月"恰是树木扦插育苗季节。"殖"作蕃生栽植解，上下文意正顺。《战国策·魏策二》："今夫杨，横树之则生，倒树之则生，折而树之又生。"③ 有的学者根据相关文献记录总结"春秋战国时期""林业的生产技术"，以为"插条繁殖已开始采用"。④ 现在可以推知，西汉时期应当已掌握扦插技术。多用扦插、压条等方法繁

---

①　参看聂树人编著《陕西自然地理》，陕西人民出版社，1981。

②　《史记·河渠书》裴骃《集解》引如淳曰，第 1413 页。

③　何建章注释《战国策注释》，第 873 页。

④　唐启宇编著《中国农史稿》说："春秋战国时期，黄河中下游地区天然林破坏严重，仅采用保护限制的措施已无济于事，于是人工经营与保护遂因之而兴起。""为了迅速使树苗发根、成活起见，插条繁殖已开始采用。"又引"惠子曰'杨，横之即生（横插也活），侧之即生（侧插也活），折而树之亦生（折而插之也活）'"，又说："但既插之后，不能摇动，摇动则促其死亡。'夫柳，纵横颠倒，树之皆生，千人树之，一人摇之，则无柳矣'。"（农业出版社，1985，第 171 页）今按：后一段引文"夫柳，纵横颠倒……"，作者自注出《战国策》。前一段引文"惠子曰……"，自注出《庄子》，而今本《庄子》未见其文。《战国策·魏策二》的原文是："田需贵于魏王，惠子曰：'子必善左右。今夫杨，横树之则生，倒树之则生，折而树之又生。然使十人树杨，一人拔之，则无生杨矣。故以十人之众，树易生之物，然而不胜一人者，何也？树之难而去之易也。今子虽自树于王，而欲去子者众，则子必危矣。'"

殖的葡萄、石榴的传入，可以作为佐证。①《四民月令》：正月"尽二月，可剥树技"。二月"尽三月，可掩树枝（埋树枝土中，令生，二岁以上，可移种之）"②。此外也有秋冬时扦插的情形。曹丕《柳赋·序》："昔建安五年，上与袁绍战于官渡。是时余始植斯柳。自彼迄今，十有五载矣。"③ 曹袁官渡决战，正在建安五年（200）秋九月至冬十月。题唐郭橐驼撰《种树书》："种水杨，须先用木桩钉穴，方入杨，庶不损皮，易长。腊月二十四日种杨树，不生虫。"④ 竟然时至严冬。查《中国树木志》第2卷"杨柳科"条下，有关于杨柳扦插繁殖的内容。例如以陕西为主要生长地区之一的"银白杨"：

> 扦插繁殖，宜选用1~2年生实生苗、插条苗或大树基部一年生萌条，易生根，成活率高，苗木生长旺盛。秋季落叶后采条，将插穗用湿沙贮藏过冬，成活率可提高2~3倍，基径粗20%~30%。春插前将插穗用冷水浸泡，湿沙闷条进行生根处理，成活率达80~90%。苗圃地宜选肥沃沙壤土。用插干及植苗造林。⑤

---

① 孙云蔚主编《中国果树史与果树资源》写道："扦插和压条也是古代繁殖果树的重要方法之一，多用于石榴、葡萄等。对石榴的扦插，《齐民要术》中描述较详"，"对葡萄的扦插，在《农桑衣食撮要》中记载较为详细，……"（上海科学技术出版社，1983，第31页）。《史记·大宛列传》：大宛、安息有"蒲陶酒"。"宛左右以蒲陶为酒，富人藏酒至万余石，久者数十岁不败。俗嗜酒，马嗜苜蓿。汉使取其实来，于是天子始种苜蓿、蒲陶肥饶地。及天马多，外国使来众，则离宫别观旁尽蒲萄、苜蓿极望。"（第3173页）《艺文类聚》卷八六引陆机《与弟云书》曰："张骞为汉使外国十八年，得涂林安石榴也。"（第1480页）《初学记》卷二八引《博物志》曰："张骞使西域还，得安石榴。"（第683页）《太平御览》卷九七〇引曹植《弃妻》诗曰："石榴植前庭，绿叶摇缥青。翠鸟飞来集。拊翼以悲鸣。"（第4301页）《西京杂记》卷一："初修上林苑，群臣远方各献名果异树，亦有制为美名以标奇丽：……安石榴十株。……余就上林令虞渊得朝臣所上草木名二千余种。邻人石琼就余求借，一皆遗弃。今以所记忆，列于篇右。"（周天游校注《西京杂记校注》，第52~53页）
② 石声汉校注《四民月令校注》，第15、22~23页。
③ （清）严可均辑《全上古三代秦汉三国六朝文》，第2149~2150页。
④ （明）徐光启撰，石声汉校注《农政全书校注》，中华书局，2005，第1367页。
⑤ 郑万钧主编《中国树木志》第2卷，中国林业出版社，1985，第1961页。着重点是本书作者所加。

古农艺书《艺桑总论》《农桑辑要》《农桑衣食撮要》等也都记载了秋暮采条，冬季覆土，春季栽植的"休眠枝埋藏技术"。秋冬之际，是树木枝条内养分贮存最充足的时候，这时采取插条，经埋藏越冬，插条切口还会形成愈伤组织，从而有益于扦插后生根。①

"伐驰道树殖兰池"一语的正确理解，有助于判定我国古代劳动者创造这一技术的最初年代。

"道上通种杨柳"情形

《初学记》卷二八引《诗义疏》："今淇水旁，鲁国、泰山汶水边路，纯种杞柳也。"②《古诗十九首》："驱车上东门，遥望郭北墓。白杨何萧萧，松柏夹广路。"又有"出郭门直视""白杨多悲风"句。③可见汉时多有道旁栽种杨柳者。阮瑀《乐府诗》："驾出北郭门，马行不肯驰。下车少踟蹰，仰折杨柳枝。"梁简文帝《咏柳》："垂阴满上路，结草早知春。"沈约《玩杨柳》："轻荫抚建章，夹道连未央。"南朝陈祖孙登《咏柳》："驰道藏乌日，郁郁正翻风。抽翠争连影，飞绵乱上空。"④杨柳易活多荫，较其他树种更适宜栽植作行道树。《太平御览》卷九五六引《晋中兴书》"陶侃明识过人，武昌道上通种杨柳，人有窃之殖于家，侃见识之，问：'何盗官所种？'于时以为神"⑤，也说大道两旁植杨柳，且确实有窃之"殖"于他处者。西晋"道上通种杨柳"，或许继承了汉代交通建设的传统。

汉宫有长杨宫、葡萄宫、棠梨宫、扶荔宫等，往往种植"名果异树"。据《三辅黄图》卷三记载，扶荔宫中曾经移植甘蕉、龙眼、槟榔、

---

① 参看张思文《关于我国古籍中插木技术的初步研究》，《中国古代农业科技》编纂组编《中国古代农业科技》。

② （唐）徐坚等著《初学记》，第691页。

③ （梁）萧统编，（唐）李善注《文选》，第411页。

④ （唐）徐坚等著《初学记》，第691页；丁福保编《全汉三国晋南北朝诗》，中华书局，1959，第928、1015、1438页。

⑤ （宋）李昉等撰《太平御览》，第4246页。

橄榄、柑橘、荔枝等南国奇木。古人插枝植树早已注意到位置、土性的选择。有所谓"插杨柳""更须临池种之"的说法。① 联系到西汉有的宫苑确实具有早期植物园特点的情形，我们自然而然地会联想到兰池宫这种滨池沼而多"肥沃沙壤土"之处，正宜选作杨柳等林木的苗圃地。

"伐"的字义

能否得"殖"字正解，关键还在于认识"伐"字的准确含义。梁玉绳以为"此文曰'伐'则不得言'殖'矣"，显然基于一般以为"伐"即完全由根基砍截斩断的理解。有的学者即由此认为"伐驰道树殖兰池"，"使三辅驰道的部分道树受到了不应有的损失"。② 其实，此处"伐"字之义，仅为砍斫枝条。《说文·人部》："伐，击也。从人持戈。一曰败也，亦斫也。"③《诗·召南·甘棠》："蔽芾甘棠，勿翦勿伐。"孔颖达疏："勿得翦去勿得伐击。"④ 朱熹解释说："翦，翦其枝叶也。伐，伐其条干也。"⑤《诗·周南·汝坟》有"伐其条枚""伐其条肄"句，与此意近。郑玄笺"枝曰条，干曰枚"，"渐而复生曰肄"⑥，可见砍削枝条亦可称"伐"。此处之"伐"，不仅不同于《谷梁传·隐公五年》所谓"斩树木坏宫室曰'伐'"⑦，也不同于《国语·晋语一》所谓"伐木不自其本，必复生"，《晏子春秋·谏下》所谓"伐木不自其根，则蘖又生也"的"伐"，⑧ 而仅仅是伐取

① （明）文震亨撰，陈剑点校《长物志》卷二"柳"，浙江人民美术出版社，2019，第44页。

② 林剑鸣、余华青、周天游、黄留珠：《秦汉社会文明》，西北大学出版社，1985，第246页。

③ （汉）许慎撰，（清）段玉裁注《说文解字注》，第381页。

④ （清）阮元校刻《十三经注疏》，第287页。

⑤ （宋）朱熹：《诗集传》卷一，第11页。

⑥ （清）阮元校刻《十三经注疏》，第282页。

⑦ 郑玄解释说："斩树木则树木断不复生。"（清）阮元校刻《十三经注疏》，第2370页。

⑧ 徐元诰撰，王树民、沈长云点校《国语集解》（修订本），第256页；吴则虞撰《晏子春秋集释》，第135页。

其枝条以为扦插之用，即《四民月令》所谓"剥树枝"，现代园林业术语所谓"采条"。

杨柳作为"驰道树"的可能

这样，我们可以将"伐驰道树殖兰池"理解为在驰道行道树上采取插穗，在兰池宫苗圃中培育苗木。由此我们可以进一步认识汉代育林技术的实际水平，也可以推定驰道两侧的行道树除所谓"树以青松"① 之外，应当还有杨柳等更易于人工培育的树种。②

上文引录"今淇水旁，鲁国、泰山汶水边路，纯种杞柳也"文字及《古诗十九首》写述"驱车"时所见"白杨何萧萧""白杨多悲风"句，可见汉时多有道旁栽种杨柳者。而"兰池"地方"驰道"正是"水边路"和西晋"道上通种杨柳"，或许反映秦汉交通制度的延续。秦汉时期有在高等级交通线路"驰道"两旁以便于扦插繁育的"杨柳"等树种作为行道树的情形，应当是合理的判断。

6. 秦汉陵墓"列树成林"礼俗

中国古代丧葬形式在秦汉时期逐渐完备，并走向定型。秦汉丧葬制度对后世产生了显著的影响。秦汉陵墓"山林"营造是值得注意的历史文化现象。帝陵"树草木以象山"，民间冢墓"列树成林"，以"植物""藩陵蔽京"显现生机，③ 也许亦有利于墓主威势的炫耀与灵魂的上升。汉代帝陵有以"溉树"为职任的守视者。禁止"樵牧"

① 《汉书·贾山传》。

② 王子今：《"伐驰道树殖兰池"解》，《中国史研究》1988 年第 3 期。

③ 《后汉书·马融传》："其植物则玄林包竹，藩陵蔽京，珍林嘉树，建木丛生。"（第 1956 页）《说文·京部》："人所为绝高丘也。从高省，丨象高形。"段玉裁注："《释丘》曰：绝高为之京。非人为之丘。郭云：为之者，人力所作也。按《释诂》云：京，大也。其引伸之义也。凡高者必大。"（汉）许慎撰，（清）段玉裁注《说文解字注》，第 229 页。

以保护陵墓植被，是国家行政决策层面予以明确的"守陵""守冢""守墓"人员的责任。民间冢墓也特别注意林木的保护。相关制度礼俗对后世形成影响，成为长久继承的文化传统。陵墓植被保护，体现出宗法意识在各阶层人心中的强烈渗透，也反映了当时社会的生态环境保护理念具有可能对现今仍然有某种启示意义的内涵。

秦始皇陵"树草木以象山"

秦始皇陵建造，是第一个大一统王朝倾力经营的国家工程。营造耗时长久，工程量空前。太史公在《史记·秦始皇本纪》中提示了有关这座陵墓的具体的信息："始皇初即位，穿治郦山，及并天下，天下徒送诣七十余万人，穿三泉，下铜而致椁，宫观百官奇器珍怪徙臧满之。令匠作机弩矢，有所穿近者辄射之。以水银为百川江河大海，机相灌输，上具天文，下具地理。以人鱼膏为烛，度不灭者久之。二世曰：'先帝后宫非有子者，出焉不宜。'皆令从死，死者甚众。葬既已下，或言工匠为机，臧皆知之，臧重即泄。大事毕，已臧，闭中羡，下外羡门，尽闭工匠臧者，无复出者。树草木以象山。"其中说到陵上封土的形式：

> 树草木以象山。

裴骃《集解》："《皇览》曰：'坟高五十余丈，周回五里余。'"张守节《正义》："《关中记》云：'始皇陵在骊山。泉本北流，障使东西流。有土无石，取大石于渭南诸山。'《括地志》云：'秦始皇陵在雍州新丰县西南十里。'"① 裴骃《集解》与张守节《正义》对于"树草木以象山"的解释，只说陵山位置规模，并未言及"树草木"。

---

① 《史记·秦始皇本纪》，第265~266页。

有人说《史记》"此段乃葬始皇时事"，"笔势竦厚之极"，赞美其"作记妙手"①，也没有对"树草木"有所说明。不过《汉书·刘向传》说："其后牧儿亡羊，羊入其凿，牧者持火照求羊，失火烧其臧椁。"《水经注》卷一九《渭水》也说"牧人寻羊烧之"，可见"树草木"之说确实。② 有学者解释"树草木以象山"文意："意谓在墓顶堆上土，种上草木，看上去就像山丘一样。"③ 明人吕坤《四礼翼》中《丧后翼》"莹房"条写道："生而宫墙，殁而暴之中野，吾忍乎哉？作室于墓，莱以周垣，树以松楸，犹然室家也。生死安之。堪舆家言，墓不宜木。秦树草木以象山，后世陵寝因之，未见有不宜者。"④ 指出这种方式对"后世陵寝"形制形成了长久的影响，

　　贾山是对秦政多有评判的西汉政论家。我们对秦史的一些具体的认识，来自贾山的回顾。对于秦始皇陵的形制、规模和工程组织，贾山说：

　　　　死葬乎骊山，吏徒数十万人，旷日十年。下彻三泉合采金石，冶铜锢其内，漆涂其外，被以珠玉，饰以翡翠，中成观游，上成山林。为葬薶之侈至于此，使其后世曾不得蓬颗蔽冢而托葬焉。

所谓"上成山林"，说到陵冢植被覆盖的形式。对于"蓬颗蔽冢"，颜师古注："服虔曰：'谓块墣作冢，喻小也。'臣瓒曰：'蓬颗，犹

---

　　① （清）程余庆撰，高益荣、赵光勇、张新科编撰《史记集说》，三秦出版社，2011，第111页。

　　② 《汉书·刘向传》，第1954页；（北魏）郦道元著，陈桥驿校证《水经注校证》，第461页。

　　③ 韩兆琦注译，王子今原文总校勘《新译史记》，（台北）三民书局，2016，第333页。

　　④ （明）吕坤：《四礼翼》，明万历刻《吕新吾全集》本，第16页。清人《读礼通考》卷八七《葬考六》"通论"题下引吕坤曰："生而宫墙，没而暴之中野，吾忍乎哉？作室于墓，筑以周垣，树以松楸，犹然室家也。生死安之。堪舆家言，墓不宜木。秦树草木以象山，后世陵寝因之，未见有不宜者。"见《景印文渊阁四库全书》第114册，第105页，字句略异。

裸颗小冢也。'晋灼曰：'东北人名土块为蓬颗。'师古曰：'诸家之说皆非。颗谓土块。蓬颗，言块上生蓬者耳。举此以对冢上山林，故言蓬颗蔽冢也。'"① 颜注不赞同以"蓬颗"形容"小冢"的意见，指出"蓬"就是"块上"所"生"植物。"生蓬"的提示，对于认识陵丘的自然形态相当重要。王先谦《汉书补注》取《颜氏家训·书证》"北土通呼物一凷"，说明"块""颗"双声，"块亦为颗"，解释了"颗谓土块"②，而"蓬颗，言块上生蓬者"之说，也得到助证。颜师古以为"蓬颗蔽冢"与"冢上山林"对应的意见，是合理的。

其实，冢墓"树""木"的情形先秦时应当已经出现。《周礼·春官·冢人》："以爵等为丘封之度与其树数。"郑玄注："别尊卑也。"贾疏云："尊者丘高而树多，卑者封下而树少，故云别尊卑也。"③ 如果考虑《周礼》成书年代存在争议，那么《吕氏春秋·安死》："世之为丘垄也，其高大若山，其树之若林。"高诱注"木聚生曰林也"，则明确反映战国时事。④ 《淮南子·齐俗》"殷人之礼，……葬树松"，"周人之礼，……葬树柏"，又追溯到殷代。而《吕氏春秋·安死》："尧葬于谷林，通树之。"高诱注"通林以为树也"⑤，则说到更古远的时期。

不过，从比较明确的关于古来"不封不树"⑥ 传统礼俗的历史记忆看，"世之为丘垄也"，"其树之若林"的情形，出现不会很早。

---

① 《汉书·贾山传》，第2328、2329页。
② （清）王先谦撰《汉书补注》，中华书局据清光绪二十六年虚受堂刊本影印，1983，第1089页。
③ （清）孙诒让撰，王文锦、陈玉霞点校《周礼正义》，中华书局，1987，第1698页。
④ 许维遹撰，梁运华整理《吕氏春秋集释》，第224页。
⑤ 何宁撰《淮南子集释》，第789页；许维遹撰，梁运华整理《吕氏春秋集释》，第227页。
⑥ 《易·系辞下》："古之葬者，……葬之中野，不封不树。"（清）阮元校刻《十三经注疏》，第87页。

《太平御览》卷九五二引《孔丛子》："夫子墓方一里，诸弟子各以四方奇木来殖之。"① 传说中孔子弟子们搜求四方奇木的这种纪念形式，有相当长久的影响。但是，有学者指出，"《孔丛子》一书的结集，不是一次性完成的，必然经过了长期的编纂、续修过程"，即使"秦末汉初之际，孔鲋可能已经写定、编纂完成《孔丛子》"的"前六卷"②，书中关于"夫子墓"早期形制的记录，亦未可确信。不过，孔子及其家族的墓园后来称作"孔林"③，则体现了冢墓所植林木成为代表性文化标志的情形，与我们这里讨论的主题有关。

秦始皇陵"树草木以象山"，"上成山林"，可能是重要陵墓比较早的"树""木"的实例。有学者曾经指出，秦始皇陵可以看作我国最早的陵墓园林。④ 这一说法是有一定根据的。《吕氏春秋》的记载比较明朗地指出"为丘垄""树之若林"的做法。该书撰成于秦地，以为此说首先体现秦地世俗现象的理解，也许比较接近史实。

"天子树松"与茂陵"溉树"

明确说到汉代埋葬制度"树""木"的等级的，有《白虎通》卷一一《崩薨》"坟墓"条：

> 封树者，可以为识。故《檀弓》曰："古也墓而不坟，今丘也。东西南北之人也，不可以不识也，于是封之，崇四尺。"《含文嘉》曰："天子坟高三仞，树以松。诸侯半之，树以柏。大夫八尺，树以栾。士四尺，树以槐。庶人无坟，树以杨柳。"⑤

① （宋）李昉等撰《太平御览》，第4227页。
② 孙少华：《〈孔丛子〉研究》，中国社会科学出版社，2011，第56页。
③ 正史关于"孔林"最早的记载，见于《旧五代史·周书·太祖纪》："……遂幸孔林，拜孔子墓。"（中华书局，1976，第1482页）
④ 徐卫民、呼林贵编著《秦建筑文化》，第161~162页。
⑤ （清）陈立撰，吴则虞点校《白虎通疏证》，中华书局，1994，第559页。

所谓"天子坟高三仞，树以松"，是帝陵植树的制度史记录。《说文·木部》也有这样的文字：

> 棶，棶木。似栏。从木，𡽸声。《礼》：天子树松，诸侯柏，大夫棶，士杨。

同样明确说"天子树松"。段玉裁注指出"棶木，似栏"的"栏"，就是"楝"。[①] 他又写道：

> "士杨"二字，当作"士槐，庶人杨"五字，转写夺去也。"《礼》"，谓《礼纬含文嘉》也。《周礼·冢人》："以爵等为丘封之度，与其树数。"贾疏引《春秋纬》："天子坟高三仞，树以松；诸侯半之，树以柏；大夫八尺，树以药草；士四尺，树以槐；庶人无坟，树以杨柳。""药草"二字，"棶"之误也。《白虎通》引《春秋》、《含文嘉》语全同，正作"大夫以棶"。又《广韵》引《五经通义》"士之冢树槐"。然则此"士"下有夺可知矣。《含文嘉》是《礼纬》。《白虎通》云《春秋》、《含文嘉》。盖引《春秋》、《礼》二《纬》，而《春秋》下有夺字。唐《封氏闻见记》引《礼经》及《说文》皆讹舛。[②]

大略可知，"天子坟""树以松"，经儒学学者的宣传，已经成为汉代

---

① 段玉裁注："栏者今之楝字。《本草经》有'棶华'，未知是不。借为圜曲之称。如钟角曰棶、屋曲枅曰棶是。"

② （汉）许慎撰，（清）段玉裁注《说文解字注》，第245页。《白虎通疏证》卷一一《崩薨》："《含文嘉》曰：'天子坟高三仞，树以松。诸侯半之，树以柏。大夫八尺，树以棶。士四尺，树以槐。庶人无坟，树以杨柳。'"陈立指出："此引《含文嘉》文，《冢人疏》引作'《春秋纬》'文'，《御览》引'天子'上有'《春秋》之义'四字。又《白虎通》旧本于'《含文嘉》'之上有'《春秋》'二字，当是《礼纬》、《春秋纬》并有其文也。"（清）陈立撰，吴则虞点校《白虎通疏证》，第559页。

社会普及程度相当高的礼学常识。《艺文类聚》卷八八引《三辅黄图》说"汉文帝霸陵，不起山陵，稠种柏"①，谢承《后汉书·虞延传》"陈留虞延为郡督邮。光武巡狩至外黄，问延园陵柏树株数，延悉晓之，由是见知"②。都是帝陵"种柏"史例。看来，"天子坟""树以松"，也不是非常严格的定制。

古代等级比较高的陵墓，多选择"高敞"地方。晋人杜预赞赏"郑大夫"墓葬选址，称美其"造冢居山之顶，四望周达"，就体现了这一理念。"高敞"除有效防避水害而外，还可以"四望周达"，显现高贵。而四方仰望冢墓高顶，也会因视觉效应产生敬重之意。理解这种考虑，萧何对刘邦所说"非壮丽无以重威"的话，③ 可以参考。杜预"先为遗令"，对自己的葬地也有所安排。其中关于葬地的选择，也说到"东奉二陵，西瞻宫阙，南观伊洛，北望夷叔，旷然远览，情之所安也"④。人为营造与自然条件共同生成的景观，可以产生"壮丽""重威"的作用。汉成帝时任议郎，曾在关中地区督导农业的氾胜之，⑤ 在其农学名著《氾胜之书》中写道："种木无期，因地为时，三月榆荚雨时，高地强土可种木。"⑥ "五陵原"地方，正是典型的"高地强土"。⑦

汉代的"五陵原"，应当有人工林在比较好的条件下得以发育。⑧

①　（唐）欧阳询撰，汪绍楹校《艺文类聚》，第1515页。

②　周天游辑注《八家后汉书辑注》，上海古籍出版社，1985，第34页。

③　《史记·高祖本纪》："萧丞相营作未央宫，立东阙、北阙、前殿、武库、太仓。高祖还，见宫阙壮甚，怒，谓萧何曰：'天下匈匈苦战数岁，成败未可知，是何治宫室过度也？'萧何曰：'天下方未定，故可因遂就宫室。且夫天子四海为家，非壮丽无以重威，且无令后世有以加也。'高祖乃说。"（第385~386页）

④　《晋书·杜预传》，第1033页。

⑤　《晋书·食货志》："昔汉遣轻车使者氾胜之督三辅种麦，而关中遂穰。"（第791页）

⑥　《艺文类聚》卷八八"榆"题下引《氾胜之书》，第1525页。万国鼎以为"木"乃"禾"之误。万国鼎辑释《氾胜之书辑释》，第100页。

⑦　参看王子今《说"高敞"：西汉帝陵选址的防水因素》，《考古与文物》2005年第1期，收入汉阳陵博物馆编《汉阳陵与汉文化研究》第1辑，三秦出版社，2010。

⑧　王子今：《西汉"五陵原"的植被》，《咸阳师范学院学报》2004年第5期，收入汉阳陵博物馆《汉阳陵与汉文化研究》第2辑，三秦出版社，2012。

帝陵作为重点护卫对象，应有足够员额设定。《长安志》卷一四《兴平》"汉武帝茂陵"条引《关中记》云：

> 汉诸陵皆高十二丈，方一百二十步。惟茂陵一十四丈，方一百四十步。徙民置县者凡七，长陵、茂陵皆万户，余五陵各五千户。陵县属太常，不隶郡也。守陵、溉树、扫除，凡五千人。陵令属官各一人，寝庙令一人，园长一人，门吏三十三人，候四人。[①]

其中"园长一人"之"园长"职名，值得注意，或可帮助我们理解前引早期"陵墓园林"的说法。而"守陵、溉树、扫除，凡五千人"，明确出现"溉树"这一有关浇灌林木专职工作的信息。

汉武帝茂陵专门的"溉树"职任的出现，历代学者多曾注意。《元和郡县图志》卷二《关内道二·京兆下》"汉茂陵"条写道："汉茂陵，在县东北十七里，武帝陵也。在槐里之茂乡，因以为名。守陵、溉树、扫除，凡五千人。"[②]《太平寰宇记》卷二七《关西道三·雍州三·兴平县》"茂陵故城"条也说："汉武帝陵在槐里之茂乡，因以为名。守陵、溉树、扫除，凡五千人。"[③] 清佚名《汉书疏证》卷三《武帝纪》"葬茂陵"条"守陵、溉树、扫除，凡五千人"这条史料，引《元和郡县志》。[④] 清人许鸿磐《方舆考证》卷三四亦称引《元和志》。[⑤] 清人沈钦韩《后汉书疏证》卷一四《右扶风》"茂陵"条则与《长安志》同，亦引《关中记》曰："汉诸陵皆高十二丈，方一百二十步。惟茂陵高一十四丈，方一百四十步。徙民置县者凡七，

---

① （宋）宋敏求撰，辛德勇、郎洁点校《长安志》，第432页。
② （唐）李吉甫撰，贺次君点校《元和郡县图志》，第26页。
③ （宋）乐史撰，王文楚等点校《太平寰宇记》，第578页。
④ （清）佚名：《汉书疏证》，清钞本，第48页。
⑤ （清）许鸿磐撰《方舆考证》，清济宁潘氏华鉴阁本，第4555页。

长陵、茂陵皆万户，余五陵各千户。陵县属太常，不隶郡也。守陵、溉树、扫除，凡五千人。"①

我们曾经指出，汉代"五陵原"有比较好的促成人工林得以发育的条件。其实，从茂陵"在槐里之茂乡"的地名信息，可以推知当地很可能原本就存在繁茂的原生林木。

汉代冢墓"列树成林"

上文说到《白虎通》卷一一《崩薨》"坟墓"条引《含文嘉》曰："天子坟高三仞，树以松。诸侯半之，树以柏。大夫八尺，树以栾。士四尺，树以槐。庶人无坟，树以杨柳。"指出"坟墓"植树，已成确定的礼俗风尚。即使"庶人无坟"，亦"树以杨柳"。当然根据等级差异分别"树以松""柏""栾""槐""杨柳"的说法，可能只是理想化的礼制规范，而实际情形应当因地理条件、区域传统和家族财力等多种因素的作用，不会整齐划一。②

袁绍在谴责曹操组织盗墓时说道："梁孝王，先帝母弟，坟陵尊显，松柏桑梓，犹宜恭肃。"③ 可知梁孝王"坟陵"栽植的树种是多样的。《艺文类聚》卷八八引《圣贤冢墓记》说："东平思王归国，思京师。后薨，葬东平，其冢上松柏皆西靡。"④ 东平思王刘宇，汉宣帝甘露二年（前52）立。《汉书·宣元六王传·东平思王刘宇》："立

---

① （清）沈钦韩撰《后汉书疏证》，上海古籍出版社据清光绪二十六年浙江官书局刻本影印，2006，第273页。（清）顾炎武《肇域志》卷三四引《关中记》："汉诸陵皆高十二丈，方一百二十步。惟茂陵高一十四丈，方一百四十步。徙民置县者凡七，长陵、茂陵皆万户，余五陵各五十户。陵县属太常，不隶郡也。守陵、溉树、扫除，凡五千人。陵令属官一人，寝庙令一人，园长一人，门吏三十三人，候四人。"（清）顾炎武：《肇域志》，清钞本，第1143页。今按：一作"余五陵各千户"，一作"余五陵各五十户"，应为"余五陵各五千户"。

② 如《晋书·凉武昭王李玄盛传》说河西地方树种与内地即有不同："先是，河右不生楸、槐、柏、漆，张骏之世，取于秦陇而植之，终于皆死，而酒泉宫之西北隅有槐树生焉，玄盛又著《槐树赋》以寄情。"（第2267页）

③ 《三国志·魏书·袁绍传》裴松之注引《魏氏春秋》载绍檄州郡文，第198页。

④ （唐）欧阳询撰，汪绍楹校《艺文类聚》，第1512页。

三十三年薨。"颜师古注："《皇览》云东平思王冢在无盐，人传言王在国思归京师，后葬，其冢上松柏皆西靡也。"① 诸侯王陵上植"松柏"，也违反了《白虎通》引《含文嘉》"树以柏"的规范。

《艺文类聚》卷八八还引录了一则冢墓"种松柏"的史例："《广州先贤传》曰：'猗顿至孝，母丧，猗独立坟，历年乃成。居丧逾制，种松柏成行。'"② 猗顿是战国时著名富户。《史记》三见"猗顿之富"的说法，③《货殖列传》说："猗顿用盬盐起。"裴骃《集解》："《孔丛子》曰："猗顿，鲁之穷士也。耕则常饥，桑则常寒。闻朱公富，往而问术焉。朱公告之曰：'子欲速富，当畜五牸。'于是乃适西河，大畜牛羊于猗氏之南，十年之间其息不可计，赀拟王公，驰名天下。以兴富于猗氏，故曰猗顿。"④《汉书·项籍传》也说到"猗顿之富"，颜师古注："越人范蠡逃越，止于陶，自谓陶朱公。猗顿本鲁人，大畜牛羊于猗氏之南，赀拟王公，驰名天下。"猗顿成功于战国时，因其富有，汉代依然"驰名天下"。⑤ 猗顿故事虽然并非严格意义的汉代史料，却因年代临近，可以帮助我们理解汉代有关冢墓植树的民俗现象。

古诗十九首中，有诗句说到"陵""墓""丘""坟"景象，借以表述对社会人生的文化感觉，其中可见冢墓的林木：

> 青青陵上柏，磊磊磵中石。人生天地间，忽如远行客。斗酒相娱乐，聊厚不为薄。驱车策驽马，游戏宛与洛。

---

① 《汉书·宣元六王传·东平思王刘宇》，第3326页。

② （唐）欧阳询撰，汪绍楹校《艺文类聚》，第1512页。

③ 《史记·秦始皇本纪》引贾谊《过秦论》，第281页；《史记·陈涉世家》引贾谊《过秦论》，第1964页；《史记·平津侯主父列传》引徐乐语，第2956页；又见《汉书·徐乐传》，第2804页。

④ 《史记·货殖列传》，第3259页。《汉书·货殖传》："猗顿用猗盐起。"颜师古注："猗顿，鲁之穷士也。盬，盐池也。于盬造盐，故曰盬盐。"（第3695页）

⑤ 《汉书·项籍传》，第1824页。《三国志·吴书·韦曜传》也可见"猗顿之富"字样（第1461页）。

驱车上东门，遥望郭北墓。白杨何萧萧，松柏夹广路。下有陈死人，杳杳即长暮。潜寐黄泉下，千载永不寤。

去者日已疏，来者日以亲。出郭门直视，但见丘与坟。古墓犁为田，古柏摧为薪。白杨多悲风，萧萧愁杀人。①

"陵""墓""丘""坟"左近，多有"松柏""白杨"。所谓"古墓犁为田，古柏摧为薪"，说冢墓被破坏的情形。"古墓"和"古柏"是一体化的前代遗存。对于"青青陵上柏"句"陵"的理解，马茂元说："'陵'，大的土山。"②《文选》卷二九《杂诗上·古诗十九首》张铣的解释是："陵，山也。"但接着又写道："此诗叹人生促迫多忧，将追宴乐之理。"③ 以"山"解"陵"字，合理的意义应当不是一般的"土山"，其义或近似战国秦汉人语言习惯称冢墓之"山陵"。④ 清人余集《滑承芳同年望云图》诗："青青陵上柏，郁郁松间墓。寂寂墓中人，杳杳即长暮。"⑤ 应当说其理解比较接近《古诗十九首》"青青陵上柏"句本义。

《白虎通》引《含文嘉》所谓"庶人无坟，树以杨柳"，是说最

---

① 马茂元：《古诗十九首初探》，陕西人民出版社，1981，第49、89、94页。

② 马茂元：《古诗十九首初探》，第49页。

③ （梁）萧统编，（唐）李善、吕延济、刘良、张铣、吕向、李周翰注《六臣注文选》，第538页。

④ 如《史记·赵世家》"一旦山陵崩"（第1823页）；《史记·儒林列传》张守节《正义》引卫宏《诏定古文尚书序》"骊山陵"（第3117页）。又《汉书·外戚恩泽侯表》"坐山陵未成置酒歌舞，免"（第703页）；《汉书·五行志上》"山陵昭穆之地"（第1335页）；《汉书·外戚传下·孝成赵皇后》"谤议上及山陵"（第3998页）；《汉书·元后传》"先帝弃天下，根不悲哀思慕，山陵未成，公聘取故掖庭女乐五官殷严、王飞君等"（第4028页）。《水经注》卷一九《渭水》："秦名天子冢曰山，汉曰陵，故通曰山陵矣。"（北魏）郦道元著，陈桥驿校证《水经注校证》，第460页。元人郝经《续后汉书》卷八七中下《录第五中下》"山陵"条说《史记·秦始皇本纪》记述，"山陵之称始此，汉因之，特为陵号"（《景印文渊阁四库全书》第386册，第525页）。

⑤ （清）余集：《忆漫庵剩稿》，《续修四库全书》第1460册，第374页。

低等级的墓葬，一般的墓葬，往往都会追逐土方工程和造林工程相兼的"成坟""种树"的社会风习。《东观汉记·李恂传》写道：

> 李恂遭父母丧，六年躬自负土树柏，常住冢下。①

谢承《后汉书·方储传》也记述了情节类同的事迹：

> （方储）幼丧父，事母孝。除郎中，遭母忧，弃官行礼，负土成坟，种松柏奇树千余株，鸢鸟栖其上，白兔游其下。②

"负土"与"树柏""树松柏"并说，都体现出了以这种行为表现孝心的情形。

冢墓植树，在汉代已经成为盛行一时的社会礼俗。《盐铁论·散不足》记载，"贤良"批评普遍的奢侈消费风习，也说到丧葬方面的问题："古者，瓦棺容尸，木板堲周，足以收形骸，藏发齿而已。及其后，桐棺不衣，采椁不斫。今富者绣墙题凑。中者梓棺楩椁，贫者画荒衣袍，缯囊缇橐。"又说："古者，明器有形无实，示民不可用也。及其后，则有醯醢之藏，桐马偶人弥祭，其物不备。今厚资多藏，器用如生人。郡国徭吏，素桑楺偶车橹轮，匹夫无貌领，桐人衣纨绨。"对于冢墓及附属建筑营造的铺张，"贤良"也有所指责：

> 古者，不封不树，反虞祭于寝，无坛宇之居，庙堂之位。及其后，则封之，庶人之坟半仞，其高可隐。今富者积土成山，列树成林，台榭连阁，集观增楼。中者祠堂屏合，垣阙罘罳。③

---

① （东汉）刘珍等撰，吴树平校注《东观汉记校注》，第 730 页。
② 周天游辑注《八家后汉书辑注》，第 413~414 页。
③ 王利器校注《盐铁论校注》（定本），第 353 页。

"积土成山，列树成林"，为"富者"引领，又影响社会不同层次，成为受到广泛崇尚的民间风习。

陵墓"林木"的象征意义

前引《白虎通》说，"树"有直接"可以为识"的意义。我们还讨论了陵墓"树草木以象山"，或许有追求"壮丽""重威"作用的动机。陵墓植树，其实还有文化象征的意义。

比如，"松柏"，是汉代冢墓"列树成林"的主要树种，以至有这样的故事："张湛好于斋前种松柏，时人曰：张湛屋下陈尸。"[1]"松柏"竟然被"时人"以为冢墓的标志。"松柏"有最强的生命力，也象征高贵的等级地位。孔子说："岁寒，然后知松柏之后凋也。"这其实已经形成一种文化共识。《庄子·让王》："天寒既至，霜雪既降，吾是以知松柏之茂也。"《荀子·大略》："岁不寒无以知松柏；事不难无以知君子无日不在是。"[2] 而这一理念通过《吕氏春秋》对秦文化曾经有所影响，在汉代又得到强化宣传。《吕氏春秋·慎人》："大寒既至，霜雪既降，吾是以知松柏之茂也。"《淮南子·俶真》："夫大寒至，霜雪降，然后知松柏之茂也；据难履危，利害陈于前，然后知圣人之不失道也。"[3]

"松柏"，还有神秘的意义。《艺文类聚》卷八八引《列仙传》曰："仇生赤，当汤时，为木正。常食松脂，自作石室，周武王祠之。"又曰："偓佺好食松实，能飞行逮走马。以松子遗尧，尧不能服。松者，樗松也。"仙人"常食松脂"，"好食松实"，又"服""松子"。与"松"的亲密关系，可以近仙人，得长生。[4]

---

[1]　《艺文类聚》卷八八，第 1513 页。

[2]　郭庆藩辑，王孝鱼整理《庄子集释》，第 982 页；（清）王先谦撰，沈啸寰、王星贤点校《荀子集解》，第 506 页。

[3]　许维遹撰，梁运华整理《吕氏春秋集释》，第 339 页；何宁撰《淮南子集释》，第 107 页。

[4]　《艺文类聚》卷八八引《嵩高山记》曰："嵩岳有大树松，或百岁千岁，……采食其食，得长生。"同卷引《汉武内传》曰："药有松柏之膏，服之可延年。"（第 1512 页）

《文选》卷二九何敬祖《杂诗》："秋风乘夕起，明月照高树。""心虚体自轻，飘飘若仙步。瞻彼陵上柏，想与神人遇。"李善注："古诗曰：'青青陵上柏。'《文子》曰：'天地之间有神人、真人。'"李周翰注："柏之耐寒而不凋，故想与神仙之人与之遇合，求长生也。"① 汉代兴起的黄肠题凑葬制，即上文所引《盐铁论·散不足》所谓"题凑"所提示者，以柏木为葬具原材料。这种选择的出发点，还没有明确的有充分说服力的解说。结合"青青陵上柏"的神秘意义，或许也可以分析促成墓主"与神人遇"的可能性。

张光直曾经分析古代中国"巫师通神的工具和手段"，首先列举的就是山和树，② 其论说细致充分，详尽有力，没有必要再在这里重复。我们所受到的学术启示，包括秦汉山陵树木神秘作用的理解，可以从"通神"追求的视角有所考察。前引"瞻彼陵上柏，想与神人遇"诗句，其实已经可以开启有重要意义的学术思路。

如果以生态环境史的思路分析，"树草木以象山"的努力，也许还有维护葬地某种生机与活力的出发点。前引方储故事："负土成坟，种松柏奇树千余株，鸾鸟栖其上，白兔游其下。""鸾鸟""白兔"的表现，颂扬者以为理想境界。在秦汉人的意识中，陵墓可能是需要这种生动活跃的气息的。张光直先生曾经分析古代社会对于死后"魂魄"的形态和去向的认识。他指出，古代人的意识中，"人死之后魂魄分离，魂气升天，形魄归地"，于是，"古代的埋葬制度与习俗便必然具有双重的目的与性格，即一方面要帮助魂气顺利地升入天界，一方面要好好地伺候形魄在地下宫室里继续维持人间的生活"。"不论南北早晚，中国古代葬俗对魂魄两者都是加以照顾的。"张光直提示我们注意，考察

---

① （梁）萧统编，（唐）李善、吕延济、刘良、张铣、吕向、李周翰注《六臣注文选》，第 553 页。

② 张光直：《中国青铜时代 二集》，生活·读书·新知三联书店，1990，第 52~55 页。

古代葬俗葬制，不宜忽略对"人神沟通的象征意义"的关注。①

也许对秦汉时期"山陵""林木"的意义的思考，有必要注意多角度多层面的分析。

秦汉陵墓植树礼俗的历史影响

《三国志·魏书·曹真传》裴松之注引《世语》："（魏）明帝治宫室，（杨）伟谏曰：'今作宫室，斩伐生民墓上松柏，毁坏碑兽石柱，辜及亡人，伤孝子心，不可以为后世之法则。'"② 看来，"墓上松柏"，可能已经成为反映社会丧葬文化常态的一种冢墓风景。

令狐愚参与了一次未遂政变。《三国志·魏书·王凌传》记载，事态发展进程中，"愚病死"，其事败，遭到司马懿集团以发冢为形式的惩罚，又"剖棺，暴尸于所近市三日，烧其印绶、朝服"。裴松之注引干宝《晋纪》写道："兖州武吏东平马隆，托为愚家客，以私财更殡葬，行服三年，种植松柏。一州之士愧之。"在令狐愚冢墓"种植松柏"，成为一种庄重的纪念方式。对同一故事的记述，《晋书·马隆传》："隆以武吏托称愚客，以私财殡葬，服丧三年，列植松柏，礼毕乃还，一州以为美谈。"③

山涛在母亲冢墓"植松柏"事，见《晋书·山涛传》："涛年逾耳顺，居丧过礼，负土成坟，手植松柏。"以"植松柏"尽孝情形，可见《晋书·孝友传·夏方》："方年十四，夜则号哭，昼则负土，十有七载，葬送得毕，因庐于墓侧，种植松柏，乌鸟猛兽驯扰其旁。"同书《孝友传·许孜》："孜以方营大功，乃弃其妻，镇宿墓所，列植松柏亘五六里。"④ 类似情形，又如《南齐书·高逸传·宗测》：

①　张光直：《〈中国著名古墓发掘记〉序》，《考古人类学随笔》，生活·读书·新知三联书店，1999，第19~20页。
②　《三国志·魏书·曹真传》，第284页。
③　《三国志·魏书·王凌传》，第758~759、761页；《晋书·马隆传》，1554页。
④　《晋书》，第1225、2277、2279页。

"母丧，身负土植松柏。"① 《陈书·孝行传·殷不佞》："身自负土，
手植松柏，每岁时伏腊，必三日不食。"② 《隋书·孝义传·刘士儁》：
"性至孝，丁母丧，绝而复苏者数矣。勺饮不入口者七日，庐于墓侧，
负土成坟，列植松柏。狐狼驯扰，为之取食。"③ 《南史·马仙琕传》：
"父忧毁瘠过礼，负土成坟，手植松柏。"④ 《旧唐书》记载冢墓"植
松柏"事多例。如《宗室传·淮安王神通传附子道彦传》："丁父忧，
庐于墓侧，负土成坟，躬植松柏。"《褚无量传》："其所植松柏，时
有鹿犯之，无量泣而言曰：'山中众草不少，何忍犯吾先茔树
哉！'"⑤ 《崔慎由传》："弟兄庐于父墓，手植松柏。"《列女传·孝
女王和子》："闻父兄殁于边上，被发徒跣缞裳，独往泾州，行丐取父
兄之丧，归徐营葬，手植松柏，剪发坏形，庐于墓所。"⑥ 《列女传·
郑神佐女》："便庐于坟所，手植松槚，誓不适人。"《新唐书·列女
传·李孝女妙法》："结庐墓左，手植松柏，有异鸟至。"⑦

　　唐人孟郊《哭李观》诗："旅葬无高坟，栽松不成行。"⑧ 表述了
行旅中意外去世，不能归葬故里，坟墓未能实现理想形制的遗憾。可
知正常的安葬，是应当从容"栽松""列植""成林"的。前引刘士
儁"列植松柏"，林木似已略成规模。其他言"植""手植"等，不

---

　　① 《南齐书·高逸传·宗测》，第 940 页；《南史·隐逸传上·宗测》："母丧，身自负
土，植松柏。"（第 1861 页）
　　② 《陈书·孝行传·殷不佞》，第 425 页；《南史·孝义传下·殷不佞》："身自负土，
手植松柏，每岁时伏腊，必三日不食。"（第 1849 页）
　　③ 《隋书·孝义传·刘士儁》，第 1668 页；《北史·孝行传·刘士俊》："性至孝。丁母
丧，绝而复苏者数矣。勺饮不入口者七日。庐于墓侧，负土成坟，列植松柏，虎狼驯扰，为
之取食。"（第 2838 页）
　　④ 《南史·马仙琕传》，第 714 页。
　　⑤ 《新唐书·儒学传下·褚无量传》："庐墓左，鹿犯所植松柏，无量号诉曰：'山林不
乏，忍犯吾茔树邪？'"（第 5688 页）
　　⑥ 《新唐书·列女传·王孝女和子》："和子年十七，单身被发徒跣缞裳抵泾屯，日丐
贷，护二丧还，葬于乡，植松柏，剪发坏容，庐墓所。"（第 5827 页）
　　⑦ 《旧唐书》，第 2342、3167、4578、5152 页；《新唐书》，第 5826 页。
　　⑧ 《全唐诗》卷三八一，第 4271 页。

清楚栽植数量。《北史·隋宗室诸王传·蔡景王整》："文帝初居武元之忧，率诸弟负土为坟，人植一柏，四根郁茂，西北一根整栽者独黄。"① 只是人植一株而已。前引《晋书·孝友传·许孜》说到冢墓"列植"林木的规模，称"亘五六里"。《北齐书·文苑传·樊逊》："衡性至孝，丧父，负土成坟，植柏方数十亩，朝夕号慕。"② 所植柏林以"亩"计。《旧唐书》则可见"植松柏"株数的记载。《良吏传上·薛季昶》："葬毕，庐于墓侧，蓬头跣足，负土成坟，手植松柏数百株。"同书《良吏传上·高智周》："庐于墓侧，植松柏千余株。"③《孝友传·张志宽传》："及丁母忧，负土成坟，庐于墓侧，手植松柏千余株。"④ 又《宋史·孝义传·易延庆》也写道："居丧摧毁，庐于墓侧，手植松柏数百本，旦出守墓，夕归侍母。"

宋元时期沿袭这一风习的史例，还有《宋史·张奎传》："其后母卒，庐于墓，自负土植松柏。"又《元史·列女传一·马英》："及丧母，卜地葬诸丧，亲负土为四坟，手植松柏，庐墓侧终身。"⑤

冢墓种植林木的风习，也见于异族史迹。《梁书·东夷传·高句骊》："积石为封，列植松柏。"⑥

我们还看到在冢墓旁侧种植"花卉"的情形。《梁书·处士传·何点》："园内有卞忠贞冢，点植花卉于冢侧，每饮必举酒酹之。"此说"植花卉"，《南史》作"植花"。⑦

---

① 《北史·隋宗室诸王传·蔡景王整》，第2449页。
② 《北齐书·文苑传·樊逊》，第607页。
③ 《新唐书·石仲览传》："兄弟庐墓侧，植松柏千余。"（第4039页）。
④ 《旧唐书》，第4804、4793、4918～4919页。
⑤ 《宋史》，第13393、10491页；《元史》，第4490页。
⑥ 《梁书·东夷传·高句骊》第802页；《南史·东夷传下·高句丽》："积石为封，列植松柏。"（第1970页）
⑦ 《梁书·处士传·何点》，第732页；《南史·何点传》："园有卞忠贞冢，点植花于冢侧，每饮必举酒酹之。"（第788页）

"禁樵采"：冢墓"林木"保护

墓上植树，是沿袭久远的风习。冢墓"林木"因多种因素会有所损伤。三国魏人管辂过毌丘俭墓下，曾经发表"林木虽茂，无形可久"的感叹，[①] 透露出某种憾恨。刘曜"葬其父及妻"，"二陵"工程宏大。《晋书·刘曜载记》记载，后来因"大雨霖""大风"，"墓门屋"及"寝堂"受损，"松柏众木植已成林，至是悉枯"[②]。陵墓"松柏众木"规模"成林"，然而"悉枯"，可能是自然因素所导致但人为因素的破坏，也是普遍发生的情形。

墓上"林木"是与冢墓结为一体的宗法关系的象征。据说宋太宗时，兵部尚书卢多逊在上层政治权争中失利，以"交结亲王""大逆不道"之罪，全家流配崖州。《宋史·卢多逊传》说，"（卢）多逊累世墓在河内，未败前，一夕震电，尽焚其林木，闻者异之"[③]。卢多逊家族墓地林木因雷击而焚毁，被看作他政治命运发生转折的一种征兆。

冢墓"林木"遭到损坏，确实可能对于宗族成员造成严重的心理伤害。《三国志·魏书·曹真传》裴松之注引《世语》："（魏）明帝治宫室，（杨）伟谏曰：'今作宫室，斩伐生民墓上松柏，毁坏碑兽石柱，辜及亡人，伤孝子心，不可以为后世之法则。'"[④]《晋书·孝友列传·庾衮》又记载这样的故事："或有斩其墓柏，莫知其谁，乃召邻人集于墓而自责焉，因叩头泣涕，谢祖祢曰：'德之不修，不能庇先人之树，衮之罪也。'父老咸亦为之垂泣，自后人莫之犯。"[⑤] 这是以"自责"为表现的一种反应。而通常的情形，"伤""心"之外，

① 《三国志·魏书·方技传·管辂》，第 825 页。
② 《晋书·刘曜载记》，第 2693 页。
③ 《宋史·卢多逊传》，第 9120 页。
④ 《三国志·魏书·曹真传》，第 284 页。
⑤ 《晋书·孝友列传·庾衮》，第 2281 页。

会激起强烈的愤怒。

在能够得知家族墓地林木破坏者的情况下，往往会发生形式暴烈的报复。《晋书·文苑列传·李充》写道："（李）充少孤，其父墓中柏树尝为盗贼所斫，（李）充手刃之，由是知名。"① 这种全力维护家族墓地的行为，受到社会舆论的肯定。唐代还曾经发生以乡人砍伐其父亲墓地上的柏树为借口，将其杀害的情形。② 墓上林木的保护，受到政治权力的支持，《晋书·宗室列传·忠王尚之》说："（司马）文思性凶暴，每违轨度，多杀弗辜。好田猎，烧人坟墓，数为有司所纠。"③ 这里所说到"烧人坟墓"，很可能是指烧毁墓上林木。唐肃宗时，韦陟任吏部尚书，"宗人伐墓柏，坐不相教，贬绛州刺史"④。宗族中人伐取墓柏，因未能严加管教，竟然受到贬官的处分。

汉代已经有比较完备的陵墓保护制度。"守陵""守冢""守墓"机制初步形成。国家行政力量的陵墓保护对象，除了当代帝陵之外，还包括先代帝王和一些贤人名士的墓葬。上文说到茂陵守护人员包括"溉树"，说明陵墓的"林木"必然在保护范围之内。《晋书·石勒载记下》记载，石勒追念介子推事迹，"有司奏以子推历代攸尊，请普复寒食，更为植嘉树，立祠堂，给户奉祀"⑤。《旧五代史·梁书·太祖纪》："宗正寺请修兴极、永安、光天、咸宁诸陵，并令添修上下宫殿，栽植松柏。"⑥ 所谓"植嘉树""栽植松柏"，都体现对陵墓原有"林木"予以恢复的努力。

唐代《天圣令》卷二九《丧葬令》有明确的对陵园林木予以保

---

① 《晋书·文苑列传·李充》，第 2389 页。
② 《旧唐书·柳仲郢传》："富平县人李秀才，籍在禁军，诬乡人斫父墓柏，射杀之。"（第 4305 页）
③ 《晋书·宗室列传·忠王尚之》，第 1109 页。
④ 《新唐书·韦陟传》，第 4353 页。
⑤ 《晋书·石勒载记下》，第 2750 页。
⑥ 《旧五代史·梁书·太祖纪》，第 68 页。

护的条文："先代帝王陵，并不得耕牧樵采。"① 顾炎武《日知录》卷一五"前代陵墓"条，对古来陵墓有所保护的制度有所赞赏。其中第一例"古人于异代山陵，必为之修护"事，即"汉高帝十二年十二月诏"，也就是宣布对"秦皇帝、楚隐王、魏安釐王、齐湣王、赵悼襄王"及"魏公子无忌"安排"守冢"的正式命令。随后"魏明帝景初二年五月戊子诏"宣布保护"汉高"和"光武"坟陵，其中为"坟陵崩颓，童儿牧竖践蹋其上"深表痛心。"童儿牧竖"的"践蹋"也是直接的植被破坏。顾炎武列举的"南齐明帝建武二年十二月丁酉诏"也说到"牧竖"行为。所说历代帝王保护"异代山陵"的诏令中，说到明确规定禁止损害陵园"林木"者，有"魏高祖太和二十年五月丙戌诏：'……各禁方百步，不得樵苏践踏'"，"孝明熙平元年七月诏曰：'……诸有帝王坟陵，四面各五十步，勿听樵牧'"，"隋炀帝大业二年十二月庚寅诏曰：'前代帝王，因时创业，君民建国，礼尊南面。而历运推移，年世永久，丘垄残毁，樵牧相趋，茔兆堙芜，封树莫辨。……自古以来帝王陵墓，可给随近十户，蠲其杂役，以供守视'"，"唐玄宗天宝三载十二月诏：'自古圣帝明王，陵墓有颓毁者，宜令管内量事修葺，仍明立标记，禁其樵采'"。顾炎武写道："宋熙宁中，'……唐之诸陵，悉见芟削，昭陵乔木，翦伐无遗。'小民何识，自上导之，靡存爱树之思，但逐樵苏之利。吁，非一朝之故矣。"顾炎武还引录了金太宗大会七年二月甲戌诏"禁医巫闾山辽代山陵樵采"以及"本朝洪武九年八月己酉"，遣专人"分视历代帝王陵寝"和"百步内禁人樵牧，设陵户二人守之"的命令。②

---

① 天一阁博物馆、中国社会科学院历史研究所天圣令整理课题组校证《天一阁明钞本天圣令校证》，中华书局，2006，第 351 页；王子今：《两汉"守冢"制度》，《南都学坛》2020 年第 3 期。

② （清）顾炎武著，黄汝成集释，栾保群、吕宗力校点《日知录集释》（全校本），上海古籍出版社，2006，第 881~884 页。

对于"先代陵庙""禁樵采"的规定，又见于《宋史·礼志·吉礼八·先代陵庙》载录的诏令。

《日知录》对于陵墓的"修护"，除了"异代山陵"之外，还关注了"士子故茔"。他引录"陈文帝天嘉六年八月丁丑诏"，谴责前代陵墓破坏，"零落山丘，变移陵谷，咸皆剪伐，莫不侵残"，"无复五株之树，罕见千年之表"。这里是涉及"林木"破坏的。即使在帝陵保护受到重视，"桥山之祀，苹藻弗亏，骊山之坟，松柏恒守"的情况下，许多政治闻人和文化名流的冢墓保存状况依然非常恶劣："惟戚藩旧垄，士子故茔，掩殣未周，樵牧犹众。或亲属流隶，负土无期，子孙冥灭，手植何寄。"回顾刘邦创制"守冢"制度的初衷，提示"汉高留连于无忌"的意义，宣布："维前代王侯，自古忠烈，坟冢被发绝无后者，可检行修治，墓中树木，勿得樵采，……。"① 顾炎武肯定这一政策的意义："不独前代山陵，即士大夫之丘墓并为封禁，亦兴王之一事，可为后法者矣。"② 所说"封禁""禁樵采"，是主要保护措施之一。

上文说到唐《天圣令》对陵园林木予以保护的条文："先代帝王陵，并不得耕牧樵采。"在后世法律文书中还可以看到对于民间冢墓"林木"破坏现象的处理方式，以及具体的案例。《名公书判清明集》作为宋代诉讼判决书和官府司法公文的分类合集，有法律思想史、司法史资料的意义。该书卷九《墓木》题下有"舍木与僧""争墓木致死""庵僧盗卖坟木""卖墓木"条，都记述了有关保护墓园林木的案例。如"舍木与僧"条："舍坟禁之木以与僧，不孝之子孙也；诱其舍而斫禁木者，不识法之僧也。若果如县断，则是为尊者可舍墓木，为侄者不合诉墓木，与法意大差矣！程端汝勘杖一百，僧妙日不

---

① 《陈书·世祖纪》，第 59 页。
② （清）顾炎武著，黄汝成集释，栾保群、吕宗力校点《日知录集释》（全校本），第 885~886 页。

应为，杖六十。帖县照断。"① 墓园的林木是"坟禁之木""禁木"。
程端汝将"禁木"施舍"与僧"，"僧""斫禁木"，事被程端汝之侄
所诉。"县断"以为程端汝"为尊者"，判定"为侄者"败诉。而更
高等级的司法判断，是程端汝"舍坟禁之木"，是"不孝之子孙"，
而"诱其舍而斫禁木者"之"僧"，为"不识法之僧"，分别受到
"杖一百"和"杖六十"的惩罚。又如"庵僧盗卖坟木"条："许孜，
古之贤士也。植松于墓之侧，有鹿犯其松栽，叹曰：鹿独不念我乎！
明日，其鹿死于松下，若有杀而致之者。兽犯不趑，幽而鬼神，犹将
声其冤而诛殛之；剗灵而为人者，岂三尺所能容哉！师彬背本忘义，
曾禽兽之不若。群小志于趋利，助之为虐，此犹可诿者，潘提举语其
先世，皆名门先达也，维桑与梓，必恭敬止，今其松木连云，旁起临
渊之羡，斤斧相寻，旦旦不置，乡曲之义扫地不遗，此岂平时服习礼
义之家所应为乎！事至有司，儆之以法，是盖挽回颓俗之一端也。师
彬决脊杖十七，配千里州军牢城收管。"② 罪罚对象"庵僧"可能即
"师彬"，判定"师彬决脊杖十七，配千里州军牢城收管"，处罚是严
厉的。"背本忘义"，违反"礼义"原则的责备，至于"曾禽兽之不
若"的程度。

许孜故事，见于《晋书·孝友传·许孜》："许孜字季义，东阳
吴宁人也。孝友恭让，敏而好学。年二十，师事豫章太守会稽孔冲，
受《诗》、《书》、《礼》、《易》及《孝经》、《论语》。学竟，还乡里，
冲在郡丧亡，孜闻问尽哀，负担奔赴，送丧还会稽，蔬食执役，制服
三年。俄而二亲没，柴毁骨立，杖而能起，建墓于县之东山，躬自负
土，不受乡人之助。或悯孜羸惫，苦求来助，孜昼助不逆，夜便除
之。每一悲号，鸟兽翔集。孜以方营大功，乃弃其妻，镇宿墓所，列

---

① 中国社会科学院历史研究所宋辽金元研究室点校《名公书判清明集》，中华书局，
1987，第329~330页。

② 中国社会科学院历史研究所宋辽金元研究室点校《名公书判清明集》，第332页。

植松柏亘五六里。时有鹿犯其松栽，孜悲叹曰：'鹿独不念我乎！'明日，忽见鹿为猛兽所杀，置于所犯栽下。孜怅惋不已，乃为作冢，埋于隧侧。猛兽即于孜前自扑而死，孜益叹息，又取埋之。自后树木滋茂，而无犯者。积二十余年，孜乃更娶妻，立宅墓次，烝烝朝夕，奉亡如存，鹰雉栖其梁，獐鹿与猛兽扰其庭圃，交颈同游，不相搏噬。元康中，郡察孝廉，不起，巾褐终身。年八十余，卒于家。邑人号其居为孝顺里。"① 许孜经营"二亲"墓园"列植松柏亘五六里"，又有"有鹿犯其松栽"及"鹿为猛兽所杀，置于所犯栽下"情节。而"自后树木滋茂，而无犯者"，是"服习礼义"者以为理想的境界。而《名公书判清明集》卷九《墓木》"庵僧盗卖坟木"案例，"师彬决脊杖十七，配千里州军牢城收管"的判决，是以司法形式维护这种"礼义"境界的故事。

　　与"礼义"处于另一观念层次的社会追求，也许同样值得我们注意。即"树木滋茂""鸟兽翔集"向往所体现的生态意识，似乎透露出追求自然和谐的倾向。前引方储事迹"种松柏奇树千余株，鸾鸟栖其上，白兔游其下"，应当也是表现之一。以当时的社会理念为背景，这种自然，即"使动植之类，莫不各得其所"② 的环境条件，应当是适宜于陵墓主人"魂魄飞扬"的自由的。③

---

① 《晋书·孝友传·许孜》，第 2279~2280 页。
② 《宋书·符瑞志上》，第 759 页。《南齐书·王融传》："臣闻春庚秋蝉，集候相悲，露木风荣，临年共悦。夫唯动植，且或有心。况在生灵，而能无感。"（第 817 页）《隋书·音乐志中》："微微动植，莫违其性。"（第 329 页）
③ 《汉书·五行之下之上》："心之精爽，是谓魂魄。"（第 1449 页）《史记·高祖本纪》："（高祖）谓沛父兄曰：'游子悲故乡。吾虽都关中，万岁后吾魂魄犹乐思沛。'"（第 389 页）《后汉书·袁敞传》："欧刀在前，棺絮在后，魂魄飞扬，容貌已枯。"（第 1524 页）又《宋书·乐志三》载古词《乌生》之《乌生八九子》："唶我一丸即发中乌身，乌死魂魄飞扬上天。"（第 607 页）

七

秦汉人的生态环境观

1. 秦汉社会的山林保护意识

秦汉时期的社会礼俗、学人论说以及政府法令中，都可以看到反映山林保护意识的内容。秦汉社会山林保护意识的形成和影响，有民间神秘主义观念的基础，也有为当时知识阶层普遍认同的自然观的作用，这些理念因素影响国家管理者的行政倾向，而相应的法令又反作用于民众的心理和行为，强化了对于维护生态平衡具有积极意义的社会规范。

分析秦汉社会的山林保护意识，有益于深化对当时社会精神生活的全面理解，而中国传统天人观的若干细节，也可以得到具体的说明。进行相关讨论，对于中国生态环境史和中国生态环境观念史的研究，无疑也是有意义的。[①]

---

① 反映秦汉人的生态保护观的历史资料，有必要认真总结研究。相关历史文化信息其实是相当丰富的。有的学者在讨论"生态思想的历史概况"时仅举《庄子·山水》中"螳螂捕蝉，黄雀在后"故事一例，实在是明显的缺憾。汪劲：《环境法律的理念与价值追求：环境立法目的论》，法律出版社，2000，第151页。

《日书·木日》与相关礼俗

《日书》是秦汉时期民间通行的选择时日吉凶的数术书。数术之学，在秦汉时期曾经有十分广泛的社会影响。当时，生老病死、衣食住行等社会生活的基本形式和内容中，处处都可以看到神秘主义文化的制约。《日书》中有关于民间传统禁忌形式的内容。其中有的涉及当时人对于林木的观念。

例如，在睡虎地秦简《日书》甲种中《除》题下写道，"外阴日""不可以之壄外"（一〇正贰）。整理小组释文作"不可以之野外"①，李家浩释文作"不可以之壄（野）外"。② 今按："野外"，《说文·冂部》谓"郊外谓之野，野外谓之林"。《尔雅·释地》则说："郊外谓之牧，牧外谓之野，野外谓之林。"③ 所谓"之壄外"，大约是说至于未垦辟的自然山林。

又如关于"十二支害殃"的内容中，可见"毋以木斩大木，必有大英"（一〇九正贰）文句。"大英"即"大殃"。"毋以木斩大木"，整理小组释文："毋以木〈未〉斩大木。"④ 《史记·律书》："未者，言万物皆成，有滋味也。"《汉书·律历志》："昧薆于未。"⑤"未"字象林木枝叶繁茂之状，在《说文·未部》中写作："木重枝叶也。"⑥ 段玉裁注："老则枝叶重叠。"当"万物皆成"之时，"斩""枝叶重叠"浓荫"昧薆"之"大木"，从象征主义的视角看，自有消极的意义。在《门》题下，又有"入月七日及冬未、春戌、夏丑、

---

①　睡虎地秦墓竹简整理小组编《睡虎地秦墓竹简》，1990，第 181 页。

②　湖北省文物考古研究所、北京大学中文系编《九店楚简》，中华书局，2000，第 186 页。

③　（汉）许慎撰，（清）段玉裁注《说文解字注》，第 228 页；（清）阮元校刻《十三经注疏》，第 2616 页。

④　睡虎地秦墓竹简整理小组编《睡虎地秦墓竹简》，1990，第 197 页。

⑤　《史记·律书》，第 1247 页；《汉书·律历志》，第 964 页。

⑥　《说文·未部》："未，昧也。六月滋味也。五行，木老于未。象木重枝叶也。"（第 746 页）

秋辰，是胃（谓）四敷，不可……伐木"（一四三背至一四四背）的内容，也体现出保护山林的规则。①

睡虎地秦简《日书》乙种又有题为《木日》的内容：

> 木日　木良日，庚寅、辛卯、壬辰，利为木事。·其忌，甲戌、乙巳、癸酉、丁未、癸丑、（六六）
>
> □□□□□寅、己卯，可以伐木。木忌，甲乙榆、丙丁枣、戊己桑、庚辛李、壬辰□（漆）。（六七）②

木良日和木忌日的形成，反映"伐木"所受到的限制。榆、枣、桑、李、漆作为具有经济意义的树种，砍伐尤其有严格的禁忌。

向往浓绿：生活态度与自然意趣

反映秦汉时期社会生活的画像资料中，多见表现林木繁盛的画面，可以体现当时人对"茂树荫蔚"③"翠气""宛延"④ 情境的倾心向往。通过有关民间礼俗的若干内容，也可以看到当时社会对自然山林的爱护。

中岳嵩山《少室阙铭》文字大都漫漶，不易辨识，其中有的内容或许与对山林的描述有关。如第21~23行：

> □□清远，□□□木，连□于□

---

① 参看王子今《睡虎地秦简〈日书〉甲种疏证》，湖北教育出版社，2003，第37、236、503页。

② 睡虎地秦墓竹简整理小组编《睡虎地秦墓竹简》，1990，释文第235页。

③ 《后汉书·班固传》引《西都赋》，第1348页；又《文选》卷一班固《西都赋》，第27页。

④ 《汉书·扬雄传上》引《甘泉赋》："飏翠气之宛延。"（第3528页）《文选》卷七扬雄《甘泉赋》："飏翠气之宛延。"（第113页）

又第 37 行：

於 蕻林芷①

这些文字，似乎都体现了当时人们在与林木的亲近关系之中保有的一种体贴自然的心境。

汉代瓦当文字"方春蕃萌""骀荡万延""清凉有憙""泱茫无垠"等，似乎也透露出相同的文化信息。②

熹平三年《娄寿碑》有"甘山林之杳蔼"文字，有学者解释"杳蔼"说："杳蔼，双声连语，犹'庵蔼'、'晻庵'，冥暗之意，即隐姓埋名。"③ 此说似并不确切。"杳蔼"的原义，形容山林之茂密、苍茫、幽深。《文选》卷四张衡《南都赋》描写南阳地方的山林形势，曾有"杳蔼翁郁于谷底，森莘莘而刺天"语。李善注："皆茂盛貌也。"④ 而娄寿正是"南阳隆人"。陈琳《柳赋》也写道："蔚县县其杳蔼，象翠盖之葳蕤。"⑤ "杳蔼"形容柳树之"伟姿逸态"，也并不是说"隐姓埋名"。《娄寿碑》所谓"甘山林之杳蔼"，形容了秦汉人的一种生活态度，由此也可以解读其心境中的自然意趣。

德及草木，仁及飞走

《管子·八观》写道："山泽虽广，草木毋禁；壤地虽肥，桑麻毋数；荐草虽多，六畜有征，闭货之门也。故曰：时货不遂，金玉虽

---

① 吕品：《中岳汉三阙》，文物出版社，1990，第 60 页。
② 陈直《秦汉瓦当概述》："谢朓直中书省诗：'春物正骀荡'，正用其义。"（《摹庐丛著七种》，第 343 页）
③ 高文：《汉碑集释》，河南大学出版社，1997，第 414 页。
④ 《文选》卷二张衡《西京赋》："苯䔲蓬茸，弥皋被冈。"李善注引薛综曰："言草木炽盛，覆被于高泽及山岗之上也。"（第 44 页）
⑤ 《初学记》卷二八引，第 692 页。

多，谓之贫国也。"① 指出"山泽虽广"，然而"草木毋禁"，则是"闭货之门"，这样的国度，即使多有"金玉"，依然是"贫国"。《管子》强调"禁""草木"之政策的合理性，表达了渊源十分久远的主张。

汉初名臣晁错在一篇上奏皇帝的文书中发表了有关生态环境保护的言辞。其中说道：

> 德上及飞鸟，下至水虫草木诸产，皆被其泽。然后阴阳调，四时节，日月光，风雨时。②

"德"及"草木"，万物"皆被其泽"的说法，当然是儒学的宣传。论者认为只有这样，才能"四时节"，"风雨时"。然而这其实又是值得重视的体现当时进步的生态环境观的表述。应当说在生态环境保护史上，发表了一种开明的见解。

《淮南子·本经》说，先王盛世，天地阴阳和合，于是"凤麟至"，"甘露下"，"朱草生"。然而至于衰世，则苛求于自然，以至"万物不滋"："刳胎杀夭，麒麟不游，覆巢毁卵，凤凰不翔，钻燧取火，构木为台，焚林而田，竭泽而渔，人械不足，畜藏有余，而万物不繁兆，萌牙卵胎而不成者，处之太半矣。"又"菑榛秽，聚埒亩，芟野菜，长苗秀"，于是"草木之句萌、衔华、戴实而死者，不可胜数"。皇室贵族官僚豪强们宫室建筑的奢华，更导致了对林木的过度取用，"乃至夏屋宫驾，县联房植，橑檐榱题，雕琢刻镂，乔枝菱阿，夫容芰荷，五采争胜，流漫陆离，修掞曲校，夭矫曾桡，芒繁纷挐，以相交持"，天下名匠穷其技巧，依然不能满足君王的欲望。生态的

---

① 黎翔凤撰，梁运华整理《管子校注》，第258~259页。
② 《汉书·晁错传》，第2293页。

严重破坏，甚至可以导致社会的危机，"是以松柏菌露夏槁，江、河、三川绝而不流，夷羊在牧，飞蛩满野，天旱地坼，凤皇不下，句爪、居牙、戴角、出距之兽于是驾矣。民之专室蓬庐，无所归宿，冻饿饥寒死者，相枕席也"①。《淮南子·本经》批评浮侈时俗，又指出："凡乱之所由生者，皆在流遁，流遁之所生者五。""流遁"，按照东汉学者高诱的解释，"流，放也；遁，逸也"，指消费生活的放纵奢逸。所谓"流遁之所生者五"，指"遁于木""遁于水""遁于土""遁于金""遁于火"五种。论者指出："此五者，一足以亡天下矣。"就最后一种"遁于火"而言，直接指责了对山林的破坏：

> 煎熬焚炙，调齐和之适，以穷荆、吴甘酸之变，焚林而猎，烧燎大木，鼓橐吹埵，以销铜铁，靡流坚锻，无猒足目，山无峻干，林无柘梓，燎木以为炭，爤草而为灰，野莽白素，不得其时，上掩天光，下殄地财。②

其中所谓"不得其时"，也值得我们注意。

《淮南子》的作者甚至将山林生态的合理保护看作理想政治的标志之一。《淮南子·主术》写道：

> 先王之法，畋不掩群，不取麛夭，不涸泽而渔，不焚林而猎。豺未祭兽，罝罦不得布于野；獭未祭鱼，网罟不得入于水；鹰隼未挚，罗网不得张于溪谷；草木未落，斤斧不得入山林；昆虫未蛰，不得以火烧田。孕育不得杀，鷇卵不得探，鱼不长尺不得取，彘不期年不得食。是故草木之发若蒸气，禽兽之归若流

---

① 何宁撰《淮南子集释》，第558~563页。
② 何宁撰《淮南子集释》，第589、595~596页。

泉，飞鸟之归若烟云，有所以致之也。①

取用自然资源有所节制，反而可以"有所以致之"。

与《淮南子》同样透露出山林保护意识的汉代文献，还有著名的儒学名著《春秋繁露》。《春秋繁露·五行顺逆》说：

> 恩及于毛虫，则走兽大为，麒麟至。

又写道：

> 四面张罔，焚林而猎，咎及毛虫，则走兽不为，白虎妄搏，麒麟远去。

同书《求雨》篇则说："春旱求雨，令县邑以水日祷社稷山川，家人祀户，无伐名木，无斩山林。"②

与《淮南子·本经》对建筑形式过度奢丽导致山林损害的批评同样，《盐铁论·散不足》也尖锐地指出："宫室奢侈，林木之蠹也。"③《后汉书·宦者列传·张让》说，东汉末年，洛阳修宫室，"发太原、河东、狄道诸郡材木"，"材木遂至腐积，宫室连年不成。刺史、太守复增私调，百姓呼嗟"。据《后汉书·杨彪传》，董卓拟议迁都关中，以为"陇右材木自出，致之甚易"。《三国志·魏书·董卓传》裴松之注引华峤《汉书》也说："引凉州材木东下以作宫室，为功不难。"④

---

① 何宁撰《淮南子集释》，第686~687页。

② （清）苏舆撰，钟哲点校《春秋繁露义证》，第376、377、185页。《续汉书·礼仪志中》说求雨仪式，刘昭《注补》："董仲舒云：'春旱求雨，令县邑以水日令民祷社稷，家人祠户。毋伐名木，毋斩山林。'"《后汉书》，第3118页。

③ 王利器校注《盐铁论校注》（定本），第356页。

④ 《后汉书》，第2535、1787页；《三国志·魏书·董卓传》，第177页。

可知长安附近山林已经破坏殆尽。这些史实可以说明，当时有识之士有关"林木之蠹"的警告，是有事实根据的。《潜夫论·浮侈》批判厚葬之俗，也直接涉及对山林的破坏："京师贵戚，必欲江南檽梓豫章楩楠；边远下土，亦竞相仿效。夫檽梓豫章，所出殊远，又乃生于深山穷谷，经历山岑，立千步之高，百丈之溪，倾倚险阻，崎岖不便，求之连日然后见之，伐斫连月然后讫，会众然后能动担，牛列然后能致水，油溃入海，连淮逆河，行数千里，然后到雒。""东至乐浪，西至敦煌，万里之中，相竞用之。"[1] 在当时浮侈世风中保持清醒的智者，甚至注意到对远至江南的"深山穷谷"原始森林的摧残。

《后汉书·法雄传》记载，法雄任南郡地方长官，正当虎患严重时竟然下令禁止"妄捕"：

> 郡滨带江沔，又有云梦薮泽，永初中，多虎狼之暴，前太守赏募张捕，反为所害者甚众。雄乃移书属县曰："凡虎狼之在山林，犹人之居城市。古者至化之世，猛兽不扰，皆由恩信宽泽，仁及飞走。太守虽不德，敢忘斯义。记到，其毁坏槛阱，不得妄捕山林。"[2]

法雄"移书属县"，宣布禁令的根据，是先古圣王"仁及飞走"的传说。《风俗通义·宋均令虎渡江》也写道：

> 九江多虎，百姓苦之。前将募民捕取，武吏以除赋课，郡境界皆设陷阱。后太守宋均到，乃移记属县曰："夫虎豹在山，鼋鼍在渊，物性之所托。故江、淮之间有猛兽，犹江北之有鸡豚。

---

[1]　（汉）王符著，（清）汪继培笺，彭铎校正《潜夫论笺校正》，第134页。
[2]　《后汉书·法雄传》，第1278页。

今数为民害者，咎在贪残居职使然，而反逐捕，非政之本也。"[1]

于是同样下令"坏槛阱"。虎患的发生，自有环境方面的因素。[2] 这些故事，却是开明的知识人在自己的政治权限之内将山林保护意识落实于行政实践的史例。儒学原则"德""仁"的作用，是引人注目的。

贡禹的上奏

《续汉书·五行志三》说到"水失其性而为灾也"的情形。刘昭《注补》引《太公六韬》曰"人主好破坏名山，壅决大川，决通名水，则岁多大水，五谷不成也"[3]，说对山川的破坏可以导致灾害。《左传·昭公十六年》："九月，大雩，旱也。郑大旱，使屠击、祝款、竖柎有事于桑山。斩其木，不雨。子产曰：'有事于山，蓻山林也。而斩其木，其罪大矣。夺之官邑。'"[4] 有研究者指出："天旱伐木祭山以致雨，是人们朦胧地感到山林与气候有某种关系时的错误做法。子产利用斩木不雨的事实，严厉惩处了屠击等人。他认为有事于山，不是'斩其木'，而是'蓻山林'，即养护而使山林繁殖，以去除或减轻旱情。显然子产已正确地认识到森林与气候的相互关系。"[5]所谓"显然子产已正确地认识到森林与气候的相互关系"的说法似有拔高古人之嫌，但是当时的人们或许确实已经注意到山林可能有涵养水源、维护湿度的作用。先秦时期的相关认识，在汉代得到继承。

《汉书·贡禹传》记载，御史大夫贡禹上奏批评时政：

---

① （汉）应劭撰，王利器校注《风俗通义校注》，第122页。
② 参看王子今《秦汉虎患考》，饶李颐主编《华学》第1辑。
③ 《续汉书·五行志三》，《后汉书》，第3306页。
④ 《春秋左传集解》，第1416页。
⑤ 贺圣迪：《先秦时期人们对保护山林的认识》，中国地理学会历史地理专业委员会、《历史地理》编辑委员会编《历史地理》第2辑。

今汉家铸钱，及诸铁官皆置吏卒徒，攻山取铜铁，一岁功十万人已上，中农食七人，是七十万人常受其饥也。凿地数百丈，销阴气之精，地臧空虚，不能含气出云，斩伐林木亡有时禁，水旱之灾未必不由此也。[①]

他认为开矿采铜铁，使山林受到破坏，以致产生"不能含气出云"的危害，而对"林木"的采伐没有限制，是会导致"水旱之灾"的。

有学者对这段文字有这样的解说："西汉武帝起在产铁（包括铜）郡国设置铁官，经营开采冶炼，太行山东麓及今山东中部、山西南部尤其集中。这些铁矿用今天的标准来看，虽然规模不大，但由于技术落后、设备原始、开采效率低、采剥量必然很大，造成原始植被和表土的破坏，水土流失相当严重。冶炼时使用的木炭又需要砍伐树木烧制，加上当时建筑、丧葬、生活燃料等都要耗用大量木材，开垦荒地又毁掉了大批森林，因而原始森林遭到很大的破坏。由于地表径流蓄积量减少、地层的破坏、含水量减少、地下水位下降，'销阴气（水分）之精，地臧空虚'，因此不仅用水困难，而且'不能含气出云'，破坏了正常的水气循环，对局部地区的气候变化带来不良影响。"对于贡禹的见解，论者评价说："（贡禹）能注意考察自然界的变化，提出了水土流失、植被破坏造成气候反常的设想，显示了他的真知灼见，也说明当时人们在这一方面已有了一定的理解。"[②] 也有学者这样评论贡禹的观念："他提出采矿会导致气候变化的观点是传统阴阳学说的推论，不符合实际。但他提出毫无节制地砍伐森林会导致水旱灾害的观点则是十分正确的，至今仍然如此。"[③]

---

① 《汉书·贡禹传》，第 3075 页。

② 一得：《西汉人对生态平衡的认识》，中国地理学会历史地理专业委员会、《历史地理》编辑委员会编《历史地理》第 2 辑。

③ 杨文衡：《易学与生态环境》，中国书店，2003，第 164 页。

贡禹或许只是提出了自己的一种感觉。然而这种感觉确实表现出对人与生态关系的某种"理解"。

山林禁忌的神秘主义观念背景

秦汉时期以禁忌形式体现的山林保护措施，有复杂的历史文化条件和观念意识的背景。

《汉书·货殖传》写道，对于自然生物，应当"育之以时，而用之有节"。从合理利用资源的观念出发，"屮木未落，斧斤不入于山林；豺獭未祭，罝网不布于墺泽；鹰隼未击，矰弋不施于徯隧。既顺时而取物，然犹山不茬蘖，泽不伐夭，蝝鱼麛卵，咸有常禁。所以顺时宣气，蕃阜庶物，稸足功用，如此之备也"①。有关认识，似乎是以"稸足功用"，也就是经济利益的考虑作为基本出发点的。

马王堆汉墓帛书《经法·论约》则写道：

> 四时有度，天地之李（理）也。日月星晨（辰）有数，天地之纪也。三时成功，一时刑杀，天地之道也。四时时而定，不爽不代（忒），常有法式，□□□，一立一废，一生一杀，四时代正，冬（终）而复始。②

所谓"四时有度"，"四时代正"，形成确定恒常的"法式"的观念，明显影响着当时人的心理。相应的观念影响，覆盖着相当宽广的社会层面。而人们内心所遵循的原则，被称为"天地之李（理）"，"天地之纪"，"天地之道"。种种山林禁忌形成的行为约束，表现出这种思想史的深刻遗迹。

自然山林，万界生物，在秦汉人的意识中，都是和"天"保持着

---

① 《汉书·货殖传》，第3679页。
② 国家文物局古文献研究室编《马王堆汉墓帛书〔壹〕》，第57页。

确定关系的存在。①

从这样的观念基础出发，山林本身也具有了某种神性。

《史记·封禅书》记载了秦始皇封禅泰山的著名故事：

> 即帝位三年，东巡郡县，祠驺峄山，颂秦功业。于是征从齐鲁之儒生博士七十人，至乎泰山下。诸儒生或议曰："古者封禅为蒲车，恶伤山之土石草木；埽地而祭，席用菹秸，言其易遵也。"始皇闻此议各乖异，难施用，由此绌儒生。而遂除车道，上自泰山阳至巅，立石颂秦始皇帝德，明其得封也。从阴道下，禅于梁父。其礼颇采太祝之祀雍上帝所用，而封藏皆秘之，世不得而记也。②

齐鲁诸儒生所谓"古者封禅为蒲车，恶伤山之土石草木"，体现了一种文化传统，透露出对山林自然生态的尊重。"蒲车"，司马贞《索隐》："谓蒲裹车轮，恶伤草木。"秦始皇没有遵循这一东方传统，因此遭到儒学学者的非议。据司马迁记述："始皇之上泰山，中阪遇暴风雨，休于大树下。诸儒生既绌，不得与用于封事之礼，闻始皇遇风雨，则讥之。"

儒学信仰体系中对山林的重视，恐怕不宜以所谓"恩至禽兽，泽及草木"③一类德治宣传进行简单化的解释，而应当透视其背后的神学背景。

《续汉书·祭祀志上》记载："（建武三十年）三月，上幸鲁，过泰山，告太守以上过故，承诏祭山及梁父。时虎贲中郎将梁松等议：

---

①　《汉书·叙传上》："譬犹中木之殖山林，鸟鱼之毓川泽，得气者蕃滋，失时者苓落，参天墬而施化，岂云人事之厚薄哉？"（第4228页）山林草木生物的"蕃滋"和"苓落"，最终都决定于天命的"气"和"时"，而与"人事之厚薄"没有直接关系。

②　《史记·封禅书》，第1366~1367页。

③　《汉书·严助传》引淮南王上书，第2780页。

'《记》曰：齐将有事泰山，先有事配林。盖诸侯之礼也。河、岳视公侯，王者祭焉，宜无即事之渐，不祭配林。'""配林"为什么能够成为祭祀对象呢？刘昭《注补》："卢植注曰：'配林，小山林麓配泰山者也。谓诸侯不郊天，泰山，巡省所考，五岳之宗，故有事将祀之，先即其渐，天子则否矣。'"① 《礼记·礼器》郑玄注："配林，林名。"《公羊传·成公十七年》何休注作"蜚林"。唐代学者陆德明《经典释文·春秋公羊音义》："蜚林，芳尾反，又音配。"② 《风俗通义·林》说："《礼记》：'将祭泰山，必先有事于配林。'林，树木之所聚生也。今配林在泰山西南五六里。予前临郡，因侍祀之行故往观之，树木盖不足言。由七八百载间有衰索乎。"③ 这里所谓"配林"之"祭"，就体现了山林崇拜形成制度的事实。

《汉书·郊祀志下》说到"天地神祇之物"，颜师古注指出其崇拜对象中，有所谓"山林之祇"。《后汉书·光武帝纪上》说刘秀即皇帝位，"燔燎告天，禋于六宗，望于群神"。李贤注："山林川谷能兴致云雨者皆曰神。"《后汉书·明帝纪》载汉明帝诏，颂扬汉光武帝刘秀"怀柔百神"，李贤注："怀，安也。柔，和也。《礼》曰：'凡山林能兴云致雨者皆曰神，有天下者祭百神。'怀柔百神也。"④ 此说也显示了"山林"之神的权威。《论衡·祭意》说到"山林川谷丘陵之神"。《论衡·订鬼》：

假令得病山林之中，其见鬼则见山林之精。⑤

又说到"山林之精"，"山林"之"鬼"。

---

① 《续汉书·祭祀志上》，《后汉书》，第 3161~3163 页。
② （清）阮元校刻《十三经注疏》，第 2298 页。
③ （汉）应劭撰，王利器校注《风俗通义校注》，第 463 页。
④ 《后汉书·光武帝纪上》，第 23 页；《后汉书·明帝纪》，第 96 页。
⑤ 黄晖撰《论衡校释》（附刘盼遂集解），第 1057、933 页。

熹平元年《陈叔敬镇墓文》所告神灵包括"仓林君"[①]，应即"苍林君"。这一信仰形式是否确实体现了当时民间对山林的神秘主义意识也已经凝集形成了确定的神祇，也许有讨论的必要。

2. 秦汉民间信仰体系中的"树神"和"木妖"

秦汉时期民间的神秘主义意识中，有崇拜某些神异树木的内容。这种现象，在世界各民族不同的观念体系中，有文化的共性。树木在当时成为重要社会结构组织的信仰中心"社"的标志。"社树"于是在体现某种意义上的宗教的权威的同时，又兼有宗族的权威和宗法的权威的意义。某些树木所具有的神性，还表现于驱邪厌胜的功能。与树木有关的异象往往被理解为吉凶的征兆，也透露出值得注意的社会心理倾向。考察相关现象，可以充实我们对于秦汉人观念形态的认识。而其中可以体现广阔社会层面的生态意识的信息，尤其值得我们重视。

社树·社木·社丛

秦汉时期的"社"，是一种普遍的具有原始宗教意义的文化存在。

江苏邗江胡场 5 号汉墓出土被称为"神灵名位牍"的木牍列记 34 种以空格间隔的辞语，可能是当时当地人以为具有神性与神力的崇拜对象。其中有"社""□□神社""石里神社""□社"等。可知在当时民间神秘主义信仰系统中"社"的地位。[②]

---

① 《陈叔敬镇墓文》全文为："熹平元年十二月四日甲申，为陈叔敬等立冢墓之根，为生人除殃，为死人解适。告西冢宫伯、地下二千石、仓林君、武夷王，生人上就阳，死人下归阴，生人上就高台，死人深自藏。生人南，死人北，生死各异路。急急如律令。善者陈氏吉昌，恶者五精自受其殃。急。"刘昭瑞：《汉魏石刻文字系年》，（台北）新文丰出版公司，2001，第 198~199 页。

② 王子今：《胡场汉牍研究》，西北大学文博学院编《考古文物研究——纪念西北大学考古专业成立 40 周年文集（1956—1996）》，三秦出版社，1996。

有的学者指出："汉时，里普遍立社，穷乡僻壤乃至边远地区，都有里社，即以里名为社名，称某某里社。里的全体居民不论贫富都参加。主要活动是祭社神。春二月秋八月的上旬的戊日祭祀，个别地方还保留有古代以人祭社的痕迹。祭后在社下宴饮行乐，仍然是民间的重大节日。祭祀宴饮费用由全里居民分摊，有时也采取捐献的办法。社祭之外，求雨止雨也在社下，个人也向社神祈福立誓，被除疾病，也常见社神显示灵异的记载。总之，这个时期社的活动主要是宗教性的。""社"往往以树木作为象征性标志，"社神的标识一般是一株大树或丛木，称为'社树'、'社木'或'社丛'；也有进一步封土为坛的，称为'社坛'，其上或为树，或奉木或石的'社主'；还有在社坛外修筑围墙或建立祠屋的"①。看来所谓"祭后在社下宴饮行乐"，"求雨止雨也在社下"的"社下"，可以理解为"社树"、"社木"或"社丛"之下。有的学者认为，"社"有"树社"，有"丛社"。"树社与丛社之别，前者为人植的或天生的独木即成为社，后者多以天生的丛林为社。"②

《庄子·人间世》说到匠石之齐见栎社树的故事："其大蔽数千牛，絜之百围，其高临山十仞而后有枝，其可以为舟者旁十数。观者如市。"③《韩非子·外储说左上》可见所谓"筑社之谚"，又说道："谚曰：'筑社者，攓撅而置之，端冕而祀之。'"④ 可见传统"社"的设立，有"筑"的工程要求。《韩非子·外储说右上》又写道："君亦见夫为社者乎？树木而涂之，鼠穿其间，掘穴托其中。熏之，则恐焚木；灌之，则恐涂阤，此社鼠之所以不得也。"又说："夫社，

① 宁可：《汉代的社》，中华中局编辑部编《文史》第 9 辑，中华书局，1980，收入《宁可学术论集》，中国社会科学出版社，1999。

② 凌纯声：《中国古代社之源流》，《中国边疆民族与环太平洋文化》，（台湾）联经出版事业公司，1979，第 1434 页。

③ 郭庆藩辑，王孝鱼整理《庄子集释》，第 170 页。

④ （清）王先谦撰，钟哲点校《韩非子集解》，第 277 页。

木而涂之，鼠因自托也。熏之则木焚，灌之则涂阤，此所以苦于社鼠也。"① 说明"社"的设立，还要有"涂之"护墙的工序。② 不过，"树木"，显然是设置"社"的最基本的条件。大略相同的文字，又见于《晏子春秋·问上》、《韩诗外传》卷七之九及《说苑·政理》等。《淮南子·说林》："侮人之鬼者，过社而摇其枝。"③ 也说"社鬼"所居，在于社树。

《论语·八佾》中有夏、殷、周用"社"不同的说法："哀公问社于宰我，宰我对曰：'夏后氏以松，殷人以柏，周人以栗，曰：使民战栗。'"④ 则三代的"社"，都用树木。《白虎通义·宗庙》又写道："《论语》云：'哀公问主于宰我，宰我对曰：夏后氏以松，松者，所以自耸动。殷人以柏，柏者，所以自迫促。周人以栗，栗者，所以自战栗。'"⑤ 所谓"自耸动""自迫促""自战栗"，当然是儒学政治道德和社会道德的宣传，"社"依据树木的文化原因，并没有得到说明。《周礼·地官·大司徒》："设其社稷之壝而树之田主，各以其野之所宜木，遂以名其社与其野。"汉代学者郑玄注："'所宜木'，若松、柏、栗也。若以松为社者，则名松社之野以别方面。"⑥ 关于三代"社"的标志，《淮南子·齐俗》说有不同，谓夏社用松、殷社用石、周社用栗。则二用树，一用石。其实，从有的民族学资料看，"社石"和"社树"又是有关联的。据说，"羌族最初以白石作为天神的象征，不仅供奉在每家的屋顶上，而且也供奉在每一村寨附近的'神林'里"，"屋顶的白石是家祭的地方，而神林则是全寨公

① （清）王先谦撰，钟哲点校《韩非子集解》，第 322、323 页。
② 《韩诗外传》卷七之九："齐景公问晏子：'为国何患？'晏子对曰：'患夫社鼠。'景公曰：'何谓社鼠？'晏子曰：'社鼠出窃于外，入托于社，灌之恐坏墙，熏之恐烧木。'"屈守元笺疏《韩诗外传笺疏》，巴蜀书社，1996，第 322 页。
③ 何宁撰《淮南子集释》，第 1232 页。
④ 程树德撰，程俊英、蒋见元点校《论语集释》，中华书局，1990，第 200 页。
⑤ （清）陈立撰，吴则虞点校《白虎通疏证》，第 576 页。
⑥ （清）阮元校刻：《十三经注疏》，第 702 页。

祭的场所"①。

"社"究竟为什么要以树木作为象征性标志呢？《白虎通义·社稷》有这样的说法："社稷所以有树何？尊而识之，使民望见即敬之，又所以表功也。故《周官》曰：'司徒班社而树之，各以土地所宜。'《尚书》逸篇曰：'大社唯松，东社唯柏，南社唯梓，西社唯栗，北社唯槐。'"② 这应当是汉代比较普遍的认识。而树木不仅因其高大，可以"使民望见即敬之，又所以表功"，还在于其生命力的旺盛，是鲜明可见的。

司马迁在《史记·陈涉世家》中关于陈胜起义前进行宣传鼓动的形式，有这样的记述：

> ……又间令吴广之次所旁丛祠中，夜篝火，狐鸣呼曰"大楚兴，陈胜王"。卒皆夜惊恐。旦日，卒中往往语，皆指目陈胜。

这里所说的"丛祠"，裴骃《集解》："张晏曰：'……丛，鬼所凭焉。'"司马贞《索隐》："《墨子》云：'建国必择木之修茂者以为丛位。'高诱注《战国策》曰：'丛祠，神祠也。丛，树也。'"③

"社树"因具有神性而形成宗教权威的情形，在后世民俗资料中仍有遗存。据凌纯声说，"今排湾族信为神之下降多坐在社树之下"④。又据考察，村社多造有石台，"其上植有大榕树，立石柱于其根部。社内遇有集会，头目及长老立于此演说，故有人称为司令台"⑤。或

---

① 李绍明：《羌族以白石为中心的多神崇拜》，宋恩常编《中国少数民族宗教初编》，云南人民出版社，1985，第114~115页。
② （清）陈立撰，吴则虞点校《白虎通疏证》，第89~90页。
③ 《史记·陈涉世家》，第1950~1951页。
④ 凌纯声：《台湾土著族的宗庙与社稷》，《中国边疆民族与环太平洋文化》，第1120页。
⑤ 〔日〕小岛由道：《排湾族》，《番族惯习调查报告书》第5卷第3册，台北1922年版，第340页。

说："台的中央植有榕树，树下竖立石柱"，"头目如欲集合社民，即立在台上大声呼唤"。至社民聚集时，头目或老者即在此讲话。①

《史记·封禅书》写道："高祖初起，祷丰枌榆社。……天下已定，诏御史，令丰谨治枌榆社，常以四时春以羊彘祠之。"裴骃《集解》："张晏曰：'枌，白榆也。社在丰东北十五里。'"张晏还引述了另一种解释，即"枌榆"是"乡名"，所谓"枌榆社"，"高祖里社也"。② 这里的"枌榆社"，应当就是凌纯声所说的"树社"。起事之祝祷和成事之治祠，都反映了"树社"的神秘作用。

《汉书·五行志中之下》中有这样的记载："建昭五年，兖州刺史浩赏禁民所自立社。山阳橐茅乡社有大槐树，吏伐断之，其夜树复立其故处。"对于浩赏的禁令，张晏解释说："民间三月九日又社，号曰'私社'。"③ 臣瓒曰："旧制二十五家为一社，而民或十家五家共为田社，是'私社'。"颜师古以为"瓒说是"。槐树"伐断"而"复立"，其实是以"社树"的生命力，体现了"私社"的生命力。

对于秦汉时期在民间形成强大影响的"社树""社木""社丛"，可以追溯其更早的渊源。俞伟超曾经发现商代"单"的普遍性。他指出，卜辞中屡见"东单""南单""西单""北单"，又有所谓"东土""南土""西土""北土"，郭沫若释四"土"即四"社"，确实，"甲骨文中的'土'字，在绝大部分场合，可断为'社'字"。他推定，"东""西""南""北"四社，"很可能就是'东''西''南''北'四个'单'之中的'社'"。俞伟超还指出："'单'字的本义，显然与聚居无涉。甲骨文和商周金文'单'字的形体究竟象征什么东西，现在还无力作出妥善解释。《说文》也只是讲它从二'口'、'甲'，是'吅'的亦声，训为'大声也'，'甲'则义阙（从段玉裁

---

① 〔日〕千千岩助太郎：《台湾高砂族住家之研究》第1报，台北1937年版，第21页。
② 《史记·封禅书》，第1378页。
③ 《汉书·五行志中之下》，第1413页。

说），对这个字的原义，显然已说不清楚。近四川广汉三星堆相当于商代的早期蜀国的祭祀坑中所出铜树，顶上分杈树枝作丫形。这种铜树，大概就是社树的模拟物。那时的农业公社中，每个公社大抵把土地崇拜的场所叫'社'，而以树作社神。'单'的字形，也许就是社树的象形。"① "'单'的字形，也许就是社树的象形"的推想，是有道理的。

"神树"和"树神"

赋予树木以神性的意识，有深远的文化影响。其真正的内涵，可能我们现今还难以完全理解，不可以准确说明。英国人类学家詹·乔·弗雷泽曾经详尽论述了"树神崇拜"的形式。《金枝》第1章"森林之王"、第9章"树神崇拜"、第10章"现代欧洲树神崇拜的遗迹"、第15章"橡树崇拜"、第28章"处死树神"等，都专门以丰富例证说明了这种文化存在。弗雷泽写道，德国语言学家和神话学家雅各·格林对日耳曼语"神殿"一词的考察，表明日耳曼人最古老的圣所可能都是自然的森林。"无论当初情况是否确实如此，所有欧洲雅利安人的各氏族都崇拜树神，这一点则是已经很好地得到证实了。"② 这种"崇拜树神"的情形其实并不仅见于欧洲。印度南部的泰伊雅姆神庙（Teuuam Shrine），据说就"修建在一棵千年古树的树干内部和树干的四周"③。

对于"神树"和"树神"的崇拜，在古代中国的历史文献中，也可以看到值得重视的实例。

司马迁在《史记·燕召公世家》中，有关于著名的召公"甘棠"

① 俞伟超：《中国古代公社组织的考察》，文物出版社，1988，第38~40、53页。
② 〔英〕詹姆斯·乔治·弗雷泽：《金枝》，徐育新等译，大众文艺出版社，1998，第168页。
③ 〔美〕理查德·舍克纳：《两部宗教庆典剧：拉姆纳加尔的"罗摩剧"和美国的"耶稣基督剧"》，张承谟译，〔美〕维克多·特纳编《庆典》，方永德等译，上海文艺出版社，1993。

传说的历史记述：

> 召公之治西方，甚得兆民和。召公巡行乡邑，有棠树，决狱
> 政事其下，自侯伯至庶人，各得其所，无失职者。召公卒，而民
> 人思召公之政，怀棠树不敢伐，哥咏之，作《甘棠》之诗。

《史记·太史公自序》也写道："嘉《甘棠》之诗。"[1] 所谓"甘棠"故事，其实也隐约透露出一种"神树"或"树神"迷信的痕迹。

所谓"召公巡行乡邑，有棠树，决狱政事其下"，似乎暗示"棠树"对于"决狱政事"，有着某种神秘的作用。广西都安瑶族在发生争执时，双方备纸钱香烛到村边一株"枝繁叶茂的古老大树"下郑重"对神发誓"。这是一种"神判"的形式，这种可以裁决是非曲直的"神树"具有极高的权威，人们对它都"异常恐惧，不敢冒犯"，"妇女们更是不敢从树下经过"[2]。这种权威，也使人联想到民人对召公甘棠"不敢伐"事。云南怒江傈僳族自治州福贡县的调查资料反映，当地傈僳族举行"神判"仪式时，往往选择村外空地，"四周插上松枝、青竹竿和杂木枝条"[3]。

傈僳族尊事树神，"在大年三十那天要首先祭祀树神，在寨内的西方选择一棵长年不落叶的栎类树作为树神，每户都有棵神树。在大年三十晚上，杀一只开叫的大红公鸡，到神树边下杀，用香纸、酒肉祭祀，……祈祷树神保佑来年全家清吉平安"。他们在祭祀山神时，也是"到较高的山头找一棵有代表性的巨树，将前面铲平，撒上松

---

① 《史记·燕召公世家》，第 1550 页；《史记·太史公自序》，第 3307 页。
② 夏之乾：《神判》，上海三联书店，1990，第 24~25 页。
③ 马提口述，窦桂生整理：《忆福贡腊吐底保捞油锅"神判"事件》，怒江州政协文史研究组编《怒江文史资料选辑》第 4 辑，内部发行，1985。

毛，献上供品"①。体现原始宗教信仰的民族学资料中，有关树神崇拜的礼俗，又见于白族②、鄂伦春族③、黎族④、珞巴族⑤、苗族⑥、纳西族⑦、怒族⑧、土家族⑨、锡伯族⑩、瑶族⑪、彝族⑫、藏族⑬、壮族⑭等民族的调查报告。

以树枝、竹竿象征林木的做法，似乎具有普遍性。例如，我们在《史记·匈奴列传》中，就可以看到关于匈奴礼俗的记述：

---

① 和志武等主编《中国原始宗教资料丛编：纳西族卷、羌族卷、独龙族卷、傈僳族卷、怒族卷》，上海人民出版社，1993，第 733~734 页。

② 何耀华等主编《中国各民族原始宗教资料集成：彝族卷、白族卷、基诺族卷》，中国社会科学出版社，第 508~510 页。

③ 满都尔图等主编《中国各民族原始宗教资料集成：鄂伦春族卷、赫哲族卷、达斡尔族卷、锡伯族卷、满族卷、蒙古族卷、藏族卷》，中国社会科学出版社，1999，第 18 页。

④ 李绍明等主编《中国各民族原始宗教资料集成：土家族卷、瑶族卷、壮族卷、黎族卷》，中国社会科学出版社，1998，第 673~674 页。

⑤ 张公瑾等主编《中国各民族原始宗教资料集成：傣族卷、哈尼族卷、景颇族卷、孟-高棉语族群体卷、普米族卷、珞巴族卷、阿昌族卷》，中国社会科学出版社，1999，第 763~764 页。

⑥ 杨通儒等：《凯里县舟溪地区苗族的生活习俗》，《民族问题五种丛书》贵州省编辑组编《苗族社会历史调查（二）》，贵州民族出版社，1987，第 280 页。

⑦ 刘龙初：《四川省木里藏族自治县俄亚乡纳西族调查报告》，四川省编辑组编《四川省纳西族社会历史调查》，四川省社会科学院出版社，1987，第 119 页；和志武等主编《中国原始宗教资料丛编：纳西族卷、羌族卷、独龙族卷、傈僳族卷、怒族卷》，第 63~65 页。

⑧ 和志武等主编《中国原始宗教资料丛编：纳西族卷、羌族卷、独龙族卷、傈僳族卷、怒族卷》，第 857~858 页。

⑨ 李绍明等主编《中国各民族原始宗教资料集成：土家族卷、瑶族卷、壮族卷、黎族卷》，第 56 页。

⑩ 满都尔图等主编《中国各民族原始宗教资料集成：鄂伦春族卷、赫哲族卷、达斡尔族卷、锡伯族卷、满族卷、蒙古族卷、藏族卷》，第 398 页。

⑪ 李凤等：《南岗排瑶族社会调查》，《民族问题五种丛书》广东省编辑组编《连南瑶族自治县瑶族社会调查》，广东人民出版社，1987，第 113 页；李绍明等主编《中国各民族原始宗教资料集成：土家族卷、瑶族卷、壮族卷、黎族卷》，第 229 页。

⑫ 高立士：《密且人的原始宗教》，《思想战线》1989 年第 1 期。

⑬ 何耀华：《川西南纳木伊人和柏木伊人的宗教信仰述略》，宋恩常编《中国少数民族宗教初编》，第 252~253 页；满都尔图等主编《中国各民族原始宗教资料集成：鄂伦春族卷、赫哲族卷、达斡尔族卷、锡伯族卷、满族卷、蒙古族卷、藏族卷》，第 800~801 页。

⑭ 李绍明等主编《中国各民族原始宗教资料集成：土家族卷、瑶族卷、壮族卷、黎族卷》，第 518~522 页。

> 岁正月，诸长小会单于庭，祠。五月，大会茏城，祭其先、天地、鬼神。秋，马肥，大会蹛林，课校人畜计。

所谓"茏城"的"茏"字，暗示当地草木之繁盛。对于所谓"秋，马肥，大会蹛林"，注家也多以为可能与社祭有关。如司马贞《索隐》引服虔云："匈奴秋社八月中皆会祭处"。又引晋灼曰"李陵与苏武书云'相竞趋蹛林'"，认为"服虔说是也"。张守节《正义》："颜师古云：'蹛者，绕林木而祭也。鲜卑之俗，自古相传，秋祭无林木者，尚竖柳枝，众骑驰绕三周乃止，此其遗法也。'"① "无林木者，尚竖柳枝"，这种匈奴"遗法"，和傈僳族"四周插上松枝、青竹竿和杂木枝条"的做法，心理背景应当是一致的。

民族学资料中"神判"和"神树"或"树神"崇拜的关系，使我们联想到召公"决狱政事其下"的心理背景，可能也与"棠树"的神性有关。

"棠树"具有一定神性的观念，可能是由来已久的。《山海经·西次三经》就写道："昆仑之丘，是实惟帝之下都。……有木焉，其状如棠，黄华赤实，其味如李而无核，名曰'沙棠'，可以御水，食之使人不溺。"② 《北堂书钞》卷一三七引《山海经》："昆仑有沙棠木，食之不溺，以为舟船不沉。"③ 《渊鉴类函》卷四一七引《飞燕外传》："帝与飞燕游太液池，以沙棠木为舟。其木出昆仑山。人食其木，入水不沉。"④ 似乎昆仑神棠的传说，曾经在汉代社会广泛流行。

不过，司马迁在《史记·燕召公世家》的最后，这样写道："太史公曰：召公奭可谓仁矣！甘棠且思之，况其人乎？……"⑤ 他突出

---

① 《史记·匈奴列传》，第 2892、2893 页。
② 袁珂校注《山海经校注》，第 47 页。
③ （唐）虞世南编撰《北堂书钞》，第 561 页。
④ 《景印文渊阁四库全书》第 993 册，第 169 页。
⑤ 《史记·燕召公世家》，第 1561 页。

宣扬的，是"仁"政的成功。"甘棠"所隐含的神性，在司马迁笔下被悄然淡化了。其实，民人所深切"思之"的，很可能首先是"甘棠"，然后才是"其人"召公奭呢。《墨子·明鬼下》说："圣王""其傲也必于社"。"傲于社者何也？告听之中也。"又说"昔者虞夏、商、周三代之圣王，其始建国营都日"，"必择木之修茂者，立以为丛位"。而"古者圣王之为政若此"①，应当与"社树"在人心中的权威有关。所谓"傲于社者"在于"告听之中也"，其实可以作为"召公巡行乡邑，有棠树，决狱政事其下"的注脚。

《风俗通义·怪神》有"李君神"条：

> 谨按：汝南南顿张助，于田中种禾，见李核，意欲持去，顾见空桑中有土，因殖种，以余浆溉灌，后人见桑中反复生李，转相告语，有病目痛者，息阴下，言李君令我目愈，谢以一豚。目痛小疾，亦行自愈。众犬吠声，因盲者得视，远近翕赫，其下车骑常数千百，酒肉滂沱。闲一岁余，张助远出来还，见之，惊云："此有何神，乃我所种耳。"因就斫也。②

可见，当时的有识之士已经发现，"神树"传说的生成，有些是出于误会。而我们认为更值得注意的，是相关传说之所以能够"众犬吠声""远近翕赫"的影响的社会心理背景。

避邪厌胜的"神木"

《艺文类聚》卷八八引《典术》曰："桑木者箕星之精神木虫食叶为文章人食之老翁为小童。"断句或作："桑木者. 箕星之精神. 木

---

① （清）孙诒让著，孙以楷点校《墨子间诂》，第233~235页。
② （汉）应劭撰，王利器校注《风俗通义校注》，第405页。

虫食叶为文章. 人食之. 老翁为小童."① 然而明人《天中记》卷五
一、《广博物志》卷四二及清人《格致镜原》卷六四引文"神木"后
均有"也"字，即"桑木者，箕星之精，神木也。虫食叶为文章，
人食之，老翁为小童"。而古文献多见"某星之精"，不作"某星之
精神"，则《艺文类聚》引文断句当作："桑木者，箕星之精，神木。
虫食叶为文章，人食之，老翁为小童。"②

桑木被看作"神木"，在睡虎地秦简《日书》甲种《诘咎》篇中
也可以看到相关例证。如："以桑心为丈（杖），鬼来而敫（击）之，
畏死矣。"③ 在当时人的观念中，桑木，也是具有特殊神秘意义的材料。
桑木所做叉，被用作祭祀用具。《仪礼·特牲馈食礼》郑玄注："旧说
云，毕以御他神物，神物恶桑叉"，丧祭时，"执事用桑叉"④。所谓
"神物恶桑叉"，值得注意。睡虎地《日书》又有用"桑"避鬼的方式：
"为桑丈（杖）奇（倚）户内"，"则不来矣"。前引《日书》文字说以
"桑心"击鬼。而"桑皮"据说也有神效。睡虎地秦简《日书》甲种
《诘咎》说，"以桑皮为□□之，烰（炮）而食之，则止矣"⑤。《后汉
书·方术列传下·徐登》说到神秘人物徐登、赵炳故事，他们"礼神
唯以东流水为酌，削桑皮为脯"⑥。其中"桑皮"的意义，也值得
重视。⑦

① （唐）欧阳询撰，汪绍楹校《艺文类聚》下册，上海古籍出版社，1982，第1520页。
② 这段文字，康熙《御定佩文斋广群芳谱》卷一一引据《尚书考灵曜》，则出自汉代
纬书。
③ 睡虎地秦墓竹简整理小组编《睡虎地秦墓竹简》，1990，释文第212页。
④ （清）阮元校刻《十三经注疏》，第1183页。
⑤ 睡虎地秦墓竹简整理小组编《睡虎地秦墓竹简》，1990，释文第213、212页。
⑥ 《后汉书·方术列传下·徐登》，第2742页。
⑦ 传说中体现"桑"之神异之性的例证，有"伊尹生空桑"的故事。《吕氏春秋·本
味》："有侁氏女子采桑，得婴儿于空桑之中，献之其君。其君令烰人养之。察其所以然，
曰：'其母居伊水之上，孕，梦有神告之曰：臼出水而东走，毋顾。明日，视臼出水，告其
邻，东走十里，而顾其邑尽为水，身因化为空桑。'故命之曰伊尹。此伊尹生空桑之故也。"
许维遹撰，梁运华整理《吕氏春秋集释》，第310页。

睡虎地秦简《日书》甲种《诘咎》篇说道，在一旦面临"人毋故而鬼攻之不已"的情况下，"以桃为弓，牡棘为矢"，"见而射之"，[①]则可以祛退"鬼"的恶意攻击。《焦氏易林》卷三《明夷·未既》写道："桃弓苇戟，除残去恶，敌人执服。"[②]《典术》中，也可以看到桃者"仙木"，为"五木之精"，可以"厌伏邪气制百鬼"的说法。[③]"棘"，是北部中国极为普遍，常常野生成丛莽的一种落叶灌木，也有生成乔木者，其果实较枣小，肉薄味酸，民间一般通称为"酸枣"。枣，在中国古代是一种富有神异特性的果品。汉代铜镜铭文常见所谓"渴饮甘泉饥食枣"，是当时民间想象的神仙世界的生活方式。我们现在一般所说的"枣"，古时称作"常枣"。而"棘"，则称作"小枣"。二者字形都源起于"刺"的主要部分，前者上下重写，后者左右并写。联系"枣"的神性，也可以帮助我们理解"棘"的神性。汉代史事中可以看到以"棘"辟鬼的实例。如《汉书·景十三王传·广川惠王刘越》记载，阳成昭信潜广川王刘去姬荣爱，刘去杀害荣爱后，"支解以棘埋之"。又《翟方进传》说，翟义起兵反抗王莽，事败，王莽夷灭其三族，"至皆同坑，以棘五毒并葬之"。又下诏谴责"反虏逆贼"，也说到"荐树之棘"的措施。王莽又以傅太后、丁太后陵墓不合制度，建议发掘其冢墓。《汉书·外戚传下·定陶丁姬》记载，两座陵墓被平毁后，"莽又周棘其处以为世戒云"。所谓"周棘其处"，颜师古注："以

---

① 睡虎地秦墓竹简整理小组编《睡虎地秦墓竹简》，1990，释文第212页。

② （旧题汉）焦延寿撰，徐传武、胡真校点集注《易林汇校集注》，上海古籍出版社，2012，第1376页。《古今注》卷上："桃弓苇矢，所以被除不祥也。"（《丛书集成初编》第27册，第1页）

③ 《初学记》卷二八："《典术》曰：'桃者，五木之精。故厌伏邪气制百鬼。故今人作桃符著门以厌邪。此仙木也。'"（第674页）《艺文类聚》卷八六："《典术》曰：'桃者，五木之精也。今之作桃符著门上厌邪气。此仙木也。'"（第1467页）《太平御览》卷九六七："《典术》曰：'桃者，五木之精也，故厌伏邪气者也。桃之精生在鬼门，制百鬼，故今作桃人梗著门上以厌邪。此仙木也。'"（第4289页）

棘周绕也。"①

又如睡虎地秦简《日书》所见"取牡棘焊室中"以及"毄（击）以桃丈"等驱鬼方式，也有同样的意义。所谓"毄（击）以桃丈"，整理小组注释："古人认为桃木可以避鬼。《淮南子·诠言》：'羿死于桃棓。'许注：'棓，大杖，以桃木为之，以击杀羿，由是以来鬼畏桃也。'"②《后汉书·礼仪志中》也有在大傩仪式中使用"桃杖"的记录。"桃杖"具有神秘作用的观念后来甚至影响到生产实践中。如《农桑辑要》卷四引《务本新书》："农家下蚁多用桃杖翻连敲打。"③应当也是取其避邪之义。睡虎地秦简《日书》甲种中使用"棘"和"桃"驱鬼的方式，还有"取桃枏樏四隅中央，以牡棘刀刊其宫蘠"以及"以桃更（梗）毄（击）之"，"以牡棘之剑刺之"等。

班固《西都赋》有"灵草冬荣，神木丛生"语，李善注："'神木''灵草'，谓不死药也。"吕延济注："'灵草''神木'，言美也。"又张衡《西京赋》："神木灵草，朱实离离。"薛综注："'神木'，松柏灵寿之属。"④ 其实，所谓"神木"的含义，或许也与秦汉时期以为某些树木具有避邪厌胜之神性的观念有关。

"木为变怪"

许多民族所共有的精灵"居于树上""吐露神谕"的观念，也值

---

① 《汉书》，第2430、3439、4004页。"棘"可以避鬼"以御不祥"的礼俗，在西方民族的文化传统中也有反映。如英国人类学家弗雷泽说：不列颠哥伦比亚的舒什瓦普人死去亲人后，必须实行严格的隔离。值得注意的是，"他们用带刺的灌木作床和枕头，为了使死者的鬼魂不得接近；同时他们还把卧铺四周也都放了带刺灌木。这种防范做法，明显地表明使得这些悼亡人与一般人隔绝的究竟是什么样的鬼魂的危险了。其实只不过是害怕那些依恋他们不肯离去的死者鬼魂而已"。〔英〕詹姆斯·乔治·弗雷泽：《金枝》，徐育新等译，第313页。

② 睡虎地秦墓竹简整理小组编《睡虎地秦墓竹简》，1990，释文第217页。

③ 石声汉校注《农桑辑要校注》，中华书局，2014，第135页。

④ （梁）萧统编，（唐）李善、吕延济、刘良、张铣、吕向、李周翰注《六臣注文选》，第31、59页。

得我们注意："例如，在也门的内格罗有神圣的棕榈，人们用祈祷和祭品来博得树上的恶魔的欢心，同时希望它赐给预言；又如古代的斯拉夫部落从居住在高大的槲树里的神那里获得所提出的问题的答案，这种槲树跟多东人的那种其中住着神的预言性的槲树有很多相似处。"①

《汉书·眭弘传》写道："上林苑中大柳树断枯卧地，亦自立生"，"僵柳复起，非人力所为，此当有从匹夫为天子者"②。树具有某种神性，以至其生死，也被看作预示政治现实的神秘征兆。汉代与树有关的异兆，还有《汉书·五行志中之上》：

> 成帝建始四年九月，长安城南有鼠衔黄蒿、柏叶，上民家柏及榆树上为巢，桐柏尤多。巢中无子，皆有干鼠矢数十。③

又如《汉书·武五子传·广陵厉王刘胥》：

> 胥宫园中枣树生十余茎，茎正赤，叶白如素。

又池水变赤，鱼死，有鼠昼立舞王后廷中。刘胥对姬南等人说："枣水鱼鼠之怪，甚可恶也！"后来果然不过数月，"祝诅事发觉，有司按验"④。其实值得我们注意的，不是这些迹象与刘胥罪行败露之间的巧合，而是刘胥"枣水鱼鼠之怪，甚可恶也"一语的观念背景。其中枣树之"怪"的象征意义，尤其应当引起关注。

《汉书·五行志上》关于各种自然异象，首先说到"木之变怪"。

---

① 〔英〕爱德华·泰勒：《原始文化》，连树声译，上海文艺出版社，1992，第665页。
② 《汉书·眭弘传》，第3153、3154页。
③ 《汉书·五行志中之上》，第1374页。《汉书·外戚传下·孝成许皇后》也说，"鼠巢于树"，也是"显祸败"之"变怪"（第3979页）。
④ 《汉书·武五子传·广陵厉王刘胥》，第2762页。

所说即鲁成公十六年"木冰"事。《五行志中之下》又写道："昭帝时，上林苑中大柳树断仆地，一朝起立，生枝叶，有虫食其叶，成文字，曰'公孙病已立'。又昌邑王国社有枯树复生枝叶。眭孟以为木阴类，下民象，当有故废之家公孙氏从民间受命为天子者。昭帝富于春秋，霍光秉政，以孟妖言，诛之。后昭帝崩，无子，征昌邑王贺嗣位，狂乱失道，光废之，更立昭帝兄卫太子之孙，是为宣帝。帝本名病已。京房《易传》曰：'枯杨生稊，枯木复生，人君亡子。'""元帝初元四年，皇后曾祖父济南东平陵王伯墓门梓柱卒生枝叶，上出屋。刘向以为王氏贵盛将代汉家之象也。""成帝永始元年二月，河南街邮樗树生支如人头，眉目须皆具，亡发耳。哀帝建平三年十月，汝南西平遂阳乡柱仆地，生支如人形，身青黄色，面白，头有頿发，稍长大，凡长六寸一分。京房《易传》曰：'王德衰，下人将起，则有木生为人状。'""哀帝建平三年，零陵有树僵地，围丈六尺，长十丈七尺。民断其本，长九尺余，皆枯。三月，树卒自立故处。京房《易传》曰：'弃正作淫，厥妖木断自属。妃后有颛，木仆反立，断枯复生。天辟恶之。'"[①] 这些现象，《西汉会要》与"天雨草"等编列在一起，题曰"草木之妖"。

《续汉书·五行志二》有"草妖"一类，其中可以称作"木之变怪"的有："桓帝延熹九年，雒阳城局竹柏叶有伤者。占曰：'天子凶。'""灵帝熹平三年，右校别作中有两樗树，皆高四尺所，其一株宿夕暴长，长丈余，大一围，作胡人状，头目鬓须发备具。京房《易传》曰：'王德衰，下人将起，则有木生人状。'""五年十月壬午，御所居殿后槐树，皆六七围，自拔，倒竖根在上。""中平中，长安城西北六七里空树中，有人面生鬓。"刘昭注补："《魏志》曰：'建安二十五年正月，曹公在雒阳，起建始殿，伐濯龙树而血出。又

---

① 《汉书·五行志中之下》，第 1412~1414 页。

掘徙梨，根伤而血出。曹公恶之，遂寝疾，是月薨。'"①《三国志·魏书·武帝纪》裴松之注："《世语》曰：'太祖自汉中至洛阳，起建始殿，伐濯龙祠而树血出。'《曹瞒传》曰：'王使工苏越徙美梨，掘之，根伤尽出血。越白状，王躬自视而恶之，以为不祥，还遂寝疾。'"② 关于曹操的两例，"木之变怪"而令人"恶之，以为不祥"者，果然是恶兆。

当然，树木之异象，也有被看作好兆头的。据《汉书·终军传》记载，汉武帝时，"得奇木，其枝旁出，辄复合于木上"。汉武帝博谋群臣，访其征应，终军有"众支内附，示无外也"的解释，以为"若此之应，殆将有解编发，削左衽，袭冠带，要衣裳，而蒙化者焉"③。《后汉书·明帝纪》说，永平十七年（74）也有"树枝内附"之瑞。④

"树神""木妖"与秦汉人的生态环境观念

对于"树"的神性的崇拜，源始于原始时代人们对世界的认识。詹·乔·弗雷泽在《金枝》中指出："在欧洲雅利安人的宗教史上，对树神的崇拜占有重要位置。这是非常自然的。因为在历史的最初时期，欧洲大陆上仍然覆盖着无垠的原始森林，林中分散的小块空旷地方一定像绿色海洋中的点点小岛。"⑤ 这种以自然史作为心理史的基础分析，可以给我们以有益的启示。看来，"树神"崇拜及其相关意识，是在特定的生态条件下发生的。

英国人类学家爱德华·泰勒也曾经写道："树木和密林的精灵很值得我们注意，因为跟自然的原始万物有灵论有密切联系。这在人类

---

① 《续汉书·五行志二》，《后汉书》，第 3299~3300 页。
② 《三国志·魏书·武帝纪》，第 53 页。
③ 《汉书·终军传》，第 2814、2817 页。
④ 《后汉书·明帝纪》，第 121 页。
⑤ 〔英〕詹姆斯·乔治·弗雷泽：《金枝》，徐育新等译，第 167 页。

思维的那一阶段上显得特别清楚，当时人们看待单个的树木像看待有意识的个人，并且作为后者，对它表示崇敬并奉献供品。这种树木是否具有类似人的生命和灵魂，是否仅仅像物神那样适于别的精灵居住，而对于精灵来说，树木是否像躯体一样等都很难说清楚。"他还写道："但是，这种不确定性却是新的确证，即证明了关于物体固有的灵魂的概念和关于移居的灵魂的概念只不过全是这种万物有灵观这一基本思想的变种。"他又举出了若干实例："马来半岛的明蒂拉人信仰'干图·卡依乌'，也就是'树木的精灵'，或'树魔'，它们居住在各种树木里，使人生病。某些树之所以被注意是因为它的恶魔特别凶恶。按照婆罗洲的达雅克人的概念，不应当砍断精灵居住的树木。假如传教士砍断了这种树，那么此后发生的第一次严重的情况，当然将归之于这种罪行。在苏门答腊马来人的信仰中，对某些老树来说，与其说它是树精灵的住所，不如说是树精灵的物质外壳。在汤加岛，土著们把祭品放在某些树的根部，因为他们认为在它们里面住着精灵。在美洲正是这样，假如树没有必要而被砍，则奥吉布瓦人的巫觋就会听到树的抱怨。"他还谈到了非洲的例子："黑人樵夫在砍伐某些树木的时候，害怕居住在它们里面的恶魔愤怒。但是，他给自己本人的善灵奉献供品，就能摆脱这种困境。"爱德华·泰勒还指出："南亚细亚的树木崇拜跟佛教的关系特别有趣。一直到今天，在信仰佛教的地区或处在佛教影响之下的地区，树木崇拜在理论方面和实践方面都显得十分确定。"他写道："缅甸的塔兰人，在砍树之前，向它的'卡鲁克'——也就是灵魂或居住在它里面的精灵——祈祷。暹罗人在砍伐树木之前，给它奉献馅饼和米饭，同时认为住在它里面的物神或树木之母，变成为用这树木建造成的船的善灵。……佛陀在自身的轮回之中曾经四十三次是树的精灵。传奇说，在佛陀还是树的精灵的时候，有个婆罗门经常向佛陀住于其中的树祈祷。但是变过来的师傅就责备树木崇拜者向什么都不知道也听不到的没有灵魂的物体祈祷。至于著名的菩提树，则它的殊荣不只限于古代佛教的史册，因为直到现在，从最初的那棵菩提树上生长出来的树枝至今还受到聚集起来的成千上万的巡礼者的崇拜，他们庆贺它，并向它祈祷，而那个树枝是公元前3世纪由国王阿梭卡从印度派人送到锡兰去的。"① 有关树木的今人看来颇为特别的意识和情感，是在与自然相亲近的观念背景下产生的。

秦汉人由"树神""木妖"信仰所表露的生态环境观念，在社会生活中，还体现为有关林木的种种禁忌。通过《日书》和《月令》等文化遗存，可以看到这些禁忌的严格和细密。限制砍伐树木的种种禁忌，有可能与相信"树精灵"存在的观念有关。《风俗通义·怪神》"世间多有伐木血出以为怪者"条写道：

> 谨按：桂阳太守江夏张辽（字）叔高，去鄢令，家居买田，田中有大树十余围，扶疏盖数亩地，播不生谷，遣客伐之，木中血出，客惊怖，归具事白叔高。叔高大怒曰："老树汁出，此何等血？"因自严行，复斫之，血大流洒，叔高使先斫其枝，上有一空处，白头公可长四五尺，忽出往赴叔高，叔高乃逆格之，凡杀四头，左右皆怖伏地，而叔高恬如也。徐熟视，非人非兽也，遂伐其树。其年司空辟侍御史兖州刺史，以二千石之尊，过乡里，荐祝祖考；白日绣衣，荣美如此，其祸安居？《春秋》、《国语》曰："木石之怪夔魍魉。"物恶能害人乎？②

张辽和应劭作为明达之士，否定了"木怪"迷信，然而文题所谓"世间多有"，说明这种意识是十分普遍的。而故事本身，也有"白头公""忽出往赴"，"徐熟视"则"非人非兽"的情节，应劭所谓"物恶能害人乎"，其实也没有绝对否定"物"的存在。由此产生的

---

① 〔英〕爱德华·泰勒：《原始文化》，连树声译，第662~665页。
② （汉）应劭撰，王利器校注《风俗通义校注》，第434页。

对于砍伐树木的种种顾虑，形成了严格的禁忌。其中体现的秦汉民间生态环境观的若干特点，治生态史者应当关注。

《魏书·刘芳传》记载，北魏宣武帝元恪当政的年代，太常卿刘芳以"社稷无树"，上疏曰："依《合朔仪注》：日有变，以朱丝为绳，以绕系社树三匝。而今无树。"所论又引据《周礼》、《论语》、《白虎通》、《五经通义》、《五经要义》、《尚书逸篇》以及诸家《礼图》等，其说得到宣武帝认可。所引《五经通义》值得特别重视："《五经通义》云：'天子太社、王社，诸侯国社、侯社。制度奈何？曰：社皆有垣无屋，树其中以木，有木者土，主生万物，万物莫善于木，故树木也。'"① 刘芳据说对于儒学经典"理义精通"，有"刘石经"之称。这里的讨论，则依据对汉代经学的理解。

《汉书·五行志上》开篇引《经》谓"五行"次序是水、火、木、金、土，而正文论说的次序则以"木"为先。其说"木为变怪，是为木不曲直"，强调树木的异象，显示了自然生命常规遭遇破坏。所举实例，则只有《春秋》"木冰"一例："《春秋·成公十六年》：'正月，雨，木冰。'刘歆以为上阳施不下通，下阴施不上达，故雨，而木为之冰，雾气寒，木不曲直也。刘向以为冰者阴之盛而水滞者也，木者少阳，贵臣卿大夫之象也。此人将有害，则阴气胁木，木先寒，故得雨而冰也。是时叔孙乔如出奔，公子偃诛死。一曰，时晋执季孙行父，又执公，此执辱之异。或曰，今之长老名木冰为'木介'。'介'者，甲。甲，兵象也。是岁晋有鄢陵之战，楚王伤目而败。属常雨也。"② 又《汉书·五行志中之下》说到"十二月，李梅实"，"十月，桃李华，枣实"等事。③ 所谓"木冰"以及果木非时节而花

---

① 《魏书·刘芳传》，第 1225、1226 页。

② 《汉书·五行志上》，第 1319~1320 页。

③ 《汉书·五行志中之下》，第 1412 页。又如《汉书·文帝纪》"冬十月，桃李华"，《成帝纪》"秋，桃李实"等，既然录入帝纪，也说明当时社会对相关异象的普遍重视。（《汉书》，第 121、308 页）

实，其实严格说来，不是树木异象，而是气候异象。① 这是影响最显著的生态异象。《汉书·五行志》的这一视角，说明树木在所有的自然存在物之中所以受到特殊的重视，是因为对于农耕社会来说，树木是蓬勃的生命力的象征，其生长条件如水、日照、土壤等，也与农作物有共同的需求。然而其枝叶之繁茂、体态之高大、年寿之长久，则远远超过一年生禾本作物。受天气灾异影响较小，也是树木生命力强盛的特征。《五经通义》所谓"万物莫善于木"，正在于此。可能也正是由于这样的因素，在当时的信仰体系中，树木受到特别的尊崇。

《后汉书·光武帝纪下》记载："望气者苏伯阿为王莽使至南阳，遥望见春陵郭，唶曰：'气佳哉！郁郁葱葱然。'"《论衡·吉验》写道，事后刘秀问苏伯阿："何用知其佳也？"苏伯阿答道："见其郁郁葱葱耳。"② 郁郁葱葱，体现生机蓬勃的气象，被望气者视为"气佳"之势。这一迹象也可以从一个侧面说明在当时人的意识中，林光和人气之间，似乎有某种神秘的关系。至于当时人们对于林木之苍翠茂盛深加爱赏的明显的情感倾向，在文赋和诗作中也多有体现。

爱德华·泰勒曾经写道："赞美阿佛洛狄忒的荷马颂歌提到树木女神是长寿的，但不是永生的。她们同山上高大的松树和枝叶繁茂的槲树一起生长，但最后，当死期临近的时候，神奇的树也失去了汁液，它们的树皮脱落了，树枝易折了，这时它们的精灵也离开阳光灿烂的世界退走了。女树精的生命跟她的树有联系。当树受伤时，她也就生病；她会因威胁树的斧头而大声惊叫起来，她同被砍伐的树干一起死亡。"③ 在北魏刘芳所处的礼制背景下，已经"社稷无树"。这一

---

① 《续汉书·五行志二》"草妖"题下所谓"献帝兴平元年九月，桑复生椹，可食"（《后汉书》，第3300页），也是同样的情形。

② 《后汉书·光武帝纪下》，第86页；黄晖撰《论衡校释》（附刘盼遂集解），第97页。

③ 〔英〕爱德华·泰勒：《原始文化》，连树声译，第665~666页。

情形的发生有多种原因。但是许多迹象都确实使我们看到，先秦至于秦汉时期人们对于树木既相亲近又予爱重的情感和观念，随着历史的演进，已经发生了变化。

3.《月令》与秦汉人的生态秩序意识

《月令》是集中体现民间礼俗禁忌的文化遗存。在某种条件下，又以政令推行。《月令》中体现的社会文化观念，或许可以借用有的环境伦理学研究者的论说予以总结："它是人们自愿选择的一种伦理；但它是被写进法律中的，因而又是一种强制性的伦理。"而民众"广泛而自觉的遵守"①，是体现了当时社会意识的趋向的。通过《月令》中所见生态秩序意识的表现，也有助于真切、全面地认识当时生态环境的总体形势。

有学者指出，由于"受我国特殊的自然生态环境状况制约"，又"与中华民族特殊的文化进化道路相关"，"中国作为具有上万年农业文明历史的国度，在长期的生存实践中形成了整个人类历史上非常典型和系统的生态伦理传统"②。进行相关文化现象的总结，也可以由《月令》研究入手。

《月令》:"时禁"和"时政"

《汉书·元帝纪》记载，汉元帝初元三年（前46）六月，因气候失常，"风雨不时"，诏令："有司勉之，毋犯四时之禁。"又永光三年（前41）十一月诏书以地震雨涝之灾，责问："吏何不以时禁？"唐代学者颜师古解释说，所谓"时禁"，就是《月令》中所规定严令

---

① 〔美〕霍尔姆斯·罗尔斯顿：《环境伦理学：大自然的价值以及人对大自然的义务》，杨通进译，中国社会科学出版社，2000，第336页。

② 佘正荣：《中国生态伦理传统的诠释与重建》，人民出版社，2002，第191页。

禁止的内容。① 《汉书·成帝纪》也记载：阳朔二年（前23）春季，气候寒冷异常。汉成帝颁布诏书指责公卿大夫等高级行政长官"所奏请多违时政"，要求"务顺《四时月令》"。对于所谓"多违时政"的指责，也有学者解释说，"时政"就是《月令》。② 汉哀帝初即位，李寻就灾异频繁发表意见，以为"四时失序"，与"号令不顺四时"有关。他批评"不顾时禁"的行政失误，强调应当"尊天地，重阴阳，敬四时，严《月令》"。他说："今朝廷忽于时月之令。"又建议皇帝身边的臣下都应当"通知《月令》之意"，如果皇帝颁布的命令有不合于"时"的，应当及时指出，"以顺时气"③。李寻的奏言，也强调了《月令》的权威。

李寻自称曾经"学天文、《月令》、阴阳"，可知西汉时《月令》已经成为专学，被列入正统教育内容之中。

《吕氏春秋》有《十二纪》。《吕氏春秋·序意》写道，有人问这部书中《十二纪》的思想要点，吕不韦有明确的回答。他说，"尝得学黄帝之所以诲颛顼矣，爰有大圜在上，大矩在下，汝能法之，为民父母。盖闻古之清世，是法天地。凡十二纪者，所以纪治乱存亡也，所以知寿夭吉凶也。上揆之天，下验之地，中审之人，若此则是非可不可无所遁矣。天曰顺，顺维生；地曰固，固维宁；人曰信，信维听。三者咸当，无为而行。行也者，行其理也。行数，循其理，平其私。"④ 也就是说，要调整天、地、人的关系使之和谐，要点在于无为而行。吕不韦的这段话，很可能是当时说明《吕氏春秋》中《十二纪》写作宗旨的序言，全书的著述意图，自然也可以因此得到体现。《吕氏春秋》的《十二纪》系统地写述了一年十

① 颜师古注："时禁，谓《月令》所当禁断者也。"《汉书·元帝纪》，第284、290页。
② 颜师古注引李奇曰："时政，《月令》也。"《汉书·成帝纪》，第312页。
③ 《汉书·李寻传》，第3188页。
④ 许维遹撰，梁运华整理《吕氏春秋集释》，第273~274页。

二个月的天象规律、物候特征、生产程序以及应当分别注意的诸多事项，其中涉及生态保护的内容，特别值得我们重视。例如，孟春之月，"命祀山林川泽"，又"禁止伐木"。仲春之月，"无焚山林"。季春之月，"无伐桑柘"。此外又有仲夏之月不许烧炭、季夏之月禁止砍伐山林等规定。

《逸周书》的《周月》《时训》《月令》等篇，以及《礼记·月令》《淮南子·时则》等，也有大体相近的内容。①

"时序"原则

所谓"时政""时则"，强调了一种秩序。这种秩序自有自然的原则。汉代人的习用语"时序"，有可能即体现了这种原则。

《吕氏春秋·孟春纪》说："孟春行夏令，则风雨不时，草木早槁，国乃有恐。"又《季春纪》："季春行冬令，则寒气时发，草木皆肃，国有大恐。"《仲夏纪》："（仲夏）行秋令，则草木零落，果实早成，民殃于疫。"《仲秋纪》："仲秋行春令，则秋雨不降，草木生荣，国乃有大恐。"②

《淮南子·时则》也写道："孟春行夏令，则风雨不时，草木早落，国乃有恐。""季春行冬令，则寒气时发，草木皆肃，国有大恐。""仲秋行春令，则秋雨不降，草木生荣，国有大恐。"③ 违背了"时序""时政""时则"，则可能导致山林"草木"的原有生命秩序的破坏，由此甚至可能危及国家的安定。

---

① 《明史·职官志三》写道："荐新，循《月令》献其品物。"（中华书局，1974，第1798页）太平天国文献中也可以看到这样的内容："特命史官作《月令》，钦将天历记分明；每年节气通记录，草木萌芽在何辰。"（《天历六节并命史官作月令诏》，萧一山辑《太平天国丛书》第1辑第3册，1933）。这说明《月令》作为一种文化存在，有久远的历史影响。《朊》中有生态保护意义的内容，在不同的时代，其所受到重视的程度也是不同的。

② 许维遹撰，梁运华整理《吕氏春秋集释》，第12、65、108、178页。

③ 何宁撰《淮南子集释》，中华书局，1998，第383、394、417页。

汉代瓦当有"时序□□"文字。陈直《秦汉瓦当概述》写道："时序残瓦，仅存右边，《东都赋明堂诗》云：'五位时序'，亦同此义。"[1] 瓦文"时序"因文字不完整，语义未可揣断，但是在汉代人的生态环境意识中看来确实有"时序"的观念在起作用。

《史记·五帝本纪》记载，尧对于舜进行了政治考察，"尧善之，乃使舜慎和五典。五典能从，乃遍入百官。百官时序，宾于四门。四门穆穆，诸侯远方宾客皆敬"。这里"百官时序"之所谓"时序"似乎难以进行确切解说，而舜当政后，又有一段文字说到行政中的"时序"：

> 昔高阳氏有才子八人，世得其利，谓之"八恺"。高辛氏有才子八人，世谓之"八元"。此十六族者，世济其美，不陨其名。至于尧，尧未能举。舜举八恺，使主后土，以揆百事，莫不时序。举八元，使布五教于四方，父义，母慈，兄友，弟恭，子孝，内平外成。

对于"时序"，张守节《正义》解释说："言禹度九土之宜，无不以时得其次序也。"[2]

《史记·周本纪》记载，周穆王将征犬戎，祭公谋父谏言中也说道："我先王不窋用失其官，而自窜于戎狄之间。不敢怠业，时序其德，遵修其绪，修其训典，朝夕恪勤，守以敦笃，奉以忠信。奕世载德，不忝前人。"[3] 其中"时序其德"的说法也值得注意。

《汉书·谷永传》载谷永关于理想政治的表述："王者躬行道德，承顺天地，博爱仁恕，恩及行苇，籍税取民不过常法，宫室车服不踰

---

① 陈直：《秦汉瓦当概述》，《摹庐丛著七种》，第348~349页。
② 《史记·五帝本纪》，第21~22、35~36页。
③ 《史记·周本纪》，第135页。

制度，事节财足，黎庶和睦，则卦气理效，五征时序，百姓寿考，庶中蕃滋，符瑞并降，以昭保右。"① 这里所谓"五征时序"与"庶中蕃滋"相联系，正反映了"时序"原则和生态环境的关系。"庶中蕃滋"，颜师古注："庶，众也。中，古草字也。蕃，多也。"《后汉书·杨厚传》说，杨厚子杨统是一位在生态环境史上有特异表现的地方官："建初中为彭城令，一州大旱，统推阴阳消伏，县界蒙泽。太守宗湛使统为郡求雨，亦即降澍。自是朝廷灾异，多以访之。"李贤注：

> 《袁山松书》曰"统在县，休征时序，风雨得节，嘉禾生于寺舍，人庶称神"也。②

"时序"一语于生态环境方面的文化含义，在这里比较明朗。

陈直说到的"《东都赋明堂诗》云：'五位时序'"，见《后汉书·班固传下》，又见《文选》卷一。其文曰："于昭明堂，明堂孔阳。圣皇宗祀，穆穆煌煌。上帝宴飨，五位时序。谁其配之，世祖光武。普天率土，各以其职。猗欤辑熙，允怀多福。"对于"五位时序"，李善注："杨雄《河东赋》：'灵祇既飨，五位时序。'"③ 在这里，"时序"一说，既有神秘的含义，又有神圣的含义。

也许，现代西方学者提出的"生态秩序"的观念，在古代中国，很早就已经出现了。人们朦胧意识到，"要在大自然中维持生存就需要参与这个复杂的有机物网络之中：即一种加入而不是脱离的精神"④。这个"网络"的"生存秩序"的维护者，是自然的"上帝"。当然，我们在关注相关文化信息时不应当犯这样的错误，即"将古老

---

① 《汉书·谷永传》，第 3467 页。
② 《后汉书·杨厚传》，第 1047～1048 页。
③ 《后汉书·班固传下》，第 1371 页。
④ 〔美〕唐纳德·沃斯特：《自然的经济体系——生态思想史》，侯文蕙译，商务印书馆，1999，第 381 页。

的祭礼中的自然因素从相互联系中分离，然后从现代的‘自然’理念出发去理解它们”①。

作为制度史料的《月令》

《礼记·月令》中多规范了天子和官府在不同季节的作为，因而具有制度史料的意义，与主要反映民间礼俗的《月令》明显不同。其中写道：孟春之月，"草木萌动"，"禁止伐木，毋覆巢，毋杀孩虫，胎夭飞鸟，毋麛毋卵"②。仲春之月，"毋焚山林"。季春之月，"田猎罝罘、罗网、毕翳、喂兽之药，毋出九门"，"命野虞毋伐桑柘"③。孟夏之月，"毋伐大树"④，"毋大田猎"⑤。季夏之月，"树木方盛，乃命虞人，入山行木，毋有斩伐"。季秋之月，"草木黄落，乃伐薪为炭"。仲冬之月，"山林薮泽，有能取蔬食田猎禽兽者，野虞教道之"⑥，"日短至，则伐木取竹箭"⑦。季冬之月，"命渔师始渔"，"乃命四监，收秩薪柴，以共郊庙，及百祀之薪燎"⑧。所谓"草木黄落，乃伐薪为炭"，郑玄注："伐木必因杀气。"⑨ 这自然是汉代人的认识。《礼记·王制》也说："草木零落，然后入山林。"可知《月令》对于山林的原则，是春夏时严密保护，秋冬时方才取用。人事和天时的一致，体现在对山林生命之盛衰的尊重。

睡虎地秦简整理者定名为《秦律十八种》的内容中，有《田

① 〔德〕拉德卡：《自然与权力：世界环境史》，王国豫、付天海译，河北大学出版社，2004，第92~93页。

② 郑玄注："为伤萌幼之类。"

③ 郑玄注："'野虞'，谓主田及山林之官。"

④ 郑玄注："亦为逆时气。"

⑤ 郑玄注："为伤蕃庑之气。"

⑥ 郑玄注："务收敛野物也。大泽曰'薮'。草木之实为'蔬食'。"

⑦ 郑玄注："此其坚成之极时。"

⑧ 郑玄注："四监，主山林川泽之官也。大者可析谓之'薪'，小者合束谓之'柴'。薪施炊爨，柴以给燎。《春秋传》曰：其父析薪。今《月令》无及百祀之薪燎。"

⑨ （清）阮元校刻《十三经注疏》，第1357、1362、1363、1365、1372、1380、1383、1384、1380页。

律》，其中可见关于山林保护的条文：

> 春二月，毋敢伐材木山林及雍（壅）堤水。不夏月，毋敢夜草为灰，取生荔、麛鷇（卵）毂，毋□□□□□（四）
>
> 毒鱼鳖，置阱罔（网），到七月而纵之。唯不幸死而伐绾（棺）享（椁）者，是不用时。邑之紤（近）皂及它禁苑者，麛（五）
>
> 时毋敢将犬以之田。百姓犬入禁苑中而不追兽及捕兽者，勿敢杀；其追兽及捕兽者，杀（六）
>
> 之。河（呵）禁所杀犬，皆完入公；其他禁苑杀者，食其肉而入皮。　　田律（七）①

整理小组译文："春天二月，不准到山林中砍伐木材，不准堵塞水道。不到夏季，不准烧草作为肥料，不准采取刚发芽的植物，或捉取幼兽、鸟卵和幼鸟，不准……毒杀鱼鳖，不准设置捕捉鸟兽的陷阱和网罟，到七月解除禁令。只有因有死亡而需伐木制造棺椁的，不受季节限制。居邑靠近养牛马的皂和其他禁苑的，幼兽繁殖时不准带着狗去狩猎。百姓的狗进入禁苑而没有追兽和捕兽的，不准打死；如追兽和捕兽，要打死。在专门设置警戒的地区打死的狗，都要完整地上缴官府；其他禁苑打死的，可以吃掉狗肉而上缴狗皮。"

　　这样的法律规定，可以肯定是迄今所见年代最早的山林保护法。其内容之严密细致，说明其中的行为规范已经经历了逐步成熟完善的过程。正如整理小组所指出的，"到七月而纵之"即"开禁"，正与《逸周书·大聚》中的如下内容相合："春三月，山林不登斧，以成草木之长；夏三月，川泽不入网罟，以成鱼鳖之长。"②

　　以《月令》作为政策指导，可能在西汉中期以后更为明确。《汉

---

① 睡虎地秦墓竹简整理小组编《睡虎地秦墓竹简》，1978，第26页。
② 睡虎地秦墓竹简整理小组编《睡虎地秦墓竹简》，1978，第27页。

书·宣帝纪》记录元康三年（前63）六月诏："其令三辅毋得以春夏摘巢探卵，弹射飞鸟。具为令。"① 春夏两季不得破坏鸟巢，探取鸟卵，射击飞鸟，正是《月令》所强调的保护生态环境的禁令。如《吕氏春秋·孟春纪》："无覆巢，无杀孩虫胎夭飞鸟，无麛无卵。"《礼记·月令》："毋覆巢，毋杀孩虫，胎夭飞鸟，毋麛毋卵。"② 成书于西汉中晚期的《焦氏易林》有"秋冬探巢"的内容，似乎可以说明"毋得以春夏摘巢探卵"的制度确实得以实行。

近年甘肃敦煌悬泉置汉代遗址发掘出土的泥墙墨书《使者和中所督察诏书四时月令五十条》，其中可见关于生态保护的内容。如"孟春月令"有"禁止伐木"的条文：

·禁止伐木。·谓大小之木皆不得伐也，尽八月。草木零落，乃得伐其当伐者。（九行）

就是说，从正月直到八月，大小树木都不得砍伐，待秋后"草木零落"时，才可以有选择地砍伐。

"中（仲）春月令"又有禁止焚烧山林行猎的内容：

·毋焚山林。·谓烧山林田猎，伤害禽兽□虫草木……【正】月尽……（二七行）

这篇文书开篇称"大皇大后诏曰"，日期为"元始五年五月甲子朔丁丑"③，时在公元5年，是明确作为最高执政者的最高指令——诏书颁

① 《汉书·宣帝纪》，第258页。

② 许维遹撰，梁运华整理《吕氏春秋集释》，第11页；（清）阮元校刻《十三经注疏》，第1357页。

③ 甘肃省文物考古研究所：《敦煌悬泉汉简释文选》，《文物》2000年第5期；胡平生、张德芳编撰《敦煌悬泉汉简释粹》，第192~199页。

布的。书写在墙壁上，是为了扩大宣传，使有关内容能够众所周知。

反映王莽时代制度的居延汉简中，也可以看到相关的简例。例如：

> 制诏纳言其□官伐林木取竹箭　　始建国天凤□年二月戊寅
> 下（95.5）①

可知"伐林木取竹箭"，竟然是最高执政集团关切的行为。

《风俗通义·五岳》："岱宗庙在博县西北三十里，山虞长守之。"②《周礼·地官·山虞》："山虞掌山林之政令，物为之厉，而为之守禁。"郑玄注："物为之厉，每物有蕃界也。为之守禁，为守者设禁令也。守者，谓其地之民占伐林木者也。郑司农云：'厉，遮列守之。'"③特别设置官职为山林"守禁"，作为制度，是特别值得我们注意的。董仲舒回顾秦时制度，有"颛川泽之利，管山林之饶"的批评。④事实上，汉代依然多有禁止平民进入的规模辽阔的山林苑囿，形成特殊的"自然保护区"，其性质则为皇家专有，其中"利"与"饶"不能为社会共享。当然，也有特殊情况下的例外，就是在灾害严重的年代，皇帝准许民众入内采摘渔猎，以取得最基本的生活资料。所谓"守禁"，所谓"遮列守之"，在客观上对于维护一定区域内的生态平衡是有益的。

《晋书·刑法志》说，曹魏政权曾经"改定刑制"，陈群等"傍采汉律，定为魏法，制《新律》十八篇"。《新律序》回顾汉律内容，说："《贼律》有贼伐树木。"⑤法律有关"贼伐树木"的处罚规定，应是山林保护的重要措施。沈家本《汉律摭遗》卷四有"贼伐树木"

---

①　谢桂华、李均明、朱国炤：《居延汉简释文合校》，第162页。
②　（汉）应劭撰，王利器校注《风俗通义校注》，第447页。
③　（清）阮元校刻《十三经注疏》，第747页。
④　《汉书·食货志上》，第1137页。
⑤　《晋书·刑法志》，第924页。

条，然而只限于"封树"，又说："贼伐者不必皆封树，而封树亦在其中，其事无征，姑缺之。"[1] 张家山汉简《二年律令·贼律》也没有相关内容。或许今后新的出土资料的发现，可以为所谓"《贼律》有贼伐树木"提供实证。

走马楼"入皮"简与《月令》的对读

《月令》对于社会生活的广泛影响，我们还可以通过反映汉晋之际长沙历史文化面貌的走马楼简得到认识。

我们在本书第四部分"秦汉时期野生动物分布"中的"秦汉时期鹿的分布"一节，分析"汉晋之际的'入皮'制度与相关生态现象"的内容中，谈到长沙走马楼简关于"入皮"的赋敛记录，其中有些简文可以与《月令》对照。

例如（12）说到"集凡诸乡起十二月一日讫卅日入杂皮二百册六枚□□"，就月份明确的简文看，"入皮"确实以十二月为多。我们可以看诸月的分布：

> 四月1例（52）；
>
> 八月8例（27）（38）（40）（53）（56）（57）（59）（61）；
>
> 九月2例（29）（35）；
>
> 十月4例（19）（20）（37）（73）；
>
> 十一月3例（15）（47）（67）；
>
> 十二月11例（9）（10）（11）（13）（14）（17）（18）（28）（45）（48）（71）。

十二月的11例，有可能与（12）"集凡诸乡起十二月一日讫卅日入杂

---

[1]（清）沈家本：《历代刑法考》第3册，中华书局，1985，第1452~1453页。

皮二百册六枚□□"属于同一简册。

简文"入皮"的时间分布，或许可以体现当时农作忙月和闲月的间隔。

《礼记·月令》：季春之月，"田猎罝罘、罗网、毕翳、餧兽之药，毋出九门"。孟夏之月，"毋大田猎"。仲冬之月，"山林薮泽，有能取蔬食田猎禽兽者，野虞教道之。其有相侵夺者，罪之不赦"①。《吕氏春秋》中也有大致类同的文字。

十一月"田猎禽兽"可能"有相侵夺者"，可知正是捕杀野兽最普遍的猎季。一般农家，亦可能如王褒《僮约》所说："黏雀张鸟，结网捕鱼，缴雁弹凫，登山射鹿。"②走马楼简入调麂皮、鹿皮多在十二月，正与此相符合。《周礼·天官冢宰·掌皮》说："掌皮，掌秋敛皮，冬敛革，春献之。"皮革之敛，也在这一季节。郑玄又有这样的解释："皮革踰岁干久乃可用。献之，献其良者于王，以入司裘给王用。"贾公彦疏："许氏《说文》：'兽皮治去其毛曰革。''秋敛皮'者，鸟兽毛毨之时其皮善，故秋敛之。革乃须治用功深，故'冬敛'之，干久成善乃出献，故'春献之'也。"③贾说更为具体。郑玄说"皮革踰岁干久乃可用"，如果由冬至春即其所谓"踰岁"，则其说可以成立。贾说大致符合实际情形，自冬至春，已经"干久成善"，不必历年。

敦煌悬泉置遗址发现的泥墙墨书《使者和中所督察诏书四时月令五十条》中，也可以看到有关在适当时间保护野生动物的条文：

　　孟春月令：

　　　·毋杀幼虫　·谓幼少之虫不为人害者也尽九月

---

① （清）阮元校刻《十三经注疏》，第 1363、1365、1383 页。
② （清）严可均辑《全上古三代秦汉三国六朝文》，第 717 页。
③ （清）阮元校刻《十三经注疏》，第 684 页。

· 毋杀孼　　· 谓禽兽六畜怀任（妊）有孼（胎）者也
尽十二月常禁

· 毋天蜚鸟　· 谓天蜚鸟不得使长大也尽十二月常禁

· 毋麛　　　· 谓四足之及畜幼小未安者也尽九月

· 毋卵　　　· 谓蜚鸟及鸡□卵之属也尽九月

中春月令：

· 毋焚山林　· 谓烧山林田猎伤害禽兽也虫草木□□四月
尽□

孟夏月令

· 毋大田猎　· 尽八月□☑①

可见，行猎的季节以十月至十二月为主。这一情形，也与我们从走马楼简得到的有关信息大体一致。

《明史·职官志三》写道："荐新，循《月令》献其品物。"② 太平天国文献中也可以看到这样的内容："特命史官作《月令》，钦将天历记分明；每年节气通记录，草木萌芽在何辰。"③ 说明《月令》作为一种文化存在，有久远的历史影响。当然，其中有生态保护意义的内容，在不同的时代，所受到重视的程度也是不同的。④

水资源的保护

在战国秦汉时期的《月令》遗存中，还可以看到反映当时人水资源保护意识的重要信息。

睡虎地秦简《秦律十八种·田律》中，有"春二月，毋敢……

---

① 甘肃省文物考古研究所：《敦煌悬泉汉简释文选》，《文物》2000 年第 5 期。
② 《明史·职官志三》，第 1798 页。
③ 《天历六节并命史官作月令诏》，萧一山辑《太平天国丛书》第 1 辑第 3 册，1933。
④ 参看王子今《古代的〈月令〉》，《学习时报》2002 年 11 月 18 日。

雍（壅）堤水"以及"毋□□□□□毒鱼鳖"的内容。整理小组的译文是："春天二月，不准……堵塞水道"，"不准……毒杀鱼鳖"①。如有的学者所说，"从律文可知秦代对山林、水流的管制，以及山林、水流所出产的鸟兽鱼鳖等物，都受到法令明文的保护"，"由于这些是生民之本，因此法律特加明文规定"。对于"这种对山林、水流和其所生产的动植物的保护"②，特别是对"水流"的"保护"，从某种意义上也可以得出珍惜水资源的认识。

《礼记·月令》："仲春之月……是月也，毋竭川泽，毋漉陂池。"《吕氏春秋·仲春纪》："是月也，毋竭川泽，毋漉陂池。"③悬泉置泥墙墨书《使者和中所督察诏书四时月令五十条》中"中春月令"包括：

　　·毋□水泽，□陂池，□□。（二六行）④

对于这些内容，也可以有同样的理解。有的学者重视《淮南子·说山》中提出的"欲致鱼者先通水""水积而鱼聚"的观点，以为是一种主动的自然资源保护。⑤这种判断，是正确的。"通水"的要求，也体现了一种积极的水资源保护的理念。

《汉书·兒宽传》记载，左内史兒宽在管理水利设施时，曾经制

---

① 睡虎地秦墓竹简整理小组编《睡虎地秦墓竹简》，1978，第20~21页。
② 徐富昌：《睡虎地秦简研究》，文史哲出版社，1993，第68~69页。
③ （清）阮元校刻《十三经注疏》，第1362页；许维遹撰，梁运华整理《吕氏春秋集释》，第36页。
④ 胡平生、张德芳编撰《敦煌悬泉汉简释粹》，第194页。
⑤ 杨文衡《易学与生态环境》一书中写道："为了获得自然资源，《淮南子·说山训》主张要优化自然环境，比如'欲致鱼者先通水，欲致鸟者先树木；水积而鱼聚，木茂而鸟集'。这种思想比'先王之法'有了发展，变被动保护为主动保护，充分发挥了人的主观能动性，正确地处理了生活与环境保护的关系，使环境保护具有很高的经济价值。"（中国书店2003，第164页）有的学者指出，《淮南子》中的相关要求，"是当时处理发展农业与保护自然环境这一对矛盾的正确途径"。见于希贤、于湧《沧海桑田——历史时期地理环境的渐变与突变》，广东教育出版社，2002，第29页。

定渠水使用分配制度："表奏开六辅渠，定水令以广溉田。"颜师古注："为用水之次具立法，令皆得其所也。"① 有的学者以为其目的是"为促进合理用水，扩大浇地面积"，以为"这是我国历史上第一次制定的灌溉用水管理制度，是农田水利管理技术的重要进步"②。其实，也应当看到"水令"的制定对于合理利用水资源的意义。

对于水资源的控制和管理，有更早的例证。《汉书·百官公卿表上》："奉常，秦官"，属下有"均官、都水两长丞"。颜师古注引如淳曰："《律》：都水治渠堤水门。《三辅黄图》云三辅皆有都水也。"③据《百官公卿表上》，治粟内史、少府、水衡都尉、内史、主爵中尉属下都有"都水"之职。《汉书·刘向传》："向以故九卿召拜为中郎，使领护三辅都水。"颜师古注引苏林曰："三辅多溉灌渠，悉主之，故言'都水'。"又《息夫躬传》："躬又言：'秦开郑国渠以富国强兵，今为京师，土地肥饶，可度地势水泉，广溉灌之利。'天子使躬持节领护三辅都水。"④"都水"作为专职主官，在秦代已经承担了"治渠堤水门"，"主""溉灌渠"的责任。

4. 汉代居延边塞生态保护纪律档案

汉代西北边地简牍的出土，为说明当时边塞社会生活和军事行政管理制度提供了丰富的资料。有的学者已经明确指出，其中有些文

---

① 《汉书·兒宽传》，第2630页。

② 王勇：《东周秦汉关中农业变迁研究》，岳麓书社，2004，第141~142页。论者还指出："兒宽所定之水令的具体内容现已不可考。《汉书补注》引《长安志·泾渠图制》云：'立三限闸以分水，立斗门以均水，凡用水，先令斗吏人状，官给申帖，方许开斗。自十月一日放水，至六月遇涨水歇渠，七月往罢。每夫一名，溉春秋田二顷六十亩，仍验其工。给水行水之序，须自下而上，昼夜相继，不以公田越次，霖潦辍功，此均水之法也。'《长安志》讲的是唐代情况，但亦可由之返观汉代均水之法的一些影子。"

③ 《汉书·百官公卿表上》，第726、727页。

④ 《汉书·刘向传》，第1949页；《息夫躬传》，第2182页。又《汉书·冯参传》："使领护左冯翊都水。"（第3306页）

书，具有档案的性质。有学者对简牍文书分类，指出其中有"案卷"。荷兰汉学家鲁惟一的论文"Records of Han Administration"，被译为《汉代行政案卷》。① 有的学者对汉代简牍分类，提出"案录类"的命题。② 有的学者则明称之为"档案"。陈梦家曾经指出，通过对居延汉简的整理编缀，"可以掌握较整齐的档案卷宗，更好的用以研究历史"③。林剑鸣说，简牍文书中，"档案"是重要的一类。④ 吴昌廉说，居延汉简中的"簿"，"作为档案，每年要定期向上呈报，是为上计"⑤。高敏说，简牍文书中的诏令文书、下行公文文书、上行公文文书、法律文书、簿籍文书、契约文书，"均可作为档案资料保存下来以备查考"。此外，还有所谓"实录性档案"，"其用途就是为了备忘与备查考的"⑥。薛英群说，"居延汉简多是西北边塞烽燧亭鄣的文书档案"⑦。有的学者还利用居延汉简中的资料讨论了汉代行政部门的"文书档案保存制度"⑧。对于居延汉简发现的意义，档案史学者还认为："这些珍贵简册档案的出土，不仅为研究汉代居延地区的经济、政治情况及其兴衰历史提供了丰富而可靠的资料，同时也使我们获得了大批珍贵的简册档案实物，为我国古代历史档案的宝库增添了新的光彩。"⑨

　　现存汉代简牍文书中包含珍贵的档案资料是没有问题的。我们在对居延汉简的研究中还发现，有一种特殊的档案内容，值得学界关注。

---

① 郑有国编著《中国简牍学综论》，华东师范大学出版社，1989，第52、64页。简牍文书的确有以"案"定名的，如《功案》《功劳案》《当食案》《当食者案》《卒物故案》等，参看李均明、刘军《简牍文书学》，第196页。
② 李均明、刘军：《简牍文书学》，第173、181页。
③ 陈梦家：《汉简考述》，《考古学报》1963年第1期，收入《汉简缀述》，第2页。
④ 林剑鸣编译《简牍概述》，陕西人民出版社，1984，第136页。
⑤ 吴昌廉：《居延汉简所见之"簿""籍"述略》，简牍学会编辑部编《简牍学报》第7册，简牍学会，1980，第157~163页。
⑥ 高敏：《简牍研究入门》，广西人民出版社，1989，第117页。
⑦ 薛英群：《居延汉简通论》，第12页。
⑧ 汪桂海：《汉代官文书制度》，广西教育出版社，1999，第216~232页。
⑨ 邹家炜等编著《中国档案事业简史》，中国人民大学出版社，1985，第41页。

"吏民毋得伐树木有无四时言"

居延汉简中有关于"吏民毋得伐树木有无四时言"的内容。例如破城子 22 号房屋遗址出土简文：

（1）建武四年五月辛巳朔戊子甲渠塞尉放行候事敢言之诏书曰吏民

毋得伐树木有无四时言 ● 谨案部吏毋伐树木者敢言之（E. P. F22：48A）

掾谭（E. P. F22：48B）

相邻简例，内容类同且同样署名"掾谭"者还有：

（2）建武六年七月戊戌朔乙卯甲渠鄣候　敢言之府书曰吏民毋得伐树木有无四时言 ● 谨案部吏毋伐树木（E. P. F22：53A）

掾谭令史嘉（E. P. F22：53B）

这两件文书内容略同，不同的地方，一是时间，一为"建武四年五月辛巳朔戊子"，一为"建武六年七月戊戌朔乙卯"；二是文书所记述行为主体，一为"甲渠塞尉放行候事"，一为"甲渠鄣候"某；三是所奉指令，一为"诏书"，一为"府书"。

笔者原本以为，与 E. P. F22：53A"谨案部吏毋伐树木"文字相衔接的，可能是：

者言（E. P. F22：244）①

———————

① 张德芳主编，张德芳著《居延新简集释（七）》，第 440、442、491 页。

这样可以补足（2）正面简文，即"建武六年七月戊戌朔乙卯甲渠鄣候　敢言之府书曰吏民毋得伐树木有无四时言●谨案部吏毋伐树木者言"。也就是："建武六年七月戊戌朔乙卯，甲渠鄣候　敢言之：府书曰：吏民毋得伐树木，有无四时言。●谨案：部吏毋伐树木者，言。"[1] 承中国人民大学国学院王泽指出："E. P. F22：53B 为木两行，书风与 E. P. F22：244 略异。"而张德芳《居延新简集释（七）》认为 E. P. F22：244 与前两简 242、243 属于同一册书，"EPF22：242、43 和 44 简均属木制，书写形式为一行书写，属先写后编，隶书，上下顶格书写。从出土情况、质地、书体、内容等综合来看，此三简属同一册书。名《地皇四年行塞劳敕吏卒记》册"[2]。这样看来，原来的意见应该修正。

在同一遗址，又出土有关"吏民毋犯四时禁有无四时言"的简文。如：

（3）建武四年五月辛巳朔戊子甲渠塞尉放行候事敢言之府书曰吏民毋犯四时禁有无四时言●谨案部吏毋犯四时禁者敢言之（E. P. F22：50A）

　　　　掾谭（E. P. F22：50B）

又如：

（4）建武六年七月戊戌朔乙卯甲渠鄣守候　敢言之府书曰吏民毋犯四时禁有无四时言●谨案部吏毋犯四（E. P. F22：51A）

　　　　掾谭令史嘉（E. P. F22：51B）

---

① 王子今：《秦汉时期生态环境研究》，第 386 页。
② 张德芳主编，张德芳著《居延新简集释（七）》，第 225、259、442、491 页。

与 E. P. F22：51A 文字衔接的，应当是：

　　　时禁者敢言之（E. P. F22：52）①

其文字连读，即"建武六年七月戊戌朔乙卯甲渠鄣守候　敢言之府书曰
吏民毋犯四时禁有无四时言●谨案部吏毋犯四时禁者敢言之"。也就是：
"建武六年七月戊戌朔乙卯，甲渠鄣守候　敢言之：府书曰：吏民毋犯
四时禁，有无四时言。●谨案：部吏毋犯四时禁者，敢言之。"

　　看来，当时有逐级强调"吏民毋犯四时禁"，"吏民毋得伐树木"
的制度，并严格检查，责任吏员必须定时上报"有无"情形，并具名
存档。②

　　很明显，简（1）和简（3）是同一天书写存档，简（2）和简
（4）是同一天书写存档。也就是说，在"建武四年五月辛巳朔戊子"
这一天，"行候事"的"甲渠塞尉放"上报了甲渠部吏遵行上级要求
"吏民毋得伐树木，有无四时言"和"吏民毋犯四时禁，有无四时
言"③的情形，说所属人员没有违反规定的。在"建武六年七月戊戌
朔乙卯"这一天，"甲渠鄣守候"上报了甲渠部吏遵行"府书"所说
"吏民毋得伐树木，有无四时言"和"吏民毋犯四时禁有无四时言"
的情形，说所属人员没有违反规定的。

　　简（2）和简（4）的内容，标题或许和以下简例有关：

　　　甲渠言部吏册

---

　　①　张德芳主编，张德芳著《居延新简集释（七）》，第441~442页。
　　②　其他相关简例，又有"以书言会月二日●谨案部燧六所吏七人卒廿四人毋犯四时禁
者谒报敢言之"（E. P. T59：161）等。张德芳主编，肖从礼著《居延新简集释（五）》，第
292页。
　　③　今按：（1）"诏书曰"，（3）"府书曰"，（1）图版不清晰，不排除"诏书"是"府
书"的误写或误释的可能。

●

犯四时禁者（E. P. F22：46）

以及：

甲渠言部吏毋犯

●

四　时　禁　者（E. P. F22：49）①

此类文书的总题，或许即"●甲渠言部吏毋犯四时禁者"。

其他相关简例，又有：

以书言会月二日●谨案部燧六所吏七人卒廿四人毋犯四时禁
者谒报敢言之（E. P. T59：161）②

可见，"毋犯四时禁"的规定，不仅仅针对"吏"，约束对象也包括
"卒"。不过"言部吏毋犯四时禁者"一类文书，更强调了对"吏"
的严格规范。事实上在边塞军事组织的日常卫戍和劳作中，严守"四
时禁"这种纪律，军官的作用远较普通士兵更为重要。

关于"四时禁"

所谓"四时禁"，应当是《月令》等文献体现的传统礼俗中所规
定的四季禁忌内容。

《吕氏春秋》的《十二纪》，《逸周书》的《周月》《时训》《月
令》等篇，以及《礼记·月令》《淮南子·时则》等，都有涉及生态环

---

① 张德芳主编，张德芳著《居延新简集释（七）》，第440、441页。
② 张德芳主编，肖从礼著《居延新简集释（五）》，第292页。

境保护的内容，其表述形式，多强调"禁""毋"。"毋"，又写作"无"。如《吕氏春秋·孟春纪》："无覆巢，无杀孩虫胎夭飞鸟，无麛无卵。"《礼记·月令》："毋覆巢，毋杀孩虫胎夭飞鸟，毋麛毋卵。"①

《汉书·宣帝纪》记录元康三年（前63）六月诏：

其令三辅毋得以春夏摘巢探卵，弹射飞鸟。具为令。②

成书于西汉中晚期的《焦氏易林》有相关内容，如《讼·暌》：

秋冬探巢，不得鹊雏。衔指北去，惭我少姬。

《师·革》：

秋冬探巢，不得鹊雏。衔指北去，惭我少夫。

又《观·屯》及《革·复》：

秋冬探巢，不得鹊雏。衔指北去，媿我少姬。③

都说"秋冬探巢"，说明"毋得以春夏摘巢探卵"的制度确实得以普遍遵行。

《汉书·元帝纪》记载，汉元帝初元三年（前46）六月，因气候失常，"风雨不时"，诏令：

---

① 许维遹撰，梁运华整理《吕氏春秋集释》，第11页；（清）阮元校刻《十三经注疏》，第1357页。

② 《汉书·宣帝纪》，第258页。

③ （旧题汉）焦延寿撰，徐传武、胡真校点集注《易林汇校集注》，第247、297、760、1816页。

有司勉之，毋犯四时之禁。

又永光三年（前41）十一月诏书以地震雨涝之灾，责问："吏何不以时禁？"唐代学者颜师古注："时禁，谓《月令》所当禁断者也。"[①]汉哀帝初即位，李寻就灾异频繁发表意见，以为"四时失序"，与"号令不顺四时"有关。他批评"不顾时禁"的行政失误，强调应当"尊天地，重阴阳，敬四时，严《月令》"。他说："今朝廷忽于时月之令。"又建议皇帝身边的臣下都应当"通知《月令》之意"，如果皇帝颁布的命令有不合于"时"的，应当及时指出，"以顺时气"。李寻的奏言，也强调了《月令》的权威。[②] 李寻自称曾经"学天文、《月令》、阴阳"，可知西汉时《月令》已经成为专学，被列入教育内容之中。而所谓"时月之令"，应当就是《月令》和"时禁"即"四时之禁"的统称。《后汉书·侯霸传》有"奉四时之令"的说法，李贤注也说："'奉四时'谓依《月令》也。"[③]

居延汉简中有关于"吏民毋犯四时禁"和"吏民毋得伐树木"的内容，体现出当时维护生态环境的制度。而所谓"有无四时言"，反映了对于执行这种制度的纪律检查机制。基层军事组织上报文书即"吏民毋犯四时禁"及"吏民毋得伐树木"档案的形成，说明这种机制的严肃性。

军纪的背景：汉代居延的生态环境

人们也许会疑惑，就现今居延地方的生态条件而言，只是连天的戈壁黄沙，似乎并没有什么树木可以砍伐，为什么当时边塞戍军要制定如此严格的生态保护纪律呢？

---

① 《汉书·元帝纪》，第284、290页。
② 《汉书·李寻传》，第3188页。
③ 《后汉书·侯霸传》，第902页。

其实，汉代的居延，生态环境与现今大不相同。居延地区有竹简出土，取材当不至于十分遥远。简文可见"大竹""竹长者"用于车具（E. P. T40：16），尺度应相当可观。居延汉简多见关于渔产的记述，简文又说到称作"海"的自然水面。又有如下简例：

> 尉史并白
>
> 教问木大小贾谨问木大四韦长三丈韦七十长二丈五尺韦五十
>
> 五●三韦木长三丈枚百六十橡木长三丈枚百长二丈五尺枚八十毌
>
> 椟槷（E. P. T65：120）①

这是反映当地木材市场价格的资料，也体现了林木资源与现今明显不同。② 又有"胡虏入甲渠木中燧"，守兵燃放信号，"城北燧助吏李丹候望，见木中燧有烟不见燧，候长王褒即使丹骑驿马一匹驰往逆辟"，途中为"胡虏"步骑"共围遮略，得丹及所骑驿马持去"简例（E. P. T68：83-92）。③ 有学者曾经据以分析说，"由于河岸的树林过于茂密，烽火台之间观察不到信号，以致一个士兵在递送情报的路上，被匈奴伏兵俘虏"④。

有的学者指出："古代弱水沿岸有良好的森林植被，胡杨（又作梧桐）和红柳组成为森林的主体，它们都是极耐干旱的植物。汉时，在弱水两岸修筑了一系列的烽燧，在烽燧之外又修筑了塞墙，所谓居延塞是指这种军防体系而言。在这种军事工程的修建中，都要大量地使用木材。在城障中（如破城子）和烽燧中，至今仍可以发现木材的残存。因此，居延塞的修建，砍伐了大量的森林。"⑤

---

① 张德芳主编，张德芳、韩华著《居延新简集释（六）》，第259页。
② 参看王子今《秦汉时期气候变迁的历史学考察》，《历史研究》1995年第2期。
③ 张德芳主编，张德芳、韩华著《居延新简集释（六）》，第363~364页。
④ 吴礽骧：《河西考古之余》，《百科知识》1984年第1期。
⑤ 景爱：《额济纳河下游环境变迁的考察》，《中国历史地理论丛》1994年第1期。

可能正是因为边防军事建设对当地植被的破坏,[①] 军事行政当局开始注意树木的保护。

生态纪律检查的记录

尽管人们早就注意到居延汉简对于档案史研究的意义,然而居延"吏民毋得伐树木,有无四时言"和"吏民毋犯四时禁,有无四时言"简的立档和存档,却是我们以往没有重视的历史文化现象。

有学者分析居延汉简出土地点的数量分布,按照陈梦家的统计,甲渠候官、肩水金关、肩水候官和肩水都尉府治所遗址,出土汉简数量占总数的90%左右。[②] 这一数量分布的情形,和20世纪70年代的发掘收获也是大致符合的。论者于是认为,汉代边塞地区的文书档案保存制度是这样的,"候官是最基层的正规的文书档案保存机构,烽燧及部收到候官所下的文书最后都要缴回候官立卷归档,所以在部与烽燧一级的单位里很少存留文书档案,而候官以上的官署则成为收藏大量文书档案的地方"。居延汉简中发现的"案卷签牌"都发现于以上所说的4个地点,也可以证明这一事实。论者还指出:"大概汉代全国各地都是以县道候官一级官府作为文书档案保存的最基层正规机构,郡国守相府当和边塞地区的都尉府一样,也都建立文书档案库。"[③] 这样的判断,是基本正确的。

我们讨论的居延"吏民毋得伐树木,有无四时言"和"吏民毋犯四时禁,有无四时言"档案,出土于甲渠候官遗址破城子22号房屋遗址。这里是同一次发掘出土汉简数量最集中、"保存的完整册书最多"的地点。发掘者和整理者认为,"这些简册,绝大多

---

①　参看王子今《秦汉长城的生态史考察》,丁新豹、董耀会编《中国(香港)长城历史文化研讨会论文集》。

②　陈梦家:《汉简考述》,《考古学报》1963年第1期,收入《汉简缀述》,第7~9页。

③　汪桂海:《汉代官文书制度》,第225~227页。

数都是废弃前还在使用的文书"①。有档案史学者对于这一地点予以特别的重视，称之为"文书档案室"："特别是在这次发掘中，在烽燧遗址的一组房屋中间，还发现了一个约6平方米的文书档案室，在室内发现近900枚木简，考古学家们从中整理出从王莽天凤到东汉建武初年（公元14~25年）的各种簿籍40余册，大都完好无损。这表明，汉代边地的文书档案工作也都建立了起来。"② 有学者称这批汉简是"甲渠候官F22档案室中仍处于保存状态的文书档案"。

对于汉代文书档案的保存期限，研究者根据考古发掘资料还指出，"F22所保存文书档案年代上限可定为地皇元年（EPF22：413）"，标示其下限的文书，时间为"建武八年十月"，因此可以推知，"汉代普通文书档案的存档期在13年左右"。③

在这个时段中，我们所看到的"吏民毋犯四时禁"及"吏民毋得伐树木"档案只有建武四年（28）五月和建武六年（30）七月两种，对于其原因进行确切的说明，可能还需要等待新的考古发掘资料的发表。

"四时禁"与"四时言"

居延汉简中还有其他涉及"四时"的文书册，如有的学者指出的所谓《四时簿》《四时杂簿》《四时簿算》等，④ 其性质和内容似与

① 甘肃省文物考古研究所、甘肃省博物馆、中国文物研究所、中国社会科学院历史研究所编《居延新简——甲渠候官》上册，第3页。

② 邹家炜等编著《中国档案事业简史》，第41页。今按：F22出土汉简889枚。

③ 汪桂海：《汉代官文书制度》，第229~231页。

④ 参看李均明、刘军《简牍文书学》，第203~204页。今按：李均明、刘军举《四时簿算》例，简文标题为《建昭四年正月尽三月四时簿算》（214.22）。而EPF22：703简列为《四时簿》一例。其实，这枚简释文作"建始三年十月尽十二月四时簿"（EPF22：703A），"十二月四时簿算"（EPF22：703B），而实为一简中劈为二，应作为《四时簿算》例。或许《四时簿》和《四时簿算》本是一种文书，也可能全称应为《四时簿算》。

"吏民毋犯四时禁"及"吏民毋得伐树木"档案有所不同。

在这种有关"吏民毋犯四时禁"及"吏民毋得伐树木"简册中，按照规定，"吏民毋犯四时禁，有无四时言"，"吏民毋得伐树木，有无四时言"，为什么都要在"四时言"？这是因为汉代制度礼俗有对"四时"予以特别尊重，习惯以"四时"为确定时节的传统。

当时的祭祀礼仪，有"四时上祭"[①]"四时上饭"[②]"四时致祠"[③]"四时奉祠"[④]"四时禘祫"[⑤]"四时至敬"[⑥]"四时给祭具"[⑦]"四时行园陵"[⑧]"四时致宗庙之胙"[⑨]的定制。行政程式，也有"四时朝谒"[⑩]"四时朝觐"[⑪]"四时见会"[⑫]"四时讲武"[⑬]"四时宠赐"[⑭]等。这就是《汉书·魏相传》颜师古注引应劭所说的"四时各举所施行政事"。

在汉代行政制度中，与我们讨论的"吏民毋犯四时禁"及"吏民毋得伐树木"档案有关的，可以举出《续汉书·百官志三》中关于"大司农"职能的如下一段文字：

> 大司农，卿一人，中二千石。本注曰：掌诸钱谷金帛诸货

① 《后汉书·光武帝纪下》，第 83 页。

② 《后汉书·明帝纪》李贤注引《汉官仪》，第 99 页。

③ 《汉书·王莽传中》，第 4108 页。

④ 《后汉书·祭肜传》，第 744 页。

⑤ 《后汉书·章帝纪》，第 131 页。

⑥ 《后汉书·蔡邕传下》，第 1992 页。

⑦ 《后汉书·章帝八王传·清河孝王庆》，第 1801 页。

⑧ 《汉书·鲍宣传》，第 3093 页。《汉书·张汤传》又说到"丞相以四时行园"（第 2643 页）。

⑨ 《后汉书·邓彪传》，第 1495 页。

⑩ 《三国志·魏书·东夷传》，第 850 页；《后汉书·东夷列传》，第 2820 页。

⑪ 《三国志·蜀书·法正传》裴松之注引《三辅决录注》，第 957 页。

⑫ 《后汉书·马防传》，第 858 页。

⑬ 《三国志·魏书·武帝纪》裴松之注引《魏书》，第 47 页。

⑭ 《三国志·吴书·刘基传》，第 1186 页。

币。郡国四时上月旦见钱谷簿，其逋未毕，各具别之。[①]

说各郡国应于"四时"上报《月旦见钱谷簿》，拖欠没有按时缴纳的，应一一详细说明。所谓"郡国四时上月旦见钱谷簿"，说应"四时上"，但是必须呈奉的并非季度统计资料，而是"月旦见"即每一个月第一天的"钱谷"数字。

居延汉简所见"吏民毋犯四时禁"及"吏民毋得伐树木"档案中虽言"四时言"，但是所见（1）（3）"建武四年五月辛巳朔戊子"和（2）（4）"建武六年七月戊戌朔乙卯"上报文书，一为"五月"，一为"七月"，在春夏两季中一为仲春，一为孟夏，序次并不相同，尤其是前者，似乎并非季度总结。对于这一现象产生的疑问，如果《续汉书·百官志三》"大司农"条所说"郡国四时上月旦见钱谷簿"事是一种行政定式，一种文书常例，则或许可以得到解释。

规定"四时禁"，是否有所违犯，亦必须"四时言"。这种制度，是以汉代人"敬四时"[②]"顺四时"[③]"奉四时之令"[④]"承天顺地，调序四时"[⑤]"顺乎天地，序乎四时"[⑥] 的观念作为意识背景的。以四季运行的规律作为社会法纪和人文秩序，体现出文明成熟的农耕社会的特定的自然观。看来，对于居延汉简"吏民毋犯四时禁"及"吏民毋得伐树木"档案的分析，除了可以帮助我们理解当时人的生态意识而外，也有助于深化我们对汉代社会自然主义观念的认识。

---

① 《续汉书·百官志三》，《后汉书》，第 3590 页。
② 《汉书·李寻传》，第 3188 页。
③ 《汉书·艺文志》，第 1738 页；《后汉书·张敏传》，第 1503 页。
④ 《后汉书·侯霸传》，第 902 页。
⑤ 《汉书·宣帝纪》，第 254 页。
⑥ 《汉书·律历志上》，第 972 页。

5. 北边"群鹤"与泰畤"光景"：
汉武帝后元元年故事

汉武帝曾经多次远程巡行，数次有行历北边的经历。在他生命的最后一年，又一次巡行北边。这是他最后一次出巡。《汉书·武帝纪》记载："后元元年春正月，行幸甘泉，郊泰畤，遂幸安定。""二月，诏曰：'朕郊见上帝，巡于北边，见群鹤留止，以不罗罔，靡所获献。荐于泰畤，光景并见。其赦天下。'"① 宋人林虑编《两汉诏令》卷六《西汉六·武帝》题《赦天下诏》（后元元年二月），列为汉武帝颁布诏令的倒数第二篇。② 分析相关信息，可以深化对当时社会生态环境意识的认识，也有益于说明当时生态环境、礼俗传统与行政理念的关系。对北边"群鹤留止"情形再作考察，也许能够为当时生态环境的认识提供新的条件。

关于"非用罗罔时"

既说"行幸甘泉"，又说"巡于北边"，很有可能是循行联系"甘泉"和"北边"的直道来到"北边"长城防线。他在"北边"地方看到栖息的"群鹤"，因为时在春季，当时社会的生态意识和生态礼俗，严禁猎杀野生禽鸟，于是没有捕获这些野鹤，在祭祀上帝时奉献。颜师古注引如淳曰："时春也，非用罗罔时，故无所获也。"③

---

① 《汉书·武帝纪》，第211页；《太平御览》卷五三七引《汉书》："《武纪》曰：'朕郊见上帝，巡于北边，见群鹤留止，不以罗网，靡所获。献荐于太畤，光景并见。'"《太平御览》卷六五二引《汉书》："后元年二月诏曰：'朕郊见上帝，巡于北边，见群鹤留止，以不罗网，靡所获。献荐于泰畤，光景并见。其赦天下。'"（第2345、2912页）有"不以罗网""以不罗网"的不同。

② 最后一篇是四个月后颁布的《封莽通等》（后元元年六月）。

③ 《太平御览》卷五三七引《汉书·武纪》注引如淳曰："是时春也，非用罗网时。故无所获。""是时春也"应是正文。

汉初名臣晁错在一篇上奏皇帝的文书中发表了有关生态环境保护的言辞。其中说道：

> 德上及飞鸟，下至水虫草木诸产，皆被其泽。然后阴阳调，四时节，日月光，风雨时。[①]

"德上及飞鸟，下至水虫草木诸产"的说法，当然是儒学的文化宣传。论者认为只有这样，才能"四时节，风雨时"。然而这其实又是值得重视的体现当时进步的生态环境观的表述。应当说在生态环境保护史上，发表了一种比较开明的见解。

《礼记·月令》对国家代表与社会上层在不同季节的作为有所规范，因而在某种意义上可以看作制度史料，与主要反映民间礼俗的《月令》存在不同。睡虎地秦简整理者定名为《秦律十八种》的内容中，有《田律》，其中可见关于山林保护的条文："春二月，……不夏月，毋敢……麛鷇（卵）毂，毋□□□□□（四）毋敢……毒鱼鳖，置阱罔（网），到七月而纵之。（五）"整理小组译文提示这样的理解："春天二月，……不到夏季，不准……捉取幼兽、鸟卵和幼鸟，不准……毒杀鱼鳖，不准设置捕捉鸟兽的陷阱和网罟，到七月解除禁令。"[②] 以《月令》规定政策导向，曾经见于西汉帝诏。《汉书·宣帝纪》记录元康三年（前63）六月诏："其令三辅毋得以春夏摘巢探卵，弹射飞鸟。具为令。"[③] 确定春夏两季不得毁坏鸟巢，掏取鸟卵，以矢弹射杀飞鸟，正是《月令》所强调的保护野生禽鸟生命，从而维护生态环境的禁令。正如《吕氏春秋·孟春纪》："无覆巢，无杀孩虫胎夭飞鸟，无麛无卵。"《礼记·月令》也写道："毋覆巢，

---

① 《汉书·晁错传》，第2293页。
② 睡虎地秦墓竹简整理小组编《睡虎地秦墓竹简》，1990，释文第20~21页。
③ 《汉书·宣帝纪》，第258页。

毋杀孩虫胎夭飞鸟，毋麛毋卵。"① 多数学者认为成书于西汉中晚期的《焦氏易林》也有相关内容，如《讼·暌》："秋冬探巢，不得鹊雏。衔指北去，惭我少姬。"《师·革》："秋冬探巢，不得鹊雏。衔指北去，惭我少夫。"又《观·屯》及《革·复》："秋冬探巢，不得鹊雏。衔指北去，媿我少姬。"② 都说"秋冬探巢"，与"春夏"的季节对应，似乎也可以说明"毋得以春夏摘巢探卵"的制度确实在民间形成了礼俗规范。

关于"时春""非用罗罔时"的制度礼俗，汉代直接的文物证据，见于甘肃敦煌悬泉置汉代遗址发掘出土的泥墙墨书《使者和中所督察诏书四时月令五十条》，其中有关于生态保护的内容。如涉及禁止杀害野生禽鸟的规定：孟春月令"毋杀幼虫"，"谓幼少之虫不为人害者也。尽九月"。"毋杀孩"，"谓禽兽六畜怀任（妊）有孩（胎）者也。尽十二月常禁"。"毋夭蜚鸟"，"谓夭蜚鸟不得使长大也。尽十二月常禁"。"毋麛"，"谓四足之及畜幼小未安者也。尽九月"。"毋卵"，"谓蜚鸟及鸡□卵之属也。尽九月"。中春月令："毋焚山林"，"谓烧山林田猎伤害禽兽也虫草木□□四月尽□"。孟夏月令："毋大田猎"，"尽八月□□"③。

这篇文书自题"诏书"，开篇称"大皇大后诏曰"，日期标署"元始五年五月甲子朔丁丑"④，时在公元5年。明确作为最高执政者指令的诏书以壁书为公布形式，是为了使文字内容得以广泛传播，以至众所周知。⑤

---

① 许维遹撰，梁运华整理《吕氏春秋集释》，第11页；（清）阮元校刻《十三经注疏》，第1357页。

② （旧题汉）焦延寿撰，徐传武、胡真校点集注《易林汇校集注》，第247、297、760、1816页。

③ 甘肃省文物考古研究所：《敦煌悬泉汉简释文选》，《文物》2000年第5期。

④ 甘肃省文物考古研究所：《敦煌悬泉汉简释文选》，《文物》2000年第5期；胡平生、张德芳编撰《敦煌悬泉汉简释粹》，第192~199页。

⑤ 王子今：《汉代居延边塞生态保护纪律档案》，《历史档案》2005年第4期。

鹤与汉代社会生活

汉代社会生活中可以看到鹤与人类相亲近的诸多表现。汉代画像中可以看到纵养禽鸟的画面。[①] 成都双羊山出土的一件画像，中心似乎就是鹤。以"友鹤"或者"鹤友"为别号或者命名书斋和著作者，多见于文化史的记录。[②] 这一情感倾向，在汉代已经有所表现。"友鹤"行为和意致，体现出古代文人清高的品性和雅逸的追求，同时也反映了人与动物的关系，又可以间接体现人对于自然的情感、人对于生态环境的理念。[③]

但是，我们又看到以所谓"煮鹤烧琴"表现的对反文明、反文化行为的批评。[④] 唐代诗人李商隐据说在被称作"盖以文滑稽者"[⑤] 的游戏文字《杂纂》中，曾经说到诸种"杀风景"的行为，其中就包括"烧琴煮鹤"。[⑥] "煮鹤"，不仅见于意在嘲讽的幽默文字，也反映了古代食物史的实践。[⑦] 汉代出土文物资料，可以说明这一情形当时比较普遍。马王堆一号汉墓出土系在 330 号竹笥上的木牌，写有"熬鳱笥"字样。"鳱"即"鸹"，就是"鹤"。[⑧] 马王堆三号汉墓出土同类木牌也有书写"熬鳱笥"者。发掘报告写道："出土时脱落，与实物对照，应属东 109 笥。"而《遣策》中"熬鳱一笥"（136）当即指

---

① 王子今：《汉代纵养禽鸟的风俗》，《博物》1984 年第 2 期。

② 王子今：《上古社会生活中的鹤》，钞晓鸿主编《环境史研究的理论与实践》，人民出版社，2016。

③ 王子今：《古代文人的友鹤情致》，《寻根》2006 年第 3 期。

④ 如韦鹏翼《戏题盱眙壁》诗："岂肯闲寻竹径行，却嫌丝管好蛙声。自从煮鹤烧琴后，背却青山卧月明。"（《全唐诗》卷七七〇，第 8738 页）

⑤ （宋）胡仔纂集，廖德明点校《苕溪渔隐丛话》前集卷二二引《西清诗话》，人民文学出版社，1962，第 147 页。

⑥ （元）陆友仁《研北杂志》卷下："李商隐《杂纂》一卷，盖唐人酒令所用，其书有数十条，各数事。其'杀风景'一条有十三事。如'背山起楼'、'烹琴煮鹤'皆在焉。"（《景印文渊阁四库全书》第 866 册，第 600 页）"烧琴煮鹤"作"烹琴煮鹤"。

⑦ 传说伊尹曾经向商汤进"鹤羹"而得以拔识，《天中记》卷五八，《景印文渊阁四库全书》第 967 册，第 762 页。而《北堂书钞》卷一六引《穆天子传》有"饮白鹤之血"的故事。

⑧ 《集韵·铎韵》："鹤，鸟名，或作'鳱'。"（第 728 页）

此。报告执笔者又指出，"鹳"就是"鹤"。《史记》卷六《秦始皇本纪》："卒屯留，蒲鹖反。"司马贞《索隐》："'鹖'，古'鹳'字。"①"鹳"是"鹤"的俗字。②马王堆一号汉墓出土系在283号竹笥上的木牌，题写"熬鹄笥"。③与283号竹笥木牌及330号竹笥木牌对应的内容，《遣策》作"熬鹄一笥"（71）及"熬鹄一笥"（72）。"鹄"即"鹄"，也是"鹤"的异写。④马王堆一号汉墓283号竹笥及330号竹笥发现的动物骨骼鉴定报告，确定其动物个体是鹤（Grus SP.）。可知"出土骨骼内，共有鹤2只"。鉴定者指出："出土骨骼的主要特征均与鹤科鸟类一致。""鼻骨前背突起与前颌骨额突清晰分开，与灰鹤近似，与白枕鹤不同"，"但出土头骨的颧突特别短而钝，与灰鹤和白枕鹤均不相同。究属何种，尚难确定"⑤。然而，马王堆汉墓的发现，确实可以作为"煮鹤""烹鹤"的实证。由此可以推知古代有关"鹤羹"的传说，也并非没有根据的虚言。⑥

通过马王堆汉墓出土资料有关以鹤加工食品的信息，可以推知汉武帝如果以鹤"荐于泰畤"，可能会以怎样的形式奉上。

---

① 湖南省博物馆、湖南省文物考古研究所编著《长沙马王堆二、三号汉墓》第1卷《田野考古发掘报告》，文物出版社，2004，第192页。

② 《正字通》卷一二："鹳同鹤。"（明）张自烈撰《正字通》，清康熙二十四年清畏堂刻本，第2530页。

③ 湖南省博物馆、中国科学院考古研究所编《长沙马王堆一号汉墓》上册，第115页。

④ 《集韵·铎韵》："鹤，鸟名。《说文》：'鸣九皋，声闻于天。'或作'鹄'。"（第728页）《庄子·天运》："鹄不日浴而白。"（郭庆藩辑，王孝鱼整理《庄子集释》，第522页）陆德明《释文》："'鹄'，本又作'鹤'，同。"李商隐《圣女祠》："寡鹄迷苍壑，羁凰怨翠梧。"朱鹤龄注："'鹄'，《英华》作'鹤'。'鹤''鹄'古通。"（刘学锴、余恕诚：《李商隐诗歌集解》，中华书局，1988，第1875页）

⑤ 中国科学院动物研究所脊椎动物分类区系研究室、北京师范大学生物系：《动物骨骼鉴定报告》，《长沙马王堆一号汉墓出土动植物标本的研究》，第67~68页。

⑥ 《楚辞·天问》："缘鹄饰玉，后帝是飨。"汉代学者王逸的解释是："后帝，谓殷汤也。言伊尹始仕，因缘烹鹄鸟之羹，修饰玉鼎以事于汤。汤贤之，遂以为相也。"（宋）洪兴祖撰，白化文等点校《楚辞补注》，第105页。其中"缘鹄"，或作"缘鹤"。一代名相伊尹，竟然是因向殷汤奉上"鹤羹"而得到信任的。参看王子今《"煮鹤"故事与汉代文物实证》，《文博》2006年第3期。

"光景并见"："灵命"的暗示

《汉书·郊祀志下》记载："莽篡位二年，兴神仙事，以方士苏乐言，起八风台于宫中。台成万金，作乐其上，顺风作液汤。又种五梁禾于殿中，各顺色置其方面，先煮鹤髓、毒冒、犀玉二十余物渍种，计粟斛成一金，言此黄帝谷仙之术也。"① 颜师古注以为"鹤髓"就是"鹤髓"："髓，古髓字也。谓煮取汁以渍谷子也。"《太平御览》卷九一六引《汉书》说到王莽使用鹤的骨髓的故事。四库全书本写作："王莽以鹤髓渍谷种学仙。"上海涵芬楼影印宋本则作："王莽常以鹤髓渍谷种学仙。"② 所谓"神仙事""方士言"，其志在"学仙"的神秘的营作，竟然以"鹤髓"作配料。这一情形，当与长期以来所谓"鹤一起千里，古谓之仙禽"有关。可能因鹤能高翔，在汉代人的意识中可以与天界沟通。

汉武帝后元元年春二月诏言："朕郊见上帝，巡于北边，见群鹤留止，以不罗罔，靡所获献。荐于泰畤，光景并见。其赦天下。"③ 所谓"荐于泰畤，光景并见"，实际上是说在与上帝对话时看到了显现为"光景"（可能即"光影"）的异常的吉兆，于是"大赦天下"。

"光景"，有可能即"光影"。《释名·释首饰》："镜，景也。言有光景也。"④ 然而《释名·释天》又说："枉矢，齐鲁谓光景为枉矢。言其光行若射矢之所至也。亦言其气枉暴，有所灾害也。"⑤

汉代文献所见"光景"，颇多神秘主义色彩。《史记·封禅书》关于秦的祭祀体系的介绍，说到"光景"："……而雍有日、月、参、

---

① 《汉书·郊祀志下》，第 1270 页。
② （宋）李昉等撰《太平御览》，第 4060 页；《景印文渊阁四库全书》第 901 册，第 195 页。
③ 《汉书·武帝纪》，第 211 页。
④ 《释名疏证补》，第 159 页。《初学记》卷二五引《释名》："镜，景也。有光景也。"（第 607 页）《太平御览》卷七一七引《释名》同，第 3177 页。
⑤ 《释名疏证补》，第 22 页。

辰、南北斗、荧惑、太白、岁星、填星、辰星、二十八宿、风伯、雨师、四海、九臣、十四臣、诸布、诸严、诸逑之属，百有余庙。西亦有数十祠。于湖有周天子祠。于下邽有天神。沣、滈有昭明、天子辟池。于杜、亳有三社主之祠、寿星祠；而雍菅庙亦有杜主。杜主，故周之右将军，其在秦中，最小鬼之神者。各以岁时奉祠。唯雍四時上帝为尊，其光景动人民唯陈宝。"《汉书·郊祀志上》有同样的说法："唯雍四時上帝为尊，其光景动人民，唯陈宝。"① 《后汉书·西南夷列传·邛都夷》："青蛉县禺同山有碧鸡金马，光景时时出见。"②

《太平御览》卷三引刘向《洪范传》曰："日者昭明之大表，光景之大纪，群阳之精，众贵之象也。"③ 日光，是"光景之大纪"。《艺文类聚》卷四二引魏陈王曹植《箜篌引》也说："惊风飘白日，光景驰西流。"《艺文类聚》卷七四庾信《象戏赋》曰"昭日月之光景，乘风云之性灵，取四方之正色，用五德之相生"④，则说日月天光都是"光景"。

《后汉书·皇后纪下·顺烈梁皇后》："顺烈梁皇后讳妠，大将军商之女，恭怀皇后弟之孙也。后生，有光景之祥。"⑤ 这一有关"光景之祥"的故事，《北堂书钞》卷二三引文列于"灵命"题下。《鹖冠子》卷下《学问》："神征者，风采光景，所以序怪也。"⑥

《汉书·郊祀志下》写道："西河筑世宗庙，神光兴于殿旁，有鸟如白鹤，前赤后青。神光又兴于房中，如烛状。广川国世宗庙殿上

---

① 《史记·封禅书》，第 1375～1376 页；《汉书·郊祀志上》，第 1209 页。

② 《后汉书·西南夷列传·邛都夷》，第 2852 页；《水经注》卷三七《淹水》："淹水出越嶲遂久县徼外。东南至青蛉县。县有禺同山，其山神有金马碧鸡，光景倏忽，民多见之。汉宣帝遣谏大夫王褒祭之，欲致其鸡马。褒道病而卒，是不果焉。王褒《碧鸡颂》曰：'敬移金精神马，缥缥碧鸡。'故左太冲《蜀都赋》曰：'金马骋光而绝影，碧鸡倏忽而耀仪。'"（北魏）郦道元著，陈桥驿校证《水经注校证》，第 857 页。

③ （宋）李昉等撰《太平御览》，第 15 页。

④ （唐）欧阳询撰，汪绍楹校《艺文类聚》，第 765、1282 页。

⑤ 《后汉书·皇后纪下·顺烈梁皇后》，第 438 页。

⑥ 黄怀信撰《鹖冠子校注》，中华书局，2014，第 311 页。

有钟音，门户大开，夜有光，殿上尽明。上乃下诏赦天下。"① 第一例"西河"事，"神光"与"有鸟如白鹤"并见。这种"光"或说"神光"与疑似"白鹤"的同时出现，可以有益于我们理解汉武帝诏文所言"光景并见"。所谓"神光兴于殿旁"，"神光又兴于房中"，同时又"有鸟如白鹤"，也可以理解为"光景并见"。这可能是对于汉武帝后元元年所见神异现象的一种复制。我们现在还不能准确解说汉武帝诏文所言"光景并见"究竟是怎样的情境，但是有理由推想，可能出现了与"神光兴于殿旁，有鸟如白鹤，前赤后青"类似的情形，于是使得这位垂老的帝王感觉到了某种"性灵""神征""祥""怪"一类神秘的象征。而事情的缘起，与"鹤"有关。

来自"上帝"的"灵命"暗示，体现了对汉武帝"见群鹤留止，以不罗罔，靡所获献"行为的真诚谅解和高度认可。拂去这一故事笼罩的神秘主义迷雾，可以察知当时社会生态保护意识得到以神灵为标榜的正统理念的支持。而鹤与天界的神秘关系，似乎也因此得到了曲折的体现。

"北边""群鹤留止"记录的生态史料意义

汉武帝春二月时"巡于北边，见群鹤留止"事，可以作为我们分析当时生态环境形势时的重要参考。

鹤被称为"涉禽"，以"沼泽"为主要生活环境。② 或有生物学辞书言，鹤，"大型涉禽"，"常活动于平原水际或沼泽地带"。丹顶鹤"常涉于近水浅滩，取食鱼、虫、甲壳类以及蛙等，兼食水草"③。汉武帝后元二年诏书所说"巡于北边，见群鹤留止"，体现北边长城

---

① 《汉书·郊祀志下》，第 1248 页。
② 《简明不列颠百科全书》写道："鹤，crane，鹤形目、鹤科 14 种体型高大的涉禽"，"这些高雅的陆栖鸟类昂首阔步行走在沼泽和原野。"（第 3 卷，第 757 页）
③ 《辞海·生物分册》，第 532 页。

防线上汉武帝巡行的路段，有天然水面或湿地。这一情形反映当时水资源形势与现今明显不同。这一信息，亦符合竺可桢等学者对于战国至西汉时代气候较今温暖湿润的判断。① 北边和临近北边地方当时其他湖沼的面积和水量，也远较现今宏大。②

襄羽鹤"为夏候鸟"。灰鹤"繁殖在苏联西伯利亚和我国东北及新疆西部"，"秋季迁徙时，在我国境内经华北、西北南部、四川西部和西藏昌都一带，至长江流域及以南地区越冬"。丹顶鹤"主产于我国黑龙江省及苏联西伯利亚东部和朝鲜；迁长江下游一带越冬"③。汉武帝时代后元元年（前88）春二月北边有"群鹤留止"，如果是"至长江流域及以南地区越冬"的鹤群回归北地时停栖此地，则似乎时间稍早，或可说明当时气温较现今为高。如果所见"群鹤留止"就是在这里越冬，则可看作反映当时这一地区冬季气温高于现今的幅度相当大的重要例证。当然，就此还需要进一步的严密论证。④

6. 汉赋的绿色意境

汉赋，在公元前2世纪至公元3世纪初的400余年间，曾经是文学的壮流，是体现出当时文化之时代精神的最显著的遗存。《汉书·艺文志》著录文学成就"诗赋百六家，千三百一十八篇"中，有"屈原赋二十五篇"等"赋二十家，三百六十一篇"，"陆贾赋三篇"

---

① 竺可桢指出："在战国时期，气候比现在温暖得多"，"到了秦朝和前汉（公元前221～公元23年）气候继续温和"，"司马迁时亚热带植物的北界比现时推向北方"（《中国近五千年来气候变迁的初步研究》，收入《竺可桢文集》）。

② 参看王子今《秦汉时期的朝那湫》，《固原师专学报》2002年第2期；《"居延盐"的发现——兼说内蒙古盐湖的演化与气候环境史考察》，《盐业史研究》2006年第2期，收入孙家洲主编《额济纳汉简释文校本》，文物出版社，2007。

③ 《辞海·生物分册》，第532页。

④ 王子今：《北边"群鹤"与泰畤"光景"——汉武帝后元元年故事》，《江苏师范大学学报》（哲学社会科学版）2013年第5期。

等"赋二十一家，二百七十四篇"，"孙卿赋十篇"等"赋二十五家，百三十六篇"，"《客主赋》十八篇"等"杂赋十二家，二百三十三篇"。总共78家，占诗赋总和的73.58%。篇数合计1004篇，占诗赋总和的76.18%。其中除个别先秦和"秦时"作品外，均为西汉作品。而据费振刚等辑《全汉赋》所收，东汉作者人数和作品篇数又都远远超过西汉。

汉人的赋作，对汉代文化宏大华美气象的形成，曾经有显著的影响。汉赋的文化品质，历来褒贬议异。其实其中的文化信息，可以作多层面的分析。比如汉赋作者在作品中记叙的生态环境的形势，透露的自然主义的意识，就值得生态环境史研究者注意。

有学者在分析汉赋的文化内涵和艺术风格时，强调其色彩特色，有"色彩绚烂，气势雄奇，醉人心魄，迷人魂梦"，"绚丽而不失深沉"等评价，称赞其"鲜明而丰富的色彩夺人目精"[1]。在对汉赋的典范进行讨论时，又有"形象生动"的"彩色的骚体句式"诸语。[2]借用这样的形容，也可以说，汉赋中有关生态环境的内容，为中国生态史以及中国生态思想史或者生态观念史的遗存，涂染了一抹浓绿。

汉赋的"草区禽族"写绘

《文心雕龙·诠赋》说："赋者，铺也，铺采摛文，体物写志也。"汉赋是怎样"体物"的呢？对于"体物"，《文心雕龙·比兴》的表述形式是"图状山川，影写云物"。[3] 汉赋注重对自然景观的描绘。有学者因此说："汉赋有绘形绘声的山水描写，是山水文学的先声。"[4] 而"山水"之中，为"绘形绘声"的文学手法所记录的，以

---

① 今按："夺人目精"，即宋玉《高唐赋》中语。
② 方铭：《经典与传统：先秦两汉诗赋考论》，人民文学出版社，2003，第286~289页。
③ （南朝梁）刘勰著，黄叔琳注，李详补注，杨明照校注拾遗《增订文心雕龙校注》，中华书局，2012，第95、453页。
④ 康金声：《汉赋纵横》，山西人民出版社，1992，第148页。

富有生命力的草木禽兽最为引人注目。①

枚乘《柳赋》写道："忘忧之馆，垂条之木。枝逶迟而含紫，叶萋萋而吐绿。"又如孔臧《杨柳赋》："绿叶累迭，郁茂翳沈，蒙笼交错，应风悲吟。"繁钦《柳赋》："顺肇阳以吐牙，因春风以扬敷。交绿叶而重葩，转纷错以扶疏。郁青青以畅茂，纷冉冉以陆离。浸朝露之清波，曜华采之猗猗。"陈琳《柳赋》也说"绿条缥叶，杂沓纤丽"，"蔚昙昙其杳杳，象翠盖之葳蕤"。杨修《节游赋》也写道："行中林以彷徨，玩奇树之抽英。或素华而雪朗，或红彩而发赪。绿叶幽蒂，紫柯朱茎。杨柳依依，钟龙蔚青。纷灼灼以舒葩，芳馥馥以播馨。"王粲《思友赋》也有"平原兮泱漭，绿草兮萝生"句。② 在汉赋作者笔下，以"绿"为基色的绚丽春光，饱含着旺盛的生机。其实，汉人赋作中对"绿"色的歌咏，并不仅仅表现出对生命力的爱重。作者对"绿"的赞美，往往还深含着一种对自然总体环境的亲和之心。枚乘《梁王菟园赋》所谓"枝叶荣茂"，刘胜《文木赋》所谓"丽木离披"，以及杜笃《首阳山赋》"青萝落寞而上覆"，崔骃《大将军临洛观赋》"桃枝夭夭，杨柳猗猗"，王粲《槐树赋》"形祎祎以畅条，色采采而鲜明；丰茂叶之幽蔼，履中夏而敷荣"，又《柳赋》"览兹树之丰茂，纷旖旎以修长；枝扶疏而覃布，茎森梢以奋扬"等，③ 都把自然生机的丰满和轻盈，充实和绮丽，萌动和生长，描绘得十分活泼新鲜。没有对自然的细致观察和深入理解，笔端是不可能生出如此生动的文字的。而在这种观察和理解的背后，是对自然的倾心热爱。

---

① 姜书阁《汉赋通义》（齐鲁书社，1989）分析汉赋"所铺陈的事物内容"，首先指出"山川、湖泽、鸟兽、草木"（见第282页）。

② 费振刚、仇仲谦、刘南平校注《全汉赋校注》，广东教育出版社，2005，第25、155、1014、1111、1020、1042页。

③ 费振刚、仇仲谦、刘南平校注《全汉赋校注》，第24、161、398、440、1058、1059页。

　　山光水色，密林芳草，是汉赋作者特别乐于描绘的对象。司马相如《子虚赋》说到"蕙圃"所生，有"衡兰芷若，穹穷昌蒲，江离蘪芜，诸柘巴且"，关于云梦地方，"其高燥则生葴析苞荔，薜莎青薠。其埤湿则生藏莨蒹葭，东蘠雕胡，莲藕菰卢，奄闾轩于"。原始森林中，"则有阴林巨树，楩楠豫章，桂椒木兰，檗离朱杨，植梨樗栗，橘柚芬芳"①。在《上林赋》中，除了山岭上的"深林巨木"外，他对大泽广原的草色也使用了相当多的笔墨："掩以绿蕙，被以江离，糅以蘪芜，杂以留夷。布结缕，攒戾莎，揭车衡兰，稿本射干，茈姜襄荷，葴橙若荪，鲜枝黄砾，蒋芋青薠，布濩闳泽，延曼太原，丽靡广衍，应风披靡，吐芳扬烈，郁郁菲菲，众香发越，肹蠁布写，晻薆咇勃。"园林的繁荣，"扬翠叶，杌紫茎，发红华，秀朱荣，煌煌扈扈，照曜钜野"②。自然的绿色，在人们的视野中，"视之无端，究之亡穷"。扬雄《蜀都赋》所谓"泛阅野望，芒芒菲菲"，杜笃《首阳山赋》所谓"长松落落，卉木蒙蒙"③，也都以绿色的浓彩，描绘了苍茫山野郁郁葱葱的景象。

　　冯衍《显志赋》所谓"百卉含英"，繁钦《建章凤阙赋》所谓"嘉树翁蓊"，张衡《归田赋》所谓"原隰郁茂，百草滋荣"，扬雄《甘泉赋》所谓"翠玉树之青葱"，"纷蒙笼以掍成"，"飏翠气之冤延"，也都写述了生机勃勃的绿色世界。④

　　司马相如《上林赋》又写到上林湖泽的水鸟："鸿鹔鹄鸨，驾鹅属玉，交精旋目，烦鹜鹝渠，箴疵𫛢卢，群浮乎其上。泛淫泛滥，随风澹淡，与波摇荡，掩薄草渚，唼喋菁藻，咀嚼菱藕。"⑤ 有学者在批评汉赋"闳侈巨衍""重叠板滞"的重大缺点时，依然承认《上林

---

① 费振刚、仇仲谦、刘南平校注《全汉赋校注》，第 70 页。
② 费振刚、仇仲谦、刘南平校注《全汉赋校注》，第 88 页。
③ 费振刚、仇仲谦、刘南平校注《全汉赋校注》，第 213、398 页。
④ 费振刚、仇仲谦、刘南平校注《全汉赋校注》，第 367、1011、745、231、232 页。
⑤ 费振刚、仇仲谦、刘南平校注《全汉赋校注》，第 88 页。

赋》写水禽一段"是很值得称赞的"①。

《文心雕龙·诠赋》说，在"京殿、苑猎、述行、序志，并体国经野，义尚光大；既履端于倡序，亦归余于总乱"之外，"至于草区禽族，庶品杂类，则触兴致情，因变取会"②。汉赋的笔触涉及自然生态，确实有"兴"有"情"，而且往往由较为平易的风格，透露出更为亲近的深忧厚意。

《汉书·王褒传》说："上令褒与张子侨等并待诏，数从褒等放猎，所幸宫馆，辄为歌颂，第其高下，以差赐帛。议者多以为淫靡不急。"③汉宣帝针对这种批评，引用了孔子的话："不有博弈者乎，为之犹贤乎已！"④又有这样的表态："辞赋大者与古诗同义，小者辩丽可喜。辟如女工有绮縠，音乐有郑卫，今世俗犹皆以此虞说耳目，辞赋比之，尚有仁义风谕，鸟兽草木多闻之观，贤于倡优博弈远矣。"⑤有学者就此写道，"连皇帝都要强调这个问题，可见这个问题在当时人们心目中的地位"⑥。汉代"歌颂""放猎"的赋作确实多有描述"鸟兽草木"的内容。⑦汉宣帝评价汉赋时"鸟兽草木多闻之观"的肯定之辞，或许真的反映了"当时人们心目中"对自然生态环境中"鸟兽草木"的某种关注。

生态史信息和生态观念史信息

刘歆《甘泉宫赋》写道："深林蒲苇，涌水清泉。芙蓉菡萏，菱

---

① 姜书阁：《汉赋通义》，第291~292页。

② （梁）刘勰著，黄叔琳注，李详补注，杨明照校注拾遗《增订文心雕龙校注》，第96页。

③ 颜师古注"放猎"为："放，士众大猎也，一曰游放及田猎。"

④ 《论语·阳货》。

⑤ 《汉书·王褒传》，第2829页。

⑥ 龚克昌：《汉赋研究》，山东文艺出版社，1984，第220页。论者以为"汉宣帝肯定汉赋的重点之一就是它有讽谕作用"，我们关注的视点则有所不同。

⑦ 蔡辉龙《两汉名家畋猎赋研究》［（台北）天工书局，2001］一书中专门讨论了汉代畋猎赋有关"林木花草"和"飞鸟走兽"的内容，可以参考，相关内容见本书第104~143页。

荇苹蘩。豫章杂木，梗松柞械。女贞乌勃，桃李枣檍。"① 甘泉宫遗址
在今陕西淳化。只要亲临其地的人都可以知道，现今情形和刘歆描写
的景况，已经完全不同。《艺文类聚》卷二八引班彪《游居赋》有
"瞻淇澳之园林，美绿竹之猗猗"句，② 可知当时淇园之竹林，仍然
一如《诗·卫风·淇奥》"瞻彼淇奥，绿竹猗猗""绿竹青青""绿竹
如箦"的时代，辽阔而繁密。然而如《水经注》卷九《淇水》所说，
到了郦道元生活的时代，"今通望淇川，无复此物"。

班固《西都赋》关于长安附近的自然景观，有"源泉灌注，陂
池交属；竹林果园，芳草甘木"文句，又说，"西郊则有上囿禁苑，
林麓薮泽，陂池连乎蜀汉"③。张衡《西京赋》也写道："上林禁苑，
跨谷弥阜。东至鼎湖，邪界细柳。掩长杨而联五柞，绕黄山而款牛
首。缭垣绵联，四百余里。植物斯生，动物斯止。众鸟翩翩，群兽駓
駪。散似惊波，聚以京峙。"又说："林麓之饶，于何不有？木则枞栝
棕楠，梓械楩枫。嘉卉灌丛，蔚若邓林。郁蓊菱蔚，欌爽櫹椮。吐葩
扬荣，布叶垂阴。草则葴莎菅蒯，薇蕨荔芀。王刍葽台，戎葵怀羊。
苯䔿蓬茸，弥皋被冈。筱簜敷衍，编町成篁。山谷原隰，泱漭无疆。"
薛综解释说：所谓"弥皋被冈"，"言草木炽盛，覆被于高泽及山冈
之上也"。"泱漭，无限域之貌。言其多无境限也。"④ 在关中地区农
耕业早已过度开发的今天，这些景象只能成为遥远的回忆。

班固《西都赋》还写道，长安宫殿区中有人工湖泊，"前唐中而
后太液，揽沧海之汤汤"，湖中山岛，"灵草冬荣，神木丛生"。著名
的昆明池上，"茂树荫蔚，芳草被堤。兰茝发色，晔晔猗猗。若摛锦
布绣，烛耀乎其陂"。这里因水面广大，水鸟聚集，于是在湖光草色

---

① 费振刚、仇仲谦、刘南平校注《全汉赋校注》，第 327 页。
② （唐）欧阳询撰，汪绍楹校《艺文类聚》，第 507 页。
③ 费振刚、仇仲谦、刘南平校注《全汉赋校注》，第 466 页。
④ （梁）萧统编，（唐）李善、吕延济、刘良、张铣、吕向、李周翰注《六臣注文选》，
第 53 页。

碧绿背景的衬映下，又有禽鸟富有生机的起降集散。"玄鹤白鹭，黄鹄鸡鹣。鸧鸹鸧鹔，凫鹥鸿雁。朝发河海，夕宿江汉。沉浮往来，云集雾散。"① 这些情景，今人已经以为不可想象。张衡《西京赋》对于长安附近的湖泊，也有"前开唐中，弥望广潒；顾临太液，沧池漭沆"的记载，水面之辽阔，据说"清渊洋洋"，"长风激于别墙，起洪涛而扬波"②。在水资源呈现匮乏趋向的今天，人们面对枯塘瘦水，大概已经难以想象当时"茂树""芳草"间"沧海""汤汤"的景象。

张衡的《东京赋》关于洛阳宫苑，也有"芙蓉覆水，秋兰被涯"的景色。而"永安离宫，修竹冬青"，"奇树珍果，钩盾所植"，"洪池清篹，渌水澹澹；内阜川禽，外丰葭菼"，也是一派绿色。而现今当地的植被和水资源的形势，也有了很大的变化。

班固《西都赋》说到关中"竹林"，张衡《西京赋》所谓"筱簜敷衍，编町成篁"，都可以与司马迁《史记·货殖列传》所见拥有"渭川千亩竹"者，其富足可以与"千户侯"相当的说法相印证。③ 此外枚乘《梁王菟园赋》所谓"修竹檀栾"，班固《终南山赋》所谓"上挺修竹"，张衡《东京赋》所谓"修竹冬青"，马融《长笛赋》所谓"惟箛笼之奇生兮，于终南之阴崖"，"今世双笛从羌起，羌人伐竹未及已"等，④ 也都为了解当时的竹类生长区提供了资料。

张衡《南都赋》描绘南阳地区的竹林，写道："其竹则篛笼箠篾，筱簳箘椶。缘延坻阪，澶漫陆离。稷那翁茸，风靡云披。"⑤ 这种漫山遍野的竹海，也是现今当地无法见到的景观。关于南阳植被，张衡还

---

① 费振刚、仇仲谦、刘南平校注《全汉赋校注》，第 468、469 页。
② 王子今：《秦汉时期关中的湖泊》，黄留珠、魏全瑞主编《周秦汉唐文化研究》第 2 辑。
③ 《史记·货殖列传》，第 3272 页。
④ 费振刚、仇仲谦、刘南平校注《全汉赋校注》，第 23、534、679、798、801 页。
⑤ 费振刚、仇仲谦、刘南平校注《全汉赋校注》，第 726 页。

说到"藷蔗"也就是甘蔗，当时有专门的园圃经营，又说到"穰橙邓橘"，已经成为地方名产。南阳地区后世未必没有"藷蔗"和"橙"、"橘"生存，但是其经济意义已经锐减。其产量和产值，在全国经济物产的总体布局中已经微不足道了。《中国自然地理图集》所绘出的出产甘蔗和柑橘的农业植被区，与南阳相距最近的地方，直线距离也在360公里以上。[①] 张衡出身南阳，又有科学学术眼光，《南都赋》因而文辞真切，确可信据。[②]

为我们保留了生态史在当时阶段的景况的，还有徐幹《齐都赋》。作者对于临淄自然风貌，有如下的描写，"蒹葭苍苍，莞菰沃若。瑰禽并鸟，群萃乎其间。带华蹈缥，披紫垂丹，应节往来，翕习翻翻"[③]，宛然一个生机烂漫的水鸟世界。用作者自己的话来说，叫作"羽族咸兴"。这也是与现今所见生态形势明显不同的。[④]

汉赋的文学特点，久有"虚用滥形""诡滥愈甚"[⑤] 的批评。不过，这种批评所指实例，大多没有直接针对山林禽物的描写。左思《三都赋序》说，汉赋有关描述，"考之果木，则生非其壤。校之神物，则出非其所。于辞则易为藻饰，于义则虚而无征"[⑥]。所举实例，第一条就是"相如赋《上林》，而引'卢橘夏熟'"。有人以为这"体现了汉赋在描写方面不拘于生活真实而务尽其类的特色"，即"对事物的品类进行穷尽式的罗列，以表现物类之繁盛"[⑦]。有人据此

---

① 西北师范学院地理系、地图出版社主编《中国自然地理图集》，第135页。

② 王子今：《〈南都赋〉自然生态史料研究》，《中国历史地理论丛》2004年第3期，收入陈江凤主编《汉文化研究》，河南大学出版社，2004。

③ 费振刚、仇仲谦、刘南平校注《全汉赋校注》，第989~990页。

④ 《三国志·魏书·王粲传》："北海徐幹，字伟长。"裴松之注引《典论》："北海徐幹。"（第599页）《中论·原序》："姓徐名幹，字伟长，北海剧人也。"（孙启治解诂：《中论解诂》，中华书局，2014，第393页）曹植任临菑侯时，徐幹至其门下任文学之职。可知徐幹长期生活在齐地。参看李文献《徐幹思想研究》，（台北）文津出版社，1992。

⑤ 《文心雕龙·夸饰》，《增订文心雕龙校注》，第462页。

⑥ 《六臣注文选》，第90页。

⑦ 尚学锋：《道家思想与汉魏文学》，北京师范大学出版社，2000，第127~128页。

说，"汉赋在描写天子游猎和京都宫苑的富丽堂皇之时，往往要对山川草木鸟兽虫鱼进行大规模的铺陈，这些铺陈并非完全是写实"，甚至认为，"其中很多都是祥瑞化的描写"①。这样的说法似未可凭信。其实，宋代学者王观国《学林》卷七对左思"虚而无征"的批评已有驳议："观国案：司马相如赋言上林之盛曰：'于是乎卢橘夏熟，黄柑橙楱，枇杷橪柿，亭奈厚朴，樗枣杨梅，樱桃蒲陶，隐夫薁棣，答沓离支，罗乎后宫，列乎北园。'盖橘橙、枇杷、杨梅、荔枝，皆南方之物，非西北所产。然而上林者，天子之宫苑，四海之嘉木珍果，皆能移植于其中，不但本土所生者而已。"② 宋人张世南《游宦纪闻》卷五又写道：左太冲《三都赋序》批评相如赋《上林》，扬雄赋《甘泉》等"于辞则易为藻饰，于义则虚而无征"，自称"余既思摹《二京》而赋《三都》，其山川城邑，则稽之地图；其鸟兽草木，则验之方志"。然而，"其《蜀都赋》则云：'旁挺龙目，侧生荔枝，布绿叶之萋萋，结朱实之离离。'读至此而窃有疑焉。世南游蜀道，遍历四路数十郡，周旋凡二十余年，风俗方物，靡不质究。所谓'龙目'，未尝见之。间有自南中携到者，蜀人皆以为奇果。此外如'荔枝'、'橄榄'、'余甘'、'榕木'，蜀皆有之，但无'龙目'、'榹实'、'杨梅'三者耳。岂蜀昔有而今无耶？抑左氏考方志草木之未精耶？"③ 左思所谓汉赋"果木""虚而无征"和张世南对左思《蜀都赋》的怀疑，其实可能属于同样的情形，即"昔有而今无"。汉代气候条件和后世不同，④ 自然景物的差异，有些可能与此有关。汉赋文辞，确实"夸张飞动"⑤，但是对于"鸟兽草木"的记述，应当大体可信。正如

---

① 冯良方：《汉赋与经学》，中国社会科学出版社，2004，第326页。

② （宋）王观国撰，田瑞娟点校《学林》，第221页。

③ （宋）张世南：《游宦纪闻》，中华书局，1981，第42页。

④ 参看竺可桢《中国近五千年来气候变迁的初步研究》，《考古学报》1972年第1期；王子今：《秦汉时期气候变迁的历史学考察》，《历史研究》1995年第2期；陈良佐：《再探战国到两汉的气候变迁》，（台北）《中研院历史语言研究所集刊》第67本第2分，1996年6月。

⑤ （宋）程大昌撰，黄永年点校《雍录》卷九，第189页。

有的学者所指出的，"汉赋的夸张，在形容不在躯干，在枝叶不在根本，其夸饰所及，皆宗有本事"。就对"现实存在"的探求而言，汉赋的"夸张"或者"夸饰""不致产生过多干扰"。①

生活和环境：汉赋作者的自然观

在当时的生态形势下，人们的生活环境，有今人难以想象的自然美。汉赋正如《文心雕龙·诠赋》所说，"写物图貌，蔚似雕画"②，其中生动鲜明的辞句，使我们可以片断体会到当时人和"绿"色夙夜依依的生活情境。

汉代宫苑的命名，注重自然的本色。如班固《西都赋》所列后妃之室，有"合欢、增城、安处、常宁、茝若、椒风、披香、发越、兰林、蕙草、鸳鸾、飞翔之列"。张衡《西京赋》也说："后宫则昭阳、飞翔、增成、合欢、兰林、披香、凤皇、鸳鸾。"③ 宫殿多以草木禽鸟得名，是很明显的。

《西京赋》说，汉宫之中，"嘉木树庭，芳草如积"。杨修《许昌宫赋》写道："植神木与灵草，纷蓊蔚以参差。"可见宫廷之中，注重植树植草。李尤《德阳殿赋》："达兰林以西通，中方池而特立。果竹郁茂以榛榛，鸿雁沛裔而来集。德阳之北，斯曰濯龙。葡萄安石，蔓延蒙茏，橘柚含桃，甘果成丛。"《平乐观赋》："龟池泱漭，果林榛榛。"《东观赋》："步西蕃以徙倚，好绿树之成行。历东崖之敞坐，庇蔽茅之甘棠。"他的《七款》，说"奇宫闲馆，回庭洞门"之中果林的繁茂："梁王青黎，卢橘是生。白华绿叶，扶疏各荣。与时代序，敦不堕零。黄景炫炫，眩林曜封。金衣素里，班白

---

① 曹胜高：《汉赋与汉代制度——以都城、校猎、礼仪为例》，北京大学出版社，2006，第11页。

② 《增订文心雕龙校注》，第97页。

③ 费振刚、仇仲谦、刘南平校注《全汉赋校注》，第466~467、630页。

内充。滋味伟异，淫乐无穷。副以芊柘，丰弘诞节。纤液玉津，旨于饮蜜。"①《太平御览》卷九七一引文又有"鸿柿若瓜"句。《太平御览》卷九七五引刘骃骈《玄根赋》："芳林臻臻，朱竹离离，菱茨吐荣，若摅锦而布绣。"② 也可以将我们带到同样的绿荫之下，绿茵之上。

关于平民的居处，冯衍《显志赋》有这样的文句："揵六枳而为篱兮，筑蕙若而为室；播兰芷于中廷兮，列杜衡于外术。攒射干杂蘼芜兮，构木兰与新夷；光扈扈而炀耀兮，纷郁郁而畅美；华芳晔其发越兮，时恍忽而莫贵；非惜身之垢轲兮，怜众美之憔悴。游精神于大宅兮，抗玄妙之常操；处清静以养志兮，实吾心之所乐。"李贤解释说："自此以下，说篱宇廷除，皆树芬芳卉木，喻己立身行道，依仁履义，犹屈原'扈江蓠与薜芷，纫秋兰以为佩'之类也。"③ 此前冯衍有"采三秀之华英""扬屈原之灵芬"句，也是同样意境。梁竦《悼骚赋》所谓"服荔裳如朱绂""历苍梧之崇丘""临众渎之神林"也可以联系起来解读。

刘勰说，汉赋是"体物写志"的艺术形式。汉赋，确有"言志"的作用。④ 其特点，在于"抒志于叙事之中"，讲究"情景交融"。⑤从汉赋的内容看，当时人以绿色怀抱中的清净，作为理想的生活场景。

人和自然的亲近和融合，可以净化心胸，涵养精神，提升思想的境界。蔡邕《弹琴赋》所说制琴应求茂木，如果"丹华炜炜，绿叶参差，甘露润其末，凉风扇其枝，鸾凤翔其颠，玄鹤巢其岐"，则

① 费振刚、仇仲谦、刘南平校注《全汉赋校注》，第 630、1027、576、578、581、583 页。
② （宋）李昉等撰《太平御览》，第 4303、4321 页。
③ 费振刚、仇仲谦、刘南平校注《全汉赋校注》，第 370 页。
④ 周凤五：《文心雕龙综论》，（台北）台湾学生书局，1988，第 392 页。
⑤ 简宗梧：《汉赋史论》，（台北）东大图书公司，1993，第 195 页。

"琴瑟是宜"。于是演奏时，可以"恬淡清溢"，以至"青雀西飞，别鹤东翔"，"走兽率舞，飞鸟下翔，感激兹歌，一低一昂"①。作者以富有音乐美感的写述，表现了理想的精神生活的画面。

据《后汉书·仲长统传》记载，东汉思想家仲长统曾经表述他"欲卜居清旷，以乐其志"的生活理想。他说："使居有良田广宅，背山临流，沟池环匝，竹木周布，场圃筑前，果园树后。"平日"蹰躇畦苑，游戏平林，濯清水，追凉风，钓游鲤，弋高鸿"②，可以平静地娱游，自由地咏唱，从容地思想，达到"至人"的境界。读汉赋时，往往也可以体会到这种意象。例如张衡《归田赋》中所谓"谅天道之微昧，追渔父以同嬉；超埃尘以遐逝，与世事乎长辞"等，③就表达了相近的情绪。学界有人认为，汉赋的文化倾向有"道家思想的影响"，说"赋乃是软性文学"，受道家"学重阴柔"的特点影响很深。④《西京杂记》卷二引司马相如语，有所谓"赋家之心，苞括宇宙"，有人认定与《淮南子·缪称》"包裹宇宙"及同书《道应》"包裹天地"有关，是司马相如"借用了道家论道的术语"。⑤ 有人还明确认定张衡《归田赋》的内容与道家哲学有密切关系，也有人提出否定的意见。⑥ 就现在我们已经掌握的文化信息分析，将其中表露的生活态度看作当时文士阶层中比较一致的文化倾向，可能是适宜的。

这种观念的生成，有传统农耕社会的文化背景，然而以现代眼光考察，也应当注意到其中值得肯定的、表现出较先进的生态环境观的人生智趣和开明思想。

汉赋文字还向我们展示，在"绿"色背景的衬映下，又有野生动

① 费振刚、仇仲谦、刘南平校注《全汉赋校注》，第 930 页。
② 《后汉书·仲长统传》，第 1644 页。
③ 费振刚、仇仲谦、刘南平校注《全汉赋校注》，第 745 页。
④ 陶秋英：《汉赋研究》，浙江古籍出版社，1986，第 96~98 页。
⑤ 尚学锋：《道家思想与汉魏文学》，北京师范大学出版社，2000，第 122 页。
⑥ 张松辉：《先秦两汉道家与文学》，东方出版社，2004，第 174 页；朱晓海：《汉赋史略新证》，陕西人民出版社，2004，第 380 页。

物富有生机的活动。除了前说"走兽率舞，飞鸟下翔"外，又如公孙诡《文鹿赋》："麀鹿濯濯"，"呦呦相召"，"来我槐庭，食我槐叶"。路乔如《鹤赋》："白鸟朱冠，鼓翼池干。""方腾骧而鸣舞，凭朱栏而为欢。"① 从汉代画像遗存中，可以看到当时人们"纵养"禽鸟的风习。② 汉赋所见麀鹿"来我槐庭"和白鹤"凭朱栏而为欢"的情形，也体现了汉代人亲近自然的生活。

汉赋作者如《文心雕龙·物色》所说，往往"窥情风景之上，钻貌草木之中"，习惯以物喻情，于是在文学批评家的眼中，不免暴露出"'葳蕤'之群积"，有"青黄屡出，则繁而不珍"的弊病。③ 不过，我们从社会生活史的视角考察，却不能不珍惜相关的文字，因为其中对于当时人的生活场景和生活态度的体现，虽然细碎，然而真实。

"天人合应"的生态意识

汉赋的积极内容，有学者以为包括"表现对生活的热爱，对生活创造者的颂美"，甚至"洋溢着征服自然获致胜利的乐观自信"。④ 其实，人们感受最为深刻的当时人的精神意向，可能并不是所谓"征服自然"，而恰恰相反，是顺应自然，和自然保持高度的和谐。

苏顺《叹怀赋》写道："悲终风之陨箨，条枝梢以摧伤。桂敷荣而方盛，遭暮冬之隆霜。华菲菲之将实，中夭零而消亡。"⑤ 以草木比喻人生命运，是惯见的文学笔法。蔡氏祠前的栗树被人折伤，蔡邕作《伤故栗赋》感叹："树遐方之嘉木兮，于灵宇之前庭。通二门以征行兮，夹阶除而列升。弥霜雪之不雕兮，当春夏而滋荣。因本心以诞

① 费振刚、仇仲谦、刘南平校注《全汉赋校注》，第62、60页。
② 王子今：《汉代纵养禽鸟的风俗》，《博物》1984年第2期。
③ 《增订文心雕龙校注》，第564页。
④ 康金声：《汉赋纵横》，第13、11页。
⑤ 费振刚、仇仲谦、刘南平校注《全汉赋校注》，第586页。

节兮，凝育蘗之绿英。形猗猗以艳茂兮，似碧玉之清明。何根茎之丰美兮，将蕃炽以悠长。适祸贼之灾人兮，嗟夭折以摧伤。"①

描写游猎场面的文字，在汉赋作品中是最富有动感和声威的内容。傅毅《洛都赋》，班固《西都赋》、《东都赋》，张衡《西京赋》、《东京赋》都有相关的描写。所谓"弦不虚控"，"应箭殪夷"，"禽相镇厌，兽相枕藉"，"僵禽毙兽，烂若碛砾"，"风毛雨血，洒野蔽天"，都说到这种大规模猎杀的惨厉。王粲《羽猎赋》形容其景象尤为真切："旌旗云桡，锋刃林错。扬晖吐火，曜野蔽泽。山川于是摇荡，草木为之摧拔。禽兽振骇，魂亡气夺。兴头触系，摇足遇槷。陷心裂胃，溃脑破颡。鹰犬竞逐，弈弈霏霏。下韝穷继，抟肉噬肌。坠者若雨，僵者若抵。清野涤原，莫不歼夷。"② 在颂扬王者威武的另一面，以血腥的描述，反映了这种田猎形式的残酷。班固《东都赋》所谓"指顾倏忽，获车已实"，张衡《西京赋》所谓"白日未及移其晷，已狝其什七八"，③ 都说这种带有原始游猎遗风的军事演习，已经蜕变为一种屠杀的游戏。

所谓"清野涤原，莫不歼夷"导致的对自然生态的严重破坏，也包括植被。《西都赋》说"松柏仆，丛林摧"，"草木涂地"。除了车骑的践踏外，还有燃火"燎山"行为。《东都赋》："焱焱炎炎，扬光飞文，吐焰生风，吹野燎山，日月为之夺明。"《西京赋》所谓"光炎烛天庭"，也形容山林过火的气势。而事后对自然植被的损害，则如《西都赋》所谓"原野萧条"，"草木无余"。④

冯衍《显志赋》："山峨峨而造天兮，林冥冥而畅茂；鸾回翔索其群兮，鹿哀鸣而求其友。"《后汉书·冯衍传下》李贤注："此言所

---

①　费振刚、仇仲谦、刘南平校注《全汉赋校注》，第 934 页。
②　费振刚、仇仲谦、刘南平校注《全汉赋校注》，第 1047 页。
③　费振刚、仇仲谦、刘南平校注《全汉赋校注》，第 634 页。
④　费振刚、仇仲谦、刘南平校注《全汉赋校注》，第 468、496、634、468 页。

居之处，山林飞走之状也。"① 然而"索其群""求其友"云云，都暗示其"群"其"友"已经受到伤害。

张衡《归田赋》与"龙吟方泽，虎啸山丘"对照，说到"仰飞纤缴，俯钓长流；触矢而毙，贪饵吞钩"②，以比喻世尘荣辱，也隐约体现出作者对被猎杀的野生动物，在情感上似乎有某种内心的"合应"。崔寔《答讥》中"爱饵衔钩，悔在鸢刀；披文食荼，乃启其毛"云云，与"麟隐于遐荒，不纡机阱之路；凤凰翔于寥廓，故节高而可慕"对应，③ 也有相近的意味。

班固《东都赋》关于游猎，有"乐不极般，杀不尽物"语，与所谓"清野涤原，莫不歼夷"的炫耀，表现出观念的差异。张衡《东京赋》关于仲冬季节皇家大规模田猎的场面，有细致的记述。除了"戈矛若林，牙旗缤纷"，"火列具举，武士星敷"浩大场面的描写以外，还有这样的文字："轨尘掩远，匪疾匪徐。驭不诡遇，射不剪毛。""马足未极，舆徒不劳。成礼三驱，解罘放麟。不穷乐以训俭，不殚物以昭仁。慕天乙之弛罟，因教祝以怀民。仪姬伯之渭阳，失熊罴而获人。"对于"驭不诡遇，射不剪毛"，薛综解释说，"孟子曰：'为之诡遇，一朝而获十。'刘熙曰：'横而射之曰诡遇。'毛苌《诗传》曰：'面伤不献，剪毛不献'"，都说对行猎对象也怀有宽仁之心，不急追，不虐杀。对于"马足未极，舆徒不劳"，薛综说："极，尽也。舆，众也。劳，罢劳也。"所谓"解罘放麟"，薛综注："大鹿曰麟。解，散也。罘，罔也。"④ 所谓"慕天乙之弛罟，因教祝以怀民"，说仿照商汤故事。《吕氏春秋·异用》写道："汤见祝网者，置四面，其祝曰：'从天坠者，从地出者，从四方来者，皆离吾

---

① 《后汉书·冯衍传下》，第 1001、1002 页。
② 费振刚、仇仲谦、刘南平校注《全汉赋校注》，第 746 页。
③ 费振刚、仇仲谦、刘南平校注《全汉赋校注》，第 845 页。
④ （梁）萧统编，（唐）李善、吕延济、刘良、张铣、吕向、李周翰注《六臣注文选》，第 76 页。

网。'汤曰：'嘻！尽之矣。非桀其孰为此也？'汤收其三面，置其一面，更教祝曰：'昔蛛蝥作网罟，今之人学纾。欲左者左，欲右者右，欲高者高，欲下者下，吾取其犯命者。'汉南之国闻之曰：'汤之德及禽兽矣。'四十国归之。人置四面，未必得鸟；汤去其三面，置其一面，以网其四十国，非徒网鸟也。"① 所谓"仪姬伯之渭阳，失熊罴而获人"，涉及周文王得吕尚事。《史记·齐太公世家》："西伯将出猎，卜之，曰'所获非龙非彲，非虎非罴；所获霸王之辅'。于是周西伯猎，果遇太公于渭之阳，与语大说。"② 于是"载与俱归，立为师"。商汤、文王故事，都说田猎不在获取禽兽，而在宣示仁德。这就是所谓"不殚物以昭仁"。张衡所说"驭不诡遇，射不翦毛"，注家引毛苌《诗传》："面伤不献，翦毛不献。"《新唐书·礼乐志》写道："群兽相从不尽杀，已被射者不重射。不射其面，不翦其毛。凡出表者不逐之。"③ 也说即使猎杀野生动物，也应当避免过于残虐。

张衡所谓"不殚物以昭仁"，和班固《西都赋》中说到的"天人合应，以发皇明"的思想原则是一致的。《东京赋》接着又进一步阐说了这样的观点："方其用财取物，常畏生类之殄也。赋政任役，常畏人力之尽也。取之以道，用之以时。山无槎枿，畋不麛胎。草木蕃庑，鸟兽阜滋。民忘其劳，乐输其财。百姓同于饶衍，上下共其雍熙。洪恩素蓄，民心固结。"④ 取用有所节制，有求其"蕃庑""阜滋""饶衍"的出发点，表现出长远的经济考虑，但是所谓"常畏生类之殄也"，则透露出对生命的尊重，体现了更为深刻的自然主义意识。

有人指出汉赋"充满尖锐的矛盾"，首先是"颂美与讽谏的矛

---

① 许维遹撰，梁运华整理《吕氏春秋集释》，第 235 页。

② 《史记·齐太公世家》，第 1477~1478 页。

③ 《新唐书·礼乐志》，第 389 页。

④ （梁）萧统编，（唐）李善、吕延济、刘良、张铣、吕向、李周翰注《六臣注文选》，第 80 页。

盾"。同样的意思，又表述为"颂美谀辞与讽谏义旨的杂糅"。就游猎而言，论者指出《子虚赋》的上半篇夸耀"游猎之乐，以奢侈取胜"，下半篇写"游猎之盛"，"通篇充满了对天子生活的赞扬。写天子罢猎节俭，不是否定了天子之猎，而是'恐后世靡丽'，至于天子之猎，'朕以览听余闲，无事弃日，顺天道以杀伐，时休息于此'，是'顺天道'之举，也是正当的"。论者针对《史记·司马相如列传》"相如虽多虚辞滥说，然其要归，引之节俭，此与《诗》之风谏何异"的评价，对《子虚赋》"削弱了赋的讽谏意义，淡化了赋的批评色彩"表示失望。① 有人甚至指责类似的赋作其创作动机在于"贡谀献媚，以期邀赏"，讽喻规劝的意义"微不足道"。② 我们不赞同对汉赋这样的文学遗存简单化地贴政治文化的标签，也应当看到，其中的"风谏"，有时是曲折有分寸的，不必因此为这种"削弱""淡化"叹息。至于从"引之节俭"的层次批评游猎的奢侈过度，和我们讨论的生态意识之间，自有一定的差距。

《后汉书·文苑列传下·赵壹》记载，文士赵壹据说"恃才倨傲"，"屡抵罪，几至死，友人救得免"，于是著文谢恩，借一飞鸟经历危患的故事，抒发对猎鸟和救鸟两种行为的感慨。文题为《穷鸟赋》，其中写道："有一穷鸟，戢翼原野。罼网加上，机阱在下，前见苍隼，后见驱者，缴弹张右，羿子毂左，飞丸激矢，交集于我。思飞不得，欲鸣不可，举头畏触，摇足恐蹮。内独怖急，乍冰乍火。幸赖大贤，我矜我怜，昔济我南，今振我西。鸟也虽顽，犹识密恩，内以书心，外用告天。天乎祚贤，归贤永年，且公且侯，子子孙孙。"③ 作者虽然以鸟喻人，仍透露出对于"罼网""机阱""飞丸激矢"交集

---

① 詹福瑞：《汉大赋的内在矛盾与文士的尴尬》，《汉魏六朝文学论集》，河北大学出版社，2001，第 280 页。

② 姚文铸：《汉魏六朝文学与儒学》，河北人民出版社，1995，第 178 页。

③ 《后汉书·文苑列传下·赵壹》，第 2628、2629 页。

围攻中的自然之羽的深心同情。祢衡的《鹦鹉赋》则对这种原本"嬉游高峻，栖峙幽深"，后来被关闭在笼中，由人玩赏的"西域之灵鸟"，表达了另一种感想，其中写道："归穷委命，离群丧侣，闭以雕笼，翦其翅羽，流飘万里，崎岖重阻，逾岷越障，载罹寒暑。"虽然当时有"献全者受赏，而伤肌者被刑"的保护性的规定，然而自由的丧失，其实是最大的痛苦。祢衡写道："痛母子之永隔，哀伉俪之生离。匪余年之足惜，愍众雏之无知。""严霜初降，凉风萧瑟。长吟远慕，哀鸣感类。音声凄以激扬，容貌惨以憔悴。闻之者悲伤，见之者陨泪。""顺笼槛以俯仰，窥户牖以踟蹰。想昆山之高岳，思邓林之扶疏。顾六翮之残毁，虽奋迅其焉如？心怀归而弗果，徒怨毒于一隅。"① 作者使用极其悲切的辞句，表达了对"闭以雕笼，翦其翅羽"的主人的批评。主张将野生禽鸟放归自然的倾向，已经在字句间表露。

看来，爱惜和保护自然生态环境，在汉代开明士人中可以说已经形成了某种共识。

汉赋中主张以宽仁之心对待鸟兽的文句，有些另有深意，可以作政治寓言理解。但是能够采用这样的形式，借对生态条件的分析来说明世事人生的道理，也足以反映当时一定社会层次生态环境观念中的理性成分，已经相当成熟，并且可以得到世人比较普遍的理解了。

7. 司马迁班固生态环境观的比较

以《史记》《汉书》为标本进行司马迁和班固思想的比较，历来多有论著发表。如果我们认识到生态环境也是秦汉学者普遍关注的问题，生态环境观也是秦汉思想值得重视的内容，则不妨试就这两位史学大家的生态环境观进行比较研究。相关研究，也将涉及他们的生态

---

① 费振刚、仇仲谦、刘南平校注《全汉赋校注》，第 969、970 页。

史观。

进行这样的研究，不仅可以从一个新的视角考察司马迁和班固思想的个性，也可以探讨两汉生态环境观的时代差异，进而有助于说明汉代思想文化史和生态环境史的相关问题。或许由此又可以切入社会史、文化史、思想史、史学史和生态史的交点，获得有意义的新发现。

司马迁提出"究天人之际"的学术理想，对于其真实意义，解说者甚多，众议纷纭，至今莫衷一是。如果我们从自然史和人类史"密切关联""相互制约"的关系的角度来理解所谓"天人之际"，或许可以从一个新的层面认识司马迁的思想。

历来学者进行马班的比较，或"甲班而乙马"，或"劣固而优迁"。刘知几《史通》已指出，"二书""互有修短，递闻得失"①。近数十年来则抬高司马迁、贬低班固的意见明显占据上风。论者多从阶级性角度进行分析评价。有人说："司马迁和班固的政治态度不一样，历史态度也不一样。""政治态度和历史态度的不同，是马班异趣中一个最大的区别。"② 这样的结论也许还有讨论的必要。其实就生态环境观念的比较而言，或许可以借用邱逢年《史记阐要·班马优劣》中的话："马班二史互有得失，有马得而班失者，亦有马班同得者，且有马失而班得者。"③

关于先秦时期人与生态关系的追述：马班生态环境观异同之一

对于生态环境之作用和意义，以及人与生态环境之合理关系的自觉认识，是在历史前进至于一定阶段方才产生的社会观念。这种观念

---

① 《史通·鉴识》，（唐）刘知几著，张振珮笺注《史通笺注》，贵州人民出版社，1985，第271页。又《通志·总叙》又有"尊班而抑马"之说。

② 白寿彝：《司马迁和班固》，《人民日报》1964年1月23日。

③ 邱逢年：《史记阐要》，国家图书馆藏书，转引自杨燕起、陈可青、赖长扬编《历代名家评史记》，北京师范大学出版社，1986，第274页。

的生成，应当看作文明发生和进步的标志之一。

司马迁《史记·五帝本纪》中说到轩辕黄帝功德，有"治五气，蓺五种"的说法，其文意其实涉及社会进步与生态条件的关系。司马迁又写道，轩辕以军事政治的突出成就，实现了"万国和"的局面，"有土德之瑞，故号黄帝"，其事迹又包括：

> 顺天地之纪，幽明之占，死生之说，存亡之难。时播百谷草木，淳化鸟兽虫蛾，旁罗日月星辰水波土石金玉，劳勤心力耳目，节用水火材物。①

有学者指出，这段话，"表现出早期文明的特点"②。

我们还应当看到，这段文字之中，还表露了积极的生态环境意识。如所谓"顺天地之纪，幽明之占"，体现出顺应自然的原则。所谓"时播百谷草木，淳化鸟兽虫蛾"③，也体现出与自然相亲和的倾向。关于所谓"节用水火材物"，似乎也是为孔子所肯定的。张守节《正义》引《大戴礼》云："宰我问于孔子曰：'予闻荣伊曰黄帝三百年。请问黄帝者人耶？何以至三百年？'孔子曰：'劳勤心力耳目，节用水火材物，生而民得其利百年，死而民畏其神百年，亡而民用其教百年，故曰三百年也。'"④

司马迁所论先古圣王与"节用水火材物"相关事迹，又有：

> （帝颛顼）养材以任地。⑤

---

① 《史记·五帝本纪》，第3、6、9页。
② 李学勤：《论古代文明》，《走出疑古时代》（修订本），辽宁大学出版社，1997，第41页。
③ "虫蛾"，即"虫蚁"。
④ 《史记·五帝本纪》，第6、9页。
⑤ 司马贞《索隐》："言能养材物以任地。《大戴礼》作'养财'。"

（帝高辛）取地之财而节用之。①

《史记·越王勾践世家》又引录范蠡的话："节事者以地。"司马贞《索隐》："《国语》'以'作'与'，此作'以'，亦'与'义也。言地能财成万物，人主宜节用以法地，故地与之。"② 司马贞的解释强调了人与"地"，即人与自然的关系，提示应当有节制地开发和使用自然资源。③ 这样的说法，可能比较接近司马迁所记述的范蠡言论的原意。

班固《汉书》作为以汉代历史为主题的断代史，并不直接记录远古时代的传说，因而没有与《史记》"节用水火材物""养材以任地""取地之财而节用之"一类内容。《汉书》屡见"节用"一语，但是已经大多并非取与"地"有关的强调节约生态资源的意义，而只是就经济角度言财富。④ 当然，其中有些作为西汉人言辞，不能完全归结于班固的认识。

不过，我们看到，《汉书》其实也有间接涉及传说时代相关现象的内容。如《律历志上》："五声之本，生于黄钟之律。""九六相生，阴阳之应也。律十有二，阳六为律，阴六为吕。""其传曰，黄帝之所作也。""至治之世，天地之气合以生风；天地之风气正，

---

① 《史记·五帝本纪》，第 11、13 页。

② 《史记·越王勾践世家》，第 1740、1741 页。

③ 裴骃《集解》引韦昭曰："时不至，不可强生；事不究，不可强成。"司马贞《索隐》以为"韦昭等解恐非"。

④ 如《武帝纪》"景公以节用"，颜师古注引如淳曰："仲尼曰政在节财。"（第 173 页）《食货志上》"节用而爱人"，颜师古注："不为奢侈，爱养其民。"（第 1123 页）《汉书·王嘉传》也有同样的文句，颜师古注："《论语》载孔子之言也。"（第 3494 页）《五行志下之下》"节用俭服，以惠百姓"（第 1508 页）说的大致是同样的意思。又《晁错传》："亲耕节用，视民不奢。"颜师古注："'视'，读曰'示'。"（第 2297 页）《司马迁传》："然其强本节用，不可废也。""强本节用，则人给家足之道也。"（第 2710、2712 页）《循吏传·黄霸》："及务耕桑，节用殖财，种树畜养，去食谷马。"（第 3629 页）"节用"语义，都未能明确指定自然资源。

十二律定。"① "盖闻古者黄帝合而不死，名察发敛，定清浊，起五部，建气物分数。"② 又如："元凤三年，太史令张寿王上书言：'历者天地之大纪，上帝所为。传黄帝调律历，汉元年以来用之。今阴阳不调，宜更历之过也。'"③ 也都说到黄帝时代人与自然生态关系的和谐。

《汉书》中"黄帝"凡134见，出现频率不可谓不高。但是班固笔下的黄帝及其言行已经神化，对于黄帝事迹的解说也已经神学化，与司马迁所谓"余尝西至空桐，北过涿鹿，东渐于海，南浮江淮矣，至长老皆各往往称黄帝、尧、舜之处"④，得自于民间所传诵，因而富于自然气息有明显的不同。

又如《汉书·郊祀志上》写道："秦始皇帝既即位"，有人说，"夏得木德"，"草木畅茂"⑤。也可以看作文明初期人与自然生态之关系的历史记载的片段遗存，但是这样的记载已经为浓重的五行学说的色彩所涂抹，历史的本色已经被掩盖了。

关于灾异史的记录：马班生态环境观异同之二

对于以农耕为主体经济形式的社会来说，自然灾异无疑形成对安定和发展的极大威胁。

《史记·六国年表》中秦史的部分有关灾异的记录，我们现在看

---

① 颜师古注："孟康曰：'律得风气而成声，风和乃律调也。'臣瓒曰：'风气正则十二月之气各应其律，不失其序。'"

② 颜师古注引应劭曰："言黄帝造历得仙，名节会，察寒暑，致启分，发敛至，定清浊，起五部。五部，金、木、水、火、土也。建气物分数，皆叙历之意也。"又孟康曰："合，作也。黄帝作历，历终而复始，无穷已也，故曰不死。名春夏为发，秋冬为敛。清浊，谓律声之清浊也。五部，谓五行也。天有四时，分为五行也。气，二十四气也。物，万物也。分，历数之分也。"又晋灼曰："蔡邕《天文志》：'浑天名察发敛，以行日月，以步五纬。'"臣瓒曰："黄帝圣德，与神灵合契，升龙登仙，故曰合而不死。题名宿度，候察进退。史记曰'名察宿度'，谓三辰之度，吉凶之验也。"

③ 《汉书·律历志上》，第958、959、975~976、978页。

④ 《史记·五帝本纪》，第46页。

⑤ 颜师古注："邕与畅同。"《汉书·郊祀志上》，第1200页。

到的有 22 例。远较周王朝和其他六国密集。① 确实可以证实有的学者曾经提出的《六国年表》主要依据《秦记》的说法。② 其中 5 例涉及与生态形式相关的灾异，即秦躁公八年（前 435）"六月雨雪"；秦献公十六年（前 369）"民大疫"；秦昭襄王九年（前 298）"河、渭绝一日"；秦昭襄王二十七年"地动，坏城"；秦始皇帝四年（前 243）"蝗蔽天下"。对于最后一例，《史记·秦始皇本纪》写作："十月庚寅，蝗虫从东方来，蔽天。天下疫。"③

此外，《秦本纪》与《秦始皇本纪》，以及《十二诸侯年表》中又可见《六国年表》未记载的灾异。如《秦本纪》记载：秦穆公十四年（前646）"秦饥"；秦献公十六年（前 369）"桃冬花"。《秦始皇本纪》记载：秦孝公十六年（前 346）"桃李冬华"；秦悼武王三年（前 308）"渭水赤三日"；秦始皇帝七年（前 240）"河鱼大上"；秦始皇帝九年（前 238）"（四月）是月寒冻，有死者"；秦始皇帝十二年（前 235）"当是之时，天下大旱，六月至八月乃雨"；秦始皇帝十五年（前 232）"地动"；秦始皇帝十七年（前 230）"地动，……民大饥"；秦始皇帝二十一年"大雨雪，深二尺五寸"；秦始皇帝三十一年（前 216）"米石千六百"。④

所谓秦穆公十四年（前 646）"秦饥"，《秦本纪》中有相应的记载："（十三年）⑤ 晋旱，来请粟。丕豹说缪公勿与，因其饥而伐之。

---

① 《六国年表》中关于周王朝和其他六国灾异的记录，合计只有韩庄侯九年（前 362）"大雨三月"，魏惠王十二年（前 359）"星昼堕，有声"，魏襄王十三年（前 322）"周女化为丈夫"，魏哀王二十一年（前 298）"河、渭绝一日" 4 例（见《史记·六国年表》，第 720、731、737 页）。其中所谓"河、渭绝一日"，虽然列入魏国栏中，其实也是秦国灾异。

② 金德建说："《史记》的《六国年表》纯然是以《秦记》的史料做骨干写成的。秦国的事迹，只见纪于《六国年表》里而不见于别篇，也正可以说明司马迁照录了《秦记》中原有的文字。"（《〈秦记〉考征》，《司马迁所见书考》，第 415~416 页）参看王子今《〈秦记〉考识》，《史学史研究》1997 年第 1 期；《〈秦记〉及其历史文化价值》，秦始皇兵马俑博物馆《论丛》编委会编《秦文化论丛》第 5 辑。

③ 《史记·六国年表》，第 701、718、737、742、751 页；《史记·秦始皇本纪》，第 224 页。

④ 《史记·秦本纪》，第 188、201 页；《史记·秦始皇本纪》，第 289、225、227、231、232、233、251 页。

⑤ 据《十二诸侯年表》，事在秦穆公十三年（前 647）。

缪公问公孙支，支曰：'饥穰更事耳，不可不与。'问百里傒，傒曰：'夷吾得罪于君，其百姓何罪？'于是用百里傒、公孙支言，卒与之粟。以船漕车转，自雍相望至绛。十四年，秦饥，请粟于晋。晋君谋之群臣。虢射曰：'因其饥伐之，可有大功。'晋君从之。十五年，兴兵将攻秦。缪公发兵，使丕豹将，自往击之。九月壬戌，与晋惠公夷吾合战于韩地。晋君弃其军，与秦争利，还而马鸷。缪公与麾下驰追之，不能得晋君，反为晋军所围。晋击缪公，缪公伤。于是岐下食善马者三百人驰冒晋军，晋军解围，遂脱缪公而反生得晋君。……于是缪公虏晋君以归，……十一月，归晋君夷吾，夷吾献其河西地，使太子圉为质于秦。秦妻子圉以宗女。是时秦地东至河。"[①] "秦饥"在著名的"汎舟之役"之后，因"晋旱"而"饥"推想，"秦饥"很可能也是因为旱灾所导致。

至于所谓秦献公十六年（前 369）"桃冬花"和秦孝公十六年（前 346）"桃李冬华"，所记当为一事，年代之异，当有一误。

关于秦史的灾异记录，是《史记》包含生态史记录因而具有特殊历史文献价值的证明。[②]

我们由此可以看到，司马迁对灾异史的记录是相当重视的。当然，班固对秦史中的灾异，记载不如司马迁完整，原因是可以理解的。这是因为秦史本不是第一部断代史专著《汉书》记述的对象。此外，我们又应当注意到，班固《汉书》对于秦史灾异其实也并非完全未曾涉及。

例如，对于司马迁《史记》记录秦悼武王三年（前 308）"渭水赤三日"一事，《汉书·五行志中之下》写道：

> 史记曰，秦武王三年渭水赤者三日，昭王三十四年渭水又赤三日。刘向以为近火沴水也。秦连相坐之法，弃灰于道者黥，罔

---

① 《史记·秦本纪》，第 188 页。

② 参看王子今《秦史的灾异记录》，秦始皇兵马俑博物馆编《秦俑秦文化研究——秦俑学第五届学术讨论会论文集》，陕西人民出版社，2000。

密而刑虐，加以武伐横出，残贼邻国，至于变乱五行，气色谬乱。天戒若曰，勿为刻急，将致败亡。秦遂不改，至始皇灭六国，二世而亡。昔三代居三河，河洛出图书，秦居渭阳，而渭水数赤，瑞异应德之效也。京房《易传》曰："君淹于酒，淫于色，贤人潜，国家危，厥异流水赤也。"①

所谓"昭王三十四年渭水又赤三日"事，未见于《史记》，却是值得我们注意的。至于"渭水赤"的情状及原因，我们目前还不能明了。②《汉书·五行志中之下》中另一则有关记录，是：

> 史记秦二世元年，天无云而雷。③

此事也未见于《史记》。

《史记》有八"书"，《汉书》有十"志"。班固《汉书》的"志"，是司马迁《史记》之后的新创史书文体。其中有六篇"志"受到《史记》"书"的影响。而《刑法志》《五行志》《地理志》《艺文志》，则皆为班固新创。④《汉书》的"志"，公认内容"博赡"⑤"该富"⑥，有学者评论说："超过了《史记》八书，可谓后来者居上。"⑦

---

① 《汉书·五行志中之下》，第1438~1439页。
② "史记曰，秦武王三年渭水赤者三日，昭王三十四年渭水又赤三日。"其中"史记曰"，拙文《秦史的灾异记录》误作"《史记》曰"。是不应当出现的疏误。陈直曾经论证，《太史公书》正式改称《史记》，"在东汉桓灵时代"。"王国维先生《太史公行年考》，谓《史记》名称，开始于曹魏时王肃，这是千虑之一失。"（《汉晋人对〈史记〉的传播及其评价》，历史研究编辑部编《司马迁与〈史记〉论集》，陕西人民出版社，1982，第222页）
③ 《汉书·五行志中之下》，第1430页。
④ 〔韩〕朴宰雨：《〈史记〉〈汉书〉比较研究》，中国文学出版社，1994，第207页。
⑤ 范晔《狱中与诸甥侄书》："班氏最有高名"，"唯十'志'可推耳，博赡不可及之"（《后汉书》，第2页）。
⑥ 《文心雕龙·史传》："其十'志'该富。"（《增订文心雕龙校注》，第205页）
⑦ 施丁：《马班异同三论》，施丁、陈可青编著《司马迁研究新论》，河南人民出版社，1982，第237页。

以往以为其"芜累"的指责，[①] 或许是将优异看作缺失了。

至于汉初史事记述的比较，"《汉》纪比《史》纪增补了一些史实，是应该肯定的"。如"《汉》纪比《史》纪增写了一系列诏、令，有的很值得注意"，又如《汉书》所立《惠帝纪》，其中有的史家所谓"记惠帝七年间四十三条大小不等的杂碎之事"，就包括"自然现象与灾异"等。[②]

有学者评论马班优劣，说到《史记》和《汉书》叙事的特点："马疏班密，向有定论，然亦论其行文耳，其叙事处互有疏密。"[③] 就灾异史的记录比较《史》《汉》，确实可以说是"互有疏密"。而以为《史》《汉》"虽互有修短，递闻得失，而大抵同风，可为连类"的意见，[④] 从记录灾异史的角度说，也可以看作中肯的评价。

关于灾异的理解：马班生态环境观异同之三

司马迁对于历史遗存中的灾异现象，是取审慎的态度的。

《史记·天官书》说：西周晚期以来，星气阴阳之说盛行，"所见天变，皆国殊窟穴，家占物怪，以合时应，其文图籍禨祥不法。是以孔子论六经，纪异而说不书。至天道命，不传"[⑤]。《太史公自序》又写道："星气之书，多杂禨祥，不经；推其文，考其应，不殊。"[⑥]《儒林列传》中记录了董仲舒的学生吕步舒斥董著《灾异之记》"下

---

① 《史通·外篇·汉书五行志错误》："班氏著志，牴牾者多，在于《五行》，芜累尤甚。"张振珮笺注《史通笺注》，第 643 页。

② 施丁：《马班异同三论》，施丁、陈可青编著《司马迁研究新论》，第 211、215 页。

③ 黄淳耀：《史记论略·高帝本纪》，《陶庵全集》卷四，《景印文渊阁四库全书》第 1297 册，第 682 页。

④ 《史通·鉴识》，张振珮笺注《史通笺注》，第 272 页。

⑤ 张守节《正义》："顾野王云'禨祥，吉凶之先见也'。案：自古以来所见天变，国皆异具，所说不同，及家占物怪，用合时应者书，其文并图籍，凶吉并不可法则。故孔子论六经，记异事而说其所应，不书变见之踪也。"《史记·天官书》，第 1343 页。

⑥ 《史记·太史公自序》，第 3306 页。

愚"，致使董仲舒大受惊吓，"不敢复言灾异"的故事，① 也表明了这种态度。有的学者说，董仲舒的灾异学说恰与最高权力者汉武帝的政治需要相合，"为什么《史记》不录《天人三策》，除取裁侧重点与他书（如《汉书》）不同方面的原因外，司马迁对于这种政治思想上的彼此结合，采取轻蔑的态度也是不可忽视的"②。这样的分析是有一定道理的。然而，我们又不能绝对地断定司马迁完全排斥灾异之说。正如有的学者所指出的，"《封禅书》之言祥瑞灾异之说，令人确信司马迁是相信天人对应关系的"③。

《汉书·五行志》中有比较集中的灾异记录。我们看到，班固对于灾异的分析，与司马迁自然主义的理解不同，大多带有明显的神秘主义的色彩。④

如《汉书·五行志中之下》：

---

① 《史记·儒林列传》："（董仲舒）为江都相。以春秋灾异之变推阴阳所以错行，故求雨闭诸阳，纵诸阴，其止雨反是。行之一国，未尝不得所欲。中废为中大夫，居舍，著《灾异之记》。是时辽东高庙灾，主父偃疾之，取其书奏之天子。天子召诸生示其书，有刺讥。董仲舒弟子吕步舒不知其师书，以为下愚。于是下董仲舒吏，当死，诏赦之。于是董仲舒竟不敢复言灾异。"（第3128页）

② 杨燕起：《〈史记〉的学术成就》，北京师范大学出版社，1996，第198页。

③ 钟宗宪：《〈史记·天官书〉的天象占候及其礼治思想》，王初庆等编《纪实与浪漫——史记国际研讨会论文》，（台北）洪叶文化事业有限公司，2002，第249页。

④ 有学者认为，"司马迁的天地观"，是"朴素的唯物的自然观"（霍有光：《司马迁与地学文化》，陕西人民教育出版社，1995，第269页）。认识司马迁的灾异观，还可以参考以下论述，只是其中对于司马迁反迷信思想的自觉性的肯定，不免过度拔高之嫌，似乎还可以商榷。如："司马迁提出'究天人之际'，实际上是同以董仲舒为代表的阴阳五行禁忌学说相对立的。董仲舒把天和人结合起来，标榜'天人感应'，司马迁却要把它们分开。""司马迁'究天人之际'，把自然现象的天和阴阳五行的迷信说法分开，并把迷信学说的历史来源、迷信活动的历史过程加以揭露，是对汉武帝封建专制主义政权的一个打击，本质上是和正统的统治阶级思想对立的。"（白寿彝：《〈史记〉新论》，求实出版社，1981，第21、30页）以客观的视角分析，有的学者注意到"司马迁天人思想的模糊性"（徐兴海：《司马迁天人思想的模糊性》，《唐都学刊》1988年第2期）。有的学者提醒我们，分析司马迁有关天人关系的思想，应当考察"中国史官的天人文化传统"的两条线索，"其一是经验的线索，即史官所履行的天文术数方面的天官职能；其二是理论的线索，又可分为《周易》的天人宇宙观和阴阳五行学说、春秋公羊学的宇宙论及其历史哲学这两个方面"（陈桐生：《中国史官文化与〈史记〉》，汕头大学出版社，1993，第3页）。

史记秦二世元年，天无云而雷。刘向以为雷当托于云，犹君托于臣，阴阳之合也。二世不恤天下，万民有怨畔之心。是岁陈胜起，天下畔，赵高作乱，秦遂以亡。一曰，易震为雷，为貌不恭也。

史记秦始皇八年，河鱼大上。刘向以为近鱼孽也。是岁，始皇弟长安君将兵击赵，反，死屯留，军吏皆斩，迁其民于临洮。明年有嫪毐之诛。鱼阴类，民之象，逆流而上者，民将不从君令为逆行也。其在天文，鱼星中河而处，车骑满野。至于二世，暴虐愈甚，终用急亡。京房《易传》曰："众逆同志，厥妖河鱼逆流上。"

……

史记曰，秦武王三年渭水赤者三日，昭王三十四年渭水又赤三日。刘向以为近火沴水也。秦连相坐之法，弃灰于道者黥，网密而刑虐，加以武伐横出，残贼邻国，至于变乱五行，气色谬乱。天戒若曰，勿为刻急，将致败亡。秦遂不改，至始皇灭六国，二世而亡。昔三代居三河，河洛出图书，秦居渭阳，而渭水数赤，瑞异应德之效也。京房《易传》曰："君湎于酒，淫于色，贤人潜，国家危，厥异流水赤也。"①

天象被看作对人事的警告。《汉书·叙传下》说："《河图》命庖，《洛书》赐禹，八卦成列，九畴逌叙。世代寔宝，光演文武，《春秋》之占，咎征是举。告往知来，王事之表。述《五行志》第七。"② 可知班固著作《五行志》的宗旨，是服务于"王事"，作为"告往知来"的历史鉴诫。如刘知几所说，"斯志之作也，本欲明吉凶，释休咎，惩恶劝善，以诫将来"，于是有"穿凿成文，强生异义"，"徒有

---

① 《汉书·五行志中之下》，第1430、1438~1439页。
② 《汉书·叙传下》，第4243页。

解释，无足观采"之处。① 其论说，有的学者认为，是运用"阴阳五行说""将自然灾异、儒家经传、社会政治搅拌在一起，予以唯心主义的解释"。于是断言："《五行志》是班固唯心史观的大暴露。"②

如果人们注意到汉代文化的时代风格，或许会同意这种批判的严厉性应予减缓。应当看到，这种现象是有特定的历史文化背景的。具体地说，是西汉中期以来天人感应学说的盛起和两汉之际谶纬思潮的泛滥，在影响社会文化总体的同时，也削弱了史学的科学性。

当然，通过对《史》《汉》关于灾异解说之差异的分析，也可以看到司马迁和班固学术个性的不同。虽然《汉书·五行志》动辄标榜《春秋》之义，但是就史学理念而言，也许《史记》继承《春秋》的原则还要更多一些。有学者分析说，"孔子对鬼神迷信一直取慎重态度"③，"孔子修撰的《春秋》记有怪异现象，如'六鹢退飞过宋都'之类，但没有加以神秘化。后来的公羊家记灾记异，不绝于书，但也没有把灾异与治乱联系起来。司马迁比孔子更有科学头脑，在史料的抉择上剔除了大量迷信成分"④。

对于司马迁和班固的比较，多有学者专注于史事记录的详略和繁简，有人则指出："愚以为班马之优劣更系于识而非徒系于文。"⑤ 强调更应当在史识的比较方面用心。对比司马迁和班固的灾异观，确可

---

① 《史通·外篇·汉书五行志错误》，张振珮笺注《史通笺注》，第 662 页。

② 施丁：《马班异同三论》，施丁、陈可青编著《司马迁研究新论》，第 234 页。

③ 所谓"未能事人，焉能事鬼"（《论语·先进》），"不语怪力乱神"（《论语·述而》），被看作这种识见的表现。程树德撰，程俊英、蒋见元点校《论语集释》，第 760、481 页。

④ 论者举例说：《刺客列传》写豫让行刺赵襄子未遂，豫让要求击襄子的衣服然后自杀。襄子同意了他的要求。司马贞《索隐》在"豫让拔剑三跃而击之"下曰："《战国策》云：'衣尽出血，襄子回车，车轮未周而亡。'此不言衣出血者，太史公恐涉怪妄，故略之耳。"吴汝煜：《司马迁与孔子治史态度的比较》，《史记论稿》，江苏教育出版社，1986，第 219 页。

⑤ （清）蒋中和：《眉三子半农斋集》卷二《班马异同议》，《四库全书存目丛书》集部第 224 册，齐鲁书社，1995，第 49 页。

发现差距。但是，尽管班固《五行志》中关于灾异的认识多有非科学的谬说，"然而他罗列的历史上的种种异常的自然现象……，却是历史上的事实，为后人研究古代自然史提供了宝贵的资料"①。这是应当予以肯定的。②

关于生态条件同社会经济的联系：马班生态环境观异同之四

《禹贡》是中国早期地理学的名著。大致成书于战国时期的这部地理书，③ 有值得珍视的对于各地生态状况的考察记录，例如有关各地土壤、植被、水资源和农业、林业、牧业、渔业、矿业物产的记载多有重要价值，于是成为上古生态史研究的重要资料。《史记·夏本纪》引录了《禹贡》，《汉书·地理志》也引录了《禹贡》，都体现出对生态状况考察的重视。

司马迁《史记》秉承《禹贡》所代表的先秦学术重视实证、重视实用、重视实利的传统，在总结生态条件同社会经济的关系方面又有新的学术推进。

在这一方面集中体现司马迁史学新识的论著，是《史记·货殖列传》。

《史记·货殖列传》对于基本经济区的划分，是最早的区域经济研究的成就。司马迁在综述各地物产时说：

---

① 施丁：《马班异同三论》，施丁、陈可青编著《司马迁研究新论》，第235页。

② 司马贞《史记索隐后序》说，太史公纪事，"其间残阙盖多，以至有"词省""事核而文微"的特点，"故其残文断句难究详矣"。而《汉书》成书晚，"所以条流更明，是兼采众贤，群理毕备"（《史记》，第9页）。就灾异史料的集中而言，确实如此。

③ 史念海曾经对《禹贡》著作年代进行研究。他认为《禹贡》的成书当出于魏国人士之手，其成书年代可能在公元前370~前362年。这一期间，魏惠王上承晋国旧风，积极图霸。"《禹贡》这篇地理名著就是魏国人士在这期间于安邑撰写成书的，是在魏国霸业基础上设想出来大一统事业的宏图。迁都大梁之后，也许还继续有所增删修订。"不过其著作年代至迟不能晚于公元前334年。这一年魏齐两国在"徐州相王"。"相王"是互相承认霸业。这显示魏国霸业的衰落，大一统事业已经无从说起。史念海：《论〈禹贡〉的著作年代》，《河山集 二集》，第391~434页。

夫山西饶材、竹、穀、纑、旄、玉石；山东多鱼、盐、漆、丝、声色；江南出楠、梓、姜、桂、金、锡、连、丹沙、犀、玳瑁、珠玑、齿革；龙门、碣石北多马、牛、羊、旃裘、筋角；铜、铁则千里往往山出棋置：此其大较也。①

这里所说的"山西""山东""江南""龙门、碣石北"，也就是秦汉时期农业和畜牧业的四个基本经济区。其中说到的生态条件的地理分布，司马迁是以经济的眼光，作为"大自然所提供的""物资财富"，作为"人们奉生送死的物质生活资料分布"② 予以考察和认识的。

"山西"的重心区域是关中。我们可以以对关中生态的分析为例，尝试比较《史记》和《汉书》作者的生态意识。

关中平原号称沃野，传统农业在这里有悠久的历史。《史记·货殖列传》说："关中自汧、雍以东至河、华，膏壤沃野千里，自虞夏之贡以为上田，而公刘适邠，大王、王季在岐，文王作丰，武王治镐，故其民犹有先王之遗风，好稼穑，殖五谷，地重，重为邪。及秦文、德、缪居雍，隙陇蜀之货物而多贾。献公徙栎邑，栎邑北却戎翟，东通三晋，亦多大贾。孝、昭治咸阳，因以汉都，长安诸陵，四方辐凑并至而会，地小人众，故其民亦玩巧而事末也。"③

关中之富足，首先在于以"膏壤沃野千里"为条件的农耕事业的发展。不仅由于农业先进，矿产及林业、渔业资源之丰盛也是重要原因。有关论述，同样见于《汉书》。《汉书·地理志下》有沿袭《史记·货殖列传》体例的内容，而且占有更多的文字篇幅。班固写道："故秦地于《禹贡》时跨雍、梁二州，《诗·风》兼秦、豳两国。"历经后稷、公刘、大王、文王、武王的经营，"其民有先王遗风，好稼

---

① 《史记·货殖列传》，第3253~3254页。
② 张大可：《司马迁的经济思想述论》，《史记研究》，甘肃人民出版社，1985，第404页。
③ 《史记·货殖列传》，第3261页。

穑，务本业，故《豳诗》言农桑衣食之本甚备。有鄠、杜竹林，南山檀柘，号称陆海，为九州膏腴。始皇之初，郑国穿渠，引泾水溉田，沃野千里，民以富饶。汉兴，立都长安，徙齐诸田，楚昭、屈、景及诸功臣家于长陵。后世世徙吏二千石、高訾富人及豪桀并兼之家于诸陵。盖亦以强干弱支，非独为奉山园也。是故五方杂厝，风俗不纯。其世家则好礼文，富人则商贾为利，豪桀则游侠通奸。濒南山，近夏阳，多阻险轻薄，易为盗贼，常为天下剧。又郡国辐凑，浮食者多，民去本就末，列侯贵人车服僭上，众庶放效，羞不相及，嫁娶尤崇侈靡，送死过度"①。

司马迁笔下的"大关中"概念，"关中"指包括巴蜀在内的"殽函"以西的西部地区。②

关于巴蜀地方，司马迁写道："南则巴蜀。巴蜀亦沃野，地饶卮、姜、丹沙、石、铜、铁、竹、木之器。南御滇僰，僰僮。西近邛笮，笮马、旄牛。然四塞，栈道千里，无所不通，唯褒斜绾毂其口，以所多易所鲜。"《汉书·地理志下》也说："巴、蜀、广汉本南夷，秦并以为郡，土地肥美，有江水沃野，山林竹木疏食果实之饶。南贾滇、僰僮，西近邛、莋马旄牛。民食稻鱼，亡凶年忧，俗不愁苦，而轻易淫泆，柔弱褊阨。"③

关于天水、陇西、北地、上郡地方，司马迁说："天水、陇西、北地、上郡与关中同俗，然西有羌中之利，北有戎翟之畜，畜牧为天下饶。然地亦穷险，唯京师要其道。"《汉书·地理志下》："天水、陇西，山多林木，民以板为室屋。及安定、北地、上郡、西河，皆迫近戎狄，修习战备，高上气力，以射猎为先。""故此数郡，民俗质

---

① 《汉书·地理志下》，第1642~1643页。
② 《史记·秦楚之际月表》："分关中为四国"，"分关中为汉"（第775、777页）。《项羽本纪》："巴、蜀亦关中地也。"（第316页）
③ 《史记·货殖列传》，第3261~3262页；《汉书·地理志下》，第1645页。

木，不耻寇盗。"①

大致看来，在关注生态和经济的关系以及生态和民俗的关系时，司马迁比较重视前者，② 而班固似乎更为重视后者。而班固对民俗的关注，似乎是从强化政治管理的动机出发的，其说从政治角度理解民俗，以为了解民俗的目的，是政治管理的方便。

对于《史记·货殖列传》关于生态条件作用的肯定，有学者分析说，"《货殖列传》对我国划分经济地区作了尝试。地理因素可能不恰当地被夸大了，……"③。

但是，就对西汉时期关中地区具体的生态形势而言，班固其实有更为详细的记述。《汉书·东方朔传》记载，汉武帝准备在鼙屋和鄠县、杜陵一带扩建上林苑时，东方朔曾加以谏阻：

> 夫南山，天下之阻也，南有江淮，北有河渭，其地从汧陇以东，商雒以西，厥壤肥饶。汉兴，去三河之地，止霸产以西，都泾渭之南，此所谓天下陆海之地，秦之所以虏西戎兼山东者也。其山出玉石，金、银、铜、铁、豫章、檀、柘，异类之物，不可胜原，此百工所取给，万民所印足也。又有粳稻梨粟桑麻竹箭之饶，土宜姜芋，水多蛙鱼，贫者得以人给家足，无饥寒之忧。故酆镐之间号为土膏，其贾亩一金。④

---

① 《史记·货殖列传》，第 3262 页；《汉书·地理志下》，第 1644 页。

② 据刘朝阳统计，《史记·天官书》中占候之事关于年之丰歉者多至 49 则，仅次于用兵，在总计 18 类中，占总数的 15.86%。（《史记天官书之研究》，《国立中山大学历史语言研究所周刊》第 7 卷第 73、74 期合刊本，1929 年）这一情形，也说明司马迁对于天象影响经济生活的重视。正如有的学者所指出的，"司马迁重视社会物质利益，重视财富"，"司马迁把人对生活利益的要求放在第一位"。聂石樵：《司马迁论稿》，北京师范大学出版社，1987，第 140、139 页。

③ 徐朔方：《读〈史记·货殖列传〉》，《史汉论稿》，江苏古籍出版社，1984，第 169 页。

④ 《汉书·东方朔传》，第 2849 页。

班固在《两都赋》中，虽然"盛称洛邑制度之美"，但是对关中地区形胜和物产也大加赞誉，称美其"源泉灌注，陂池交属；竹林果园，芳草甘木；郊野之富，号为近蜀"，有"沟塍刻镂，原隰龙鳞，决渠降雨，荷茱成云，五谷垂颖，桑麻敷棻"，又有"上囿禁苑，林麓薮泽，陂池连乎蜀、汉"，肯定关中"华实之毛，则九州之上腴焉"①。

《史记》对于经济生活的重视，是史无前例的。正如有的学者所指出的，"历史思想及于经济，是书盖为创举"。《货殖列传》"盖开《汉书》以下《食货志》之先河"②。又有人称赞《货殖列传》说："若《食货志》，乃此《书》之注脚，而未有察其意者。"③ 而将生态环境与经济形势相联系以分析历史，可能也正是《货殖列传》特有的优长之处。有的学者于是发表"以自然主义笼罩一切经济主义"的评价，并赞美其中对"各地的环境"的重视，从而感叹道："美哉《货殖传》！美哉《货殖传》！"④

关于生态环境保护：马班生态环境观异同之五

对于"大关中"的地理特征，班固在司马迁附论巴蜀地区和天水、陇西、北地、上郡之外，还说到武都地区和"自武威以西"地区。对于后者，《地理志下》写道："自武威以西，本匈奴昆邪王、休屠王地，武帝时攘之，初置四郡，以通西域，鬲绝南羌、匈奴。其民或以关东下贫，或以报怨过当，或以悖逆亡道，家属徙焉。习俗颇殊，地广民稀，

---

① 《后汉书·班固传上》，第 1338、1335~1336 页。

② 杨启高：《史记通论》，清山阁，1926，第 269 页。

③ （元）赵汸：《读货殖传》，（明）陈敏政编《明文衡》卷四六，《景印文渊阁四库全书》第 1374 册，第 207 页。

④ 论者对《史记·货殖列传》有关"环境"记述的评价是："《史记》里头别的文章，讲的都是一个人（或几个人）的事情，或是就一件事说，惟有《货殖传》一篇，讲的是种种社会的事情，且一一说明他的原理。所写的人物，又是上起春秋，下至汉代。所写的地理，又是北至燕、代，南至儋耳。而且各人有各人的脚色，各地有各地的环境。"潘吟阁：《史记货殖列传新诠》，商务印书馆，1931，《编者弁言》，第 1 页。

水中宜畜牧，故凉州之畜为天下饶。保边塞，二千石治之，咸以兵马为务；酒礼之会，上下通焉，吏民相亲。是以其俗风雨时节，谷籴常贱，少盗贼，有和气之应，贤于内郡。此政宽厚，吏不苛刻之所致也。"①其中"是以其俗风雨时节"句，"其俗"之后似有缺文。

所谓"风雨时节"，是汉代民间对理想生态的习惯表达形式。《淮南子·览冥》说到"风雨时节，五谷丰孰"②。《汉书·地理志下》说到地方地理人文条件"有和气之应"时，也使用了"风雨时节，谷籴常贱"的说法。汉镜铭文中常见"风雨时节五谷孰""风雨时节五谷熟"的文句，或者又写作"风雨常节五谷熟""风雨时，五谷孰，得天力""风雨时节五谷成，家给人足天下平"等，都表达了对气候正常的祈祝。袁宏《后汉纪》卷二二载汉桓帝延熹八年（165）刘淑对策，以"仁义立则阴阳和而风雨时"为主题，③也体现了同样的社会愿望。《史记·乐书》："天地之道，寒暑不时则疾，风雨不节则饥。"张守节《正义》："寒暑，天地之气也。若寒暑不时，则民多疾疫也。""风雨，天事也。风雨有声形，故为事也。若飘洒凄厉，不有时节，则谷损民饥也。"④

在"风雨"是否"时节"的天运面前，当时的人只能完全被动地顺从，对于创造"风雨时节"的形势其实是无能为力的。司马迁曾经利用农耕社会久已普及的"风雨时节"的思想，阐发了对于维护生态条件的深刻认识。他在《史记·太史公自序》中说："夫春生夏长，秋收冬藏，此天道之大经也，弗顺则无以为天下纲纪，故曰'四时之大顺，不可失也'。"⑤所谓"天道""四时"，不仅不能"弗

① 《汉书·地理志下》，第1644~1645页。
② 何宁撰《淮南子集释》，第478页。
③ （东晋）袁宏撰，张烈点校《后汉纪》，第425页。
④ 《史记·乐书》，第1199页。
⑤ 《史记·太史公自序》，第3290页。是为司马谈论六家要旨语。司马迁的思想与司马谈"四时之大顺"的观念有继承关系。

顺"，而且应当"大顺"。又《史记·龟策列传》褚少孙补述："春秋冬夏，或暑或寒。寒暑不和，贼气相奸。同岁异节，其时使然。故令春生夏长，秋收冬藏。或为仁义，或为暴强。暴强有乡，仁义有时。万物尽然，不可胜治。"① 这样的文句，其实也是照应了司马迁的思想的。

但是，人又能够通过自己的行动在一定限度内影响生态，改变生态。这首先应当认识自然规律，理解自然规律。

《汉书·晁错传》记录晁错对策，其中有反映当时社会生态环境保护思想的内容：

> 诏策曰"明于国家大体"，愚臣窃以古之五帝明之。臣闻五帝神圣，其臣莫能及，故自亲事，处于法宫之中，明堂之上；动静上配天，下顺地，中得人。故众生之类亡不覆也，根著之徒亡不载也；烛以光明，亡偏异也；德上及飞鸟，下至水虫草木诸产，皆被其泽。然后阴阳调，四时节，日月光，风雨时，膏露降，五谷孰，祅孽灭，贼气息，民不疾疫，河出图，洛出书，神龙至，凤鸟翔，德泽满天下，灵光施四海。此谓配天地，治国大体之功也。②

所谓"动静上配天，下顺地""四时节""风雨时"诸语，和上文引录的司马迁"四时之大顺，不可失也"的思想是一致的。而所谓"德上及飞鸟，下至水虫草木诸产，皆被其泽"中，则体现出生态保护的意识。特别是将有关措施和"国家大体""治国大体"联系起来，应当说在生态保护史上，发表了一种开明的见解。尽管这是在传统天人关系背景下形成的思想，还不能说是一种自觉的意识。

----

① 《史记·龟策列传》，第 3232 页。
② 《汉书·晁错传》，第 2293 页。

这是一段对于讨论生态思想史极有意义的文字，然而《史记·袁盎晁错列传》并未载录。这或许也可以作为上文引述《史记》"残阙盖多"之说的一条佐证。

据《汉书·文帝纪》，汉文帝元年（前179）三月，"诏曰：'方春和时，草木群生之物皆有以自乐，而吾百姓鳏寡孤独穷困之人或阽于死亡，而莫之省忧。为民父母将何如？其议所以振贷之'"①。这是一种"顺四时"的举动，而司马迁《史记》也没有记载。

古来有以"四时"为原则的礼俗制度，以调整和确定人与自然之关系的秩序，其规则通常称之为"月令"，《逸周书》的《周月》《时训》《月令》等篇，《礼记·月令》，《吕氏春秋》的"十二纪"，《淮南子·时则》等，都有相应的内容。

《汉书·魏相传》记载，汉宣帝时，御史大夫魏相数表采《易阴阳》及《明堂月令》奏之，主张顺应阴阳四时执政，他说：

> 君动静以道，奉顺阴阳，则日月光明，风雨时节，寒暑调和。三者得叙，则灾害不生，五谷熟，丝麻遂，中木茂，鸟兽蕃，民不夭疾，衣食有余。若是，则君尊民说，上下亡怨，政教不违，礼让可兴。夫风雨不时，则伤农桑；农桑伤，则民饥寒；饥寒在身，则亡廉耻，寇贼奸宄所由生也。②

以《月令》指导政策，可能在西汉中期以后更为明确。《汉书·宣帝纪》记录元康三年（前63）六月诏：

> 前年夏，神爵集雍。今春，五色鸟以万数飞过属县，翱翔而

---

① 《汉书·文帝纪》，第113页。
② 《汉书·魏相传》，第3139页。

> 舞，欲集未下。其令三辅毋得以春夏摘巢探卵，弹射飞鸟。具
> 为令。①

其中所谓"毋得以春夏摘巢探卵，弹射飞鸟"，正是《月令》所强调的保护生态环境的禁令。如《礼记·月令》："毋覆巢，毋杀孩虫胎夭飞鸟，毋麛毋卵。"《吕氏春秋·孟春纪》："无覆巢，无杀孩虫胎夭飞鸟，无麛无卵。"②

《汉书·元帝纪》记载，汉元帝初元三年（前46）六月，以"间者阴阳错谬，风雨不时"，诏令："有司勉之，毋犯四时之禁。"又永光三年（前41）十一月颁布的诏书也说道："乃者己丑地动，中冬雨水，大雾，盗贼并起。吏何不以时禁？各悉意对。"颜师古注："'时禁'，谓《月令》所当禁断者也。"③《汉书·成帝纪》记载：阳朔二年（前23）春，寒。诏曰："昔在帝尧立羲、和之官，命以四时之事，令不失其序。故《书》云'黎民于蕃时雍'，明以阴阳为本也。今公卿大夫或不信阴阳，薄而小之，所奏请多违时政。传以不知，周行天下，而欲望阴阳和调，岂不谬哉！其务顺《四时月令》。"对于所谓"多违时政"的指责，颜师古注："李奇曰：'时政，《月令》也。'"④汉哀帝初即位，李寻就"间者水出地动，日月失度，星辰乱行，灾异仍重"发表意见，以为"四时失序"，与"号令不顺四时"有关。他说："夫以喜怒赏罚，而不顾时禁，虽有尧舜之心，犹不能致和。善言天者，必有效于人。设上农夫而欲冬田，肉袒深耕，汗出种之，然犹不生者，非人心不至，天时不得也。《易》曰：'时止则止，时行则行，动静不失其时，其道光明。'《书》曰：'敬授民

① 《汉书·宣帝纪》，第258页。
② （清）阮元校刻《十三经注疏》，第1357页；许维遹撰，梁运华整理《吕氏春秋集释》，第11页。
③ 《汉书·元帝纪》，第284、290页。
④ 《汉书·成帝纪》，第312页。

时。’故古之王者，尊天地，重阴阳，敬四时，严《月令》。顺之以善政，则和气可立致，犹枹鼓之相应也。今朝廷忽于时月之令，诸侍中尚书近臣宜皆令通知《月令》之意，设群下请事；若陛下出令有谬于时者，当知争之，以顺时气。”① 李寻的论点，也强调了《月令》的权威。

在司马迁生活的时代，《月令》有关生态保护的原则未必不对政治生活和社会生活发生影响，而《史记》未见直接的记录，可能有多种原因。或许在董仲舒天人感应学说盛行之前，最高执政集团并未发布有关的宣传。或许司马迁更为关注的，是人的生命的保护。②

另外，我们还看到，班固在汉宣帝以后的历史记录中虽然有多则涉及生态保护，但是依然有所遗漏。例如近年敦煌悬泉置汉代遗址发掘出土的泥墙墨书《使者和中所督察诏书四时月令五十条》，其中有关于生态保护的内容。如“孟春月令”有：“·禁止伐木。·谓大小之木皆不得伐也，尽八月。草木零落，乃得伐其当伐者。”（九行）“·毋挞剿。·谓剿空实皆不得挞也。空剿尽夏，实者四时常禁。”（一〇行）“·毋杀□虫。·谓幼小之虫、不为人害者也，尽九〔月〕。”（一一行）“·毋杀孡。·谓禽兽、六畜怀任有孡者也，尽十二月常禁。”（一二行）“·毋夭蜚鸟。·谓夭蜚鸟不得使长大也，尽十二月常禁。”（一三行）“·毋麑。·谓四足……及畜幼小未安者也，尽九月。”（一四行）“·毋卵。·谓蜚鸟及鸡□卵之属也，尽九月。”（一五行）“中春月令”有：“·毋□水泽，□陂池、□□。·四方乃得以取鱼，尽十一月常禁。”（二六行）“·毋焚山林。·谓烧山林田猎，伤害禽兽□虫草木……〔正〕月尽。”（二七行）“季春月

① 《汉书·李寻传》，第3188页。

② 《史记·酷吏列传》记载，王温舒任河内太守，捕杀郡中奸猾，“相连坐千余家”，“论报，至流血十余里”。“会春，温舒顿足叹曰：‘嗟乎，令冬月益展一月，足吾事矣！’其好杀伐行威不爱人如此。”（第3148页）春月禁止杀伐，也是《月令》的原则。

令"有："·毋弹射蜚鸟，及张网，为他巧以捕取之。·谓□鸟也……"（三二行）"孟夏月令"有："·毋大田猎。·尽八（？）月。……"（四二行）等等。开篇称"大皇大后诏曰"，日期为"元始五年五月甲子朔丁丑"[①]，明确是作为诏书颁布，然而却并不见于《汉书》。或说"《太史公书》疏爽，班固书密塞"[②]，或说"《史记》宏放，《汉书》详整"[③]，或比较《史》《汉》，指出"班掾《汉书》，严密过之"[④]，而"详""密"之中竟然也有我们今天看来不应当出现的遗缺，是值得注意的。有人曾经评价班固《汉书》，谓"固记事详备而删削精当"，"固似繁而实简也"，[⑤] 而其"删削"之选，也是可以体现著者的观念倾向的。

李约瑟在《中国科学技术史》中肯定了中国文化渊源中"自然主义学派"的作用。他还注意到古代中国人"非常强调自然界的统一性以及个人与自然的合一"的特点。[⑥] 我们在总结中国文化对于世界文化宝库的贡献时，不应当遗忘有关生态保护的思想创见和礼俗构成。[⑦] 秦汉思想史、史学史、文化史的相关现象，可以通过《史记》《汉书》的研读有所发现并得以说明。

① 中国文物研究所、甘肃省文物考古研究所编《敦煌悬泉月令诏条》，中华书局，2001，第4~8页。

② （宋）黎靖德编，王星贤点校《朱子语类》卷一三四，第3202页。

③ （明）王鏊：《震泽长语》卷下，《景印文渊阁四库全书》第867册，第215页。

④ （明）茅坤：《史记钞·序》，《续修四库全书》第1345册，第127页。

⑤ （金）王若虚著，胡传志、李定乾校注《滹南遗老集校注》卷一五《史记辨惑》，辽海出版社，2006，第180页。

⑥ 〔英〕李约瑟：《中国科学技术史》第1卷《导论》，科学出版社，1990，第156页。

⑦ 王子今：《中国古代的生态保护意识》，《求是》2010年第2期。

八

生态环境与秦汉社会历史

1. 政治文化重心形成和移动的生态环境背景

秦与西汉均以关中作为行政中心。当时的社会，也承认这一地区的文化领导地位。这一形势的形成，其实是以生态环境作为基本条件的。① 王莽时代曾经有在河洛地区建设东都的规划。东汉王朝则正式在洛阳建都。这一历史变化，也有生态环境方面的因素。

陆海之地·天府之国：秦与西汉时期关中地区的生态优势

关中地区是秦与西汉两朝的政治文化中心。这一地区的经济实力，也经数百年的辛苦经营，在全国经济共同体中居于主导地位。这一地位的形成，自有生态环境方面的优越条件。

---

① 史念海：《古代的关中》，《河山集》。

娄敬建议刘邦建都关中，曾经说到"秦地"地理条件的优越："夫秦地被山带河，四塞以为固，卒然有急，百万之众可具也。因秦之固，资甚美膏腴之地，此所谓'天府'者也。"司马迁在《史记·货殖列传》中写道："关中自汧、雍以东至河、华，膏壤沃野千里，自虞夏之贡以为上田。"①

《汉书·东方朔传》记载，汉武帝时，曾经计划"举籍阿城以南，盩厔以东，宜春以西，提封顷亩，及其贾直，欲除以为上林苑，属之南山"，东方朔进谏曰：

> 夫南山，天下之阻也，南有江、淮，北有河、渭，其地从汧、陇以东，商、雒以西，厥壤肥饶。汉兴，去三河之地，止霸、产以西，都泾、渭之南，此所谓天下陆海之地，秦之所以虏西戎兼山东者也。其山出玉石，金、银、铜、铁、豫章、檀、柘、异类之物，不可胜原，此百工所取给，万民所印足也。又有粳稻梨栗桑麻竹箭之饶，土宜姜芋，水多蛙鱼，贫者得以人给家足，无饥寒之忧。故酆镐之间号为土膏，其贾亩一金。②

关中之富足，不仅由于农业的先进，矿产及林业、渔业资源之丰盛也是重要原因。生态环境条件之优越，促成了经济的发达。

《汉书·地理志下》也肯定秦地居天下三分之一，而人众不过什三，然而其资源和物产则"富居什六"，在全国经济体系中居于异常重要的地位：

> 故秦地于《禹贡》时跨雍、梁二州，《诗·风》兼秦、豳两国。昔后稷封斄，公刘处豳，大王徙岐，文王作酆，武王治镐，

---

① 《史记·刘敬叔孙通列传》，第 2716 页；《史记·货殖列传》，第 3261 页。
② 《汉书·东方朔传》，第 2849 页。

其民有先王遗风，好稼穑，务本业，故《豳诗》言农桑衣食之本甚备。有鄠、杜竹林，南山檀柘，号称陆海，为九州膏腴。始皇之初，郑国穿渠，引泾水溉田，沃野千里，民以富饶。汉兴，立都长安，徙齐诸田，楚昭、屈、景及诸功臣家于长陵。后世世徙吏二千石、高訾富人及豪桀并兼之家于诸陵。盖亦以强干弱支，非独为奉山园也。是故五方杂厝，风俗不纯。其世家则好礼文，富人则商贾为利，豪桀则游侠通奸。濒南山，近夏阳，多阻险轻薄，易为盗贼，常为天下剧。又郡国辐凑，浮食者多，民去本就末，列侯贵人车服僭上，众庶放效，羞不相及，嫁娶尤崇侈靡，送死过度。①

秦地的资源特征、经济传统以及生产形式和消费倾向，都表现出有别于其他地区的特色。

经两汉之际社会大动乱的破坏，关中经济一度严重残破，"民饥饿相食，死者数十万，长安为虚，城中无人行"②，"城郭皆空，白骨蔽野"③。然而经数十年恢复，在东汉时期依然具有举足轻重的经济地位。建武年间，杜笃为定都事上奏《论都赋》：

夫雍州本帝皇所以育业，霸王所以衍功，战士角难之地也。《禹贡》所载，厥田惟上。沃野千里，原隰弥望。保殖五谷，桑麻条畅。滨据南山，带以泾、渭。号曰"陆海"，蠢生万类。楩楠檀柘，蔬果成实。畎渎润淤，水泉灌溉，渐泽成川，粳稻陶遂。厥土之膏，亩价一金。田田相如，镈镂株林。火耕流种，功浅得深。既有蓄积，阮塞四临：西被陇、蜀，南通汉中，北据谷

① 《汉书·地理志下》，第1642~1643页。
② 《汉书·王莽传下》，第4193页。
③ 《后汉书·刘盆子传》，第484页。

·659·

口，东阻嶔岩。关函守峣，山东道穷；置列汧、陇，雍偃西戎；拒守褒斜，岭南不通；杜口绝津，朔方无从。①

班固《西都赋》也赞美关中优越的形势：

> 封畿之内，厥土千里，逴荦诸夏，兼其所有。其阳则崇山隐天，幽林穹谷，陆海珍藏，蓝田美玉。商、洛缘其隈，鄠、杜滨其足，源泉灌注，陂池交属。竹林果园，芳草甘木，郊野之富，号为近蜀。其阴则冠以九嵕，陪以甘泉，乃有灵宫起乎其中，秦、汉之所极观，渊、云之所颂叹，于是乎存焉。下有郑、白之沃，衣食之源，提封五万，疆场绮分。沟塍刻镂，原隰龙鳞。决渠降雨，荷臿成云。五谷垂颖，桑麻敷棻。②

张衡《西京赋》又有"尔乃广衍沃野，厥田上上""郊甸之内，乡邑殷赈，五都货殖，既迁既引，商旅联槅，隐隐展展，冠盖交错，方辕接轸"等文句，③也形容了关中的富足。不过，我们可以看到，这种对关中形胜和富有的描述，似乎在一定程度上有回顾的色彩。

《后汉书·邓禹传》说，"上郡、北地、安定三郡，土广人稀，饶谷多畜"④。值得注意的是，东汉中晚期讨论"山西"地区经济，多有强调其畜牧业成就的新的倾向。如《后汉书·西羌传》记载汉顺帝永建四年（129）尚书仆射虞诩上疏曰：

> 《禹贡》雍州之域，厥田惟上。且沃野千里，谷稼殷积。又

---

① 《后汉书·文苑列传·杜笃》，第 2603 页。
② 《后汉书·班固传》，第 1338 页。
③ （梁）萧统编，（唐）李善、吕延济、刘良、张铣、吕向、李周翰注《六臣注文选》，第 45、53 页。
④ 《后汉书·邓禹传》，第 603 页。

有龟兹盐池以为民利。水草丰美，土宜产牧，牛马衔尾，群羊塞
道。北阻山河，乘阨据险。因渠以溉，水舂河漕。用功省少，而
军粮饶足。①

所谓"牛马衔尾，群羊塞道"者，反映"雍州"地方的北部，畜牧
业已成为主要经营内容。所谓"水草丰美，土宜产牧"，透露了生态
环境条件微妙的变化。

王莽的东都规划及相关生态环境形势

西汉帝国经二百余年的经营，至于晚期，虽然政治昏乱，史家有
所谓"末年浸剧"②，"变异见于上，民怨于下"③的批评，但是社会
经济仍然有突出的发展，以至"成帝时，天下无兵革之事，号为安
乐"，哀帝时，"百姓訾富虽不及文、景，然天下户口最盛矣"。"王
莽因汉承平之业，匈奴称藩，百蛮宾服，舟车所通，尽为臣妾，府库
百官之富，天下晏然"④。

西汉末年经济进步的显著标志之一，是关东地区从非政治重心的
基点出发，在较好的生态环境条件下，经过累年的发展，已经逐步取
得了其生产形势可以牵动全国的经济重心的地位。秦代及西汉前期实
行"强干弱支"⑤"强本弱末"⑥的政策，以超经济强制的方式剥夺关
东地区，从而导致"东垂被虚耗之害"的做法，在当时已经被有识之
士所否定，以为"非久长之策也"。⑦

关东地区经济地位的上升，使得最高统治集团不得不在当地寻求

---

① 《后汉书·西羌传》，第 2893 页。
② 《汉书·哀帝纪》，第 345 页。
③ 《汉书·平帝纪》，第 360 页。
④ 《汉书·食货志上》，第 1142、1143 页。
⑤ 《汉书·地理志下》，第 1642 页。
⑥ 《史记·刘敬叔孙通列传》，第 2123 页。
⑦ 《汉书·元帝纪》，第 292 页。

能够更便利地领导经济运行的都市，而洛阳自然成为首选。

周公经营成周洛邑，"以此为天下之中也，诸侯四方纳贡职，道里均矣"①。经过周代的长期建设，"洛阳街居在齐、秦、楚、赵之中"②，取得了优越的经济地位。西汉时期，洛阳已经因"当关口，天下咽喉"③，"天下冲厄，汉国之大都也"④，受到特殊的重视。《盐铁论·通有》也说，"三川之二周，富冠海内"，"为天下名都"⑤。

因为具有"居五诸侯之冲，跨街衢之路"的条件，王莽"于长安及五都立五均官"，五都即洛阳、邯郸、临淄、宛、成都，均位于关中以外的地区，而"洛阳称中"⑥。

王莽时代，还开始在洛阳经营所谓"东都"。

王莽始建国四年（12），曾经至明堂，授诸侯茅土，宣布："昔周二后受命，故有东都、西都之居。予之受命，盖亦如之。其以洛阳为新室东都，常安为新室西都。邦畿连体，各有采任。"于是洛阳已经具有与常安（长安）相并列的地位。

第二年，王莽又策划迁都于洛阳，也就是以洛阳取代长安，使其成为唯一的正式国都。这一决定，一时在长安引起民心浮动，许多百姓不愿修缮房屋，甚至拆除了原有住宅。史书记载，"是时，长安民闻莽欲都雒阳，不肯缮治室宅，或颇彻之"。王莽于是宣布："玄龙石文曰'定帝德，国雒阳'。符命著明，敢不钦奉！以始建国八年，岁缠星纪，在雒阳之都。其谨缮修常安之都，勿令坏败。敢有犯者，辄以名闻，请其罪。"

王莽以符命为根据，预定在三年之后，即始建国八年，正式迁都

---

① 《史记·刘敬叔孙通列传》，第 2716 页。
② 《史记·货殖列传》，第 3279 页。
③ 《史记·滑稽列传》褚少孙补述，第 3209 页。
④ 《史记·三王列传》褚少孙补述，第 2115 页。
⑤ 王利器校注《盐铁论校注》（定本），第 41 页。
⑥ 《汉书·食货志下》，第 1180 页。

洛阳。宣布在此之前，常安（长安）的城市建设，不能受到影响。

不过，历史上没有出现所谓"始建国八年"，在第二年，王莽就决定改元为"天凤"。天凤元年（14）正月，王莽宣示天下："予以二月建寅之节行巡狩之礼。"这一"巡狩之礼"，将完成东巡、南巡、西巡、北巡，"毕北巡狩之礼，即于土中居雒阳之都焉"。在北巡之礼完毕之后，就要将政治重心转移到"土中"，正式定居于"雒阳之都"了。也就是说，原定迁都于洛阳的时间表又将大大缩短。

王莽"一岁四巡"的计划被大臣们以为不可行而提出反对。王莽于是又推迟了迁都洛阳的计划："更以天凤七年，岁在大梁，仓龙庚辰，行巡狩之礼。厥明年，岁在实沈，仓龙辛巳，即土之中雒阳之都。"迁都计划预定将在公元 20 年正式实施。

同时，王莽命令重臣开始在洛阳进行礼制建筑的规划和施工。"乃遣太傅平晏、大司空王邑之雒阳，营相宅兆，图起宗庙、社稷、郊兆云。"①

由于民众起义的迅速爆发和蔓延，王莽以洛阳为都的计划没有能够来得及真正付诸实施。地皇元年（20），王莽在长安营造宗庙，"坏彻城西苑中建章、承光、大台、储元宫及平乐、当路、阳禄馆，凡十余所，取其材瓦，以起九庙"②。可见长安的礼制建筑仍然受到重视。

不过，洛阳作为东都的预定规划虽然未能落实，但是洛阳的地位在这一时期仍然在上升。

地皇元年（20）七月，大风毁王路堂。王莽下书表示惊恐。他分析这一异常灾变的原因，以为与儿子的封号有关。他回忆道：以往符命文字说，应当立王安为新迁王，王临"国雒阳，为统义阳王"。当时他正居于"摄假"的地位，谦不敢当，因而只是分别封他们为信迁

---

① 《汉书·王莽传中》，第 4128、4132、4133、4134 页。
② 《汉书·王莽传下》，第 4162 页。

公、褒新公。而后，又有金匮文书发现，议者都说："（王）临国雒阳为统，谓据土中为新室统也，宜为皇太子。"于是继而有种种灾异出现。王莽说："（王）临有兄而称太子，名不正。宣尼公曰：'名不正，则言不顺，至于刑罚不中，民无错手足。'"以为各种灾乱，都和他的这两个儿子的封号有一定的关系。于是宣布："其立（王）安为新迁王，（王）临为统义阳王。几以保全二子，子孙千亿，外攘四夷，内安三国焉。"① 通过群臣之议所谓"（王）临国雒阳为统，谓据土中为新室统也，宜为皇太子"，我们可以知道，洛阳当时虽然还没有成为正式的都城，却已经具有代表王权正统的地位了。

是时"百姓怨恨，盗贼并起"，"万人成行，不受赦令"，形成所谓"欲动秦、雒阳"的威胁。地皇三年（22），在起义军威势越来越壮大的情况下，"（王莽）遣大将军阳浚守敖仓，司徒王寻将十余万屯雒阳填南宫"。地皇四年（23），起义军占领昆阳、郾、定陵等地，王莽闻之愈恐，"遣大司空王邑驰传之雒阳，与司徒王寻发众郡兵百万，号曰'虎牙五威兵'，平定山东。得颛封爵，政决于邑"②。在当时非常的战争形势下，实际上洛阳已经被赋予仅次于长安的另一政治军事中心的地位。

"（王）邑至雒阳，州郡各选精兵，牧守自将，定会者四十二万人，余在道不绝，车甲士马之盛，自古出师未尝有也。"洛阳成为战争史上这次规模空前的会战的指挥中心与后勤基地。"六月，（王）邑与司徒（王）寻发雒阳，欲至宛，道出颍川，过昆阳。"随后有著名的昆阳之战，王邑王寻军大败，"邑独与所将长安勇敢士数千人还雒阳"。王莽政权于是迅速走向败亡。而王莽死后，坚守京师仓的将领向起义军投降，"更始义之，皆封为侯"，然而"太师王匡、国将

---

① 《汉书·王莽传下》，第4159、4160页。
② 《汉书·王莽传下》，第4178、4182页。

哀章降雒阳"，却"传诣宛，斩之"①，由此也可以曲折反映洛阳当时的重要地位。事实上，洛阳也是王莽政权顽抗到最后的主要政治军事据点。

《汉书·王莽传上》记载，元始五年（5），太皇太后下诏称颂王莽功德，曾经说道："天下和会，大众方辑。《诗》之灵台，《书》之作雒，镐京之制，商邑之度，于今复兴。"② 说古来理想的政治体制，在王莽主持行政的时代得以"复兴"。王莽的政治风格，确实有所谓"法古"③、"重古"④，以及"好空言，慕古法"⑤ 的特点，据说"每有所兴造，必欲依古得经文"⑥。然而洛阳"东都"规划，却并不是仿依"《书》之作雒"的单纯的政治游戏，而是堪称富于政治远见的明智的决策。这一决策，是以当时关东的实际经济地位和洛阳的具体地理条件为背景而制定的。

王莽的东都规划虽然并没有能够完全落实，但是仍然为东汉定都洛阳奠定了根基，为此后全国经济重心和政治文化重心的东移准备了条件。王莽当时"欲都雒阳"，并不仅仅是一项政治举措，其实质具有更为广泛的意义。治经济史及治文化史的学者，也应当重视这一历史事实。

建都河洛：亲近东方新兴经济区的选择

河洛文化是中华文化总体构成中在许多方面具有典型意义的部分。河洛文化从其初生起，就具有极适合文明发育的自然条件方面的优势，这里因此长期成为文化发展的先进地区。历史上一些重要王朝在洛阳定都，当然有政治军事战略方面的考虑，然而自然生态方面的

---

① 《汉书·王莽传下》，第 4182、4183、4192 页。
② 《汉书·王莽传上》，第 4073 页。
③ 《汉书·食货志下》，第 1182 页。
④ 《汉书·王莽传上》，第 4074 页。
⑤ 《汉书·王莽传下》，第 4150 页。
⑥ 《汉书·食货志下》，第 1179 页。

因素也不宜忽视。

就周平王东迁而言，《史记·秦本纪》说："周避犬戎难，东徙雒邑，襄公以兵送周平王。平王封襄公为诸侯，赐之岐以西之地。曰：'戎无道，侵夺我岐、丰之地，秦能攻逐戎，即有其地。'与誓，封爵之。襄公于是始国，与诸侯通使聘享之礼，乃用骝驹、黄牛、羝羊各三，祠上帝西畤。十二年，伐戎而至岐，卒。生文公。文公元年，居西垂宫。三年，文公以兵七百人东猎。四年，至汧渭之会。曰：'昔周邑我先秦嬴于此，后卒获为诸侯。'乃卜居之，占曰吉，即营邑之。十年，初为鄜畤，用三牢。十三年，初有史以纪事，民多化者。十六年，文公以兵伐戎，戎败走。于是文公遂收周余民有之，地至岐，岐以东献之周。"① 对于这一历史过程，也可以理解为以畜牧为主体经济形式的犬戎和秦人，共同压迫以农耕为主的周文化向东退却。这一变化，自有生态环境史的背景。而秦"收周余民有之"，逐步改变了"好马及畜"的传统经济形式，开始发展农耕，其实是后来的事。周王朝确定以河洛地区为中心的这一历史转折，直接原因是"戎无道，侵夺我岐、丰之地"，而"戎"能够侵进关中传统农耕地区，应当是以自然生态条件的变化为背景的。

竺可桢曾经在《中国近五千年来气候变迁的初步研究》一文中指出，"在战国时期，气候比现在温暖得多"，"到了秦朝和前汉（前221～23年）气候继续温和"。"司马迁时热带植物的北界比现时推向北方。""到东汉时代即公元之初，我国天气有趋于寒冷的趋势。"而东汉王朝定都洛阳，也正是以生态环境的这一变化为背景的。② 事实上，全

---

① 《史记·秦本纪》，第179页。

② 北魏孝文帝迁都洛阳，有占据河洛地区这一黄河流域典型的生态区，以成功地适应和领导北方经济文化的动机。而确定这一决策的诸多因素中，包括平城因气候寒冷使得最高统治集团集聚大批中原士人的期望难以实现等。拓跋贵族"雁臣"的故事，也说明这一改革行为的生态史意义也值得重视。《北史》卷五四《斛律金传》："秋朝京师，春还部落，号曰雁臣。"（中华书局，1974，第1965页）

国行政中心和文化中心的这次转移，和关东地区在新的生态条件下的经济文化进步有关，① 也与江南地区在这种条件下的经济文化跃进有关。

东汉人回忆西汉关中帝业的辉煌，赋作多有夸张溢美之辞。值得注意的是，他们都专意强调长安对东方地区控制的便利。杜笃《论都赋》写道：

　　鸿、渭之流，径入于河；大船万艘，转漕相过；东综沧海，西纲流沙；朔南暨声，诸夏是和。②

班固《西都赋》也写道：

　　东郊则有通沟大漕，溃渭洞河，泛舟山东，控引淮、湖，与海通波。③

张衡《西京赋》也说：

　　封畿千里，统以京尹。郡国宫馆，百四十五。④

事实上，就这一方面而言，处于"天下之中"的洛阳较长安实在有太多的方便。⑤ 张衡《东京赋》于是有"天子有道，守在海外"的话。

---

　　① 关东地区新的经济形式，有的学者称之为"大地产农业"。参看王玲《汉魏六朝荆州大地产农业的发展》，《江汉论坛》2006 年第 3 期。

　　② 《后汉书·杜笃传》，第 2603 页。

　　③ 《后汉书·班固传》，第 1338 页。

　　④ （梁）萧统编，（唐）李善注《文选》，第 43 页。

　　⑤ 王子今：《战国至西汉时期河洛地区的交通地位》，《河洛史志》1993 年第 4 期；《秦汉时期的"天下之中"》，《光明日报》2004 年 9 月 21 日，收入陈义初主编《根在河洛——第四届河洛文化国际研讨会论文集》，大象出版社，2004；《周秦时期河洛地区的交通形势》，《文史知识》1994 年第 3 期。

班固《东京赋》更明确地说：

> 夫僻界西戎，险阻四塞，修其防御。孰与处乎土中，平夷洞
> 达，万方辐凑？[1]

此论直接强调了洛阳在交通方面较长安优胜之处。杜笃《论都赋》在
说到汉光武帝建武十八年（42）西巡事之后，接着写道：

> 是时山东翕然狐疑，意圣朝之西都，惧关门之反拒也。[2]

李贤注："恐西都置关，所以拒外山东也。"这种对"拒外山东"的
担忧，反映了在当时生态环境条件下日益强起的东方新经济区不希望
遭遇"关门之反拒"的心理倾向。

班固《东都赋》说，汉光武帝"建都河洛"，对于"体元立制，
继天而作"，"茂育群生，恢复疆宇"有重要意义。[3] 从生态环境史的
视角看，当时在洛阳建立政治文化中心，利用了当地优越的生态条
件，也便于控制和领导东方农耕文化的重心，应当说是适宜的。

有关以河洛地区为主要文化基地的东汉王朝的生态史背景的许多
资料，尚待认真研究。以汉魏时期的文献资料为例，有《四民月令》、
《续汉书·五行志》以及这一时期的大量诗赋等，这些资料的研究，
还有许多有意义的工作有待深入进行。

2. 气候变迁与移民运动方向的转换

秦汉时期气候由暖而寒的转变，正与移民运动的方向由西北而

---

① 《后汉书·班固传》，第 1369~1370 页。
② 《后汉书·杜笃传》，第 2598 页。
③ 《后汉书·班固传》，第 1360 页。

东南的转变表现出大体一致的趋势。移民趋势，应当与气候变迁有关。

"宜西北万里"

汉镜铭文可见有"宜西北万里"字样者。[1] 所谓"宜西北万里"体现出当时人们对西北方向的文化关注。如果以此语概括当时社会的移民方向的主流，可能也是适宜的。

自战国至于秦时，多有向西北方向移民的记载。《汉书·地理志下》写道：

> 定襄、云中、五原，本戎狄地，颇有赵、齐、卫、楚之徙。[2]

颜师古注："言四国之人被迁徙来居之。"据《史记·秦始皇本纪》，继秦始皇二十六年（前221）"徙天下豪富于咸阳十二万户"之后，又曾组织大规模的向西北边地的政治移民。三十三年（前214），"西北斥逐匈奴，自榆中并河以东，属之阴山，以为四十四县，城河上为塞。又使蒙恬渡河取高阙、阳山、北假中，筑亭障以逐戎人。徙谪，实之初县"。"三十四年，適治狱吏不直者筑长城。"长城工程，为这种强制性的移民运动提供了军事保障。三十六年（前211），又"迁北河榆中三万家"。[3]

汉景帝元年（前156）春正月，诏曰：

> 间者岁比不登，民多乏食，夭绝天年，朕甚痛之。郡国或硗

---

[1]　湖北鄂城出土东汉镜铭文为外：正月丙日王作明竟自有方除去不祥宜古市大吉利幽涑三商天王日月上有东王父西王母主如山石宜西北万里富昌长乐（外圈铭文）；吾作明竟幽涑三商立至三公（内圈铭文）。周新：《论鄂城汉镜铭文"宜西北万里"》，《南都学坛》2018年第1期。

[2]　《汉书·地理志下》，第1656页。

[3]　《史记·秦始皇本纪》，第253、259页。

狭，无所农桑系畜；或地饶广，荐草莽，水泉利，而不得徙。其
议民欲徙宽大地者，听之。①

这里所谓"宽大地"，不排除西北边地新经济区。据《史记·平准
书》，汉初，"北边屯戍者多"，又长期推行郡国被灾害"贫民无产业
者，募徙广饶之地"的政策。汉武帝时代，这种以西北为主要方向的
大规模的移民运动更进入高潮。《汉书·武帝纪》记载元朔二年（前
127）事：

夏，募民徙朔方十万口。②

《史记·平准书》写道：

徙贫民于关以西，及充朔方以南新秦中，七十余万口。③

《汉书·武帝纪》又记载了元狩四年（前119）冬季的一次政府组织
的移民：

有司言关东贫民徙陇西、北地、西河、上郡、会稽凡七十二
万五千口，县官衣食振业，用度不足。④

据葛剑雄考证，"《汉书·武帝纪》中'会稽'二字是衍文，所谓元
狩四年徙民会稽是根本不存在的"⑤。也就是说，这是一次以北边为方

---

① 《汉书·景帝纪》，第139页。
② 《汉书·武帝纪》，第170页。
③ 《史记·平准书》，第1425页。
④ 《汉书·武帝纪》，第178页。
⑤ 葛剑雄：《西汉人口地理》，人民出版社，1986，第165、193~197页。

向的移民。

《史记·匈奴列传》又写道：

> 汉已得浑邪王，则陇西、北地、河西益少胡寇，徙关东贫民
> 处所夺匈奴河南、新秦中以实之。①

《汉书·武帝纪》又记载，元狩五年（前118）"徙天下奸猾吏民于
边。"元鼎六年（前111）秋，"分武威、酒泉地置张掖、敦煌郡，徙
民以实之"②。元封三年（前108）秋，"武都氐人反，分徙酒泉郡"。
又据《史记·万石张叔列传》，"元封四年中，关东流民二百万口，
无名数者四十万，公卿议欲请徙流民于边以適之"③。汉武帝以为此议
将致"摇荡不安，动危之"予以否决，然而由此仍然可以看到当时政
府组织移民的基本方向。

向西北地区大规模移民的基本条件之一，是移民在新区可以继续
传统的农耕生活。这一要求，必然有气候条件以为保证。

史籍中还数见江南居民向北方移徙的事例。《史记·东越列传》：
"东瓯请举国徙中国，乃悉举以来，处江淮之间。"东越亦"徙处江
淮间"④。

据《史记·河渠书》，汉武帝时代，河东有"越人"徙居者。⑤

---

① 《史记·匈奴列传》，第2909页。
② 《汉书·武帝纪》，第179、189页。《汉书·西域传上》："骠骑将军击破匈奴右地，
降浑邪、休屠王，遂空其地，始筑令居以西，初置酒泉郡，后稍发徙民充实之，分置武威、
张掖、敦煌，列四郡，据两关焉。"（第3873页）《汉书·地理志下》："自武威以西，本匈奴
昆邪王、休屠王地，武帝时攘之，初置四郡，以通西域，鬲绝南羌、匈奴。其民或以关东下
贫，或以报怨过当，或以悖逆亡道，家属徙焉。"（第1645页）
③ 《史记·万石张叔列传》，第2768页。
④ 《史记·东越列传》，第2980页。《汉书·武帝纪》：元封元年，"东越杀王余善降。
诏曰：'东越险阻反覆，为后世患，迁其民于江淮间。'遂虚其地。"（第190页）
⑤ 《史记·河渠书》："河东渠田废，予越人，令少府以为稍入。"裴骃《集解》："如淳
曰：'时越人有徙者，以田与之，其租税入少府。'"司马贞《索隐》："其田既薄，越人徙居者
习水利，故与之，而稍少其税，入之于少府。"（第1410~1411页）

而《史记·淮南衡山列传》所谓"南海民处庐江界中者反"所反映的"南海民"徙处江北的事实，① 也是与当时移民方向偏于西北的历史趋势相一致的。

边民内流

这种趋势在两汉之际又出现了向反方向转化的倾向。

《汉书·王莽传中》所谓"边民流入内郡，为人奴婢，乃禁吏民敢挟边民者弃市"②，即迹象之一。边民甘愿内流，甚至不惜"为人奴婢"，说明西北地生活环境恶化的状况。

汉光武帝建武二十六年（50），"发遣边民在中国者，布还诸县，皆赐以装钱，转输给食"③。汉明帝永平五年（62），"发遣边人在内郡者，赐装钱人二万"④。可知是时虽有"边人不得内移"之制，⑤ 仍不能阻挡边民内徙的潮流。

《后汉书·光武帝纪下》记载刘和"发遣边民""布还诸县"事，李贤注引《东观记》"时城郭丘墟，扫地更为，上悔前徙之"，体现出面对北边生存条件转变而产生的矛盾心理。

所谓"前徙之"，可能是指《后汉书·光武帝纪下》记载的建武十年（34）"省定襄郡，徙其民于西河"，建武十五年（39）"徙雁门、代郡、上谷三郡民，置常山关、居庸关以东"，建武二十年（44）"省五原郡，徙其吏人置河东"诸事。⑥ 然而事实上后来西北边民仍以中原为归依方向。如《后汉书·西羌传》记载，汉安帝永初五年（111），"羌遂入寇河东，至河内，百姓相惊，多奔南度河"。"羌

---

① 《史记·淮南衡山列传》，第 3077 页。
② 《汉书·王莽传中》，第 4138~4139 页。
③ 《后汉书·光武帝纪下》，第 78 页。
④ 《后汉书·明帝纪》，第 109 页。
⑤ 《后汉书·张奂传》，第 2140 页。
⑥ 《后汉书·光武帝纪下》，第 57、64、73 页，建武十年、十五年事又见《后汉书·吴汉传》及《续汉书·天文志上》。

即转盛，而二千石、令、长多内郡人，并无守战意，皆争上徙郡县以避寇难。朝廷从之，遂移陇西徙襄武，安定徙美阳，北地徙池阳，上郡徙衙。"①

当时民间自发的大规模流移，又有《后汉书·庞参传》：永平元年，"西州流民扰动"。《续汉书·五行志一》："安帝永初元年"，"司录、并、冀州民人流移"。《后汉书·刘陶传》记载：灵帝中平年间，河东、冯翊、京兆"三郡之民皆以奔亡，南出武关，北徙壶谷②，冰解风散，唯恐在后，今其存者尚十三四"③。

《晋书·地理志》写道："灵帝末，羌胡大扰，定襄、云中、五原、朔方、上郡等五郡并流徙分散。"④ 东汉末年，北边汉人"流徙分散"，据说直接原因是北方少数族"羌胡大扰"，而这一现象成为突出的社会问题，其实也是和气候变迁有一定联系的。

葛剑雄考察气候转为寒冷对人口史的影响："气候的这一变化自然会引起人口分布的一系列变化。由于气温偏低，农业区的北界会向南收缩，牧业民族也会因此而南迁，将关东和关中的北部变为牧区。"⑤

两汉之际长沙、零陵、桂阳、武陵与豫章户口的增长

有学者认为，汉代经济生活与社会秩序是否"稳定"，"取决于其后气候是否温和，政府的管理是否良好以及是否有牢靠的政府收入"。"广大农民集团贫苦"的程度低以及"国家""应付灾害"的能力弱，

---

① 《后汉书·西羌传》，第 2887 页。
② 经壶谷所谓"北徙"，其流移方向其实是东方。
③ 《后汉书》，第 1687、3277、1850 页。
④ 《晋书·地理志》，第 428 页。
⑤ 葛剑雄：《中国人口史》第 1 卷《导论、先秦至南北朝时期》，复旦大学出版社，2002，第 560 页。

都是导致危机的因素,[①] 而 "气候" 的因素往往显现直接的作用。

两汉之际的气候变化,致使出现中原居民向南迁徙的趋向。以《汉书·地理志》所见元始二年各郡国户口数字与《续汉书·郡国志》所见永和五年（140）年的数据比较,今湖南、江西地方增长显著。葛剑雄等据梁方仲《中国历代户口、田地、田赋统计》,进行"东汉部分郡人口数与西汉末比较",指出"西汉原长沙国范围内的零陵、长沙、桂阳三郡分别达到 8.3‰ ~ 13.5‰,其次是豫章郡（约相当于今江西省）的 11.2‰"。葛剑雄等认为:"这些单位的户口增长率说明,它们的实际人口都有了大幅度的增长,肯定是人口的机械流动所致。"论者指出,"从统计数字显示,吸收外来移民的主要地区是今湖南、江西"[②]。

张伟然指出,"元始二年（2）长沙、零陵、桂阳、武陵四郡国在今湖南省境有口 508352,平均每平方公里 2.47 人"。在全国"居很低下的水平"。这正与《史记·货殖列传》所谓"楚越之地,地广人稀"相符合。而《续汉书·郡国志》所记载的人口状况"发生了明显的改变"。此四郡的"零陵、长沙、桂阳、武陵四郡的人口密度分别为元始二年的 6.57、4.83、3.22、1.24 倍"。张伟然的如下意见是值得重视的:"中国历史上的北方人口南迁,学界有三次北人大南迁之说,通常指永嘉南渡、安史之乱、靖康南渡这三次。事实上,《汉书·地理志》和《续汉书·郡国志》所载户口数据显示,在两汉之交也发生过一次规模甚巨的北方人口大南迁。迁入地以今湖南、江西为主。可惜资料所限,此次移民的具体细节已无法像后面三次那样展开讨论。"[③]

---

① 〔英〕崔瑞德、鲁惟一编《剑桥中国秦汉史:公元前 221 年至公元 220 年》,杨品泉等译,第 590 页。

② 葛剑雄、曹树基、吴松弟:《简明中国移民史》,福建人民出版社,1993,第 136 ~ 137 页。

③ 张伟然:《湖南历史文化地理研究》,浙江古籍出版社,2021,第 13 ~ 14 页。

"流入荆州"与"避难扬土"

两汉之际的移民运动的主要方向是"今湖南、江西",而长江下游的"江苏、安徽南部移民较少"。① 而东汉末年,则荆、扬两个方向都接纳了大量北方移民。

《后汉书》可见汉献帝时代"初平中,避乱荆州"②,"兴平中,避难荆州"③ 的记载。《三国志》"避乱荆州"之说,有《魏书·毛玠传》《魏书·司马芝传》《魏书·杜袭传》《魏书·赵俨传》《魏书·裴秀传》等,或说"避地荆州"④"避难荆州"⑤。《三国志·魏书·王粲传》说:"士之避乱荆州者,皆海内之俊杰也。"⑥ 然而当时民人移徙,往往"举族归命,老弱在行"⑦。甚至黄巾军队伍的运动,也常常相携"妇子""甚众"。⑧ 曹操南征,刘备避行,"荆州人"多归之,"拥大众,被甲者少","众十余万,辎重数千两,日行十余里"⑨,也是类似情形。"举族"迁徙,应是没有阶级限定的行为,不可能都是"俊杰"。《三国志·魏书·卫觊传》也写道:"关中膏腴之地,顷遭荒乱,人民流入荆州者十万余家。"⑩

《三国志·吴书·全琮传》则说:"是时中州士人避乱而南。"⑪

史籍也多有北人南流,至于长江下游扬州的记载。《三国志·魏书·刘馥传》及《三国志·魏书·袁术》裴松之注引《九州春秋》

---

① 葛剑雄、曹树基、吴松弟:《简明中国移民史》,第137页。
② 《后汉书·儒林传下·颍容》,第2584页。
③ 《后汉书·文苑传下·祢衡》,第2652~2653页。
④ 《三国志·魏书·王弼传》裴松之注引《博物记》,第796页。
⑤ 《三国志·蜀书·诸葛亮传》,第930页。
⑥ 《三国志·魏书·王粲传》,第598页。
⑦ 《后汉书·耿纯传》,第762页。
⑧ 《后汉书·皇甫嵩传》,第2302页。
⑨ 《三国志·蜀书·先主传》,第877页。
⑩ 《三国志·魏书·卫觊传》,第610页。
⑪ 《三国志·吴书·全琮传》,第1381页。

可见"避乱扬州"。《三国志·魏书·张承传》及《三国志·魏书·刘晔传》均言"避地扬州"。《三国志·吴书·张昭传》称"避难扬土"。或言"避地淮海"①，"避乱淮浦"②，"避乱淮南"③，"避难淮南"④，"避地江、淮间"⑤，也说移民东南方向的情形。

岭南移民趋势

岭南地区在秦末至西汉前期曾经出现割据政权。当地经济文化与黄河流域先进地区相互隔闭，有相当明显的差距。淮南王刘安反对汉武帝用兵南越，曾经说，"越，方外之地，劗发文身之民也。不可以冠带之国法度理也"，以为"不居之地，不牧之民，不足以烦中国"。除指出文化传统的界隔之外，又以所谓越地没有城郭邑里，百姓居处于溪谷之间，篁竹之中，"地深昧而多水险"，描述了这一地区文化形态的原始性。⑥

岭南地区秦汉考古资料多有中原文化元素遗存的发现，相关历史文献也明确记录了汉王朝对南越、西瓯地方的强力征服和成功管理。这一历史过程表现的汉文化的向南扩张，是以北方移民的大规模迁入为重要条件的。以元始二年（2）和永和五年（140）户口数比较，岭南七郡户口，增长率分别为户144.8%、口100.8%。而当时的全国户口则呈现出负增长的趋势（户-20.7%，口-17.5%）。

《后汉书·马援传》记载："援奏言西于县户有三万二千，远界去庭千余里，请分为封溪、望海二县，许之。"李贤注："西于县属交阯郡，故城在今交州龙编县东也。""封溪、望海，县，并属交阯

---

① 《后汉书·许劭传》，第2235页。
② 《三国志·吴书·刘繇传》，第1184页。
③ 《三国志·魏书·何夔传》，第378页。
④ 《三国志·魏书·郑浑传》，第509页。
⑤ 《三国志·魏书·袁涣传》，第333页。
⑥ 《汉书·严助传》，第2777、2778页。

郡。"① 而永和五年文化中枢地区三辅郡级行政区的户数，京兆尹不过五万三千，左冯翊不过三万七千，右扶风不过一万七千。"西于县户有三万二千"，与马援家乡右扶风相比悬殊。右扶风这一位列三辅，拥有 15 县的郡级行政单位，只有"户万七千三百五十二"，仅仅只相当于"西于"一个县户数的 54.22%。西于县户数，可以作为我们考察汉代岭南开发程度的重要信息。我们当然不能忽略户口显著增长有当地土著部族归附汉王朝管理之因素的可能性，而这种归附，也是开发成功的重要标志。即使户口增长的部分原因是当地人附籍，但人口密度竟然超过中原富足地区的情形，依然值得重视。

自秦代直至三国时期的北方向岭南的移民运动，得到中原王朝出于强化行政控制动机的积极倡导，然而移民高潮的真正形成，却是在西汉末年以及东汉末年王朝政治影响力衰微的时期。

东汉末年，因为黄河流域严重的战乱和灾荒，再一次掀起了在历史上留下深刻记忆的移民浪潮。许多中原人在北方社会动乱激烈的背景下"避乱交州"。甚至北方军阀刘备也曾经准备南下投靠苍梧（郡治在今广西梧州）太守吴巨，② 孙权也曾卑辞致书于曹魏，称"若罪在难除，不见置，当奉还土地民人，乞寄命交州，以终余年"③。

《后汉书·循吏列传·任延》记载，南阳宛人任延任九真太守，当地传统民俗以射猎为业，不知牛耕，任延于是令铸作铁制农具，教之垦辟，于是田畴岁岁开广，百姓充给，一时"风雨顺节，谷稼丰衍"④。先进的农耕技术的引入，是当地经济文化进步的主要因素之一，而大规模南下的移民，可以直接把黄河流域的先进农耕技术推广

---

① 《后汉书·马援传》，第 839、840 页。
② 《三国志·蜀书·先主传》注引《江表传》，第 878 页。
③ 《三国志·吴书·吴主权传》，第 1125 页。
④ 《后汉书·循吏列传·任延》，第 2462 页。

到岭南。① 这说明岭南气候条件已经接近原先黄河流域的情形，与汉文帝时代晁错批评秦政所谓"杨粤之地少阴多阳""秦之戍卒不能其水土""秦民见行，如往弃市"② 的生态环境条件已经完全不同。

3. 气候变迁与农耕区和畜牧区区界的摆动

有的学者指出："被公认为中国封建社会发展的两个顶峰时期——汉、唐两朝，都恰好处在第二、三两个较长的温暖期内。这绝不是巧合，不能不说除采取正确的经济政策外，气候的影响也是社会稳定、经济繁荣的一个重要因素。"③ 包括气候条件在内的生态环境因素对于社会经济发展有直接的作用，这一历史事实已经得到学界的共同认可。④

生态环境条件可以影响社会经济生活形式。有学者对曾经兼营农业、渔猎和畜牧的吉林通化万发拨子遗址古代居民的经济生活进行考察，讨论"生业模式与资源环境的关系"时，注意到气候的作用："西汉时期（高句丽初期阶段）围绕遗址周围环壕的构筑，除了证明遗址已属于组织较严密的大型村落，加强了对获得的食物资源及其产品和生存空间的保护与管理之外，还说明这同西汉以后本区进入相对冷偏干时期，农耕难度加大、人口压力进一步增加的生境压力增大有关。"⑤ 尽管论者对气候变迁转折点进行时代判定的意见我们并不完全同意，但是这种关注经济形式与生态条件关系的研究视角，是应当肯

---

① 王子今：《岭南移民与汉文化的扩张——考古资料与文献资料的综合考察》，《中山大学学报》（社会科学版）2010 年第 4 期。

② 《汉书·晁错传》，第 2284 页。

③ 樊鹏：《小议气候与唐代社会发展》，《考古与文物》2004 年增刊，《汉唐考古》。

④ 林甘泉主编《中国经济通史·秦汉经济卷》，第 1~14 页。

⑤ 汤卓炜、金旭东、杨立新：《吉林通化万发拨子遗址地学环境考古研究》，朱泓主编《边疆考古研究》第 2 辑，科学出版社，2004，第 389~390 页。

定的。

以气候为主要特征的环境变化可以导致社会经济生活方式的衍变并进而影响历史进程。突出表现之一，即农耕区和畜牧区区界的移动。

气候变迁与民族势力的消长

胡厚宣曾经在讨论"历史时代之气候变迁"时介绍了亨丁顿这样的观点："中国蒙新中亚一带人民之生活习惯，盖完全受气候之影响。昔日西域诸国之盛衰，莫不视乎天时，以为转移。中国历史上较大之政变，若五胡乱华，元人灭宋，满清入关等，莫不由于受气候上之刺激而发动。"[①] 也就是说，北方草原民族的多次南进，都是"由于受气候上之刺激而发动"。

俞伟超等考古学者指出："我国北部地区三四千年以来气候变化而引起的植物带的移动，也就是农耕区的扩大和缩小，正同历史记载中农、牧业民族势力的消长情况相契合。"[②] 其实，此前已有学者发表过这样的历史见解："中原汉族向北扩张拓边的时候几乎都在温暖期，而北方少数民族'窥边候隙'、'入居中壤'的时候则多在寒冷期。"[③]

许倬云也曾经指出："气温变化与北方民族入侵的时代如此契合，不能说完全是巧合。"在中国北方草原地区，"微小的气候变化，可以立刻引起生态的改变，从而导致人类行为的因应，其显著的现象则是因此而迁徙南方"。"北土植物生长期本已短促，塞外干寒，可以容忍的变化边际极为微小。气候一有改变，越在北边，越面临困境，于是一波压一波，产生了强大的推力。"[④]

---

① 胡厚宣：《气候变迁与殷代气候之检讨》，《甲骨学商史论丛初集（外一种）》下册，河北教育出版社，2002，第828页。

② 俞伟超、张爱冰：《考古学新理解论纲》，《中国社会科学》1992年第6期。

③ 朱立平、叶文宪：《中国历史上民族迁徙的气候背景》，《华东师范大学学报》1987年第4期。

④ 许倬云：《汉末至南北朝气候与民族移动的初步考察》，《蒋慰堂先生九秩荣庆论文集》，中国图书馆学会，1987，收入《许倬云自选集》，上海教育出版社，2002。

农区和牧区分界的变动

有学者指出："我们应该看到，无论是农牧业的替变和农牧交错带的空间位移，还是社会结构和朝代的更替，都与历史时期气候的较大变动在时空上高度耦合。"西北边地"大量古城废弃的时期，往往也是气候明显偏干冷的时期"①。秦汉时期农耕区与畜牧区区界的南北摆动，确实正与气候之变迁相契合。

王毓瑚曾经指出，战国至于西汉时期，"长城基本上成为塞北游牧区和塞南农耕区的分界线"，"长城的基本走向，同中国科学院地理研究所的同志们所划定的农作物复种区的北界大致是平行的，而稍稍靠北一些"②。

而实际上西汉时期的北边长城防线，其西段已超越现今年降水量400毫米线及通常所划定东部季风区域与西北干旱区域区界250～720公里。③

至于匈奴活动区域经营谷物种植的历史记录，如《史记·卫将军骠骑列传》写道：

> 遂至寘颜山赵信城，得匈奴积粟食军。军留一日而还，悉烧其城余粟以归。④

《汉书·匈奴传上》又写道：

---

① 王录仓、程国栋、赵雪雁：《内陆河流域城镇发展的历史过程与机制——以黑河流域为例》，《冰川冻土》2005 年第 4 期。

② 王毓瑚：《我国历史上农耕区的向北扩展》，史念海主编《中国历史地理论丛》第1 辑。

③ 参看任美锷、杨纫章、包浩生编著《中国自然地理纲要》，商务印书馆，1979；全国农业区划委员会《中国自然区划概要》编写组编《中国自然区划概要》，科学出版社，1984。

④ 《史记·卫将军骠骑列传》，第 2935 页。

会连雨雪数月，畜产死，人民疫病，谷稼不孰。[①]

颜师古注"北方早寒，虽不宜禾稷，匈奴中亦种黍穄"，也说明当时长城以北并非绝对的纯牧业区。

东汉以后，农耕区的北界又向南移。

比较《汉书·地理志下》与《续汉书·郡国志五》记录的北边敦煌、酒泉、张掖、武威、安定、北地、上郡、西河、朔方、五原、云中、定襄、雁门、代郡、上谷、渔阳、右北平、辽西、辽东 19 郡人口，[②] 可知这一地区东汉人口较西汉减少了 56.46%，远远超过了全国平均人口减少率 17.52%，其中朔方郡人口骤减 94.25%，是北边人口减少最典型的郡。[③]

与这一地区汉族人口锐减形成鲜明对比的历史事实，有匈奴"南单于携众南向，款塞归命"。北匈奴亦有被迫大批南归者，如《后汉书·南匈奴列传》所说："章和元年，鲜卑入左地击北匈奴，大破之，斩优留单于，取其匈奴皮而还。北庭大乱，屈兰、储卑、胡都须等五十八部，口二十万，胜兵八千人，诣云中、五原、朔方、北地降。"[④]

人口民族构成的变化，势必影响地区经济生活的形式。有的学者曾经指出，这种历史变化，构成乌兰布和沙漠北部的汉代垦区及河西居延的汉代垦区衰落乃至废弃的直接原因。[⑤] 探求这一历史演变的生

---

① 《汉书·匈奴传上》，第 3781 页。

② 其中酒泉郡《续汉书·郡国志五》只有户数 12706，不记口数。以《续汉书·郡国志》所记全国户均口数 5.068 核算，估定其口数为 64194。

③ 19 郡中仅渔阳郡人口有所增加。而《续汉书·郡国志五》雁门郡口数 249000，显然是估算结果。辽东、辽西两郡口数完全相同，均为 81714，亦颇可疑。由此可知人口最多的渔阳郡口数 435740，其可信性也是难以确定的。

④ 《后汉书·南匈奴列传》，第 2951 页。

⑤ 侯仁之、俞伟超、李宝田：《乌兰布和沙漠北部的汉代垦区》，中国科学院治沙队编《治沙研究》第 7 号；侯仁之：《我国西北风沙区的历史地理管窥》，史念海主编《中国历史地理论丛》第 1 辑。

态环境的背景，不能不注意到当时气候条件的变化。

民族迁移与相应的社会动荡与文化演变，有十分复杂的因素，气候环境的变化或许只是诸多因素之一。然而《史记·匈奴列传》记载，汉武帝太初元年（前104），"其冬，匈奴大雨雪，畜多饥寒死"，"国人多不安"，执政贵族遂有"降汉"之志。[①]《汉书·匈奴传上》记载，汉宣帝本始三年（前71），"会天大雨雪；一日深丈余，人民畜产冻死，还者不能什一"[②]。于是"匈奴大虚弱"，"兹欲乡和亲"。《后汉书·南匈奴列传》记载，光武帝建武二十二年（46）"匈奴中连年旱蝗，赤地数千里，草木尽枯，人畜饥疫，死耗太半，单于畏汉乘其敝，乃遣使者诣渔阳求和亲"[③]。匈奴"秋，马肥"时则校阅兵力，有"攻战"之志，[④] 而汉军"卫护"内附之南匈奴单于，亦"冬屯夏罢"[⑤]，也都告诉我们，考察机动性甚强的草原游牧族的活动，不能忽视气候因素的作用。

气候条件与"粟向西北发展"所受制约

有的学者从农史考察的视角分析了气候条件对中原农耕文明向西北发展的制约。

游修龄指出："北方粟文化和南方稻文化向外发展的情况完全不同。"他分析了西北方向农耕文明发展的形势。"粟向西北发展，遇到游牧文化的阻挠。2000多年来，农耕的汉族同西北游牧和各族屡屡为争夺耕地牧场而战争，较量的结果，强大的汉族虽然打开了通往欧洲的丝绸之路，促进了东西文化的交流，农耕地带向外扩展了不少，但因受严酷的自然条件制约，不可能再有所前进。"这一形势因

---

① 《史记·匈奴列传》，第2915页。
② 《汉书·匈奴传上》，第3787页。
③ 《后汉书·南匈奴列传》，第2942页。
④ 《史记·匈奴列传》，第3752页。
⑤ 《后汉书·南匈奴列传》，第2945页。

气候条件形成。"农耕和畜牧界线的向北或向南推延，受气候条件的影响最大。"①

这样的意见，有关"强大的汉族""打开了通往欧洲的丝绸之路"的表述，或许还可以斟酌。②

4.西汉时期匈奴南下的季节性进退

汉王朝与匈奴部族之间的战争，是西汉时期最重要的历史现象之一，对于汉地社会生活也产生了非常显著的影响。从军事史的视角看，汉匈战事也多有值得总结之处。回顾汉与匈奴的战争，有一种情形值得注意，这就是双方军事行为的进取与退守往往与寒暑转换有关，体现出某种季节性的规律。这里通过有关匈奴南下的历史资料探索这一军事行为与季节的关系，期望通过相关分析，进一步认识农牧交接地方气候条件对民族活动的影响。

匈奴骑兵的秋冬季攻势

《史记·高祖本纪》："七年，匈奴攻韩王信马邑，信因与谋反太原。白土曼丘臣、王黄立故赵将赵利为王以反，高祖自往击之。会天寒，士卒堕指者什二三，遂至平城。匈奴围我平城，七日而后罢去。"这一战事，据《汉书·韩王信传》，发生在高帝六年（前201）："（六年）秋，匈奴冒顿大入围信，信数使使胡求和解。汉发兵救之，疑信数间使，有二心。上赐信书责让之曰：'专死不勇，专生不任，寇攻马邑，君王力不足以坚守乎？安危存亡之地，此二者朕所以责于君

---

① 游修龄：《稻文化与粟文化比较》，游修龄编著《农史研究文集》，第297页。
② 王子今：《草原民族对丝绸之路交通的贡献》，《山西大学学报》（哲学社会科学版）2016年第1期。

王。'信得书，恐诛，因与匈奴约共攻汉，以马邑降胡，击太原。"①
林幹取《汉书》说。② 无论将其事归于哪一年，匈奴的进犯发生在秋
季或者初冬，应当是没有什么疑问的。史籍记录中所谓"会天寒，士
卒堕指者什二三"，表明决战时已至严冬。《汉书·匈奴传上》载季
布语："时匈奴围高帝于平城"，"天下歌之曰：'平城之下亦诚苦！
七日不食，不能彀弩'"。《汉书·韩安国传》说，"平城之饥，七日
不食，天下歌之"③。然而《史记》既有"士卒堕指者什二三"之说，
导致所谓"不能彀弩"者，应是饥寒交迫。

　　《汉书·高帝纪下》记载，"（七年十二月）匈奴攻代，代王喜弃
国，自归雒阳，赦为合阳侯"④。此次"匈奴攻代"的时间，据《史
记·高祖本纪》、《高祖功臣侯者年表》以及《汉兴以来将相名臣年
表》，则在八年九月。记载的歧异，在秋冬之间。

　　《史记·刘敬叔孙通列传》和《汉书·娄敬传》都记述了娄敬建
议和亲匈奴事，一曰"当是时，冒顿为单于，兵强，控弦三十万，数
苦北边。上患之，问刘敬。刘敬曰"云云，一曰"当是时，冒顿单于
兵强，控弦四十万骑，数苦北边。上患之，问敬。敬曰"云云，⑤ 都
没有说明娄敬建议的具体时间。《资治通鉴》卷一二"高帝八年"纪
其事在"秋，九月，行自洛阳至；淮南王、梁王、赵王、楚王皆从"
句后，⑥ 有的学者于是以为娄敬提出和亲政策是"秋九月"的事，⑦
是有一定道理的。不过，既言"数苦北边"，当是连续反复入侵。

---

　　① 《史记·高祖本纪》，第 384~385 页；《汉书·韩王信传》，第 1853~1854 页。
　　② 林幹编《匈奴历史年表》以此事归于汉高帝六年条下，他写道："韩王信降匈奴，
《史记》作汉高帝七年事，兹据《汉书》系于六年。"（中华书局，1984，第 6 页）
　　③ 《汉书·匈奴传上》，第 3755 页；《汉书·韩安国传》，第 2400 页。
　　④ 《汉书·高帝纪下》，第 63 页。
　　⑤ 《史记·刘敬叔孙通列传》，第 2719 页；《汉书·娄敬传》，第 2122 页。
　　⑥ 《资治通鉴》，第 382 页。
　　⑦ 林幹编《匈奴历史年表》："秋九月，冒顿数侵北边，高帝问计于刘敬，刘敬乃献和
亲之策。"（第 7 页）

韩王信的事迹也说明往往在秋冬季节匈奴攻势最为凌厉。刘邦以韩王信"材武"，所王"皆天下劲兵处"，于是诏徙王太原以北，"备御胡，都晋阳"。韩王信当时雄心勃勃，上书曰："国被边，匈奴数入，晋阳去塞远，请治马邑。"他的请求得到刘邦批准。然而，"秋，匈奴冒顿大围信"，韩王信不敌，不得不"数使使胡求和解"，后来受到猜疑，竟然"与匈奴约共攻汉，反，以马邑降胡，击太原"。此后著名的白登之围，也正发生在冬季。随后，"韩信为匈奴将兵往来击边"。《史记·韩信卢绾列传》还明确记载，"十一年春，故韩王信复与胡骑入居参合，距汉"①。

林幹《匈奴历史年表》说到一例匈奴夏季南侵史事："公元前一八二年，汉高后六年，匈奴冒顿单于二十八年，夏六月，匈奴犯狄道（今甘肃临洮县南），攻阿阳（今甘肃静宁县南）。（《汉书》卷三《高后纪》）"又说："本条仅《汉书·高后纪》一见，在六月。《资治通鉴》系于四月，不知何所据。"②然而《汉书·高后纪》的相关文字是："六年春，星昼见。夏四月，赦天下。秩长陵令二千石。六月，城长陵。匈奴寇狄道，攻阿阳。行五分钱。"也许"匈奴寇狄道，攻阿阳"事未必在"六月"，但是应在"六月"以后。《资治通鉴》的处理，说明史家对匈奴此次入侵的时间，认识存在分歧。《汉书·高后纪》关于匈奴入侵狄道的又一记录，则是明确的："七年冬十二月，匈奴寇狄道，略二千余人。"③林幹编《匈奴历史年表》以为汉文帝十一年（前169）匈奴对狄道的一次入侵也是发生在"夏六月"："公元前一六九年，汉文帝十一年，匈奴老上单于六年，夏六月，匈奴犯狄道。（《汉书》卷四《文帝纪》）"④不过，中华书局

---

① 《史记·韩信卢绾列传》，第 2633、2635 页。
② 林幹编《匈奴历史年表》，第 9 页。
③ 《汉书·高后纪》，第 99 页。
④ 林幹编《匈奴历史年表》，第 12 页。

标点本《汉书》这样的处理可能是正确的：

> 十一年冬十一月，行幸代。春正月，上自代还。
>
> 夏六月，梁王揖薨。
>
> 匈奴寇狄道。①

看来，"匈奴寇狄道"事，似未必可以确定发生于"夏六月"。荀悦《汉纪》卷八、《资治通鉴》卷一五都在"梁王揖薨"、"梁怀王揖薨"和"匈奴寇边狄道"、"匈奴寇狄道"之间有关于贾谊事迹的大段文字。贾谊事迹之后，《资治通鉴》又夹列"徙城阳王喜为淮南王"一条。而据《史记·淮南衡山列传》，其事在汉文帝十二年："孝文十二年，民有作歌歌淮南厉王曰：'一尺布，尚可缝；一斗粟，尚可舂。兄弟二人不能相容。'上闻之，乃叹曰：'尧舜放逐骨肉，周公杀管蔡，天下称圣。何者？不以私害公。天下岂以我为贪淮南王地邪？'乃徙城阳王王淮南故地。"② 参考《资治通鉴》编者对史料的排列，人们会以为"匈奴寇狄道"发生在"夏六月"的看法更值得怀疑。

我们又看到汉文帝时代匈奴夏季入侵的一例。《史记·孝文本纪》："（三年）五月，匈奴入北地，居河南为寇。帝初幸甘泉。六月，帝曰：'汉与匈奴约为昆弟，毋使害边境，所以输遗匈奴甚厚。今右贤王离其国，将众居河南降地，非常故，往来近塞，捕杀吏卒，驱保塞蛮夷，令不得居其故，陵轹边吏，入盗，甚敖无道，非约也。其发边吏骑八万五千诣高奴，遣丞相颍阴侯灌婴击匈奴。'匈奴去，发中尉材官属卫将军军长安。"③ 对于匈奴的这次入侵，《史记·匈奴

---

① 《汉书·文帝纪》，中华书局，1962，第 123 页。
② 《史记·淮南衡山列传》，第 3080 页。
③ 《史记·孝文本纪》，第 425 页。

列传》有更明确的记载："其三年五月，匈奴右贤王入居河南地，侵
盗上郡葆塞蛮夷，杀略人民。于是孝文帝诏丞相灌婴发车骑八万五
千，诣高奴，击右贤王。右贤王走出塞。文帝幸太原。"① 看来"五
月"似应不误。

然而，当我们清点匈奴南犯的历史记录时，发现绝大多数的侵扰
发生在秋季和冬季。例如《史记·孝文本纪》："十四年冬，匈奴谋
入边为寇，攻朝那塞，杀北地都尉卬。上乃遣三将军军陇西、北地、
上郡，中尉周舍为卫将军，郎中令张武为车骑将军，军渭北，车千
乘，骑卒十万。帝亲自劳军，勒兵申教令，赐军吏卒。帝欲自将击匈
奴，群臣谏，皆不听。皇太后固要帝，帝乃止。于是以东阳侯张相如
为大将军，成侯赤为内史，栾布为将军，击匈奴。匈奴遁走。"② 对于
匈奴这一次入侵，《史记·匈奴列传》的记载是："汉孝文皇帝十四
年，匈奴单于十四万骑入朝那、萧关，杀北地都尉卬，虏人民畜产甚
多，遂至彭阳。使奇兵入烧回中宫，候骑至雍甘泉。"③ 于是文帝以中
尉周舍、郎中令张武为将军，发车千乘，骑十万，军长安旁以备胡
寇。所谓"入朝那、萧关"的"入"，《史记·李将军列传》则称之
为"大入"："孝文帝十四年，匈奴大入萧关"。

《史记·孝文本纪》记载："后六年冬，匈奴三万人入上郡，三
万人入云中。"《史记·匈奴列传》将这次匈奴侵入也称作"大入"：
"军臣单于立四岁，匈奴复绝和亲，大入上郡、云中各三万骑，所杀
略甚众而去。"④ 据《汉书·天文志》，事在冬十一月："孝文后二年
正月壬寅，天欃夕出西南。占曰：'为兵丧乱。'其六年十一月，匈奴

---

① 《史记·匈奴列传》，第 2895 页；参看王子今《论汉文帝三年太原之行》，《晋阳学
刊》2005 年第 4 期。
② 《史记·孝文本纪》，第 428~429 页。
③ 《史记·匈奴列传》，第 2901 页。
④ 《史记·孝文本纪》，第 431 页；《史记·匈奴列传》，第 2904 页。

入上郡、云中，汉起三军以卫京师。"①

《史记·孝景本纪》："元年四月乙卯，赦天下。乙巳，赐民爵一级。五月，除田半租，为孝文立太宗庙。令群臣无朝贺。匈奴入代，与约和亲。"《汉书·景帝纪》则在元年四月条下写到"遣御史大夫青翟至代下与匈奴和亲"，不言"匈奴入代"事。荀悦《汉纪》卷九也只说："夏四月，御史大夫陶青翟使匈奴，结和亲。"《资治通鉴》卷一五"汉景帝元年"也在"四月"条下记录："遣御史大夫青至代下与匈奴和亲。"② 看来，《史记·孝景本纪》所谓"匈奴入代"，似未可理解为匈奴夏季入侵的史料。林幹《匈奴历史年表》直写作"公元前一五六年，汉景帝元年，匈奴军臣单于六年，夏四月，匈奴入代"③，似有不妥。

《史记·孝景本纪》记载："中二年二月，匈奴入燕，遂不和亲。""（中六年）八月，匈奴入上郡。""（后二年）三月，匈奴入雁门。"④ 其中二例在春季，一例在秋季。

西汉中期匈奴南下的历史分析

汉武帝发动对匈奴的主动出击，战争形势和民族关系都因此发生了重要的变化。

汉武帝时代匈奴的南下，又多有可资分析其季节性特征的史料。如《汉书·武帝纪》写道：元光六年（前129）春，"匈奴入上谷，杀略吏民。遣车骑将军卫青出上谷，骑将军公孙敖出代，轻车将军公

---

① 《汉书·天文志》，第1303页。《史记·天官书》张守节《正义》："《天文志》云'孝文时，天枪夕出西南，占曰为兵丧乱，其六年十一月，匈奴入上郡、云中，汉起兵以卫京师'也。"（第1317页）

② 《史记·孝景本纪》，第439页；《汉书·景帝纪》，第140页；（东汉）荀悦撰，张烈点校《汉纪》，第133页；《资治通鉴》，第511页。据臣瓒说，"此陶青也"。颜师古以为"翟"字是后人"妄增"。

③ 林幹编《匈奴历史年表》，第15页。

④ 《史记·孝景本纪》，第444、446、448页。

孙贺出云中，骁骑将军李广出雁门"①。从发军需要筹备军资、集结部队的常理可以推知，卫青等春季出军，则"匈奴入上谷，杀略吏民"很可能是冬季的事。同年，"秋，匈奴盗边"。元朔元年（前128），"秋，匈奴入辽西，杀太守；入渔阳、雁门，败都尉，杀略三千余人"。元朔二年（前127），"匈奴入上谷、渔阳，杀略吏民千余人"。最后一例，事在冬春。②

又元朔三年（前126）"夏，匈奴入代，杀太守；入雁门，杀略千余人"，四年（前125）"夏，匈奴入代、定襄、上郡，杀略数千人"③，是两例夏季南侵的史事。而元朔三年事，《史记·匈奴列传》的记载是："其夏，匈奴数万骑入杀代郡太守恭友，略千余人。其秋，匈奴又入雁门，杀略千余人。"④也就是说，匈奴入侵雁门是在秋季。

元朔五年（前124），"秋，匈奴入代，杀都尉"⑤。元狩元年（前122），《汉书·武帝纪》有这样的记载：

> 五月乙巳晦，日有蚀之。
> 匈奴入上谷，杀数百人。⑥

或以为"匈奴入上谷"是在五月。⑦而《史记·匈奴列传》的记载只

---

① 《汉书·武帝纪》，第165页。

② 《汉书·武帝纪》，第166、169、170页。《汉书·武帝纪》："匈奴入上谷、渔阳，杀略吏民千余人。遣将军卫青、李息出云中，至高阙，遂西至符离，获首虏数千级。收河南地，置朔方、五原郡。"（第170页）前条为"春正月"诏许梁王、城阳王"以邑分弟"事，后条为"三月乙亥晦、日有蚀之"事。还应考虑到，卫青等出军，可能是对"匈奴入上谷、渔阳"的反击，或许有前因后果的关系。

③ 《汉书·武帝纪》，第171页。

④ 《史记·匈奴列传》，第2907页。

⑤ 《汉书·匈奴传上》："其秋，匈奴万骑入杀都尉朱央，略千余人。"（第3767页）

⑥ 《汉书·武帝纪》，第175页。

⑦ 林幹编《匈奴历史年表》："公元前一二二年，汉武帝元狩元年，匈奴伊稚斜单于五年，夏五月，匈奴万骑入上谷，杀数百人。（《史记》卷一一○《匈奴列传》，《汉书》卷六《武帝纪》，卷九四《匈奴传》上）。"（第24页）

是："胡骑万人入上谷，杀数百人。"① 不能排除匈奴入侵上谷是在夏季的可能。另一夏季来犯事件，即《汉书·武帝纪》所见元狩二年（前121）"匈奴入雁门，杀略数百人"。

元狩三年（前120），"秋，匈奴入右北平、定襄，杀略千余人"。元鼎五年（前112）九月，"匈奴入五原，杀太守"。太初三年（前102），"秋，匈奴入定襄、云中，杀略数千人，行坏光禄诸亭障；又入张掖、酒泉，杀都尉"②。天汉三年（前98），"秋，匈奴入雁门，太守坐畏懦弃市"。征和二年（前91）九月，"匈奴入上谷、五原，杀略吏民"。征和三年（前90）春正月，"匈奴入五原、酒泉，杀两都尉"③。可以看到，匈奴虽有夏季南犯的记录，④ 但是主要的进攻都发生在秋冬。

在匈奴对中原的压迫基本解除之后，小规模的侵扰依然时常发生。

据《汉书·昭帝纪》记载，始元元年（前86），"冬，匈奴入朔方，杀略吏民"。又《汉书·匈奴传上》说，始元四年（前83），"秋，匈奴入代，杀都尉"。又记载："右贤王、犁汙王四千骑分三队，入日勒、屋兰、番和。"⑤ 林幹编《匈奴历史年表》以为匈奴骑兵的这次进攻发生在"春正月"。⑥

《汉书·匈奴传上》记载："单于将十万余骑旁塞猎，欲入边寇。未至，会其民题除渠堂亡降汉言状，汉以为言兵鹿奚卢侯，而遣后将

---

① 《史记·匈奴列传》，第2908页。

② 《汉书·武帝纪》，第177、188、201页。《汉书·匈奴传》："其秋，匈奴大入云中、定襄、五原、朔方，杀略数千人，败数二千石而去，行坏光禄所筑亭障。又使右贤王入酒泉、张掖，略数千人。"（第3776页）

③ 《汉书·武帝纪》，第204、209、209页。

④ 当时匈奴夏季南进，不排除存在两军交战特殊背景下的反常态的情形。

⑤ 《汉书·昭帝纪》，第218页；《汉书·匈奴传上》，第3782、3783页。

⑥ 林幹编《匈奴历史年表》："公元前七八年，匈奴右贤王、犁汙王四千骑分三队入日勒（今甘肃山丹县东南）、屋兰（今山丹县西北）、番和（在今甘肃永昌县境）。"（第43页）

军赵充国将兵四万余骑屯缘边九郡备虏。月余，单于病欧血，因不敢入，还去，即罢兵。"[1] 这是一次未及真正发动的战争。《资治通鉴》卷二六纪此事于汉宣帝神爵二年（前60），而林幹《匈奴历史年表》确定事在"秋九月"。[2]

汉与匈奴战争的季节规律

《史记·匈奴列传》关于匈奴习性，有"利则进，不利则退"的说法。[3] 这一强悍勇武、机动性甚强的部族联盟，其军事进攻主要由于"利"的刺激作用。然而其"进"，可能也有被动的因素。就现有资料看，匈奴南犯的季节特征是以秋冬最为集中。这应当与汉文帝后元二年（前162）遗匈奴书所谓"匈奴处北地，寒，杀气早降"[4] 有关。

匈奴对其他草原部族的战争，也往往在秋冬季节发动。例如《汉书·匈奴传上》：汉宣帝本始三年（前71），"其冬，单于自将万骑击乌孙，颇得老弱"[5]。匈奴的内战，也屡屡发生在秋季和冬季。《汉书·匈奴传下》记载，汉宣帝神爵三年（前59），"其冬，都隆奇与右贤王共立日逐王薄胥堂为屠耆单于，发兵数万人东袭呼韩邪单于。呼韩邪单于兵败走"。五凤元年（前57），"秋，屠耆单于使日逐王先贤掸兄右奥鞬王为乌藉都尉各二万骑，屯东方以备呼韩邪单于。是时，西方呼揭王来与唯犁当户谋，共谗右贤王，言欲自立为乌藉单于。屠耆单于杀右贤王父子，后知其冤，复杀唯犁当户。于是呼揭王恐，遂畔去，自立为呼揭单于。右奥鞬王闻之，即自立为车犁单于。乌藉都尉亦自立为乌藉单于。凡五单于。屠耆单于自将

---

① 《汉书·匈奴传上》，第3788~3789页。
② 林幹编《匈奴历史年表》，第49页。
③ 《史记·匈奴列传》，第2879页。
④ 《史记·匈奴列传》，第2903页。
⑤ 《汉书·匈奴传上》，第3787页。

兵东击车犁单于，使都隆奇击乌藉。乌藉、车犁皆败，西北走，与呼揭单于兵合为四万人。乌藉、呼揭皆去单于号，共并力尊辅车犁单于。屠耆单于闻之，使左大将、都尉将四万骑屯东方，以备呼韩邪单于，自将四万骑西击车犁单于。车犁单于败，西北走，屠耆单于即引西南，留阗敦地"①。

匈奴南进以秋冬季节最为集中的规律，使得汉王朝的防卫也有对应的措施，于是出现所谓"冬屯夏罢"的情形。

《史记·高祖本纪》记载：汉高帝二年（前 205），"缮治河上塞"。事在"正月，虏雍王弟章平"前，应在冬季。《汉书·高帝纪上》："（二年）十一月，立韩太尉信为韩王。汉王还归，都栎阳，使诸将略地，拔陇西。以万人若一郡降者，封万户。缮治河上塞。故秦苑囿园池，令民得田之。"② 可知强化河上防务的举动，是安定秦地的一系列措施之一，但是事在冬季，依然值得注意。《史记·张丞相列传》说，"赵地已平，汉王以苍为代相，备边寇"③。林幹《匈奴历史年表》以为事在汉高帝三年冬，④ 是准确的。

《后汉书·南匈奴列传》记载："（光武二十六年）冬，前畔五骨都侯子复将其众三千人归南部，北单于使骑追击，悉获其众。南单于遣兵拒之，逆战不利。于是复诏单于徙居西河、美稷。因使中郎将段郴及副校尉王郁留西河拥护之，为设官府、从事、掾史。令西河长史岁将骑二千、弛刑五百人助中郎将卫护单于，冬屯夏罢。自后以为常，及悉复缘边八郡。"⑤ 所谓"冬屯夏罢"的明确说法虽然形成在东汉，但是西汉时期实际上已经初步出现了这种带有某种规律性的情形。

---

① 《汉书·匈奴传下》，第 3795、3795~3796 页。
② 《史记·高祖本纪》，第 369 页；《汉书·高帝纪上》，第 33 页。
③ 《史记·张丞相列传》，第 2675 页。
④ 林幹编《匈奴历史年表》，第 5 页。
⑤ 《后汉书·南匈奴列传》，第 2945 页。

我们看到，汉王朝发动的进击匈奴的大规模的战役，则往往是在春夏启动。明显的例外，有汉高祖白登之役和汉武帝组织的天汉二年（前99）李陵北进战役。白登之战，有"会冬大寒雨雪，卒之堕指者十二三"的情境，[①] 然而当时是迎击秋冬南下的匈奴重兵，并非汉王朝主动的进攻。而天汉二年事，据《史记·李将军列传》褚少孙补述："数岁，天汉二年秋，贰师将军李广利将三万骑击匈奴右贤王于祁连天山，而使陵将其射士步兵五千人出居延北可千余里，欲以分匈奴兵，毋令专走贰师也。陵既至期还，而单于以兵八万围击陵军。陵军五千人，兵矢既尽，士死者过半，而所杀伤匈奴亦万余人。且引且战，连斗八日，还未到居延百余里，匈奴遮狭绝道，陵食乏而救兵不到，虏急击招降陵。陵曰：'无面目报陛下。'遂降匈奴。其兵尽没，余亡散得归汉者四百余人。"[②]《汉书·李陵传》的记载更为具体，有"令军士人持二升糒，一半冰，期至遮虏鄣者相待"以及"夜半时，击鼓起士，鼓不鸣"等情节。[③] 显然，李陵的失败，有远征千里，于荒原大漠面对严寒条件的因素。

李陵悲剧

匈奴往往于"秋，马肥"季节则校阅兵力，有"攻战"之志。[④] 汉军"卫护"内附之南匈奴单于亦"冬屯夏罢"。汉王朝军队北征匈奴，则多在春夏之季出军。[⑤] 这种显示出规律性的现象，告诉人们，在农耕区和畜牧区交界的地带，两侧的军事生活是受到气候的影响，表现出季节性特征的。

关于李陵出师的决策，《汉书·李陵传》有这样的记载："天汉

---

① 《史记·匈奴列传》，第 2894 页。
② 《史记·李将军列传》，第 2877~2878 页。
③ 《汉书·李陵传》，第 2455 页。
④ 《史记·匈奴列传》，第 3752 页。
⑤ 参看林幹《匈奴通史》，第 53~59 页。

二年，贰师将三万骑出酒泉，击右贤王于天山。召陵，欲使为贰师将辎重。陵召见武台，叩头自请曰：'臣所将屯边者，皆荆楚勇士奇材剑客也，力扼虎，射命中，愿得自当一队，到兰干山南以分单于兵，毋令专乡贰师军。'上曰：'将恶相属邪！吾发军多，毋骑予女。'陵对：'无所事骑，臣愿以少击众，步兵五千人涉单于庭。'上壮而许之，因诏强弩都尉路博德将兵半道迎陵军。博德故伏波将军，亦羞为陵后距，奏言：'方秋匈奴马肥，未可与战，臣愿留陵至春，俱将酒泉、张掖骑各五千人并击东西浚稽，可必禽也。'"路博德书奏，汉武帝怒，怀疑李陵悔不欲出而唆使路博德上书，于是诏令路博德："吾欲予李陵骑，云'欲以少击众'。今虏入西河，其引兵走西河，遮钩营之道。"又强令李陵："以九月发，出遮虏鄣，至东浚稽山南龙勒水上，徘徊观虏，即亡所见，从浞野侯赵破奴故道抵受降城休士，因骑置以闻。"并且要求："所与博德言者云何？具以书对。"[1] 李陵于是将其步卒五千人出居延，北行三十日，至浚稽山止营，最终招致惨败。路博德所谓"方秋匈奴马肥，未可与战"，是当时的军事常识，而汉武帝因多疑偏执，违背了相关规律，是导致李陵悲剧的重要原因。[2]

汉匈战争史的气候学视角

已经多有学者讨论了北方草原游牧民族南进与气候变迁的对应关系。俞伟超、张爱冰说："我国北部地区三四千年以来气候变化而引起的植物带的移动，也就是农耕区的扩大和缩小，正同历史记载中农、牧业民族势力的消长情况相契合。"[3] 有的学者明确指出："中原

---

① 《汉书·李陵传》，第 2451 页。

② 据《汉书·武帝纪》，李广利出酒泉，是在天汉二年"夏五月"。李广利夏季出军，"李陵则于九月发兵"，已有学者指出了这一季节差。参看宋超《汉匈战争三百年》，华夏出版社，1996，第 70~71 页。

③ 俞伟超、张爱冰：《考古学新理解论纲》，《中国社会科学》1992 年第 6 期。

汉族向北扩张拓边的时候几乎都在温暖期，而北方少数民族'窥边候隙'、'入居中壤'的时候则多在寒冷期。"① 许倬云也曾经指出："气温变化与北方民族入侵的时代如此契合，不能说完全是巧合。"在中国北方草原地区，"微小的气候变化，可以立刻引起生态的改变，从而导致人类行为的因应，其显著的现象则是因此而迁徙南方"。"北土植物生长期本已短促，塞外干寒，可以容忍的变化边际极为微小。气候一有改变，越在北边，越面临困境，于是一波压一波，产生了强大的推力。"② 游修龄也曾写道："平均气温每下降摄氏一度，北方的草原就要向南推延数百公里，游牧族逐水草而居，当然向南追逐水草最繁盛的地方，并且夺农田改草场。反之亦然，平均温度每升高摄氏一度，意味着农耕地带可以向前推进数百公里，改牧场为农田。可农可牧的地带，就这样随每四五百年的温度冷暖变化周期而相互争夺牧场或耕地。历史上强大的汉唐盛世，都恰恰是平均温度上升期，强大的汉族为扩展耕地而向北推进，把牧场改为农地；反之，魏晋南北朝和宋元时期，恰逢平均气温下降阶段，游牧族为追逐水草丰盛的南方而大举南侵，……"③

　　这些意见，都是对较长期的气候变迁导致社会影响的研究收获。④然而思考季节转换对农牧边界地区军事生活的影响，也可以由此得到启示。

　　应当注意到，匈奴骑兵的南下有利用"秋，马肥"优势的因素，同时在某种意义上，也是因"气候变化"而导致的一种"人类行为

　　① 朱立平、叶文宪：《中国历史上民族迁徙的气候背景》，《华东师范大学学报》1987年第 4 期。
　　② 许倬云：《汉末至南北朝气候与民族移动的初步考察》，《许倬云自选集》，第 221、225 页。
　　③ 游修龄：《稻文化与粟文化比较》，游修龄编著《农史研究文集》，第 297 页。
　　④ 参看王子今《秦汉时期气候变迁的历史学考察》，《历史研究》1995 年第 2 期；《秦汉长城的生态史考察》，丁新豹、董耀会编《中国（香港）长城历史文化研讨会论文集》。

的因应"。据《史记·匈奴列传》记载，汉武帝太初元年（前104），"其冬，匈奴大雨雪，畜多饥寒死"，"国人多不安"，执政贵族遂有"降汉"之议。① 《汉书·匈奴传上》也写道，汉宣帝本始三年（前71），"会天大雨雪；一日深丈余，人民畜产冻死，还者不能什一"。于是"匈奴大虚弱"，"兹欲乡和亲"②。可知匈奴面对其活动地域的生态条件，确实是"气候一有改变，越在北边，越面临困境"。循这一思路，讨论汉王朝与匈奴战争中的季节性进退，可以帮助我们理解汉代相关的历史文化现象，也有益于认识中国古代民族关系史的若干重大问题。③

5. 秦汉气候变迁对江南经济文化进步的意义

秦汉时期，江南地区的经济文化表现出显著的进步。

经过这样的历史过程，江南地区与中原先进地区的文化差距逐渐缩小，江南地区的文明程度明显上升，从而为后来全国经济文化重心向东南地区的转移准备了条件。

考察这一历史变化的原因，不应忽视气候变迁的作用。

"卑湿""多贫"之国

"江南"地区曾经是经济文化水平相对落后的地区。

司马迁在《史记·货殖列传》中评述各地区的经济地位，发表过所谓"江南卑湿，丈夫早夭"的评议。后来颇有历史学者提出非议，以为并不符合当时的实际。司马迁写道：

---

① 《史记·匈奴列传》，第2915页。
② 《汉书·匈奴传上》，第3787页。
③ 王子今：《西汉时期匈奴南下的季节性进退》，中国秦汉史研究会编《秦汉史论丛》第10辑，内蒙古大学出版社，2009。

> 楚越之地，地广人希，饭稻羹鱼，或火耕而水耨，果隋蠃
> 蛤，不待贾而足，地埶饶食，无饥馑之患，以故呰窳偷生，无积
> 聚而多贫。是故江、淮以南，无冻饿之人，亦无千金之家。

当地农业还停留于粗耕阶段，生产手段较为落后，渔猎采集在经济生
活中仍占相当大的比重。

司马迁还写道：

> 江南卑湿，丈夫早夭。多竹木。豫章出黄金，长沙出连、
> 锡，然堇堇物之所有，取之不足以更费。九疑、苍梧以南至儋耳
> 者，与江南大同俗，而杨越多焉。[①]

看来，在司马迁所处的时代，这一地区的农业经济较为落后，虽矿
产、林产丰饶，然而尚有待于开发。

其实，司马迁这里所说的"江南"，与今人有关所谓"江南"的
区域观念并不相同。司马迁写道：

> 衡山、九江、江南、豫章、长沙，是南楚也，其俗大类西
> 楚。郢之后徙寿春，亦一都会也。而合肥受南北潮，皮革、鲍、
> 木输会也。与闽中、干越杂俗，故南楚好辞，巧说少信。

前谓"江南"与"衡山、九江"、"豫章、长沙"并列，其区域范围
或相当于郡。裴骃《集解》引徐广曰："高帝所置。'江南'者，丹
阳也。秦置为鄣郡，武帝改名丹阳。"张守节《正义》则以为："徐
说非。秦置鄣郡在湖州长城县西南八十里，鄣郡故城是也。汉改为丹

[①] 《史记·货殖列传》，第 3270、3268 页。

阳郡，徙郡宛陵，今宣州地也。""此言大江之南豫章、长沙二郡，南楚之地耳。徐、裴以为江南丹阳郡属南楚，误之甚矣。"① 按照张守节《正义》的意见，原句似应断读为"衡山、九江，江南豫章、长沙"。不过，《越王勾践世家》"江南、泗上不足以待越矣"，"江南"又与"泗上"作为区域相互并列。张守节《正义》理解为："江南，洪、饶等州，春秋时为楚东境也。"② 也以为"江南"是指较具体的地域。

看来，司马迁语谓"江南"所指代的区域，并不如后世人所谓"江南"那样广阔。

在司马迁笔下，《史记·秦本纪》"取巫郡及江南为黔中郡"③"楚人反我江南"；《秦始皇本纪》"王翦遂定楚江南地"；《高祖本纪》"杀义帝江南""放杀义帝于江南"；《淮阴侯列传》"迁逐义帝置江南"等，④ 也都说明"江南"往往指相对确定而具体的区域。

《秦楚之际月表》"（义帝）徙都江南郴"；《绛侯周勃世家》"（吴王濞）保于江南丹徒"；《黥布列传》"与百余人走江南"，又为长沙王所绐，"诱走越"，"随之番阳"而被杀等，⑤ 似乎可以说明司马迁所处的时代中原人地理观念中的"江南"，大致包括长江中下游南岸地区。

《史记·越王勾践世家》记载，越军攻楚，"楚威王兴兵而伐之，大败越"，"越以此散，诸族子争立，或为王，或为君，滨于江南海上，服朝于楚"⑥。这里所谓"滨于江南海上"，正体现了滨江地较早

① 《史记·货殖列传》，第 3268 页。
② 《史记·越王勾践世家》，第 1748、1750 页。
③ 张守节《正义》说："《括地志》云：'黔中故城，在辰州沅陵县西二十里。'江南，今黔府亦其地也。"（《史记·秦本纪》，第 216 页）唐辰州沅陵，地在今湘西沅陵。又据《汉书·地理志上》，南郡夷道，"莽曰'江南'"（第 1566 页），其地在今湖北宜都。据此或许有助于分析并入楚黔中郡之"江南"地的所在。
④ 《史记》，第 213、234、368、2612 页。
⑤ 《史记》，第 777、2076、2606 页。
⑥ 《史记·越王勾践世家》，第 1751 页。

开发的地理形势。

《史记·郑世家》记述，襄公七年（前598），郑降楚，襄公肉袒以迎楚王，有"君王迁至江南，及以赐诸侯，亦惟命是听"语。又《张仪列传》郑袖言楚怀王："妾请子母俱迁江南，毋为秦所鱼肉也。"① 可见"江南"于楚，曾为罪迁之地。到了司马迁所处的时代，虽"江南"已经早期开发，在笼统称作"大江之南"② 的区域中文明程度相对先进，然而与黄河中下游华夏文明中心区域相比，经济、文化均表现出明显的差距。

《史记·平准书》记汉武帝元鼎二年（前115）事：

> 是时山东被河灾，及岁不登数年，人或相食，方一二千里。天子怜之，诏曰："江南火耕水耨，令饥民得流就食江淮间，欲留，留处。"③

可见，就当时作为社会主体经济形式的农业而言，"江南"尚处于相当落后的发展阶段。

司马迁在评价"江南""多贫"，"地广人希，饭稻羹鱼，或火耕而水耨，果隋蠃蛤"的经济水平时，又说到所谓"不待贾而足，地埶饶食，无饥馑之患"以及"无冻饿之人，亦无千金之家"的情形。

在历数各地物产时，司马迁又指出：

> 江南出楠、梓、姜、桂、金、锡、连、丹沙、犀、玳瑁、珠

---

① 《史记·郑世家》，第1768页；《史记·张仪列传》，第2289页。
② 《史记·三王世家》广陵王策："古人有言曰：'大江之南，五湖之间，其人轻心。扬州保疆，三代要服，不及以政。'"（第2113页）
③ 《史记·平准书》，第1438页。

玑、齿革。①

"江南"物产，实以林产、矿产为重。②

司马迁曾经亲身往"江南"地区进行游历考察，③他对于"江南"经济文化地位的分析，应当是基本可信的。

《汉书·地理志下》对于"江南"地区当时这种尚处于较原始阶段的自然经济形态，也有相应的记述：

> 江南地广，或火耕水耨。民食鱼稻，以渔猎山伐为业，果蓏蠃蛤，食物常足。故呰窳偷生，而亡积聚，饮食还给，不忧冻饿，亦亡千金之家。

至于会稽、丹阳，豫章诸郡，原本为中原人视为"荆蛮"所居的吴地：

> 吴东有海盐章山之铜，三江五湖之利，亦江东一都会也，豫章出黄金，然堇堇物之所有，取之不足以更费。江南卑湿，丈夫多夭。④

所谓"堇堇物之所有，取之不足以更费"，《史记·货殖列传》有同样话

---

① 《史记·货殖列传》，第 3253~3254 页。
② 李斯在《谏逐客书》中写到"必秦国之所生然后可"，则是"犀象之器不为玩好"，"江南金锡不为用"（《史记·李斯列传》，第 2543 页）。《盐铁论·本议》说到"待商而通，待工而成"的"养生送终之具"，也包括"荆、扬之皮革骨象，江南之楠、梓、竹箭"〔王利器校注《盐铁论校注》（定本），第 3 页〕。
③ 《史记·龟策列传》："余至江南，观其行事，问其长老，云龟千岁乃游莲叶之上，著百茎共一根。""江傍家人常畜龟饮食之，以为能导引致气，有益于助衰养老，岂不信哉！"（第 3226 页）
④ 《汉书·地理志下》，第 1666、1668 页。

语。裴骃《集解》曾经引用应劭的解释："堇，少也。更，偿也。言金少耳，取之不足用，顾费用也。"① 颜师古则以为："应说非也。此言所出之金既以少矣，自外诸物盖亦不多，故总言取之不足偿功直也。"②

大致江南物产除"吴有豫章郡铜山，（刘）濞则招致天下亡命者盗铸钱，煮海水为盐，以故无赋，国用富饶"③ 之外，在秦及西汉时期，对于社会经济之全局的意义，可能并不重要。④

《史记·货殖列传》历数各地的"富给之资"，如："安邑千树枣；燕、秦千树栗；蜀、汉、江陵千树橘；淮北、常山已南，河济之间千树萩；陈、夏千亩漆；齐、鲁千亩桑麻；渭川千亩竹"等，⑤ 却未及江南名产，看来当时江南确实具有"不待贾而足"的特征，民间"无积聚而多贫"。

《汉书·王莽传下》记载，天凤年间，费兴任为荆州牧，曾经分析当地形势："荆、扬之民率依阻山泽，以渔采为业。"颜师古注："'渔'谓捕鱼也。'采'谓采取蔬果之属。"⑥ 可见直到西汉末年，"荆、扬"许多地区的经济形式与中原先进农耕区相比，仍然有相当大的差距。

司马迁曾经说：

> 夫吴自阖庐、春申、王濞三人招致天下之喜游子弟，东有海盐之饶，章山之铜，三江、五湖之利，亦江东一都会也。

可以吸引"天下之喜游子弟"，或许反映了当地民俗文化轻逸优容的

---

① 《史记》，第 3268 页。
② 《汉书·地理志下》，第 1669 页。
③ 《史记·吴王濞列传》，第 2822 页。
④ 《盐铁论·通有》也形容其自然经济的特色："荆、扬，南有桂林之饶，内有江、湖之利，左陵阳之金，右蜀、汉之材，伐木而树谷，燔莱而播粟，火耕而水耨，地广而饶财。然民皆窳偷生，好衣甘食。虽白屋草庐，歌讴鼓琴，日给月单，朝歌暮戚。"［王利器校注《盐铁论校注》（定本），第 41~42 页］
⑤ 《史记·货殖列传》，第 3272 页。
⑥ 《汉书·王莽传下》，第 4151~4152 页。

某种特色。司马迁又说，南楚"其俗大类西楚"，又"与闽中、干越杂俗，故南楚好辞，巧说少信"①。班固在《汉书·地理志下》中对于当地文化风格，又有"信巫鬼，重淫祀"的评价。

江南的开发

这种以渔猎采集山伐作为基本经济生活方式的情形以及与此相关的文化风貌，在西汉后期似乎看到了转变的动向。刘贺得封海昏侯，移徙江南。海昏侯国有四千户人口，王莽改称"宜人"，或许可以体现当时这里是豫章生态环境条件较好的地方，这里也有进一步实现经济进步的基础。两汉之际中原人口大规模南流，豫章郡接纳了数量惊人的北方移民。西汉海昏侯国的经营，在豫章地方经济开发史上可能具有先导性的意义。②

到东汉时期，江南的经济文化形势则发生了更为引人注目的变化。

东汉时期，史籍中已经多可看到有关江南地区的经济与文化取得突出进步的记载。

《后汉书·循吏列传·卫飒》记载东汉光武帝建武年间，卫飒任桂阳太守时事迹：

> 迁桂阳太守，郡与交州接境，颇染其俗，不知礼则。（卫）飒下车，修庠序之教，设婚姻之礼。期年间，邦俗从化。
>
> 先是含洭、浈阳、曲江三县，越之故地，武帝平之，内属桂阳。民居深山，滨溪谷，习其风土，不出田租。去郡远者，或且千里。吏事往来，辄发民乘船，名曰"传役"。每一吏出，傜及

---

① 《史记·货殖列传》，第 3267、3268 页。
② 王子今：《海昏侯故事与豫章接纳的移民》，《文史知识》2016 年第 3 期；《海昏：刘贺的归宿》，《江西师范大学学报》（哲学社会科学版）2016 年第 2 期。

数家，百姓苦之。飒乃凿山通道五百余里，列亭传，置邮驿。于是役省劳息，奸吏杜绝。流民稍还，渐成聚邑，使输租赋，同之平民。又耒阳县出铁石，佗郡民庶常依因聚会，私为冶铸，遂招来亡命，多致奸盗。飒乃上起铁官，罢斥私铸，岁所增入五百余万。飒理恤民事，居官如家，其所施政，莫不合于物宜。视事十年，郡内清理。

卫飒的继任者茨充仍执行其"合于物宜"，促进经济发展的政策，传统"风土"特色，也随之改变：

南阳茨充代飒为桂阳，亦善其政，教民种殖桑柘麻纻之属，劝令养蚕织屦，民得利益焉。

李贤注引《东观记》："元和中，荆州刺史上言：臣行部入长沙界，观者皆徒跣。臣问御佐曰：'人无履亦苦之否？'御佐对曰：'十二月盛寒时并多剖裂血出，燃火燎之，春温或脓溃。建武中，桂阳太守茨充教人种桑蚕，人得其利，至今江南颇知桑蚕织屦，皆充之化也。"①

江南水利事业也得到发展。《太平御览》卷六六引《会稽记》，说到汉顺帝时代会稽地区的水利建设：

汉顺帝永和五年，会稽太守马臻创立"镜湖"，在会稽、山阴两县界筑塘蓄水，高丈余，田又高海丈余。若水少，则泄湖灌田；如水多，则开湖泄田中水入海。所以无凶年。堤塘周回三百一十里，溉田九千余顷。②

---

① 《后汉书·循吏列传·卫飒》，第2459、2460页。
② （宋）李昉等撰《太平御览》，第315页。

这是规模相当大的水利工程，而规模较小的水利设施在江南分布之普遍，可以由汉墓普遍出土的水田陂池模型得到反映。

汉安帝永初初年，水旱灾荒连年，郡国多被饥困。据《后汉书·樊准传》记载，樊准上疏言救灾事，建议灾民"尤困乏者，徙置荆、扬孰郡，既省转运之费，且令百姓各安其所"，"太后从之"。① 所谓"荆、扬孰郡"，自然应当包括二州所领辖的江南地区。《后汉书·安帝纪》又记述，永初元年（107）九月，"调扬州五郡租米，赡给东郡、济阴、陈留、梁国、下邳、山阳"，则是江南租米北调江北的明确记载。李贤注："五郡谓九江、丹阳、庐江、吴郡、豫章也。扬州领六郡，会稽最远，盖不调也。"② 李贤所举五郡中，丹阳、吴郡、豫章均在江南。又《安帝纪》记永初七年（113）事：

> 九月，调零陵、桂阳、丹阳、豫章、会稽租米，赈给南阳、广陵、下邳、彭城、山阳、庐江、九江饥民；又调滨水县谷输敖仓。

李贤注引《东观汉记》：

> 滨水县彭城、广阳、庐江、九江谷九十万斛，送敖仓。③

《后汉书》与李贤注引《东观汉记》对于彭城、庐江、九江三郡国一谓受赈，一谓调输，或有一误，然而江南地区零陵、桂阳、丹阳、豫章、会稽租米丰饶，足以赈救江北饥民的事实，可以得到确认。

值得注意的是，永初元年南粮北调史例，谓"调扬州五郡租米"

---

① 《后汉书·樊准传》，第1128页。
② 《后汉书·安帝纪》，第208页。
③ 《后汉书·安帝纪》，第220页。

赈给兖州、豫州、徐州诸郡国，根据李贤的解释，扬州六郡之中，"会稽最远，盖不调也"，五郡指九江、丹阳、庐江、吴郡、豫章。然而处于江北的"庐江、九江饥民"，六年后于永初七年则又成为赈济对象，或许永初元年租米北调存在过度征发的情形。可是位于江南的丹阳、豫章诸郡，则承受住了短时期内连续两次大规模调输租米的沉重压力。

可见，江南地区农耕业的发展水平和经济实力，与江北许多地区相比，已经逐渐居于优势地位。

《三国志·吴书·鲁肃传》裴松之注引《吴书》说：

> 后雄杰并起，中州扰乱，（鲁）肃乃命其属曰："中国失纲，寇贼横暴，淮、泗间非遗种之地，吾闻江东沃野万里，民富兵强，可以避害，宁肯相随俱至乐土，以观时变乎？"其属皆从命。[1]

看来，秦及西汉时期所谓"卑湿贫国"[2]，到东汉末年前后，由于地理条件和人文条件的显著变化，已经演进成为"沃野万里，民富兵强"的"乐土"了。

显然，自两汉之际以来，江南经济确实得到速度明显优胜于北方的发展。正如有的学者所指出的："从这时起，经济重心开始南移，江南经济区的重要性亦即从这时开始以日益加快的步伐迅速增长起来，而关中和华北平原两个古老的经济区则在相反地日益走向衰退和没落。这是中国历史上一个影响深远的巨大变化，尽管表面上看起来并不怎样显著。"[3]

---

① 《三国志·吴书·鲁肃传》，第1267页。
② 《史记·五宗世家》，第2100页。
③ 傅筑夫：《中国封建社会经济史》第2卷，人民出版社，1982，第25页。

江南经济文化进步的气候因素

秦汉时期江南地区经济文化实现显著进步的原因，是由复杂的多方面的条件共同形成的。

其中气候环境的变迁，也是研究者不应忽视的重要因素之一。

历代学者考察气候条件的历史变迁，其研究对象往往涉及秦汉时期。诸多成果中，在学术界影响最大的，应推竺可桢发表于 1972 年的名作《中国近五千年来气候变迁的初步研究》。

竺可桢认为："在战国时期，气候比现在温暖得多。""到了秦朝和前汉（公元前 221～公元 23 年），气候继续温和。"据竺可桢所绘制的《五千年来中国温度变迁图》，秦及西汉时，平均气温较现今大约高 1.5℃，东汉时平均气温较现今大约低 0.7℃。平均气温上下摆动的幅度超过 2℃。[①]

由不同途径以不同方式获取的不同资料，大体可以共同印证江南地区的气候环境于两汉之际由湿暖转而干冷的结论。

秦代及西汉时期，北方人往往以为江南地区最不利于生存和发展的因素是气候的"暑湿"。

《史记·袁盎晁错列传》《南越列传》《淮南衡山列传》等都说到"南方卑湿"。《货殖列传》则写作"江南卑湿"。《屈原贾生列传》记载，汉文帝以贾谊为长沙王太傅，"贾生既辞往行，闻长沙卑湿，自以为寿不得长"，于是"为赋以吊屈原[②]。又《五宗世家》："（长沙王）以其母微，无宠，故王卑湿贫国。"[③]《汉书·严助传》记载，汉武帝遣两将军将兵诛闽越，淮南王刘安上书谏止，以为当地"暑湿"的恶劣气候，会导致部队大量减员：

---

① 竺可桢：《中国近五千年来气候变迁的初步研究》《竺可桢文集》，第 495、497 页。
② 《史记·屈原贾生列传》，第 2492 页。
③ 《史记·五宗世家》，第 2100 页。

> 夏月暑时，欧泄霍乱之病相随属也，曾未施兵接刃，死伤者
> 必众矣。

刘安又举前时击南海王事以为教训：

> 会天暑多雨，楼船卒水居击棹，未战而疾死者过半。亲老涕
> 泣，孤子啼号，破家散业，迎尸千里之外，裹骸骨而归。悲哀之
> 气数年不息，长老至今以为记。

刘安强调"中国之人不能其水土也"，于是描绘出一幅大军南征的黯
淡前景：

> 南方暑湿，近夏瘴热，暴露水居，虺蛇蠚生，疾疠多作，兵
> 未血刃而病死者什二三。虽举越国而虏之，不足以偿所亡。[①]

对于江南之"暑湿"深怀疑惧之心，避之唯恐不远的史例，还有汉元
帝时刘仁请求"内徙"事。

《后汉书·宗室四王三侯列传·城阳恭王祉》记载：刘仁先祖
"以长沙定王子封于零道之春陵乡，为春陵侯"，"（刘）仁以春陵地
势下湿，山林毒气，上书求减邑内徙。元帝初元四年，徙封南阳之白
水乡，犹以春陵为国名"[②]。

东汉前期，还有其他类似的史例。如《后汉书·马援传》记载，
马防"徙封丹阳"，"后以江南下湿，上书乞归本郡，和帝听之"[③]。
而伏波将军马援击武陵蛮时，也曾"会暑甚，士卒多疫死"，"军士

---

① 《汉书·严助传》，第 2779、2781 页。
② 《后汉书·宗室四王三侯列传·城阳恭王祉》，第 560 页。
③ 《后汉书·马援传》，第 858 页。

多温湿疾病，死者大半。"①

东汉中期以后，则少见类似的记载，大约气候条件的演变，使得北人对南土的体验已经与先前有所不同。

由中原往江南的移民浪潮

两汉之际及东汉末年，两次出现由中原往江南的大规模的移民浪潮。

以《汉书·地理志》与《续汉书·郡国志》中所提供的有关两汉户口数字的资料相比照，可以看到丹阳、吴郡、会稽、豫章、江夏、南郡、长沙、桂阳、零陵、武陵等郡国户口增长的幅度（见表8-1）。

表8-1　丹阳等九郡国两汉户口比较

单位：户，人，%

元始二年(2)			永和五年(140)			增长率	
郡国	户	口	郡国	户	口	户	口
丹扬郡	107541	405171	丹阳郡	136518	630545	26.95	55.62
会稽郡	223038	1032604	吴郡	164164	700782	28.79	14.47
			会稽郡	123090	481196		
豫章郡	67462	351965	豫章郡	406496	1668906	502.56	374.17
江夏郡	56844	219218	江夏郡	58434	265464	2.80	21.10
南郡	125579	718540	南郡	162570	747604	29.46	4.04
长沙国	43470	235825	长沙郡	255854	1059372	488.58	349.22
桂阳郡	28119	156488	桂阳郡	135029	501403	380.21	220.41
零陵郡	21092	139378	零陵郡	212284	1001578	906.47	618.61
武陵郡	34177	185758	武陵郡	46672	250913	36.56	35.08
合计	707332	3444947		1701111	7307763	140.50	112.13

江夏郡与南郡辖地分跨大江南北，户口增长率亦较低。丹阳郡与会稽郡由于开发较早，故户口增长幅度亦不显著。汉顺帝永和元年

---

① 《后汉书·宋均传》，第1412页。

（136）全国户口数与汉平帝元始二年（2）相比，呈负增长形势，分别为-20.7%与-17.5%。与此对照，江南地区户口增长的趋势，成为引人注目的历史现象，而豫章、长沙、桂阳及零陵等郡国的增长率尤为突出。户数增长一般均超过口数增长，暗示移民是主要增长因素之一。

两汉之际，中原兵争激烈，"民人流亡，百无一在"①，"小民流移"②，往往"避乱江南"③。东汉时期，"连年水旱灾异，郡国多被饥困"，"饥荒之余，人庶流迸，家户且尽"，其中往往有渡江而南者。永初初年实行"尤困乏者，徙置荆、扬孰郡，既省转运之费，且令百姓各安其所"④ 的政策，即说明民间自发流移的大致方向。通过所谓"令百姓各安其所"，可知流民向往的安身之地，本来正是"荆、扬孰郡"。

东汉末年剧烈的社会动乱再一次激起以江南为方向的流民运动。

《三国志·吴书·张昭传》："汉末大乱，徐方士民多避难扬土。"《三国志·魏书·华歆传》注引华峤《谱叙》：

> 是时四方贤士大夫避地江南者甚众。

《三国志·魏书·卫觊传》也说："关中膏腴之地，顷遭荒乱，人民流入荆州者十万余家。"《三国志·吴书·全琮传》也有"是时中州士人避乱而南"的记载。⑤

史称士民南流，"避难扬土"，"避乱扬州"⑥ 者，似乎直接原因

---

① 《三国志·魏书·董卓传》注引《续汉书》，第177页。
② 《续汉书·天文志上》，第3221页。
③ 《后汉书·循吏列传·杜延》，第2460页。
④ 《后汉书·樊准传》，第1128页。
⑤ 《三国志》，第1219、402、610、1381页。
⑥ 《三国志·魏书·刘馥传》，第463页。

是畏避兵燹之灾。然而仅仅以此并不能真正说明这一历史现象的深层缘由。战国时期列强之间的长期战争，秦统一天下的战争，秦末反抗秦王朝的战争，刘邦、项羽争夺天下的战争，其规模和烈度之惊人，都曾经对中原社会造成了巨大的破坏，然而当时何以未曾出现大规模南渡避乱的情形呢？

《三国志·魏书·蒋济传》记载，建安十四年（209），曹操欲徙淮南民，"而江、淮间十余万众，皆惊走吴。"《三国志·吴书·吴主传》记述建安十八年（213）事，又写道：

> 初，曹公恐江滨郡县为（孙）权所略，征令内移。民转相惊，自庐江、九江、蕲春、广陵户十余万皆东渡江，江西遂虚，合肥以南唯有皖城。[1]

江淮间民众不得不迁徙时，宁江南而毋淮北，体现出对较优越的生存环境的自发的选择，其考虑的基点，可能并不仅仅在于战乱与安定的比较。

大致在东汉晚期，江南已经扭转"地广人希""火耕水耨"的落后局面，成为"垦辟倍多，境内丰给"[2]的"乐土"。《抱朴子·吴失》说到吴地大庄园经济惊人的富足：

> 势利倾于邦君，储积富于公室，僮仆成军，闭门为市，牛羊掩原隰，田池布千里。

庄园主有充备的物质实力，享受着奢靡华贵的生活：

---

① 《三国志·魏书·蒋济传》，第450页；《三国志·吴书·吴主传》，第1118~1119页。
② 《后汉书·循吏列传·王景》，第2466页。

金玉满堂，伎妾溢房，商贩千艘，腐谷万庾，园圃拟上林，馆第僭太极，梁肉余于犬马，积珍陷于帑藏。[①]

这样的情形，与司马迁所谓"无千金之家"的记述形成了鲜明的对照，而几乎完全成为王符《潜夫论·浮侈》、仲长统《昌言》中所描绘的东汉中期前后黄河流域豪富之家经济生活的翻版。

江南地区气候条件的变迁，使得中原士民不再视之为"暑湿""瘴热"之地而"见行，如往弃市"[②]。气候环境的改善，也使得中原先进农耕技术可以迅速移用推广。这些无疑都成为江南地区经济发展水平得以迅速提高的重要条件。

江南文化地位的提高

随着经济的进步，江南地区的文化面貌也为之一新。

东汉前期，"避乱江南者未还中土"，已经有"会稽颇称多士"的说法。[③]

汉桓帝延熹二年（159），帝请尚书令陈蕃品评当时天下名士，问道："徐稺、袁闳、韦著谁为先后？"陈蕃回答说："（袁）闳生出公侯，闻道渐训。（韦）著长于三辅礼义之俗，所谓不扶自直，不镂自雕。至于（徐）稺者，爰自江南卑薄之域，而角立杰出，宜当为先。"[④] 可见当时江南的文化地位，仍然被看作"卑薄之域"，然而已经出现了"角立杰出"于天下的著名文士。

至于东汉晚期，孔融读虞翻《易注》，曾经有"乃知东南之美者，非徒会稽之竹箭也"的感慨。[⑤] 一时"江南之秀"，往往"亦著

---

① 王明：《抱朴子内篇校释》（增订本），第145、148页。
② 《汉书·晁错传》，第2284页。
③ 《后汉书·循吏列传·任延》，第2460~2461页。
④ 《后汉书·徐稺传》，第1747页。
⑤ 《三国志·吴书·虞翻传》，第1320页。

名诸夏"。① 据《三国志·吴书·虞翻传》注引《会稽典录》所说，江南之地，"善生俊异"，著名学士"各洪才渊懿，学究道源，著书垂藻，骆驿百篇，释经传之宿疑，解当世之盘结，或上穷阴阳之奥秘，下摅人情之归极"，或"海内闻名，昭然光著"，或"为世英彦"，"粲然传世"，或"聪明大略，忠直謇谔"，或"探极秘术"，"文艺多通"，诸多英俊，"徒以远于京畿，含香未越耳"②。

当时江南士人"与中州士大夫会"，每傲然自恃，"语我东方人多才"，具有"交见朝士，以折中国妄语儿"的自信。③

所谓"江南有王气"④ 的说法，其实也反映出经济地位与文化水准上升之后，江南人对政治文化的热忱。⑤

6. 草原生态与丝绸之路交通

草原是周边地方彼此之间交通的天然媒介。关于上古交通史，有学者提示曾经有"毛皮之路"实现了辽阔空间的文化沟通。"毛皮之路"由草原游牧人开拓经营，主要经历草原地区。所谓"毛皮之路"强调了畜牧生产方式在商业史和文化史中的意义，而"丝绸之路"名号则突出了农耕生产方式在历时长久的交通文化格局中的作用。"丝绸之路"的主要路段同样行经以草原为基本地貌条件的地区。草原创造了东西往来便利的交通地理条件。草原的水资源、植被和野生动物分布，为丝绸之路交通的开拓者、经营者和践行者提供了基本的饮食生存条件。人文历史进程对于草原生态的自然发育曾经有所干预甚至

---

① 《三国志·吴书·陆逊传》，第 1361 页。
② 《三国志·吴书·虞翻传》，第 1324~1325 页。
③ 《三国志·吴书·虞翻传》注引《江表传》载孙策与虞翻语，第 1318 页。
④ 《三国志·吴书·吴范传》，第 1422 页。
⑤ 王子今：《试论秦汉气候变迁对江南经济文化发展的意义》，《学术月刊》1994 年第 9 期。

破坏，但是对交通条件或有一定改善。气候变异会影响草原生态原有秩序，由此或对丝路交通线路产生影响。生态史考察应当介入交通史研究。草原生态条件及其历史作用的考察，可以深化对于丝绸之路与丝绸之路史的科学认识。相关探索，尚有较为开阔的学术空间。

草原："交通的天然媒介"

中国对外交往有两条主要通道，西北草原通道和东南海洋通道。[①]

俄罗斯学者比楚林（Бичурин）曾经指出：丝绸之路开通"在中国史的重要性，绝不亚于美洲之发现在欧洲史上的重要"[②]。应当注意到，"美洲之发现"，是"欧洲"人通过经行海洋的交通行为实现的。

汤因比《历史研究》对于草原便利文化沟通的功能有较为明朗的论说。他指出："草原象'未经耕种的海洋'一样，它虽然不能为定居的人类提供居住条件，但是却比开垦了的土地为旅行和运输提供更大的方便。"汤因比是在有关"海洋和草原是传播语言的工具"的讨论中发表这样的意见的。他认为："海洋和草原的这种相似之处可以从它们作为传播语言的工具的职能来说明。大家都知道航海的人们很容易把他们的语言传播到他们所居住的海洋周围的四岸上去。古代的希腊航海家们曾经一度把希腊语变成地中海全部沿岸地区的流行语言。马来亚的勇敢的航海家们把他们的马来语传播到西至马达加斯加东至菲律宾的广大地方。在太平洋上，从斐济群岛到复活节岛、从新西兰到夏威夷，几乎到处都使用一样的波利尼西亚语言，虽然自从波利尼西亚人的独木舟在隔离这些岛屿的广大洋面上定期航行的时候到现在已经过去了许多世代了。此外，由于'英国人统治了海洋'，在

---

① 王子今：《丝绸之路交通的草原方向和海洋方向》，刘进宝主编《丝路文明》第5辑，上海古籍出版社，2020。

② 见〔苏〕狄雅可夫、尼科尔斯基编《古代世界史》，日知译，中央人民政府高等教育部教材编审处，1954，第224页。

近年来英语也就变成世界流行的语言了。"汤因比告知读者："在草原的周围，也有散布着同样语言的现象。""由于草原上游牧民族的传布，在今天还有四种这样的语言：柏伯尔语、阿拉伯语、土耳其语和印欧语。"这几种语言的跨地域"散布"，都与"草原上游牧民族的传布"有密切关系。汤因比指出："柏伯尔语是今天撒哈拉沙漠上的游牧民族所使用的语言，也是撒哈拉沙漠北部和南部边缘一带的定居人民所使用的语言。""阿拉伯语在今天不但通行在阿拉伯草原的北面一带，……而且还通行在南面一带。""土耳其语也传播在欧亚草原的许多边缘地区。"另一值得重视的例证是，"印欧语系在今天（象它的名字所指的那样）很奇特地分散在两块彼此隔绝的地区里，一块在欧洲，一块在伊朗和印度"。"所以呈现这种现象，大概是因为在土耳其语的传播者还没有在这里定居下来之前，欧亚草原上的印欧语的传播者曾在这一带传播过这种语言。欧洲和伊朗都靠近欧亚草原，而这一大片无水的海洋便成了彼此之间交通的天然媒介。这一种语言分布现状和上述三种语言的不同之处只在于它失去了它从前传播过的那一大片夹在中间的草原地区。"在"波利尼西亚人、爱斯基摩人和游牧民族"一节，汤因比也曾写道："到处是野草和碎石的草原同可以耕种的大陆相比，倒不如说它和'未经耕犁的海洋'（荷马常常使用的称呼）更为相近。草原的表面和海洋的表面有这样一个共同点，就是对人类的关系来说，人类到这里来或是为了朝拜圣迹，或是只能暂时的留住。除了岛屿和绿洲而外，它们的广阔面积完全不能为人类提供定居生活的资料。它们对于旅行和交通运输来说都比人类社会所习惯定居的大地表面提供方便得多的条件……。"① 在东西文化交流史上确实可以看到这一情形。丝绸之路发生作用也有这样的条件，即"草原地方"作为"无水的海洋"成为不同文化体系"彼此之间交通的天

① 〔英〕汤因比著，〔英〕索麦维尔节录《历史研究》，曹未风等译，上海人民出版社，1966，第234~235、208页。

然媒介"。

据汤因比的表述，所谓其中有"绿洲"的"草原"，"到处是野草和碎石"，或译作"表面是草地和砂砾的草原"①，似乎是包括荒漠戈壁的。这种地貌，汉文史籍或称为"沙碛"。②

思考草原便利交通的作用，与汤因比笔下"无水的海洋""未经耕犁的海洋""未经耕种的海洋""未曾开垦的海洋"③ 可以形成对应关系的，是中国古代文献中言及西北与北方交通环境所屡见之"大漠""瀚海"之说。④《说文·水部》"漠，北方流沙也"⑤，似乎也暗示"草原"与"海洋"之间的联想。

中国古籍"草原"一语使用较晚。而"大漠""瀚海"指代的地貌是接近汤因比所说的"草原"的。《汉书·卫青传》"封狼居胥山，禅于姑衍，登临翰海"，张晏曰："登海边山以望海也。" 如淳曰："翰海，北海名也。"⑥ 二者都以为"翰海"就是"海"。《汉书补注》

① 〔英〕阿诺德·汤因比著，〔英〕D. C. 萨默维尔编《历史研究》，郭小凌、王皖强、杜庭广、吕厚量、梁洁译，上海人民出版社，2010，第 163 页。

② 《史记·大宛列传》说到"汉"与"宛国"交通之"盐水中"路段的艰险，裴骃《集解》引裴矩《西域记》云："在西州高昌县东，东南去瓜州一千三百里，并沙碛之地，水草难行，四面危，道路不可准记，行人唯以人畜骸骨及驼马粪为标验。以其地道路恶，人畜即不约行，曾有人于碛内时闻人唤声，不见形，亦有歌哭声，数失人，瞬息之间不知所在，由此数有死亡。盖魑魅魍魉也。"（第 3174~3175 页）《汉书·五行志中之下》："遣大将军卫青、霍去病攻祁连，绝大幕。"颜师古注："幕，沙碛也。"（第 1409 页）"大幕"就是"大漠"。

③ 〔英〕阿诺德·汤因比著，〔英〕D. C. 萨默维尔编《历史研究》，郭小凌、王皖强、杜庭广、吕厚量、梁洁译，第 163 页。

④ 《前汉纪》卷二九《孝哀帝纪》"元寿二年"载扬雄上书："（汉武帝）大兴师数十万，连兵十余年。于是浮西河，绝大漠，破颠颜，袭单于王庭，穷极其地，封狼居胥山，禅于姑衍，以临瀚海，虏名王贵人以百数。" 〔（东汉）荀悦撰，张烈点校《汉纪》，第 514 页〕《法言·孝至》："龙堆以西，大漠以北，鸟夷、兽夷。"（汪荣宝撰，陈仲夫点校《法言义疏》，第 554 页）班固《燕然山铭》："经碛卤，绝大漠。"李贤注："沙土曰漠，直度曰绝。"（《后汉书·窦宪传》，第 815~816 页）又《后汉书·西域传》"浮河绝漠，穷破虏庭"，李贤注："沙土曰漠，直度曰绝也。"（第 2911 页）

⑤ 段玉裁注："《汉书》亦假'幕'为'漠'。" 〔（汉）许慎撰，（清）段玉裁注《说文解字注》，第 545 页〕可知前引李贤注"沙土曰漠，直度曰绝"，应承袭《史记·匈奴列传》"绝幕"，裴骃《集解》："瓒曰：'沙土曰幕，直度曰绝。'"

⑥ 《汉书·卫青传》，第 2486~2487 页。

引齐召南曰："按'翰海'，《北史》作'瀚海'，即大漠之别名。沙碛四际无涯，故谓之'海'。张晏、如淳直以'大海''北海'解之，非也。本文明云'出代、右北平二千余里'，则其地正在大漠，安能及绝远之'北海'哉？"[①] 而"尽有陇西之地，士马强盛"的张骏上疏晋主，有"宵吟荒漠，痛心长路"语。[②] 所言"荒漠"与"长路"对仗，形容丝绸之路河西路段。而"草原荒漠"今天依然作为地理学概念使用，是学术界共同接受的。

元代学者刘郁认为："今之所谓'瀚海'者，即古金山也。"[③] 岑仲勉《自汉至唐漠北几个地名之考定》论"翰海之意义"赞同此说，认为"瀚海"是"杭海""杭爱"的译音，"为山而非海"[④]。柴剑虹《"瀚海"辨》进一步发现维吾尔语汇中突厥语的遗存，"确定'瀚海'一词的本义与来历"，以为"两千多年前，居住在蒙古高原上的突厥民族称高山峻岭中的险隘深谷为'杭海'"，"后又将这一带山脉统称为'杭海山'、'杭爱山'，泛称变成了专有名词"[⑤]。然而据一些唐人诗作所见，当时人并不以为"瀚海"是代表"山"的地理符号。如王维《燕支行》："迭鼓遥翻瀚海波，鸣笳乱动天山月。"[⑥] 大概齐召南"沙碛四际无涯，故谓之'海'"的意见是正确的。[⑦]

---

① （清）王先谦撰《汉书补注》，第 1145 页。

② 《晋书·张骏传》，第 2239 页。

③ （元）刘郁撰《西使记》："西域之开，始自张骞。其土地山川固在也。然世代浸远，国号变易，事亦难考。今之所谓'瀚海'者，即古金山也。……"（清钞本，第 3 页）此说为元人王恽《玉堂嘉话》卷二引录，《秋涧先生大全文集》卷九四。清人李文田注《西游录注》亦引录这一意见。认同此说者还有清刘智《天方至圣实录》卷一九。文廷式《纯常子枝语》卷一写道："刘郁《西使记》云：今之所谓'瀚海'者，即古金山也。据此则'杭爱'实'瀚海'之对音。李若农侍郎之说盖信。"（《续修四库全书》第 1165 册，第 3 页）

④ 岑仲勉：《中外史地考证》，中华书局，1962，第 71~72 页。

⑤ 柴剑虹：《"瀚海"辨》，中华书局编辑部编《学林漫录 二集》，中华书局，1981。

⑥ （唐）王维撰，（清）赵殿成笺注《王右丞集笺注》，上海古籍出版社，1984，第 96 页。

⑦ 王子今：《"瀚海"名实：草原丝绸之路的地理条件》，《甘肃社会科学》2021 年第 6 期。

"沮泽""泽卤"：丝路草原生态条件之一

中原人曾经以"泽卤"形容草原地区的基本生态特点。《史记·匈奴列传》记载汉王朝执政集团曾经议决对匈奴的政策："汉议击与和亲孰便。公卿皆曰：'单于新破月氏，乘胜，不可击。且得匈奴地，泽卤，非可居也。和亲甚便。'"① 所谓"得匈奴地，泽卤，非可居也"，成为"和亲"决策形成的认识基础。

据《史记·平津侯主父列传》，主父偃谏伐匈奴，以秦史为鉴戒，说道："（秦皇帝）使蒙恬将兵攻胡，辟地千里，以河为境。地固泽卤，不生五谷。"裴骃《集解》引徐广曰："泽，一作'斥'。"又引瓒曰："其地多水泽，又有卤。"②《汉书·主父偃传》作："（秦皇帝）使蒙恬将兵而攻胡，却地千里，以河为境，地固泽卤，不生五谷。"颜师古注："地多沮泽而咸卤。"③《汉书·匈奴传上》："孝惠、高后时，冒顿浸骄，乃为书，使使遗高后曰：'孤偾之君，生于沮泽之中，长于平野牛马之域……'"颜师古注："沮，浸湿之地。"④ 所谓"浸湿之地"，或接近于现今之湿地。

所谓"地多沮泽而咸卤"，强调水资源的丰饶，亦涉及盐产资源的充备。⑤

《汉书·地理志上》引《禹贡》："道弱水，至于合黎，余波入于流沙。道黑水，至于三危，入于南海。"颜师古注："合黎山在酒泉。

---

① 《史记·匈奴列传》，第 2896 页。

② 《史记·平津侯主父列传》，第 2954 页。裴骃《集解》引徐广曰："泽，一作'斥'。"又引瓒曰："其地多水泽，又有卤。"

③ 《汉书·主父偃传》，第 2800 页。《前汉纪》卷一一《孝武皇帝纪》"元光二年"载主父偃上书："（始皇）出兵攻胡，却地千里，皆斥卤，不生五谷。"校勘记："皆斥卤，斥，龙溪本作'泽'。"（东汉）荀悦撰，张烈点校《汉纪》，第 180 页。

④ 《汉书·匈奴传上》，第 3755~3756 页。

⑤ 王子今：《"居延盐"的发现——兼说内蒙古盐湖的演化与气候环境史考察》，《盐业史研究》2006 年第 2 期。

流沙在敦煌西。""黑水出张掖鸡山，南流至敦煌，过三危山，又南流而入于南海。"①体现中原人很早就拥有关于河西水道的知识。除河流外，河西作为丝绸之路重要路段经行的地方，亦确实有"地多沮泽"的特点。《汉书·地理志下》"武威郡"条于言"姑臧，南山，谷水所出，北至武威入海，行七百九十里"及"苍松，松陕水所出，北至揟次入海"之外，还写道："武威，休屠泽在东北，古文以为猪野泽。""张掖郡"条也写道："觻得，千金渠西至乐涫入泽中。羌谷水出羌中，东北至居延入海，过郡二，行二千一百里。莽曰官式。昭武，莽曰渠武。删丹，桑钦以为道弱水自此，西至酒泉合黎。莽曰贯虏。氐池，莽曰否武。""日勒，都尉治泽索谷。莽曰勒治。""居延，居延泽在东北，古文以为流沙。都尉治。莽曰居成。""觻得"句下颜师古注："应劭曰：'觻得渠西入泽羌谷。'""酒泉郡"条可见："禄福，呼蚕水出南羌中，东北至会水入羌谷。莽曰显德。""乐涫，莽曰乐亭。""会水，北部都尉治偃泉障。"关于"酒泉"，颜师古注："应劭曰：'其水若酒，故曰酒泉也。'师古曰：'旧俗传云城下有金泉，泉味如酒。'"关于"会水"，颜师古注："阚骃云众水所会，故曰会水。""池头"县名，疑亦与自然水面有关。"敦煌郡"条写道："正西关外有白龙堆沙，有蒲昌海。""冥安，南籍端水出南羌中，西北入其泽，溉民田。"颜师古注："应劭曰：'冥水出北，入其泽。'"又："龙勒，有阳关、玉门关，皆都尉治。氐置水出南羌中，东北入泽，溉民田。"关于"效谷"县，颜师古注："本渔泽障也。桑钦说孝武元封六年济南崔不意为鱼泽尉，教力田，以勤效得谷，因立为县名。"关于"渊泉"县，颜师古注："阚骃云地多泉水，故以为名。"②汉代河西地名"海""泽""渊""水""渠""涫""池""泉"等，均标志水资源优势，可证确实"地多沮泽"。据谭其骧主编《中国历

---

① 《汉书·地理志上》，第1534~1535页。
② 《汉书·地理志下》，第1612~1615页。

史地图集》所标示的"凉州刺史部"地方"屠申泽""休屠泽""居延泽""冥泽"等水面，规模都非常宏大。① 这些湖泽的"渔""溉"功能不仅可以"居成""效谷"，无疑也有益于交通的开发。

前引《史记·平津侯主父列传》记载主父偃"孝武元光元年中"上书"谏伐匈奴"，说道："昔秦皇帝……使蒙恬将兵攻胡，辟地千里，以河为境。地固泽卤，不生五谷。"对"秦皇帝"北河经营的批判，以为即导致秦亡的重要缘由："又使天下蜚刍挽粟，起于黄、腄、琅邪负海之郡，转输北河，率三十钟而致一石。男子疾耕不足于粮饷，女子纺绩不足于帷幕。百姓靡敝，孤寡老弱不能相养，道路死者相望，盖天下始畔秦也。"然而元朔年间，主父偃又有经营朔方的建议："偃盛言朔方地肥饶，外阻河，蒙恬城之以逐匈奴，内省转输戍漕，广中国，灭胡之本也。上览其说，下公卿议，皆言不便。公孙弘曰：'秦时常发三十万众筑北河，终不可就，已而弃之。'主父偃盛言其便，上竟用主父计，立朔方郡。"② 对于同一地区的生态评价，前言"泽卤"，以为"不生五谷"，后言"肥饶"，可以"内省转输戍漕"，似有明显不同。《史记·匈奴列传》："徙关东贫民处所夺匈奴河南、新秦中以实之。"关于"新秦中"，张守节《正义》："服虔云：'地名，在北地，广六七百里，长安北，朔方南。《史记》以为秦始皇遣蒙恬斥逐北胡，得肥饶之地七百里，徙内郡人民皆往充实之，号曰新秦中也。'"③ 何焯《义门读书记》卷一八《前汉书·列传》就"偃盛言朔方地肥饶"有所分析："前谏伐匈奴，此何以议置朔方？前书云，地固泽卤，不生五谷，转输率三十钟致一石。此何以复云地肥饶，内省转输戍漕？岂非进由卫氏，卫将军始取其地，故偃变前说以建此计乎？虽然，秦汉既都关中，不取河南置朔方，则逼近寇戎。偃

---

① 谭其骧主编《中国历史地图集》第 2 册，第 33~34 页。
② 《史记·平津侯主父列传》，第 2953~2954、2961~2962 页。
③ 《史记·匈奴列传》，第 2909、2910 页。

之计不以私，故诎。"①

今按"肥饶"，《史记》凡数见。《史记·项羽本纪》："人或说项王曰：'关中阻山河四塞，地肥饶，可都以霸。'"《史记·陈涉世家》褚少孙补述引贾谊《过秦论》："诸侯恐惧，会盟而谋弱秦。不爱珍器重宝肥饶之地，以致天下之士。"《史记·西南夷列传》："（庄）蹻至滇池，方三百里，旁平地，肥饶数千里，以兵威定属楚。"② 所谓"肥饶"，言农耕条件优越。《项羽本纪》言"关中""地肥饶"情形，娄敬的表述是："秦地被山带河，四塞以为固，卒然有急，百万之众可具也。因秦之故，资甚美膏腴之地，此所谓天府者也。"③ 张良也说："夫关中左殽函，右陇蜀，沃野千里，南有巴蜀之饶，北有胡苑之利，阻三面而守，独以一面东制诸侯。诸侯安定，河渭漕挽天下，西给京师；诸侯有变，顺流而下，足以委输。此所谓金城千里，天府之国也，刘敬说是也。"④《史记》卷九七《刘敬叔孙通列传》载刘敬语"秦中新破，少民，地肥饶，可益实"，又明确使用"地肥饶"语。此所谓"地肥饶"，言"沃野""甚美膏腴之地""天府之国"，即农耕开发长久，积累甚为丰厚，经营成熟等级甚高的地方。

"沮泽""泽卤"充备的水资源，即荒漠中绿洲形成的基本条件。绿洲对于丝绸之路交通路线的走向与交通行为的实践有重要的作用，绿洲居民点成为丝绸之路漫长交通线路上的枢纽与中继站，而游牧人利用草原交通能力方面的优势，将绿洲"串连"起来。正如有的学者所指出的，"游牧国家与绿洲都市群是必然会有的连结"。论者也借用"海洋"以为比喻，认为"绿洲都市""如同浮在大海之岛般存在于

① （清）何焯著，崔高维点校《义门读书记》，中华书局，1987，第304页。
② 《史记》，第315、1962、2993页。
③ 《史记》卷九七《刘敬叔孙通列传》，第2716页。
④ 《史记》卷五五《留侯世家》，第2044页。

干燥地区"。论者指出："串连点与点的绿洲之间者，除了由各个绿洲组成的商队外，也不可忽视以面生存的游牧民。这些游牧民被统合在单一政权之下这件事，对绿洲都市来说就代表着安全商圈的出现。在此，游牧民军事权力与绿洲经济力的互补共生关系就成立。"就西域绿洲而言，论者还写道："与以经济供给约定的汉朝'中华'不同，匈奴以与其有着相当紧密相互关系基础之姿，进入到绿洲地域的国家之中。在疆域之中，涵盖接近游牧地区的农、工、商地域这一点，与曾经存在的斯基泰国家具有共通性。"① 在丝绸之路史的早期阶段，匈奴与西域的关系大致正是如此。②

　　绿洲生态对于丝绸之路交通积极的历史意义是明确的。有学者曾经以世界史的视角考察早期丝绸之路西段和中段绿洲的作用："中亚地区"有的"绿洲"成为"东西南北、四通八达之枢纽"，这里"商业""相当发达"，"也是人来人往、物资情报、文化等传播集散处"，"在这里从商的人以此为据点向四方发展"。这一历史迹象也与以"游牧"为主业的"强势民族"的"草原军力"之强盛有一定关系。③

　　《史记·大宛列传》："（大月氏）既臣大夏而居，地肥饶，少寇，志安乐，又自以远汉，殊无报胡之心。"大月氏，"行国也，随畜移徙，与匈奴同俗"④。可知"地肥饶"对于游牧民族也形成重要的生存条件。主父偃言北河朔方，前说"泽卤"，后言"肥饶"，也许并没有根本的矛盾。由"泽卤"而"肥饶"，需要开发。朔方与河西都经历了这样的过程，而基本生态形势适宜发展农耕业生产，是

　　① 〔日〕杉山正明：《游牧民的世界史》，黄美蓉译，中华工商联合出版社，2014，第100页。
　　② 参看王子今《"匈奴西边日逐王"事迹考论》，《新疆文物》2009年第3~4期；《论匈奴僮仆都尉"领西域""赋税诸国"》，《石家庄学院学报》2012年第4期；《匈奴"僮仆都尉"考》，《南都学坛》2012年第4期；《匈奴控制背景下的西域贸易》，《社会科学》2013年第2期。
　　③ 〔日〕杉山正明：《游牧民的世界史》，黄美蓉译，第34页。
　　④ 《史记·大宛列传》，第3158、3161页。

基本的条件。水资源的开发，也是丝绸之路建设与养护的重要措施。①

《史记·大宛列传》："宛左右以蒲陶为酒，富人藏酒至万余石，久者数十岁不败。俗嗜酒，马嗜苜蓿。汉使取其实来，于是天子始种苜蓿、蒲陶肥饶地。"② 此言"肥饶地"，应是长安宫苑附近"肥饶"中尤"肥饶"处。然而由"天子始种苜蓿、蒲陶肥饶地"，可以推知大宛"种苜蓿、蒲陶"本来即在"肥饶地"。大宛兼营农耕业与畜牧业，应是典型的绿洲国家。"其俗土著，耕田，田稻麦。有蒲陶酒。多善马，马汗血，其先天马子也。"可见其畜牧经营成就显著。关注大宛生态，有益于深化草原生态对丝绸之路交通之意义的认识。

"茭""蒲""苇"：丝路草原生态条件之二

草原游牧民族的基本生存方式，是"逐水草迁徙""逐水草移徙"。③ 据中行说之说，"匈奴之俗，人食畜肉，饮其汁，衣其皮；畜食草饮水，随时转移"。司马迁总结其生产方式和生活习俗："随畜牧而转移"，"逐水草迁徙"。④ "美水草"，"宜畜牧"，是草原民族以为优越的生存条件。⑤ 所谓"水草"的"草"，提供了牲畜的养饲条件。

在草原地区交通实践中，所谓"善水草处"的发现与记忆，有重要的意义。在军事远征进程中，关系着吏卒的生死与战事的胜负。

---

① 王子今：《秦汉关中水利经营模式在北河的复制》，收入本书编委会编《安作璋先生史学研究六十周年纪念文集》；侯甬坚主编《鄂尔多斯高原及其邻区历史地理研究》；《"远田轮台"之议与汉匈对"西国"的争夺》，中国人民大学西域研究所编《西域历史语言研究集刊》第2辑；《说㪍楼兰屯田射水事》，《甘肃社会科学》2013年第6期。

② 《史记·大宛列传》，第3173页。

③ 《史记·匈奴列传》，第2879、2891页。

④ 《史记·匈奴列传》，第2879页。

⑤ 《史记·匈奴列传》："骠骑将军复与合骑侯数万骑出陇西、北地二千里，击匈奴。过居延，攻祁连山。"司马贞《索隐》引《西河旧事》云："山在张掖、酒泉二界上，东西二百余里，南北百里，有松柏五木，美水草，冬温夏凉，宜畜牧。匈奴失二山，乃歌云：'亡我祁连山，使我六畜不蕃息；失我燕支山，使我嫁妇无颜色。'"（第2908、2909页）

《史记·卫将军骠骑列传》："张骞从大将军，以尝使大夏，留匈奴中久，导军，知善水草处，军得以无饥渴，因前使绝国功，封骞博望侯。"①《史记·大宛列传》记述汉与大宛外交史的重要一页："天子既好宛马，闻之甘心，使壮士车令等持千金及金马以请宛王贰师城善马。宛国饶汉物，相与谋曰：'汉去我远，而盐水中数败，出其北有胡寇，出其南乏水草。又且往往而绝邑，乏食者多。汉使数百人为辈来，而常乏食，死者过半，是安能致大军乎？无奈我何。且贰师马，宛宝马也。'遂不肯予汉使。"② 其中所谓"出其南乏水草"，是对交通困难客观的分析。

张骞向汉武帝提出联络乌孙的建议："今诚以此时而厚币赂乌孙，招以益东，居故浑邪之地，与汉结昆弟，其势宜听，听则是断匈奴右臂也。既连乌孙，自其西大夏之属皆可招来而为外臣。"张骞策划的新的外交策略得到汉武帝的认可。"天子以为然，拜骞为中郎将，将三百人，马各二匹，牛羊以万数，赍金币帛直数千巨万，多持节副使，道可使，使遗之他旁国。"③ 通过张骞使团多至 600 匹的"马"群与"万数""牛羊"，可知所谓"水草"的"草"，即植被分布情形，对于远程交通行途中的旅行者来说，是仅次于"水"的极其重要的生态条件。④

居延汉简所见"大司农茭"或"大农茭"，似可说明河西地区当时有数量可观的生长"茭草"的土地，在规划中即将辟为农田。居延汉简除"伐茭"外，又有关于"伐苇"和"伐蒲"的内容。"苇"和"蒲"都是水生草本植物。"伐苇"数量一例竟然多至"五千五百廿束"，可以作为反映居延地区植被和水资源状况的重要信息。居延

---

① 《史记·卫将军骠骑列传》，第 2929 页。
② 《史记·大宛列传》，第 3174 页。
③ 《史记·大宛列传》，第 3168 页。
④ 王子今：《从秦汉北边水草生态看民族文化》，《中国社会科学报》2020 年 8 月 14 日，第 4 版。

汉简又可见"伐慈其""艾慈其"事。"慈其"并非"食用菜类"，其实也是饲草。[1] 汉简资料所见河西地方自然生长的"葰""蒲""苇"被伐取以为饲草或编织材料，说明当时植被与后世有明显的不同。

根据环境考古学者的发现，汉代丝路通行线路的植被与现今多有不同。通过对额济纳旗 W-T8 烽燧遗址三层堆积中取样进行的孢粉分析，可以确定年代相当于西汉时期的下层孢粉组合中，"以沼生、水生植物香蒲（Typha）、眼子菜（Potamogeton）花粉占优势（64.4%）"，"香蒲通常生长在湖泊、沼泽的边缘、池塘积水的洼地，常挺出水面，而眼子菜则沉水生长在淡水湖泊或流速不大的水体"。"就该层花粉组合特征看，当时该地尚有一定偏淡的湖沼"，"为屯戍提供了水源和较今适宜的生境"。论者写道："2000 年前所以能大规模屯戍额济纳旗一带应与当时气候较今温湿，水源较为充足有关。今古之异，发人深思。"[2]

河西丝路沿线发现的汉代竹简、竹简削衣以及种类颇多的竹制用器，说明在当时当地的社会生活中，竹有重要的意义。通过对相关资料的综合研究，可知至少在距离居延并不很远的地方，存在可以利用的竹林。[3]

"鸟兽"：丝路草原生态条件之三

野生动物分布，是生态环境的重要因子之一。考察丝绸之路的生态环境背景，不能不注意这一条件。

---

[1] 王子今：《汉代河西的"葰"——汉代植被史考察札记》，《甘肃社会科学》2004 年第 5 期。

[2] 孔昭宸、杜乃秋：《内蒙古自治区额济纳旗汉代烽燧遗址的环境考古学研究》，周昆叔主编《环境考古研究》第 1 辑。

[3] 王子今：《河西地区汉代文物资料中有关"竹"的信息》，《甘肃社会科学》2006 年第 6 期；《简牍资料与汉代河西地方竹类生存可能性的探讨》，武汉大学简帛研究中心编《简帛》第 2 辑。

猎杀"鸟兽"以取得消费生活资料，是草原民族重要经济形式。
"引弓之民""控弦之士"称谓，① 前者强调生产方式，后者指示攻战
能力。《史记·匈奴列传》说匈奴风习："儿能骑羊，引弓射鸟鼠；
少长则射狐兔：用为食。士力能毋弓，尽为甲骑。其俗，宽则随畜，
因射猎禽兽为生业，急则人习战攻以侵伐，其天性也。"② 其民族
"天性"，以"射猎禽兽"为突出特点。《匈奴列传》记述冒顿故事，
"冒顿乃作为鸣镝，习勒其骑射，令曰：'鸣镝所射而不悉射者，斩
之。'行猎鸟兽，有不射鸣镝所射者，辄斩之。""居顷之，冒顿出
猎，以鸣镝射单于善马，左右皆射之。于是冒顿知其左右皆可用。"③
这也说明"出猎""行猎鸟兽"，是草原民族基本"生业"，也是训练
部众的主要方式。"孝文帝后二年，使使遗匈奴书曰：'……先帝制：
长城以北，引弓之国，受命单于；长城以内，冠带之室，朕亦制之。
使万民耕织射猎衣食，父子无离，臣主相安，俱无暴逆。……'"④
明确了匈奴"长城以北，引弓之国"以"射猎"为"衣食"，汉地
"长城以内，冠带之室"以"耕织"为"衣食"的经济形式的分野。

《史记·匈奴列传》："单于终不肯为寇于汉边，休养息士马，习
射猎，数使使于汉，好辞甘言求请和亲。"⑤ 所谓"习射猎"，看来是
匈奴日常活动形式。《汉书·匈奴传下》："汉遣车骑都尉韩昌、光禄
大夫张猛送呼韩邪单于侍子，求问（谷）吉等，因赦其罪，勿令自
疑。昌、猛见单于民众益盛，塞下禽兽尽，单于足以自卫，不畏郅
支。闻其大臣多劝单于北归者，恐北去后难约束，昌、猛即与为盟
约……"关于"塞下禽兽尽，单于足以自卫，不畏郅支"及"闻其

---

① 《史记·匈奴列传》，第 2896、2890 页。《史记·刘敬叔孙通列传》："当是时，冒顿
为单于，兵强，控弦三十万，数苦北边。"（第 2719 页）
② 《史记·匈奴列传》，第 2879 页。
③ 《史记·匈奴列传》，第 2888 页。
④ 《史记·匈奴列传》，第 2902 页。
⑤ 《史记·匈奴列传》，第 2912 页。

大臣多劝单于北归者"，颜师古注："塞下无禽兽，则射猎无所得，又不畏郅支，故欲北归旧处。"① 可知作为"射猎"对象的野生动物资源"禽兽"一旦匮乏，可能导致草原民族变更活动区域。

司马迁说："骞为人强力，宽大信人，蛮夷爱之。堂邑父故胡人，善射，穷急射禽兽给食。初，骞行时百余人，去十三岁，唯二人得还。"② 张骞西行，就是赖"射禽兽给食"，得以坚持艰苦跋涉的。推想许多丝路行旅者也会以类似的方式获取饮食消费条件，在面对所谓"穷急"的生存危机的情况下，"射禽兽给食"，以实现交通计划。有学者曾经说，"居延地区禁用弩射禽兽"。所举例证即居延新简EPT53：63："与将卒长吏相助至署所，毋令卒得擅道用弩射禽兽。"③对"用弩"的限制，体现了爱护军械的要求，而其中的"道"字值得重视。《居延新简集释》的理解，就是"要求戍卒受兵以后要对兵器爱护拿持，不要擅自在道路上用弓弩射猎禽兽"④。可知"道用弩射禽兽"可能是常见的情形。

从居延汉简提供的资料看，汉代居延地方有"野马""野橐佗""野羊""鹿"等野生动物生存。⑤ 这一情形，可能体现了草原丝绸之路许多路段共同的生态环境形势。

有学者指出："匈奴单于自头曼、冒顿之后，对狩猎都很重视。匈奴人射猎，不只以射鸟兽作为食品或娱乐，而且以之作为一种军事训练，一种严格的纪律的手段。"⑥ 但是前引《史记·匈奴列传》所

① 《汉书·匈奴传下》："郅支单于自以道远，又怨汉拥护呼韩邪，遣使上书求侍子。汉遣谷吉送之，郅支杀吉。汉不知吉音问，而匈奴降者言闻瓯脱皆杀之。呼韩邪单于使来，汉辄簿责之甚急。"《汉书·匈奴传下》，第3801～3802页。

② 《史记·大宛列传》，第3159页。

③ 〔韩〕崔德卿：《汉代画像石的话题与生态环境》，刘翠溶主编《自然与人为互动：环境史研究的视角》，第146页。

④ 张德芳主编，马智全著《居延新简集释（四）》，第303～304页。

⑤ 王子今：《简牍资料所见汉代居延野生动物分布》，《鲁东大学学报》（哲学社会科学版）2012年第4期。

⑥ 陈序经：《匈奴史稿》，第75页。

谓"射狐兔：用为食"，是明确强调了射猎获取饮食生活资源的基本意义的。

据《汉书·西域传下》载录汉武帝《轮台诏》，其中说到汉王朝军队"边塞""猎兽"情形："今边塞未正，阑出不禁，障候长吏使卒猎兽，以皮肉为利，卒苦而烽火乏，失亦上集不得，后降者来，若捕生口虏，乃知之。"[①] 他斥责戍守士卒"猎兽，以皮肉为利"，致使"边塞"防务"未正"。可知西北方向丝绸之路许多路段在一定程度上保持着自然生态相当优越的特征，与后世特别是现今状况，有许多的不同。

"驴骡駃驼"：丝路草原生态条件之四

有学者以世界史的视角考察早期丝绸之路西段"游牧"人的交通开创业绩："远距离商业活动依赖于运输。最初，货物的运输依靠骡子和驴子。公元前第 2 千纪中期，骆驼的驯化使得亚洲驼队贸易以及后来被视作永久的古老阿拉伯半岛驼队贸易成为可能，他们开启了至今都未能穿越的沙漠之地的旅程。"[②]

草原地方野生动物资源的开发，是草原民族文明拓进的历史功绩。《史记·匈奴列传》记载："匈奴，其先祖夏后氏之苗裔也，曰淳维。唐虞以上有山戎、猃狁、荤粥，居于北蛮，随畜牧而转移。其畜之所多则马、牛、羊，其奇畜则橐驼、驴、骡、駃騠、𫘦騄、驒騱。""橐驼"，司马贞《索隐》："橐他。韦昭曰：'背肉似橐，故云橐也。'""骡"，司马贞《索隐》："案：《古今注》云'驴牡马牝，生骡'。""駃騠"，裴骃《集解》："徐广曰：'北狄骏马。'"司马贞《索隐》："《说文》云'駃騠，马父骡子也'。《广异志》音决蹄也。《发蒙记》：'刳其母腹而生。'《列女传》云：'生七日超其母。'"

---

① 《汉书·西域传下》，第 3914 页。

② 〔英〕罗伯茨：《全球史》，陈恒等译，东方出版中心，2013，第 100 页。

"驹骒"，裴骃《集解》："徐广曰：'似马而青。'"司马贞《索隐》："按：郭璞注《尔雅》云：'驹骒马，青色，音淘涂。'又《字林》云野马。《山海经》云'北海有兽，其状如马，其名驹骒'也。"①

接近草原地方的秦人，可能较早成为交通动力开发的先行者。②草原生态条件下得以繁育和驯养的驴、骡、骆驼等牲畜，后来因丝绸之路开通，"衔尾入塞"③，流向中原，成为内地的交通动力和生产动力。④上文说到，从河西汉简资料看，当时丝绸之路的河西路段左近地方有"野马""野橐佗"生存。出现"野马"的简例 50.9，E.P.T8：14，E.P.T43：14，E.P.F22：414 等。又有简文可见"见塞外有野橐佗""出塞逐橐佗"（229.1，229.2）的文书记录。⑤不过，汉地引入的还是草原民族成功驯养的驴、骡、骆驼。丝路交通行为在运力匮乏的情况下，可以得到草原当地畜力的补充。汉武帝远征大宛战事失利，于是增扩军备，集结兵力，"赦囚徒材官，益发恶少年及边骑，岁余而出敦煌者六万人，负私从者不与。牛十万，马三万余匹，驴骡橐它以万数"⑥。这些"驴骡橐它"，应当是在河西当地征集的。这是数量异常集中的牲畜的调集，而平时草原地方小规模补充丝路运力的情形，一定非常普遍。

关于草原民族驯用的"骡"和"驴"，文物资料是有所反映的。我们看到的鄂尔多斯青铜器博物馆藏战国圆雕立驴青铜竿头饰，应是实际生活中"驴"的形象的表现。包头观音庙一号墓出土汉画像砖则有骑乘"骡"的画面。西丰西岔沟青铜饰牌所见驴车，则是"驴"

① 《史记·匈奴列传》，第 2879、2880 页。
② 王子今：《李斯〈谏逐客书〉"駃騠"考论——秦与北方民族交通史个案研究》，《人文杂志》2013 年第 2 期。
③ 《盐铁论·力耕》，王利器校注《盐铁论校注》（定本），第 28 页。
④ 王子今：《骡驴馲驼，衔尾入塞——汉代动物考古和丝路史研究的一个课题》，《国学学刊》2013 年第 4 期。
⑤ 谢桂华、李均明、朱国炤：《居延汉简释文合校》，第 371 页。
⑥ 《史记·大宛列传》，第 3176 页。

在草原运输实践中已经作为车辆牵引动力的实证。长安帝陵从葬坑发现"驴"的骨骼，是这种交通动力引入之重要影响的文物证明。[①]

对于外来"驴骡驼驼"大规模引入以为生产动力与交通动力的生态影响，有学者指出，"看不见的病菌也已经伴随着这些商品而来，导致了疫病的暴发。这个过程与哥伦布来往新旧世界时发生的事件比较相像，只是规模较小"[②]。也有学者认为，"前汉末期以后，疾疫比前期增加了好几倍，牛疫常常发生，也说明游牧社会的影响和寒冷干燥的气候扩散到整个社会是有关的。""随着前汉末、后汉时期南匈奴的南下，与北匈奴的和解，相互间的交流就增多。尤其和匈奴间的长期大大小小的战争俘获了很多牛、马、羊，通过贸易往来引入了很多的家畜，因而可能游牧社会独特的疾病，以家畜和人为媒介，传播到了华北地区。"论者还写道："引起发烧的多种病毒不但使牛疫常常发生，而且使人发病造成社会不安，终于导致无法控制情况的政府渐失人心。寒冷的气候与各种疾病使后汉政府无暇注意生态环境的问题。就此而言，汉帝国的崩溃可能与生态的破坏有一定的关联。"[③] 将"生态的破坏"与"帝国的崩溃"建立起"关联"，而"家畜"的"引入"竟然被看作"疾病"传染的"媒介"，观点是新异的。不过，这样的判断，应当提供必要的论证。

气候因素与丝路交通

丝绸之路草原路段"处北地，寒，杀气早降"[④]。有的地方甚至

---

① 王子今：《论汉昭帝平陵从葬驴的发现》，《南都学坛》2015 年第 1 期，收入《南都学坛》编辑部编《"汉代文化研究"论文集》第 2 辑，大象出版社，2017。

② 〔美〕马立博（Robert B. Marks）：《中国环境史——从史前到现代》第 2 版，关永强、高丽洁译，第 94~95 页。

③ 〔韩〕崔德卿：《汉代画像石的话题与生态环境》，刘翠溶主编《自然与人为互动：环境史研究的视角》，第 158~159、131 页。

④ 《史记·匈奴列传》，第 2903 页。

"盛夏含冻裂地，涉冰揭河"①。通行这种路段的中原人，也会与居住在河西边塞驻防值勤的来自内地的军人同样，经历"寒苦"的深切感受。河西汉简简文所见"方春时气不调""方春不和时""春时风气不和"等体现出的西北边塞地方气候异常情形，也是会对交通行为形成不利的影响的。②

《盐铁论·本议》所见对于"使备塞乘城之士饥寒于边""使边境之士饥寒于外"政策的关注，③ 都说明执政阶层的开明人士已经注意到边塞军人以"寒"为重要征象的生活艰辛。《盐铁论·轻重》记录了文学的议论："边郡山居谷处，阴阳不和，寒冻裂地，冲风飘卤，沙石凝积，地势无所宜。中国，天地之中，阴阳之际也，日月经其南，斗极出其北，含众和之气，产育庶物。今去而侵边，多斥不毛寒苦之地，是犹弃江皋河滨，而田于岭阪菹泽也。转仓廪之委，飞府库之财，以给边民。中国困于徭赋，边民苦于戍御。"④ 这样的反战言论，是以边地"寒苦"作为辩议基点的。"边民"和"边境之士"经受的这些困难，也是丝路经行者们同样会体验到的。《盐铁论·备胡》则比较具体地描述了边塞士卒的"寒苦"生活："今山东之戎马甲士戍边郡者，绝殊辽远，身在胡、越，心怀老母。老母垂泣，室妇悲恨，推其饥渴，念其寒苦。《诗》云：'昔我往矣，杨柳依依。今我来思，雨雪霏霏。行道迟迟，载渴载饥。我心伤悲，莫之我哀。'故圣人怜其如此，闵其久去父母妻子，暴露中野，居寒苦之地，故春使使者劳赐，举失职者，所以哀远民而慰抚老母也。"⑤ 中原戍卒行赴边

---

① 《史记·司马相如列传》。

② 王子今：《汉代西北边塞吏卒的"寒苦"体验》，卜宪群、杨振红主编《简帛研究（2010）》，广西师范大学出版社，2012；《居延汉简"寒吏"称谓解读》，张德芳、孙家洲主编《居延敦煌汉简出土遗址实地考察论文集》。

③ 王利器校注《盐铁论校注》（定本），第2、3页。

④ 王利器校注《盐铁论校注》（定本），第180页。

⑤ 王利器校注《盐铁论校注》（定本），第446页。

塞"行道迟迟，载渴载饥"的情形，也以特殊角度折射了"绝殊辽远"的丝绸之路河西段行历者们必然体验的以"寒苦"为主要表现的交通艰难。

草原地方特殊的气候变化也会明显影响丝绸之路交通。《史记·匈奴列传》记载："令大将军青、骠骑将军去病中分军，大将军出定襄，骠骑将军出代，咸约绝幕击匈奴。单于闻之，远其辎重，以精兵待于幕北。与汉大将军接战一日，会暮，大风起，汉兵纵左右翼围单于。单于自度战不能如汉兵，单于遂独身与壮骑数百溃汉围西北遁走。汉兵夜追不得。行斩捕匈奴首虏万九千级，北至阗颜山赵信城而还。"《史记·卫将军骠骑列传》也写道："大将军令武刚车自环为营，而纵五千骑往当匈奴。匈奴亦纵可万骑。会日且入，大风起，沙砾击面，两军不相见，汉益纵左右翼绕单于。单于视汉兵多，而士马尚强，战而匈奴不利，薄莫，单于遂乘六骡，壮骑可数百，直冒汉围西北驰去。时已昏，汉匈奴相纷挐，杀伤大当。汉军左校捕虏言单于未昏而去，汉军因发轻骑夜追之，大将军军因随其后。匈奴兵亦散走。迟明，行二百余里，不得单于，颇捕斩首虏万余级，遂至寘颜山赵信城，得匈奴积粟食军。"[1] 这些记录，应当保留了对于荒漠地方强沙尘暴天气的历史记忆。敦煌汉简可见"日不显目今黑云多，月不可视今风非（飞）沙"（2253）简文，[2] 应当也是这种天气的记录。这种异常天气影响战争进程，当然也会影响交通行为。居延汉简可见戍卒劳作内容之一，是"除沙"（89.2，479.6）。[3] 应当是清理移除对防务工事造成破坏的积沙。当时的交通道路，积沙也会造成危害。

---

① 《史记·匈奴列传》，第2910页；《史记·卫将军骠骑列传》，第2935页。
② 甘肃省文物考古研究所编《敦煌汉简》，第307页。
③ 谢桂华、李均明、朱国炤：《居延汉简释文合校》，第155、575页。

生态条件变化的交通史意义

研究者通过对额济纳旗 W-T8 烽燧遗址三层堆积中取样进行的孢粉分析，确定年代相当于西汉时期的下层孢粉组合，"以沼生、水生植物香蒲（Typha）、眼子菜（Potamogeton）花粉占优势（64.4%）"，"香蒲通常生长在湖泊、沼泽的边缘、池塘积水的洼地，常挺出水面，而眼子菜则沉水生长在淡水湖泊或流速不大的水体"。"就该层花粉组合特征看，当时该地尚有一定偏淡的湖沼"，"为屯戍提供了水源和较今适宜的生境"①。历史时期气候条件多有变化。据竺可桢论证，"在战国时期，气候比现在温暖得多"。"到了秦朝和前汉（公元前221~公元23年）气候继续温和。""司马迁时亚热带植物的北界比现时推向北方。""到东汉时代即公元之初，我国天气有趋于寒冷的趋势……"据竺可桢所绘"五千年来中国温度变迁图"，秦及西汉时，平均气温较现今大约高 1.5℃，东汉时平均气温较现今大约低 0.7℃。平均气温上下摆动的幅度超过2℃。② 气候条件自然也会影响到水资源和自然植被的形态。野生动物的分布受到水资源和植被的影响，而人类活动造成的变化也非常显著。如上文说到的"民众益盛，塞下禽兽尽"，就是典型例证。

中原农人移居北边，推行屯垦，侵蚀了原有草场的面积。《史记·匈奴列传》："匈奴远遁，而幕南无王庭。汉度河自朔方以西至令居，往往通渠置田，官吏卒五六万人，稍蚕食，地接匈奴以北。"③ 农田开发导致的对原有生态的破坏，是确定的史实。④ 侯仁之、俞伟超等对乌兰布和沙漠附近汉代垦区进行考察时发现，在屯垦军民撤出之

---

① 孔昭宸、杜乃秋：《内蒙古自治区额济纳旗汉代烽燧遗址的环境考古学研究》，周昆叔主编《环境考古研究》第 1 辑。
② 竺可桢：《中国近五千年来气候变迁的初步研究》，《竺可桢文集》，第 495、497 页。
③ 《史记·匈奴列传》，第 2911 页。
④ 王子今、吕宗力：《两汉时期关于军事屯田的论争》，《中国军事科学》2011 年第 2 期。

后，生态环境形势严重恶化："随着社会秩序的破坏，汉族人口终于全部退却，广大地区之内，田野荒芜，这就造成了非常严重的后果，因为这时地表已无任何作物的覆盖，从而大大助长了强烈的风蚀，终于使大面积表土破坏，覆沙飞扬，逐渐导致了这一地区沙漠的形成。"① 笔者 2005 年 8 月对巴彦淖尔相关地区的考察，经历鸡鹿塞遗址及乌兰布和沙漠边缘，又调查了汉窳浑县城遗址，也得到了同样的认识。史念海曾经指出，西汉一代在鄂尔多斯高原所设的县多达 20 多个，这个数字尚不包括一些未知确地的县。当时的县址，有 1 处今天已经在沙漠之中，有 7 处已经接近沙漠。"应当有理由说，在西汉初在这里设县时，还没有库布齐沙漠。至于毛乌素沙漠，暂置其南部不论，其北部若乌审旗和伊金霍旗在当时也应该是没有沙漠的。"土壤大面积沙化的情形各有其具体的原因，但是至少农林牧分布地区的演变也是一个促进的因素。史念海分析，"草原的载畜量过高，也会促使草原的破坏。草原破坏，必然助长风蚀的力量，促成当地的沙化"②。丝绸之路许多路段通过地方的屯田工程也经历了同样的变迁。绿洲的缩小、湖泽的退却、地表的沙化，都必然对交通形成消极的影响。

考察丝绸之路通行的草原生态条件，不能不涉及生态环境变迁导致的丝绸之路交通条件的变化。移民、垦荒、多种方式的经济开发等人文历史进程对于草原自然生态状况曾经有所影响甚至造成严重破坏，但是因此对交通条件的一定程度的改善，亦有益于丝绸之路效能的实现。现在回顾相关历史文化现象，有必要思考生态史与交通史的关联，从史学视角理解生态条件与交通建设的相互关系，反思相关政策行为的成败和得失。

---

① 侯仁之、俞伟超、李宝田：《乌兰布和沙漠北部的汉代垦区》，中国科学院治沙队编《治沙研究》第 7 号。
② 史念海：《两千三百年来鄂尔多斯高原和河套平原农林牧地区的分布及其变迁》，《河山集 三集》。

九

秦汉时期生态环境的个案研究

1. 秦定都咸阳的生态地理学分析

《史记·秦本纪》记载了咸阳成为国都的过程，"（秦孝公）十二年，作为咸阳，筑冀阙，秦徙都之"。《秦始皇本纪》："孝公享国二十四年。……其十三年，始都咸阳。"《商君列传》也写道："于是以鞅为大良造。……居三年，作为筑冀阙宫庭于咸阳，秦自雍徙都之。"①

定都咸阳，是秦史具有重大意义的事件，也形成了秦国兴起的历史过程中的显著转折。

定都咸阳，是秦政治史上的辉煌的亮点。如果我们从生态地理学和经济地理学的角度分析这一事件，也可以获得新的有意义的发现。

---

① 《史记》，第 203、288、2232 页。

秦都的转移：由林牧而农耕的进步

秦的政治中心，随着秦史的发展，呈现出由西而东逐步转移的轨迹。

秦人传说时代的历史，有先祖来自东方的说法。而比较明确的秦史记录，即从《史记·秦本纪》所谓"初有史以纪事"的秦文公时代起，秦人活动的中心，经历了这样的转徙过程：

西垂—汧渭之会—平阳—雍—咸阳

其基本趋势，是由西向东逐渐转移。

在秦定都雍与定都咸阳之间，有学者提出曾经都栎阳的意见。笔者认为，司马迁的秦史记录多根据《秦记》，因而较为可信的事实，[①]是值得重视的。而可靠的文献记载中并没有明确说明秦曾经迁都栎阳的内容。就考古文物资料而言，栎阳的考古工作也没有提供秦曾经迁都栎阳的确凿证据。栎阳城址遗迹年代均判定为秦代或汉代。[②] 根据现有材料依然可以肯定：栎阳始终未曾作为秦都。[③]

秦都由西垂东迁至于咸阳的过程，是与秦"东略之世"[④] 国力不断壮大的历史同步的。

秦迁都的历程，又有生态地理和经济地理的背景。

史念海曾经指出："在形成古都的诸因素中，自然环境应居有一定的重要位置。都城的设置是不能离开自然环境的。如果忽略了自然

[①]　参看王子今《〈秦记〉考识》，《史学史研究》1997 年第 1 期；《〈秦记〉及其历史文化价值》，秦始皇兵马俑博物馆《论丛》编委会编《秦文化论丛》第 5 辑。

[②]　中国社会科学院考古研究所栎阳发掘队：《秦汉栎阳城遗址的勘探和试掘》，《考古学报》1985 年第 3 期。

[③]　王子今：《秦献公都栎阳说质疑》，《考古与文物》1982 年第 5 期；《栎阳非秦都辨》，《考古与文物》1990 年第 3 期。

[④]　王国维：《秦都邑考》，《王国维遗书》，上海古籍书店据商务印书馆 1940 年版影印，1983，《观堂集林》卷一二，第 9 页。

环境，则有关都城的一些设想就无异成为空中楼阁，难得有若何着落。""都城的自然环境显示在地势、山川、土壤、气候、物产等方面。"① 徐卫民在总结秦都城变迁的历史规律时，也曾经提醒人们注意"（自然环境）既是形成都城的基础因素，又可成为都城发展的限制性因素，加之不同历史时期的都城对自然环境的利用和要求的角度不同，因此就可能形成都城的迁徙"。他还指出："在东进的过程中，秦人也对占领区的地形环境进行观察，以便选择较为理想的地方作为都城，因而随着占领的土地越多，选择的机会也多起来。"他于是认为，秦都东迁的过程"完全可以说是优化选择和充分利用地理优势的过程"②。这样的分析，无疑是正确的。然而我们如果从另一角度进一步考察择定新都的动机，还可以发现，秦人由西而东迁都的决策，有于生态条件和经济形式方面进行"优化选择"的因素。

秦人有早期以畜牧业作为主体经济形式的历史。

《史记·秦本纪》记载："（秦先祖大费）佐舜调驯鸟兽，鸟兽多驯服，是为柏翳。""非子居犬丘，好马及畜，善养息之。犬丘人言之周孝王，孝王召使主马于汧渭之间，马大蕃息。""于是孝王曰：'昔伯翳为舜主畜，畜多息，故有土，赐姓嬴。今其后世亦为朕息马，朕其分土为附庸。'邑之秦，使复续嬴氏祀，号曰秦嬴。"③ 秦最初立国，曾经得益于畜牧业的成功。

我们还应当看到，作为秦早期经济发展基地的西垂之地，长期是林产丰盛的地区。④ 原生林繁密的生态条件，可以成为特殊的物产优势的基础，同时也在一定意义上表现出不利于农耕经营之发展的影响。《汉书·

---

① 史念海：《中国古都和文化》，中华书局，1998，第 180 页。
② 徐卫民：《秦都城研究》，陕西人民教育出版社，2000，第 67 页。
③ 《史记·秦本纪》，第 173、177 页。
④ 《汉书·地理志下》："天水、陇西，山多林木，民以板为室屋。""故秦诗曰'在其板屋'。"（第 1644 页）

地理志下》说秦先祖柏益事迹，"为舜朕虞，养育草木鸟兽，赐姓嬴氏"①。与《史记·秦本纪》记载"调驯鸟兽"有所不同，经营对象包括"草木"。所谓"养育草木"，暗示林业在秦早期经济形式中也曾经具有相当重要的地位。根据考古发现，当时"秦人起码已过着相对定居的生活"，"其饮食生活当以农作物的粮食为重要食物来源"。有的学者指出："这完全不像人们一贯传统的说法，认为秦人当时是过着游牧、狩猎的生活。"② 注意秦人经营林业的历史，或许有助于理解有关现象。

《史记·秦本纪》如此记录秦文公营邑于"汧渭之会"的情形："三年，文公以兵七百人东猎。四年，至汧渭之会。曰：'昔周邑我先秦嬴于此，后卒获为诸侯。'乃卜居之，占曰吉，即营邑之。"③ 秦文公决定在"汧渭之会"营建城邑，具有重要的历史意义。王国维曾经说："文公始逾陇而居汧渭之会，其未逾陇以前，殆与诸戎无异。"④ 而这一历史转变的契由，竟然是"以兵七百人东猎"。《汉书·地理志下》也写道，天水、陇西及安定、北地等地方，"皆迫近戎狄，修习战备，高上气力，以射猎为先"⑤。所以《秦诗》曰"王于兴师，修我甲兵，与子偕行"。"及《车辚》《四载》《小戎》之篇，皆言车马田狩之事。"⑥

---

① 《汉书·地理志下》，第 1641 页。
② 樊志民：《秦农业历史研究》，第 9~10 页。
③ 《史记·秦本纪》，第 179 页。
④ 《观堂集林》卷一二《秦都邑考》，《王国维遗书》第 1 册，上海古籍书店据商务印书馆 1940 年版影印，1983，第 545 页。王国维还就对《史记·秦本纪》"非子居犬丘"的误解，指出："徐广以犬丘为槐里，《正义》仍之，遂若秦之初起已在周畿内者，殊失实也。"并有附记："此稿既成，检杨氏守敬《春秋列国图》，图西犬丘于汉陇西郡西县地，其意正与余合。"
⑤ 《汉书·地理志下》，第 1644 页。
⑥ 以上引文所引四首诗，"秦诗"指《诗·秦风·无衣》，颜师古注："无衣之诗也。言于王之兴师，则修我甲兵，而与子俱征伐也。""车辚"即《诗·秦风·车邻》。颜师古注："《车辚》，美秦仲大有车马。其诗曰'有车辚辚，有马白颠'。""四载"即《诗·秦风·驷驖》。颜师古注："《四载》，美襄公田狩也。其诗曰'四载孔阜，六辔在手'，'輶车鸾镳，载猃猲獢'。""小戎"即《诗·秦风·小戎》。颜师古注："《小戎》，美襄公备兵甲，讨西戎。其诗曰'小戎俴收，五楘良辀'，'文茵畅毂，驾我骐駵'，'龙盾之合，鋈以觼軜'。"（见《汉书·地理志下》，第 1644 页）

秦文公的另一事迹也值得我们注意。《史记·秦本纪》："十六年，文公以兵伐戎，戎败走。于是文公遂收周余民有之，地至岐，岐以东献之周。"① 这一历史记载告诉我们，秦人已经以"收周余民有之"的形式继承了周人的农耕经验，接受了周人的经营方式，在岐以西之地从事农业生产。对于"岐以东"同样具有悠久农耕传统和农耕条件可能更为优异的土地，则尚无全面占有的条件。

《史记·秦本纪》还记载："二十七年，伐南山大梓，丰大特。"秦文公时代的这一史事，具有浓重的神秘主义色彩。裴骃《集解》有这样的解说：

> 徐广曰："今武都故道有怒特祠，图大牛，上生树本，有牛从木中出，后见于丰水之中。"

张守节《正义》引《括地志》云：

> 大梓树在岐州陈仓县南十里仓山上。《录异传》云："秦文公时，雍南山有大梓树，文公伐之，辄有大风雨，树生合不断。时有一人病，夜往山中，闻有鬼语树神曰：'秦若使人被发，以朱丝绕树伐汝，汝得不困耶？'树神无言。明日，病人语闻，公如其言伐树，断，中有一青牛出，走入丰水中。其后牛出丰水中，使骑击之，不胜。有骑堕地复上，发解，牛畏之，入不出，故置髦头。汉、魏、晋因之。武都郡立怒特祠，是大梓牛神也。"

张守节按："今俗画青牛障是。"② 其实，也有可能《录异传》的这段

---

① 《史记·秦本纪》，第179页。
② 《史记·秦本纪》，第180、181页。

文字为张守节《正义》直接引录，而并非由《括地志》转引，如此，则应当读作：

> 《括地志》云："大梓树在岐州陈仓县南十里仓山上。"《录异传》云："秦文公时，雍南山有大梓树，文公伐之，辄有大风雨，树生合不断。时有一人病，夜往山中，闻有鬼语树神曰：'秦若使人被发，以朱丝绕树伐汝，汝得不困耶？'树神无言。明日，病人语闻，公如其言伐树，断，中有一青牛出，走入丰水中。其后牛出丰水中，使骑击之，不胜。有骑堕地复上，发解，牛畏之，入不出，故置髦头。汉、魏、晋因之。武都郡立怒特祠，是大梓牛神也。"

这样断读，并不影响我们对文意的理解。

对于这一"大梓牛神"的传说，可以进行神话学的分析，文化象征意义的分析，其内容告诉我们，已经进入农耕经济阶段的秦人，在其文化的深层结构中，对于以往所熟悉的林业、牧业和田猎生活，依然保留着长久的怀念。①

自雍徙都咸阳：从农耕区的边缘到农耕区的中心

自"武公卒，葬雍平阳"，以及"德公元年，初居雍城大郑宫"，又"卜居雍，后子孙饮马于河"② 之后，雍城成为秦的行政中心。建都于雍的秦国，已经明确将东进作为发展方向。雍城是生态条件十分适合农耕发展的富庶地区，距离周人早期经营农耕、创造农业奇迹的

---

① 《华阳国志·蜀志》说："（蜀人）乃嘲秦人曰：'东方牧犊儿。'秦人笑之，曰：'吾虽牧犊，当得蜀也。'"（晋）常璩撰，任乃强校注《华阳国志校补图注》，第 123 页。可知秦的国际形象长期未能洗刷畜牧文化色彩，而秦人内心亦并不以"牧犊"为耻。

② 《史记·秦本纪》，第 183、184 页。

所谓"周原膴膴"① 的中心地域，东西不过咫尺。而许多学者是将其归入广义的"周原"的范围之内的。②

秦人东向发展的历史进程，是主要通过军事方式，借助战争手段推进的。从秦穆公发起对晋国的战争，又"益国十二，开地千里，遂霸西戎"，到"献公即位，镇抚边境，徙治栎阳，且欲东伐，复缪公之故地"，至于秦孝公时，"十年，卫鞅为大良造，将兵围魏安邑，降之"③。秦国以战争手段力克强敌，艰难发展，逐步扩张疆土。

还应当看到，在这一历史阶段，在与敌国进行持续的战争的同时，秦人又进行着与自然的持续的战争。

秦人由于从畜牧业经济中脱生不久，在文化传统方面还保留有许多旧时礼俗，于是被中原人仍然看作"夷翟""戎翟"。《史记·秦本纪》说，秦孝公以前，"秦僻在雍州，不与中国诸侯之会盟，夷翟遇之"，秦人以为"诸侯卑秦，丑莫大焉"。《六国年表》还写道："秦杂戎翟之俗"，"秦之德义不如鲁卫之暴戾"④。

不过，以雍城为中心的秦国，实际上已经在农业经济的轨道上平稳运行了相当长的时间，并且取得了引人注目的成就。

雍城出土的铁制农具，是迄今所知我国发现最为集中的早期铁农具。⑤

秦国农业的进步，还表现在秦穆公十二年的"汎舟之役"。《左传·僖公十三年》记载："冬，晋荐饥，使乞籴于秦。秦伯谓子桑：'与诸乎？'对曰：'重施而报，君将何求？重施而不报，其民必携；

① 《诗·大雅·绵》，（清）阮元校刻《十三经注疏》，第 510 页。
② 史念海：《周原的变迁》，《河山集 二集》，第 214~231 页；《周原的历史地理与周原考古》，《西北大学学报》（哲学社会科学版）1978 年第 2 期，收入《河山集 三集》，第 357~373 页。林剑鸣也明确说："雍位于漳河上游的雍水附近，这里是周原最富庶的地区。"（《秦史稿》，第 43 页）。
③ 《史记·秦本纪》，第 194、202、203 页。
④ 《史记·秦本纪》，第 202 页；《史记·六国年表》，第 685 页。
⑤ 王学理、尚志儒、呼林贵等编《秦物质文化史》，三秦出版社，1994，第 10~12 页。

携而讨焉，无众必败。'谓百里：'与诸乎？'对曰：'天灾流行，国家代有。救灾恤邻，道也。行道有福。'丕郑之子豹在秦，请伐晋。秦伯曰：'其君是恶，其民何罪？'秦于是乎输粟于晋，自雍及绛相继，命之曰'汎舟之役'。"①《史记·秦本纪》的记载略同："晋旱，来请粟。丕豹说缪公勿与，因其饥而伐之。缪公问公孙支，支曰：'饥穰更事耳，不可不与。'问百里傒，傒曰：'夷吾得罪于君，其百姓何罪？'于是用百里傒、公孙支言，卒与之粟。以船漕车转，自雍相望至绛。"②

另一可以反映秦国农业成就的史例，是《史记·秦本纪》："戎王使由余于秦。由余，其先晋人也，亡入戎，能晋言。闻缪公贤，故使由余观秦。秦缪公示以宫室、积聚。由余曰：'使鬼为之，则劳神矣。使人为之，亦苦民矣。'"③ 戎王使者由余来访，秦穆公展示"宫室、积聚"，炫耀国力，致使对方不得不惊叹。所谓"宫室、积聚"，后者是农耕经济的直接成就，前者是农耕经济的间接成就。

尽管以雍城为都城的秦国的农业水平已经逐渐走向成熟，但是在与东方诸国的竞争中依然处于不利的地位。除了在文化传统和经济积累方面的不足而外，雍城的生态地理与经济地理条件与"岐以东"地方相比，也表现出一定的劣势。当时的雍城，临近林区和耕地的交界，也临近畜牧区和农业区的交界。正如樊志民所指出的，"关中西北的农牧交错地带，受生产类型之制约，只宜农牧兼营，维持相对较低的农牧负载水平"④。与东方长期以农为本的强国比较，"秦僻在雍州"，形成了生态条件和经济背景的强烈的反差，于是也成为致使"中国诸侯"不免"夷翟遇之"的因素之一。

---

① 《春秋左传集解》，第284页。
② 《史记·秦本纪》，第188页。
③ 《史记·秦本纪》，第192页。
④ 樊志民：《秦农业历史研究》，第63页。

在这样的形势下，秦孝公和商鞅为了谋求新的发展，决定迁都咸阳。

迁都咸阳的决策，有将都城从农耕区之边缘转移到农耕区之中心的用意。

秦自雍城迁都咸阳，实现了重要的历史转折。一些学者将"迁都咸阳"看作商鞅变法的内容之一，是十分准确的历史认识。[1]

《史记·商君列传》记载，商鞅颁布的新法，有这样的内容："僇力本业，耕织致粟帛多者复其身。事末利及怠而贫者，举以为收孥。"[2] 扩大农耕的规划，奖励农耕的法令，保护农耕的措施，使得秦国掀起了一个新的农业跃进的高潮。而这一历史变化的策划中心和指挥中心，就设在咸阳。

据《商君书·更法》，商鞅推行新法的第一道政令，就是《垦草令》。其内容现在已经难以确知。我们从《商君书·垦令》中，可能推知其主要内容。《商君书·垦令》提出了 20 种措施，一一论说，分别指出各条措施对于"垦草"的积极意义，如：①"农不敝而有余日，则草必垦矣。"②"少民学之不休，则草必垦矣。"③"国安不殆，勉农而不偷，则草必垦矣。"④"辟淫游惰之民无所于食，无所于食则必农，农则草必垦矣。"⑤"窳惰之农勉疾，商欲农，则草必垦矣。"⑥"意壹而气不淫，则草必垦矣。"⑦"农事不伤，农民益农，则草必垦矣。"⑧"逆旅之民无所于食，则必农，农则草必垦

---

[1] 翦伯赞主编《中国史纲要》在"秦商鞅变法"题下写道："公元前356年，商鞅下变法令"，"公元前350年，秦从雍（今陕西凤翔）迁都咸阳，商鞅又下第二次变法令……"（人民出版社，1979，第75页）杨宽《战国史》（增订本）在"秦国卫鞅的变法"一节"卫鞅第二次变法"题下，将"迁都咸阳，修建宫殿"作为变法主要内容之一，又写道："咸阳位于秦国的中心地点，靠近渭河，附近物产丰富，交通便利。"（第206页）林剑鸣《秦史稿》在"商鞅变法的实施"一节，也有"迁都咸阳"的内容，其中写道："咸阳（在咸阳市窑店东）北依高原，南临渭河，适在秦岭怀抱，既便利往来，又便于取南山之产物，若浮渭而下，可直入黄河；在终南山与渭河之间就是通往函谷关的大道。"（第189页）

[2] 《史记·商君列传》，第2230页。

矣。"⑨"农慢惰倍欲之民无所于食；无所于食则必农，农则草必垦矣。"⑩"上不费粟，民不慢农，则草必垦矣。"⑪"褊急之民不斗，很刚之民不讼，怠惰之民不游，费资之民不作，巧谀恶心之民无变也；五民者不生于境内，则草必垦矣。"⑫"农静，诛愚乱农之民欲农，则草必垦矣。"⑬"余子不游事人，则必农，农则草必垦矣。"⑭"知农不离其故事，则草必垦矣。"⑮"农民不淫，国粟不劳，则草必垦矣。"⑯"农多日，征不烦，业不败，则草必垦矣。"⑰"农恶商，商疑惰，则草必垦矣。"⑱"农事必胜，则草必垦矣。"⑲"业不败农，则草必垦矣。"⑳"农民不败，则草必垦矣。"①

以"垦草"作为新法的首要内容，体现了执政者大力发展农耕业的决心，其基本措施，是全面动员民众务农，严格约束非农业经营，为农业生产的发展提供各种政策保证。有的学者指出，商鞅倡行垦草、徕民，是主要针对关中东部的政策。"关中东部作为秦新占领的地区之一，土地垦殖率相对低于关中西部，有'垦草'之余地；人口密度相对小于三晋诸邻，有'徕民'之空间。"②从这一角度理解商鞅推行《垦草令》的意义和秦定都咸阳所体现的进取意识，可以给人更深刻的印象。

大规模"垦草"促成的田土面积的空前扩大，可能超过了周人的经营范围，使得农产品富足一时，秦国于是成为实力强盛的农业大国。周天子以及东方列国都已经不能再无视这一以成功的农耕经济为基础的政治实体的存在了。

始都咸阳：新的生态地理条件与经济地理形势

《史记·秦本纪》说，商鞅建议秦孝公"变法修刑，内务耕稼，

---

① 高亨注译《商君书注译》，第19~30页。
② 樊志民：《秦农业史研究》，第63页。

外劝战死之赏罚"①，新法的基本原则，是"内务耕稼"。商鞅变法在促成"耕稼"发展方面的成功，是在定都于咸阳之后取得的。

《史记·项羽本纪》记载："项王乃立章邯为雍王，王咸阳以西，都废丘。""立司马欣为塞王，王咸阳以东至河，都栎阳。"② 可见咸阳位于关中之中，是两分关中的中界。正如有的学者所指出的："咸阳位当关中平原的中心地带，恰在沣、渭交会以西的大三角地带。这里有着大片的良田沃土，早为人们所开发利用，是个农产丰富的'奥区'。"③ 咸阳在当时因生态地理与经济地理条件的优越，本身已经成为富足的"天府"，同时又具有能够领导关中地方的地位。

对于秦定都咸阳之后继续推行变法，国势日盛的历史，司马迁在《史记·秦本纪》中有这样的记述：

> 十二年，作为咸阳，筑冀阙，秦徙都之。并诸小乡聚，集为大县，县一令，四十一县。为田开阡陌。东地渡洛。十四年，初为赋。十九年，天子致伯。二十年，诸侯毕贺。秦使公子少官率师会诸侯逢泽，朝天子。④

《史记·商君列传》也记载：

> 于是以鞅为大良造。将兵围魏安邑，降之。居三年，作为筑冀阙宫庭于咸阳，秦自雍徙都之。而令民父子兄弟同室内息者为禁。而集小乡邑聚为县，置令、丞，凡三十一县。为田开阡陌封疆，而赋税平。平斗桶权衡丈尺。行之四年，公子虔复犯约，劓

---

① 《史记·秦本纪》，第 203 页。
② 《史记·项羽本纪》，第 316 页。
③ 王学理：《咸阳帝都记》，三秦出版社，1999，第 41 页。
④ 《史记·秦本纪》，第 203 页。

之。居五年，秦人富强，天子致胙于孝公，诸侯毕贺。[①]

我们看到，商鞅在咸阳推行了 3 项重要的政策，终于使得"天子致伯"，"诸侯毕贺"：

①确定并完善县制。（《秦本纪》："并诸小乡聚，集为大县，县一令，四十一县。"《商君列传》："集小乡邑聚为县，置令、丞，凡三十一县。"）

②确定并完善田制。（《秦本纪》："为田开阡陌。"《商君列传》："为田开阡陌封疆。"）

③确定并完善税制。（《秦本纪》："初为赋。"《商君列传》："赋税平。平斗桶权衡丈尺。"）

落实这些政策之后，秦国与东方传统农耕国家在体制上已经没有差别，在农业经济的管理方面，已经迈进了成熟的阶段。也就是说，秦孝公和商鞅在咸阳领导了一场在秦史上具有重要意义的胜利的经济革命。

《史记·秦始皇本纪》记载："先王庙或在西雍，或在咸阳。"[②] 这就是说，当时不仅秦的政治中心和经济中心转移到了咸阳，国家的礼祀中心，也开始向咸阳转移。

《史记·封禅书》列述秦人经营的关中祠所："自华以西，名山七，名川四。曰华山，薄山。薄山者，衰山也。岳山，岐山，吴岳，鸿冢，渎山。渎山，蜀之汶山。水曰河，祠临晋；沔，祠汉中；湫渊，祠朝那；江水，祠蜀。亦春秋泮涸祷塞，如东方名山川；而牲牛犊牢具珪币各异。而四大冢鸿、岐、吴、岳，皆有尝禾。陈宝节来祠。其河加有尝醪。此皆在雍州之域，近天子之都，故加车一乘，骝驹四。霸、产、长水、沣、涝、泾、渭皆非大川，以近咸阳，尽得比

---

① 《史记·商君列传》，第 2232 页。
② 《史记·秦始皇本纪》，第 266 页。

山川祠，而无诸加。汧、洛二渊，鸣泽、蒲山、岳胥山之属，为小山川，亦皆岁祷塞祠涸祠，礼不必同。而雍有日、月、参、辰、南北斗、荧惑、太白、岁星、填星、辰星、二十八宿、风伯、雨师、四海、九臣、十四臣、诸布、诸严、诸逑之属，百有余庙。西亦有数十祠。于湖有周天子祠。于下邽有天神。沣、滈有昭明、天子辟池。于杜、亳有三社主之祠、寿星祠；而雍菅庙亦有杜主。杜主，故周之右将军，其在秦中，最小鬼之神者。各以岁时奉祠。唯雍四畤上帝为尊，其光景动人民唯陈宝。故雍四畤，春以为岁祷，因泮冻，秋涸冻，冬塞祠，五月尝驹，及四仲之月月祠，若陈宝节来一祠。春夏用骍，秋冬用駠。畤驹四匹，木禺龙栾车一驷，木禺车马一驷，各如其帝色。黄犊羔各四，珪币各有数，皆生瘗埋，无俎豆之具。三年一郊。秦以冬十月为岁首，故常以十月上宿郊见，通权火，拜于咸阳之旁，而衣上白，其用如经祠云。西畤、畦畤，祠如其故，上不亲往。诸此祠皆太祝常主，以岁时奉祠之。至如他名山川诸鬼及八神之属，上过则祠，去则已。郡县远方神祠者，民各自奉祠，不领于天子之祝官。祝官有秘祝，即有灾祥，辄祝祠移过于下。"① 事实上，秦人西方故地依然是祭祀重心，如"雍有日、月、参、辰、南北斗、荧惑、太白、岁星、填星、辰星、二十八宿、风伯、雨师、四海、九臣、十四臣、诸布、诸严、诸逑之属，百有余庙。西亦有数十祠"。但是东方"华山"与"河"等名山名川列为祀所，是秦成为文化大国的标志之一。特别是所谓"霸、产、长水、沣、涝、泾、渭皆非大川，以近咸阳，尽得比山川祠，而无诸加"，以及"秦以冬十月为岁首，故常以十月上宿郊见，通权火，拜于咸阳之旁"，都说明咸阳在秦神学系统中的重要地位。而所谓"西畤、畦畤，祠如其故，上不亲往"，则暗示西方传统祭祀形式有所变革，其祀所的地位已经有所下降。

---

① 《史记·封禅书》，第 1372~1377 页。

　　山川风雨神崇拜以及岁时之祠，其实所体现的都不是纯神学的与经济生活无关的信仰，而往往是对自然恩遇的祈祝，体现着一种自然观、生态观。中国古代的农业和牧业部族，在这一点上彼此类同。但是在秦人以咸阳为中心的祭祀格局中河川崇拜的地位特别突出，值得我们重视。这就是所谓"霸、产、长水、沣、涝、泾、渭皆非大川，以近咸阳，尽得比山川祠"，以及"沣、滈有昭明、天子辟池"等等。

　　后来的一些历史事实，如秦人大规模修建水利工程，[①] 以及秦始皇"更名河曰德水，以为水德之始"[②] 等等，都可以与以咸阳为中心的河川崇拜联系起来分析。而"近咸阳"诸水"尽得比山川祠"这一现象，显然与秦人始都咸阳之后因农业经济的发展而对相关生态环境特别重视有关。

　　咸阳形胜，因生态地理条件和经济地理形势的优越，而促成了秦始皇的帝业。汉并天下，定都长安，依然企图沿袭这一优势。《史记·韩信卢绾列传》："绾封为长安侯。长安，故咸阳也。"《史记·高祖本纪》："高祖常徭咸阳。"司马贞《索隐》："应劭云：'今长安也。'"[③] 所谓"长安，故咸阳也"，咸阳"今长安也"，都说明了这一史实。当然，汉初这一地区的生态地理条件和经济地理形势，与战国时期相比又有了新的变化。

2. 秦史中的灾异记录

　　在关于秦史的文字遗存中，对于灾异的记载以往没有受到研究者充分的重视。从自然史、经济史和社会史的角度发掘秦史灾异记录内在的

---

　　① 战国晚期秦国修建的大型水利工程，最著名的有李冰主持的都江堰工程和郑国主持的郑国渠工程。参看林剑鸣《秦史稿》，第 279~282 页。

　　② 《史记·秦始皇本纪》，第 238 页。

　　③ 《史记·韩信卢绾列传》，第 2637 页；《史记·高祖本纪》，第 344 页。

文化含义，对于我们深化对秦史的认识和对秦文化的理解，或许有一定的积极意义，对于相应历史时期生态环境的研究，也应当有所推进。

《六国年表》的灾异史料遗存

现在已知秦国官修史书，是所谓《秦记》。

在秦始皇时代的"焚书"运动中，《秦记》是依然受到特别保护的几种书籍之一。《史记·秦始皇本纪》记载，丞相李斯在严禁私学的建议中明确说道："臣请史官非《秦记》皆烧之。"秦王朝"焚书"，其实是对所谓"不师今而学古""以非当世""道古以害今""以古非今"等言行的严厉否定，事实上也由"三代之事，何足法也"的主张因"时变异"而积极创建新的政治文化格局的出发点，走向极端绝对化的反历史主义的立场。而所谓"史官非《秦记》皆烧之"，就是各国历史记载都被销毁，只留下秦国的史籍。

这就是司马迁在《史记·六国年表》中说的：

> 秦既得意，烧天下《诗》《书》，诸侯史记尤甚，为其有所刺讥也。《诗》《书》所以复见者，多藏人家，而史记独藏周室，以故灭。惜哉！惜哉！独有《秦记》，又不载日月，其文略不具。然战国之权变亦有可颇采者，何必上古。秦取天下多暴，然世异变，成功大。传曰"法后王"，何也？以其近己而俗变相类，议卑而易行也。学者牵于所闻，见秦在帝位日浅，不察其终始，因举而笑之，不敢道，此与以耳食无异。悲夫！①

司马迁痛惜诸侯史记之不存，"独有《秦记》，又不载日月，其文略不具"，不过，就战国历史内容而言，《秦记》的真实性是可取的。司马迁还以为因

---

① 《史记·六国年表》，第686页。

"见秦在帝位日浅"而产生鄙视秦人历史文化的偏见，是可悲的。

司马迁在《史记·六国年表》中还有两次，即在序文的开头和结尾都说到《秦记》："太史公读《秦记》，至犬戎败幽王，周东徙洛邑，秦襄公始封为诸侯，作西畤用事上帝，僭端见矣。""余于是因《秦记》，踵《春秋》之后，起周元王，表六国时事，讫二世，凡二百七十年，著诸所闻兴坏之端。后有君子，以览观焉。"《秦记》，司马贞《索隐》说："即秦国之史记也。"①

归有光《归震川评点本史记》卷五写道："《秦本纪》方成一篇文字，秦以前本纪，旧史皆亡，故多凑合。秦虽暴乱，而史职不废，太史公当时有所本也。""又《史记》五帝三代本纪零碎，《秦纪》便好，盖秦原有史，故文字佳。"②

孙德谦《太史公书义法·详近》说："《秦记》一书，子长必亲睹之，故所作列传，不详于他国，而独详于秦。今观商君鞅后，若张仪、樗里子、甘茂、甘罗、穰侯、白起、范雎、蔡泽、吕不韦、李斯、蒙恬诸人，惟秦为多。迁岂有私于秦哉！据《秦记》为本，此所以传秦人特详乎！"《太史公书义法·综观》还辑录了《史记·六国年表》中"有本纪、世家不载，而于《年表》见之者"前后44年中凡53件史事，以为"此皆秦事只录于《年表》者"。金德建据此推定："《史记》的《六国年表》纯然是以《秦记》的史料做骨干写成的。秦国的事迹，只见纪于《六国年表》里而不见于别篇，也正可以说明司马迁照录了《秦记》中原有的文字。"③

《史记·六国年表》中秦史的部分有关灾异的记录，我们现在看到的有22例，见表9-1。

----

① 《史记·六国年表》，第685~687页。
② 吴汝纶《桐城先生点勘史记》卷五则说："归太仆谓秦原有史，故《秦纪》文字佳，方侍郎亦谓此篇本秦史之旧。汝纶谓篇中叙春秋战国事，多与他篇相出入，皆史公所自为，决非秦史之语，惟篇首记秦初之事，不见他书，史公所采者博，不得谓全本史文也。"杨燕起、陈可青、赖长扬汇辑《史记集评》，商务印书馆，2015，第284、285~286页。
③ 金德建：《〈秦记〉考征》，《司马迁所见书考》，第415~423页。

表 9-1　《史记·六国年表》载录秦史灾异

序号	年代	公元纪年	灾异纪事
1	秦厉共公七年	前469	彗星见
2	秦厉共公三十四年	前443	日蚀，昼晦，星见
3	秦躁公八年	前435	六月雨雪。日、月蚀
4	秦简公五年	前410	日蚀
5	秦惠公三年	前397	日蚀
6	秦献公三年	前382	日蚀，昼晦
7	秦献公十年	前375	日蚀
8	秦献公十六年	前369	民大疫。日蚀
9	秦献公十七年	前368	栎阳雨金，六月至八月
10	秦孝公元年	前361	彗星见西方
11	秦孝公二十一年	前341	马生人
12	秦昭襄王二年	前305	彗星见
13	秦昭襄王四年	前303	彗星见
14	秦昭襄王六年	前301	日蚀，昼晦
15	秦昭襄王九年	前298	河、渭绝一日①
16	秦昭襄王十一年	前296	彗星见
17	秦昭襄王二十七年	前280	地动，坏城
18	秦庄襄王二年	前248	日蚀
19	秦始皇帝四年	前243	蝗蔽天下
20	秦始皇帝九年	前238	彗星见，竟天。……彗星复见
21	秦始皇帝十三年	前234	彗星见
22	秦始皇帝三十六年	前211	石昼下东郡，有文言"地分"

　　注：①此条《六国年表》列入魏哀王二十一年（前298）条下，写道："与齐、韩共击秦于函谷。河、渭绝一日。"

　　资料来源：《史记·大国年表》，第690、700~701、708、711、715、716、718、720、725、735~737、742、750~753、758页。

　　秦史259年间重要灾异22例，远较周王朝和其他六国密集。① 确实可以证实《六国年表》主要依据《秦记》之说。22例中，其中"彗星见"8例，"日蚀"9例。这种对天文星象的特殊重视，或许可

---

　　① 《六国年表》中关于周王朝和其他六国灾异的记录，合计只有韩庄侯九年（前362）"大雨三月"，魏惠王十二年（前359）"星昼堕，有声"，魏襄王十三年（前322）"周女化为丈夫"，魏哀王二十一年（前298）"河、渭绝一日"4例（《史记》，第720、721、731、737页），其中所谓"河、渭绝一日"，列入魏国栏中，其实也是秦国灾异。

以从一个侧面局部反映秦人历史观注重多方位收纳各种信息的文化特质，其形式与东方国家无异。

"彗星见"与"日蚀"，往往与政治危机相应。直接的实例，我们可以看到：例8，秦献公十六年（前369）"民大疫。日蚀"；例12，秦昭襄王二年（前305）"彗星见。桑君为乱，诛"；例14，秦昭襄王六年（前301）"蜀反，司马错往诛蜀守辉，定蜀。日蚀，昼晦"。例16，秦昭襄王十一年（前296）"彗星见。复与魏封陵"。例20，秦始皇帝九年（前238）"彗星见，竟天。嫪毐为乱，迁其舍人于蜀。彗星复见"[1]。

清代学者汪中曾经说，《左传》除了直接记述人文历史而外，所有"天道、鬼神、灾祥、卜筮、梦之备书于策者"，都属于"史之职也"[2]。由此我们似乎可以这样认为，尽管东方诸国曾经对秦人"夷翟遇之"[3]，予以文化歧视，有所谓秦"夷狄也"[4]"秦戎翟之教"[5]"秦杂戎翟之俗"[6]"秦与戎翟同俗"[7]等说法，但《秦记》的作者，仍然基本继承着中原文化传统，其学术资质，至少应大致和东方史官相当，在纪史的原则上，也坚持着与东方各国史官相类同的文化倾向。

这22例灾异记录中，我们以为特别值得重视的，是秦献公十六年（前369）"民大疫"，秦昭襄王九年（前298）"河、渭绝一日"，秦昭襄王二十七年（前280）"地动，坏城"，以及秦始皇帝四年（前243）"蝗蔽天下"4例。

---

① 《史记·六国年表》，第718、735~737、752页。
② （清）汪中著，李金松校笺《述学校笺·内篇》，中华书局，2014，第127页。
③ 《史记·秦本纪》，第202页。
④ 《史记·天官书》，第1344页。
⑤ 《史记·商君列传》，第2233页。
⑥ 《史记·六国年表》，第685页。
⑦ 《史记·魏世家》，第1857页。

《秦本纪》《秦始皇本纪》《十二诸侯年表》保留的秦灾异史记录

《史记·秦本纪》和《秦始皇本纪》中关于秦灾异的记录，有些是与《六国年表》的记录大体一致的，或略有差异。如：

例2，秦厉共公三十四年（前443），"日蚀，昼晦，星见"。

《秦本纪》记载："三十四年，日食。"

例9，秦献公十七年（前368），"栎阳雨金，六月至八月"。

《秦本纪》记载："十八年，雨金栎阳。"

例12，秦昭襄王二年（前305），"彗星见"。

《秦本纪》记载："二年，彗星见。"

例13，秦昭襄王四年（前303），"彗星见"。

《秦本纪》记载："彗星见。"

例14，秦昭襄王六年（前301），"日蚀，昼晦"。

《秦本纪》记载："日食，昼晦。"

例16，秦昭襄王十一年（前296），"彗星见"。

《秦本纪》记载："彗星见。"

例18，秦庄襄王二年（前248），"日蚀"。

《秦本纪》记载：（三年）"四月日食"。

例19，秦始皇四年（前243），"蝗蔽天下"。

《秦始皇本纪》记载："十月庚寅，蝗虫从东方来，蔽天。天下疫。"

例20，秦始皇九年（前238），"彗星见，竟天。……彗星复见"。

《秦始皇本纪》记载："九年，彗星见，或竟天。……彗星见西方，又见北方，从斗以南八十日。"

例21，秦始皇十三年（前234），"彗星见"。

《秦始皇本纪》记载："正月，彗星见东方。"

例 22，秦始皇三十六年（前 211），"石昼下东郡，有文言'地分'"。

《秦始皇本纪》记载："三十六年，荧惑守心。有坠星下东郡，至地为石，黔首或刻其石曰'始皇帝死而地分'。始皇闻之，遣御史逐问，莫服，尽取石旁居人诛之，因燔销其石。"

此外，《秦本纪》与《秦始皇本纪》，以及《十二诸侯年表》中又可见《六国年表》未记载的灾异，详见表 9-2。

表 9-2　《秦本纪》《秦始皇本纪》《十二诸侯年表》所见《六国年表》未载灾异

序号	年代	公元纪年	灾异纪事	出处
1	秦穆公十四年	前 646	秦饥	《秦本纪》
2	秦惠公元年	前 500	彗星见	《十二诸侯年表》
3	秦厉共公十年①	前 467	彗星见	《秦始皇本纪》
4	秦躁公元年	前 442	彗星见	《秦始皇本纪》
5	秦献公十六年	前 369	桃冬花	《秦本纪》
6	秦孝公十六年	前 346	桃李冬华	《秦始皇本纪》
7	秦惠文王二年	前 336	有新生儿曰"秦且王"	《秦始皇本纪》
8	秦悼武王三年	前 308	渭水赤三日	《秦始皇本纪》
9	秦始皇帝三年	前 244	是岁大饥	《秦始皇本纪》
10	秦始皇帝四年	前 243	天下疫	《秦始皇本纪》
11	秦始皇帝七年	前 240	彗星先出东方，见北方，五月见西方。……彗星复见西方	《秦始皇本纪》
12			河鱼大上，轻车重马东就食	
13	秦始皇帝九年	前 238	（四月）是月寒冻，有死者	《秦始皇本纪》
14	秦始皇帝十二年	前 235	当是时，天下大旱，六月至八月乃雨	《秦始皇本纪》
15	秦始皇帝十五年	前 232	地动。	《秦始皇本纪》
16	秦始皇帝十七年	前 230	地动。……民大饥	《秦始皇本纪》

续表

序号	年代	公元纪年	灾异纪事	出处
17	秦始皇帝十九年	前 228	大饥	《秦始皇本纪》
18	秦始皇帝二十一年	前 226	大雨雪,深二尺五寸	《秦始皇本纪》
19	秦始皇帝三十一年	前 216	米石千六百	《秦始皇本纪》
20	秦始皇帝三十三年	前 214	明星出西方②	《秦始皇本纪》

注：①厉共公，《秦始皇本纪》此处写作"刺龚公"（第 287 页）。
②裴骃《集解》："徐广曰：'皇甫谧云彗星见。'"《史记·秦始皇本纪》，第 254 页。

此 20 例中，"彗星见"4 例，加上例 20"明星出西方"有人解释为彗星，则是 5 例，也与前面说到的同样，多与政治危机相联系。如例 11，原文写作："七年，彗星先出东方，见北方，五月见西方。将军骜死。以攻龙、孤、庆都，还兵攻汲。彗星复见西方十六日。夏太后死。"①

其中例 1 秦穆公十四年（前 646）"秦饥"，《史记·秦本纪》记载：

（十三年）……晋旱，来请粟。丕豹说缪公勿与，因其饥而伐之。缪公问公孙支，支曰："饥穰更事耳，不可不与。"问百里傒，傒曰："夷吾得罪于君，其百姓何罪？"于是用百里傒、公孙支言，卒与之粟。以船漕车转，自雍相望至绛。

十四年，秦饥，请粟于晋。晋君谋之群臣。虢射曰："因其饥伐之，可有大功。"晋君从之。十五年，兴兵将攻秦。缪公发兵，使丕豹将，自往击之。九月壬戌，与晋惠公夷吾合战于韩地。晋君弃其军，与秦争利，还而马骛。缪公与麾下驰追之，不能得晋君，反为晋军所围。晋击缪公，缪公伤。于是岐下食善马者三百人驰冒晋军，晋军解围，遂脱缪公而反生得晋君。……于

---

① 《史记·秦始皇本纪》，第 224 页。

> 是缪公虏晋君以归，……十一月，归晋君夷吾，夷吾献其河西
> 地，使太子圉为质于秦。秦妻子圉以宗女。是时秦地东至河。[①]

"秦饥"在著名的"汎舟之役"之后，因"晋旱"而"饥"推想，
"秦饥"很可能也是因为旱灾。《礼记·檀弓下》写道："岁旱，穆公
召县子而问然。曰：'天久不雨，吾欲暴尪而奚若?'曰：'天久不
雨，而暴人之疾子，虐，毋乃不可与!''然则吾欲暴巫而奚若?'
曰：'天则不雨，而望之愚妇人，于以求之，毋乃已疏乎?'"[②] 此事
虽然不明确具体年代，但是或许也可以作为讨论秦穆公时因"旱"而
"秦饥"史事的参考。

例5与例6，应是一事。"秦献公十六年"与"秦孝公十六年"，
当有一误。

对于秦悼武王三年"渭水赤三日"一事，《汉书·五行志中之
下》说：

> 史记曰，秦武王三年渭水赤者三日，昭王三十四年渭水又赤
> 三日。刘向以为近火沴水也。秦连相坐之法，弃灰于道者黥，罔
> 密而刑虐，加以武伐横出，残贼邻国，至于变乱五行，气色谬
> 乱。天戒若曰，勿为刻急，将致败亡。秦遂不改，至始皇灭六
> 国，二世而亡。昔三代居三河，河洛出图书，秦居渭阳，而渭水
> 数赤，瑞异应德之效也。京房《易传》曰："君涵于酒，淫于
> 色，贤人潜，国家危，厥异流水赤也。"[③]

所谓"昭王三十四年渭水又赤三日"，未见于今本《史记》，却是值

---

① 《史记·秦本纪》，第188~189页。据《十二诸侯年表》，事在秦穆公十三年（前647）。
② （清）孙希旦撰，沈啸寰、王星贤点校《礼记集解》，第307页。
③ 《汉书·五行志中之下》，第1438~1439页。

得我们注意的。至于"渭水赤"的情状及原因，我们目前还不能明了。

《史记·鲁仲连邹阳列传》载邹阳从狱中上书，说道："昔者荆轲慕燕丹之义，白虹贯日，太子畏之；卫先生为秦画长平之事，太白蚀昴，而昭王疑之。夫精变天地而信不喻两主，岂不哀哉！"所举 2 例"精变天地"故事，也都是与秦史有关的异常天象。①

灾异记录与秦人的历史意识

秦史的灾异记录，大致表现出由疏略而详密的变化。从记述的内容看，从以天文星象为主，到更为重视与国计民生有密切关系的自然变异，也是值得重视的。

上述记载当多据《秦记》。金德建曾经指出司马迁著作《史记》时根据《秦记》材料，"文字上还留存一鳞半爪，或者是在史实上能显然可见的"，计 16 例。又据《史记·秦本纪》"（文公）十三年，初有史以纪事"指出："开始写作《秦记》便在这一年。秦文公十三年是公元前 753 年，比较《春秋》的记事开始于鲁隐公元年（前 722 年），还要早 30 多年。"可见，秦人较早就相当重视历史传统。但是，

---

① 裴骃《集解》引应劭曰："燕太子丹质于秦，始皇遇之无礼，丹亡去，故厚养荆轲，令西刺秦王。精诚感天，白虹为之贯日也。"如淳曰："白虹，兵象。日为君。"《烈士传》曰："荆轲发后，太子自相气，见虹贯日不彻，曰：'吾事不成矣。'后闻轲死，事不立，曰'吾知其然也。'"司马贞《索隐》引《烈士传》曰："荆轲发后，太子自相气，见虹贯日不彻，曰'吾事不成'。后闻轲死，事不就，曰'吾知其然'。"是畏也。又王劭云"轲将入秦，待其客未发，太子丹疑其畏惧，故曰畏之"，其解不如见虹贯日不彻也。《战国策》又云聂政刺韩傀，亦曰"白虹贯日"也。裴骃《集解》引苏林曰："白起为秦伐赵，破长平军，欲遂灭赵，遣卫先生说昭王益兵粮，乃为应侯所害，事用不成。其精诚上达于天，故太白为之蚀昴。昴，赵地分野。将有兵，故太白食昴。食，干历之也。"如淳曰："太白乃天之将军也。"司马贞《索隐》引服虔云："卫先生，秦人。白起攻赵军于长平，遣卫先生说昭王请益兵粮，为穰侯所害，事不成。精诚感天，故太白食昴。昴，赵分也。"如淳云："太白主西方，秦在西，败赵之兆也。食谓干历之也。"又王充云："夫言白虹贯日，太白食昴，实也。言荆轲之谋，卫先生之策，感动皇天而贯日食昴，是虚也。"（《史记·鲁仲连邹阳列传》，第 2470 页）

其认识历史的价值取向，自有其特点。所说《史记·封禅书》"秦文公问史敦"事，原文是这样的：

> 秦文公东猎汧渭之间，卜居之而吉。文公梦黄蛇自天下属地，其口止于鄜衍。文公问史敦，敦曰："此上帝之征，君其祠之。"于是作鄜畤，用三牲郊祭白帝焉。[①]

秦人文化意识中浓重的神秘主义色彩，反映在秦文公和史敦的对话中。类似的例子，又见于《史记·老子韩非列传》记载的秦献公和另一位史官的对话：

> 自孔子死之后百二十九年，而史记周太史儋见秦献公曰："始秦与周合，合五百岁而离，离七十岁而霸王者出焉。"[②]

金德建说：这条所称的《史记》记载到秦国的事迹，显然也是出于《秦记》无疑。[③] 这条《秦记》的文字，司马迁曾 4 次征引，又见于《周本纪》、《秦本纪》和《封禅书》。[④]

《史记·封禅书》中一则秦穆公自称梦见上帝以决策出师史事也为《秦记》所载，同样受到金德建的注意。《史记》中记梦凡 19 例，属于秦人历史记录的多达 4 例，所占比例是相当大的，其资料来源所

---

① 《史记·封禅书》，第 1358 页。

② 《史记·老子韩非列传》，第 2142 页。下文称："或曰儋即老子，或曰非也，世莫知其然否。"

③ 金德建：《〈秦记〉考征》，《司马迁所见书考》，第 415~423 页。《老子韩非列传》，金德建引作《老庄申韩列传》，"史记"引作《史记》。

④ 引文或略有不同。《周本纪》："烈王二年，周太史儋见秦献公曰：'始周与秦国合而别，别五百载复合，合十七岁而霸王者出焉。'"（第 159 页）《秦本纪》："（献公）十一年，周太史儋见献公曰：'周故与秦国合而别，别五百岁复合，合十七岁而霸王出。'"（第 201 页）《封禅书》："（秦灵公作吴阳上下畤祭黄帝、炎帝）后四十八年，周太史儋见献公曰：'秦始与周合，合而离，五百岁当复合，合十七年而霸王出焉。'"（第 1364~1365 页）

据，当本《秦记》。秦人历史记载中保留有关占梦的内容颇多，也反映了秦文化的神秘主义特质。

《太平御览》卷六八〇引挚虞《决疑录要》注说到《秦记》："世祖武皇帝因会问侍臣曰：'旄头之义何谓耶？'侍中彭权对曰：'《秦记》云：国有奇怪，触山截水，无不崩溃，唯畏旄头。故使虎士服之，卫至尊也。'中书令张华言：'有是言而事不经。臣以为壮士之怒，发踊冲冠，义取于此也。'"① 从挚虞《决疑录要》注的这段内容也可以推知，这部秦人撰著的史书中，可能多有言"奇怪"而语颇"不经"的记载。从这一角度看所谓"马生人""有新生儿曰'秦且王'"等异象，就不难理解其发生的背景。

李学勤曾经分析天水放马滩秦简原简报中称作《墓主记》的几支简，"觉得所记故事颇与《搜神记》等书的一些内容相似，而时代早了五百来年，有较重要的研究价值"。简文记述一个名叫"丹"的人死后3年复活，讲述了死后在另一世界的有关见闻，其文开头称"卅八年八月己巳，邸丞赤敢谒御史"，文中又有"今七年"字样，文体一如纪实文书。② 这一重要的文化现象，对于我们认识秦人纪史风格的特色以及秦史灾异记录的性质，也应当具有一定的启示意义。

秦文化由具有浓重的神秘主义色彩到突出显著的实用主义倾向的演变，到秦始皇时代又似乎走向倒退。这或许与秦始皇的政治自满和长生追求有关。

对于《史记·六国年表》所谓"石昼下东郡，有文言'地分'"，《秦始皇本纪》记载：

> 三十六年，荧惑守心。有坠星下东郡，至地为石，黔首或刻

---

① （宋）李昉等撰《太平御览》，第3034页。
② 李学勤：《放马滩简中的志怪故事》，《文物》1990年第4期。

其石曰"始皇帝死而地分"。始皇闻之，遣御史逐问，莫服，尽取石旁居人诛之，因燔销其石。始皇不乐，使博士为《仙真人诗》，及行所游天下，传令乐人歌弦之。

同年，据说对于另一起神灵暗示天意的事件，秦始皇又有特殊的反应：

> 秋，使者从关东夜过华阴平舒道，有人持璧遮使者曰："为吾遗滈池君。"因言曰："今年祖龙死。"使者问其故，因忽不见，置其璧去。使者奉璧具以闻。始皇默然良久，曰："山鬼固不过知一岁事也。"退言曰："祖龙者，人之先也。"使御府视璧，乃二十八年行渡江所沈璧也。于是始皇卜之，卦得游徙吉。迁北河榆中三万家。拜爵一级。①

秦始皇对于神秘异象半信半疑，既自信又自疑的态度，在司马迁笔下有生动的写真，这里所依据的，可能未必是秦史官的记录了。

秦始皇时代的灾异现象

《史记·赵世家》记载了赵王迁五年至八年（前231~前228）赵国为秦人所击灭时最后的情节：

> 五年，代地大动，自乐徐以西，北至平阴，台屋墙垣太半坏，地坼东西百三十步。
> 六年，大饥，民讹言曰："赵为号，秦为笑。以为不信，视地之生毛。"

---

① 《史记·秦始皇本纪》，第259页。

七年，秦人攻赵，赵大将李牧、将军司马尚将，击之。李牧诛，司马尚免，赵忽及齐将颜聚代之。赵忽军破，颜聚亡去。以王迁降。

八年十月，邯郸为秦。①

地震这样的灾异，似乎有政治预言和政治警告的意义。而"赵为号，秦为笑"的民谣，也说明了灾异对于政治过程的影响。

"地坼"与"大饥"，对于赵的亡国，显然有加速的作用。

对于秦始皇统一战争的历史过程以及秦王朝短暂历史的探讨，也不应忽视灾异的作用。

如上所述，据《史记·六国年表》和《秦始皇本纪》记载，秦始皇时代史书记录的灾异多至16起，见表9-3。

表9-3　秦始皇时代的灾异

序号	年代	公元纪年	灾异纪事	出处
1	秦始皇帝三年	前244	是岁大饥	《秦始皇本纪》
2	秦始皇帝四年	前243	蝗蔽天下 十月庚寅，蝗虫从东方来，蔽天	《六国年表》 《秦始皇本纪》
3			天下疫	《秦始皇本纪》
4	秦始皇帝七年	前240	彗星先出东方，见北方，五月见西方。……彗星复见西方	《秦始皇本纪》
5			河鱼大上，轻车重马东就食	
6	秦始皇帝九年	前238	彗星见，竟天。……彗星复见 彗星见，或竟天。……彗星见西方，又见北方，从斗以南八十日	《六国年表》 《秦始皇本纪》
7			（四月）是月寒冻，有死者	《秦始皇本纪》

① 《史记·赵世家》，第1832~1833页。

序号	年代	公元纪年	灾异纪事	出处
8	秦始皇帝十二年	前235	当是之时,天下大旱,六月至八月乃雨	《秦始皇本纪》
9	秦始皇帝十三年	前234	彗星见 正月,彗星见东方	《六国年表》 《秦始皇本纪》
10	秦始皇帝十五年	前232	地动	《秦始皇本纪》
11	秦始皇帝十七年	前230	地动。……民大饥	《秦始皇本纪》
12	秦始皇帝十九年	前228	大饥	《秦始皇本纪》
13	秦始皇帝二十一年	前226	大雨雪,深二尺五寸	《秦始皇本纪》
14	秦始皇帝三十一年	前216	米石千六百	《秦始皇本纪》
15	秦始皇帝三十三年	前214	明星出西方①	《秦始皇本纪》
16	秦始皇帝三十六年	前211	石昼下东郡,有文言"地分" 有坠星下东郡,至地为石,黔首或刻其石曰"始皇帝死而地分"	《六国年表》 《秦始皇本纪》

注:裴骃《集解》:"徐广曰:'皇甫谧云彗星见。'"见《史记·秦始皇本纪》,第254页。

除例4、例6、例9、例15、例16以外,其余11例都是严重的灾害或灾害导致的社会影响。

例2"蝗蔽天下"、例3"天下疫"、例8"天下大旱",都是危害"天下"的重灾。

例2与例3,《六国年表》:"蝗蔽天下。"《秦始皇本纪》:"十月庚寅,蝗虫从东方来,蔽天。天下疫。"① 其实两次灾情,可能有密切的联系。

例5秦始皇帝七年（前240）"河鱼大上",或解释为黄河水灾。《史记·秦始皇本纪》司马贞《索隐》:"谓河水溢,鱼大上平地,亦言遭水害也。"张守节《正义》则说:"始皇八年,黄河之鱼西上入渭。"《汉书·五行志中之下》:"史记秦始皇八年,河鱼大上。刘向以为近鱼孽也。是岁,始皇弟长安君将兵击赵,反,死屯留,军吏皆

① 《史记·六国年表》,第752页;《史记·秦始皇本纪》,第224页。

斩，迁其民于临洮。明年有嫪毐之诛。鱼阴类，民之象，逆流而上者，民将不从君令为逆行也。其在天文，鱼星中河而处，车骑满野。至于二世，暴虐愈甚，终用急亡。京房《易传》曰：'众逆同志，厥妖河鱼逆流上。'"① 《汉书》的解释，是推阴阳、数祸福之说，而司马贞《索隐》的解释可能更接近史实。说"河鱼大上"而不直说"河水溢"，正合于秦始皇时代"秦俗多忌讳之禁，忠言未卒于口而身为戮没矣"的情形。② 据《史记·秦始皇本纪》记载，当时因推行酷法，"候星气者至三百人，皆良士，畏忌讳谀，不敢端言其过"③。据裴骃《集解》引徐广曰，皇甫谧说秦始皇三十三年（前 214）"彗星见"被说成是"明星出西方"，如果此说成立，也可以看作同例。

秦始皇九年（前 238）的"寒冻"，秦始皇十二年（前 235）的"天下大旱"，和秦始皇二十一年的"大雨雪，深二尺五寸"，不仅都是气候转而干冷的征兆，值得生态史学者注意，这类灾害对农耕经济造成的破坏，更是不容忽视的。可能正是因为如此，造成了秦实现统一 5 年之后竟至"米石千六百"的局面。再加上秦始皇十五年（前 232）的"地动"和秦始皇十七年（前 230）的"地动……民大饥"，史书记载的种种灾异，都告诉我们，在秦统一战争中，秦本土人民除了承受战争的压力而外，面对恶劣的自然条件，曾经承受着怎样的重负，曾经经历了怎样的苦难。

从这样的视角考察，对于秦王朝在对关东地区严酷压榨而对关中本土多有优惠的政策，④ 可以有新的理解基础。

有的学者在讨论"秦始皇的统一大业"时注意到了"灾异"的发生："秦始皇登极之后，好几次天灾流行，而秦军也趁机发展。公

---

① 《史记·秦始皇本纪》，第 225、226 页；《汉书·五行志中之下》，第 1430 页。
② 《史记·秦始皇本纪》，第 278 页。
③ 《史记·秦始皇本纪》，第 258 页。
④ 参看王子今《秦王朝关东政策的失败与秦的覆亡》，《史林》1986 年第 2 期。

元前 244 年曾有饥馑，次年蝗虫为患于中国西部。公元前 235 年旱灾，公元前 230 年及公元前 228 年饥荒又见于记录。然则始皇的战功也算显赫，统一之前 10 年内，敌对的 6 个国王中有 5 个成为战俘，另一个投降。所有国都全被占领，最后秦军入燕以威胁齐国北方的侧翼。这一场战役结束，秦王才自称皇帝。""天灾流行"和"显赫"的"战功"之间有什么联系吗？论者在这段文字之前还曾写道："多数情形下，秦军多在敌境作战，而保持秦地的完整。我们相信秦军经常让部队就地征发以取粮于敌。"① 似乎暗示秦军出征有解决自然灾害时期口粮压力的意义。然而"秦军"所谓"趁机发展"，是否以"天灾流行"为重要背景，"秦军"是否因就粮于"敌境"，"就地征发以取粮于敌"而增强了战斗力，似乎还需要确切的论证。

从我们这里归纳的资料看，秦统一后，没有严重的自然灾害的历史记录。但是，没有看到这样的记录，并不意味着绝对未曾发生这样的自然灾害。上文已经说到，《史记》中《六国年表》以及《秦本纪》、《秦始皇本纪》的有关记录往往互见阙略。而《汉书·五行志中之下》所谓"史记秦二世元年，天无云而雷"，在今本《史记》中也确实未曾见到。秦极其重视物候、气象学对于农耕经济的作用，② 国家本有严格的上报灾异的制度，③ 史书阙载的原因，除年久佚遗之外，可能也与当时承担记录任务的官员的"畏忌

---

① 黄仁宇：《中国大历史》，生活·读书·新知三联书店，1997，第 35 页。

② 《吕氏春秋·审时》篇首就说"凡农之道，候之为宝"。吕书还通过十二纪形式确立了一年间的正常气候位相，又指出每季除了正常的气候现象之外，还会出现 3 种异常气候，并且论述了异常气候对生态、农业、社会在灾害性影响。有学者指出，这种正常与异常气候的对比体系的建立，是对多变的气候现象进行规律性认识的结果，在我国气候学发展史上具有十分重要的意义。参看樊志民《秦农业历史研究》，第 136~140 页。

③ 如睡虎地秦简《田律》规定："……旱〈旱〉及暴风雨、水潦、衾（螽）蚰、群他物伤稼者，亦辄言其顷数。近县令轻足行其书，远县令邮行之，尽八月□□之。"睡虎地秦墓竹简整理小组对释文的解读为："……如有旱灾、暴风雨、涝灾、蝗虫、其他害虫等灾害损伤了禾稼，也要报告受灾顷数。距离近的县，文书由走得快的人专程递送，距离远的县有驿站传送，在八月底以前（送达）。"（《睡虎地秦墓竹简》，1990，释文，第 19~20 页）

诲谀"有关。

陈胜吴广大泽乡起义的直接原因是《史记·陈涉世家》所谓"会天大雨，道不通，度已失期，失期，法皆斩"。有的学者将秦二世元年（前209）七月的这场大雨也看作重大自然灾害和异常，[1] 这种意见当然还可以商榷，但是研究秦史时不应疏忽自然灾异方面的因素，这样的思路却是正确的。[2]

附论：

《史记》记载的蝗灾

《史记·秦始皇本纪》和《史记·六国年表》关于秦王政四年（前243）"蝗虫从东方来，蔽天"及"蝗蔽天下"的记载，是正史中最早的关于蝗灾的历史记录，也可能是所有文献资料中最早的形成一定危害规模的蝗灾史料。《史记》所见秦史蝗灾记录，对于中国古代史学史以及世界史学史都有重要的学术价值。太史公有关秦史蝗灾的记述，对于农业史、灾荒史、生态环境史以及昆虫学史均意义重大。

《秦始皇本纪》："蝗虫从东方来，蔽天"

《史记·秦始皇本纪》关于秦王政四年（前243）的历史记录内容其实并不多，但是涉及军事史、外交史及灾异史。同时记载了"内粟""拜爵"措施的推行，这是可以看作行政史记述的。太史公写道："四年，拔畼、有诡。三月，军罢。秦质子归自赵，赵太子

---

① 参看宋正海总主编《中国古代重大自然灾害和异常年表总集》，第180页。
② 王子今：《〈史记〉"失期，法皆斩"辨疑——关于陈胜暴动起因的史学史考察》，《兰州大学学报》（社会科学版）2020年第4期。

出归国。十月庚寅，蝗虫从东方来，蔽天。天下疫。百姓内粟千石，拜爵一级。"①

　　明代史学家程一枝研究《史记》的专门论著《史诠》指出，今本《史记》"七"作"十"，是错误的。清人梁玉绳《史记志疑》也以为"十月"当作"七月"。② 汉代简帛文字"七"与"十"字形相近，很难辨识，③ 容易出现错误。同一历史事实，《史记·六国年表》就写作"七月"。泷川资言《史记会注考证》沿袭了《史记志疑》的意见，同时引用了黄式三的说法："十月无蝗。"④

　　十月通常不会发生蝗灾，所谓"十月无蝗"，确实是符合昆虫学知识的。明代科学家徐光启《除蝗疏》通过统计资料总结早期蝗灾的常态时间分布，"十月"是蝗灾发生的空白。他指出："（蝗灾）最盛于夏秋之间，……为害最广。"⑤ 农史学家游修龄指出："徐光启的这个统计与 1920 年代江苏省与浙江省昆虫局研究全国各地蝗虫的发生季节非常吻合。"⑥ 根据昆虫学研究者的专业介绍，"东亚飞蝗〔*Locusta migratoria manilensis*（Meyen）〕是蝗虫灾害中发生最严重的种类。其大发生时，遮天蔽日，所到之处，禾草一空"。其年发生代数和时间，夏蝗"4 月底至 5 月中旬越冬卵孵化，5 月上、中旬为盛期"，"6 月中旬至 7 月上旬羽化"。"（秋蝻）于 8 月中旬至 9 月上旬羽化为秋蝗，盛期为 8 月中、下旬。"⑦ "十月无蝗"的认识，与这一判断是相互吻合的。

----

①　《史记·秦始皇本纪》，第 224 页。

②　（清）梁玉绳撰《史记志疑》，第 168 页。

③　陈建贡、徐敏编《简牍帛书字典》，上海书画出版社，1991，第 2~3、109~111 页。

④　（汉）司马迁撰，〔日〕泷川资言考证，水利泽忠校补《史记会注考证附校补》，第 155 页。

⑤　（明）徐光启撰，石声汉校注《农政全书校注》，第 1672 页。

⑥　游修龄：《中国蝗灾历史和治蝗观》，《华南农业大学学报》（社会科学版）2003 年第 2 期。

⑦　袁锋主编《农业昆虫学》第 3 版，中国农业出版社，2001，第 190 页。

由"十月无蝗"校正《秦始皇本纪》的误字，使得与《六国年表》一致。这一信息，可以看作是中国蝗灾史最早的最为明确的文字记录，很可能也是世界蝗灾史最早的记录。

《六国年表》："蝗蔽天下"

《史记·六国年表》记载的蝗灾，在"秦"栏下"始皇帝"四年，中华书局标点本注出公元前243年："七月，蝗蔽天下。百姓纳粟千石，拜爵一级。"[①] 关于"纳粟""拜爵"事，这里明确具体的交换条件，即"纳粟千石，拜爵一级"，爵级的实际价位是明朗的，与《秦始皇本纪》彼此一致，只是"内粟"写作"纳粟"。

《秦始皇本纪》："七月庚寅，蝗虫从东方来，蔽天。天下疫。"与《六国年表》："七月，蝗蔽天下。"对照理解两条灾情史料，可以大致知道这次蝗灾的实际情形。

《六国年表》"蝗蔽天下"，梁玉绳说"或解此《表》曰'蝗虫蔽天而下也'"[②]，所谓"蝗蔽天下"或"蝗虫蔽天而下"，与《秦始皇本纪》"蝗虫从东方来，蔽天"是怎样的关系，也是值得思考的。《资治通鉴》记录此事，避开了"蔽天""蔽天下"的文字歧异。

对于《秦始皇本纪》《六国年表》记述的异同，《资治通鉴》卷八"秦始皇帝四年"的处理方式，灾情记录只取"蝗"字，不采录"从东方来，蔽天"及"蔽天下"诸语，然而又将"蝗"与"疫"相联系："七月，蝗，疫。令百姓纳粟千石，拜爵一级。"胡三省注关于"蝗"与"蝗子"即"蝗"的幼虫"蝝"有所解说："蝗子始生曰蝝，翅成而飞曰蝗，以食苗为灾。疫，札瘥瘟也。"[③] 关于"蝗"和"蝗子"、"蝝"，《说文·虫部》已经在当时昆虫学知识基础上进

---

① 《史记·六国年表》，第752页。
② （清）梁玉绳撰《史记志疑》，第448页。
③ 《资治通鉴》，第210页。

行了文字学的说明，其中引董仲舒说："螽，蝗子也。"① 许慎引董仲舒的解释，已经很明确地指出"螽"是"蝗"的幼虫。胡三省注"蝗子始生曰螽，翅成而飞曰蝗"，即采用董仲舒说，体现了与司马迁同时代的学者的昆虫学认知。当然，也可能参考了董仲舒之后学者的看法。

司马光和胡三省对于《史记》的"蝗"史记录都取重视的态度。就《秦始皇本纪》和《六国年表》相关文字的处理，体现了史家对早期"蝗"的历史的观察和理解，是相当审慎认真的。

《史记》"蝗"灾与《春秋》及三传"螽""蝝"灾情对照

《春秋》中关于"螽"的文字，不少学者理解为"蝗"。而《左传》《公羊传》《谷梁传》的相关文字，更受到昆虫学史研究的重视。《左传·宣公十五年》中可以看到关于"螽"和"蝝"的历史记录。时在公元前594年："秋，螽。……初税亩。冬，蝝生，饥。"灾情是否与"初税亩"这种土地制度的变革有关，也是存在争议的。而我们在这里只讨论害虫导致的农耕经济的危机。

事涉"螽""蝝"，此记载应当理解为有关农业生产面临虫灾的早期史料。关于"蝝生"，杜预注："螽子以冬生，遇寒而死，故不成螽。刘歆云：蚍蜉子也。董仲舒云：蝗子。"关于"饥"，杜预的解释是："风雨不和，五稼不丰。"②

《公羊传·宣公十五年》和《谷梁传·宣公十五年》也有相关的记录。

董仲舒所谓"螽""蝗子"的说法，应当理解为体现了与《史记》成书年代时段相近的生物学知识。

应当说，《春秋》及三传记载有关"螽""蝝"等虫害灾情的文

---

① （汉）许慎撰，（清）段玉裁注《说文解字注》，第666页。
② 《春秋左传集解》，第614~615页。

字，严格说来，还并不能说是明确的涉及蝗灾的灾害史记录。《春秋》及三传的相关记录，作为儒学经典，司马迁不会看不到，也不会不予以必要的重视。然而，《史记》并不简单沿承"螽""蟓"等说，而使用"蝗""蝗虫"这种新的称谓，司马迁应当是有深沉的思考的。这一名物史现象，或许体现了昆虫学认识的时代进步。

《史记·秦始皇本纪》"蝗虫从东方来，蔽天"，以及《史记·六国年表》"蝗蔽天下"，是史籍文献最早的关于蝗灾的明确记载。特别是对于灾情危害严重性的记述，"蔽天""蔽天下"等语，保留了非常重要的值得珍视的历史记忆。这都是《春秋》及三传未曾涉及的信息。《史记》记录蝗灾"蔽天""蔽天下"等文字，对于农业史、灾荒史、生态环境史以及昆虫学史，都有非常可贵的学术价值。

《吕氏春秋》"虫蝗为败"

《史记·吕不韦列传》说，吕不韦组织学者合著《吕氏春秋》，"使其客人人著所闻，集论以为八览、六论、十二纪，二十余万言"①。所谓"集论"，指出这部著作能够综合诸学，博采众说，"集"百家之"论"。《吕氏春秋》于是被归为"杂家"，其优长在于"兼""合""贯综"。②《吕氏春秋》对于农学遗产的总结和继承，是众所周知的。正如有的农史论著所说：《吕氏春秋》体现了"我国农业生产知识开始系统化和理论化"的历史性进步。③《吕氏春秋》有关"蝗"的内容，是值得我们特别注意的。

《吕氏春秋·孟夏》写道："（孟夏之月）行春令，则虫蝗为败，暴风来格，秀草不实。"高诱解释说："是月当继长增高，助阳长养，

---

① 《史记·吕不韦列传》，第 2510 页。
② 《汉书·艺文志》，第 1742 页。
③ 中国农业科学院、南京农学院中国农业遗产研究室编著《中国农学史（初稿）》上册，科学出版社，1959，第 77 页。

而行春启蛰之令，故有虫蝗之败。"《吕氏春秋·不屈》中有关政论的表述，也曾以"蝗螟"这样的害虫为喻："匡章谓惠子于魏王之前曰：'蝗螟，农夫得而杀之，奚故？为其害稼也。今公行，多者数百乘，步者数百人；少者数十乘，步者数十人。此无耕而食者，其害稼亦甚矣。'"高诱注："蝗，螽也。食心曰螟，食叶曰螣。今兖州谓蝗为螣。"① 因为"害稼"，所以"农夫得而杀之"。捕杀"蝗"，似乎已经成为"农夫"们田间管理的通常行为。

《吕氏春秋·审时》强调把握农时之重要："得时之麻，必芒以长，疏节而色阳，小本而茎坚，厚枲以均，后熟多荣，日夜分复生；如此者不蝗。"说"得时之麻""不蝗"。高诱注："蝗虫不食麻节也。"陈奇猷说："'不蝗'谓不生蝗虫。高说未允。"② 其实，"麻"作为经济作物的利用价值，主要在于"节""茎"纤维的提取。"蝗虫不食麻节"，也就保全了"麻"的收成。对于具迁飞习性，对于所"食"作物部位选择能力甚强的蝗虫来说，高注的理解较"'不蝗'谓不生蝗虫"可能更具合理性。

当然，我们读《吕氏春秋》有关"蝗"的文字，首先关注的是"蝗螟""害稼"，导致"虫蝗为败"情形，是农家深心警惕的耕作危机。而"不蝗"，则是他们"农夫"田作经营的理想。

于农学知识总结尤为重视的《吕氏春秋》一书较早确定了"蝗"的名义，并用以说明农耕实践经验，应当看作战国时期农学进步的标志性表现之一。《吕氏春秋》成书于秦地，相关记载是可以与《史记》采用《秦记》蝗灾史料联系起来关注的文献学现象。

《礼记·月令》也出现"蝗虫"字样。如关于"孟夏""仲冬"季节的内容："孟夏……行春令，则蝗虫为灾。""仲冬……行春令，

① 许维遹撰，梁运华整理《吕氏春秋集释》，第87~88、495页。
② 陈奇猷校释《吕氏春秋校释》，第1781、1800页。

则蝗虫为败。"①《礼记》成书年代是至今未能明确的比较复杂的文献学史难题。虽然有说《月令》成于周公之手的说法，如"蔡伯喈、王肃云周公所作"②，但是东汉经学大师郑玄则指出："本《吕氏春秋》十二月纪之首章，《礼》家好事者抄合之，其中官名、时、事，多不合周法。"③ 陆德明《经典释文》也认为："此是《吕氏春秋》十二纪之首，后人删合为此。"④ 清人朱彬《礼记训纂》明确赞同郑玄说，又"申郑旨释之"，列举"四证"。⑤ 孙希旦《礼记集解》引孔氏曰《月令》"官名不合周法""时不合周法""事不合周法"，又表达了自己的意见："愚按是篇虽祖述先王之遗，其中多杂秦制，又博采战国杂家之说，不可尽以三代之制通之。"⑥《说文·虫部》段玉裁注也说到《月令》著作权人问题："……是以《春秋》书'螽'，《月令》再言'蝗虫'。《月令》吕不韦所作。"⑦ 在有关"蝗"的论说中强调"《月令》吕不韦所作"，态度是非常明确的。

《史记》"蝗灾"记录的生态史与灾异史意义

毕竟在史学文献中，《史记》最早记载了"蝗"这一于昆虫学、农耕经验、灾异记录和史学史等多个学科方向都必须共同注意的生物现象。此后，"蝗"作为习用文字符号，指向含义逐渐明朗。《说文·虫部》："蝗，螽也。"段玉裁注："《蚰部》曰：'螽，蝗也。'是为转注。《汉书·五行传》曰：介虫之孽者，谓小虫有甲发扬之类。阳气所生也。于《春秋》为'螽'，今谓之'蝗'。按螽、蝗古今语

---

① （清）阮元校刻《十三经注疏》，第1366、1383页。
② （唐）陆德明撰，黄焯汇校《经典释文汇校》，中华书局，2006，第377页。
③ 孙希旦撰，沈啸寰、王星贤点校《礼记集解》，中华书局，1989，第399页。
④ （唐）陆德明撰，黄焯汇校《经典释文汇校》，第377页。
⑤ （清）朱彬撰，饶钦农点校《礼记训纂》，中华书局，1996，第213页。
⑥ 孙希旦撰，沈啸寰、王星贤点校《礼记集解》，第399页。
⑦ （汉）许慎撰，（清）段玉裁注《说文解字注》，第668页。

也。"而《说文·蚰部》写道："蚰，虫之总名也。从二虫。凡蚰之属皆从蚰。读若昆。""螽"字条下则说："螽，蝗也。"段玉裁注："'蝗'下曰：'螽也。'是为转注。按《尔雅》有皇螽、草螽、蜤螽、蟿螽、土螽，皆所谓螽丑也。蜤螽，《诗》作斯螽，亦云螽斯，毛、许皆训以蚣蝑。皆螽类，而非螽也。惟《春秋》所书者为'螽'。"① 所谓各种"螽丑"，"皆螽类，而非螽也"，有可能是指称不同生长阶段的"螽"，也可能是指许慎《说文解字叙》所说大一统实现之前尚未实现"书同文字"② 的时代"言语异声，文字异形"的情形。

对于蝗灾史的回顾，已经多有学者进行了认真的有成效的研究。有的学术论著将有关"蝗"的最初记载确定在非常早的时代，若干论点或许尚有待补充确证。比如，有学者说"在中国古代甲骨文中，已有蝗虫成群"，"中国最古老的典籍《山海经》中"，"山东、江苏地区有蝗螽"，"中国古老诗歌总集《诗经》"中《豳风·七月》记录"五月""蝗虫跳跃"，"鲁国史籍《春秋》记录山东等地发生蝗虫 12次，迁飞 1 次"等。③ 有的学者考察了殷商时代有关蝗虫的历史文化信息，又写道，"蝗灾最早记录，是公元前 707 年，见《春秋》：'桓公五年、螽'"④。也有学者注意到安阳殷墟妇好墓出土玉雕蝗虫模型，甲骨文中也有关于蝗虫出现的卜问告祭记录，并且指出："我国古代文献有确切时间记载的蝗灾是在西周时期，《春秋》记载，桓公五年（公元前 707 年），'秋，……螽'。"⑤ 据有的昆虫学家的统计资料，自公元前 707 年至 1935 年，全国有确切记载的蝗灾约为 796次。⑥ 有学者在以"世界生物学史"为学术主题的论著中这样写道：

---

① （汉）许慎撰，（清）段玉裁注《说文解字注》，第 668、674 页。

② 《史记·秦始皇本纪》，第 239 页。

③ 郭郛：《昆虫学进展史》，郭郛、钱燕文、马建章主编《中国动物学发展史》，东北林业大学出版社，2004，第 118 页。

④ 周尧：《中国昆虫学史》，昆虫分类学报社，1980，第 56 页。

⑤ 倪根金：《中国历史上的蝗灾及治蝗》，《历史教学》1998 年第 6 期。

⑥ 陈家祥：《中国历代蝗之记录》，浙江省昆虫局年刊，1935。

"昆虫是整个生物界中最大的类群，它们形体虽小，却极大地关联着人类的生产和生活活动。中国历代人民在益虫研究利用和害虫防治方面都取得了显著的成绩。"就"害虫防治"特别是"与蝗虫的斗争"这一学术问题，研究者写道："据中国历史记载统计，从公元前707年到公元1911年的两千多年中，大蝗灾发生约538次，平均每三四年就要发生一次，给人们造成很大损失。"① 或说："据史料记载，我国自公元前707—1949年的2656年间，发生东亚飞蝗灾害的年份达804年，平均每3年就大发生1次。"② 公元前707年应即鲁桓公五年。"从公元前707年"即开始"与蝗虫的斗争"之说，都是把《春秋·桓公五年》"螽"的记录认定为"有确切记载的蝗灾"。这可能是不妥当的。而"大蝗灾"以及"给人们造成很大损失"等说法，则更没有文献记载的确定依据。

一些研究者把《春秋·桓公五年》有关"螽"的文字，看作最早的"有确切记载的蝗灾"。但是也有注重实证的严肃的农史学者指出："因秦以前古籍都称蝗为螽或蝝，到《史记》的《秦始皇本纪》'蝗从东方来'，《孝文帝本纪》'天下旱，蝗'，《孝武帝本纪》'西戎大宛，蝗大起'等，才是历史上最早可信的蝗虫记载。"对于许多学者往往引为重要蝗灾史料的《诗·小雅·大田》"去其螟螣，及其螽贼，无害我田稚"，论者指出："螣可以包括蝗虫在内，当然不能等同于蝗虫，所以螣不是严格意义上的蝗虫专称。"③ 认定《史记》卷六《秦始皇本纪》"蝗从东方来"，"才是历史上最早可信的蝗虫记载"的意见，是科学的判断。然而论者对于下文"蔽天"字样似乎并未注意，对于《史记·六国年表》"蝗蔽天下"的记录也没有予以

① 汪子春、田洺、易华编著《世界生物学史》，吉林教育出版社，2009，第51、55~56页。
② 袁锋主编《农业昆虫学》第3版，第187页。
③ 游修龄：《中国蝗灾历史和治蝗观》，《华南农业大学学报》（社会科学版）2003年第2期。

必要的重视，不免令人遗憾。

有的昆虫学史论著还写道："蝗虫发生数量的惊人与为害的严重，古书中也有详细的记载。如《汉书》记载公元前218年10月'蝗虫从东方来，蔽天'；……"[①] 这应当是对《史记·秦始皇本纪》记载的文献与年代的双重错误理解。《史记》误作《汉书》。而发生"蝗虫从东方来，蔽天"灾情的秦王政四年是公元前243年，较公元前218年早25年，而"10月"的误解，我们在上文已经有所辨析。

有的学者在专门研究秦汉时期"农业生产中的虫灾害"的论文中指出，"秦汉是我国农业生产中虫灾害的第一个高发期"。然而，论者在总结"秦汉虫灾情况"，进行"秦汉时期蝗灾、螟灾统计"时，似乎没有注意到《史记》中《秦始皇本纪》和《六国年表》记录的这两则非常重要的蝗灾史料。[②] 这也是应当指出的不应当发生的缺憾。

3. 秦汉长城的生态史考察

秦汉时期，高度集权的统一王朝形成并得以巩固。"大一统"的政治体制，成就了"万里长城"的工程。秦汉长城的修建，是中国建筑史上的重要事件，对于中国军事史、中国经济史和中国民族关系史，也有重要的意义。如果我们从生态史的角度考察秦汉长城的规划、施工，以及秦汉长城的作用，也会获得有价值的发现。

长城：生态区的分界

司马迁在《史记·货殖列传》中进行经济区的划分，曾经指出

---

① 周尧：《中国昆虫学史》，第57页。
② 王飞：《秦汉时期农业生产中的虫灾害及治理研究》，《陇东学院学报》2019年第1期。

"碣石、龙门"一线是标定当时农耕区和畜牧区的分界：

> 夫山西饶材、竹、穀、纑、旄、玉石；山东多鱼、盐、漆、
> 丝、声色；江南出楠、梓、姜、桂、金、锡、连、丹沙、犀、玳
> 瑁、珠玑、齿革；龙门、碣石北多马、牛、羊、旃裘、筋角；
> 铜、铁则千里往往山出棋置：此其大较也。皆中国人民所喜好，
> 谣俗被服饮食奉生送死之具也。①

"龙门、碣石北多马、牛、羊、旃裘、筋角"，是以牧业作为主体经济
形式的地区。其实，秦汉时期"龙门、碣石"一线与长城线在相当长
的区段相互重合。事实上，也可以说，秦汉长城是划分当时农耕区和
畜牧区的界线。

确如有的学者所说："农区和牧区是在长期的历史发展中形成的，
其界线在我国历史上已有多次变动。"对于划分农区和牧区分界的指
标，意见有所不同。有的学者主张"以年降水量 400 毫米等值线为
界"，又有幅度为降水量 400 毫米保证率 20%～50% 的地区作为过渡
带。有的学者提出，在有的地区农牧气候分界值应以年降水量450±30
毫米作为主要指标。也有的学者认为，在不同地区应当以春季≥8 级
大风日数为主导指标，年湿润度 0.3 为辅助指标；或以农业气候积温
1500℃为主导指标，一月平均气温-30℃为辅助指标。有的学者则以
年湿润度 0.6 线及日平均气温≥0℃的积温 3000℃等值线作为划分界
线。② 尽管指标有所不同，但是所划定农耕区和畜牧区的分界并没有
实质性的差别。当我们对历史时期的农区和牧区分界进行考察时，或
许以年降水量为主要指标较为可行。

---

① 《史记·货殖列传》，第 3253～3254 页。
② 参看中国牧区畜牧气候划科研协作组编著《中国牧区畜牧气候》，气象出版社，
1988，第6～7页。

王毓瑚曾经指出，战国至西汉时期，"长城基本上成为塞北游牧区和塞南农耕区的分界线"，"长城的基本走向，同中国科学院地理研究所的同志们所划定的农作物复种区的北界大致是平行的，而稍稍靠北一些。复种区的北界以北，可以理解为种植区发展的自然条件比较差的地带。因此从农业的角度来说，古代修筑长城时，显然也考虑到了发展和巩固耕种业的自然条件。筑起长城，把原来黄河流域的农耕区以及自然条件较差而还比较适于发展种植业的沿边一带圈到里面，靠着长城的保障向北推展耕种区，就会更容易一些。而只有沿着与草原田比邻的地带变成了农耕区，边防才能更有保证"①。这样的分析，是符合秦汉时期的历史事实的。

对于长城以外地区的生态形势，《汉书·地理志下》关于河西地区的如下文字可以看作具有典型性的描述：

> 自武威以西，本匈奴昆邪王、休屠王地，……习俗颇殊，地广民稀，水中宜畜牧，故凉州之畜为天下饶。②

显然，这一地区对于畜牧业的发展，有相对适宜的生态条件。据《史记·匈奴列传》说，塞外"随畜牧而转移"，"逐水草迁徙，毋城郭常处耕田之业"的匈奴等游牧族，即基本经营单一的畜牧业，"其畜之所多则马、牛、羊，其奇畜则橐驼、驴、骡、駃騠、騊駼驒騱"③。

汉代西北边地因特殊的植被条件，或称"流沙"④，或称"沙

---

① 王毓瑚：《我国历史上农耕区的向北扩展》，史念海主编《中国历史地理论丛》第 1 辑，陕西人民出版社，1981。

② 《汉书·地理志下》，第 1644~1645 页。

③ 《史记·匈奴列传》，第 2879 页。

④ 《史记·五帝本纪》："西至于流沙。"《夏本纪》："弱水至于合黎，余波入于流沙。""东渐于海，西被于流沙，朔、南暨：声教讫于四海。"《秦始皇本纪》："六合之内，皇帝之土。西涉流沙，南尽北户。东有东海，北过大夏。人迹所至，无不臣者。"《乐书》："歌诗曰：'天马来兮从西极，经万里兮归有德。承灵威兮降外国，涉流沙兮四夷服。'"司马相如《大人赋》："经营炎火而浮弱水兮，杭绝浮渚而涉流沙。"（第 11、69、77、245、1178、3060 页）

漠"①，或称"沙幕"②，或称"积沙之地"③。《盐铁论·轻重》说：
"边郡山居谷处，阴阳不和，寒冻裂地，冲风飘卤，沙石凝积，地势
无所宜。"④《汉书·匈奴传下》也说："幕北地平，少草木，多大
沙。""胡地沙卤，多乏水草。"《汉书·霍去病传》写道，汉军与匈
奴作战，曾经遇到"大风起，沙砾击面，两军不相见"的情形。⑤ 当
地局部地方的沙尘暴显然频繁发生。敦煌汉简于是可以看到"日不显
目兮黑云多，月不可视兮风非（飞）沙"（2253）的简文。⑥《后汉
书·列女传·董祀妻》记述蔡文姬故事，引录其诗，有"沙漠壅兮尘
冥冥，有草木兮春不荣"句。⑦ 传蔡文姬作《胡笳十八拍》中"烟尘
蔽野"以及"疾风千里兮扬尘沙"、"风浩浩兮暗塞昏营"等辞句，
也形象地记述了当地的自然景观。

由于气温分布特征和热量资源等因素的影响，塞外生态条件也不
适宜发展农耕。这些地区冬季在蒙古高压控制下，寒潮侵袭频繁猛
烈，每遇强大寒潮袭击时，出现的低温和极端低温常常达到内地农人
难以想象的程度。河西汉简资料中多有可以直接体现这一情形的例证。
如居延汉简所谓"盛寒不和"（495.4B）、"苦候望春"（45.6B）、"始
春未和"（435.4）、"始春不节"（E.P.T43：56）、"方春时气不
调"（E.P.T50：50）等，⑧ 以及敦煌汉简所谓"春时风气不和"
（779）、"方春不和时"（1448）、"莫乐于温莫悲于寒"（1409A）等

---

① 《盐铁论·备胡》，第444页；《吕氏春秋·孟春纪》高诱注，《吕氏春秋集释》，第5页。
② 《汉书·李陵传》，第2466页；《汉书·陈汤传》，第3020页；《汉书·匈奴列传下》，第3834页；又《汉书·武帝纪》颜师古注引应劭曰，第172页。
③ 《盐铁论·通有》，《盐铁论校注》，第42页。
④ 王利器校注《盐铁论校注》（定本），第180页。
⑤ 《汉书·匈奴传下》，第3803、3824页；《汉书·霍去病传》，第2484页。
⑥ 甘肃省文物考古研究所编《敦煌汉简》，第307页。
⑦ 《后汉书·列女传·董祀妻》，第2802页。
⑧ 谢桂华、李均明、朱国炤：《居延汉简释文合校》，第593、78、562页；张德芳主编，杨眉著《居延新简集释（二）》，第355、497页。

简文，[①] 大多作为民间书信用语，真实生动地反映了人们对当地的气候条件的感受。

近年敦煌悬泉置遗址发掘收获中，也可以看到这样的简文：

①二月中送使者黄君遇逢大风马警折死（Ⅱ0215④：71）
②县泉地埶多风涂立干操毋□其湿也（Ⅱ0211②：26）
③敦煌酒泉地埶寒不雨蚤杀民田（Ⅱ0215③：46）

简文的释读，应当作：①二月中，送使者黄君，遇逢大风，马惊折死；②悬泉地势多风，涂立干燥，毋□其湿也；③敦煌、酒泉，地势寒不雨，早杀民田。[②] 也都反映了当地气候条件的恶劣。

秦汉长城的规划和修筑，是考虑到生态环境的因素的，人们甚至在长城局部区段的走向上也可以发现有关例证。比如，史念海在实地考察秦昭襄王所筑长城时曾经注意到"最能显示当时实际从事施工的劳动人民的才智的，莫过于现在固原和环县间的一段。这条长城由岷县始筑，迤逦趋向东北，但在过了固原之后，却斜向东南，绕了一个很不小的弯子。为什么如此？现在这个弯子以北的自然条件就足以作为说明。前数年我到这里考察时，这里正是一片盐碱地带，深沟浅壑往往尽呈白色，水草也相当缺乏。这当然不是近年才有的情形。长城到此绕个弯子，就可把不利的自然条件留给攻城的对手"[③]。

所谓"不利的自然条件"，推想当时规划者和施工者的心理，首先是"不利"于发展农耕的"自然条件"。

当然，我们说长城可以看作畜牧区和农耕区的分界线，只是基本

---

①　甘肃省文物考古研究所编《敦煌汉简》，第249、274、272页。
②　胡平生、张德芳编撰《敦煌悬泉汉简释粹》，第65~66页。
③　史念海：《黄河中游战国及秦时诸长城遗迹的探索》，《河山集　二集》，第461页。

形势大略如此。

我们看到，实际上西汉时期北边长城防线，其西段已超越现今年降水量 400 毫米线及通常所划定东部季风区域与西北干旱区域之区界 250～720 公里。① 这一情形，与秦汉时期的气候条件与现今有所不同，较今温暖湿润的因素有关。②

长城以外的匈奴活动区域，其实也有经营谷物种植的历史记录。例如《史记·卫将军骠骑列传》记载："汉军左校捕虏言单于未昏而去，汉军因发轻骑夜追之，大将军军因随其后。匈奴兵亦散走。迟明，行二百余里，不得单于，颇捕斩首虏万余级，遂至窴颜山赵信城，得匈奴积粟食军。军留一日而还，悉烧其城余粟以归。"又如《汉书·匈奴传上》也写道："会连雨雪数月，畜产死，人民疫病，谷稼不孰。"颜师古注："北方早寒，虽不宜禾稷，匈奴中亦种黍穄。"③ 这些记载，都说明当时长城以北其实并非绝对的纯牧业区。

长城以内当然也有集中发展畜牧经济的适宜的条件。汉王朝执政者策划所谓"马邑之谋"时，匈奴入塞，"徒见畜牧于野，不见一人"④，或谓"见畜布野而无人牧者"⑤，即说明塞内也有广袤的以畜牧业为主体经济形式的地区。《汉书·叙传》说，秦末以来，班壹避地于楼烦，"致马牛羊数千群"。"当孝惠、高后时，已财雄边"。颜师古注："楼烦，雁门之县。"典型的例证又有汉景帝时匈奴入上郡取

---

① 参看任美锷等编著《中国自然地理纲要》，第 55 页，图 12；全国农业区划委员会《中国自然区划概要》编写组编《中国自然区划概要》，第 74 页；西北师范学院地理系、地图出版社主编《中国自然地理图集》，第 60 页。

② 参看竺可桢《中国近五千年来气候变迁的初步研究》，《考古学报》1972 年第 1 期，收入《竺可桢文集》，第 495～498 页；王子今：《秦汉时期气候变迁的历史学考察》，《历史研究》1995 年第 2 期。

③ 《史记·卫将军骠骑列传》，第 2935 页；《汉书·匈奴传上》，第 3781 页。

④ 《史记·韩长孺列传》，第 2862 页。

⑤ 《史记·匈奴列传》，第 2905 页。

苑马事。① 据《汉书·地理志下》，当时长城以内的军马基地，有北地郡灵州的河奇苑、号非苑，归德的堵苑、白马苑，郁郅的天封苑，西河郡鸿门的天封苑等。又辽东郡"襄平，有牧师官"。②

不过，长城以内临边居民的经营内容，往往是农耕和畜牧并重的，如《后汉书·马援传》所说："处田牧，至有牛马羊数千头，谷数万斛。"③

长城营造对于区域生态的影响

秦汉时期，是中国长城建造史上的重要时期。

秦长城虽然利用了战国长城的基础，但是许多地段已经再向外拓展，正如有的学者所指出，"当时那里还是多半未经开发的荒芜之地"。长城的修建，对于"开发边区，发展农牧业经济"，起了积极的作用。④

班彪曾经沿长城而行，作《北征赋》，其中写道："越安定以容与兮，遵长城之漫漫。剧蒙公之疲民兮，为强秦乎筑怨。"张衡《东京赋》以所谓"人力殚"记述秦始皇征用民力过度，薛综注："天下之力，尽于长城……。"⑤ 也指出长城工程曾经迫使众多役人远至塞上艰苦劳作。伴随长城工程，又往往有大批移民北上实边。秦始皇时代已经可以看到有关记载。据《史记·秦始皇本纪》：

> 三十三年，发诸尝逋亡人、赘婿、贾人……，以适遣戍，西北斥逐匈奴。自榆中并河以东，属之阴山，以为四十四县，城河

---

① 《汉书·叙传》，第4198~4199页。《汉书·景帝纪》记载，汉景帝中元六年（前144），"六月，匈奴入雁门，至武泉，入上郡，取苑马。吏卒战死者二千人。"颜师古注："如淳曰：'《汉仪注》：太仆牧师诸苑三十六所，分布北边、西边。以郎为苑监，官奴婢三万人，养马三十万匹。'师古曰：'武泉，云中之县也。养鸟兽者通名为苑，故谓牧马处为苑。'"（第150页）

② 参看谢成侠《中国养马史》（修订版），农业出版社，1991，第70页。

③ 《后汉书·马援传》，第828页。

④ 李孝聪：《秦始皇长城》，中国长城学会编《长城百科全书》，吉林人民出版社，1994，第76页。

⑤ （梁）萧统编，（唐）李善注《文选》，第143、51页。

上为塞。又使蒙恬渡河取高阙、阳山、北假中，筑亭障以逐戎人。徙谪，实之初县。

三十四年，適治狱吏不直者，筑长城……。

三十五年，除道，道九原抵云阳，堑山堙谷，直通之。……益发谪徙边。……使扶苏北监蒙恬于上郡。

（三十六年）迁北河榆中三万家，拜爵一级。

贾谊《过秦论》于是写道："（秦王）乃使蒙恬北筑长城而守藩篱，却匈奴七百余里，胡人不敢南下而牧马，士不敢弯弓而报怨。"①

西汉仍多次组织移民充实北边。汉文帝曾采纳晁错建议，募民徙塞下。汉武帝元朔二年（前 127），募民徙朔方十万口。元狩三年（前 120），徙贫民于关以西及充朔方以南新秦中七十万口。元狩五年（前 118），徙天下奸猾吏民于边。② 此后，又不断向河西等地移民。《汉书·地理志下》说："定襄、云中、五原，本戎狄地，颇有赵、齐、卫、楚之徙"，"（河西四郡）其民或以关东下贫，或以报怨过当，或以悖逆亡道，家属徙焉"③。

内地移民基于本身的生产生活行为惯性，很自然地将中原传统的农耕经营方式带到了长城沿线，从而可能改变当地原有的生态条件。虽然经营畜牧确实易以致富，④ 政府也有对于畜牧业发展给予指导、保护和资

---

① 《史记·秦始皇本纪》，第 253、256、258、259、280 页。
② 据《史记·平准书》《汉书·武帝纪》《汉书·晁错传》。
③ 《汉书·地理志下》，第 1656、1645 页。
④ 《史记·货殖列传》："陆地牧马二百蹄，牛蹄角千，千足羊，泽中千足麃"，"此其人皆与千户侯等"（第 3272 页）。

金帮助的政策，^① 但是畜牧业经济除投入成本相当昂贵外，又难以在短期内形成效益。于是长城移民的选择，可能仍然主要以农耕为重。

而执政者的长城规划，其实也是考虑到在长城地区发展农耕业的。正如前引王毓瑚所说："古代修筑长城时，显然也考虑到了发展和巩固耕种业的自然条件。筑起长城，把原来黄河流域的农耕区以及自然条件较差而还比较适于发展种植业的沿边一带圈到里面，靠着长城的保障向北推展耕种区，就会更容易一些。而只有沿着与草原田比邻的地带变成了农耕区，边防才能更有保证。"^②

《汉书·晁错传》记载，晁错曾经说到当时"募民徒边"，在所谓"胡貉之地，积阴之处"建设农耕生产基地的措施：

> 相其阴阳之和，尝其水泉之味，审其土地之宜，观其草木之饶，然后营邑立城，制里割宅，通田作之道，正阡陌之界，先为筑室，家有一堂二内，门户之闭，置器物焉。民至有所居，作有所用，此民所以轻去故乡而劝之新邑也。为置医巫，以救疾病，以修祭祀，男女有昏，生死相恤，坟墓相从，种树畜长，室屋完安，此所以使民乐其处而有长居之心也。^③

推广源生于中原地区的以农耕为基础的经济文化，看来确实成为北边移民基本的生产与生活的内容。内地农民来到长城沿线，"作有所用"，"种树畜长"，于是改变了当地所谓"胡人衣食之业不著于地"

---

① 《史记·平准书》："乃徙贫民于关以西，及充朔方以南新秦中，七十余万口，衣食皆仰给县官。数岁，假予产业，使者分部护之，冠盖相望。其费以亿计，不可胜数。于是县官大空。""令民得畜牧边县，官假马母，三岁而归，及息什一，以除告缗，用充仞新秦中。"第 1425、1438 页。

② 王毓瑚：《我国历史上农耕区的向北扩展》，史念海主编《中国历史地理论丛》第 1 辑。

③ 《汉书·晁错传》，第 2288 页。

的情形，打破了"食肉饮酪，衣皮毛，非有城郭田宅之归居，如飞鸟走兽于广野，美草甘水则止，草尽水竭则移"的传统经济形式。① 据《汉书·地理志下》记述，河西四郡"其民或以关东下贫，或以报怨过当，或以悖逆亡道，家属徙焉"，"保边塞，二千石治之，咸以兵马为务；酒礼之会，上下通焉，吏民相亲。是以其俗风雨时节，谷籴常贱，少盗贼，有和气之应，贤于内郡。此政宽厚，吏不苛刻之所致也"②。在特殊的生态条件下形成了新的经济生活的秩序。在"地广民稀，水草宜畜牧"的匈奴故地，农耕经济发展至于"风雨时节，谷价常贱"，原有生态条件受到影响，是必然的。

通过甘肃武威磨咀子 48 号汉墓出土的西汉木牛犁模型以及内蒙古和林格尔汉壁画墓牛耕图等文物资料，③ 可知牛耕已在北边地区得到推广。由上述资料，可知当地使用的犁架由犁梢、犁床、犁辕、犁衡、犁箭组成，作为畜力犁的主体部件均已具备。辽宁辽阳三道壕西汉村落遗址出土的巨型犁铧，据推测是能用数牛牵引的开沟犁，④ 可以体现当时北边地区对于水利灌溉事业的重视。《汉书·沟洫志》记载：汉武帝塞瓠子之后，"用事者争言水利，朔方、西河、河西、酒泉皆引河及川谷以溉田"。据《汉书·地理志下》记载，敦煌郡冥安县，"南籍端水出南羌中，西北入其泽，溉民田"。又龙勒县，"氐置水出南羌中，东北入泽，溉民田"⑤。《史记·匈奴列传》记载：

匈奴远遁，而幕南无王庭。汉度河自朔方以西至令居，往往

---

① 《汉书·晁错传》，第 2285 页。
② 《汉书·地理志下》，第 1645 页。
③ 甘肃省博物馆：《武威磨咀子三座汉墓发掘简报》，《文物》1972 年第 12 期；内蒙古自治区博物馆文物工作队编《和林格尔汉墓壁画》，文物出版社，1978。
④ 黄展岳：《近年出土的战国两汉铁器》，《考古学报》1957 年第 3 期。
⑤ 《汉书·沟洫志》，第 1684 页；《汉书·地理志下》，第 1614 页。

通渠置田，官吏卒五六万人，稍蚕食，地接匈奴以北。①

以水利灌溉为条件的农耕经济，曾"稍蚕食"畜牧区地域，使农业区与牧业区之分界逐渐向北推移。汉武帝元鼎六年（前111），又令"上郡、朔方、西河、河西开田官，斥塞卒六十万人戍田之"②。居延汉简所见"田卒""治渠卒"诸称谓，可能即此次北边经济开发事业的文字遗存。辽阳三道壕西汉村村落遗址中畜圈邻近厕所，内中多积有粪肥，③说明当时所谓"务粪泽"④的农田施肥技术已经推广至北边地区。居延汉简中可见有关"运粪"的内容，如"☒以九月旦始运粪"⑤。居延汉简又可见所谓"代田仓"⑥，许多学者据此以为中原先进耕作方法"代田法"，当时已经在北边推广。内蒙古和林格尔汉墓出土反映庄园经济的壁画如农耕图、园圃图、采桑图、果林图、畜牧图、网渔图、谷仓图、酿造图等，也体现出当地农业及其他多种经营的发展水平。⑦

　　除了来自内地的移民之外，戍守长城的军人往往也同时进行农耕生产。这就是《盐铁论·和亲》所谓"介胄而耕耘，钼耰而候望"⑧。

　　秦汉时代在北边长城地区的大规模屯垦，导致了当地生态条件的变化。

　　据《汉书·匈奴传下》记载，北边长城地区原本草木茂盛，禽兽繁衍，匈奴以此为主要生存基地，看作"园囿"一般。秦汉经营北边，

---

　　①　《史记·匈奴列传》，第2911页。"往往通渠置田，官吏卒五六万人"，或断作"往往通渠置田官，吏卒五六万人"。

　　②　《史记·平准书》，第1439页。

　　③　东北博物馆：《辽阳三道壕西汉村落遗址》，《考古学报》1957年第1期。

　　④　万国鼎辑释《氾胜之书辑释》，第21页。

　　⑤　如简73.30，见谢桂华、李均明、朱国炤《居延汉简释文合校》，第129页。

　　⑥　如简148.47、273.14、273.24、275.19、275.23、543.3、557.3、557.5A、557.5B、见谢桂华、李均明、朱国炤《居延汉简释文合校》，第248、460、461、464、653、654页。

　　⑦　盖山林：《和林格尔汉墓壁画》；内蒙古自治区博物馆文物工作队编《和林格尔汉墓壁画》。

　　⑧　王利器校注《盐铁论校注》（定本），第513页。

动员军屯与民屯，移民规模有时一次就数以十万计，一时"人民炽盛，牛马布野"。起初当地水土保持条件远较现今为好，山泉流量也很可观，因而司马迁曾经在《史记·河渠书》中记述，新垦区"皆引河及川谷以溉田"。然而过度的开发，导致原有生态条件的破坏，如乌兰布和沙漠北部出现的汉代垦区后来衰落乃至废弃后，"逐渐沙化，而且愈往后风沙危害愈严重"。东汉初年，北边屯垦形势曾有反复，但是不久又出现城郭丘墟大多废毁的情形。有的学者经过对朔方郡垦区遗址的实地考察后指出："随着社会秩序的破坏，汉族人口终于全部退却，广大地区之内，田野荒芜，这就造成了非常严重的后果，因为这时地表已无任何作物的覆盖，从而大大助长了强烈的风蚀作用，终于使大面积表土破坏，覆沙飞扬，逐渐导致了这一地区沙漠的形成。""现在这一带地方，已经完全是一片荒漠景象"，"绝大部分地区都已为流动的以及固定或半固定沙丘所覆盖"。个别地方，"沙山之高竟达 50 米左右"①。

史念海曾经分析说，西汉一代在鄂尔多斯高原所设的县多达二十多个，这个数字尚不包括一些未知确地的县。当时的县址，有一处今天已经在沙漠之中，有七处已经接近沙漠。"应当有理由说，在西汉初在这里设县时，还没有库布齐沙漠。至于毛乌素沙漠，暂置其南部不论，其北部若乌审旗和伊金霍旗在当时也应该是没有沙漠的。"土壤大面积沙化的情形各有其具体的原因，但是至少农林牧分布地区的演变也是一个促进的因素。除了可以防风防沙的森林被破坏，沙漠于是可以因风扩展而外，草原也有减低风蚀的作用，"可是草原的载畜量过高，也会促使草原的破坏。草原破坏，必然助长风蚀的力量，促成当地的沙化"②。

有的学者认为，过度的开垦，甚至也可以导致自然灾害的逐渐增

---

① 侯仁之、俞伟超、李宝田：《乌兰布和沙漠北部的汉代垦区》，《治沙研究》第 7 号；侯仁之：《我国西北风沙区的历史地理管窥》，史念海主编《中国历史地理论丛》第 1 辑。

② 史念海：《两千三百年来鄂尔多斯高原和河套平原农林牧地区的分布及其变迁》，《河山集　三集》，第 99~103 页。

加。"秦汉时期，由于大批的士兵、农民移入鄂尔多斯地区进行开垦，在一定范围内破坏了原始植被，自然灾害增加，这个时期全内蒙古旱灾增加到 27 次，其中鄂尔多斯地区就有 5 次。"①

对于河西居延边塞戍守和屯田导致的生态环境的破坏，有的学者进行了更为具体的分析："古代弱水沿岸有良好的森林植被，胡杨（又作梧桐）和红柳组成为森林的主体，它们都是极耐干旱的植物。汉时，在弱水两岸修筑了一系列的烽燧，在烽燧之外又修筑了塞墙，所谓居延塞是指这种军防体系而言。在这种军事工程的修建中，都要大量地使用木材。在城障中（如破城子）和烽燧中，至今仍可以发现木材的残存。因此，居延塞的修建，砍伐了大量的森林。""额济纳河沿岸现在是戈壁沙漠景观。然而在薄薄的沙砾下面却是黄土层。在黄土层之下则是深厚的沙砾层。当地的主风向是西北风，全年平均风速为 4.2 米/秒，春季平均风速为 4.8 米/秒，年平均八级以上大风 37 次，持续 52 天，年平均沙暴日数 21 天。而年平均降水量只有 41.3 毫米。年平均蒸发量 3706 毫米，蒸发量为降水量的 90 倍。在此情况下，黄土层一旦遭到破坏，地下的沙砾便在烈风的作用下飞扬移动。掘土方堆烽燧、建塞墙挖沟壕以及修筑城障等项活动，都要破坏黄土层，导致地下沙砾出露，被暴露出来的沙砾，顺西北风向东南移动，恰与额济纳河道呈垂直相交的状态。由于河东岸处于迎风坡，便具有沙障的作用，风沙在此产生涡流现象，纷纷下落堆积形成沙丘。日久天长，流沙的堆积越来越多，最后便在河的东岸形成了连绵不断的沙丘。"论者还指出："额济纳河东岸沙丘的堆积有一个不断发展的过程。这个过程从汉代即已开始，随着人类活动的不断加剧而增强。"②

---

① 王尚义：《历史时期鄂尔多斯高原农牧业的交替及其对自然环境的影响》，中国地理学会历史地理专业委员会、《历史地理》编辑委员会编《历史地理》第 5 辑，第 24 页。

② 景爱：《额济纳河下游环境变迁的考察》，《中国历史地理论丛》1994 年第 1 期。

这样的分析，具体地总结了长城沿线局部地区生态环境的变化因素。这一情形其实是带有普遍性的。以这样的思路认识"起临洮，至辽东，延袤万余里"①，"自敦煌至辽东，万一千五百余里，乘塞列隧"②的秦汉长城地区生态条件演变的共同形式和共同原因，可以得到更深刻的理解。

生态变迁与长城兴废

导致经济文化历史背景发生若干变化的生态因素，又称作生态因子，即影响生物的性态和分布的环境条件，大致可以区分为：①气候条件，②土壤条件，③生物条件，④地形条件，⑤人为条件。

影响秦汉这一历史时期经济形势的主要的生态因素，应当说大致以气候条件和人为条件为主。气候条件和人为条件的影响，有时也对土壤条件、生物条件和地形条件发生作用。

气候条件对于以农业为主体经济形式的社会，显然是经济进程中至关重要的因素。这一条件对于社会生活的全面影响，也是不容忽视的。这种影响，也作用于政治景况、军事形势和民族关系。

历史上的生态环境条件其实是有所变化的。许多资料可以表明，秦汉时期的气候条件确实与现今不同，据竺可桢所绘"五千年来中国温度变迁图"，秦及西汉时期，平均气温较现今大约高 1.5℃，东汉时平均气温较现今大约低 0.7℃。③ 平均气温上下摆动的幅度超过 2℃。在两汉之际，曾经发生了由暖而寒的历史转变。④

与气候的变迁相应，两汉时期移民的方向有所变化。秦王朝与西汉王朝连年组织大规模的军队屯戍、移民实边，都为中原先进农耕技

---

① 《史记·蒙恬列传》，第 2565~2566 页。
② 《汉书·赵充国传》，第 2989 页。
③ 竺可桢：《中国近五千年来气候变迁的初步研究》，《考古学报》1972 年第 1 期，收入《竺可桢文集》，第 495~498 页。
④ 参看王子今《秦汉时期气候变迁的历史学考察》，《历史研究》1995 年第 2 期。

术向北传播提供了条件。在这一时期，新筑长城往往在旧有长城以北，如秦始皇长城就在秦昭襄王长城之外，二者之间即著名的"新秦中"垦区。"由于这个地区的土地在当时是十分肥沃的，其肥沃程度几乎可以和渭河下游相媲美。渭河下游当时为都城所在地，称为秦中。这个地区既然仿佛秦中，所以也就称为新秦中。"① 我们有理由推测，当时不仅土壤条件适宜农耕的发展，气候等因素无疑也提供了便利的条件。而在秦始皇长城筑成之后，秦昭襄王长城的防卫作用显然已经不再具有实际意义了。然而后来又出现秦始皇长城也失去效用的情形，匈奴人不仅入居秦始皇长城以南，甚至又入居秦昭襄王长城以南。正如史念海所指出的："东汉初年，匈奴内部分裂，南匈奴呼韩邪单于受到汉朝的保护，而入居于西河美稷县。美稷县位于战国时秦昭襄王所筑的长城之内。由那时起，历秦及西汉，匈奴人殆无能超越过这条长城而向南徙居的。至南匈奴呼韩邪单于时才改变了这个局面。"②

东汉以后，农耕区的北界南移，比较《汉书·地理志下》与《续汉书·郡国志五》记录的北边敦煌、酒泉、张掖、武威、安定、北地、上郡、西河、朔方、五原、云中、定襄、雁门、代郡、上谷、渔阳、右北平、辽西、辽东 19 郡人口，③ 可知这一地区东汉人口较西汉减少了 56.46%，远远超过了全国平均人口减少率 17.52%，其中朔方郡人口骤减 94.25%，是北边人口减少最典型的郡。④ 与这一地区汉族人口锐减形成鲜明对比的历史事实，有匈奴"南单于携众南向，款塞归命"，北匈奴亦有被迫大批南归者，如："章和元年，鲜

① 史念海：《新秦中考》，《河山集　五集》，第 92～138 页。
② 史念海：《两千三百年来鄂尔多斯高原和河套平原农林牧地区的分布及其变迁》，《河山集　三集》，第 92 页。
③ 其中酒泉郡《续汉书·郡国志五》只有户数 12706，不记口数。以《续汉书·郡国志》所记全国产户均口数 5.068 核算，估定其口数为 64194。
④ 19 郡中仅渔阳郡人口有所增加。而《续汉书·郡国志五》雁门郡口数 249000，显然是估算结果。辽东、辽西两郡口数完全相同，均为 81714，亦颇可疑。由此可知人口最多的渔阳郡口数 435740，其可信性也是难以确定的。

卑人入左地击北匈奴，大破之，斩优留单于，取其匈奴皮而还。北庭大乱，屈兰、储卑、胡都须等五十八部，口二十万，胜兵八千人，诣云中、五原、朔方、北地降。"① 长城沿线人口民族构成的变化，势必会对地区经济生活的形式有所影响。有的学者指出，在建武年间北边边民大规模南迁，有的边郡已经完全撤销之后，"汉朝的北界退至今北京西北、太行山中段、五台山、山西偏关、河曲一线"②。在这样的形式下，战国至于西汉经营的北边长城在这一区段的作用自然可想而知。

民族迁移以及与其相应的社会动荡与文化演变，有十分复杂的因素，气候环境的变化或许只是诸多因素之一。然而《史记·匈奴列传》记载，汉武帝太初元年（前104），"其冬，匈奴大雨雪，畜多饥寒死"，"国人多不安"，执政贵族遂有"降汉"之志。③《汉书·匈奴传上》记载，汉宣帝本始三年（前71），"会天大雨雪；一日深丈余，人民畜产冻死，还者不能什一"。于是"匈奴大虚弱"，"兹欲乡和亲"。④《后汉书·南匈奴列传》记载，光武帝建武二十二年（46），"匈奴中连年旱蝗，赤地数千里，草木尽枯，人畜饥疫，死耗太半，单于畏汉乘其敝，乃遣使者诣渔阳求和亲"⑤。匈奴往往于"秋，马肥"时则校阅兵力，有"攻战"之志，⑥ 而汉军"卫护"内附之南匈奴单于，亦"冬屯夏罢"，⑦ 也都告诉我们，考察机动性甚强的草原游牧族的活动，不能忽视气候因素的作用。

匈奴内附和边民南迁，都使得长城的功用有所消减。

《汉书·匈奴传上》记载，汉宣帝地节年间曾经废止阴山以外长

---

① 《后汉书·南匈奴列传》，第2951页。
② 葛剑雄主编《中国移民史》第2卷，福建人民出版社，1997，第156页。
③ 《史记·匈奴列传》，第2915页。
④ 《汉书·匈奴传上》，第3787页。
⑤ 《后汉书·南匈奴列传》，第2942页。
⑥ 《史记·匈奴列传》，第3752页。
⑦ 《后汉书·南匈奴列传》，第2945页。

城的防务①："是时匈奴不能为边寇，于是汉罢外城，以休百姓。"施行这一军事举措的直接原因，竟然是匈奴因遭遇气候突变而国力大减："其冬，单于自将万骑击乌孙，颇得老弱，欲还。会天大雨雪，一日深丈余，人民畜产冻死，还者不能什一。于是丁令乘弱攻其北，乌桓入其东，乌孙击其西。凡三国所杀数万级，马数万匹，牛羊甚众。又重以饿死，人民死者什三，畜产什五，匈奴大虚弱，诸国羁属者皆瓦解，攻盗不能理。其后汉出三千余骑，为三道，并入匈奴，捕虏得数千人还。匈奴终不敢取当，兹欲乡和亲，而边境少事矣。"②

有的学者否定长城是"农业平原与游牧草原"的分界的说法，指出"北方各民族人民的迁徙流动，从未受到长城的阻碍"，以及"古代北方许多民族的文化分布都是地跨长城内外的"这一历史事实。这一论点，是有文献记载和考古资料的根据的。由于塞外部族留居塞下，臣服中央政权，长城的军事作用发生了历史性的变化。有的学者指出，"自汉武帝以后，阴山以外的长城一直是汉朝军队驻守的地方。到公元前33年，匈奴呼韩邪单于款塞入朝，迎娶王昭君，约定和亲友好，服从中央的统一领导，并'自请愿留居光禄塞下'，汉中央王朝才从这里撤退大军"，于是，"作为军事工程的长城沿线，变成了南北各族人民友好往来的枢纽地带"③。

在有的地方，战国至秦代的长城竟然在后世长城"以北千里之遥"④，"以北千里之外"。这一情形，也体现了这种历史变化。于是

---

① 《汉书·匈奴传下》记载"习边事"之郎中侯应答汉元帝问："北边塞至辽东，外有阴山，东西千余里，草木茂盛，多禽兽，本冒顿单于依阻其中，治作弓矢，来出为寇，是其苑囿也。至孝武世，出师征伐，斥夺此地，攘之于幕北。建塞徼，起亭隧，筑外城，设屯戍，以守之，然后边境得用少安。"又说到"前以罢外城，省亭隧，今裁足以候望通烽火而已"情形。（第3803、3804页）

② 《汉书·匈奴传上》，第3787页。

③ 唐晓峰：《内蒙古西北部秦汉长城调查记》，《文物》1977年第5期。

④ 郑绍宗：《河北省战国、秦、汉时期古长城和城障遗址》，文物编辑委员会编《中国长城遗迹调查报告集》，文物出版社，1981，第39页。

有学者认为："中国北部历史上存在过的许多少数民族，他们和汉民族经常接触，频繁交往，共同开发我国北方和东北这块广阔的领土，也从来没有受到过长城的限制。"[①] 有的地方在长城内发现古代匈奴族的遗物，有的学者也认为可以说明"长城内外，匈（匈奴）汉杂居，他们之间互通往来，进行经济、文化交流，并不以长城为界"[②]。

所谓"并不以长城为界"，所谓"从未受到长城的阻碍"，所谓"从来没有受到过长城的限制"等，是在特定条件下针对某种外国历史文化观的带有政治色彩的说法。然而这种论点，也大体符合历代长城作为空间存在，在一定的时间环境中作用有所不同的事实。而我们在分析导致这一现象的诸因素时，显然不应当忽视生态条件的影响。

4. 汉代"海溢"灾害

自秦始皇实现统一之后多次巡行海上起，秦汉帝王对海洋的关注，成为显著的历史文化现象。吴王刘濞据有海洋资源，据说掌握了可与汉王朝相匹敌的财富，也成为终于为最高统治者所不容的因素之一。汉武帝东巡，沿海行程也曾经留下深刻的历史印迹。

这些现象，都体现汉代人的海洋意识有了新的时代气象。

与此相关，在汉代灾异史中，可以看到关于海洋灾难的记录。

"目前所知最早的海啸"

《汉书·天文志》写道：

> 元帝初元元年四月，客星大如瓜，色青白，在南斗第二星东

[①] 项春松：《昭乌达盟燕秦长城遗址调查报告》，文物编辑委员会编《中国长城遗迹调查报告集》，第19页。

[②] 宁夏回族自治区博物馆、固原县文物工作站：《宁夏境内战国、秦、汉长城遗迹》，文物编辑委员会编《中国长城遗迹调查报告集》，第51页。

可四尺。占曰："为水饥。"其五月，勃海水大溢。六月，关东大饥，民多饿死，琅邪郡人相食。①

有学者认为，这是中国古代"目前所知最早的海啸"，也是"最早的地震海啸"②。"五月，勃海水大溢"之后关东地区的"大饥"，不知道是否存在一定的联系。而"琅邪郡人相食"事，虽发生在沿海，不过不是"勃海"海滨，而是当时的"东海"海滨。《汉书·元帝纪》对于相关事件有如下记载：

> （初元二年）六月，关东饥，齐地人相食。秋七月，诏曰："岁比灾害，民有菜色，惨怛于心。已诏吏虚仓廪，开府库振救，赐寒者衣。今秋禾麦颇伤，一年中地再动，北海水溢，流杀人民。阴阳不和，其咎安在？公卿将何以忧之？其悉意陈朕过，靡有所讳。"③

所谓"一年中地再动，北海水溢，流杀人民"，指出了这次"海溢"导致的直接的灾难。初元二年（前47）七月诏所说"一年中"，则不应指初元元年五月"勃海水大溢"事。如此，初元元年五月"勃海水大溢"和初元二年"北海水溢，流杀人民"，看来是两次灾害。

新莽"海水溢"

王莽时代，有人在有关水利工程决策的讨论中说到以往一次"海水溢"事件。《汉书·沟洫志》记载：

> 大司空掾王横言："河入勃海，勃海地高于韩牧所欲穿处。

---

① 《汉书·天文志》，第1309页。
② 宋正海等：《中国古代海洋学史》，海洋出版社，1989，第291、297页。
③ 《汉书·元帝纪》，第282~283页。

> 往者天尝连雨，东北风，海水溢，西南出，浸数百里，九河之地
> 已为海所渐矣。"①

其事虽说"往者"，然而与"天尝连雨，东北风"连说，与"一年中地再动，北海水溢，流杀人民"体现的地震"海溢"不同，因而不大可能是回述50多年前的初元元年"海溢"。谭其骧推测，"发生海侵的年代约当在西汉中叶，距离王横时代不过百年左右。沿海人民对于这件往事记忆犹新，王横所说的，就是根据当地父老的传述"。谭其骧还写道，这次海侵，可以在地貌资料方面得到证明外，② 还可以在考古资料方面得到证明。③ 对于王横所说，谭其骧指出："他把海侵的原因说成是'天尝连雨，东北风'，更显然是不科学的。按之实际，暴风雨所引起的海啸，只能使濒海地带暂时受到海涛袭击，不可能使广袤数百里的大陆长期'为海所渐'。"④ 后来，关于这次渤海湾西岸"为海所渐"的现象，相关考古工作的新发现，使得人们的认识又有所深入。而对这一地区汉代遗存分布的认真考察，使以往的若干误见得以澄清。⑤ 现在看来，这次"海水溢""应是发生在局部地区、升降幅度小的短期海平面变动"⑥，其年代，大约在西汉末期。也就是说，王横所谓"往者"云云，应是对年代较近的"海溢"灾难的回顾。

---

① 《汉书·沟洫志》，第1697页。

② 〔希腊〕克雷陀普：《华北平原的形成》，《中国地质学会志》第27卷，1947；王颖：《渤海湾西部贝壳堤与古海岸线问题》，《南京大学学报》（自然科学版）1964年第3期。

③ 李世瑜：《古代渤海湾西部海岸遗迹及地下文物的初步调查研究》，《考古》1962年第12期；天津市文化局考古发掘队：《渤海湾西岸古文化遗址调查》，《考古》1965年第2期。

④ 谭其骧：《历史时期渤海湾西岸的大海侵》，《人民日报》1965年10月8日，收入《长水集》。

⑤ 参看天津市文化局考古发掘队《渤海湾西岸考古调查和海岸线变迁研究》，《历史研究》1966年第1期；韩嘉谷：《西汉后期渤海湾西岸的海侵》，《考古》1982年第3期；陈雍：《渤海湾西岸东汉遗存的再认识》，《北方文物》1994年第1期；韩嘉谷：《再谈渤海湾西岸的汉代海侵》，《考古》1997年第2期。

⑥ 陈雍：《渤海湾西岸汉代遗存年代甄别——兼论渤海湾西岸西汉末年海侵》，《考古》2001年第11期。

东汉"海溢"

关于东汉时期发生的"海溢"之灾，我们又看到《后汉书·质帝纪》的记载：

> （本初元年五月）海水溢。戊申，使谒者案行，收葬乐安、北海人为水所漂没死者，又禀给贫羸。①

说派"谒者"前往灾区施行赈救，是在"戊申"日，却没有说灾害发生的日子。不过，在"海水溢"前句写道："五月庚寅，徙乐安王为勃海王。"如果"海水溢"发生在"庚寅"日，那么，皇帝派出救灾专员，是在灾害发生的第 18 天。"海水溢"的发生更可能是在"庚寅"日之后的某一天，如此朝廷的应急措施则体现出更高的行政效率。对于这次灾害，《续汉书·五行志三》也写道："质帝本初元年五月，海水溢乐安、北海，溺杀人物。"②

《后汉书·桓帝纪》记载：

> （永康元年秋八月）六州大水，勃海海溢。③

《续汉书·五行志三》"水变色"条下记载此事，写道："勃海海溢，没杀人。"《续汉书·五行志六》"日蚀"条下也记载：永康元年"其八月，勃海海溢"④。

汉灵帝时代又曾经发生两次与地震相联系的"海水溢"灾难。时

---

① 《后汉书·质帝纪》，第 281 页。
② 《续汉书·五行志三》，《后汉书》，第 3310 页。
③ 《后汉书·桓帝纪》，第 319 页。
④ 《后汉书》，第 3312、3369 页。

间在建宁四年（171）和熹平二年（173），仅仅相隔两年。《后汉书·灵帝纪》记载：

> （建宁四年）二月癸卯，地震，海水溢，河水清。

> （熹平二年）六月，北海地震。东莱、北海海水溢。①

建宁四年事，"地震，海水溢"，没有说明地点。《后汉纪》卷二三《孝灵皇帝纪上》："二月癸卯，地震，河水清。"不言"海水溢"。②明彭大翼撰《山堂肆考》卷二〇《海溢》说："'海溢'一曰'海啸'。"列举历代"海溢"事件 11 例，包括汉代 3 例，即"东汉质帝本初元年夏四月，海水溢；桓帝永康元年八月，海溢；灵帝建宁四年二月，海溢"③。则对建宁四年"海溢"予以重视。

对于熹平二年事，李贤注引《续汉志》曰：

> 时出大鱼二枚，各长八九丈，高二丈余。④

这种"各长八九丈，高二丈余"的"大鱼"，很可能是在"地震"和"海水溢"发生的时候遇难的鲸鱼。⑤《后汉书·灵帝纪》没有说到这次"海溢"对民众的伤害，《续汉书·五行志三》则写道：

---

① 《后汉书·灵帝纪》，第 332、335 页。

② （东晋）袁宏撰，张烈点校《后汉纪》，第 455 页。《文献通考》卷二九六《物异考·水灾》："灵帝建宁四年二月，河水清。"（宋）马端临著，上海师范大学古籍研究所、华东师范大学古籍研究所点校《文献通考》（中华书局，2011）第 8066 页甚至略去"地震"事。

③ （明）彭大翼：《山堂肆考》，《景印文渊阁四库全书》第 974 册，第 326 页。

④ 《后汉书·灵帝纪》，第 335 页。

⑤ 清人姚之骃撰《后汉书补逸》卷二一"大鱼"条："东莱、北海海水溢，时出大鱼二枚，长八九丈，高二丈余。案：今海滨居民有以鱼骨架屋者，又以骨节作臼春米，不足异也。"徐蜀选编《二十四史订补》第 4 册，书目文献出版社，1996，第 274 页。

熹平二年六月，东莱、北海海水溢出，漂没人物。①

所谓"漂没人物"，可知是造成了民众伤亡的。

海溢—海啸

就现有资料看，汉代"海溢"现象，史籍记载计有：

①元帝初元元年（前48）五月，勃海水大溢。（《汉书·天文志》）

②元帝初元二年（前47）七月诏：一年中地再动，北海水溢，流杀人民。（《汉书·元帝纪》）

③西汉末年，海水溢，西南出，浸数百里，九河之地已为海所渐矣。（《汉书·沟洫志》）

④质帝本初元年（146）五月，海水溢乐安、北海，溺杀人物。（《后汉书·质帝纪》，《续汉书·五行志三》）

⑤桓帝永康元年（167）秋八月，勃海海溢，没杀人。（《后汉书·桓帝纪》，《续汉书·五行志三》、《五行志六》）

⑥灵帝建宁四年（171）二月癸卯，地震，海水溢。（《后汉书·灵帝纪》）

⑦灵帝熹平二年（173）六月，北海地震，东莱、北海海水溢出，漂没人物。（《后汉书·灵帝纪》《续汉书·五行志三》）②

如《山堂肆考》卷二〇《海溢》所谓"'海溢'一曰'海啸'"，③ 这些"海溢""海水溢""海水大溢"现象，按照传统理解，也被看作"海啸"。清人张伯行《居济一得》卷七写道："潘印川先生曰：'海啸'之说，未之前闻。愚按：'海啸'之说，自古有

---

① 《续汉书·五行志三》，《后汉书》，第3312页。
② 《汉书》，第1309、283、1697页；《后汉书》，第3310、319、332、335、3312页。
③ （明）彭大翼：《山堂肆考》，《景印文渊阁四库全书》第974册，第326页。

之。或潘先生偶未之见耳。"① 张伯行的说法看来是正确的。"海啸"之称虽然出现较晚，然而此前对于"海啸"现象的记录，可以说确实"自古有之"。古代史籍记载的"海溢""海水溢""海潮溢""海水大溢""潮水大溢""海潮涌溢""海水翻上""海涛奔上""海水翻潮""海水泛滥""大风架海潮""海水日三潮"等现象，其实就往往反映了"海啸"灾害。大约在元代，已经可以看到明确以"海啸"作为这种灾害定名的实证。②

以上汉代"海溢"诸例，宋正海等《中国古代海洋学史》第二十二章《海啸》中说到①②。③ 宋正海总主编《中国古代重大自然灾害和异常年表总集》中《海洋象》"海洋大风风暴潮"条录有①，"海啸"条录有②④⑦。④ 宋正海等《中国古代自然灾异相关性年表总汇》第三编《水象》"大水—海溢"条录有④，"地震—海啸"条录有②⑥⑦。⑤ 同一位学者领衔或主持完成的研究成果，对汉代"海溢"现象的认识却有所不同，是一件有意思的事。陆人骥编《中国历代灾害性海潮史料》则录有①②④⑤⑥⑦。⑥《中国古代重大自然灾害和异常年表总集》中《海洋象》"海啸"条题注写道："现代海洋学已明确定义海啸是由水下地震、火山爆发或水下塌陷和滑坡所激起的巨浪。按此定义，中国古代史料中，符合现代定义的海啸很少。因此我们把古代虽记载有'海啸'二字，但明显可确定为风暴潮的条目

---

① （清）张伯行：《居济一得》，《丛书集成初编》第 1488 册，第 138 页。

② 例如元人刘埙《隐居通议》卷二九《地理》有"恶溪沸海"条，其中写道："郭学录又言：尝见海啸，其海水拔起如山高。"《丛书集成初编》第 215 册，第 293 页。

③ 宋正海等：《中国古代海洋学史》，第 291 页。

④ 宋正海总主编《中国古代重大自然灾害和异常年表总集》，第 383、393 页。今按：该书所录②，竟然将康熙《青州府志》卷二一记录置于《前汉书·元帝纪》之前，殊为不妥。

⑤ 宋正海等：《中国古代自然灾异相关年表总汇》，安徽教育出版社，2002，第 462、468 页。

⑥ 陆人骥编《中国历代灾害性海潮史料》，海洋出版社，1984，第 1~3 页。

放入'海洋大风风暴潮'等年表中。"①

　　对于"海啸"定义的理解，似乎各有不同。《现代汉语词典》的定义为："由海底地震或风暴引起的海水剧烈波动。海水冲上陆地，往往造成灾害。"②《汉语大词典》："由风暴或海底地震造成的海面恶浪并伴随巨响的现象。"③ 也有学者指出："海啸的成因有海底地震、海底火山和海洋风暴等原因。"④《中文大辞典》的定义，则借用了中国古籍中的解释："海啸（Tidal bore），因海底发生地震或火山破裂、暴风突起，致海水上涌，卷入陆地，其声或大或小，若远若近，是为海啸，亦曰海吼。"⑤ 清人施鸿保《闽杂记》卷三正是这样说的："近海诸处常闻海吼，亦曰'海唑'，俗有'南唑风，北唑雨'之谚，亦曰'海啸'。其声或大或小，小则如击花鼓，点点如撒豆声，乍近乍远，若断若续，逾一二时即止；大则汹涌澎湃，虽十万军声未足拟也；久则或逾半月，日夜罔间，暂则三四日或四五日方止。"⑥《中文大字典》"其声或大或小，若远若近"，即用施说"其声或大或小，……乍近乍远"⑦。这些理解，"海啸"成因都包括"风暴""暴风"。《简明不列颠百科全书》的解释如下："海啸 tsunami，亦称津波，是一种灾难性的海浪，通常由震源在海底下 50 公里以内、里氏震级 6.5 以上的海底地震所引起。水下或沿岸山崩或火山爆发也可能引起海啸。"⑧ tsunami，即日语"津波"（つなみ）译音。诸桥辙次等著《广汉和辞典》解释"津波"为"因地震和暴风雨引起的突然上涌的巨浪"⑨。

① 宋正海等：《中国古代重大自然灾害和异常年表总集》，第 393 页。

② 《现代汉语词典》，第 492 页。

③ 《汉语大词典》第 5 卷，汉语大词典出版社，1990，第 1232 页。

④ 宋正海等：《中国古代海洋学史》，第 297 页。

⑤ 《中文大辞典》第 19 册，中国文化研究所，1962~1968，第 307 页。

⑥ （清）施鸿保撰，来新夏校点《闽杂记》，福建人民出版社，1985，第 28 页。

⑦ 《中文大字典》，汉荣书局，1982，第 979 页。

⑧ 《简明不列颠百科全书》第 3 卷，第 660 页。

⑨ 〔日〕诸桥辙次等：《广汉和辞典》中册，大修馆书店，昭和 57 年（1982），第 851 页。

《国语大辞典》则写道："つなみ，【津波・津浪・海嘯】因地震和海底变动形成波长的传播甚远、震荡期也相当长的海浪。"[①] 这种说法也排除了"暴风雨"的成因。

我们看到，以上列举汉代"海溢"资料中，①②和地动有关，⑥同一天"地震，海水溢"，⑦"北海地震，东莱、北海海水溢"，这4次"海溢"，应当都是由海底地震引起。也就是说，是严格意义上的"海啸"。

汉代由海底地震或者火山爆发引起的"海啸"占"海溢"总记录的57.14%。如果按照谭其骧的意见，对于③排除与"天尝连雨，东北风"的关系，则也是因"海底变动"引发的"海啸"。那么，这种"海啸"占"海溢"总记录的比率达到71.43%。即使以57.14%计，如果对中国古代的"海溢"记录进行总体的分析比较，这一比率也是相当高的。有人认为，由海底地震或火山爆发等所激起的"海啸"，"在中国是很少见的"[②]，就汉代的情形而言，事实可能并非如此。

汉代"海溢"资料例③，历史文献本来的记载是"天尝连雨，东北风，海水溢，西南出，浸数百里，九河之地已为海所渐矣"，谭其骧说："（王横）把海侵的原因说成是'天尝连雨，东北风'，更显然是不科学的。按之实际，暴风雨所引起的海啸，只能使濒海地带暂时受到海涛袭击，不可能使广袤数百里的大陆长期'为海所渐'。"然而，如果我们尊重考古学者基于科学发掘资料的判断，对"海侵"的说法进行慎重的再思索，似乎可以认真看待"东北风，海水溢，西南出"之说，于是得出这可能是一次由风暴引起的"海溢"的推测。海水漫上，能够"浸数百里，九河之地已为海所渐"，与这一地区特殊的地形特征有关。有人认为，"在中国古代丰富的潮灾记载中，最

---

① 《国語大辞典》，小学館，昭和56年（1981），第1676页。
② 宋正海等：《中国古代自然灾异动态分析》，安徽教育出版社，2002，第324页。

早记载风暴与潮灾关系的比地震海啸晚得多",其最早"大风,海溢"资料,是公元228年的记录,所依据的资料,竟然是"乾隆《绍兴府志》",而"正史记载的风暴潮则是公元251年(三国吴太元元年),'秋八月朔,大风,江海涌溢,平地水深八尺'(《三国志·吴志》)"①。论者似乎没有注意到《汉书·沟洫志》记录的王横所说"东北风,海水溢"事。

后世地方志有说"东汉灵帝建宁三年六月,海水溢北海郡,溺杀人物"者,如明嘉靖十二年《山东通志》卷三九《灾祥》,在前说汉代史籍记载的7例"海溢"灾情之外,未知所据,似不足取信。②

汉代"海溢"灾害见于史籍者,都在"勃海""北海",只有①"(初元元年)五月,勃海水大溢"又涉及"六月,关东大饥,民多饿死,琅邪郡人相食"。而这段文字前面说到"占曰:'为水饥'",",""水"与"饥"连说,不知琅邪郡饥馑是否也与海事有关。即使当时也称"东海"的黄海也曾发生"海溢",也在北部中国沿海,但和后世"海溢"记录以东海、南海更为密集的情形显然不同。分析其原因,首先应当注意到当时中国北方是经济文化的重心地区。

"陨石—海啸"现象

有研究者指出,根据史料记载,"有大陨石引起的海啸"。③宋正海等著《中国古代自然灾异相关性年表总汇》一书中被列入"陨石—海啸"现象者,仅有光绪《镇海县志》卷三七所载同治元年(1862)一例:

---

① 宋正海等:《中国古代自然灾异群发期》,安徽教育出版社,2002,第233页。今按:《三国志·吴书·吴主传》原文为:"秋八月朔,大风,江海涌溢,平地深八尺。"(第1148页)引文衍"水"字。又宋正海等《中国古代自然灾异相关性年表总汇》引此例,引《晋书·五行志》及乾隆《海宁府志》卷一六,却不引《三国志》,也明显违背史学常识。

② 陆人骥编《中国历代灾害性海潮史料》关于汉代的部分多引用明清以至民国地方志文字,不符合史学规范。此事列为汉代第5条,依据只有嘉靖《山东通志》卷三九《灾祥》一例。(见第3页)

③ 宋正海等:《中国古代自然灾异群发期》,第232页。

"七月二十二日夜，东北有彗星流入海中，光芒闪烁，声若雷鸣，潮为之沸。"① 其实，可能早在汉代，已经有类似现象发生。

《开元占经》卷七六《杂星占·星陨占五》写道："《文曜钩》曰：'镇星坠，海水溢。'《考异邮》曰：'黄星骋，海水跃。'《运斗枢》曰：'黄星坠，海水倾。'《淮南子》曰：'奔星坠而渤海决。'"② 《太平御览》卷六〇引《淮南子》曰："彗星坠而渤海决。"③ 《文献通考》卷二八一《象纬考四·星杂变》："……又曰：'填星坠，海水溢'；'黄星骋，海水跃'；又曰：'黄星坠，海水倾'；亦曰：'骍星坠，而渤海决。'"④ 以上似乎说的都是"陨石引起的海啸"。参看安居香山、中村璋八《纬书集成》，《春秋文曜钩》"镇星坠，海水溢"，《春秋运斗枢》"黄星坠，海水倾"，"出典"均为《开元占经》卷七六，"资料"为清赵在翰辑《七纬》、黄奭辑《汉学堂丛书》、黄奭撰《黄氏逸书考》；而文渊阁四库全书本《开元占经》卷七六引《春秋考异邮》所谓"黄星骋，海水跃"，《纬书集成》则作"黄星坠，海水跃"，"出典"亦为《开元占经》卷七六，"资料"为清马国翰辑《玉堂山房辑佚书》、黄奭辑《汉学堂丛书》、黄奭撰《黄氏逸书考》。⑤ 张衡曾说，"图谶成于哀、平之际"⑥。王先谦《后汉书集解》引阎若璩说："读班书《李寻传》，成帝元延中，寻说王根曰：'五经六纬，尊术显士'，则知成帝朝已有纬名矣。"⑦ 李学勤说："成帝时已有整齐的六纬，同五经相提并论，足证纬书有更早的起源。近年发

---

① 宋正海等：《中国古代自然灾异相关性年表总汇》，第 470 页。
② （唐）瞿昙悉达编，李克和校点《开元占经》，岳麓书社，1994，第 807 页。
③ （宋）李昉等撰《太平御览》，第 288 页。
④ （宋）马端临著，上海师范大学古籍研究所、华东师范大学古籍研究所点校《文献通考》，第 7690 页。
⑤ 〔日〕安居香山、中村璋八辑《纬书集成》中册，河北人民出版社，1994，第 703、729、798 页。
⑥ 《汉书·张衡传》，第 1912 页。
⑦ （清）王先谦撰《后汉书集解》，第 668 页。

现的长沙马王堆汉墓帛书，埋藏于文帝前期，有的内容已有与纬书相似处。哀、平之际，不过是纬书大盛的时期而已。"①《开元占经》卷七六将三种纬书所见"星坠"与"海水""溢""跃""倾"的关系，与"《淮南子》曰：'奔星坠，而渤海决'"并列，文句内容风格相互十分接近，也暗示其年代不迟。《淮南子·天文》："贲星坠而勃海决。"高诱注："决，溢也。"② 而前句"鲸鱼死而彗星出"，使人联想到《后汉书·灵帝纪》："（熹平二年）六月，北海地震。东莱、北海海水溢。"李贤注引《续汉志》曰："时出大鱼二枚，各长八九丈，高二丈余。"③

灾难史视野中的"海溢"

汉代"海溢"是被作为严重灾害记录在史册的。

除前引①初元元年"五月，勃海水大溢"与"六月，关东大饥，民多饿死，琅邪郡人相食"事的逻辑关系尚嫌模糊外，直接的灾情，可见②初元二年"流杀人民"，③"海水溢，西南出，浸数百里，九河之地已为海所渐矣"，④本初元年"海水溢"，"乐安、北海人"有"为水所漂没死者"，又多有"贫羸"待救助，或说"海水溢乐安、北海，溺杀人物"，⑤元康元年"勃海海溢，没杀人"，⑦熹平二年"东莱、北海海水溢出，漂没人物"等，都造成了民众生命财产的严重损失。

在有关汉代灾害的学术研究成果中，除了少数论著涉及"海溢"④ 而外，似乎往往忽略了这种自然灾变的危害。就此进行更为深

---

① 李学勤：《〈纬书集成〉序》，〔日〕安居香山、中村璋八辑《纬书集成》上册，第4页。

② 何宁撰《淮南子集释》，第177页。

③ 《后汉书·灵帝纪》，第335页。

④ 如陈业新的论文《地震与汉代荒政》（《中南民族学院学报》1997年第3期）说到因地震引起的"海溢"，他的学术专著《灾害与两汉社会研究》所附《两汉灾害年表》中，记录了本文讨论的"海溢"史例①④⑤⑥⑦，见第383、417、421~422页。

人的研究，可以补足这种缺憾，也有益于更全面地理解两汉时期社会和自然环境的关系。[①]

5.汉晋时期的"瘴气之害"

历史文献对于汉晋时期经营南方的记录，涉及中原人对南土"湿""暑"的深切感受，也留下了对"瘴气"危害的早期记忆。讨论相关问题，有益于透视当时人与自然环境的关系，从而提供更全面、更深刻地理解汉晋历史文化的条件。而在逐渐认识"瘴"和"瘴气"的漫长过程中汉晋时人的贡献，显然也值得生态环境史研究者重视。

岭南"湿疫"

因秦末特殊的政治背景，出现了南越政权。秦二世时，南海尉任嚣和龙川令赵佗策划割据，利用"负山险，阻南海"的地理条件，"急绝道聚兵自守"，除南海郡外，又控制了桂林、象郡地方，实际上珠江流域大部分地区皆为所有，赵佗"自立为南越武王"。据《史记·南越列传》记载，汉高祖初定天下，因为久经战乱，"中国劳苦"的缘故，当时以宽宏的态度容忍了赵佗政权在岭南的割据。又曾经派遣陆贾出使南越，承认了赵佗"南越王"的地位，希望他能够安定百越，并且保证"南边"的和平。在高后专制的时代，"有司请禁南越关市铁器"，似乎曾经采取了与南越实行文化隔闭、文化封锁的政策。赵佗"乃自尊号为南越武帝，发兵攻长沙边邑，败数县而去焉"。吕后时代曾经派周灶发军击南越。于是，南越与汉王朝正式进入交战状态。对于周灶南征战事，司马迁在《史记·南越列传》中只

---

① 王子今：《中国古代的海啸灾害》，《光明日报》2005 年 1 月 18 日；《汉代"海溢"灾害》，《史学月刊》2005 年第 7 期。

有如下简单的记述："高后遣将军隆虑侯灶往击之。会暑湿，士卒大疫，兵不能逾岭。岁余，高后崩，即罢兵。"① 因为对当地气候条件的不适应，汉军不能逾岭，两军事实上在南岭一线相持了 1 年之久，吕后去世方才罢兵，于是出现了司马迁所谓"隆虑离湿疫，（赵）佗得以益骄"的局面。所谓"会暑湿，士卒大疫，兵不能逾岭"，体现出岭南开发曾经受到因"暑湿"导致的"士卒大疫"的影响。②

《史记·南越列传》记载，汉文帝时代，陆贾再一次出使南越："陆贾至南越，王甚恐，为书谢，称曰：'蛮夷大长老夫臣佗，前日高后隔异南越，窃疑长沙王谗臣，又遥闻高后尽诛佗宗族，掘烧先人冢，以故自弃，犯长沙边境。且南方卑湿，蛮夷中间，其东闽越千人众号称王，其西瓯越裸国亦称王。老臣妄窃帝号，聊以自娱，岂敢以闻天王哉！'乃顿首谢，愿长为藩臣，奉贡职。"③ 于是赵佗宣布取消帝号。《汉书·南粤传》的记载则更为详细，其大意略同，其中也有"南方卑湿"语。

"卑湿"的说法，作为地理条件评价，屡见于两汉史籍。最著名的，是"长沙卑湿"④"江南卑湿"⑤"南方卑湿"⑥ 等。而张骞提供的域外知识中身毒、天竺地方"卑湿暑热"云云，⑦ 也是讨论本文主题时尤其应当注意的。

---

① 《史记·南越列传》，第 2969 页。隆虑侯灶，司马贞《索隐》："韦昭曰：'姓周。'隆虑，县名，属河内。"

② 参看王子今《龙川秦城的军事交通地位》，丘权政主编《佗城开基客安家：客家先民首批南迁与赵佗建龙川 2212 年纪念学术研讨会论文集》，中国华侨出版社，1997；《秦汉时期"中土"与"南边"的关系及南越文化的个性》，中国秦汉史研究会编《秦汉史论丛》第 7 辑，中国社会科学出版社，1998。

③ 《史记·南越列传》，第 2970 页。

④ 《史记·屈原贾生列传》，第 2492 页；《汉书·贾谊传》，第 2226 页。

⑤ 《史记·货殖列传》，第 3268 页；《汉书·地理志下》，第 1668 页。

⑥ 《史记·南越列传》《淮南衡山列传》，第 2970、3082 页；《汉书·淮南厉王刘长传》《爰盎传》《南粤传》，第 2145、2271、3851 页。

⑦ 《史记·大宛列传》，第 3166 页；《汉书·张骞传》《西域传·天竺》，第 2659、2921 页；《三国志·魏书·乌丸鲜卑东夷传》裴松之注引《魏略·西戎传》，第 860 页。

据《汉书·严助传》，在汉武帝对南越用兵之前，淮南王刘安曾为言"南方地形"，也说："南方暑湿，近夏瘅热，暴露水居，蝮蛇蠚生，疾疠多作，兵未血刃而病死者什二三，虽举越国而虏之，不足以偿所亡。"① 对于所谓"近夏瘅热"，王先谦《汉书补注》引王念孙的解释："'瘅热'即盛热，言南方暑湿之地，近夏则盛热。"② 其实，"瘅"字从"疒"，似不应解为"盛"。所谓"瘅热"，当是指"南方"湿热之疾。《素问·脉要精微论》："风成为寒热，瘅成为消中。"王冰注："瘅，为湿热也。"③ 刘安所谓"瘅热"，很可能是说湿热之疾流行。下文"疾疠多作，兵未血刃而病死者什二三"，也是我们在讨论"瘅气之害"时有必要重视的信息。

马援故事

有关南方"暑湿""瘅热"的另一次明确的记载，又见于两汉之际史事。

汉光武帝十七年至十九年（41～43），交阯征侧、征贰暴动，名将马援率楼船师远征。据《后汉书·马援传》，"交阯女子征侧及女弟征贰反，攻没其郡，九真、日南、合浦蛮夷皆应之，寇略岭外六十余城，侧自立为王。于是玺书拜援伏波将军，以扶乐侯刘隆为副，督楼船将军段志等南击交阯。军至合浦而志病卒，诏援并将其兵。遂缘海而进，随山刊道千余里。十八年春，军至浪泊上，与贼战，破之，斩首数千级，降者万余人。援追征侧等至禁溪，数败之，贼遂散走。明年正月，斩征侧、征贰，传首洛阳。封援为新息侯，食邑三千户。援乃击牛酾酒，劳飨军士"。马援对属下官吏，有一番关于人生志向的诚恳表白：

---

① 《汉书·严助传》，第2781页。
② （清）王先谦撰《汉书补注》，第1256页。
③ 《黄帝内经素问》，人民卫生出版社，1963，第105页。

从弟少游常哀吾慷慨多大志，曰："士生一世，但取衣食裁足，乘下泽车，御款段马，为郡掾史，守坟墓，乡里称善人，斯可矣。致求盈余，但自苦耳。"当吾在浪泊、西里间，虏未灭之时，下潦上雾，毒气重蒸，仰视飞鸢跕跕堕水中，卧念少游平生时语，何可得也！今赖士大夫之力，被蒙大恩，猥先诸君纡佩金紫，且喜且惭。①

于是吏士皆伏称万岁。对于所谓"仰视飞鸢跕跕堕水中"，李贤的解释是："鸢，鸱也。跕跕，堕貌也。"王先谦《后汉书集解》："刘攽曰：案文，'重'，当作'熏'。周寿昌曰：案'重蒸'，言'下潦上雾'，两重相蒸也，不必改'熏'。王先谦曰：《东观记》作'熏'。案'重'字亦通。"②施之勉《后汉书集解补》："按，《袁宏纪》，'重'作'浮'。"③也就是说，写作"毒气浮蒸"。④

汉光武帝二十四年（48），"武威将军刘尚击武陵五溪蛮夷，深入，军没，援因复请行。时年六十二"。次年，军至临乡，"破之，斩获二千余人，皆散走入竹林中"。《后汉书·马援传》又写道：

初，军次下隽，有两道可入，从壶头则路近而水崄，从充则涂夷而运远，帝初以为疑。及军至，耿舒欲从充道，援以为弃日费粮，不如进壶头，搤其喉咽，充贼自破。以事上之，帝从援策。三月，进营壶头。贼乘高守隘，水疾，船不得上。会暑甚。士卒多疫死，援亦中病，遂困，乃穿岸为室，以避炎气。⑤

① 《后汉书·马援传》，第838页。
② （清）王先谦《后汉书集解》上册，第306页。
③ 施之勉：《后汉书集解补》第2册，第441页。
④ 袁宏《后汉纪》卷七"当吾在浪泊、西里间，虏未灭之时"作"当吾在浪泊西时"。（东晋）袁宏撰，张烈点校《后汉纪》，第130页。
⑤ 《后汉书·马援传》，第842、843页。

壶头山在今湖南沅陵东北沅江南岸。充县则在今湖南桑植。"从充"即沿澧水行军，"从壶头"即沿沅水行军。"从壶头"路近水险，方有经历今湖南吉首地方当时称"武溪"的沅水支流的故事。所谓因"暑甚"导致"士卒多疫死"，而"援亦中病"，应是极严重的疫情记录。《古今注》卷中写道："《武溪深》，乃马援南征之所作也。援门生爰寄生善吹笛，援作歌以和之，名曰《武溪深》，其曲曰：'滔滔武溪一何深，鸟飞不度兽不能临，嗟哉武溪多毒淫。'"① 《中华古今注》卷下则题为《武溪歌》，《乐府诗集》卷七四又题作《武溪深行》。② 其中所谓"毒淫"一语，透露出"士卒多疫死"的直接原因，可能并不仅仅在于"炎气""暑甚"，即气温之高。

所谓"毒气""毒淫"，似乎与后来通常所说的"瘴气"有相近的含义。北魏地理学家郦道元就认为马援军遭遇的正是"瘴毒"。《水经注》卷三七《沅水》记载："（夷山）山下水际，有新息侯马援征武溪蛮停军处。壶头径曲多险，其中纡折千滩。援就壶头，希效早成，道遇瘴毒，终没于此。"③ 马援回忆"在浪泊、西里间"事所谓

---

① （晋）崔豹撰，牟华林校笺《〈古今注〉校笺》，线装书局，2015，第 68 页。

② 宋欧阳修《集古录》卷三《桂阳周府君碑》："右汉桂阳周府君碑，按《韶州图经》云：后汉桂阳太守周府君碑，按庙在乐昌县西一百一十八里武溪上。武溪惊湍激石，流数百里。昔马援南征，其门人辕寄生善吹笛，援为作歌和之，名曰《武溪深》，其辞曰：'滔滔武溪一何深，鸟飞不渡，兽不能临，嗟哉武溪何毒淫！'"（宋）欧阳修：《欧阳修集编年笺注》卷一三七，巴蜀书社，2017，第 382 页。宋人周紫芝《武溪深》写道："五溪妖蛮盘瓠种，穴狐跳梁恃余勇。汉庭老骥闻朔风，两耳如锥四蹄踊。南方毒雾堕跕鸢，五溪溪深军不前。健儿六月半病死，欲渡五溪无渡船。将军誓死心独苦，本为官家诛黠虏。谁知君侧有谗徒，刚道将军似贾胡。人生富贵一衰歇，会令薏苡成明珠。祁连高结卫青冢，文渊藁葬无人送。至今行客武溪傍，谁为将军一悲恸。"（宋）周紫芝撰《太仓稊米集》卷一，清文渊阁四库全书补清文津阁四库全书，第 2 页。"南方毒雾"的说法也值得注意。又明人僧宗泐《武溪深》"滔滔武溪，载广载深。我今欲济兮，畏此毒淫。武溪滔滔，飞鸢跕跕。我不先济兮，士不敢涉。既济既涉，我师孔武。蠢尔有蛮，服我王度"［（明）僧宗泐撰《全室外集》卷二，清文渊阁四库全书本，第 8 页］，也说到"畏此毒淫"。明人王世贞《武溪深》"于嗟武溪，一何毒煎。飞鸢跕跕，堕人马前。畴能衔恩贪百年？"［（明）王世贞撰《弇山四部稿》卷七，明万历刻本，第 74 页］，则用"毒煎"语。

③ （北魏）郦道元著，陈桥驿校证《水经注校证》，第 870 页。

"毒气重蒸，仰视飞鸢跕跕墯水中"，化入《武溪深》"鸟飞不度"辞句，① 也是值得我们注意的。

有关马援南征征侧、征贰事迹的记述中，可以明确看到有关"瘴气"的文字。

《后汉书·马援传》说到他死后被无端诋毁的遭遇。马援曾经从南土向中原转运薏苡实，被诬为明珠文犀等珍宝，于是激起帝怒，以致妻子不敢为他行常规葬礼。后来其兄子马严上书诉冤，前后六上，辞甚哀切，方才得以安葬在家族墓地。关于"薏苡实"的情节，《后汉书·马援传》写道：

> 初援在交阯，常饵薏苡实，用能轻身省欲，以胜瘴气。南方薏苡实大，援欲以为种，军还，载之一车。时人以为南土珍怪，权贵皆望之。援时方有宠，故莫以闻。及卒后，有上书谮之者，以为前所载还，皆明珠文犀。②

李贤注："《神农本草经》曰：薏苡味甘，微寒，主风湿痹下气，除筋骨邪气，久服轻身益气。"

后来有前云阳令同郡朱勃诣阙上书，陈列马援往年功绩，其中说道："出征交阯，土多瘴气，援与妻子生诀，无悔吝之心，遂斩灭征侧，克平一州。间复南讨，立陷临乡，师已有业，未竟而死，吏士虽疫，援不独存。"朱勃又说："人情岂乐久屯绝地，不生归哉！惟援得事朝廷二十二年，北出寒漠，南度江海，触冒害气，僵死军事，名灭爵绝，国土不传。"③ 这里所谓"触冒害气"，和后来"瘴气之害"的

---

① 后人又渲染为"汉兵卷甲未得渡，飞鸢跕跕堕且沈"，"南方毒雾堕跕鸢，五溪溪深军不前"，"武溪滔滔，飞鸢跕跕"，"于嗟武溪，一何毒煎。飞鸢站站，堕人马前"。

② 《后汉书·马援传》，第846页。

③ 《后汉书·马援传》，第847~848页。

说法颇相接近。已有学者指出，此"害气"，"其实就是瘴气"。① 正是出于对被称为"害气"的"瘴气"的恐惧，不仅郡治在今越南河内东北的"交阯"，甚至武陵郡属县"临乡"地方，也都被看作"绝地"。

"瘴气致死亡"：中原人的历史记忆

北边居民对于南土"瘴气"的认识，也可以通过东汉末年公孙瓒的事迹得以反映。《三国志·魏书·公孙瓒传》记载："公孙瓒字伯珪，辽西令支人也。为郡门下书佐。有姿仪，大音声，侯太守器之，以女妻焉，遣诣涿郡卢植读经。后复为郡吏。刘太守坐事征诣廷尉，瓒为御车，身执徒养。及刘徙日南，瓒具米肉，于北芒上祭先人，举觞祝曰：'昔为人子，今为人臣，当诣日南。日南瘴气，或恐不还，与先人辞于此。'再拜慷慨而起，时见者莫不歔欷。"② 辽西令支，在今河北迁安西。③

不过，如果说，"日南瘴气，或恐不还"只是体现了像公孙瓒这样的生长在辽西的北边人对日南地方生存环境的识见，似有不妥。王先谦《后汉书集解》写道："何焯曰：'瓒，辽西人，安得有先墓在北芒？'惠栋曰：'案《谢承书》，乃泣辞母墓也。'"④ 施之勉《后汉书集解补》："沈家本曰：'按，此疑于北芒设位遥祭其先耳。下文便当长辞坟茔，《魏志》与先人辞于此。此陈胜于范也。'又曰：

---

① 张文：《地域偏见和族群歧视：中国古代瘴气与瘴病的文化学解读》，《民族研究》2005年第3期。

② 《三国志·魏书·公孙瓒传》，第239页。《后汉书·公孙瓒传》："公孙瓒字伯珪，辽西令支人也。家世二千石。瓒以母贱，遂为郡小吏。为人美姿貌，大音声，言事辩慧。太守奇其才，以女妻之。后从涿郡卢植学于缑氏山中，略见书传。举上计吏。太守刘君坐事槛车征，官法不听吏下亲近，瓒乃改容服，诈称侍卒，身执徒养，御车到洛阳。太守当徙日南，瓒具豚酒于北芒上，祭辞先人，酹觞祝曰：'昔为人子，今为人臣，当诣日南。日南多瘴气，恐或不还，便当长辞坟茔。'慷慨悲泣，再拜而去，观者莫不叹息。"（第2357~2358页）

③ 谭其骧主编《中国历史地图集》第2册，第61~62页。施之勉《后汉书集解补》第3册："按，《清一统志》，令支故城，在今永平府迁安县西。"（第1113页）

④ （清）王先谦《后汉书集解》下册，第827页。

'赵一清谓辽西亦有北芒，未知所据。但瓒此时随刘守诣廷尉，不得在辽西也。'"①《太平御览》卷四二二引《英雄记》："公孙瓒字伯珪，为上计吏。郡太守刘基为事被征，伯珪御重到洛阳，身执徒养。基将徙日南，伯珪具豚米于北邙上祭先人。觞酹，祝曰：'昔为人子，今为人臣。当诣日南，多瘴气，恐或不还，与先人辞于此。'再拜，慷慨而起，观者莫不歔欷。"②则明说发表"或恐不还"或"恐或不还"祝语的地点是在洛阳北邙。所谓"时见者莫不歔欷""观者莫不歔欷"，或许即反映了"日南瘴气，或恐不还"云者，其实是中原地区一种相当普遍的认识。③

汉顺帝永和二年（137），又发生了"日南、象林徼外蛮夷区怜等"发动的暴动。日南郡治在今越南广治北，象林在今越南会安南。《后汉书·南蛮传》记载："数千人攻象林县，烧城寺，杀长吏。交阯刺史樊演发交阯、九真二郡兵万余人救之。兵士惮远役，遂反，攻其府。二郡虽击破反者，而贼势转盛。会侍御史贾昌使在日南，即与州郡并力讨之，不利，遂为所攻。围岁余而兵谷不继，帝以为忧。"第二年，召公卿百官及四府掾属讨论决策，"皆议遣大将，发荆、杨、兖、豫四万人赴之"。大将军从事中郎李固提出反驳意见，指出七条"不可"的理由，其中极其重要的一条，就是："南州水土温暑，加有瘴气，致死亡者十必四五。其不可三也。"④

---

① 施之勉：《后汉书集解补》第 3 册，第 1114 页。

② （宋）李昉等撰《太平御览》，第 1946 页。

③ 《三国志·魏书·郭嘉传》裴松之注引《傅子》载录"太祖与荀彧书，追伤嘉"者"……又人多畏病，南方有疫，常言'吾往南方，则不生还'"（第 431 页），可以参考。

④ 李固提出的七条理由是："若荆、杨无事，发之可也。今二州盗贼盘结不散，武陵、南郡蛮夷未辑，长沙、桂阳数被征发，如复扰动，必更生患。其不可一也。又兖、豫之人卒被征发，远赴万里，无有还期，诏书迫促，必致叛亡。其不可二也。南州水土温暑，加有瘴气，致死亡者十必四五。其不可三也。远涉万里，士卒疲劳，比至领南，不复堪斗。其不可四也。军行三十里为程，而去日南九千余里，三百日乃到，计人禀五升，用米六十万斛，不计将吏驴马之食，但负甲自致，费便若此。其不可五也。设军到所在，死亡必众，既不足御敌，当复更发，此为刻割心腹以补四支。其不可六也。九真、日南相去千里，发其吏民，犹尚不堪，何况乃苦四州之卒，以赴万里之艰哉！其不可七也。"见《后汉书·南蛮传》，第 2837～2838 页。

障气·瘴气

《三国志·吴书·陆胤传》写道："永安元年，征为西陵督，封都亭侯，后转在虎林。中书丞华覈表荐胤曰：'胤天姿聪朗，才通行絜，昔历选曹，遗迹可纪。还在交州，奉宣朝恩，流民归附，海隅肃清。苍梧、南海，岁有暴风瘴气之害，风则折木，飞砂转石，气则雾郁，飞鸟不经。自胤至州，风气绝息，商旅平行，民无疾疫，田稼丰稔。州治临海，海流秋咸，胤又畜水，民得甘食。惠风横被，化感人神，遂凭天威，招合遗散。至被诏书当出，民感其恩，以忘恋土，负老携幼，甘心景从，众无携贰，不烦兵卫。自诸将合众，皆胁之以威，未有如胤结以恩信者也。'"① 已有学者指出，两千年来中国南方的土地开发史和瘴域变迁史之间存在着明显的因果关系。② 其实，"瘴气"的"绝息"，与人口的增长和经济的开发有密切关系，正是这种历史文化的变迁，导致了生态条件的演化，③ 而与所谓"天威"或者行政长官"惠风横被，化感人神"的"恩信"原本无关。

值得我们注意的，是"苍梧、南海，岁有暴风瘴气之害，风则折木，飞砂转石，气则雾郁，飞鸟不经"中所谓"暴风瘴气之害"，原本作"旧风障气之害"。中华书局标点本作"岁有（旧）〔暴〕风瘴气之害"，《校记》："暴风，何焯据《册府元龟》改。"④ 卢弼《三国志集解》卷六一："何焯曰：'旧'字当从《册府》作'暴'。卢明楷曰：'旧风障气之害'疑有误。观下文'折木飞砂转石'，则'旧

---

① 《三国志·吴书·陆胤传》，第 1409~1410 页。
② 龚胜生：《2000 年来中国瘴病分布变迁的初步研究》，《地理学报》1993 年第 4 期。
③ 《南齐书·河南传》："地常风寒，人行平沙中，沙砾飞起，行迹皆灭。肥地则有雀鼠同穴，生黄紫花；瘦地辄有郭气，使人断气，牛马得之，疲汗不能行。"（第 1026 页）所谓"瘦地辄有郭气"，正体现了相近似的情形。"瘦地"，应是指贫瘠少人之地。"郭气"就是"障气"。
④ 《三国志》，第 1509 页。

风'当作'暴风'；'雾郁飞鸟不经'，则'障气'当为'瘴气'也。"①《文选》卷二八鲍明远《乐府八首·苦热行》："郭气昼熏体，萬露夜沾衣。"李善注："《吴志》，华覈表曰：'苍梧、南海，岁有疬风郭气。'"② 有可能《陆胤传》"岁有旧风障气之害"，起初写作"岁有疬风郭气之害"。

其实，"瘴"写作"障"，在汉代文献中仍有他例。如《淮南子·地形》：

> 土地各以其类生，是故山气多男，泽气多女，障气多喑，风气多聋，林气多癃，木气多伛，岸下气多肿，石气多力，险阻气多瘿，暑气多夭，寒气多寿，谷气多痹，丘气多狂，衍气多仁，陵气多贪，……③

对于其中的"障气多喑，风气多聋"，王念孙《读书杂志·淮南内篇第四》写道："'障气'本作'水气'，后人以'水'与'泽'相复，故妄改为'障'耳（《礼书》引此已误）。不知凡水皆谓之'水'，而水钟乃谓之'泽'（见《周礼·大司徒》注）。且'泽气'与'山气'相对，'水气'与'风气'相对，义各有取，改'水'为'障'，则义不可通矣。《太平御览·天部十五》、《疾病部一》、《疾病部三》（此篇内两引）引此并作'水气'，《酉阳杂俎·广知》篇

---

① 卢弼：《三国志集解》，中华书局，1982，第1106页。
② （梁）萧统编，（唐）李善注《文选》中册，第404页。诗句极言南行艰险："赤阪横西阻，火山赫南威。身热头且痛，鸟堕魂来归。汤泉发云潭，焦烟起石圻。日月有恒昏，雨露未尝晞。丹蛇逾百尺，玄蜂盈十围。含沙射流影，吹蛊痛行晖。郭气昼熏体，萬露夜沾衣。饥猿莫下食，晨禽不敢飞。毒泾尚多死，渡泸宁具腓。生躯蹈死地，昌志登祸机。戈船荣既薄，伏波赏亦微。财轻君尚惜，士重安可希。"李善注引曹植《苦热行》："行游到日南，经历交阯乡。苦热但曝霜，越夷水中藏。"
③ 何宁撰《淮南子集释》，第338~340页。

同。"① 于鬯《香草续校书·淮南子》讨论《淮南子·地形》"木气多
伛"句时说："疑'木'乃'水'字之误。王《杂志》据《太平御
览》诸引及《酉阳杂俎·广知》篇，以上文'障气'为'水气'之
误。鬯窃谓此如作'水气多伛'，则上文'障气多喑'不误。若上文
作'水气多喑'，则此合作'障气多伛'。要'水''障'二字互误
有之。若王氏以'障'字为后人妄改，是直谓凭空改出一'障'字。
后人虽'妄'，未至此也。"② 梁履绳说："'障'即'瘴'也。"③ 何
宁也认为："'障气多瘠''障'当是'瘴'的叚字。""医籍瘴当训
淫邪，《广韵》谓热病，与风适对，王以为后人妄改'水'为'障'，
虽多引类书为证，未可从也。于氏谓'木气'当为'水气'，或
'水、障两字互误有之'。然上文云'土地各以类生人'，木与伛类，
似为近之，作'水'或'障'，则不可解矣。"④ 如果"'障'即
'瘴'也"的说法成立，则有益于充实对"瘴气"早期认识的理解。⑤

又《后汉书·杨终传》记载杨终上疏，说到"南方暑湿，障毒
互生"。⑥ "障毒"就是"瘴毒"。⑦

《文选》卷六左思《魏都赋》："宅土熇暑，封疆障疠。"张载注：
"吴、蜀皆暑湿，其南皆有瘴气。"可知"瘴""障"通用。《文选》
卷二八鲍明远《乐府八首·苦热行》："鄣气昼熏体，菵露夜沾衣。"

① （清）王念孙：《读书杂志》，江苏古籍出版社，1985，第804页。

② （清）于鬯：《香草续校书》下册，中华书局，1963，第530页。

③ 转引自张双棣《淮南子校释》上册，北京大学出版社，1997，第453页。

④ 何宁撰《淮南子集释》上册，第339页。

⑤ 左鹏说："至晚在东汉初年，人们已对交阯（约今越南北部）之瘴气有了认识，比
之更早的时代有无此说则不得而知。"（《汉唐时期的瘴与瘴意象》，荣新江主编《唐研究》第
8卷，北京大学出版社，2002，第258页）《淮南子·地形》所见"障气"，或许可以看作
"比之更早的时代"对于"瘴气""有了认识"的实例之一。

⑥ 《后汉书·杨终传》，第1598页。

⑦ 左鹏《汉唐时期的瘴与瘴意象》一文以为："东汉人对瘴的认识似乎并不复杂，它
只搭配成了两个词，即瘴气、瘴疫。"似乎忽略了"障毒"即"瘴毒"。而论者是注意到《后
汉书·杨终传》中的这条资料的，并写道，包括这条资料，"则《后汉书》对'瘴'的记载
可有六条"（荣新江主编《唐研究》第8卷，第263、258页）。

李善注除前说《吴志》《华覈表》外，又引宋《永初山川记》曰："宁州郓气茵露，四时不绝。"① 张双棣以为："盖谓岚郓之气也。皆不作瘅字。"②《魏书·僭晋司马睿传》这样评价东晋的经济地理和生态形势："有水田，少陆种，以罟网为业。机巧趋利，恩义寡薄。家无藏蓄，常守饥寒。地既暑湿，多有肿泄之病，障气毒雾，射工、沙虱、蛇虺之害，无所不有。"③ 则"瘅气"依然写作"障气"。其实，在汉代人的意识中，"瘅气"一语已经有比较确定的涵义了。《说文·阜部》："障，隔也。"④ "瘅"写作"障"，应当与这种自然现象阻断交通的作用有关。而"障"和"嶂"之相通，则与瘅气往往发生在原始山林的情形也是一致的。有学者指出了"临漳郡"地名和当地瘅气盛行的关系，⑤ 则这里的"漳"似是说水上之"瘅"。唐人"瘅江"称谓的由来，⑥ 也可以得到理解。

南方的"瘅"：东南和西南

西晋时期已经有学者就"瘅气"的分布区域提出了这样的认识，即"吴、蜀皆暑湿，其南皆有瘅气"。

据说成书于西晋时期的《南方草木状》卷上写道：

---

① （梁）萧统编，（唐）李善注《文选》，第 109、404 页。

② 张双棣：《淮南子校释》上册，第 453 页。今按：李善注引宋《永初山川记》"郓气茵露，四时不绝"，又说："茵，草名，有毒。其上露触之，肉即溃烂。"

③ 《魏书·僭晋司马睿传》，第 2093 页。

④ （汉）许慎撰，（清）段玉裁注《说文解字注》，第 734 页。

⑤ 萧璠：《汉宋间文献所见古代中国南方的地理环境与地方病及其影响》，（台北）《中研院历史语言研究所集刊》第 63 本第 1 分，1993 年；范家伟：《六朝时期人口迁移与岭南地区瘅气病》，《汉学研究》1998 年第 1 期。

⑥ 《旧唐书·地理志四》："（廉州）州界有瘅江，名合浦江。"（第 1759 页）（元）辛文房著，傅璇琮主编《唐才子传校笺》卷八录韩愈诗："知汝远来应有意，好收吾骨瘅江边。"（中华书局，1995，第 149 页）又如张说《南中送使二首》其二"山临鬼门路，城绕瘅江流"（《张燕公集》卷六）；柳宗元《岭南江行》诗"瘅江南去入云烟"（《柳河东集》卷四二）；刘禹锡《伤秦姝行》诗"舜华零落瘅江风"（《刘宾客文集》卷三〇）；王建《送流人》诗"阴云鬼门夜，寒雨瘅江秋"（《王司马集》卷三）；元稹《酬东山李相公十六韵》"腊月巴地雨，瘅江愁浪翻"（《元氏长庆集》卷八）等。

芒茅枯时，瘴疫大作，交、广皆尔也。土人呼曰"黄茅瘴"，又曰"黄芒瘴"。①

这是说的"交广""瘴疫"。有人说："地瘴无不生杨梅者。"② 以为杨梅的分布，和当时"地瘴"流行的区域大体一致。③《说文·雨部》："霡，稷雪也。"④ 有人以为即闽地俗说"米雪"，并以"瘴疬"为说。⑤ 这一现象，自可与闽地"瘴疬"联系起来理解。

汉晋西南地方的"瘴"，也为当时人们所重视。

《太平御览》卷九九〇引《本草经》曰："升麻，一名周升麻，味甘辛，生山谷。治辟百毒，杀百老殃鬼，辟瘟疾瘴邪毒蛊，久服不夭。生益州。"⑥ 这是"益州"有"瘴邪"危害的证明。据说生存于南中地方的一种鹦鹉，可以引发称作"鹦鹉瘴"的疾病。⑦ 左思《魏都赋》说吴、蜀之地"宅土熇暑，封疆障疬"。张载解释说："吴、蜀皆暑湿，其南皆有瘴气。"如此则左思的意思，是东南的吴和西南

---

① 中国科学院昆明植物研究所编《南方草木状考补》，云南民族出版社，1991，第136页。因芒茅黄枯时节的瘴疬，后世又有"瘴茅"之说。宋苏轼《虔守霍大夫见和复次前韵》诗："同烹贡茗雪，一洗瘴茅秋。"［（宋）苏轼撰，（清）王文诰辑注，孔凡礼点校《苏轼诗集》卷四五，中华书局，1982，第2429页］

② （宋）罗愿撰，石云孙点校《尔雅翼》卷一二"杨梅"："杨梅木若荔支，叶细阴，青实如谷子而有核。其味酢，出江南，五月中熟。江淹颂云：'怀蕊挺实，涵黄糅丹。镜日绣壑，照霞绮峦。'张司空云：'地瘴无不生杨梅者。'"（第127页）

③ 《辞海·生物分册》"杨梅"条："（杨梅）性喜温湿，耐荫，适于红黄壤栽种。""原产于我国，分布于长江以南各地。"（第212~213页）

④ （汉）许慎撰，（清）段玉裁注《说文解字注》，第572页。

⑤ （宋）陆佃撰，王敏红校点《埤雅》卷一九："《说文》曰：'霡，稷雪也。'闽俗谓之'米雪'，言其霡粒如米。所谓'稷雪'，义盖如此。今名'涩雪'，亦曰'湿雪'，然腊雪握之辄聚，立春以后，不复可抟，略如霄雪，亦以微温薄之故也。里语以为'春雪不能蠲压瘴疬'，其以此乎？"（第194页）对于《说文》所谓"霡，稷雪也"，段玉裁注："谓雪之如稷者。《毛诗传》曰：'霡，暴雪也。''暴'，当是'黍'之字误。俗谓'米雪'，或谓'粒雪'皆是也。"见（汉）许慎撰，（清）段玉裁注《说文解字注》，第572页。

⑥ （宋）李昉等撰《太平御览》，第4382页。

⑦ （宋）罗愿撰，石云孙点校《尔雅翼》卷一四"鹦鹉"："鹦鹉能言之鸟，其状似鸮，青羽赤喙足，陇右及南中皆有之。然南鹦鹉小于陇右，飞则千百为群，俗忌以手触其背，犯者多病颤而卒，名'鹦鹉瘴'。"（第150页）

的蜀，其南部都是"瘴气"危害严重的地区。张载的父亲张收任蜀郡太守，太康初，"至蜀省父，道经剑阁"，以蜀人恃险好乱，著铭作诫，"益州刺史张敏见而奇之，乃表上其文，武帝遣使镌之于剑阁山焉"①。看来所谓蜀地其南"有瘴气"的说明，是来自亲履蜀道得到的认识。

《华阳国志》卷四《南中志》："兴古郡，建兴三年置。属县十一，户四万。去洛五千八百九十里。多鸠獠、濮，特有瘴气。"②刘琳《华阳国志校注》："《永昌郡传》：'（兴古郡）纵经千里，皆有瘴气。菽谷鸡豚鱼酒不可食。皆（疑当作'若'）食啖，病害人。'又旧《云南通志》称广南府气候：'地少霜雪，山多雾岚，三时瘴疠，至冬始消。'"③对这一地区"瘴气"认识的生成，自然不必限定于《华阳国志》成书之后。又同书卷一〇上《先贤士女总赞上·蜀郡士女》有"孟由至孝，遐弃晞风"语，说：

> 禽坚，字孟由，成都人也。父信为县使越嶲，为夷所得，传卖历十一种。去时坚方妊六月，生母更嫁。坚壮，乃知父湮没，鬻力佣赁。得碧珠，以求父。一至汉中，三出徼外，周旋万里，经时六年四月，突瘴毒狼虎，乃至夷中得父。相见悲感，夷徼哀之，即将父归，迎母致养。州郡嘉其孝，召功曹，辟从事，列上东观。太守王商追赠孝廉，令李苾为立碑铭，迄今祠之。

---

① 《晋书·张载传》，第 1517 页。

② （晋）常璩撰，任乃强校注《华阳国志校补图注》，第 303 页。《续汉书·郡国志五》"牂牁郡谈指"条下刘昭《注补》引《南中志》曰："有不津江，江有瘴气。"《后汉书》，第 3511 页。

③ 刘琳：《华阳国志校注》，巴蜀书社，1984，第 455 页。关于永昌郡，《太平御览》卷七九一引《永昌郡传》："……又曰：永昌郡在云南西七百里。郡东北八十里泸仓津，此津有郁气，往以三月渡之，行者六十人皆悉闷乱。毒气中物则有声，中树木枝则折，中人则令奄然青烂也。又曰：兴古郡在建宁南八百里，郡领六县，纵经千里，皆有瘴气。蒜谷鸡豚鱼酒不可食，皆食啖病害人。郡北三百有盘江，广数百步，深十余丈。此江有毒瘴。"（第 3509 页）

王商，刘璋时任蜀郡太守。李苾，晋惠帝时任成都令。[1] 禽坚事迹当发生在汉末。"一至汉中"，刘琳以为"汉中当作汉嘉"，"汉嘉为少数民族区域，近越巂，故禽坚寻父至此。汉中远离越巂，南辕北辙，于理难通"[2]。任乃强以为"'汉中'为'南中'字讹也"，"坚既知其父陷在越巂，则当向西南夷中寻之，不得反向东北至汉中寻父"[3]。从交通条件的比较而言，大约川陕通道开启较早，而"南中"道路"瘴毒狼虎"之害更为严重。

《蜀鉴》卷九引李膺《益州记》："泸水源出曲罗，东下三百里，两峰有杀气，暑月旧不可行，故武侯以夏渡为难。"又引《水经注》："泸津水又东径不韦县北而东北流，两岸皆高山数百丈，卢峰最为高秀，孤高三十余丈。时有瘴气，三月、四月径之必死。五月以后，行者差无害。"[4] 今本《水经注》卷三六《若水》："有泸津，东去县八十里，水广六七百步，深十数丈，多瘴气，鲜有行者。""（兰仓水）又东与禁水合，……此水傍瘴气特恶。""禁水又北注泸津水，又东迳不韦县北而东北流，两岸皆高山数百丈，泸峰最为杰秀，孤高三千余丈。是山于晋太康中崩，震动都邑。水之左右，马步之径裁通，而时有瘴气，三月、四月迳之必死，非此时犹令人闷吐。五月以后，行者差得无害。故诸葛亮《表》言：五月渡泸，并日而食，臣非不自惜也，顾王业不可偏安于蜀故也。《益州记》曰：泸水源出曲罗巂，下三百里曰泸水。两峰有杀气，暑月旧不行，故武侯以夏渡为艰。"[5] 按照郦道元的说法，"时有瘴气，三月、四月迳之必死，非此时犹令人

---

① 刘琳：《华阳国志校注》，第 727 页。

② 刘琳：《华阳国志校注》，第 726 页。

③ （晋）常璩撰，任乃强校注《华阳国志校补图注》，第 548 页。

④ 赵炳清校注《蜀鉴校注》，国家图书馆出版社，2010，第 242~243 页。

⑤ （北魏）郦道元著，陈桥驿校证《水经注校证》，第 826 页。关于泸水，《后汉书·西南夷传》李贤注："泸水一名若水，出旄牛徼外，经朱提至僰道入江，在今巂州南。特有瘴气，三月、四月经之必死。五月以后，行者得无害。故诸葛亮《表》云'五月度泸'，言其艰苦也"（第 2847 页），应是据《水经注》说。

闷吐", 则"瘴气之害"最严重者, 在"三月、四月", 诸葛亮"五月渡泸", 是有意避之。《益州记》说"暑月旧不行, 故武侯以夏渡为艰", 似应理解为虽知其"艰", 但求其"安", 也说出军时机的确定, 在于有意避其"杀气"。当时人们对于"瘴气之害"季节性特征的认识, 值得交通史学者和生态史学者重视。

西南地方的"瘴气", 如杜甫诗句"瘴疠浮三蜀"[1] 所说, 在唐代已经成为醒目的生态地理现象。然而对这一现象的最初认识, 可以追溯到禽坚生活的时代。

关于所谓"冷瘴"

后世对于"瘴气"的历史记录和文化感觉, 似与汉晋时期有所不同。特点之一, 是"瘴气"这一词语所指代的内涵有所扩衍。

北魏文成帝和平元年（460）出军"讨吐谷浑什寅",《魏书·高宗纪》: "八月, 西征诸军至西平, 什寅走保南山。九月, 诸军济河追之, 遇瘴气, 多有疾疫, 乃引军还。"[2] 有学者指出, "西宁以西的地方海拔多在 3000 米以上, 北魏的军队在此遇到瘴气, 大概是因高山反应及长途跋涉的疲劳所致"[3], 又称此为"青海西宁以西地区的高海拔、大温差所致之瘴", 又说, "青海迤西的瘴气可确指为高山反应, 但是直至隋唐之世, 人们仍然以此为瘴气"[4]。《通典》卷一九〇《边防六·吐蕃》: "其国风雨雷雹, 每隔日有之。盛夏节气如中国。暮春之月, 山有积雪, 地有冷瘴, 令人气急, 不甚为害。"[5] 这里所说"冷瘴", 应当也是指高山反应。不过, 人们以此为"瘴气"的时代

---

① 《闷》,《九家集注杜诗》卷三二, 第 1475 页。

② 《魏书·高宗纪》, 第 119 页。

③ 今按: 北魏军八月至西平, 九月渡河追击, "长途跋涉的疲劳所致"之说不足取。

④ 左鹏:《汉唐时期的瘴与瘴意象》, 荣新江主编《唐研究》第 8 卷, 第 260、267、265 页。

⑤ （唐）杜佑撰《通典》, 第 5171 页。

下限，并不仅仅在于"隋唐之世"。

乾隆《平定金川方略·金川图》说，其地"重山叠嶂，雾重风高，山岚瘴气，多寒少暑"。同书卷六："奔拉雪山险隘异常，兼有瘴气。"又《平定准噶尔方略》前编卷六："土伯特处时有瘴气，厄鲁特之子孙不能滋生，多生疾病。"同书前编卷八："前遣大兵进藏，议政大臣及九卿等俱称藏地遥远，路途险恶，且有瘴气，不能遽至。""年羹尧疏言，大兵平藏后有从征把总哈元成还言：自西宁进藏路，瘴气独盛。"《河源纪略》卷一九："积石山即今大雪山，番名阿木你麻禅母孙山，在西宁边外西南五百三十余里黄河北岸，其山绵亘三百余里，上有九峰，高入云雾，为青海诸山之冠。山脉自河源巴颜喀喇山东来，中峰亭然独出，百里外即望见之，积雪成冰，历年不消，峰峦皆白，形势险峻，瘴气甚重，人罕登陟。"① 可知直到清代，人们把进入西部"高海拔""多寒少暑"地方发生的高山反应，依然称作"瘴气"。

现在学界对于"瘴气"的病理尚未形成统一的认识，但是对于其分布地域的理解似乎有大体一致的倾向。有学者以为"瘴疾主要是指疟疾特别是恶性疟疾"。② 有学者说，瘴疠是指今日所知的亚热带传染疾病，如痢疾、霍乱之类。③ 也有人认为："'瘴气'之说来源于中国传统医学病因的'邪气'理论，其表象是指南方常见的潮湿雾气，实际上是对南方的自然地理和气候条件的概括。"④ 也有学者指出，瘴疾包含了多种不同的疾病。⑤ 有的学者说，"瘴疠是中国古代游宦流寓至

---

① 《平定金川方略》，《景印文渊阁四库全书》第 356 册，第 107 页；《平定准噶尔方略》，《景印文渊阁四库全书》第 357 册，第 122、142、148 页；《河源纪略》，《景印文渊阁四库全书》第 579 册，第 150 页，又见同书卷三五。

② 左鹏：《宋元时期的瘴疾与文化变迁》，《中国社会科学》2004 年第 1 期。

③ 廖幼华：《唐宋时代鬼门关及瘴江水路》，（台南）成功大学中文系、中国唐代学会编《第四届唐代文化学术研讨会论文集》，（台南）成功大学，1991，第 547~589 页。

④ 郑洪、陈朝晖、何岚：《"瘴气"病因学特点源流考》，《中医药学刊》2004 年第 11 期。

⑤ 冯汉镛：《瘴气的文献研究》，《中华医史杂志》1981 年第 1 期。

南方的士子笔下一个长盛不衰的话题"①。也有许多学者认定"瘴气"的主要表现区域是岭南。② 看来，人们普遍认为，"瘴气"是南方亚热带气候条件下的现象，高原"冷瘴"只是古来关于"瘴"的一种说法，似乎并不被多数学者所认可。而汉晋时期对"瘴气"的认识，从现有资料看，原本是并不包括所谓"冷瘴"的。汉代文献中可以理解为"高山反应"的相关信息，有《汉书·西域传上》关于"头痛之山""身热之阪"的记述："又历大头痛、小头痛之山，赤土、身热之阪，令人身热无色，头痛呕吐，驴畜尽然。又有三池、盘石阪，道狭者尺六七寸，长者径三十里。临峥嵘不测之深，行者骑步相持，绳索相引，二千余里乃到县度。畜队，未半坑谷尽靡碎；人堕，势不得相收视。险阻危害，不可胜言。"③

"瘴气"因其危害严重，又因其人们对其发作地点亚热带原始雨林自然环境的无知，长期被神秘的"雾岚"所遮蔽。《水经注》卷三六《若水》说"瘴气"："气中有物，不见其形，其作有声，中木则折，中人则害，名曰'鬼弹'。"④《周礼·地官·土训》说到"地慝"，郑玄解释说："地慝，若障蛊然也。"贾公彦疏："障，即障气，出于地也。蛊，即蛊毒人所为也。"⑤ 将"瘴"和"蛊"联系了起来，且以为有人为所致的因素。明代学者杨慎《丹铅余录》续录卷一五于是有"蛊瘴"条。陆游《避暑漫抄》："岭表或见异

---

① 金强、陈文源：《瘴说》，《东南亚纵横》2003 年第 7 期。

② 黄冬玲：《壮族地区瘴气流行考证》，《中国民族医药杂志》1999 年第 2 期；李盛青、冼建春、吴庆光：《〈岭南卫生方〉治瘴疟的学术观点探讨》，《广州中医药大学学报》2000 年第 4 期；荣莉：《浅谈〈岭南卫生方〉治瘴用药的特点》，《广西中医学院学报》2003 年第 2 期；陈贤春、荣莉：《〈岭南卫生方〉辩证治瘴的学术特点》，《南京中医药大学学报》（社会科学版）2004 年第 1 期；荣莉：《〈岭南卫生方〉治瘴学术思想初探》，《中医文献杂志》2003 年第 4 期。

③ 《汉书·西域传上》，第 3887 页。

④ （北魏）郦道元著，陈桥驿校证《水经注校证》，第 826 页。

⑤ （清）阮元校刻《十三经注疏》，第 747 页。

物，自空而下，始如弹丸，渐如车轮，遂四散。人中之即病，谓之'瘴母'。"① 汉晋时期关于"瘴气之害"的文字遗存中，尚未看到将"瘴气"与怪力乱神相联系的认识，这不仅应当引起"瘴气"及相关现象的研究者的重视，也是关注当时思想文化的学者应当注意的。

有的研究者认为，汉晋之间出现的瘴气与瘴病说的文化学的背景，是"建立在中原华夏文明正统观基础上的对异域及其族群的偏见和歧视"，"从心理学角度看，瘴气与瘴病是中原汉文化对异域与异族进行心理贬低的集体无意识行为"②。这种论点，就汉晋时代的历史资料看，似缺乏足够的说服力。现在看来，对"瘴气"进行"文化学"和"心理学"的分析和说明是必要的，对相关历史现象进行病理学和生态学的研究和解释，可能更为重要。③

6. 说"上郡地恶"

张家山汉简《二年律令》中可以看到有关"上郡地恶"的内容，相关制度涉及区域生态环境条件。通过简文中透露的文化信息，我们可以分析生态环境与经济管理的关系、生态环境与社会控制的关系。

"上郡地恶"与相关"入刍稿"制度

张家山汉简《二年律令》中的《田律》有规定关于"入刍稿"的内容，其中以下简文值得注意：

---

① 《说郛》卷三九下，《景印文渊阁四库全书》第 878 册，第 145 页。又《说郛》卷六一下引郑熊《番禺杂记》："岭表或见物，自空而下，始如弹丸，渐如车轮，遂四散。人中之即病，谓之'瘴母'。"（第 879 册，第 314 页）宋诗已见"瘴母"语，如杨万里《送彭元忠县丞北归》诗："瘴母照水曼陀花"（《诚斋集》卷一六）等。而"始如弹丸"之说，或因自《水经注》所谓"鬼弹"，又颇疑可能与《汉书·严助传》"瘴热"之"瘴"有关。

② 张文：《地域偏见和族群歧视：中国古代瘴气与瘴病的文化学解读》，《民族研究》2005 年第 3 期。

③ 王子今：《汉晋时代的"瘴气之害"》，《中国历史地理论丛》2006 年第 3 期。

　　　　入顷刍稿顷入刍三石上郡地恶顷入二石稿皆二石令各入其岁
所有毋入陈不从令者罚黄金四两收（二四〇）

　　　　入刍稿县各度一岁用刍稿足其县用其余令顷入五十五钱以当
刍稿乀刍一石当十五钱稿一石当五钱（二四一）

　　　　刍稿节贵于律以入刍稿时平贾入钱（二四二）

整理小组释文写作：

　　　　入顷刍稿，顷入刍三石；上郡地恶，顷入二石；稿皆二石。
令各入其岁所有，毋入陈，不从令者罚黄金四两。收（二四〇）

　　　　入刍稿，县各度一岁用刍稿，足其县用，其余令顷入五十五
钱以当刍稿。刍一石当十五钱，稿一石当五钱。（二四一）

　　　　刍稿节贵于律，以入刍稿时平贾（价）入钱。（二四二）①

　　简二四一"以当刍稿"句后的符号"乀"，释文未能体现。我们看到，
简文说到因"上郡地恶"，刍稿征收的定额有所减少。其他地方"顷
入刍三石"，上郡则"顷入二石"，而"稿皆二石"，即稿的征收均为
二石。关于"收入刍稿"的总量，律文要求县的行政主管部门应当准
确估计每年须用刍稿的数额，留足用量之后，其余部分"令顷入五十
五钱"以折合刍稿。刍一石折合十五钱，稿一石折合五钱。如果刍稿
时价高于这一价位，则以征收刍稿时的平价收钱。按照"刍一石当十
五钱，稿一石当五钱"的价格定位，则"上郡"因"地恶"，顷入刍
二石、入稿二石，合计顷入四十钱。如此，就刍稿税一项而言，上郡
所入，只相当于"令顷入五十五钱以当刍稿"之常例的72.73%。

　　有学者在解释这条律文时说："西汉初期每顷地缴纳刍税三石与

─────────

　　① 张家山二四七号汉墓竹简整理小组编《张家山汉墓竹简（二四七号墓）》，第165~
166页。

稿税二石时，有土地好恶不同而刍税有多少之别，即恶地每顷只出刍税二石。""刍税的征收数量视土地好坏不同而不同。"① 看来是将"上郡地恶"理解为具有普遍意义的一般的土地"恶"、土地"坏"，忽略了"上郡"二字，似乎并不符合律文原意。

对于"刍稿"的理解，整理小组注释："刍，饲草。稿，禾秆。参看《睡虎地秦墓竹简·秦律十八种》之《田律》'入顷刍稿'条。"② 这样的解说是有一定根据的。《国语·周语中》："司马陈刍。"《玉篇·艸部》："刍，茭草。"③《汉书·五行志下之上》："哀帝建平四年正月，民惊走，持稿或栒一枚，传相付与，曰行诏筹。"颜师古注："稿，禾秆也。"《汉书·萧何传》："上林中多空地，弃，愿令民得入田，毋收稿为兽食。"颜师古注也说："稿，禾秆也。"④ 如果按照刍即"饲草"，稿即"禾秆"的解释，则"上郡地恶"征收"禾秆"的数额与其他地方同样，而征收"饲草"的数额较其他地方为少。

睡虎地秦简《田律》中的有关内容，开篇也称"入顷刍稿"，与张家山汉简《田律》完全相同。⑤ 其征收数额的总体要求也与张家山汉简《田律》一致，只是没有说到对于上郡的特殊优待。而对于"刍"，又有较为具体的说明："入顷刍稿以其受田之数无垦不垦顷入刍三石稿二石刍自黄秘及蒭束以上皆受之入刍稿相"（八）"输度可殹　田律"（九）。整理小组释文：

入顷刍稿，以其受田之数，无垦（垦）不垦（垦），顷入刍

---

① 高敏：《论西汉前期刍、槁税制度的发展变化——读〈张家山汉简札记〉》，《郑州大学学报》（哲学社会科学版）2002 年第 4 期。

② 张家山二四七号汉墓竹简整理小组编《张家山汉墓竹简〔二四七号墓〕》，释文注释第 165 页。

③ 徐元浩撰，王树民、沈长云点校：《国语集解》（修订本），第 68 页；（梁）顾野王撰，吕浩点校《大广益会玉篇》，第 464 页。

④《汉书·五行志下之上》，第 1476 页；《汉书·萧何传》，第 2011 页。

⑤ 这或许也可以看作体现汉律与秦律沿承关系的例证。

　　三石、稿二石。刍自黄穌及蓙束以上皆受之。入刍稿，相八输
度，可殴（也）。　　田律九

　　整理小组注释："穌，应即穌字。《说文》：'把取禾若也。' 黄穌指干
叶。蓙，疑读为历，《大戴礼记·子张问入官》注：'乱也。'此处疑
指乱草。一说蓙读为薗。王念孙《广雅疏证》认为薗就是蒹，是一种
喂牛用的水草。"对于这段话，整理小组译文写道："每顷田地应缴的
刍稿，按照所受田地的数量缴纳，不论垦种与否，每顷缴纳刍三石、
稿二石。刍从干叶和乱草够一束以上均收。缴纳刍稿时，可以运来
称量。"①

　　所谓"刍自黄穌及蓙束以上皆受之"，应当有助于我们对"刍"
的理解。

　　其实，"穌"，整理小组以为即"穌"，又引《说文·禾部》：
"穌，把取禾若也。"段玉裁注将"把"改定为"杷"。按其字义，似
可写为"杷"。然而，以"杷（杷）取"的"干叶"缴纳税草，其
实更为劳累而收聚有限，不合农家实际生产与生活情状。"穌"，应即
黍。"黄穌"，就是黄黍。《古今注》卷下："禾之黏者为'黍'，亦谓
之'稷'，亦曰'黄黍'。"②

　　"蓙"，应当就是"蓙"，即"芳"。《广雅》卷一〇《释草》：
"狗荠，大室芳也。"《通志》卷七五《昆虫草木略·草类》："甘遂，
曰甘藁，曰陵藁，曰陵泽，曰重泽，曰主田，曰葶芳，曰丁芳，曰蕈
蒿，曰狗荠，曰大室，曰大适。《尔雅》：'蕈，亭历。'"③ 看来，释
"蓙"为"乱草"，不如释为"杂草"近是。

---

　　①　睡虎地秦墓竹简整理小组编《睡虎地秦墓竹简》，1990，释文注释第 21 页；睡虎地
秦墓竹简整理小组编《睡虎地秦墓竹简》，1990，图版第 15 页，释文第 21 页。

　　②　（晋）崔豹撰，牟华林校笺《古今注校笺》，第 178 页。

　　③　王树民点校《通志二十略》，中华书局，1995，第 1997~1998 页。

"刍"与"稿"

"刍"和"稿"，在秦汉时期向民众征收实物税的相关法令文字中有严格的区分。参照近代征收税草的法令，可知可以理解为"杂草"和"谷草"。而在"杂草"之中，也是包括庄稼秸秆的。

《陕甘宁边区政府三十年度征收公草办法（民国三十年十一月二十五日公布）》中的第四条有这样的内容：

> 第四条　杂草折合谷草之折合率：
>
> 苜蓿一斤折合谷草一斤。
>
> 麦草、糜草一斤半折合谷草一斤（关中陇东等地区可按规定之折合率折合以麦草为征收本位）。
>
> 芦草、白草二斤折合谷草一斤。
>
> 茅草、梭草（驴尾巴草）、冰草、昔杞草二斤半折合谷草一斤，其他牲口不吃之草一概不收。
>
> 马兰草一斤折合谷草一斤，但只限于延安、甘泉、安塞、安定四县征收。[1]

这里出现了"征收本位"的概念。秦汉刍稿征收的"征收本位"应当也是谷草，即粟的秸秆。

这样看来，"刍"是指"糜草"以及各种杂草，"稿"是指谷草。

说到这里，我们又面对一个新的问题。这里引用的近代有关"征收公草"的资料中，"苜蓿一斤折合谷草一斤"，"麦草、糜草一斤半折合谷草一斤"，"芦草、白草二斤折合谷草一斤"，"茅草、梭草（驴尾巴草）、冰草、昔杞草二斤半折合谷草一斤"，"马兰草一斤折

---

[1]　甘肃省社会科学院历史研究所编《陕甘宁革命根据地史料选辑》第2辑，第287页。

合谷草一斤"。"麦草、糜草"以及各种杂草折合谷草的比例，最多与谷草相当，大多价值都低于谷草。然而张家山汉简《田律》中所见情形却恰恰相反，"刍一石当十五钱，稾一石当五钱"，"刍"的价格高于"稾"①，甚至竟然相当于"稾"的三倍。

为什么张家山汉简《田律》所规定"刍"与"稾"的价格比率竟然如此之高呢？

考虑到"稾"作为田产农作物秸秆，已是自然产出，农家只要按照规定捆束上缴即可，而"刍"如果作为杂草理解，则需要另外刈割收集，从而形成新的劳作负担，这样的价格比是可以理解的。江陵凤凰山 10 号汉墓出土 6 号木牍有关于征收刍稾税的文字，其中说道："（平里刍）凡卅一石三斗七升，……六石当稾，……刍为稾十二石。""（稾上里刍）凡十四石六斗六升，……一石当稾，……刍为稾二石。"② 正如高敏正确地指出的，"牍文中的'刍为稾十二石'与'刍为稾二石'，恰恰都可以与'六石当稾'及'一石当稾'相对应，其刍与稾折纳率为 1∶2，即刍 1 石可折合稾 2 石。"③ "刍"和"稾"的实际价值比是 1∶2，而并非前引张家山汉简《田律》中所见 1∶3，这可能是因为稻作地区征收稻草和北方粟产地征收谷草有所差别的缘故。至于近代"征收公草"的规定中"麦草、糜草"以及各种杂草折合谷草的比例与此完全不同，至少两者相当，甚至前者高而后者低，这是因为这一制度并不对"刍"和"稾"予以区分，而统一收缴，于是杂草和谷草只能以实际应用价值形成价格差别。

也就是说，"刍稾"的"刍"，解释为"饲草"是可以的，《说

---

① 高敏称此为"刍税质量优于稾税质量"，"刍税质量明显优于稾税质量"〔《漫谈〈张家山汉墓竹简〉的主要价值与作用》，《郑州大学学报》（哲学社会科学版）2002 年第 3 期；《论西汉前期刍、稾税制度的发展变化——读〈张家山汉简札记〉》，《郑州大学学报》（哲学、社会科学版）2002 年第 4 期〕。

② 裘锡圭：《湖北江陵凤凰山十号汉墓出土简牍考释》，《文物》1974 年第 7 期。

③ 高敏：《从江陵凤凰山 10 号汉墓出土简牍看西汉前期刍、稾税制度的变化及其意义》，《秦汉史探讨》，中州古籍出版社，1998，第 283 页。

文·茻部》：“刍，刈艸也。象包束艸之形。”段玉裁注：“谓可饲牛马者。”[1] 但是对“刍”即“饲草”不宜作偏执的理解。“刍”有时也包括“禾秆”。如《小尔雅·广物》：“稿谓之秆，秆谓之刍。”《礼记·祭统》有“士执刍”句，郑玄解释说：“‘刍’谓‘稿’也。”[2]

就我们现在的认识，“刍”应是专作“饲草”的杂草和秸秆，“牲口不吃之草一概不收”；“稿”，则是纳税者所经营的农田作物秸秆，其用途，可以作饲草，也可以作燃料。这应当也是“刍”与“稿”价格差异形成的原因之一。

“地恶”的理解

上郡所入刍稿，只相当于“令顷入五十五钱以当刍稿”之常例的72.73%，其原因在于“上郡地恶”。

关于“地恶”的说法，亦见于《史记·张耳陈余列传》：“陈余乃使夏说说田荣曰：‘项羽为天下宰，不平。尽王诸将善地，徙故王，王恶地。”[3] 这是就区域经济的总体评价而言，“恶地”与“善地”对应，是指经济落后的贫瘠之地。《焦氏易林》中的《革·萃》：“求獐嘉乡，恶地不行。道止中返，复还其床。”[4] 这里的“恶地”，是与“嘉乡”相对的。此外，也有注重直接以自然地理条件言土地“善”“恶”的。如《汉书·沟洫志》：“严熊言‘临晋民愿穿洛以溉重泉以东万余顷故恶地。诚即得水，可令亩十石。’于是为发卒万人穿渠，自征引洛水至商颜下。”[5] 这里所谓“恶地”，是干旱不得灌溉的土地。《七国考》卷一一《韩兵制》写道：“苏秦合从，匿短举长。

---

[1] （汉）许慎撰，（清）段玉裁注《说文解字注》，第44页。

[2] 《小尔雅今注》，汉语大词典出版社，2002，第233页；（清）阮元校刻《十三经注疏》，第1603页。

[3] 《史记·张耳陈余列传》，第2581页。

[4] （汉）焦延寿撰，徐传武、胡真校点集注《易林汇校集注》，第1827页。

[5] 《汉书·沟洫志》，第1681页。

张仪连衡，匿长举短。苏秦知韩地恶，不言食货。张仪知韩兵劲，不论弓弩。"① 所谓"韩地恶"，《战国策·韩策一》写作"韩地险恶"，"张仪为秦连横说韩王曰：'韩地险恶，山居，五谷所生，非麦而豆；民之所食，大抵豆饭藿羹；一岁不收，民不餍糟糠；地方不满九百里，无二岁之所食"②。以张仪"韩地险恶"之说，理解张家山汉简《田律》所谓"上郡地恶"，可能是适宜的。就是说，其地"山居"，因地形与气候等诸方面条件的限制，也不利于农耕经济的发展。所说贫困情状或许可与上郡相比况。而《汉书·沟洫志》所谓"恶地"不"得水"的情形，应当也是大体符合上郡当时的自然地理条件的。不过，就"地恶"的程度而言，"韩地"和"重泉以东万余顷"地方，可能尚不如"上郡"严重。

在法律条文中明确写到某地"地恶"因而享有经济方面的优遇，是十分特殊的情形。张家山汉简《田律》关于"上郡地恶"的信息，对于我们认识当时经济史的形势和生态史的背景，都是有意义的。

在以牛马等畜力为主要运输动力的时代，军事调动和其他运输活动的组织，都提出了对"刍稿"的需求。从现有资料看来，秦可能是最早施行征用"刍稿"的制度的。③ 除了睡虎地秦简《田律》提供的资料外，正史的记载，有《史记·秦始皇本纪》所说秦二世元年（前209）四月事："复作阿房宫。外抚四夷，如始皇计。尽征其材士五万人为屯卫咸阳，令教射狗马禽兽。当食者多，度不足，下调郡县转输菽粟刍稿，皆令自赍粮食，咸阳三百里内不得食其谷。"④ 秦时因

---

① （明）董说原著，缪文远订补《七国考订补》，第645页。

② 何建章注释《战国策注释》，第974页。《史记·张仪列传》："张仪去楚，因遂之韩，说韩王曰：'韩地险恶，山居，五谷所生，非菽而麦，民之食大抵菽饭藿羹。一岁不收，收不餍糟糠。地不过九百里，无二岁之食。"（第2293页）

③ 高敏据睡虎地秦简资料推定，"征收刍、稿税制度，商鞅变法后的秦国即已有之"。（《从江陵凤凰山10号汉墓出土简牍看西汉前期刍、稿税制度的变化及其意义》，《秦汉史探讨》，中州古籍出版社，1998，第280页）

④ 《史记·秦始皇本纪》，第269页。

组织长城工程和对匈奴的战争，有"使天下蜚刍挽粟，起于黄、腄、琅邪负海之郡，转输北河"①，即长途运送刍稿的情形。② 汉初减省上郡刍稿的征收，可以与秦时形势相互比较。

生态环境与行政设置

张家山汉简《二年律令》中的《秩律》，有关于地方行政长官秩级的规定，可以看作反映汉初地方行政管理制度的宝贵史料。③ 其中有关上郡县道设置的内容，可以作为研究汉初上郡地位时的参考。

《汉书·地理志下》"上郡"条写道：

> 上郡，秦置，高帝元年更为翟国，七月复故。匈归都尉治塞外匈归障。属并州。户十万三千六百八十三，口六十万六千六百五十八。县二十三：肤施，有五龙山、帝、原水、黄帝祠四所。独乐，有盐官。阳周，桥山在南，有黄帝冢。莽曰上陵畤。木禾，平都，浅水，莽曰广信。京室，莽曰积粟。洛都，莽曰卑顺。白土，圜水出西，东入河。莽曰黄土。襄洛，莽曰上党亭。原都，漆垣，莽曰漆墙。奢延，莽曰奢节。雕阴，推邪，莽曰排邪。桢林，莽曰桢干。高望，北部都尉治。莽曰坚宁。雕阴道，龟兹，属国都尉治。有盐官。定阳，高奴，有洧水，可𤑔。莽曰利平。望松，北部都尉治。宜都。莽曰坚宁小邑。④

所列 23 县道，其中 10 县道见于张家山汉简《二年律令》中的《秩

---

① 《史记·平津侯主父列传》，第 2954 页。

② 按照历代税草的通常情形，刍稿应是就近征收。如《建炎以来系年要录》卷一六二所谓"剑州税草，自祖宗时，止输本州"，见（宋）李心传撰《建炎以来系年要录》，中华书局，1956，第 2637 页。

③ 参看王子今、马振智《张家山汉简〈二年律令·秩律〉所见巴蜀县道设置》，《四川文物》2003 年第 2 期。

④ 《汉书·地理志下》，第 1617 页。

律》，即列于"秩各八百石"之中的高奴（简四四九），以及列于"秩各六百石"之中的雕阴、洛都、漆垣、定阳、阳周、原都、平都、高望（简四五二）、雕阴道（简四五九）。又有 1 县尚可存疑，即《秩律》中列于"雕阴、洛都"和"漆垣、定阳"之间的"襄城"，整理小组注释："襄城，疑为襄洛之误，属上郡。颍川郡有襄城县。"而"襄城"确实又见于下文同一等次县道列名（简四五八）。此外，列于"秩各八百石"之中的"圜阳"（简四四八），整理小组注释："圜阳，秦属上郡，汉初因之。汉武帝元朔四年归西河郡。"①

　　由张家山汉简《秩律》中提供的有关信息，可以得知汉初上郡县道设置的状况。上列 12 县道中，只有高奴、圜阳两县列入秩八百石等级之中，其余皆为秩六百石。在《秩律》"秩各八百石"列名县中，可见内史 10 县、北地 1 县、巴郡 2 县、蜀郡 1 县、广汉郡 4 县、汉中郡 3 县、南阳郡 4 县、河内郡 3 县、河东郡 4 县、九原郡 2 县、云中郡 3 县、汝南郡 1 县、南郡 2 县、上党郡 1 县、陇西郡 1 县、颍川郡 1 县、沛郡 2 县、东郡 1 县。另有巫县地望不详。可知上郡属县的等级，在以"大关中"为视界的地域中，② 也是偏低的。这或许也与"上郡地恶"有关。

　　据《汉书·地理志下》，上郡郡治应在肤施，而张家山汉简《秩律》未见肤施县名，因此我们不能确知当时上郡郡治所在。谭其骧主编《中国历史地图集》第 2 册《秦·西汉·东汉时期》中西汉"并州、朔方刺史部"图中，上郡无考县名有：木禾、京室、洛都、原都、推邪、望松、宜都。其中洛都、原都，已见于张家山汉简《秩律》。西汉"并州、朔方刺史部"图中上郡平都、雕阴道、襄洛、浅

水等县，县治也未能确定。[1] 而《汉志》西河郡黄河以西地方，汉初仍属上郡。[2] 据考古调查收获，属于汉初上郡地区的明确的秦汉时期古城遗址，仅今陕西境内就有13处之多，[3] 绝大多数未能确定当时地名。结合文献记载和考古资料，推进秦汉时期上郡历史地理的研究，是秦汉史研究者和陕西地方史研究者共同的任务。

生态环境与人口密度

葛剑雄曾经利用《中国历史地图集》和《汉志》测定元始二年(2) 各郡国人口密度。上郡一栏数据见表9-4。[4]

表9-4　上郡人口密度

郡国	人口(人)	占总人口比例(%)	面积(平方公里)	占总面积比例(%)	人口密度(人/平方公里)
上郡	606658	1.05	63025	1.60	9.63

虽然元始二年上郡人口密度仍然低于各郡国平均水平，但是相关数据由于上郡地域缩小的因素和人口数量增益的因素，与汉初实际状况可能距离甚远。地域的变化，我们知道上郡"汉初以河水与代国太原郡为邻"，汉武帝时代分东部及北部诸县置西河郡。[5] 人口的变化，最为显著的现象是汉武帝时代出于政治军事动机组织的向新秦中地方的大规模移民。据说上郡有7县无考，即与"这些县的人口基本上由移民构成，人口流动性大，存在时间有限"有关。[6] 由于这样的因素，汉初上郡人口密度，显然应当重新进行估算。而上郡人口的分布，无疑与"上郡地恶"的自然地理条件有密切的关系。

---

[1]　谭其骧主编《中国历史地图集》第2册，第17~18、19页。
[2]　参看周振鹤《西汉政区地理》，人民出版社，1987，第136~137页。
[3]　国家文物局主编《中国文物地图集·陕西分册》，第68~69页，《陕西省古城址图》。
[4]　葛剑雄：《西汉人口地理》，第99页。
[5]　周振鹤：《西汉政区地理》，第136~137页。
[6]　葛剑雄主编《中国移民史》第2卷，第149~151页。

张家山汉简《行书律》又可见有关置邮的内容。据整理小组释文：

> 十里置一邮。南郡江水以南，至索（？）南水，廿里一邮。（二六四）
>
> ……北地、上、陇西，卅里一邮；地险陕不可邮者，（二六六）得进退就便处。……（二六七）①

通常"十里置一邮"或"廿里一邮"，而北地郡、上郡、陇西郡，则"卅里一邮"。"邮"设置的密度，或许反映了常规驿行方式如步递、水驿以及使用传马的不同，然而也很自然地使人联想到可能与人口的密度有密切关系。上郡"卅里一邮"，且颇有"地险陕不可邮者"，居民的稀少和交通的"险陕"，也可以看作"上郡地恶"说的注脚。②

7. 赵充国时代"河湟之间"的生态与交通

西汉名将赵充国平定羌人暴动，战事艰苦，前线与朝廷行政中枢往来奏报频繁。《汉书·赵充国传》所载记录战略设计和军事实施的相关文书，保留了珍贵的军事史和民族史资料。因赵充国策划及实践涉及屯田和运输问题，其中反映"河湟之间"生态环境与交通条件的重要信息，也可以增益我们对汉代生态史、交通史以及交通与生态之关系的认识。

---

① 张家山二四七号汉墓竹简整理小组编《张家山汉墓竹简〔二四七号墓〕》，第169页。
② 王子今：《说"上郡地恶"——张家山汉简〈二年律令〉研读札记》，周天游主编《陕西历史博物馆馆刊》第10辑，收入中国社会科学院简帛研究中心编《张家山汉简〈二年律令〉研究文集》，广西师范大学出版社，2007。

"河湟之间"：赵充国与羌人共同的舞台

《史记·建元以来侯者年表》在"太史公本表"之后"营平"条说到赵充国事迹："赵充国以陇西骑士从军，得官侍中。事武帝，数将兵击匈奴，有功，为护军都尉，侍中，事昭帝，昭帝崩，议立宣帝，决疑定策，以安宗庙功侯，封二千五百户。"《史记·平津侯主父列传》"班固称曰"赞颂汉武帝之后，又说"孝宣承统，纂修洪业，亦讲论六艺，招选茂异"，杰出人才之中，"将相则张安世、赵充国、魏相、邴吉、于定国、杜延年"①。赵充国是"孝宣"时代军事领袖"将"的最突出的代表。

《汉书·苏武传》记载："甘露三年，单于始入朝。上思股肱之美，乃图画其人于麒麟阁，法其形貌，署其官爵姓名。唯霍光不名，曰大司马大将军博陆侯姓霍氏，次曰卫将军富平侯张安世，次曰车骑将军龙额侯韩增，次曰后将军营平侯赵充国，次曰丞相高平侯魏相，次曰丞相博阳侯丙吉，次曰御史大夫建平侯杜延年，次曰宗正阳城侯刘德，次曰少府梁丘贺，次曰太子太傅萧望之，次曰典属国苏武。皆有功德，知名当世，是以表而扬之，明著中兴辅佐，列于方叔、召虎、仲山甫焉。凡十一人，皆有传。自丞相黄霸、廷尉于定国、大司农朱邑、京兆尹张敞、右扶风尹翁归及儒者夏侯胜等，皆以善终，著名宣帝之世，然不得列于名臣之图，以此知其选矣。"② 赵充国被看作"股肱""名臣"，得"图画""麒麟阁"。此"列于名臣之图"的名单中，前引《史记·平津侯主父列传》"班固称曰"所列六人中，又略去"于定国"。

赵充国的主要功绩，是"征西羌"。"河湟之间"，是主要战场，

---

① 《史记·建元以来侯者年表》，第1063页；《史记·平津侯主父列传》，第2965页。《汉书·公孙弘卜式儿宽传》赞语，第2634页。

② 《汉书·苏武传》，第2468~2469页。

也是汉军与羌人军事演出的主要舞台。清人胡渭《禹贡锥指》卷一〇"黑水西河惟雍州"条说："河湟之间吐谷浑故地，未尝为郡县，故不入雍域。"[①] 这一地区其实早有繁荣的早期文明，然而与中原文化重心地方有所隔距。应当说自赵充国时代起，受到汉王朝行政中枢的特殊重视。羌文化与汉文化的碰撞、交往和融合，明显密切起来。

《汉书·五行志中之上》："神爵元年秋，大旱。是岁后将军赵充国征西羌。"[②] 这是将赵充国战功与生态环境变化联系起来的记载，然而《五行志》作者以此为"炕阳之应"的理念背景，与我们的讨论有所不同。

"河湟之间"的生态：生产条件与生存环境

《后汉书·西羌传》说羌人文化传统与军事实力："所居无常，依随水草。地少五谷，以产牧为业。""其兵长在山谷，短于平地，不能持久，而果于触突，以战死为吉利，病终为不祥。堪耐寒苦，同之禽兽。虽妇人产子，亦不避风雪。性坚刚勇猛，得西方金行之气焉。"又记述羌人以"河湟之间"作为基本生存空间的情形：

> 羌无弋爰剑者，秦厉公时为秦所拘执，以为奴隶。不知爰剑何戎之别也。后得亡归，而秦人追之急，藏于岩穴中得免。羌人云爰剑初藏穴中，秦人焚之，有景象如虎，为其蔽火，得以不死。既出，又与劓女遇于野，遂成夫妇。女耻其状，被发覆面，羌人因以为俗，遂俱亡入三河间。诸羌见爰剑被焚不死，怪其神，共畏事之，推以为豪。河湟间少五谷，多禽兽，以射猎为事，爰剑教之田畜，遂见敬信，庐落种人依之者日益众。羌人谓奴为无弋，以爰剑尝为奴隶，故因名之。其后世世为豪。[③]

① （清）胡渭著，邹逸麟整理《禹贡锥指》，上海古籍出版社，1996，第301页。
② 《汉书·五行志中之上》，第1393页。
③ 《后汉书·西羌传》，第2869、2875页。

历史地理文献所谓"河湟之间"，或称"河湟之地"①"河湟之壤"②"河湟之土"③"河湟之境"④。《后汉书·西羌传》所谓"三河间"，李贤注："《续汉书》曰：'遂俱亡入河湟间。'今此言三河，即黄河、赐支河、湟河也。"《后汉书·西羌传》又记述爰剑后世的发展"兴盛"：

> 至爰剑曾孙忍时，秦献公初立，欲复穆公之迹，兵临渭首，灭狄豲戎。忍季父卬畏秦之威，将其种人附落而南，出赐支河曲西数千里，与众羌绝远，不复交通。其后子孙分别，各自为种，任随所之。或为牦牛种，越巂羌是也；或为白马种，广汉羌是也；或为参狼种，武都羌是也。忍及弟舞独留湟中，并多娶妻妇。忍生九子为九种，舞生十七子为十七种，羌之兴盛，从此起矣。⑤

被称为"众羌"的部族联盟后来有所分化，"子孙分别，各自为种，任随所之"，而主要势力则"独留湟中"。

《后汉书》的记述，"河湟间少五谷，多禽兽，以射猎为事，爰剑教之田畜，遂见敬信，庐落种人依之者日益众"，说明羌人主体经

---

① 《新唐书·文艺列传下·吴武陵》，第5789页；（唐）元稹：《论西戎表》，《元稹集》卷三三《表》，第438页；（宋）毛滂：《恢复河湟赋并序》，《毛滂集》卷六《赋》，浙江古籍出版社，2012，第164页；《宋史·郭赟传》，第9177页；《太平寰宇记》卷一五一《陇右道二》，第2925页；（明）何乔新：《种谔袭取夏崄名山以归遂城绥州》，《椒邱文集》卷五《史论·宋》，《景印文渊阁四库全书》第1249册，第80页。

② （宋）宋敏求编《唐大诏令集》卷七八《典礼·赦·加祖宗谥号赦》，中华书局，2008，第446页。

③ （宋）真德秀：《直前奏札一》（癸酉十月十一日上），《西山文集》卷三《对越甲藁·奏札》，《景印文渊阁四库全书》第1174册，第45页。

④ （宋）翟汝文：《代贺受降表》，《忠惠集》卷五《表》，《景印文渊阁四库全书》第1129册，第231页。

⑤ 《后汉书·西羌传》，第2875~2876页。

济形势由"射猎"至于"田畜"的转变。

这一时期所谓"湟中""河湟间""河湟之间",或包括"赐支河"言"三河间"的地方,应以"田畜"为主要经济形势。当时这一地区的生态环境,较少受到人类活动的破坏。"河湟间少五谷,多禽兽",应当既适应"射猎"经济,也适应"田畜"经济。

了解这一段羌族史,应当注意到这样三个事实。

第一,羌人经济生活和经济生产的形式,有秦人影响的因素。如"羌无弋爰剑者,秦厉公时为秦所拘执,以为奴隶。……后得亡归",这一经历显现出秦文化对羌文化的强势作用。

第二,羌人的发展受到秦人的严重制约,如爰剑故事所谓"秦人追之"、"秦人焚之"以及"至爰剑曾孙忍时,秦献公初立,欲复穆公之迹,兵临渭首,灭狄獂戎",于是"忍季父卬畏秦之威,将其种人附落而南,出赐支河曲西数千里,与众羌绝远,不复交通"。所谓"与众羌绝远,不复交通",记录了民族史与交通史的重要现象。这样一来,"忍季父卬""将其种人"来到了一个新的环境,自然距离"秦人"的势力更为遥远,避开了"秦之威"。

第三,羌人在草原环境下,具有交通能力方面的优势。部族主体可以进行长达"数千里"的迁徙。"其后子孙分别,各自为种,任随所之。或为牦牛种,越嶲羌是也;或为白马种,广汉羌是也;或为参狼种,武都羌是也",体现出极强的机动性。

石棺葬:羌人机动性与草原生态交通条件考论之一

康巴地区可以看作古代中国西北地区和西南地区的交接带。东部地区的若干影响,也通过这里影响西部地区。有的学者称相关地域为"藏彝走廊",这一定名是否合理,还可以讨论。然而进行康巴地区的民族考古,确实不能不重视交通的作用。四川省文物考古研究院和故宫博物院组织的 2005 年康巴地区民族考古调查,为这一课题的研究提供了新的资料，打开了新的视窗。康巴民族考古的重要收获之一，是对大渡河中游地区和雅砻江中游地区石棺葬墓地考察所获得的资料。在丹巴中路罕额依和炉霍卡莎湖石棺葬墓地进行的考察以及丹巴折龙村、炉霍城中、炉霍城西、德格莱格石棺葬墓地的发现，都对石棺葬在四川地区的分布提供了新的认识。由西北斜向西南的草原山地文化交汇带，正是以这一埋葬习俗，形成了历史标志。研究者认为："关于这批石棺葬的族属，这批石棺葬出土的装饰有羊头的陶器，而'羊'与'羌'有着直接的关系，说明这批石棺葬的墓主人可能与羌族有着直接的关系。"① 这一判断，应当看作值得重视的意见。相关资料，可以帮助我们理解《后汉书·西羌传》的记载："其后子孙分别，各自为种，任随所之。或为牦牛种，越巂羌是也；或为白马种，广汉羌是也；或为参狼种，武都羌是也。"

正如汤因比曾经指出的："一般而论，流动的氏族部落及其畜群，遗留下来的那些可供现代考古工作者挖掘并重见天日的持久痕迹，即有关居住和旅行路途的痕迹，在史前社会是为数最少的。"② 与草原交通有密切关系的这种古代墓葬资料，因此有更值得珍视的意义。

炉霍石棺墓出土带有典型北方草原风格特征的青铜动物纹饰牌，构成了这种文物在西北西南地区分布的中间链环。学者在分析这种鄂尔多斯式青铜器与周围诸文化的关系时，多注意到其与中原文化、东北地区文化以及西伯利亚文化之关系，③ 而康巴草原的相关发现，应

---

① 故宫博物院、四川省文物考古研究院：《2005 年度康巴地区考古调查简报》，《四川文物》2005 年第 6 期。

② 〔英〕汤因比：《历史研究（修订插图本）》，刘北成、郭小凌译，上海人民出版社，2000，第 114 页。

③ 田广金、郭素新编著《鄂尔多斯式青铜器》，文物出版社，1986，第 189~191 页；〔日〕小田木治太郎：《オルドス青銅器——遊牧民の動物意匠》，天理大学出版部，1993，第 1~2 页。

当可以充实和更新以往的认识。①

汤因比在《历史研究》中曾经专门论述"海洋和草原是传播语言的工具"这一学术主题。他写道："在我们开始讨论游牧生活的时候，我们曾注意到草原象'未经耕种的海洋'一样，它虽然不能为定居的人类提供居住条件，但是却比开垦了的土地为旅行和运输提供更大的方便。"汤因比说："海洋和草原的这种相似之处可以从它们作为传播语言的工具的职能来说明。"他指出了这样的文化史常识："航海的人民很容易把他们的语言传播到他们所居住的海洋周围的四岸上去。"例如，"古代的希腊航海家们曾经一度把希腊语变成地中海全部沿岸地区的流行语言"，而"马来亚的勇敢的航海家们"对于"马来语传播到西至马达加斯加东至菲律宾的广大地方"有积极的作用。"在太平洋上，从斐济群岛到复活节岛，从新西兰到夏威夷，几乎到处都使用一样的波利尼西亚语言"，这一语言学现象，与"波利尼西亚人的独木舟在隔离这些岛屿的广大洋面上定期航行"有关。而"由于'英国人统治了海洋'，在近年来英语也就变成世界流行的语言了"。汤因比指出："在草原的周围，也有散布着同样语言的现象。""柏伯尔语、阿拉伯语、土耳其语和印欧语"的传布，是由于"草原上游牧民族"的活动。就便利交通的作用而言，草原和海洋有同样的意义。草原为交通提供了极大的方便。草原这种"大片无水的海洋"成了不同民族"彼此之间交通的天然媒介"。② 1972 年版《历史研究》缩略本对于草原和海洋有利于交通的作用是这样表述的："草原的表面与海洋的表面有一个共同点，就是人类只能以朝圣者或暂居者的身份才能接近它们。除了海岛和绿洲，它们那广袤的空间未能赋予人类

---

① 王子今、王遂川：《康巴草原通路的考古学调查与民族史探索》，《四川文物》2006年第3期，收入李文儒、高大伦主编《穿越横断山脉：康巴地区民族考古综合考察》，天地出版社，2008。

② 〔英〕汤因比：《历史研究》上册，曹未风等译，上海人民出版社，1964，第234～235页。

任何可供其歇息、落脚和定居的场所。二者都为旅行和运输明显提供了更多的便利条件，这是地球上那些有利于人类社会永久居住的地区所不及的。""在草原上逐水草为生的牧民和在海洋里搜寻鱼群的船民之间，确实存在着相似之处。在去大洋彼岸交换产品的商船队和到草原那一边交换产品的骆驼商队之间也具有类似这之点。"① 回顾历史，我们看到"草原上游牧民"的交通优势，因"草原"特殊的生态"为旅行和运输明显提供了更多的便利条件"得以实现。羌人以河湟地区为中心向其他方向的移动，正是利用了草原生态条件有利于交通的特点。

"鲜水"：羌人机动性与草原生态交通条件考论之二

草原民族在交通能力方面的优势，是众所周知的历史事实。康巴地方的古代民族利用这种优势在历史文化进程中发挥的特殊作用，已经通过多种考古文物迹象得以显现。地名学信息也可以提供相关例证。例如"鲜水"地名。

《汉书·地理志上》"蜀郡旄牛"条下说到"鲜水"："旄牛，鲜水出徼外，南入若水。若水亦出徼外，南至大莋入绳，过郡二，行千六百里。"《续汉书·郡国志五》"益州·蜀郡属国"条下刘昭《注补》引《华阳国志》也可见"鲜水"："旄，地也，在邛崃山表。邛人自蜀入，度此山甚险难，南人毒之，故名邛崃。有鲜水、若水，一名洲江。"②《水经注》卷三六《若水》写道："若水东南流，鲜水注之。一名州江、大度。水出徼外至旄牛道。南流入于若水，又径越巂大莋县入绳。"③ 谭其骧主编《中国历史地图集》标定的"鲜水"，在

---

① 〔英〕汤因比：《历史研究（修订插图本）》，刘北成、郭小凌译，第 113 页。
② 《汉书·地理志上》，第 1598 页；《续汉书·郡国志五》，《后汉书》，第 3515 页。
③ 陈桥驿校点本《水经注》作："若水东南流，鲜水注之。一名州江。大度水出徼外至旄牛道。"（第 669 页）。

今四川康定西。^① 而于雅江南美哲和亚德间汇入主流的"雅砻江"支流,今天依然称"鲜水河"。今"鲜水河"上游为"泥曲"和"达曲",自炉霍合流,即称"鲜水河"。今"鲜水河"流经炉霍、道孚、雅江。道孚县政府所在地即"鲜水镇",显然因"鲜水河"得名。讨论古来蜀郡旄牛"鲜水",应当注意这一事实。

王莽诱塞外羌献鲜水海事,见于《汉书·王莽传上》有关元始五年(5)史事的记载:"莽……乃遣中郎将平宪等多持金币诱塞外羌,使献地,愿内属。宪等奏言:'羌豪良愿等种,人口可万二千人,愿为内臣,献鲜水海、允谷盐池,平地美草皆予汉民,自居险阻处为藩蔽。……宜以时处业,置属国领护。'"^② 有关西海"鲜水"最著名的历史记录,与赵充国事迹有关。《汉书·赵充国传》说,赵充国率军击罕、开羌,"酒泉太守辛武贤奏言:'……今虏朝夕为寇,土地寒苦,汉马不能冬,屯兵在武威、张掖、酒泉万骑以上,皆多羸瘦。可益马食,以七月上旬赍三十日粮,分兵并出张掖、酒泉合击罕、开在鲜水上者'"^③。《汉书·赵充国传》中五次说到的"鲜水",都是指今天的青海湖。谭其骧主编《中国历史地图集》标示作"西海(仙海)(鲜水海)"。^④

《山海经·北山经》:"……又北百八十里,曰北鲜之山,是多马。鲜水出焉,而西北流注于涂吾之水。"郭璞注:"汉元狩二年,马出涂吾水中也。"^⑤ 《史记·匈奴列传》司马贞《索隐》引《山海经》:"北鲜之山,鲜水出焉,北流注余吾。"^⑥ "余吾"显然就是"涂吾"。《史记·夏本纪》张守节《正义》引《括地志》云:"合黎,

---

① 谭其骧主编《中国历史地图集》第 2 册,第 29~30 页。
② 《汉书·王莽传上》,第 4077 页。
③ 《汉书·赵充国传》,第 2977 页。
④ 谭其骧主编《中国历史地图集》第 2 册,第 33~34 页。
⑤ 袁珂校注《山海经校注》,第 78~79 页。
⑥ 《史记·匈奴列传》,第 2918 页。

一名羌谷水，一名鲜水，一名覆表水，今名副投河，亦名张掖河，南自吐谷浑界流入甘州张掖县。"①《后汉书·段颎传》在汉羌战争记录中也说到张掖"令鲜水"："羌分六七千人攻围晏等，晏等与战，羌溃走。颎急进，与晏等共追之于令鲜水上。"李贤注："令鲜，水名，在今甘州张掖县界。一名合黎水，一名羌谷水也。"② 可知《山海经》及《括地志》所谓"鲜水"，又名"令鲜水"。这条河流，谭其骧主编《中国历史地图集》标示为"羌谷水"。③

思考"鲜水"水名在不同地方共同使用的原因，不能不注意到民族迁徙的因素。④ "鲜水"地名在不同地方的重复出现，从许多迹象看来，与古代羌族的活动有密切关系。羌族在古代中国的西部地区曾经有非常活跃的历史表演，其移动的机动性和涉及区域的广阔，是十分惊人的。⑤ 两汉时期，西海"鲜水"地区曾经是羌文化的重心地域。而张掖"鲜水"时亦名"羌谷水"，也透露出羌人活动的痕迹。有学者指出，羌人中的"唐牦"部族"向西南进入西藏"，而"牦可能是牦牛羌的一些部落"。⑥ 有的学者认为，青海高原上的羌族部落，有的后来迁移到川西北地方。⑦ 有的学者则说："迁徙到西藏的羌人还有唐牦。牦很可能是牦牛羌的一些部落。牦牛羌在汉代还有一部分聚居于今四川甘孜、凉山地区，吐蕃也有牦牛王的传说，两者间也许有关系；但要说西藏的牦牛种即是四川牦牛羌迁移而去的尚难于肯定。

---

① 《史记·夏本纪》，第 69 页。

② 《后汉书·段颎传》，第 2150 页。

③ 谭其骧主编《中国历史地图集》第 2 册，第 33~34 页。

④ 古地名的移用，往往和移民有关。因移民而形成的地名移用这种历史文化地理现象，综合体现了人们对原居地的忆念和对新居地的感情，富含重要的社会文化史的信息。参看王子今、高大伦《说"鲜水"：康巴草原民族交通考古札记》，《中华文化论坛》2006 年第 4 期，收入李文儒、高大伦主编《穿越横断山脉：康巴地区民族考古综合考察》；段渝主编《巴蜀文化研究集刊》第 4 卷，巴蜀书社，2008。

⑤ 参看马长寿《氐与羌》，上海人民出版社，1984；冉光荣、李绍明、周锡银：《羌族史》，四川民族出版社，1985。

⑥ 李吉和：《先秦至隋唐时期西北少数民族迁徙研究》，民族出版社，2003，第 60 页。

⑦ 闻宥：《论所谓南语》，《民族语文》1981 年第 1 期。

就地理环境而言，川藏间横断山脉，重重亘阻；古代民族迁移路线多沿河谷地带而行，翻越崇山峻岭是十分困难的。因此，极大可能是羌人中的牦牛部从他们的河湟根据地出发，一支向西南进入西藏，另一支向南进入四川，还有的则继续南下至川南凉山一带。"① 也有学者指出，早在秦献公时代，"湟中羌"即"向南发展"，"其后一部由今甘南进入川滇"。② 现在看来，蜀郡旄牛"鲜水"确有可能与羌族南迁的史实有关。③

"湟中羌"和羌人"河湟根据地"的说法，是我们讨论"河湟之间"的生态形势和交通形势时应当注意的。

赵充国屯田的生态环境背景

汉宣帝在指示赵充国进军的诏书中写道："今诏破羌将军武贤将兵六千一百人，敦煌太守快将二千人，长水校尉富昌、酒泉候奉世将婼、月氏兵四千人，亡虑万二千人。赍三十日食，以七月二十二日击罕羌，入鲜水北句廉上，去酒泉八百里，去将军可千二百里。将军其引兵便道西并进，虽不相及，使虏闻东方北方兵并来，分散其心意，离其党与，虽不能殄灭，当有瓦解者。已诏中郎将印将胡越佽飞射士步兵二校，益将军兵。"其中说到"北方兵"进击羌人"入鲜水北句廉上"。赵充国后来又上屯田奏：

① 冉光荣、李绍明、周锡银：《羌族史》，第 92~93 页。
② 李文实：《西陲古地与羌藏文化》，青海人民出版社，2001，第 444~445 页。
③ 在羌人迁徙的历史过程中，是可以看到相应的地名移用的痕迹的。有学者指出："酒泉太守辛武贤要求出兵'合击罕、开在鲜水上者'，是罕、开分布在青海湖。赵充国云：'又亡惊动河南大开、小开'。河南系今黄河在青海河曲至河关一段及到甘肃永靖一段以南地区，即贵德、循化、尖扎、临夏等地。阚骃《十三州志》载：'广大阪在枹罕西北，罕、开在焉。'枹罕故城在临夏县境。又《读史方舆纪要》说，'罕开谷在河州西'。河州即临夏。""罕、开羌后来多徙居于陕西关中各地，至今这些地方尚有以'罕开'命名的村落。"参见冉光荣、李绍明、周锡银《羌族史》，第 59~60 页。以同样的思路分析在羌人活动地域数见"鲜水"的事实，应当有益于推进相关地区的民族考古研究。

计度临羌东至浩亹，羌虏故田及公田，民所未垦，可二千顷以上，其间邮亭多坏败者。臣前部士入山，伐材木大小六万余枚，皆在水次。愿罢骑兵，留弛刑应募，及淮阳、汝南步兵与吏士私从者，合凡万二百八十一人，用谷月二万七千三百六十三斛，盐三百八斛，分屯要害处。冰解漕下，缮乡亭，浚沟渠，治湟陿以西道桥七十所，令可至鲜水左右。田事出，赋人二十畮。至四月草生，发郡骑及属国胡骑伉健各千，倅马什二，就草，为田者游兵，以充入金城郡，益积畜，省大费。今大司农所转谷至者，足支万人一岁食。谨上田处及器用簿，唯陛下裁许。

又上状"条不出兵留田便宜十二事"，其中第十一条，特别说到了有关交通建设的设想：

治湟陿中道桥，令可至鲜水，以制西域，信威千里，从枕席上过师，十一也。[1]

赵充国屯田和交通建设的建议，有"以制西域，信威千里"的考虑，是有战略眼光的设计。

赵充国屯田奏言"至四月草生，发郡骑及属国胡骑伉健各千，倅马什二，就草"，提供了气候史的重要资料。而所谓"计度临羌东至浩亹，羌虏故田及公田，民所未垦，可二千顷以上"，规划耕作羌人曾经垦辟的农田，并垦殖未曾开发的"公田"，自然是有气候条件为保障的。而"羌虏故田"的存在，除有战争因素影响农耕面积之外，

---

① 《汉书·赵充国传》，第 2980、2986、2988 页。

或许气候开始转寒也在一定程度上影响了"河湟之间"农耕自然经济的秩序。[①]

"河湟漕谷"的水文史料和交通史料意义

赵充国建议以屯田强化军事，包括全面的交通建设："计度临羌东至浩亹，……其间邮亭多坏败者。""愿罢骑兵，留弛刑应募，及淮阳、汝南步兵与吏士私从者，合凡万二百八十一人，……分屯要害处。冰解漕下，缮乡亭，浚沟渠，治湟陿以西道桥七十所，令可至鲜水左右。"

赵充国言"臣前部士入山，伐材木大小六万余枚，皆在水次"，应有水运木材的考虑。这一记载既可说明"河湟之间"森林植被的状况，也可以说明"河湟"水资源的状况。

而屯田军人给养"冰解漕下"可以看作重要的水文史料和交通史料。"湟陿"在今青海西宁东。所谓"冰解漕下"，应是计划利用春汛条件水运木材。按照赵充国的设想，"缮乡亭，浚沟渠，治湟陿以西道桥七十所，令可至鲜水左右"，大约自湟水今海晏以北至西宁以东的河段，都可以放送木排，"鲜水左右"即青海湖附近地方均得以享受水运之利。即称"漕下"，可能在"材木"之外，还包括其他物资的运输。

赵充国在向朝廷的再次奏报中又提出 12 条分析意见，列举屯田的有利之处。其中第 5 条是：

> 至春省甲士卒，循河湟漕谷至临羌，以视羌虏，扬威武，传

---

① 两汉之际气候条件发生由温暖湿润而寒冷干燥的变化。有迹象表明，这一变化在汉武帝时代之后逐步发生。竺可桢：《中国近五千年来气候变迁的初步研究》，《考古学报》1972 年第 1 期，收入《竺可桢文集》；王子今：《秦汉时期气候变迁的历史学考察》，《历史研究》1995 年第 2 期。

世折冲之具，五也。

提出了待春季以河水、湟水漕运粮食到临羌（今青海湟源南）① 的计划。水运航路的开辟，又包括黄河上游河道。

有的学者根据相关资料指出，当时的黄河和湟水，"水量是相当大的，一旦冰消春至，就可以行船漕谷，放运木排"②。

又如《后汉书·西羌传》记述"大、小榆谷"战事，其中若干信息可以帮助我们理解赵充国时代的相关历史迹象：

> （汉和帝永元）五年，（聂）尚坐征免，居延都尉贯友代为校尉。友以迷唐难用德怀，终于叛乱，乃遣驿使构离诸种，诱以财货，由是解散。友乃遣兵出塞，攻迷唐于大、小榆谷，获首虏八百余人，收麦数万斛，遂夹逢留大河筑城坞，作大航，造河桥，欲度兵击迷唐。③

"作大航"与"造河桥"并说，可知这里所谓"大航"应当是指大型航船。《水经注》卷二《河水》即写作："于逢留河上筑城以盛麦，且作大船。"④ 直接言"大船"。大榆谷在今青海贵德东。⑤ 通过贯友事迹，可知这一地区的黄河河段可以通行排水量较大的船舶。

---

① 《资治通鉴》卷二六"汉宣帝神爵元年"："循河、湟漕谷至临羌。"胡三省注："临羌县属金城郡，其西北即塞外。"（第852页）

② 赵珍：《清代西北生态变迁研究》，人民出版社，2005，第54页。

③ 《后汉书·西羌传·滇良》，第2883页。由所谓"收麦数万斛"，可知羌人在这一地区农耕经营的主要作物品种。

④ 陈桥驿指出："这里的'且作大船'，说明内河航运在古代的黄河上游是有所发展的，当然可以通航的河段长度以及航行的规模都不得而知。"（《〈水经注〉记载的内河航行》，《〈水经注〉研究》，第210页）。

⑤ 谭其骧主编《中国历史地图集》第2册，第33~34页。《资治通鉴》卷四七"汉章帝元和三年"："迷吾子迷唐与诸种解仇结婚交质，据大、小榆谷以叛。"胡三省注："《水经》：河水径西海郡南，又东径允川而历大榆谷、小榆谷北。二榆土地肥美，羌所依阻也。"（第1509页）。

应当注意到，赵充国所陈述的"循河湟漕谷至临羌"，似尚在计划之中。而贯友"夹逢留大河筑城坞，作大航"情形，则已经是既成的事实。①

据《后汉书·西羌传》记载，汉和帝时代，又一次发起河湟屯田："时西海及大、小榆谷左右无复羌寇。隃糜相曹凤上言：'西戎为害，前世所患，臣不能纪古，且以近事言之。自建武以来，其犯法者，常从烧当种起。所以然者，以其居大、小榆谷，土地肥美，又近塞内，诸种易以为非，难以攻伐。南得钟存以广其众，北阻大河因以为固，又有西海鱼盐之利，缘山滨水，以广田蓄，故能强大，常雄诸种，恃其权勇，招诱羌胡。今者衰困，党援坏沮，亲属离叛，余胜兵者不过数百，亡逃栖窜，远依发羌。臣愚以为宜及此时，建复西海郡县，规固二榆，广设屯田，隔塞羌胡交关之路，遏绝狂狡窥欲之源。又殖谷富边，省委输之役，国家可以无西方之忧。'于是拜凤为金城西部都尉，将徙士屯龙耆。后金城长史上官鸿上开置归义、建威屯田二十七部，侯霸复上置东西邯屯田五部，增留、逢二部，帝皆从之。列屯夹河，合三十四部。其功垂立。至永初中，诸羌叛，乃罢。"② 曹凤所谓"广设屯田，隔塞羌胡交关之路"，以及"殖谷富边，省委输之役"，强调了"屯田""殖谷"在经济意义之外的交通意义。而屯田计划实施进程所谓"列屯夹河"，应是意在利用水运条件。然而现今青海地区黄河与湟水的水文状况，湟水无法实现有经济意义的航运，黄河也不能通行"大航"。③

---

① 王子今：《两汉漕运经营与水资源形势》，成建正主编《陕西历史博物馆馆刊》第13辑。

② 《后汉书·西羌传》，第2885页。

③ 王子今：《赵充国时代"河湟之间"的生态与交通》，《青海民族研究》2014年第3期；《赵充国击羌与丝绸之路交通保障》，《甘肃社会科学》2020年第2期。

结　语

　　人类社会历史，特别是社会管理方式的历史的研究，长期是中国传统史学的主题。这是因为史学历来被看作"资治"，即为统治者提供历史鉴诫的学问。而 20 世纪特别是 20 世纪最后 20 年的史学进步，扩展了史学家的视界，拓宽了史学研究的领域。越来越多的历史学者对于生态史越来越密切的关注，也是体现这种进步的征象之一。

　　《列子·天瑞》有著名的"杞人忧天"的故事。① 虽然人们对

① 《列子·天瑞》："杞国有人忧天地崩坠，身亡所寄，废寝食者；又有忧彼之所忧者，因往晓之，曰：'天，积气耳，亡处亡气。若屈伸呼吸，终日在天中行止，奈何忧崩坠乎？'其人曰：'天果积气，日月星宿，不当坠耶？'晓之者曰：'日月星宿，亦积气中之有光耀者；只使坠，亦不能有所中伤。'其人曰：'奈地坏何？'晓者曰：'地积块耳，充塞四虚，亡处亡块。若躇步跐蹈，终日在地上行止，奈何忧其坏？'其人舍然大喜，晓之者亦舍然大喜。长庐子闻而笑之曰：'虹霓也，云雾也，风雨也，四时也，此积气之成乎天者也。山岳也，河海也，金石也，火木也，此积形之成乎地者也。知积气也，知积块也，奚谓不坏？夫天地，空中之一细物，有中之最巨者。难终难穷，此固然矣；难测难识，此固然矣。忧其坏者，诚为大远；言其不坏者，亦为未是。天地不得不坏，则会归于坏。遇其坏时，奚为不忧哉？'子列子闻而笑曰：'言天地坏者亦谬，言天地不坏者亦谬。坏与不坏，吾所不能知也。虽然，彼一也，此一也。故生不知死，死不知生；来不知去，去不知来。坏与不坏，吾何容心哉？'"杨伯峻撰《列子集释》，中华书局，1979，第 30~33 页。

"杞忧"的典故相当熟悉，对于其中的深意却未必有所思考。这其实是一篇有关自然环境观的寓言，体现了上古人有关环境、有关文明承载的基本条件以及这一条件所面临危机的思虑（所谓"忧天地崩坠，身亡所寄"）。从这段文字的内容看，是"杞人"、"晓之者"、"长庐子"和"子列子"的一次很有意思的专题讨论。杞人忧天地崩坠，"晓之者"告诉他天地都不会坠坏。"长庐子闻而笑之"，提出了更深层的认识，以为天地终会归于坏。"子列子"又"闻而笑曰"，他认为说天地坏是错误的，说天地不坏也是错误的。"坏与不坏，吾所不能知也。""生不知死，死不知生；来不知去，去不知来。坏与不坏，吾何容心哉？"这一记录了上古哲人对于天地与人之关系的思索的富有深刻意味的讨论，中国古代科学思想史研究者不应当予以忽视。

千百年来，"杞忧"，一直是被看作多余的忧虑、不必要的忧虑而受到否定的。然而我们在今天又听到了体现新的"杞忧"的大声疾呼。一些关心全球问题的学者相继发表、出版论著，力求在"坏与不坏，吾何容心哉"的麻木意识中唤醒人们，启发人们在严峻的形势下认真地重新思考"环境""自然""未来社会"等重要命题。我们作为历史学研究者，感觉其中最可贵的，是对于人类与自然关系的历史的真切的关注和认真的分析。

关注生态环境的变化，已经形成了世界性的文化思潮。对生态环境的重视，已经成为显著影响世界各个地区、社会不同阶层的文化新气象。可以推知，21 世纪的生态环境学将会全面影响人类社会的技术、伦理以及制度。在这样的背景下，中国新世纪生态史研究的进步具有了良好的时代契机。在当前全球性的保护生态环境的新思潮的影响下，中国历史学者已经意识到生态史研究的重要意义，因历史反省而产生的忧患意识，更增益了自觉从事这一工作的紧迫感。

21 世纪中国生态史学可以预期的发展，将有益于史学的总体性的进步。我们对历史全貌的观察、对历史过程的理解、对历史动向的分析，将因此获得更为有利的条件。在 21 世纪新的史学格局中，生态史学将逐渐占有重要的地位。而相关理论的建设，以及研究界域的突破、专业力量的集结、学科合作的协调，对于促进这种学术发展都是必要的。

如果预想中国生态史研究的前景，首先，生态环境学的理论建设，将会为中国生态史的研究提供新的指导。其次，科学技术的可以预期的进步，将会为中国生态史的研究提供新的工具。最后，新的考古文物发现，将会为中国生态史的研究提供空前丰富的资料。

中国生态史研究或许将会在这样几个方面实现有意义的进展：

①若干历史时期的生态环境的基本面貌将会得以明朗；

②中国历史演变的主要舞台，如黄河中下游地区等若干区域的历代生态变化的基本状况将会得以说明；

③中国生态史中的一些重要疑点将会得以澄清；

④中国生态史研究的成功经验已经有条件进行总结；

⑤中国生态史学因社会科学和自然科学的结合、文献资料和考古资料的结合、传统学术方式和信息技术方式的结合，或许可以形成有独自特色的一种专门史。

也许，生态史学研究者力量的聚集，可以承担有一定系统性的学术工程，而有积极社会意义的生态史博物馆等相应的文化设施也可能面世。

作为以秦汉史为主要研究领域的史学工作者，可以对秦汉生态环境认识与历史真实的空前接近持乐观态度。

朋友们面前的这部书稿如果能够成为推进这种学术进步的道路上的一粒沙石，则作者深以为幸。

本书是国家社会科学基金资助项目"秦汉时期生态环境研究"的最终成果。感谢国家社会科学基金资助项目成果验收鉴定专家给予了肯定的评价，感谢张在明、周苏平、刘昭瑞、孙家洲、宋超、吴玉贵、焦南峰、张德芳、扬之水、罗丰、于志勇、张春龙等学友在研究过程中多予鼓励和启发，在各方面提供了无私的帮助，感谢刘方为本书出版付出的辛劳。

王子今

2007 年 2 月 11 日

北京大有北里

主要参考书目

陈业新：《灾害与两汉社会研究》，上海人民出版社，2004。

陈直：《汉书新证》，天津人民出版社，1979。

陈直：《两汉经济史料论丛》，陕西人民出版社，1980。

陈直：《史记新证》，天津人民出版社，1979。

陈直：《文物考古论丛》，天津古籍出版社，1988。

〔英〕崔瑞德、鲁惟一编《剑桥中国秦汉史：公元前 221 年至公元 220 年》，杨品泉等译，中国社会科学出版社，1992。

丁一汇、王守荣主编《中国西北地区气候与生态环境概论》，气象出版社，2001。

傅筑夫、王毓瑚编《中国经济史资料·秦汉三国编》，中国社会科学出版社，1982。

郭郛、〔英〕李约瑟、成庆泰：《中国古代动物学史》，科学出版社，1999。

郝树声、张德芳：《悬泉汉简研究》，甘肃文化出版社，2009。

何业恒：《中国虎与中国熊的历史变迁》，湖南师范大学出版社，1996。

何业恒：《中国珍稀兽类的历史变迁》，湖南科学技术出版社，1993。

〔德〕拉德卡：《自然与权力：世界环境史》，王国豫、付天海译，河北大学出版社，2004。

蓝勇：《历史时期西南经济开发与生态变迁》，云南教育出版社，1992。

李并成：《河西走廊历史时期沙漠化研究》，科学出版社，2003。

刘翠溶主编《自然与人为互动：环境史研究的视角》，（台北）中研院、联经出版事业股份有限公司，2008。

〔美〕马立博（Robert B. Marks）：《中国环境史——从史前到近代》第2版，关永强、高丽洁译，中国人民大学出版社，2022。

牟重行：《中国五千年气候变迁的再考证》，气象出版社，1996。

〔日〕上田信:《森と緑の中国史》，岩波书店，1999。

邵台新：《汉代对西域的经营》，（台北）辅仁大学出版社，1995。

邵台新：《汉代河西四郡的拓展》，（台北）台湾商务印书馆，1988。

史念海：《河山集》，生活·读书·新知三联书店，1963。

史念海：《河山集　二集》，生活·读书·新知三联书店，1981。

史念海：《河山集　三集》，人民出版社，1988。

史念海：《河山集　五集》，山西人民出版社，1991。

谭其骧：《长水集》，人民出版社，1987。

汤卓炜：《环境考古学》，科学出版社，2004。

〔美〕唐纳德·沃斯特：《自然的经济体系——生态思想史》，侯文蕙译，商务印书馆，1999。

王元林：《泾洛流域自然环境变迁研究》，中华书局，2005。

文焕然、文榕生：《中国历史时期冬半年气候冷暖变迁》，科学出版社，1996。

　　文焕然：《秦汉时代黄河中下游气候研究》，商务印书馆，1959。

　　文焕然等著，文榕生选编整理《中国历史时期植物与动物变迁研究》，重庆出版社，1995、2006。

　　吴必虎：《历史时期苏北平原地理系统研究》，华东师范大学出版社，1996。

　　许倬云：《汉代农业：中国农业经济的起源及特性》，王勇译，广西师范大学出版社，2005。

　　《许倬云自选集》，上海教育出版社，2002。

　　游修龄编著《农史研究文集》，中国农业出版社，1999。

　　〔日〕原宗子:《"農本"主義と"黄土"の発生——古代中国的開発と環境2》，研文出版（山本書店出版部），2005。

　　〔日〕原宗子:《古代中国の開発と環境——〈管子〉地員篇研究》，研文出版（山本書店出版部），1994。

　　张春树：《汉代边疆史论集》，（台北）食货出版社，1977。

　　张丕远主编《中国历史气候变化》，山东科学技术出版社，1996。

　　中国科学地理研究所等：《长江中下游河道特性及其演变》，科学出版社，1985。

　　中国科学院地理研究所渭河研究组：《渭河下游河流地貌》，科学出版社，1983。

　　周肇积、江惠生、倪根金、陈瑞平主编《古今农业论丛》，广东经济出版社，2003。

　　《竺可桢文集》，科学出版社，1979。

　　邹逸麟主编《黄淮海平原历史地理》，安徽教育出版社，1993。

作者与本课题有关研究论著目录

学术论文

《秦汉时期的关中竹林》，《农业考古》1983 年第 2 期。

《汉代纵养禽鸟的风俗》，《博物》1984 年第 2 期。

《秦汉食枣风俗谈》，《中国食品》1986 年第 11 期。

《"伐驰道树殖兰池"解》，《中国史研究》1988 年第 3 期。

《秦汉渔业生产简论》，《中国农史》1992 年第 2 期。

《漫说"竹马"》，《历史大观园》1992 年第 10 期。

《试谈秦汉筒形器》，《文物季刊》1993 年第 1 期。

《两汉救荒运输略论》，《中国史研究》1993 年第 3 期。

《"竹马"源流考》，《比较民俗研究》第 8 号（日本·筑波大学 1993 年 9 月）。

《东汉洛阳的"虎患"》，《河洛史志》1994 年第 3 期。

《试论秦汉气候变迁对江南经济文化发展的意义》，《学术月刊》

1994 年第 9 期。

《秦汉时期的森林采伐与木材加工》，《古今农业》1994 年第 4 期。

《秦汉时期气候变迁的历史学考察》，《历史研究》1995 年第 2 期。

《秦汉虎患考》，饶宗颐主编《华学》第 1 辑，中山大学出版社，1995。

《关于秦汉时期淮河冬季封冻问题》，《中国历史地理论丛》1995 年第 4 期。

《秦汉时期的护林造林育林制度》，《农业考古》1996 年第 1 期。

《秦史的灾异记录》，秦始皇兵马俑博物馆编《秦俑秦文化研究——秦俑学第五届学术讨论会论文集》，陕西人民出版社，2000。

《尹湾〈集簿〉“春种树”解》（与赵昆生合作），《历史研究》2001 年第 1 期。

《两汉的沙尘暴记录》，《寻根》2001 年第 5 期。

《东汉洛阳的“上林”》，《洛阳工学院学报》（社会科学版）2001 年第 4 期。

《战国秦汉时期中国西南地区犀的分布》，复旦大学历史地理研究中心主编《面向新世纪的中国历史地理学——2000 年国际中国历史地理学术讨论会论文集》，齐鲁书社，2001。

《秦汉时期的朝那湫》，《固原师专学报》2002 年第 2 期。

《“金线狨”：金丝猴的故事》，《中华读书报》2002 年 11 月 20 日。

《炎帝传说及其透露的远古生态史信息》，《炎帝文化与 21 世纪中国社会发展》，岳麓书社，2002。

《秦汉长城的生态史考察》，丁新豹、董耀会编《中国（香港）长城历史文化研讨会论文集》，（香港）长城（香港）文化出版公司，2002。

《中国生态史学的进步及其意义——以秦汉生态史研究为中心的考察》，《历史研究》2003 年第 1 期。

《司马迁班固生态观试比较》，《周口师范学院学报》2003 年第 1 期，收入吕培成等主编《司马迁与史记论集》第 6 辑，陕西人民出版社，2004。

《榆塞和竹城》，《寻根》2003 年第 3 期。

《马王堆一号汉墓出土梅花鹿标本的生态史意义》，北京大学中国考古学研究中心、北京大学震旦古代文明研究中心编《古代文明》第 2 卷，文物出版社，2003。

《秦定都咸阳的生态地理学与经济地理学分析》，《人文杂志》2003 年第 5 期，收入霓依群、徐卫民主编《秦都咸阳与秦文化研究》，陕西人民教育出版社，2003。

《说"上郡地恶"——张家山汉简〈二年律令〉研读札记》，周天游主编《陕西历史博物馆馆刊》第 10 辑，三秦出版社，2003。

《"度九山"：夏禹传说的农耕开发史解读》，《河南科技大学学报》（社会科学版）2003 年第 4 期。

《张家山汉简〈金布律〉中的早期井盐史料及相关问题》，《盐业史研究》2003 年第 3 期。

《秦汉时期关中的湖泊》，黄留珠、魏全瑞主编《周秦汉唐文化研究》第 2 辑，三秦出版社，2003。

《试释走马楼〈嘉禾吏民田家莂〉"余力田"与"余力火种田"》，北京吴简研讨班编《吴简研究》第 1 辑，崇文书局，2004。

《走马楼简的"入皮"记录》，北京吴简研讨班编《吴简研究》第 1 辑，崇文书局，2004。

《西汉南越的犀象——以广州南越王墓出土资料为中心》，《广东社会科学》2004 年第 5 期，中国秦汉史研究会等编《南越国史迹研讨会论文选集》，文物出版社，2005。

《汉代河西的"茭"——汉代植被史考察札记》，《甘肃社会科学》2004年第5期，倪根全主编《生物史与农史新探》，（台北）万人出版社有限公司，2005。

《西汉"五陵原"的植被》，《咸阳师范学院学报》2004年第5期。

《〈南都赋〉自然生态史料研究》，《中国历史地理论丛》2004年第3期，收入陈江凤主编《汉文化研究》，河南大学出版社，2004。

《汉代驿道虎灾——兼质疑几种旧题"田猎"图像的命名》，《中国历史文物》2004年第6期。

《秦汉民间信仰体系中的"树神"和"木妖"》，黄留珠、魏全瑞主编《周秦汉唐文化研究》第3辑，三秦出版社，2004。

《中国古代的海啸灾害》，《光明日报》2005年1月18日。

《说"高敞"：西汉帝陵选址的防水因素》，《考古与文物》2005年第1期。

《秦汉社会的山林保护意识》，侯建新主编《经济-社会史评论》第1辑，生活·读书·新知三联书店，2005。

《商鞅〈垦草令〉的文化史意义和生态史意义》，秦始皇兵马俑博物馆《论丛》编委会编《秦文化论丛》第12辑《秦俑学第六届学术讨论会论文集》，三秦出版社，2005。

《汉代"海溢"灾害》，《史学月刊》2005年第7期。

《汉代居延边塞生态保护纪律档案》，《历史档案》2005年第4期。

《黄河流域的竹林分布与秦汉气候史的认识》，《河南科技大学学报》（社会科学版）2006年第3期。

《"居延盐"的发现——兼说内蒙古盐湖的演化与气候环境史考察》，《盐业史研究》2006年第2期。

《汉晋时代的"瘴气之害"》，《中国历史地理论丛》2006年第3期。

《两汉漕运经营与水资源形势》，成建正主编《陕西历史博物馆馆刊》第13辑，三秦出版社，2006。

《"不和"与"不节"：汉简所见西北边地异常气候记录》，卜宪群、杨振红主编《简帛研究（2004）》，广西师范大学出版社，2006。

《关于秦都咸阳的地下水位》，秦始皇兵马俑博物馆《论丛》编委会编《秦文化论丛》第13辑，陕西人民出版社，2006。

《河西地区汉代文物资料中有关"竹"的信息》，《甘肃社会科学》2006年第6期。

《汉赋的绿色意境》，《西北大学学报》（哲学社会科学版）2006年第5期。

《秦漢時代における生態環境研究の新しい視点》，《日本秦漢史學會會報》第7号（2006年11月）。

《漢魏時代黄河中下游域における環境と交通の関係》，《黄河下流域の歴史と環境——東アジア海文明への道》，東方書店，2007。

《秦汉关中水利经营模式在北河的复制》，收入王建平主编《河套文化论文集（二）》，内蒙古人民出版社，2007；本书编委会编《安作璋先生史学研究六十周年纪念文集》，齐鲁书社，2007；侯甬坚主编《鄂尔多斯高原及其邻区历史地理研究》，三秦出版社，2008。

《关于额济纳汉简所见"居延盐"》，李均明主编《出土文献研究》第8辑，上海古籍出版社，2007。

《汉代"亡人""流民"动向与江南地区的经济文化进步》，《湖南大学学报》（社会科学版）2007年第5期。

《简牍资料与汉代河西地方竹类生存可能性的探讨》，武汉大学简帛研究中心编《简帛》第2辑，上海古籍出版社，2007。

《芒砀山泽与汉王朝的建国史》，《中州学刊》2008年第1期。

《方春蕃萌：秦汉文化的绿色背景》，《博览群书》2008年第5期。

《走马楼竹简"枯兼波簿"及其透露的生态史信息》，《湖南大学学报》（社会科学版）2008年第3期。

《长沙走马楼竹简"豆租""大豆租"琐议》，武汉大学简帛研究中心编《简帛》第3辑，上海古籍出版社，2008。

《两汉时期的北边军屯论议》，吉林大学古籍研究所编《"1~6世纪中国北方边疆·民族·社会国际学术研讨会"论文集》，科学出版社，2008。

《鲸鱼死岸：〈汉书〉的"北海出大鱼"记录》，《光明日报》2009年7月21日。

《西汉时期匈奴南下的季节性进退》，中国秦汉史研究会编《秦汉史论丛》第10辑，内蒙古大学出版社，2009。

《"远田轮台"之议与汉匈对"西国"的争夺》，中国人民大学西域研究所编《西域历史语言研究集刊》第2辑，科学出版社，2009。

《关于曹操高陵出土刻铭石牌所见"挌虎"》，《中国社会科学报》2010年1月19日，收入贺云翱、单卫华主编《曹操墓事件全记录》，山东画报出版社，2010；河南省文物考古研究所编《曹操高陵考古发现与研究》，文物出版社，2010。

《北京大葆台汉墓出土猫骨及相关问题》，《考古》2010年第2期。

《中国古代的生态保护意识》，《求是》2010年第2期。

《从鸡峰到凤台：周秦时期关中经济重心的移动》，《咸阳师范学院学报》2010年第3期。

《岭南移民与汉文化的扩张——考古资料与文献资料的综合考察》，《中山大学学报》（社会科学版）2010年第4期。

《曹操高陵石牌文字"黄豆二升"辩题》，《光明日报》2010年10月27日。

《两汉时期关于军事屯田的论争》（与吕宗力合署，第一作者），

《中国军事科学》2011 年第 2 期。

《汉代西北边塞吏卒的"寒苦"体验》，卜宪群、杨振红主编《简帛研究（2010）》，广西师范大学出版社，2012。

《简牍资料所见汉代居延野生动物分布》，《鲁东大学学报》（哲学社会科学版）2012 年第 4 期。

《居延汉简"寒吏"称谓解读》，张德芳、孙家洲主编《居延敦煌汉简出土遗址实地考察论文集》，上海古籍出版社，2012。

《李斯〈谏逐客书〉"駃騠"考论——秦与北方民族交通史个案研究》，《人文杂志》2013 年第 2 期。

《放马滩秦地图林业交通史料研究》（与李斯合署，第一作者），《中国历史地理论丛》2013 年第 2 期；收入雍际春、字鹏旭编《天水放马滩木板地图研究论集》，中国社会科学出版社，2019。

《龟兹"孔雀"考》，《南开学报》（哲学社会科学版）2013 年第 4 期。

《北边"群鹤"与泰時"光景"——汉武帝后元元年故事》，《江苏师范大学学报》（哲学社会科学版）2013 年第 5 期。

《说索劢楼兰屯田射水事》，《甘肃社会科学》2013 年第 6 期。

《骡驴馲駞，衔尾入塞——汉代动物考古和丝路史研究的一个课题》，《国学学刊》2013 年第 4 期。

《秦汉宫苑的"海池"》，《大众考古》2014 年第 2 期。

《生态史视野中的米仓道交通》，《陕西理工学院学报》（社会科学版）2014 年第 2 期，收入冯岁平主编《中国蜀道学术研讨会论文集》，三秦出版社，2014。

《赵充国时代"河湟之间"的生态与交通》，《青海民族研究》2014 年第 3 期。

《公元前 3 世纪秦岭西段的生态环境——放马滩秦墓木板地图研究》，（台北）《彰化师范大学文学院学报》2014 年第 9 期，2014。

《论汉昭帝平陵从葬驴的发现》，《南都学坛》2015 年第 1 期，收入《南都学坛》编辑部编《"汉代文化研究"论文集》第 2 辑，大象出版社，2017。

《秦汉人世界意识中的"北海"与"西海"》，《史学月刊》2015 年第 3 期。

《"海"和"海子"："北中"语言现象》，沈卫荣主编《西域历史语言研究所集刊》第 8 辑，科学出版社，2015。

《东方朔"跛猫""捕鼠"说的意义》，《南都学坛》2016 年第 1 期。

《说"捕羽"》，里耶秦简博物馆编著《里耶秦简博物馆藏秦简》，中西书局，2016。

《里耶秦简"捕羽"的消费主题》，《湖南大学学报》（社会科学版）2016 年第 4 期，收入张忠炜主编《里耶秦简研究论文选集》，中西书局，2021。

《说敦煌马圈湾简文"驱驴士""之蜀"》，武汉大学简帛研究中心主办《简帛》第 12 辑，上海古籍出版社，2016。

《上古社会生活中的鹤》，钞晓鸿主编《环境史研究的理论与实践》，人民出版社，2016。

《里耶秦简"捕鸟及羽"文书的生活史料与生态史料意义》，文化遗产研究与保护技术教育部重点实验室等编《西部考古》第 12 辑，科学出版社，2016。

《汉代"天马"追求与草原战争的交通动力》，《文史知识》2018 年第 4 期。

《议伯乐、九方堙为秦穆公"求马"》，《重庆师范大学学报》（社会科学版）2018 年第 2 期。

《论秦宫"棒娥之台"兼及漆业开发与"秦娥"称谓》，《四川文物》2018 年第 6 期。

《太史公笔下的"蚕"》，《月读》2020 年第 2 期。

《秦汉陵墓"列树成林"礼俗》，《宝鸡文理学院学报》（社会科学版）2020 年第 3 期。

《〈史记〉对"大疫""天下疫"的记录》，《月读》2020 年第 3 期。

《〈史记〉中关于"鼠"的故事》，《月读》2020 年第 4 期。

《论秦史蝗灾记录及其学术价值》，《郑州大学学报》（哲学社会科学版）2020 年第 6 期。

《〈史记〉最早记录了蝗灾》，《月读》2020 年第 6 期。

《从秦汉北边水草生态看民族文化》，《中国社会科学报》2020 年 8 月 14 日，第 4 版。

《汉代河西戍卒的"除沙"劳作》，《重庆师范大学学报》（社会科学版）2021 年第 5 期。

《〈史记〉说"蜂"与秦汉社会的甜蜜追求》，《月读》2020 年第 12 期。

《"瀚海"名实：草原丝绸之路的地理条件》，《甘肃社会科学》2021 年第 6 期。

《草原生态与丝绸之路交通》，收入侯宁彬主编《陕西历史博物馆论丛》第 28 辑《陕西历史博物馆建成开放三十周年纪念文集》，三秦出版社，2021。

《居延"块沙"简文释义》，《西北师范大学学报》（社会科学版）2022 年第 1 期。

《"獏尊"及其生态史料意义》，《西北大学学报》（哲学社会科学版）2022 年第 3 期。

《秦汉社会生活中的"节气""节令""节庆"》，《光明日报》2022 年 5 月 23 日，第 14 版。

《周秦汉时期关中的蚕桑业》，《中国农史》2022 年第 2 期。

《长沙五一广场简"小溲田"试解》，邬文玲、戴卫红编《简帛研究（2021）》秋冬卷，广西师范大学出版社，2022。

《丝路西来的"驴"》，《中华读书报》2022 年 7 月 20 日，第13 版。

译著：

〔日〕梅棹忠夫：《文明的生态史观》，王子今译，上海三联书店，1988。

学术述评、学术短文及其他文章：

《科学的"杞忧"》，《博览群书》2002 年第 8 期。

《史前的生态形势》，《学习时报》2002 年 10 月 21 日。

《古代的〈月令〉》，《学习时报》2002 年 11 月 18 日。

《泾渭清浊的演变》，《学习时报》2002 年 12 月 30 日。

《唐诗的绿色意境》，《学习时报》2003 年 4 月 7 日。

《何必食肉寝皮》，《光明日报》2004 年 6 月 8 日。

《文明的萌生及其环境背景——〈中国远古社会史论〉读后》，《光明日报》2005 年 1 月 25 日。

《领导干部应当学一点生态史》，《求是》2005 年第 5 期。

《秦汉时期的"虎患""虎灾"》，《中国社会科学报》2009 年 7月 16 日。

《物泽天华与生态变迁——秦汉时期的生态环境考察》，《中国社会科学报》2011 年 12 月 15 日，第 12 版。

《〈碰撞与交融——战国秦汉时期的农耕文化与游牧文化〉序一》，王绍东：《碰撞与交融——战国秦汉时期的农耕文化与游牧文化》，内蒙古大学出版社，2011。

《菩提叶与稻花：上古中印交通》，刘军主编《中国国家历史》，人民出版社，2015。

增订版后记

北京大学出版社 2007 年 9 月出版的《秦汉时期生态环境研究》，是 2000 年立项的国家社会科学基金资助课题"秦汉时期生态环境研究"（项目编号：00BZS009）的最终成果，结项鉴定等级"优秀"。出版后，《文摘报》2007 年 10 月 21 日发表书讯，《中国秦汉史研究会通讯》2007 年（总第 36 期）发表书讯，《中国文物报》2008 年 1 月 16 日第 4 版发表孙闻博书评《领域开拓与史料发掘——读〈秦汉时期生态环境研究〉》，《科学时报》2008 年 3 月 13 日"读书周刊"发表李迎春书评《透过生态史看秦汉》。2008 年 6 月，被评为"2007 年度全国文博考古十佳图书"，2009 年 9 月获高等学校科学研究优秀成果奖（人文社会科学）三等奖。

此次增订，补充了初版后新的若干研究收获。增列的部分有，第二部分"秦汉时期气候变迁"中"5. 河西汉简气候史料解读"；第三部分"秦汉时期水资源考察"中的"7. 秦汉关中水利经营模式在北河的复制"；第四部分"秦汉时期野生动物分布"中的"7. 汉简所见河西地区的野生动物"；第五部分"秦汉时期的植被"中的"1. 公元前3世纪秦岭西段的林产资源与林业开发"；第六部分"影响秦汉时期生态环境的人为因素"中的"6. 秦汉陵墓'列树成林'礼俗"，原先作为"附论"的"'伐驰道树殖兰池'解"，改为"5. 关于'伐驰道树殖兰池'"；第七部分"秦汉人的生态环境观"中，增写了"5. 北边'群鹤'与泰畤'光景'：汉武帝后元元年故事"；第八部分"生态环境与秦汉社会历史"增加了"6. 草原生态与丝绸之路交通"；第九部分"秦汉时期生态环境的个案研究"补充的内容是"附论：《史记》记载的蝗灾"和"7. 赵充国时代'河湟之间'的生态与交通"。

初版第四部分"秦汉时期野生动物分布"中"秦汉时期的虎患"改写为"秦汉时期的虎与虎患"，"附论：秦汉驿道虎灾——兼质疑几种旧题'田猎'画象的命名"改写为"5. 秦汉驿道虎灾：虎对交通安全的威胁"。

各部分内容，也有疏误修正、观点更新和资料充实等方面的改进。

增订工作中，赵志军、高大伦、孙华、唐飞、万娇等学友给予了观点指示和信息提供等多方面的帮助，谨此深致谢忱。

此次增订本得到出版机会，诚挚感谢社会科学文献出版社宋月华女史的支持和鼓励。

初版疏误非常之多，其中也有一些硬伤，发现之后羞愧难言。感谢指出拙著多处错误以利于纠正的李迎春、赵宠亮、孙闻博等青年朋友。而中国人民大学国学院在读博士研究生王泽校正全部书稿，增补多种文献信息，也纠正了很多错误。"教学相长"，出自《礼记·学记》及《韩诗外传》卷三。诚哉斯言也。而平时同学们给我的直接和间接的帮助，还有很多很多。

王子今

2022年2月15日上元节之夜

北京大有北里

图书在版编目（CIP）数据

秦汉时期生态环境研究／王子今著．--增订版．--
北京：社会科学文献出版社，2023.9
（社科文献学术文库．文史哲研究系列）
ISBN 978-7-5228-1075-1

Ⅰ．①秦…　Ⅱ．①王…　Ⅲ．①生态环境-研究-中国
-秦汉时代　Ⅳ．①X171.1

中国版本图书馆 CIP 数据核字（2022）第 215760 号

社科文献学术文库·文史哲研究系列
秦汉时期生态环境研究（增订版）

著　　　者／王子今

出 版 人／冀祥德
组稿编辑／宋月华
责任编辑／李建廷
文稿编辑／王亚楠
责任印制／王京美

出　　　版／社会科学文献出版社·人文分社（010）59367215
　　　　　　地址：北京市北三环中路甲29号院华龙大厦　邮编：100029
　　　　　　网址：www.ssap.com.cn
发　　　行／社会科学文献出版社（010）59367028
印　　　装／三河市东方印刷有限公司

规　　　格／开 本：787mm×1092mm　1/16
　　　　　　印 张：55.5　字 数：743千字
版　　　次／2023年9月第1版　2023年9月第1次印刷
书　　　号／ISBN 978-7-5228-1075-1
定　　　价／468.00元

读者服务电话：4008918866